캠벨 생명과학

요점과 문제풀이

대표역자 전상학

(주)바이오사이언스출판
http://www.biobooks.co.kr

캠벨 생명과학 요점과 문제풀이

초판 인쇄: 2016년 08월 20일
초판 발행: 2016년 08월 30일

저　　자: Taylor • Urry • Cain • Wasserman • Minorsky • Jackson • Reece
역　　자: 전상학, 강성만, 고영규, 권혁빈, 김기중, 김은수, 김재근, 김재범, 김철근, 나종길, 신기순, 신만균, 신정섭, 유시욱, 유정칠, 윤성명, 이명민, 이명석, 이상돈, 이일하, 이준규, 이창호, 이태호, 장수철, 정민걸, 조은희, 한인섭
발 행 인: 문정구
발 행 처: (주)바이오사이언스출판
주　　소: 14040 경기도 안양시 동안구 전파로 107(호계동)
전　　화: (02)581-4057~8　팩스: (02)581-4059
이 메 일: inquiry@biosciencepub.com
홈페이지: http://www.biobooks.co.kr
I S B N: 978-89-6824-054-6 93470
등록번호: 제22-3079호
값 25,000원

이 도서의 국립중앙도서관 출판예정도서목록(CIP)은 서지정보유통지원시스템 홈페이지(http://seoji.nl.go.kr)와 국가자료공동목록시스템(http://www.nl.go.kr/kolisnet)에서 이용하실 수 있습니다.
(CIP제어번호 : CIP2016017523)

차례

서문

"캠벨 생명과학–요점과 문제풀이"는 "학생의 구조화 안내서"라고 할 수 있다. 이 책은 여러분의 생물학 지식의 발달을 정리하고 체계화하는 것을 도와 캠벨 생명과학 교과서들에서 다루고 있는 주제에 대해서 여러분 스스로가 자신만의 방법으로 이해할 수 있도록 설계되어 있다. 성공적으로 학업을 수행한 학생들의 전략과 이 책을 이용하기 위한 전략을 살펴보기 위해서 잠깐만 시간을 투자해 보자.

성공적으로 학업을 수행한 학생들의 전략 어떤 자질이 성공한 학생들에게 필요할까? 어떻게 더 효율적으로 배우고 더 좋은 학점을 받을 수 있을까? 어떻게 생물학 과목을 더 즐겁게 공부할 수 있을까? 성공적인 모든 학생들은 그들 자신만의 방법으로 학습을 한다. 하지만 공통적으로 이용할 수 있는 방법이 있기는 하지만, 교육 연구에 따르면 여러분 자신만의 접근법을 개발해야 한다는 것이다. 여기에 도움이 될 수 있는 몇 가지 방법을 나열하고자 한다.

즐겁게 다가가라 생물학은 매력적인 학문이어서 여러분이 생물학을 사랑한다면 훨씬 쉽게 배울 수 있다. 강의를 듣고 공부를 할 때 궁금증을 가져보자. 이미 얼마나 많이 발견되었고, 앞으로 얼마나 많이 살아 있는 세계를 알아야 하는지 생각해 보자.

강의에 집중하자 집중한다는 것이 무엇을 의미할까? 졸거나 문자 메세지를 주고받는 것이 아니며, 강의자가 생각 없이 말하는 단어들까지도 적어야 한다는 것이 아니다. 만약 강의개요가 주어진다면 그 위에 필요한 것을 적는다. 공책의 한 쪽에는 수업 시간에 배운 것을 받아 적으며, 마주 보고 있는 다른 쪽에는 내용을 더 조사하여 잘 정리를 하든지 아니면 적어도 수업 시간에 썼던 것을 알아볼 수 있도록 다시 정리하는 것이 필요하다. 수업 후에 바로 이렇게 함으로써 머리에 생생하게 남아 있는 동안 자료를 복습하고 시험 대비를 위해 조직화된 노트를 작성하는 데 도움을 준다.

효율적 방법으로 책을 읽자 연구 결과를 보면 단순히 자료를 읽는 것은 시험 성적을 올리지 못하며, 읽고 과제를 함으로써 성적이 향상된다는 것을 보았다. 어떻게 인쇄된 글과 교감할 수 있을까? 여러분 스스로가 질문을 하고 답을 찾아본다. 여러분이 글을 읽기 전에 모든 개념을 질문으로 바꿔 보아라. 부제의 밖에서 질문을 만들어본다. 만약 질문에 답을 찾으려고 노력하면 의미를 찾고 있는 것이다. 여러분의 뇌는 단순히 글을 독해하는 것이 아니라 글을 이해하려는 방향으로 작동하고 있는 것이다.

주어진 자료를 이용한다 강의 형태가 복습, 면담, 개인교수 혹은 그룹스터디 중 어떤 것을 제공해 주는가? 과학은 사회적인 노력으로 책과 같이 사람과도 교감이 필요하다. 강의 및 교과서에서 제공된 웹사이트, 연습문제, 개인지도 등의 자료를 이용한다. 가능하다면 과거 시험 문제들을 가지고 연습함으로써 시험을 준비한다. 교수 각자는 자신만의 문제 유형을 가지고 있다. 점수를 높일 수 있는 한 방법은 여러분의 교수가 어떻게 문제를 만드는지 아는 것이다.

실수로부터 배워라 여러분이 치렀던 시험들을 조심스럽게 재검토한다. 여러분이 잘못했던 질문과 정답을 주었던 문제까지도 검토해본다. 가능하다면 강사와 함께 시험 문제도 재검토해 본다. 여러분이 무엇을 잘못했는지, 왜 잘못했는지를 살펴봄으로써 다음 시험에서 어떻게 정확한 답을 선택하는가를 배우게 된다. 시험을 보는 기술을 향상시키기 위해서 노력할 필요가 있다.

새로운 것을 시도하자 여러분이 하고 있는 것이 안 되면 무리하게 계속할 필요는 없다. 여러분이 시각적 학습자라면 모식도를 그려 공부해 보도록 한다. 청각적 학습자라면 등하교할 때나 운동을 할 때 강의를 듣거나 테이프를 듣는다. 여러분이 물리적으로 아이디어와 교감이 필요하다면 모델을 세워 공부하는 것을 실행해 본다.

학습 안내를 이용하기 위한 전략들 이 책은 교과서나 수업을 대체하는 것이 아니다. 하지만 여러분이 배우는 과정을 지원해주고 효율적으로 도와줄 것이다. 어떤 학생들은 강의 전에 교과서를 읽고, 복습하기 위하여 강의 후에, 강화 및 복습을 위해 이 책을 읽을 수 있다. 반면에 그 반대로 강의 전에 이 책을 대략적으로 살펴보고 강사의 강의를 들은 후에 교과서를 주의 깊게 공부하기도 한다. 이 책을 시험 준비를 위해서 이용하기 바란다. 빠르게 훑어보기 위해 관련된 장을 찾아 읽어 볼 수 있다.

이 책의 각 장은 다음과 같이 5개의 섹션으로 구성되어 있다.

- **핵심**은 전체적인 윤곽을 나타내어 각 장의 내용에 맞는 개념적인 틀을 제공해준다.
- **복습**은 각 장의 내용을 축약한 것으로 각각의 주개념에 대하여 짧게 요약한 것이다. 이 책의 모든 굵은 글씨체는 이 요약 부분에서도 굵은 글씨체로 나타날 것이다. 여기서의 **핵심 문제**는 잠시 진도를 멈추고 바로 공부하였던 것을 복습하도록 해준다.
- **지식의 구조화**에서는 여기서는 여러분이 각 장의 주개념을 조직화하고 연계시키도록 해준다. 또한 이것은 핵심 아이디어를 좀 더 큰 그림으로 함께 묶도록 해준다.
- **지식의 검증**에서는 여러분이 이해한 것을 테스트해 보기 위해서 객관식 질문으로 구성되어 있다. 어떤 답은 부분적으로 정확할 수 있는데 거의 모든 선택문항은 보기 중에서 구별하거나 보통 오개념을 바로 잡기 위한 것들로 구성되어 있다.
- 핵심 문제, 지식의 구조화 및 지식의 검증에 대한 제시된 답은 책의 끝 부분에 있는 **해답 섹션**에 있다.

개념도를 이용하라 이 책에 나타나는 개념도는 무엇인가? 개념도는 아이디어를 조직화하고 연계시키는 모식도이다. 개념도의 구조는 개념들을 집단적으로 체계화한 것으로 박스 속에 넣고 개념들 간 관계를 명쾌하게 설명해주는 글로 연결되어 있다. 개념도의 기능은 여러분이 주제에 대해서 이해한 것을 구조화하고 의미를 창출해 내도록 해준다. 개념도의 가치는 그것을 생각하고 체계화하면서 만드는 데 있다.

개념도를 개발하기 위해서는 개념들 중에서 상대적인 중요성을 평가해야 한다. 즉, 어떤 것이 모든 것을 포함하고 가장 중요한지 그리고 어떤 것이 다른 개념의 하위에 놓이는지를 조사하여 개념들을 의미있는 그룹으로 배열하고 이들 사이를 연결하고 설명을 넣어야 한다.

이 책은 여러 방향에서 개념도를 이용하고 있다. 개념도는 각 장의 핵심 섹션에서 그 장에서 핵심 개념이 어떻게 조직화되었는가를 보여주기 위해서 사용하였다. 핵심 문제에서는 개념을 제공하거나 혹은 비어 있는 박스 상태로 된 골격 개념도를 사용하였다. 이러한 기술은 여러분이 개념도와 특정 섹션의 개념들과 좀 더 친숙해지도록 도와주기 위해서 만든 것이다.

여러분은 하위 개념에 대해서 여러분 자신이 개념도를 개발하도록 하는 문항을 만나게 될 것이다. 이러한 경우에, 해답 섹션에서는 하나의 가능한 개념도를 제시할 것이다. 개념도는 여러분이 개념도를 만들 당시에 이해하고 있는 것을 형상화한 것이다. 개념에 대한 여러분의 이해가 발달할 때 개념도도 진화하여 어떤 때는 좀 더 복잡한 연결 고리를 갖게 되고, 어떤 때는 좀 더 단순화하고 요약된 형태가 될 것이다. 해답 개념도를 알기 위해서 해답 섹션을 보지 않도록 한다. 자신의 생각을 정리한 후 여러분이 만들었던 개념도를 확인하는 차원에서 그리고 개념을 연결한 것이 적절한지 혹은 개념들을 다른 방법으로 조직화할 수 있는지를 확인하는 차원에서 해답에 제시된 개념도를 보도록 한다.

선다형 문제를 풀기 위한 힌트 각 질문과 친해지도록 한다. 질문의 숨은 뜻을 파악하고 핵심 개념을 발견하기 위하여 밑줄을 긋든지 아니면 색깔로 표시한다. 각 보기를 천천히 읽는다. 잘못된 보기로 판단되는 것을 골라낸다. 여러분이 생각하기에 정답을 찾는 것을 알게 해주는 중요한 아이디어를 동그라미로 표시한다. 이제 질문을 읽고, 각 선택 보기를 개별적으로 읽어보자. 여러분의 머리에서 생각나는 대로 하지 말라. 시험지의 여백과 빈 공간에 써 본다. 여러분 스스로 모식도와 그림을 그려본다. 여러분이 알고 있는 것을 적고 그리고 기억을 더듬어 본다. 아직도 확신이 서지 않는다면 물음표로 표시해 놓고 나중에 다시 돌아와 풀어본다. 관련된 질문들을 풀다보면 이 질문을 해결하는 데 실마리가 될 정보를 발견할 수 있을 것이다. 준비를 잘 하고, 적절하게 휴식을 취하면서 영양분을 충분히 섭취하고, 긍정적인 태도 이외의 대안은 없다는 것을 생각하기 바란다.

생물학은 매력적이며, 폭넓고, 흥미로운 과목이다. 캠밸 생명과학 교과서들은 여러분이 생물학의 주요 주제의 개념적 틀을 잡는 데 도와줄 체계화된 정보로 가득 차 있다. 이 책은 여러분이 배우고 정보를 기억해 내는 데 도움이 되도록 만들어졌으며, 더 중요한 것은 여러분 스스로의 노력으로 생물학에 대한 이해력을 증진시키고자 할 때 여러분을 격려하고 안내하기 위해서 만들어졌다.

뉴욕 이타가에서
마사 테일러

역자 서문

캠벨 생명과학 교과서들을 번역하면서 아쉬움으로 남았던 것은 전 세계적으로 가장 많이 이용하는 교과서를 좀 더 효과적으로 공부할 수 있는 가이드 형태의 책이 없는 것이었습니다. 이제 그 고민을 풀게 되어 매우 기쁘게 생각합니다.

"켐벨 생명과학－요점과 문제풀이"라는 이름으로 학생들의 입맛에 딱 맞는 도움을 주는 책을 발간하게 되었습니다. 이 책은 단순히 문제집이 아니라 켐벨 생명과학 교과서들을 공부하는 여러분이 생물학 지식을 정리하고 체계화하며 문제를 풀어봄으로써 성공적으로 학업을 수행할 수 있도록 구성되었습니다. 이 책의 특징은 먼저 핵심 단어를 선정하여 각 장의 특징을 한번에 이해할 수 있도록 하며, 리뷰를 통해 각 섹션을 빠른 시간 내에 이해할 수 있도록 해주고, 바로 핵심 문제를 통해서 개념을 이해했는지 확인하는 것입니다. 그리고 반드시 개념체계도를 도입하여 개념들 간의 유기적인 연결 관계를 이해하도록 도와줍니다. 마지막으로 문제를 풀어봄으로써 불분명하였던 부분들을 명확하게 이해할 수 있도록 확인 과정을 거칩니다. 이러한 구성은 국내에 나와 있는 문제집에서는 보기 어려운 아주 훌륭한 체계라고 생각합니다.

학습 효과를 극대화시키기 위해서는 예습 및 복습, 그리고 다양한 자료나 매체를 이용하는 것이 필요합니다. 그러한 노력의 일환으로 이 책을 이용한다면 매우 의미 있는 결과를 가져다줄 것입니다. 수업 전에 "캠벨 생명과학 교과서"를 읽고 강의실에서 수업을 들으며, 이 책을 이용하여 정리를 한다면 훌륭한 결과를 얻을 수 있을 것입니다. 하지만 교과서로 선택한 책의 부피가 많아 짧은 시간에 읽고 들어가는 것이 어렵다면 이 책을 이용하여 먼저 핵심 개념을 파악하고 개념도를 이용하여 핵심개념 간의 연계를 짧은 시간에 살펴보고 수업 시간에 들어가는 방법도 있습니다. 그리고 수업 후에 책의 복습과 함께 이 책을 이용하여 핵심 개념의 정리 및 문제 풀이를 통해 생물학 지식을 발달시키고 체계화시킬 수 있을 것입니다.

이 책의 번역 작업이 일찍 시작되었지만 여러 사정으로 인하여 이제야 빛을 보게 되었습니다. 그 동안 번역 작업에 임해 주시고 책이 나오기까지 기다려주신 교수님들께 진심으로 감사드립니다. 그리고 감수를 해주신 서울대학교 생명과학부의 안태인 교수님께도 감사드립니다.

학교 현장에서 생명과학을 공부하는 많은 학생들뿐만 아니라 다양한 시험을 준비하는 학생들에게도 많은 도움이 되기를 바랍니다.

대표역자 전상학
서울대학교 사범대학 생물교육과

역자 소개

대표역자

전상학
서울대학교 생물교육과 교수

감수자

안태인
전) 서울대학교 생명과학부 교수

역 자

강성만
고려대학교 생명과학부 교수

고영규
고려대학교 생명과학부 교수

권혁빈
선문대학교 BT융합제약공학과 교수

김기중
고려대학교 생명과학부 교수

김은수
건국대학교 생명과학특성학과 교수

김재근
서울대학교 생물교육과 교수

김재범
서울대학교 생명과학부 교수

김철근
한양대학교 생명과학과 교수

나종길
군산대학교 생물학과 교수

신기순
경희대학교 생물학과 교수

신만균
울산대학교 생명과학부 교수

신정섭
고려대학교 생명과학부 교수

유시욱
영남대학교 생명과학과 교수

유정칠
경희대학교 생물학과 교수

윤성명
조선대학교 생명과학과 교수

이명민
연세대학교 시스템생물학과 교수

이명석
숙명여자대학교 생명과학과 교수

이상돈
이화여대학교 환경공학전공 교수

이일하
서울대학교 생명과학부 교수

이준규
서울대학교 생물교육과 교수

이창호
강릉원주대학교 생물학과 교수

이태호
연세대학교 시스템생물학과 교수

장수철
연세대학교 학부대학 교수

정민걸
공주대학교 환경교육과 교수

조은희
조선대학교 생물교육과 교수

한인섭
울산대학교 생명과학부 교수

1장

서론: 진화와 생물학의 기초

핵심

이 장은 생물학의 넓은 범주를 개괄하며, 생명 연구를 통합하는 주제를 기술한다. 또한 생물학적 지식의 과학적 구성을 검토한다. 생물학 강좌는 어휘력 강좌도 아니고 다양한 형태의 생명을 분류하는 훈련도 아니다. 생물학은 이론과 체계화된 원리 속에 구조화된 사실과 개념들의 모음이다. 생물학에서 공통적 주제의 인식은 여러분이 생명에 대한 매혹적이고 도전적인 학습에 대한 여러분의 지식을 구축하는 데 도움을 줄 것이다.

복습

생물학(biology)은 생명에 대한 과학적 학문이며 더불어 **진화(evolution)**, 즉 지구상의 생명의 기원에서부터 오늘날의 생명 다양성에 이르기까지 거쳐온 변화의 과정과 그 구성 원리를 연구하는 학문이다.

1.1 다양한 생명을 연구하면 공통 주제가 드러난다

주제: 생물학의 계층구조 각 수준에서 나타나는 창발적 특성 생물학의 규모는 생물권에서 분자 수준으로 확장된다.

핵심 문제 1.1

아래 생물학적 계층구조의 각 단계를 짧게 기술하라.

a. 생물권

b. 생태계

c. 군집

d. 개체군

e. 생물체

f. 기관과 기관계

g. 조직

h. 세포

i. 세포소기관

j. 분자

생물학적 계층구조의 각 수준에서 구성요소 간의 상호작용은 다음 수준에서의 새로운 특성을 창발시키게 된다. 이러한 **창발적 특성(emergent properties)**은 각 부분의 구조적 배열과 부분 간의 상호작용에 의해 나타난다.

오늘날의 생물학은 강력하고 실용적인 환원주의 전략(reductionism), 즉 복잡한 시스템을 보다 단순한 구성요소로 분해하는 전략과 **시스템 생물학(systems biology)**, 즉 생물학 시스템의 각 부분들 간의 상호작용을 연구하고 시스템의 동적 행동을 모델링하는 전략을 병행한다.

생물학적 구조의 형태는 대개 그 기능과 잘 부합한다. 형태는 모든 생명의 구조 수준에서 기능과 잘 들어맞는다.

세포는 생물의 구조와 기능의 기본 단위이다. 세포는 생명의 모든 활동을 수행하는 가장 낮은 수준의 구조이다. 더 단순하고 작은 **원핵세포(prokaryotic cell)**는 세균과 고세균에서만 나타나는데 DNA를 둘러싼 핵도 없고 막으로 둘러싸인 세포소기관도 없다. **진핵세포(eukaryotic cell)**는 DNA를 가진 핵과 다양한 세포소기관을 가지는데 원핵세포를 제외한 나머지 모든 생물체의 전형적인 형태이다.

주제: 생명 과정에는 유전정보의 발현과 전달이 포함된다. 세포의 유전정보는 유전자 물질인 **DNA(데옥시리보핵산)**에 저장되어 있다. **유전자(gene)**는 부모에서 자손으로 전달되는 정

보, 즉 유전의 단위이다. 유전자는 염색체에 놓여져 있는데, 긴 DNA 분자는 세포분열 직전에 복제되고 딸세포에 동일한 복사본을 제공한다.

생명체의 발생과 기능에 대한 생물학적 정보는 DNA 이중나선의 두 가닥에 네 종류의 염기 배열 형태로 내장된다. 대부분의 유전자는 세포내 단백질의 생산을 프로그램하며, 거의 모든 세포내 구조와 기능은 하나 이상의 단백질에 의해 수행된다.

유전자 발현(gene expression)은 유전자의 정보가 RNA로 전사되고 다시 단백질로 해독되는 과정을 말한다. 유전자는 이외에도 다른 기능을 수행하는 RNA를 암호화하기도 한다. 이를테면 어떤 RNA는 유전자 발현을 조절하는 기능을 갖기도 한다. 모든 형태의 생명은 근본적으로 동일한 뉴클레오타이드로 이루어진 유전부호를 사용한다.

핵심 문제 1.2

DNA 뉴클레오타이드에서 단백질로 가는 정보전달 경로를 기술하라.

생물체가 물려받은 모든 유전정보가 **유전체(genome)**를 구성한다. 인간 염색체 한 세트는 약 30억 염기쌍을 가지며, 약 75,000 단백질의 생산 정보를 암호화하고 있고 많은 수의 비단백질부호 RNA 분자를 암호화하고 있다.

인간 유전체나 다른 많은 생물체의 유전체 염기서열이 결정되었다. **유전체학(genomics)**이라는 시스템적 접근법으로 과학자들은 하나 이상의 종에서 전체 유전자 세트를 연구하고 있다.

세 분야의 연구개발이 유전체학에 기여하고 있다: 생물재료를 빠르게 분석할 수 있게 해주는 "대량분석 기술"과, 그렇게 나온 결과를 분석하고 가공하는 컴퓨터 도구를 제공하는 **생물정보학(bioinformatics)**, 다양한 과학 분야의 전문가로 구성된 학제간 연구팀이 이들이다.

주제: 생명은 에너지의 전달과 변환을 필요로 한다 생명은 에너지를 필요로 한다. 생산자는 빛에너지를 당 속의 화학에너지로 전환하여 식물의 세포 활동에 동력을 제공한다. 소비자는 식물이나 다른 생물을 먹고 그 먹이 속의 화학에너지를 이용하여 운동과 생장, 기타 활동들을 수행한다. 각 에너지 변환 과정에서 일부 에너지는 소실되어 주변 환경에 열로 방출된다.

핵심 문제 1.3

생태계 내 화학 영양분과 에너지의 이동을 비교하라.

주제: 생물체는 물리적 환경 및 다른 생물과 상호작용한다 생물체와 환경은 모두 서로 간의 상호작용에 의해 영향을 받는다. 생물체 간의 상호작용은 서로 이득이 되거나 하나가 손해를 보거나 혹은 둘 다 손해를 보기도 한다.

진화, 생물학의 중심 주제 진화는 과거와 현재의 다양한 생물종들이 어떻게 공통조상으로부터 계승되어 연결되어 있는지를 설명하고 어떻게 생물체가 그들의 환경에 적응하게 되었는지를 설명한다.

1.2 핵심주제: 진화는 생명체의 통일성과 다양성을 설명한다

생명의 다양성 분류: 생명의 세 영역 추정된 전체 1000만~1억 종 가운데 오직 180만 종만이 동정되고 명명되었다. 생물학자들은 이 생물종을 점점 더 넓은 범주로 그룹을 지어 종에서 과, 목, 강, 문, 그리고 계로 분류하였다.

계의 수는 현재 논쟁 중이지만, 모든 생명은 현재 세 개의 영역으로 묶고 있다. 원핵생물은 **세균역(Bacteria)**과 **고세균역(Archaea)**으로 나누어진다. 모든 진핵생물은 **진핵생물역(Eukarya)**으로 묶인다. 대부분 단세포인 원생생물(protists)은 현재 진화적 유연관계를 더 잘 반영하여 새로운 계통으로 재구성 중이다.

이런 생명의 다양성 내에서도 생명체들은 많은 유사성을 공유하고 있다. DNA라는 유전 언어를 공통적으로 사용하고 있는 게 좋은 예이다.

핵심 문제 1.4

식물, 균류, 동물을 서로 다른 계로 분류하는 일반적인 기준은 무엇인가?

찰스 다윈과 자연선택 이론 1859년 출간된 종의 기원에서 찰스 다윈은 "변형된 계승", 즉 현재의 형태는 조상종의 형태가 일련의 계승 과정을 통해 갈라져 나온 것이라는 아이디어를 제시하였다. 다윈은 진화 메커니즘으로서 **자연선택(natural selection)**을 제안하였는데 이는 세 가지 관찰에서 비롯된 추론에 근거하였다: 각 개체는 많은 유전적 형질에 변이를 보인다. 자손의 과잉생산은 생존 경쟁을 불가피하게 만든다. 종은 일반적으로 자신의 환경에 잘 어울린다. 이로부터 다윈은 환경에 가장 적합한 형질을 가진 개체가 덜 적합한 개체보다 더 많은 자손을 남긴다고 추론하였다. 이러한 자연선택, 혹은 개체군 내 생식적 성공의 불평등이 점차적으로 환경에 유리한 적응을 낳게 된다.

생명의 계통수 살아 있는 생물종뿐만 아니라 화석종에서도 서로 연관된 종의 구조에서 나타나는 통일성은 공통조상에서 유래한 구조를 드러낸다. 종의 다양성은 각 개체군이 수백만 세대를 거쳐 작용한 자연선택에 의해 서로 다른 환경에 적응한 결과 얻어진 것이다. 나무 모양의 진화적 유연관계 모식도는 조상종에서 확산되어 분지되는 계보를 보여준다. 유사한 종은 생명의 계통수에서 좀 더 최근의 분지점에서 공통조상을 가진다. 멀리 떨어진 종은 좀 더 과거의 공통조상을 공유한다.

핵심 문제 1.5

다윈의 자연선택 이론을 진화적 적응과 새로운 종의 기원을 설명하는 기작으로 기술하라.

1.3 생물학적 탐구는 자연의 관찰에 입각하여 가설을 만들고 검정하는 과정을 수반한다

과학(science)은 자연 세계를 이해하는 방법으로서, 질문을 던지고 그 답을 찾는 수고를 통해 정보를 얻는 과정인 **탐구(inquiry)**를 수반한다.

관찰하기 신중하고 입증할 수 있는 관찰과 데이터 분석은 과학적 탐구의 기본이다. 관찰은 우리의 오감과 그 오감을 확대하는 도구를 이용한다. **데이터(data)**는 양적, 질적 데이터를 막론하고 모두 관찰을 기록한 것이다. **귀납적 추리(inductive reasoning)**를 이용하여 수집된 관찰로부터 일반화를 끌어낼 수 있다.

가설의 형성과 검증 관찰과 귀납 추리는 자연적 원인과 설명을 추구한다. **가설(hypothesis)**은 질문에 대한 잠정적 해답 혹은 관찰에 대한 설명인데, 이로부터 검증 가능한 예측을 얻을 수 있다. **연역적 추리(deductive reasoning)**는 "만약… 그렇다면"이라는 논리를 이용하여 일반적인 것에서 특별한 것—일반적인 전제가 옳다면 일반적인 가설에서 특별한 예측을 하게 한다.

과학에서 이상적인 것은 둘 혹은 그 이상의 대안 가설을 만들어놓고 각 후보 설명을 검증하는 실험을 설계하는 것이다. 가설은 사실로 입증할 수 없다. 이 가설을 기각하려는 시도가 더 많이 실패할수록 이 가설은 더욱 신뢰를 얻게 된다.

과학은 자연현상에 대해 자연적인 원인을 추구한다. 과학은 초자연적인 질문에 답을 하지 않는다.

과학적 탐구의 사례연구: 생쥐 개체군에서 털색깔 연구 플로리다의 서로 다른 두 서식지에서 발견되는 해변 생쥐와 내륙 생쥐는 같은 종에 속하는 동물이지만 색깔이 다르다. 혹스트라 교수와 학생들은 털색깔 패턴이 포식자로부터 자신을 보호하기 위한 적응으로서 진화해왔다는 가설을 검증하였다. 자신의 환경과 맞지 않는 색깔을 가진 생쥐는 털색깔로 잘 위장된 생쥐에 비해 더 많이 포획된다는 가설을 검증하기 위해 해변과 내륙 생쥐 모형을 각 서식지에 설치하였다. 포식의 흔적을 기록한 후 각 서식지에서 공격받은 생쥐의 비율을 계산하였다. 양쪽 경우 모두 색깔이 그들의 서식지와 맞지 않는 생쥐는 더 높은 포식률을 보였다. 따라서 이들의 실험은 위장 가설을 잘 지지하였다.

이러한 실험 설계는 각 실험대상을 실험 그룹과 대조 그룹으로 분리하여 관찰하는 **대조된 실험(controlled experiment)**의 좋은 사례를 보여주고 있다. 두 그룹은 실험에서 검증하고자 하는 하나의 변이를 제외하고는 모두 비슷하다.

핵심 문제 1.6

a. 생쥐 위장 실험에서 대조 그룹과 실험 그룹을 명시하라.

b. 이 연구의 결과를 비위장 생쥐에 대한 총 공격 횟수로 제시하지 않고 위장 생쥐와 비위장 생쥐에 대한 공격빈도로 제시된 이유는 무엇일까?

과학의 학설 **학설(theory)**은 가설보다 좀 더 넓은 범주로서, 많은 특별한 가설을 양산하며, 훨씬 더 많은 증거에 의해 지지되는 것이다. 그러나 학설도 실험 결과와 새로운 증거가 더 이상 지지하지 않으면 변형되거나 심지어 기각될 수도 있다.

사회적 과정으로서의 과학: 지역사회와 다양성 대부분의 과학자들은 팀을 이루어 일을 하고, 그들의 결과를 좀 더 넓은 연구 집단에서 세미나, 출간, 웹사이트 등을 통해 공유한다. 과학자들은 종종 다른 동료의 관찰과 실험 결과를 재확인하는 실험을 수행한다. 과학은 검증할 수 있고 기각할 수 있는 가설이며 입증 가능한 관찰이라는 측면에서 신념에 대한 집착과 구별된다.

과학과 기술은 상호의존적이다: 과학에 의해 생산된 정보는 특별한 목적을 위한 **기술(technology)**에 응용될 수 있으며, 기술적 진보는 과학적 지식을 확장하는 데 이용되기도 한다.

여성과 많은 인종, 민족 집단이 과학 분야 직업에서 소외되고 있다. 배경이나 관점의 다양성이 과학의 진보에 중요하다.

핵심 문제 1.7

a. 가설과 학설을 비교하라.

b. 과학과 기술을 비교하라.

어원

bio- = life (*biology*: the scientific study of life; *bioinformatics*: the use of computers, software, and mathematical models to process and integrate biological information from large data sets)

eu- = true; **karyo-** 5 nucleus (*eukaryotic cell*: a type of cell with a membrane-enclosed nucleus and organelles)

pro- = before (*prokaryotic cell*: a type of cell lacking a membrane-enclosed nucleus and organelles)

지식의 체계화

1. 이 장에서 제시된 생물학의 다섯 가지 통합 주제 각각에 대해 당신의 언어로 간단히 기술해 보시오:
   a. 창발적 특성과 생물학적 구성 수준
   b. 유전정보의 발현과 전달
   c. 에너지와 물질의 전달과 변환
   d. 다른 생물 혹은 물리적 환경과 상호작용
   e. 진화

지식의 검증

선다형 문제: 가장 옳은 답을 고르시오.

1. 생명의 통일성과 다양성을 이해시키는 중심 아이디어는
   a. 과학적 방법.
   b. 귀납적 추리.
   c. 연역적 추리.
   d. 진화.
   e. 시스템 생물학.

2. 이 장에서 소개한 생쥐 연구와 유사한 실험에서 해변 생쥐 모형에 대한 공격이 내륙 서식지보다 해변가 서식지에서 더 자주 일어났다고 가정해보자. 이로부터 연구자는 어떻게 결론을 내려야 하는가?
   a. 위장 가설은 잘못된 것이다.
   b. 해변 서식지의 포식자들은 내륙 서식지의 포식자보다 더 배가 고프다.
   c. 해변 쥐 모형은 공격으로부터 자신을 보호할 만큼 충분히 해변 쥐를 닮지 않았다.
   d. 결론을 이끌어내기 위해서는 대조구—양쪽 서식지에서 내륙 쥐 모형에 대한 공격 횟수 비교—를 포함시켜 비교해야 한다.
   e. 결론이 얻어지기 전 좀 더 많은 데이터를 수집해야 한다.

3. 왜 가설은 절대로 참임이 "입증"될 수 없는가?
   a. 100% 확실하다고 할 정도로 충분한 데이터를 모으는 것은 불가능하다.
   b. 이 결과를 설명할 수 있는 검증되지 않은 대안 가설은 항상 존재하기 때문이다.
   c. 과학은 우리의 오감에 의해 제약을 받는 학문이다.
   d. 실험 오차는 모든 연구 프로젝트에 항상 수반된다.
   e. 과학은 "진화하기" 때문이다; 가설은 심지어 학설조차도 항상 변화한다.

4. 연못 샘플에서 수많은 엽록체와 채찍 같은 편모를 가진 단세포 생물체를 발견했다. 아래 그룹 중 어디로 분류해야 되는가?
   a. 식물
   b. 동물
   c. 고세균역
   d. 원생생물계로 제안된 것 중 하나
   e. 핵이 있는지 보기 전까지는 알 수 없다.

5. DNA란 무엇인가?
   a. 유전물질
   b. 네 종류의 뉴클레오타이드로 이루어진 이중나선
   c. 단백질 합성 코드
   d. 염색체의 성분
   e. 위 모두

6. 생명의 가장 낮은 수준에서 가장 높은 수준으로 잘 배열된 것은?
   a. 기관, 조직, 기관계, 생물, 개체군
   b. 생명, 군집, 개체군, 생태계, 생물권
   c. 분자, 세포소기관, 세포, 조직, 기관, 생물
   d. 조직, 세포, 기관, 생물, 군집
   e. b와 c가 둘 다 옳음

7. 아래 생물학의 중심 주제 중 시스템 생물학의 목적과 실제와 가장 관련이 큰 것은?
   a. 진화는 생명의 통일성과 다양성을 설명한다.
   b. 생명은 다른 생물들과 물리적 환경과 상호작용한다.
   c. 생명의 과정은 유전정보의 발현과 전달을 수반한다.
   d. 생명은 에너지 전달과 변환을 필요로 한다.
   e. 새로운 특성은 생물학적 구성의 다음 과정에서 창발적으로 나타난다.

UNIT 1

화학과 세포

2장

생명체의 화학적 구성

핵심

이 장은 원자와 분자의 특성을 설명하는 화학적 기본 원리를 다루고 있다. 아원자 입자—양성자와 중성자, 전자—들이 원자 내에서 어떻게 배열되어 있으며, 원자들은 공유결합에 의해 어떻게 연결되고, 이온결합에서 이온들은 어떻게 서로에게 끌려가는지를 배우게 될 것이다. 이외에도 이 장은 물의 특성에 대해서도 초점을 맞출 것이다. 물의 특성은, 작고 필수적인 물 분자의 극성과 수소결합 능력으로부터 생겨난다.

복습

2.1 물질은 순수한 형태 혹은 화합물 형태의 화학원소로 이루어져 있다

원소와 화합물 물질(matter)이란, 공간을 차지하고 무게를 가지는 것을 말한다. **원소(element)**는 화학반응에 의해서 더 이상 분해되지 않는 물질이다. **화합물(compound)**은 두 개 이상의 다른 원소들이 특정 비율로 결합되어 있다. 화합물은 구성 원소들과는 다른 특징을 갖게 되며, 이것이 바로 조직화된 상위차원에서 나타내는 창발적 특징(emergent properties)의 한 예이다.

생명체에 필요한 원소들 사람의 몸은 25가지의 다른 원소로 구성되어 있다. 생명체의 생존과 번식에 필요한 원소를 **필수원소(essential elements)**라고 한다(필수원소의 종류는 생명체의 종류마다 다소 차이가 있다). 탄소(C)와 산소(O), 수소(H), 질소(N)가 생명체의 96%를 차지한다. 철(Fe)과 요오드(I) 같은 일부 원소는 매우 소량이 필요하고 이를 **미량원소(trace elements)**라고 부른다.

핵심 문제 2.1

몇몇 다른 원소들과 함께 생명체 중량의 약 4%를 이루는 다음 원소들의 기호 옆에 원소이름을 기입하라.

Ca　　　　K

P　　　　S

독성원소에 대한 저항성의 진화 일부 식물은 독성원소가 있는 토양에서 자랄 수 있는 진화적 적응 양태를 보인다.

2.2 원소의 성질은 이를 구성하는 원자들의 구조에 의해 결정된다

각각의 원소는, 원소의 특성을 유지하고 있는 물질의 가장 작은 단위인 특정 **원자(atom)**로 이루어져 있다.

아원자입자 원자를 이해하는데 세 개의 아원자입자(subatomic particles)가 중요하다. 전하를 띠지 않는 **중성자(neutrons)**와 양의 전하를 띠는 **양성자(protons)**는 함께 뭉쳐서 **원자핵(atomic nucleus)**을 형성한다. 음의 전하를 띠는 **전자(electrons)**는 핵 주위에서 구름을 형성한다.

양성자와 중성자는, 각각 1달톤에 가까운 1.7×10^{-24} g으로 거의 동일한 질량을 가진다. **1달톤(daltons)**은 원자량을 나타내는 단위이다. 전자는 무시할 수 있을 정도의 작은 질량을 가진다.

원자번호와 원자량 다른 원소를 이루는 원자들은 무엇 때문에 서로 다른가? 각 원소는 특정 **원자번호(atomic number)**, 혹은 각 원자 내의 핵에 특정 숫자의 양성자를 가진다. 달리 명시되지 않았다면, 원자는 전기적으로 중성이며, 따라서 양성자의 숫자는 전자의 숫자와 동일하다. 원소기호의 왼쪽 아래에 표기된 숫자는 원자번호를 의미하고 위쪽에 표기된 숫자는 질량수를 나타낸다. **질량수(mass number)**는 핵 안에 있는 양성자와 중성자를 합친 숫자와 동일하며, 그 원소를 이루는 원자의 질량을 달톤으로 나타낸 것과 거의 동일하다. **원자량(atomic mass)**은 원자의 전체 질량을 말한다.

핵심 문제 2.2

질량수와 원자번호의 차이는 ________의 숫자와 같다. 인 원자 $^{31}_{15}P$는 ______개의 양성자와 ________개의 전자, ________개의 중성자를 가진다. 인의 원자량은 대략 ________이다.

동위원소 특정 원소를 구성하는 원자의 양성자 숫자는 일정하지만, 중성자의 숫자는 원자마다 다양할 수 있으며, 이로 인해 약간의 차이가 나는 질량을 갖는 동위원소가 생겨난다. 일부 동위원소는 불안정하다. **방사성동위원소(radioactive isotope)**의 핵은 자연적으로 붕괴되어 입자와 에너지를 방출한다. 방사성동위원소는 생물학 연구와 의술에 중요한 도구이다. 붕괴되는 동위원소로부터 방출되는 방사능에 너무 강하게 노출되면 건강상의 심각한 위험에 직면하게 된다.

전자의 에너지 준위 **에너지(energy)**는 변화를 유발할 수 있는, 즉 일을 할 수 있는 능력으로 정의된다. **위치에너지(potential energy)**는 물질의 위치나 구조의 결과로서 저장된다. 전자의 위치에너지는, 양의 전하를 띠고 있는 핵으로부터의 거리가 멀어질수록 증가한다. 전자는 여러 **전자껍질(electron shells)**에 위치할 수 있으며, 각 전자껍질은 특정 에너지준위를 갖고 핵으로부터 특정거리만큼 떨어져 있다.

핵심 문제 2.3

핵으로부터 더 멀리 떨어져 있는 전자껍질로 이동하기 위해서 전자는 반드시 에너지를 ____해야 한다. 핵에 더 가까운 껍질로 이동할 때 전자는 에너지를 ____한다.

전자배치와 화학적 특징 무엇이 원자의 화학적 특성을 결정하는가? 전자의 배치, 특히 가장 바깥쪽 껍질인 **원자가껍질(valence shell)**의 **원자가전자(valence electrons)**의 숫자가 이를 담당한다. 여덟 개의 전자를 갖는 원자가 껍질은 완전히 채워진 상태여서 반응성이 없다. (첫 번째 껍질은 두 개의 전자만 가질 수 있음을 기억하자.) 완전히 채워지지 않은 원자가껍질은 화학적 활성을 띤다. 원소의 주기율표에서 각 열, 혹은 각 주기의 원소들은 동일한 개수의 전자껍질을 가지며, 가장 바깥쪽 껍질의 전자 개수의 증가에 따라 순서대로 배열되어 있다.

핵심 문제 2.4

다음 원자의 전자배치도를 그려라. (두 번째와 세 번째 껍질에서 네 개의 전자가 존재할 때까지는 쌍을 이루지 않는다는 것에 주의하라.)

a. $_{1}H$

b. $_{6}C$

c. $_{8}O$

d. $_{11}Na$

핵심 문제 2.5

원자구조를 정리하는 데 도움이 될 다음 개념도의 빈칸을 채우라.

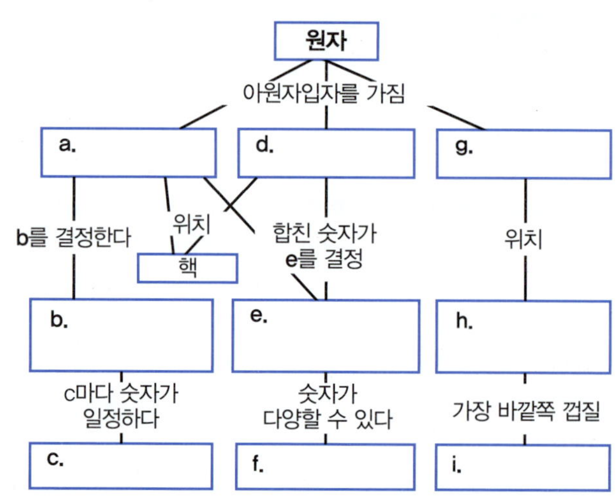

2.3 분자의 구조와 기능은 원자들 간의 화학결합에 의해 결정된다

완벽히 채워지지 않은 원자가껍질을 갖는 원자는 전자를 공유하거나, 혹은 상대 원자에게 전자를 넘겨주거나 전달받아 원자가껍질을 완벽히 채울 수 있다. 이러한 작용은 원자들을 가까이 위치하게 하며, **화학결합(chemical bonds)**이라는 힘을 통해 유지된다.

공유결합 두 원자가 한 쌍의 원자가전자를 공유할 때 **공유결합(covalent bond)**이 형성된다. **분자(molecule)**는 두 개 이상의 원자들의 공유결합에 의해 형성된다. 전자배치도는 분자 내에서 공유된 전자들을 보여준다. H−H와 같은 **구조식**에서 보이는 선은 **단일결합(single bond)**을 위미한다. O_2와 같은 분자식은 원자의 종류와 숫자만을 알려준다. 산소 분자에는 산소원자들이 두 쌍의 원자가 전자를 공유하여 이중공유결합, 간단히 **이중결합(double bond)**을 형성한다(O=O). 원자의 **원자가(valence)** 혹은 결합능력은 일반적으로, 원자가껍질을 채우는 데 필요한 전자의 개수와 같다.

핵심 문제 2.6

생명체에서 가장 많이 발견되는 4가지 원소의 원자가는 얼마인가?

전기음성도(electronegativity)는 특정 원자가 공유전자를 끌어당기는 힘이다. 특정 분자의 원자들이 유사한 전기음성도를 갖는다면 전자는 균등하게 공유되며, 이 결합을 **비극성 공유결합(nonpolar covalent bond)**이라고 한다. 반면, 한 원소의 전기음성도가 상대적으로 더 크다면 공유 전자를 자기 쪽으로 가깝게 잡아당겨, **극성 공유결합(polar covalent bond)**을 형성한다. 이러한 전자의 불균등 공유는 "극성" 혹은 전하의 분리로 나타나, 전기음성도가 큰 원자 쪽에 약한 음의 전하(δ−)를 유발하고 전자가 멀리 떨어져 있는 원자 쪽에 약한 양의 전하(δ+)를 유발한다.

핵심 문제 2.7

다음의 분자가 비극성 공유결합, 혹은 극성 공유결합을 가지는지를 설명하라. (힌트: N와 O는 모두 전기음성도가 크다. C와 H는 유사한 정도의 작은 전기음성도를 가진다.)

a. 질소 분자 N≡N

c. 메탄

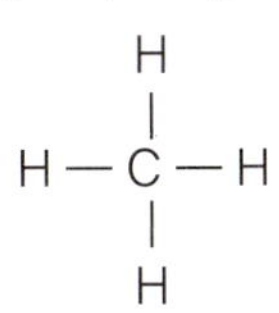

b. 암모니아

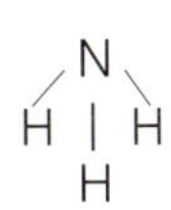

d. 포름알데히드

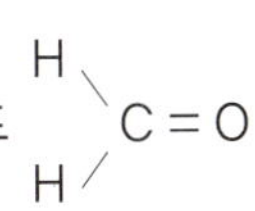

이온결합 두 개 원자의 원자가 전자를 끌어당기는 힘이 매우 다를 때 무슨 일이 생길까? 전기음성도가 상대적으로 큰 원자는 전자를 다른 원자로부터 완전히 빼어 와서, **이온(ions)**이라고 하는 전하를 띤 원자가 생길 수 있다. 전자를 잃어버린 원자는 양의 전하를 띠는 **양이온(cation)**이 되고 전자를 얻어 음의 전하를 띠는 원자를 **음이온(anion)**이라고 한다. **이온결합(ionic bond)**은 이온들의 반대 전하에 대한 인력으로 이들 이온을 함께 붙잡아 둔다.

이온 화합물(ionic compounds), 혹은 **염(salts)**은 종종 전기적 힘에 의해 뭉쳐진 3차원 결정 격자 형태로 존재한다. 염 결정에 존재하는 이온의 숫자는 고정되어 있지 않으며, 단지 원자들은 특정 비율로 존재한다. 염은 건조한 상태에서만 강한 이온결합을 보이고, 결정은 물에서는 용해된다.

전하를 띠고 있는 공유 분자도 이온이라고 한다.

핵심 문제 2.8

칼슘($_{20}Ca$)과 염소($_{17}Cl$)는 결합하여 염화칼슘염을 형성할 수 있다. 이들의 원자가껍질의 전자 개수와 결합능력을 바탕으로 보았을 때, 이 염의 분자식은 무엇일까? **a.** ____어떤 원자가 양이온이 될 것인가? **b.** ____

약한 화학결합 이온결합과 그 외의 약한 결합은 분자들 사이에 일시적인 결합을 형성할 수 있다. 많은 커다란 분자들 사이의 약한 결합은 분자들의 기능에 필요한 3차 구조를 형성하는 데 도움을 준다.

전기음성도가 큰 원자와 공유결합한 수소는 약한 양의 전하를 띠고, 주변의 다른 전기음성도가 큰 원자에 끌릴 수 있다. 이러한 인력을 **수소결합(hydrogen bond)**이라고 한다.

모든 원자와 분자들은 가까이 놓이게 되면 **반데르발스인력(van der Waals interactions)**을 통해 서로를 끌어당긴다. 순간적으로 불균등하게 분포한 전자가 양과 음의 전하를 띠는 부위를 만들어내고 이들이 약한 결합을 형성한다.

분자 구조와 기능 분자의 특정한 크기와 모양은 이것이 다른 분자와 결합하는 방식에 영향을 미친다. 네 개의 다른 원자와 결합한 탄소원자는 4면체 구조를 갖는다.

핵심 문제 2.9

물 분자의 V자 모양과, 공유결합된 전자를 보여주는 전자배치도를 그려라. 물 분자가 다른 극성 분자와 수소결합을 형성할 수 있게 해주는 약한 음전하와 양전하를 띠는 부위를 표시하라. 그리고 두 번째 물 분자를 그려, 이들 간의 수소결합을 표시하라.

2.4 화학반응에 의해 화학결합이 형성되고 끊어진다

화학반응(chemical reactions)은 화학결합의 형성과 분해를 포함한다. 화학반응 과정에서 물질은 보존된다. 원자들의 재배열이 이 분자들의 특성을 변화시키지만, **반응물(reactants)**과 **생성물(products)** 모두에 동일한 수와 종류의 원자가 존재한다.

화학반응은 가역반응으로, 정방향 반응의 생성물이 역반응의 반응물이 될 수 있다. 반응물의 농도를 증가시키면 반응속도를 높일 수 있다. 정방향과 역방향 반응이 동일한 속도로 진행되면 **화학평형(chemical equilibrium)**에 도달하고, 반응물과 생성물의 상대 농도는 더 이상 변하지 않는다.

핵심 문제 2.10

포도당과 산소가 이산화탄소와 물로 전환되면서 에너지를 방출하는, 다음의 호흡과정에서 빈칸의 계수를 채워라. 모든 원자는 화학반응에서 보존된다는 것을 명심하라.

$$C_6H_{12}O_6 + \_\_\_\_ O_2 \rightarrow \_\_\_\_ CO_2 + \_\_\_\_ H_2O + \text{에너지}$$

2.5 수소결합으로 생기는 물의 특성으로 인해 지구상의 생명현상이 가능하다

V자 모양의 물 분자는 각 수소원자 쪽에 약한 양전하(δ+)를 띠고 산소원자에 약한 음전하(δ−)를 띠는 **극성 분자(polar molecule)**이다. 물 분자 사이의 수소결합은 물의 창발적 특징의 근원이 되는 구조적 결합을 만들어낸다.

물 분자의 응집 액상의 물은 물 분자들을 서로 잡아주는 수소결합이 계속적으로 형성되고, 또 다시 형성되기 때문에 비정상적으로 응집력이 강하다. **응집(cohesion)**은 구조적으로 보다 조직화된 액체를 만들고 물이 식물체 내에서 끌려 올라가는 것을 도와준다. 물 분자가 식물의 도관벽에 **흡착(adhesion)**하는 것도 역시 물의 수송에 도움을 준다. 물 분자 사이의 수소결합은 물과 공기 사이에서 높은 **표면장력(surface tension)**을 만들어 물의 표면을 깨뜨리기 매우 어렵게 해 준다.

물의 온도 조절 능력 **열에너지(thermal energy)**는 원자와 분자의 불규칙한 운동과 관련된 **운동에너지(kinetic energy)**의 척도이다. **온도(temperature)**는 물체에서 분자들의 운동에너지의 **평균**을 나타낸다. 열에너지는 물질에서의 **전체** 운동에너지를 나타내므로 물체의 부피와 상관 있다. 따뜻한 물체에서 차가운 물체로 전달되는 열에너지를 **열(heat)**이라고 정의한다.

1**칼로리(calorie, cal)**는 1 g 물의 온도를 1℃ 올리는 데 필요한 열의 양이다. 1**킬로칼로리(kilocalorie, kcal)**는 1,000 칼로리이며, 1 kg의 물을 1℃ 올리는 데 필요한 열의 양이다. 1**주울(joule, J)**은 0.239칼로리에 해당한다. 1칼로리는 4.184 J 이다.

비열(specific heat)은 그 물질 1 g의 온도가 1℃ 변화되는 데 흡수되거나 방출되는 열의 양으로 정의된다. 물의 비열은 1 cal/g · ℃로서, 다른 물질에 비해서 매우 크다. 물은 자신의 온도가 변화할 때 왜 이렇게 많은 양의 열을 흡수하거나 방출하는가? 물 분자의 운동이 빨라지고 온도가 올라가기 전에 수소결합이 끊어지기 위해서는 열이 흡수되어야 한다. 반대로, 물의 온도가 떨어지면서 수소결합이 형성될 때 열이 방출된다. 주변 환경과 생명체 내에서 많은 부분을 차지하는 물은, 생명활동이 가능한 범위 내에서 온도가 오르내리도록 해준다.

기화(vaporization 혹은 evaporation)는, 분자가 액체 상태에서 다른 분자들에 끌리는 힘을 극복하고 공기 중에 기체 상태로 빠져나갈 수 있는 충분한 운동에너지를 가질 때 일어난다. **기화열(heat of vaporization)**은 1 g의 액체가 기체로 전환되기 위해서 흡수해야 하는 양의 열을 말한다. 물은 커다란 기화열을 가지며, 이것 역시 물 분자들을 잡아주고 있는 수소결합을 깨는 데 필요한 많은 양의 열과 관련이 있다. 물은 지구의 온화한 기후를 위해 필요하며 태양열은 열대지역 바다에서 흡수되어 기화 과정 동안 사용되며, 열대지방의 습한 공기가 극지방으로 이동하고 응축되어 비를 내릴 때 방출된다.

액체가 기화될 때, 남겨진 액체의 표면은 빠져나가는 분자의 운동에너지를 잃게 되어 냉각된다. **기화냉각(evaporative cooling)**은 육상 생물의 온도가 너무 올라가는 것을 방지해 주며 호수와 연못의 온도를 안정적으로 유지시켜준다.

얼음이 액체 상태인 물에 뜨는 현상 물이 4°C 아래로 내려가면, 부피가 확장된다. 0°C 근처에서 각 물 분자는 네 개의 다른 분자와 수소결합을 형성하여 격자 구조를 만들며 이는 분자들을 일정 정도 떨어져 있게 해 준다. 따라서 얼음은 액상의 물보다 밀도가 낮아 물에 뜨게 된다.

핵심 문제 2.11

다음의 개념도는 수소결합의 형성과 분해가 어떻게 온도 조절과 관계 있는지를 보여준다. 빈칸을 채우고 해답에 나와 있는 개념과 당신의 선택을 비교하라. 혹은 더 나아가, 물이 온도를 안정화시키는 방법을 이해하기 위한 자신만의 개념도를 만들라.

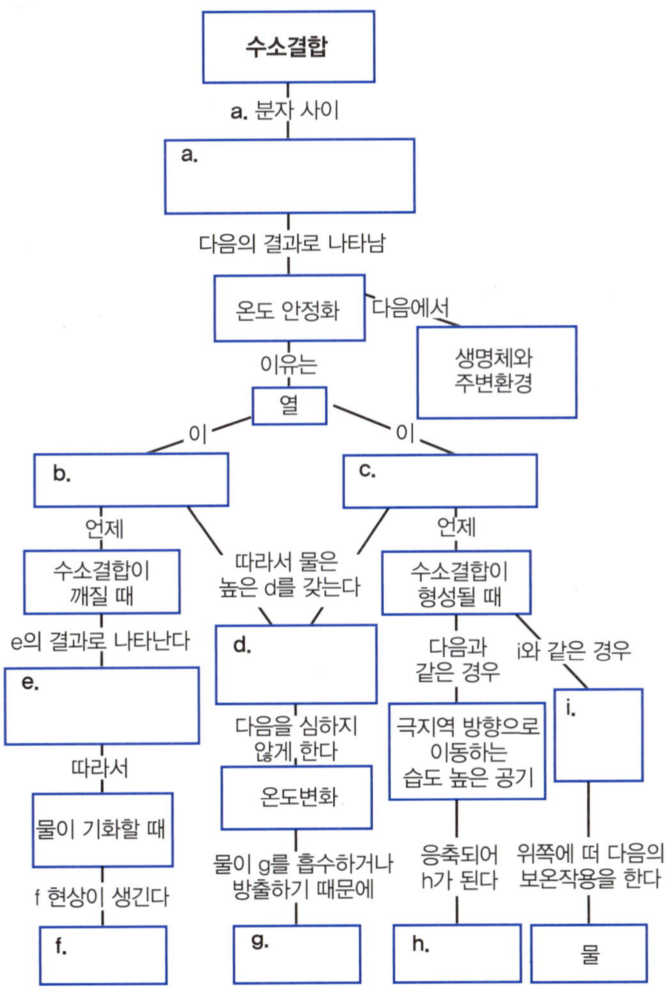

물: 생명의 용매 **용액(solution)**은 두 개 이상의 물질이 균질하게 혼합되어 있는 액체를 일컫는다. 녹이는 물질을 **용매(solvent)**라고 한다. 물은 **수용액(aqueous solution)**에서의 용매이다. 물 분자 내의 양전하를 띠는 부위와 음전하를 띠는 부위는 반대 전하를 띠는 이온이나 극성 분자의 약한 전하를 띠는 부위로 끌어당겨진다. 따라서 용질 분자는 물 분자에 의해 둘러싸이게 되고(**수화껍질, hydration shell**) 용액에 녹게 된다.

이온이나 극성물질은 **친수성(hydrophilic)**이다. 이들은 전기적 인력과 수소결합으로 인해 물에 친화도를 갖는다. 비극성이거나 이온화되지 않는 물질은 **소수성(hydrophobic)**이다. 이들은 물과 쉽게 섞이거나 용해되지 않는다.

생명체 내에서의 대부분의 화학반응은 물속에서 일어난다. 1**몰(mole, mol)**은 **분자량(molecular mass**; 분자를 이루는 모든 원자량의 합)과 동일한 숫자의 질량(그램)에 해당하는 물질의 양을 말한다. 어떤 물질 1몰은, 아보가드로의 수라고 하는 6.02×10^{23}개의 분자로 이루어져 있다. 용액의 **몰농도(molarity**, M이라고 표기)는 1리터의 용액에 녹아 있는 용질의 몰수를 의미한다.

핵심 문제 2.12

a. 0.5 M의 젖산($C_3H_6O_3$) 용액 1리터에는 얼마만큼(그램)의 젖산이 들어 있나(^{12}C, ^{1}H, ^{16}O)?

b. a의 용액에는 젖산 분자가 몇 개나 들어 있나?

산과 염기 물 분자는 **수소이온(hydrogen ion)**, H^+(다른 물 분자와 결합하여 **하이드로늄이온(hydronium ion**, H_3O^+를 형성한다)과 **수산화이온(hydroxide ion)**, OH^-로 해리될 수 있다. 25°C의 순수한 물에서 H^+과 OH^-의 농도는 동일하다. 둘 다 10^{-7} M이다.

산 혹은 염기가 물에 녹으면 H^+과 OH^-의 농도 균형이 변하게 된다. **산(acid)**은 용액에 H^+을 증가시키는 반면, **염기(base)**는 수소이온을 받아들이거나 혹은 수산화이온을 증가시킴(수산화이온은 H^+과 결합하여 용액에서 수소이온을 제거한다)으로써 용액에서 H^+을 감소시킨다. 강산 혹은 강염기는 물과 섞였을 때 완전히 해리된다. 약산과 약염기는 가역적으로 해리되어 H^+을 내보내거나 받아들인다.

수용액에서 $[H^+]$과 $[OH^-]$를 곱한 결과는 항상 10^{-14}이다. 괄호, [ ]는 몰농도를 의미한다. 용액에서 잉여의 수소이온은 수산화이온과 결합하여 물을 형성하므로, $[H^+]$이 높으면 $[OH^-]$이 낮다. 마찬가지로 $[OH^-]$이 높아지면 그만큼 $[H^+]$이 낮아진다.

용액의 **산도(pH)**는 $[H^+]$의 음의 로그값(밑수는 10)으로 정의 된다; $pH = -\log [H^+]$. 중성 수용액에서 $[H^+]$은 10^{-7} M이며, 따라서 pH는 7이다. 산성용액에서 $[H^+]$이 증가함에 따라 pH값은 떨어진다. (이러한 반비례관계는 지수가 감소하기 때문에 나타나는 것이다; 10^{-4}은 10^{-7}보다 높은 $[H^+]$을 의미한다.) pH값 1의 차이는 $[H^+]$과 $[OH^-]$ 농도에 있어서 10배 차이를 의미한다.

핵심 문제 2.13

pH에 대한 이해를 알아보기 위해서 다음 표를 완성하여라.

$[H^+]$	$[OH^-]$	pH	산성, 혹은 염기성, 중성?
10^{-8}			
	$[10^{-7}]$		
		1	

세포 내의 **완충액(buffers)**은 과잉의 H^+을 받아들이거나, H^+ 농도가 감소할 때 H^+을 용액으로 내보냄으로써 안정적인 pH를 유지한다(일반적으로 7에 근접). 수소이온과 가역적으로 결합하는 약한 산-염기쌍이 대부분 완충계의 전형적인 것이다.

핵심 문제 2.14

탄산/중탄산염 시스템은 주요한 생물학적 완충액이다. 아래의 식에서 분자와 이온을 표기하고 어느 것이 H^+ 공여체이고 어느 것이 H^+ 수용체인지를 나타내라.

$$H_2CO_3 \rightleftarrows HCO_3^- + H^+$$

다음과 같은 조건에서 이 반응은 어느 방향으로 진행될 것인가?

a. 용액의 pH가 떨어지기 시작할 때,

b. pH가 정상적인 수준 이상으로 높아질 때.

대기 중으로 배출되는 CO_2의 증가는 화석연료의 사용과 연관되어 있다. 이 CO_2의 약 25%는 해양에서 흡수되어 바닷물의 pH를 낮춘다. 결과적으로 나타나는 해양의 산성화는, 산호초 석회화에 필요한 중요한 이온인 탄산염(CO_3^{2-})의 농도를 감소시킨다.

핵심 문제 2.15

a. 물에 녹은 $[CO_2]$의 증가가 pH를 낮추는 이유를 핵심 문제 2.14의 식에 나타내라.

b. 이 식을 이용해서 낮은 pH가 해양의 $[CO_3^{2-}]$에 어떤 영향을 미치는지를 설명하시오.

c. 해양에서 $[Ca^{2+}]$가 상당히 일정하다고 가정하면, $[CO_3^{2-}]$의 변화가 산호초 생태계에서 산호에 의한 석회화율—탄산칼슘의 축적—에 어떻게 영향을 미칠 것인가?

어원

an- = not (*anion*: a negatively charged ion)

co- = together; **-valent** = strength (*covalent bond*: a strong bond in which two atoms share one or more pairs of valence electrons)

electro- = electricity (*electronegativity*: the attraction of a given atom for the electrons of a covalent bond)

hydro- = water; **-philos** = loving; **-phobos** = fearing (*hydrophilic*: having an affinity for water; *hydrophobic*: having no affinity for water)

iso- = equal (*isotope*: one of several forms of an element, each with the same number of protons but a different number of neutrons, thus differing in atomic mass)

kilo- = a thousand (*kilocalorie*: a thousand calories; the amount of heat required to raise the temperature of 1 kg of water by 1°C)

neutr- = neither (*neutron*: a subatomic particle having no electrical charge, found in the nucleus of an atom)

pro- = before (*proton*: a subatomic particle with a single positive electrical charge, found in the nucleus of an atom)

지식의 체계화

시간을 가지고 다음 문제에 답을 쓰거나 논의하라. 그 후에 이 책의 마지막에 있는 모범답을 참조하라.

1. 원자의 주요 아원자입자에 관한 다음 표의 빈칸을 채우라.

입자	전하	질량	위치

2. 원자는 자신과 관련된 다양한 숫자를 가진다.
   a. 다음을 정의하고, 예를 들어 C와 같은 원소기호의 어느 쪽에 표기하는지 보여라(가장 일반적인 동위원소인 C-12를 사용하라): 원자번호, 질량수, 원자량.
   b. 원자가를 정의하라.
   c. 앞의 네 가지 숫자 중 어느 것이 원자의 화학적 특성과 가장 밀접한 관련이 있는가? 설명하라.

3. 생명체가 환경에 적응하는데 기여하는 물의 창발적 특징들을 요약한 다음 표의 빈칸을 채우라.

특징	특징에 대한 설명	생명현상에 도움을 주는 예
a.	수소결합은 물 분자들을 응집시키고 친수성 표면에 부착시킨다.	b.
높은 비열	c.	주변 환경과 생명체 안에서 온도변화를 적당한 수준으로 유지한다.
d.	물이 증발되기 위해서는 수소결합이 깨져야 한다.	e.
f.	높은 운동에너지를 갖는 물 분자는 증발한다; 남아 있는 분자는 냉각된다.	g.
밀도가 낮은 고체	h.	i.
j.	k.	생명체 내에서의 대부분의 화학반응은 물에 녹아 있는 용질과 관련이 있다.

지식의 검증

선다형 문제: 가장 옳은 답을 고르시오.

1. 각 원소는 자신의 특정한 원자로 이루어져 있으며, 원자에서
   a. 원자량은 일정하다.
   b. 원자번호는 일정하다.
   c. 질량수는 일정하다.
   d. 위의 보기 중 두 개만 맞다.
   e. 위의 모두가 맞다.

2. 다음 중 인체에서 미량원소가 아닌 것은?
   a. 요오드
   b. 아연
   c. 철
   d. 칼슘
   e. 불소

3. 소듐이온(Na^+)은 10개의 전자와 11개의 양성자, 12개의 중성자를 가지고 있다. 소듐의 원자번호는 무엇인가?
   a. 10 b. 11 c. 12
   d. 23 e. 33

4. 방사성동위원소는 물질대사경로에 대한 연구에 이용될 수 있다. 그 이유는?
   a. 방사성동위원소의 반감기로 인해 과학자들이 실험할 시간을 가질 수 있기 때문.
   b. 방사성동위원소가 매우 반응성이 높기 때문.
   c. 세포는 원자핵 내의 여분의 양성자를 인식하지 못해 동위원소가 물질대사에 사용될 수 있다.
   d. 방사성동위원소의 방사능 때문에 위치와 양을, 실험을 통해 알아낼 수 있기 때문.
   e. 여분의 중성자는 신체에서 추적할 수 있는 다른 색깔을 낸다.

5. 다음 원자번호 중 어느 것이 가장 반응성이 낮음을 나타낼까?
   a. 1 b. 8 c. 12
   d. 16 e. 18

6. 아르곤 원자는 세 개의 전자껍질을 갖고, 이 껍질들은 모두 완전히 채워져 있다. 원자량은 40이다. 이 원자는 몇 개의 중성자를 갖는가?
   a. 8 b. 16 c. 20
   d. 22 e. 24

7. 다음 중 어느 것이, 엽록소 색소가 태양빛으로부터 에너지를 흡수했을 때 일어나는 현상을 설명한 것인가?
   a. 전자가 에너지준위가 높은 전자껍질로 이동하여 전자의 위치에너지가 증가한다.
   b. 전자가 에너지준위가 높은 전자껍질로 이동하여 전자의 위치에너지가 감소한다.
   c. 전자가 에너지준위가 낮은 전자껍질로 이동하여 에너지를 열로 방출한다.
   d. 전자가 에너지준위가 낮은 전자껍질로 이동하여 전자의 위치에너지가 증가한다.
   e. 태양빛의 전자가 엽록소로 전달되어 높은 위치에너지를 갖는 엽록소이온이 생성된다.

8~13까지의 문제에 대답하기 위해 다음의 정보를 이용하라.

생명체 내에서 가장 많이 발견되는 여섯 가지의 원소는 다음과 같다.

$$^{12}_{6}C \quad ^{16}_{8}O \quad ^{1}_{1}H \quad ^{14}_{7}N \quad ^{32}_{16}S \quad ^{31}_{15}P$$

8. 인은 원자가껍질에 얼마나 많은 전자를 가지고 있는가?
   a. 3　b. 5　c. 7
   d. 15　e. 16

9. 인의 원자량은 얼마인가?
   a. 15　b. 16　c. 31
   d. 46　e. 62

10. 탄소의 방사성동위원소 중 하나는 질량수가 14이다. 이 동위원소는 몇 개의 중성자를 가지고 있는가?
    a. 2　b. 6　c. 8
    d. 12　e. 14

11. 황 원자는 몇 개의 공유결합을 할 수 있을까?
    a. 1　b. 2　c. 3
    d. 4　e. 5

12. 전자배치도에 근거하여 다음 중 어떤 원소가 산소와 가장 유사한 화학적 특징을 가질 것인가?
    a. C　b. H　c. N
    d. P　e. S

13. 위에 열거된 원소 중 몇 개가 주기율표에서 바로 옆에 위치하는가?
    a. 두 개의 한 그룹
    b. 두 개로 이루어진 두 그룹
    c. 두 개로 이루어진 한 그룹과, 세 개로 이루어진 한 그룹
    d. 세 개로 이루어진 한 그룹
    e. 모두가 옆에 연속적으로 위치

14. 두 원자 사이의 공유결합은 다음과 같은 경우에 비극성일 것이다.
    a. 하나의 원자가 다른 원자에 비해 훨씬 더 전기음성도가 크다.
    b. 두 원자가 거의 유사한 전기음성도를 가지고 있다.
    c. 두 원자가 동일한 원소를 이룬다.
    d. 한 원자는 음이온이고 다른 원자는 양이온이다.
    e. b와 c가 맞다.

15. 삼중공유결합은
    a. 가능하지 않다.
    b. 세 개의 원자가 관련된 결합이다.
    c. 여섯 개의 원자가 관련된 결합이다.
    d. 삼각형 모양의 분자를 형성한다.
    e. 여섯 개 전자의 공유가 일어난다.

16. 양이온은
    a. 전자를 얻어서 생긴다.
    b. 쉽게 수소결합을 형성한다.
    c. 원자가껍질에 일곱 개의 전자를 갖는 원자에서 쉽게 형성된다.
    d. 양의 전하를 띤다.
    e. c와 d가 모두 맞다.

17~19번 문제에 다음 그림의 암모니아 분자와 결합하고 있는 물 분자에서 결합의 형태를 다음 보기에서 고르자.

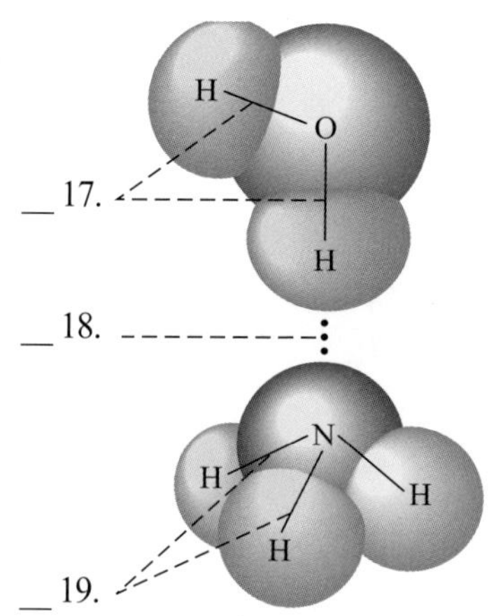

a. 비극성공유결합
b. 극성공유결합
c. 이온결합
d. 수소결합
e. 더 이상의 정보가 없는 상태에서 결정할 수 없다.

20. 포타슘($^{39}_{19}K$)이 어떤 형태의 결합에 관여할지 예상해 보라.
    a. 이온결합; 전자 하나를 잃고 양의 전하를 띨 것이다.
    b. 이온결합; 전자 하나를 얻어 음의 전하를 띨 것이다.
    c. 공유결합; 한 개의 전자를 공유하여 하나의 공유결합을 형성한다.
    d. 공유결합; 두 개의 전자를 공유하여 두 개의 공유결합을 형성한다.
    e. 관여하지 않는다; 포타슘은 불활성원소이다.

21. 가까이 놓여 있는 어떠한 분자들 사이에서도 형성될 수 있는 것은 무엇인가?
    a. 비극성공유결합
    b. 극성공유결합
    c. 이온결합
    d. 수소결합
    e. 반데르발스인력

22. 메탄(CH_4) 분자의 구조는?
    a. 네 개의 수소가 탄소로부터 뻗어 나와 있는 평면, 혹은 평평한 구조
    b. 오각형, 혹은 오면체
    c. 탄소가 가운데에 있고 수소가 각 꼭지점에 있는 사면체 구조
    d. 탄소를 중심에 두고 네 개의 수소가 고리로 연결되어 있는 환형 구조
    e. 모든 결합이 비극성공유결합이므로 직선 구조

23. 모르핀이 신체 내에서 발견되는 엔돌핀의 효과를 모방할 수 있는 이유는?
    a. 모르핀과 엔돌핀 사이에서 일어나는 화학평형
    b. 모르핀이 엔돌핀으로의 단방향 전환
    c. 모르핀이 엔돌핀 수용체에 결합할 수 있는 분자구조의 유사성
    d. 모르핀과 헤로인의 유사성
    e. 모르핀과 엔돌핀 사이에 형성되는 수소결합과 그 외의 약한 결합들

24. 다음 분자와 화합물 중 수소결합을 할 수 있는 것은 어느 것일까?
    a. CH_4
    b. CH_4O
    c. NaCl
    d. H_2
    e. a, b, d가 수소결합을 형성할 수 있다.

25. 염소의 원자번호는 17이고 질량수는 35이다. 염소이온은 몇 개의 전자를 가지고 있는가?
    a. 16 b. 17
    c. 18 d. 33
    e. 34

26. 탄소(C)와 산소(O)의 결합능력, 혹은 원자가를 고려했을 때, 다음의 분자의 구조식을 완성하기 위해서 몇 개의 수소가 첨가되어야 하는가?

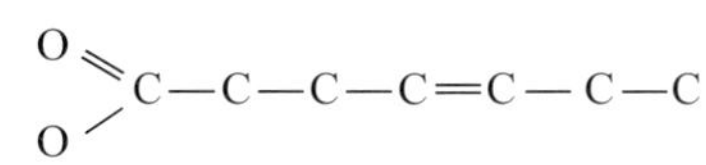

    a. 9 b. 10
    c. 11 d. 12
    e. 13

27. 분자와 화합물의 차이는 무엇인가?
    a. 차이가 없다; 서로 혼용할 수 있다.
    b. 분자는 하나의 원소를 이루는 원자로 구성되어 있는데 반해, 화합물은 두 개 이상의 원소로 이루어져 있다.
    c. 분자는 두 개 이상의 공유결합된 원자로 구성된다; 화합물은 두 개 이상의 원자가 이온결합을 하고 있는 것이다.
    d. 화합물은 두 개 이상의 원소가 고정된 비율로 결합되어 있다; 분자는 동일하거나 혹은 다른 원소를 이루는 두 개 이상의 공유결합된 원자를 가지고 있다.
    e. 화합물은 항상 분자로 구성되어 있지만, 분자는 항상 화합물이 아니다.

28. 화학평형상태의 반응에서, ____________________
    a. 정방향과 역방향 반응이 동일한 속도로 일어난다.
    b. 반응물과 생성물의 농도가 같다.
    c. 역방향 반응보다 정방향 반응이 더 일어난다.
    d. 반응의 양쪽에 동일한 수의 원자가 있다.
    e. a와 b, d가 맞다.

29. 평형인 상태의 반응에 생성물을 첨가한다면 어떤 일이 일어날 것인가?
    a. 반응이 평형상태이기 때문에 변화가 없을 것이다.
    b. 과량의 생성물이 존재하기 때문에 반응은 멈출 것이다.
    c. 반응 속도가 줄어들기는 하지만, 계속적으로 일어나긴 할 것이다.
    d. 정방향 반응이 증가하고, 보다 많은 반응물이 형성될 것이다.
    e. 역방향 반응이 증가하고, 보다 많은 반응물이 형성될 것이다.

30. 다음 화학반응의 균형을 맞추기 위해 밑줄 친 곳에 들어갈 계수는?

C_5H_{12} + _____O_2 → _____CO_2 + _____H_2O

a. 5; 5; 5
b. 6; 5; 6
c. 6; 6; 6
d. 8; 4; 6
e. 8; 5; 6

31. 물 분자의 극성공유결합은 ______________________
a. 수소결합 형성을 유도한다.
b. 물이 비극성 용질을 녹이는 것을 도와준다.
c. 기화열을 낮추고 기화냉각을 유발한다.
d. 액체상태의 물에서 결정구조를 형성한다.
e. 위의 모두가 해당된다.

32. 키가 큰 나무에서 물관을 따라 물이 위쪽으로 이동할 수 있게 해 주는 것은 무엇인가?
a. 응집
b. 수소결합
c. 흡착
d. 친수성 세포벽
e. 위의 보기 모두

33. 100 mL의 각기 다른 용액이 담겨 있는 세 개의 플라스크가 있다. 각각을 100칼로리의 열로 가열하였다. 1번 플라스크 용액의 온도는 1℃ 올랐다; 2번 플라스크의 용액은 1.5℃ 올랐고 3번 플라스크의 용액은 2℃ 올랐다. 어떤 용액의 비열이 가장 높은가?
a. 1번 플라스크의 용액
b. 2번 플라스크의 용액
c. 3번 플라스크의 용액
d. 각 플라스크에 들어 있는 용액이 무엇인지를 알아야 정할 수 있다.
e. 이러한 실험은 특정 물질의 비열과 관계없다.

34. 바다나 넓은 호수 등의 주변 지역은 기후가 온화하다. 그 이유는?
a. 물의 온도가 올라가면서 많은 양의 태양열이 흡수되기 때문에.
b. 물의 온도가 내려갈 때, 주변으로 열을 내보내기 때문에.
c. 물의 높은 비열로 인해 대기의 온도가 온화해지기 때문에.
d. 수소결합이 형성되고 깨질 때, 많은 양의 열이 흡수되거나 방출되기 때문에.
e. 위의 보기 모두가 맞다.

35. 100℃의 수증기에 화상을 입는 것이 끓는 물에 입는 것보다 더 심하다, 그 이유는?
a. 수증기가 끓는 물보다 더 뜨겁기 때문에.
b. 수증기가 피부 위에서 응축될 때 많은 양의 열을 방출하기 때문에.
c. 수증기가 물보다 더 높은 기화열을 가지기 때문에.
d. 사람은 끓는 물보다는 수증기에 데일 가능성이 더 높기 때문에.
e. 수증기는 끓는 물보다 피부에 더 오래 머물기 때문에.

36. 얼음이 물에 뜨는 이유는 ______________________
a. 결정 격자에 공기가 들어 있어서.
b. 수소결합의 형성은 열을 방출하고 따뜻한 물체는 뜨는 성질이 있어서.
c. 액상의 물보다 표면적이 작기 때문에.
d. 물은 물 전체를 보온하여 아래서부터 위쪽으로 얼지 않는다.
e. 수소결합은 분자들을 더 멀리 떨어져 위치하게끔 하여, 밀도가 낮은 구조를 형성하기 때문에.

37. 물은 왜 훌륭한 용매인가?
a. 물은 극성 분자로서 이온과 극성 분자를 둘러싸고 용해시킬 수 있다.
b. 물은 이온과는 이온결합을 하고, 극성 분자와는 수소결합을 하며, 비극성 분자와는 소수성결합을 한다.
c. 물 분자는 다른 물 분자와 수소결합할 수 있다.
d. 물은 높은 비열과 높은 기화열을 가지고 있다.
e. 물은 액체이며 높은 표면장력을 가진다.

38. 용질의 몰농도는 다음의 어느 것과 같은가?
a. 1리터의 용액에 있는 분자의 아보가드로 수
b. 1리터의 용액에 있는 용질의 몰 수
c. 1리터의 용액에 있는 용질의 분자량
d. 1리터의 용액에 있는 용질의 분자 수
e. 용질이 설탕일 경우, 342 g

39. 1리터의 0.1 M 포도당($C_6H_{12}O_6$) 수용액을 만들기 위해서 다음 중 어떤 것을 넣어야 할까? 포함된 원소들의 질량수는 대략 다음과 같다. C = 12, O = 16, H= 1.
a. 6 g C와 12 g H, 6 g O
b. 72 g C와 12 g H, 96 g O
c. 18 g의 포도당
d. 29 g의 포도당
e. 180 g의 포도당

40. 39번 문제에서 0.1 *M* 용액 1리터에는 얼마나 많은 수의 포도당 분자가 들어 있는가?
   a. 0.1
   b. 6
   c. 60
   d. 6×10^{23}
   e. 6×10^{22}

41. 용액에 염기를 첨가하면 ______________________
   a. pH가 올라간다.
   b. pH가 내려간다.
   c. $[H^+]$가 감소한다.
   d. a와 c가 맞다.
   e. b와 c가 맞다.

42. 일부 고세균은 pH값이 11인 호수에서 살 수 있다. 신체의 일반적인 세포의 pH 7과 비교하여 pH 11은 어떤가?
   a. pH 7보다 네 배 더 산성이다.
   b. pH 7보다 네 배 더 염기성이다.
   c. pH 7보다 천 배 더 산성이다.
   d. pH 7보다 천 배 더 염기성이다.
   e. pH 7보다 만 배 더 염기성이다.

43. 완충액은 ______________________
   a. 과량의 OH^-를 방출한다.
   b. 과량의 H^+를 방출한다.
   c. 종종 약한 산성과 염기쌍이다.
   d. 항상 중성 pH를 유지시킨다.
   e. c와 d가 옳다.

44. 지난 한 세기 동안, 바닷물의 온도는 0.74℃ 상승하였다. 이것을 지구온난화의 증거로 간주할 수 있을까?
   a. 아니다, 온도 증가 폭이 너무 적어 유의미하지 않다.
   b. 아니다. 지구온난화는 대기온도에 영향을 미칠 뿐, 물의 온도에 영향을 미치지는 않는다.
   c. 아니다. 평균 온도의 변화는 해양에서의 열에너지 양을 반영하지 않는다.
   d. 그렇다. 물의 높은 비열과 대양에서 물의 엄청난 양 때문에 온도의 작은 상승도 해양에서 흡수된 엄청난 양의 열을 반영한다.
   e. 그렇다. 산호초를 형성하는 생명체의 석회화율의 감소는 이러한 온도 증가와 직접적으로 관련된다.

3장

생명의 탄소와 분자 다양성

핵심

4개의 다른 원자와 결합할 수 있는 능력을 가진 탄소는 유기 분자의 구조와 기능적인 다양성의 근원이다. 적은 수의 단량체나 단위체가 연결하여 4 그룹으로 나눌 수 있는 매우 다양한 거대 분자를 형성한다.

종류	단량체 또는 구성성분	기능
탄수화물	단당류	에너지원, 원재료, 에너지 저장, 구조 분자
지질	글리세롤과 지방산 → 지방; 인지질; 스테로이드	에너지 저장(지방), 막 구성성분(인지질), 호르몬(스테로이드)
단백질	아미노산	효소, 수송, 운동, 수용체, 방어, 구조, 저장, 호르몬
핵산	뉴클레오타이드	유전, 유전자 발현에서 다양한 기능

복습

유기화합물(organic compound)은 탄소와 보통 수소를 포함하는 화합물이다. 이러한 화합물은 지질, 탄수화물, 단백질, 핵산 같은 **거대분자(macromolecules)**를 포함한다.

3.1 탄소원자는 4개의 다른 원자와 결합하여 다양한 분자를 형성한다

탄소와의 결합 형성 원자번호가 6인 탄소가 전자껍질을 완성시키기 위해서 몇 개의 공유결합을 형성해야 하는가? 탄소의 **원자가(valence)** 4는 거대하고 복잡한 분자를 형성하는 능력의 핵심이다. 탄소원자 하나가 4개의 단일 공유결합을 형성하면 이 분자 또는 이 분자의 일부는 4면체 모양을 이룬다. 두 개의 탄소가 이중결합되면 탄소와 결합한 다른 원자들은 동일한 평면에 놓이게 되어 편평한 분자를 형성한다.

탄소골격의 변이에서 유래된 분자 다양성 탄소골격은 그 길이, 가지치기, 이중결합의 위치, 고리의 유무에 따라 다양하다. **탄화수소(hydrocarbon)**는 탄소와 수소로만 이루어져 있다. 탄화수소 사슬은 비극성 C−H 결합으로 인해 소수성이며 분해할 때 에너지를 방출한다.

생명에 가장 중요한 화학기 유기분자의 특성은 주로 탄소골격에 부착된 화학기의 특성에 의해 결정된다. 다음에 언급하는 앞의 6개 **기능기(funcrional group)**는 화학반응에 참여한다. 황화수소기를 제외하면 또한 이들은 유기화합물의 물 용해성을 증가시킨다. 일곱 번째인 비극성 메틸기는 분자의 모양을 변화시켜 유기분자상의 신호로 작용할 수 있다.

수산기(hydroxyl group)는 산소와 수소(−OH)로 이루어져 있다. 수산기를 가지는 유기 분자를 알코올이라고 부르며, 이름은 보통 −올(*ol*)로 끝난다.

카르보닐기(carbonyl group)는 산소 분자 하나에 탄소(>CO)가 이중결합되어 있다. 카르보닐기가 탄소골격의 끝에 위치하는 화합물을 알데하이드라 부르고, 그렇지 않은 화합물을 케톤이라 부른다.

카르복실기(carboxyl group)는 산소 하나에 탄소가 이중결합되고 또한 −OH기가 결합되어 있다(−COOH). 카르복실기를 가지는 화합물은 H^+를 방출하여 카르복실산 이온 ($-COO^-$)을 형성하는 경향이 있으므로 카르복실산 또는 유기산이라 부른다.

아미노기(amino group)는 수소원자 두 개에 질소원자 ($-NH_2$)가 결합되어 있다. 아미노기를 가지는 화합물은 아민이라고 부르는데, 염기로 작용하여 수소원자를 흡수하면 $-NH_3^+$가 될 수 있다. 아미노기와 카르복실기 모두 정상적인 세포 pH에서 이온화된다.

황화수소기(sulfhydryl group)는 수소 하나에 황원자 ($-SH$) 하나가 결합되어 있다. 티올은 황화수소기를 포함하는 화합물이다.

인산기(phosphatate group)는 3개의 다른 산소원자에 결합한 인 원자($-OPO_3^{2-}$)에 부착된 산소에 의해서 탄소골격에 결합되어 있다. 이 음이온은 유기인산에 음전하를 제공한다.

메틸기(methyl group)는 탄소원자 하나가 수소 3개와 결합($-CH_3$)되어 있다. 메틸화된 화합물은 메틸기가 첨가되면 기능이 달라질 수 있다.

핵심 문제 3.1

다음 분자에서 기능기를 찾아 원으로 표시하고 이름을 적으시오.

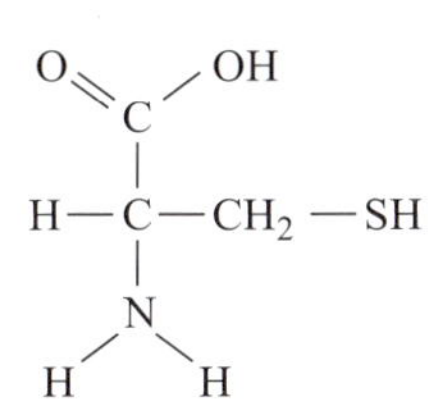

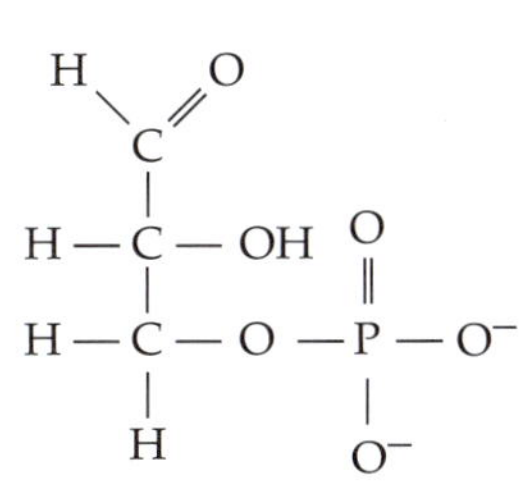

ATP: 세포활동을 위한 중요한 에너지원 **아데노신 3인산(adenosine triphosphater, ATP)**은 유기 분자인 아데노신에 인산기 3개가 결합하여 이루어진다. ATP가 물과 반응하면 3번째 인산기가 떨어져 나오면서 에너지가 방출된다.

3.2 거대분자는 단위체로 이루어진 중합체이다

중합체(polymer)는 **단위체(monomer)**라 불리는 여러 개의 유사하거나 동일한 작은 분자가 사슬처럼 연결되어 형성된 분자이다.

중합체의 합성과 분해 단위체는 한 분자가 수산기($-OH$)를 제공하고 다른 분자가 수소($-H$)를 제공하여 물 분자를 방출하는 **탈수반응(dehydration reaction)**에 의해 연결된다. **가수분해(hydrolysis)**에서 단위체의 결합은 물 분자를 첨가하면 절단된다. 물 분자의 수산기는 한 단위체와 결합하고 수소는 다른 단위체와 결합한다. **효소(enzyme)**는 탈수반응과 가수분해 모두에 촉매가 된다.

중합체의 다양성 중합체는 약 40~50가지의 흔한 단위체와 몇 가지 드문 단위체로부터 만들어진다. 기본적인 구성요소의 무한한 수의 배열 가능성으로부터 외관상 무한한 거대분자의 다양성이 생겨난다.

핵심 문제 3.2

단위체는 물 분자의 ________이(가) 관여하는 ________에 의해 중합체로 연결된다.

중합체는 물 분자의 ________이(가) 관여하는 ________에 의해 분해된다.

3.3 탄수화물은 연료와 구성물질의 역할을 한다

탄수화물(carbohydrate)은 당과 당의 중합체를 말한다.

당 **단당류(monosaccharide)**는 일반적으로 $(CH_2O)_n$의 분자식을 갖는다. 당을 형성하는 이들 단위의 수(n)는 3에서부터 7까지 다양한데, 6탄당($C_6H_{12}O_6$), 3탄당 및 5탄당이 가장 흔하다.

핵심 문제 3.3

단당류에 관한 다음 질문의 빈칸을 채우시오.

단당류는 배수의 (a)__________기(화학기)의 한 (b) ________ 기에 의해 알 수 있다. 그 위치는 당이 (c)________인지 또는 (d)________인지 결정한다. 수용액에서 대부분의 5탄당과 6탄당은 (e)_______를(을) 형성한다. 대부분의 당의 명칭은 (f)_____(으)로 끝난다.

포도당은 세포호흡으로 분해되어 에너지를 방출한다. 또한 단당류는 다른 유기 분자를 생성하는 재료로 사용된다. 단당류 2개는 **글라이코시드 결합(glycoside linkage)**에 의해 2당류**(disaccharide)**를 형성한다.

다당류 **다당류(polysaccharide)**는 저장 거대분자 또는 구조 거대분자이다. 식물의 저장 분자인 **녹말(starch)**은 나선 모양을 띠게 하는 포도당 분자가 1~4 결합한 중합체이다. 동물은 가지가 많은 포도당 중합체인 **글라이코젠(glycogen)**을 에너지 저장 분자로 사용한다.

식물 세포벽의 주요 성분인 **셀룰로오스(cellulose)**는 지구상에 가장 많이 존재하는 유기화합물이다. 셀룰로오스는 포도당 고리모양의 배열(α 대신 β)과 글라이코시드 결합의 기하학적 구조에서 녹말 및 글라이코젠과 차이가 난다. 식물 세포벽에서 수산기 사이의 수소결합이 셀룰로오스 분자를 평행하게 붙들어 강한 미세원섬유를 형성한다.

녹말의 α 결합을 분해하는 효소는 셀룰로오스의 β 결합을 가수분해하지 못한다. 몇몇 종류의 생물(몇몇 원핵생물, 원생생물 및 균류)만 셀룰로오스를 분해할 수 있는 효소를 가진다.

키틴(chitin)은 질소를 포함한 화학기를 가지는 포도당 단위체로부터 형성된 구조 다당류이다. 키틴은 절지동물의 외골격과 많은 균류의 세포벽에서 발견된다.

핵심 문제 3.4

아래 포도당과 과당(프락토오스)의 탄소 번호를 매기시오. 고리에서 표시되지 않은 모서리가 탄소이다. 포도당에서 탄소 1은 고리의 O 오른쪽에 존재한다. 과당에서 탄소 1은 고리에서 왼쪽 위에 존재한다. 탈수반응에 의해 제거되는 원자를 표시하시오. 그리고 결합 결과 생긴 1~2 글라이코시드 결합을 가지는 수크로오스 분자를 그리시오.

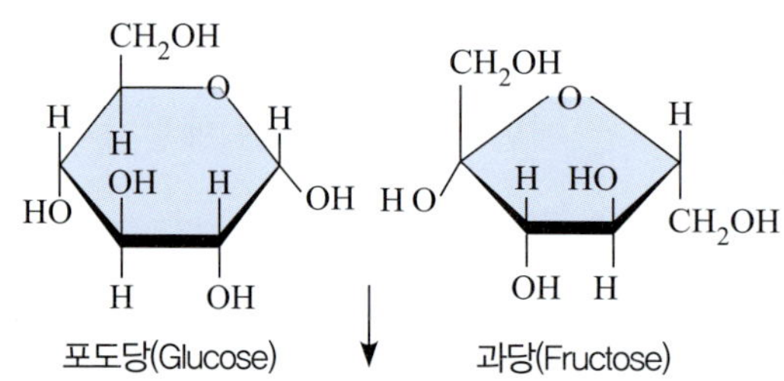

수크로오스(Sucrose)

핵심 문제 3.5

탄수화물 소단원을 요약하는 다음 개념 지도를 채우시오.

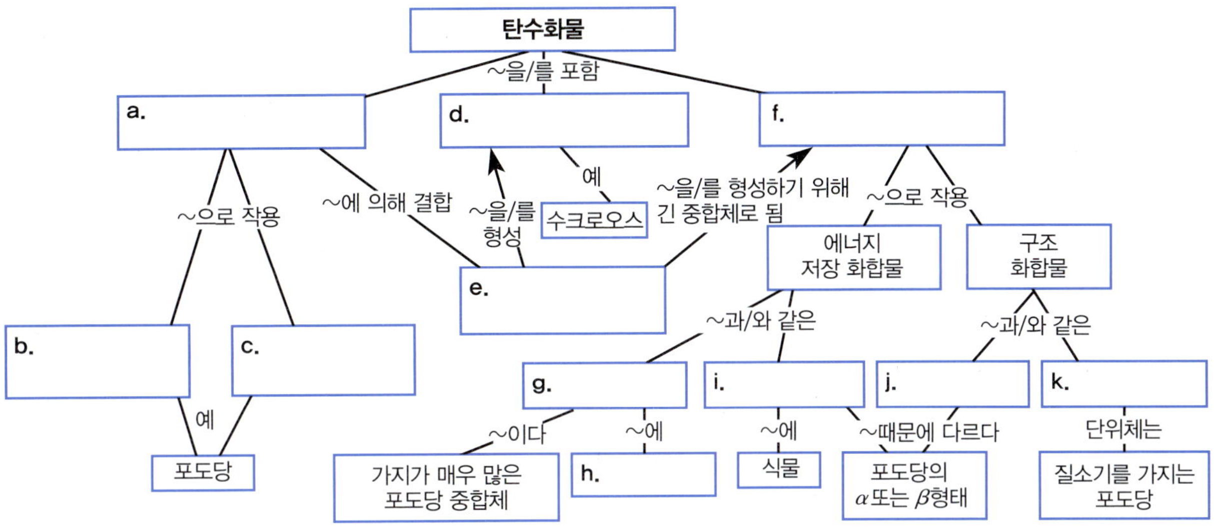

3.4 지질은 다양한 종류의 소수성 분자이다

지방, 인지질 및 스테로이드는 소수성 행동에 기반을 둔 **지질(lipid)**이라 불리는 다양한 생물학적 분자의 한 종류이다. 지질은 중합체를 형성하지 않는다.

지방 **지방(fat)**은 3-탄소 알코올인 글리세롤에 **지방산(fatty acid)**이 결합하여 이루어진다. 지방산은 한 쪽 끝에 카르복실기가 있는 긴 탄화수소 사슬이다. 비극성 탄화수소는 지방을 소수성으로 만든다.

트리아실글리세롤(triactlglycerol) 또는 지방은 지방산 분자 3개가 수산기와 카르복실기 사이에 형성되는 에스터 결합으로 글리세롤이 부착하여 이루어진다. 트리글라이세리드(triglyceride)는 지방의 또 다른 이름이다.

탄소 사슬에 이중결합을 가진 지방산을 **불포화지방산(unsaturated fatty acid)**이라고 부른다. 이중결합은 탄화수소 사슬을 구부러지게 해서 불포화지방산을 가진 지방 분자가 밀착되어 상온에서 고체가 되는 것을 방해한다. 일반적으로 식물이나 어류지방은 불포화되어 있어 기름(oil)이라고 부른다. **포화지방산(saturated fatty acid)**은 탄화수소 사슬에 이중결합이 없다. 대부분의 동물성 지방은 포화되어 있어 상온에서 고체가 된다. 포화지방을 많이 섭취하는 식습관은 심혈관계 질환과 관련되어 있다.

지방은 훌륭한 에너지 저장 분자로서 녹말 같은 탄수화물보다 두 배의 에너지를 가진다.

인지질 **인지질(phospholipid)**은 글리세롤 분자 하나와 지방산 두 개와 음전하를 띤 인산기 하나가 결합되고 여기에 작은 다른 분자가 결합하여 이루어진다. 이 분자의 인산기 머리는 친수성이고 물에 용해되는 반면, 두 지방산 사슬은 소수성이다. 인지질의 이러한 독특한 구조 덕분에 이 분자는 이상적인 세포막 성분이 된다. 친수성 머리는 막 양쪽의 수용성 환경에 접하고 소수성 꼬리는 물로부터 보호되는 인지질의 중심에 모인다.

스테로이드 **스테로이드(steroid)**는 탄소 고리 4개에 다양한 화학기가 부착된 특징을 지닌 지질 종류이다. **콜레스테롤(cholesterol)**은 동물 세포막에 공통된 성분이며 많은 호르몬을 포함한 다른 스테로이드의 전구체이다.

핵심 문제 3.6

지질에 대한 이해를 돕는 다음 개념 지도를 채우시오.

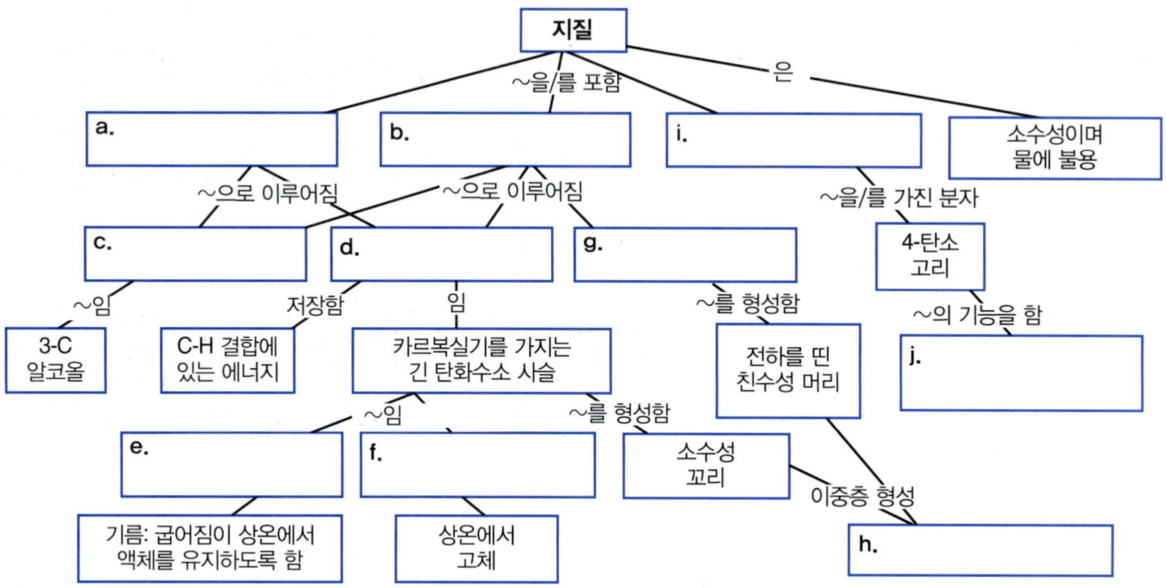

3.5 단백질은 다양한 구조를 가져서 광범위한 기능을 수행한다

단백질은 거의 모든 생명 기능에 핵심적이다. 세포의 화학반응 속도를 선택적으로 높이는 **촉매(catalyst)**로서 작용하는 대부분의 효소가 단백질이다. **단백질(protein)**은 특정한 3차원 모양으로 접혀진 하나 이상의 폴리펩타이드로 이루어진 기능성 분자이다. **폴리펩타이드(polypeptide)**는 아미노산 중합체이다.

아미노산 **아미노산(amino acid)**은 α 탄소로 불리는 중심 탄소에 수소원자, 카르복실기, 아미노기, R기라고 불리는 다양한 곁사슬 등 4개의 서로 다른 짝이 결합되어 이루어진다. 세포 pH에서 아미노기와 카르복실기는 보통 이온화된다. R기는 각 아미노산의 독특한 물리적 · 화학적 특성을 제공한다. 곁사슬은 비극성 소수성이거나 극성(산성 또는 염기성)을 띠어 친수성이다.

폴리펩타이드 **펩타이드 결합(peptide bond)**은 한 아미노산의 카르복실기를 다른 아미노산의 아미노기와 연결시킨다. 폴리펩타이드를 구성하는 아미노산의 사슬은 아미노 말단(N-말단)과 카르복실 말단(C-말단)을 이룬다.

핵심 문제 3.7

a. 알라닌(R기: $—CH_3$)과 세린(R기: $—CH_2OH$)의 구조를 그리고 축합 반응이 어떻게 이들 아미노산 사이에 펩타이드 결합을 형성하는지 보이시오.

b. 이들 아미노산 중 극성 R기를 가진 것과 비극성 R기를 가진 것은 무엇인가?

c. 다음 분자의 일부는 무엇을 나타내는가? (N—C—C—N—C—C 서열을 주목할 것)

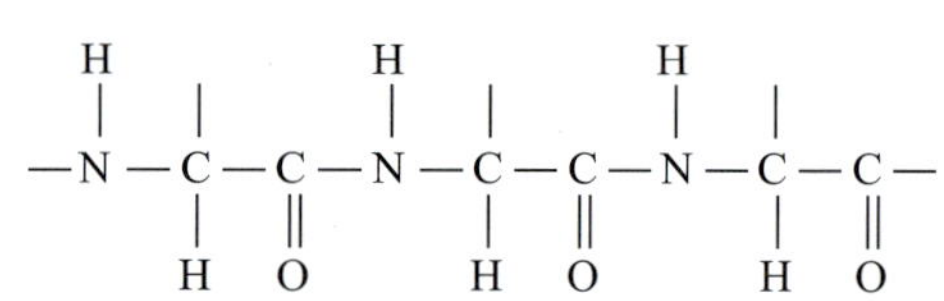

단백질의 구조와 기능 단백질은 하나 또는 그 이상의 폴리펩타이드가 꼬이거나 접혀서 생성된 독특한 3차원 구조를 가진다. 단백질 구조는 보통 자발적으로 생성된다. 단백질이 세포에서 합성되면서 아미노산 서열에 따라 사슬의 부분 사이간에 다양한 형태의 결합이 형성된다. 단백질의 독특한 형태는 다른 분자를 인식하고 결합할 수 있도록 한다. **구형 단백질**은 대략 구 모양을 띠며 섬유성 단백질은 긴 섬유모양이다.

1차 구조(primary structure)는 유전적으로 암호화된 단백질 내의 아미노산 서열이다.

2차 구조(secondary structure)는 한 펩타이드 결합의 산소와 다른 펩타이드 결합의 질소에 부착한, 부분적으로 양전하를 띠는, 수소 사이의 수소결합에 의해 안정화되는, 폴리펩타이드 골격의 꼬임 또는 접힘 부위를 포함한다. **α-나선(α-helix)**은 매 4번째 아미노산 사이의 수소결합에 의해 형성된 나선이다. **β 병풍구조(β pleated sheet)**는 서로 평행하게 놓인 폴리펩타이드 골격 부위를 따라 반복되는 수소결합에 의해 연결되어 있다.

3차 구조(tertiary structure)는 아미노산의 다양한 곁사슬(R기) 사이의 상호작용으로 인해 생긴 단백질의 3차원 구조이다. 아래와 같은 여러 화학적 상호작용이 안정되고 독특한 단백질 모양을 이루도록 한다: 물에 의한 반발력에 의해 분자의 중심에 모여 덩어리를 이룬 비극성 곁사슬 사이의 **소수성 상호작용(hydrophobic interaction)**, 비극성 곁사슬을 따라 존재하는 반데르발스 상호작용, 극성 곁사슬 사이의 수소결합 및 음전하를 띤 곁사슬과 양전하를 띤 곁사슬 사이의 이온결합. **이황화결합(disulfide bridge)**이라 불리는 강한 공유결합이 폴리펩타이드가 접히면서 가까워진 시스테인의 황화수소기 사이에서 일어나기도 한다.

4차 구조(quaternary structure)는 둘 이상의 폴리펩타이드로 이루어진 단백질에서 일어난다. 각 폴리펩타이드 소단위는 구조적으로 정확하게 배열을 이루면서 연결되어 기능성 단백질을 형성한다.

핵심 문제 3.8

단백질의 일부분을 나타낸 아래 그림에서 나타낸 상호작용의 종류를 표시하시오. 이들 상호작용은 어떤 수준의 구조를 생성하는가?

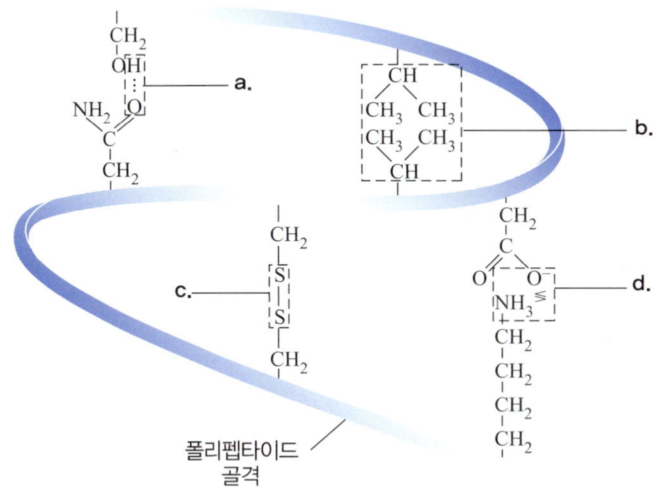

유전병인 **낫형 적혈구빈혈증(sickle-cell disease)**은 단 하나의 아미노산이 변화되어 헤모글로빈 분자 구조에 영향을 미쳐서 적혈구세포를 낫모양으로 변형시켜 작은 혈관을 막는다.

단백질의 3차 구조를 유지하는 결합이나 상호작용은 pH 변화, 염 농도나 온도 등의 방해를 받아 단백질을 풀리게 한다. 또한 단백질을 유기 용매에 넣어도 **변성(denaturation)**된다. 이 경우 소수성 부위는 비극성 용매와 작용하여 바깥쪽에 위치하게 된다.

생화학자들은 **X선 결정학(X-ray crystallography)** 기술을 사용하여 수천 개의 단백질 구조를 밝혀냈다. 이러한 구조들을 한 단백질의 서로 다른 부위의 특정한 기능과 연관시킬 수 있다.

핵심 문제 3.9

이제 여러분은 개념지도가 무엇인지 알았으므로 단백질에 관해 배운 것을 복습하는 자신의 지도를 만드시오. 구조와 기능의 개념을 포함하도록 하고 지도에서 상호 연결을 찾으시오. 단백질의 기능을 포함할 수도 있다. 해답란에 단백질 개념지도의 한 예가 있다. 하지만 중요한 것은 여러분 자신만의 지도작성을 구상하는 과정이다.

3.6 핵산은 유전정보를 저장하고 전달하며 발현되도록 돕는다

유전자(gene)는 단백질의 1차 구조를 결정하는 유전의 단위이다. **핵산(nucleic acid)**은 뉴클레오타이드 단위체로 이루어진 중합체이다.

핵산의 역할 **DNA(디옥시 리보핵산)**는 한 세대에서 다음 세대로 유전되는 유전물질로서, 분열하는 세포에서 복제되어 한 생물의 모든 세포가 동일한 DNA를 포함하게 된다. DNA에 암호화된 정보는 유전 프로그램의 최종 연기자인 단백질 합성을 지시하는 **RNA(리보핵산)**로 전사된다. 진핵세포에서 DNA는 핵 안에 존재한다. mRNA는 단백질 합성 정보를 세포질에 위치한 리보솜으로 전달한다. 최근 연구에서 다른 중요한 RNA의 기능이 밝혀졌다.

핵산의 구성성분 **폴리뉴클레오타이드(polynucleotide)**는 인산기와 질소염기에 공유적으로 결합한 5탄당으로 이루어진 단위체인 **뉴클레오타이드(nucleotide)**의 중합체이다. 뉴클레오타이드는 둘 이상의 인산기를 포함하기도 한다. 인산기가 없으면 뉴클레오사이드라고 부른다.

질소 염기는 하나 또는 두 개의 고리를 포함하느냐에 따라 각각 **피리미딘(pyrimidine)**과 **퓨린(purine)**으로 나눈다. 아데닌, 구아닌, 사이토신은 DNA와 RNA에 존재하고, 티민 염기는 DNA에만 존재한다. 유라실은 RNA에만 존재한다. DNA에 존재하는 당은 **디옥시리보오스(deoxyribose)**이고 RNA의 당은 **리보오스(ribose)**이다. 뉴클레오타이드에서 염기는 당의 1번 탄소에 부착되어 있고 인산기는 5번 탄소에 부착되어 있다.

뉴클레오타이드 중합체 뉴클레오타이드는 한 뉴클레오타이드의 당과 인접한 뉴클레오타이드의 인산 사이의 결합인 인산다이에스터결합으로 연결되어 폴리뉴클레오타이드로 된다. 중합체는 두 개의 구별되는 말단을 가진다. 두 말단은 당의 5번 탄소에 부착된 인산기를 가지는 5′ 말단과 당의 3번 탄소에 부착된 수산기를 가지는 3′ 말단이다. 질소 염기는 반복되는 당-인산 단위의 골격으로부터 뻗어나온다. 유전자에 존재하는 독특한 서열이 단백질의 특별한 아미노산 서열을 암호화한다.

핵심 문제 3.10

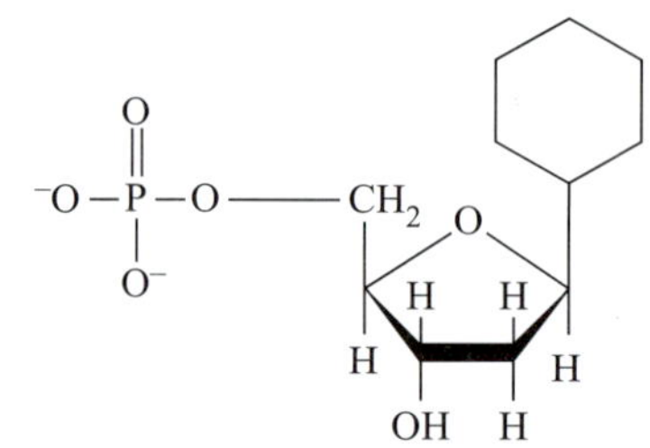

a. 이 뉴클레오타이드의 세 부분을 표시하시오. 다음의 뉴클레오타이드의 인산기가 폴리뉴클레오타이드를 만들기 위해 어디에 부착하는지를 화살표로 표시하시오.

b. 이 뉴클레오타이드의 염기는 퓨린인가 피리미딘인가? 어떻게 알 수 있는가?

c. 이것은 DNA 뉴클레오타이드인가 RNA 뉴클레오타이드인가? 어떻게 알 수 있는가?

DNA와 RNA 분자의 구조 DNA 분자는 **이중 나선(double helix)**으로 감긴 폴리뉴클레오타이드 두 가닥으로 이루어진다. 두 당-인산 골격은 5′에서 3′으로 서로 반대방향으로 되어 있어 **역평행(antiparallel)**이라 부른다. 질소 염기는 분자의 내부에서 수소결합으로 쌍을 이룬다. 아데닌은 티민과 쌍을 이루며, 구아닌은 항상 사이토신과 쌍을 이룬다. 따라서 DNA 두 가닥에 존재하는 질소염기의 서열은 상보적이다. 특별한 염기쌍 형성 특성 때문에 DNA는 정확하게 복제할 수 있다.

RNA 분자는 보통 단일 폴리뉴클레오타이드이다. 하지만 RNA 분자 내 또는 RNA 분자 사이의 염기쌍 형성이 흔히 발생한다. 예를 들어 단백질 합성에 관여하는 tRNA의 기능적 모양은 상보적인 염기쌍 형성을 이루는 여러 부위를 포함한다.

진화의 척도로서의 DNA와 단백질 유전자는 세대 사이의 유전적 연결고리를 형성한다. 동일한 종의 매우 가깝게 연관된 개체는 많은 공통된 DNA 서열과 단백질을 공유한다. 보다 더 가까이 연관된 종은 더 많은 공통된 DNA와 단백질을 공유한다. 이러한 분자적 가계도는 진화적 연관성의 증거를 제공한다.

핵심 문제 3.11

핵산에 관하여 배운 내용을 정리하는 개념지도를 만들라. 이를 다른 학생의 개념지도와 비교하고 설명하라. 폴리뉴클레오타이드와 DNA 및 RNA의 3차 구조는 부록 그림 1과 그림 2를 참조하라.

어원

carb- = coal (*carboxyl group*: a chemical group present in organic acids, consisting of a single carbon atom double-bonded to an oxygen atom and also bonded to a hydroxyl group)

di- = two; **-sacchar** 5 sugar (*disaccharide*: a double sugar, consisting of two monosaccharides joined through a dehydration reaction)

glyco- = sweet (*glycogen*: an extensively branched glucose polysaccharide that stores energy in animals)

hydro- = water; **-lyse** 5 break (*hydrolysis*: a chemical reaction that breaks bonds between two molecules by the addition of water; functions in disassembly of polymers to monomers)

macro- = large (*macromolecule*: a giant molecule formed by the joining of smaller molecules, such as a polysaccharide, a protein, or a nucleic acid)

poly- = many; **meros-** 5 part (*polymer*: a long molecule consisting of many similar or identical monomers linked together by covalent bonds)

sulf- = sulfur (*sulfhydryl group*: a chemical group consisting of a sulfur atom bonded to a hydrogen atom)

tri- = three (*triacylglycerol*: a lipid consisting of three fatty acids linked to one glycerol molecule; also called a fat or triglyceride)

지식의 체계화

1. 생명의 다양성은 놀랍다. 그러나 생명의 분자적 논리는 단순하다: 모든 생명에 공통된 작은 분자가 순차적으로 독특한 거대 생물 분자를 구성한다. 왜 탄소 분자가 생명의 분자적 다양성의 중심에 있는지 설명하라. 탄소골격, 화학기, 단위체 및 중합체가 이 다양성에 어떻게 관련되는가?

2. 유기화합물의 중요한 화학기에 관한 다음 표를 채워라.

화학기	분자 구조	화학기를 포함하는 화합물의 명칭과 특성
	$-OH$	
		알데하이드 또는 케톤; 극성기
카르복실		
	$-NH_2$	
		티올; 교차결합으로 단백질을 안정시킨다
인산		
	$-CH_3$	

3. a~g에 나타난 단위체의 종류가 무엇인지 적으시오. 그런 다음 이 화학식을 아래의 설명과 짝지어라. 2개 이상의 답이 있을 수 있다.

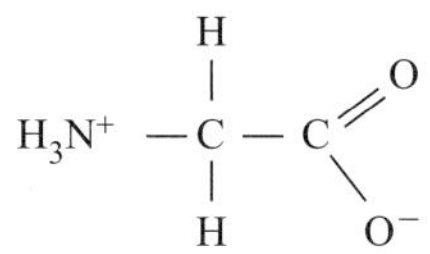

a. ____________________

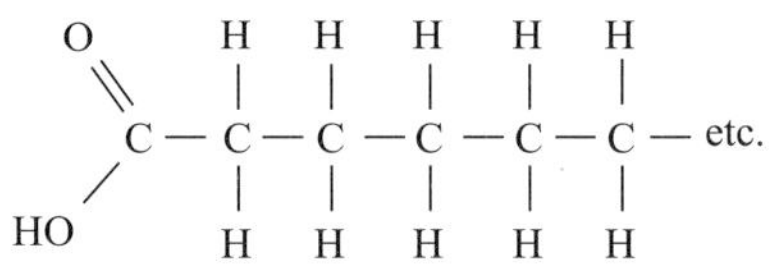

b. ____________________

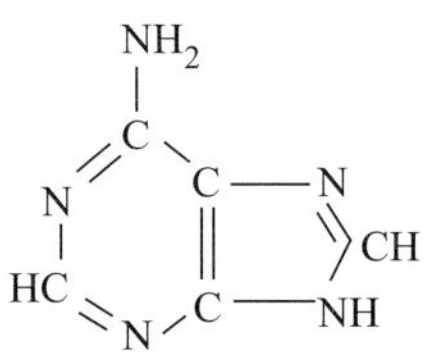

c. ____________________

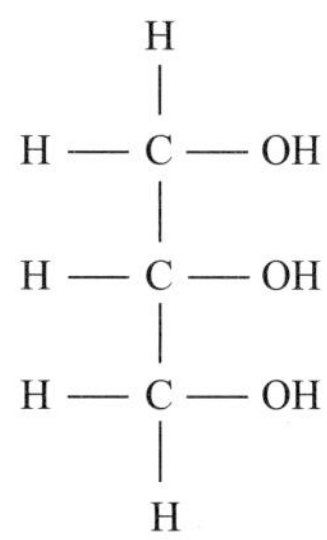

d. ____________________

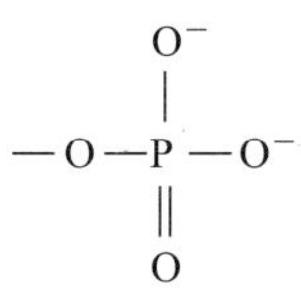

e. ____________________

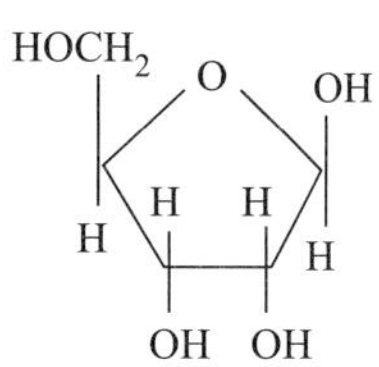

f. ____________________

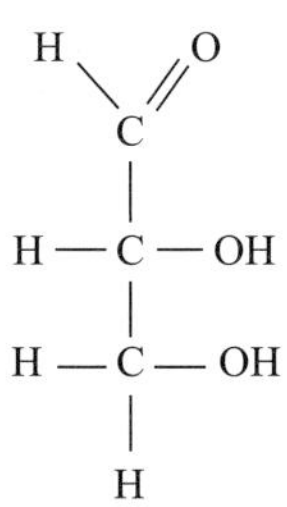

g. ____________________

_____ 1. 합쳐져서 지방을 형성하는 분자
_____ 2. 다른 단위체와 펩타이드 결합으로 연결되는 단위체
_____ 3. 합쳐져서 뉴클레오타이드를 형성하는 분자 또는 분자 무리
_____ 4. 탄수화물 분자
_____ 5. 단백질 단위체
_____ 6. 가장 비극성(소수성)인 분자

4. 단백질의 기능성 구조를 생성하는 4종류의 구조적 단계를 설명하시오.

지식의 검증

연결하기: 분자를 분자 종류와 일치시키시오.

_____ 1. 글라이코젠
_____ 2. 콜레스테롤
_____ 3. RNA
_____ 4. 콜라젠
_____ 5. 헤모글로빈
_____ 6. 유전자
_____ 7. 트라이아실글리세롤
_____ 8. 효소
_____ 9. 셀룰로오스
_____ 10. 키틴

A. 탄수화물
B. 지질
C. 단백질
D. 핵산

선다형 문제: 가장 옳은 답을 고르시오.

1. 탄소의 원자가 4는 무엇으로부터 오는가?
   a. 4면체 구조.
   b. 매우 약한 전기음성도.
   c. 4개의 공유결합을 형성할 수 있는 원자껍질에 있는 4개의 전자.
   d. 단일, 이중 및 삼중 결합을 할 수 있는 능력.
   e. 탄소원자의 사슬과 고리를 형성할 수 있는 능력.

2. 탄화수소가 물에 용해되지 않는 이유는?
   a. 친수성이기 때문이다.
   b. C−H 결합이 비극성이기 때문이다.
   c. 이온화하지 않기 때문이다.
   d. 탄소골격을 따라 많은 에너지를 C−H 결합에 저장하기 때문이다.
   e. 물보다 가볍기 때문이다.

3. 유기 분자를 염기로 작용하도록 하는 화학기는 무엇인가?
   a. −COOH
   b. −OH
   c. −SH
   d. $-NH_2$
   e. $-CH_3$

4. 유기 분자가 산성을 띠도록 하는 화학기는 무엇인가?
   a. −COOH
   b. −OH
   c. −SH
   d. $-NH_2$
   e. $-CH_3$

5. 다음 어느 과정이 중합과정인가?
   a. 폴리펩타이드 형성에서 포도당 단위체 사이의 결합이다.
   b. 물 분자의 첨가가 관련된다.
   c. 한 뉴클레오타이드의 질소염기를 다음 뉴클레오타이드의 인산기와 연결시키는 것이다.
   d. 탈수반응이 관련된다.
   e. 위의 모든 과정이 관련된다.

6. 다음 6탄당에 관한 설명 중 틀린 것은?
   a. 핵산에서 발견된다.
   b. 고리 구조를 만들 수 있다.
   c. $C_6H_{12}O_6$ 분자식을 가진다.
   d. 하나의 카르보닐기와 5개의 수산기를 가진다.
   e. 알데하이드 또는 케톤 당일 수 있다.

7. 다음 셀룰로오스에 관한 설명 중 틀린 것은?
   a. 지구상에 가장 풍부한 유기화합물이다.
   b. 포도당의 구조와 글라이코시드 결합의 기하학적 구조 때문에 녹말과는 다르다.
   c. 인접한 셀룰로오스와 수소결합을 하여 미세원섬유를 형성할 수 있다.
   d. 셀룰로오스의 글라이코시드 결합을 분해하는 효소를 가진 생물은 적다.
   e. 이것의 단위체는 질소를 포함하는 포도당이다.

8. 식물은 나중에 사용하기 위해 대부분의 에너지를 무엇으로 저장하는가?
   a. 불포화 지방
   b. 글라이코젠
   c. 녹말
   d. 수크로오스
   e. 셀룰로오스

9. 맥아당(maltose)은 두 포도당 분자가 축합반응으로 결합하여 형성된다. 이 이당류의 분자식은 무엇인가?
   a. $C_6H_{12}O_6$
   b. $C_{10}H_{20}O_{10}$
   c. $C_{12}H_{22}O_{11}$
   d. $C_{12}H_{24}O_{12}$
   e. $C_{12}H_{24}O_{13}$

10. 소가 셀룰로오스로부터 영양분을 흡수할 수 있는 이유는 무엇인가?
   a. 포도당 분자의 β 결합을 분해할 수 있는 효소를 생성한다.
   b. 반복된 저작작용을 통해 셀룰로오스를 잘게 분해할 수 있다.
   c. 되새김위는 셀룰로오스 결합을 분해할 수 있는 원핵생물과 원생생물을 포함하고 있다.
   d. 소화관이 흰개미를 포함하고 있어 셀룰로오스를 분해할 수 있다.
   e. 셀룰로오스를 녹말로 바꿀 수 있는 효소를 가지고 있고, 그 후 녹말을 포도당으로 분해한다.

11. 다음 중 균류 세포막의 주성분은?
   a. 셀룰로오스
   b. 키틴
   c. 콜레스테롤
   d. 인지질
   e. 불포화지방산

12. 분자식이 $C_{16}H_{32}O_2$인 지방산은?
   a. 포화되어 있다.
   b. 불포화되어 있다.
   c. 가지가 있다.
   d. 친수성이다.
   e. 스테로이드 분자의 일부이다.

13. 12번 문항의 지방산 3분자가 글리세롤 분자($C_3H_8O_3$)와 결합하여 하나의 분자를 형성한다면 이 결과 생긴 분자의 분자식은?
   a. $C_{48}H_{96}O_6$
   b. $C_{48}H_{98}O_9$
   c. $C_{51}H_{102}O_8$
   d. $C_{51}H_{98}O_6$
   e. $C_{51}H_{104}O_9$

14. 다음 중 가장 소수성을 띠는 분자는?
   a. 콜레스테롤
   b. 뉴클레오타이드
   c. 키틴
   d. 인지질
   e. 포도당

15. 다음 중 섭취되어 소화되었을 때 가장 많은 에너지(kcal/g)를 내는 분자는?
   a. 포도당
   b. 녹말
   c. 글라이코젠
   d. 지방
   e. 단백질

16. 다음 중 단백질의 여러 기능 중 하나가 아닌 것은?
    a. 신호 분자와 수용체로 작용한다.
    b. 대사작용의 효소 촉매로 작용한다.
    c. 질병 저항성을 제공한다.
    d. 근육의 수축 요소로 작용한다.
    e. 식물 씨앗의 주요 에너지 저장원이다.

17. 단백질이 변성되면 무엇이 일어나는가?
    a. 1차 구조가 파괴된다.
    b. 2차 및 3차 구조가 파괴된다.
    c. 안쪽 부분이 바깥으로 뒤집힌다.
    d. 아미노산으로 가수분해된다.
    e. 수소결합, 이온결합, 소수성 상호작용, 이황화결합 및 펩타이드 결합이 파괴된다.

18. 단백질의 α 나선 구조는 무엇인가?
    a. 단백질 3차 구조의 일부로서 이황화결합에 의해 안정화된다.
    b. 이중 나선 구조이다.
    c. 수소결합에 의해 안정화되고 섬유상 단백질에서 흔하다.
    d. 구형 단백질의 일부 부위에 존재하고 소수성 상호작용에 의해 안정화된다.
    e. mRNA에 상보적인 서열이다.

19. β 병풍구조의 특징은?
    a. 시스테인 아미노산 사이의 이황화결합이다.
    b. 소수성 상호작용에 의해 결합된 폴리펩타이드 사슬의 평행한 부분이다.
    c. 폴리펩타이드 골격의 일부분 사이의 수소결합에 의해 안정화된 접힘이다.
    d. 인지질로 이루어진 막 판(membrane sheet)이다.
    e. 인접한 셀룰로오스 사이의 수소결합이다.

20. 다음 분자를 가장 잘 설명한 것은?

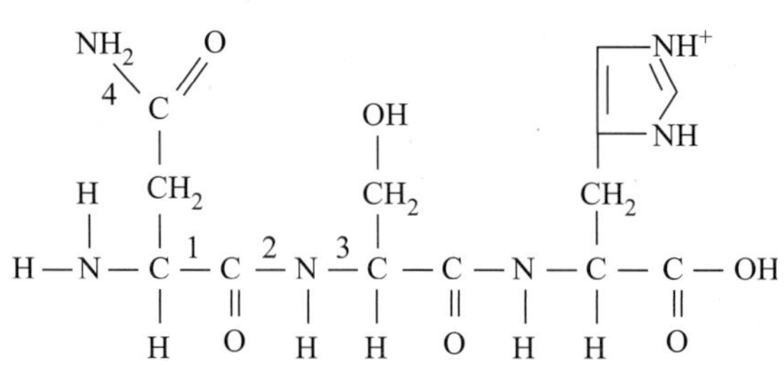

    a. 키틴
    b. 아미노산
    c. 트라이펩타이드
    d. 뉴클레오타이드
    e. 단백질

21. 20번 문항에서 분자에 표시된 번호 중 펩타이드 결합을 나타내는 것은?
    a. 1 b. 2
    c. 3 d. 4
    e. 2번과 4번

22. 특정 단백질의 아미노산 서열을 결정하는 것은 무엇인가?
    a. 1차 구조
    b. 유전자의 뉴클레오타이드 서열에 의해 결정된 RNA의 뉴클레오타이드 서열
    c. RNA의 뉴클레오타이드 서열에 의해 결정된 DNA의 뉴클레오타이드 서열
    d. 리보솜을 형성하는 RNA의 뉴클레오타이드 서열
    e. 단백질의 3차원 구조

23. 다음 어느 분자나 구조에 소수성 상호작용과 친수성 상호작용 모두 중요한가?
    a. 단백질
    b. 세포막
    c. 식물 세포벽의 셀룰로오스
    d. a와 b
    e. a, b와 c

24. 뉴클레오타이드 단위체는 어떻게 결합되어 폴리뉴클레오타이드를 형성하는가?
    a. 상보적인 질소 염기쌍 사이의 수소결합
    b. 인산기 사이의 이온결합
    c. 시스테인 사이의 이황화결합
    d. 한 뉴클레오타이드의 당과 다음의 뉴클레오타이드 인산 사이의 공유결합
    e. 한 뉴클레오타이드의 카르복실기와 다음의 뉴클레오타이드의 당이 존재하는 수산기 사이의 에스터결합

25. DNA 이중나선 한 가닥의 뉴클레오타이드 서열이 5′GCCTAA3′이라면 상보가닥의 3′−5′ 서열은 어떻게 되겠는가?
    a. GCCTAA
    b. CGGAUU
    c. CGGATT
    d. ATTCGG
    e. TAAGCC

26. 원숭이와 사람은 동일한 DNA 서열을 많이 공유하며 유사한 단백질을 가진다. 이것은 무엇을 의미하는가?
    a. 이 두 무리는 동일한 종에 속한다.
    b. 이 두 무리는 비교적 최근의 공통조상을 공유한다.
    c. 사람은 원숭이로부터 진화하였다.
    d. 원숭이는 사람으로부터 진화하였다.
    e. 이 두 무리는 동시에 진화하였다.

4장

세포로의 여행

핵심

세포는 생명체의 기본적인 단위이다. 생명 현상에서의 복잡성은 세포의 복잡성에 반영되어 있다. 우리는 세포 구조에 대한 수많은 새로운 용어에 의해 압도되고 있다. 다음 모식도는 이 장에서 발견되는 상세한 내용들을 조직화한 틀을 보여준다.

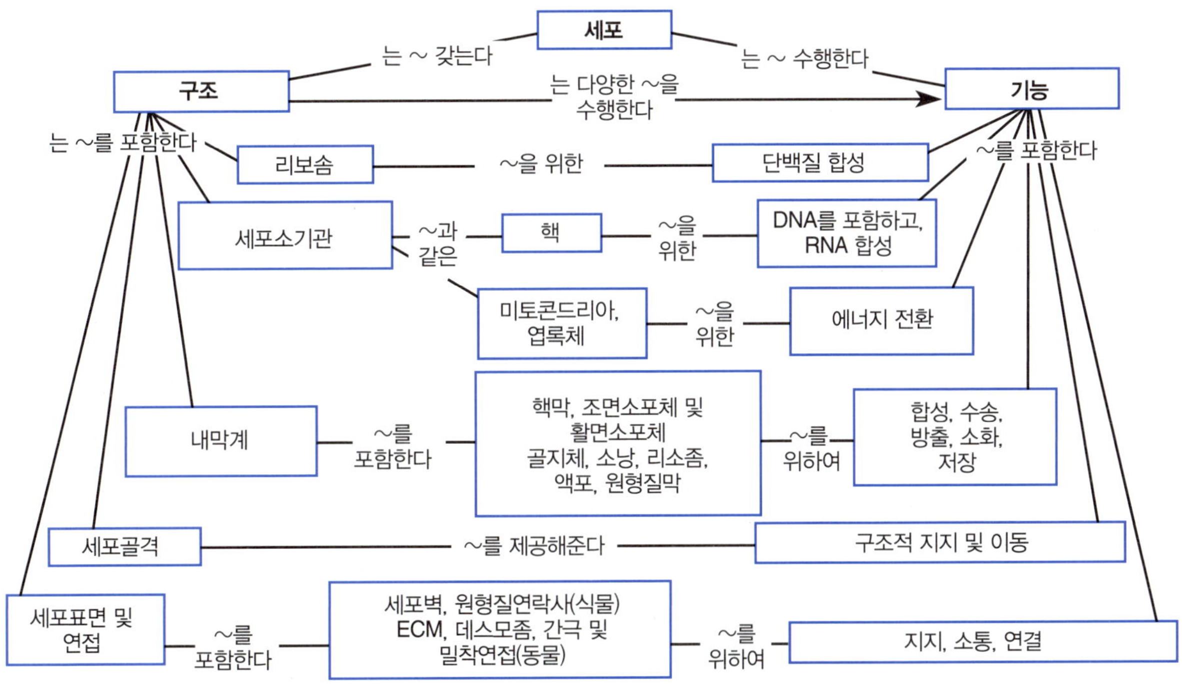

복습

세포는 모든 생명체의 구조 및 기능적인 기본 단위이다. 생물학적 조직 위계에서 생명에 대한 수용 능력은 세포의 구조적인 질서로부터 나타난다. 모든 세포는 공통조상으로부터 진화해 왔지만, 진화를 통해 다양한 적응 형태가 나타났다.

4.1 생물학자들은 세포 연구를 위해 현미경과 생화학적인 도구를 이용한다

현미경 **광학현미경(light microscope, LM)**의 유리 렌즈는 시료를 통과하는 가시광선을 굴절시켜 시료의 이미지를 확대시킨다. 배율(magnification)은 물체의 이미지와 그것의 실제 크기의 비율을 말한다. 해상력(resolution)은 이미지의 명료성에 대한 척도이며, 두 지점이 분리되어 보이기 위해 떨어져야 할 최소한의 거리로 결정된다. 광학현미경의 해상력은 한정되어 있어 0.2 μm(마이크로미터 = 10^{-3}mm)보다 더 작은 거리는 구별할 수 없다. 표본 염색과 형광, 위상차, 공초점현미경을 이용하면 구조들 간에 대비를 증가시켜 더 잘 볼 수 있다.

대부분 막으로 구성된 **세포소기관(organelles)**은 광학현미경으로 관찰할 수 없다. 세포소기관은 1950년에 **전자현미경(electron microscope, EM)**이 개발되었을 때 처음 관찰되었다. 전자빔의 파장이 짧은 것으로 인해서 해상력이 약 2 nm (나노미터 = 10^{-3} μm)로 광학현미경 해상력의 약 100배 이상이다.

투과전자현미경(transmission electron microscope, TEM)은 무거운 금속원자로 염색된 시료의 절편을 통해 전자빔을 발사한다. 전자기가 렌즈로 작용하며 모니터에 이미지를 보여준다.

주사전자현미경(scanning electron microscope, SEM)은 전자빔이 보통 얇은 금막으로 코팅된 시료의 표면을 주사한다. 전자빔은 시료의 표면에서 전자를 흥분시키면, 이것이 인식되고 비디오 스크린에 이미지로 나타난다.

"초해상력 현미경"과 같은 새로운 기술이 살아 있는 생물체에 대한 이미지를 매우 상세하게 보여준다. 현대 세포생물학에서는 세포학(cytology)을 생화학(biochemistry)과 접목을 통해 세포구조 및 기능 사이의 관계를 이해한다.

세포분획 **세포분획(cell fractionation)**은 세포소기관과 다른 세포의 구조들을 분리하는 기술로 세포소기관을 동정하고 기능을 연구할 수 있도록 한다. 세포들을 분리시키고, 파쇄된 세포들은 원심분리의 속도를 점점 증가시킴으로써 구성 성분들이 분리된다.

핵심 문제 4.1

a. 세포학을 정의하라.

b. 세포학자들은 무엇을 연구하기 위하여 TEM을 이용하는가?

c. SEM이 가장 잘 보여주는 것은 무엇인가?

d. 광학현미경은 TEM과 SEM에 비해 어떤 장점을 가지고 있는가?

4.2 진핵세포는 독자적인 기능을 수행할 수 있도록 구획을 나누는 내부막을 가지고 있다

원핵세포와 진핵세포의 비교 원핵세포와 진핵세포는 어떻게 같은가? 모든 세포는 공통적으로 반유동성의 **세포기질(cytosol)**을 싸고 있는 원형질막에 의해 둘러싸여 있다. 모든 세포들은 유전자를 포함하는 염색체와 리보솜을 가지고 있다.

원핵과 진핵세포는 어떻게 다른가? 진정세균과 고세균은 **원핵세포(prokaryotic cells)**로 핵이 없고 막으로 둘러싸인 소기관이 없다. 원핵세포의 DNA는 **핵양체(nucleoid)**에 응축되어 있다. **진핵세포(eukaryotic cells)**는 이중막으로 둘러싸인 핵과 세포질에 있는 막성 세포소기관을 가지고 있다. **세포질(cytoplasm)**은 핵과 세포막 사이의 공간이며, 원핵세포의 내부를 나타낸다.

대부분의 박테리아 세포는 직경이 1~5 μm이며, 진핵세포는 10~100 μm가 된다. 세포가 작은 것은 기하학적 영향의 결과로 생각된다. 면적은 반경의 제곱에 비례하지만, 부피는 반경의 세제곱에 비례한다. 모든 세포를 둘러싸고 있는 **원형질막(plasma membrane)**은 산소, 영양소 및 물을 교환하기 위해서는 부피에 비해 상대적으로 충분한 표면적을 제공해 주어야 한다.

진핵세포의 개관적인 모습 막은 진핵세포를 구획짓고 특정한 대사 기능을 수행할 수 있는 국소적인 환경을 제공해주어 막으로 둘러싸인 효소를 통해 양립하기 어려운 대사활동이 이루어진다. 모든 진핵세포의 형태는 각기 중요한 차이를 보이고 있지만 많은 공통적인 구조를 가지고 있다.

핵심 문제 4.2

a. 원형질막의 분자적 구조를 기술하여라.

b. 만약 한 진핵세포가 길이로 따져 박테리아보다 10배나 크다면 진핵세포는 얼마나 더 큰 표면적을 갖는가?

c. 또한 진핵세포는 얼마나 더 큰 부피를 갖는가?

4.3 진핵세포의 유전정보는 핵 안에 있으며, 리보솜에 의해 해독된다

핵: 세포의 유전자 도서관 **핵(nucleus)**은 핵공을 가지고 있는 이중막의 **핵막(neclear envelope)**에 의해 둘러싸여 있다. 각 핵공의 핵공복합체(pore complex)는 핵과 세포질 사이의 물질의 이동을 조절한다. 내부막은 핵의 모양을 유지하는데 관여하는 한 층의 단백질 필라멘트의 망상구조인 **핵막층(nuclear lamina)**으로 되어 있다.

대부분의 세포내 DNA는 핵 속에 **염색체(chromosome)** 단위로 구성되어 있다. 염색체는 DNA와 단백질의 복합체인

염색질(chromatin)로 되어 있다. 각 진핵생물은 고유의 염색체 수를 갖는다. 각 염색체는 분열 시 응축될 때 관찰할 수 있다.

인(nucleolus)은 분열하지 않는 핵에서 뚜렷하게 나타나는 구조로 rRNA를 합성하고, 이것을 단백질과 결합시켜 리보솜 단위체를 조립하면, 이 리보솜 단위체는 핵공을 통해 세포질로 이동한다.

리보솜: 세포의 단백질 합성 공장 **리보솜(ribosome)**은 단백질과 rRNA로 구성되어 있다. 자유리보솜(free ribosome)에서 합성된 대부분의 단백질은 세포질에서 이용된다. 소포체나 핵막에 붙어 있는 리보솜은 일반적으로 막에 삽입되거나 소기관에 내에 포함되거나 혹은 세포로부터 분비될 운명의 단백질을 합성한다.

핵심 문제 4.3

핵은 어떻게 세포질에서 단백질 합성을 조절하는가?

4.4 내막계는 세포 내에서 단백질 이동을 조절하고 세포의 물질대사 기능을 수행한다

진핵세포에서 모든 소기관들을 이해하기 위한 좋은 방법은 **내막계(endomembrane system)**의 구성 성분들, 즉 핵막, 소포체, 골지체, 리소좀, 소낭, 액포 및 원형질막을 연결시켜 보는 것이다. 동일하지는 않지만, 이 시스템의 막들은 직접적으로 연결되어 있거나 혹은 막으로 된 작은 **소낭(vesicles)**을 매개로 하여 연결되어 있다.

소포체: 생합성 공장 **소포체(endoplasmic reticulum, ER)**는 핵막과 연속적으로 연결되어 있으며 연결된 관의 네트워크 혹은 시스터나(cisternae)라고 하는 낭들로 이루어져 있다. 리보솜이 **조면소포체(rough ER)**의 세포질쪽 표면에 붙어 있으며, **활면소포체(smooth ER)**에는 리보솜이 없다.

활면소포체는 다른 세포에서 다양한 기능을 한다. 활면소포체 내 효소들은 인지질 및 성호르몬을 포함하는 스테로이드 합성, 탄수화물 대사, 약물과 독성물질의 해독작용에 관여한다. 바르비투르산염, 알코올 및 다른 약물들은 간세포에서 활면소포체의 합성을 증가시켜 이러한 물질들에 대한 내성을 증가시킨다. 활면소포체는 또한 근수축 시 칼슘이온을 저장하고 방출하는 역할을 한다.

분비되는 단백질은 막에 붙어 있는 리보솜에서 만들어져 조면소포체의 내강으로 들어간다. 많은 단백질들에 작은 탄수화물이 붙어 **당단백질(glycoproteins)**이 된다. 분비단백질은 막으로 둘러싸인 **수송소포(transport vesicle)**로 조면소포체를 떠난다.

조면소포체는 또한 막을 합성한다. 자신의 막 속에 끼여 있는 효소를 이용하여 인지질을 붙임으로써 자라며, 막에 붙어 있는 리보솜에 의해 합성된 막단백질은 소포체막으로 끼여 들어간다. 수송소포는 소포체막을 내막계의 다른 부분으로 전달한다.

골지체: 운반하고 받는 장소 **골지체(Golgi apparatus)**는 납작한 빵 덩어리 같은 막으로 구성되어 있다. 소포체로부터 떨어져 나온 소낭은 골지체 더미의 시스(cis)면과 결합한다. 시스터나 성숙 모델(cisternal maturation model)에 따르면 골지체 산물들은 보통 골지체의 시스 지역에서 트랜스 지역으로 운반되는 동안 변화를 겪는다. 종종 당단백질들에 붙어 있는 탄수화물은 변화를 겪는다. 식물세포의 골지체는 펙틴과 같은 일부 다당류를 합성한다. 골지체 산물들은 소낭으로 분류되고 골지체의 트랜스(*trans*) 면으로부터 떨어져 나간다. 이러한 소낭들은 자신들을 원형질막 혹은 다른 소기관으로 운반하는 데 도움을 주는 막표면 분자들을 가지고 있다.

리소좀: 소화 담당 소기관 동물세포에서 **리소좀(lysosome)**은 고분자를 소화하는 가수분해효소를 가지고 있는 막으로된 주머니다. 리소좀 효소가 작용할 수 있도록 산성 pH를 제공해 준다.

일부 원생생물에서는 리소좀은 식포(food vacuole)와 융합하여 **식세포작용(phagocytosis)**에 의해 얻은 물질을 소화한다. 백혈구의 한 형태인 대식세포는 리소좀을 이용하여 섭취한 박테리아를 소화한다. 리소좀은 또한 손상된 세포소기관 혹은 적은 양의 세포질을 싸고 있는 막과 융합하여 세포 자신의 고분자를 재활용하는데 이를 자가소화작용(autophagy)이라고 한다.

액포: 다양한 유지 기능을 수행하는 소기관 **액포(vacuole)**는 커다란 소낭이다. **식포(food vacuole)**는 식세포작용으로 만들어진다. **수축포(contractile vacuole)**는 담수 원생생물에서 과도한 물을 퍼낸다. 식물에서 액포는 세포에 필요한 유기화합물과 무기이온을 축적하거나 위험한 대사 부산물과 포식자로부터 식물을 보호하기 위한 유독성 혹은 맛 없는 화합물을 포함하기도 한다. 커다란 **중심액포(central vacuole)**는 성숙한 식물에서 발견되며 세포 수액이라고 하는 용액이 들어 있다. 식물세포는 액포가 물을 흡수하고 팽창함으로써 세포질에 대한 최소한의 투자로 크기가 커진다.

세포의 내막계: 요약 막이 소포체로부터 골지체로, 그 후 다른 지역으로 이동함에 따라 그것의 구성과 기능 및 내용물들이 변화된다.

핵심 문제 4.4

아래 모식도에서 보여주는 내막계의 구성 성분이 무엇인지 표지하고, 각각의 기능을 서술하여라.

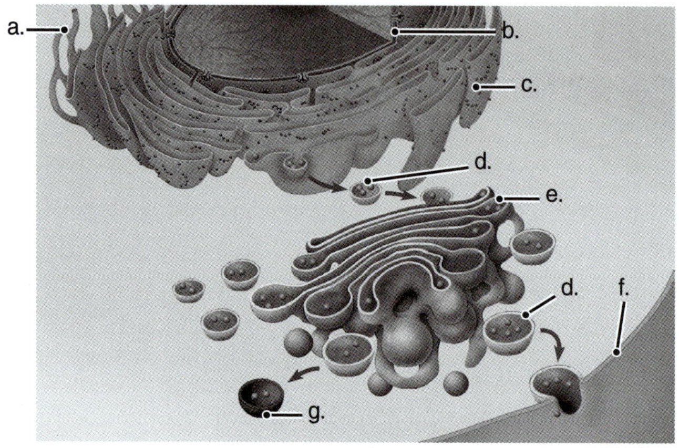

a.

b.

c.

d.

e.

f.

g.

4.5 미토콘드리아와 엽록체는 에너지를 한 형태에서 다른 형태로 변환할 수 있다

열량을 내는 영양소를 분해하여 ATP를 생산하는 세포호흡은 진핵세포의 **미토콘드리아(mitochondria)**에서 일어난다. 광합성은 식물과 조류의 **엽록체(chloroplast)**에서 일어나며 빛에너지를 흡수하여 물과 이산화탄소로부터 당을 합성한다.

미토콘드리아와 엽록체의 진화적 기원 **세포내공생설(endosymbiont theory)**에 따르면, 미토콘드리아와 엽록체는 원핵세포가 원시 진핵세포에 의해 먹혀 생긴 것이다. 미토콘드리아와 엽록체를 둘러싸고 있는 이중막은 원핵세포 공생체(endosymbiont)의 부분으로 생각된다. 두 소기관은 원핵세포에서 발견된 것과 유사한 적은 양의 DNA와 리보솜을 가지고 있으며, 자신의 단백질의 일부를 합성한다.

미토콘드리아: 화학에너지 전환 미토콘드리아는 두 개의 막으로 둘러싸여 있는데 각 막은 독특한 단백질이 끼여 있는 인지질 이중층으로 되어 있다. 원형의 외막과 주름진 내막 사이에 좁은 공간이 있다. 내막의 주름을 **크리스타(cristae)**라고 하며 넓은 표면적을 만들고 **미토콘드리아 기질(mitochondrial matrix)**을 싸고 있다. 많은 호흡효소, 미토콘드리아 DNA와 리보솜은 기질 내에 있다. 다른 호흡 효소 및 단백질은 내막에 끼여 있다.

엽록체: 빛에너지의 획득 엽록체는 내외막 공간에 의해 분리된 이중막을 가지고 있다. 내막 안쪽에 **틸라코이드(thylakoid)**라는 서로 연결된 편평한 주머니 모양의 막시스템이 있으며, 그 안쪽에 공간이 있다. 광합성 효소는 틸라코이드에 박혀 있으며, 틸라코이드는 함께 포개어 **그라나(grana)**를 형성한다. 엽록체 DNA, 리보솜 및 많은 효소들이 틸라코이드를 둘러싸고 있는 액체인 **스트로마(stroma)**에서 발견된다.

색소체(plastid)는 식물의 세포소기관으로 녹말을 축적하고 있는 백소체(amyloplast)와 색소를 갖는 유색체(chromoplast)를 포함하고 있다.

핵심 문제 4.5

미토콘드리아와 엽록체를 스케치하고 이들의 막과 구성 성분을 표시하여라.

퍼옥시좀: 산화작용 **퍼옥시좀(peroxisome)**은 다양한 대사회로에서 기능을 하는 효소들이 들어 있는 산화 소기관으로, 예를 들면 에너지를 얻기 위해 지방산을 분해하거나, 알코올과 다른 독성 물질을 분해하는 일을 한다. 이 회로에서 생긴 해로운 부산물인 과산화수소(H_2O_2)를 물로 전환시키는 효소가 퍼옥시좀에 있다.

4.6 세포골격은 섬유들의 그물망 구조로 세포 내의 구조와 활동을 조직화한다

세포골격의 역할: 지지 및 운동성 **세포골격(cytoskeleton)**은 단백질 섬유소로 기계적인 지지 작용을 하며, 세포의 운동성에 관여한다. 세포골격은 **운동 단백질(motor protein)**과 상호작용하여 세포의 움직임을 만들어낸다.

세포골격의 구성물질 세포골격에서 발견되는 세 가지 형태의 섬유소, 즉 미세소관, 미세필라멘트, 그리고 중간섬유를 살펴보자.

모든 진핵세포는 구형의 튜불린 단백질로 된 가운데가 빈 막대와 같은 **미세소관(microtuble)**을 가지고 있다. 튜불린 2합체의 추가 혹은 제거를 통해 미세소관의 길이가 변한다. 미세소관은 세포를 지지하는 뼈대로 작용할 뿐만 아니라 세포분열 동안 염색체를 분리하고, 소기관들이 운동단백질의 도움으로 이동하는 트랙을 제공해 준다.

동물세포에서 미세소관은 핵 가까이에 있는 **중심체(centrosome)**로부터 뻗어 나온다. 한 쌍의 **중심립(centriole)**이 있는데 각각은 3개의 미세소관이 한 단위가 되어 9세트가 둥글게 배열한 구조로 되어 있고, 중심체와 붙어 있으며 세포분열 전에 복제한다. 균류와 식물세포는 중심립을 가지고 있는 중심체가 없지만 좀 다른 미세소관을 만들어내는 센터를 가지고 있다.

섬모(cilia) 및 **편모(flagella)**는 일부 진핵세포에서 운동확장부로 작용한다. 섬모는 그 수가 많으며 길이가 짧고, 편모는 세포마다 하나 혹은 2개 정도이며 길다. 많은 원생생물은 섬모 혹은 편모를 이용하여 수용액에서 이동한다. 조직내 세포에 붙어 있는 섬모나 편모는 세포 표면의 액체를 이동시킨다. 척추동물 세포에서 발견되는 1차 섬모(primary cilium)과 같은 신호를 받는 섬모는 환경 신호를 세포 내부로 전달한다.

운동성 섬모와 편모는 중간에 2개의 미세소관이 있으며, 그 주위를 미세소관을 구성하는 9개의 2합체들이 링구조로 배열되어 있어 "9 + 2" 패턴을 가지고 있으며, 이 모든 것들은 원형질막에 의해 둘러싸여 있다. 미세소관 2합체는 **디네인(dynein)** 단백질은 두 다리를 가지고 인접한 2합체 미세소관에 붙고, 잡아당기고, 떨어지고, 다시 붙는 것을 반복하면서 서로 미끄러진다. 이러한 미세소관의 활동은 교차결합 단백질과 방사 스포크와 연계하여 편모나 섬모가 구부러지도록 한다. 섬모나 편모의 미세소관은 미세소관의 "9 + 0" 패턴과 함께 **기저체(basal body)**에 의해 세포에 고정되어 있다.

미세필라멘트(microfilament)는 구형의 **액틴(actin)** 단백질이 이중의 꼬인 사슬을 형성하여 만들어진 얇은 고체 막대이다. 이런 이유로 미세필라멘트는 액틴 필라멘트라고 한다. 미세필라멘트는 원형질막의 내부에서 지지대를 형성하고 세포로부터 튀어나온 융모세포를 구성하는 핵심물질이다.

근육세포에서 수천의 액틴 필라멘트와 운동단백질인 **마이오신(myosin)**으로 되어 있는 더 두꺼운 필라멘트가 근육 수축을 만들어낸다. 액틴과 마이오신은 또 상호작용하여 일부 세포들이 아메바운동을 하도록 한다. 세포질유동(cytoplasmic streaming)도 액틴과 마이오신의 상호작용으로 이루어진다.

중간섬유(intermediate filament)는 미세소관과 미세필라멘트의 중간 크기로 단백질 구성이 훨씬 다양하다. 중간섬유는 세포의 모양을 유지하는 데 중요하다. 핵은 중간섬유 망으로 안전하게 유지되고 있으며, 핵막의 안쪽을 차지하는 핵막하층(nuclear lamina)도 중간섬유로 되어 있다.

핵심 문제 4.6

세포골격을 구성하는 성분에 대해서 배웠던 것을 조직화하기 위하여 다음 표의 빈칸을 채워라. 상세한 내용은 캠벨 생명과학 교과서들을 참조하라.

세포골격 구성성분	구조 및 단위체	기능
미세소관	a.	b.
미세필라멘트(액틴필라멘트)	c.	d.
중간섬유	e.	f.

4.7 세포활동은 세포 간의 연결과 세포외 구성물질을 통해 조절된다

식물의 세포벽 식물 **세포벽(cell wall)**은 다당류와 단백질 기질에 끼여들어간 셀룰로오스 미세섬유로 구성되어 있다.

어린 식물세포에 의해서 분비된 **1차 세포벽(primary cell wall)**은 상대적으로 얇고 유연하다. 이웃한 세포들은 펙틴이라고 하는 다당류의 얇은 층인 **중간층(middle lamella)**에 의해 붙어 있다. 세포가 성장을 멈추면 어떤 세포들은 원형질막과 1차 세포벽 사이에 더 두껍고 더 강한 **2차 세포벽(secondary cell wall)**을 분비한다.

핵심 문제 4.7

2개의 인접한 식물세포를 스케치하고 1차 세포벽, 2차 세포벽 및 중간층을 표시하여라. 또한 원형질연락사도 표시하여라(이 장의 세포연접 부분을 참조한다).

동물세포의 세포외기질 동물세포는 주로 당단백질과 다른 탄수화물을 포함하는 분자로 된 **세포외기질(extracellular matrix, ECM)**을 분비한다. **콜라겐(collagen)**은 강한 섬유소를 형성하여 프로테오그리칸 복합체 그물 속으로 끼여들어 간다. 이러한 커다란 복합체는 작은 핵심 단백질과 많은 탄수화물 사슬을 가지고 있는 **프로테오글리칸(proteoglycan)**의 여러 개가 긴 다당류에 붙을 때 형성된다. 세포들은 **피브로넥틴(fibronectin)**과 **인테그린(integrin)**에 붙는 다른 당단백질에 의해서 ECM에 붙을 수 있다. 인테그린은 원형질막을 가로질러 다른 단백질을 경유하여 미세필라멘트와 결합한다. 따라서 세포외부에서의 변화된 정보가 피브로넥틴, 인테그린 및 미세필라멘트를 포함하는 기계적인 신호전달회로를 통해 세포내부로 전달될 수 있다. ECM으로부터의 신호는 핵에서의 유전자의 활동에 영향을 준다.

핵심 문제 4.8

동물의 ECM 모식도에서 표시된 구조의 이름을 써라.

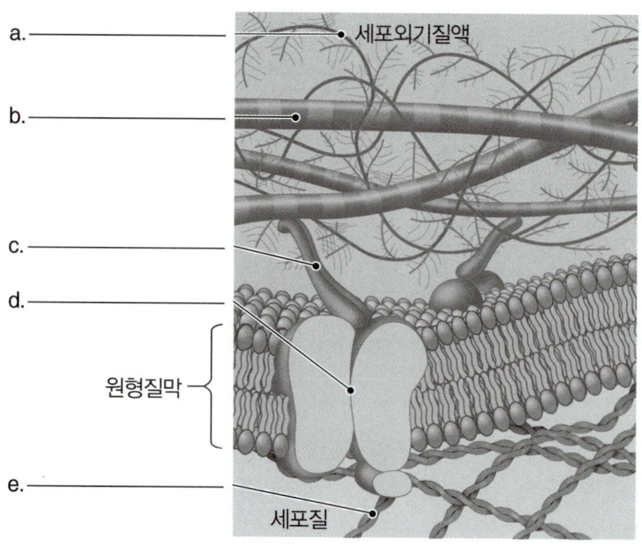

세포간 연접 **원형질연락사(plasmodesmata)**는 식물세포에서 인접한 세포들의 원형질막을 연결하는 채널로 한 식물의 대부분의 세포를 살아 있는 공유환경 속으로 연결한다. 물, 작은 용매, 일부 단백질 및 RNA 분자들이 이 채널을 통해서 이동할 수 있다.

동물세포에서는 세포연접의 어떤 형태가 발견되는가? **밀착연접(tight junction)**에서는 인접한 세포막을 강하게 연결하여 상피세포 사이를 통해 물질이 빠져나갈 수 없도록 한다. **데스모좀(desmosome)**은 고정연접(anchoring junction)이라고도 하며, 중간섬유에 의해서 강화되며 세포를 강하게 붙들어 맨다. **간극연접(gap junction)**은 소통연접(cmmunicating junction)이라고도 하며 단백질 구멍을 통해 세포간 이온과 작은 분자들의 교환을 가능하게 하는 세포질 연결통로이다.

세포: 생명체의 기본단위인 세포는 세포내 소기관의 집합 이상의 의미를 지닌다 구획화와 세포의 전형적인 많은 특수화된 세포소기관들은 구조는 기능과 연관된다는 원리에 대한 예시가 된다.

어원

centro- = the center; **-soma** = a body (*centrosome*: a structure in the cytoplasm of animal cells that functions as a microtubule-organizing center)

chloro- = green (*chloroplast*: the site of photosynthesis in plants and photosynthetic protists)

cili- = hair (*cilium*: a short cellular appendage containing microtubules)

cyto- = cell (*cytosol*: the semifluid portion of the cytoplasm)

-ell- = small (*organelle*: a membrane-enclosed structure with a specialized function, suspended in the cytosol of eukaryotic cells)

endo- = inner (*endomembrane system*: the collection of membranes inside and surrounding a eukaryotic cell that includes the plasma membrane, nuclear envelope, endoplasmic reticulum, Golgi apparatus, lysosomes, vesicles, and vacuoles)

eu- = true (*eukaryotic cell*: a type of cell with a membrane—enclosed nucleus and organelles)

extra- = outside (*extracellular matrix*: the meshwork surrounding animal cells, consisting of glycoproteins, polysaccharides, and proteoglycans)

flagell- = whip (*flagellum*: a long cellular appendage

specialized for locomotion)

glyco- = sweet (*glycoprotein*: a protein with one or more covalently attached carbohydrates)

lamin- = sheet/layer (*nuclear lamina*: a netlike array of protein filaments lining the inner surface of the nuclear envelope)

lyso- = loosen (*lysosome*: a membrane-enclosed sac of hydrolytic enzymes found in the cytoplasm of animal cells and some protists)

micro- = small; **tubul** = a little pipe (*microtubule*: a hollow rod composed of tubulin proteins that makes up part of the cytoskeleton in all eukaryotic cells and is found in cilia and flagella)

nucle- = nucleus; **-oid** = like (*nucleoid*: a non-membrane-bounded region in a prokaryotic cell where the DNA is concentrated)

phago- = to eat; **-kytos** = vessel (*phagocytosis*: a type of endocytosis in which large particulate substances are taken up by a cell)

plasm- = molded; **-desma** = a band or bond (*plasmodesma*: an open channel in a plant cell wall, connecting the cytoplasm of adjacent cells)

pro- = before; **karyo-** = nucleus (*prokaryotic cell*: a type of cell lacking a membrane-enclosed nucleus and organelles)

thylaco- = sac or pouch (*thylakoid*: a flattened membranous sac inside a chloroplast)

vacu- = empty (*vacuole*: a relatively large vesicle with a specialized function)

지식의 체계화

1. 동물세포에서 나열된 기능과 관련이 있는 소기관 혹은 구조를 표의 빈칸에 써라.

기능	세포소기관 혹은 구조
세포분열	a.
정보축적 및 전달	b.
에너지 전환	c.
단백질, 막 및 다른 물질의 합성	d.
지방합성 및 약물 해독	e.
소화 및 재활용	f.
산화 및 과산화수소를 물로 전환	g.
구조적 통합	h.
이동	i.
환경과의 교류	j.
세포간 연결	k.

2. 다음 각 식물 구조의 기능을 써라.

식물세포 구조	기능
세포벽	a.
중심 액포	b.
엽록체	c.
백색체	d.
원형질연락사	e.

3. 다음 동물세포 모식도에서 표시된 구조를 써라.

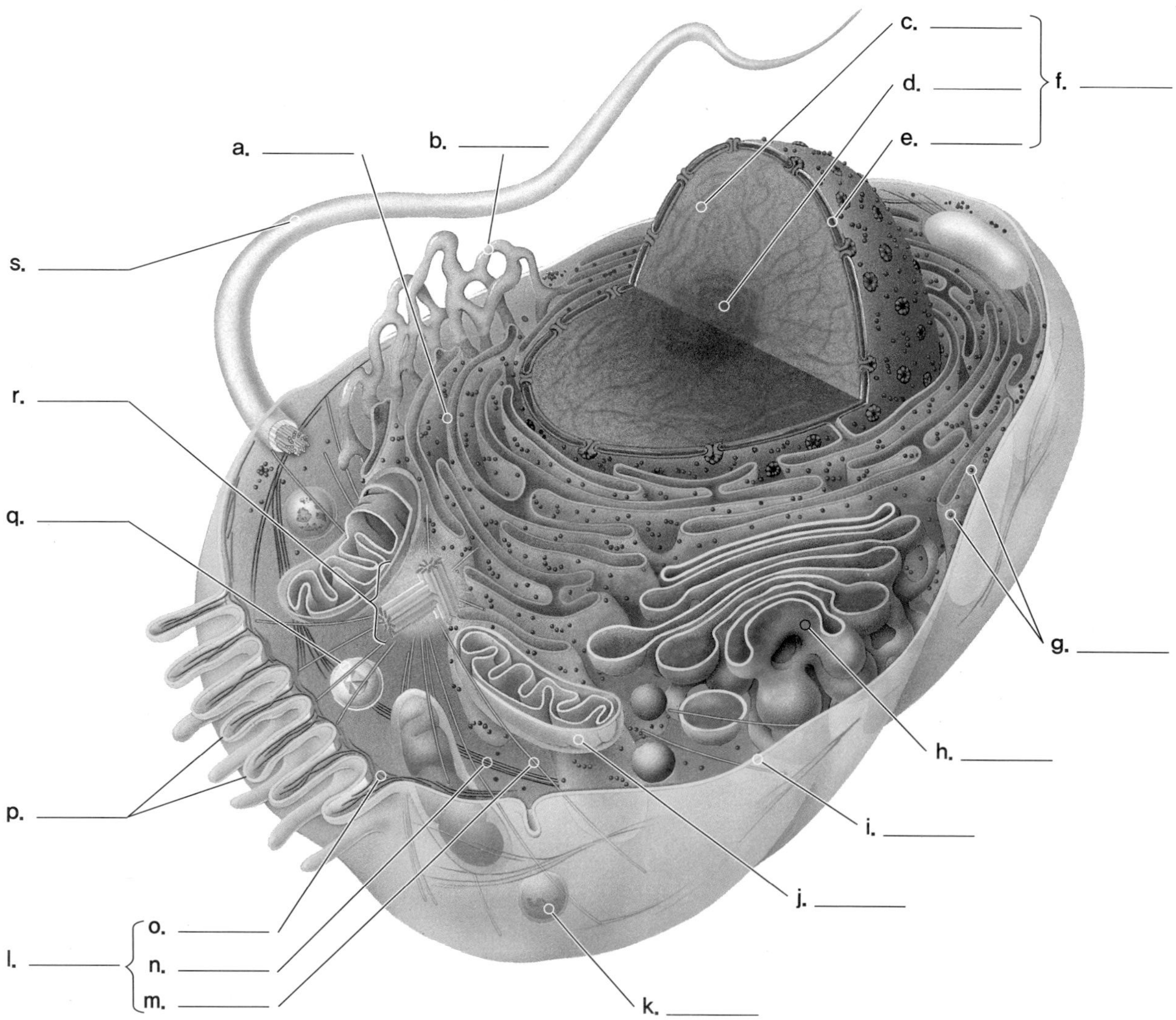

4. DNA 암호로부터 세포 밖으로의 소화효소와 같은 분비 단백질의 합성을 추적할 수 있는 모식도 혹은 순서도를 작성하여라.

지식의 검증

선다형 문제: 가장 옳은 답을 고르시오.

1. 현미경의 해상력이란 무엇인가?
   a. 떨어진 두 지점 사이의 거리
   b. 이미지가 잘 보이는 정도
   c. 이미지의 배율량
   d. 시료 표면 위 초점의 깊이
   e. 빛의 파장

2. 다음의 어떤 것을 이용하면 엽록체의 상세한 구조가 가장 잘 보일 것인가?
   a. 투과전자현미경
   b. 주자전자현미경
   c. 위상차광학현미경
   d. 차등간섭대비현미경
   e. 공초점현미경

3. 동물의 세포분획법에서 원심분리 시리즈의 마지막 침전물 중의 하나는 무엇인가?
   a. 리보솜
   b. 리소좀
   c. 퍼옥시좀
   d. 핵
   e. 미토콘드리아

4. 다음 중 어떤 것이 원핵세포에서 발견되지 않는가?
   a. 리보솜
   b. 원형질막
   c. 미토콘드리아
   d. a와 c
   e a, b, c

5. 개미와 코끼리의 세포의 크기는 평균적으로 같다. 코끼리는 더 많은 세포를 가지고 있을 뿐이다. 세포 크기가 작은 것에 대한 주요 장점은 무엇인가?
   a. 작은 세포는 조직과 기관으로 조직화하는 것이 쉽다.
   b. 작은 세포는 큰 세포보다 더 큰 세포막 표면적을 가지고 있어 환경과 물질 교환을 용이하게 한다.
   c. 큰 세포의 세포골격은 너무 커서 세포들이 너무 무거울 수 있다.
   d. 작은 세포는 큰 세포보다 적은 산소와 영양분을 요구한다.
   e. 작은 세포는 세포질에 비해 더 큰 표면적을 가지고 있어 물질 교환을 용이하게 한다.

6. 세포질에서 기능을 하는 단백질은 일반적으로 다음 어떤 것에 의해서 합성되는가?
   a. 조면소포체에 붙어 있는 리보솜
   b. 자유리보솜
   c. 인
   d. 골지체내부
   e. 미토콘드리아와 엽록체

7. 핵막에 있는 구멍의 기능에 대한 설명으로 옳은 것은?
   a. 단백질을 핵 속으로 이동
   b. 리보솜 단위체를 핵 밖으로 이동
   c. mRNA를 핵 밖으로 이동
   d. 신호 분자를 핵 안으로 이동
   e. 위의 모든 것

8. 녹색 형광 표지는 합성 중인 단백질에 붙여진 후 조면소포체로 들어간다. 다음 중 어떤 것이 이 단백질이 지나가는 길이 되겠는가?
   a. 조면소포체 → 골지체 → 핵막 → 원형질막
   b. 조면소포체 → 수송소포 → 골지체 → 소낭 → 원형질막 → 식포
   c. 조면소포체 → 핵막 → 골지체 → 활면소포체 → 리소좀
   d. 조면소포체 → 수송소포 → 골지체 → 활면소포체 → 원형질막
   e. 조면소포체 → 수송소포 → 골지체 → 소낭 → 세포외기질

9. 성장하는 식물세포는 다음 어떤 과정에 의해 주로 신장을 하는가?
   a. 액포의 수를 증가시킴으로써
   b. 좀 더 많은 세포질을 합성함으로써
   c. 중심액포 속으로 물을 더 많이 받아들임으로써
   d. 수축포를 활성화시킴으로써
   e. 2차 세포벽을 만들어냄으로써

10. 다음 어떤 것이 핵, 엽록체와 미토콘드리아에서 유사성이 아닌가?
    a. DNA를 포함하고 있다.
    b. 2개의 인지질 이중층으로 되어 있다.
    c. 자신을 생식하기 위하여 분열한다.
    d. 소포체로부터 만들어진다.
    e. 막이 특정한 단백질과 붙어 있다.

11. 다음 어떤 것이 식물세포의 원형질막의 주요한 구성 성분인가?
    a. 콜라겐
    b. 셀룰로오스
    c. 인지질
    d. 펙틴
    e. 프로테오글리칸

12. 미세소관으로부터 만들어지거나 혹은 미세소관과 관련이 있는 것이 아닌 것은?
 a. 중심립
 b. 세포분열 시 염색체의 분리
 c. 세포소기관이 운동 단백질을 이용하여 이동할 수 있는 트랙
 d. 편모와 섬모
 e. 아메바운동

13. 다음 특징 중 어떤 것이 미토콘드리아의 크리스타, 틸라코이드 및 미세융모에서 공통적으로 나타나는가?
 a. 특정 기능을 높여주기 위해 더 넓은 막 표면적을 갖는다.
 b. 이중막에 의해 둘러싸여 있다.
 c. 미세필라멘트에 의해서 강화된 모양을 갖는다.
 d. 소포체로부터 만들어지지 않는다.
 e. 각각 호기성 박테리아, 광합성 박테리아, 운동성 박테리아와의 세포내공생에 의해 만들어졌다.

14. 세포 지지를 위한 식물 세포벽의 가장 안쪽 부분은 무엇인가?
 a. 1차 세포벽
 b. 2차 세포벽
 c. 중간 라멜라
 d. 원형질막
 e. 세포골격

15. 식물세포에서 원형질연락사는 다음 중 어떤 것의 기능과 유사한가?
 a. 데스모좀
 b. 밀착연접
 c. 간극연접
 d. 세포외기질
 e. 인테그린

16. 다음 구조 중 어떤 것이 외부의 정보를 세포 내로 전달하는데 관여하는가?
 a. 1차 섬모
 b. 피브로넥틴
 c. 인테그린
 d. 원형질막 바로 안의 미세필라멘트
 e. 위의 모든 것

17. 다음 중 어떤 것이 기능과 잘못 연결되어 있는가?
 a. 퍼옥시좀—과산화수소를 분해하는 효소를 포함한다.
 b. 인—rRNA를 생산하며 리보솜 소단위를 조립한다.
 c. 골지체—세포내 산물을 공정하며, 이동 장소에 대한 표시를 하고, 운반한다.
 d. 리소좀—식세포작용에 의해 형성된 음식 주머니.
 e. ECM(세포외기질)—세포를 지지하고 묶으며, 세포의 내부와 정보를 교환한다.

18~22번 문제에 다음 보기 중 가장 적합한 것을 골라 써라.
 a. 달리기하는 사람의 허벅지 근육에서의 근육세포
 b. 소화효소를 합성하는 이자세포
 c. 박테리아를 잡아먹는 대식세포
 d. 소화관 내벽의 상피세포
 e. 에스트로젠을 생산하는 난소세포

18. 어떤 세포가 밀착연접을 가질 것으로 생각되는가?

19. 어떤 세포가 가장 많은 리소좀을 가질 것으로 생각되는가?

20. 어떤 세포가 가장 많은 활면소포체를 가질 것으로 생각되는가?

21. 어떤 세포가 가장 많은 부착 리보솜을 가질 것으로 생각되는가?

22. 어떤 세포가 가장 많은 미토콘드리아를 가질 것으로 생각되는가?

5장

막을 통한 수송과 세포의 신호교환

핵심

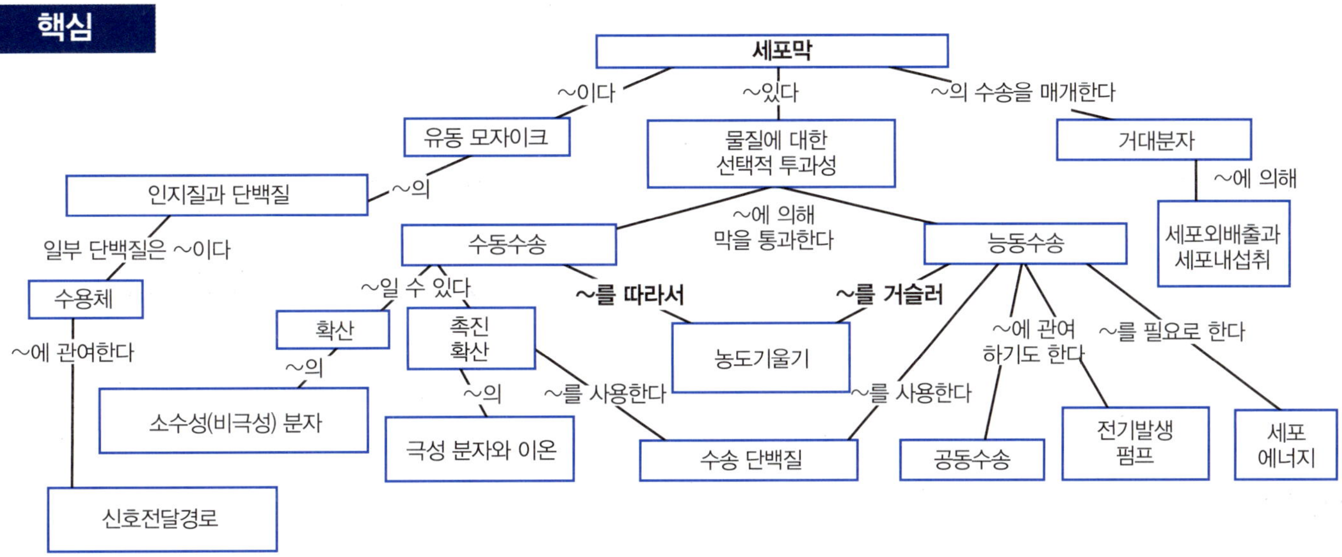

복습

세포막은 생명체의 경계에 해당한다. 모든 생체막과 같이 **선택적 투과성(selective permeability)**을 가지고 있어, 일부의 물질이 다른 물질보다 쉽게 막을 통과할 수 있다.

5.1 세포막은 지질과 단백질로 구성된 유동 모자이크이다

유동 모자이크 모델(fluid mosaic model)에 따르면 생물의 막은 다양한 단백질이 **양친매성(amphipathic)**인(소수성과 친수성 부위를 모두 가진) 인지질 이중층에 박혀 있는 구조이다. 막단백질 또한 양친매성으로 친수성 부위가 물로 둘러싸인 외부로 뻗어나가 있다.

핵심 문제 5.1

유동 모자이크 모델의 막 구조를 나타낸 다음 그림에서 구성 요소의 이름을 써 넣으시오. 이 부분이 소수성인지 친수성인지 표시하시오.

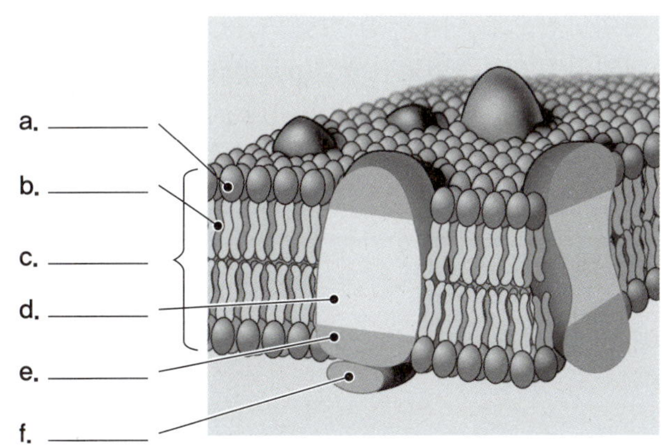

막의 유동성 막은 주로 약한 소수성 상호작용에 의해 모여 있으므로 지질과 일부 단백질은 수평 방향으로 떠돌아다니게 된다. 일부 막단백질은 세포골격이나 세포외기질에 부착되어 있는 것처럼 보이며, 다른 일부는 정해진 방향으로 이끌려 가는 것으로 보인다.

불포화 탄화수소 꼬리를 가진 인지질은 낮은 온도에서도 막의 유동성이 유지되게 한다. 동물의 막에 흔한 스테로이드 콜레스테롤은 인지질의 이동을 제한하여 따뜻한 온도에서는 유동성을 감소시킨다. 콜레스테롤은 그러나 지질이 촘촘하게 배열되는 것을 억제하므로, 낮은 온도에서는 유동성을 증가시킨다.

막지질 조성 차이의 진화 막지질 조성의 차이와 온도 변화에 대응하여 그 조성을 변화시키는 능력은 진화적 적응이다.

핵심 문제 5.2

a. 막단백질이 떠돌아다닐 수 있다는 것을 보여주는 예를 들어 보시오.

b. 추운 산의 호수에 사는 물고기와 따뜻한 계곡의 연못에 사는 두 종의 물고기에서 막의 지질 조성은 어떻게 다를까?

막단백질과 기능 각각의 막은 그 막의 특수한 기능을 대부분 결정하는 고유한 세트의 단백질을 가지고 있다. **내재 단백질(Integral protein)**은 대개 막을 관통하고 있으며(막관통 단백질), 양끝은 친수성이다. 소수성인 가운데 부분은 대개 비극성 아미노산으로 이루어진 하나 또는 여러 개의 α 나선으로 구성되어 있다. **주변막단백질(peripheral protein)**은 막의 표면에 부착되어 있다. 세포골격이나 세포외기질에 부착된 막단백질은 세포막을 지지해 주는 역할을 한다.

핵심 문제 5.3

막단백질이 담당하는 6가지 주요 기능을 나열할 수 있는가?

세포-세포 인식에서 막탄수화물의 역할 세포가 다른 세포를 구분하는 능력은 막단백질이 다른 세포의 표면에 있는 탄수화물을 인식하여 결합하는 것에 기초한다. 세포막의 바깥쪽으로 뻗어 나와 있는 **당지질(glycolipid)**과 **당단백질(glycoprotein)**은 종에 따라, 개체에 따라, 심지어는 세포의 종류에 따라 서로 다르다.

막의 합성과 양면의 차이 막의 양면은 지질층의 조성과 막단백질의 방향성 등이 서로 다르다. 탄수화물은 ER에서 합성되어 막단백질에 결합하고 골지체에서 변형된다. 탄수화물은 또한 골지체에서 지질에 결합하기도 한다. 수송소포가 세포막과 융합할 때, 소낭 내부의 당단백질과 당지질은 세포막의 외부에 위치하게 된다.

5.2 막구조 때문에 선택 투과성이 나타난다

세포막에서는 영양물질, 노폐물, 산소, 무기이온의 규칙적인 교환이 가능하다.

지질이중층의 물질 투과성 탄화수소, CO_2, O_2 등의 소수성, 비극성 분자는 막에 녹아 들어가 통과할 수 있다.

핵심 문제 5.4

세포막을 통과하기 어려운 분자는 어떤 종류인가? 그 이유는?

수송 단백질 이온과 극성 분자들은 **수송 단백질(transport protein)**의 도움에 의해 세포막을 통과할 수 있다. 통로 단백질(channel protein)에 의해 특정 분자나 이온이 막을 관통하는 친수성의 통로가 제공되는데, 물의 이동을 촉진하는 **아쿠아포린(aquaporin)**이 이러한 통로 단백질의 예이다. 운반체 단백질(carrier protein)은 특정한 분자에 결합하여 막을 가로질러 이동시킨다.

5.3 수동수송은 에너지의 투입 없이 물질이 막을 통과하는 확산이다

확산(diffusion)은 물질이 무작위적인 분자운동(열에너지)에 의해 **농도기울기(concentration gradient)**를 따라서 이동하는 것이다. 한 용질의 확산은 다른 용질의 농도에는 영향을 받지 않으며, 따라서 각각의 용질은 그 자신의 동적평형에 도달하게 될 것이다. 세포는 물질이 자신의 농도기울기를 따라 막을 가로질러 이동할 때 에너지를 소모하지 않음을 기억하시오. 따라서 이 과정을 **수동수송(passive transport)**이라 부른다.

물 균형에 미치는 삼투현상의 영향 삼투(**osmosis**)란 선택적 투과막을 가로지르는 자유로운 물 분자의 확산이다. 물은 자신의 농도기울기에 따라 확산되는데, 이것은 용질의 농도에 의해 영향을 받는다. 용질 입자 둘레에 물 분자가 모이면 막을 가로지를 수 있는 자유로운 물 분자의 비율이 감소한다.

핵심 문제 5.5

1 *M*의 포도당 용액이 선택적 투과성을 지닌 막에 의해 과당 0.2 *M*과 설탕 0.7 *M*인 용액과 나누어져 있다. 막은 설탕은 통과하지 못한다. 자유로운 물 분자가 처음에는 어떤 쪽에 많고 어떤 쪽에 적은지 쓰고, 삼투의 방향을 표시하시오.

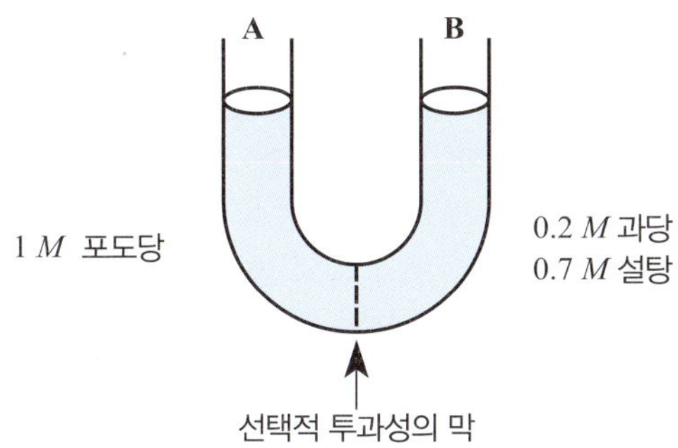

세포 외부의 용액이 세포가 물을 얻거나 잃게 만드는 경향인 **장성(tonicity)**은 막을 통과하지 못하는 용질의 세포 내와 세포외 용액 내의 상대적 농도에 의해 영향받는다. 동물세포는 **등장성(isotonic)** 환경에서는 물을 얻지도 잃지도 않는다. **고장성(hypertonic)** 용액(더 많은 비투과성 용질을 가진)에 담겨진 동물세포는 물을 잃어 쪼그라들 것이다. **저장성(hypotonic)** 용액에서는 세포가 물을 얻어 부풀어 오르며 터지게 될 수 있다. 단단한 벽이 없는 세포는 반드시 염수나 등장성의 체액과 같은 등장성 환경에서 살거나, 용질의 농도와 물의 균형을 조절하는 **삼투조절(osmoregulation)**에 의한 적응이 필요하다.

식물, 곰팡이, 원핵생물, 원생생물 등의 세포벽은 저장성 환경에서 물의 균형을 유지하는 역할을 한다. 세포로 들어오는 물에 의해 벽에 대해 세포가 부풀어 오르게 되면 **팽압**(turgor pressure)이 생긴다. **팽만(turgid)**한 세포는 비목질성 식물을 구조적으로 지탱하는 역할을 한다. 등장성 환경에서는 식물세포가 **시들게(flaccid)** 된다. 고장액에서는 물이 빠져나가 세포가 쪼그라들면서 식물세포의 세포막이 세포벽에서 떨어져 나오는 **원형질분리(plasmolysis)**가 일어난다.

핵심 문제 5.6

a. 담수에 사는 원생생물인 짚신벌레가 가지고 있는 삼투에 관련된 어려움은 무엇이며, 어떻게 삼투를 조절하도록 적응하였는가?

b. 동물세포와 식물세포에 이상적인 삼투 환경을 비교하시오.

촉진확산: 단백질의 도움을 받는 수동수송 촉진확산(**facilitated diffusion**)은 통로 단백질 또는 운반체 단백질과 같은 수송 단백질의 도움에 의해 막을 가로지르는 극성 분자와 이온의 확산을 포함한다. 많은 **이온통로(ion channel)**는 **개폐성 통로(gated channel)**로써, 전기나 화학 자극에 반응하여 열리거나 닫힌다. 용질이 운반체 단백질에 결합하면 단백질의 형태에 변화가 생겨 용질이 막을 가로질러 이동한다.

핵심 문제 5.7

왜 촉진확산이 수동수송의 한 형태로 여겨지는가?

5.4 능동수송은 농도기울기를 거슬러 용질을 이동시키기 위해 에너지를 사용한다

능동수송에서 에너지의 필요성 용질을 에너지를 사용해서 농도기울기에 거슬러 수송하는 **능동수송(active transport)**은 세포가 세포 외부와 다른 작은 분자들의 세포내 농도를 유지하는데 필수적이다. ATP의 말단 인산기가 운반체 단백질에 결합하기도 하는데, 이를 통해 운반체의 형태 변화를 유도함으로써 결합한 용질을 막을 가로질러 수송한다. **소듐-포타슘 펌프(sodium-potassium pump)**는 이러한 방법으로 동물의 세포막을 가로질러 N^+와 K^+를 교환함으로써, 세포 내의 포타슘이온 농도를 높게, 소듐이온의 농도를 낮게 만든다.

이온 펌프는 어떻게 막전위를 유지시키는가? 세포는 이온의 불균등한 분포로 인해 세포막을 경계로 전압, 즉 **막전위(membrane potential)**를 갖는다. 이 전기적 포텐셜 에너지는 반대되는 전하의 분리에 기인한다. 세포질은 세포외용액에 비해 상대적으로 음전하를 띠고 있다. 막전위는 양이온이 세포로 확산되어 들어오고, 음이온은 세포 밖으로 나가게 해주는 경향이 있다. 막전위와 농도기울기 모두 이온의 확산에 영향을 미치므로 이온은 그 **전기화학적 기울기(electrochemical gradient)**를 따라서 확산된다.

전기발생 펌프(electrogenic pump)는 이온의 능동수송을 통해 막을 경계로 전압을 만들어 낸다. 식물, 곰팡이, 세균에서는 **양성자 펌프(proton pump)**가 H^+를 세포 밖으로 수송하여 막을 경계로 전압을 만들어 낸다.

핵심 문제 5.8

동물의 주요 전기발생 펌프인 소듐-포타슘 펌프는 양이온인 소듐과 포타슘을 교환한다. 어떻게 이러한 교환에 의해 막전위가 생성될까?

공동수송: 막단백질에 의한 동시 수송 **공동수송(cotransport)**이란 한 용질의 능동수송이 다른 물질을 농도기울기를 거슬러 수송하는 ATP를 사용하는 펌프에 의해 간접적으로 일어나는 것이다. 능동수송된 물질이 공동수송체를 통해 농도기울기를 따라 이동함에 따라 다른 용질이 막을 통해 농도기울기를 거슬러 운반된다.

5.5 세포막을 통과하는 집단수송은 세포외배출과 세포내섭취 작용에 의해 일어난다

능동수송과 같이 대량 수송은 소낭에 담겨진 많은 양의 생체물질을 막을 가로질러 수송하기 위해 에너지가 필요하다.

세포외배출 **세포외배출(exocytosis)**에서 세포는 소낭을 세포막에 융합시켜 다량의 분자를 분비한다.

세포내섭취 **세포내섭취(endocytosis)**에서는 세포막의 한 부분이 안쪽으로 함입되어 떨어져 나가 세포 바깥에 있었던 물질을 포함하고 있는 소낭이 형성된다. **식세포작용(phagocytosis)**은 위족이 영양물질이나 기타 큰 입자를 둘러싸서 액포를 만들고, 이것이 곧 가수분해효소를 가지고 있는 리소좀과 융합한다. **음세포작용(pinocytosis)**에서는 세포외용액 방울이 작은 소낭으로 세포에 들어간다. **수용체 매개 세포내섭취(receptor-mediated endocytosis)**는 세포가 세포외용액으로부터 특정한 물질을 받아들일 수 있게 해준다. 수용체 단백질에 결합한 분자는 대개 세포 표면의 피막소와에 모여 있으며, 소낭이 형성될 때 세포 안으로 들어온다.

핵심 문제 5.9

a. 콜레스테롤은 어떻게 인간 세포로 수송되는가?

b. 유전성 고콜레스테롤혈증을 가진 사람의 혈액에 왜 콜레스테롤이 축적되는지 설명하시오.

5.6 세포막은 대부분의 세포 신호전달에서 핵심적 역할을 담당한다

근거리 및 원거리 신호전달 세포 사이에서 화학신호는 직접적인 세포질의 연결(간극연접 또는 원형질연락사)이나 막 표면 분자의 접촉에 의해서 교환될 수 있다.

동물의 근거리 신호전달에서는 신호세포가 신호분자들을 세포외용액으로 분비하고, 이 **국소 조절자(local regulator)**들이 가까이에 있는 세포에 영향을 준다. 생장인자(growth factors)는 이러한 국소 조절자의 한 종류이다. 시냅스 전달(synaptic signaling)이라 불리는 다른 종류의 국소조절에서는 신경세포가 신경전달물질을 분비하면, 이것이 좁은 시냅스를 따라 확산되어 표적세포에 도달한다.

호르몬(hormone)은 더 멀리에 있는 세포로 전달되는 화학신호이다. 동물의 호르몬 또는 내분비신호(endocrine signaling)에서는 호르몬이 순환계에 의해 몸의 구석구석으로 운반되어 적절한 수용체를 가진 표적세포에 결합한다. 식물 호르몬은 관다발조직을 통해서 또는 가스로서 공기를 통해서 표적세포에 도달할 수 있다.

신경계 내에서 전기적 또는 화학적 신호의 전달 또한 원거리 신호전달의 한 종류이다.

세포 신호전달의 세 단계: 미리보기 간에서의 글리코겐 가수분해에 미치는 에피네프린의 영향에 관한 서더랜드의 연구를 통해 세포신호 전달이 표적세포의 표면 또는 내부에 위치하는 수용체 단백질과의 결합에 의한 화학신호의 **수용(reception)**, 주로 중계분자가 연속적으로 변화하는 **신호전달경로(signal transduction pathway)**를 거치는 신호의 **전환(transduction)**, 세포의 특정한 **반응(response)**의 세 단계로 일어난다는 것을 알게 되었다.

5.7 수용: 신호 분자가 수용체 단백질에 결합

신호 분자는 **리간드(ligand)**로써 작용하여 수용체 단백질에 특이적으로 결합하여 수용체의 구조에 변화를 유발하여 수용체를 활성화한다. 대부분의 리간드는 크고 수용성이며, 세포막에 있는 수용체에 결합한다.

G 단백질의 도움으로 작동하는 세포 표면의 막관통 수용체는 **G 단백질 결합 수용체(G protein-coupled receptor, GPCR)**라 불린다. 적절한 신호 분자가 G 단백질 결합 수용체에 결합하면 수용체가 활성화되고, 세포막의 세포질 쪽 표면에 위치하는 특정한 **G 단백질**에 결합하여 이를 활성화한다. 활성화된 G 단백질은 GTP 분자를 가지고 있는데, 막에 결합해 있는 효소를 활성화하여 경로의 다음 단계를 유발하고 세포 반응을 일으킨다.

G 단백질 결합 수용체 시스템은 여러 호르몬과 신경전달물질의 기능과 배아의 발생 및 감각 수용 등에 관련되어 있다. 많은 세균들은 G 단백질의 기능을 저해하는 독소를 만들어 내는데, 모든 약물의 약 60% 가량이 G 단백질 경로와 관련성이 있다.

신호 분자는 **리간드 개폐성 이온통로(ligand-gated ion channel)**에 결합하여 관문을 열거나 닫음으로써 수용체 통로를 통한 특정한 이온의 흐름을 허용하거나 막을 수 있다. 그 결과 나타나는 세포 내 이온 농도의 변화는 세포 반응을 유발한다. 신경전달물질은 대개 리간드 개폐성 이온 통로에 결합하여 신경 신호를 전달한다.

소수성 화학전달자와 가스인 산화질소와 같은 작은 신호 분자는 세포막을 통과할 수 있어 표적세포의 세포질이나 핵에 위치하고 있는 수용체에 결합한다. 스테로이드 호르몬은 표적세포의 수용체를 전사인자로 기능하도록 활성화하여 유전자 발현을 조절한다.

핵심 문제 5.10

세포막에 위치한 수용체에 결합하는 신호 분자와 세포내 수용체에 결합하는 신호 분자의 차이를 설명하시오.

연쇄적인 분자간 상호작용에 의한 전달 다단계의 경로를 통해 적은 수의 세포외 신호가 큰 세포 반응을 만들어 내도록 증폭될 수 있다. 다단계 경로는 또한 조절과 통합의 기회를 제공한다.

신호전달경로에서 중계 물질은 주로 단백질로서, 세포외 신호 분자로부터 신호를 전달받아 세포 반응을 일으키는 단백질에 전달해 준다.

단백질 인산화효소(protein kinases)는 단백질에 ATP의 인산기를 전이시키는 효소이다. 신호전달경로의 중계 물질은 주로 단백질 인산화효소로서, 연속적으로 인산화된다. 인산화는 구조 변화를 일으켜 대개 각 효소를 활성화시킨다. 수백 가지 다른 종류의 인산화효소가 세포내 단백질의 활성을 조절한다.

핵심 문제 5.11

a. 단백질 인산화효소는 무엇을 하는가?

b. 단백질 탈인산화효소는 무엇을 하는가?

c. "인산화 연쇄반응"이란 무엇인가?

작고 수용성인 분자나 이온들이 주로 **2차전달자(second messenger)**로 기능하는데, 2차전달자는 막의 수용체에 결합한 최초 전달자로부터 신호를 빠르게 세포의 내부로 중계한다.

세포외 신호가 G 단백질 결합 수용체에 결합하면, G 단백질이 활성화되어 ATP를 **고리형(cyclic AMP, cAMP)**으로 바꾸어 주는 막 단백질인 이데닐산 고리화효소를 활성화시킨다. cAMP에 의해 주로 단백질 인산화효소 A가 활성화되어 다른 단백질들을 인산화한다. 신호물질이 없어지면 세포질의 다른 효소가 cAMP를 AMP로 변화시켜 2차전달자를 제거한다.

핵심 문제 5.12

cAMP를 2차전달자로 사용하는 신호전달경로의 단계를 보여주는 다음 모식도에 구성요소의 이름을 표시하시오.

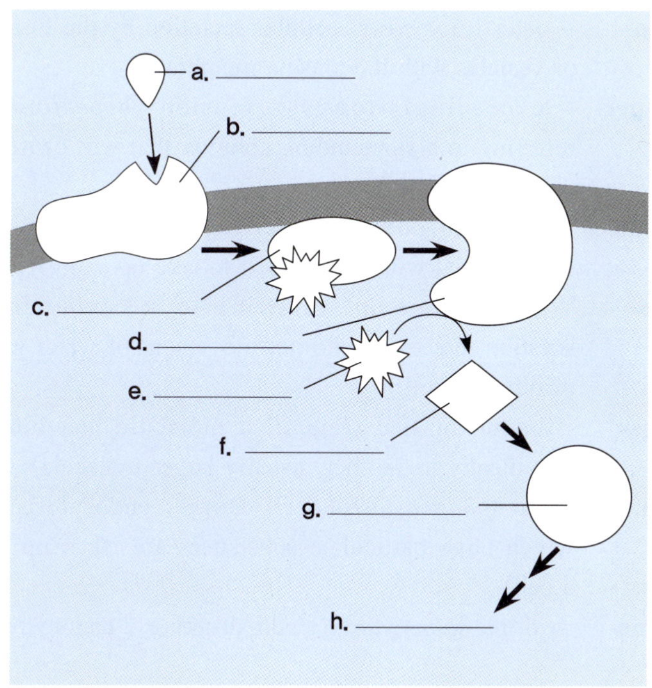

5.8 반응: 전사 또는 세포질내 활성 조절

신호전환경로는 특정한 유전자의 발현을 조절하는 전사인자의 활성화를 유도할 수 있다. 신호경로는 세포질에 이미 존재하는 효소의 활성화를 일으키기도 한다.

세포신호전달경로의 진화 다양한 종에서 볼 수 있는 세포신호전달경로의 유사성은 이러한 메커니즘이 생명 초기에 진화되었음을 시사한다.

어원

amphi- = dual (*amphipathic molecule*: a molecule that has both hydrophobic and hydrophilic regions)

aqua- = water; **-pori** = a small opening (*aquaporin*: a channel protein in the plasma membrane that specifically facilitates osmosis, the diffusion of free water across the membrane)

co- = together; **trans-** = across (*cotransport*: the coupling of the "downhill" diffusion of one substance to the "uphill" transport of another against its concentration gradient)

electro- = electricity; **-genic** = producing (*electrogenic pump*: an active transport protein that generates voltage across a membrane while pumping ions)

endo- = inner; **cyto-** = cell (*endocytosis*: cellular uptake of matter via formation of vesicles from the plasma membrane)

exo- = outer (*exocytosis*: cellular secretion by the fusion of vesicles with the plasma membrane)

hyper- = exceeding; **-tonus** = tension (*hypertonic*: referring to a surrounding solution that will cause a cell to lose water)

hypo- = lower (*hypotonic*: referring to a surrounding solution that will cause a cell to take up water)

iso- = same (*isotonic*: referring to a surrounding solution that causes no net movement of water into or out of a cell)

liga- = bound or tied (*ligand*: a molecule that binds specifically to another, usually larger molecule)

phago- = eat (*phagocytosis*: "cell eating"; endocytosis in which large particulate substances are taken up by a cell)

pino- = drink (*pinocytosis*: "cell drinking"; endocytosis in which the cell ingests extracellular fluid and its dissolved solutes)

plasm- = molded; **-lyso** = loosen (*plasmolysis*: a phenomenon in walled cells in which the cytoplasm shrivels and the plasma membrane pulls away from the cell wall when the cell loses water to a hypertonic environment)

trans- = across (*signal transduction pathway*: a series of steps linking a mechanical, chemical, or electrical stimulus to a specific cellular response)

지식의 체계화

1. 삼투에 관한 이해 정도를 나타내는 개념도를 만들어 보시오. 이러한 연습은 **저장성**, **등장성**, **고장성**과 같은 단어를 사용하고, 이러한 삼투환경이 식물과 동물 세포에 미치는 영향에 집중하기에 유용할 것이다. 친구들에게 작성한 개념도를 설명해 보시오.

2. 다음 그림은 세포막을 가로지르는 수동수송과 능동수송을 나타낸 모식도이다. 그림을 이용하여 a~d 문제에 답하시오.
   a. 어느 것이 촉진확산을 나타낸 것이며, 답한 근거는 무엇인가? 세포는 이러한 수송에 에너지를 사용하는가? 그렇게 답한 이유는? 어떤 종류의 용질이 이런 형태의 수송에 의해 이동하는가?
   b. 어느 것이 능동수송인가? 그렇게 판단한 근거를 2가지만 쓰시오.
   c. 어떤 종류의 용질이 I에 나타난 방법으로 막을 통해 확산될까?
   d. 어느 것이 수동수송일까?

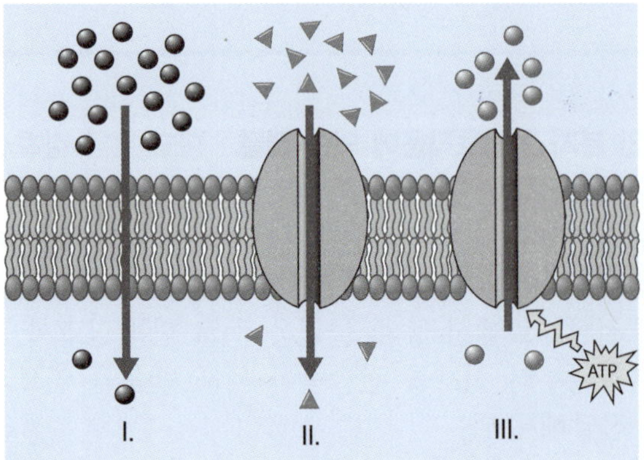

3. 세포신호전달의 세 단계를 간단히 설명하시오.

4. 일부 신호경로는 단백질의 활성을 변화시키며, 다른 일부는

새로운 단백질을 합성해 낸다. 이 두 가지의 반응 메커니즘을 각각 설명하시오.

지식의 검증

선다형 문제: 가장 옳은 답을 고르시오.

1. 만일 비커에 있는 물의 표면에 인지질이 한층 덮이게 된다면 인지질 분자의 어떤 면이 공기를 향할까?
   a. 인산기
   b. 탄화수소 꼬리
   c. 머리와 꼬리 모두. 왜냐하면 분자가 양친매성이고 옆으로 눕혀져 있으므로
   d. 당지질 부분
   e. 분자의 어떤 부분도 공기에 노출되어 있지 않음. 인지질은 물에 녹아들어가 층을 형성하지 않기 때문

2. 당단백질과 당지질은 다음과 같은 일에 중요하다.
   a. 촉진확산
   b. 능동수송
   c. 세포-세포 인식
   d. 세포간 연결
   e. 신호전달경로

3. 다음 중 내재적 막관통단백질에 대한 설명으로 가장 적절한 것은?
   a. 친수성 머리와 소수성 꼬리 부분을 가진 양친매성
   b. 내부에 친수성 아미노산을 가지고 외부에 소수성 아미노산으로 둘러싸여 있는 구형 단백질
   c. 소수성 지방산으로 둘러싸인 선형 단백질
   d. 세포 외부로 향해 있는 단백질 부위에 당지질이 결합해 있고, 세포골격 요소가 내부 부분에 결합되어 있음
   e. 중간 부분이 소수성 아미노산으로 이루어진 알파 나선구조를 가지고 있으며, 양 끝 부분에 친수성 부분을 가지고 있음

4. 세포는 콜레스테롤에 대한 수용체 단백질을 만들어 낸다. 이 단백질이 세포막에 도달하기 전에는 어디에 어떤 방향으로 위치하고 있을까?
   a. ER 내강의 안쪽과 수송소포의 바깥쪽에
   b. ER 내강의 안쪽과 수송소포의 안쪽에
   c. ER의 바깥쪽과 수송소포의 바깥쪽에
   d. ER의 바깥쪽과 수송소포의 안쪽에
   e. ER과 소송소포 막의 소수성 중심에 박혀서

5. 추운 날씨에 식물의 막 유동성은 다음의 무엇을 증가시켜 유지할 수 있을까?
   a. 주변부 단백질의 비율
   b. H^+ 펌프의 활동
   c. 막의 콜레스테롤 농도
   d. 불포화 탄화수소꼬리를 가진 인지질의 수
   e. 포화 탄화수소꼬리를 가진 인지질의 수

다음과 같이 준비된 U자 관을 사용하여 6~8번 문제에 답하시오.

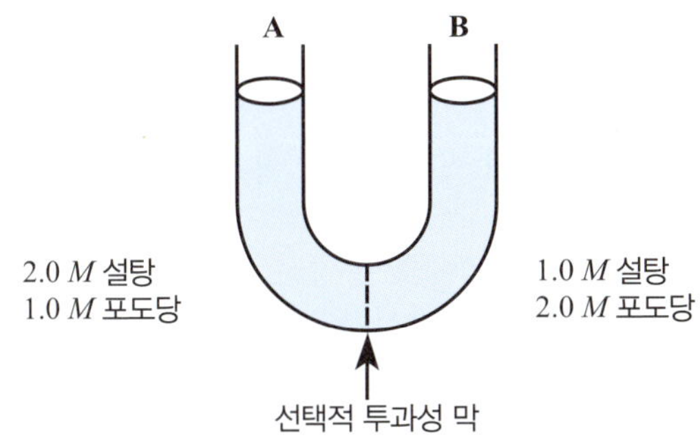

U자 관의 두 팔에 담긴 용액은 물과 포도당은 투과하지만 설탕은 투과하지 못하는 막에 의해 나누어져 있다. A쪽은 2.0 *M* 설탕과 1.0 *M* 포도당 용액으로 차 있고, B쪽은 1.0 *M* 설탕과 2.0 *M* 포도당 용액으로 차 있다.

6. 초기에 A쪽 용액은 B쪽 용액에 비해 ____________
   a. 용질의 농도가 낮다.
   b. 용질의 농도가 높다.
   c. 용질의 농도가 같다
   d. 관에서 높이가 낮다.
   e. 관에서 높이가 높다.

7. 평형에 도달하기 전에는 막을 통해 어떤 분자의 순이동이 일어나는가?
   a. 물
   b. 포도당
   c. 설탕
   d. 물과 설탕
   e. 물과 포도당

8. 평형에 도달한 후 어떤 변화가 관찰될 수 있을까?
   a. 물의 수위가 A쪽이 B쪽보다 높다.
   b. 물의 수위가 B쪽이 A쪽보다 높다.
   c. 포도당의 몰농도는 A쪽이 B쪽보다 높다.
   d. A쪽에서 설탕의 몰농도가 증가했다.
   e. a와 c 모두 관찰된다.

9. 저장성 환경에 위치한 동물세포는 ___________________
   a. 시들게 된다.
   b. 팽만하게 된다.
   c. 터지게 된다.
   d. 원형질분리가 일어난다.
   e. 쪼그라든다.

10. 정체를 모르는 용액에 식물세포가 담겨져 있다. 처음에 세포는 원형질분리가 일어나고, 몇 분 후 원형질분리가 회복되어 정상으로 돌아왔다. 이 용액에 대해 어떤 결론을 내릴 수 있을까?
   a. 식물세포에 대해 고장성이고, 용질은 세포막을 통과할 수 없다.
   b. 식물세포에 대해 저장성이고, 용질은 세포막을 통과할 수 없다.
   c. 식물세포와 등장성이고, 용질은 세포막을 통과할 수 있다.
   d. 식물세포에 대해 고장성이고, 용질은 세포막을 통과할 수 있다.
   e. 식물세포에 대해 저장성이고, 용질은 세포막을 통과할 수 있다.

11. 다음 중 삼투에 대한 설명으로 옳지 않은 것은?
   a. 세포벽이 없는 세포에서는 수동적인 과정이지만 세포벽이 있는 세포에서는 능동적인 과정이다.
   b. 저장성 환경에서 물은 세포 내부로 들어간다.
   c. 용질 분자가 물에 결합하여 자유롭게 이동할 수 있는 물이 줄어든다.
   d. 아쿠아포린이라는 통로 단백질을 통해 더 빠르게 일어날 수 있다.
   e. 세포가 등장성 용액에 들어 있으면 순삼투는 일어나지 않는다.

12. 다음 중 촉진확산에 관여하는 운반체 분자에 대해 옳지 않은 것은?
   a. 막을 가로지르는 수송의 속도를 증가시킨다.
   b. 막의 한 쪽에 용질을 농축시킬 수 있다.
   c. 수송할 분자에 대한 특수한 결합 부위를 가지고 있을 것이다.
   d. 용질의 결합에 의해 형태의 변화가 일어날 것이다.
   e. 기능하는데 세포의 에너지 투입이 필요하지 않다.

13. 세포막을 통한 이온의 촉진확산은 _____을 필요로 하고, 이온은 _____이동한다.
   a. 에너지와 운반체 단백질, 전기화학적 기울기를 거슬러
   b. 에너지와 운반체 단백질, 농도기울기를 거슬러
   c. 공동수송 단백질, 전기화학적 기울기
   d. 통로 단백질, 전기화학적 기울기를 따라
   e. 통로 단백질, 농도기울기를 따라

14. 세포의 막전위는 다음의 무엇을 도와줄까?
   a. 세포 안으로의 양이온의 이동
   b. 세포 안으로의 음이온의 이동
   c. 전기발생 펌프의 활동
   d. 소듐이온의 세포 밖으로의 이동
   e. b와 d 모두

15. 다음 중 공동수송에 대해 설명한 것은?
   a. 공동수송체 단백질을 통한 두 용질의 능동수송
   b. 공동수송체 단백질을 통한 두 용질의 수동수송
   c. 전기발생펌프에 의해 생겨난 전기화학적 기울기를 거스르는 이온의 확산
   d. 소듐-포타슘 펌프와 같이 이온들을 두 방향으로 다르게 이동시키는 펌프
   e. 한 용질을 농도기울기에 따라 확산시키며 다른 용질을 농도기울기를 거슬러 함께 이동시키는 수송

16. 동물세포에서 식물세포의 양성자 펌프와 기능적으로 유사한 것은?
   a. 공동수송 메커니즘
   b. 소듐-포타슘 펌프
   c. 삼투 조절을 위한 수축포
   d. 콜레스테롤의 수용체 매개 세포내 섭취
   e. ATP 펌프

17. 다음 중 능동수송의 예는?
   a. 운반체 단백질이 용질에 결합하고, 형태가 변하며 용질을 막을 가로질러 이동시키는 용질 수송
   b. 세포 밖으로 열려 있는 이온 통로를 통한 K^+의 흐름
   c. 식물 세포 안으로의 물 이동
   d. 세포 안으로의 LDL 입자 이동
   e. 세포 안으로의 O_2 이동

18. 다음 중 세포외배출과 관련성이 없는 것은?
    a. 리간드와 피막소와
    b. 소낭과 세포막의 융합
    c. 식물세포벽의 형성 과정에서 일부 탄수화물을 배출하는 메커니즘
    d. 세포막을 되돌리는 메커니즘
    e. 거대분자를 배출하는 수단

19. 국소조절자와 호르몬의 가장 중요한 차이는 무엇인가?
    a. 국소조절자는 작고 소수성 분자이며, 호르몬은 큰 폴리펩타이드이거나 스테로이드이다.
    b. 국소조절자는 이웃한 세포로 확산되고, 호르몬은 대개 식물이나 동물의 몸체를 따라 멀리 떨어진 표적세포까지 이동해 간다.
    c. 국소조절자는 빠른 반응을 일으키고, 호르몬은 환경자극에 대해 오래 지속되는 반응을 일으킨다.
    d. 국소조절자의 신호전환경로에는 2차전달자가 관여하지 않으며, 호르몬에 의한 경로에는 2차전달자가 사용된다.
    e. 국소전달자는 주로 리간드 개폐성 채널을 열어 세포의 이온 농도에 영향을 미치고, 호르몬은 세포내 수용체에 결합하여 유전자 발현에 영향을 미친다.

20. 세포막에 있는 수용체에 결합하는 신호 분자는 무엇으로 기능하는가?
    a. 리간드
    b. 2차전달자
    c. 단백질 탈인산화효소
    d. 단백질 인산화효소
    e. 수용체 단백질

21. G 단백질은 ________________________________
    a. 특수한 종류의 막수용체 단백질이다.
    b. 막의 세포질 쪽에 있는 단백질로서, 막관통 수용체 단백질에 의해 활성화된다.
    c. 막에 결합한 효소로서, ATP를 cAMP로 전환한다.
    d. 세포내 수용체 단백질로서, 활성화되면 전사인자로 기능한다.
    e. 구아닌 뉴클레오타이드로서 중계 단백질을 활성화 및 불활성화하기 위해 GDP와 GTP 사이의 전환이 일어난다.

22. 다음 중 인산기가 전이되면 활성화되는 것은?
    a. G 단백질
    b. 아네닐산 고리화효소
    c. 단백질 탈인산화효소
    d. 단백질 인산화효소
    e. a와 c

23. 여러 신호전달경로는 왜 2차전달자를 사용하는가?
    a. 세포막의 소수성 중심을 통해 신호 분자를 수송하기 위해
    b. 세포의 밖에서 안으로 신호를 중계하기 위해
    c. 막의 안쪽에서 세포질을 통해 신호를 중계하기 위해
    d. 인산화 연쇄반응에 의해 신호를 증폭하기 위해
    e. 신호 분자가 수용체에서 떨어져 나간 후 신호를 약화시키기 위해

24. 에피네프린이 심장근 세포에 결합하면 수축 속도가 빨라지지만, 소장의 근육세포에 결합하면 수축이 저하된다. 동일한 호르몬이 어떻게 근육세포에 다른 영향을 줄 수 있는가?
    a. 심근세포는 소장 근세포에 비해 에피네프린에 대한 수용체가 더 많다.
    b. 에피네프린은 순환되어 심장에 먼저 도달하고, 심근세포 주변의 농도가 더 높기 때문.
    c. 두 종류의 근육세포가 에피네프린에 대해 서로 다른 신호전환경로를 가지고 있으므로, 다른 세포 반응을 나타낸다.
    d. 심근세포는 소장 근세포보다 강하므로 에피네프린에 대해 더 강한 반응을 나타낸다.
    e. 에피네프린은 심근세포에서 G 단백질 결합 수용체에 결합하고, 이 수용체가 항상 신호에 대한 반응을 증가시킨다. 소장 근세포에서는 에피네프린이 세포내 수용체에 결합하고, 이 수용체는 신호에 대한 반응을 억제한다.

6장
물질대사 서론

핵심

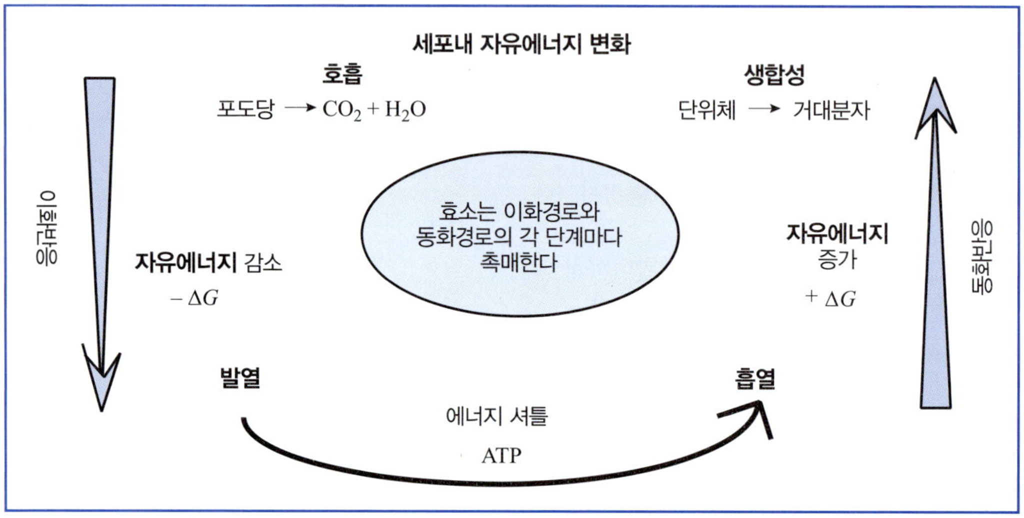

복습

6.1 생체의 물질대사는 물질과 에너지를 변형시킨다

대사경로 　**물질대사(metabolism)**는 생체 내에서의 모든 화학반응을 포함한다. 이러한 반응들은 각 단계마다 하나의 효소로 조절되는 일련의 단계들, 즉 **대사경로(metabolic pathways)**로 정돈되어 특정한 분자를 생성물로 전환한다.

이화작용경로(catabolic pathways)는 분자들을 단순한 화합물로 분해함으로써 복잡한 분자들에 저장되어 있는 에너지를 방출한다. **동화작용경로(anabolic pathways)**는 생합성 경로라고 부르기도 하는데, 단순한 분자들을 보다 복잡한 분자로 조립하기 위해 에너지를 필요로 한다. 세포 내에서 이화작용경로들로부터 방출된 에너지는 동화작용경로들을 작동시킨다. 생명체에서의 에너지 변환에 관한 학문을 **생체에너지학(bioenergetics)**이라 하며, 물질대사를 이해하는 데 중심이 된다.

에너지의 형태 　**에너지(energy)**는 변화를 초래하는 능력으로 정의할 수 있다. 어떤 형태의 에너지는 물질을 반발력에 거슬러 이동시키는 등의 작업을 수행할 수 있다. **운동에너지(kinetic energy)**는 움직이고 있는 물체의 운동에 관한 에너지이다. 이 물체는 그 움직임을 다른 물체에 전달함으로써 작업을 한다. 원자나 분자를 무작위적으로 움직이는 운동에너지는 **열에너지(thermal energy)**이다. 한 물체에서 다른 물체로 전달되는 열에너지를 **열(heat)**이라 부른다.

위치에너지(potential energy)는 물체의 위치나 구조의 결과에 의해서 변화를 일으킬 수 있는 물체의 능력이다. **화학에너지(chemical energy)**는 화학 반응에서 방출 가능한 위치에너지의 한 형태이다.

에너지는 한 형태에서 다른 형태로 변환될 수 있다. 식물은 빛에너지를 설탕이라는 화학에너지로 전환하고, 세포는 이 위치에너지를 방출하여 세포 과정들을 작동시킨다.

에너지 변환의 법칙 　**열역학(thermodynamics)**은 물질 더미에서의 에너지 변환에 관한 학문이다. 열린계(open system)에서는 계(system)와 그 주변환경(surroundings) 간에서 에너지와 물질이 교환될 수 있다. [고립된 계(isolated system)에서는 그러한 교환이 일어날 수 없다.] 생물은 열린계이다.

열역학 제1법칙(first law of thermodynamics)은 에너지는 결코 창조되거나 소멸될 수 없다는 것을 설명하다. 이 에너지 보존의 법칙(principle of conservation of energy)에 따르면,

에너지는 어떤 형태에서 다른 형태로 이전되거나 변환될 수는 있으나 우주 전체의 에너지는 변함이 없다.

열역학 제2법칙(second law of thermodynamics)은 이전되거나 변환되는 모든 에너지는 우주의 무질서를 증가시킨다는 것을 설명한다. **엔트로피(entropy)**는 무질서 혹은 무작위성의 척도로 사용된다. 모든 에너지 이전과 변환에 있어서, 어떤 에너지는 무질서한 에너지 형태인 열에너지로 전환되고 열로서 방출된다.

자발적 과정(spontaneous process)은 "에너지 측면에서 호의적인" 과정이다. 즉, 에너지의 투입이 없이 일어날 수 있다. 자발적으로 일어나는 과정에서는 결과적으로 엔트로피가 증가되어야 한다. 비자발적인 과정은 계에 에너지가 가해졌을 때만 일어난다.

세포는 점점 조직화되어지나, 그 주변환경의 엔트로피를 부수적으로 증가시킨다. 예를 들면, 동물은 그 자신의 조직화된 구조를 만들고 유지하기 위해서 필요한 물질과 에너지원으로서 고도로 정돈된 유기물질들을 섭취하고 이용하며, 열과 단순한 분자인 이산화탄소와 물을 환경에 되돌려준다.

핵심 문제 6.1

에너지에 관한 몇 가지 주요 착상을 요약하는 다음의 개념 지도를 완성하라.

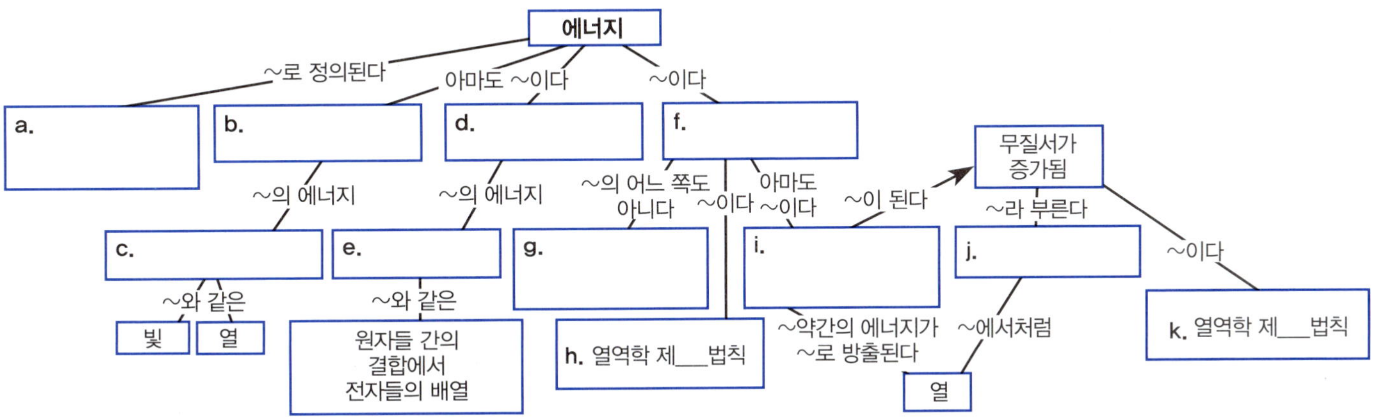

6.2 반응의 자유에너지 변화는 그 반응이 자발적으로 일어날지 아닐지를 말해준다

자유에너지 변화(ΔG), 안정성 그리고 평형 계의 온도와 압력이 일정할 때 작업을 수행할 수 있는 어떤 계의 에너지 일부를 **자유에너지(free energy**; G로 표시)라 정의한다. 화학반응 중에서의 자유에너지의 **변화**(change)는 ΔG로 나타내며, $G_{마지막\ 상태} - G_{최초\ 상태}$와 동일하다. 자발적인 반응에서 계의 자유에너지는 감소되어야만 한다($-\Delta G$).

ΔG가 마이너스일 때, 마지막 상태는 최초 상태에 비해서 자유에너지를 덜 갖고 있어서 마지막 상태는 덜 변화될 것이고 더 안정적이다. 자유에너지가 많은 계는 더 안정한 상태로 자발적으로 변화하려는 경향이 있다. 이러한 변화는 일을 수행할 수 있게끔 한다. 안정성이 최대인 상태를 **평형**(equilibrium)이라 한다. 어떤 화학반응이 평형일 때는 전진과 후진 반응이 같은 속도로 일어나며, 생성물과 반응물의 상대적 농도가 같게 유지된다. 평형을 향하여 이동되는 반응은 자발적이며, 그 ΔG는 마이너스이다. 평형에 있는 계는 자유에너지가 최소인 상태에 있으며 자발적으로 변화하지 않고 어떤 일도 수행할 수 없다.

핵심 문제 6.2

어떤 계(혹은 어떤 화학반응)의 자유에너지가 어떻게 그 계의 안정성, 일을 할 수 있는 능력, 자발적인 변화의 경향성 그리고 평형 등과 관련이 되는지를 나타내는 다음의 표를 완성하라.

	안정성	작업 능력	자발적 변화?	평형
높은 자유에너지를 갖는 계				
낮은 자유에너지를 갖는 계				

자유에너지와 물질대사 이제 이러한 자유에너지 개념들을 물질대사에 적용해 보자. **발열반응(exergonic reaction**; $-\Delta G$)은 자유에너지를 순방출을 계속하며 자발적이다(에너지 측면에서 호의적이다). ΔG의 크기는 어떤 발열반응이 수행할 수 있는 일의 최대량을 나타낸다. **흡열반응(endergonic reaction**; $+\Delta G$)은 비자발적이며, 주변환경으로부터 자유에너지를 흡수해야만 한다. 어떤 발열반응($-\Delta G$)에서 방출되는 에너지는 반대 반응($+\Delta G$)에 의해 필요로 하는 에너지와 동일하다.

핵심 문제 6.3

물질대사의 비평형은 생물에 필수적이다. 즉, 물질대사 반응들이 평형에 도달되는 세포는 죽는다. 세포의 반응들이 평형에 도달되지 않도록 막는 메커니즘들은 무엇인가?

6.3 ATP는 발열반응과 흡열반응을 짝지어줌으로써 세포작용에 필요한 원동력을 공급한다

세포의 생체에너지학에서 가장 중요한 것은 발열과정들을 이용하여 흡열과정들을 추진하게 하는 **에너지 연계(energy coupling)**이다. 세포는 화학적 작업, 수송, 기계적 작업을 위해서 직접적인 에너지원으로서 주로 ATP를 활용한다.

ATP의 구조와 가수분해 **ATP(adenosine triphosphate, 아데노신 3인산)**는 일련의 3개의 인산기가 결합된 리보오스 당에 결합된 질소성 염기인 아데닌을 갖는다. ATP는 ADP(아데노신 2인산, adenosine diphosphate)와 한 분자의 무기인산(Ⓟ$_i$)으로 가수분해되며, 표준조건 하에서 측정했을 때 ATP 1몰당 7.3 kcal(30.5 kJ)의 에너지가 방출된다. 세포에서 그 반응의 ΔG는 -13 kcal/mol 정도로 추정된다.

핵심 문제 6.4

다음의 ATP 분자에서 세 가지 구성요소(a에서 c)를 쓰라.

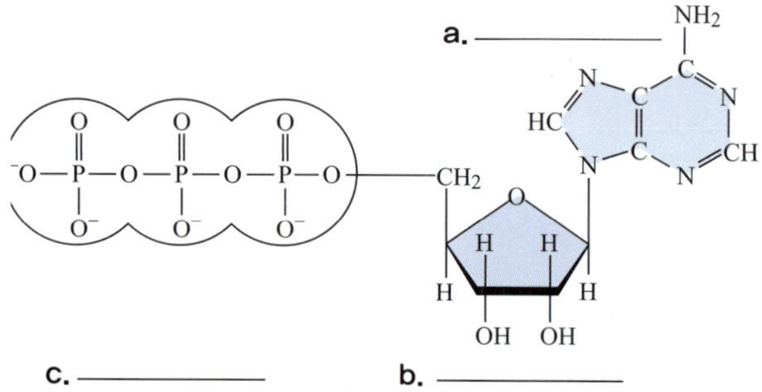

d. 어떤 결합이 끊어질 것인지 표시하라. 어떤 화학적 메커니즘으로 그 결합이 끊어지는가?

e. 어떻게 이 반응으로 그렇게 많은 에너지가 방출되는가를 설명하라.

ATP의 가수분해는 어떻게 일을 수행하나 ATP는 세포에서 발열반응들과 흡열반응들을 연계시키는 데 사용이 된다. ATP 가수분해에 의해서 방출된 자유에너지는 인산기를 반응물에 이전시키는 데 사용되며, 더 반응성이 높은(덜 안정적인) **인산화 중간대사산물(phosphorylated intermediate)**을 형성한다. 또한 ATP 가수분해는 단백질들의 모양과 결합 친화력을 변화시켜서 세포에서 수송과 기계적인 작업의 기반을 마련하기도 한다.

ATP의 재생 세포는 경이적인 속도로 ATP를 재생한다. ADP와 Ⓟ$_i$로부터 ATP를 형성하는 것은 ΔG가 +7.3 kcal/mol(표준조건)인 흡열과정이다. 세포호흡(포도당과 다른 유기 분자들의 이화과정)은 ATP 재생을 위한 에너지를 제공한다. 또한 식물은 빛에너지를 사용하여 ATP를 생성한다.

핵심 문제 6.5

다음의 ATP 회로를 보고, 어떻게 회로의 왼쪽과 오른쪽 모두 에너지 연계의 예시가 되는지를 설명하라.

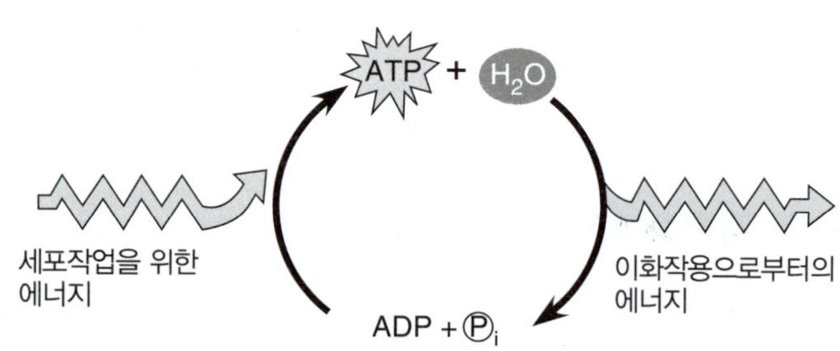

6.4 효소는 에너지 장벽을 낮춤으로써 대사반응을 촉진한다

효소(enzyme)는 어떤 반응의 속도를 촉진시키는 매개체인 생물학적인 **촉매제(catalyst)**이며 그 반응에 의해서 변화되지 않는다.

활성화 에너지 장벽 화학반응들은 화학결합을 끊거나 형성하는 데 관여된다. 결합들이 깨어져서 분자들을 불안정한 상태로 찌그러뜨리기 위해서 에너지는 흡수되어야 한다. 새로운 결합들이 형성되고 분자들이 더 낮은 에너지 상태로 다시 안정화될 때 에너지는 방출된다. **활성화 에너지(activation energy)** 혹은 활성화 자유에너지(free energy of activation; E_A)는 결합이 절단될 가능성이 높고 반응이 진행될 수 있는 불안정한 전이상태(transition state)에 도달하기 위해서 반응물들이 흡수해야만 하는 에너지다.

효소는 어떻게 반응을 촉진시키는가 E_A 장벽은 세포내 에너지가 풍부한 거대분자들이 자발적으로 분해되지 못하게 막기 때문에 생명체에 매우 중요하다. 하지만 세포내 물질대사가 진행되기 위해서 E_A는 도달되어야만 한다. 효소는 E_A를 낮출 수 있어서 세포내 온도에서 특정 반응들이 진행될 수 있다. 효소는 반응의 ΔG를 바꾸지는 않는다.

핵심 문제 6.6

효소 촉매가 있거나 혹은 없을 때 다음의 어떤 발열반응 그래프에서 a부터 e의 명칭을 쓰라.

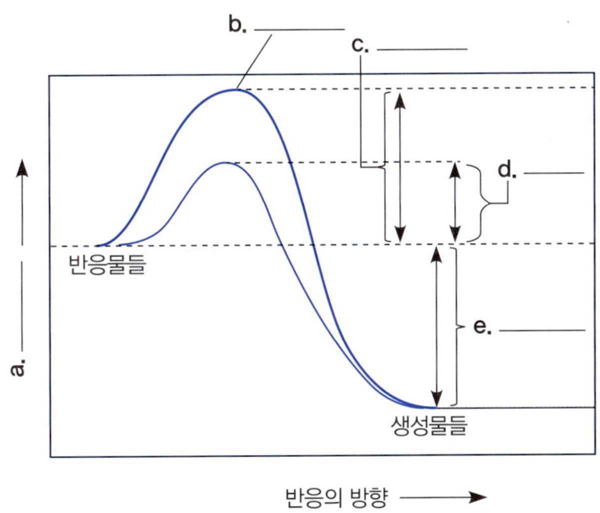

효소의 기질 특이성 단백질 효소는 특정한 **기질(substrate)**에 특이성이 있는 특징적인 3차원 구조를 갖는 거대분자이다. 기질의 모양과 딱 맞는 모양을 갖는 효소의 표면에서 발견되는 주머니 혹은 홈인 효소의 **활성 부위(active site)**에 기질이 붙는다. 기질은 효소에 일시적으로 붙어서 **효소-기질 복합체(enzyme-substrate complex)**를 형성한다. 기질과 활성 부위 간의 상호작용은 효소의 모양을 약간 변화시켜서 그 화학반응을 촉매하는 효소의 능력을 높이는 **유도적합(induced fit)**을 생성한다.

효소활성 부위에서의 촉매작용 효소의 활성 부위에서는 어떤 일이 일어나는가? 기질은 대개 수소결합이나 이온결합으로 활성 부위에 붙어 있다. 활성 부위 주변의 몇몇 아미노산들의 곁사슬(R기)은 기질을 생성물로 용이하게 변환되도록 한다. 그런 다음 생성물은 활성 부위에서 떨어지며, 촉매 순환은 대개 놀라운 속도로 반복된다.

효소가 전진 혹은 후진반응을 촉매하느냐는 반응물과 생성물의 상대적인 농도와 그 반응의 ΔG에 영향을 받는다. 효소는 평형 방향으로 반응을 촉매한다.

효소는 기질들이 서로 근접하게끔 적절히 배치함으로써 2개의 반응물들이 포함되는 반응을 촉매한다. 유도적합은 기질 분자에서의 결정적인 결합을 뻗도록 해서 좀 더 쉽게 절단되도록 할 수 있다. 활성 부위는 특정한 반응에 필요한 낮은 pH와 같은 미세환경을 제공하기도 한다. 또한 효소는 기질과 단시간의 공유결합을 형성하여 직접 반응에 참여하기도 한다.

반응의 속도는 모든 효소 분자들이 기질 분자들로 **포화되어(saturated)** 최고의 속도로 작동되는 지점까지 기질의 농도가 증가함에 따라서 증가한다. 그 지점에서는 더 많은 효소 분자를 추가하여야 반응의 속도를 증가시킨다.

핵심 문제 6.7

다음의 촉매 순환 그림에서 2개의 적절한 기질 분자들과 2개의 생성물들을 그리고, 순환의 주요 단계들을 설명하라.

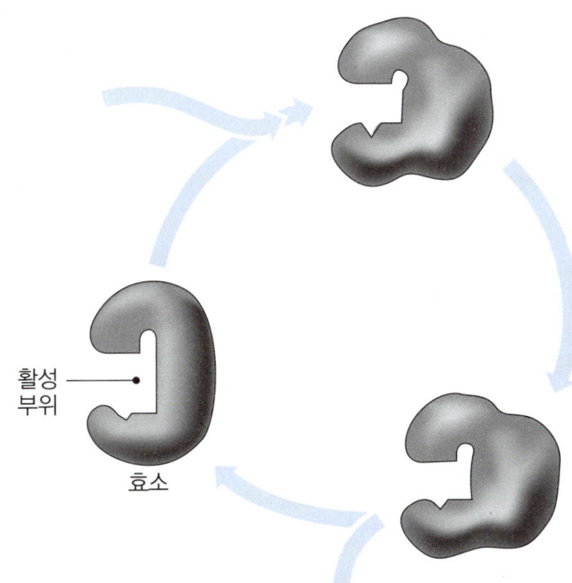

효소활성에 대한 국부조건의 효과 높아진 열에 의한 동요가 단백질 모양을 안정화시키고 있는 약간 결합들이나 상호작용들을 파괴시키기 시작하는 지점까지는 효소 촉매 반응의

속도는 온도가 높아짐에 따라 증가된다. 각각의 효소는 가장 활동적인 모양에 유리한 온도와 pH를 포함하는 최적 조건(optimal condition)이 있다.

보조인자(cofactors)는 효소에 영구적 혹은 가역적으로 결합하는 작은 분자이며, 효소 기능에 필요하다. 이들은 다양한 금속이온과 같은 무기물이거나 **조효소(coenzyme)**라 불리는 유기물일 수 있다. 대부분의 비타민들은 조효소이거나 조효소의 전구물질들이다.

효소 억제자는 효소에 약한 결합으로 가역적으로 결합하거나, 공유결합으로 붙어서 비가역적으로 효소의 작용을 저해한다. **경쟁적 억제자(competitive inhibitor)**는 효소의 활성 부위에 대해 기질과 경쟁한다. 기질 분자들의 농도를 증가시키면 이러한 형태의 저해는 극복된다. 비경쟁적 억제자 **(noncompetitive inhibitor)**는 활성 부위와는 다른 효소의 부분에 붙으며 효소의 모양을 변화시킴으로써 효소 작용을 방해한다.

핵심 문제 6.8

핵심 문제 6.7의 그림으로 돌아가서, 경쟁적 억제자와 비경쟁적 억제자를 그리고, 각각은 효소 분자체의 어디에 결합할 것인지 표시하라.

효소의 진화 유전자에서의 돌연변이는 아미노산 서열을 바꾸고 그래서 효소의 기질 특이성이나 활성을 변화시킨다. 이러한 새로운 기능이 유용한 것이라면, 자연선택은 집단 내에서 그 변이 유전자를 존속하게 할 것이다.

6.5 효소활성의 조절은 물질대사를 통제하는 데 도움이 된다

효소의 다른 자리 입체성 조절 **다른 자리 입체성 조절(allosteric regulation)**에서 분자들은 활성 부위와는 떨어진 다른 부위에 결합하여 효소 활성을 저해하거나 활성화시킨다. 저마다의 활성 부위를 갖는 2개 혹은 그 이상의 폴리펩타이드로 구성된 효소들은 소단위들이 만나는 부위에 존재하는 조절 부위들(가끔 알로스테릭 부위라고 불림)을 갖는다. 전체 단위는 두 가지 형태를 번갈아 왔다 갔다 한다. **활성자**(activator)의 결합은 촉매 활성 모양을 안정화시키며, 반면에 **억제자**(inhibitor)는 효소의 불활성 형태를 강화한다. 다른 자리 입체성 효소는 이화와 동화 경로 모두에 중대한 조절자이다.

협동성(cooperativity)이라 불리는 현상을 통해서 기질 분자체가 한 개의 소단위에 결합하면 모든 소단위들의 모양이 변화되고 그래서 그들의 활성 부위들은 활동적인 형태로 안정화된다.

물질대사 경로들은 통상적으로 최종 생성물이 그 경로의 초기 효소에 다른 자리 입체성 억제자로 작용하는 되먹임 억제**(feedback inhibition)**에 의해서 조절된다.

핵심 문제 6.9

ATP와 ADP는 둘 다 효소 활성의 조절자로 작용한다. 이화경로에서 이들 두 분자 중에서 어떤 것이 억제자로 작용할 것으로 기대되는가?

어떤 것이 활성자로 작용할 것으로 생각하는가?

세포 내에서 효소의 특이적 지역화 한 물질대사 경로의 여러 단계에 필요한 효소들은 다효소 복합체로 집합되어 있어 일련의 반응들을 용이하게 한다. 진핵세포의 특이적인 세포 내 구획은 어떤 특정한 경로에 필요한 효소들과 기질들을 높은 농도로 포함한다. 효소들은 대개 세포 구획들의 막 안으로 통합된다. 세포의 복잡한 내부 구조들은 물질대사 순서를 용이하게 한다.

어원

allo- = different (*allosteric regulation*: the binding of a regulatory molecule to a protein at one site that affects the function of the protein at a different site)

ana- = up (*anabolic pathway*: a metabolic pathway that consumes energy to synthesize a complex molecule from simpler compounds)

bio- = life (*bioenergetics*: the overall flow and transformation of energy in an organism)

cata- = down (*catabolic pathway*: a metabolic pathway that releases energy by breaking down complex molecules into simpler compounds)

endo- = within (*endergonic reaction*: a nonspontaneous chemical reaction in which free energy is absorbed from the surroundings)

ex- = out (*exergonic reaction*: a spontaneous reaction, in which there is a net release of free energy)

kinet- = movement (*kinetic energy*: the energy associated with the relative motion of objects)

therm- = heat (*thermodynamics*: the study of the energy transformations that occur in a collection of matter)

지식의 체계화

이번 장에서는 새롭고 복잡한 많은 개념들을 소개하였다. 세부사항에서 한걸음 물러나서 생각해보고 다음의 일반적인 질문에 답하시오.

1. 자유에너지의 개념과 물질대사 간의 관련성은 무엇인가?
2. 효소는 물질대사에서 어떤 역할을 하는가?

지식의 검증

빈칸 채우기

______ 1. 생명체의 화학적 과정들의 전체

______ 2. 복잡한 분자들을 합성하기 위하여 에너지를 사용하는 경로들

______ 3. 위치나 구조로부터 생기는 에너지의 형태

______ 4. 가장 무작위적인 에너지의 형태

______ 5. 무질서나 무작위성의 척도에 대한 단어

______ 6. 전이 상태에 도달하기 위해 분자들에 의해 흡수되어야 하는 에너지

______ 7. 활성 부위에 결합함으로써 효소의 활성을 감소시키는 억제제들

______ 8. 효소에 결합하고 효소 기능에 필요한 비단백질성 유기 분자들

______ 9. 경로의 산물이 경로 초기의 효소에 결합하는 조절 장치

______ 10. ATP로부터 인산기를 전달함으로써 생성되는 더 반응성인 분자들

선다형 문제: 가장 옳은 답을 고르시오.

1. 다음과 같은 이유로 이화경로와 동화경로들은 대개 세포 내에서 연계가 된다.
   a. 이화경로의 중간대사산물들이 동화경로에서 사용되기 때문에
   b. 두 경로들 모두 같은 효소들을 사용하기 때문에
   c. 한 경로에서 방출된 자유에너지는 다른 경로를 구동하는 데 사용이 되기 때문에
   d. 이화경로의 활성화 에너지는 동화경로에서 사용될 수 있기 때문에
   e. 이들 효소는 같은 활성자와 억제자에 의해서 조절되기 때문에

2. 열역학 제1법칙에 따르면,
   a. 모든 작용에는 동일한 역반응이 있다.
   b. 이전되는 모든 에너지는 무질서나 엔트로피를 증가시킨다.
   c. 우주의 에너지 총량은 보존되고 불변한다.
   d. 에너지는 이전되거나 변환될 수 있으나, 무질서는 항상 증가한다.
   e. 위치에너지는 운동에너지로 변환되고 운동에너지는 열로서 방출된다.

3. 세포가 포도당을 분해할 때, 에너지의 약 34%만 ATP 분자에 담겨진다. 에너지의 나머지 66%는
   a. 생명체가 존재하는 데 필요한 질서를 증가시키기 위해 사용된다.
   b. 열역학 제2법칙에 따라서 열로서 손실된다.
   c. 운동에너지를 위치에너지로 변환함으로써 계의 엔트로피를 증가시키는 데 사용된다.
   d. 세포가 나중에 활용하기 위해서 전분이나 글리코겐으로 저장된다.
   e. ATP 분자들이 가수분해될 때 방출된다.

4. 마이너스 ΔG가 다음을 의미한다.
   a. 에너지의 양 G는 일을 하는 데 사용된다.
   b. 반응은 자발적이다.
   c. 반응물은 생성물보다 더 많은 자유에너지를 갖는다.
   d. 반응은 발열반응이다.
   e. 위의 모든 설명이 맞다.

5. 세포가 물질대사 비평형을 유지하게 되는 방법은
   a. 물질대사 경로에서 반응의 생성물이 다음 단계로 빨려들어가는 것이다.
   b. 중요한 반응을 위한 효소를 지속적 공급을 제공하는 것이다.
   c. 되먹임 저해를 사용해서 경로를 끄는 것이다.
   d. 활성자나 억제자에 결합할 수 있는 다른 자리 입체성 효소를 사용하는 것이다.
   e. 이화경로를 구동하기 위해 동화경로로부터 나온 에너지를 사용하는 것이다.

6. 흡열반응은 아래와 같다고 설명될 수 있다.
   a. 활성화 에너지를 첨가하여 자발적으로 진행되는 것.
   b. 반응물보다 더 많은 자유에너지를 갖는 생성물을 생산하는 것.
   c. 효소에 의해서 촉매될 수 없는 것.
   d. 에너지를 방출하는 것.
   e. 에너지 연계를 위해 ATP를 생성하는 것.

7. ADP와 무기인산으로부터 ATP를 생성하는 것은 ______
   a. 발열반응이다.
   b. 더 반응성이 되는 중간대사산물로 인산기를 전달한다.
   c. 세포 작업을 가동할 수 있는 불안정한 에너지 화합물을 생성한다.
   d. 표준 조건에서 −7.3 kcal/mol의 ΔG를 갖는다.
   e. 인산결합의 가수분해를 수반한다.

8. 유도적합은 어떤 의미인가?
   a. 기질의 결합은 에너지를 요구하는 과정이다.
   b. 경쟁적 억제자는 기질보다 활성 부위에 더 잘 결합한다.
   c. 기질의 결합은 기질결합을 압박하거나 휘게 할 수 있는 활성 부위의 모양을 바꾼다.
   d. 활성 부위는 반응에 이상적인 미세환경을 만든다.
   e. 다른 자리 입체성 부위에 활성자가 결합하면 효소의 소단위가 활성 형태로 유도된다.

9. 실험에서 pH를 7에서 6으로 바꾸면 생성물의 형성이 증가된다. 이 실험으로 다음의 결론을 내릴 수 있다.
   a. 효소는 pH 6에서 포화되었다.
   b. 효소의 적정 pH는 6이다.
   c. 이 효소는 중성 pH에서 최적이다.
   d. pH가 6으로 변화되었을 때 온도는 증가되어야 한다.
   e. 효소는 pH 6에서 더 활성이 있는 모양이다.

10. 물질 A가 효소 반응에 첨가되었을 때, 반응물 생성이 감소되었다. 더 많은 기질을 추가해도 생성물 형성은 증가되지 않았다. 이 결과로부터 물질 A는 다음이라고 결론을 내릴 수 있다.
   a. 생성물 분자
   b. 보조인자
   c. 다른 자리 입체성 효소
   d. 경쟁적 억제자
   e. 비경쟁적 억제자

11. 다음 특징들 중에서 어떤 단백질 효소의 기질에 대한 특이성에 가장 직접적으로 책임이 있는 것은 어떤 것인가?
   a. 효소의 1차 구조
   b. 효소의 2차와 3차 구조
   c. 효소의 다른 자리 입체성 부위의 모양과 특징
   d. 효소의 보조인자
   e. 효소의 활성 부위에 있는 아미노산들의 R기들

12. 효소는 다음의 어떤 변수를 높이는가?
   a. ΔG
   b. 생성물의 자유에너지
   c. 활성화 자유에너지
   d. 반응의 속도
   e. 반응의 평형

13. 필수 미량원소인 아연은 어떤 효소들의 활성 부위들에 결합하는 것이 발견되었다. 그러한 아연이온은 아마 다음과 같이 기능할 것이다.
   a. 비타민으로부터 유래된 조효소
   b. 촉매에 필요한 보조인자
   c. 효소의 기질
   d. 효소의 경쟁적 억제자
   e. 효소의 다른 자리 입체성 활성자

다음 도표를 사용하여 14~16번 문제까지 답하라.

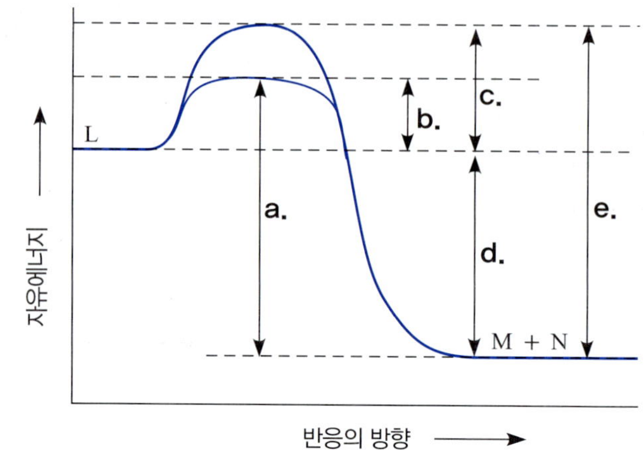

14. 도표의 어떤 선이 효소 촉매 반응 L → M + N의 ΔG를 나타내는가?

15. 도표의 어떤 선이 촉매되지 않은 반응의 활성화 에너지를 나타내는가?

16. 다음 단어들 중에서 어떤 단어가 이 반응을 **가장 잘** 나타내는가?
   a. 비자발적
   b. $-\Delta G$
   c. 흡열반응
   d. 연계반응
   e. 동화반응

17. 협동성에 있어서, ______________________
   a. 하나의 세포 소기관은 물질대사 경로에 필요한 모든 효소들을 갖고 있다.
   b. 어떤 경로의 생성물은 그 경로 초기의 효소의 경쟁적 억제자로 작용한다.
   c. 효소의 한 소단위의 활성 부위에 결합하는 분자는 다른 소단위의 활성 부위에 영향을 미친다.
   d. 다른 자리 입체성 부위는 활성자 분자로 채워진다.
   e. 복잡한 순서의 대사경로에서 한 반응의 생성물은 다음 반응의 기질로서 작용한다.

18. A → B → C → D → E의 물질대사 경로에서, 물질 E는 A → B를 촉매하는 효소에 어떤 효과를 가질 것으로 보이는가?
   a. 다른 자리 입체성 억제자
   b. 다른 자리 입체성 활성자
   c. 경쟁적 억제자
   d. 되먹임 활성자
   e. 조효소

7장

세포호흡과 발효

핵심

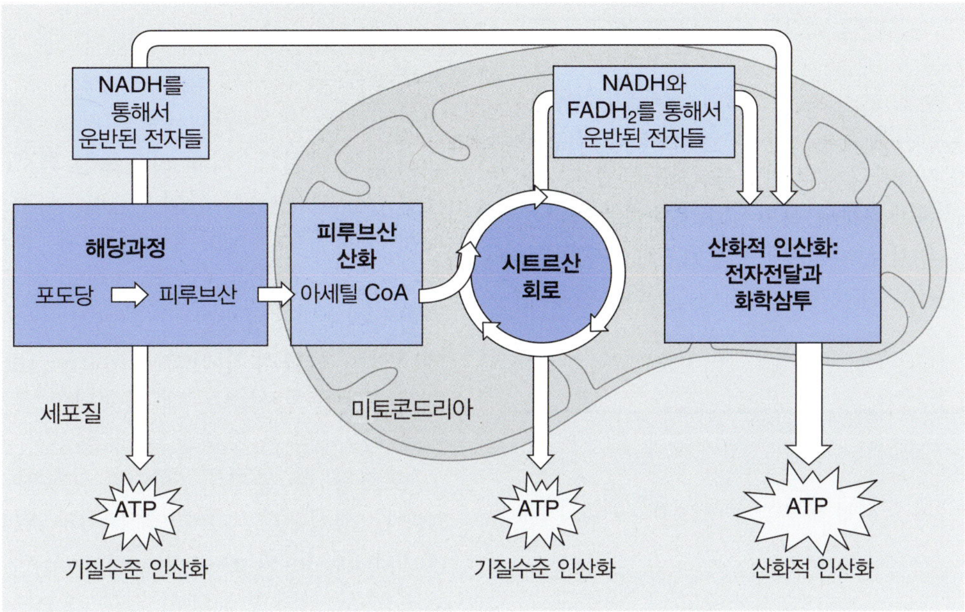

복습

7.1 이화반응경로는 유기연료를 산화시켜 에너지를 생성한다

이화반응경로와 ATP 생성 이화반응경로를 통한 복잡한 유기분자의 분해는 세포가 일을 하는데 사용될 수 있는 에너지를 방출한다. **발효(fermentation)**는 산소 없이 일어나기 때문에 당을 비롯한 여러 연료들을 부분적으로만 분해한다. **유기호흡(aerobic respiration)**은 에너지가 풍부한 유기 화합물을 분해하여 이산화탄소와 물을 생성하면서 ATP와 열의 형태로 에너지를 방출하기 위해서 산소를 사용한다. 어떤 원핵세포의 무산소호흡(anaerobic respiration)은 반응물로서 산소를 사용하지 않지만 유기호흡과 공통적인 과정을 가진다. 유기호흡은 종종 **세포호흡(cellular respiration)**이라고도 한다. 포도당의 발열과정으로 −686 kcal/mol 자유에너지의 변화가 일어난다.

핵심 문제 7.1

포도당에서 시작하는 세포호흡에 대한 다음 요약식을 채워라.

$$\_\_\_\_\_\_ + 6\,O_2 \rightarrow + 6\,H_2O + \_\_\_\_\_\_$$

산화환원반응: 산화와 환원 세포호흡은 어떻게 에너지를 방출시키는가? 이것은 전자전달과 관련 있다. **산화환원반응(redox reaction)**은 한 개 이상의 전자가 하나의 반응물에서 다른 반응물로 부분적으로 또는 완전히 전달되는 것이다. **산화(oxidation)**는 어떤 기질이 전자를 잃는 것이고 **환원(reduction)**은 다른 기질이 전자를 얻는 것이다. 전자를 잃는 기질은 산화되기 때문에 **환원제(reducing agent**; 전자공여체)로서 작용한다. 어떤 기질은 전자를 얻어서 **산화제(oxidizing agent**; 전자수용체)로서 작용하여 환원된다.

핵심 문제 7.2

다음 식에 올바른 용어를 채우시오.

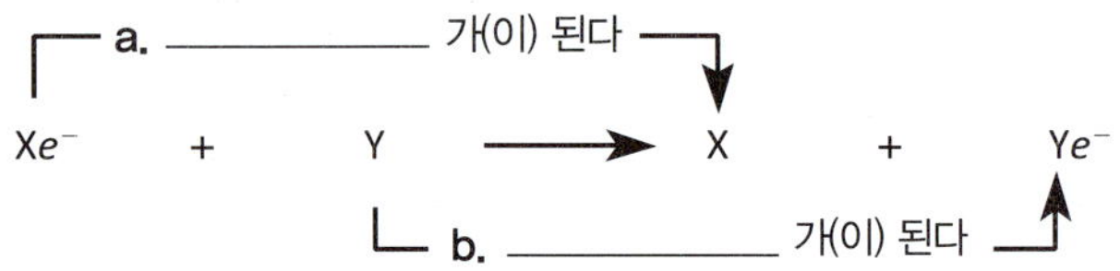

Xe⁻는 환원제이므로 전자를 **c.**__________.
Y는 **d.**________이므로 전자를 **e.**_________.

산소는 전자들을 강하게 끌어당기는 가장 강력한 산화제 중 하나이다. 전자들이 전기음성도가 보다 큰 원자로 이동할 때 위치에너지를 방출한다. 따라서 전자들을 산소에 좀 더 가까이 이동시키는 산화환원반응에서 화학에너지가 방출된다.

수소를 많이 가지는 유기 분자들은 "언덕위" 전자가 풍부해서 전자들이 산소에 좀 더 가깝게 떨어지면 그들의 위치에너지를 방출한다.

핵심 문제 7.3

a. 포도당과 O_2가 CO_2와 O_2로 전환될 때 어떤 분자가 환원되는가?

b. 어떤 분자가 산화되는가?

c. 이러한 산화환원반응에서 방출되는 에너지에 어떤 일이 일어나는가?

포도당 산화의 어떤 단계에서 두 개의 수소원자들은 탈수소효소라는 효소에 의해서 제거되고 두 개의 전자들과 한 개의 양성자는 조효소인 **NAD^+**(니코틴아마이드 아데닌 디뉴클레오타이드)로 전달되어 NAD^+를 NADH로 환원시킨다.

NADH로부터 나온 전자들이 **전자전달사슬(electron transport chain)**을 통과한 후 최종적으로 전기음성도가 매우 큰 산소 원자로 이동하여 물을 생성하는 과정에서 호흡 에너지는 일련의 산화환원 반응을 통해서 서서히 방출된다. 전자전달사슬은 미토콘드리아 내막(또는 호기성 원핵세포의 원형질막)에 위치해 있다.

핵심 문제 7.4

a. NAD^+는 _____(이)라고 한다.

b. 이것의 환원형태는 _______이다.

세포호흡의 단계: 미리보기 여러분이 세포호흡의 주요한 세 단계에 초점을 맞추면 세포호흡을 이해하고 배우는 것이 다소 쉬워진다. 세포질에서 일어나는 **해당과정(glycolysis)**은 포도당을 두 분자의 피루브산으로 쪼개는 것이다. 미토콘드리아의 기질 또는 원핵세포의 세포질에서 피루브산은 아세틸 CoA로 산화된다. 이때 **시트르산 회로(citric acid cycle)**는 아세틸 CoA를 CO_2로 산화시킨다. 시트르산 회로의 일부 단계에서 전자들은 NAD^+로 전달된다. NADH의 전자들은 전자전달사슬로 전달되고 최종적으로 이 전자들은 H^+와 산소와 결합하여 물을 형성한다. 이러한 산화환원 사슬에서 방출된 에너지는 **산화적 인산화(oxidative phosrphorylation)**에 의해서 ATP를 합성하는 데 사용된다. 산화적 인산화는 전자전달과 화학삼투를 포함하는 과정이다.

포도당 한 분자가 CO_2로 산화될 때 최대한 32 분자의 ATP가 생성된다. 이때 약 10%의 ATP는 **기질 수준 인산화(substrate-level phosphorylation)**에 의해서 형성된다. 기질 수준 인산화 반응에서 일부 효소는 기질 분자의 인산기를 ADP로 전달한다.

7.2 해당과정은 포도당을 피루브산으로 산화시켜 화학에너지를 수확한다

세포호흡의 첫 번째 단계는 무엇인가? 세포질에서 일어나는 열 단계의 과정인 해당과정은 포도당을 피루브산으로 쪼개는 것이다. 해당과정은 에너지 투자기와 에너지 수확기로 구성되어 있다. 포도당이 두 분자의 3탄당(글리세르알데하이드-3-인산)으로 쪼개질 때 두 분자의 ATP가 소모된다. 이러한 삼탄당 분자들이 피루브산으로 전환될 때 기질수준 인산화에 의해서 2 분자의 NADH와 4 분자의 ATP가 생산된다. 해당과정을 통해서 각각의 포도당으로부터 두 분자의 피루브산과 2 분자의 ATP와 2 분자의 NADH가 생성된다.

효소들은 해당과정의 각 단계를 촉매한다. 인산화효소(kinase)는 인산기를 전달하며 다른 효소들은 6탄당을 쪼개서 기질 분자의 원소들을 재배열하고 탈수소효소(dehydrogenase)는 글리세르알데하이드-3-인산을 산화시켜 NAD^+를 환원시킨다.

핵심 문제 7.5

다음의 해당과정에 대한 요약 그림에서 빈칸을 채우시오.

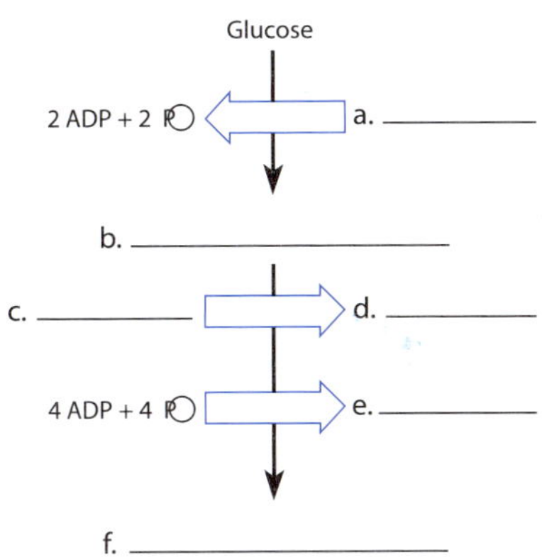

7.3 피루브산 산화 후 시트산 회로는 에너지 생성을 위하여 유기물질의 산화를 마무리 짓도록 한다

해당과정에서 생성된 피루브산의 다음 운명은 무엇인가? 피루브산이 미토콘드리아로 들어간 후 효소들이 일련의 단계들을 촉매한다. 이러한 일련의 단계들을 통해서 CO_2가 제거되며 남아 있는 2탄당이 산화되면서 NAD^+가 NADH로 환원되고 아세틸 조효소 A인 **아세틸 CoA**가 형성된다.

시트르산 회로에서 아세틸 CoA의 아세틸 그룹은 옥살로아세트산에 첨가되어 시트르산을 형성한다. 시트르산은 점차적으로 다시 옥살로아세트산으로 분해된다. 시트르산 회로가 한 바퀴 돌 때 아세틸 CoA로부터 두 개의 탄소가 회로에 들어가고 이 두 개의 탄소는 최종적으로 CO_2로 완전히 산화되어 회로를 떠나게 된다. 이때 세 분자의 NADH와 한 분자의 $FADH_2$가 생성된다. 또한 한 분자의 ATP(대분의 동물에서는 GTP)가 기질수준 인산화에 의해서 만들어진다. 포도당 한 분자에서 유래된 두 분자의 아세틸 그룹을 산화시키기 위해서 두 바퀴의 시트르산 회로가 필요하다.

핵심 문제 7.6

시트르산 회로의 다음 그림에서 빈칸을 채우시오.

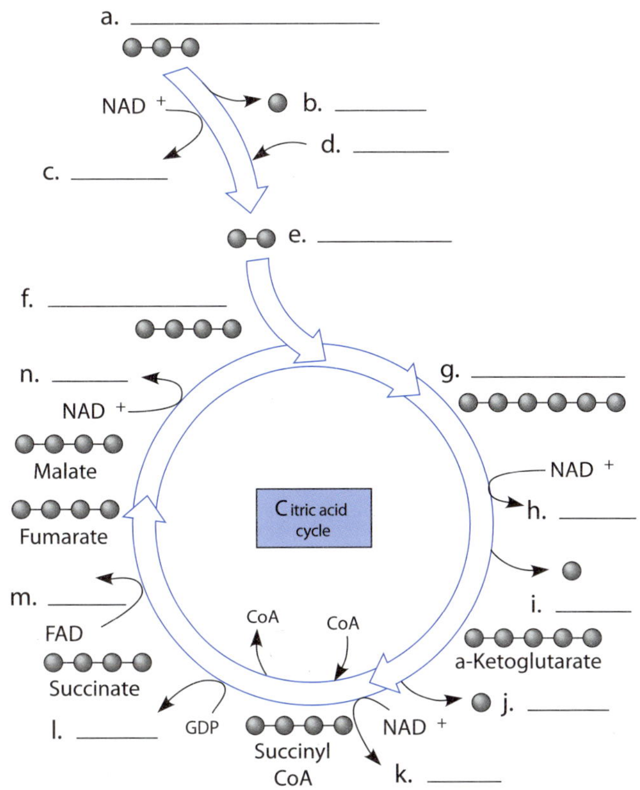

7.4 산화적 인산화 과정에서 화학삼투를 통하여 전자전달과 ATP 합성이 짝지어진다

호흡의 첫 번째 두 단계는 단지 4 분자의 ATP만을 생성한다. 더 많은 ATP를 얻기 위해서 마지막 단계에서 어떤 일이 일어나는가?

전자전달의 경로: 미토콘드리아 내막(또는 원핵세포의 원형질막)의 크리스타(접힘)에 수천 개의 전자전달사슬들이 박혀 있다. 전자전달사슬의 구성원들은 4개의 복합체로 조직화되며 대부분은 비단백질인 **보결분자단**(prosthetic group)과 단단하게 결합되어 있는 단백질들이다.

전자 운반체들이 전자를 주고받을 때 그들은 산화와 환원 형태 사이를 왔다갔다 한다. 전자전달은 NADH에서 플라보단백질로, 철-황 단백질로, 그리고 유비퀴논(Q 또는 조효소 Q)이라는 이동성 소수성 분자로 일어난다. 다음에 전자들은 철을 포함하는 헴 그룹을 가지는 단백질인 **사이토크롬(cytochrome)**이라는 일련의 분자들을 통과한다. 마지막 사이토크롬인 cyt a_3은 전자들을 산소로 건네주는데, 이때 산소는 H^+와 반응하여 물을 생성한다.

$FADH_2$의 전자들은 낮은 에너지 수준을 가지는 사슬(복합체 II 안에 있는)에 전달된다. 따라서 NADH에 비해서 $FADH_2$는 ATP 합성을 위해서 더 적은 에너지를 제공한다.

화학삼투: 에너지 짝물림 기전 미토콘드리아 내막 또는 원핵세포의 원형질막에 박혀 있는 **ATP 합성효소(ATP synthase)**는 ATP를 만들기 위해서 양성자(H^+) 기울기에 있는 에너지를 사용한다. 이 과정을 **화학삼투(chemiosmosis)**라고 한다.

ATP 합성효소의 고정자(stator)와 회전자(rotor) 부분을 통한 기울기에 따른 H^+의 흐름은 회전자와 축(rod)을 회전시켜 ADP와 무기 인산기를 결합시켜 ATP를 만드는 마디(knob)의 촉매자리를 활성화시킨다.

그러나 ATP 합성효소를 추진시키는 양성자 기울기는 어디에서 오는가? 전자전달사슬의 어떤 복합체들(I, III, IV)이 전자들을 이동시킬 때 이 복합체들 역시 양성자를 받아서 막 사이 공간으로 양성자를 방출시킨다. 따라서 막간 공간에 양성자가 쌓이게 된다. 이러한 양성자 기울기의 위치에너지를 **양성자 구동력(proton-motive force)**이라고 한다.

미토콘드리아에서 발열 산화환원반응은 양성자 기울기를 생성하는데 이러한 양성자 기울기는 ATP 생산을 추진시킨다. 엽록체는 화학삼투로 ATP를 만들기 위한 양성자 구동력을 창출하기 위해서 빛 에너지를 사용한다. 원핵세포는 분자 수송, ATP 생산, 섬모 회전을 위해서 원형질막을 가로지르는 양성자 기울기를 사용한다. 이러한 모든 것은 화학삼투의 예들이다.

핵심 문제 7.7

미토콘드리아의 막에서 일어나는 산화적 인산화의 다음 그림에서 빈칸을 채우시오.

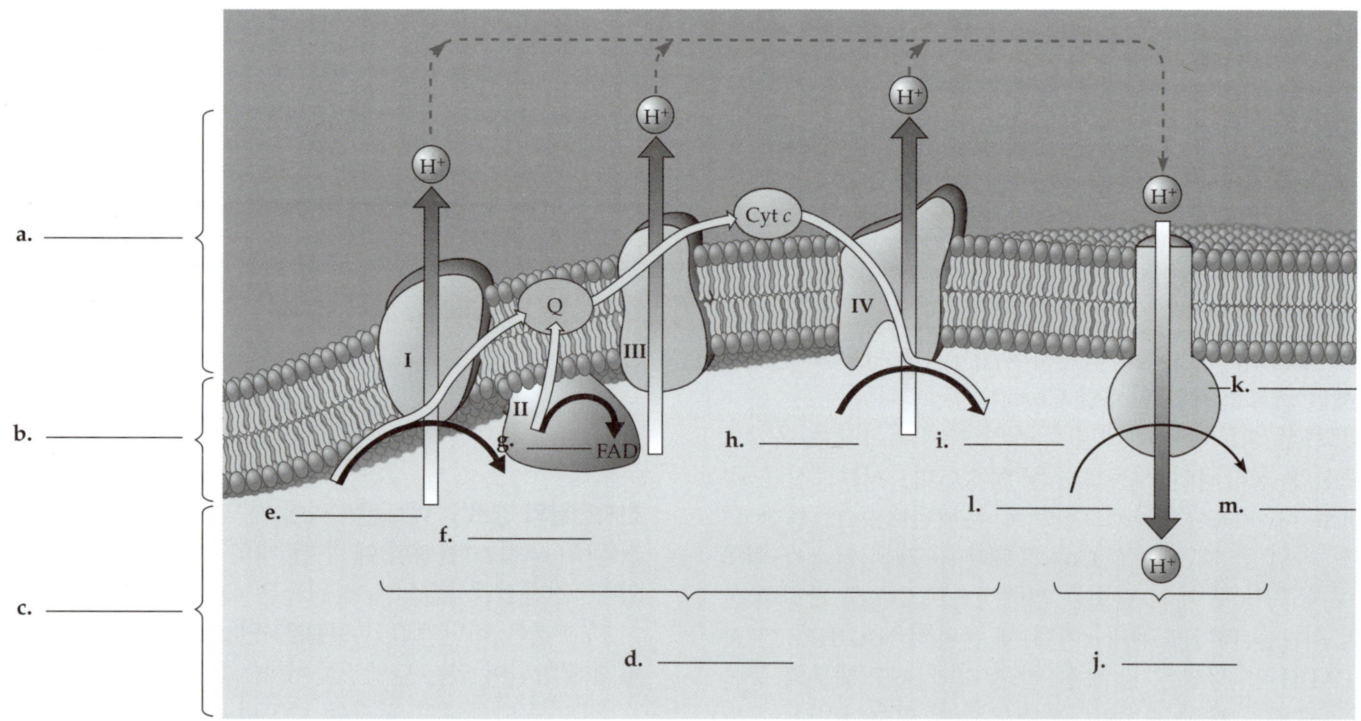

세포호흡에 의한 ATP 생성률 계산 산화되는 포도당 한 분자에서 약 30~32 분자의 ATP가 생산될 것이다. 이러한 숫자는 세 가지 이유 때문에 추정치이다: NADH에 대한 ATP의 비율은 정수가 아니다—실험 데이터는 2.5 ATPs/NADH와 1.5 ATPs/FADH이다. 해당과정에 의해서 생산된 NADH의 전자들은 세포에서 사용되는 왕복수송의 종류에 따라서 미토콘드리아 막을 관통할 때 NAD^+ 또는 FAD로 전달될 것이다. 전자전달사슬에 의해서 생성된 양성자 추진력은 또한 미토콘드리아의 여러 일들을 추진하는 데 사용된다.

호흡의 에너지 전환 효율은 약 34%이다. 나머지 66%는 열로서 잃게 된다. 어떤 포유동물의 갈색 지방세포들에서 비짝물림 단백질(uncoupling protein)은 양성자를 미토콘드리아 내막으로 되돌린다. 동면 동안 ATP 생성 없이(세포호흡을 억제하는) 지방은 계속 산화되어 열을 방출한다.

핵심 문제 7.8

한 분자의 포도당으로부터 여섯 분자의 이산화탄소로의 산화에서 생성되는 최대 ATP 분자 수에 대한 다음 계산표를 채우시오.

과정	# ATP
포도당의 첫 번째 인산화:	a. ______
해당과정에서 기질 수준 인산화	b. ______
c. __________ 에서	2
산화적 인산화: *	d. ______
최대 합계	e. ______

*피루브산 → 아세틸 CoA 반응에서 **f.**____ 분자의 NADH와 시트르산 회로의 **g.** _____ 분자의 NADH 각각으로 부터 2.5 ATP; 시트르산 회로의 **h.** _____ 분자의 $FADH_2$ 각각으로부터 1.5 ATP; 막을 가로질러 전자를 통과시키는 왕복수송에 따라서 해당과정의 **i.** _____ 분자의 NADH 각각에서 1.5 ATP.

7.5 발효와 무기호흡은 세포가 산소 없이도 ATP를 생성하도록 한다

무기호흡을 통해서 ATP를 생성하는 생명체들은 최종 전자 수용체로서 산소를 사용하지 않는 전자전달 사슬을 가지고 있다. 어떤 세균은 전자를 받기 위해서 황이온을 사용하여 H_2O 대신에 H_2S를 생성한다.

세포가 산소나 전자전달사슬 없이 ATP를 생성하는 것이 가능한가? 발효에서 해당과정의 포도당 산화는 기질수준 인산화로 총 2 ATP를 생산하고 NADH는 피루브산 또는 피루브산 유도체로 전자를 전달하여 NAD^+로 재순환된다.

발효의 유형: **알코올 발효(alchohol fermentation)**에서 피루브산은 아세트알데하이드로 전환되고 이때 CO_2가 방출된다. 이때 아세트알데하이드는 NADH에 의해서 환원되어 에탄올(에틸알코올)을 생성하고 NAD^+가 재생산된다. **젖산 발효(lactic acid fermentation)**에서 피루브산은 NADH에 의해서 직접 젖산으로 환원되면서 NAD^+를 재순환시킨다. 근육세포는 에너지 수요가 높고 O_2 공급이 낮으면 젖산 발효로 ATP를 만든다.

무기호흡과 유기호흡을 발효와 비교하기 발효와 유기호흡과 무기호흡 모두는 산화제로서 NAD^+를 가지는 해당과정을 사용한다. 이때 포도당과 다른 유기 연료들은 피루브산으로 전환된다. NADH를 NAD^+로 다시 산화시키기 위해서 발효는 최종 전자 수용체로서 피루브산 또는 아세트알데하이드와 같은 유기 분자들을 사용한다. 호흡은 전자들이 전자전달사슬 아래로 통과할 때 최종전자 수용체로서 산소나 다른 전기음성도가 큰 분자(무기호흡에서)를 사용한다.

절대 혐기성 생명체(obligate anaerobes)는 발효나 무기호흡으로 ATP를 만들고 산소에 의해서 중독된다. 효모와 많은 세균과 같은 **조건부 혐기성 생명체(facultative anaerobes)**는 산소의 존재 여부에 따라서 발효 또는 유기호흡으로 ATP를 만든다.

핵심 문제 7.9

발효에 비해서 호흡은 얼마나 더 많은 ATP를 생성하는가? 그 이유를 설명하시오.

해당과정의 진화적 중요성 해당과정은 발효와 호흡 모두에서 발견되는 공통적인 과정이다. 가장 광범위하게 나타나는 이러한 물질대사 과정은 고대의 원핵세포에서 진화된 듯하다. 산소 없이 세포질에서 일어나는 해당과정의 성질은 해당과정이 고대에서 진화했다는 것을 증명하는 것이다.

7.6 해당과정과 시트르산 회로는 다양한 물질대사 경로들과 연결되어 있다

이화반응의 다재다능성 탄수화물은 세포호흡에 사용될 수 있는 유일한 유형의 유기 분자인가? 단백질은 아미노산으로 소화되고 이 아미노산은 탈아미노화(아미노기가 제거되는)되어서 해당과정 또는 시트르산 회로의 몇 군데로 들어간다. 지방의 소화는 글리세롤을 형성하는데 글리세롤은 해당과정으로 들어가고 지방산은 **베타 산화(beta oxidation)**에 의해서 2탄당 조각으로 쪼개진다. 이때 2탄당 조각은 아세틸 CoA로서 시트르산 회로로 들어간다.

생합성(동화작용경로) 음식의 유기 분자들 또한 생합성을 위한 탄소골격을 제공한다. 아미노산과 같은 어떤 단량체는 직접 세포의 거대분자들로 통합된다. 해당과정과 시트르산 회로의 어떤 중간 화합물들은 이화반응 경로를 위한 전구체로서 작용한다. 탄수화물과 지방과 단백질들은 서로 상호 전환되어 세포의 필요를 충족시킨다.

어원

aero- = air (*aerobic respiration*: a catabolic pathway for organic molecules using oxygen as the final electron acceptor in an electron transport chain and ultimately producing ATP)

an- = not (*anaerobic*: refers to a chemical reaction that does not use oxygen)

chemi- = chemical (*chemiosmosis*: an energy-coupling mechanism that uses energy stored in the form of a H^+ gradient across a membrane to drive cellular work, such as the synthesis of ATP)

glyco- = sweet; **-lysis** = split (*glycolysis*: a series of reactions that splits glucose into pyruvate)

지식의 체계화

1. 이 장은 이화반응 경로가 어떻게 화학에너지를 방출하고 화학에너지를 ATP 안에 저장하는지를 기술하고 있다. 세포호흡의 세 가지 주요한 단계를 이해하는 가장 좋은 방법은 학생들에게 다른 사람들을 가르치게 하는 것이다. 두 명의 학업 파트너가 해당과정 또는 피루브산 산화 또는 시트르산 회로를 배워서 서로 설명하게 하라. 당신이 설명하고 있는 과정을 설명하기 위해서 그림을 사용하라.

2. 산화적 인산화를 조직화하기 위한 개념지도를 만들어라.

3. 해당과정, 시트르산 회로, 산화적 인산화, 발효를 요약한 다음 표의 빈칸을 채우시오. 한 분자의 포도당 분자에 대한 주요한 입력과 출력을 채워 넣으시오.

과정	간략한 기술	입력	출력
해당과정			
피루브산의 아세틸 CoA로의 전환과 시트르산 회로			
산화적 인산화			
발효			

지식의 검증

선다형 문제: 가장 옳은 답을 고르시오.

1. 전자들이 전기음성도가 보다 큰 원소에 다가갈 때 _______
   a. 에너지가 방출된다.
   b. 화학에너지가 저장된다.
   c. 양성자 기울기가 만들어진다.
   d. 물이 생산된다.
   e. ATP가 합성된다.

2. 다음 전환 중 어떤 것이 첫 번째 분자가 두 번째 분자로 환원되는 것인가?
   a. 피루브산 → 아세틸 CoA
   b. 포도당 → 피루브산
   c. $C_6H_{12}O_6 \rightarrow 6\ CO_2$
   d. 피루브산 → 젖산
   e. $NADH + H^+ \rightarrow NAD^+ + 2H$

3. 어떤 원핵세포들은 _____과정인 무기호흡을 사용한다.
   a. 전자전달 사슬과 관련이 없는
   b. 기질 수준 인산화에서만 ATP를 생산하는
   c. 최종 전자 수용체로서 산소 이외의 기질을 사용하는
   d. ATP 합성을 위해서 화학삼투만에 의존하지 않는
   e. a와 b 둘 다 옳다.

4. 다음 중 어떤 반응이 그것의 위치와 부정확하게 짝을 짓는가?
   a. ATP 합성—미토콘드리아 내막, 미토콘드리아 기질, 세포질
   b. 발효—세포질
   c. 해당과정—세포질
   d. 기질수준 인산화—세포질과 미토콘드리아 기질
   e. 시트르산 회로—미토콘드리아의 크리스타

5. 다음 효소 중 어떤 것이 조효소로서 NAD^+를 사용하는가?
   a. 인산과당 인산화효소
   b. 포도당인산 이성질화효소
   c. 삼탄당인산 탈수소효소
   d. 육탄당 인산화효소
   e. 포도당인산 뮤테이스

6. 다음 화합물 중 어떤 것이 완전히 CO_2로 산화될 때 대부분의 ATP를 생산하는가?
   a. 아세틸 CoA
   b. 포도당
   c. 피루브산
   d. 과당-1,6-2인산
   e. 글리세르알데하이드-3-인산

7. 피루브산이 아세틸 CoA로 전환될 때 ______________
   a. CO_2와 ATP가 방출된다.
   b. 일련의 효소 반응들이 CO_2를 제거하고 전자들을 NAD^+로 전달하고 조효소를 부착시킨다.
   c. 시트르산 회로의 한 바퀴가 완성된다.
   d. NAD^+가 재생산되어 기질 수준 인산화에 의한 ATP 생산을 위해서 해당과정이 계속된다.
   e. 인산과당 인산화효소가 활성화되고 해당과정이 계속된다.

8. 시트르산 회로에 들어간 아세틸 CoA의 각 분자에 대해서 얼마나 많은 분자의 CO_2가 생성되는가?
   a. 1
   b. 2
   c. 3
   d. 4
   e. 6

9. 다음 설명 중 어떤 것이 세포호흡에서 산소의 역할을 가장 정확히 설명하는가?
   a. 포도당이 산화될 때 산소는 해당과정에서 환원된다.
   b. 산소는 ATP 합성효소를 통해서 확산되는 H^+와 결합하여 H_2O를 생산한다.
   c. 산소는 산화가 일어나기 위해서 필요한 활성화 에너지를 제공한다.
   d. 산소는 전자전달사슬의 최종 전자 수용체이다.
   e. 산소는 시트르산 회로 동안 제거되는 탄소와 결합하여 CO_2를 생성시킨다.

10. 다음 중 어떤 것이 화학삼투의 가장 정확한 설명인가?
   a. ATP 생산은 전자전달사슬에 의해서 만들어진 양성자 기울기와 연결된다.
   b. 막사이 공간과 세포질 사이의 pH 차이는 ATP 형성을 추진시킨다.
   c. ATP 합성효소를 통한 H^+의 흐름은 회전자와 축을 회전시켜서 ADP의 가수분해를 추진시킨다.
   d. 전자전달 운반체의 환원과 연속적인 산화에 의해서 방출된 에너지는 인산기를 ADP에 전달시킨다.
   e. 미토콘드리아 기질에서 산소의 환원에 의한 물의 생산은 미토콘드리아 바깥으로 물의 총 흐름을 이끈다.

11. 포도당인 CO_2로 산화될 때 대략적으로 66%의 에너지가 다음 어디로 전환되는가?
   a. 열
   b. ATP
   c. 양성자 구동력
   d. 위치에너지
   e. NADH

12. 산화적 인산화에 대한 다음 설명 중 어떤 것이 틀린 것인가?
   a. 그것은 산화되는 NADH 한 분자당 약 2.5 분자의 ATP를 생산한다.
   b. 그것은 전자전달사슬의 산화환원반응을 포함한다.
   c. 그것은 미토콘드리아 내막에 있는 ATP 합성효소를 포함한다.
   d. 그것은 최종 전자 공여체로서 산소를 사용한다.
   e. 그것은 화학삼투의 한 예이다.

13. 전자전달사슬을 통한 전자의 흐름을 막는 독극물인 청산가리(cyanide)의 물질대사 효과를 설명하는 다음 진술 중 어떤 것이 올바른 것인가?
   a. 막간 공간의 pH를 정상적일 때보다 더 낮아지게 한다.
   b. 전자들을 직접 산소로 흘러가게 해서 세포가 폭발하도록 한다.
   c. 알코올이 미토콘드리아에서 생성되도록 한다.
   d. NADH 공급이 고갈되고 ATP 합성효소가 중단된다.
   e. 어떠한 양성자 기울기도 형성되지 않아 ATP 합성효소가 중단된다.

14. 세포를 갈아서 지방을 녹이는 화학물질과 혼합하였다. 다음 세포호흡 단계 중 이러한 화학물질에 의해서 방해되는 단계는 무엇인가
   a. 해당과정
   b. 피루브산 산화
   c. 시트르산 회로
   d. 산화적 인산화
   e. 발효

15. 기질 수준 인산화는 ______________________________
 a. ATP의 인산기를 기질로 이동시키는 과정을 포함한다.
 b. NADH 또는 $FADH_2$를 사용할 수 있다.
 c. 세포질에서만 일어난다.
 d. 발효에 의해서 형성되는 ATP의 10%를 차지한다.
 e. 무산소 상태에서 조건부 혐기성 생명체를 위한 에너지 원천이다.

16. 다음의 어떤 이유 때문에 세포호흡에 비해서 발효는 더 적은 ATP를 생산한다.
 a. NADH의 전자들이 전자전달사슬를 통과하지 않고 NAD^+는 알코올 또는 젖산 발효에 의해서 재생산된다.
 b. 피루브산은 포도당에 존재하는 "언덕위" 전자들의 대부분을 포함한다.
 c. 그것의 시작 반응물은 피루브산이지 포도당이 아니다.
 d. a와 b 모두 정답이다.
 e. a와 b와 c 모두 정답이다.

17. 산소가 고갈된 상태에서 근육세포는 피루브산의 환원으로부터 다음 중 어떤 것을 얻는가?
 a. ATP
 b. ATP와 NAD^+
 c. CO_2와 NAD^+
 d. ATP와 알코올과 NAD^+
 e. ATP와 CO_2

18. 방사성 동위원소로 표지된 여섯 개의 탄소원자들로부터 만들어진 포도당이 산소가 없는 상태에서 효모로 들어갔다. 얼마나 많은 분자의 방사성 알코올(C_2H_5OH)이 포도당 한 분자로부터 형성되는가?
 a. 0
 b. 1
 c. 2
 d. 3
 e. 6

19. 다음의 어떤 이유 때문에 해당과정은 진화단계에서 첫 번째의 물질대사 과정 중의 하나인가?
 a. 그것은 고세균과 세균의 특징인 발효에 의존한다.
 b. 그것은 원핵세포에서만 발견되는 반면 진핵세포는 ATP를 생산하기 위해서 미토콘드리아를 사용한다.
 c. 그것은 전자전달사슬과 화학삼투에 의해서 생성되는 것 보다 더 적은 ATP를 생산한다.
 d. 그것은 기질수준 인산화에 의해서만이 ATP를 생산하고 산화환원반응을 포함하지 않는다.
 e. 그것은 거의 보편적이고 세포질에서 일어나고 O_2와 관련이 없다.

20. 다음 중 어떤 기질이 그램당 가장 많은 ATP를 생산하는가?
 a. 해당과정의 첫 번째 장소에 있기 때문에 포도당이다.
 b. 포도당의 중합체이기 때문에 글리코젠 또는 녹말이다.
 c. 대단히 환원된 화합물이기 때문에 지방이다.
 d. 삼차원 구조에 저장된 에너지 때문에 단백질이다.
 e. 탈아미노화된 후 직접 시트르산으로 들어가기 때문에 아미노산이다.

21. 다음의 어떤 이유 때문에 지방과 단백질은 연료로서 사용되는가?
 a. 효소에 의해서 포도당으로 전환될 수 있다.
 b. 해당과정 또는 시트르산 회로의 중간물질로 전환될 수 있다.
 c. 시트르산 회로로 들어가기 위해서 미토콘드리아 막을 관통할 수 있다.
 d. 인산기를 포함하고 있다.
 e. 포도당보다 더 많은 에너지를 가지고 있다.

22. 신생아와 동면하는 동물에서 발견되는 갈색 지방은 비짝물림 단백질을 가지고 있다. 이 비짝물림 단백질이 활성화될 때 미토콘드리아의 내막에서 H^+가 새어 나간다. 이러한 지방조직의 기능은 무엇인가?
 a. 그것은 정상적인 지방에 비해서 더 많은 ATP를 생산하기 때문에 장거리 이동을 위해서 필요한 에너지를 제공한다. 따라서 오리와 거위의 비행근육에서 발견된다.
 b. 그것은 막사이공간의 pH를 낮추어서 포도당이나 정상적인 지방조직의 산화에 의해서 그램당 더 많은 에너지를 생산하게 한다.
 c. 그것은 양성자 기울기를 소멸시켜서 ATP 생산 없이 세포호흡 동안 열을 발생시켜서 동면하는 동물 또는 신생아의 체온을 올린다.
 d. 내온성(endothermic) 동물에서 그것의 주요 기능은 단열이다.
 e. a와 b 모두 정답이다.

핵심

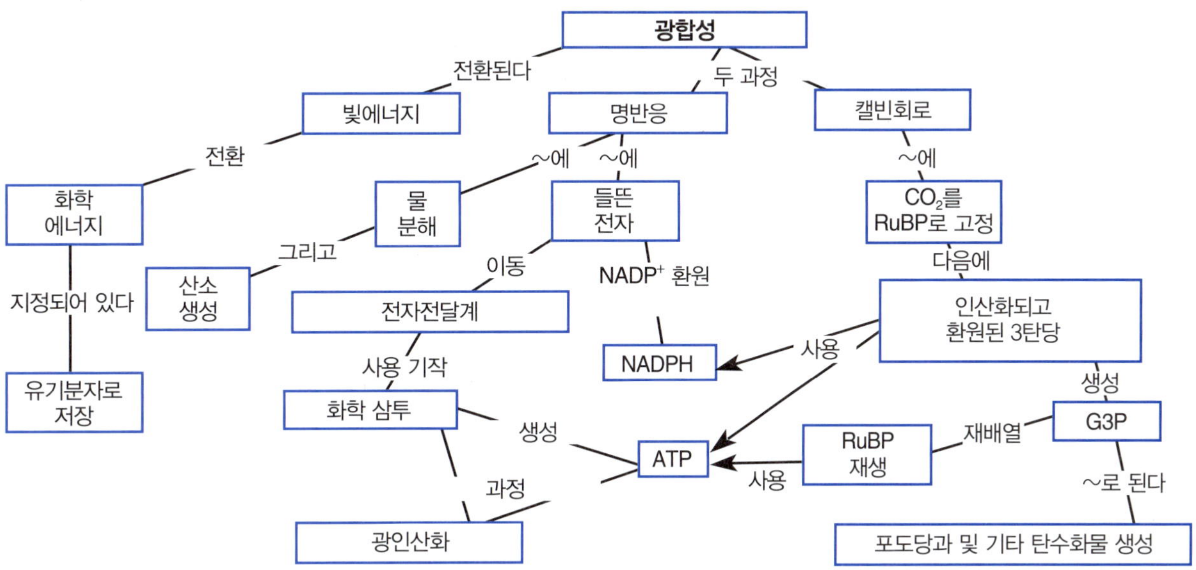

복습

광합성(photosynthesis)에서 태양의 빛에너지는 유기 분자로 저장된 화학에너지로 전환된다. **독립영양생물(autotrophs)**은 무기물로부터 자신의 유기화합물을 만든다는 의미에서 스스로 영양분을 공급한다. 독립영양생물은 생물권의 생산자이다. 식물, 조류, 일부 원생생물 및 일부 원핵생물은 광독립영양생물이다.

종속영양생물(heterotrophs)은 소비자들이다. 그들은 식물이나 동물을 먹거나 유기물 찌꺼기를 분해한다. 그러나 거의 대부분은 궁극적으로 영양분과 산소를 광독립영양생물에 의존한다.

8.1 광합성은 빛에너지를 영양분의 화학에너지로 전환한다

첫 번째 광합성 생물체는 원형질막 내부에 포함된 광합성 효소와 다른 분자들을 많이 가지고 있는 세균이었을 것이다.

엽록체: 식물의 광합성 장소 엽록체는 주로 잎의 **엽육(mesophyll)** 조직에 분포한다. **기공(stomata)**을 통하여 CO_2가 들어오고 O_2가 방출된다. 잎맥은 뿌리로부터 잎으로 물을 운반하고 당분을 비광합성 조직으로 분배한다.

엽록체는 밀도가 높은 액체의 **스트로마(stroma)**와 정교한 막계로 된 **틸라코이드(thylakoid)**를 이중막이 둘러싸고 있다. 틸라코이드막의 내부는 틸라코이드 공간(thylakoid space)이라 부른다. 틸라코이드 주머니는 층을 이루어 그라나(grana)를 형성한다. 빛을 흡수하여 광합성을 일으키는 녹색 색소의 **엽록소(chlorophyll)**는 틸라코이드막에 위치해 있다.

핵심 문제 8.1

다음 엽록체 그림에 표기된 각 부위(a~f)의 이름을 써라.

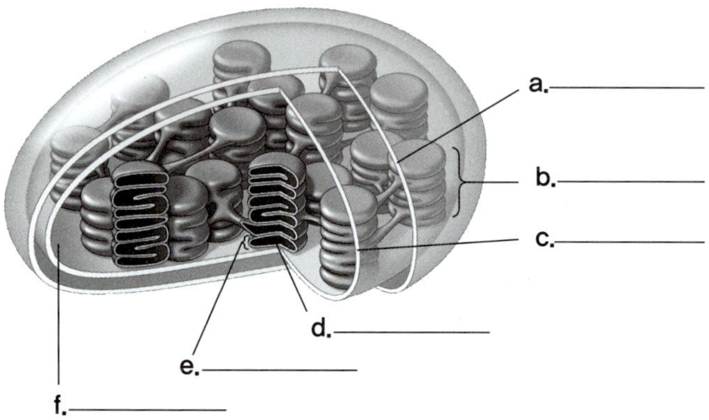

광합성에서의 원자 추적: 과학적 탐구 물의 순수 소비와 포도당 산물(실제 산물은 삼탄당이지만)을 고려할 때 광합성 공식은 호흡의 역순이다.

$$6\ CO_2 + 6\ H_2O + \text{빛에너지} \rightarrow C_6H_{12}O_6 + 6\ O_2$$

가장 단순한 방정식은 $CO_2 + H_2O \rightarrow [CH_2O] + O_2$ 이다. 황화수소(H_2S)를 이용하여 광합성을 하는 세균의 증거를 이용하여 닐(C. B. van Niel)은 광합성 생물은 수소 공급원이 필요하고 식물은 수소 공급원(그리고 전자)으로서 물을 사용하고 산소를 방출한다고 가설을 세웠다. 이 가설은 훗날 산소의 무거운 방사성 동위원소 ^{18}O을 사용한 실험에 의해 확인되었다. 표지된 산소는 이산화탄소가 아니라 물이 ^{18}O을 포함했을 때만 생성되었다.

광합성은 호흡과 마찬가지로 산화환원 과정이지만 전자 흐름의 방향에서 차이가 난다. 전자는 물로부터 이동하여 이산화탄소를 당으로 환원할 때 전자의 위치에너지를 증가시킨다. 그리고 빛은 이 흡열 과정을 위한 에너지를 제공한다.

광합성의 두 과정: 미리보기 광합성의 두 과정은 명반응과 캘빈 회로이다. 태양에너지는 **명반응(light reaction)**에서 화학에너지로 전환된다. 엽록체에 의해 흡수된 빛에너지

핵심 문제 8.2

광합성 전체 과정의 이해를 돕기 위하여 엽록체에서 일어나는 광합성의 전체 개관의 괄호를 채워라. c와 h 과정의 장소를 나타내라.

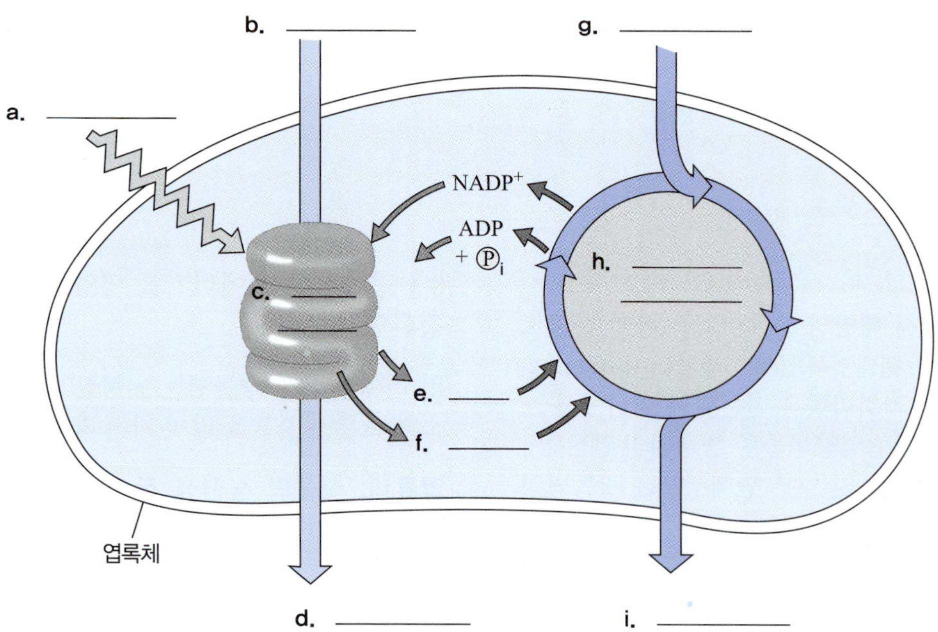

는 물로부터 전자와 수소이온을 전자수용체 **$NADP^+$**로 전이시키고, $NADP^+$가 NADPH로 환원되어 일시적으로 전자를 저장한다. 물이 분해될 때 산소가 방출된다. **광인산화(photophosphorylation)** 과정에서 화학삼투를 이용하여 명반응 동안 ATP가 생성된다.

캘빈 회로(Calvin cycle)에서 이산화탄소는 **탄소 고정(carbon fixation)**에 의해 기존의 유기화합물로 합병되고 이 화합물은 환원되어 탄수화물을 생성한다. 명반응에서 생성된 NADPH와 ATP는 캘빈 회로에 필요한 환원력과 화학에너지를 제공한다.

8.2 명반응은 태양에너지를 ATP와 NADPH의 화학에너지로 전환한다

태양 빛의 본질 전자기 방사라고도 부르는 태양빛 전자기 에너지의 본질은 전기장과 자기장의 주기적인 파동의 교란으로 이동한다. 파장이라고 부르는 전자기파의 마루 사이의 거리는 감마선처럼 짧은 파장부터 라디오파의 긴 파장까지 **전자기스펙트럼(electromagnetic spectrum)**의 범위를 갖는다. **가시광선(visible light)**은 380 nm부터 750 nm까지의 작은 범위를 가지며 광합성을 추진한다.

빛은 또한 고정된 에너지량을 가지며 낱개 입자로 구성된 **광자(photon)**처럼 행동한다. 광자에 있는 에너지량은 그것의 파장에 반비례한다.

광합성 색소: 빛 수용체 색소(pigment)는 빛을 흡수하는 물질이다. **분광광도계(spectrophotometer)**는 색소에 의해 흡수되는 여러 파장의 빛의 양을 측정한다. 명반응에 직접 관여하는 **엽록소 *a*(chlorophyll *a*)**의 **흡수스펙트럼(absorption spectrum)**은 자색-청색과 적색을 가장 잘 흡수한다. **엽록소 *b*(chlorophyll *b*)**와 **카로티노이드(carotenoid)**와 같은 보조 색소들은 광합성에 유용한 다른 파장의 빛을 흡수하여 색소의 스펙트럼을 넓혀준다. 일부 카로티노이드는 엽록소에 손상을 주는 지나친 빛에너지를 흡수함으로써 **광보호**(photo-protection) 기능을 하거나 산소와 상호작용하여 반응성 분자들을 생성한다.

핵심 문제 8.3

작용스펙트럼(action spectrum)은 다른 파장을 갖는 빛에서의 상대적인 광합성률을 보여준다. 다음 그래프는 흡수스펙트럼과 작용스펙트럼을 둘 다 나타낸다. 왼쪽 *y*축에는 흡수스펙트럼을, 오른쪽 *y*축에는 작용스펙트럼을 표시하라. 엽록소 *a*에 대한 흡수스펙트럼과 광합성에 대한 작용스펙트럼을 나타내는 선을 표시하라. 이 선들은 왜 다른가?

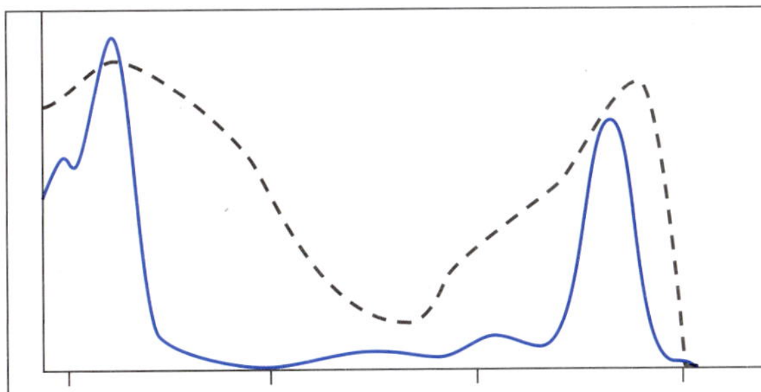

광합성을 위한 흡수스펙트럼과 작용스펙트럼

빛에 의해 엽록소가 들뜨게 됨 어떤 색소 분자가 광자로부터 에너지를 흡수하면 그 색소 분자의 전자 하나는 더 높은 위치에너지를 갖고 있는 궤도로 올라간다. 단지 바닥 상태와 들뜬 상태 사이의 에너지 차이와 같은 광자만 흡수된다. 들뜬 상태는 불안정하다.

전자가 바닥 상태의 궤도로 다시 떨어질 때 에너지가 열로써 방출된다. 전자가 바닥 상태로 돌아오면서 추출된 엽록소 분자는 형광이라고 부르는 빛의 광자를 방출한다.

광계: 집광복합체와 연계되어 있는 반응중심 복합체 많은 **광계(photosystem)**가 틸라코이드막에 포함되어 있고, 각각은 여러 개의 **집광복합체(light-harvesting complex)**와 하나의 **반응중심복합체(reaction-center complex)**로 구성되어 있다. 반응중심복합체는 두 개의 특수 엽록소 *a* 분자와 한 개의 **1차 전자수용체(primary electron acceptor)**를 포함하고 있다. 집광복합체에 있는 하나의 색소 분자가 광자를 흡수할 때 에너지가 반응중심에 도달할 때까지 색소에서 색소로 이동한다. 그 다음 무슨 일이 일어나는가? 하나의 산화환원 반응에서 반응중심 엽록소 *a*의 들뜬 전자는 그것이 바닥 상태로 돌아가기 전에 1차 전자수용체에 의해 포획된다.

틸라코이드막에는 두 종류의 광계가 있다. **광계 II(PS II)**의 반응중심의 엽록소 *a*를 680 nm 파장의 빛을 가장 잘 흡수하기 때문에 P680이라 부른다. **광계 I(PS I)**의 반응중심에는 P700이라 부르는 엽록소 *a* 분자가 있다.

핵심 문제 8.4

광계의 구성 성분을 설명하라.

선형 전자 흐름 선형 전자 흐름(**linear electron flow**)이라 부르는 일련의 과정을 통해서 전자는 두 개의 광계를 통하여 물에서 $NADP^+$로 이동한다. 색소 한 분자는 빛의 광자 하나를 흡수하고 에너지는 집광복합체의 다른 색소 분자를 거쳐 PS II 반응중심복합체에 있는 엽록소 *a*의 P680 쌍으로 중계된다. P680의 들뜬 전자는 1차 전자수용체에 의해 포획된다. $P680^+$은 강력한 산화제이고 그것의 전자구멍은 어떤 효소가 물로부터 전자를 제거하고 두 개의 전자(H^+)와 한 개의 산소 원자로 쪼갤 때 채워진다. 한 개의 산소원자는 즉시 다른 산소원자와 결합하여 산소를 생성한다.

1차 전자수용체는 빛에 의해 들뜬 전자를 플라스토퀴논(Pq), 사이토크롬 복합체, 플라스토시아닌(Pc)로 구성된 전자전달사슬로 보낸다. 전자가 전자전달사슬로 떨어지면서 방출된 에너지는 양성자를 틸라코이드 공간으로 보내는데 사용되어 ATP 합성을 위한 양성자 구배 형성에 기여한다.

전자전달사슬의 아래쪽에서 전자는 광계 I에 있는 $P700^+$로 이동한다. PS I이 광자를 흡수했을 때 그것은 1차 전자수용체에 의해 포획된 빛에 의해 들뜬 전자를 바꾼다. 이 1차 전자수용체는 전자를 페레독신(Fd)을 통하여 두 번째 전자전달사슬로 보낸다. 그곳으로부터 $NADP^+$ 환원효소는 전자를 옮겨 $NADP^+$를 NADPH로 환원시킨다.

엽록체와 미토콘드리아에서의 화학삼투 비교 엽록체와 미토콘드리아에서의 화학삼투는 얼마나 비슷한가? 막에 있는 전자전달사슬은 전자가 일련의 산화환원반응에서 전자전달사슬의 아래쪽으로 보냄에 따라 양성자를 막을 통과해 보낸다.

그러나 호흡에서 유기 분자들은 전자를 제공하고 화학에너지는 ATP로 전이된다. 반면에 엽록체에서는 물이 전자를 제공하고 빛에너지는 ATP의 화학에너지로 전환된다. 엽록체에서 전자전달사슬은 스트로마에서 나온 양성자를 틸라코이드 공간으로 보낸다. ATP 합성효소를 통하여 H^+가 확산되어 돌아오면서 ATP는 스트로마에서 형성되고, 캘빈 회로에 이용된다.

핵심 문제 8.5

다음 그림에서 선형 전자 흐름의 구성 성분을 써라. 캘빈 회로에 화학에너지와 환원력을 제공하는 중요한 산물에 원으로 표시하라.

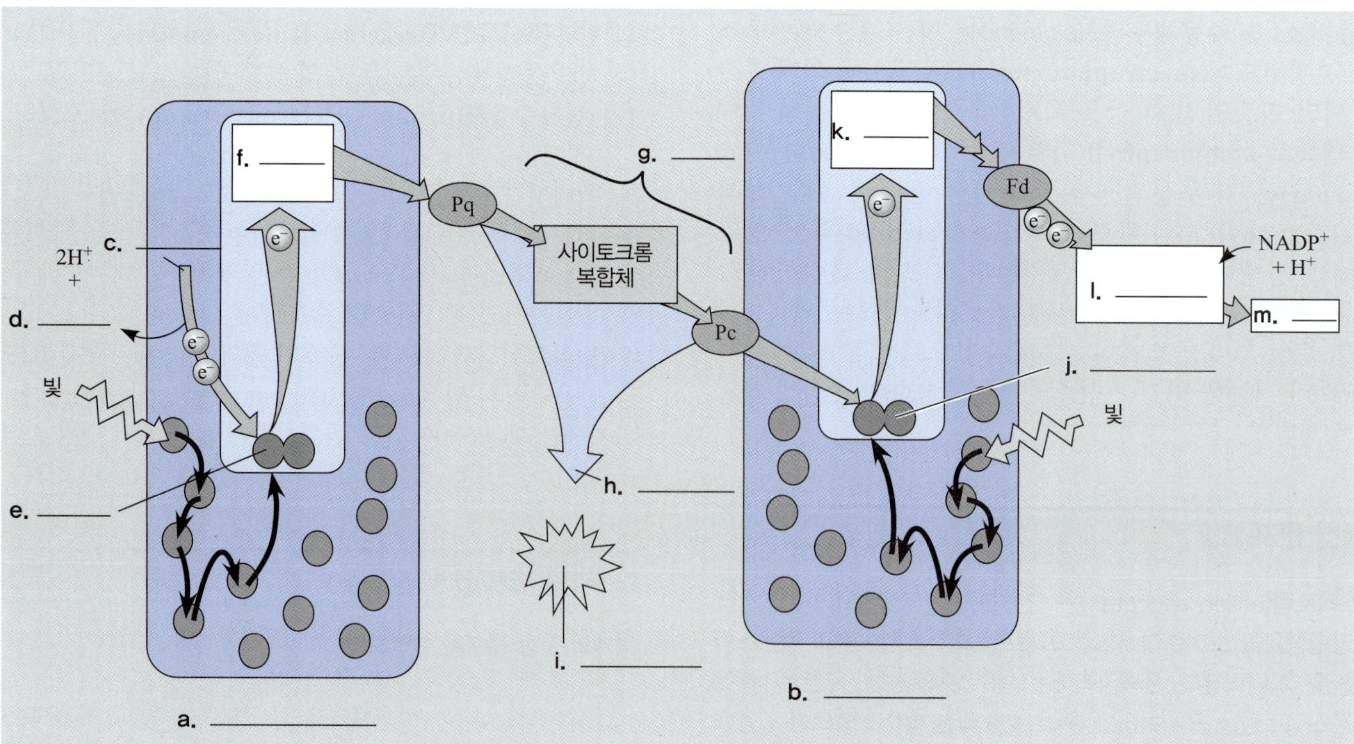

핵심 문제 8.6

a. 밝은 곳에서 틸라코이드막을 가로지르는 양성자 구배는 pH 3 정도로 높다. 어느 면의 pH가 가장 낮은가?

b. 틸라코이드 공간과 스트로마 사이의 H^+ 농도 차이를 크게 만드는 세 가지 요인은 무엇인가?

8.3 캘빈 회로는 ATP와 NADPH의 화학에너지를 사용하여 CO_2를 당으로 환원한다

명반응의 생성물은 당을 만드는 데 어떻게 사용되는가? 세 분자의 CO_2를 고정하여 한 분자의 3탄당, **글리세르알데하이드-3-인산(glyceraldehyde-3-phosphate, G3P)**을 생성하는 데 캘빈 회로는 세 번 돈다. 캘빈 회로는 3단계로 구분될 수 있다.

1. 탄소 고정: CO_2는 RuBP 카르복실화 효소인 **루비스코(rubisco)**에 의해 촉매되는 반응에서 5탄당, 리불로스2인산(RuBP),에 결합된다. 그 결과 생기는 6탄당 중간산물은 불안정하여 두 분자의 3-인산글리세르산으로 나누어진다.
2. 환원: 3-인산글리세르산은 각각 ATP에 의해 인산화되어 1,3-2인산글리세르산으로 된다. NADPH로부터 만들어진 두 개의 전자는 이것을 G3P로 환원한다. 이 회로는 세 번을 돌아야 한 분자의 G3P를 만든다.

핵심 문제 8.7

다음의 캘빈 회로 그림에서 3단계(a, b, c)와 주요 분자를 표시하라. G3P 한 분자를 합성하는 데 몇 개의 ATP와 NADPH가 필요한가?

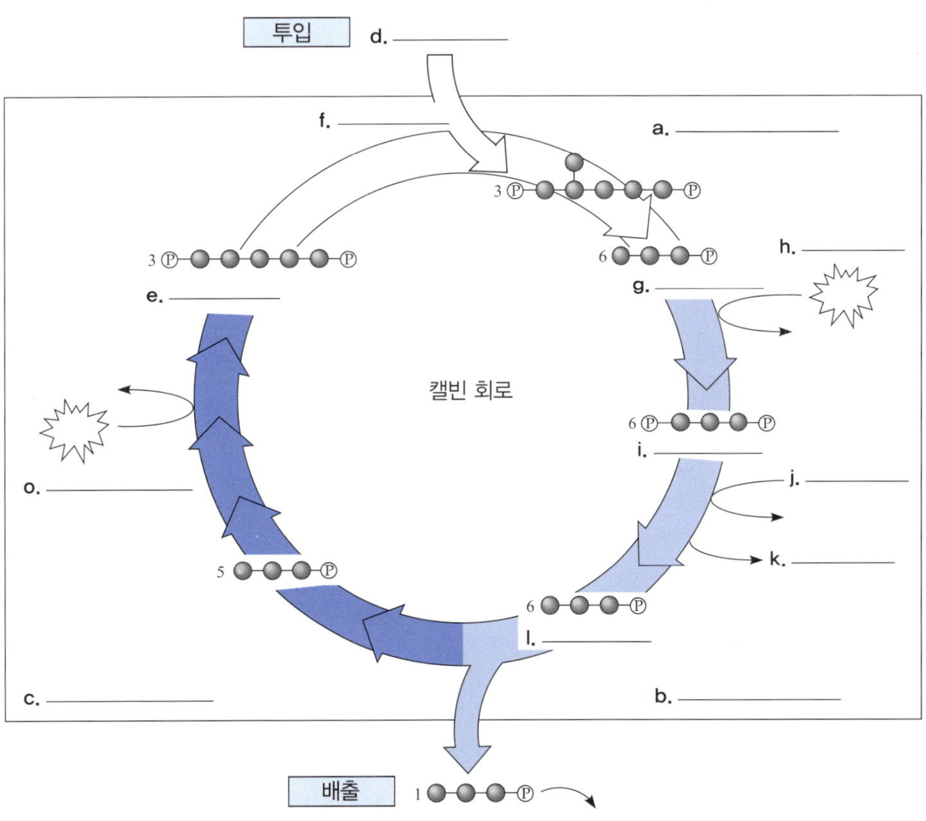

3. CO_2 수용체(RuBP)의 재생 : 다섯 분자의 G3P가 세 분자의 RuBP로 재배열되려면 세 개의 ATP가 필요하다.

덥고 건조한 기후에서의 탄소고정 대체 기작의 진화 대부분의 식물에서 탄소 고정의 첫 번째 산물은 캘빈 회로에서 생성되는 3탄당인 3-인산글리세르산이다. 이러한 **C3 식물들(C3 plants)**은 덥고 건조한 낮에 기공을 닫아 물의 손실을 방지하고, 잎의 공기 공간에서의 CO_2 농도는 떨어져 캘빈 회로를 느리게 만든다. CO_2보다 O_2가 더 많이 축적되면서 루비스코는 CO_2 대신 O_2를 RuBP에 첨가한다. 그 산물은 쪼개져 2탄당 화합물이 엽록체를 떠나고 분해되어 CO_2를 방출한다. 이처럼 낭비처럼 보이는 과정을 **광호흡(photorespiration)**이라 부른다.

핵심 문제 8.8

광호흡은 캘빈 회로에서 고정된 탄소의 50% 정도의 손실을 가져온다. 광호흡의 존재를 설명할 수 있는 두 가지 이유를 써라.

일부 식물들에서는 광호흡을 최소화시키기 위해 무슨 기작이 진화되었을까? **C_4 식물(C_4 plant)**에서는 CO_2에 대해 높은 친화성을 가진 효소의 도움으로 CO_2를 먼저 3탄소 화합물에 첨가한다. 그 결과로 잎의 엽육세포에 만들어진 4탄소화합물은 잎맥 주변에 밀집되어 있는 유관속초 세포로 운반된다. 이어서 이 화합물이 분해되면서 CO_2가 방출되며, 캘빈회로의 루비스코가 이를 고정한다.

많은 사막의 다육식물들은 낮 동안은 기공을 닫아 수분 손실을 막는다. 이들은 밤에 기공을 열고 CO_2를 받아들여 이를 **다육식물유기산대사(crassulacean acid metabolism, CAM)**라는 탄소고정 방식으로 다양한 유기산을 만든다. 낮 동안 CAM 식물(CAM plants)은 이 화합물들을 분해하고 CO_2를 방출시켜서 캘빈회로가 진행되게 한다. C_4 회로와 달리 CAM 회로는 탄소고정과 캘빈회로를 구조적으로 분리시키지 않았다; 그 대신 두 과정을 시간적으로 분리시키고 있다.

핵심 문제 8.9

a. C_4 식물에서 캘빈 회로는 일어나는 곳은 어디인가?

b. C_3 식물이 광호흡을 하는 덥고 건조한 조건에서, C_4 식물은 어떻게 캘빈 회로를 성공적으로 이용하는가?

c. CAM 식물의 탄소 고정은 어떻게 다른가?

광합성의 중요성: 복습 광합성에 의해 생성되는 유기물의 약 50%는 식물 세포의 미토콘드리아에서 세포호흡을 위한 연료로 사용된다. 나머지는 유기 분자(단백질, 지질, 많은 셀룰로스)의 합성을 위한 탄소골격으로 사용되고, 녹말로 저장되거나 광호흡을 통하여 사라진다. 매년 약 1600억 메트릭 톤의 탄수화물이 광합성에 의해 생성된다.

어원

auto- = self; **-troph** = food (*autotroph*: an organism that obtains organic food molecules not by eating other organisms, but by using energy from the sun or from oxidation of inorganic substances to make organic molecules)

chloro- = green; **-phyll** = leaf (*chlorophyll*: a green, photosynthetic pigment located in membranes within the chloroplasts of plants and algae and in the membranes of certain prokaryotes)

electro- = electricity; **magnet-** = magnetic (*electromagnetic spectrum*: the entire spectrum of electromagnetic radiation, ranging in wavelength from less than a nanometer to more than a kilometer)

hetero- = other (*heterotroph*: an organism that obtains organic food molecules by eating other organisms or substances derived from them)

meso- = middle (*mesophyll*: leaf cells specialized for photosynthesis; in C_3 and CAM plants located between the upper and lower epidermis)

photo- = light (*photosystem*: a light-capturing unit located in the thylakoid membrane, consisting of a reaction-center complex surrounded by numerous light-harvesting complexes)

지식의 체계화

1. 당신은 이미 광합성에 관한 여러 그림의 빈칸에 정답을 적었다. 그러나 이 과정을 정말로 이해하기 위해서 스스로의 표현을 만들어 보아라. 명반응에서 전자의 흐름, ATP와 NADPH 합성을 하나의 그림 양식으로 나타내라. 그 다음 G3P 생성에서 3가지 주요 단계를 요약해라. 이 반응들은

엽록체의 어느 부위에서 일어나는지 표시하라. 당신의 그림과 해답에 나타난 그림을 비교할 수 있을 것이다. 아마도 스터디 그룹을 만들어 협력하면 이 장에 대한 간단 명료한 요약을 만들 수 있다.

2. 광인산화에서 화학삼투에 의해 ATP가 합성되는 것을 완벽하게 이해하게 해주는 개념도를 만들어라.

지식의 검증

선다형 문제: 가장 옳은 답을 고르시오.

1. 다음 중 과정이나 구조와 그것의 위치가 옳게 짝지어지지 않은 것은?
   a. 명반응 —그라나
   b. 전자수송계—틸라코이드막
   c. 캘빈 회로—스트로마
   d. ATP 합성효소—엽록체를 둘러싸고 있는 이중막
   e. 물의 분해—틸라코이드 공간

2. 산화환원 과정인 광합성은?
   a. CO_2는 환원되고, 물은 산화된다.
   b. $NADP^+$은 환원되고 RuBP는 산화된다.
   c. CO_2, $NADP^+$, 물이 환원된다.
   d. O_2는 산화물질이고 물은 환원물질이다.
   e. G3P는 환원되고, RuBP는 산화된다.

3. 다음 진술 중 틀린 것은?
   a. 추출한 엽록체 분자가 광자를 흡수할 때, 그것들의 전자는 바닥 상태로 되돌아가고 열과 빛을 방출한다.
   b. 해로운 강한 빛으로부터 식물을 보호하면서 보조 색소와 광호흡은 광보호에 기여한다.
   c. 명반응에서 선형 전자 흐름에서 전자전달사슬은 H^+를 막을 가로질러 보내면서 ATP 합성에 필요한 수소이온의 이동력을 만든다.
   d. 광합성을 하는 원핵생물과 진핵생물 모두에서 ATP 합성효소는 세포질에서 ATP 합성을 촉매한다.
   e. 황세균에서 H_2S는 광합성을 위한 수소(전자)의 공급원이다.

4. 분광광도계가 측정할 수 있는 것은?
   a. 어떤 물질의 흡수 스펙트럼
   b. 어떤 반응의 활동 스펙트럼
   c. 광자의 에너지량
   d. 가시광선의 파장
   e. 광합성 효율

5. 엽록체에 있는 보조 색소의 역할은?
   a. 물 분자의 분해 촉진
   b. 빛의 여러 파장의 광자를 흡수하고 그 에너지를 P680 또는 P700으로 옮겨준다.
   c. 광흥분된 전자가 $NADP^+$로 이동한 후 반응중심 엽록체에 전자를 제공한다.
   d. H^+을 틸라코이드막을 통과시켜 양성자 구동력를 생성한다.
   e. 반응중심 내의 엽록소 *a*를 붙잡아준다.

6. 다음 그림은 미지의 색소 분자에 대한 흡수스펙트럼이다. 이 색소는 무슨 색일까?

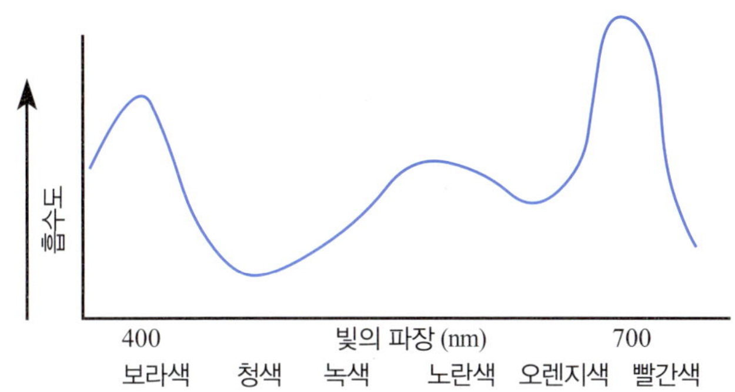

   a. 보라색
   b. 청색
   c. 녹색
   d. 노란색
   e. 빨간색

7. 광합성에서 물의 분해는?
   a. 산소를 방출하고 그것은 캘빈 회로에서 사용된다.
   b. ADP를 ATP로 인산화시키는 전자를 제공한다.
   c. 전자를 제공하여 ATP의 화학삼투적 합성에 사용되는 구배를 만든다.
   d. $NADP^+$를 NADPH로 환원하는 전자를 제공한다.
   e. 틸라코이드막의 스트로마 쪽에 있는 광계 II에서 일어난다

8. 광합성의 명반응과 세포호흡의 전자전달사슬에서 최종 전자수용체는 다음 물질 중 어느 것인가?
   a. 모두 O_2
   b. 모두 CO_2
   c. 명반응에서는 H_2O, 호흡에서는 O_2
   d. 명반응에서는 $NADP^+$, 호흡에서는 NAD^+ 또는 FAD
   e. 명반응에서는 $NADP^+$, 호흡에서는 O_2

9. 조명된 식물 세포의 다음 부위 중 어느 곳의 pH가 가장 낮을까?
   a. 핵
   b. 세포질
   c. 엽록체
   d. 엽록체의 기공
   e. 틸라코이드 공간

10. 광합성과 호흡의 전자수송의 차이 중 광합성에서는?
   a. NADP가 아니라 NADPH가 전자를 전자전달사슬로 옮긴다.
   b. ATP 합성효소는 ATP를 세포질이 아니라 스트로마로 방출한다.
   c. 빛은 영양분의 산화에서 나오는 에너지라기보다 전자전달사슬의 맨위로 전자를 올려주는 에너지를 제공한다.
   d. 양성자 구동력보다 H^+ 농도기울기가 ATP 인산화를 촉진한다.
   e. a와 c 모두 옳다.

11. 무엇을 제공하면 엽록체가 어둠 속에서 탄수화물을 만들 수 있을까?
   a. ATP, NADPH, CO_2
   b. 인공적으로 유도된 양성자 구배
   c. 유기산 또는 4탄당
   d. 수소 공급물질
   e. 양자와 CO_2

12. 2당류인 수크로스는 식물체를 통하여 운반되는 탄수화물의 형태이다. 한 분자의 수크로스를 만들기 위하여 캘빈 회로는 몇 번 돌아야 하는가?
   a. 2
   b. 3
   c. 6
   d. 11
   e. 12

13. 명반응에서 만들어진 NADPH와 ATP의 역할은?
   a. 탄소 고정 단계에서 루비스코에 에너지와 환원력을 제공한다.
   b. 다섯 개의 G3P로부터 세 개의 RuBP를 만든다.
   c. 두 분자의 G3P를 합쳐 포도당을 생성한다.
   d. 3-인산글리세르산을 G3P로 환원한다.
   e. 스트로마에서 H^+ 농도를 낮추어 양성자 구동력에 기여한다.

14. 루비스코는?
   a. CO_2를 G3P로 환원한다.
   b. ATP의 도움을 받아 RuBP를 만든다.
   c. 전자와 H^+가 함께 $NADP^+$를 NADPH로 환원한다.
   d. 탄소 고정 단계에서 CO_2를 RuBP에 추가한다.
   e. NADPH에서 나온 전자를 1,3-2인산글리세르산으로 옮겨 G3P를 생성한다.

15. C_4 식물에서 ____________________
   a. 최초 탄소 고정은 엽육세포에서 일어난다.
   b. 광호흡은 C_3 식물에서보다 에너지를 더 사용한다.
   c. 유관속초세포(bundle sheath cell)에서 일어나는 캘빈 회로는 루비스코보다 CO_2에 대한 친화도가 더 큰 효소를 사용한다.
   d. a와 b가 옳다.
   e. a와 c가 옳다.

16. CAM 식물이 광호흡을 피하는 방법은?
   a. 낮 동안 기공을 닫는다.
   b. 밤에 캘빈 회로를 수행한다.
   c. 엽육세포에서 CO_2를 4탄당으로 고정한 다음 유관속초세포에서 CO_2를 방출한다.
   d. 즙이 많은 줄기와 잎에 물을 저장한다.
   e. 밤에 CO_2를 유기산으로 고정한 후 낮에 CO_2를 공급한다.

17. 녹색식물에서 단백질, 세포질 이동, 여러 세포 활동을 위한 대부분의 ATP가 합성되는 과정은?
   a. 광계 I
   b. 광계 II
   c. 캘빈 회로
   d. 산화적 인산화
   e. 광인산화

18~22번 문제에 제시된 사건에 대하여 그 사건들이 어느 과정(a~d) 동안 일어나는지 선택하라.
   a. 호흡
   b. 광합성
   c. 호흡과 광합성 모두
   d. 호흡과 광합성 모두 아님

18. 삼투화학적 ATP 합성

19. 산소의 환원

20. CO_2의 환원

21. NAD^+의 환원

22. $NADP^+$의 산화

9장
세포주기

핵심

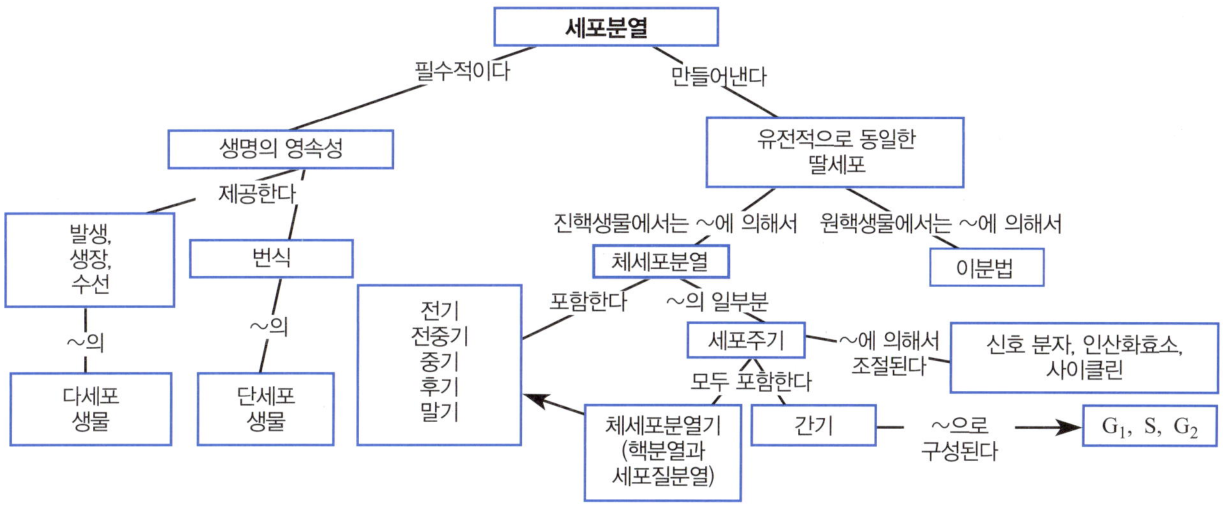

복습

세포분열(cell division)은 세포의 번식으로 단세포 생물에서는 동일한 자손을 만들어 내며, 다세포 생물에서는 생장, 발생 및 수선의 수단이 된다. **세포주기(cell cycle)**는 모세포의 분열에 의해 생겨난 새로운 세포로부터 자신이 분열하여 두 개의 딸세포가 만들어지기까지를 의미한다.

9.1 대부분의 세포분열은 유전적으로 동일한 딸세포를 만들어 낸다

세포와 같이 복잡한 구조를 재탄생시키는 과정은 세포의 유전자 프로그램을 담고 있는 DNA의 정확한 복제와 균등한 분열을 필요로 한다.

유전물질의 세포내 구성 세포 내의 온전한 DNA 전체를 총칭하여 **유전체(genome)**라 부르는데, 이것은 **염색체(chromosome)**로 구성되어 있다. 각각의 진핵세포 염색체는 매우 긴 DNA 분자로써, 염색체 구조를 형성하고 형질이 전달되는 단위인 유전자의 활동을 조절하는 역할을 하는 단백질들과 결합되어 있다. 이러한 DNA-단백질 복합체를 **염색질**이라 부른다.

모든 2배체의 종들은 각각의 **체세포**에 특정한 수의 염색체를 가지고 있으며, 생식세포 또는 **배우자**(난자와 정자)는 그 수의 반을 가지고 있다.

세포분열 과정에서의 염색체 분배 세포분열 이전에 세포는 자신의 DNA를 복제한다. 복제된 염색체는 코헤신(cohesin)이라는 단백질에 의해 길이 방향으로 결합된 두 개의 동일한 **자매염색분체(sister chromatids)**를 가지고 있다. 이러한 결합을 자매염색분체결합이라 부른다. 각각의 자매염색분체는 **동원체(centromere)**를 가지고 있는데, 이 부분의 특정 DNA 서열에 단백질이 결합하여 자매염색분체를 가까이에 붙여놓게 된다. 동원체의 양옆 쪽을 염색체 팔이라 부른다.

두 개의 자매염색분체는 **유사분열**(**mitosis**; 핵 안의 유전물질의 분열) 동안에 분리되고, 세포질은 **세포질분열(cytokinesis)** 동안에 분리되어 두 개의 유전적으로 동일한 세포가 만들어진다.

감수분열이라는 종류의 세포분열은 모세포에 비해 염색체의 수가 반으로 줄어든 딸세포를 만들어 낸다. 정자와 난자(동물에서 둘 다 감수분열에 의해 만들어지는)가 수정될 때 염색체의 수는 회복되고, 새로운 자손의 체세포는 두 세트의 염색체를 가진다.

핵심 문제 9.1

a. 당신의 체세포에는 몇 개의 염색체가 있는가?

b. 당신의 생식세포에는 몇 개의 염색체가 있는가?

c. 체세포분열 이전에 염색체가 복제된 당신의 체세포 하나에는 자매염색분체가 몇 개 있는가?

9.2 세포주기에서 세포분열기와 간기가 교대로 나타난다

세포주기의 단계 세포주기는 핵분열과 세포질분열을 포함하는 **분열기(M기)**와 세포가 자라고 염색체가 복제되는 **간기(interphase)**로 구성되어 있다. 간기는 대개 세포주기의 90% 정도를 차지하는데, G_1기, S기, G_2기로 되어 있다. 핵분열은 전통적으로 **전기(prophase)**, **전중기(prometaphase)**, **중기(metaphase)**, **후기(anaphase)**, **말기(telophase)**의 다섯 단계로 나눈다.

핵심 문제 9.2

a. 간기의 세 시기는 어떤 점에서 유사한가?

b. S기 동안에 일어나는 핵심적인 일은 무엇인가?

세포분열방추사: 자세히 살펴보기 유사분열 동안에 염색체를 이동시키는 세포기구는 무엇인가? **세포분열방추사(mitotic spindle)**는 미세소관과 여기에 결합한 단백질로 구성되는데, 이들의 조립은 동물세포에서는 **중심체(centrosome)** 또는 미세소관형성중심(microtubule-organizing center)에서 시작된다. 각 중심체의 중앙에 한 쌍의 중심립이 위치한다. 하나의 중심체는 간기에 복제된다. 방추사 미세소관이 여기에서 자라 나오며, 두 개의 중심체는 세포의 반대편 극 쪽으로 이동한다. **성상체(asters)**라 불리는 방사형으로 배열된 짧은 미세소관도 중심체에서 뻗어 나와 있다.

전기 동안에 인이 소멸되며 염색사가 꼬이고 접혀 눈에 보이는 염색체가 되는데, 이 염색체는 동원체에 결합된 자매염색분체로 구성되어 있다. 전중기 동안에는 일부 방추사 미세소관이 각 염색분체의 **방추사부착점(kinetochore)**에 결합하는데, 방추사부착점은 동원체 부위의 DNA에 단백질이 결합한 구조이다. 서로 반대 방향의 방추사부착점 미세소관이 결합함으로써, 각각의 염색체는 세포의 중앙선으로 이동한다. 중기에는 염색체가 **중기판(metaphase plate)**에 배열되는데, 중기판은 방추사의 중간을 가로지르는 면이다. 방추사부착점에 결합하지 않는 미세소관(또는 극성 미세소관)은 각각의 중심체에서 뻗어나와 중앙선에서 겹쳐진다. 성상체 미세소관은 세포막에 접하고 있다.

자매염색분체를 연결하는 코헤신은 세퍼레이즈(*seperase*)에 의해 절단되며 후기가 시작되고, 분리된 새로운 염색체가 극 쪽으로 이동한다. 운동 단백질이 염색체를 방추사부착점 쪽 끝에서 탈중합 반응에 의해 짧아지는 방추사부착점 미세소관을 따라 걷게 해 주는 것으로 보인다. 또한 운동 단백질은 미세소관이 탈중합되고 있는 방추체 극에서는 염색체를 끌어당기는 것으로 여겨진다. 동물세포가 길어지며 방추체 극 각각이 서로 멀어지도록 신장되는 것은 방추사부착점에 붙어 있지 않은 미세소관이 서로 겹쳐져서 역시 운동 단백질을 사용하여 반대방향으로 걸어가기 때문이다.

말기에는 동일한 세트의 염색체가 세포의 양극에 위치하게 된다. 핵막이 형성되고 인이 다시 나타나며 세포질분열이 시작되고 방추체 미세소관은 탈중합된다.

세포질분열: 자세히 살펴보기 동물세포에서 **분할(cleavage)**은 두 개의 딸세포를 분리하는 과정이다. 액틴 미세섬유 환이 마이오신과 상호작용하여 세포막의 세포질 쪽에서 수축함에 따라 **분할구(cleavage furrow)**가 형성된다. 분할구가 깊어지며 분열하는 세포가 둘로 나누어진다.

식물 세포에서는 골지체로부터 유래된 소낭이 융합하여 **세포판(cell plate)**이 형성된다. 신장하는 세포판의 막이 세포막과 연결되며 두 개의 세포가 나누어진다. 세포판의 내용물로부터 두 세포 사이에 새로운 세포벽이 형성된다.

박테리아의 이분법 단세포 진핵생물은 핵분열을 포함해 둘로 나누어지는 **이분법(binary fission)**이라는 과정을 통해 무성생식을 한다. 원핵생물의 이분법은 핵분열을 포함하지는 않는다. 박테리아의 염색체는 하나의 원형 DNA 분자로써 단

핵심 문제 9.3

다음의 모식도는 동물세포에서 유사분열의 다섯 단계를 나타내려 한 것이다. c, d, e 단계에 염색체와 방추사부착점 미세소관을 그려 넣으시오. 편의를 위해 이 세포는 그림 b와 f에 나타난 것처럼 네 개의 염색체만 있는 것으로 가정한다. 각 단계와 표시된 구조의 이름을 써 넣으시오.

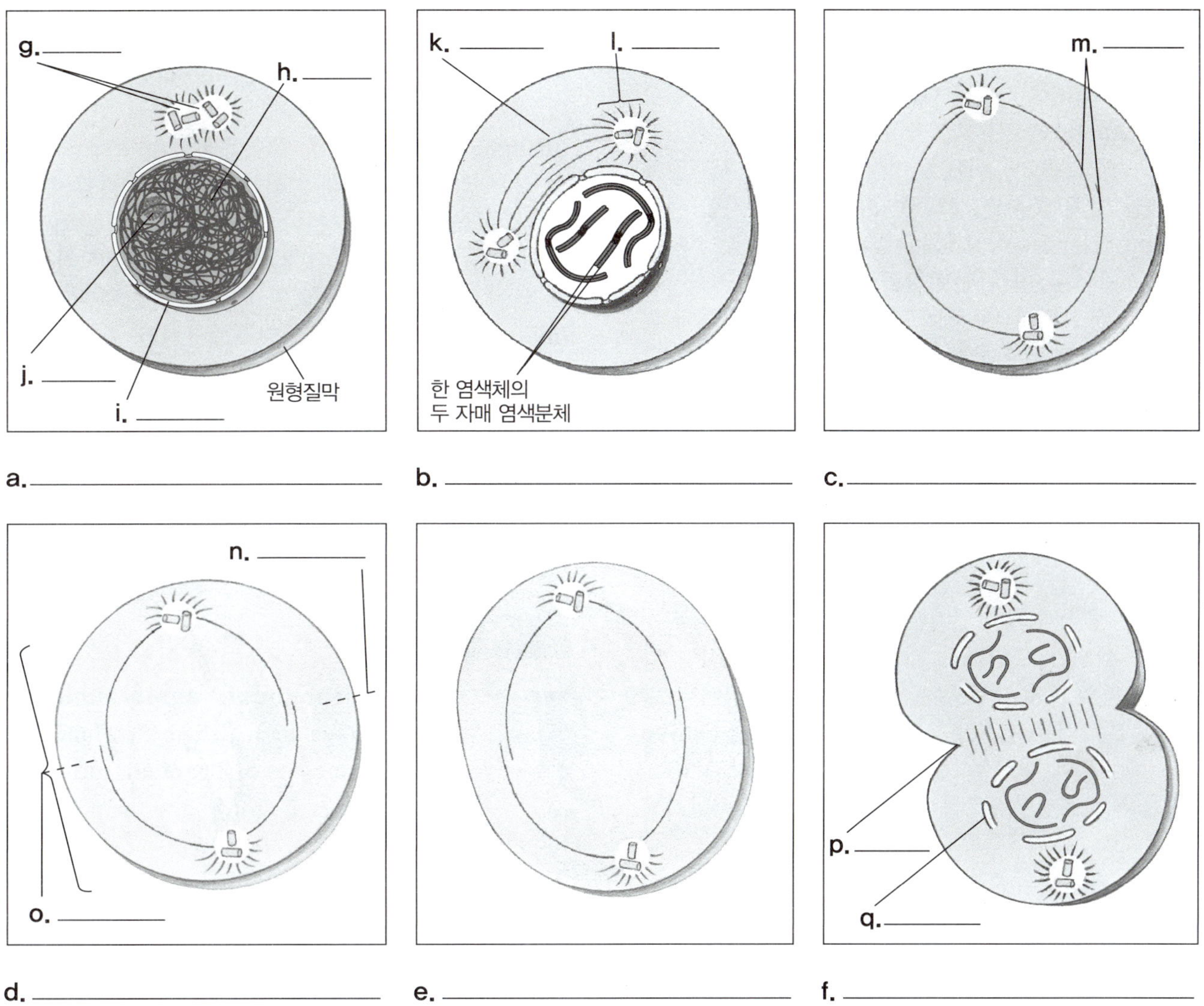

백질과 결합되어 있다. 염색체의 복제는 **복제원점(origin of replication)**에서 시작되며, 복제된 복제원점의 하나가 세포의 반대편 극 쪽으로 이동한다. 세포의 크기가 두 배가 되며 복제가 완전히 끝나고 세포막이 안쪽으로 자라나오며 두 개의 동일한 딸세포로 나누어진다.

유사분열의 진화 원핵세포의 세포분열로부터 체세포분열이 진화한 증거는 (1) 두 가지 형태의 분열에 관여하는 단백질이 유사하다는(액틴과 튜불린 등) 것과 (2) 일부의 진핵생물에서 중간 형태의 단계, 예를 들면 온전한 핵막 안에서 염색체의 분리가 일어나는 것 등이 발견된다는 것이다.

9.3 진핵생물의 세포주기는 분자수준의 조절 시스템에 의해 조절된다

정상적인 세포의 생장, 발생, 유지는 세포분열의 시기와 속도의 적절한 조절에 의존한다.

세포질내 신호의 증거 세포주기에서 서로 다른 시기에 있는 두 세포를 융합하는 실험은 세포질의 신호분자가 세포주기를 유도한다는 것을 보여준다.

세포주기 조절시스템에서의 확인점 **세포주기 조절 시스템(cell cycle control system)**은 주기적으로 기능하고 세포주기의 여러 단계를 조절하는 일련의 분자들로 구성되어 있다.

세포주기를 조절하는 조절 시점은 어디인가? 세포 내외의 신호를 통해 세포주기가 G_1, G_2, M기에 있는 세 가지 주요 **확인점(checkpoint)**을 지나 계속 진행할 것인지가 결정된다. 만일 포유동물 세포가 "제한점"이라 불리는 G_1 확인점에서 진행 신호를 받지 못하면, 세포는 대개 세포주기를 빠져나가 **G_0기**라 불리는 분열하지 않는 상태가 된다.

사이클린을 포함한 여러 단백질을 인산화하여 조절하는 인산화효소를 포함한 일련의 조절 단백질 세트는 세포내 및 세포외 신호와 상호작용하여 세포주기를 조절한다. M기 확인점을 지나 후기로 진행되는 데에는 세포내 신호가 필요하다. 모든 염색체에서 방추체 미세소관이 방추사부착점에 결합하게 된 이후에 세퍼레이즈 효소가 활성화되고 염색분체를 붙잡고 있던 코헤신이 잘려진다.

세포배양에 의해 생장하는 동물세포는 세포분열에 영향을 미치는 화학적, 물리적 요인을 찾아내는 데 큰 도움을 주었다. 특정 영양물질과 **생장인자(growth factor)**라 불리는 조절 단백질은 세포가 분열하는 데 꼭 필요하다는 것이 밝혀졌다. 포유동물의 섬유아세포는 상처 부위에서 혈액의 혈소판으로부터 분비되는 혈소판 유래 생장인자(platelet-derived growth factor, PDGF)에 대한 수용체를 세포막에 가지고 있다. PDGF의 결합은 신호전달경로를 통해 G_1 확인점을 지나가도록 해준다.

세포분열의 **밀도 의존적 억제(density-dependent inhibition)**는 이웃한 세포의 표면 단백질 결합이 관여하는데, 이것은 세포분열을 억제하는 신호를 양쪽 세포에 보내게 된다. 대부분의 동물세포는 **부착의존성(anchorage dependence)**을 나타내며, 분열하기 위해서는 반드시 기저층에 결합해야만 한다.

핵심 문제 9.4

세포주기에서 어떤 확인점이 가장 중요하다고 생각되는가? 에너지 측면에서는 이런 주장이 타당할까?

암세포에서 세포주기 조절의 결핍 세포배양에서 암세포는 밀도 의존적 억제나 부착 의존성을 나타내지 않으며, 분열이 생장인자에 의존적이지도 않고, 20~50회 분열한 후 멈추는 정상 포유동물 세포와는 달리 무한정 분열할 수 있다.

정상 세포에서 **형질전환(transformation)**이 진행되거나 암세포로 바뀌면 체내의 면역 시스템에 의해 파괴된다. 만일 계속 자라게 되면 조직 안에 비정상적인 세포의 덩어리가 생기게 된다. **양성종양(benign tumor)**은 원래의 위치에 남아 있으므로 외과적 수술에 의해 제거될 수 있다. **악성종양(malignant tumor)**은 중대한 유전적 변화에 의해 하나 이상의 다른 기관에 침투해 이들의 기능을 파괴할 수 있게 된다. 악성종양을 암이라 부른다. 악성종양 세포는 물질대사와 염색체의 수가 비정상적이다. 다른 세포에 부착하는 성질을 잃게 되어 혈액과 림프계를 따라 다른 곳으로 퍼져나가는 **전이(metastasize)**가 가능해진다. 방사선과 화학요법이 확인된 또는 전이가 의심되는 종양 환자를 치료하는 데 사용된다.

세포주기에 영향을 미치는 세포 신호전달경로의 결함은 암의 발생과 관련이 크다. DNA나 암과 연관된 특정 단백질을 분석하는 분자적 기법의 발달로 인해 의사들이 환자의 특정한 암에 대해 적절한 화학요법을 찾아 사용하는 것이 점차 가능해지고 있다.

어원

ana- = up, throughout, again (*anaphase*: the mitotic stage in which the chromatids of each chromosome have separated and the daughter chromosomes are moving to the poles of the cell)

bi- = two (*binary fission*: a method of asexual reproduction by "division in half." In prokaryotes, binary fission does not involve mitosis)

centro- = the center; **-mere** = a part (*centromere*: in a duplicated chromosome, the region on each sister chromatid where they are most closely attached to each other by proteins that bind to specific DNA sequences)

chroma- = colored (*chromatin*: the complex of DNA and proteins that makes up a eukaryotic chromosome. When the cell is not dividing, chromatin exists in its dispersed form, as a mass of very long, thin fibers that are not visible with a light microscope)

cyto- = cell; **-kinet** = move (*cytokinesis*: division of the cytoplasm to form two separate daughter cells)

gamet- = a wife or husband (*gamete*: a haploid reproductive cell, such as an egg or sperm)

gen- = produce (*genome*: the genetic material of an organism or virus)

inter- = between (*interphase*: the period in the cell cycle when the cell is not dividing)

mal- = bad or evil (*malignant tumor*: a cancerous tumor containing cells that have significant genetic and cellular changes and are capable of invading and surviving in new sites)

meta- = between (*metaphase*: the mitotic stage in which the chromosomes are attached to microtubules at their kinetochores and are aligned at the metaphase plate)

mito- = a thread (*mitosis*: a process of nuclear division that allocates replicated chromosomes equally to each of the daughter nuclei)

pro- = before (*prophase*: the first mitotic stage in which the chromatin condenses and the spindle begins to form)

-soma- = body (*centrosome*: a structure in animal cells that functions as a microtubule-organizing center and is important during cell division)

telos- = an end (*telophase*: the final stage of mitosis in which daughter nuclei are forming and cytokinesis has typically begun)

trans- = across; **-form** = shape (*transformation*: the conversion of a normal animal cell to a cancerous cell)

지식의 체계화

1. 다음의 양파 뿌리세포 현미경 사진에서 표시된 세포의 세포 주기 단계를 써 넣으시오.

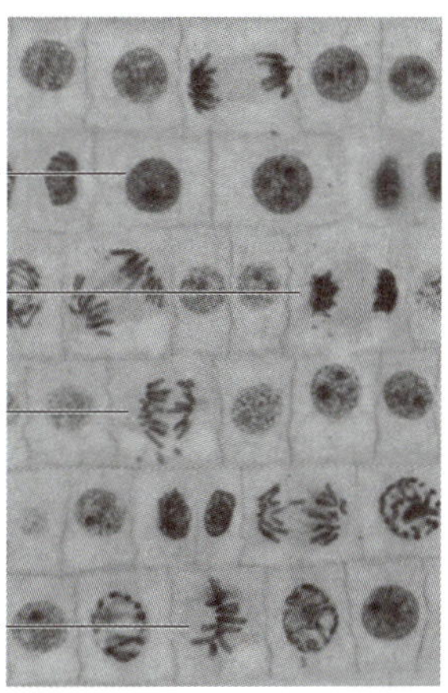

2. 하나의 염색체가 간기의 G_1 시기에서 유사분열의 말기까지 완전한 세포주기를 거치는 과정을 설명하시오.

지식의 검증

빈칸 채우기: 해당하는 세포주기의 단계를 써 넣으시오.

_______ 1. 더 이상 분열하지 않는 대부분의 세포는 이 시기에 있다.

_______ 2. 자매염색분체가 분리되고 염색체가 이동한다.

_______ 3. 체세포분열 방추체가 형성되기 시작한다.

_______ 4. 세포판이 형성되거나 분할구가 조여들며 세포가 분리된다.

_______ 5. 염색체가 복제된다.

_______ 6. 염색체가 중앙의 면에 배열된다.

_______ 7. 핵막이 분리된 염색체 주변에 형성된다.

_______ 8. 염색체가 나타난다.

_______ 9. 방추사부착점과 미세소관의 상호작용이 염색체를 중앙으로 이동시킨다.

_______ 10. 제한점이 이 시기에 있다.

선다형 문제: 가장 옳은 답을 고르시오.

1. 원핵생물의 2분법과 진핵생물의 체세포분열 사이의 차이 중 하나는?
   a. 세포질분열은 원핵세포에서는 나타나지 않는다.
   b. 체세포분열은 튜불린과 액틴과 같이 염색체를 분리하거나 동물세포의 세포질분열에서 기능하는 단백질들이 필요하지만, 원핵생물의 2분법에는 이러한 물질이 필요치 않다.
   c. 체세포분열은 핵 안에서 일어나지만 2분법은 그렇지 않다.
   d. 원핵세포에서는 하나의 복제된 염색체가 방추체에 의해서 분리되지 않는다.
   e. 염색체의 수는 진핵에서는 반으로 줄어들지만 원핵세포에서는 줄어들지 않는다.

2. 어떤 식물 세포는 체세포분열 후 12개의 염색체를 가진다. 다음 세포주기에서 G_2기에는 몇 개의 염색체를 가지게 될까?
   a. 6
   b. 9
   c. 12
   d. 24
   e. 48

3. 이 식물 세포가 G_2기 일 때 염색분체는 몇 개를 가질까?
   a. 6
   b. 9
   c. 12
   d. 24
   e. 48

4. 다음 세포주기 중 가장 긴 것은?
   a. 전기
   b. G_1기
   c. G_2기
   d. 체세포분열
   e. 간기

5. 동물세포에서 세포질분열은 무엇을 포함할까?
   a. 자매염색분체의 분리
   b. 액틴 미세섬유 환의 수축
   c. 방추사부착점 미세소관의 탈중합
   d. 다른 효소를 인산화하는 단백질 인산화효소
   e. 방추사부착점에 결합하지 않는 미세소관이 서로를 지나쳐 미끌어짐

6. 인간은 46개의 염색체를 가진다. 이 수의 염색체는 어떤 세포에서 발견될까?
   a. 후기의 세포에서
   b. 정자와 난자에서
   c. 체세포에서
   d. 체내의 모든 세포에서
   e. 간기의 G_1기에 있는 세포에서만

7. 자매염색분체는 ______________________
   a. 원래의 염색체에 비해 반에 해당하는 양의 유전물질을 가지고 있다.
   b. 말기 동안에 방추사부착점 미세소관을 따라 세포의 양극으로 이동하기 시작한다.
   c. 각각이 동원체와 방추사부착점을 가지고 있다.
   d. S기 동안에 형성되지만 전기에 도달할 때까지는 자매염색분체 결합에 의해 연결되지 않는다.
   e. 방추사부착점 미세소관이 신장함에 따라 각각이 미끄러져 지나간다.

8. 다음 시기 중 DNA의 양이 가장 적은 세포는?
   a. G_0
   b. G_2
   c. 전기
   d. 중기
   e. 후기

9. 다음 중 세포판에 대해 옳지 않은 것은?
   a. 중기판 부위에 형성된다.
   b. 미세소관의 융합에 의해 만들어진다.
   c. 세포막과 융합한다.
   d. 세포벽이 막 사이에 만들어지게 된다.
   e. 식물 세포에서 말기 동안에 형성되기 시작한다.

10. G_1기에 제한점을 통과한 대부분의 세포는?
   a. 염색체의 복제를 진행한다.
   b. 세포질분열을 막 끝냈다.
   c. 암세포인 경우에만 계속 분열한다.
   d. G_2기로 넘어간다.
   e. G_0기로 이동한다.

11. 다음 중 암세포에서 나타나지 않는 것은?
   a. 부착의존성의 손실
   b. 제한점 통과
   c. 밀도 의존적 억제
   d. 전이
   e. 세포주기의 G_1기

12. 자매염색분체의 분리를 유발하는 것은?
   a. 사이클린과 단백질 인산화효소의 농도 감소
   b. 튜불린 미세소관의 탈중합
   c. G_2 확인점 통과
   d. 생장인자의 결합에 의해 시작되는 신호경로
   e. 모든 방추사부착점에 미세소관이 결합한 후의 조절 단백질 복합체와 세퍼레이즈 효소의 활성화

13. 세포주기 조절 시스템에 대한 지식은 무엇을 이해하는 데 도움이 될까?
   a. 인간의 번식
   b. 식물 유전학
   c. 원핵생물의 생장과 번식
   d. 암
   e. 심혈관계 질환

UNIT 2

유전학

10장

감수분열과 생식주기

핵심

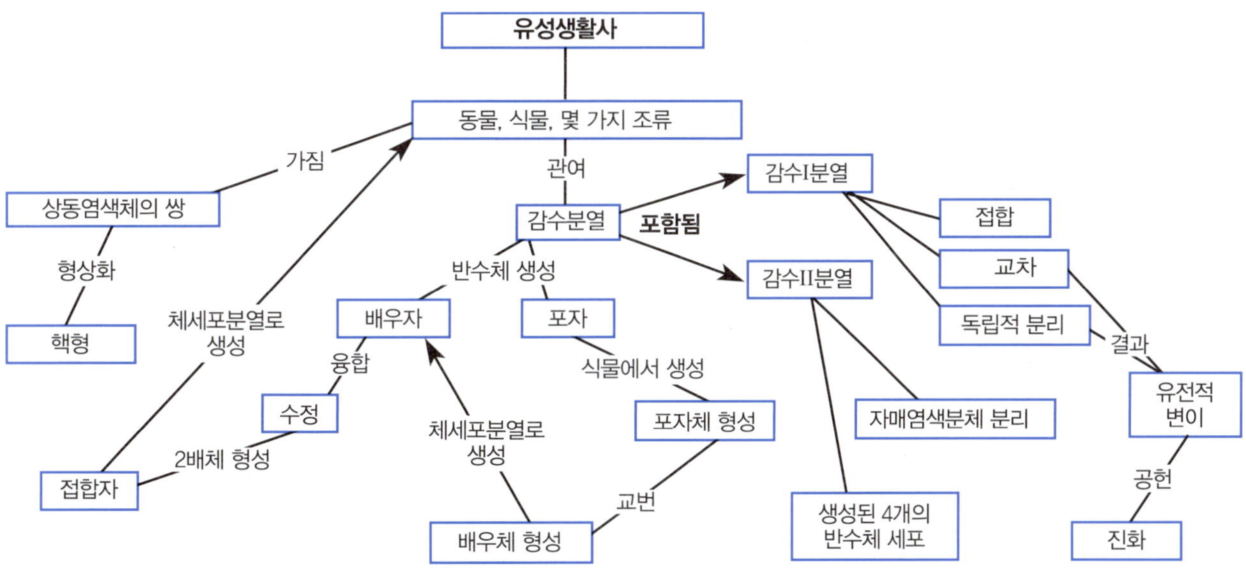

복습

유전학(genetics)은 부모로부터 자식에게 형질의 전달(**유전, heredity**)에 관한 과학이고 세대 사이와 세대 안에서의 **변이(variation)**에 관한 과학이다.

10.1 자손은 부모로부터 염색체를 물려받아 유전자를 획득한다

유전자의 전달 부모로 부터 자손들에게 형질을 물려주는 것은 **유전자(gene)**라고 하는 DNA의 조각에 암호화된 유전 단위의 양식으로 정보를 전달하게 된다. 대부분의 유전자는 물려받은 형질의 발현에 도움이 되는 효소와 여러 단백질들을 생성하라는 지령을 가진다.

배우자(gametes; 정자와 난자)가 융합하여 수정이 되면 양쪽 부모로부터 유전자가 자손에게 전달된다. 진핵세포의 DNA는 모든 **체세포(somatic cell)**에 존재하는 종 특유의 염색체 수로 응축되어 있다. 유전자의 **유전자자리(locus)**는 염색체에서의 위치이다.

무성생식과 유성생식의 비교 **무성생식(asexual reproduction)**에서는 유일한 부모가 자신의 모든 유전자의 복사본을 자손에게 전달한다. **클론(clone)**은 유전적으로 동일한 개체의 집단이다. **유성생식(sexual reproduction)**에서는 개체는 두 명의 양친으로부터 전달받은 독특한 유전자 조합을 받는다.

10.2 유성생활사에서는 수정과 감수분열이 교대로 일어난다

개체의 **생활사(life cycle)**는 임신에서부터 그 자신의 자손을 낳는 것까지 일련의 단계들이다.

사람 세포에 있는 염색체 세트 **상동염색체(homologous chromosome)** 또는 상동이라고 부르는 각 유형의 두 염색체가 각 체세포에 존재한다. 특정한 특성을 조절하는 유전자는 상동염색체 쌍의 각 염색체 위에 같은 자리에 있다.

핵형(karyotype)은 개체의 응축된 염색체를 질서있게 나열한 것이다. 분리한 체세포를 체세포분열을 유도하여 중기에 멈추게 한 후 염색한다. 디지털 사진기술을 이용하여 염색체를 크기와 모양에 의해 상동염색체 쌍으로 배열한다.

성염색체(sex chromosome)는 사람의 성을 결정한다. 여성은 두 개의 상동인 X 염색체, 남성은 상동이 아닌 X와 Y 염색체를 가진다. 성염색체 이외의 염색체를 **상염색체(autosome)**라고 한다.

염색체의 상동 쌍은 어디에서 온 것인가? 인간은 각 부모에게서 한 벌의 염색체를 물려받는다. 사람의 신체에서 체세포는 **2배체 세포(diploid cells)**이고, 각 세포는 염색체의 이배수로 간단히 $2n$으로 표시한다. 배우자는 **반수체 세포(haploid cell)**이며 한 벌의 염색체를 갖는다. 한 벌의 염색체 수는 n으로 표시한다. 인간의 염색체의 반수체(n)는 23이다.

핵심 문제 10.1

a. $2n$이 14인 동물의 체세포에는 몇 개의 염색체가 있나? ______
이 동물의 배우자에는 몇 개의 염색체가 있나? ______

b. $n = 14$라면 2배체의 체세포에는 몇 개의 염색체가 있나? ______
배우자에는 몇 개의 상동염색체 세트가 있나? ______

c. $2n = 28$이면, 세포분열 전 염색체 복제가 있은 후에 세포 안에는 몇 개의 염색분체가 있나? ______
자매염색분체와 비자매염색분체는 무슨 차이가 있는가? ______

사람의 생활사에서 염색체 세트의 행동 **수정(fertilization)** 또는 정자와 난자의 융합은 부계와 모계의 염색체 세트를 가진 **접합자(zygote)**를 생산한다. 2배체 접합자는 체세포분열을 통해 신체의 체세포를 만들고, 모든 체세포는 2배체 수($2n$)의 염색체를 가진다.

감수분열(meiosis)이 염색체 수의 반을 갖는 특별한 세포분열의 양식이며, 각 배우자에 반수체 세트의 염색체를 제공한다. 배우자는 생식소(난소와 정소)에 있는 **생식세포**(germ cell)라고 하는 특별한 세포에서 감수분열에 의해 만들어진다. 수정과 감수분열의 과정에서 염색체의 2배체와 반수체 수가 교대로 일어나는 것은 유성생식을 하는 생물의 특징이다.

유성생활사의 다양성 대부분의 동물에서는 감수분열에서 배우자를 형성하는데 생활사에서 유일한 반수체 세포이다.

식물과 몇 종류의 조류에서 **세대교번(alternation of generation)**이라는 생활사를 갖는데, 2배체와 반수체의 다세포 시기를 모두 지닌다. 다세포 2배체인 **포자체**(sporophyte)는 감수분열에 의해서 **포자**(spore)를 만든다. 이러한 포자는 체세포분열을 거쳐 다세포의 반수체 생물인 **배우체**(gametophyte)가 되는데 체세포분열에 의해 배우자를 만든다. 배우자는 서로 융합하여 2배체의 접합자를 형성하고 다음의 포자체 세대로 발전한다.

대부분의 곰팡이와 약간의 원생동물에서 유일한 2배체 시기가 접합자이다. 배우자가 융합한 후 감수분열이 일어나 반수체 세포를 만들고, 이들은 체세포분열에 의해 단세포 또는 다세포 반수체 생물이 만들어진다.

핵심 문제 10.2

아래 생활사에 표시된 세포가 *n*인지 2*n*인지를 나타내는 세포분열 종류, 사건의 종류, 세포의 종류 등을 채워 유성생활사의 모식도를 완성하라.

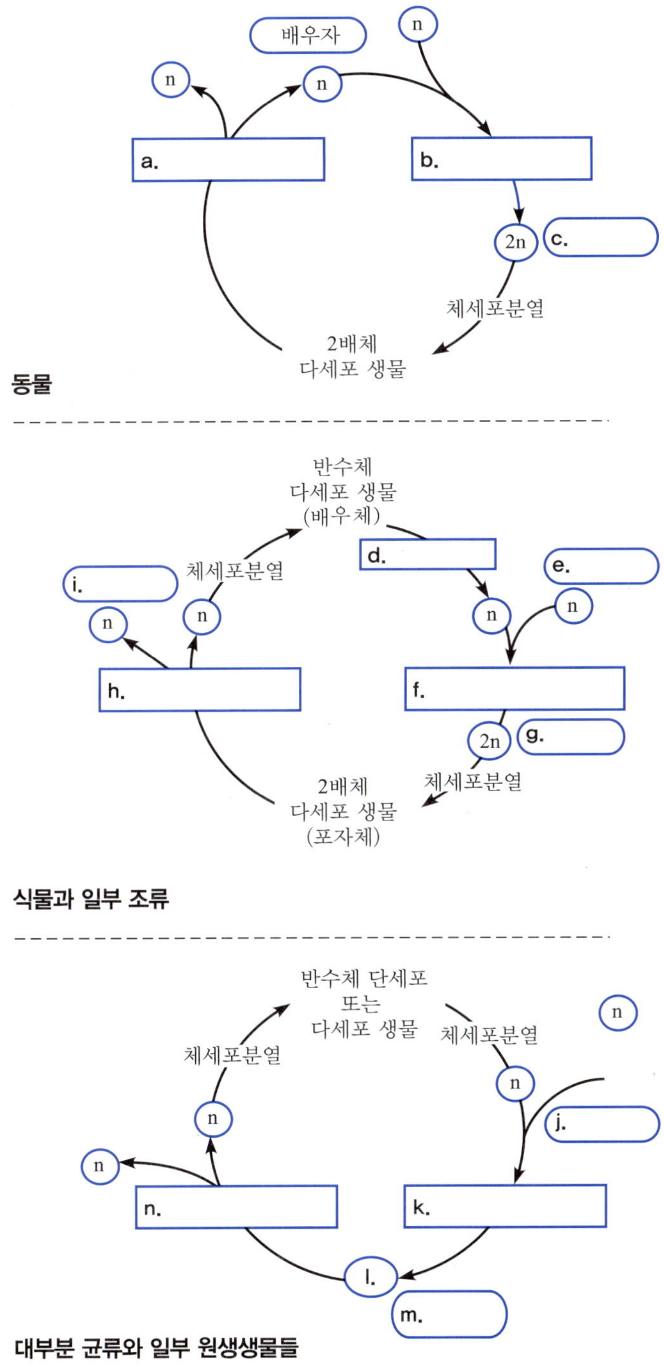

10.3 감수분열로 염색체 세트의 수는 2배체에서 반수체로 준다

감수분열에서는 염색체의 복제가 선행된 다음 두 번의 연속적인 세포분열, **감수I분열(meiosis I)**과 **감수II분열(meiosis II)**이 일어나, 네 개의 딸세포를 형성하고, 각 세포는 한 벌의 염색체를 갖는다.

감수분열의 단계 간기에서 DNA 복제(그러므로 염색체 복제)로 두 개의 유전적으로 동일한 자매염색분체가 만들어져 중심체와 자매염색분체 결합에 의해 분체 길이를 따라 서로 붙어 있다. 전기 I 동안에 상동염색체가 정렬하여 길이로 접합복합체로 **접합(synapsis)**이 일어나 있다. 비자매염색분체 사이 **교차(crossing over)**에 의해 유전물질이 서로 교환된다. 접합이 끝나면 교차는 **교차점(chiasmata)**이라는 X자 모양의 영역이 선명하게 남아 있는데, 이 부분이 자매염색분체 결합이 원래의(그러나 교차가 이미 일어난) 자매염색분체로 같이 계속 연결된다.

중기 I에서는 상동염색체 쌍이 중기판에 정렬하고 방추사 부착점이 방추사와 붙어 반대극 쪽으로 향한다. 각 염색체 쌍은 후기 I에서 분리되어 각각 극 쪽으로 이동한다. 말기 I에서는 염색체 반수체 세트가 각각이 두 개의 자매염색분체로 이루어져(보통은 약간의 비자매염색분체 DNA의 포함하는) 극에 도달한다. 세포질분열이 보통 말기 I 동안에 일어난다. 두 번째 감수분열에서는 유전물질의 복제는 일어나지 않는다.

감수II분열은 정상적인 체세포분열과 비슷한데, 염색체가 적도판에 각자 정렬된다. 동원체에 있는 자매염색분체 결합이 떨어지고, 후기 II에는 자매염색분체는 분리되며 양쪽으로 이동한다. 그러나 이러한 자매염색분체는 전기 I의 교차로 인해 유전적으로 동일하지 않다. 말기 II의 마지막에는 네 개의 유전적으로 다른 반수체 딸세포가 만들어진다.

체세포분열과 감수분열의 비교 체세포분열은 부모세포와 유전적으로 동일한 딸세포들을 만든다. 감수분열은 부모세포 및 다른 세포들과 유전적으로 다른 반수체 세포들을 만든다. 감수I분열에서 세 가지의 무엇이 이러한 결과를 만드는가? 전기 I에서 상동염색체쌍이 서로 결합하여(접합) 비자매염색분체 간에 교차에 의해 유전물질이 교환된다. 중기 I에서는 염색체들이 중기판에 상동쌍으로 정열한다. 후기 I 동안에는 상동쌍이 분리되고 각기(자매염색분체는 아직 동원체에 부착되어 있음) 양극으로 이동한다.

염색체 상동쌍은 교차가 일어나는 영역에 자매염색분체 결합으로 부착되어 있다. 후기 I에서 효소가 자매염색분체 따라 길게 붙어 있는 코헤신(cohesin)이라고 부르는 단백질복합체를 분해한다. 동원체에 있는 코헤신은 후기 II까지 자매염색분체가 같이 붙어 있게 한다.

감수I분열은 염색체 세트를 두 벌(2배체)에서 한 벌(반수체)로 줄이기 때문에 감수분열이라고 한다. 각 상동쌍의 자매염색분체는 감수II분열이 일어날 때까지 붙어 있어 감수II분열을 때로는 **균등분열**(equational division)이라고 한다.

핵심 문제 10.3

다음의 모식도는 감수분열의 어떤 시기를 나타낸 것이다(순서대로 제시되지 않음). 각 시기를 표시하라. 이 세포의 2배체 수는 무엇인가?

a. ________ b. ________ c. ________

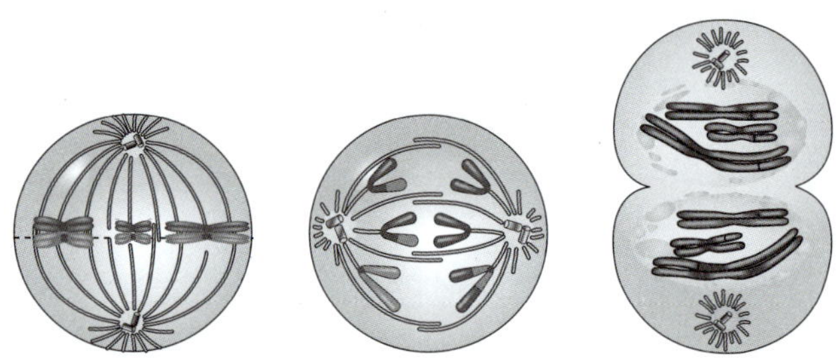

d. ________ e. ________ f. ________

각 시기를 순서대로 배열하라.

10.4 유성생활사에서 형성된 유전적 변이는 진화에 기여한다

자손들 간의 유전적 변이의 기원 서로 다른 대립유전자가 만들어지게 하는 돌연변이가 유전적 변이의 원인이다. 그러나 유성생식에서 세 가지 기작이 각 세대에 분명한 유전적 변이를 만들어낸다: 염색체의 독립적 분리, 교차, 무작위 수정.

각 상동염색체 쌍은 중기판에 독립적으로 배열하고, 원래의 부계와 모계의 염색체의 위치가 무작위이다. 염색체의 독립적 분리(independent assortment)로 인하여 배우자에서 부계와 모계 염색체의 가능한 조합의 수가 2^n이고, n은 그 생물의 반수체 수다.

전기 I에서 비자매염색분체의 상동인 조각이 교차에 의해 교환이 일어나 같은 염색체에 모계와 부계의 대립유전자가 새로운 조합이 된 **재조합염색체(recombinant chromosome)**를 형성한다. 이러한 더 이상 같지 않은 자매염색분체는 감수II분열에서 독립적으로 분리된다.

수정의 무작위적 특징은 감수분열에서 형성된 유전적 다양성에 더해진다.

핵심 문제 10.4

a. 사람의 배우자에 있어서 모계와 부계 염색체에 몇 가지의 분리방법이 가능한가?

b. 사람의 접합자에서 몇 개의 어버이 염색체의 2배체 조합이 가능한가?

c. 문제 b의 답에서 접합자에서 가능한 유전적 다양성이 과소평가된 이유는?

집단내 유전적 변이의 진화적 중요성 다윈의 자연선택에 의한 진화이론에서는, 집단에 존재하는 유전적 변이는 환경에 가장 잘 적응하는 개체들이 가장 많은 자손을 남기는 것처럼 적응을 초래한다. 유성생식과 돌연변이의 과정은 이러한 변이의 원인이다. 유성생식이 무성생식보다 비경제적이고 에너지의 소모가 더 많고 안정된 환경에서 대립유전자의 성공적 조합을 붕괴시키지만 유성생식은 모든 생물에 널게 퍼져 있고 동물에서는 매우 보편적이다. 유전적 변이는 진화적으로 강점을 가진 것처럼 보인다.

어원

a- = not or without (*asexual*: generation of offspring from a single parent, occurring without the fusion of gametes)

-apsis = juncture (*synapsis*: the pairing and physical connection of duplicated homologous chromosomes during prophase I of meiosis)

auto- = self (*autosome*: a chromosome that is not directly involved in determining sex)

chiasm- = marked crosswise (*chiasma*: the X-shaped, microscopically visible region where crossing over has occurred in prophase I between homologous nonsister chromatids)

di- = two (*diploid cell*: a cell containing two sets of chromosomes [2*n*], one set inherited from each parent)

fertil- = fruitful (*fertilization*: the union of haploid gametes to produce a diploid zygote)

haplo- = single (*haploid cell*: a cell containing only one set of chromosomes [*n*])

homo- = like (*homologous chromosomes*: a pair of chromosomes of the same length, centromere position, and staining pattern that possess genes for the same characters at corresponding loci)

karyo- = nucleus (*karyotype*: a display of the chromosome pairs of a cell)

meio- = less (*meiosis*: a modified type of cell division that results in cells with half the number of chromosome sets as the original cell)

soma- = body (*somatic cell*: any cell in a multicellular organism except a gamete or its precursors)

지식의 체계화

1. 2배체 세포에서 복제된 염색체를 기술하는 용어를 복습하기 위해 다음의 모식도를 채우라.

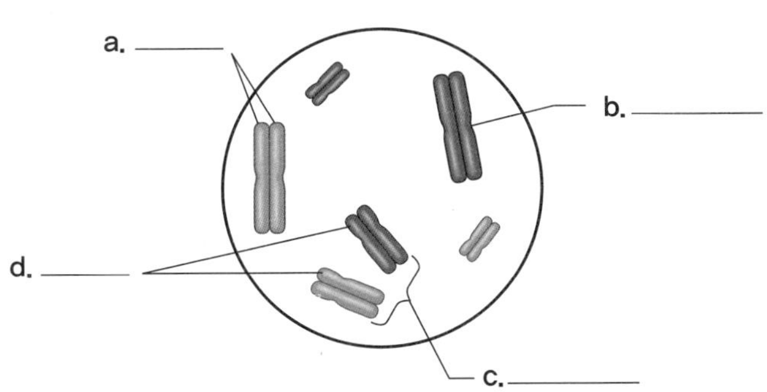

2. 다음의 감수분열 시기에서의 중요 사항을 설명하라.

a. 간기
b. 전기 I
c. 중기 I
d. 말기 I
e. 중기 II
f. 말기 II

3. 체세포분열과 감수분열의 유사점과 차이점에 대해 알고 익히는 것을 정리하기 위해 개념지도를 만들어보라. 학우들과 개념지도를 정리하는 방법이 다른지를 비교해보라.

지식의 검증

선다형 문제: 가장 옳은 답을 고르시오.

1. 다음 중 정확히 서술된 것이 아닌 것은?
   a. 배우자는 유전자를 두 양친으로부터 자손으로 전달한다.
   b. 우리는 체세포에 46개 배우자에 23개의 염색체를 가지고 있다.
   c. 자손은 유성생식 중에 일어나는 돌연변이로 인하여 그 부모와 다르다.
   d. 각 유전자는 염색체의 특별한 유전자자리를 가진다.
   e. 수정과 감수분열은 유성생식 생활사에서 교대로 일어난다.

2. 2배체 생물의 무성생식은 ______________
   a. 염색체 수가 각 세대마다 두 배로 늘기 때문에 불가능하다.
   b. 염색체 수를 각 세대마다 두 배로 느는 것을 방지하기 위해 감수분열이 필요하다.
   c. 보통 체세포분열로 만들어진 포자가 관여한다.
   d. 자손 형제 간 변이를 만들어낸다.
   e. 자손 간에도 부모와도 똑같은 자손을 만들어낸다.

3. 상동염색체는 ______________
   a. 유전자가 똑같은 DNA 서열을 가진다.
   b. 같은 유전자자리에 같은 특징을 갖는 유전자를 갖는다.
   c. 배우자에 있다.
   d. 감수II분열에서 분리된다.
   e. 위에 열거된 모든 특징을 가진다.

4. 상염색체는 무엇인가?
   a. 성염색체
   b. 단일로 존재하는 염색체
   c. 유전적 결함으로 나타나는 염색체 비정상
   d. 미토콘드리아와 엽록체에 존재하는 염색체
   e. 위 모두 아님

5. 핵형은 무엇인가?
   a. 개인의 유전자형
   b. 개인 염색체를 보기 좋게 배열한 것
   c. 개인의 혈액형 결정
   d. 배우자에 존재하는 독특한 염색체 조합
   e. 종 특이적인 2배체 염색체 수

6. 2배체 세포의 DNA 양은 G_1기에 측정한다. 감수I분열이 끝난 후에 두 세포 중 하나의 DNA 양은 ?
   a. G_1 세포의 것과 같다.
   b. G_1 세포의 두 배이다.
   c. G_1 세포의 반이다.
   d. G_1 세포의 1/4이다.
   e. 상동염색체의 독립적인 분리로 측정하기 불가능하다.

7. 대부분의 곰팡이와 여러 원생동물에서는 ______________
   a. 접합자는 유일한 반수체 시기이다.
   b. 배우자는 감수분열에 의해 형성된다.
   c. 다세포 또는 단세포 생물은 반수체이다.
   d. 배우체 세대는 배우자를 체세포분열에 의해 생산한다.
   e. 생식은 전적으로 무성이다.

8. 식물에서 보이는 세대교번에서는 ______________
   a. 포자체 세대는 체세포분열에 의해 포자를 생산한다.
   b. 배우체 세대는 체세포분열을 통해 배우자를 생산한다.
   c. 접합자는 체세포분열에 의해 포자체 세대로 발생한다.
   d. 포자는 반수체의 포자체 세대로 발생한다.
   e. 배우체 세대는 감수분열에 의해 포자를 생산한다.

9. 접합복합체는 어느 시기에 보이나?
   a. 체세포분열의 이른 전기
   b. 배우자가 융합되어 수정될 때
   c. 감수분열의 후기 I
   d. 감수I분열의 이른 전기
   e. a와 d

10. 감수I분열 동안에 ______________
   a. 상동염색체가 분리된다.
   b. 염색체 수가 반으로 줄어든다.
   c. 비자매염색분체 간에 교차가 일어난다.
   d. 부계와 모계의 염색체는 무작위로 분리된다.
   e. 위의 모두가 일어난다.

11. 감수분열에서 생성된 네 개의 세포 중 하나와 비교하면, 감수분열 전에 G_2에 있는 세포는 ______________
   a. 두 배의 DNA와 두 배의 염색체 수를 갖는다.
   b. 네 배의 DNA와 두 배의 염색체 수를 갖는다.
   c. 네 배의 DNA와 네 배의 염색체 수를 갖는다.
   d. DNA의 반을 갖지만 염색체 수는 같다.
   e. DNA 반과 염색체 수의 반을 갖는다.

12. 감수II분열은 체세포분열과 비슷한데 그 이유는?
   a. 자매염색분체가 분리되기 때문이다.
   b. 상동염색체가 분리되기 때문이다.
   c. DNA 복제가 분열 전에 선행되기 때문이다.
   d. 둘 다 같은 시간이 필요하기 때문이다.
   e. 반수체 세포가 거의 항상 만들어지기 때문이다.

13. $2n = 24$인 생물이 감수분열을 수행하는 세포의 중기 II에서는 얼마나 많은 염색분체가 존재하는가?
   a. 12
   b. 24
   c. 36
   d. 48
   e. 96

14. 다음 중 어느 것이 반수체 세포가 아니라고 생각하나?
   a. 감수I분열 후에 딸세포
   b. 배우자
   c. 식물의 배우체 세대에서 체세포분열 후의 딸세포
   d. 전기 I의 세포
   e. 전기 II의 세포

15. 다음 중 상동염색체에 관해서 사실이 아닌 것은?
   a. 체세포분열에서 독립적으로 행동한다.
   b. 감수분열의 S 시기 동안에 접합한다.
   c. 감수I분열에서 중기판에 함께 이동한다.
   d. 접합복합체에 의하여 접합하는 동안에 서로 붙어 있다.
   e. 상동염색체의 비자매염색분체 간의 교차는 교차점의 존재로 알 수 있다.

16. 2배체 수가 6인 생물에서 배우자에 얼마나 많은 부계와 모계 염색체의 다른 조합이 가능한가?
    a. 6
    b. 8
    c. 12
    d. 64
    e. 128

17. 2배체 수가 8인 유성생식을 하는 생물에서는 자손에게서 얼마나 많은 2배체 염색체 조합이 가능한가?
    a. 8
    b. 16
    c. 64
    d. 256
    e. 512

18. 17번 문제에서 자손에서의 조합 계산은 무엇으로부터 발생되는 유일한 변이를 포함하는가?
    a. 교차
    b. 무작위 수정
    c. 염색체의 독립적 분리
    d. a, b, c
    e. b, c

19. 다음 중 유성생식을 하는 생물에서 유전적 변이의 근원이 되는 것으로 가장 먼 것은?
    a. 교차
    b. 감수I분열 이전에 S 시기 중에 DNA의 복제
    c. 염색체의 독립적 분리
    d. 배우자의 무작위 수정
    e. 위의 모두가 유성생식 생활사에서 만들어진 유전적 변이에 균등하게 기여한다.

20. 다음 중 재조합염색체가 유전적 다양성을 어떻게, 왜 더해지는지를 설명한 것은?
    a. 재조합염색체는 두 벌의 염색체가 접합자로 조합할 때 무작위 수정의 결과로 형성된다.
    b. 재조합염색체는 대립유전자가 변하는 돌연변이의 결과이다.
    c. 재조합염색체는 중기 II에 무작위로 배열하고 동등하지 않은 자매염색분체가 후기 II에 분리된다.
    d. 두 양부모에게서의 유전물질은 같은 염색체 위에서 조합된다.
    e. c와 d가 맞다.

21. 4천만 년이나 짝짓기를 하지 않은 벨로이드 로티퍼(담륜충)가 진화적으로 중요한 의미는 무엇인가?
    a. 대립유전자의 조합을 자손에게 성공적으로 전달하기 때문에 이들은 무성생식이 좀 더 강점이 있음을 보여준다.
    b. 이들의 많은 종들이 유성생식을 통해 생겨났지만 각 종들은 생긴 이후로 자신을 성공적으로 복제했다.
    c. 이들은 건조기에 긴 가사 상태에서 다른 담륜충으로부터 유전물질을 뽑아내어, 유전적 다양성이 진화적으로 장점이 있음을 뒷받침한다.
    d. 이들의 긴 역사는 유성생식과 유전적 변이가 진화적 성공에 필요하지 않음을 보여준다.
    e. a와 d가 맞다.

11장
멘델과 유전자 개념

핵심

1860년대 완두콩을 이용한 실험을 통하여 멘델은 유전의 기본원리인 분리의 법칙과 독립의 법칙을 발견하였다. 이 장에서는 특정 유전인자(유전자)가 배우자 형성 과정에서 독립적으로 분리하고 재조합이 일어나 자손을 형성한다는 사실을 확립한 멘델의 단성잡종과 양성잡종 교배를 설명한다.

유전 교배의 결과를 예측하는데 확률의 법칙이 적용될 수 있다. 유전자형의 표현형적 발현은 불완전 우성, 공동우성, 복대립유전자, 다면발현, 상위, 다인자 유전 그리고 환경 요인과 같은 여러 요인들에 의해 영향을 받을 수 있다.

복습

유전병에 대한 유전 상담은 멘델의 원리를 사용하여 사람의 가계도를 분석한다. 완두콩을 이용한 멘델의 실험은 유전의 혼합 가설을 입자 가설로 바꾸게 한 증거를 제시하였다. 입자 가설에서 원래의 본질을 유지하고 있는 입자 유전 단위가 부모로부터 자손에게 이동된다.

11.1 멘델은 과학적 접근법을 사용하여 두 가지 유전 법칙을 발견하였다

멘델의 실험적, 정량적 접근 방법 멘델이 선택한 완두콩은 왜 연구에 좋은 재료였는가? 완두콩은 변종이 많고, 의도하는 대로 수정을 쉽게 할 수 있고, 수많은 자손의 특징을 양적화할 수 있다.

멘델은 대체 형질을 갖고 있는 7가지 **특징(character)**을 연구하였다. 멘델은 자가수분시킬 경우 항상 그 특징에 대하여 부모형과 동일한 **특징(trait)**을 생산하는 **순종(true-breeding)**을 사용하였다. 이들 순종 형질의 유전을 추적하기 위하여 대비되는 순종의 변종을 교배(타가 교배)시켜 잡종을 만든 다음 그 다음 세대는 자가수분이 일어나도록 하였다. 순종의 부모 식물은 **P 세대(P generation)**라 한다. 첫 번째 교배의 자손은 **F_1 세대(F_1 generation)**, F_1 자가 또는 타가 수분으로부터 나온 그 다음 세대는 **F_2 세대(F_2 generation)**라고 한다.

분리의 법칙 멘델은 F_1 자손은 부모 형질이 혼합되어 있지 않음을 보여주었다. 대신, 그 특징에 대한 부모 형질 중 한 개만 F_1 잡종 자손에서 발견되었다. 그러나 F_2 세대에서 사라졌던 부모의 형질이 3:1의 비율로 다시 나타났다. F_1에 나타났던 **우성** 형질을 갖는 자손 대 다시 나타난 **열성** 형질을 갖는 자손의 비율이 3:1로 나타났다.

이 유전 양상에 대하여 멘델은 4가지로 설명하였다. (1) 대립유전자라 부르는 유전자의 대체 형이 특징의 변종을 만든다. (2) 생물체는 각 형질에 대한 유전자의 두 복사본을 갖고 있으며 부모로부터 각각 하나씩 물려받는다. (3) 두 개의 다른 대립유전자가 함께 있을 때 우성 대립유전자라 부르는 한 개가 생물체의 외형을 결정하고, 다른 열성 대립유전자는 외형에 영향을 주지 않는다. (4) 대립유전자 한 쌍은 배우자 형성 동안 분리되고(멘델의 분리의 법칙), 난자나 정자는 각각의 유전 특징에 대한 대립유전자를 한 개만 갖는다. 이 설명은 감수분열 동안 염색체의 행동과 일치한다.

퍼넷사각형(Punnett square)을 사용하면 간단한 유전교배의 결과를 예상할 수 있다. 우성 대립유전자는 보통 대문자로, 열성 대립유전자는 소문자로 표기한다.

핵심 문제 11.1

둥근 완두 식물과 주름진 완두 식물을 교배시킨 다음의 표를 채워라. 둥근 대립유전자(R)는 우성이고, 주름진 대립유전자(r)는 열성이다.

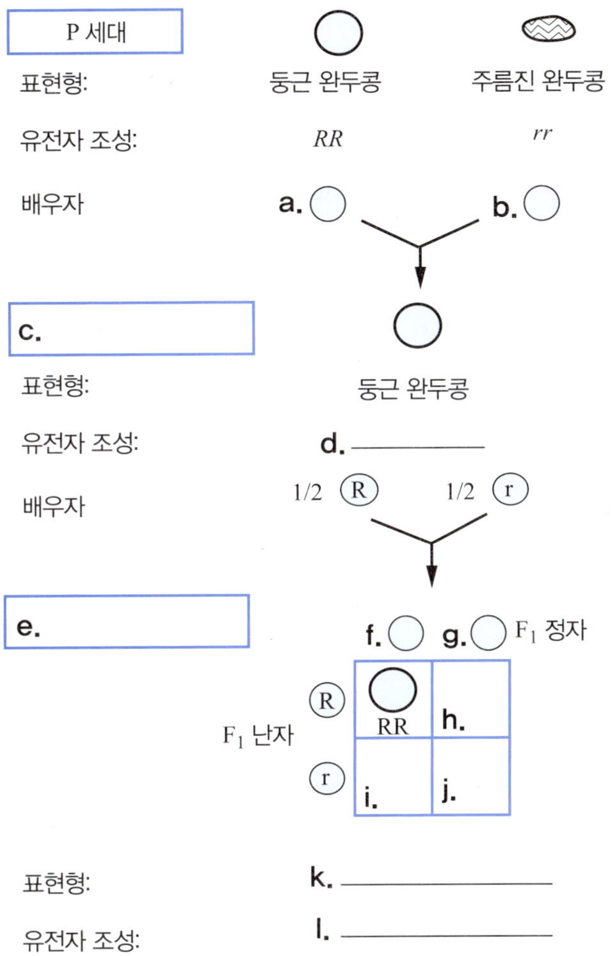

한 쌍의 동일한 대립유전자를 갖는 생물체는 그 유전자에 대하여 **동형접합체(homozygous)**라 한다. 만일 생물체가 두 개의 다른 대립유전자를 갖는다면 **이형접합체(heterozygous)**라 한다. 동형접합체는 순종이고, 이형접합체는 순종이 아니다. 이형접합체는 서로 다른 대립유전자를 갖는 배우자를 생산하고 이것들이 수정하여 우성 순종, 잡종, 열성 순종인 자손을 만들 수 있다. **표현형(phenotype)**은 한 생물체의 관찰할 수 있는 형질이다. **유전자형(genotype)**은 그것의 유전자 조성이다.

우성 표현형을 갖는 생물체가 우성 대립유전자에 대하여 동형접합인지 또는 이형접합인지 어떻게 말할 수 있을까? 유전자형을 알지 못하는 생물체와 열성 동형접합체와 교배하는 **검정교배(testcross)**를 하면 표현형적으로 우성인 생물체의 유전자형을 결정할 수 있다.

핵심 문제 11.2

키가 큰 완두 식물과 열성의 키가 작은 완두 식물을 교배하였다. 만일 키가 큰 식물의 유전자형이 각각 a 또는 b이라면 자손의 표현형 비와 유전자형 비는 얼마인가?

a. *TT*

b. *Tt*

독립의 법칙 **단성잡종 교배(monohybrid cross)**에서 단일 특징의 유전은 그 특징에 대하여 이형접합인 F_1 자손의 **단성잡종** 교배를 통하여 일어난다. 멘델은 두 가지 특징에 대하여 이형접합인 F_1 이형접합체 사이의 **양성잡종 교배(dihybrid crosses)**를 사용하여 부모로부터 두 가지 특징이 함께 전달되는지 또는 독립적으로 전달되는지를 결정하였다.

만일 두 쌍의 대립유전자가 독립적으로 분리된다면 무슨 일이 일어날까? F_1 양성잡종($AaBb$)으로부터 생긴 배우자는 같은 양의 네 가지 조합(AB, Ab, aB, ab)을 포함할 것이다. 이 네 가지 배우자의 임의 수정은 네 가지의 표현형이 9:3:3:1의 비율로 나올 것이다(둘 다 우성형질을 보여주는 9개의 자손, 우성 형질 한 개와 열성 형질 한 개를 갖는 3개의 자손, 반대의 우성 형질 한 개와 열성 형질 한 개를 갖는 3개의 자손, 둘 다 열성 형질을 보여주는 1개의 자손). 멘델은 양성잡종 교배의 F_2 자손에서 이러한 비율을 얻었으며 **독립의 법칙(law of independent assortment)**에 대한 증거를 제시하였다. 이 원리는 배우자 형성 시 대립유전자 쌍은 다른 대립유전자 쌍과 관계없이 독립적으로 분리됨을 설명한다. 이 법칙은 다른 염색체에 위치한 유전자나 같은 염색체에서 멀리 떨어져 있는 유전자에 적용된다. 다음 페이지에 있는 독립법칙에 대한 핵심 문제를 완성하라.

11.2 확률의 법칙이 멘델의 유전 법칙을 지배한다

확률의 범위는 0과 1 사이이다. 나올 수 있는 모든 확률을 더하면 최대 1이다. 하나의 사건이 일어날 확률은 그 사건이 일어날 수 있는 수를 일어날 수 있는 모든 사건으로 나눈 수이다. 예를 들어, 한 벌의 카드로부터 에이스를 뽑을 확률은 4/52이다. 독립적인 사건이 일어날 확률은 과거나 동시에 하는 시도에 영향을 받지 않는다.

핵심 문제 11.3

순종의 키가 크고 보라색 꽃이 피는 완두 식물(*TTPP*)을 순종의 키가 작고 흰색 꽃이 피는 완두 식물(*ttpp*)과 교배하였다.

a. F_1 세대의 표현형은 무엇인가?

b. F_1 세대의 유전자형은 무엇인가?

c. F_1 식물이 만드는 네 종류의 배우자는 무엇인가?

_______ _______ _______ _______

d. 아래의 퍼넷사각형을 채워 F_2 자손을 나타내라. 각 표현형을 다른 색으로 칠해 자손의 비율을 알 수 있게 하라.

정자

난자

e. F_2 세대의 표현형과 비율을 써라.

_______________ _______________

_______________ _______________

f. 키가 큰 식물과 키가 작은 식물의 비율은 얼마인가?

____

보라색 꽃이 피는 식물과 흰색 꽃을 피는 식물의 비율은 얼마인가?

____

(각 특징에 대한 대립유전자는 단성잡종 교배에서처럼 분리됨을 유의하라.)

단성잡종 교배에 적용되는 곱셈 법칙과 덧셈 법칙 곱셈 법칙(**multiplication rule**)은 어떤 조합의 독립적인 사건이 함께 일어날 확률은 독립적인 사건의 확률을 곱한 것과 같음을 말한다. 수정 결과 생긴 특정 유전자형의 확률은 그 유전자형을 만드는 데 필요한 각 배우자의 형성 확률을 곱한 것과 같다.

만일 어떤 유전자형이 한 가지 방법 이상으로 형성될 수 있다면 **덧셈 법칙(addition rule)**에 따라 그것의 확률은 배타적으로 일어날 수 있는 각각의 확률의 합과 같다. 예를 들어, 만일 난자는 우성 대립유전자, 정자는 열성 대립유전자를 포함하고($1/2 \times 1/2 = 1/4$), 또는 그 반대라면($1/4$) 이형접합자가 생길 것이다. 따라서 이형접합 자손은 단성잡종 교배로부터의 절반($1/4 + 1/4 = 1/2$)의 예상 결과일 것이다.

확률의 법칙을 이용하여 복잡한 유전 문제 풀기 한 교배로부터 나오는 특정 유전자형의 확률은 각각의 유전자가 독자적인 단성잡종 교배로 유전되고 최종 유전자형에 포함된 모든 독립 사건의 확률을 곱함으로써 결정될 수 있다. 한 개 이상의 결과가 포함될 때는 덧셈 법칙이 사용된다. 표본 크기가 클수록 결과는 통계적 예상과 더 일치해진다.

핵심 문제 11.4

a. 다음의 교배에서 세 개의 우성 형질을 모두 갖는 자손이 나올 확률은 얼마인가?

$$AaBbcc \times AabbCC$$

*A_B_C_* 인 자손의 확률 = _______

(_ 는 첫 번째 우성 대립유전자에 의해 결정되는 표현형에 영향을 주지 않고 두 번째 대립유전자가 유성이나 열성일 수 있음을 나타낸다.)

b. 이 교배의 자손이 적어도 두 개의 우성 형질을 보여줄 수 있는 확률은 얼마인가? _______

c. 한 개의 우성 형질만을 보여주는 자손을 얻을 확률은 얼마인가?

____

11.3 유전 양상은 멘델의 유전 법칙처럼 단순하지 않고 더 복잡하다

한 개의 단일 유전자에 대한 멘델 유전학의 확장 완전 우성(**complete dominance**)을 보여주는 대립유전자의 경우에 이형접합체의 표현형은 우성 동형접합체의 표현형과 구분이 되지 않는다. 중간 표현형은 **불완전 우성(incomplete dominance)**을 보여주는 대립유전자의 특징이다. F_1 잡종은 부모의 표현형 사이의 중간 표현형을 갖는다. F_2 자손은 1:2:1의 표현형과 유전자형 비를 보여준다. **공동우성(codominance)**을 나타내는 대립유전자는 MN 혈액형 경우에서처럼 구분될 수 있는 방식으로 각각 표현형에 영향을 미친다.

대립유전자의 우성/열성 관계는 표현형 단계에 따라 얼마나 달라질 수 있는가? **테이-삭스병(Tay-Sachs disease)**은 뇌세포가 특정 지질 대사에 작용하는 효소가 결핍되어 생기는 치사 유전병이다. 그 결과 이 지질이 축적되어 뇌에 손상을 준다. 테이-삭스병은 생물체 수준에서 열성이다—이형접합체는 질병에 걸리지 않는다. 생화학적 수준에서 효소 활성 수준은 두 개의 동형접합 활성도의 중간이다(불완전우성). 분자 수준에서 그 대립유전자는 각 대립유전자가 정상이나 기능이 없는 효소를 만든다는 점에서 공동우성이다.

한 대립유전자가 우성 또는 열성에 관계없이 한 집단에서 얼마나 흔히 있는지는 관계가 없다.

대부분의 유전자는 두 개 이상의 대립유전자 형태로 존재한다. 사람의 혈액형을 결정하는 유전자는 세 개의 대립유전자를 갖고 있다. 대립유전자 I^A와 I^B는 서로 공동우성이다. 각각은 적혈구 세포 표면에 탄수화물을 부착시키는 효소를 암호화한다. 대립유전자 *i*는 탄수화물을 부착하지 못한다.

핵심 문제 11.5

다음 혈액형에 대한 유전자형을 모두 써라.

a. A

b. B

c. AB

d. O

다면발현(pleiotropy)은 단일 유전자가 여러 개의 표현형 효과를 가져오는 능력을 의미한다. 여러 증세를 나타내는 어떤 유전병은 다면발현 대립유전자에 의해 생긴다.

두 개 이상의 유전자에 대한 멘델 유전학의 확장 상위(epistasis)에서 한 좌위에 있는 유전자의 발현은 다른 유전자의 발현에 영향을 미친다. 전형적인 9:3:3:1의 비율과 다른 F_2 비율이 종종 상위를 나타낸다.

핵심 문제 11.6

우성 대립유전자 *M*이 검은 색소 멜라닌 생산에 필요하다고 가정하라. mm 개체는 흰색이다. 우성 대립유전자 *B*는 동물의 털에 많은 색소를 침착시켜 털이 검은색으로 된다. 적어도 하나의 대립유전자 *M*이 있다고 생각하면서 유전자형 *bb*는 회색 털을 만든다. 두 유전자에 대하여 이형접합인 두 마리의 검은색 동물이 사육되었다. 이 교배의 자손에 대한 다음 표를 채워라.

표현형	유전자형	비율
검은색		
	M_bb	

키와 피부색 같은 **양적 특징(quantitative character)**은 집단에서 연속성을 보이며 다양하게 나타난다. 그러한 표현형의 단계적인 차이는 보통 두 개 이상의 유전자가 하나의 특징에 부가적인 효과를 나타내는 **다인성 유전(polygenic inheritance)** 때문이다. 각 우성 대립유전자가 표현형에 한 단위씩 기여한다. 다인성 형질은 한 집단 내에서 그 형질에 관하여 종 모양을 나타내는 정상분포를 가져온다.

핵심 문제 11.7

스파이크 위드의 키는 세 개의 유전자를 포함하는 다인성 유전의 결과이다. 세 개의 유전자의 우성 대립유전자는 각각 10 cm인 기본 키에 5 cm씩 더 크게 만든다. 키가 가장 큰 식물(*AABBCC*)은 40 cm에 도달할 수 있다.

a. 만일 키가 큰 식물(*AABBCC*)을 기본 키를 가진 식물(*aabbcc*)과 교배한다면 F_1 식물의 키는 얼마일까?

b. 몇 종류의 표현형이 F_2에서 나올까?

본성과 양육: 표현형에 대한 환경의 영향 개체의 표현형은 그것의 유전자형과 환경 사이의 복잡한 상호 영향으로 결정된다. 유전자형은 환경이 표현형의 발현에 영향을 미치는 범위를 갖는다. 다인성 유전의 특징은 보통 많은 요인에 영향을 받는데 유전과 환경 요인의 조합이 표현형에 영향을 미친다는 것을 의미한다.

유전과 변이를 멘델의 관점으로 통합하기 대부분의 유전자에 의해 발현되는 표현형은 다른 유전자들과 환경의 영향을 받는다. 그러나 입자유전의 원리와 멘델의 분리의 법칙과 독립의 법칙은 여전히 현대 유전학의 기본을 형성한다.

11.4 사람의 수많은 형질은 멘델의 유전 양상을 따른다

가계도 분석 **가계도(pedigree)**는 세대에 걸쳐 나타나는 특정 형질의 역사를 갖는다. 전통적으로 원은 여성을, 정사각형은 남성을 나타내고, 이상 형질을 보이는 개인은 색으로 채운다. 부모는 수평선으로 연결되고, 자손은 탄생 순서대로 왼쪽부터 오른쪽으로 부모 아래에 나열한다. 가계도에 있는 개인의 유전자형은 흔히 유전 양상을 추적함으로써 유추될 수 있다.

열성 유전병 단순한 열성 형질로 유전되는 수천 종류의 유전병은 열성 동형접합체에서만 그 표현형이 나타난다. 그 유전병의 **보인자(carriers)**는 이형접합체이며 표현형은 보통 정상이지만 자손에게 열성 대립유전자를 전달할 수 있다.

해롭고 희귀한 대립유전자를 한 개인이 두 개 갖고 있을 가능성은 공통조상을 가질 때 높아진다. 형제나 친척 사이의 근친결혼은 가계도에서 두 선으로 표시한다.

핵심 문제 11.8

3세대에 걸쳐 나타나는 백색증(피부 색소 결핍)에 대한 다음 가계도를 생각해 보자. (파란색으로 채운 개인은 백색증을 나타낸다.) 멘델 유전에 대한 지식을 가지고 다음 질문에 답하라.

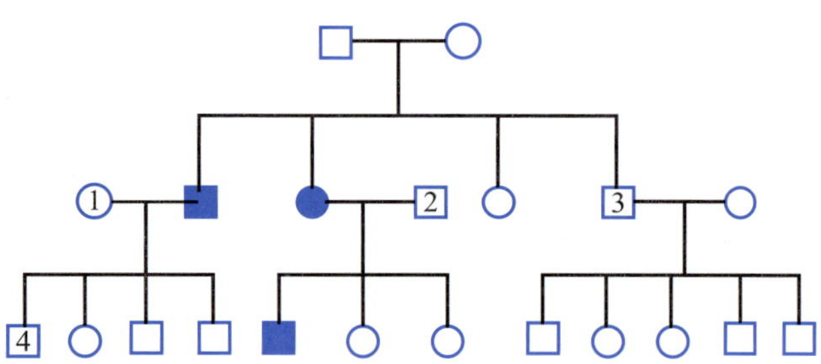

a. 이 형질은 우성 대립유전자 또는 열성 대립유전자에 의해 나타나는가? 그렇게 답을 한 이유는?

b. 1세대인 부모의 유전자형을 써라. (대립유전자를 *A*와 *a*로 나타내라)
아버지의 유전자형 ______
어머니의 유전자형 ______
그렇게 답을 한 이유는?

c. 2세대 백색증 자손의 배우자들(#1과 #2)과 3세대의 손자 #4의 유전자형을 써라.
유전자형: 배우자 # 1 _____ 배우자 # 2 _____ 손자 #4 _____

d. 2세대의 아들 #3의 유전자형을 알 수 있는가? 없는가? 그 이유는?

미국에서 **낭성섬유증(cystic fibrosis)**은 가장 흔한 치사 유전병으로 다른 그룹에서보다 유럽계 자손에서 더 자주 발견된다. 열성 대립유전자는 어떤 세포막에 있는 염소이온 통로에 결함을 초래한다. 세포외 염소가 축적되면 여러 장기에서 점액질이 쌓이고 박테리아에 감염되기 쉽다.

낫형 적혈구빈혈증(sickle-cell disease)은 아프리카계 미국인 가운데 가장 흔한 유전병이다. 헤로글로빈 단백질의 아미노산 한 개가 치환된 결과 적혈구 세포는 혈중 산소 농도가 낮을 때 낫모양의 기형이 되고 혈액이 응집되거나 여러 가지 다면 발현 효과를 야기한다. 이형접합인 개인은 낫형 적혈구 형질이라 부르지만 보통 건강하다.

핵심 문제 11.9

a. 두 보인자가 결혼하여 열성 유전병을 갖는 자손을 낳을 확률은 얼마인가? ________

b. 두 이형접합자가 결혼하여 아이가 태어날 때 정상 표현형 중 보인자일 확률은 얼마인가? ________

우성 유전병 사람의 몇 가지 유전병은 우성 유전자 때문에 생긴다. 연골발육부전증에서 난장이는 한 카피의 돌연변이 결과이다. 우성 치사 대립유전자는 해로운 대립유전자가 이형접합자에서 발현되기 때문에 열성 치사 유전병보다 더 드물게 나타난다. 늦은 시기에 나타나는 치사 우성 대립유전자는 만일 생식 시기 이후까지 증세가 없으면 유전될 수 있다. 분자유전학자들은 인생 후반부터 발달되는 신경계 퇴화 질병인 **헌팅턴병(Huntington's disease)**에 대한 치사 유전을 밝혀내는 방법을 개발하였다.

다인성 유전병 많은 질병은 유전(보통 여러 유전자)과 환경요인의 영향을 받는다. 이러한 다인성 유전병은 심장병, 당뇨병, 암을 포함한다.

멘델 유전학에 기초를 둔 유전 상담 유전 결함을 갖는 아이의 확률은 그 질병의 가계도를 고려함으로써 결정될 수 있다.

핵심 문제 11.10

만일 두 예비 부부가 각각 열성 유전병을 갖고 있는 형제자매가 있다면 이들이 그 유전병을 갖는 아이를 가질 확률은 얼마인가? 만일 이 부부가 두 명의 정상 아이를 낳았다면 세 번째 아이가 그 유전병을 가질 확률은 얼마인가? 두 가지 답에 대한 이유를 설명하라.

어원

co- = together (*codominance*: situation in which the phenotypes of both alleles are exhibited in the heterozygote)

di- = two (*dihybrid cross*: a cross between two organisms that are each heterozygous for both of the
characters being followed [or the self-pollination of a dihybrid plant])

epi- = beside; **-stasis** = standing (*epistasis*: a type of gene interaction in which the phenotypic expression of one gene alters that of another independently inherited gene)

geno- = offspring (*genotype*: the genetic makeup, or set of alleles, of an organism)

hetero- = different (*heterozygous*: having two different alleles for a given gene)

homo- = alike (*homozygous*: having two identical alleles for a given gene)

mono- = one (*monohybrid cross*: a cross between two organisms that are heterozygous for the character being followed [or the self-pollination of a heterozygous plant])

pedi- = a child (*pedigree*: a diagram of a family tree showing the occurrence of heritable characters in parents and offspring over multiple generations)

pheno- = appear (*phenotype*: the observable physical and physiological traits of an organism, determined by its genetic makeup)

pleio- = more (*pleiotropy*: the ability of a single gene to have multiple effects)

poly- = many; **gene-** = produce (*polygenic inheritance*:an additive effect of two or more genes on a single phenotypic character)

지식의 체계화

1. 10장에서 배운 감수분열에서의 염색체 행동과 멘델의 두 가지 유전법칙을 비교하라.

2. 몇 종류의 배우자가 다음의 유전자형에 의해 만들어질 수 있을까? (단, 연관과 돌연변이는 고려하지 않는다.)

   Aa =

   AaBb =

   AaBbCc =

   AABbCc =

3. 대립유전자가 완전 우성/열성, 불완전우성, 또는 공동우성인지 어떻게 알 수 있는가?

유전학 문제

유전학을 배우는 가장 좋은 방법 중의 하나는 문제를 푸는 것이다. 여러분은 유전학 지식을 기억할 수 없다. 당신은 그것을 사용하여 연습을 해야 한다. 다음의 문제들을 통하여 훈련하고, 당신이 받은 정보와 결정해야 할 것을 방법학적으로 해결한다. 대립유전자와 유전자형에 대하여 사용되는 기호, 유전자형의 결과 생기는 표현형을 기록한다. 퍼넷사각형의 사용을 피하라. 기본 개념을 배우는 데 필요하지만 그것들은 너무 시간이 많이 걸린다. 대신 복잡한 교배를 단성잡종의 성분으로 분리하고 곱셈과 덧셈 법칙을 이용하라. 항상 당신이 구한 답을 보고 그 답이 논리적으로 의미가 있는지 살펴보라. 함께 공부하는 것이 당신의 문제점을 검토하는데 좋고 서로 도우면서 정답을 찾는다는 것을 명심하라.

1. 호박의 색깔은 희거나 노랗다. 흰 호박을 얻기 위하여 적어도 부모 식물의 하나는 흰색이어야 한다. 어떤 색깔의 대립유전자가 우성인가?

2. 다음의 교배에 대하여 표시된 유전자형을 갖는 자손을 얻을 확률을 구하라.

교배	자손	확률
AAbb × *AaBb*	*AAbb*	a.
AaBB × *AaBb*	*aaBB*	b.
AABbcc × *aabbCC*	*AaBbCc*	c.
AaBbCc × *AaBbcc*	*aabbcc*	d.

3. 순종의 키가 큰 빨간 꽃 식물을 키가 작은 흰 꽃 식물과 교배하였다. F_1 자손은 모두 키가 큰 분홍 꽃 식물이었다. 키와 꽃 색 결정은 다른 염색체에 있는 단일 유전자에 의해 결정된다고 가정할 때, 양성잡종 식물의 F_1 교배 결과를 예상하라. 키와 꽃 색 유전자의 대립유전자에 대하여 적당한 기호를 선택하라. F_2 세대에 대한 표현형과 예상 비율을 써라.

4. 어머니와 아이의 혈액형이 아버지로 추정되는 남자가 아버지가 될 수 없다고 나왔을 때 혈액형은 친자확인 검사에서 증거로 사용되어 왔다. 어머니와 아이의 조합이 아래와 같을 때 아버지가 될 수 없는 남자들의 혈액형을 나타내라.

어머니의 혈액형	아이의 혈액형	아버지가 아닌 것으로 판명되는 남자의 혈액형
AB	A	**a.**
O	B	**b.**
A	AB	**c.**
O	O	**d.**
B	A	**e.**

5. 토끼에서 *CC*는 정상, *Cc*는 다리가 기형인 토끼, *cc*는 치사이다. 털색 유전자에 대하여 *BB*는 검은색, *Bb*는 갈색, *bb*는 흰색을 만든다. 다리가 기형인 갈색 털 토끼와 다리가 기형인 흰 털 토끼를 교배하여 나온 자손의 표현형 비율을 써라.

6. 다지증은 우성 유전자로부터 생긴다. 아버지는 다지증, 어머니는 정상 표현형을 가지며, 그들 사이에 정상의 아이가 한 명 있다. 아버지의 유전자형은 무엇인가? 어머니의 표현형은? 두 번째 아이가 정상 표현형을 가질 확률은 얼마인가?

7. 개에서 검은색(*B*)은 밤색(*b*)에 대해 우성이고, 균일한 털색(*S*)은 점박이 털색(*s*)에 대해 우성이다. 3/8 검고 균일한 털, 3/8 검고 점박이 털, 1/8 밤색의 균일한 털, 1/8 밤색의 점박이 털을 가진 강아지를 낳은 부모 개의 유전자형은 각각 무엇인가? (힌트: 비율을 가지고 분석하기 전에 자손이 갖는 유전자형을 먼저 결정하라.)

8. 햄스터에서 우성 유전자 *B*는 검은 털색을, *bb*는 갈색의 털색을 결정한다고 가정하자. 그러나 또 다른 유전자 *E/e*는 *B/b* 유전자에 대하여 상위를 나타낸다. 우성 대립유전자 *E*는 털에 색소 침착을 방해하여 황금색 털색이 생긴다. 햄스터가 검은색이나 갈색이 되려면 *ee* 유전자형이 필요하다. 어떤 햄스터 주인이 소유한 세 마리의 햄스터 유전자형을 알고 싶어 한다. 그래서 그녀는 그것들을 교배하고 한배에서 태어난 자손을 기록하였다. 세 마리 햄스터의 유전자형을 결정하라.
   a. 황금색 암컷 (햄스터 1) × 황금색 수컷 (햄스터 2)
      자손: 7 황금색, 1 검은색, 1 갈색
   b. 검은색 암컷 (햄스터 3) × 황금색 수컷 (햄스터 2)
      자손: 8 황금색, 6 검은색, 2 갈색

9. PTC(phenylthiocarbamide)의 맛을 느낄 수 있는 능력은 단일 우성 대립유전자(*T*)에 의해 조절된다. 맛을 느끼지 못하는 여성이 맛을 느끼는 남성과 결혼하여 세 명의 아이를 낳았다: 두 명의 맛을 느끼는 남자 아이와 한 명의 맛을 느끼지 못하는 여자 아이. 조부모는 모두 맛을 느낄 수 있었다. 이 형질에 대한 이 집안의 가계도를 만들어라. 검게 칠한 부호는 맛을 느끼지 못하는 사람(*tt*)을 상징한다. 가능할 경우, 맛을 느끼는 사람이 *TT*인지 *Tt*인지를 나타내라.

10. 두 개의 순종 완두콩을 교배하였다. 한쪽 부모는 빨간 정생화를 가졌고, 다른 부모는 흰색 액생화를 가졌다. 모든 F_1 개체는 빨간 정생화를 가졌다. 만일 100개의 F_2 자손을 세었다면, 그 중 몇 개가 빨간 액생화를 가질 것으로 기대하는가?

지식의 검증

선다형 문제: 가장 옳은 답을 고르시오.

1. 멘델의 분리의 법칙에 따르면 ____________________
   a. 한 배우자가 우성 대립유전자를 가질 확률은 50%이다.
   b. 배우자 형성 시 한 대립유전자 쌍은 다른 대립유전자 쌍과 독립적으로 분리된다.
   c. 배우자 형성 시 대립유전자 쌍들은 분리된다.
   d. 확률의 법칙이 배우자 형성을 결정한다.
   e. F_2 세대에는 3:1 비율이 존재한다.

2. F_2 세대는 ____________________
   a. 3:1의 표현형 비를 가지고 있다.
   b. F_1 개체의 자가 교배 또는 타가 교배의 결과이다.
   c. 우성 표현형을 갖는 개체의 유전자형을 결정하는 데 사용된다.
   d. 유전자형 비율과 같은 표현형 비율을 갖는다.
   e. 16개의 다른 유전자형을 갖는다.

3. 한 검정교배에서 1:1의 표현형 비가 나왔을 때의 의미는?
   a. 그 대립유전자들이 우성이다.
   b. 한쪽 부모는 동형의 우성이다.
   c. 우성 표현형을 갖는 부모는 이형접합체이다.
   d. 대립유전자들이 독립적으로 분리된다.
   e. 대립유전자들은 공동우성이다.

4. 감수분열의 어떤 단계가 독립법칙과 가장 직접 관련이 있는가?

a. 전기 I
b. 전기 II
c. 중기 I
d. 중기 II
e. 후기 II

5. 동전을 두 번 던져 모두 앞면이 나왔다. 그 다음 동전을 던질 때 앞면이 나올 확률은?
a. 1/2
b. 1/4
c. 1/8
d. 3/8
e. 3/4

6. 3개의 동전을 동시에 던져 모두 앞면이 나올 확률은?
a. 1/2
b. 1/4
c. 1/8
d. 3/8
e. 3/4

7. 세 개의 동전을 동시에 던져 2개는 앞면, 1개는 뒷면이 나올 확률은?
a. 1/2
b. 1/4
c. 1/8
d. 3/8
e. 3/4

8. 독립적으로 분리되는 두 개의 유전자를 포함하는 양성잡종 교배의 F_2 자손 중에서 순종의 비율은?
a. 1/6
b. 1/8
c. 3/6
d. 1/4
e. 3/4

9. 기니피그에서 갈색 털 대립유전자(*B*)는 빨간 털(*b*)에 대하여 우성이고, 균일한 털색은 점박이 털색에 대하여 우성이다. 순종의 균일한 갈색털 기니피그와 점박이 빨간 털 기니피그 사이에 낳은 F_1 자손을 교배시켰다. 균일한 빨간 털을 갖는 F_2 자손의 비율은 얼마일까?
a. 1/9
b. 1/16
c. 3/16
d. 9/16
e. 3/4

10. 딩동 식물의 기본적인 키는 10 cm이다. 네 개의 유전자가 그 식물의 키에 기여하며 각각의 우성 대립유전자가 3 cm씩 기여한다. 만일 10 cm 식물(4개의 열성 동형접합 대립유전자)을 34 cm 식물과 교배시키면 F_2에서는 몇 종류의 표현형이 나올까?
a. 4
b. 5
c. 8
d. 9
e. 64

11. 쥐의 털색에 대한 두 개의 대립유전자가 불완전우성을 나타낸다고 당신은 생각한다. 당신의 가설을 검증하기 위하여 가장 좋고 간단한 교배는 무엇일까?
a. 유전자형을 모르는 쥐와 열성 동형접합의 쥐 사이의 검정교배
b. 자손에서 1:2:1의 비를 찾기 위한 F_1 쥐 사이의 교배
c. 각각의 털색을 갖고 성이 반대인 쥐의 상호교배
d. F_1에서 중간 표현형을 찾기 위하여 털색이 다른 두 마리의 순종 쥐를 교배
e. 자손에서 9:7의 비율을 찾기 위한 F_1 쥐 사이의 교배

12. AB 혈액형과 정상 피부색을 갖는 여성의 첫째 아이가 B형의 백색증을 가진 아들이다. 아버지는 정상 피부색과 A형을 갖고 있다. 이 부부 사이에서 두 번째 아이가 B형의 백색증을 갖는 딸일 확률은 무엇인가?
a. 1/2
b. 1/4
c. 1/8
d. 1/16
e. 1/32

13. 우성 대립유전자 *P*는 보라색 색소를 생산한다. *pp* 개체는 흰색이다. 우성 대립유전자 *C*도 색소 생산에 필요하다. *cc* 개체는 흰색이다. *ppCc* × *PpCc* 교배로부터 나온 자손이 보라색일 확률은 얼마인가?
a. 1/8
b. 3/8
c. 1/2
d. 3/4
e. 모두 아님

14. 어떤 유전병의 보인자란?
a. 가계도에서 색깔을 칠하여 나타낸다.
b. 그 유전병에 대한 한 유전좌위에 이형접합이다.
c. 그 유전병을 갖는 아이를 낳는다.
d. 보통 근친결혼의 결과이다.
e. 열성 동형접합 유전자형을 갖지만 표현형적으로 그 유전병을 나타내지 않는다.

15. 아래의 사람 유전병 중 열성 형질로 유전되는 것은?
a. 낭성섬유증
b. 암
c. 헌팅턴병
d. 연골발육부전증
e. 심혈관계 질병

16. 다인성 유전질환이란?
a. 보통 근친결혼으로 추적될 수 있다.
b. 열성으로 유전되는 치사 유전자에 의해 생긴다.
c. 유전과 환경에 영향을 받는다.
d. 상위 유전자로 추적될 수 있는 많은 증세를 갖는다.
e. 보통 양적 형질과 관련이 있다.

12장

염색체와 유전현상

핵심

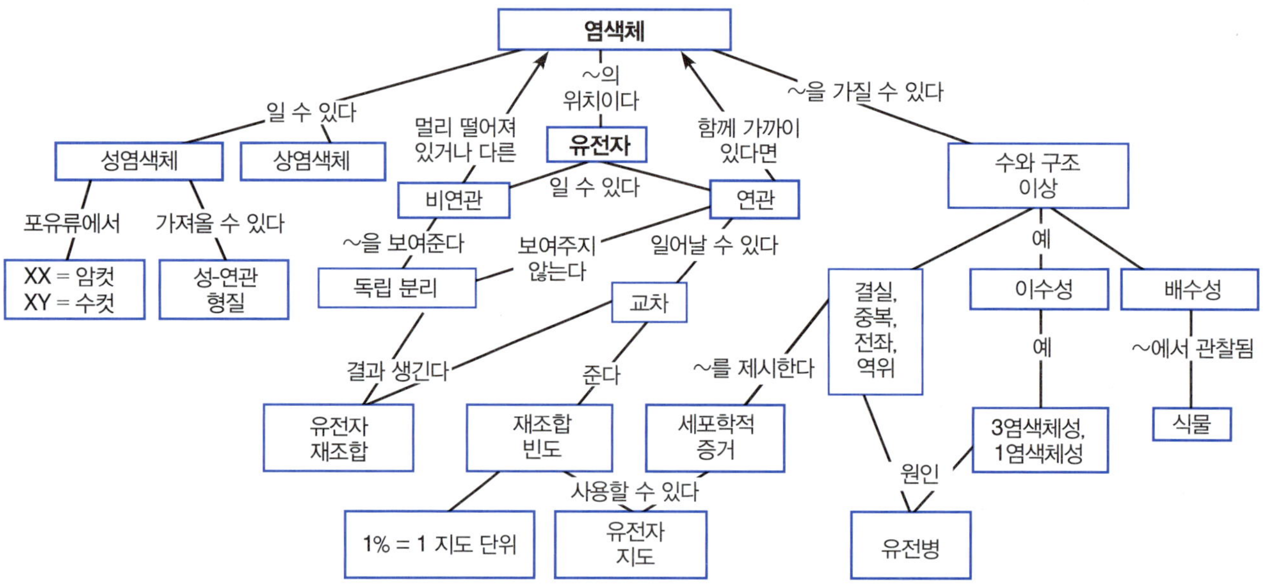

복습

12.1 멘델의 유전은 염색체의 행동에 물리적인 기초를 둔다

감수분열 과정에 대한 세포학적 증거와 함께 멘델의 법칙은 **유전의 염색체설(chromosome theory of inheritance)**을 가져왔다. 유전자는 염색체에 특정 자리에 위치한다. 감수1분열 중기에서 상동염색체 쌍은 임의로 배열되고 감수1분열 후기 동안 상동염색체가 분리되어 그 결과 배우자 형성에서 대립유전자들이 독립적으로 분리된다.

모건의 실험 증거: 과학적 탐구 모건은 자손을 많이 낳고 번식주기가 빠른 초파리를 가지고 일했다. 초파리는 4쌍의 염색체를 가지고 있으며, 성염색체는 암컷에서 XX, 수컷에서 XY로 나타난다.

하나의 특징에 대하여 자연에서 가장 흔히 발견되는 표현형을 **야생형(wild type)**이라 부르고 돌연변이 결과 생겼다고 여겨지는 대체 형질은 **돌연변이 표현형**(mutant phenotypes)이라 부른다. 돌연변이 대립유전자는 소문자로, 야생형 대립유전자는 위첨자 +로 나타낸다.

모건은 돌연변이 흰 눈 수컷 초파리를 발견하였고 야생형 빨간 눈 암컷 초파리와 교배시켰다. F_1 자손은 모두 빨간 눈을 가졌다. 그러나 F_2에서 암컷은 모두 빨간 눈인 반면에 수컷의 반은 빨간 눈, 반은 흰 눈을 가졌다. 모건은 이 결과를 어떻게 설명했는가? 그는 눈 색 유전자는 X 염색체에 위치한다고 추론하였다. 수컷은 단 한 개의 X를 가지며 따라서 수컷의 표현형은 어머니로부터 유전된 눈 색 대립유전자에 의해 결정된다. 특정 유전자가 염색체와 연관되어 있음은 유전의 염색체 이론에 대한 증거를 제시하였다.

핵심 문제 12.1

퍼넷 사각형을 채우고 F_2 세대의 유전자형과 표현형을 나타내어 돌연변이 흰 눈 초파리를 포함하는 모건의 교배를 요약한 다음을 완성하라. (X^w는 돌연변이 열성 흰색 대립유전자를 의미하며; X^{w^+}는 야생형 빨간 대립유전자를 의미한다.) Y 염색체에는 눈 색 유전자가 없음을 기억하라.

P 세대			
표현형	빨간 눈 (야생형) 암컷	×	흰 눈 수컷
유전자형	$X^{w^+}X^{w^+}$		X^wY

F_1 세대			
표현형	빨간 눈 암컷	×	빨간 눈 수컷
유전자형	$X^{w^+}X^w$		$X^{w^+}Y$

F_2 세대

정자

난자

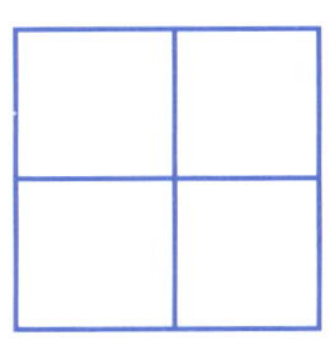

유전자형

________ ________ ________ ________

표현형

________ ________ ________ ________

12.2 성-연관 유전자들은 특이한 유전 양상을 보여준다

염색체에 의한 성 결절 성은 하나의 표현형 특징으로 보통 성염색체에 의해 결정된다. 사람과 일부 포유류에서 XX인 여성은 하나의 X 염색체를 포함하는 난자를 생산한다. XY인 남성은 X나 Y 염색체를 하나 포함하고 있는 두 종류의 정자를 생산한다.

배의 생식샘이 정소나 난소로 발달되는가는 *SRY* 유전자의 존재 여부에 따라 결정된다. Y 염색체에 있는 *SRY* 유전자의 산물은 많은 다른 유전자를 조절한다. 성염색체에 위치하는 유전자를 **성-연관 유전자(sex-linked genes)**라 부른다. Y 염색체에 위치하는 유전자는 Y-연관 유전자라 하는데 그 수는 상대적으로 아주 적다. 이 유전자의 절반 정도는 정소에서만 발현된다. X 염색체에 위치하는 **X-연관 유전자(X-linked genes)**는 약 1,100개가 있다.

X-연관 유전자의 유전 X-연관 유전자는 성과 관련 없는 많은 특징들을 암호화한다. 남자는 어머니로부터 X-연관 대립유전자를 물려받고, 딸은 부모 양쪽으로부터 X-연관 대립유전자를 물려받는다. 열성 X-연관 형질은 왜 여자보다 남자에서 더 자주 보이는가? 남자는 X-연관 유전자에 대하여 반접합성(hemizygous)이다. 남자는 각 유전자에 대하여 단 하나의 대립유전자를 갖고 있으며 따라서 열성 대립유전자는 항상 발현된다.

뒤센 근위축증(Duchenne muscular dystrophy)은 주요 근육 단백질이 결핍되어 생기는 X-연관 유전병이다. **혈우병(hemophilia)**은 하나 이상의 혈액 응고 단백질이 결핍되어 과다 출혈하는 특징을 갖는 X-연관 형질이다.

포유류 암컷에서의 X 염색체 불활성화 대부분의 포유류 암컷의 체세포에서는 X 염색체 중 한 개만 활성화된다. 나머지 X 염색체는 응축되어 **바소체(Barr body)**가 되어 핵막 안쪽에 위치한다. 리온(M. Lyon)은 배아 세포에서 어떤 X 염색체가 불활성화되는지는 독립적으로 일어나는 사건임을 증명하였다. X 염색체 하나가 불활성되어 남성과 여성은 대부분의 동일한 X-연관 유전자량을 갖는다. XIST라 부르는 유전자는 바소체를 형성하는 X 염색체에서 활성화된다. 그것의 RNA 산물은 DNA 메틸화와 X 불활성화를 시작하는 것으로 보인다.

핵심 문제 12.2

색을 구분하는 정상 부부가 두 명의 자식과 7명의 손주를 두었다. 아래의 가계도에서 숫자가 표시된 사람들의 유전자형을 써라. 정사각형은 남자, 원은 여자이며 검게 칠해진 사람은 색맹이다. 색맹에 대하여 정상 대립유전자는 위첨자 N, 열성 대립유전자는 n을 사용하라.

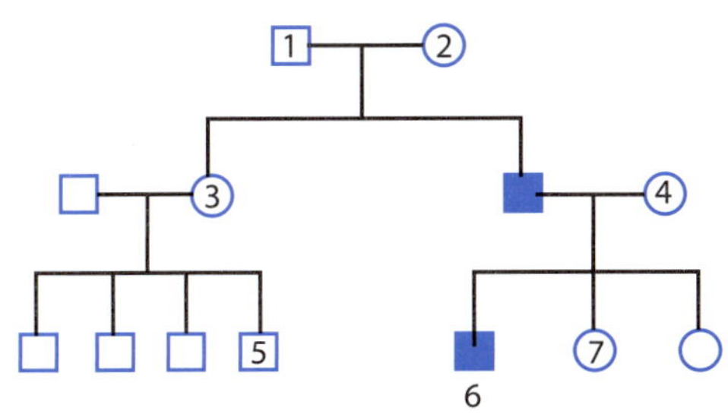

유전자형:

1. ________
2. ________
3. ________
4. ________
5. ________
6. ________
7. ________

12.3 연관된 유전자들은 동일한 염색체의 서로 가까운 곳에 위치하며, 함께 유전되는 경향이 있다

연관 유전자(linked gene)란 무엇인가? 그들은 같은 염색체의 서로 가까운 곳에 위치하는 유전자이며 함께 유전되는 경향이 있다.

연관이 어떻게 유전에 영향을 미치는가? 모건이 F_1 야생형 양성잡종 초파리를 검은 몸과 흔적날개에 대하여 열성 동형접합 초파리와 교배시켰을 때 자손은 예상했던 1:1:1:1의 표현형 비로 나오지 않았다. 자손의 대부분은 P 세대 부모형과 같은 표현형, 즉 야생형(회색 몸, 정상 날개)과 이중 돌연변이(검은 몸, 흔적 날개)였다. 모건은 이러한 형질을 암호화하는 유전자들이 같은 염색체에 위치하기 때문에 함께 유전된다고 추론하였다.

유전자 재조합(genetic recombination) 결과 P 세대 부모의 형질과 다른 조합의 형질이 생긴다.

유전자 재조합과 연관 연관되지 않은 유전자의 재조합을 먼저 생각해 보자. 양성잡종 이형접합자와 이중 열성 동형접합자 사이의 교배를 생각하라. 양성잡종 부모는 네 종류의 배우자를 만든다. 동형접합 부모는 한 종류의 배우자를 만든다. 네 종류의 자손이 태어나고 절반은 부모와 같은 표현형이 동일한 **부모형(parental types)**이다. **재조합형(recombinant types)**이라 부르는 나머지 절반은 두 가지 형질의 새로운 조합을 갖는다. 이처럼 50% 재조합 비율은 두 유전자가 다른 염색체에 위치할 때 관찰된다. 그것은 감수1분열 중기에서 상동염색체 쌍의 임의 배열 결과 생기며 두 개의 연관되지 않은 유전자의 독립 분리가 일어난다.

핵심 문제 12.3

키가 크고 보라색 꽃이 피는 이형접합 완두 식물과 키가 작고 흰색 꽃이 피는 완두 식물 사이의 검정교배에서

a. 부모형 자손의 표현형은 무엇인가?

b. 재조합형 자손의 표현형은 무엇인가?

한편 연관된 유전자들은 독립적으로 분리되지 않고 자손에서 부모형 형질의 재조합형이 관찰될 것으로 기대하지 않을 것이다. 그러나 연관된 유전자의 재조합은 감수1분열 전기 동안 쌍을 이룬 상동염색체의 비자매(부계와 모계) 염색분체 사이에 상호 교환인 **교차(crossing over)** 때문에 생긴다.

교차, 독립 분리, 임의 수정에 의해 만들어진 재조합 염색체는 새로운 대립유전자의 탄생에 기여하며 자연선택에 작용하는 풍부한 유전 변이를 가져온다.

핵심 문제 12.4

연관되지 않은 유전자의 경우 부모형 자손과 재조합형 자손의 수는 같은 수로 나오고, 연관된 유전자의 경우 재조합형 자손보다 부모형 자손이 더 많이 나온다. 그 이유를 설명하라.

재조합 데이터를 이용한 연관 지도 작성: 과학적 탐구 유전자 **지도(genetic map)**는 염색체 상에 유전자들의 순서를 나타낸 것이다. 유전 교배에서 태어난 재조합 자손의 퍼센트를 재조합 빈도(recombination frequency)라 부른다. 스터트에반트(A. H. Sturtevant)는 재조합 빈도가 유전자 사이의 상대 거리를 반영한다고 제안하였다. 더 멀리 떨어져 있는 유전자 사이에 교차가 일어날 확률은 함께 가까이 있는 유전자보다 더 크다. 스터트에반트는 재조합 데이터를 사용하여 **연관 지도(linkage map)**를 만들었으며, 1 **지도 단위(map unit)**는 1% 재조합 빈도와 동일하다고 정의하였다.

같은 염색체에 있는 유전자의 순서는 다른 유전자 쌍 사이의 재조합 빈도를 구하여 결정될 수 있다. 만일 유전자들이 너무 멀리 떨어져 있어 그것들 사이에 교차가 일어날 것이 거의 확실하다면 연관 여부는 알 수 없다. 그것들은 연관되지 않은 유전자들의 재조합 빈도와 똑같은 50%를 나타낼 것이다. 그러한 유전자들은 물리적으로 연관되어 있지만 유전학적으로 연관되어 있지 않다. 같은 염색체에 있으며 멀리 떨어져 있는 유전자들은 그것들과 중간에 위치한 유전자들 사이의 재조합 빈도를 합하여 지도를 작성할 수 있다.

스터트에반트와 동료들은 초파리의 여러 가지 알려진 돌연변이 유전자들이 네 개의 연관 유전자 그룹으로 모여 있음을 발견하였는데 이것은 유전자들이 네 개의 초파리 염색체에 위치하고 있다는 증거를 제시해 준다.

교차 빈도는 염색체의 길이를 따라 다양하고 연관 지도는 염색체에서 순서를 알려주지만 정확한 위치를 제공해 주지 않는다. **세포유전학 지도(cytogenetic map)**는 특정 유전자의 위치를 알려주고, 물리적 지도는 유전자 사이의 DNA 뉴클레오타이드의 수를 알려준다.

핵심 문제 12.5

여러 유전자 쌍에 대한 재조합 빈도가 다음과 같이 결정되었다. 이들 유전자에 대한 연관 지도를 만들고 유전자 사이의 지도 단위 거리를 나타내라.

j, *k*: 12% *j*, *m*: 9% *k*, *l*: 6% *l*, *m*: 15%

12.4 염색체 수나 구조의 이상은 유전병을 일으킨다

비정상적인 염색체 수 한 쌍의 상동염색체가 감수1분열에서 옳게 분리되지 않거나 감수2분열에서 자매염색분체가 분리되지 않을 때 **비분리(nondisjunction)**가 생긴다. 그 결과 어떤 배우자는 그 염색체를 두 개 갖거나 하나도 갖지 못한다. 이들 비정상 배우자와 형성된 접합자는 한 염색체의 수가 비정상인 **이수성(aneuploidy)**을 갖는다. 그 접합자는 그 염색체에 대하여 **3염색체성**(**trisomic**; 염색체 수는 $2n + 1$) 또는 **1염색체성**($2n - 1$)이다. 생존한 이수성 생물체는 일반적으로 비정상적인 유전자량 때문에 여러 증후군을 나타낸다. 초기 배발생에서 생기는 유사분열 비분리도 해를 끼치기 쉽다.

배수성(polyploidy)은 3배체($3n$), 4배체($4n$)에서처럼 생물체가 완전한 염색체 세트를 세 개 이상 갖는 염색체 이상이다. 배수성은 식물계에서 흔히 발견되며 식물의 진화에 중요한 역할을 한다.

핵심 문제 12.6

a. 3염색체성과 3배체의 차이는 무엇인가?

b. 염색체 이상의 결과 생기는 이 두 생물체 중 어느 것이 더 해로운 효과를 나타내기 쉬운가?

염색체 구조의 이상 염색체가 절단되면 염색체 조각을 잃게 되는데 이를 **결실(deletion)**이라 부른다. 자매염색분체(또는 비자매 염색분체)에 결합하는 경우 **중복(duplication)**, 원래 염색체에 반대 방향으로 결합하는 경우 **역위(inversion)**, 또는 비상동염색체에 결합하는 경우 **전좌(translocation)**가 생긴다. 비자매 염색분체에서 부등교차가 일어나거나, 염색분체 사이에 부등 교환이 일어날 때 결실과 중복이 생긴다.

핵심 문제 12.7

두 개의 비상동염색체가 각각 *A-B-C-D-E-F-G-H-I-J* 와 *M-N-O-P-Q-R-S-T*의 유전자 순서를 갖고 있다. 만일 딸세포가 첫 번째 염색체에 *A-B-C-O-P-Q-G-J-I-H* 의 유전자 순서를 갖는다면 어떤 종류의 염색체 이상이 일어났을까?

염색체 이상으로 인한 인간의 유전병 이수성 접합자의 빈도는 사람에서 상당히 높지만 발달에 장애가 많이 일어나 배아는 자연발생적으로 유산된다. 특정 형질의 증후군으로 발현되는 일부 유전병은 이수성 결과 생긴다.

21번 염색체의 3염색체성에 의해 생기는 **다운증후군(Down syndrome)**은 특징적인 얼굴 모양, 작은 키, 고칠 수 있는 심장병, 발달 지연이 수반된다. 다운증후군은 어머니의 나이가 많을 경우 더 많이 생긴다.

XXY 남성은 클라인펠터증후군(Kleinefelter syndrome)을 나타내며 정소가 비정상적으로 작으며, 불임이고, 지능이 약간 낮다. XYY 남성은 대체로 키가 큰 것을 제외하고는 특이한 증후군을 나타내지 않는다.

XXX 여성은 키가 평균보다 약간 더 크고, 학습 능력이 떨어질 위험이 있지만, 건강하고 핵형으로만 구분이 가능하다. 1염색체성 X(XO)는 터너증후군(Turner syndrome)을 나타내고, 표현형적으로 여성이고, 보통 정상 지능을 갖지만 불임이다.

결실이나 전좌와 같은 염색체 구조의 이상은 묘성증후군(cri du chat syndrome)과 만성 골수성 백혈병(chronic myelogenous leukemia, CML) 같은 특정 유전병과 연관되어 있다. 만성 골수성 백혈병을 일으키는 상호 전좌는 작은 필라델피아 염색체(Philadelphia chromosome)를 만든다.

핵심 문제 12.8

대부분의 성염색체 이수성이 상염색체 이수성보다 해가 적은 이유는?

어원

aneu- = without (*aneuploidy*: a chromosomal aberration in which one or more chromosomes are present in extra copies or are deficient in number)

cyto- = cell (*cytogenetic map*: a map of a chromosome that locates genes with respect to chromosomal features distinguishable in a microscope)

hemo- = blood (*hemophilia*: a human genetic disease that is caused by an X–linked recessive allele and characterized by excessive bleeding following injury)

mono- = one (*monosomic*: referring to a diploid cell that has only one copy of a particular chromosome instead of the normal two)

non- = not; **dis-** = separate (*nondisjunction*: an error in meiosis or mitosis in which members of a pair of homologous chromosomes or a pair of sister chromatids fail to separate properly from each other)

poly- = many (*polyploidy*: a chromosomal alteration in which the organism possesses more than two complete chromosome sets; result of an accident of cell division)

re- = again; **com-** = together; **bin-** = two at a time (*recombinant*: an offspring whose phenotype differs from that of the true–breeding P generation parents; also refers to the phenotype itself)

trans- = across (*translocation*: an aberration in chromosome structure resulting from attachment of a chromosomal fragment to a nonhomologous chromosome)

tri- = three; **soma-** = body (*trisomic*: referring to a diploid cell that has three copies of a particular chromosome)

지식의 체계화

1. 멘델의 독립 법칙은 다른 염색체에 있는 유전자에 적용한다. 그러나 멘델이 연구한 유전자 중 적어도 두 개는 같은 염색체에 위치해 있다. 왜 50 지도 단위 이상 떨어진 유전자는 연관되지 않은 유전자처럼 행동하는지 설명하라. 이 유전자들이 연관되어 있는지의 여부를 어떻게 결정할 수 있는가? 그것들 사이의 상대 거리는 얼마인가?

2. 당신은 초파리에서 열성 X-연관으로 예상하는 새로운 돌연변이 표현형을 발견하였다. 당신의 예상을 확인하는 최상의 한 가지 교배는 무엇인가?

3. 사람의 여러 질병 또는 증후군은 염색체 이상과 관련이 있다. 염색체 이상과 관련된 반대의 표현형 효과에 대하여 설명하라.

유전학 문제

유전학을 배우는 가장 좋은 방법 중의 하나는 문제 풀이이다.

1. 다음의 가계도는 어떤 유전 형질의 유전을 추적한 것이다.

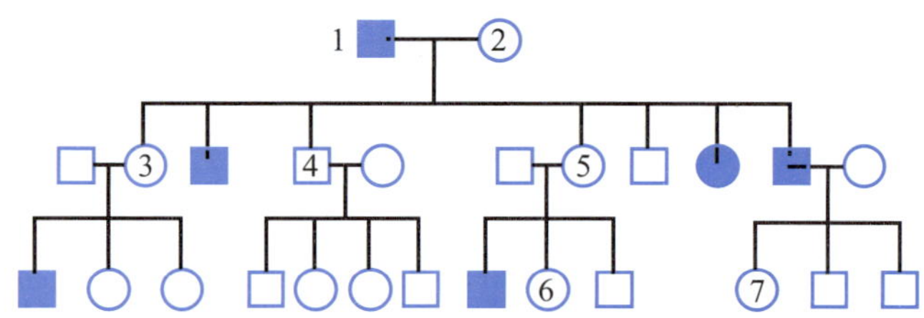

a. 무슨 종류의 유전이 이 형질을 보일까?

b. 이 유전에 대한 적절한 대립유전자를 선택하고 개인 1~7에 대한 유전자형을 써라.

1. ____________ **5.** ____________

2. ____________ **6.** ____________

3. ____________ **7.** ____________

4. ____________

c. 6번과 표현형적으로 정상인 남자의 아이가 이 형질을 가질 확률은?

2. 아래의 재조합 빈도를 사용하여 염색체상에서의 유전자 순서를 결정하라.

a, c:10% a, d: 30% b, c: 24% b, d: 16%

3. 기니피그에서 검은색(B)은 갈색(b)에 대하여 우성이고, 온몸색(S)은 점박이(s)보다 우성이다. 이형접합인 온몸이 검은 기니피그와 갈색의 점박이 기니피그를 교배시켰다. 여러 번

교배에서 얻은 자손은 다음과 같다: 온몸이 검은색 16; 검은 점박이 5; 온몸이 갈색 5; 갈색 점박이 14. 이 유전자들은 연관되어 있는가 연관되어 있지 않은가? 만일 연관되어 있다면 그것들은 몇 지도 단위 떨어져 있는가?

4. X-연관 치사 대립유전자를 갖는 배아는 자연발생적으로 유산을 일으킨다. 한 여성은 이 치사 대립유전자에 대하여 보인자이다. 그녀는 9명의 아이를 가지고 있다. 이 아이들 중 몇 명이 남자라고 생각되는가?

5. 성-연관 우성 대립유전자 *B*는 횡반 플리마우스록에서 보이는 것처럼 검은색에 흰 막대기를 갖는 병아리를 만든다. 한 배의 병아리에서 같은 수의 검은색 병아리와 횡반 병아리가 나왔다. (조류에서 성은 Z-W계에 의해 결정됨을 기억하라: ZZ는 수컷, ZW는 암컷)
   a. 만일 암컷만 검은색으로 나온다면 부모의 유전자형은 무엇인가?
   b. 만일 검은색과 횡반 병아리에서 수컷과 암컷이 똑같이 나온다면 부모의 유전자형은 무엇인가?

지식의 검증

선다형 문제: 가장 옳은 답을 고르시오.

1. 다음 설명 중 어느 것이 유전의 염색체 이론의 일부인가?
   a. 유전자는 염색체상에 위치한다.
   b. 상동염색체와 그것과 관련된 유전자는 감수분열 동안 분리된다.
   c. 염색체와 그것과 관련된 유전자는 배우자 형성에서 독립적으로 분리된다.
   d. 멘델의 유전 법칙은 감수분열에서 염색체의 행동과 관련 있다.
   e. 모두 맞음

2. 야생형은 ________________
   a. 자연에서 가장 흔히 발견되는 표현형이다.
   b. 우성 대립유전자이다.
   c. 소문자로 나타낸다.
   d. X 염색체에서 발견되는 형질이다.
   e. 보통의 애완 동물이다.

3. 성-연관 형질은?
   a. 상염색체에 위치하며 수컷에서만 발현된다.
   b. 성염색체에 위치한 유전자에 의해 암호화된다.
   c. 종의 성 결정 시스템에 의해 한쪽 성에서만 발견된다.
   d. 포유류와 초파리에서는 항상 암컷으로부터 유전된다.
   e. 유전자가 아버지 또는 어머니로부터 물려받았는가에 따라 다르다.

4. 다음 중 어느 것에서 바소체를 발견할 수 있다고 기대하는가?
   a. 난자　　b. 정자
   c. 남성의 간세포　　d. 여성의 간세포
   e. 미토콘드리아

5. 야생형 빨간 눈 암컷과 보라색 눈 수컷 초파리를 교배하면 모두 빨간 눈 자손이 나온다. 만일 그 유전자가 X-연관이라면 다음 중 어느 것이 상호교배일까(보라색 눈 암컷 X 빨간 눈 수컷)? (빨간 눈 대립유전자는 보라색 눈 대립유전자에 대하여 우성으로 생각하라.)
   a. 모두 보라색 눈 초파리
   b. 빨간 눈 초파리 3: 보라색 초파리 1
   c. 암컷과 수컷에서 빨간 눈 초파리 1: 보라색 눈 초파리 1
   d. 빨간 눈 암컷과 보라색 눈 수컷
   e. 모두 빨간 눈 초파리

6. 같은 염색체에 대한 연관과 세포유전학적 지도는?
   a. 둘 다 돌연변이 표현형과 재조합 데이터에 근거한다.
   b. 유전자의 순서가 다를 수도 있다.
   c. 둘 다 유전자의 순서와 유전자 사이의 거리가 같다.
   d. 유전자의 순서는 같지만 유전자 사이의 거리는 다르다.
   e. 염색체 이상을 사용하여 만들어진다.

7. 양성잡종 검정교배로부터 나오는 자손의 1:1:1:1 비율이 나타내는 것은?
   a. 유전자들이 연관되어 있다.
   b. 우성 생물체가 동형접합이다.
   c. 교차가 일어났다.
   d. 유전자들은 25 지도 단위씩 떨어져 있다.
   e. 유전자들은 연관되어 있지 않거나 50 지도 단위 이상 떨어져 있다.

8. 유전자 *A*와 *B*가 연관되어 있고 12 지도 단위 떨어져 있다. 부모가 *AAbb*와 *aaBB*인 이형접합 개체는 다음 중 어떤 빈도의 배우자를 만들까?
   a. 44% *AB*　6% *Ab*　6% *aB*　44% *ab*
   b. 6% *AB*　44% *Ab*　44% *aB*　6% *ab*
   c. 12% *AB*　38% *Ab*　38% *aB*　12% *ab*
   d. 6% *AB*　6% *Ab*　44% *aB*　44% *ab*
   e. 38% *AB*　12% *Ab*　12% *aB*　38% *ab*

9. 다음 염색체 이상 중 어느 것이 유전자 균형을 바꾸지 않지만 유전자 발현과 표현형에 영향을 미치는가?
   a. 결실　　b. 역위
   c. 중복　　d. 똑같지 않은 중복
   e. 비분리

10. 갑골무늬 암컷 고양이는 검은 털색 또는 오렌지 털색을 결정하는 X-연관 유전자에 대하여 이형접합이다. 갑골무늬 수컷 고양이는?
    a. 생길 수 없다.
    b. 이 좌위에서 반접합성이다.
    c. 비분리 결과 생기고 각 세포에는 바소체를 가지고 있다.
    d. 각 세포에는 하나는 아버지로부터, 다른 하나는 어머니로부터 물려받은 두 개의 털색 대립유전자를 갖고 있다.
    e. 자웅동체일 것이다.

11. 멘델의 완두 특징에 대한 여러 개의 유전자가 물리적으로 연관되어 있지만 유전학적으로 연관되지 않았다고 말할 때 그것이 의미하는 뜻은?
    a. 유전자들은 같은 염색체에 존재하지만 그것들은 50 지도 단위 이상 떨어져 있다.
    b. 유전자들이 위치하는 염색체가 중기에 함께 이동할지라도 그것들은 독립적으로 분리된다.
    c. 그것들의 대립유전자들은 감수1분열 후기에 분리되고 각 배우자는 모든 이 유전자에 대한 하나의 대립유전자를 받는다.
    d. 이 유전자들을 가지고 양성잡종 교배를 하면 그것들이 같은 염색체에 위치하더라도 50% 이상의 재조합 자손이 만들어진다.
    e. 멘델은 이 유전자 쌍을 가지고 교배를 하지 않았기 때문에 이 유전자들이 같은 염색체에 있는지 결정하지 못하였다.

12. 순종의 두 초파리를 교배하였다: 정상 날개, 빨간 눈 암컷과 미니 날개, 자홍색 눈색 수컷. F_1은 모두 정상 날개와 빨간 눈을 가졌다. F_1 자손을 미니 날개, 자홍색 눈색 초파리와 교배했을 때 다음과 같이 자손을 얻었다.

    233 정상 날개, 빨간 눈
    247 미니 날개, 자홍색 눈
    7 정상 날개, 자홍색 눈
    13 미니 날개, 빨간 눈

    이 교배 결과로부터 당신은 미니 날개와 자홍색 눈에 대한 대립유전자가 다음과 같다는 결론을 얻었다.
    a. 두 유전자 모두 X-연관이고 우성이다.
    b. 상염색체에 위치하고 우성이다.
    c. 열성이고, 두 유전자는 4 지도 단위 떨어져 있다.
    d. 열성이고, 두 유전자는 20 지도 단위 떨어져 있다.
    e. 열성이고, 기댓값 9:3:3:1로부터 벗어나는 것은 상위 때문이다.

13. 유전자 재조합에 대한 다음 진술 중 사실이 아닌 것은?
    a. 연관된 유전자의 재조합은 교차에 의해 일어난다.
    b. 연관되지 않은 유전자의 재조합은 염색체의 독립 분리에 의해 일어난다.
    c. 유전자 재조합 결과 양쪽 부모의 표현형과 다른 형질의 조합을 갖는 자손이 생긴다.
    d. 두 유전자가 한 염색체에서 50 지도 단위 떨어져 있을 때 재조합 자손의 수는 부모형 자손의 수보다 많다.
    e. 재조합 자손의 수는 한 염색체에 있는 두 유전자 좌위 사이의 거리에 비례한다.

14. 초파리에서 날개 모양에 대한 X-연관 대립유전자가 불완전 우성을 나타낸다고 가정하자. X^+ 대립유전자는 뾰족한 날개를 암호화하고, X^r은 둥근 날개를 암호화한다. X^+X^r 개체는 타원형 날개를 갖는다. 타원형 날개를 갖는 암컷과 둥근 날개를 갖는 수컷 사이의 교배에서 다음과 같은 자손이 관찰되었다: 타원형 암컷, 둥근 날개 암컷, 뾰족한 날개 수컷, 둥근 날개 수컷. 아주 적은 수의 뾰족한 날개 암컷이 관찰되었는데, 세포학적 연구 결과 그 암컷은 두 개의 X 염색체를 갖는 것으로 밝혀졌다. 다음 사건 중 어느 것이 희귀한 자손을 설명할 수 있을까?
    a. 두 X 염색체 사이의 교차
    b. X와 Y 염색체 사이의 교차
    c. 감수2분열에서 두 X^+ 염색분체 사이의 비분리
    d. X와 Y 염색체 사이의 비분리로 인하여 성염색체가 없는 정자가 만들어짐
    e. c와 d가 함께, 즉 XX 난자가 성염색체가 없는 정자와 수정되었을 때, X^+X^+ 암컷을 만들 수 있다.

15. 사춘기를 겪지 않는 일부 소녀들은 외형은 여자이지만 XY 유전자형을 갖는 스와이어 증후군으로 밝혀졌다. 아래 진술 중 어느 것이 이 증후군의 원인을 설명할 수 있는가?
    a. X 염색체를 감싸 X 불활성화를 시작하게 하는 RNA 분자를 암호화하는 *XIST* 유전자에 돌연변이가 일어났다.
    b. 어머니로부터 난자에서 비분리 결과 성염색체가 모두 아버지로부터 오도록 만들었다.
    c. 이 사람들은 실제로 XXY이다. 두 번째 X는 바소체로 응축되기 때문에 관찰되지 않는다. 그들은 작은 정소를 가지며 불임이지만 그것을 제외하면 여성처럼 보인다.
    d. Y 염색체에 있는 *SRY* 유전자의 돌연변이나 결실이 일어나 정소의 발달과 남성 표현형에 필요한 남성 호르몬의 생산을 방해했다.
    e. X 염색체의 일부가 Y 염색체로 전좌되어 여성-결정 유전자의 양이 두 배로 되었다.

13장

유전의 분자적 기초

핵심

이 장은 DNA가 유전물질이라는 핵심 증거들을 대략적으로 약술한다. 왓슨(James Watson)과 크릭(Francis Crick)의 이중나선 구조는 가장자리에 비틀려 있는 밧줄 형태로 인산-당이 있고 질소함유 염기쌍이 가로대 구조로 존재한다. 이것에 대한 3차원 모형은 DNA가 다양한 정보를 부호화하고 반보존적 복제 기작을 통해 자기 자신을 정확하게 복제할 수 있다는 것을 설명한다. DNA 복제에는 많은 효소와 단백질이 관여되어 있고 매우 빠르고 정확하게 진행된다. 진핵세포 염색체는 DNA와 단백질 복합체이고 세포 분열주기에 따라 패킹되는 정도가 다르다. DNA의 구조와 복제에 대한 이해는 다양한 유전공학 기술의 발전을 가져왔다.

복습

디옥시리보핵산, 즉 DNA는 한 세대에서 다음 세대로 유전물질을 전달하고 생명체의 생화학적, 해부학적, 물리적 그리고 행동적 특징을 지시하고 조절하는 청사진들을 부호화한다. DNA는 **DNA 복제 과정(DNA replication)**을 통해 정확하게 복사된다.

13.1 DNA는 유전물질이다

유전물질에 대한 탐구: 과학적 탐구 염색체는 유전정보를 가지고 있고 단백질과 DNA로 구성되어 있다. 1940년대까지는 유전물질 후보로서 단백질이 가장 가능성이 높아 보였다. DNA 역할에 대한 이해는 세균이나 바이러스와 같은 미생물을 가지고 진행되었다.

1928년에 그리피스(Frederick Griffith)는 두 종류의 폐렴쌍구균(*Streptococcus pneumoniae*)에 대해서 연구하였다. 그는 열처리로 죽은 병원성 균주를 살아 있는 해롭지 않은 비병원성 균주와 섞어주었을 때, 살아 있는 세포의 일부가 병원성을 가졌다. 이러한 세균은 **형질전환(transformation)**이라고 하는 과정을 통해서 외부의 유전물질을 흡수하였고 유전자형과 표현형에 변화를 야기하였다.

에이버리(O. Avery)는 열처리로 죽은 병원성 균주에서 DNA, RNA, 단백질을 취하여 형질전환 물질을 발견하는 연구를 하였다. 1944년 에이버리, 맥카티, 맥레오드는 DNA가 세균을 형질전환시키는 물질이라고 공표하였다.

바이러스(virus)는 단백질 외투 안에 DNA(혹은 RNA)를 내포한다. 그들은 세포에 감염하여 세포의 대사 기구를 이용하여 자신을 재생산한다. **박테리오파지(bacteriophage)**, 즉 **파지(phage)**는 세균에 감염하는 바이러스이다. 1952년, 허시(Alfred Hershey)와 체이스(Martha Chase)는 DNA가 대장균(*E. coli*)을 감염시키는 T2라고 알려진 파지의 유전물질이라는 것을 보여주었다.

1950년 샤가프(E. Chargaff)는 DNA에서 4종류의 질소를 함유한 염기의 조성이 생물종에 따라서 다양하다는 것을 보고하였다. 그는 아데닌과 티민의 수, 구아닌과 사이토신의 수가 대략적으로 일치하는 것을 발견하였다. 생물종에 따라 염기구성이 다양하고 A = T, G = C DNA 특징은 샤가프 법칙(chargaff's rule)으로 알려졌다.

핵심 문제 13.1

허시와 체이스는 방사성 황과 방사성 인을 이용하여 세포 감염 T2 파지의 유전물질로서 작용하는 것이 단백질과 DNA 중에서 어느 것인지 알아보는 실험을 고안하였다.

a. 그들은 어떻게 파지 단백질을 표지하였는가?

b. 그들은 어떻게 파지 DNA를 표지하였는가?

서로 다르게 표지한 T2로 대장균을 각각 감염시킨 후, 그들을 믹서로 휘젓은 후 원심분리하여 세균을 상대적으로 가벼운 바이러스 분자들과 분리하였다.

c. 표지된 파지 단백질을 가진 시료들에서 방사성 동위원소는 어디에 발견되는가?

d. 표지된 파지 DNA를 가진 시료들에서 방사성 동위원소는 어디에 발견되는가?

e. 허시와 체이스는 이러한 결과를 보고 결론지은 것은 무엇인가?

DNA의 구조적 모형 구축: 과학적 탐구 1950년대 초반에 단일 중합체 핵산이 가지고 있는 공유결합의 배열에 대해서는 알려져 있었지만 DNA의 3차원 구조는 아직 규명되어 있지 않았다.

X선 결정학에서 어떤 물질을 통과한 X선은 얼룩의 이미지를 가진 X선 회절사진을 생성하면 결정학자들은 이러한 분자의 3차원 구조에 대한 정보를 추론한다. 왓슨은 프랭클린(Rosalind Franklin)이 찍은 DNA X선 회절사진을 보게 되었는데, 그 사진으로부터 그들은 DNA는 두 가닥으로 되어 있고 나선형 구조, 즉 **이중나선(double helix)**일 것이라는 단서를 얻게 되었다.

왓슨과 크릭은 질소염기들이 분자의 안쪽에 있고 바깥쪽에 당-인산 골격이 서로 **역평행(antiparallel)**, 즉 역방향성을 갖는 이중나선 구조의 모형을 제작하였다. 골격을 따라 나선형으로 완전히 한 바퀴 돌 때 그 길이가 3.4 nm에 해당하며 한 바퀴 돌 때마다 10개의 염기쌍이 0.34 nm 간격으로 층을 이루어 배열된다.

2 nm 지름의 이중나선 구조가 되기 위해서는, 퓨린 염기는 반드시 피리미딘 염기와 쌍을 이루어야 한다. 아데닌은 티민하고만 두 개의 수소결합을 형성할 수 있고 구아닌은 사이토신하고만 세 개의 수소결합을 형성할 수 있다. 이러한 상보적 쌍은 샤가프 법칙의 원리를 설명해준다.

1953년, 왓슨과 크릭은 DNA 분자 구조는 이중나선이다는 것을 네이처에 출판하였다.

핵심 문제 13.2

다음 그림에 표지하여 DNA 구조를 고찰하시오.

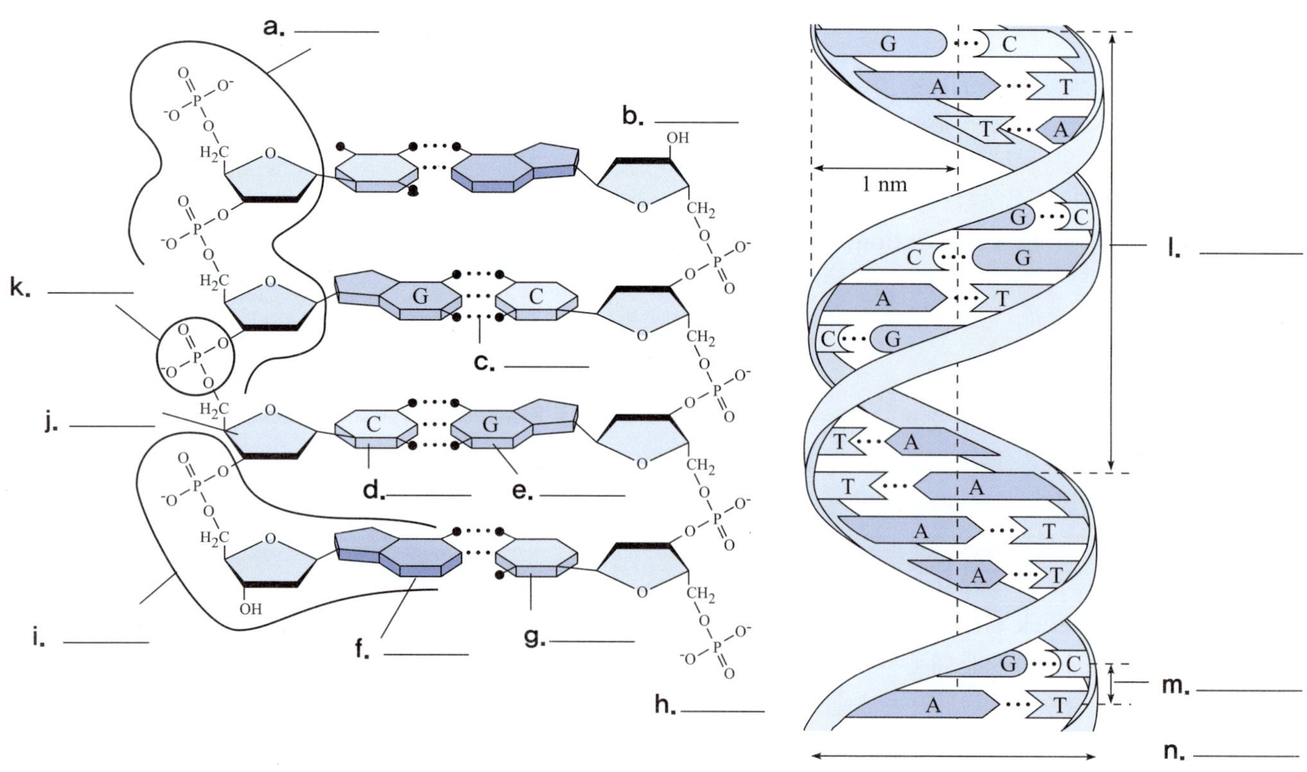

13.2 많은 단백질이 DNA 복제와 수선에 관여한다

기본원리: 주형가닥에 상보적인 염기쌍 형성 왓슨과 크릭은 "DNA 염기쌍 형성 규칙이 복제기작의 근간이다"라고 언급했다. 이중나선의 한 쪽은 다른 가닥에 대해 상보적이다. 두 가닥이 분리되어 각 가닥은 주형으로 역할을 하여 "양친" 분자와 같은 이중나선을 다시 만든다.

반보존적 복제 모형(semiconservative model)은 이중나선 구조 DNA가 복제될 때, 새롭게 생성된 두 개의 딸 DNA는 양친 분자에서 존재했던 옛 가닥과 새롭게 형성된 하나의 가닥을 각각 갖는다는 것이다. 대조적으로 보존적 복제 모형(conservative model)은 복제 후에 양친 사슬이 다시 생성되고 복제된 분자는 완전히 다른 새로운 것이 나오는 것을 기대한다. 분산적 복제 모형(dispersive model)은 DNA 복제 이후 4개의 가닥 모두가 양친 것과 새 것의 혼합이라는 것이다.

메셀슨(Matthew Meselson)과 스탈(Franklin Stahl)은 대장균을 무거운 질소, ^{15}N가 포함된 뉴클레오타이드 전구체를 함유하고 있는 배지에서 배양하여 이러한 가설을 검증하는 실험을 고안하였다. 동위원소로 표지된 세균을 더 가벼운 질소인 ^{14}N 배지로 옮겨 배양하였다. 시료를 DNA가 한 번 복제된 후에 취하고, 또 다른 샘플은 복제가 또 다시 일어났을 때 취한 후, DNA를 분리하고 원심분리하였다. 원심분리 튜브 안에 밀도가 다른 밴드들이 섞여서 존재하는 실험 결과를 보고 DNA의 복제가 반보존적으로 이루어진다는 가설이 옳다는 것을 알게 되었다.

핵심 문제 13.3

대장균을 ^{15}N을 포함한 배양액에서 ^{14}N을 포함한 배양액으로 옮긴 후, 두 번 복제가 지난 후에 형성된 DNA 분자를 무거운(양친) 그리고 가벼운(새로운) DNA들을 각각 다른 색을 사용하여 그려 보시오.

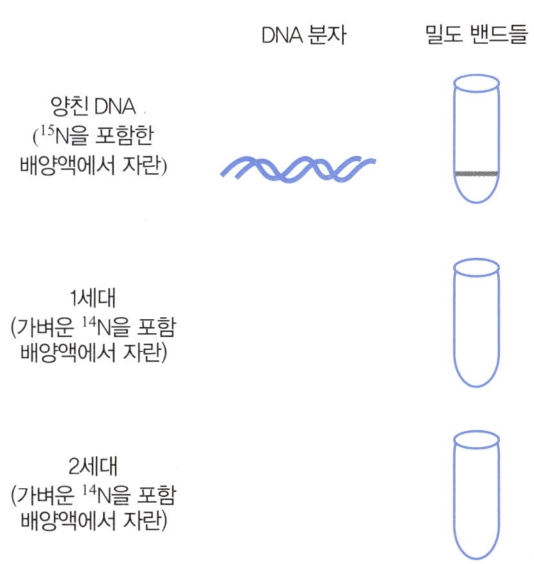

DNA 복제: 자세히 살펴보기 대부분의 세균 염색체는 단일 **복제원점(origins of replication)**에서 복제를 시작하는데, 복제를 시작하는 단백질은 특정 염기서열에 결합하여 두 가닥의 DNA를 분리시켜 복제 "기포"를 형성한다. 복제는 양끝에 Y 모양으로 생긴 **복제분기점(replication fork)**에서 양방향으로 진행된다.

헬리케이스(helicase)라 불리는 효소는 복제분기점에서 나선을 풀어 양친가닥을 분리한다. **단일가닥결합단백질(single-strand binding protein)**은 분리된 가닥들이 주형가닥으로 이용될 때까지 쌍을 이루지 못하게 한다. 두 가닥이 분리되면서 복제분기점의 앞쪽은 강하게 꼬이게 되는데, DNA 회전효소(topoisomerase)는 이러한 과도한 꼬임을 완화시키는 작용을 한다. **프리마아제(primase)**라는 효소는 5~10개 RNA 뉴클레오타이드를 양친 가닥에 염기쌍이 되는 시발체를 합성하여 새로이 DNA 가닥을 시작하게 한다.

DNA 중합효소(DNA polymerase)라는 효소는 뉴클레오타이드를 새로운 DNA 가닥의 말단에 연결한다. DNA 중합효소 III와 DNA 중합효소 I이 대장균의 복제에 관여한다. 진핵세포에서는 지금까지 적어도 서로 다른 11개 DNA 중합효소가 발견되었다. 각각의 뉴클레오타이드는 주형가닥 DNA를 따라 상보적으로 정렬된다. 두 개의 인산기를 가진 피로인산 분자가 떨어져 나가고, 이 분자들은 가수분해되어 두 개의 무기인산(ⓟi)으로 되는데 이것은 중합에 필요한 에너지를 공급한다.

DNA 분자의 두 가닥이 역평행이라는 것은 무엇을 의미한가? 각 가닥에는 방향성이 있고 서로 반대 방향을 향하고 있다. 각 뉴클레오타이드의 디옥시리보오스 당은 5′ 탄소에 인산기와 연결되어 있고 다음 잔기 인산기와는 3′ 탄소를 통행해서 연결되어 있다. 이와 같이 DNA 가닥의 방향성은 첫 뉴클레오타이드 인산이 있는 5′ 말단에서 3′ 탄소에 수산기를 가지고 있는 3′ 말단으로 신장된다.

핵심 문제 13.4

핵심 문제 13.2로 돌아가 DNA 분자의 왼쪽 가닥의 5′과 3′ 말단을 표지하시오.

DNA 중합효소는 신장되는 DNA 가닥 혹은 시발체의 3′ 말단에만 뉴클레오타이드를 붙인다. DNA는 5′ → 3′ 방향으로 복제된다. **선도가닥(leading strand)**은 DNA 중합효소 III(DNA pol III)이 진행되고 있는 복제분기점에 남아 있으면서, 상보적인 가닥을 따라 새롭게 연속적으로 형성되는 가닥이다.

지체가닥(lagging strand)은 **오카자키 절편(Okazaki fragment)**이라고 불리는 짧은 조각들로 합성된다. 이들은 복제분기점에서 멀어지는 방향으로 5′ → 3′ 방향으로 신장된다.

지체가닥에서는 각 오카자키 절편마다 시발체가 필요하다. DNA 중합효소 I(DNA pol I)이 RNA 시발체를 DNA로 대체하고 **DNA 연결효소(DNA ligase)**라 불리는 효소가 절편들의 당-인산 골격을 연결하여 연속적인 DNA 가닥을 형성하도록 한다.

복제에 관여하는 여러 단백질들은 DNA 복제 복합체를 형성한다. 진핵세포에서 많은 그러한 복합체들은 핵구조체에 부착되어 있고 DNA 중합효소들은 그들을 통해 양친 DNA 가닥을 잡아당기는 것으로 생각한다.

핵심 문제 13.5

세균 DNA 복제의 그림에 다음 것들을 표지하시오: 선도가닥과 지체가닥, 오카자키 절편, DNA 중합효소 III, DNA 중합효소 I, DNA 연결효소, 헬리케이스, 단일가닥결합단백질, 프리메이스, RNA 시발체, 양친 가닥의 5′ 과 3′ 말단.

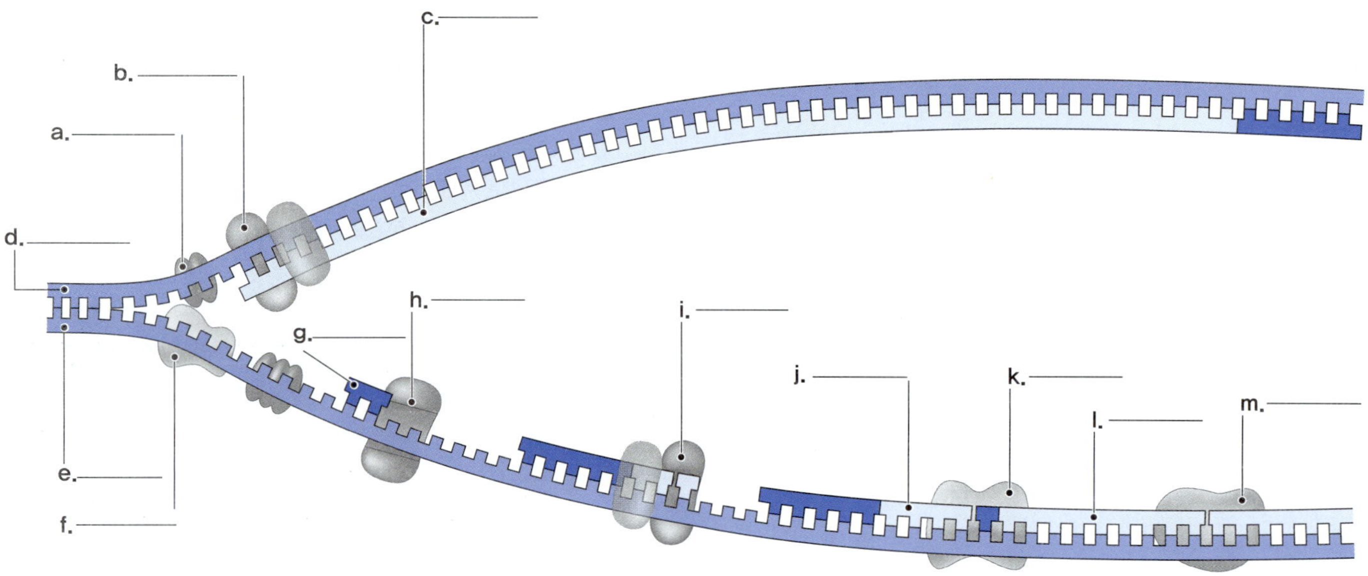

DNA 교정과 수선 뉴클레오타이드 정렬에서 초기 염기쌍 오류는 100,000 염기쌍 중에서 1번의 오류를 가질 정도로 빈번히 일어난다. DNA 복제의 놀라운 정확성(100억 개의 뉴클레오타이드 중에서 한 개의 확률로 오류)은 DNA 중합효소가 주형에 맞춰 형성된 새로운 가닥에 대한 뉴클레오타이드를 검증하고 교정하기 때문이다. 다른 효소들 또한 잘못된 염기쌍을 수선하는데 이러한 과정을 **짝짝이 수선(mismatch repair)**이라 한다

많은 다른 DNA 수선 효소들이 손상된 DNA를 점검하고 손상된 DNA를 수선한다. **뉴클레오타이드 절제수선(nucleotide excision repair)**에서 손상된 DNA는 **핵산가수분해효소(nuclease)**라는 효소에 의해서 절단되고, 틈은 DNA 중합효소와 연결효소의 작용을 통해서 채워진다. 피부세포에서 뉴클레오타이드 절제수선은 햇빛의 자외선으로 인해 손상에 의해서 야기된 티민 2합체(thymine dimer)를 자주 교정한다.

변이된 DNA 뉴클레오타이드의 진화적 의의 교정되지 않은 불일치된 뉴클레오타이드가 복제되고 그 변이된 염기가 딸세포(돌연변이가 배우자에 있다면 자손)에 전달되면 돌연변이(mutation)가 일어난다. 그러한 돌연변이의 대부분은 치명적이지만 이러한 영구적 유전 변화는 자연도태가 작동되도록 한다.

DNA 분자의 말단 부위 복제 DNA 중합효소들은 복제되고 있는 DNA 가닥의 5′ 말단에 새로운 뉴클레오타이드를 첨가할 수 없기 때문에 반복된 복제는 선형 DNA를 더욱더 짧아지도록 한다. **텔로미어(telomere)**라고 불리는 수많은 반복적인 짧은 뉴클레오타이드는 반복되는 DNA 복제로 인한 소실로부터 생물체의 유전자를 보호한다.

텔로미어의 짧아지는 성질은 체세포의 세포분열을 제한하게 된다. 진핵세포 배우자를 생성하는 생식세포에서 **텔로**

머레이스(telomerase)라는 효소는 텔로미어를 길게 하여 염색체의 말단 부위에 존재하는 유전자들을 보호한다. 어떤 암세포들은 텔로머레이스를 생성하여 통제되지 않은 세포분열을 야기하기도 한다.

13.3 염색체는 DNA와 단백질로 구성되어 있다

세균의 이중나선 원형 DNA 분자(소량의 단백질과 같이)는 슈퍼코일 상태로 있고 **핵양체(nucleoid)**라고 불리는 부분에 밀집되어 있다.

진핵세포에서 각 염색체는 한 개의 매우 긴 선형 DNA 이중나선 구조로 되어 있고 많은 양의 단백질과 결합하고 있으며 **염색질(chromatin)**이라 불리는 복합체를 형성한다. 이러한 DNA는 코일링과 접힘의 여러 단계를 거친 구조를 통해 핵에 들어 있다.

히스톤(histone)은 작고 음전하를 띤 DNA와 단단하게 결합되어 있는 양전하를 띠고 있는 단백질이다. 응축되어 있지 않은 염색질은 실에 감긴 구슬처럼 보이고 각 구슬은 4종류의 히스톤 단백질이 각각 2개씩인 단백질 복합체에 DNA가 감겨 있는 모양으로 되어 있는 **뉴클레오솜(nucleosome)**이다. 구슬 사이에 "실"은 링커 DNA라 불린다. 8개의 각 히스톤의 아미노 말단 꼬리(히스톤 꼬리)는 뉴클레오솜 바깥으로 뻗어 있다. 지름이 10 nm이어서 10 nm 섬유라 불리기도 하는 뉴클레오솜은 DNA 응축의 기본 단위에 해당된다.

30 nm 섬유는 다섯 번째 히스톤 H1의 도움을 받은 뉴클레오솜들, 히스톤 꼬리, 링커 DNA들이 매우 조직적으로 응축되어 있는 섬유 구조이다. 30 nm는 다음 단계로 단백질로 구성된 염색체 골격(scaffold)에 붙어 있는 고리 모양 도메인(looped domain)이라고 불리는 형태를 띠게 되는데 300 nm 섬유 단계가 된다. 중기 염색체에서 고리 모양 도메인은 코일화되고 접히게 되어 광학현미경으로도 볼 수 있는 폭이 700 nm인 염색분체로 응축한다.

어떤 DNA 응축 구조는 간기 염색체에서 매우 뚜렷하다. **이질염색질(heterochromatin)**이라 불리는 어떤 지역은 간기 동안에 매우 응축되어 있는 상태로 존재한다. 진정염색질이라 불리는 간기 염색질의 덜 응축되어 있는 구조는 유전자 전사에 유용하다.

핵심 문제 13.6

중기 염색체에 응축되는 여러 단계를 복잡성이 증가하는 순서로 열거하시오.

13.4 DNA 구조와 복제에 대한 이해는 유전공학을 가능하게 한다

DNA의 두 가닥이 서로 상보적이라는 성질은 **핵산 잡종화(nucleic acid hybridization)**의 기초가 된다. 핵산의 한 가닥이 다른 가닥의 상보적인 염기서열에 염기쌍을 이루는 것은 응용 목적으로 유전자를 조작하는 **유전공학(genetic engineering)**에서 사용되는 거의 모든 기술의 근간이 된다.

DNA 클로닝: 유전자나 다른 DNA 절편의 대량 복제 DNA 클로닝에서 이용하는 방법들 중 하나는 세균의 **플라스미드(plasmid)**를 이용하는 것이다. 여러 세균 중에서 대장균이 가장 흔하게 이용된다. **재조합 DNA(recombinant DNA)**는 다른 생물종의 뉴클레오타이드들이 체외에서 같은 DNA 분자로 합해져 있는 상태를 일컫는데, 이것은 외부의 DNA를 플라스미드에 집어넣어 만들어진다. 재조합 플라스미드를 다시 박테리아 세포에 넣어주면 반복적인 세포분열을 통해 유전적으로 동일한 클론(clone)을 복제하게 된다. 이와 같이 **유전자 클로닝(gene cloning)**은 어떤 유전자를 대량으로 복제 공급하고 외부의 DNA에 의해서 부호화되는 단백질을 생산하는 경우에도 또한 이용된다.

재조합 DNA 생산을 위한 제한효소의 이용 제한핵산내부가수분해효소, 즉 **제한효소(restriction enzyme)**는 파지 혹은 다른 생명체에서 오는 외부 DNA를 절단하여 박테리아 세포 내로 들어오는 것을 막는다. 대부분의 제한효소는 **제한효소자리(restriction site)**라고 불리는 길이가 짧은 염기서열을 인지하고 특정 부위에 DNA 두 가닥을 자른다. 세포들은 자신의 제한효소자리에 메틸기를 첨가함으로써 제한효소로부터 자신의 DNA를 보호한다.

제한효소는 DNA의 여러 부위에서 절단하여 다양한 크기의 DNA 분자를 만들고 결과적으로 생겨나는 **제한효소절편(restriction fragment)**은 **젤 전기영동(gel electrophoresis)**으로 가시화될 수 있다. DNA 분자는 그들의 인산기가 음전하를 띠기 때문에 아가로즈 젤에서 전기영동을 하면 양극 쪽으로 이동한다. 이러한 젤은 어떻게 여러 종류의 절편을 서로 분리하는가? 선형 DNA 분자들은 그들의 길이에 반비례하며 이동하여 그 결과 젤에서 크기에 따른 밴드 패턴을 보여준다.

제한 부위들은 대부분 대칭적이다. 4~8개의 동일 염기가 반대 방향으로 양쪽 가닥에 존재한다. 가장 유용한 제한효소는 엇갈린 방법(staggered way)으로 DNA 두 가닥의 인산화 당구조를 절단하여 양가닥 제한효소절편들이 점착말단(**sticky end**)이라고 불리는 단일가닥 말단을 가지게 한다.

여러 종류의 DNA 분자들을 동일한 제한효소로 절단하여 절단된 DNA의 상보적인 점착말단들이 수소결합 염기쌍을 형성하게 함으로써 실험실에서 다른 종의 DNA들을 재조합할 수 있다. DNA 연결효소는 이들 가닥들의 틈을 봉합하는 데 사용된다.

핵심 문제 13.7

다음 DNA 염기서열 중 어느 것이 제한효소를 위한 제한효소자리로 가장 잘 기능하는가? 그 이유는?

··CAGCAG·· ··GTGCTG·· ··GAATTC
··GTCGTC·· ··CACGAC·· ··CTTAAG

클로닝 벡터(cloning vector)는 외부 DNA를 세포 안으로 전달하고 복제할 수 있는 DNA 분자이다. 박테리아 세포에 들어온 재조합 플라스미드들은 박테리아가 복제할 때 외부 DNA를 복제한다.

핵심 문제 13.8

다음 도식 그림은 유전자 클로닝을 묘사한다. a~g를 채우시오. 이 과정의 세 가지 단계에서 일어나고 있는 것을 간단하게 기술하시오. 3단계에서 생성된 세균들은 어떤 목적을 위하여 사용되는가? 두 가지 목적을 적으시오.

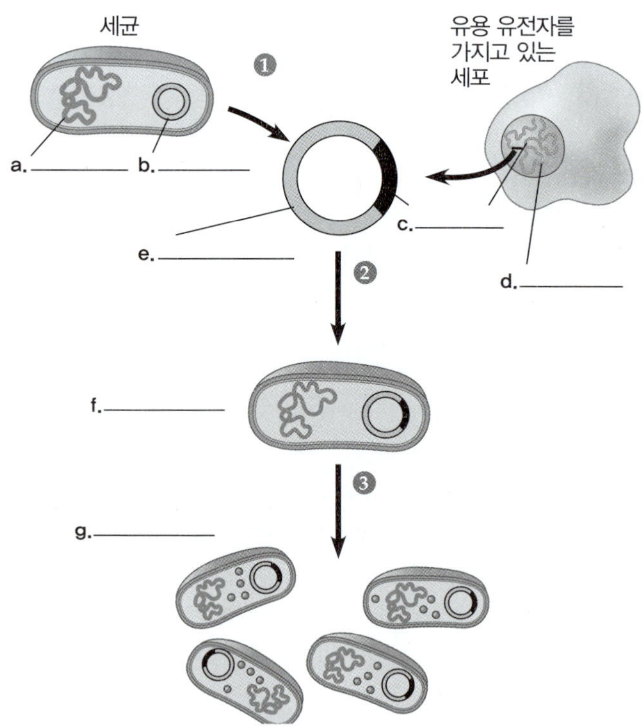

시험관 안에서의 DNA 증폭: 중합효소연쇄반응(PCR)과 클로닝에 이용 **중합효소연쇄반응(polymerase chain reaction, PCR)**이라고 하는 기술을 사용하여 몇 시간 내에 DNA 조각을 수십억 배로 증폭할 수 있다. 목적 부위를 포함하는 DNA를 4종류의 뉴클레오타이드, 열에 안정적인 DNA 중합효소, 목적 DNA의 양쪽 말단에 상보적인 서열을 가지는 짧은 단일가닥의 DNA 시발체와 섞고 방치한다. DNA 가닥을 변성(분리)하기 위해서 반응 혼합물을 매우 높은 온도에 방치한 후, 시발체가 결합(수소결합)할 수 있도록 낮은 온도에 방치한다. 그러면 DNA 중합효소가 시발체의 3′ 말단에 뉴클레오타이드를 더하게 된다. 시료는 다시 열이 가해지고 그 과정이 반복된다. 목적 DNA 조각을 시작물질에서 정제할 필요가 없을 뿐만 아니라 아주 미세한 양으로 존재하여도 증폭은 가능하다.

핵심 문제 13.9

a. 세포에 있는 유전자를 클로닝할 때 PCR이 종종 미리 사용되는데 그 이유는?

b. PCR이 엄청난 증폭을 매우 빠르게 하는데 왜 세포에서 유전자 클로닝을 하는가?

DNA 염기서열 결정 유전자의 모든 염기서열 결정은 상보적 염기쌍의 원리에 근거한다. 소위 합성에 의한 서열 결정 기술에서는 **DNA 염기서열 결정(DNA sequencing)**에 단일 주형가닥이 사용되고, DNA 중합효소와 다른 시약들을 첨가하여 상보적인 가닥을 합성하게 하고 전기적 검출법으로 서열을 결정한다. "3세대" 염기서열화 기술은 기존의 기술보다 더 빠르고 더 저렴화되고 있다.

어원

helic- = a spiral (*helicase*: an enzyme that untwists the double helix of DNA at replication forks, separating the two strands and making them available as template strands)

-phage = to eat (*bacteriophage*: a virus that infects bacteria)

trans- = across (*transformation*: a change in genotype and phenotype due to the assimilation of external DNA by a cell)

지식의 체계화

1. 왓슨과 크릭이 DNA 이중나선 구조를 추론하기 위하여 사용한 증거와 기술을 요약하시오.

2. 복제에 관여된 주요 효소와 단백질을 기술하여 DNA 복제에 대한 여러분의 이해를 재정립하시오.

3. DNA 가닥의 상보적 특성이 어떻게 유전공학의 기술에 근간이 되는지 기술하시오.

지식의 검증

선다형 문제: 가장 옳은 답을 고르시오.

1. 대부분의 과학자들이 단백질이 유전물질의 운반체라는 것을 믿었던 이유 중 하나는?
   a. 단백질이 핵산보다 열에 안정하다.
   b. 분열하고 있는 단백질의 양은 분열 전에 비해서 항상 두 배이다.
   c. 단백질은 핵산보다 훨씬 더 복잡하고 다양하다.
   d. 초기 실험적 증거는 유전물질로서 단백질을 가리키고 있다.
   e. 단백질이 DNA에서 발견된다.

2. 형질전환은 무엇과 관련되어 있는가?
   a. 외부 유전물질의 취득
   b. DNA 분자로부터 RNA 가닥의 생성
   c. 파지에 의해서 세균 세포의 감염
   d. DNA에 있는 반보존적 복제
   e. 지연가닥의 DNA 복제

3. 어떤 생명체의 DNA 염기 조성을 보면 티민이 20%이다. 이 생명체는 몇 %가 구아닌인가?
   a. 20% b. 30% c. 40%
   d. 60% e. 80%

4. 폐렴을 유발하는 세균으로 실험을 하면서 그리피스가 발견한 것은 무엇인가?
   a. DNA가 형질전환 물질이다.
   b. 병원성균과 비병원성균이 서로 교잡한다.
   c. 열처리된 병원성균과 섞으면 열처리로 죽은 비병원균도 폐렴을 유발한다.
   d. 어떤 물질이 비병원균에 전달되어 병원성 세균으로 형질전환한다.
   e. T2 파지는 비병원성 세균을 병원성 세균으로 형질전환한다.

5. T2 파지를 방사성 인을 포함한 대장균에서 배양하고 다른 대장균으로 감염되게 하였다. 그러한 세균 세포에서 바이러스 외투를 분리하기 위하여 배양액을 섞은 후 원심분리한다. 다음 진술 중 어느 것이 실험결과에서 얻어질 것인가?
   a. 바이러스와 세균 DNA 분자 모두 표지된다; 동원원소가 침전물 위에 있는 액체에서 발견된다.
   b. 바이러스 DNA가 표지된다; 동위원소가 침전물에서 발견된다.
   c. 바이러스 단백질이 표지된다; 동위원소가 침전물이 아닌 액체에서만 발견된다.
   d. 바이러스와 세균단백질 모두 표지된다; 동위원소가 액체와 침전물 모두에서 발견된다.
   e. 바이러스가 세균을 파괴한다; 침전물이 형성되지 않는다.

6. 왓슨과 크릭은 각자의 염기는 그 자체와 염기쌍을 만들 수 없다라고 결론지었다. 그 이유는?
   a. 이중나선이 3.4 nm마다 한 번씩 회전할 공간이 없다.
   b. 동일하게 2 nm 폭을 갖는다는 것은 두 개의 퓨린과 피리미딘이 같이 쌍을 만들게 하지 않는다.
   c. 염기들은 0.34 nm 떨어져서 쌓일 수 없다.
   d. 동일염기는 같이 수소결합을 할 수 없다.
   e. 그들은 역평행가닥에 있다.

7. 메셀슨과 스탈의 고전적인 실험에서 그들이 발견한 것은 무엇인가?
   a. DNA 복제에 있어서 반보존적 모형에 대한 증거를 제시했다.
   b. 믹서기를 사용해서 대장균에서 파지단백질 외투를 분리할 수 있었다.
   c. ^{15}N로 표지된 DNA는 중간 비중이라는 것을 발견하였다.
   d. 대장균을 배양하여 인과 황으로 표지하였다.
   e. DNA 조성은 종특이성이라는 것을 발견하였다.

8. DNA 주형 가닥을 따라 새로운 DNA 가닥이 연속적으로 신장되는 것과 관련된 것은?
   a. 중합효소뿐만 아니라 DNA 연결효소의 작용도 요구한다.
   b. DNA 연결효소는 오직 5′→ 3′ 방향으로 신장시킬 수 있기 때문에 발생한다.
   c. 선도가닥에서 발생한다.
   d. 지연가닥에서 발생한다.
   e. a,b,c 모두 옳다.

9. DNA 중합효소에 대한 다음 진술 중 어느 것이 틀렸는가?
   a. 그것은 상보적 염기쌍 사이에 본드를 형성한다.
   b. 그것은 염기쌍의 실수를 점검하고 교정할 수 있다.
   c. 그것은 합성을 시작할 수 없다; RNA 시발체를 요구한다.
   d. 5′→ 3′ 방향으로만 작동한다.
   e. 진핵세포와 원핵세포에서 발견된다.

10. 티민 2합체는—DNA에서 티민염기쌍 사이에 공유결합—UV에 의해서 유도될 수 있다. 이러한 2합체가 발생했을 때 그들은 무엇에 의해서 수선되는가?
   a. 절제수선효소(핵산가수분해효소)
   b. DNA 중합효소
   c. 연결효소
   d. 프리마아제
   e. a,b,c 모두 필요하다.

11. 지체가닥 DNA 합성은 선도가닥 DNA 합성과 어떻게 다른가?
   a. 뉴클레오타이드가 3′ 말단보다 5′ 말단에 더해진다.
   b. 연결효소는 지체가닥에서 DNA를 중합하는 효소이다.
   c. RNA 시발체는 선도가닥이 아니라 지체가닥에서만 필요된다.
   d. 5′→ 3′ 방향으로 신장되는 오카자키 절편들은 지체가닥을 따라 연결된다.
   e. 헬리케이스는 오카자키 절편을 합성한다. 이러한 절편들은 연결효소에 의해서 연결된다.

12. 다음 효소나 단백질 중 어느 것이 잘못 설명되었는가?
   a. 헬리케이스 – 양친이중나선을 풀고 분리한다.
   b. 텔로머레이스 – 반복 텔로미어를 염색체 말단에 더한다.
   c. 단일가닥결합단백질 – 풀린 DNA 가닥을 붙지 않게 잡아준다.
   d. 핵산가수분해효소 – 손상된 DNA가닥을 잘라낸다.
   e. 프리마아제 – DNA 시발체를 형성하여 복제를 시작한다.

다음 그림을 사용하여 13~16번의 문제에 답하시오.

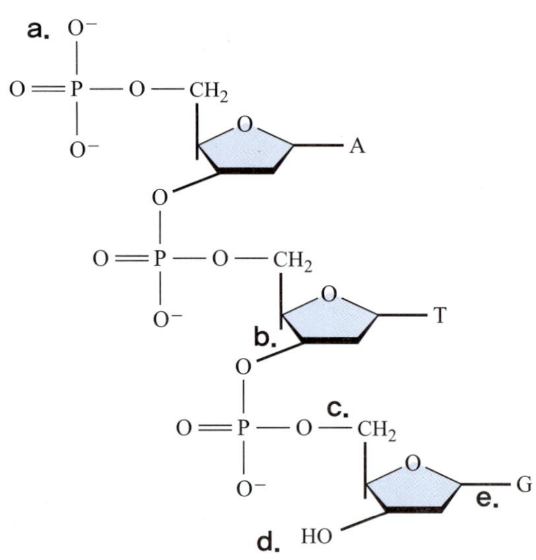

13. 어느 글자가 단일 DNA 가닥의 5′ 말단을 표시하는가?
   a.
   b.
   c.
   d.
   e.

14. 어느 글자에 다음에 합성되는 뉴클레오타이드가 더해지는가?
   a.
   b.
   c.
   d.
   e.

15. DNA 중합효소에 의해서 형성되는 포스포디에스테르 본드는 어느 글자인가?
   a.
   b.
   c.
   d.
   e.

16. 이러한 주형으로부터 만들어지는 DNA 가닥의 염기서열은 무엇인가(위에서 아래로)?
   a. ATC
   b. CGA
   c. TAC
   d. UAC
   e. ATG

17. 텔로미어에 대한 다음 진술 중 어느 것이 옳은가?
   a. 그들은 염색체 말단에 존재하고 세포에 성숙했을 때 신호를 주어 분열을 멈추게 한다.
   b. 그들은 염색체 말단에 존재하는 반복서열로서 복제과정에서 지체가닥을 보호한다.
   c. 그들은 염색체의 동원체 분위에 존재하는 반복염기서열이다.
   d. 그들은 생식세포의 효소로서 생식세포가 반복적으로 분열하게 한다.
   e. a와 b 모두 옳다.

18. DNA 복제가 보존적이라는 가설은 양친가닥이 분리되어서 새롭게 만들어지는 상보적 가닥들이 서로 새로운 DNA 분자를 만들고 양친가닥은 다시 새로 결합된다는 것이다. 여러분은 이 가설을 증명하려고 한다. 무거운 질소(^{15}N)를 포함하는 배지에 자라는 대장균을 가벼운 질소(^{14}N)를 포함하는 배지에 옮긴다. 오직 한번의 DNA 복제가 일어날 시간

후에 여러분은 시료를 원심분리하고 밴드 비중을 분석하였다. 이들을 정상적인 ^{15}N 혹은 ^{14}N에서 배양한 세균들이 형성한 밴드들과 비교하였다. 보존적 DNA 복제가설을 지지하는 밴드는 어느 것인가?

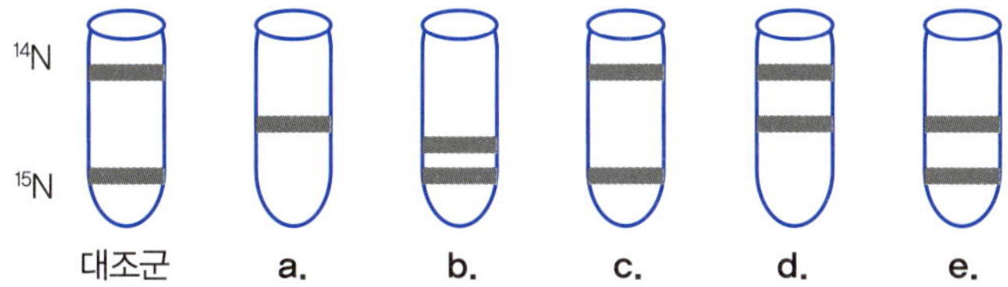

튜브 – ^{14}N에서 한번 복제가 된 후 밴드들

19. 18번 문제에서 기술된 실험과정에서 어느 원심분리 튜브(한 번 DNA 복제 후)가 "DNA 복제가 반보존적이다"라는 가설을 나타내는 밴드 분배인가?

20. 다음 구조가 가장 작은 것에서 큰 것으로 순서적으로 배열되어 있다면 어느 구조가 크기 면에서 중간인가?
   a. 루프 도메인
   b. 히스톤
   c. 뉴클레오솜
   d. 30 nm 섬유
   e. 중기 염색체

21. DNA 테크놀로지에서 제한효소 역할은 무엇인가?
   a. 재조합 DNA 전달을 위한 벡터를 공급한다.
   b. 합성기술로 DNA 염기서열 결정을 위한 주형가닥을 공급한다.
   c. DNA에 특정 제한효소 부위에 절단(보통 엇갈리기)을 만들어 낸다.
   d. 상보적 염기쌍이 형성된 후 "점착말단"을 다시 연결한다.
   e. DNA를 변성하여 상보적 염기와 잡종화할 수 있는 단일가닥을 만든다.

22. 다음 DNA 염기서열 중 어느 것이 제한효소자리에 가장 적절한가?
   a. AACCGG
      TTGGCC
   b. GGTTGG
      CCAACC
   c. AAGG
      TTCC
   d. AATTCCGG
      TTAAGGCC
   e. GAATTC
      CTTAAG

23. 6개 뉴클레오타이드 제한효소자리에서 처음 3개 뉴클레오타이드가 CTG라면 다음 세 뉴클레오타이드는 무엇일 가능성이 높은가?
   a. AGG
   b. GTC
   c. CTG
   d. CAG
   e. GAC

24. 다음 DNA 절편은 제한효소자리 I과 II를 가졌다. 그들은 제한효소절편 a, b, c를 만든다. 다음 전기영동 젤 중 어느 것이 알맞은 분리패턴과 절편을 보여주고 있는가?

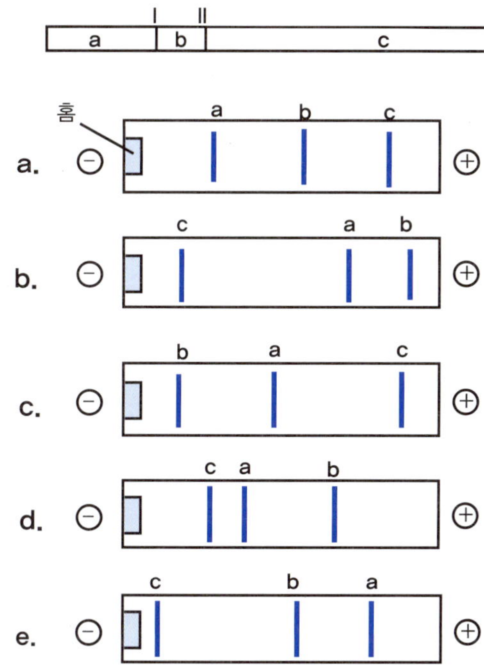

다음을 사용하여 25~28번의 문제에 답하시오.
   a. 제한효소
   b. 프리마아제
   c. DNA 연결효소
   d. DNA 중합효소
   e. RNA 중합효소

25. 재조합 플라스미드를 만드는 데 있어서 첫 번째 사용되는 효소는 어느 것인가?

26. 재조합 플라스미드를 만드는 데 있어서 마지막에 관여하는 효소는 어느 것인가?

27. 중합효소연쇄반응에서 사용되는 효소는 어느 것인가?

28. DNA 염기서열 결정에 사용되는 효소는 어느 것인가?

14장

유전자 발현: 유전자에서 단백질로

핵심

이 장은 DNA에서 RNA로 RNA에서 단백질로의 경로를 다룬다. DNA의 훈령은 mRNA에 코돈의 서열로 전사된다. 진핵세포에서는 mRNA가 핵을 떠나기 전에 가공이 일어난다. mRNA는 리보솜과 결합하여 tRNA가 mRNA의 코돈에 해당하는 안티코돈을 연결해 주면서 폴리펩타이드의 아미노산의 서열로 번역된다. DNA에 뉴클레오타이드 쌍이 바뀌는 돌연변이는 단백질 산물을 변화시킬 수 있다. 유전자는 그의 마지막 산물이 폴리펩타이드 또는 RNA 분자가 되는 DNA의 서열로 정의될 수 있다.

복습

DNA에 의한 단백질의 생성(어느 때는 단지 RNA 생성)을 **유전자 발현(gene expression)**이라고 한다.

14.1 유전자는 전사와 번역을 통해서 단백질로 규정된다

대사이상의 연구로부터의 증거 1909년 개로드(A. Garrod)는 유전자는 세포 안에서 효소에 의해 표현형을 지배하고, 유전병은 특정 효소를 만들 수 없어 생기는 것이라고 처음으로 제안하였다.

비들(G. Beadle)과 테이텀(E. Tatum)은 반수체인 곰팡이 *Neurospora crassa*에 X선을 쬐어 영양요구형 돌연변이를 만들었는데 이들은 최소배지(minimal media)에서 자랄 수 없었다. 이러한 돌연변이체를 완전배지(complete growth medium)에서 최소배지에 한 가지 영양분을 첨가한 배지로 옮겨, 각 돌연변이체에 독특한 대사적 결함을 찾아낼 수 있었다. 특정 대사경로의 서로 다른 전구물질을 넣어주는 실험으로 이 대사경로에 서로 다른 효소단계를 봉쇄하는 여러 종류의 돌연변이체를 구분해 내었다. 이러한 연구를 통하여 비들과 테이텀의 1 유전자-1 효소설(one gene-one enzyme hypothesis)이 뒷받침되었다.

생물학자들은 이개념을 1 유전자-1 단백질로 고쳤다. 많은 단백질이 한 개 이상의 폴리펩타이드 사슬로 이루어지기 때문에 이 설은 1 유전자-1 폴리펩타이드로 바뀌게 되었다. (대체 스플라이싱과 RNA를 암호화하는 유전자는 예외이다.)

전사와 번역의 기본적인 원리 유전자와 그것이 암호화하는 단백질을 잇는 중간다리는 RNA이다.

전사(transcription)는 DNA로부터 정보를 **전령 RNA (messenger, mRNA)**로 전달하는 것이다. **번역(translation)**은 뉴클레오타이드라는 언어를 아미노산의 언어로 변화시킴으로써 mRNA의 정보를 폴리펩타이드로 전달하는 것이다. **리보솜(ribosome)**은 번역의 장소, 폴리펩타이드 합성의 장소이다.

원핵세포에서는 핵이 없어 전사와 번역이 동시에 일어난다. 진핵세포에서는 mRNA 전구체(pre-mRNA)가 핵 밖으로 나가기 전에 가공이 일어난 후에 mRNA가 번역이 일어나는 세포질로 나간다. 모든 유전자의 초기의 RNA 전사체를 **1차 전사체(primary transcript)**라고 한다.

핵심 문제 14.1

a. RNA가 DNA와 다른 세 가지는 무엇인가?

b. 생명의 중심원리라고 하는 유전정보의 흐름 순서를 다음에 채워라. 화살표 위에 관여하는 각 현상의 이름을 적어라.

__________ → __________ → __________

유전암호 세 개의 뉴클레오타이드의 서열은 4^3(64)이 가능한 뉴클레오타이드의 독특한 서열을 제공하여 20개의 아미노산을 암호화하기에 충분하고도 남는다. 뉴클레오타이드의 아미노산으로 번역에는 각 아미노산을 결정하는 **3염기 암호(triplet code)**를 이용한다.

유전자의 **주형가닥(template strand)**을 따라 세 개의 뉴클레오타이드 염기는 상보적인 mRNA **코돈(codon)**으로 전사된다. DNA 분자의 한쪽 가닥은 유전자에서 주형가닥으로 사용되고 다른 가닥은 비주형가닥으로 사용된다. mRNA는 DNA의 주형가닥과 상보적인데 이들의 뉴클레오타이드는 티(T) 대신에 우라실(U)로 교체되는 예외만 제외하고 똑같은 염기쌍 규칙을 적용받는다. 코돈은 비주형가닥에 있는 DNA 뉴클레오타이드 상의 세 염기를 지칭하는데 이는 U 대신 T가 있는 것을 제외하고 mRNA와 똑같다.

번역 중에 5′에서 3′으로 읽히는 코돈의 서열은 폴리펩타이드에서 아미노산의 서열을 결정한다.

분자생물학자들은 어떻게 유전암호를 풀어냈을까? 1960년대 초에 니렌버그(M. Nirenberg)는 인위적인 "폴리 U" mRNA를 단백질 합성에 필요한 모든 생화학적 혼합물이 든 시험관에 넣어 한 가지의 아미노산만 갖는 폴리펩타이드를 얻었다. 1960년대 중반까지 분자생물학자들은 64개의 코돈을 모두 풀어냈다. 세 개의 코돈은 정지신호 또는 종결코돈으로서 기능을 한다. AUG 코돈은 메티오닌을 암호화하고 단백질 합성을 시작하는 신호인 개시코돈으로 기능을 한다.

암호는 흔히 중복되기도 하는데, 이는 한 아미노산을 명시하는 코돈이 하나 이상일 수 있음을 의미한다. 암호는 결코 애매모호하지 않다: 어떤 코돈도 두 아미노산을 명시하지 않는다.

mRNA에 있는 뉴클레오타이드 서열은 정확한 **번역틀(reading frame)**에서 읽히는데 개시코돈으로부터 시작하여 세 개의 염기씩 차례대로 읽어나간다.

핵심 문제 14.2

책에 있는 코돈 표를 이용하여 연습해보자. 다음의 mRNA 전사체(5′ → 3′)가 암호화하는 폴리펩타이드의 아미노산 서열을 결정하라.

AUGCCUGACUUUAAGUAG

코돈의 유전암호와 이에 해당하는 아미노산은 거의 보편적이다. 박테리아세포는 인간세포의 유전적 메시지를 번역해낼 수 있다. 공통의 유전적 언어라는 밀접한 보편성은 유전암호가 매우 오래되었다는 것과 모든 생물이 진화적으로 연결되어 있다는 강력한 증거이다.

14.2 전사는 DNA를 이용한 RNA 합성이다: 자세히 보기

전사에 참여하는 분자들 **프로모터(promoter)**는 **RNA 중합효소(RNA polymerase)**가 부착하여 전사를 개시하는 DNA 서열이다. RNA 중합효소는 5′ → 3′ 방향으로 DNA 주형가닥에 상보적인 RNA 뉴클레오타이드를 연결한다. 박테리아에서 종결자는 전사의 끝을 알리는 서열이다. 전사단위는 한 RNA 분자가 전사되는 DNA의 서열이다.

박테리아는 한 종류의 RNA 중합효소를 가진다. 진핵세포는 세 가지 종류를 가지며, mRNA를 만드는 종류는 RNA 중합효소 II이다.

RNA 전사물의 합성 RNA 중합효소가 프로모터에 특이적으로 부착하는 것이 전사의 개시부위를 결정하고, 어느 DNA 가닥이 주형으로 사용되는지를 결정한다. 프로모터 안에는 개시부위와 진핵세포에 흔히 있는 개시부위 위쪽에 **TATA 상자(TATA box)**와 같은 인식부위가 포함된다. 진핵생물에서는 **전사인자(transcription factor)**가 RNA 중합효소 II가 프로모터에 부착하기 전에 먼저 인식하고, 이 부위에 **전사개시복합체(transcription initiation complex)**라는 것이 만들어진다.

RNA 중합효소는 이중나선을 풀어헤쳐 DNA 뉴클레오타이드를 노출시켜 RNA 뉴클레오타이드와 쌍을 이루며 신장하는 RNA 중합체의 3′ 끝에 뉴클레오타이드를 연결한다. 새로운 RNA는 DNA 주형에서 떨어져나가고 DNA 이중나선은 다시 형성되게 된다. 여러 개의 RNA 중합효소 분자들이 유전자를 따라서 동시에 전사를 할 수 있어 많은 양의 mRNA를 생성하는 것이 가능해진다.

원핵세포에서는 전사가 RNA 중합효소가 종결자 서열을 전사한 후에 완결된다. 진핵세포에서는 RNA 중합효소가 아데닐산중합반응 신호서열(AAUAAA를 암호화)을 지나도록 전사한 다음에 단백질들이 끊어내 mRNA 전구체인 pre-mRNA로 떨어져나간다.

핵심 문제 14.3

진핵생물에서 일어나는 전사의 세 가지 단계를 기술하라.

a.

b.

c.

14.3 진핵세포는 전사 후에 RNA를 변형시킨다

진핵세포에서는 pre-mRNA를 핵을 떠나기 전에 **RNA 가공(RNA processing)**으로 변형시킨다.

mRNA 말단의 변화 변형된 구아닌 뉴클레오타이드가 pre-mRNA의 5′ 말단에 부착하고 **폴리-A 꼬리(poly-A tail)**라고 부르는 일련의 아데닌 뉴클레오타이드가 3′ 말단에 더해진다. **5′ 캡(5′ cap)**과 폴리-A 꼬리는 mRNA를 핵으로부터 나가는 것을 용이하게 하고 리보솜에 부착하는 것도 도와준다. 또한 mRNA의 말단을 가수분해효소로부터 보호한다. 캡과 꼬리는 5′과 3′ 말단에서 비번역 부위(UTRs)와 연결되어 있다.

분할 유전자와 RNA 이어맞추기 **인트론(intron)** 또는 개재서열이라고 알려진 긴 비암호화 서열은 진핵세포 유전자 영역 안에 있다. 나머지 암호화 영역을 엑손이라고 부르는데 이들이 단백질 합성에 발현되기 때문이다(예외로 5′과 3′ UTR은 번역되지 않는다). 1차 전사체가 유전자로 만들어진 후에 mRNA가 핵을 떠나기 전에 인트론은 제거되고 엑손이 연결된다. 이 과정을 **RNA 이어맞추기(RNA splicing)**라고 한다.

선택적 RNA 이어맞추기(alternative RNA splicing)는 단일 유전자에서 여러 다른 폴리펩타이드가 만들어지게 하는데 이는 RNA 가공과정에서 어떤 엑손을 조합하느냐에 달려 있다.

RNA 어어맞추기에 대한 신호는 각 인트론의 말단에 존재하는 몇 개의 뉴클레오타이드 세트이다. **이어맞추기복합체(spliceosome)**라 부르는 커다란 단백질복합체 안에 존재하는 조그만 RNA들이 RNA 전사체에서 인트론을 떼어내고 양옆에 있는 엑손을 연결한다.

효소로서 역할을 하는 이러한 작은 RNA 분자는 **리보자임(ribozyme)**이라고 부른다. 어떤 경우의 RNA 이어맞추기에서는 인트론 RNA가 자신을 제거하는데 촉매로 작용한다. 효소로서 기능을 하는 능력과 관계가 있는 세 가지의 RNA 특징은 무엇인가? RNA는 단일가닥이어서 자신과 염기쌍을 이루어 특이한 3차 구조를 형성한다. 몇 개의 염기는 기능기로 작용하여 촉매작용에 관여한다. 또한 다른 핵산 분자와 수소결합을 하여 이어맞추기가 일어나는 곳을 정확한 위치에 있게 한다.

핵심 문제 14.4

핵을 떠나는 mRNA와 전구체인 pre-mRNA는 어떻게 다른가?

14.4 번역은 RNA를 이용한 폴리펩타이드 합성이다: 자세히 보기

번역에 참여하는 분자들 운반 RNA(tRNA) 분자는 아미노산을 리보솜으로 운반하는데 이곳에서 아미노산을 성장하는 폴리펩타이드에 붙인다. 각 tRNA는 특정 아미노산을 운반하는데 역코돈이라고 부르는 세 개의 뉴클레오타이드 염기를 가지고 있다. 역코돈은 mRNA의 상보적인 코돈과 염기쌍을 통해 DNA로부터 전사에 의해 지시된 서열에 아미노산이 배열되도록 보증한다.

tRNA 진핵세포의 핵 안에서 전사되어 세포질로 이동하고 여기서 반복적으로 사용된다. 상보적인 염기쌍과의 수소결합 때문에 단일가닥의 짧은 RNA 분자는 대략 L자 모양의 3차 구조로 접혀진다. 역코돈은 L자의 한쪽 끝에 위치하고 3′ 말단에는 그 tRNA 특이적인 아미노산이 부착된다.

각 아미노산은 특정한 **아미노아실 tRNA 합성효소(aminoacyl-tRNA synthetase)**가 있고 아미노산을 해당 tRNA에 부착하여 아미노아실 tRNA 또는 충전된 tRNA를 만든다. ATP의 가수분해가 이 과정을 추진한다.

모든 아미노산에 61개의 코돈이 mRNA로부터 읽혀지나 약 45개의 tRNA 분자가 존재한다. **동요(wobble)**라고 하는 현상은 여러 tRNA의 역코돈의 세 번째 뉴클레오타이드가 코돈의 한 가지 이상의 뉴클레오타이드와 결합하도록 한다. 따라서 tRNA는 하나 이상의 mRNA 코돈을 인식할 수 있고 해당 tRNA에 의해 운반된 같은 아미노산을 암호화한다.

핵심 문제 14.5

핵심 문제 14.2에서 찾은 코돈과 아미노산을 이용하여 다음 표를 채워라.

DNA의 삼염기 3′ → 5′	mRNA 코돈 5′ → 3′	역코돈 3′ → 5′	아미노산
			메티오닌
		GCA	
TTG			
	UAG		

리보솜은 단백질을 합성할 때 mRNA 코돈과 tRNA의 역코돈이 특이적인 결합을 하도록 촉진한다. 리보솜은 큰 소단위체와 작은 소단위체로 구성되는데, 각각 단백질들과 **리보솜 RNA(ribosomal RNA, rRNA)**로 부르는 RNA로 이루어진다. 소단위체는 핵에 있는 인에서 만들어진다. 원핵세포의

리보솜은 분자의 구성면에서 진핵세포와 다르며, 여러 항생제는 진핵세포의 리보솜에는 영향을 미치지 않고 원핵 리보솜만 활성을 억제시킨다.

큰 소단위체와 작은 소단위체는 이들이 mRNA 분자와 부착될 때에 합쳐진다. 리보솜은 mRNA 부착자리와 세 개의 tRNA 부착자리가 있다. **P 자리(P site**; 펩티딜 tRNA 자리)는 성장하는 폴리펩타이드 사슬을 가진 tRNA를 잡고, **A 자리(A site**; 아미노아실 tRNA 자리)는 다음에 더해지는 아미노산을 가진 tRNA를 잡고, **E 자리(E site**; 출구 자리)로부터 아미노산을 떼어낸 tRNA가 리보솜을 떠난다. 리보솜은 출구 터널(exit tunnel)이 있어 완성된 폴리펩타이드가 이곳으로 리보솜을 빠져나간다.

폴리펩타이드 만들기 단백질합성에는 세 단계가 있는데 개시, 신장, 종결이며 단백질 인자의 도움을 필요로 한다. 처음 두 단계는 GTP(구아노신 3인산)의 가수분해로 제공된 에너지를 필요로 한다.

개시단계는 mRNA에 작은 소단위체가 부착하고, 메티오닌이 달린 개시 tRNA가 mRNA의 AUG 개시코돈에 부착하는 것이다. 개시인자(initiation factor)라고 하는 단백질의 도움과 GTP의 가수분해로 리보솜 큰 소단위체가 작은 소단위체에 부착하여 번역개시복합체(translation initiation complex)를 형성한다. 개시 tRNA는 P 자리에 들어간다.

신장의 단계에 아미노산이 하나씩 더해지는데 신장인자(elongation factor)라고 부르는 여러 단백질이 관여하고 세 단계의 주기로 일어난다.

코돈의 인식에 있어 아미노아실-tRNA가 A 자리에서 mRNA 코돈과 염기쌍을 한다. 이 단계에 GTP 가수분해로 얻어지는 에너지가 필요하다. 펩타이드 결합 과정에서 큰 단위체의 RNA 분자가 P 자리에 자리잡은 폴리펩타이드의 카르복실기 말단과 A 자리에 자리잡은 새로운 아미노산의 아미노기사이에 펩타이드 결합을 촉매한다. 이 폴리펩타이드는 이제 A 자리에 있는 tRNA에 의해 잡혀 있다.

이동에는 성장하는 폴리펩타이드를 가진 tRNA가 P 자리로 이동하는데 GTP의 가수분해로 에너지가 필요한 과정이다. P 자리에 있는 아미노산이 떨어진 tRNA는 리보솜이 mRNA를 따라 움직이며 E 자리로 옮겨진다.

종결은 종결코돈 UAA, UAG, UGA가 리보솜의 A 자리에 도달할 때 일어난다. 방출인자가 종결코돈에 부착하고 P 자리에 있는 폴리펩타이드와 tRNA 사이에 결합을 가수분해한다. 완성된 폴리펩타이드는 큰 소단위체의 출구 터널을 통해 빠져나간다. GTP의 가수분해와 더불어 여러 단백질 인자, 두 개의 리보솜 소단위체와 다른 기구들이 서로 분리되게 된다. 핵심 문제 14.6을 완성해 번역에 관해 복습하자.

핵심 문제 14.6

다음의 폴리펩타이드 합성의 모식도를 보고, 각 단계를 쓰고(1~4), 구성성분이 무엇(a~l)이며, 각 단계에서 무슨 일이 일어나는지를 간단히 서술하라. (모식도에서는 개시단계는 나타내지 않았다.)

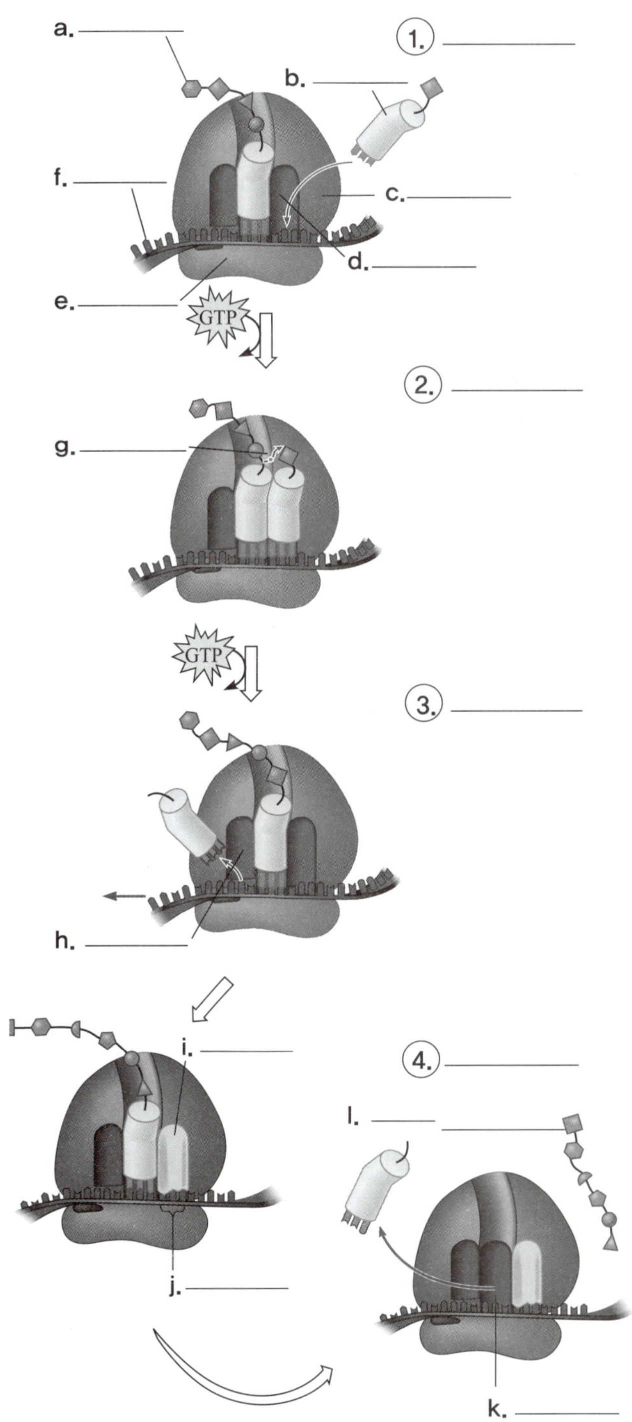

기능을 갖는 단백질의 완성과 표적화 번역 동안과 끝난 후에 폴리펩타이드는 자발적으로 2차와 3차 구조로 접힌다. 샤페론 단백질이 정확하게 접히도록 돕는다.

단백질은 **번역 후 변형과정**(post-translational modification)을 필요로 하는데: 아미노산이 화학적으로 변화되거나 사슬의 앞부분에 하나 또는 하나 이상의 아미노산이 제거된다. 또는 폴리펩타이드의 조각이 끊어지기도 하고, 여러 폴리펩타이드가 모여져 단백질의 4차 구조를 형성하기도 한다.

모든 리보솜은 세포질 단백질을 합성하는 자유리보솜이든지 막단백질과 분비 단백질을 합성하는 소포체에 붙은 부착리보솜이든지 똑같다. 폴리펩타이드는 세포질에서 합성을 시작한다. 만약 단백질이 내막계나 분비하도록 정해졌다면 폴리펩타이드 사슬은 **신호펩타이드(signal peptide)**로 시작된다. 이 짧은 아미노산 서열은 단백질-RNA 복합체인 **신호인식입자(signal-recognition particle, SRP)**에 의해 인식되어, 소포체막에 있는 이동복합체의 일부분인 수용체 단백질에 리보솜을 부착하게 한다. 성장하는 폴리펩타이드가 소포체 내부로 들어가게 되면서 신호펩타이드는 분해된다.

다른 신호펩타이드는 어떤 단백질들을 직접 세포질에서 특정 장소, 즉 미토콘드리아, 엽록체, 핵 안으로 이동하도록 한다.

핵심 문제 14.7

무엇이 리보솜을 소포체에 부착하게 만드는가?

박테리아와 진핵세포에서 많은 단백질 합성 mRNA 폴리리보솜(폴리솜)이라고 하는 여러 리보솜을 줄을 지어 동시에 번역한다.

14.5 하나 또는 몇 개의 뉴클레오타이드의 돌연변이는 단백질의 구조와 기능에 영향을 줄 수 있다

세포(또는 바이러스)의 유전정보에 변화로 일어나는 **돌연변이(mutation)**는 대규모(염색체의 기다란 조각이 관여하는) 또는 [하나의 뉴클레오타이드쌍에 영향을 미치는 **점돌연변이(point mutation)**와 같은] 소규모일 수 있다. 만약 돌연변이가 배우자로 만들어지는 세포에 일어난다면 이는 자손에게 전달된다.

소규모 돌연변이의 종류 첫 번째 소규모 돌연변이의 부류는 **뉴클레오타이드쌍 치환(nucleotide-pair substitution)**이며, 단일뉴클레오타이드와 상보쌍만이 다른 뉴클레오타이드쌍으로 바뀌는 것이다. 유전암호의 중복성 때문에 어떤 염기쌍 치환은 아미노산 번역에 영향을 미치지 않는데 이를 **침묵 돌연변이(silent mutation)**라고 한다. 다른 아미노산이 삽입되는 **과오 돌연변이(missense mutation)**는 만약 바뀐 새로운 아미노산이 그 전 것과 유사한 특징을 지니거나 단백질의 기능에 중대한 영역이 아닌 부분이라면 단백질의 특성을 바꾸지 않는다.

효소의 활성부위와 같은 단백질의 중요한 부분의 아마노산이 바뀌는 뉴클레오타이드쌍 치환은 단백질의 기능을 심각히 손상시킨다. 종종 이러한 변화는 유익한 것으로 판명이 나기도 한다.

정지 돌연변이(nonsense mutation)는 점돌연변이로 아미노산 코돈이 종결코돈으로 바뀔 때에 일어난다. 그 결과 폴리펩타이드 사슬의 번역이 미완성인 상태로 끝나고 기능을 못하는 단백질이 만들어지게 된다.

두 번째 부류의 소규모 돌연변이는 뉴클레오타이드쌍의 **삽입(insertion)**과 **결실(deletion)**이다. 이것들이 만약 3의 배수로 일어나지 않는다면 번역의 틀을 바꾸어 놓는다. 그 돌연변이의 아래에 모든 뉴클레오타이드는 부적당하게 코돈으로 묶이고 광범위한 과오 돌연변이가 있어나고 많은 경우 정지로 종결된다. 이러한 **틀이동 돌연변이(frameshift mutation)**는 확실히 기능이 없는 단백질을 만들 것이다.

돌연변이 유발원 자연발생 돌연변이(spontaneous mutation)는 뉴클레오타이드쌍 치환, 삽입, 결실, 좀 더 긴 돌연변이를 포함하는데, DNA 복제, 수선, 재조합 중에 일어난다, 물리적 원인(X선, 자외선 등)과 여러 화학적 원인들이 돌연변이를 유발하여 돌연변이유발원이라고 한다. 화학물질의 돌연변이 효과와 잠재적인 암의 가능성을 측정하는 검사가 있다.

핵심 문제 14.8

다음의 용어를 정의하고 어떤 부류의 소규모 돌연변이가 이러한 유형의 돌연변이를 초래하지는 설명하라.

a. 침묵 돌연변이

b. 과오 돌연변이

c. 정지 돌연변이

d. 틀이동 돌연변이

유전자는 무엇인가? 다시 만난 질문 유전자에 대한 우리의 정의는 멘델의 유전인자로부터 모건의 염색체상의 유전자자리, 1 유전자-1 폴리펩타이드로 발전하였다. 연구는 유전자의 구조와 기능을 이해하는 데까지 계속 발전해 지금은 인트론, 프로모터, 다른 조절영역까지 밝혀졌다. 현재에 이르러서 유전자의 현존 최고의 정의는 폴리펩타이드나 RNA 분자가 특정 DNA 영역의 최종 생성물이라는 것이다.

어원

anti- = opposite (*anticodon*: a nucleotide triplet at one end of a tRNA molecule that base-pairs with a particular complementary codon on an mRNA molecule)

exo- = out, outside, without (*exon*: a sequence within a primary transcript that remains in the RNA after RNA processing; also the region of DNA from which this sequence was transcribed)

intro- = within (*intron*: a noncoding, intervening sequence within a primary transcript that is removed during RNA processing; also the region of DNA from which this sequence was transcribed)

muta- = change; **-gen** = producing (*mutagen*: a chemical or physical agent that interacts with DNA and can cause a mutation)

trans- = across; **-script** = write (*transcription*: the synthesis of RNA using a DNA template)

지식의 체계화

1. 이 장에서 여러 종류의 RNA가 소개되었다. 세 종류의 RNA을 들어 각각의 기능을 설명하라. (네 번째 종류가 이어맞추기복합체로 기능하는 것을 기억할 것이다.) RNA 분자의 기능적인 융통성이 무엇인지 설명하라.

2. 전사와 번역의 과정을 확실히 이해하고 설명할 수 있어야 한다. 이러한 과정을 복습하는 데 도움이 되도록 다음의 표에 진핵세포의 유전자의 여러 측면을 기술하여 채워라.

	전사	번역
주형		
위치		
관여하는 분자		
관여하는 효소		
조절—개시와 종결		
산물		
산물의 가공		

3. 유전암호는 무엇인가? 반복성과 동요현상을 설명하라. 유전암호가 거의 보편적이라는 사실의 중요한 의미는 무엇인가?

4. 소규모 돌연변이의 종류와 영향을 보여주는 개념지도를 준비하라.

지식의 검증

선다형 문제: 가장 옳은 답을 고르시오.

1. 붉은빵곰팡이 *Neurospora*를 가지고 일련의 돌연변이 연구를 수행하여 최소배지에서 자라게 하려면 아르기닌을 필요로 하는 세 부류체물질→오르니틴→시트룰린→아르기닌. 오르니틴에서 시트룰린으로 가는 과정에 결함이 있는 효소를 가진 돌연변이체가 자라도록 하려면 어떤 영양분이 필요한가?
   a. 전구체
   b. 오르니틴
   c. 시트룰린
   d. 오르니틴이나 시트룰린
   e. 전구체, 오르니틴, 시트룰린

2. 전사는 정보가 어디에서 어디로 이동하는가?
   a. DNA에서 RNA로
   b. RNA에서 DNA로
   c. mRNA에서 아미노산 서열로
   d. DNA에서 아미노산 서열로
   e. 핵에서 세포질로

3. 비주형 가닥의 DNA가 $5' \rightarrow 3'$으로 CAT라면 mRNA의 해당 코돈은 무엇인가?
   a. UAC
   b. CAU
   c. GUA
   d. GTA
   e. CAT

4. 박테리아의 유전자가 600 뉴클레오타이드 길이로 아미노산 몇 개의 최고로 긴 폴리펩타이드를 암호화하는가?
   1. 100 b. 200
   c. 300 d. 600
   e. 1,800

5. RNA 중합효소는?
   a. 리보뉴클레오타이드를 생산하는 데 필요한 단백질이다.
   b. DNA 주형가닥에 뉴클레오타이드와 상보적인 RNA 뉴클레오타이드 간에 수소결합을 만드는 효소이다.
   c. 엑손은 전사하지만 인트론을 전사하지 않는 효소이다.
   d. 리보자임이다.
   e. DNA의 주형가닥을 따라 이동하며 RNA를 5′ → 3′ 방향으로 신장하게 하는 효소이다.

6. 어떤 특정 유전자의 주형가닥은 어떻게 결정되는가?
   a. 5′ → 3′ 방향으로 진행하는 DNA 가닥이다.
   b. 3′ → 5′ 방향으로 진행하는 DNA 가닥이다.
   c. 프로모터에 의해 확립된다.
   d. 어느 가닥이 주형이든 관계없다. 왜냐하면 이들은 상보적이고 똑같은 mRNA를 생성할 것이다.
   e. 다중아데닐화 신호서열로 알려준다.

7. tRNA를 합성하는 효소는?
   a. DNA 중합효소
   b. RNA 중합효소
   c. 역전사효소
   d. 아미노아실-tRNA 합성효소
   e. 리보솜 RNA

8. 다음 중 진핵세포의 전사개시복합체 형성에 관여하지 않는 것은?
   a. TATA 상자
   b. 전사인자
   c. 소형 RNA 분자
   d. RNA 중합효소 II
   e. 프로모터

9. RNA 가공에 관한 설명 중 맞는 것은?
   a. 엑손은 mRNA가 번역되기 전에 잘려나간다.
   b. 핵을 떠나는 RNA 전사체는 원래 전사체보다 더 길다.
   c. 단백질과 소형 RNA가 뭉쳐 만들어진 이어맞추기복합체가 스플라이싱을 촉매한다.
   d. 많은 양의 rRNA가 리보솜을 구성한다.
   e. 신호펩타이드가 전사체의 5′ 말단에 더해진다.

10. 다음 중 DNA로부터 전사되지 않는 것은?
   a. 엑손
   b. 인트론
   c. tRNA
   d. 3′과 5′ UTR
   e. 프로모터

11. 리보자임은?
   a. 하나의 유전자-하나의 RNA 분자 원칙에서 예외이다.
   b. mRNA에 5′ 캡과 3′ 폴리-A 꼬리를 붙이는 효소이다.
   c. 대체 RNA 이어맞추기로 생기는 엑손의 재배열의 한 예이다.
   d. 효소로서 기능을 하는 RNA 분자이다.
   e. 소단위와 대단위 리보솜 단위체를 만드는 효소이다.

12. 다음 중 박테리아 세포에서 발견되지 않는 것은?
   a. mRNA
   b. rRNA
   c. 이어맞추기복합체에 있는 소형 RNA
   d. RNA 중합효소
   e. 동시에 일어나는 전사와 번역

13. 다음 중 어느 것이 전사되어 단백질 형태로 번역되는가?
   a. tRNA 유전자
   b. 인트론
   c. 전사인자 유전자
   d. 5′과 3′ UTA
   e. rRNA 유전자

14. 운반 RNA는 ______________________
   a. 소포체로 들어가기로 되어 있는 길어지는 폴리펩타이드를 이동시킨다.
   b. 아미노아실-tRNA 합성효소의 활성부위에 있는 특정 아미노산에 부착한다.
   c. 촉매활성을 가져 리보자임이다.
   d. mRNA로 번역된다.
   e. 인에서 만들어진다.

15. 폴리펩타이드 합성에서 일어나는 일들을 순서대로 정렬한 것은?
   1. 펩타이드 결합형성
   2. 아미노아실-tRNA의 역코돈과 A 자리에 있는 코돈이 연결된다.
   3. tRNA가 A 자리에서 P 자리로 이동하고 아미노산이 떨어진 tRNA가 E 자리로부터 나간다.
   4. P 자리에 있는 개시 tRNA와 함께 대단위체가 소단위체와 결합한다.
   5. 소단위체가 mRNA와 개시 tRNA와 결합한다.
   a. 4−5−3−2−1
   b. 4−5−2−1−3
   c. 5−4−3−2−1
   d. 5−4−1−2−3
   e. 5−4−2−1−3

16. 번역과정에서 이동에 관여하는 것은?
   a. GTP의 가수분해
   b. tRNA가 A 자리에서 P 자리로 이동
   c. mRNA가 3염기 하나씩 mRNA를 따라 이동
   d. 아미노산이 떨어진 tRNA가 E 자리에서 방출
   e. 위의 모두 다

17. 다음 중 어떤 종류의 분자가 펩타이드 결합의 형성을 촉매하나?
   a. RNA 중합효소
   b. rRNA
   c. mRNA
   d. 아미노아실 tRNA 합성효소
   e. tRNA

18. 다음 중 역코돈에 대해 맞지 않는 것은?
   a. 세 개의 뉴클레오타이드로 되어 있다.
   b. mRNA 가닥의 5′ → 3′에 5′ → 3′ 방향으로 정렬된다.
   c. tRNA 분자의 한 고리에 퍼져 있다.
   d. 하나 이상의 코돈과 쌍을 이룰 수도 있다.
   e. 역코돈의 우라실은 아데닌과 염기쌍을 이룬다.

19. 번역 후에 폴리펩타이드의 변화에 다음 어떤 것이 있는가?
   a. 특정 아미노산에 당이나 지질을 첨가
   b. 사슬의 시작에 아미노산을 효소에 의해 붙임
   c. 사슬의 말단에 있는 폴리-A의 제거
   d. 변형된 구아노신으로 된 5′ 캡의 첨가
   e. 위의 모두 다

20. 단일 mRNA에서 여러 개의 단백질이 만들어질 수 있는 방법은?
   a. 폴리솜이라 부르는 여러 개의 리보솜이 한 줄로 연이어 활동함으로써
   b. 여러 개의 RNA 중합효소가 한꺼번에 차례로 작동함으로써
   c. 신호 펩타이드가 리보솜과 조면 소포체를 연결하여
   d. 여러 프로모터 영역이 활동하여
   e. 다수의 이어맞추기복합체의 관여함으로써

21. 신호펩타이드는?
   a. 박테리아 세포에 의해 만들어진 세포질 단백질에서 발견된다.
   b. mRNA 분자를 소포체의 내강으로 인도한다.
   c. 소단위 리보솜 단위체가 개시코돈에 붙도록 하는 신호이다.
   d. 세포의 막이나 분비로 운명을 정하는 단백질의 처음 20여 개의 아미노산이다.
   e. UTR과 5′ 캡이 연결된 일부분이다.

22. 유전자의 앞쪽 암호화 서열에 뉴클레오타이드의 결실은 대부분 무엇을 초래하나?
   a. 정지 돌연변이
   b. 틀이동 돌연변이
   c. 여러 개의 과오 돌연변이
   d. 기능을 못하는 단백질
   e. 위의 모두 다

23. 겸상형(낫모양) 빈혈증을 초래하는 돌연변이의 종류는 무엇인가?
   a. 침묵 돌연변이
   b. 뉴클레오타이드쌍 삽입
   c. 점돌연변이
   d. 뉴클레오타이드쌍 치환
   e. c와 d

박테리아에서 전사와 번역이 연결된 모식도를 이용하여 24~28번 문제에 답하라.

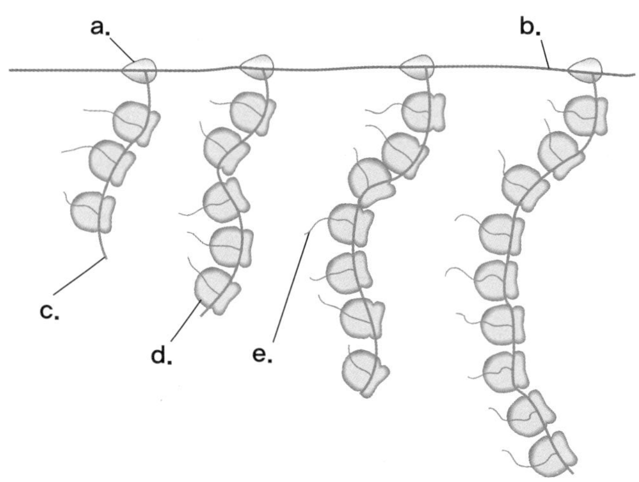

24. mRNA는 어느 것인가?

25. 형성되는 폴리펩타이드는 어느 것인가?

26. RNA 중합효소는 어느 것인가?

27. 리보솜은 어느 것인가?

28. 뉴클레오타이드를 가진 구조나 분자는 어느 것인가?
   a. a, b
   b. a, b, d
   c. b, c, d
   d. b, d, e
   e. c, d

15장
유전자 발현 조절

핵심

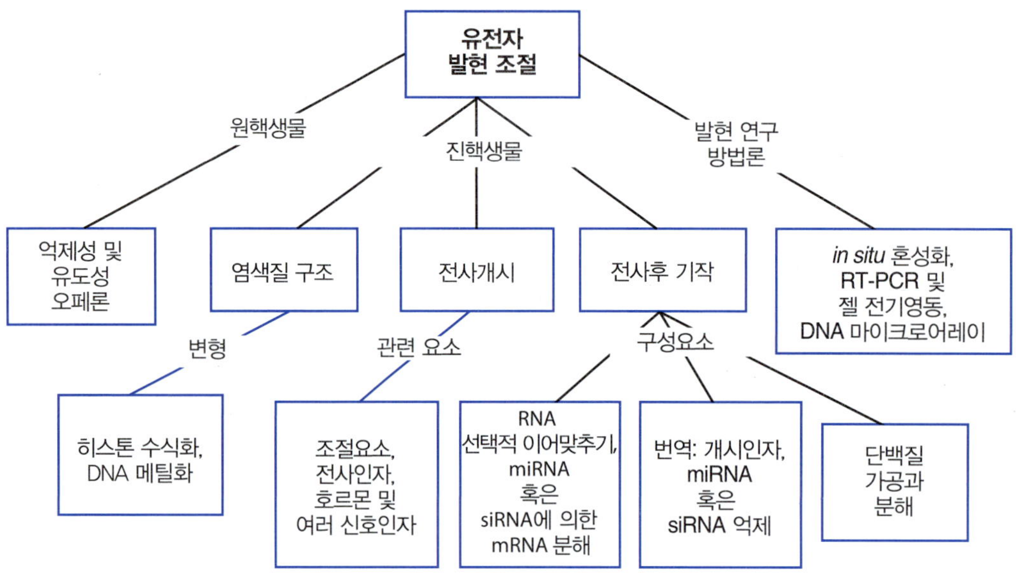

복습

15.1. 박테리아는 전사 조절을 통해서 환경 변화에 반응한다

박테리아는 일반적으로 대사경로의 첫 효소의 활성을 조절하는 되먹임 억제(feedback inhibition)를 통하여 즉각적으로 환경 변화에 반응할 수 있다. 두 번째 반응은 대사 요구의 변화에 따라 유전자의 전사조절을 통하여 효소의 합성을 조절하는 것이다. 1961년 자코브(F. Jacob)와 모노(J. Monod)는 유전자 조절에 대한 오페론 모델(operon model)을 제시하였다.

오페론: 기본 개념 박테리아에서 하나의 대사경로에 속하는 여러 효소를 암호화하는 유전자들은 염색체의 한곳에 무리를 이루어 존재함으로써 하나의 전사 단위를 이루며, 하나의 프로모터에 의해 조절된다. 따라서 이러한 유전자들은 통합적으로 조절된다. **작동자(operator)**는 프로모터의 내부 혹은 근처에 존재하는 DNA 단편으로 RNA 중합효소가 유전자로 접근하는 것을 조절한다. **오페론(operon)**이란 군집을 이루는 유전자들, 프로모터 및 작동자를 포함하는 DNA 단편이다.

하나의 오페론에 존재하는 유전자들의 전사는 어떻게 조절되는가? **억제자(repressor)**는 특정 작동자에 결합하는 단백질로서, RNA 중합효소가 결합하는 것을 제어하여 오페론 내 유전자들의 전사를 억제한다. **조절유전자(regulatory genes)**는 억제자 단백질을 암호화한다. 활성과 비활성의 두 가지 형태를 가진 다른 자리 입체성 억제자 단백질은 비록 낮은 빈도이기는 하지만 지속적으로 발현된다. 억제자 단백질의 활성은 **공동억제자(corepressor)**의 존재 여부에 의해 결정된다.

trp 오페론에서 트립토판은 *trp* 억제자에 결합하는 공동억제자로 작용하여, *trp* 억제자를 *trp* 작동자에 높은 친화력을 보이는 활성 형태로 변형시킴으로써 *trp* 오페론의 발현을 멈

추게 한다. 세포 내 트립토판 농도가 감소하면 무슨 일이 일어날까? 억제자 단백질은 더 이상 트립토판과 결합하지 못하게 되므로, 작동자는 더 이상 억제하지 않게 되고 RNA 중합효소가 프로모터에 결합하여 트립토판 합성에 필요한 효소들의 mRNA가 합성된다.

억제성 및 유도성 오페론: 두 종류의 음성 조절 *trp* 오페론과 같은 억제성 오페론(repressible operon)의 경우 억제자에 특정 작은 분자가 결합하여 억제자의 기능을 활성화시켜 오페론의 전사를 억제한다. 유도성 오페론(inducible operon)의 경우 억제자에 특정 작은 분자가 결합하여 억제자 기능을 불활성화시켜 오페론의 전사를 촉진(유도)한다.

*E. coli*의 젖당 대사과정을 조절하는 *lac* 오페론은 3가지 유전자를 지니고 있는 유도성 오페론이다. 조절유전자 *lacI*에 암호화되어 있는 *lac* 억제자 단백질은 자체적으로 활성화되어 있으므로, *lac* 작동자에 결합하여 오페론의 전사를 막는다. 젖당의 이성질체인 알로락토스는 **유도자(inducer)**로 작용하는데, 억제자 단백질에 결합하여 이를 불활성화시킴으로써 오페론의 전사를 유도한다.

핵심 문제 15.1

다음의 유도성 오페론인 *lac* 오페론의 도식에서 a부터 i까지의 구성요소를 명시하시오.

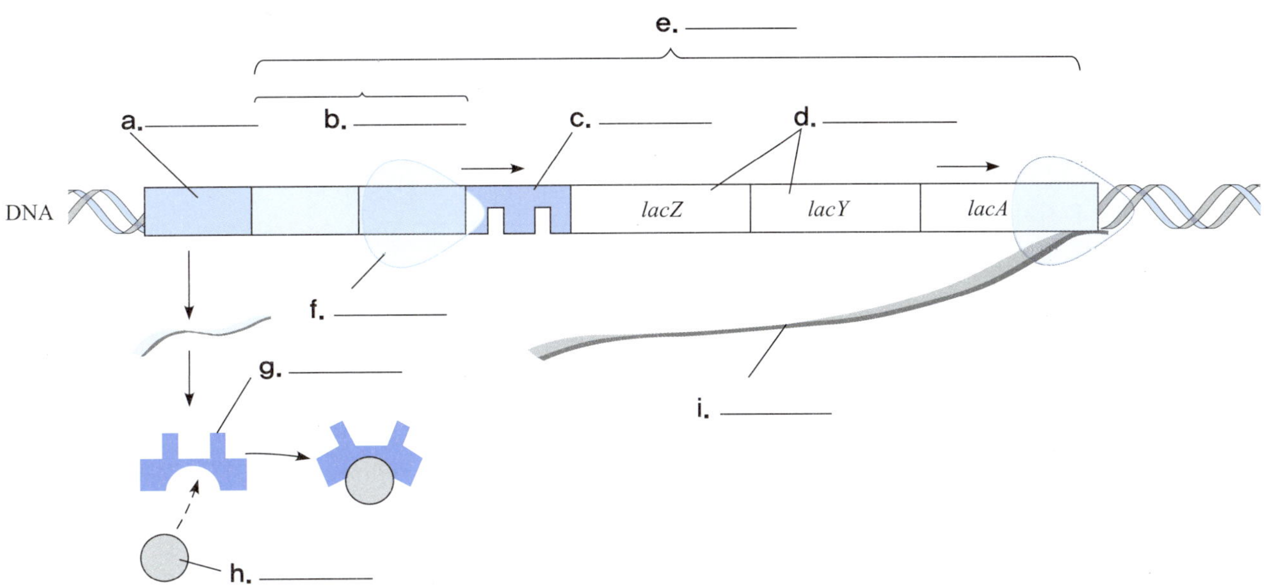

모든 억제성 및 유도성 오페론은 억제자 단백질이 관여하는 유전자 발현의 음성 조절과 관련된다. 이러한 두 가지 유형의 음성 유전자 조절을 구분할 수 있도록 핵심 문제 15.2를 완성시키시오.

핵심 문제 15.2

a. 억제성 효소들은 보통 ________ 과정에 작용한다. 대사과정의 산물은 ______ (으)로 작용하여 억제자를 활성화시키고 효소 합성을 막음으로써 대사 산물의 과도한 생산을 억제한다. 억제성 효소를 암호화 하는 유전자들은 보통 발현이 ______되며, 억제자는 ______ 형태로 합성된다.

b. 유도성 효소들은 보통 ________ 과정에 작용한다. 영양물 분자들은 ______(으)로 작용하여 이들의 분해에 필요한 효소 생성을 촉진한다. 유도성 효소를 암호화하는 유전자들은 보통 발현이 _____ 되며, 억제자는 _____ 형태로 합성된다.

유전자의 양성 조절 *E. coli* 세포는 포도당의 이용을 선호한다. 포도당 수준이 떨어지면 다른 이화작용 대사과정에 관련된 오페론의 전사가 유도되는데, 활성자(activator)인 이화물질 활성화 단백질(catabolite activator protein, CAP)이 다른 자리 입체성 조절을 통해 활성이 조절된다. 포도당이 부족하면 **고리형 AMP(cyclic AMP, cAMP)**가 세포 내에 축적되어 CAP과 결합함으로써 이를 활성형태로 변형시킨다. 활성화된 CAP은 프로모터 상부 말단에 결합함으로써 RNA 중합효소의 결합을 용이하게 유도하여 전사를 촉진시킨다.

lac 오페론의 조절은 젖당의 존재로 인해 불활성화되는 억제자 단백질에 의한 음성 조절과 cAMP와 복합체를 형성하는 CAP에 의한 양성 조절 모두에 의해 이루어진다.

15.2 진핵생물의 유전자 발현은 여러 단계에서 조절된다

모든 세포는 외부 및 내부 환경에 반응하여 유전자 발현을 조절한다. 다세포 생명체에 존재하는 진핵세포 역시 특정 세포 유형을 만들기 위해 유전자 발현을 조절한다.

차등적 유전자 발현 동일한 유전체를 지닌 세포들의 차이점은 **차등적 유전자 발현(differential gene expression)**에 기인한다. (원핵생물에서와 마찬가지로) 진핵생물에서의 유전자 발현은 대부분 전사단계에서 조절되지만, 다양한 단계에서 조절될 수 있다.

염색질 구조의 조절 DNA 포장(뉴클레오솜 구조 및 염색체 뼈대로의 부착)에 따른 유전자의 프로모터 위치는 어떤 유전자가 전사될 수 있는지를 조절할 수 있다. 매우 응축된 이질 염색질 내부에 존재하는 유전자들은 대부분 발현되지 않는다.

히스톤 아세틸화(histone acetylation)는 히스톤 꼬리에 아세틸기(—$COCH_3$)가 부착되는 것을 말하며, 염색질 구조를 느슨하게 함으로써 전사 조절 단백질이 유전자에 더 용이하게 접근할 수 있게 해준다. 히스톤 꼬리에 메틸기가 결합하게 되면 염색질 응축이 유도되어 전사 감소를 가져온다.

DNA 메틸화(DNA methylation) 과정은 DNA 염기(보통 사이토신)에 메틸기가 부착되는 것이다. 특정 세포 유형에서 발현되지 않고 있는 유전자에서 메틸화는 더 심하게 나타난다. 메틸화 패턴은 보통 연속적인 DNA 복제를 거치는 동안 유지된다.

후생유전(epigenetic inheritance)이란 유전자 발현에 영향을 미치는 염색질 변형과 같이, DNA 염기서열의 변화 없이 형질이 다음 세대의 세포로 전달되는 것이다.

핵심 문제 15.3

a. 암컷 포유동물 세포에서 흔히 나타나는 고도로 메틸화되어 있는 불활성 DNA에 대해 예를 들어 설명하시오.

b. 뉴클레오솜에 있는 히스톤 꼬리에서 아세틸기를 제거하면 유전자의 전사가 촉진될 것인가 아니면 감소될 것인가?

전사개시 조절 전형적인 진핵생물의 유전자는 RNA 중합효소 II를 포함하는 **전사개시복합체**(transcription initiation complex)가 결합하는 프로모터 염기서열, 암호화 엑손서열, 인트론 염기서열로 구성되어 있다. 전사가 진행된 후 pre-mRNA 내 인트론은 RNA 가공과정을 통해 제거되고, 5′ 캡과 3′ 말단 폴리-A 꼬리가 첨가된다. **조절요소(control elements)**는 전사인자들이 결합하는 인식 부위이며, 전사 조절을 도와주는 비암호화 염기서열이다.

보편전사인자들(general transcription factors)은 이들 상호간 및 RNA 중합효소와 결합하여 모든 단백질 암호화 유전자의 전사개시에 관여한다. 일부 보편전사인자는 프로모터에 존재하는 TATA 상자와 같은 특정 DNA 염기서열에 결합하기도 한다. 그러나 조절요소에 **특수전사인자**(specific transcription factors)가 결합하게 되면 특정 유전자의 전사는 급격하게 촉진되거나 혹은 감소된다.

근거리 조절요소(proximal control element)는 프로모터 가까이에 위치하고 있다. **증폭자(enhancer)**는 유전자의 상단부 혹은 하단부로 멀리 떨어져 있거나 혹은 인트론의 내부에 위치하는 **원거리 조절요소**(distal control element) 군집이다. 최신 모델에 의하면, 단백질을 매개로 한 DNA의 구부러짐 현상은 증폭자에 결합된 활성자가 **매개자 단백질**(mediator protein) 및 프로모터에 존재하는 보편전사인자와 접촉할 수 있게 한다. 이러한 단백질-단백질 상호작용에 의해 개시복합체가 조립된다. 수백 종의 전사 활성자가 동정되었으며, 대부분은 DNA-결합 도메인과 다른 조절 단백질과 결합하는 하나 이상의 활성화 도메인을 지니고 있다.

일부 특수전사인자는 증폭자에 존재하는 특정 조절요소에 결합하는 것과 같이 다양한 방식을 통하여 억제자로 작용한다. 일부 활성자와 억제자는 히스톤을 아세틸화시키거나 혹은 히스톤에서 아세틸기를 제거하는 단백질을 끌어와 염색질 구조에 영향을 미치기도 한다. 대부분의 진핵생물 유전자 억제는 이와 같은 염색질 변형 단계에서의 **유전자억제**(silencing)를 통하여 나타난다.

조절요소당 12개 내외의 독특한 뉴클레오타이드 염기서열이 나타나지만, 각 증폭자는 약 10개의 서로 다른 조절요소를 가지고 있다. 전사가 활성화되려면 이러한 요소들의 **조합**(combination)에 의한 독특한 활성자 단백질 군집이 존재해야 한다. 따라서 특정 세포에서 만들어지는 독특한 활성자들과 억제자들에 의해 어떤 유전자가 발현될 것인지가 결정된다.

대부분의 진핵생물에서 동일한 물질대사과정에 관여하는 단백질들을 암호화하는 유전자들은 여러 염색체상에 산재한다. 이러한 유전자들의 통합조절은 각 유전자에 존재하는 일련의 특수 조절요소 집단에 의해 이루어지며 동일한 활성자들을 필요로 한다.

예를 들어 스테로이드 호르몬은 세포 내 특정 수용체 단백질과 결합한 후 전사 활성자로 작용하여 여러 유전자들을 활성화할 수 있다. 하나의 화학적 신호는 해당 조절요소를 지니고 있는 유전자들을 동시에 활성화함으로써 유전자 발현을 통합한다.

핵심 문제 15.4

증폭자, 활성자, 매개자 단백질 및 전사인자가 어떻게 전사개시복합체 형성을 촉진하는지를 보여주는 다음의 도식에 각 구성인자의 명칭을 표기하시오.

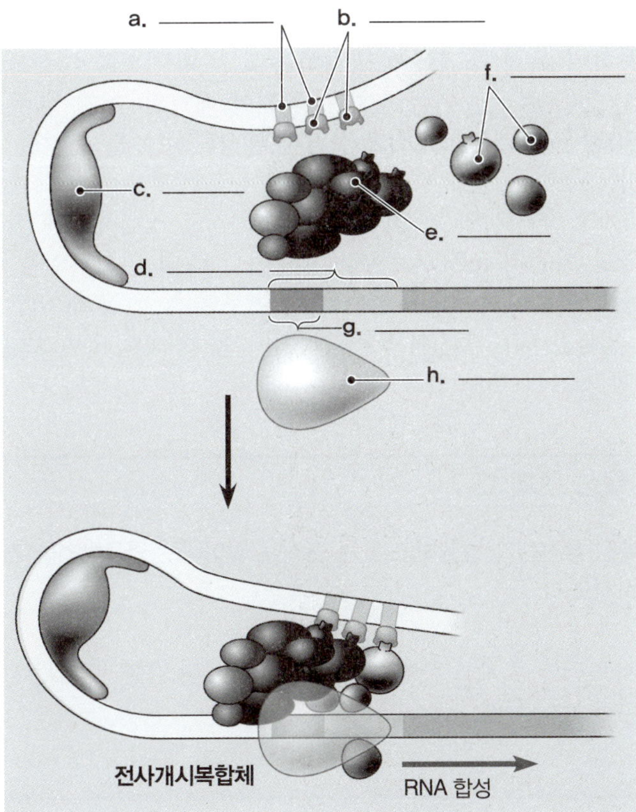

전사후 조절의 원리 생성된 기능성 단백질의 정량적 측정에 근거할 경우 유전자 발현은 모든 전사후 단계에서 조절될 수 있다. RNA 선택적 이어맞추기(alternative RNA splicing)는 RNA 가공 단계에서 조절 단백질의 작용으로 1차 전사물의 인트론과 엑손 부위를 다양하게 선택함으로써 서로 다른 mRNA 분자를 만들 수 있다. 사람의 단백질 암호화 유전자 중 90% 이상의 유전자에서 선택적 이어맞추기가 일어날 것으로 추정하고 있다.

몇 분 안에 분해되는 원핵생물 mRNA와는 달리, 진핵생물의 mRNA는 수 시간 혹은 수 주일까지 유지될 수 있다. mRNA 3′ 말단에 존재하는 비번역부위(untranslated region, UTR)에는 얼마나 오랫동안 mRNA가 유지될 것인가를 조절하는 뉴클레오타이드 서열이 존재한다.

5′ 혹은 3′ UTR에 결합하여 리보솜 결합을 억제하는 조절단백질에 의해 진핵생물 mRNA의 번역은 지연될 수 있다. 상당히 많은 양의 RNA가 수정란에서 합성되고 저장된다. 효소가 폴리-A 꼬리에 더 많은 A 뉴클레오타이드를 첨가하거나 수정에 따른 번역개시인자의 활성화가 일어날 때 번역이 개시된다.

번역에 이어 폴리펩타이드는 종종 절단되거나 화학 잔기의 추가에 의해 활성을 지닌 단백질로 된다. 일부 단백질은 표적 위치로 이송되어야 한다.

세포 내에서 선택적 단백질의 분해는 조절원리로 작용할 수 있다. 분해될 단백질은 유비퀴틴이라는 작은 단백질 분자들이 부착하여 표지된다.

핵심 문제 15.5

a. RNA 선택적 이어맞추기 과정은 유전자 발현의 조절에 어떻게 관련되는가?

b. mRNA의 5′과 3′ 말단에 존재하는 비번역부위(UTR)는 유전자 발현을 조절한다. 이들의 영향을 기술하시오.

15.3 비암호화 RNA는 다양한 방식으로 유전자 발현을 조절한다

인간 유전체의 단 1.5%만이 단백질을 암호화하고 있으며, 추가적으로 극히 일부는 리보솜 RNA와 운반 RNA(rRNA 및 tRNA) 유전자를 암호화하고 있다. 많은 연구결과로부터 대부분의 유전체는 비암호화 RNA(noncoding RNAs, ncRNAs)로 전사됨이 확인되었다. 소형 RNA의 대다수 집단과 긴 RNA 전사물들은 유전자 발현 조절에 관여할 것으로 추론하고 있다.

mRNA에 미치는 마이크로 RNA와 소형 간섭 RNA의 영향 마이크로 RNA(microRNAs, miRNAs)라 불리는 소형의 단일가닥 RNA 분자들은 긴 RNA 전구체로부터 가공되어 만들어진다. 이들은 단백질 복합체와 결합한 후 7~8개의 뉴클레오타이드로 구성된 상보적인 염기서열을 지니고 있는 모든 mRNA와 염기쌍을 형성한다. 이러한 miRNA-단백질 복합체는 번역을 막거나 mRNA를 분해시킨다. 인간 유전자의 절반은 miRNA에 의해 조절될 것으로 추정하고 있다.

소형 간섭 RNA(small interfering RNAs, siRNAs)는 miRNA와 동일한 원리에 의해 유전자 발현을 억제하는 것으로 알려지고 있다. 많은 siRNA는 하나의 긴 이중 가닥 RNA 전구체로부터 생성된다는 점이 miRNA와 구별된다. 실험적으로 이중 가닥 RNA를 세포에 주입함으로써 이에 상보적인 염기서열을 지닌 유전자의 발현을 억제할 수 있는데, 이를 **RNA 간섭(RNA interference, RNAi)**이라 한다. 세포 내 기구가 이러한 긴 이중 가닥 RNA 분자를 절단하여 많은 짧은 siRNA들을 만든다.

비암호화 RNA에 의한 염색질의 재배열과 전사 조절 일부 효모에서 siRNA는 이질염색질 형성에 관여한다. 연구결과에 의하면 염색체의 동원체 영역에 있는 DNA로부터 만들어진 RNA 전사체는 이중 가닥 RNA로 복제된 후 단백질들과 결합한다. 이 복합체는 동원체 영역에 다시 붙어서 이 영역의 염색질을 이질염색질로 재배열시킨다.

새로 발견된 piwi-결합 RNA(piwi-associated RNA, piRNA) 역시 이질염색질 형성을 유도함으로써 일부 트랜스포존(transposon)의 전사를 억제한다. 이들은 배우자 형성과정 중 유전체 메틸화 양상을 적절하게 재설정하는 것으로 알려지고 있다.

핵심 문제 15.6

a. miRNA가 유전자 발현을 어떻게 조절하는지에 대해 기술하시오.

b. siRNA는 번역 혹은 전사를 통해 유전자 발현을 조절하는가? 설명하시오.

15.4 연구를 통해 특정 유전자의 발현을 분석할 수 있다

상보적인 뉴클레오타이드 사이의 염기쌍 형성은 차등적 유전자 발현 연구 기법의 기초가 된다.

개별 유전자의 발현 분석 특정 유전자로부터 전사된 mRNA에 상보적인(RNA 혹은 DNA) **핵산 탐침(nucleic acid probe)**을 사용한 **핵산 혼성화(nucleic acid hybridization)** 기법을 이용할 경우, 특정 유전자가 어떤 세포에서 발현하는지를 알 수 있다. ***In situ* 혼성화(*in situ* hybridization)** 기법은 온전한 생명체 내에서 특정 mRNA의 위치를 감지하기 위하여 표지 탐침을 사용한다.

역전사-중합효소연쇄반응(reverse transcriptase-polymerase chain reaction, RT-PCR)이란 기법을 사용하여 여러 mRNA 샘플을 동시에 분석할 수 있다. 역전사효소는 mRNA로부터 상보적인 DNA 복제품[일종의 역전사체(reverse transcript)]을 만드는 데 사용된다. 형성된 **상보성 DNA(complementary DNA, cDNA)**를 주형으로 하여 유전자 특이적 프라이머를 이용한 PCR을 통하여 증폭시킨 후 젤 전기영동을 수행할 경우, 해당 유전자의 전사로 mRNA를 가진 샘플에서만 증폭된 DNA 밴드가 나타난다.

여러 유전자군의 발현 분석 서로 다른 조직에서 혹은 발생단계별로 mRNA를 분리하고 역전사효소를 이용하여 cDNA를 합성한 후, cDNA를 탐침으로 하여 전체 유전체 DNA를 대상으로 유전자 발현 양상을 분석할 수 있다. **DNA 미세배열 분석(DNA microarray assays)**에서 이러한 탐침 cDNA를 이용하여 특정 조직에서 발현하는 모든 유전자를 대상으로 [DNA 칩(DNA chip)이라 칭하는] 격자에 배열된 수 천 개 유전자의 짧은 단일가닥 DNA 절편과 혼성화 여부를 분석할 수 있다.

DNA 염기서열 분석방법이 신속해지고 저렴해짐에 따라 다양한 기원의 mRNA로부터 만든 cDNA의 염기서열을 직접 분석함으로써 유전자들의 발현 여부를 알 수 있게 되었다[이 방법은 RNA 염기서열 분석법(RNA sequencing, RNA-seq)이라 한다].

핵심 문제 15.7

a. 특정 유전자가 발현하고 있는 조직을 알아내는 연구방법을 기술하시오.

b. 서로 다른 두 세포 유형에서 어떤 유전자들이 발현되고 있는지를 알아내는 연구방법을 기술하시오.

어원

epi- = beside (*epigenetic inheritance*: inheritance of traits transmitted by mechanisms not directly involving the nucleotide sequence of a genome)

지식의 체계화

1. 본 개념 지도는 복잡해 보이지만, 이를 통하여 박테리아가 변화하는 물질대사 요구에 반응하여 어떻게 유전자 발현을 조절하는지에 대한 원리를 복습할 수 있다.

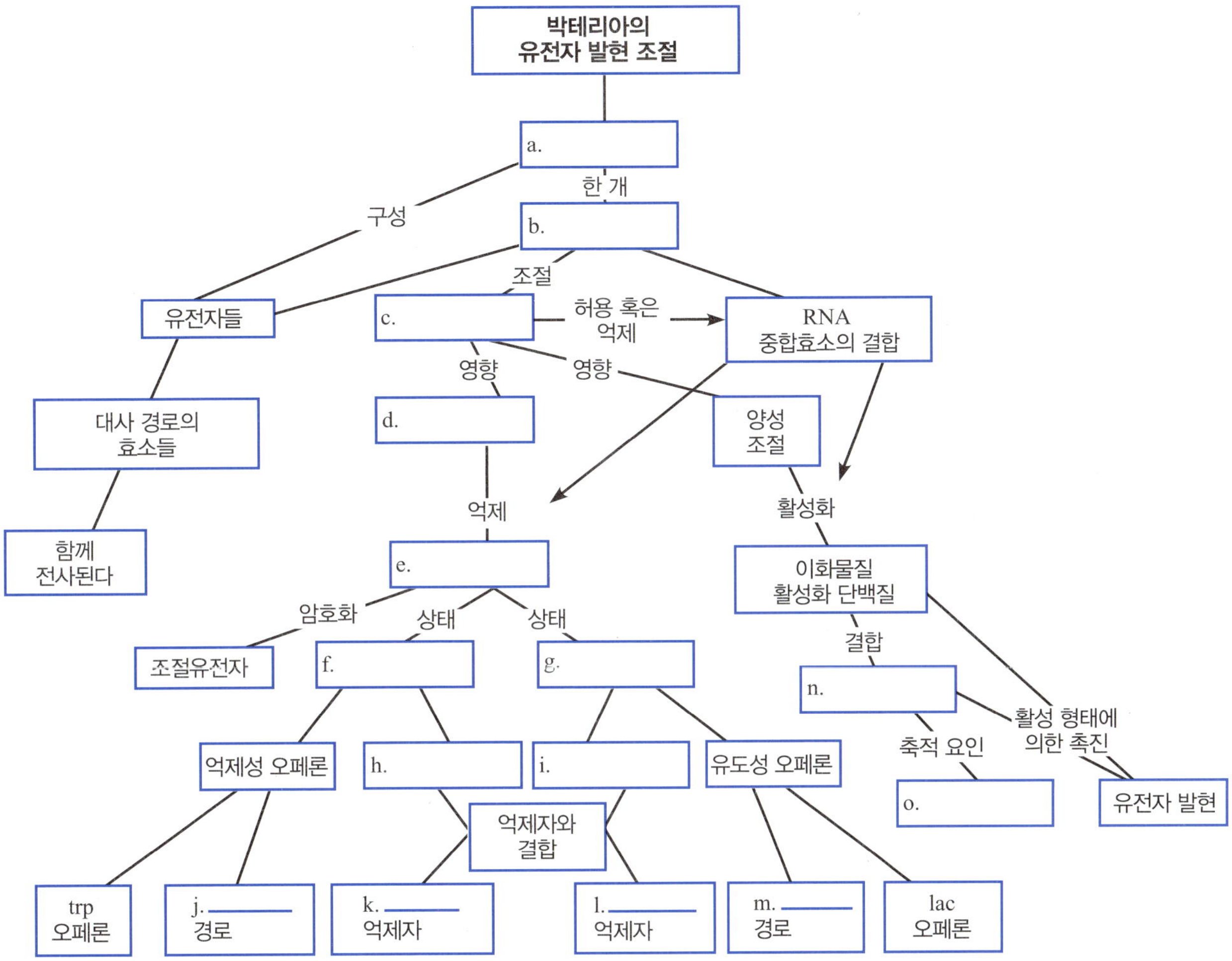

2. 진핵생물의 유전자 발현을 조절하는 주요 원리에 대해 정리한 다음의 표를 채우시오.

조절 단계	예
염색질 변형	a.
전사 조절	b.
RNA 가공	c.
RNA 분해	d.
번역 조절	e.
단백질 가공; 분해	f.

지식의 검증

선다형 문제: 가장 옳은 답을 고르시오.

1. 유도성 효소 ______________________
   a. 보통 동화 대사과정과 관련한다.
   b. 작은 분자가 억제자 단백질을 불활성화시킬 때 생성된다.
   c. 활성자 분자가 작동자에 RNA 중합효소의 결합을 촉진할 때 생성된다.
   d. 태생적으로 불활성화 억제자 분자에 의해 조절된다.
   e. 거의 모두 되먹임 억제에 의해 조절된다.

2. *E. coli*에서 트립토판은 다음 중 무엇을 통하여 *trp* 오페론의 발현을 억제하는가?
   a. 억제자 단백질을 불활성화하여
   b. 대사과정의 첫 번 째 효소를 암호화하는 유전자를 불활성화하여(되먹임 억제)
   c. 억제자와 결합한 후 작동자로의 결합을 촉진하여
   d. 작동자에 결합하여
   e. 프로모터에 결합하여

3. 박테리아의 유전자 발현 조절에 있어서, 조절 유전자는 __
   a. 자기 자신의 프로모터를 가지고 있다.
   b. 지속적으로 전사된다.
   c. 조절 대상의 오페론 내에 존재하지 않는다.
   d. 억제자 단백질을 암호화한다.
   e. 상기의 것 모두

4. 억제성 오페론에서 조절유전자 산물의 기능결실 돌연변이가 일어나게 되면 ______________________
   a. 오페론 내 유전자는 지속적으로 전사된다.
   b. RNA 중합효소의 프로모터 결합을 완전히 억제한다.
   c. 작동자에 억제자를 비가역적으로 결합시킨다.
   d. 활성자가 존재하는 한 전사속도는 일정하게 유지된다.
   e. 전사의 음성조절이 나타난다.

5. 유전자 발현조절이 진핵생물에서 더 복잡한 이유는?
   a. DNA가 단백질과 결합되어 있다.
   b. 특정 세포들에서 유전자 발현은 차이가 난다.
   c. 염색체는 선형이며 개수가 더 많다.
   d. 하나 이상의 프로모터에 의해 오페론이 조절된다.
   e. 억제성 혹은 활성화 분자가 전사 조절을 돕는다.

6. 사이토신 잔기의 DNA 메틸화는 ______________
   a. 히스톤 아세틸화를 유도한다
   b. 메틸화 양상이 자손 세포에서 반복적으로 나타나는 후생유전 원리의 하나일 수 있다.
   c. 프로모터 영역에서 나타나며 RNA 중합효소의 결합을 촉진한다.
   d. 단백질 분해 신호이다.
   e. 원발암원유전자로부터 발암유전자로 전이되는 것과 관련된다.

7. 증폭자에 관한 다음의 설명 중 틀린 것은?
   a. 영향을 미치는 유전자로부터 수천 뉴클레오타이드 떨어진 상단부에 존재할 수 있다.
   b. 활성자의 결합에 따라 프로모터 영역과 다른 전사인자와 상호작용함으로써 개시 복합체를 형성한다.
   c. 스테로이드에 의해 활성화되는 수용체와 복합체를 이루어 특정 유전자를 선택적으로 활성화시킬 수 있다.
   d. 하나의 대사과정에 관여하는 유전자들이 동일한 조합의 조절요소를 가지고 있다면, 전사를 통합할 수 있다.
   e. 각기 다른 유전자는 여러 개의 증폭자를 가질 수 있으며, 각 증폭자는 여러 유전자에 관계하고 조절할 수 있다.

8. 다음 중 전사후 유전자 발현 조절의 예가 아닌 것은?
   a. 번역 개시인자의 활성화를 요구하는 mRNA의 세포질내 저장
   b. 분해되기 전까지의 mRNA 존속 시간
   c. 유전체 내에 여러 번 증폭되어 있는 rRNA 유전자
   d. 핵으로부터 나오기 전의 대체 RNA 스플라이싱
   e. 폴리펩타이드의 절단 혹은 변형

9. 다음 중 전형적인 진핵생물의 유전자와 관련되지 않는 것은?
   a. 프로모터
   b. 작동자
   c. 증폭자
   d. 인트론과 엑손
   e. 조절요소

10. 다음 중 스테로이드 호르몬과 결합하는 수용체 단백질의 일부분에 해당되는 것은?
    a. TATA 상자
    b. DNA 결합 영역과 단백질 결합 영역
    c. RNA 중합효소와의 결합을 유도하는 활성화된 작동자 영역
    d. 프로모터의 상단부 혹은 하단부에 존재하는 인핸서 염기서열
    e. 세포막에 단백질이 위치하는 것을 용이하게 해주는 막관통 영역

11. 다음 중 사람의 세포에서 단백질을 암호화하는 DNA가 유전체의 1.5%에 해당된다는 예측보다 더 많은 DNA 부분이 전사되는 이유를 설명한 것은?
    a. 단백질 암호화 유전자의 전사를 증폭시키기 위하여 여러 증폭자 영역이 전사된다.
    b. 비암호화 RNA의 대부분은 mRNA의 번역이나 분해를 조절하는 기능을 수행한다.

c. 이러한 전사체의 대부분은 다른 유전자의 전사를 조절하는 이중가닥 siRNA를 생산한다.
d. 전사되는 여분의 DNA는 mRNA 생성 시 1차 전사체로부터 잘려 나오는 인트론이다.
e. 이러한 전사체는 돌연변이가 일어난 단백질 암호와 영역의 잔재인 비암호화 "쓰레기" DNA로부터 형성되며, 핵 내 효소에 의해 분해된다.

12. 진핵생물 유전자의 통합적인 전사는 동일한 대사과정의 조절에 어떻게 관계하는가?
    a. 각 유전자는 자신의 프로모터를 가지고 있지만, 유전자들은 하나의 전사 단위로 전사된다.
    b. 유전자들은 염색체의 동일한 영역에 위치하며 효소가 전체 영역을 아세틸화시킴으로써 전사가 개시될 수 있다.
    c. 모든 유전자들은 서로 다른 특정 전사인자에 의해 반응하지만 동일한 보편전사인자와 반응한다.
    d. 스테로이드 호르몬은 모든 유전자의 프로모터에 특이적으로 결합한다.
    e. 유전자들은 자신의 증폭자에 동일한 조합의 조절요소들을 지니고 있다.

13. 세포로부터 얻은 염색체를 현미경용 슬라이드 위에 고정하였다고 하자. 염색체 중 하나에 특정 유전자가 위치하는 것을 확인하기 위한 방사선 표지 탐침으로 좋지 않은 것은? (염색체상의 DNA와 탐침은 단일가닥이라 가정한다.)
    a. 유전자로부터 전사된 mRNA로부터 제작한 cDNA
    b. 특정 단백질의 일부 아미노산 서열
    c. 유전자로부터 전사된 mRNA
    d. 유전자가 위치하고 있는 일부 염색체 조각
    e. 단백질 산물의 아미노산 서열에 기초하여 제작한 뉴클레오타이드 서열

14. 수정란으로부터 합성한 cDNA는 특정 생명체의 모든 유전자를 포함하는 DNA 미세배열 "칩" 제작에 이용될 수 있을까?
    a. 그렇다. 왜냐하면 수정란은 한 생명체의 온전한 유전자 세트를 가진 유일한 세포이기 때문이다.
    b. 그렇다. 그러나 모든 유전자가 격자 위에 놓이기 위해서는 염색체 DNA로부터 cDNA를 합성해야 한다.
    c. 그렇다. 그러나 세포가 단백질 합성을 개시하도록 활성화된 경우에 한한다.
    d. 아니다. 왜냐하면 cDNA는 세포에서 생성되는 mRNA를 이용하여 합성되며, 어떠한 세포도 동시에 모든 유전자를 발현하고 있지 않기 때문이다.
    e. 아니다. 왜냐하면 수정란의 염색체는 고도로 메틸화되어 있고 응축되어 있으므로 어떠한 mRNA도 생성되지 않기 때문이다.

16장
발생, 줄기세포, 암

핵심

모델생물은 실험실에서 키우면서 연구와 분석을 할 수 있으므로, 발생유전학에 관한 많은 지식이 모델생물을 이용한 실험을 통해 축적되어 왔다.

복습

16.1 다세포 생물에서 선택적 유전자 발현 프로그램을 통해 다양한 종류의 세포가 형성된다

배아 발생의 유전적 프로그램 배아 발생 동안 주요 세 가지 과정이 나타나는데, (1) 세포분열을 통해 많은 수의 세포가 생성되고 (2) 세포 **분화(differentiation)**를 통해 특정 구조와 기능을 가진 세포가 형성되며 (3) **형태형성(morphogenesis)**을 통해 몸의 구조와 형태를 만들게 된다. 모든 과정은 선택적 유전자 발현 조절을 통해 이루어진다.

세포질 결정인자와 유도신호 미수정란의 세포질에는 모계 mRNA, 단백질 및 여러 물질이 불균등하게 분포하고 있다. 따라서 첫 번째 세포분열 후 이 물질들은 두 딸세포로 불균등하게 분배되므로 각 딸세포의 핵은 서로 다른 환경에 노출된다. 난자의 세포질에 존재하는 모계 물질 중 유전자 발현을 조절하여 초기 발생에 영향을 주는 요소를 **세포질 결정인자(cytoplasmic determinant)**라 한다.

발생 과정을 조절하는 또 다른 주요 신호는 주변 배아 세포로부터 제공되며, 주로 세포 표면 분자 혹은 분비 물질과의 접촉을 통해 세포 내로 신호전달이 이루어진다. **유도(induction)**는 다른 세포로부터 온 신호를 인지한 표적세포에서 유전자 발현의 변화가 나타나는 현상이다.

세포분화 과정 중의 순차적인 유전자 발현 조절 발생 과정 동안 세포는 특정 구조와 기능을 갖춘 형태로 분화하게 된다. 세포가 최종적 형태로 완전히 분화하지 않았더라도 비가역적으로 특정 세포로의 운명에 접어들게 되면 **결정(determination)**이 이루어졌다고 한다. 어떤 세포가 분화되면 조직-특이적 단백질(tissue-specific protein)을 암호화하는 유전자의 전사가 일어나게 된다.

근육세포는 어떻게 결정되고 분화하는 걸까? 근육세포를 만들 수 있는 배아 전구 세포는 다양한 유형의 세포로 분화할 잠재력을 지니고 있다. 일단 배아 전구 세포가 근육세포로의 운명이 결정되면, 여러 종류의 "지배자 조절 유전자"를 발현하는 근원세포가 된다. 지배자 조절 유전자 중 하나인 *myoD* 유전자로부터 생성된 MyoD 단백질은 전사인자이며, 특정 조절 서열에 결합하여 근육-특이적 전사인자들의 발현을 촉진시킨다. 이후 발현된 전사인자들은 근육-단백질에 해당하는 유전자의 발현을 활성화시킨다. 또한 MyoD 단백질은 세포주기를 억제하는 유전자 발현을 개시하여 세포분열을 중단시키고, *myoD* 유전자의 전사를 촉진시켜 세포의 분화 상태를 유지하도록 한다.

핵심 문제 16.1

결정(determination)과 분화(differentiation)의 차이점은 무엇인가?

세포자살: 프로그램화된 세포의 죽음 **세포자살(apoptosis)**은 세포 내 구성 성분이 분해되고 소낭 형태로 분리되어 "물집" 잡힌 것처럼 여러 갈래로 나뉘게 되며, 결국 식세포에 의해 흔적 없이 제거되는 프로그램화된 세포의 죽음이다.

모델 동물인 *C. elegans*의 정상 배아 발생 동안 131번의 세포자살이 일어나는 것으로 알려져 있다. 신호전달 경로를 통해 순차적으로 "자살" 단백질이 활성화되는데, 모든 동물에서 세포자살 단백질을 암호화하는 유전자 간에는 유사성을 보인다. 세포자살은 발생 및 유지에도 필수적이다.

패턴형성: 체제의 형성 **패턴형성(pattern formation)**은 세포와 조직이 공간적으로 특정 구조와 위치 배열을 가지게 되는 것이다. 동물의 경우 세 종류의 주요 체축이 초기 발생 동안 설정된다. 세포질 결정인자와 유도신호는 **위치 정보(positional information)**를 제공함으로써 각 세포가 체축 및 주변 세포에 대해 상대적으로 어느 위치에 존재하는가를 알려주어 발생의 경로를 결정짓게 한다.

초파리를 모델생물로 한 해부학적, 유전학적, 생화학적 연구를 통해 발생 과정의 주요 공통 원리가 밝혀졌다. 초파리의 몸은 머리, 가슴, 복부로 이루어진 일련의 체절성 구조로 되어 있다. 전-후 축과 등-배 축은 미수정란에 존재하는 세포질 결정인자에 의한 위치정보에 따라 설정된다. 난자를 둘러싼 영양세포와 여포세포는 발생에 필요한 mRNA와 영양분을 제공한다. 수정란은 체절성 유생으로 발생하며, 3단계 유생기를 지나 고치를 형성한 후 변태를 통해 초파리가 된다.

1940년대에 연구자 루이스는 발생 결함이 있는 돌연변이를 분석하여 패턴 형성을 조절하는 데 관여하는 **호메오 유전자(homeotic genes)**를 발견하게 되었다. 1970년대에 연구자 뉘슬라인-폴하르트와 비샤우스는 **배아 치사 돌연변이체(embryonic lethals)**를 분석하여 체절형성에 관여하는 유전자들을 발견하였다. 초파리를 화학 돌연변이원에 노출시킨 후 수천 번의 교배를 통해 배아 치사 표현형을 보이거나 비정상적인 체절을 지닌 유생 표현형을 보이는 열성 돌연변이체를 골라내었다. 이러한 연구 방법을 통해 정상 체절 형성에 관여하는 120여 개의 유전자를 규명하였다.

모계 영향 유전자(maternal effect genes)는 자손의 유전자형이 무엇이건 관계없이 어미 유전자가 돌연변이일 경우 자손 표현형이 돌연변이가 되도록 한다. 모계 영향 유전자의 산물인 mRNA 혹은 단백질은 미수정란에 축적되어 존재하며, 수정란 혹은 배아의 전-후 축과 등-배 축을 결정하기 때문에 **배아-극성 유전자(egg-polarity genes)**라고도 불린다.

배아-극성 유전자 중 하나인 *bicoid* 유전자의 단백질 산물은 배아의 한 쪽 말단에 집중적으로 존재하며 배아의 머리 부분을 결정한다. 만일 모계의 *bicoid* 유전자 두 개가 모두 돌연변이라면 자손 배아는 몸의 머리 부분이 없이 양 말단에 꼬리 부분이 형성된다. 미수정란의 앞쪽 말단에 *bicoid* mRNA가 집중적으로 분포하고 있으며, 수정 후 mRNA는 Bicoid 단백질로 번역되어 초기 배아의 뒤쪽으로 확산되면서 농도기울기를 형성한다. **형태형성물질(morphogens)**에 해당하는 특정 물질의 농도기울기가 배아의 축 혹은 여러 구조를 설정한다는 것이 형태형성물질 구배 가설(morphogen gradient hypothesis)이다. 모계에서 유래한 mRNA가 번역되어 단백질의 농도기울기를 형성하면서 배아의 전-후 축 및 등-배 축이 결정된다. 이후 배아의 유전자가 발현하여 위치 정보를 만들어 정상적인 체절의 형태와 수를 설정하게 되고, 최종적으로 각 체절이 특정 구조물을 형성하도록 유도한다.

핵심 문제 16.2

Bicoid 단백질이 초파리의 앞쪽, 즉 머리 부분을 결정하는 형태형성물질이라는 것을 밝힌 실험적 증거는 무엇인가?

16.2 생물체의 복제 기술은 분화된 세포의 "재프로그래밍"이 가능함을 보여주며, 궁극적으로 줄기세포를 생산할 수 있게 한다

한 개체를 구성하는 모든 세포는 유전적으로 동일하다. 그렇다면 각 세포는 모든 유전자를 발현시킬 수 있는 것일까? 개체 클로닝(organismal cloning)은 다세포생물에서 분리한 하나의 세포로부터 유전적으로 동일한 개체, 즉 클론을 생산하는 것을 말한다.

식물과 동물의 클로닝 당근 뿌리에서 얻은 세포를 이용하여 새로운 당근 개체로 성장시키는 실험을 통해 분화 과정 동안 세포의 DNA에 비가역적인 변화가 필수적으로 일어나는 것은 아님을 밝히게 되었다. 대부분의 식물세포는 **전능성(totipotent)**을 지니고 있어 완전한 새로운 개체를 형성할 수 있다.

브리그, 킹, 고든의 연구를 통해 분화된 동물세포의 전능성에 대한 분석이 이루어졌다. 즉, 개구리 배아세포와 올챙이 세포의 핵을 분리한 후, 핵이 제거된 개구리 난자에 주입하는 핵 이식 실험이 진행되었다. 이식된 핵은 정상 발생을 지시할 수 있었으나, 공여자 핵의 발생학적 연령과 성공적 발생은 반비례의 관계를 보였다.

1997년 핵이 제거된 양의 난자에 완전히 분화된 젖샘세포의 핵을 주입한 후 대리모에 착상시켜 복제 양을 탄생시켰다. 젖샘세포는 영양분이 적은 배지에서 배양하여 역분화 상태로 유도시켜 사용하였다.

여러 포유류의 생식적 클로닝(reproductive cloning)을 통해 생산된 클론 동물은 형태적으로나 행동학적으로 모두 동일하지는 않다. 환경적 요인과 무작위적 사건이 발생 과정에 영향을 주는 것으로 예측된다.

핵심 문제 16.3

수많은 포유류의 복제 실험이 성공적으로 이루어졌으나, 대부분의 클론 배아는 정상적으로 발생하지 못하거나 많은 클론 동물들은 다양한 결함을 나타내었다. 이러한 발생적 결함의 원인은 무엇이라고 예측되는가?

동물의 줄기세포 줄기세포(**stem cell**)는 비교적 특수화되지 않은 세포로 무한정 분열 가능하여 자신과 동일한 세포를 생산하며, 특정 조건에서는 하나 이상의 분화된 세포를 형성할 수 있다. 배아줄기세포[embryonic stem(ES) cell]는 초기 배아에서 분리하여 배양한 것으로 무한정 분열하며 신체를 구성하는 모든 세포로 분화할 수 있다. 따라서 배아줄기세포는 **다능성(pluripotent)**을 지닌다. 성체줄기세포(adult stem cell)는 여러 조직에서 분리하여 배양한 것으로 여러 종류의 세포로 분화할 수 있다.

줄기세포 연구는 손상된 혹은 질병이 있는 기관을 복구하는 치료용 세포를 제공할 수 있는 잠재력을 지닌다. 인간의 생식적 클로닝과는 다르긴 하지만 배아줄기세포의 치료용 클로닝(therapeutic cloning)도 윤리적 및 사회적 문제를 불러일으킨다. 성체줄기세포를 형질전환하여 만든 유도 다능성 줄기세포[induced pluripotent stem(iPS) cells]는 질병 연구 및 세포 치료 분야에서 모델 세포로 주목받고 있으며 향후 재생의학에 적용할 환자 맞춤형 유도 다능성 줄기세포를 생산하게 될 것이다.

16.3 암은 세포주기를 조절하는 유전자의 돌연변이에 의해 발생한다

암 발생과 관련된 유전자 화학적 암유발물질, X선, 혹은 특정 바이러스는 세포 성장과 분열을 조절하는 유전자에 변이를 일으켜 암을 유발할 수 있다. **발암유전자(oncogenes)**는 특정 종류의 바이러스에서 발견되었으며, 암을 유발하는 기능을 한다. 발암유전자와 유사한 서열을 지닌 유전자가 인간 및 여러 동물의 유전체에서 발견되었으며, 세포성 **원발암유전자(protooncogens)**라 한다. 원발암유전자는 세포성장과 분열을 촉진하는 단백질을 암호화하고 있으며, 여러 변이를 통해 발암유전자로 작동하여 과도한 발현이나 단백질의 활성 증가를 보이게 된다.

종양억제 유전자(tumor-suppressor gene)는 비정상적으로 세포분열이 일어나는 것을 억제하는 단백질을 만들어 내는데, 종양억제 단백질의 기능이 소실된 돌연변이는 암 발생에 유리한 상황을 만들게 된다.

핵심 문제 16.4

a. 원발암유전자를 발암유전자로 변형시키는 세 종류의 유전적 변화를 기술하시오.

b. 종양억제 단백질의 기능을 3가지 기술하시오.

세포 신호전달경로의 방해 사람의 암 중 30% 정도에서 원발암유전자 *ras*의 돌연변이가 관찰된다. ***ras* 유전자(*ras* gene)**가 암호화하는 G 단백질은 세포막에 존재하는 생장인자 수용체와 세포내 일련의 단백질인산화효소를 연결하여 신호를 전달하는 기능을 한다. 신호전달경로의 마지막 단계는 세포주기를 촉진하는 단백질의 합성이다. *ras* 유전자의 돌연변이로 과도한 활성을 지닌 Ras 단백질이 생성되면, 생장인자 신호 없이도 세포분열 신호가 전달된다.

사람의 암 50% 정도에서 ***p53* 유전자**의 돌연변이가 관찰된다. *p53* 유전자는 종양억제 단백질을 생성하며, 여러 유전자의 특이 전사인자로 작용한다. p53 단백질은 *p21* 유전자의 발현을 촉진하는데, p21 단백질은 사이클린-의존성 인산화효소에 결합하여 세포주기를 멈추게 하고, 그 동안 세포는 손상된 DNA의 복구에 필요한 시간을 갖게 된다. 또한 p53 단백질은 세포주기를 억제하는 여러 miRNA의 발현을 촉진하며, DNA 복구에 관여하는 유전자를 활성화시킨다. 만일 DNA 손상이 지나쳐 복구할 수 없는 상태이면, p53 단백질은 "자살 유전자"의 발현을 촉진하여, 세포자살을 유발한다.

암 발생의 다단계 모델 하나 이상의 돌연변이가 발생되어야 암세포로 변형될 수 있다. 원발암유전자의 경우 하나의 대립유전자의 돌연변이로 세포분열을 촉진할 수 있으나, 종양억제 유전자는 두 개의 대립유전자가 모두 기능이 소실되어야 무절제한 세포분열을 허용할 수 있게 된다.

암 발생을 일으키는 유전적 요소와 비유전적 요소 발암유전자나 종양억제 유전자 열성 돌연변이를 가진 사람은 그렇지 않은 사람에 비해 특정 암에 걸릴 확률이 높아진다. 직장암의 15% 정도에서 유전성 돌연변이가 나타나는데, 주로 세포이동과 접착을 조절하는 *APC* 종양억제 유전자의 변이가 관찰된다.

유방암의 5~10% 정도에서 *BRCA1* 혹은 *BRCA2* 유전자의 유전성 변이가 관찰되는데, 두 유전자는 세포의 DNA 손상을 복구하는 데 관여하는 종양억제 단백질로 작용할 것으로 예측된다.

자외선과 담배연기 속 화학물질은 DNA를 손상시켜 암 발생에 유리한 상황을 만들게 된다.

사람의 암 중 대략 15% 정도는 암 유발 바이러스(tumor viruse)의 감염으로 발생한다. 바이러스는 세포 DNA에 자신의 유전체를 주입하여 발암유전자 정보를 도입하거나 세포의 원발암유전자 혹은 종양억제 유전자에 영향을 주어 유전자 발현을 방해할 수 있다. 바이러스 단백질은 p53 단백질 혹은 다른 종양억제 단백질을 불활성화시키기도 한다.

어원

morph- = form; **-gen** = produce (*morphogen*: a substance that provides positional information in the form of a concentration gradient along an embryonic axis)

proto- = first, original; **onco-** = tumor (*proto-oncogene*: a normal cellular gene that has the potential to become an oncogene, which is involved in triggering molecular events that lead to cancer)

지식의 체계화

1. 세포질 결정인자와 유도에 의한 세포간 신호전달은 전사 조절 기작의 측면에서 어떻게 다른지 설명하시오.

2. 줄기세포를 정의하시오. 배아줄기세포, 성체줄기세포, 유도 다능성 줄기세포의 차이점에 대해 설명하시오. 식물은 줄기세포를 가지고 있는지 설명하시오.

지식의 검증

선다형 문제: 가장 옳은 답을 고르시오.

1. 세포질 결정인자에 대한 설명 중 가장 적당한 것은?
   a. 미수정란에 불균등하게 분포하는 세포질 구성요소
   b. 종종 전사 조절에 관여한다.
   c. 수정 후 최초 몇 번의 분열동안 분리된다.
   d. 모계유래 물질로 초기 발생 단계를 지시하는 작용을 한다.
   e. 위 보기 모두 맞음

2. 동물의 패턴형성에 대한 설명 중 가장 적당한 것은?
   a. 세포의 위치 정보는 형태형성물질의 농도기울기로 설정된다.
   b. 어미 난소의 영양세포에 의한 유도 작용이 있다.
   c. 핵의 염색질이 응축된다.
   d. 세포 분화 후 조직과 기관 형성을 위해 세포 이동이 나타난다.
   e. 최초 몇 번의 체세포분열이 일어나야 한다.

3. 이형접합 두 부모로부터 각각 돌연변이 *bicoid* 유전자 두 개를 물려받은 초파리 유생의 운명은 어떠할 것인가?
   a. 유생의 양쪽 말단에 머리 구조가 발생할 것이다.
   b. 유생의 양쪽 말단에 꼬리 구조가 발생할 것이다.
   c. 정상 발생을 할 것이다. 그러나 만일 암컷이라면 두 개의 꼬리 구조를 가진 돌연변이 유생을 생산할 것이다.
   d. 머리 부분에서 다리가 형성되는 성체로 발생할 것이다.
   e. 유생은 어미의 영양세포로부터 *bicoid* mRNA를 받지 못할 것이다.

4. 다음의 가상 배아에서 morpho라는 형태형성물질이 높은 농도로 있을 경우 유전자 *P*가 발현되며, 중간 이상의 morpho 농도에서 유전자 *Q*가 발현되며, morpho가 조금이라도 존재하기만 하면 유전자 *R*이 발현된다. 다른 형태형성물질 phogen은 중간 이상의 농도에서 유전자 *S*의 발현은 촉진하나, 유전자 *Q*의 발현은 억제한다. 만일 morpho와 phogen이 배아의 양쪽 말단에서 각각 생성되어 다른 방향으로 확산된다고 할 때, 그림의 2번 부위에서는 어떤 유전자가 발현될까? (그림의 세 부위에서 형태형성물질의 농도기울기는 생산 부위에서는 고농도, 중간 부위는 중간 농도, 반대쪽 말단은 저농도로 가정한다.)

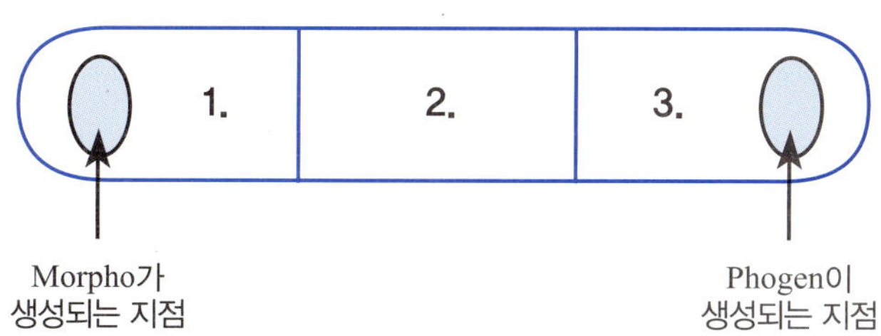

   a. 유전자 *P*, *Q*, *R*, *S*
   b. 유전자 *P*, *Q*, *R*
   c. 유전자 *Q*, *R*
   d. 유전자 *R*, *S*
   e. 유전자 *R*

5. 세포자살에 관한 설명 중 옳은 것은?
   a. 세포자살 프로그램은 DNA 손상에 반응하여 p53 단백질이 개시할 수 있다.
   b. 암세포가 몸의 다른 부위로 이동하는 전이 과정이다.
   c. 정상 발생 과정에서 나타나는 프로그램화된 세포의 죽음이다.
   d. 점 돌연변이에 의해 원발암유전자가 발암유전자로 변형되는 것이다.
   e. a와 c가 옳은 설명이다.

6. 성체줄기세포에 대한 설명 중 옳지 않은 것은?
   a. 골수뿐 아니라 성인의 뇌를 포함한 여러 조직에서 발견된다.
   b. 피부세포에 "줄기세포" 지배자 조절 유전자를 도입하여 다능성을 획득하도록 유도한 세포이다.
   c. 여러 종류의 세포로 분화할 수 있다.
   d. 비교적 특수화되지 않은 세포로 지속적으로 분열할 수 있다.
   e. 성공적으로 배양 가능하며 특수화된 세포로 분화될 수 있다.

7. 다음 중 원발암유전자가 암호화하는 것은?
   a. DNA 중합효소
   b. RNA 중합효소
   c. 생장인자 수용체 단백질
   d. 인핸서
   e. 세포분열을 억제하는 전사인자

8. 다음 중 유전자가 발암유전자로 변형되는 원리는?
   a. 정상보다 더 많은 사본 수를 가진다.
   b. 전좌에 의해 정상 조절 부위에서 다른 부위로 이동한다.
   c. 돌연변이에 의해 더 활성을 띠거나 저항성을 지닌 단백질로 변형된다.
   d. 조절부위의 돌연변이로 발현이 증가한다.
   e. 위의 보기 모두 해당된다.

9. 종양억제 유전자는 다음 중 어떤 경우에 암 유발 가능성이 나타나는가?
   a. 두 대립유전자가 유전자 산물의 활성이 감소하는 형태의 변이를 가진다.
   b. 하나의 대립유전자에서 유전자 산물의 변형이 일어나는 변이를 가진다.
   c. 한 쪽 부모로부터 돌연변이 유전자를 물려받는다.
   d. 원발암유전자가 발암유전자로 변형되는 변이도 지니고 있다.
   e. a와 d가 동시에 나타난다.

10. 다음 중 직장암의 가족력에 대한 설명 중 가장 옳은 것은?
   a. 저지방 고섬유소 식이
   b. 세포 접착과 이동을 조절하는 *APC* 대립유전자 돌연변이형의 유전
   c. 유방암 가족력
   d. 활성 형태의 G 단백질을 생성하는 *ras* 발암유전자의 유전
   e. 원발암유전자의 유전

17장
바이러스

핵심

바이러스는 단일가닥이나 이중가닥 DNA 또는 RNA 유전체가 단백질 캡시드로 둘러싸인 감염성 입자다. 숙주에서 유래된 막이 입자 바깥을 뒤덮고 있는 경우도 있다. 바이러스는 세균이나 동물, 식물 숙주의 대사 기구를 사용해서 복제된다. 바이러스에 감염되면 숙주세포가 파괴되고 숙주는 질병을 앓게 된다. 바이러스는 플라스미드나 트랜스포존에서 진화된 것으로 생각된다.

복습

17.1 바이러스는 핵산이 단백질 껍질에 둘러싸인 구조를 이룬다

바이러스(virus)는 유전자가 단백질 껍질 안에 들어 있는 감염성 입자로 일부 바이러스는 피막을 지니기도 한다.

바이러스 유전체 바이러스 유전체(viral genome)는 단일가닥이나 이중가닥 DNA 또는 RNA로 이루어진다. 바이러스 유전자는 대개 단일한 선형 또는 원형 핵산 분자에 포함되어 있다.

캡시드와 외피 **캡시드(capsid)**라 불리는 단백질 껍질은 주로 동일한 단백질 소단위(capsomere)가 많이 모여 만들어진다. 나선형(helical virus)이거나 다각형(icosahedral virus) 또는 복잡한 모양을 한 복합형(complex virus) 등이 있다. **바이러스 외피(viral envelope)**는 숙주세포의 막에서 유래되었지만 바이러스의 단백질과 당단백질을 포함한다. 외피는 주로 동물 바이러스에서 캡시드를 둘러싼 형태로 나타난다. 일부 바이러스 입자에는 소수의 바이러스 효소가 포함되어 있다.

복합형 캡시드는 **박테리오파지(bacteriophage)** 또는 **파지(phage)**라 불리는 세균 바이러스에서 나타난다. 대장균을 감염시키는 바이러스 가운데 T2, T4, T6 파지는 정이십면체 머리와 세균에 부착하는 꼬리섬유를 지니는 꼬리 단백질로 이루어져 있다.

17.2 바이러스는 숙주세포에서만 증식한다

바이러스는 절대 세포내 기생체로 대사 효소를 비롯한 그 밖에 복제에 필요한 기구가 없다. 각각의 바이러스는 **숙주범위(host range)**가 제한되어 있다. 이는 바이러스의 표면에 있는 단백질이 숙주 표면의 특정한 수용 분자만을 인식하기 때문이다.

바이러스 생활사의 일반적 특징 바이러스 유전체가 숙주세포 안으로 들어가면, 숙주세포의 효소, 뉴클레오타이드, 아미노산, 리보솜, ATP를 비롯한 여타 자원을 활용하여 바이러스 유전체를 복제하고 캡시드 단백질을 생성한다. DNA 바이러스는 주로 숙주의 DNA 중합효소를 이용하여 자신의 유전체를 복제하는 반면, RNA 바이러스는 바이러스 유전체에서 합성하는 RNA 중합효소로 RNA 유전체를 복제한다.

복제가 끝나면 바이러스 핵산과 캡시드 단백질은 저절로 자가조립되어 숙주세포 안에서 새로운 바이러스 입자를 형성한다. 수백 또는 수천 개의 새로 형성된 바이러스 입자가 방출되는 과정에서 숙주세포가 파괴되는 경우도 있다.

파지의 생활사 **용균성 생활사(lytic cycle)**는 숙주세포를 파괴하여 새로 합성된 파지 입자들을 방출하는 것에서 끝난다. **독성 파지(virulent phage)**는 용균성 생활사만 이용해서 증식한다.

T4 파지는 꼬리섬유로 대장균 세포 표면의 수용체 자리에 부착한다. 꼬리 단백질이 수축하면서 바이러스 DNA가 세포 안으로 밀려들어가고 빈 껍질은 세포 밖에 남는다. 대장균 세포는 파지 감염 즉시 파지 유전자의 전사와 번역을 시작한다. 초기에 만들어지는 파지 효소 가운데 하나는 숙주세포의 DNA를 분해한다. 세균 DNA가 분해되어 만들어지는 뉴클레오타이드는 바이러스 DNA 합성에 이용된다. 캡시드 단백질은 파지 꼬리, 꼬리섬유, 머리의 형태로 조립된다. 이들은 세균의 세포벽에 손상을 입히는 효소로 인해 세포가 부풀어 오르면서 터짐에 따라 세포 밖으로 방출된다.

수용체 자리를 변화시키는 돌연변이와 세포 안으로 바이러스 DNA가 들어왔을 때 이를 분해하는 **제한효소**

(restriction enzyme)는 세균이 바이러스 감염을 방어하는 수단이 된다.

용원성 생활사(lysogenic cycle)를 통하면 바이러스는 숙주를 죽이지 않고도 유전체를 복제할 수 있다. **온건성 파지(temperate phage)**는 용원성 생활사와 용균성 생활사를 모두 이용해서 증식한다.

람다(λ) 파지는 자신의 DNA를 대장균 세포에 주입한 다음 파지는 용균성 생활사를 시작할 수도 있다. 또한 DNA를 숙주세포의 염색체에 삽입시켜 **프로파지(prophage)** 상태로 존재하는 것도 가능하다. 삽입된 파지 유전체의 대부분의 유전자는 프로파지에서 만들어지는 단백질에 의해 억제된다. 숙주세포는 세균의 염색체를 복제할 때마다 프로파지 형태로 존재하는 파지 DNA를 복제하게 된다. 이를 용원성 생활사라 한다. 프로파지가 환경의 자극을 받아 세균 염색체에서 절제되어 나오게 되면 다시 용균성 생활사가 시작된다.

몇몇 세균은 프로파지 유전자가 만들어 내는 독소로 인해 질병을 일으키기도 한다.

핵심 문제 17.1

아래 그림의 용균성 생활사와 용원성 생활사에서 1~8의 각 단계를 설명하고 a~e의 구조 이름을 쓰시오.

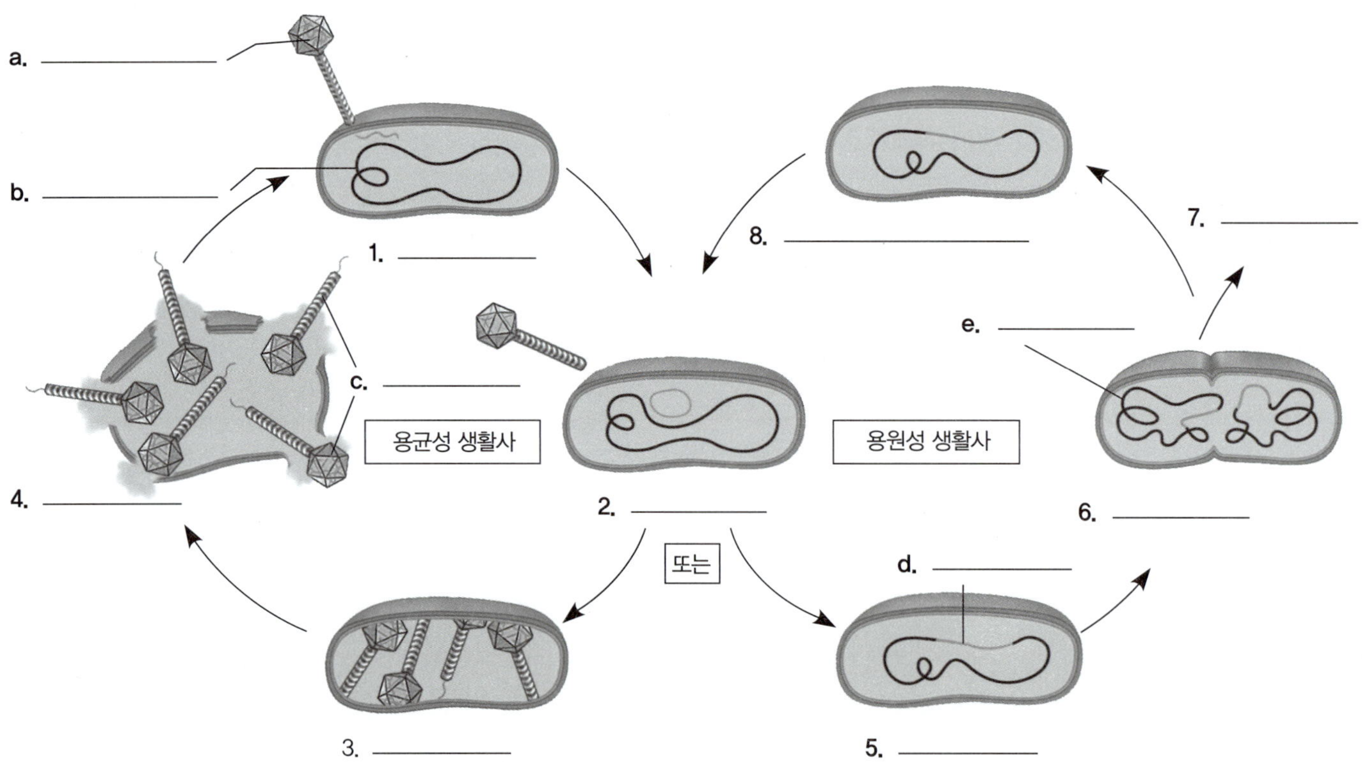

동물 바이러스의 생활사 동물 바이러스의 유전체는 이중 또는 단일가닥 DNA 또는 RNA로 이루어져 있다. RNA 유전체를 지니는 대부분의 동물바이러스가 바이러스 외피를 지닌다.

외피를 지니는 RNA 바이러스는 어떻게 증식할까? 바이러스 외피에 돌출되어 있는 당단백질이 숙주세포의 원형질막의 수용체 자리에 부착된다. 캡시드가 세포 안으로 전달된다. 바이러스 유전체가 복제, 전사되고 단백질이 합성된다. 바이러스의 당단백질은 합성되면서 소포체막에 삽입되고 골지체에서 가공되어 원형질막으로 전해진다. 새로운 바이러스 입자는 숙주의 원형질막에 둘러싸인 채로 세포 밖으로 떨어져 나가면서 바이러스의 당반백질이 포함된 피막이 형성된다.

허피스바이러스(포진 바이러스)는 숙주세포의 핵 안에서 복제되어 일시적으로 숙주세포의 핵막에 둘러싸이게 된다. 허피스바이러스의 이중나선 DNA는 특정한 신경세포의 핵 안에서 미니 염색체의 형태로 잠재상태를 유지하다가 스트레스를 받으면 다시 감염성 증식을 시작한다.

일부 동물 바이러스의 단일가닥 RNA는 직접 mRNA로 작용할 수 있다. 또 다른 종류 바이러스의 RNA 유전체는 먼저(캡시드 안에 포함되어 있는 효소를 이용하여) 상보적인 RNA 가닥을 만들어야만 mRNA로 사용될 수 있고 이것은 또한 유전체 RNA 합성의 주형이 되기도 한다.

레트로바이러스(retrovirus)의 생활사는 복잡하다. 바이러스 RNA 유전체는 먼저 바이러스 효소인 **역전사효소(reverse transcriptase)**에 의해 이중나선 DNA로 전환된다. 이렇게 만들어진 바이러스 DNA는 염색체 안에 삽입되고 그 상태로 숙주세포에 의해 바이러스 RNA가 전사된다. 이 RNA가 새로운 바이러스 유전체이자 바이러스 단백질을 합성하는 mRNA로 작용한다.

HIV(human immunodeficiency virus)는 **후천성면역결핍증(acquired immunodeficiency syndrome, AIDS)**을 일으키는 레트로바이러스의 일종이다. 삽입된 바이러스 DNA는 숙주세포 DNA에 **프로바이러스(provirus)** 상태로 남아 있다. 새로운 바이러스의 캡시드에는 두 벌의 RNA 유전체와 두 분자의 역전사효소가 들어 있다. 조립된 바이러스 입자는 숙주세포의 원형질막을 둘러싸인 채 떨어져 나오고 이때 바이러스의 당단백질이 외피에 함께 포함되게 된다.

핵심 문제 17.2

레트로바이러스의 증식 과정에 일어나는 유전정보의 전달 과정을 요약하시오. 이 과정을 촉매하는 효소의 이름을 함께 표기하시오.

________ → ________ → ________

효소:

바이러스의 진화 바이러스는 하나의 세포에서 다른 세포로 이동하는 세포의 핵산 조각에서 지금과 같이 특수한 껍질을 지닌 바이러스의 형태로 진화된 것으로 생각된다. 바이러스 유전체의 기원은 세균이나 효모에 존재하는 자가 복제하는 원형 DNA인 플라스미드(plasmid)나 세포의 유전체 내에서 위치를 옮겨갈 수 있는 DNA 조각인 트랜스포존(transposon)인 것으로 추정된다. 따라서 바이러스, 플라스미드, 트랜스포존은 모두 이동성 유전인자(mobile genetic element)라 할 수 있다.

17.3 바이러스는 동식물에서 심한 질병을 일으킨다

동물에서의 바이러스성 질병 바이러스 감염의 증상은 감염된 세포에서 만들어지는 바이러스 독소에 의해 야기된다. 세포는 바이러스에 의해 사멸되거나 손상되거나 세포의 방어 기전이 감염에 맞서 싸운다.

백신(vaccine)은 해가 없는 바이러스 변이체 또는 유도체로, 실제 병을 일으키는 감염 매개체에 대항하는 숙주의 면역 반응을 유도한다. 백신 접종은 여러 종류의 바이러스 질병이 발병하는 사례를 크게 감소시켜왔다.

세균과 달리 바이러스는 숙주의 효소 체계를 활용하여 복제하므로 바이러스 감염을 치료하는 약제는 거의 개발되지 못했다. 일부 항바이러스 약제는 뉴클레오사이드 유도체로 바이러스의 핵산 합성을 억제한다.

신종 바이러스 신종 바이러스(emerging virus)의 예로 HIV, 에볼라바이러스(Ebola virus), 웨스트나일바이러스(West Nile virus)를 들 수 있다. 일반적인 질병의 집단 발병을 **유행성(epidemic)**이라 한다. 2009년의 독감 유행병과 같이 전 세계에 걸친 유행병은 **범유행성(pandemic)**이라 부른다.

바이러스성 질병이 갑자기 출현하는 것은 기존의 바이러스에 돌연변이가 일어나거나(RNA 바이러스의 경우가 돌연변이 발생률이 높아 더 흔히 나타난다), 기존의 바이러스가 더 널리 퍼지거나(HIV의 경우), 한 종류의 숙주에서 다른 숙주로 퍼지는(2009년의 범유행성 독감, 돼지에게서 사람으로 전파되었을 가능성이 있다) 경우에 나타난다. 사람에게 나타나는 많은 신종 질병은 세 번째 방법에 의한 것으로 생각된다.

B형과 C형 독감은 사람만을 감염시키나, A형은 사람을 비롯해서 다른 동물들도 감염시킨다. 만약 A형 독감 바이러스의 서로 다른 변종이 동물세포 안에서 유전적으로 재조합된다면, 재조합 바이러스는 병원성이 매우 높아질 수도 있다. H1N1 바이러스(바이러스 표면 단백질인 헤마글루티닌과 뉴라미니데이스의 첫 글자를 따서 명명)는 1918년과 2009년 범유행성 독감을 일으켰다. H5N1 바이러스는 야생 조류와 가금류에서 발견된다. 조류 독감에 사람이 감염되는 치사율이 50%에 이르지만, 아직 이와 같은 종류가 사람에서 사람으로 쉽게 전파되지는 않는다.

식물에서의 바이러스성 질병 대부분의 식물 바이러스는 RNA 바이러스다. 식물에서 바이러스 질병은 주로 어버이에게서 다음 세대로 수직전파(vertical transmission)되거나 외부에서 수평전파(horizontal transmission)된다. 손상된 식물은 바이러스에 감염될 가능성이 높아지며 곤충이 바이러스의 매개체로 작용하기도 한다.

핵심 문제 17.3

바이러스는 식물 전체에 어떻게 퍼지는가? 식물의 바이러스 질병에 대한 치료법은 있는가?

어원

capsa- = a box (*capsid*: the protein shell that encloses a viral genome)

lyto- = loosen (*lytic cycle*: a type of phage replicative cycle resulting in the release of new phages by lysis (and death) of the host cell)

-phage = to eat (*bacteriophage*: a virus that infects bacteria)

pro- = before (*provirus*: a viral genome that is permanently inserted into a host genome)

retro- = backward (*retrovirus*: an RNA virus that replicates by transcribing its RNA into DNA and then inserting the DNA into a cellular chromosome)

virul- = poisonous (*virulent phage*: a phage that replicates only by a lytic cycle)

지식의 체계화

1. 파지의 용원성 생활사와 용균성 생활사를 설명하는 개념지도를 그리시오.

2. 바이러스에 대한 이해를 돕기 위한 다음 개념 지도를 완성하시오.

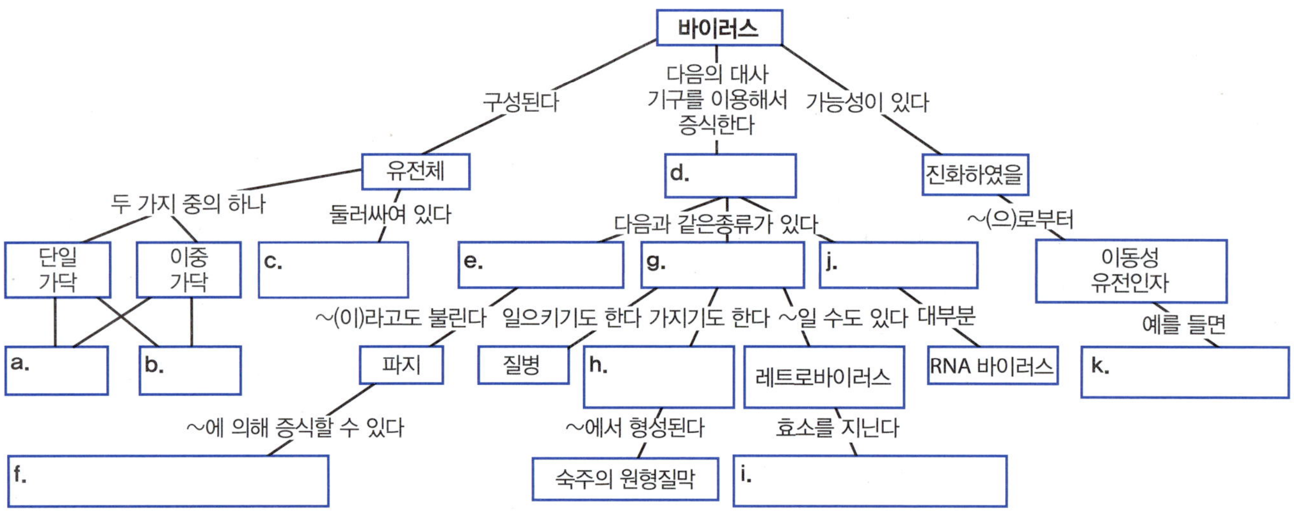

지식의 검증

선다형 문제: 가장 옳은 답을 고르시오.

1. 바이러스를 연구함으로써 알 수 없는 것은?
   a. 모든 개체의 분자생물학
   b. 바이러스의 유성 생식 회로
   c. 새로운 유전자 조작 기법
   d. 질병의 원인
   e. 숙주와 바이러스 사이의 관계에서 돌연변이의 역할

2. 다음에서 바이러스 유전체가 될 수 없는 것은?
   a. 단일가닥 DNA
   b. 이중가닥 RNA
   c. 잘못 접힌 감염성 단백질
   d. 선형 단일가닥 RNA 분자
   e. 원형 이중가닥 DNA 분자

3. 레트로바이러스에 들어 있는 역전사효소는 ______________
   a. 바이러스 RNA를 상보적 RNA 가닥을 만드는 주형으로 사용한다.
   b. 바이러스 DNA가 제한효소에 의해 분해되는 것을 막아준다.
   c. 숙주세포의 DNA를 파괴한다.
   d. RNA를 단백질로 번역한다.
   e. 바이러스 RNA를 DNA 합성의 주형으로 사용한다.

4. 캡시드 단백질과 핵산 분자로부터 바이러스 입자가 생성될 때, ______________
   a. 저절로 자가 조립된다.
   b. 바이러스 효소가 이 과정을 지시한다.
   c. 숙주세포의 효소를 이용한다.
   d. 입자 꼬리에 저장된 ATP를 이용한다.
   e. b와 d

5. 염기의 비율이 (A + G)/(U + C)=1인 바이러스가 있다. 이 바이러스의 종류는?
   a. 단일가닥 DNA 바이러스
   b. 단일가닥 RNA 바이러스
   c. 이중가닥 DNA 바이러스
   d. 이중가닥 RNA 바이러스
   e. 레트로바이러스

6. 식물 바이러스의 수직전파는 ______________________
   a. 바이러스 입자가 원형질연락사를 통해 이동한다.
   b. 어버이에게서 입자가 대물림된다.
   c. 바이러스 입자를 박테리오파지가 전달한다.
   d. 곤충이 바이러스 입자를 다른 식물에 옮긴다.
   e. 손상된 세포를 통해 일어난다.

7. 세균이 바이러스 감염을 방어하는 방법은?
   a. 세균이 생성하는 항생제를 이용해서
   b. 외부 DNA를 분해하는 제한효소를 이용해서
   c. R 플라스미드를 전달해서
   d. 역전사효소를 이용해서
   e. 바이러스 DNA를 세균 염색체에 삽입시켜서

8. 바이러스 감염을 치료하는 효과적인 약제는 ___________
   a. 인체에서 항체를 생성하도록 유도한다.
   b. 바이러스 리보솜의 작용을 억제한다.
   c. 바이러스 핵산의 합성을 방해한다.
   d. 숙주세포에서 세포 인식을 변화시킨다.
   e. 면역반응을 일으키는 면역계를 촉진하는 백신이다.

9. RNA 바이러스 유전체는 다음에 의해 복제될 수 있다.
   a. 숙주의 DNA 중합효소
   b. 바이러스 유전자에서 부호화되어 바이러스 캡시드에 들어있는 RNA 중합효소
   c. RNA를 합성하는 역전사효소
   d. 숙주의 RNA 중합효소
   f. 숙주의 제한효소

18장

유전체와 그 진화

핵심

이 장은 다양한 생명체의 유전체를 비교 분석하는 새로운 접근방법인 유전체학과 생물정보학을 소개한다. 이 분야의 연구자들은 유전체의 구성과 유전자 발현, 생장과 발달, 진화에 관한 물음에 답을 구한다. 인간 유전체 속의 비부호 DNA의 여러 가지 유형에 대해 기술한다. 이 장은 유전체 진화에 기여하는 과정들을 다룬다.

복습

인간과 침팬지, 다른 수많은 진핵생물과 원핵생물의 완전한 유전체 서열은 전체 유전자 세트와 그들 간의 상호작용을 공부하는 연구 분야인 **유전체학**을 가능하게 하였다. **생물정보학**이라는 새로운 연구 분야는 점차적으로 증가하는 생물학적 데이터를 분석하기 위해 컴퓨터적 방법을 응용하고 있다.

18.1 인간유전체사업은 더 빠르고 값싼 염기서열결정 기술의 발전을 가져왔다

인간유전체사업(Human Genome Project)이라 불린 인간 유전체 염기서열을 결정하는 국제 협력 연구는 1990년에 시작되어 2006년에 "궁극적으로 완료"되었음이 선언되었다. 이 사업이 진행되는 동안 이루어졌던 기술적 진보는 DNA 염기서열결정기술을 어마어마하게 가속화시켰다. 오늘날의 염기서열결정 기계는 "대용량 처리 장치"가 되어 생물재료를 매우 빠르게 분석하여 엄청난 양의 데이터를 생산한다.

셀레라 지노믹스사 창업자인 J.C. 벤터는 **전 유전체 샷건 접근법**을 개발하였는데, 이 방법은 염색체로부터 서로 중첩되는 짧은 DNA 조각의 염기서열을 결정한 뒤 이들의 순서를 강력한 컴퓨터 프로그램을 이용하여 결정하는 법이다. 이러한 방법은 현재 널리 이용되고 있다. 새로운 염기서열결정법으로, 합성을 통한 서열결정법은 속도를 증가시켰을 뿐만 아니라 유전체 염기서열 결정의 비용을 감소시켰다.

메타지노믹스(metagenomics)는 환경에서 서로 다른 많은 종들의 DNA 염기서열을 결정한 뒤, 컴퓨터로 하여금 각 유전체의 염기서열을 분류하게끔 하는 방식이다.

핵심 문제 18.1

메타지노믹스를 이용하여 가장 잘 연구된 생물종은 무엇인가?

8.2 과학자들은 생물정보학을 이용해 유전체와 그 기능을 분석한다

유전체 서열 분석을 위해 자원을 중앙집중화 국립생물기술정보센터(National Center for Biotechnology Information, NCBI)와 다른 유전체 센터는 DNA 염기서열과 단백질 서열, 구조에 대한 데이터베이스와 이 데이터를 비교 분석할 수 있는 소프트웨어를 가진 웹사이트를 운영하고 있다. 끊임없이 확장하는 NCBI 데이터베이스는 GenBank라 불리는데, 생물정보학의 자원을 전 세계 연구자들에게 제공한다. 단백질 데이터 은행은 지금까지 결정된 단백질의 3차구조 전체를 가지고 있다.

단백질 암호 유전자의 기능 이해하기 새로 확인된 유전자의 염기서열은 다른 종의 알려진 유전자의 염기서열과 비교하여 유사성을 찾아내면 그 기능을 유추할 수 있다. 단백질의 3차구조를 밝히고 잠재적 결합 부위를 알아내는 생화학적 분석법과 유전자의 기능을 차단하거나 제거한 뒤 표현형에 미치는 영향을 확인하는 기능적 연구를 조합하면 단백질 기능을 이해할 수 있다.

시스템 수준에서 유전자와 유전자 발현을 이해하기 유전체학은 서로 다른 생물종의 유전체를 비교할 뿐만 아니라 하나의 유전체 안의 유전자들의 상호작용을 고찰한다. ENCODE (Encyclopedia of DNA elements)라는 연구 프로젝트는 인간 유전체 1%를 분석하여 단백질 암호 유전자, 비암호 RNA 유전자, 조절 서열, 염색질 수정 정보를 분석하였다. 이 연구자들은 분석된 지역의 겨우 2%만이 단백질을 암호화하고 있었으나 90% 이상의 지역이 전사되는 것을 발견하였다. 이러한 접근 방법은 현재 전체 인간 유전체로 확장되어 적용되었을 뿐만 아니라 선충류 *C. elegans*와 초파리 *D. melangaster*로 확장되어 연구되고 있다.

단백질체학(proteomics)은 하나의 유전체에 암호화되어 있는 전체 단백질 세트(proteomes)를 확인하고 연구하는 학문이다. 현재 가용한 DNA 서열과 단백질 리스트를 모두 모아 생물계 내에 이러한 요소들이 어떻게 기능적으로 통합되는지를 연구하고 있다. 이러한 **시스템생물학(systems biology)**은 거대 용량의 데이터를 가공하고 통합하는 생물정보학을 이용하여 전체 시스템의 동적 행동을 모형화하고자 한다.

암유전체 아틀라스는 암 세포에서 유전자 발현 패턴과 유전자의 변화를 분석하는 시스템생물학적 접근을 취한다. 이 프로젝트에서는 몇몇 공통적인 암에서 발견되는 돌연변이 목록을 만들고, 치료를 위한 새로운 타깃을 제공할 알려졌거나 알려지지 않은 유전자들을 찾아낸다. 실리콘 "칩"은 대부분의 알려진 인간 유전자 배열을 가지고 있어 여러 가지 질병을 가진 환자의 유전자 발현을 분석하는 데 이용된다. 이러한 접근법은 한 개인의 녹특한 유전적 구성에 알맞은 치료법을 찾는데 도움이 된다.

핵심 문제 18.2

NCBI 웹사이트에서 얻을 수 있는 BLAST라는 소프트웨어는 특정 DNA 서열을 GenBank 속의 모든 염기서열과 비교하여 유사한 부위를 찾아내게 해준다. 이러한 기능은 어디에 사용할 수 있을까?

18.3 유전체는 그 크기, 유전자의 수, 유전자의 밀도가 종에 따라 다르다

유전체 크기 2012년 8월 현재 염기서열이 결정된 3,700개의 유전체 중에서 대부분은 박테리아인데 이들의 유전체는 크기가 1~600만 염기쌍 정도이다. 고세균의 유전체는 이와 유사한 크기이며 대부분의 동물과 식물은 적어도 100 Mb 이상이다. 진핵생물 가운데서 유전체의 크기와 그 생물체의 표현형 사이에는 어떤 관련성이 없어 보인다.

유전자의 수 박테리아와 고세균은 1,500~7,500개의 유전자를 가진다; 진핵생물은 단세포 균류가 가진 약 5,000개의 유전자에서 일부 다세포 생물체가 가진 40,000개에 이르기까지 다양하다. 인간 유전체에는 21,000개 이하의 유전자가 들어 있다. 인간 유전자 대부분은 10여 개의 엑손이 있어 선택적 이어맞추기에 의해 많은 수의 서로 다른 단백질을 생산해 낸다. miRNA와 같은 작은 RNA는 유전자 발현을 미세하게 조절함으로써 생명체의 더 큰 복잡성에 기여한다.

유전자 밀도와 비암호 DNA 진핵생물은 박테리아나 고세균에 비해 백만 염기쌍당 유전자의 수가 더 적다. 포유동물은 유전자 밀도가 가장 낮은 것으로 보인다. 진핵생물 유전체의 대부분 DNA는 유전자 간 혹은 유전자 내에 위치한 비번역 DNA, 즉 인트론이나 복잡한 조절 서열에 해당하는 부위이거나 비단백질 암호화 DNA이다.

핵심 문제 18.3

부록 표 1에 열거된 생물체를 참고하여 아래 질문에 답하라.

a. 유전자 밀도가 가장 높은 생물체는? _____________ 가장 낮은 생물체는? __________

b. 유전자의 수가 가장 많은 생물체는? _____________ 가장 적은 생물체는? __________

c. 반수체 유전체의 크기가 가장 큰 생물체는? __________ 가장 작은 생물체는? ______

d. 인간유전체 내에 유전자의 수 추정치는? __________ 유전자의 수보다 훨씬 많은 폴리펩타이드의 수를 어떻게 설명할 수 있나?

18.4 다세포 진핵생물은 많은 비번역 DNA와 다유전자군을 가지고 있다

인간 유전체의 약 1.5%가 단백질과 rRNA, 혹은 tRNA를 암호화하는 엑손으로 구성된다. 나머지는 유전자 조절 서열(5%), 인트론(20%), **유사유전자(pseudogenes)**라 불리는 유전자 조각이나 기능이 없어진 과거 유전자(15%), 많은 복사본을 가진 **반복 DNA** 서열들이다. 이러한 반복 DNA의 대부분은, 사람의 경우 유전체의 44%를 차지하는데, 전이인자나 이와 연관된 서열로 구성되어 있다.

비번역 DNA는 과거엔 "쓰레기 DNA"라 불렸는데 중요한 기능을 가진 것으로 판명나고 있다. 거의 500개 이상의 비번역 DNA 동일 지역이 인간과 쥐, 생쥐에서 발견되었는데, 단백질 암호화 부위보다 더 높은 수준의 서열 보존을 보이고 있다.

전이인자와 연관 서열 전이(transposition)라는 과정을 통하여 유전체 내 한 위치에서 다른 위치로 이동할 수 있는 일련의 DNA 가닥을 전이 유전인자 혹은 **전이인자(transposable element)**라 한다.

진핵생물 전이인자의 두 유형은 무엇인가? **트랜스포존(transposon)**은 DNA 매개체로 유전체 내에서 이동할 때 "자르고 붙이기" 방식이나 "복사하고 붙이기" 방식으로 이동한다. 일반적으로 트랜스포존에 암호화되어 있는 전이효소(transposase)는 두 방식 모두에 필요하다. **레트로트랜스포존(retrotransposon)**은 전이인자의 거의 대부분을 차지하는데 먼저 RNA 매개체로 전사되는 특징을 가진다. 이런 RNA 전사체는 역전사효소에 의해 다시 DNA로 전환된다. 역전사효소는 레트로트랜스포존 안에 암호화되어 있다.

전이인자는 트랜스포존이 여러 벌 복사(완전히 동일하지 않을 수는 있다)되어 있거나 더 이상 움직이지 못하는 연관 서열로 존재한다. 인간에서는 유전체의 약 10%가 *Alu* 전이인자로 구성되어 있다. 이러한 300 염기쌍 길이의 서열 대부분은 RNA로 전사되는데 그 기능은 모르고 있다.

인간유전체의 약 17%는 LINE-1 혹은 L1이라는 레트로트랜스포존으로 구성된다. 분석된 인간 유전자의 약 80%의 인트론은 L1 서열을 가지고 있는데 이로부터 L1이 유전자 발현을 조절하지 않을까 생각한다.

핵심 문제 18.4

왜 레트로트랜스포존은 항상 "복사하고 붙이기" 방식으로 이동할까?

단순서열 DNA를 비롯한 기타 반복서열 DNA 인간 유전체의 약 14%는 DNA 복제 과정의 실수에서 비롯된 반복서열 DNA로 보인다. 커다란 염색체 조각이 복제된 후 산발적으로 흩어진 것처럼 보이는 부분이 인간 유전체의 5~6% 정도를 차지한다. 이와 달리 **단순서열 DNA**는 인간 유전체의 3%를 구성하며, 직렬로 반복된 서열이 여러 번 복사된 반복서열로 구성된다. 둘 혹은 다섯 개의 염기쌍이 반복되어 나타날 때 이 작은 단위의 반복 서열을 **짧은 직렬 반복(short tandem repeat, STR)**이라 한다. 유전체 내 반복횟수의 변이는 **유전적 프로파일(genetic profile)**을 결정하는 기초이며 법의학자들에 의해 활용된다. 유전체내 단순서열 DNA 대부분은 중심립(centromere)에 위치하는데 이곳은 세포분열과 염색질 구성이 진행되는 장소이다. 이와 달리 텔로미어(telomere)는 염색체의 끝을 보호한다.

유전자와 다유전자군 유전자와 연관된 DNA의 절반 이상이 **다유전자군(multigene family)**—유사한 혹은 동일한 유전자들의 모임—으로 존재한다.

히스톤 단백질 유전자들을 제외하고 동일한 다유전자군은 RNA 생산물을 암호화한다. 세 개의 가장 큰 rRNA 분자를 암호화하는 유전자는 거대한 직렬 배열로 반복된 하나의 전사단위로 배열되어 단백질 합성에 필요한 수백만 개의 리보솜을 세포가 생산할 수 있게 해준다.

비동일 유전자로 구성된 다유전자군의 예는 헤모글로빈의 α와 β 폴리펩타이드 소단위를 포함한 글로빈 단백질을 암호화한 두 유전자군을 들 수 있다. 각 글로빈 소단위의 서로 다른 형태가 두 개의 서로 다른 염색체 위에 모여져 있으며 발달 기간 동안에 적당한 시기에 발현된다. 다유전자군에는 몇몇의 유사유전자도 포함된다.

핵심 문제 18.5

아래 인간 유전체에서 발견되는 DNA 서열 유형에 대해서 정확하게 기술한 문항과 유전체 내 비율을 빈칸에 채워라.

DNA 유형	기술	%
1. 엑손 혹은 rRNA/tRNA 암호화 부위	______	______
2. 인트론	______	______
3. 조절 서열	______	______
4. 전이인자와 연관 서열	______	______
5. *Alu* 인자	______	______
6. L1 서열	______	______
7. 독특한 비암호 DNA	______	______
8. 큰 조각의 복제	______	______
9. 단순서열 DNA	______	______

기술

A. 중심립과 텔로미어에 있는 DNA, STR이라고도 함
B. 대개 이동 가능한 서열로서 여러 벌의 복사체
C. 유전자 조각이나 유사유전자
D. 단백질 혹은 RNA 암호화 서열
E. 전이인자와 연관된 짧은 서열의 집합
F. 긴 서열의 여러 벌 복사체
G. 대부분의 유전자 인트론에서 발견되는 레트로트랜스포존
H. 인핸서, 프로모터와 그 외 이런 종류의 서열
I. 유전자 내 비번역 서열

선택할 비율: 1.5, 3, 5, 5~6, 10, 15, 17, 20, 그리고 44. (이 비율의 합은 정확히 100이 되지 못한다. 일부 DNA 유형은 다른 카테고리의 하부 단위에 속할 수도 있고, 또 모든 유형이 다 나열된 것도 아니다.)

18.5 DNA의 중복, 재배열, 돌연변이가 유전체 진화에 기여한다

전체 염색체 세트의 중복 염색체 여분의 세트는 감수분열 중 사고에 의해 생겨날 수 있다. 결과로 나타나는 여분의 유전자는 돌연변이를 거쳐 기능이 분화하여, 새로운 기능을 가진 유전자로 변화한다. 다배수성은 식물에서 흔히 일어난다.

염색체 구조의 변화 유전체 염기서열 정보를 이용하면 연구자들은 서로 다른 종들 간에 염색체의 DNA 서열의 위치를 비교할 수 있고, 염색체 배열의 진화적 사건을 재구성할 수 있다. 염색체의 중복과 역위는 종분화에 기여하는 것으로 생각되었다. 개체군 내 서로 다른 염색체 재배열을 가진 개체 간의 짝짓기는 성공하기가 쉽지 않기 때문이다.

유전자 정도 크기의 중복과 발산 감수분열 동안에 불균형 교차와 같은 실수는, 서로 잘못 배열된 비자매 염색분체 간의 전이인자 복사본 간에 일어날 수 있듯이, DNA 복제 동안 주형 사슬 간의 미끄럼도 유전자 복제를 야기할 수 있다.

α-글로빈과 β-글로빈 유전자군은 공통의 글로빈 유전자 조상이 복제 후 다양화되면서 진화해온 것으로 보인다. 각 유전자군 내에 여러 번의 중복과 돌연변이는 서로 연관된 기능을 가진 유전자와 사이에 낀 유사유전자로 구성된 현재의 유전자군을 갖게 하였다.

다른 경우에는 중복된 유전자의 돌연변이가 새로운 기능을 가진 단백질 산물을 낳게 하였을 것이다.

핵심 문제 18.6

리소자임과 α-락탈부민은 유사한 아미노산 서열을 가지지만 서로 다른 기능을 가진다. 두 단백질에 대한 유전자는 포유동물에서 발견되지만 새는 리소자임에 대한 유전자 하나만 가진다. 이러한 관찰은 이 유전자들의 진화에 대해 무엇을 제시하는가?

유전자 부분의 재배열: 엑손 중복과 엑손 뒤섞임 불균형 교차는 복제된 엑손을 가진 유전자를 만들어낼 수 있다. 엑손은 종종 **도메인(domain)**이라 불리는 구조적 혹은 기능적 지역을 암호화하는데, 이들의 복제는 단백질에 개선된 성능을 제공하기도 한다. 감수분열 재조합 동안의 실수는 유전자 내 혹은 비대립 유전자 간의 엑손 뒤섞임(exon shuffling)을 유도할 수 있다.

전이인자가 유전체의 진화에 기여한 방법 재조합 사건은 유전체 내에 여기저기 산재해 있는 상동의 전이인자 서열 간에 일어날 수 있는데, 이러한 염색체 돌연변이는 생물체에 종종 유익할 수 있다. 유전자 내에 삽입된 전이인자는 그 기능을 파괴할 수 있다; 조절 서열 내에 삽입된 전이인자는 유전자 발현을 증가시키거나 혹은 감소시킨다. 전이인자는 유전자나 엑손 복사본을 새로운 위치에 옮길 수 있다. 이런 방법으로 제공된 유전적 다양성의 증가는 자연선택을 위한 재료 물질을 제공한다.

핵심 문제 18.7

a. 엑손 뒤섞임이 일어나는 두 가지 방법을 설명하라.

b. 엑손 뒤섞임의 잠재적 이득은 무엇인가?

18.6 유전체 염기서열을 비교하면 진화와 발생의 실마리를 얻을 수 있다

유전체 비교 잘 보존된 유전자를 비교하면 서로 멀리 떨어진 종 간의 진화적 유연관계를 조명할 수 있다. 이러한 분석에 따르면 세균, 고세균, 진핵생물이 생명의 세 영역을 구성한다는 이론을 받아들일 수 있고, 기초 생물학 과정이나 인간 생물학을 연구하기 위해 모델 생물을 이용하는 장점을 이해하게 된다.

서로 밀접하게 연관된 두 종의 유전체 간 유사성은 하나의 유전체를 발판으로 하여 다른 유전체를 분석하는 데 이용할 수 있게 한다. 또한 두 유전체 간의 작은 차이를 두 종의 표현형 차이와 연결짓게 해준다. 인간과 침팬지의 유전체는 단일 염기 치환으로 볼 때 1.2%의 차이만을 가진다. 유전체 내 커다란 지역의 삽입이나 결실은 2.7%의 또 다른 차이를 나타낸다. 인간 유전체 내에는 *Alu* 인자가 더 많이 존재하고 인간 유전체 중복의 1/3은 침팬지 유전체 내에는 나타나지 않는다.

두 종이 분화한 이후의 유전적 변화를 비교하면 일부 유전자의 경우 침팬지나 생쥐보다 인간에서 더 빨리 변화한 것을 볼 수 있다. 좀 더 빨리 진화하는 유전자 중 많은 유전자는 전사조절 단백질인데, 하나의 사례로서 *FOXP2* 유전자를 들 수 있다. 이 유전자는 척추동물에서 발성 기능을, 사람에서는 말하기와 언어 기능을 가지는 것으로 보인다. 이 유전자에 돌연변이가 일어나면 인간에서는 언어장애를 일으키고, 새에서는 노래를 배워야 하는 시기에 새의 뇌에서 발현되며, 생쥐의 녹아웃 실험에서는 상동 돌연변이 쥐는 잘못 형성된 뇌를 가지고, 이형접합 돌연변이 생쥐는 정상적인 발성을 내지 못하였다.

인간 유전체 비교 결과 수백만의 **단일 염기 다형성(single nucleotide polymorphisms, SNPs)**이 드러났는데, 이는 개체군 내 적어도 1%에서 발견되는 단일 염기 변이이다. 비교 결과 역위, 결실, 중복과 놀랍게도 많은 수의 복제 수 변이(copy-number variants, CNVs)도 관찰되었는데, 어떤 개인은 정상적인 두 개 대신에 여러 벌의 유전자 혹은 유전자 부위를 가지기도 하였다. 이러한 CNVs는 표현형에 영향을 미치기도 하는 것 같다. SNPs나 CNVs, STRs과 같은 반복 DNA의 변이 등의 유전자 마커는 인간 진화를 연구하는 데 도움이 될 것이다.

발달 과정 비교 진화발달생물학(**이보-디보, evo-devo**) 분야의 생물학자들은 발달 과정이 어떻게 진화해 왔고, 유전자 서열 혹은 조절의 미세한 변화가 어떻게 다양한 형태의 생명체를 만들어왔는지 이해하기 위해 각 생명체의 발달 과정을 비교한다.

호메오박스(homeobox)라 불리는 180 염기쌍의 서열은 호메오도메인(homeodomain)을 암호화하는데, 초파리 호메오 유전자에서 발견된 것이다. 같거나 매우 유사한 호메오박스 염기서열은 많은 동물의 호메오 유전자에서 확인되었다. 초파리나 생쥐의 호메오 유전자는 염색체상의 같은 배열로 발견된다. 연관된 서열이 효모나 식물의 조절 유전자에서 발견된다. 이러한 유사성은 호메오박스 유전자가 진화 초기에 출현하여 유전자 발현 조절과 발생에 관여하는 유전자 집단으로서 진화 과정에서 보존되었음을 시사한다.

호메오 유전자는 동물에서 종종 *Hox* 유전자라 불린다. 호메오도메인을 가진 단백질은 아마도 일군의 발달 유전자 그룹의 전사를 조율할지도 모른다.

신호전달 체계의 구성요소를 암호화하는 유전자와 같이 발생에 관련된 많은 다른 유전자들도 진화적으로 잘 보존되어 있다. 이러한 유전자들의 상이한 발현 패턴은 서로 다른 몸체 설계를 가진 동물의 발생을 설명하는 것 같다.

핵심 문제 18.8

모든 *Hox* 유전자가 같거나 매우 유사한 호메오박스를 가지고 있다면, 이들이 어떻게 서로 다른 발달 순서를 조절할 수 있을까?

어원

pseudo- = false (*pseudogene*: a DNA segment that is very similar to a real gene but does not yield a functional product)

retro- = backward (*retrotransposon*: a transposable element that moves within a genome by means of an RNA intermediate, a transcript of the retrotransposon DNA)

지식의 체계화

1. 인간 유전체의 약 25%는 단백질이나 RNA 생산품(엑손, 인트론, 혹은 조절 서열)의 생산에 관련되어 있다. 나머지 75%는 그저 "쓰레기"인가? 아래 비번역 DNA의 유형과 이들의 가능한 기능에 대해 기술하라.
   a. 전이인자
   b. *Alu* 인자
   c. L1 서열
   d. 단순 서열 DNA
   e. 유사유전자

2. 유전체의 진화에 기여하는 몇 가지 과정들을 설명하라.

지식의 검증

선다형 문제: 가장 옳은 답을 고르시오.

1. 왜 전 유전체 샷건 방식이 현재 유전체를 분석하는 방법으로 널리 사용되는가?
   a. 이 방법은 DNA 조각을 만들기 위해 오직 하나의 매우 효율적인 제한효소를 이용한다.
   b. 이 방법은 염색체 부분의 순서를 잡기 위해 연관과 물리적 지도를 이용한다.
   c. 합성을 통한 염기서열결정법과 같은 새로운 기술과 증진된 컴퓨터 소프트웨어에 의해 중복된 조각을 완전한 서열로 빠르게 재배열할 수 있기 때문이다.
   d. 이 방법은 인터넷으로 서로의 결과를 공유하는 많은 연구실을 활용하기 때문이다.
   e. 위 설명 모두 이 방법이 광범위하게 이용되는 데 기여했다.

2. 메타지노믹스는 새로운 접근법으로서 ________________

a. 단백질체와 단백질 간의 상호 네트워크를 찾아내는 방법이다.
b. 유전체를 분석하여 모든 기능적으로 중요한 요소를 찾아내는 것이다.
c. 염기서열 데이터와 인터넷 웹사이트 상에 소프트웨어 프로그램을 제공하는 것이다.
d. 환경 샘플에 있는 모든 DNA의 염기서열을 결정하고, 컴퓨터 소프트웨어를 이용하여 특정 유전체의 염기서열을 배열하는 것이다.
e. 유전체 수준의 연관 연구를 적용하여 의학적으로 중요한 인간 유전자를 찾아내는 것이다.

3. 왜 단백질체학은 시스템생물학적 연구방법에 중요한가?
a. 단백질 네트워크의 상호작용은 세포와 생물체의 기능에 중요하다.
b. 이러한 생물정보학 분야는 생물체계에 대한 수학적 모델을 가능하게 한다.
c. 세포 내 발현되는 유전자를 결정하면 유전체학으로 할 수 있는 것보다 좀 더 정확하게 유전자를 확인할 수 있다.
d. 단백질의 3차구조는 기능을 예측하는 데 이용될 수 있다.
e. 정상 대립인자에 의해 생산되는 단백질과 질병과 연관된 대립인자의 단백질을 비교하면 치료를 개선하게 해준다.

4. 박테리아 유전자의 평균 길이는 1,000 염기쌍이며 인간 유전자의 평균 길이는 27,000 염기쌍이다. 아래 진술 중 이러한 차이를 가장 잘 설명하는 것은?
a. 원핵생물은 더 작지만 훨씬 많은 개별 유전자를 가진다.
b. 원핵생물은 좀 더 고대 생물로서 좀 더 긴 유전자는 진화적으로 나중에 나타났다.
c. 원핵생물은 단세포이고 인간은 많은 다른 유형의 분화된 세포를 가진다.
d. 원핵생물의 유전자는 인트론이 없고 인간 유전자는 많은 수의 인트론을 가진다.
e. 원핵생물의 단백질은 인간 단백질처럼 크거나 복잡하지 않다.

5. 아래 설명 중 복잡한 인간이 단순한 선충과 거의 같은 수의 유전자를 가진다는 발견을 가장 잘 설명하는 것은?
a. 인간 유전자의 특별하게 긴 인트론은 유전자 발현 조절에 관여한다.
b. 선택적 이어맞추기에 의해 인간 유전자로부터 하나 이상의 폴리펩타이드가 생산될 수 있다.
c. 인간 유전자는 많은 다른 유형의 도메인을 암호화하고 있다
d. 인간 유전체는 비암호 DNA가 차지하는 비율이 높다.
e. 인간 유전체가 가진 많은 수의 SNPs(단일 염기 다형성)는 커다란 유전적 변이를 제공한다.

6. 아래 유사유전자와 인트론이 공통적으로 가진 것을 가장 잘 기술하고 있는 것은?
a. 이들은 기능적 산물을 만들지 않는다.
b. 프로모터는 없으나 다른 조절 지역을 가진 DNA 조각이다.
c. 그들은 전사되지만 이들의 해독은 miRNA에 의해 차단된다.
d. 이들은 RNA 산물을 암호화하지만 단백질을 암호화하지는 않는다.
e. 이들은 레트로트랜스포존으로부터 유래한 것으로 보인다.

7. 아래 기술 중 새로 확인된 유전자의 기능을 결정하는 데 사용되는 기술은?
a. 유사한 서열을 가진 알려진 기능의 유전자와 비교
b. 표현형 효과를 보기 위해 유전자 기능 차단
c. 다른 단백질의 기능이 알려진 도메인과 비슷한 서열 찾기
d. a와 b 모두
e. a, b, c

8. 아래 진술 중 전이인자에 대해 기술한 것이 아닌 것은?
a. 바바라 맥클린톡 여사의 옥수수 연구가 이러한 DNA 조각에 대한 첫 번째 증거였다.
b. 전이인자나 연관된 서열은 옥수수 유전체의 85%를 차지한다.
c. *LINE-1*이라 불리는 레트로트랜스포존은 많은 인간 유전자의 인트론 내에서 발견되며 유전자 발현을 도와주는 역할을 한다.
d. 전이인자는 종종 이들의 이동에 필요한 전이효소나 역전사효소와 같은 효소를 암호화하고 있다.
e. 각 전이인자는 몇 개의 동일한 복사본으로 존재하며, 종종 염색체의 중심립이나 텔로미어에 집중되어 있다.

9. TPA(tissue plasminogen activator)라는 단백질은 세 가지 종류의 도메인을 가진다. 아래 설명 중 세 가지 도메인 중 하나가 세 개의 서로 다른 단백질(피부 성장인자, 피브로넥틴, 플라스미노젠)에 발견되는 이유를 가장 잘 설명한 것은?
a. 네 단백질에 대한 유전자 모두 세포 신호전달에 관여하는 다유전자군의 구성원이다.
b. TPA에 대한 유전자는 진화가 시작된 첫 번째 유전자이다; 나머지 세 개의 유전자는 조상 TPA 유전자에서 두 도메인을 잃어버린 것이다.
c. TPA에 대한 유전자는 다른 세 유전자를 포함한 엑손 뒤섞임에 의해 나타난 것이다.
d. TPA에 대한 유전자는 많은 *Alu* 인자를 가지고 있어 이러한 엑손을 집어넣은 선택적 이어맞추기를 가능하게 했다
e. 몇 차례의 복제 사건이 TPA 유전자의 진화를 추동하였다.

10. 높게 보존된 유전자는 __________ 에 유용하다.
 a. 새로운 종으로 유도한 유전자를 결정하는 데
 b. 새로 발견된 유전자의 기능을 결정하는 데
 c. 밀접하게 연관된 종의 분화 서열을 확립하는 데
 d. 생명의 진화 초기에 분화된 그룹의 관계를 추적하는 데
 e. a와 c 모두

11. 많은 다양한 생물종의 발달 조절 유전자에서 발견되는 서열로서 크게 보존된 염기서열을 무엇이라 하는가?
 a. 호메오도메인
 b. 호메오박스
 c. 레트로트랜스포존
 d. 호메오 유전자
 e. L1 서열

12. 인간의 진화를 추적하는 데 가장 유용한 연구방법 하나를 고르면 아래 어떤 것인가?
 a. 이보-디보와 동식물의 발달 유전자 비교
 b. 메타지노믹스와 단백질체학
 c. 시스템생물학과 "녹아웃" 실험의 이용
 d. 단일염기 다형성 분석과 같거나 다른 개체군에 속한 개체들 간의 복제 수 분석
 e. 위 모두가 인간 개체군의 진화를 연구하는 데 중요한 기여를 한다.

UNIT 3

진화

19장

변형된 혈통

핵심

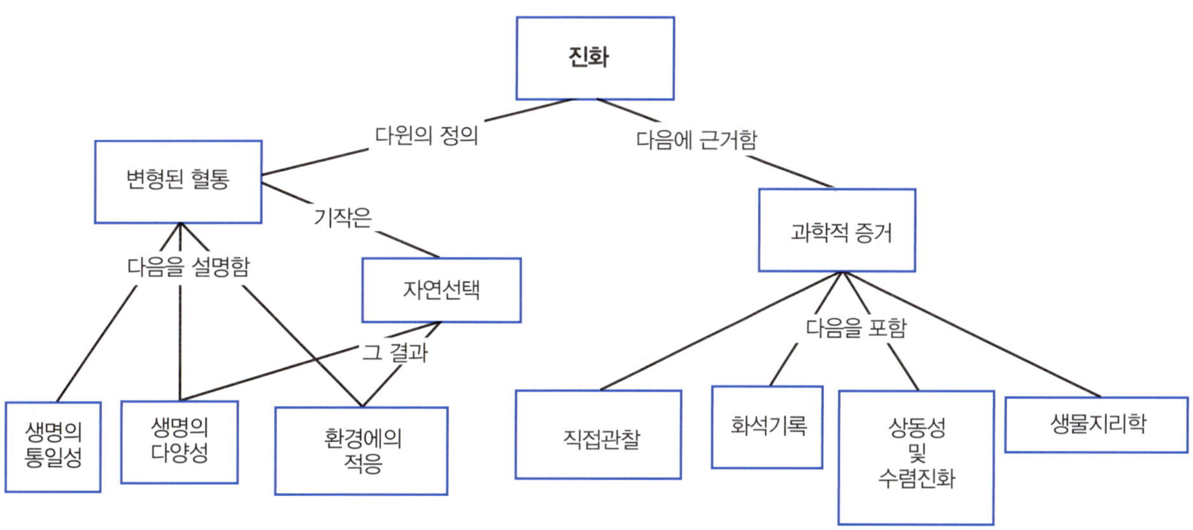

복습

찰스 다윈은 생물 환경에의 적응과 생명의 다양성 및 생명의 통일성에 대한 자기의 과학적 생각을 종의 기원(*On the Origin of Species*)이라는 책에서 밝혔다. **진화(evolution)**는 변형된 혈통(descent with modification)이라는 다윈의 용어로 정의되며, 보다 좁은 의미로는 시간의 흐름에 따른 개체군의 유전적 조성의 변화로 정의된다.

진화는 자연세계에서 관찰될 수 있는 진화적 변화의 양상(pattern)과 이러한 변화의 근원이 되는 기작 또는 과정(process)이라는 두 가지 관점에서 볼 수 있다.

19.1 다윈 혁명은 지구의 나이가 적으며, 생물종들이 변하지 않고 그대로 살아왔다는 전통적 견해에 도전하였다

자연의 계단과 종의 분류 그리스 철학자인 아리스토텔레스는 모든 형태의 생명체는 변하지 않고 완벽하며 복잡성이 증가하는 "자연의 계단"으로 배열할 수 있다고 보았다.

구약성서의 창조 설명은 생물종은 완벽하며 고정되어 있다고 주장한다. 1700년대에 린네는 속과 종에 따라 생명체를 명명하는 이명법과 그가 명명한 종을 무리 짓는 계층적 분류 방식을 개발하였다.

시간이 지나면서 변한다는 생각들 **화석(fossil)**은 과거 생물의 잔해나 흔적으로서, 보통 모래나 진흙층이 압력을 받아 **지층(strata)**이라고 불리는 겹쳐져 여러 층으로 이루어진 퇴적암층에서 발견된다. 화석을 연구하는 **고생물학(paleontology)**은 퀴비에에 의해 개발되었다. 서로 다른 지층에서 발견되는 화석의 차이점과 멸종은 그 지역의 격변적인 사건으로 인해서이지 이것이 진화를 나타내는 것은 아니라고 보았다.

허턴은 지구 지질의 커다란 변화는 느리지만 연속적인 과정의 축적으로 인해 생긴다고 보았다. 다윈과 같은 시대에 살았던 라이엘은 지질학적 과정의 속도는 지구역사를 통해 일정하게 유지되며 현재에도 계속되고 있다고 하였다.

다윈은 허턴과 라이엘의 관찰로부터 두 가지 개념을 채택하였다. 즉, 지구는 매우 오래되었으며 매우 느린 과정이 종의 실질적인 변화를 이끌어 냈다는 개념이다.

라마르크의 진화 가설 1809년에 발표된 라마르크의 가설은 두 가지 원리를 이용하여 진화의 메커니즘을 설명하였다. 이 두 가지 원리는 신체의 부분을 사용하고 사용하지 않음(용불용)이 그 부분의 발달 또는 퇴화로 이르게 하였다는 것과 획득형질은 유전된다는 것이다. 비록 현대의 유전 지식은 이 메커니즘을 부정하지만, 라마르크는 진화가 화석 기록과 생물의 환경 적응을 가장 잘 설명한다는 중요 개념을 제안하였다.

핵심 문제 19.1

a. 아래 7개의 설명 앞의 빈칸에 이론이나 개념은 대문자로, 그것의 지지자는 소문자로 적으라.

A. 격변의 결과로 생긴 멸종	a. 아리스토텔레스
B. 획득형질의 유전	b. 퀴비에
C. 점진적인 지질변화	c. 다윈
D. 변형된 혈통	d. 허턴
E. 분류 체계	e. 라마르크
F. 자연의 계단	f. 린네
G. 지질학적 과정의 일정한 속도	g. 라이엘

	이론	지지자	
1.	______	______	종을 명명하고 분류함으로써 신의 창조 다양성을 설명한다.
2.	______	______	지구의 역사에는 멸종을 유발시킨 갑작스런 홍수와 가뭄이 있었다.
3.	______	______	용불용으로 인한 변형이 자손에게 유전된다는 진화기작을 제안했다.
4.	______	______	엄청난 변화는 느리지만 지속적인 과정이 축적된 산물이다.
5.	______	______	지구는 단순한 것에서부터 복잡한 것에 이르기까지의 연속선상에 있는 고정된 종을 포함한다.
6.	______	______	모든 생명체는 서로 연관되어 있다; 현재의 종은 조상종과는 다르다.
7.	______	______	지질학적 과정은 시간에 따라 일정한 속도를 가진다.

b. 열거된 사람의 이름을 연대순으로 적으라.

______ ______ ______ ______ ______ ______ ______

19.2 자연선택에 의한 변형 혈통은 생물의 적응 그리고 생물의 통일성과 다양성을 설명한다

다윈의 연구 다윈이 비글호를 타고 영국을 떠났을 때는 22살이었다. 그는 항해 중에 남미에서 수천 종의 동식물 표본을 채집하여 매우 다양한 서식지에 사는 생명체의 다양한 적응을 관찰하였으며, 특히 남미 생물종의 지리적 분포를 기록하였다. 다윈은 또한 라이엘의 지질학 원리(*Principles of Geology*)를 읽고 영향을 받았다.

적응(adaptation)은 특정 환경에서 생물의 생존과 생식에 기여를 하는 유전되는 특징이다. 다윈은 적응이란 유리한 형질을 가진 개체가 그렇지 못한 개체에 비해 더 많은 자손을 생성하는 과정인 **자연선택(natural selection)**으로부터 유래한다고 제안하였다. 1844년에 다윈은 생명의 기원과 자연선택에 관한 글을 썼으나 발표하지는 않았다. 1858년에 다윈은 그와 거의 동일한 가설을 언급하는 월러스의 편지를 받았다. 그런 후 다윈은 1859년에 '자연선택에 의한 종의 기원에 관하여(*On the Origin of Species by Means of Natural Selection*)'라는 책을 발간하였다.

종의 기원에서 나오는 생각들 다윈의 책은 중요한 두 가지 관점을 발달시켰다. 변형된 혈통은 생명의 통일성과 다양성의 기본이며, 자연선택은 생물이 환경에 적응하는 기작이다.

다윈의 변형된 혈통 개념은 모든 생물은 알려지지 않은 조상으로부터 유래함으로써 서로 연관되어 있으며 다양한 서식지에 적응함에 따라 증가된 변형을 발달시킨다는 것이다. 생명의 역사는 나무와 유사한데, 각각 새로운 가지의 분기점에 공통조상이 있고 현재의 종은 가장 어린 가지의 끝에 존재한다. 많은 가지(아마 지금까지 살았던 모든 종의 99% 정도)는 멸종되어 이것이 관련된 종 사이에 존재하는 형태학적 간격을 설명한다.

다윈은 한 집단에 존재하는 다양성 사이의 선택이 실질적인 변화로 이를 수 있다는 증거로 재배식물과 가축의 교배에서 **인위선택(artificial selection)**의 예를 이용하였다. 인간 개체군 생장에 대한 맬더스의 책이 자손을 과다 생산한다는 다윈의 생각에 영향을 주었다.

핵심 문제 19.2

다윈이 자연선택을 설명하는 두 가지 추론을 이끌어 낸 두 가지 관찰을 들라.

관찰 1:

관찰 2:

추론 1: 어느 주어진 환경에서 높은 생존력과 번식확률을 제공하는 유전형질을 가진 개체들이 그렇지 못한 개체들보다 많은 수의 자손을 남기는 경향이 있다.

추론 2: 이러한 차별적인 생존력과 번식력은 여러 세대를 거치면서 유리한 형질들의 축적으로 이른다.

자연선택에 의한 진화에 관한 다음의 3가지 요점을 기억하라: (1) 자연선택의 결과 개체가 아니라 개체군의 진화가 일어난다. (2) 자연선택은 유전이 되며 개체군에서 차이가 나는 형질에만 영향을 미친다. (3) 자연선택은 특정한 시간에 주어진 장소에 존재하는 특정 환경 요인에 의존한다. 환경이 변하면 다른 적응이 선호될 것이다.

19.3 진화는 무수히 많은 과학적 증거들로 지지받는다

진화적 변화에 대한 직접적 관찰들 진화의 형태와 과정을 뒷받침하는 4종류의 데이터 중 하나는 과학적 연구를 포함한다. 한 예로 무환자나무 벌레의 부리의 길이는 그들이 먹는 종자를 가지는 열매의 크기에 비례한다. 무환자나무 벌레의 개체군은 비교적 짧은 시간에 도입된 식물종에 적응하였다.

새로운 항체가 개발되면 뒤이어 보통 그 항체에 적응하는 빠른 진화가 일어난다. 지금의 메티실린 저항성 포도상 구균(*Staphyloccocus aureus*) 균주(MRSA)는 복합 항생제에 저항성을 가져 잠재적으로 치명적인 감염을 일으킬 수 있다.

약제 저항성 박테리아와 무환자나무 벌레의 부리 길이의 진화는 자연선택의 두 가지 측면을 보여준다. 그것은 창조가 아니라 개체군에 이미 존재하고 있는 변형체를 선발하는 편집 메커니즘이다. 또한 그것은 특정 시간대에 국소 지역에서 이로운 형질에 대한 지역적 시간적 선택이다.

핵심 문제 19.3

a. 박테리아에서 약제 저항성의 빠른 진화가 어떻게 자연선택의 예가 될 수 있는가?

b. 다중약물에 저항성을 가지는 MRSA 균주는 어떻게 진화하였는가?

상동성 진화에 대한 두 번째 유형의 증거는 무엇인가? **상동성(homology)**은 공통조상으로부터 유래된 유사성이다. 모든 포유류의 앞다리(팔)는 기능이나 외부 모양과는 상관없이 동일한 골격 요소를 가지는 **상동 구조(homologous structure)**이다. 비교해부학과 발생학은 진화란 조상의 구조가 새로운 기능을 가지도록 변형되는 개조 과정임을 보여준다.

생물에게는 거의 기능이 없는 **흔적 구조(vestigial structure)**는 조상 구조의 역사적 잔재이다.

상동성은 분자수준에서도 볼 수 있다. 진화를 통해서 모든 생물로 이어진 DNA, RNA 및 공통 유전암호는 모든 형태의 생명체가 가장 초기의 생물로부터 유래되었고 그렇기 때문에 서로 연관성이 있다는 중요한 증거이다. 상동유전자는 살아 있는 다양한 생물 전반에 걸쳐서 발견된다.

관련성이 먼 생물은 비슷한 형질의 독립적 진화인 **수렴진화(convergent evolution)**의 결과로 유사하게 되기도 한다. 이러한 **상사(analogous)** 구조는 유사한 환경에의 진화적 적응 결과로 나타난다.

화석 기록 화석 기록은 진화에 관해서 우리에게 무엇을 말해주는가? 그것은 현재와 과거의 생물들이 다르며 많은 종이 멸종되었다는 것을 뒷받침한다. 화석은 또한 고래가 육상 포유류에서 기원한 것과 같이 새로운 생물 무리의 진화를 추적한다.

해부학 및 분자 데이터 증거로 확립된 진화적 혈통의 주요 가지는 화석 기록에서 발견된 화석 형태의 연속적인 순서에 의해 뒷받침된다.

생물지리 종의 지리적 분포 연구인 **생물지리학(biogeography)**은 4번째 유형의 진화 증거를 제공한다. 생물의 분포는 느린 지구 **대륙 이동(continental drift)**에 의해 영향을 받았다. **판게아(Pangaea)**라고 불리는 하나의 지구 땅덩어리는 2억 5천만 년 전에 형성되었고 2억 년 전에 갈라지기 시작하였다. 대륙의 점진적인 분리는 서론 다른 무리의 화석과 그들의 자손이 어디에서 발견되는지를 설명하고 예측한다.

일반적으로 섬은 보통 다른 곳에서는 발견되지 않고 근처의 섬이나 본토에 존재하는 종과 밀접하게 관련된 **토착(endemic)**종을 가지고 있다. 비슷한 환경을 가지는 넓게 분리된 지역은 밀접하게 연관된 종을 가지지 않는 경향이 있다. 대신 각 지역은 환경에 관계없이 그 지역에서 분류학적으로 연관된 종을 가지는 경향이 높다.

핵심 문제 19.4

진화의 중요 증거를 요약한 아래 개념도를 완성하라.

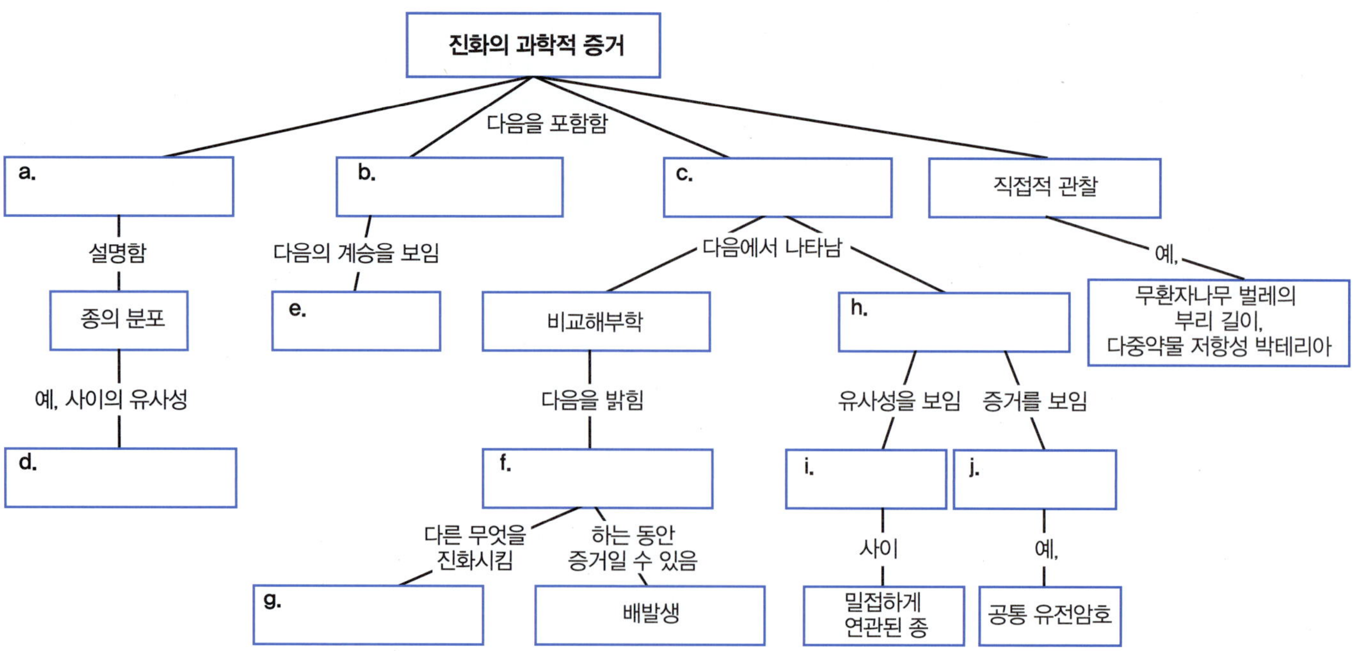

다윈주의 생물관에서 이론적인 것은 무엇인가? 과학적 가설은 넓은 설명력과 실험과 관찰에 의해 증명되어 왔으며 계속해서 증명되는 예측을 가지는 통일된 개념이다. 진화는 생명의 통일성과 다양성에 대한 근원적인 가설이다.

어원

bio- = life; **geo-** = the Earth (*biogeography:* the scientific study of the past and present distribution of species)

end- = within (*endemic:* referring to a species that is confined to a specific geographic area)

homo- = like, resembling (*homology:* similarity in characteristics resulting from a shared ancestry)

paleo- = ancient (*paleontology:* the scientific study of fossils)

vestigi- = trace (*vestigial structure:* a feature of an organism that is an historical remnant of a structure that served a function in the organism's ancestors)

지식의 체계화

1. 다윈 진화설의 주요 요소를 자신의 말로 설명하라.

지식의 검증

선다형 문제: 가장 옳은 답을 고르시오.

1. 자연선택에 관해 가장 잘 설명한 것은?
   a. 적자생존
   b. 생존을 위한 투쟁
   c. 환경에 가장 잘 적응한 개체군 무리의 생식적 성공
   d. 제한된 자연 자원을 가진 환경에서 자손의 과잉생산
   e. 개체군에서 대립유전자 빈도의 변화

2. 퀴비에가 말한 서로 다른 지층에서 화석의 차이점은 다음 무엇의 증거인가?
   a. 축적적이지만 점진적인 과정의 결과로 일어나는 변화
   b. 신의 창조
   c. 자연선택에 의한 진화
   d. 대륙이동
   e. 가뭄이나 홍수와 같은 지역적 격변

3. 다윈은 새로운 종이 조상종으로부터 무엇에 의해 생겨난다고 제안하였는가?
   a. 변화하는 또는 다른 환경으로의 점진적인 적응의 축적
   b. 환경에 대한 획득형질의 유전
   c. 제한된 자원에 대한 투쟁
   d. 돌연변이의 축적
   e. 자손의 과잉 생산

4. 다음 중 다윈의 자연선택에 의한 진화설에 영향을 미친 것이 아닌 것은?
   a. 갈라파고스 섬의 핀치와 같은 종의 지리적 분포
   b. 점진적인 지질 변화에 관한 라이엘의 책인 지질학 원리
   c. 진화적 연관성의 증거로 해석되는 린네의 종의 계층적 분류
   d. 재배종이나 가축의 빠른 변화를 생성하는 인위선택의 예
   e. 유전법칙을 설명하는 멘델의 논문

5. 진화를 일으키는 가장 작은 단위는?
   a. 개체
   b. 짝짓기 쌍
   c. 종
   d. 개체군
   e. 군집

6. 다음 중 자연선택 과정의 일부로 생각되어지지 않는 것은?
   a. 한 개체군 내의 개체 사이에서의 많은 변이는 유전된다.
   b. 생존하고 생식할 수 있는 것보다 더 많은 자손이 생산된다.
   c. 환경에 가장 잘 적응하는 형질을 가지는 개체는 더 많은 자손을 남기는 경향이 있다.
   d. 많은 적응 형질은 한 개체의 일생 동안 획득될 수 있어서 개체의 생식력에 기여한다.
   e. 불균등한 생식 성공은 한 개체군의 점진적인 변화를 유발한다.

7. 여러분의 팔과 손에 있는 뼈가 박쥐 날개의 뼈와 유사하다는 관찰로부터 어떤 결론을 내릴 수 있는가?
   a. 박쥐 날개의 뼈는 흔적구조이므로 더 이상 팔뼈로 사용되지 않는다.
   b. 박쥐 날개의 뼈는 여러분의 팔 및 손뼈와 상동이다.
   c. 박쥐와 사람은 동일한 지리적 장소에서 유래하였다.
   d. 박쥐는 진화 과정 중 마주할 수 있는 손가락을 소실하였다.
   e. 우리의 조상은 날 수 있었다.

8. 뱀의 골반 및 다리뼈의 잔해는 ______________________
   a. 흔적 구조이다.
   b. 도마뱀이 뱀에서 진화하였음을 보여준다.
   c. 상동 구조이다.
   d. 획득형질의 유전의 증거를 제공한다.
   e. 인위선택의 결과이다.

9. 고래가 육상 조상으로부터 진화하였다는 가설은 무엇에 의해 지지되는가?
   a. 고래의 지리적 분포 증거
   b. 고래, 물고기 및 파충류의 분자적 비교
   c. 걸어 다니는 고래의 역사적 설명
   d. 포획한 고래를 걷도록 훈련시키는 능력
   e. 뒷다리 뼈가 점차 감소하는 멸종된 고래의 화석

10. 다음 중 다윈의 모든 생물은 하나의 공통조상으로부터 비롯되었다는 주장을 가장 잘 뒷받침하는 증거는?
    a. 화석 기록
    b. 비교발생학
    c. 종, 속, 과 등의 분류시스템
    d. DNA 비교와 공통 유전암호
    e. 비교해부학

11. 사이토크롬 *c* 분자를 비교하면 효모와 곰팡이 사이에서 100개의 잔기(단백질의 아미노산)마다 약 46개의 아미노산에서 차이가 난다. 곤충과 척추동물 사이에서는 100개의 잔기마다 29개의 아미노산에서 차이가 난다. 이 데이터로부터 내릴 수 있는 결론은?
    a. 사이토크롬 *c* 유전자의 DNA 서열이 거의 비교되지 않았다.
    b. 효모는 곰팡이로부터 진화하였으나, 척추동물은 곤충으로부터 진화하지 않았다.
    c. 곤충과 척추동물은 효모와 곰팡이에 비해 보다 최근에 공통조상으로부터 분기하였다.
    d. 효모와 곰팡이는 곤충과 척추동물에 비해 보다 최근에 공통조상으로부터 분기하였다.
    e. 사이토크롬 *c*의 진화는 곤충과 척추동물에서보다 효모와 곰팡이에서 더 빠르게 일어났다.

12~13번 문제에 답하기 위해 척추동물 사이의 관련성을 나타내는 진화 계통수를 사용하라. 각 분기점의 문자는 그 끝에 존재하는 동물의 공통조상을 나타낸다.

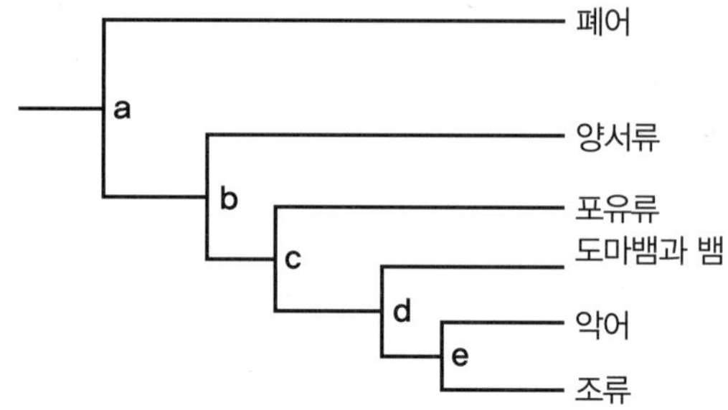

12. 악어와 도마뱀과 뱀 계통 사이의 가장 마지막 공통조상은 무엇이었는가?

13. 이 진화계통수로부터 어떤 결론을 내릴 수 있는가?
    a. 포유류는 조류보다 양서류에 보다 더 가까이 연관되어 있다.
    b. 포유류는 조류보다 도마뱀과 뱀에 보다 더 가까이 연관되어 있다.
    c. 조류는 포유류보다 도마뱀과 뱀에 보다 더 가까이 연관되어 있다.
    d. 조류는 도마뱀과 뱀보다 포유류에 보다 더 가까이 연관되어 있다.
    e. 폐어는 이들 무리 중 어느 것과도 관련성이 없다.

14. 다음 중 수렴진화의 예는?
    a. MRSA에서 다중 약물 저항성의 진화
    b. 유대류인 주머니 늑대와 진수류인 북미 늑대 사이의 유사성
    c. 서로 다른 서식지에서 발견되지만 비교적 가까운 공통조상에서 진화한 매우 다른 두 식물
    d. 새의 날개의 진화에서 척추동물 앞다리의 개조
    e. 여러 다른 갈라파고스 섬 핀치의 부리 크기와 모양

20장
계통발생

핵심

계통분류학(systematics)의 목적은 생물종들이 겪어온 계통발생의 역사를 재구성하는 것이다. 분기학(cladistics)에서는 단원적 분류군(taxa) 또는 분기군(clades)을 판별하기 위하여 조상공유형질을 이용한다. 최상의 계통발생 가설은 화석증거와 함께 형태학적 그리고 분자생물학적 상동에 근거하여 단순성을 나타낸 나무이다. 생명 계통수에 대한 현재의 가설에 따르면 생명의 역사 초기에는 수평적 유전자 전달이 흔했던 것으로 보인다.

복습

계통발생(phylogeny)은 특정 종 또는 집단이 진화해 온 역사이다. **계통분류학**(systematics)은 생물들을 분류하고 이들의 진화적 관계를 결정하는 데에 초점을 맞춘다.

20.1 계통발생은 진화적 관계를 나타낸다

이명법 **분류학(taxonomy)**은 종의 이름을 부여하고 종을 분류하는 과학적 원리이다. 린네가 처음 도입한 대로 각각의 종에게는 **속(genus)**명과 이 속에 속한 특정 종을 지정하는 종소명으로 이루어진 두 부분 형식의 라틴화된 이름인 **이명(binomial)**이 할당된다.

계층적 분류 린네의 분류체계에서 속들을 모아 **과(family)**로 묶고 더 넓어지는 순서로, **목(order)**, **강(class)**, **문(phyla)**, 그리고 **계(kingdom)**로, 최근에 들어서는 **영역(domain)**으로 묶는다. 계층의 어떤 수준에서든 분류의 단위를 **분류군(taxon)**이라 한다.

분류와 계통발생의 연결 **계통수(phylogenetic tree)**는 여러 생물 집단들 사이의 진화적 관계에 대한 가설이다. 계통수의 분기 양상은 계층적인 린네식 분류에 상응할 수 있다.

계통수를 어떻게 이해할 것인가? 각각의 두 방향으로 갈라지는 **분기점(branch point)**은 하나의 공통조상으로부터 두 개의 분류군이 갈라지는 것을 나타낸다. 바로 위의 공통조상을 공유하는 **자매분류군(sister taxa)**들은 서로에게 가장 가까운 친척이다. 모든 분류군들의 공통조상을 흔히 나무의 왼쪽에 위치시키는 계통수들은 **근본에서 출발된 것이다(rooted)**. **기저분류군(basal taxon)**은 특정 집단의 진화 역사 속에서 일찌감치 갈라진 계통이다. **다분기(polytomy)**는 셋 이상의 후손(계통)을 포함하는 분기점으로 자손 계통 사이의 진화 관계가 아직 명확하지 않다는 것을 의미한다.

계통수로부터 알 수 있는 것과 없는 것 계통수는 혈통의 진화 양상을 나타내는데 항상 형태적 유사성과 일치하는 것은 아니다. 다른 언급이 없으면 분기의 순서가 종이 진화하는 시각 또는 각 혈통의 유전자 차이의 정도를 나타내는 것이 아니다. 또한 서로 이웃하여 위치한 종들은 계통수에서 공통조상을 공유하는 것이지 한 종이 다른 한 종으로부터 진화한 것이 아니다.

계통발생의 응용 계통수에 담겨 있는 정보는 분자 법의학 또는 곡물의 질 향상 등에 실질적으로 응용될 수 있다.

핵심 문제 20.1

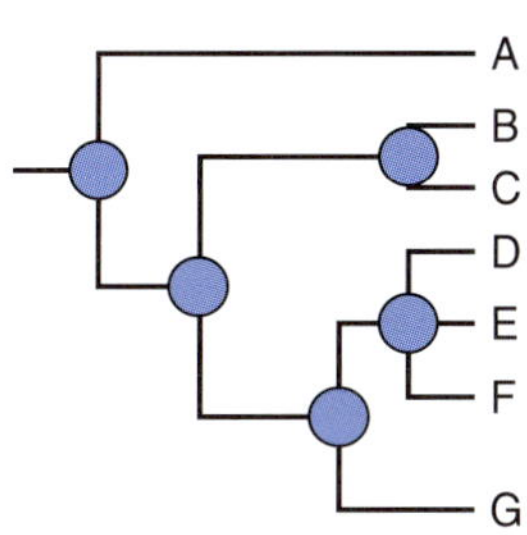

a. 이 (가설적인) 계통수에서 모든 분류군의 공통조상을 나타내는 번호는?
b. 기저분류군을 나타내는 문자는?
c. 어떤 분기점이 다분기인가?
d. 어떤 분류군이 자매 분류군인가?

20.2 계통발생은 형태학적 자료와 분자 수준의 자료로부터 추론할 수 있다

형태와 분자 수준의 상동 상동은 조상을 공유함으로써 생기는 유사성이다. 상호 비슷한 생물들의 형태 또는 DNA 서열이 비슷할수록 이들이 가까운 친족일 가능성은 더욱 증가한다.

상동을 상사와 구분하기 **상사(analogy)**는 자연선택 결과 비슷한 적응이 생긴 덕분에 서로 먼 사이의 종들이 비슷한 특징이 발달하는 수렴진화에 의한 유사성이다. 또한 상사적 구조를 **동류형성(homoplasy)**이라고 한다. 일반적으로 복잡한 두 구조가 많은 비슷한 형질을 공유하면 이 구조들은 공통조상에서 유래한 가능성이 더 크다. 그리고 상이한 생물들로부터 얻은 유전자가 염기서열을 많이 공유한다면 이 유전자들은 상동일 가능성이 크다.

핵심 문제 20.2

종 사이의 형태학적인 유사성을 근거로 계통발생적 관계를 결정하려 하는데 이를 어렵게 만드는 복잡한 문제 두 가지는? 예를 들어 설명하시오.

분자 수준의 상동 평가 분자 수준의 상동은 어떻게 알 수 있을까? DNA의 상동 부위의 길이를 변화시키는 삽입 또는 결실이라는 돌연변이에 의해 분자 수준의 비교는 종종 어려워질 수 있다. 컴퓨터 프로그램은 뉴클레오타이드의 비교를 위해 상동 DNA의 조각들을 판별하여 올바르게 배열할 수 있다. 통계학적 도구는 우연한 분자적 동류형성으로부터 "거리가 먼" 상동을 구분하는 데에 도움이 된다.

20.3 공유형질은 계통수를 구축하는 데에 사용된다

분기학 계통발생을 재구성하기 위해 사용하는 가장 흔한 방법론은 무엇일까? **분기학(cladistics)**은 생물들을 분류하기 위해 공통조상을 이용한다. 이 생물을 분류하는 데에 사용되는 최고의 기준이다. **분기군(clades)**은 하나의 공통조상과 이 조상의 모든 후손으로 구성된다. 이러한 분기군은 **단원적(monophyletic)**이다. 하나의 조상종과 모두가 아닌 일부의 후손으로 구성된 **의사단원적(paraphylectic)** 집단은 이 집단 내에서 하나의 공통조상을 공유하는 여러 종들 중 일부 종들을 배제하고 **다원적(polyphyletic)** 집단은 다른 조상에서 유래한 일부 분류군을 포함한다.

분기군은 어떻게 판별할 수 있을까? **공유조상형질(shared ancestral character)**은 특정 분기군에서 발견되지만 이 분기군의 구성원이 아닌 한 조상에서 유래한다. **공유파생형질(shared derived character)**은 특정 분기군에서만 발견되는 고유한 것이다.

서로 관련된 종들의 분기 순서를 결정하기 위해 연구 대상인 이 종들의 집단인 **내부군(ingroup)**을 내부군이 계통이 생기기 이전에 분기된 진화 계통에서 유래한 종 또는 집단인 **외부군(outgroup)**과 비교한다. 내부군 각각의 분류군에 있는 형질들을 비교하면 공유파생형질들이 진화해 온 순서를 알 수 있고 계통수를 작성하는 데에 사용할 수 있는 분기점을 결정할 수 있다.

핵심 문제 20.3

표에서 볼 수 있는 형질 1~4의 유무에 근거하여 다음의 계통수 상에서 분류군(외부군, A, B, C, D)의 위치를 결정하시오. 각 분기점 이전에 이 분기군의 조상 내에서 진화한 공유파생형질의 숫자를 표시하시오.

형질	외부군 O	A	B (분류군)	C	D
1	0	1	1	1	1
2	0	0	1	0	1
3	0	1	1	0	1
4	0	0	1	0	0

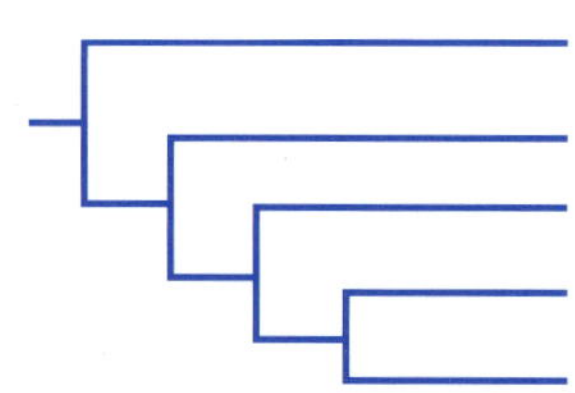

비례적인 가지 길이를 지닌 계통수 대부분 계통수의 분기 양상은 절대적이기보다는 상대적이다. 즉, 각 분기군의 구성원들이 공통조상을 마지막으로 공유한 순서를 나타낼 뿐이다. 진화적 변화(예를 들어, DNA 서열 내의 변화된 수)의 정도 또는 시간(화석기록에서 알 수 있는 분기점의 시간을 이용)을 반영하기 위해 일부 계통수의 경우, 가지의 길이로 표시할 수 있다.

최대 단순성 계통분류학자들은 형태학적인 형질을 사용하거나 분자 수준의 비교를 통해 많은 가능한 계통수들을 제안할 수 있다. 진화적 변화가 최소로 발생한다는 가장 간단한 설명을 우선적으로 가장 좋은 가설로 간주하는 **최대단순성(maximum**

parsimony) 원리를 사용하면 위의 가능성 범위를 좁힐 수 있다. 컴퓨터 프로그램들은 가장 단순한 계통수를 찾는다.

가설로서의 계통수 하나의 계통수는 일부 종들 사이의 관계를 가장 잘 설명하는 가설을 묘사한다; 더 많은 자료를 비교할수록 더 신뢰성이 있는 계통수가 만들어진다.

계통수 가설은 예측을 만들고 시험하는 데에 사용될 수 있다. 계통발생 괄호치기(phylogenetic bracketing)는 (단순성에 의해) 가까운 관계의 두 생물 집단이 공유한 특징 형질이 공통조상과 모든 후손에 존재한다는 예측을 할 수 있다. 예를 들어 조류와 악어류의 공통조상에서 유래한 자손인 공룡들이 둥지를 만들고 알을 품었을 것이라 예측했는데 이는 화석이 발견되면서 지지되었다.

핵심 문제 20.4

단순성의 원리에 따라 4개의 방을 가진 심장의 진화를 살펴보면 조류과 포유류는 동일한 분기군에 있어야 한다. 그런데 가장 많이 인정받는 계통수에 의하면 이 두 분류군이 파충류 혈통으로부터 서로 분리된 가지로 표시된다. 왜 그럴까?

20.4 분자시계를 통해 진화 시간을 추적할 수 있다

분자시계 DNA의 일부 부위는 일정한 속도로 진화하는 것으로 간주되기 때문에 관련된 유전자들 내에서 치환되는 뉴클레오타이드의 수를 비교하면 **분자시계(molecular clock)**를 만들 수 있는데 이를 이용하여 비교 대상인 두 종이 공통조상으로부터 분기된 이래 경과한 시간을 추정할 수 있다.

몇몇 유전자들의 경우, (추정된) 평균 진화속도를 신뢰할 수 있다. 뉴클레오타이드 또는 아미노산 차이의 숫자를 이미 알게 된 진화 분기점의 시간에 대응하여 작성한 그래프는 화석기록으로는 분명하지 않았던 계통수의 분기점을 추정하는 데에 사용될 수 있다.

핵심 문제 20.5

유전자 풀에서 해로운 돌연변이들이 빠르게 제거되지만 적응도에 거의 영향을 미치지 않는 중립 돌연변이에 의한 변화가 일정한 속도로 일어난다고 가정해 보자. 왜 상이한 유전자들 각각의 분자시계는 상이한 속도를 나타내는지 설명해 보자.

다른 DNA와 비교하여 일부 DNA의 변화를 상대적으로 더 선호하는 자연선택을 감안한다면 분자시계를 적용하는 데에 문제가 따를 수 있다. 수십억 년 전에 일어난 진화적 분지의 시점을 추산할 때 분자시계는 적당하지 않을 수 있다. (그러나) 많은 유전자를 사용하여 분자시계를 보정하면 자연선택에 의한 등락의 폭은 평균에 수렴하도록 감소할 수 있다. 예를 들어 척추동물 진화에서 분기 시점에 대한 분자 수준의 추산과 화석에 근거한 추산이 매우 근접한 결과를 보인다.

분자시계의 적용: HIV의 기원 확산되는 동안 여러 시점을 정해 수집한 HIV 시료의 뉴클레오타이드 서열을 비교한 결과, 연구자들은 놀랄 정도로 한결같은 속도로 이 바이러스가 진화하였음을 관찰하였다. 연구자들은 HIV-1 M 균주가 1930년대에 처음으로 인간을 감염시킨 것으로 추산한다.

20.5 새로운 정보로 인해 진화의 역사에 대한 이해가 계속 수정된다.

2계에서 3영역으로 역사적으로 분류학자들은 알려진 모든 종들을 식물 또는 동물의 두 계로 분류하였다. 5계 체계에서 원핵생물들은 진핵생물과 분리되어 모네라(Monera)계에 배치되었다. 식물계(Plantae), 균계(Fungi), 동물계(Animalia)가 다세포 신핵생물들임에 반해 원생생물(Protista)은 대부분 단세포 생물로 구성되었다.

현재의 3영역 체계는 계의 위 단계에 새로운 분류군을 만들었다. 세균영역(Bacteria)과 고세균영역(Archaea)은 모두 단세포 원핵생물이지만 여러 특징이 서로 다르다, 진핵생물영역(Eukarya)은 식물, 균류, 동물, 대부분이 단세포 생물들인 여러 집단 등 모든 진핵생물들을 포함한다.

수평적 유전자 전달의 중요한 역할 rRNA 유전자는 매우 느리게 진화하여 생명의 계통수를 만드는 데에 기초로 사용되어 왔다. 이 나무의 첫 번째 주요 분기점은 세균으로부터 다른 두 영역이 갈라진 지점이다. 그러나 다른 유전자들의 분석이 제시한 바를 따르면 진핵생물이 고세균보다는 세균과 더 최근에 공통조상을 공유하였을 것으로 보인다.

세 영역으로부터 얻은 유전체를 비교한 결과는 아마도 전위인자와 플라스미드의 교환, 바이러스 감염 그리고 생물들의 융합 등을 통한 **수평적 유전자 전달(horizontal gene transfer)**이 생명의 역사 초기에 일어났음을 시사한다. 그 결과, 일부 과학자들은 생명의 초기 역사는 가지가 서로 얽힌 그물로서 가장 잘 표현될 수 있을 것이라 제안한다.

핵심 문제 20.6

이 얽힌 생명의 그물은 세 영역의 기원에 대한 현재의 가설을 나타낸다. a, b, c가 각각 어떤 영역인지, 그리고 d와 e로 표지된 2가지 주요한 수평적 유전자 전달의 에피소드가 무엇인지 밝히시오.

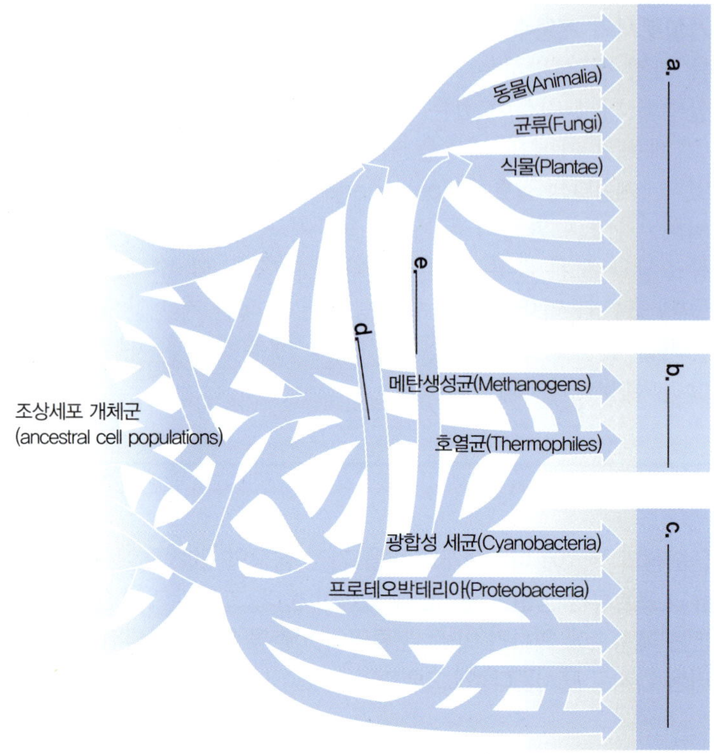

어원

analog- = proportion (*analogy:* similarity between two species due to convergent evolution)

bi- = two; **nom-** = name (*binomial:* two-part latinized format for naming of a species, consisting of the genus and specific epithet)

clad- = branch (*clade:* a group of species that includes an ancestral species and all its descendants)

homo- = like, resembling (*homoplasy:* a similar structure or molecular sequence that has evolved independently in two species)

mono- = one (*monophyletic:* pertaining to a group of taxa that consists of a common ancestor and all its descendants)

parsi- = few (*principle of parsimony:* the premise that a theory about nature should be the simplest explanation that is consistent with the facts)

phylo- = tribe; **-geny** = origin (*phylogeny:* the evolutionary history of a species or group of related species)

지식의 체계화

1. 다음에 묘사한 대로 분류군 A~E 사이의 관계를 가장 잘 나타내는 계통수를 작성하시오: 분류군 A는 기저분류군이다. B와 C는 자매 분류군이다. 이들은 E보다는 D와 더 최근의 공통조상을 공유한다.

2. 계통분류학자들이 계통수를 작성하는 데에 사용하는 도구들에 대해 설명하시오.

3. 분자시계는 무엇이고 어떻게 사용되는가?

지식의 검증

선다형 문제: 가장 옳은 답을 고르시오.

1. 상호 연관이 있는 과들은 모여서 그 다음으로 가장 높은 분류군으로 묶이는데 이 분류군의 명칭은?
   a. 강
   b. 문
   c. 목
   d. 속
   e. 계

2. 다음의 계통수 중 4개는 분류군 A, B, C, D, E, F 사이의 계통발생적 관계를 동일하게 묘사하였다. 계통발생을 다르게 나타낸 나머지 하나는?

a.

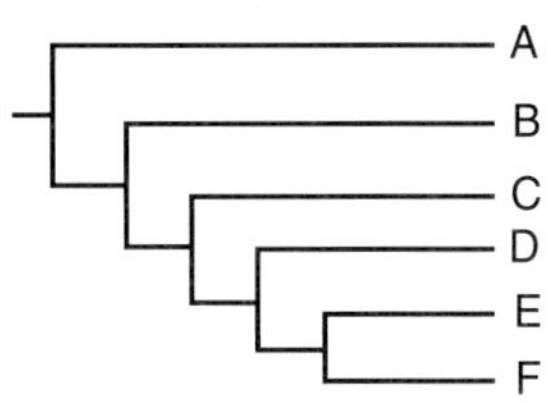

b.

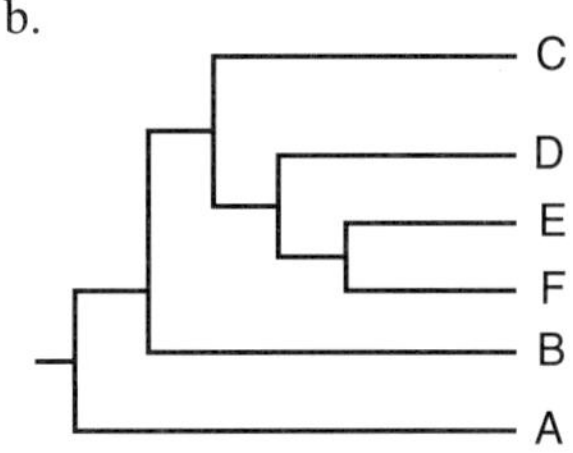

c.

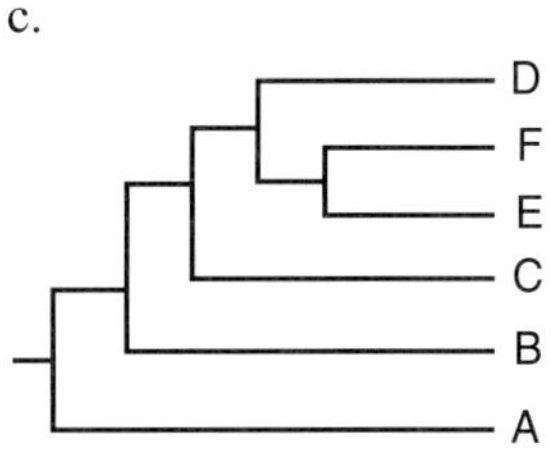

d.

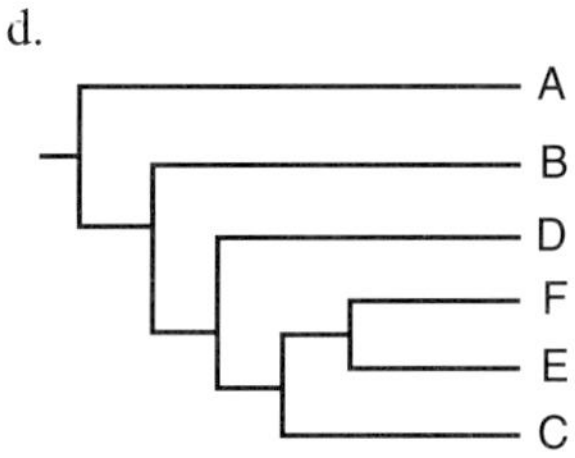

e.

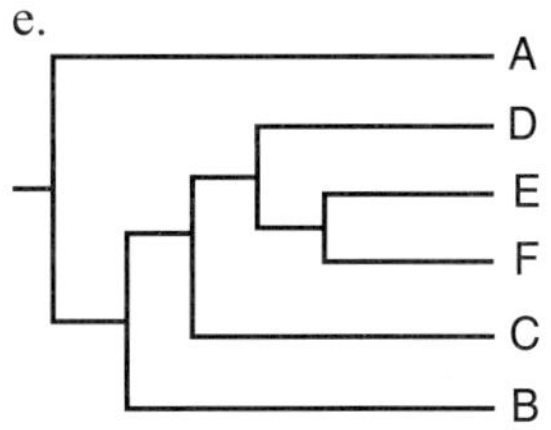

3. 수렴진화가 일어날 때는?
   a. 조상 구조가 새로운 기능에 맞춰질 때
   b. 상동 구조가 다른 기능을 위해 적응될 때
   c. 적응방산으로부터 유래할 때
   d. 종들이 지리적으로 널리 분리되었을 때
   e. 종들이 생태학적으로 비슷한 역할을 가졌을 때

4. 다음 중 상사기구의 가장 좋은 예는?
   a. 박쥐와 두더지의 앞다리
   b. 하와이에 있는 나무 모양의 은검초와 관목 모양의 은검초 식물
   c. 벌과 벌새의 날개
   d. 유인원과 사람의 해골
   e. 호주와 북미 두더지의 뒷다리

5. 다음 중 단공류, 유대류, 진태반류(태반을 지님)의 공유파생 형질은?
   a. 부모의 보살핌
   b. 체내 수정
   c. 양막(amnion)
   d. 새끼에게 먹일 모유 생산
   e. 자궁에서 발생이 완성되는 배아

6. 다음 중 어떤 데이터 세트를 분석하면 가장 믿음직한 계통수를 만들 수 있을까?
   a. 많은 상동 유전자의 DNA 서열
   b. 화석 기록
   c. 형태학(자료)
   d. 동류형성(자료)
   e. 위의 모든 자료를 이용하면 가장 지지받는 계통발생을 만들 것이다.

7. 파충류강—친척인 조류를 포함하지 않는—과 같은 분류군은?
   a. 진정한 하나의 목(order)이다.
   b. 하나의 분기군이다.
   c. 단원적이다.
   d. 의사단원적이다.
   e. 다원적이다.

다음의 계통수는 A에서 E까지의 분류군의 분지 시점을 포함한다. 이 분지 시점은 화석 기록을 사용하여 결정하였다. 이 계통수를 보고 8~12번 문제에 답하시오.

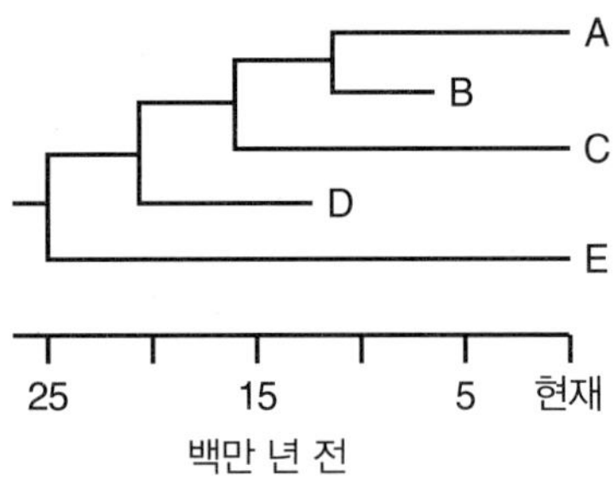

8. 기저 분류군을 나타내는 문자는?

9. 멸종한 집단을 나타내는 문자는?
   a. A
   b. B
   c. C
   d. E와 D
   e. B와 D

10. 현존하는 분류군 중 가장 가까운 두 분류군은?
   a. A와 B
   b. A와 C
   c. A와 E
   d. C와 D
   e. C와 E

11. 분류군 A와 D가 마지막으로 공통조상을 공유한 때는 몇백만 년 전인가?
   a. 25
   b. 20
   c. 15
   d. 10
   e. 알 수 없다.

12. 생물학자들이 분류군 A와 C의 공유파생형질을 비교함으로써 분류군 B의 특정 형질에 대해 예측을 할 수 있게 하는 분야 또는 기술은?
   a. 분기학
   b. 계통분류학
   c. 계통발생 괄호치기
   d. 최대 단순성
   e. 분류학

13. 다음 중에 두 종류의 생물이 같이 놓인다면 가장 많은 수의 공유파생형질이 발견될 수 있는 것은?
   a. 목
   b. 영역
   c. 과
   d. 강
   e. 문

14. 한 생물학자가 4종의 비슷한 새들의 진화를 연구하고 있다. 이 생물학자가 가능한 모든 계통발생 중에서 가장 나은 계통수를 고를 수 있도록 도움을 주는 것은 다음의 접근 방법 중 무엇인가?
   a. 가장 간단한 계통수를 그려 선택한다.
   b. DNA 서열을 비교하여 각각의 계통수에 필요한 진화적 사건의 수를 결정하고 가장 단순한 계통수를 선택한다.
   c. 모든 종의 전체 유전체를 비교한다; 가장 비슷한 두 유전체가 가장 가까운 두 종이다.
   d. 상호 교배가 가능한 종을 결정한다; 상호 교배가 가능한 종들은 가장 최근의 공통조상으로부터 진화해 온 것이다.
   e. 진화적 변화가 가장 많은 계통수를 결정한다; 왜냐하면 이 계통수가 매우 비슷한 새들이 4개의 종으로 진화하는 방식에 대한 가장 그럴듯한 설명이기 때문이다.

15. 다음의 DNA 조각 중 가장 빠른 속도의 분자시계를 가질 가능성이 큰 것은?
   a. 조절 기능이 있지만 (단백질을) 암호화하지 않은 DNA
   b. 위유전자(발현에 필요한 서열을 잃은 유전자)
   c. 필수적인 효소를 암호화하는 유전자
   d. rRNA 유전자
   e. 세포호흡에 관여하는 사이토크롬(cytochrome) 유전자

16. 다음 중 생명 계통수에 대한 현재의 가설을 가장 잘 묘사한 것은?
   a. 생명의 계통수는 3개의 영역으로 구성된다: 세균, 고세균, 진핵생물.
   b. 분자시계가 장기간에 걸쳐 발생하는 진화적 사건을 정확하게 반영하지 못하므로 생명 계통수의 기저는 아직 불확실하다.
   c. 고세균 영역은 첫 번째 분지로 알려져 있다; 진정세균 영역과 진핵생물 영역은 서로 더 가깝다.
   d. 생명의 초기 역사 동안에 실질적인 수평적 유전자 전달이 있었다.
   e. a와 d가 현재의 가설을 나타낸다.

21장

집단들의 진화

핵심

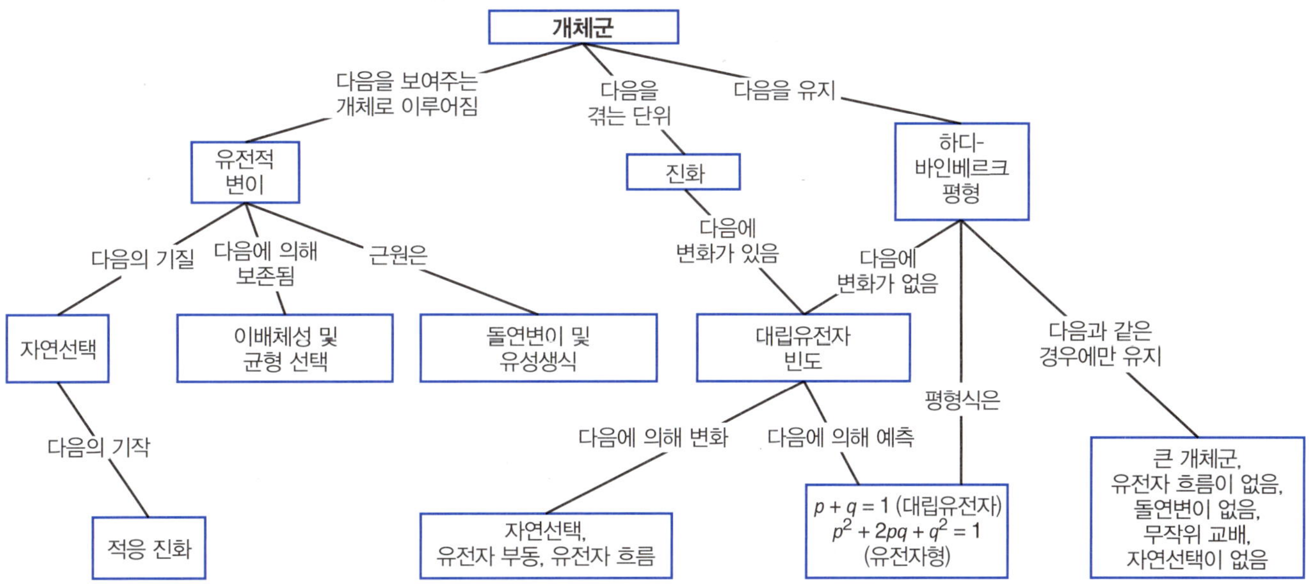

복습

개체는 자연선택에 의해 선택되거나 도태될 수 있지만 진화하는 것은 개체군이다. **소진화(microevolution)**는 한 개체군에서 세대에 따른 대립유전자 빈도의 변화로 정의된다.

21.1 유전적 변이는 진화를 가능하게 한다

유전적 변이 개체 사이의 유전자 또는 DNA 서열의 차이인 **유전적 변이(genetic variation)**는 자연선택의 원천이다. 몇몇 표현형은 뚜렷하여 양자택일성인데 이런 경우는 하나의 유전자자리에 의해 결정된다. 다른 표현형은 개체들 사이에서 연속적으로 변하는데 이런 경우는 둘 이상의 유전자자리에 의해 영향을 받는다.

개체군에서 유전변이의 측정은 이형접합인 유전자자리의 평균인 **유전자 변이성**(gene variability)과 한 개체군에서 개체 사이의 뉴클레오타이드 염기쌍의 차이인 **뉴클레오타이드 변이성**(nucleotide variability)을 포함한다.

유전적 변이의 원천 새로운 대립유전자는 DNA에서 뉴클레오타이드 서열의 변화인 **돌연변이**(mutation)로부터 기원한다. 동물의 체세포에서 일어나는 돌연변이는 다음 세대로 전달되지 못한다. 비번역 DNA에서 일어나는 점 돌연변이 또는 단백질의 아미노산 서열을 바꾸지 못하는 돌연변이는 보통 무해하다. 표현형을 변경시키는 돌연변이는 보통 유해하다. 그러나 드물게 돌연변이 대립유전자가 실질적으로 한 개체의 생식 성공력을 증가시키기도 한다.

염색체 돌연변이는 흔히 가장 유해하다. 세포분열 중의

실수나 전이인자에 의해 생긴 작은 DNA 절편의 중복은 돌연변이에 의해 결국은 새로운 기능을 수행할 수 있는 여분의 유전자자리를 제공하기도 한다.

동물과 식물에서 돌연변이율은 세대당 매 100,000 유전자마다 약 1개이다. 돌연변이는 원핵생물과 바이러스에서는 그들의 짧은 세대로 인해 매우 빠르게 유전변이를 일으킨다.

유성생식을 하는 개체군에서 대부분의 유전변이는 대립유전자의 새로운 조합으로부터 온다. 어떻게 이들 대립유전자의 조합이 일어날까? 감수분열에서의 교차 과정과 독립적인 분리, 그리고 수정 과정에서 배우자의 무작위 조합이 각 자손에서 독특한 유전자 조합을 생성한다.

핵심 문제 21.1

a. 원핵생물과 바이러스에서 유전변이의 주된 요인은 무엇인가?

b. 동물과 식물에서 유전변이의 주된 요인은 무엇인가?

c. a와 b의 답이 왜 다른지 설명하라.

21.2 하디-바인베르크 방정식은 집단이 진화하고 있는지 시험해 보는 데 사용될 수 있다

유전자 풀과 대립유전자 빈도 **개체군(population)**은 동일한 지역에 있으면서 서로 교배할 수 있는 한 종 개체의 무리이다. **유전자 풀(gene pool)**은 한 개체군 내에 존재하는 모든 유전자자리의 모든 대립유전자를 일컫는다. 만약 모든 개체가 동일한 대립유전자에 대해 동형이라면 그 대립유전자는 고정되었다고 말한다. 종종 둘 이상의 대립유전자가 특정한 상대 빈도로 유전자 풀에 존재하기도 한다. 한 특정 유전자자리에 두 개의 대립유전자가 존재할 경우 p와 q는 각각 그 개체군 내에서 두 대립유전자의 빈도를 나타내며, 둘의 합은 1이 되어야 한다: $p + q = 1$.

핵심 문제 21.2

200마리의 생쥐 개체군에서 98마리는 갈색털에 대해 우성 동형 접합체(*BB*)이며, 84마리는 이형접합체이고(*Bb*), 18마리는 흰색털을 가진 열성 동형 접합체(*bb*)이다.

a. 이 개체군의 유전자형 빈도는

_____ *BB* _____ *Bb* _____ *bb*.

b. 이 개체군의 대립유전자 빈도는

_____ *B* 대립유전자 _____ *b* 대립유전자.

하디-바인베르크 원리 세대에 따라 유전자형 빈도와 대립유전자 빈도는 어떻게 변하는가? 만약 유성생식에서 단지 멘델 법칙에 의한 대립유전자의 분리와 재조합이 일어난다면 **하디-바인베르크 원리(Hardy-Weinberg principle)**에서 언급한 대로 한 개체군의 유전자형 빈도와 대립유전자 빈도는 일정하게 유지될 것이다. 이렇게 진화하지 않는 유전자 풀을 하디-바인베르크 평형(Hardy-Weinberg equilibrium)에 놓여 있다고 한다.

한 개체군 내에서 대립유전자의 빈도는 그 대립유전자를 포함하는 배우자의 부분을 결정한다. 배우자의 무작위 조합은 그 이전 세대의 대립유전자 빈도를 반영하고 재구성하는 유전자형을 가지는 자손을 생산할 것이다.

하디-바인베르크 평형에서 다음 세대의 유전자형 빈도는 각 대립유전자 조합의 확률로부터 계산할 수 있다. 곱셈법칙에 따르면 동일한 대립유전자를 포함하는 두 배우자가 만날 확률은 $(p \times p)$ 또는 p^2, 또는 $(q \times q)$ 또는 q^2과 같다. 하나의 p 대립유전자와 q 대립유전자는 어떤 부모가 어떤 대립유전자를 제공하느냐에 따라 두 가지 방법으로 조합할 수 있다. 그러므로 이형접합자손의 빈도는 $2pq$와 같다. 그 개체군에서 가능한 모든 유전자형 빈도의 합은 더해서 1이 된다. 즉 $p^2 + 2pq + q^2 = 1$.

핵심 문제 21.3

핵심 문제 21.2에서 결정한 대립유전자의 빈도를 이용하여 다음 세대의 유전자형 빈도를 예측하라.

빈도

$B(p)$ = _____ $b(q)$ = _____

$BB = p^2 =$; _____ $Bb = 2pq =$ _____ $bb = q^2 =$ _____

하디-바인베르크 평형은 다음과 같은 5가지 조건이 모두 맞을 경우에만 유지된다. (1) 돌연변이가 없을 것, (2) 무작위 교배(선택교배는 대립유전자 빈도에 영향을 미치기 때문에), (3) 자연선택이 없을 것(불균등 생존 및 생식 성공이 없다), (4) 유전적 부동이라고 불리는 우연적인 변동을 상쇄할 수 있는 매우 큰 개체군, (5) 개체군의 안과 바깥으로 유전자 흐름이나 대립유전자 이동이 없을 것.

열성 동형접합체의 빈도가 q^2으로 알려졌다면, q의 빈도는 q^2의 제곱근이다(개체군이 그 유전자에 대해 하디-바인베르크 평형이 이루어진다고 가정하면).

핵심 문제 21.4

하디-바인베르크 평형식을 이용하여 대립유전자 빈도로부터 유전자형 빈도를 또는 유전자형 빈도로부터 대립유전자 빈도를 쉽게 결정하는 법을 연습하라.

a. 한 개체군에서 대립유전자의 빈도는 $A = 0.6$, $a = 0.4$이다. 다음 세대의 유전자형 빈도를 예측하라.
AA _____ *Aa* _____ *aa* _____

b. a 문제에서 예측한 세대에서 대립유전자 빈도는 어떻게 되는가?
A _____ *a* _____

c. 이 개체군에서 실제적인 유전자형 빈도를 결정할 수 있으며 이들 빈도가 a 문제에서 예측한 것과 매우 다르다면 이 결과는 무엇을 의미하는가?

21.3 자연선택, 유전적 부동, 유전자 흐름은 한 집단의 대립유전자 빈도를 바꿀 수 있다

자연선택 환경에 더 적합한 형질을 가지는 개체는 생존력과 번식력이 있는 자손을 생산하는데 보다 더 성공적이며, 그들의 대립유전자를 보다 더 많이 다음 세대로 전달시킴으로써 적응진화(adaptive evolution)가 일어나도록 한다.

유전적 부동 예측된 결과로부터 우연한 편차는 작은 집단일수록 일어날 경향이 크다. 우연에 의해 한 세대로부터 다음 세대로 일어나는 개체군의 대립유전자 빈도 변동을 **유전적 부동(genetic drift)**이라고 한다.

단지 소수의 개체가 새로운 지역에 정착할 때 일어나는 유전적 부동을 **창시자효과(founder effect)**라고 한다. 작은 집단에서의 대립유전자 빈도는 모집단의 빈도를 나타내지 못하는 경향이 있다.

병목효과(bottleneck effect)는 어떤 재난이나 다른 요인이 개체군의 크기를 급격히 감소시킬 때 일어나며, 소수의 생존 개체는 원래 집단의 유전적 조성을 나타내지 못하는 경향이 있다. 유전적 부동은 우연한 사건이 더 이상 영향을 미치지 못할 정도로 개체군이 충분히 크게 생장할 때까지 영향을 미친다.

유전적 부동을 어떻게 요약할 수 있을까? 유전적 부동은 작은 집단에서는 큰 효과를 미치며, 시간에 따라 유전자 빈도를 무작위로 변동하게 만들어 개체군 내에서 유전적 변이성을 소실하도록 하고 무해한 대립유전자를 고정시킬 수 있게 한다.

유전자 흐름 개체군 사이에서의 배우자의 전달이나 개체의 이동인 **유전자 흐름(gene flow)**은 대립유전자 빈도를 변화시킬 수 있다. 개체군 간의 대립유전자 빈도의 차이는 유전자 흐름에 의해 감소되는 경향이 있다. 유전자 흐름은 개체군이 그 지역 환경에의 적응 능력을 향상시키거나 또는 감소시키는 대립유전자를 전달할 수 있다.

핵심 문제 21.5

소진화를 유발하는 3가지 원인을 요약한 다음의 개념 지도를 채워라. 나아가 개체군의 유전적 조성이 변화할 수 있는 방법을 복습하는 데 도움을 주는 여러분 자신의 개념도를 만들어 보라.

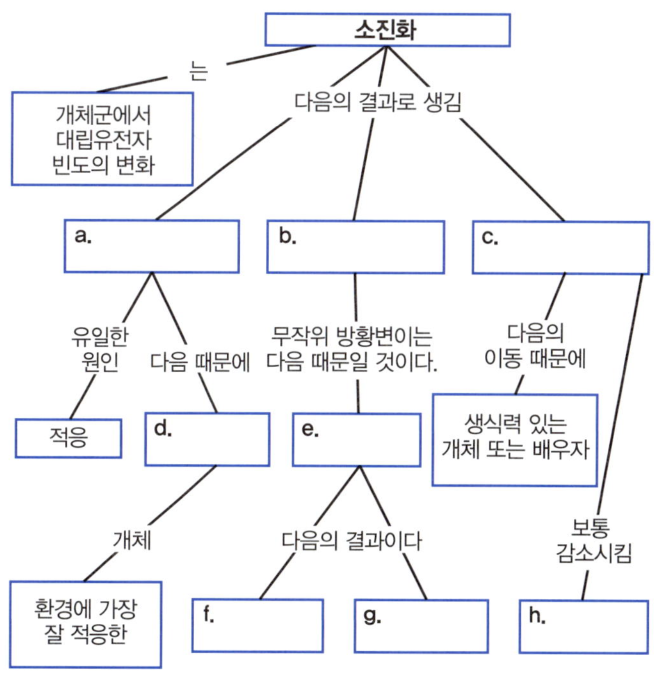

21.4 자연선택은 적응 진화를 일관되게 일으키는 유일한 방식이다

생존과 생식을 향상시키는 대립유전자의 빈도를 증가시킴으로 인해 자연선택은 **적응적 진화(adaptive evolution)**로 이르게 한다.

자연선택: 더 자세히 알아보기 **상대적 적응도(relative fitness)**는 한 개체가 다음 세대의 유전자 풀에 기여하는 정도를 다른 개체들의 기여도와 비교해 상대적으로 나타낸 값이다.

한 형질의 빈도 분포는 3가지 유형의 선택에 의해 영향을 받을 수 있다. **방향성 선택(directional selection)**은 환경이 변할 때나 표현형 분포 범위 안에서 한 쪽 극단에 있는 개체들이 선호될 경우 흔히 발생한다. **분단성 선택(disruptive selection)**은 표현형 분포 범위 안에서 양 극단에 있는 개체들이 선호될 경우 발생한다. **안정화 선택(stabilizing selection)**은 양 극단의 표현형을 제거하고 중간형을 선호하는 방향으로 작용하여 표현형 변이를 감소시키는 경향이 있다.

적응진화에서 자연선택의 핵심적인 역할 자연선택이 생존과 번식을 향상시키는 대립유전자 빈도를 증가시킴에 따라 개체와 환경 간의 조화는 증가한다.

성적 선택 **성적 선택(sexual Selection)**은 배우자를 획득하는 개체의 기회를 향상시키는 형질의 선택이다. 성적 선택은 암컷과 수컷 사이에 2차 성징에서 뚜렷하게 차이가 나는 **성적 이형성(sexual dimorphism)**으로 이를 수 있다. 성적 선택은 같은 성이 배우자를 두고 경쟁하는 동성 내 선택(intrasexual selection)이나 한쪽 성(보통 암컷)의 개체가 배우자를 고를 때 차별하는 이성간 선택(intersexual selection)을 포함한다. 또한 배우자 선택(mate choice)이라고 불리는 이성간 선택은 수컷의 일반적인 건강상태를 반영하는 화려한 외양, 따라서 그의 유전자의 질에 의존한다.

유전적 변이의 보존 자연선택이 끊임없이 가장 선호적인 대립유전자를 선택하는데도 어떻게 유전적 변이는 제거되지 않을까? 개체군에서 보이는 일부 유전적 변이는 선택적 이득이나 불이익을 주지 않는 **중립적 변이(neutral variation)**이다.

대부분 진핵생물의 2배체성은 이형접합체에 열성 대립유전자를 숨김으로써 유전적 변이를 유지하여 이러한 대립유전자가 개체군 내에 계속 존재하도록 하고 또한 환경 변화에 의해 선택될 수 있도록 한다.

균형선택(balancing selection)은 한 개체군에서 둘 이상의 표현형들의 안정된 빈도를 유지한다. **잡종강세(heterozygote advantage)**는 잡종이 생존과 생식에 이득을 가질 경우 한 유전자자리에서 둘 이상의 대립유전자를 유지하려는 경향이 있다. 한 표현형의 생식 성공인 **빈도의존적 선택(frequency-dependent selection)**은 그것이 개체군 내에서 너무 흔하게 되면 감소된다.

핵심 문제 21.6

a. 매우 해로운 낫형 적혈구 빈혈증 대립유전자는 왜 미국 개체군의 유전자 풀에서 제거되지 않는 걸까?

b. 왜 이 대립유전자는 일부 아프리카 개체군의 유전자 풀에서 비교적 높은 빈도로 유지되는 걸까?

자연선택은 왜 완벽한 생물들을 만들 수 없는가? 자연선택은 이미 존재하는 변이에만 작용한다. 필요에 따라 새로운 대립유전자가 생기는 것은 아니다. 각 생물종은 조상형의 긴 혈통으로부터 진화하였다. 적응은 종종 수영이나 걷기와 같은 다른 일을 하는 필요성 사이에서 절충된다. 마지막으로, 우연한 사건이 개체군의 진화역사에 영향을 미친다.

어원

micro- = small (*microevolution:* a change in the allele frequencies of a population over generations)

지식의 체계화

1. a. 하디-바인베르크 법칙이란 무엇인가?
   b. 하디-바인베르크 평형의 평형 상수를 정의하라. 이 평형식을 이용하여 대립유전자 빈도를 결정하고 유전자형 빈도를 예측할 수 있도록 하라.

2. 자연선택은 유전적으로 통일되는 방향으로 나가는 것처럼 보인다. 즉, 가장 잘 적응하는 유전자형이 가장 많은 자손을 번식하며 적응성 대립유전자의 빈도를 증가시키고 덜 이로운 대립유전자는 개체군으로부터 제거한다. 그럼에도 불구하고 종의 개체군 내에서는 상당한 정도의 변이성이 존재한다. 이러한 유전적 변이성에 기여하는 몇몇 요인에 대해서 설명하라.

지식의 검증

선다형 문제: 가장 옳은 답을 고르시오.

1. 돌연변이는 진핵생물에서 소진화의 직접적인 원인이 되기 어렵다. 그 원인은 무엇인가?
   a. 돌연변이는 종종 매우 해로워서 유전되지 않는다.
   b. 돌연변이는 이배체 개체군에 존재하는 대부분의 유전적 변이를 직접적으로 생성하지 않는다.
   c. 돌연변이는 매우 드물게 일어난다.
   d. 돌연변이는 배우자에서 일어날 때만 유전된다.
   e. 위의 진술이 모두 옳다.

2. 초파리의 평균 이형접합성은 약 14%로 추정된다. 이것은 무엇을 의미하는가?
   a. 초파리 유전자의 86%는 동일하다.
   b. 평균적으로 초파리 유전자 좌위의 14%는 이형접합성이다.
   c. 개체 사이에서 뉴클레오타이드 자리의 14%에서 차이가 난다.
   d. 개체 사이의 뉴클레오타이드 다형성은 매우 크다.
   e. 초파리 개체군은 병목효과를 결코 겪지 않았다.

3. 한 과학자가 특정 과꽃 종의 키가 산의 고도 증가에 따라 감소하는 것을 관찰하였다. 이 과학자는 여러 고도로부터 종자를 수집하여 일정한 환경 상태 아래에서 심은 다음 새로운 식물의 키를 측정하였다. 이 실험에서 모든 과꽃은 키가 동일하게 자랐다. 이러한 사실로부터 내릴 수 있는 결론은 무엇인가?
   a. 키는 양적형질이 아니다.
   b. 과학자가 관찰한 키의 추세는 유전적 변이 때문이다.
   c. 모식물 키의 차이는 방향성 선택 때문이다.
   d. 처음에 관찰한 키의 차이는 환경 영향의 한 예이다.
   e. 모식물 키의 차이는 안정화 선택 때문이다.

4. 사람은 약 1,000개의 후각 수용체를 가지는 것으로 추정된다. 이것은 무엇의 결과인가?
   a. 유전자 흐름
   b. 유전자 중복
   c. 빈도 의존성 선택
   d. 중립적 변이
   e. 분단성 선택

5. 다음 중 동식물 개체군에서 유전적 변이를 가장 많이 제공하는 것은?
   a. 돌연변이
   b. 유성생식
   c. 성적 선택
   d. 지리적 변이
   e. 이형접합성을 감추는 열성

6. 하디-바인베르크 원리에 따르면 ____________________
   a. 한 개체군의 대립유전자 빈도는 만약 개체군이 크고 유성생식만이 관여한다면 세대를 거듭해도 일정하다.
   b. 자연선택만이 불균등 생식성공을 초래하여 진화를 유발한다.
   c. 우성형질을 나타내는 개체 빈도의 제곱근은 p의 빈도와 동일할 것이다.
   d. p와 q는 진화를 하지 않는 개체군에서만 결정될 수 있다.
   e. 위의 진술이 모두 옳다.

7. 한 개체군이 다음과 같은 유전자형 빈도를 보인다면 대립유전자 빈도는 얼마인가? AA = 0.42, Aa = 0.46, aa = 0.12
   a. A = 0.42; a = 0.12
   b. A = 0.6; a = 0.4
   c. A = 0.65; a = 0.35
   d. A = 0.76; a = 0.24
   e. A = 0.88; a = 0.12

8. 두 개의 대립유전자 B와 b를 가지는 한 개체군에서 대립유전자 b의 빈도가 0.4이다. 이 개체군에 하디-바인베르크 평형에 놓여 있다면 이형접합체의 빈도는 얼마이겠는가?
   a. 0.16
   b. 0.24
   c. 0.48
   d. 0.6
   e. 이 정보만으로는 알 수 없다.

9. 두 개의 대립유전자 C와 c를 가지는 한 개체군에서 16%가 열성형질을 보인다. C는 c에 우성이라고 가정하면, 우성형질은 몇 %이겠는가?
   a. 36%
   b. 48%
   c. 60%
   d. 84%
   e. 96%

10. 한 들쥐 개체군의 연구에서 쥐의 48%가 특정 유전자에 대해서 이형인 털색을 가졌음을 관찰하였다. 이 개체군에서 우성대립유전자의 빈도는 얼마이겠는가?
  a. 0.24
  b. 0.48
  c. 0.50
  d. 0.60
  e. 이 정보만으로는 알 수 없다.

11. 뿔이 짧은 한 소 개체군의 무작위 표본에서 73마리는 붉은색 털(C^RC^R); 63마리는 잡색 털(C^RC^r); 13마리는 흰색털(C^rC^r)을 가졌다. C^R과 C^r의 대립유전자 빈도를 계산하고, 이 개체군이 하디-바인베르크 평형에 놓여 있는지 아닌지를 설명하라.
  a. C^R = 0.64, C^r = 0.36; 개체군이 크고 시료가 무작위로 선정되었기 때문에 이 개체군은 평형상태에 놓여 있다.
  b. C^R = 0.7, C^r = 0.3; 유전자형 비가 이들 빈도로부터 예측된 것과 다르며, 이 개체군은 평형상태에 놓여 있지 않다.
  c. C^R = 0.7, C^r = 0.3; 유전자형 비가 이들 빈도로부터 예측된 것과 비슷하며, 이 개체군은 평형상태에 놓여 있다.
  d. C^R = 1.94, C^r = 0.44; 대립유전자 빈도의 합이 1보다 크며, 이 개체군은 평형상태에 놓여 있다.
  e. 이 정보로부터 대립유전자 빈도를 계산할 수 없다.

12. 유전적 부동은 다음 어떤 개체군에서 나타나는 경향이 있는가?
  a. 이주율이 높은 개체군
  b. 돌연변이율이 낮은 개체군
  c. 자연선택이 일어나는 개체군
  d. 매우 작은 개체군
  e. 환경 조건이 변하는 개체군

13. 다음 중 어느 것이 유전자 흐름의 결과로 나타나겠는가?
  a. 매우 다른 서식지 환경에 사는 이웃하는 개체군의 적응성 진화가 감소한다.
  b. 유리한 환경으로 개체의 이동이 증가한다.
  c. 개체군 사이에 대립유전자의 빈도 차이가 감소한다.
  d. a와 c가 일어난다.
  e. a, b, c 모두가 일어난다.

14. 미시간에 있는 한 섬에 서식하는 밍크의 한 큰 개체군의 유전적 분석으로 한 대립유전자가 고정된, 매우 이상한 수의 유전자자리를 발견하였다. 이 유전적 동질성을 가장 잘 설명한 것은 어느 것인가?
  a. 이 개체군은 동형접합 표현형의 비율이 높아지게 하는 선택교배를 보였다.
  b. 매우 적은 수의 밍크가 이 섬에 정착하였으며, 이러한 창시자 효과와 이어지는 유전적 부동은 많은 대립유전자를 고정시켰다.
  c. 이 개체군의 유전자 풀은 결코 유전자 흐름을 겪지 않았다.
  d. 자연선택이 이들 유전자자리에서 가장 잘 적응한 대립유전자를 선택하여 고정시켰다.
  e. 서식지를 형성하는 개체군은 더 많은 유전적 다양성을 가졌을 것이지만, 최근의 유전적 부동이 우연하게 이들 대립유전자를 고정시켰다.

15. 다음 중 한 개체군의 특정 유전자자리에서 둘 이상의 대립유전자를 유지하는 경향이 있는 것이 아닌 것은?
  a. 균형선택
  b. 분단성 선택
  c. 이형접합성의 이득
  d. 방향성 선택
  e. 빈도 의존성 선택

16. 성적 선택은 ______________________________
  a. 개체의 교배 기회를 증가시키는 형질을 선택한다.
  b. 개체의 크기를 증가시킨다.
  c. 이 결과 개체가 환경에 더 잘 적응한다.
  d. 더 많은 자손을 생산한다.
  e. 생식력을 증가시키는 형질을 선택한다.

17. 점점 더 건조해지는 지역에서 한 식물개체군이 발견되었다. 잎의 평균 표면적은 세대에 따라 감소하였다. 이것은 무엇의 예인가?
  a. 안정화 선택
  b. 방향성 선택
  c. 분단성 선택
  d. 유전자 흐름
  e. 유전적 부동

18. 치사 열성 대립유전자가 동형인 생쥐는 태어난 직후 죽는다. 한 생쥐 집단에서 태어난 생쥐의 5%가 이 형질로 죽는 것을 발견하였다. 실험 기록을 보니까 지난 3년 동안 이 형질로 죽는 생쥐의 비율이 5%로 동일하였음을 발견하였다. (생쥐는 1년에 여러 번 새끼를 낳으며 새끼 수는 매우 많다.) 이렇게 높은 비율로 이 치사대립유전자가 지속되는 이유를 어떻게 설명할 수 있는가?
   a. 열성 동협접합 생쥐는 생식에서 유리하다.
   b. 높은 돌연변이율이 이 치사대립유전자의 생성을 유지시켰다.
   c. 어느 정도의 이형접합의 장점과 동형 우성 형질을 제거하는 선택이 있다.
   d. 유전적 부동이 이 개체군에서 이 치사대립유전자를 높은 비율로 유지시켰다.
   e. 이 종은 2배체이므로 열성 대립유전자는 이형접합 상태에서 제거될 수 없다.

19. 한 대립유전자가 열성이며, 이 대립유전자의 동형접합체는 출생 직후 죽는다. 그렇다면,
   a. 이 대립유전자는 이 개체군에서 빈도 0.001로 존재한다.
   b. 약 1,000년 후에 이 대립유전자는 이 개체군에서 자연선택에 의해 제거될 것이다.
   c. 열성 동형접합체의 상대 적응도는 0이다.
   d. 이 대립유진자는 이형접합일 때 제거되지 않기 때문에 이 개체군에서 낮은 빈도로 유지될 것이다.
   e. c와 d가 옳다.

20. 다음 중 선택의 유형과 예가 맞지 않는 것은?
   a. 분단성 선택—작은 부리를 가진 새(부드러운 씨앗을 먹는데 효과적임) 또는 큰 부리(딱딱한 씨앗을 부술 수 있음)를 가진 새로 이루어진 씨앗을 먹고 사는 검은색 배를 가진 새의 개체군.
   b. 동성 내 선택—수컷 코끼리 물범은 암컷보다 4배 이상 크다. 수컷은 짝짓기 시기 동안 암컷이 무리지어 있는 해변 지역에서 싸운다.
   c. 이성 간 선택—회색 나무 개구리 암컷은 긴 짝짓기 울음을 내는 수컷 개구리를 선택한다.
   d. 안정화 선택—혈액형 A, B, AB 및 O의 빈도는 개체군에서 일정하게 유지된다.
   e. 빈도의존성 선택—한 가지의 색을 가지는 물고기가 보다 많아짐에 따라 포식자는 그 색에 대하여 탐색 이미지를 가지며 선택적으로 그들을 잡아먹는다.

21. 불규칙적으로 비가 내리는 지역에서 한 생물학자가 한 야생화 개체군에서 말려진 잎의 대립유전자를 동형으로 가지는 식물이 건조한 해에 생식을 잘하고, 반면 편평한 잎의 대립유전자를 동형으로 가지는 식물은 습한 해에 생식을 잘 함을 발견하였다. 이러한 결과로 무엇이 일어날 것으로 예상되는가?
   a. 이 야생화 개체군에서 유전적 부동이 일어난다.
   b. 이 야생화에서 가장 흔한 표현형을 제거하는 빈도 의존성 선택이 일어난다.
   c. 두 대립유전자 모두를 가지는 야생화의 잡종 강세의 결과로 균형선택이 일어난다.
   d. 이 야생화 개체군에서 유전변이가 보존된다.
   e. 적절한 비가 내리는 해에는 분단성 선택이 일어난다.

22장
종의 기원

핵심

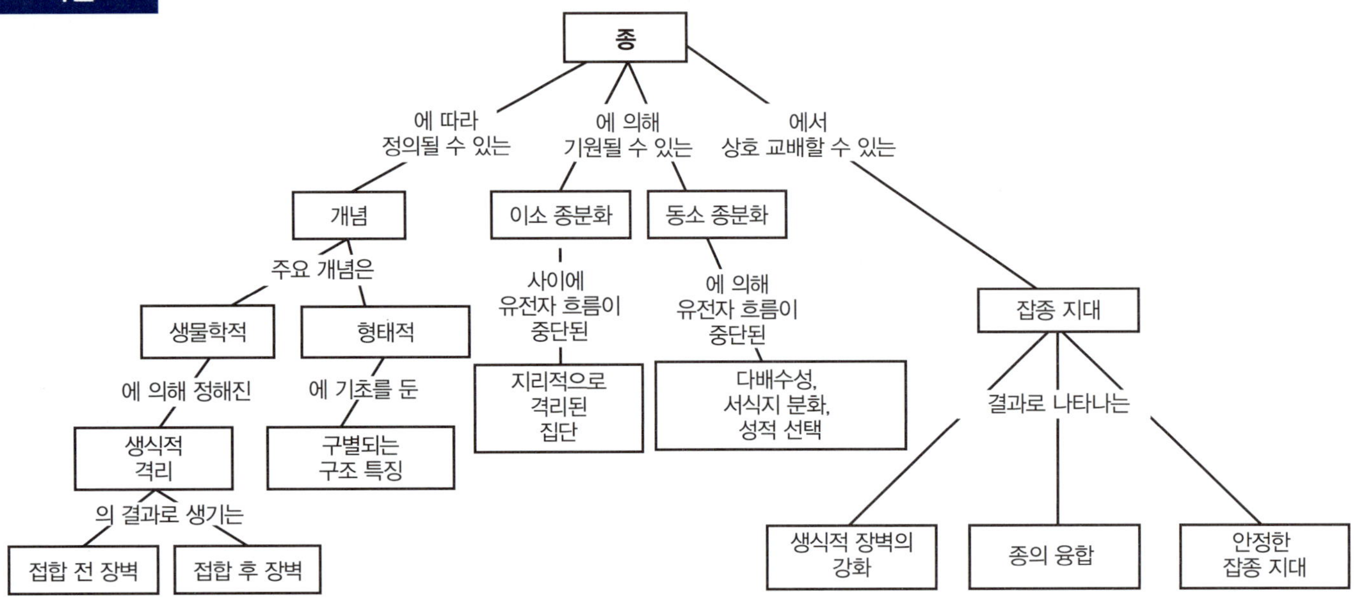

복습

종분화(speciation), 즉 한 종이 둘 이상의 종으로 갈라지는 것이 생명의 통일성, 즉 혈연성을 유지하면서 생명의 다양성을 만든다. **소진화(microevolution)**는 한 집단의 유전자 총원 내 대립유전자 빈도의 진화적 변화가 관련된다. 대진화 **(macroevolution)**는 새로운 분류군의 기원과 같은 종 수준 위의 변화를 고려한다.

22.1 생물학적 종 개념은 생식적 격리를 강조한다

다른 종류의 생물들은, 비록 생리, 생화학과 DNA 서열의 차이도 독립된 종의 존재를 지지하지만, 신체적 모양, 즉 형태에 의해 가장 흔히 특징이 규정된다.

생물학적 종 개념 생물학적 종 개념(**biological species concept**)에 따르면, 한 종은 구성원들이 자연에서 상호 교배하고 생존 가능하고 번식력이 있는 자손을 낳을 잠재력이 있지만 다른 종의 구성원과는 성공적으로 상호 교배하지 못하는 집단들의 한 무리이다. 집단 사이 유전자 흐름은 한 종을 유전적으로, 따라서 형태적으로 하나로 유지한다.

새로운 종의 형성에 필요한 **생식적 격리(reproductive isolation)**는 다른 종의 개체들이 생존 가능하고 번식력이 있는 자손, 즉 **잡종(hybrid)**을 생산하는 것을 막는 장벽에 의해 생긴다. **접합 전 장벽(prezygotic barrier)**은 다른 종의 구성원들 사이의 짝짓기를 저해하거나 생식세포가 만나더라도 성공적인 수정을 저해함으로써 접합체의 형성 이전에 작동한다. 잡종 접합체가 형성되더라도, **접합 후 장벽(postzygotic barrier)**은 생존 가능하거나 번식력이 있는 성체로 발생하는 것을 저해할 것이다.

핵심 문제 22.1

다음의 예에 대하여, 접합 전 장벽인지 접합 후 장벽인지, 그리고 생식적 격리의 유형을 표시하라.

전- 또는 후-	격리 유형	예
a.		두 종의 개구리가 실험실에서 교배를 하고 생존 가능하지만 불임인 자손을 생산한다.
b.		두 종의 바다 성게가 동시에 생식세포를 방출하지만 정자는 다른 종의 난자와 융합하지 못한다.
c.		뭍 달팽이 두 종은 패각 나선이 반대 방향이기 때문에 생식공이 정렬이 될 수 없어 교배하지 못한다.
d.		생애가 짧은 하루살이 두 종이 봄의 다른 주간에 우화한다.
e.		두 종의 도롱뇽이 교배를 하고 자손을 생산하지만, 잡종의 자손은 불임이다.
f.		새의 유사한 두 종이 구애 의식이 다르다.
g.		실험실에서 사육되는 생쥐 두 종의 배아는 일반적으로 유산된다.
h.		청개구리는 삼림의 연못에서 번식하고, 참개구리는 소택지에서 번식한다.

생물학적 종 개념의 한계는 무엇인가? 이 개념은 무성생식을 하는 종에 대해 적용되지 못하고, 절멸한 종에 대해 생식적 격리를 결정할 수 없다. 또한 유전자 흐름이 형태적으로나 생태적으로 다르게 유지되는 일부 종들 사이에 일어난다.

종의 다른 정의 대다수 종은 **형태적 종 개념(morphological species concept)**이라는 방식으로 신체적 특징을 기초로 동정되어 왔다. **생태적 종 개념(ecological species concept)**은 종이 발견되는 특정 환경에서 이용하는 자원과 그들이 하는 역할인 생태적 지위를 기초로 종을 규정한다. **계통발생적 종 개념(phylogenetic species concept)**에서는, 공통조상을 공유하는 개체들의 가장 작은 무리인 계통수의 한 가지를 나타내는 진화 계통 하나가 한 종이다.

핵심 문제 22.2

생물학자들이 종을 개념화하기 위해 제안된 네 가지 접근법을 요약한 다음 표를 채워라.

개념	강조점
생물학적	a.
b.	해부학적 차이, 가장 일반적으로 이용됨
c.	특정 환경에 특이한 배역
계통발생적	d.

22.2 종분화는 지리적 격리가 있거나 없거나 일어날 수 있다

이소("다른 장소") 종분화 이소 종분화(allopatric speciation)는 지리적 격리가 두 소집단 사이의 유전자 흐름을 차단할 때 일어날 수 있다. 지리적 격리 자체만은 생물학적 의미에서 생식적 격리가 아니다. 본실석 생식석 석리는 이소 집단들이 돌연변이, 유전적 부동과 자연선택에 의해 별개의 진화적 경로로 가게 되면서 부수적으로 동시에 생길 수 있다. 이소 종분화의 증거는 야생과 실험실 연구 모두에서 발견되었다.

동소("같은 장소") 종분화 동소 종분화(sympatric speciation)는 생식적 장벽이 같은 지역을 공유하는 집단들 사이의 유전자 흐름을 저해할 때 일어난다. 이런 일이 어떻게 일어날까?

세포 분열할 때 오류가 잉여의 염색체의 조합이 있는 다배수성(polyploidy)을 유도할 수 있다. 자가배수체(autopolyploid)는 같은 종에서 온 염색체 조합이 2조보다 더 많다. 세포 분열의 실패로 4배체($4n$)가 생산될 수 있고, 이는 자신이나 다른 4배체와 번식할 수 있지만 부모 집단의 2배체와는 번식할 수 없어 단 1세대만에 생식적 격리가 생긴다.

다배수체 종은 다른 두 종이 상호 교배할 때도 생길 수 있다. 결과로 생긴 잡종은 무성생식으로 증식될 수 있지만 일반적으로 감수분열에 의한 생식세포 생산의 어려움 때문에 불임이다. 하지만 차후 세포분열의 오류로 번식력이 있는 **타가다배수체(allopolyploid)**가 생산될 수 있다.

다배수체 종분화는 식물 진화에서 중요하고 흔히 일어난다. 오늘날 연구자들은 새로운 종을 만들기 위해 감수분열과 체세포분열의 오류를 유발함으로써 식물을 잡종화한다.

핵심 문제 22.3

a. 새로운 식물 종 B가 자가다배수성에 의해 염색체 수가 $2n = 10$인 종 A에서 형성된다. 종 B는 염색체가 몇 개일까?

b. 종 A가 종 C($2n = 14$)와 잡종을 이루고, 새로운 타가접합체 종 D가 생산된다면, 종 D는 염색체가 몇 개일까?

동물에서 동소 종분화는 다른 자원 이용을 기반으로 하는 부모 종의 지리적 분포범위 내 격리와 관련될 것이다. 성적 선택도 동소 종분화를 유발할 수 있다. 시클리드의 두 동소종에 대한 실험실 연구에서, 색깔에 따른 교배짝 선택이 두 종을 정상적으로 격리하는 생식적 장벽인 것으로 나타났다.

핵심 문제 22.4

a. 이소 종분화와 동소 종분화의 차이를 설명하라.

b. 각 유형의 종분화에서 생식적 장벽이 어떻게 생길 수 있는가?

22.3 잡종 지대는 생식적 격리를 일으키는 요인을 보여준다

잡종 지대(hybrid zone)는 무엇인가? 잡종 지대는 다른 종의 구성원들이 만나서 성공적으로 번식하는 지역이다.

잡종 지대 내 양상 노랑배두꺼비와 불꽃배두꺼비 사이의 잡종 지대에서 한 종에 특이한 대립유전자의 빈도는 그 종의 가장자리 근처 잡종 지대의 거의 100%에서 다른 종의 가장자리 근처의 0%까지의 범위를 보여준다. 무엇 때문에 각기 다른 종의 대립유전자가 잡종들에 의해 부모집단들로 유입되는 것이 저해되는가? 잡종들의 빈약한 생존과 번식은 이들 잡종이 부모 종들과는 생존 가능한 자손을 거의 생산하지 못한다는 것을 뜻한다.

시간 경과에 따른 잡종 지대 강화(reinforcement)라는 과정에서는, 잡종이 부모 종들의 구성원보다 덜 적응적일 때 자연선택이 생식에 대한 접합 전 장벽을 강하게 만든다. 다른 경우에, 약한 생식적 장벽은 그 장벽을 훨씬 더 와해하는 유전자 흐름을 허용할 것이고, 그 결과 잡종을 만드는 두 종을 한 종으로 융합(fusion)할 것이다. 많은 잡종 지대는 잡종이 계속 형성되지만 두 부모 유전자 총원이 별개로 유지되는 안정(stability)을 나타내는 것으로 보인다.

핵심 문제 22.5

다음 도형을 이용하여 시간 경과에 따른 잡종 지대의 결과 세 가지를 설명하라.

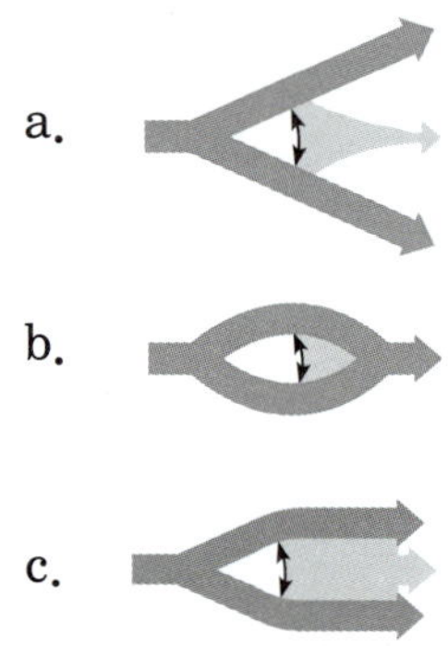

22.4 종분화는 빠르게 또는 느리게 일어날 수 있으며 적거나 많은 수의 유전자 변화에 의해 일어날 수 있다

종분화의 시간 경과 화석 기록에서, 종종 새로운 종이 다소 갑자기 나타나고, 긴 시간 동안 변하지 않고 지속되다가, 사라진다. 단속 평형(punctuated equilibrium)은 비교적 빠른 종분화와 변화의 사건으로 중단되는 이런 긴 기간의 정지를 설명하기 위해 사용되는 용어이다. 다른 종들에 대해서는, 화석 기록이 훨씬 더 점진적인 분기를 보여준다.

여러 연구들이 일단 분기가 시작되면 종분화 과정은 비교적 빠르다는 것을 시사한다. 예를 들면, 실험적으로 생산된 잡종 해바라기의 염색체가 실험실 번식의 단 5세대만에 야생 해바라기의 염색체와 유사해졌다.

핵심 문제 22.6

종분화의 과정이 비교적 빠르게 일어나는 것 같다면, 왜 항상 새로운 종이 생기는 것을 보지 못하는가?

종분화의 유전학 연구 일부 생물에서 종분화에 핵심적인 일을 하는 유전자들이 밝혀졌다. 예를 들면, 꽈리 두 종의 생식적 격리는 수분매개자의 선호에 영향을 끼치는 꽃 색 유전자를 포함한 몇 개의 유전자와 연관되어 있다.

종분화에서 대진화로 종이 분기하고 다양화하면서, 일부 차이는 생물의 완전히 새로운 무리의 형성을 유발하도록 축적될 것이고, 대진화라는 대규모의 진화적 변화의 일부가 될 것이다.

어원

allo- = other; **-patri** = father (*allopatric speciation:* the formation of new species in populations that are geographically isolated from one another)

auto- = self; **poly-** = many (*autopolyploid*: an individual that has more than two chromosome sets that are all derived from a single species)

macro- = large (*macroevolution:* evolutionary change above the species level)

post- = after (*postzygotic barrier:* a reproductive barrier that prevents hybrid zygotes produced by two different species from developing into viable, fertile adults)

sym- = together (*sympatric speciation:* the formation of new species in populations that live in the same geographic area)

지식의 체계화

1. 종분화와 소진화는 어떻게 다른가?
2. 동소와 이소 종분화 중 어느 유형에서 생식적 장벽이 더 쉽게 생길 것으로 생각하는가? 답의 근거를 설명하라.
3. 단속 평형이라는 용어가 설명하는 것은 무엇인가?

지식의 검증

선다형 문제: 가장 옳은 답을 고르시오.

1. 다음 중 본질적 생식적 격리의 유형이 아닌 것은?
   a. 기계적 격리
   b. 행동적 격리
   c. 지리적 격리
   d. 생식세포 격리
   e. 시간적 격리

2. 어느 종 개념이 처음으로 속과 종에 따라 생물의 이름을 붙인 린네와 다윈 둘 다의 연구에 적용되는가?
   a. 생물학적
   b. 생태적
   c. 계통발생적
   d. 형태적
   e. c와 d 모두

3. 다음 중 어느 것에 대해 생물학적 종 개념이 가장 덜 적절한가?
   a. 식물
   b. 동물
   c. 원핵생물
   d. 화석
   e. c와 d

4. 말($2n$ = 64)과 당나귀($2n$ = 62)는 짝을 지어 노새를 생산할 수 있다. 노새의 세포에는 염색체가 몇 개 있을까?
   a. 31
   b. 62
   c. 63
   d. 64
   e. 126

5. 이소 종분화는 격리집단이 어떨 때 일어날 가능성이 더 클까?
   a. 크고 유전변이가 더 많을 때.
   b. 원래 서식지에 재도입되었을 때.
   c. 작고 새로운 서식지에서 다른 선택압에 노출되었을 때.
   d. 본토에 가까운 섬에 살 때.
   e. 위의 모두는 이소 종분화에 기여한다.

6. (염색체의 동등한 조합 4개가 있는) 4배체 식물 종은 다음 중 어느 것의 결과일 것이다.
   a. 타가다배수성.
   b. 자가다배수성.
   c. 잡종과 불분리.
   d. 이소 종분화.
   e. a와 c.

7. 염색체가 32개인 새로운 종의 식물이 발견되었다. 이 종은 3개의 유사한 종과 같은 서식지에서 자란다. 종 A(2n = 14), 종 B($2n$ = 16)와 종 C($2n$ = 18). 다음 중 어느 것이 새로운 종에 대해 가능한 종분화 장치인가?
   a. 생식적 격리 기작의 발생에 의한 이소 분기
   b. 식물이 다른 시기에 꽃을 피우게 하는 핵심 발생 유전자의 변화
   c. 종 B의 생식세포 형성 시 불분리에 의한 자가다배수성

d. 종 A와 C의 잡종의 타가다배수성
e. 어느 답 항목이든 이 새로운 식물 종의 형성을 설명할 수 있다.

8. 다음 중 어느 것이 이소 종분화에 기여하지 않을까?
a. 지리적 분리
b. 유전자 부동
c. 유전자 흐름
d. 다른 선택압
e. 창시자 효과

9. 형태와 유전 비교에 의해 딱총새우(*Alpheus* 속) 30종이 근연종 15쌍으로 분류된다. 각 쌍의 한 구성원은 파나마 지협의 대서양 쪽에 살고, 다른 구성원은 태평양 쪽에 사는 것에 대한 가장 적절한 설명은 무엇인가?
a. 대서양과 태평양의 다른 포식자 압력이 이들 종의 생식적 격리를 초래한 차이에 선택적으로 작용했다
b. 종의 쌍은 파나마 지협이 이들의 조상 종을 격리했을 때 이소 종분화에 의해 생겼다.
c. 이들 쌍이 잡종 지대에서 만날 때, 생식적 장벽의 강화가 각각을 별개의 종으로 유지한다.
d. 딱총새우 30종은 파나마 지협이 형성되기 전 동소 종분화에 의해 진화되었다.
e. 이들 15쌍의 종은 대다수 종분화 사건들이 짧은 시간에 일어난 단속 평형 양상을 보여준다.

10. 잡종 지대에서 잡종이 서로 교배를 하고 부모 종 둘 다와 교배를 하며, 또한 부모 종과 적응도가 동등할 때, 일어날 것으로 생각되는 것은?
a. 잡종 지대가 안정할 것이다.
b. 이소 종분화가 일어날 것이다.
c. 생식적 장벽의 강화가 부모 종의 분리를 유지할 것이다.
d. 생식적 장벽이 느슨해지고 두 부모 종이 융합될 것이다.
e. 새로운 잡종 종이 동소 종분화로 형성될 것이다.

11. 다음 중 단속 평형을 가장 잘 설명하는 것은?
a. 비교적 빠른 종분화와 변화의 사건들에 의해 중단된 정지의 긴 기간.
b. 잡종 지대 내 유전자 흐름에 의해 중단된 독립 종들의 평형.
c. 대다수 빠른 종분화 사건은 식물의 다배수성과 관련되고, 동물의 종분화는 훨씬 더 점진적인 과정이다.
d. 빠른 환경 변화에 의해 빠른 종분화 사건이 생기고, 점진적 환경 변화에 의해 점진적 종분화 사건이 일어난다. 종분화는 환경이 일정하게 유지되면 일어나지 않는다.
e. 지질학적 시간대의 틀에서 보면, 종분화는 빠르게 일어나고, 종의 평형은 빈번한 멸종에 의해 중단된다.

12. 이 장은 종분화의 다양한 양상을 설명하는 여러 연구를 소개했다. 다음 중 이들 연구 중 하나를 근거로 한 결론의 정확한 설명이 아닌 것은?
a. 다른 먹이원에서 사육된 여러 세대 후, “맥아당 초파리”와 “전분 초파리” 둘 다 똑같게 적응된 짝과 교배를 하는 경향이 있었다. 이들 짝짓기 선호는 두 집단 사이의 행동적 접합 전 장벽의 방식에 의한 생식적 격리의 시작인 듯하다.
b. 꽈리의 두 근연종은 수분매개자가 다르다(뒝벌과 벌새). 두 종 사이에 꽃 색에 대한 대립유전자를 전이함으로써 두 종류의 수분매개자 전이된 꽃 대립유전자가 있는 꽃을 방문하게 되었다. 따라서 수분매개자 선택을 바탕으로 한 이러한 생식적 장벽은 하나의 단일 유전자자리의 변화에 의해 영향을 받았을지 모른다.
c. *Bombina* 속 두꺼비 두 종 사이 잡종 지대의 명백한 안정은 지대의 좁은 폭과 관련될 것이다. 비록 잡종 두꺼비가 배아 사망률과 다양한 형태 기형의 발생률이 높을지라도, 두 부모 종의 구성원들이 지속적으로 잡종 지대로 이주해 들어가고, 잡종 생산을 이끌어 간다.
d. 모기물고기의 집단들이 바하마의 연못에 서식한다. 포식물고기가 있는 연못에서는, 자연선택이 급발진을 촉진하는 체형에 유리하게 작용했다. 교배짝 선택 실험에서, 암컷 모기고기는 자신과 유사한 체형의 수컷을 선택한다. 포식자 회피에 대한 자연선택의 부수물로서 집단 사이의 생식적 격리가 형성되고 있다.
e. 빅토리아 호수에서 발견된 시클리드의 많은 종에서, 수컷의 색깔에 바탕을 둔 암컷 교배짝 선택의 결과로서 종 사이 생식적 장벽은 도입된 나일 농어(Nile perch)가 시클리드의 강력한 포식자이기 때문에 와해되고 있는 것으로 보인다.

23장
진화의 주요 양상

핵심

화석 기록은 시대들 사이와 시기들 사이의 경계가 종종 주된 생물학적 변천으로 표시되는 지질학적 기록을 확정하는 데 이용되었다. 이런 변천은 지각판 변동, 대량 멸종과 적응 방산의 영향을 받았다. 화석 기록에 나타난 주된 변화를 이끄는 원리는 발생 유전자나 그 조절의 변화와 관련되어 있다.

복습

화석에 기록된 지구 상 생명의 역사는 종 수준 이상의 진화적 변화인 대진화(macroevolution)를 설명해 준다.

23.1 화석 기록은 생명의 역사를 증명한다

화석 기록 퇴적암 지층(strata)에서 발견된 화석의 순서를 근거로 한 화석 기록은 지구에서 살아온 생물에서 일어난 큰 변화의 증거를 제공한다. 하지만, 이 기록은 (1) 생존했던 많은 수의 종들이 화석을 남기지 않았을 것이고, (2) 지질학적 과정이 많은 화석을 훼손하고, (3) 존재하는 화석의 일부만 발견되었기 때문에 불완전하다.

암석과 화석의 연대 측정 방법 퇴적암층에 나타난 화석의 순서는 상대적인 연대를 나타낸다.

방사성 연대측정법은 암석과 화석의 실제 연대를 결정하는 데 이용된다. 각 방사성 동위원소는 "부모" 동위원소의 50%가 "딸" 동위원소로 붕괴되는 데 걸리는 연수인 **반감기(half-life)**라는 고정된 붕괴율이 있다. 생물의 생애 동안은 생물이 환경에 있는 상대적인 빈도와 같은 비율로 동위원소가 축적된다. 생물이 죽은 후 방사성 원소가 고정된 비율로 붕괴된다.

반감기가 5,739년인 탄소-14는 약 75,000년 전까지 화석의 연대를 측정할 수 있다. 더 천천히 붕괴되는 동위원소는 더 오래된 화석의 연대를 측정하는 데 이용될 수 있다. 화산암의 연대는 이런 암석층과 연관된 화석의 연대를 추정하는 데 이용될 수 있다.

핵심 문제 23.1

한 화석이 탄소-12에 대한 탄소-14 비율이 대기 비율의 1/8이다. 이 화석의 연대를 추산하라.

지질학적 기록 지질학자들은 지구 역사의 **지질학적 기록**을 확립했다. 명왕이언(Hadean), 시생이언(Archaean)과 원생이언(Proterozoic)은 첫 40억 년을 포함한다. 현생이언(Phanerozoic)은 최근 5억 년에 걸쳐 있고, 3개의 대, 고생대, 중생대와 신생대로 나뉜다. 이들 대는 주요 멸종 사건에 의해 경계가 지어진다.

가장 오래된 것으로 알려진 화석은 원생생물과 퇴적물의 암석 같은 층상구조인 **스트로마톨라이트(stromatolite)**의 35억 년 전 화석이다.

초기 원생생물의 광합성의 결과인 대기 산소의 축적은 약 24억 년 전에 시작되었다. 진핵생물은 약 18억 년 전에 시작되었고, 다세포생물은 약 15억 년 전으로 연대가 추정된다.

새로운 생물군들의 기원 화석 기록은 생물의 새로운 무리들의 기원에 빛을 비추어 줄 수 있다. 포유류의 점진적 진화는 견치류 내 조상의 연속을 통해 단궁류라는 사지동물 무리에서 추적될 수 있다.

23.2 생물 무리들의 흥망성쇠는 종분화와 멸종 속도의 차이를 반영한다

어떤 대규모 과정이 종분화와 멸종의 속도에 영향을 끼치고, 따라서 주요 생물군의 흥망성쇠에 영향을 끼쳤는가?

판구조론 **판구조론(plate tectonics)**은 대륙이 지구의 녹아 있는 중간층에 떠 있는 큰 판의 부분이라는 것을 설명한다. 이들 판이 서로 미끄러져 지나가거나 충돌하는 지역에서 지진이 발생하고 섬들과 산들이 형성된다. 최근 11억 년 동안에, 대륙이동(continental drift)은 대부분의 땅덩어리를 한데 모아 초대륙을 세 차례 만들었다.

약 2억 5,000만 년 전 초대륙 **판게아(pangaea)**의 형성으로 서식지가 파괴되고 변형되었기 때문에 많은 종들이 멸종되었다. 땅덩어리의 북쪽이나 남쪽 이동은 그들의 기후를 상당히 바꾼다. 대륙들이 떨어져 이동하여 분리되는 것은 막대한 지리적 격리 사건들을 만들고, 이소 종분화를 촉진한다. 대륙이동은 생물들의 과거와 현재 분포를 설명하는 데 도움이 된다.

핵심 문제 23.2

4,500만 년 전 인도대륙이 유라시아와 충돌했을 때 어느 산맥이 형성되기 시작했는가? 부록 그림 3을 보고, 인도대륙이 된 땅덩어리가 어디에서 기원되었는지 찾을 수 있는가?

대멸종 종은 물리적 또는 생물학적 환경의 변화로 인해 멸종될 수가 있다. **대멸종(mass extinction)**은 주요한 세계적인 환경 변화의 기간 동안에 일어났다. 최근 5억 년에 걸쳐 다섯 번의 대멸종이 있었다.

2억 5,100만 년 전 고생대와 중생대의 경계에 일어난 페름기 대멸종은 해양 동물종의 약 95%와 많은 육상 생물들을 앗아갔다. 이 멸종은 시베리아의 대량 화산 분출과 관련되었을 것이고, 이 분출은 지구 기후를 덥게 하였을 것이고 해양의 혼합을 느리게 하였을 것이며, 따라서 해양 생물에 대한 산소 공급을 줄였을 것이다. 이러한 해양 무산소(ocean anoxia)는 H_2S를 방출하는 혐기성 세균에 유리했었을 것이다. 이 독성 기체는 육상 생물을 죽이는 것 이외에도, 보호하는 오존층의 파괴에도 기여했었을 수 있다.

약 6억 5,500만 년 전 중생대와 신생대의 경계를 표지하는 백악기 대멸종은 해양 종의 절반 이상과 (새를 제외한) 모든 공룡을 포함하여 육상 식물과 동물의 많은 과를 앗아갔다. (운석에 흔한 원소인) 이리듐의 얇은 층이 소행성이나 혜성이 지구와 충돌했을 때 발생하는 거대한 먼지 구름의 낙진에서 축적되었을 수 있다. 이 구름은 햇빛을 차단하고 지구 기후에 심각한 영향을 끼쳤을 것이다.

현재의 멸종 속도는 화석 기록에서 나타난 전형적인 속도의 100에서 1,000배일 것이다. 인간의 서식지 파괴에 의한 제6의 대멸종이 다음 수 세기나 수 천년 내에 일어날 수도 있다.

화석 기록은 대멸종에 이어 생명의 다양성이 회복되는 데 500만에서 1,000만 년 걸린다는 것을 보여준다. 한 진화 계통이 일단 멸종되고 나면, 그것은 다시 나타날 수 없다. 대멸종은 생태 공동체를 구성하는 생물의 종류를 바꾸어 놓을 것이다.

적응방산 **적응방산(adaptive radiation)**은 많은 새로운 종이 생기고 다양한 생태적 지위를 채우는 기간이다. 적응방산은 대멸종에 뒤이어 일어났으며, 생물이 새로운 생태적 배역을 맡고, 새로운 지역에 정착할 수 있게 하는 주요한 적응의 진화였다.

핵심 문제 23.3

a. 포유류는 1억 8,000만 년 전에 기원되었지만 6,550만 년 전의 적응방산 때까지 많이 변하지 않았다. 이 관찰을 설명하라.

b. 새로운 생태적 배역을 열어준 주요 진화적 혁신을 뒤따라 일어난 적응방산의 예들을 들라.

c. 어떤 요인들이 하와이 제도의 수천의 고유종의 적응방산에 기여했는가?

23.3 체형의 주요 변화는 발생 유전자의 서열이나 조절의 변화에서 초래될 수 있다

발생 유전자의 효과 진화-발생(evodevo)이라고 하는 진화생물학과 발생생물학의 결합은 발생 유전자의 작은 변화가 어떻게 종 사이의 주요 형태적 차이를 초래할 수 있는지 조사한다.

이시성(heterochrony)은 발생 시기나 속도의 진화적인 변화이다. 신체 부위의 상대적인 성장 속도에 영향을 끼치는 작은 유전 변화가 상당히 다른 신체 비율의 성체 모양을 만들 수 있다. **유형성숙(paedomorphosis)**은 조상 종의 어린 시기 형질이 성체에 보존되는 것이며, 생식적 발생의 시기 변화에서 초래될 수 있다.

호메오유전자(homeotic gene)는 신체 부위의 공간 배열을 조절한다. (산물이 동물 배아의 위치 정보를 제공하는) *Hox* 유전자의 변화나 이들 유전자가 발현되는 방식과 장소의 변화는 신체 모양을 극심하게 바꿀 수 있다.

발생의 진화 유전자 조절의 변화는 물론 발생 유전자의 수와 서열의 변화는 새로운 신체 모양을 만들 것이다.

핵심 문제 23.4

a. *Artemia*(바다새우, 갑각류)와 *Drosophila*(초파리, 곤충)의 *Hox* 유전자인 *Ubx*에서 *Drosophila*의 다리 발현을 억제하는 원인이 되는 핵심적인 차이가 밝혀졌다. 이 연구의 의의는 무엇인가?

b. 큰가시고기의 해양 집단은 복부에 보호 가시가 있다. 그런데 이 물고기의 호수 집단은 복부에 가시가 없다. 이 가시의 소멸이나 감소가 발생 유전자(*Pitx1*) 자체는 아니고 조절의 차이에서 생겼다는 것이 어떻게 밝혀졌는가?

23.4 진화는 지향하는 목적이 없다

진화적 신형 새롭고 복잡한 구조의 진화가 어떻게 설명될 수 있는가? 종종 척추동물과 일부 연체류의 눈과 같은 매우 복잡한 기관은 조상 종에서 유사한 필요를 충족하기 위한 더 간단한 구조에서 점진적으로 진화했다.

진화적 신형은 또한 기존 구조의 점진적 변형에 의해 새로운 기능을 위해 진화할 수도 있다. 굴절적응(exaptation)은 한 환경 상황에서 기능하고 진화된 후 새로운 기능을 획득하게 된 구조에 대한 용어이다.

진화의 경향 현대 말 *Equus*가 많은 다른 종과 갈라지는 경향들을 만든 일련의 종분화 사건을 통해 훨씬 더 작고 새싹을 뜯어먹는 다수 발굽이 조상 *Hyracotherium*에서 유래되었다는 것을 화석 기록은 입증하고 있다.

핵심 문제 23.5

a. 종 선택 모형에 따르면, "차별적 종분화 성공도"가 소진화에서 차별적 생식 성공도와 마찬가지로 대진화에서 중요하다. 설명하라.

b. 진화의 경향이 진화가 목적 지향적이라는 것을 보여주는가?

어원

hetero- = different (*heterochrony:* evolutionary change in the timing or rate of an organism's development)

macro- = large (*macroevolution:* evolutionary change above the species level, such as the emergence of a new group of organisms through a series of speciation events)

paedo- = child (*paedomorphosis:* the retention in the adult organism of the juvenile features of its evolutionary ancestors)

stromato- = something spread out; **-lite** = a stone (*stromatolite:* layered rock that results from the activities of prokaryotes that bind thin films of sediment together)

지식의 체계화

1. 지구 상 변해가는 생명의 다양성에 영향을 끼치는 세 가지 주된 과정을 설명하라.

2. 어떤 유전적 변화가 새로운 형태적 유형의 진화를 가장 잘 유도할 것인가?

지식의 검증

선다형 문제: 가장 옳은 답을 고르시오.

1. 탄소-14의 반감기는 5,730년이다. 22,920년 된 화석은 탄소-14가 탄소-12에 대한 정상 비율 중 얼마가 남는가?
   a. 1/2
   b. 1/4
   c. 1/6
   d. 1/8
   e. 1/16

2. 표본이 부모 동위원소의 정상 양의 12.5%가 있다면 얼마나 많은 반감기가 지났는가?
   a. 1
   b. 2
   c. 3
   d. 4
   e. 5

3. 다음 특성 중 어느 것이 생물이 화석 기록에 잘 나타나게 될 가능성을 높이는가?
   a. 풍부하고 넓게 분포
   b. 오랜 기간 동안 존재
   c. 단단한 외각이나 골격
   d. 지질학적으로 화석 형성에 유리한 지역에 서식
   e. 위 모두

4. 부록 표 2의 지질학적 기록을 보자. 어느 이언이 가장 긴가? 어느 이언에 원생생물의 가장 오래된 화석이 나타나는가?
   a. 명왕이언, 시생이언
   b. 시생이언, 원생이언
   c. 시생이언, 시생이언
   d. 원생이언, 시생이언
   e. 원생이언, 원생이언

5. 스트로마톨라이트는?
   a. 열수 분출공 주변의 퇴적물에서 발견되는 초기 원핵생물 화석.
   b. 지질이 유기물 분자를 둘러싸는 이중층으로 조합되었을 때 형성된 최초 원시세포.
   c. 초기 광합성 원핵생물이 생산한 O_2가 대기에 들어갔을 때 형성된 산화 육상 암석의 층.
   d. 원핵생물 크기의 약 2배인 진핵생물로 보이는 화석.
   e. 가장 오래된 것으로 알려진 원핵생물을 나타내는 화석인 원핵생물의 층상 공동체.

6. 고생대와 중생대 사이의 페름기 대멸종은?
   a. 다중의 환경 영향을 끼친 혹독한 화산활동에 의해 일어났다.
   b. 판게아의 분리와 동시적으로 일어났다.
   c. 포유류, 새와 수분매개 곤충의 적응방산을 위한 길을 열어놓았다.
   d. 지구에 부딪친 큰 소행성에 의해 일어난 듯하다.
   e. 위의 모든 것이 관련된다.

7. 여러 하와이 섬들에 사는 모두 하나의 단일 조상에서 유래된 듯한 500 종보다 많은 초파리는 어느 것의 우수한 예인가?
   a. 판구조론
   b. 적응방산
   c. 생물지리학
   d. 굴절적응
   e. 진화적 경향

8. 다음 중 해양 무산소에 대한 정확한 설명이 아닌 것은?
   a. 해양 무산소는 페름기 대멸종의 주된 원인인 것으로 여겨진다.
   b. 약 50%의 해양 동물종이 페름기 대멸종에 멸종했지만, 많은 종들은 대기 산소를 삼켜 들임으로써 감소된 O_2 농도를 버텨낼 수 있었다.
   c. 지구 온도가 올라감에 따라, 극지와 적도 사이의 감소된 온도 차이는 해양의 물 혼합이 느려지게 하고, 이것이 산소 농도의 급감을 일으켰다.
   d. 혐기성 세균이 이런 산소가 감소된 환경에서 번성할 수 있었고, 독성 대사 부산물인 H_2S를 방출할 수 있었다.
   e. H_2S가 대기로 끓어 올라오면서, 육상 생물을 죽일 수 있고 보호 오존층을 파괴하는 화학반응이 시작된다.

9. 동물 체형의 주요한 변화의 진화는 어느 것과 관련되는가?
   a. *Hox* 유전자의 중복.
   b. 발생 유전자가 어디에서 발현되는지 결정하는 조절 순서의 변화.
   c. *Hox* 유전자의 산물을 변형하는 돌연변이.
   d. 발생 중 다른 신체 부위의 성장 속도에 영향을 끼치는 유전적 변화.
   e. 위 모두 종 사이 주요한 형태적 차이에 기여할 수 있다.

10. 견치류의 턱 관절이 뼈에서 중이골이 진화된 것은 어느 것의 예인가?
   a. 이시성
   b. 굴절적응
   c. 유형성숙
   d. 같은 기능이 잇는 구종의 점진적 정교화
   e. 진화의 경향

11. 익룡(pterosaurs)은 상당히 길어진 손가락으로 지지되는 막으로 된 날개가 있는 나는 멸종 공룡이다. 새의 날개는 전지(팔)의 전 길이를 따라 피부가 자라나온 깃털이 있다. 4개의 길어진 손가락이 박쥐의 날개를 만드는 막의 대부분을 지지한다. 다음 중 어느 것이 익룡의 "손가락" 날개, 새의 "팔" 날개와 박쥐의 "손" 날개의 관계를 가장 잘 설명하는가?
   a. 이들 모든 종과 조상 종에서 같은 기능을 담당하는 구조의 점진적 정교화
   b. 비행 기능에 대한 사지류 전지의 기본 골격의 세 가지 다른 창출적응
   c. 모든 세 군에서 같은 발생 유전자의 발현 조절의 변화
   d. 이들 세 무관한 군에서 일어난 골격 지지, 막 또는 깃털 피복, 그리고 날개의 공기역학적 형태의 독립적인 진화

12. 종 선택의 개념이 의미하는 것은?
   a. 생식적 격리 장치가 개별 종의 온전성을 유지하는 데 중요하다.
   b. 한 종이 둘 이상의 종으로 갈라질 확률을 높이는 특성들이 대다수 성공적인 종에 축적될 것이다.
   c. 자연선택은 집단 수준은 물론 종 수준에도 작용할 수 있다.
   d. 가장 오래 지속되고 종분화한 종이 가장 흔히 진화 경향의 방향에 영향을 끼친다.
   e. 새롭고 다양한 서식지의 정착은 많은 종의 적응방산을 유발할 수 있다.

UNIT 4

생명 진화의 역사

24장

초기 생명과 원핵생물의 다양성

핵심

이 장은 지구상 최초의 생명 탄생에 대한 가설에서 시작해서 원핵생물의 형태, 생식, 계통발생, 생태를 살펴본다. 대체로 단세포 생물인 이들이 전체적으로 미치는 영향력은 어마어마하다.

복습

지구는 46억 년 전에 생성되었으며 40억 년 전까지만 해도 거대한 바위와 얼음 덩어리로 뒤덮여 있었다. 최초의 생물 화석 증거는 35억 년 전으로 거슬러 올라간다. **원핵생물(procaryote)**은 최초의, 그리고 18억 년 전에(화석 기록에 따르면) 진핵생물이 나타나기 전까지 지구의 유일한 거주자였다. 모든 생명체 가운데 가장 다양한 이들은 다른 형태의 생명체가 살기 어려운 극한 환경에 이르기까지 거의 모든 서식처에서 번성하고 있다.

24.1 초기 지구의 조건에서는 생명이 탄생할 수 있다

과학자들은 초기 지구에서의 생명 탄생에 대해 4단계의 가설을 제시했다. (1) 작은 유기 분자의 무생물적 합성, (2) 이들 작은 분자가 고분자로 연결, (3) 이들 분자가 **원시세포(protocell)**의 형태로 포장, (4) 스스로 복제하는 분자의 탄생.

초기 지구에서의 유기화합물 합성 지구의 온도가 낮아지면서 수증기가 바다로 응결되고 대기에는 아마 질소와 산화질소, 이산화탄소, 메탄, 암모니아, 수소를 함유하고 있었을 것이다.

생명 탄생의 첫 단계는 어떻게 이루어졌을까? 1920년대에 오파린(A. Oparin)과 홀데인(Haldane)은 독립적으로 초기 지구의 조건에 대한 가설을 세웠다. 환원성 대기, 번개, 강력한 자외선 등이 존재하는 조건에서는 단순한 분자에서 유기화합물의 합성이 촉진될 수 있다는 것이 이 가설의 핵심이다.

1953년에 밀러(S. Miller)는 가설에 따른 초기 지구의 조건을 재현함으로써 오파린-홀데인 가설을 실험적으로 뒷받침했다. 다양한 대기 조건을 적용하여 같은 방식으로 수많은 실험이 반복되었는데 이들 실험에서도 다양한 유기화합물이 합성되었다.

화산이나 심해의 열수구는 무생물적으로 최초의 유기화합물이 합성되는 환경일 수 있다. 여러 종류의 아미노산, 지질, 당류, 질소함유 염기 따위를 비롯한 탄소 화합물을 포함하는 운석이 발견되기도 했다. 따라서 운석이 유기화합물의 2차 원천일 가능성도 있다.

고분자의 무생물적 합성 두 번째 단계는 어떻게 일어났을까? 과학자들은 아미노산 또는 RNA 뉴클레오타이드가 포함된 용액을 뜨거운 모래, 점토, 바위 표면에 떨어뜨려서 중합체를 만들 수 있었다. 이와 같은 중합체는 초기 지구에서 약한 촉매의 역할을 했을 수 있다.

원시세포 어떻게 최초의 원시세포(protocell)가 만들어질 수 있었을까? 생명체에서는 유전정보가 정확하게 복제되는 동시에 대사활동이 일어나 생체 구성 분자를 합성하고 복제를 수행할 수 있어야 한다. 실험실 조건에서는 유기물의 혼합물에서 저절로 막으로 둘러싸인 소포(vesicle)를 만들 수 있다는 사실이 검증되었다. 소포 형성은 초기 지구에 흔히 있었을 것으로 생각되는 **몬모릴로나이트**(montmorillonite) 점토가 존재하면 촉진된다. 이들 소포는 성장과 증식, 대사 반응이 진행될 수 있는 독특한 내부 화학적 조건을 유지할 수 있다.

스스로 복제하는 RNA 아마도 RNA 분자가 최초의 유전물질로 작용했을 것으로 추정되며 이와 같은 분자의 형성이 생명 탄생에 필요한 네 번째 단계에 해당한다. **리보자임(ribozyme)**은 효소의 작용을 하는 RNA 촉매다. 실험실에서 만들어진 일부 리보자임은 자신의 서열에 상보적인 복사본을 합성할 수 있다. 스스로 복제할 수 있는 촉매 RNA 분자를 지닌 소포가 커지면서 분리되고 이들 RNA 일부를 자손 원시세포에 전달할 수도 있을 것이다. 이와 같은 과정을 더 성공적으로 수행할 수 있는 자손이 계속 증식하면서 자연선택의 작용을 받으면, 대사와 유전 능력이 증진되고 이것이 계속 축적될 수 있다. 더 안정적인 유전 분자인 DNA가 최종적으로 RNA를 대체하면서 유전정보의 전달물질로 자리 잡았을 것이다.

핵심 문제 24.1

생명체가 탄생하기 위해서는 증식과 대사를 수행하는 능력이 진화해야만 한다고 이야기하는 까닭은 무엇일까?

초기 생명체에 대한 화석 증거 증거 화석 스트로마톨라이드(stromatolite)는 원핵생물과 침전물이 켜켜이 쌓인 암석으로 35억 년 전까지 거슬러 올라간다. 25억 년 전까지만 해도 다양한 남세균이 대양에 서식했다. 초기 남세균이 광합성하는 동안 방출된 산소가 지구의 대기 조성을 크게 바꾸었다.

24.2 원핵생물은 다양한 구조적, 기능적 적응을 통해 성공적으로 진화했다

오랜 진화의 역사에 걸쳐 대부분 단세포 생물로 살아온 원핵생물에서 어떻게 다양한 적응 방식이 진화해 왔는지 살펴보고자 한다. 원핵세포는 대개 지름이 0.5~5 μm에 불과하다. 가장 흔히 나타나는 세 가지 세포 모양은 구형(cocci), 막대형(bacilli), 나선형(spiral)이다.

세포의 표면구조 원핵세포 벽은 세포의 구조를 유지하고 세포가 삼투농도가 낮은 환경에서도 터지지 않게 보호해 준다. 삼투농도가 높은 환경에서는 대부분의 원핵세포에서 원형질이 세포벽으로부터 분리된다. 세균의 세포벽은 짧은 폴리펩타이드에 의해 서로 연결된 변형된 당류로 구성된 **펩티도글리칸(peptidoglycan)**을 포함한다. 그러나 고세균의 세포벽은 이와 다르다.

그람염색을 이용하면 세균을 **그람양성(gram-positive;** 두꺼운 펩티도글리칸 층을 지닌 세균)과 **그람음성(gram-negative;** 세포벽이 지질다당류 외막으로 둘러싸인 복잡한 외부 구조를 갖는 세균)으로 구별할 수 있다. 그람음성세균 가운데 더 독성이 강하고 항생제에 더 강한 내성을 지니는 것이 자주 발견된다.

많은 원핵생물은 밀도가 높고 끈적이는 **협막(capsule)**이나 이보다 좀 더 얇은 **점액층**(slime layer)을 세포벽 외부로 분비하여 숙주의 면역계로부터 자신을 보호하고 기질이나 다른 세포에 부착하는 데 이용한다. 일부 세균은 **내생포자(endospore)**를 생성하는데, 이는 영양물질이 부족한 상황에서 만들어져서 단단한 벽으로 둘러싸여 내성이 높고 생명활동을 않는 잠재적인 상태를 유지한다.

일부 원핵생물은 **핌브리아(fimbria)**라는 털과 같은 부속지를 이용해서 표면에 부착하기도 한다. 핌브리아는 **성선모**(sex pili, 또는 **pili**)보다 더 짧고 수가 많다. 성선모는 세포 사이에서 DNA를 교환할 때 세포를 가까이 잡아당기는 기능을 한다.

운동성 모든 원핵생물의 절반가량은 **주성(taxis)**을 나타낸다. 주성이란 화학물질이나 빛과 같은 자극에 반응하여 세포가 특정 방향으로 움직이는 것을 말한다. 많은 원핵생물은 편모를 갖는다. 편모는 세포 표면 전체적으로 퍼져 있기도 하고 한 곳에 집중적으로 모여 있거나 세포의 양쪽 끝에 나있는 경우도 있다. 원핵세포의 편모는 원형질막으로 덮여 있지 않고 크기나 구조 기능 면에서 진핵세포의 편모와는 확연히 다르다. 반면 세균과 고세균의 편모는 크기와 회전 방식은 같지만 서로 연관이 없는 단백질로 구성된 것으로 보아 그 기원은 다른 것으로 보인다.

ATP로 추진되는 펌프와 양성자가 세포 안으로 되돌아가는 힘이 세포의 모터에 동력을 공급함으로써 고리와 편모단백질로 이루어진 필라멘트를 회전시킨다. 세균의 편모에 공통적으로 필요한 21개 단백질 가운데 19개가 다른 기능을 지닌 세포 단백질과 상동 단백질이다. 따라서 편모는 아마 여러 단계에 걸쳐 더 간단한 구조에서 다른 단백질을 새로운 기능을 갖는 것으로 취함으로써 진화해온 것으로 보인다(굴절적응, exaptation).

내부 구조와 DNA 원핵세포의 내부는 복잡하게 막으로 구획되어 있지 않다. 원형질막이 안으로 함입되는 형태로 막 구조가 발달되어 호흡이나 광합성을 하는 경우가 있기는 있다.

원형 DNA 염색체에는 비교적 소수의 단백질만이 결합되어 있지만 **핵양체(nucleoid)**라 불리는 구역에 집중되어 있다. 이와는 별도로 독자적으로 복제할 수 있는 더 작은 원형 DNA인 **플라스미드(plasmid)**에도 소수의 유전자가 포함되어 있다.

원핵세포의 리보솜은 진핵세포의 리보솜보다 더 작고 단백질과 RNA 함량이 다르다. 일부 항생제는 원핵세포 리보솜에 결합하여 단백질 합성을 억제함으로써 작용한다.

영양과 대사 적응 영양이란 생물이 에너지(광 또는 화학영양)와 유기화합물을 합성하는 데 필요한 탄소(독립영양 또는 종속영양)를 어떻게 얻는가를 보는 것이다.

영양 방식에 따라 4개의 주요 범주로 생물을 분류할 수 있다. (1) 광독립영양생물(photoautotroph)은 빛에너지와 CO_2(또는 HCO_3^-)를 이용해서 유기화합물을 합성한다. (2) 화학독립영양생물(chemoautotroph)은 H_2S, NH_3, Fe^{2+}와 같은 무기 화합물을 산화시켜 에너지를 얻고 무기 탄소원만을 필요로 한다. (3) 광종속영양생물(photoheterotroph)은 빛에너지를 사용하지만 유기물 형태의 탄소가 있어야만 살아간다. (4) 화학종속영양생물(chemoheterotroph)은 유기 분자를 에너지원 및 탄소원으로 사용한다.

절대 호기성생물(obligate aerobe)은 세포호흡에 O_2가 필요하다. 절대 혐기성생물(obligate anaerobe)에게 O_2는 독성을 나타낸다. 일부 절대 혐기성생물은 발효를 하며 다른 일부는 **무기호흡(anaerobic respiration)**을 하면서 O_2 이외의 물질을 최종 전자수용체로 사용하여 영양물질을 분해한다. 조건부 혐기성생물(facultative anaerobe)은 O_2를 사용할 수도 있지만 발효나 무기호흡을 하면서 산소가 없는 환경에서도 자랄 수 있다.

질소는 단백질과 핵산의 필수 구성성분이다. 일부 남세균과 메탄생성균은 대기 중의 N_2를 암모니아(NH_3)로 전환하는 **질소고정(nitrogen fixation)**을 통해서 질소를 얻는다.

남세균인 *Anabaena*에서 실 모양의 사상체를 이루는 대부분의 세포에서는 광합성을 하는 반면 **이형세포(heterocyst)**라 불리는 소수의 세포만 질소를 고정한다. 사상체를 이루는 세포들은 세포 사이의 연결구조를 통해 영양물질을 공유한다. **생물막(biofilm)**은 한 종 이상의 미생물이 집단으로 표면을 뒤덮으며 생장하는 형태를 말한다. 생물막에서는 세포들 사이의 신호전달, 세포들이 서로 또는 기질의 표면에 부착할 수 있도록 하는 단백질, 영양물질과 노폐물이 이동할 수 있는 집락 내의 통로 등이 특징적으로 나타난다.

핵심 문제 24.2

다음 현미경 사진은 남세균인 *Anabaena*가 이루는 사상체를 보여준다. 이 세균은 어떤 방식으로 영양물질을 합성하는가? 화살표로 표시된 구형 세포의 기능은 무엇인가?

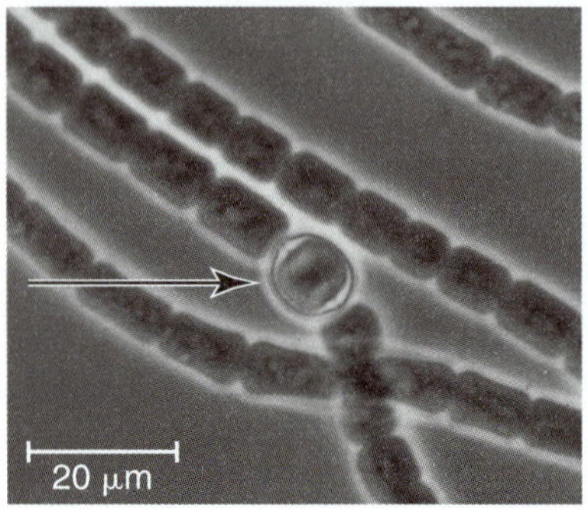

증식 원핵생물은 이분법(binary fission)으로 빠르게 증식하므로 생식력이 매우 높다. 그러나 이들 집단의 생장은 영양물질의 공급, 독성 노폐물의 축적, 경쟁, 포식 따위에 의해 조절된다.

원핵행물의 적응: 요약 진핵세포에 비해 단순하지만 원핵세포는 생존을 높이는 구조적 적응 양상을 보인다. 그리고 이들은 대사적으로 다양해서 광범위한 물리 화학적 조건에서 서식할 수 있다.

핵심 문제 24.3

원핵세포의 특징을 간략하게 기술하여 다음 표를 완성하시오.

특징	설명
세포 모양	a.
세포 크기	b.
세포 표면	c.
운동성	d.
내부 막구조	e.
유전체	f.
생식과 생장	g.

24.3 원핵생물은 증식 속도가 빠르고 돌연변이와 유전자 재조합의 빈도가 높아 유전적으로 매우 다양하다

빠른 증식과 돌연변이 돌연변이는 통계적으로 드물게 나타나긴 하지만 원핵생물의 세대 시간이 매우 짧고 집단의 크기가 크기 때문에 원핵생물의 유전적 다양성을 높이는 데 중요한 작용을 한다. 대장균 집단에 포도당 농도가 낮은 환경 등의 새로운 환경 조건을 제공하면 상당히 빠른 시간이라 할 수 있는, 대략 20,000세대 정도 만에 이에 적응하는 현상을 보인다는 사실이 알려졌다.

유전자 재조합 진핵세포에서는 감수분열과 수정 과정에서 유전자 재조합(genetic recombination)이 주로 일어나지만 원핵세포의 유전자 재조합은 다른 양상으로 나타난다. 원핵생물은 종 내에서 그리고 서로 다른 종 사이에서 세 가지 방법으로 DNA를 전달하는 데 이를 수평적 유전자 전달(horizontal gene transfer)이라 한다.

원핵생물은 **형질전환(transformation)** 과정에 의해 외부의 DNA를 세포 안으로 획득할 수 있다. 외래 DNA는 상동 DNA 재조합에 의해 염색체 안으로 삽입된다. 많은 세균종에서 비슷한 종의 DNA를 획득할 수 있는 특이적인 표면 단백질을 만들어낸다.

박테리오파지는 **형질도입(transduction)**이라 불리는 또 다른 과정에 의해 원핵생물들 사이에서 유전자를 전달한다. 파지 입자가 조립될 때, 숙주의 DNA 일부가 무작위적으로 파지 껍질 안으로 들어가서 다음 숙주 원핵세포로 전해질 수 있다. 재조합 과정으로 통해 새로 도입된 DNA(공여세포에서 온)는 수용세포의 염색체 일부로 삽입될 수 있다.

접합(conjugation) 과정에서는 두 개의 원핵세포가 일시적으로 붙어 있는 사이에 DNA가 한 세포에서 다른 세포로 전달된다. 대장균에서 공여세포는 성선모를 이용해서 다른 세포에 부착하여 수용세포로 DNA를 전한다. 성선모를 형성하여 DNA를 공여하는 능력은 대개 **F 인자(F factor)**가 존재할 때 나타난다. F 인자는 세균의 염색체의 일부로 존재하거나 플라스미드 상태로 존재한다.

F 플라스미드(F plasmid)의 형태로 F 인자를 지니는 세균 세포를 F^+ 세포라 한다. 접합이 일어날 때 F 플라스미드 DNA 한 가닥이 접합다리를 통해 수용세포로 전달된다. 양쪽 세포에 있는 단일 모가닥이 복제되면서 수용세포 또한 재조합 F^+ 세포가 된다.

F 인자가 세균 염색체에 삽입된 세포에서는 염색체 유전자가 접합 과정을 통해 수용세포로 전해진다. 전달된 DNA와 숙주 세포의 염색체의 상동 부위 사이에서 교차가 일어나면 새로운 유전적 조합을 지닌 재조합 세균이 만들어진다.

R 플라스미드(R plasmid)는 여러 가지 과정을 통해 항생제에 내성을 나타내는 유전자를 지닌다. 많은 R 플라스미드는 또한 성섬모 유전자를 갖고 있어 접합을 통해 항생제에 내성이 없는 세포에 항생제 내성 유전자를 전달한다. 이는 항생제 내성 병원균이 증가하는 의료 문제의 원인이 되고 있다.

핵심 문제 24.4

원핵생물의 유전적 특징을 요약하는 다음 개념도를 완성하시오.

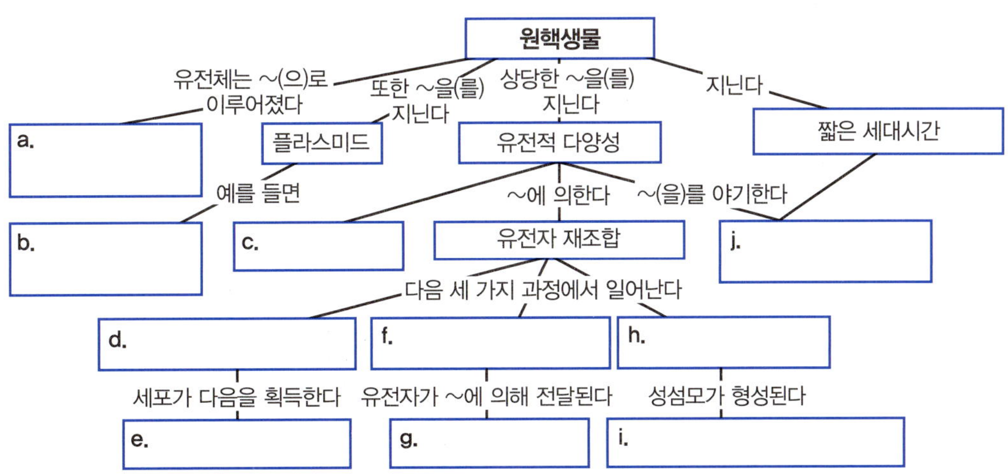

24.4 원핵생물은 매우 다양한 계통으로 방산하였다

원핵생물 다양성의 핵심 SSU-rRNA 염기서열을 비교한 결과 원핵생물을 세균(Bacteria)과 고세균(Archaea)의 두 개의 영역으로 구분하게 되었다. 원핵생물 유전체 분석은 메타유전체학(metagenomics)의 영역으로 확장되어 과학자들은 환경에서 채취한 시료에서 직접 유전체 분석을 할 수 있다. 현재 진행되고 있는 메타유전체학 연구를 통해 원핵생물의 유전적 다양성이 엄청난 규모이며 원핵생물의 진화 과정에서 수평적 유전자 전달이 광범위하게 일어났음을 알 수 있었다.

세균 세균은 영양과 대사 방식이 매우 다양하다. 책에는 5개의 주요 분류군이 설명되어 있다.

프로테오세균(Proteobacteria)은 영양방식이 다양한 유기 및 무기 그람음성세균의 분기군이다. 5개의 하위 분류군이 존재한다. 알파가변세균은 질소 고정 *Rhizobium*속과 식물 유전공학에 활용되는 *Agrobacterium*속을 포함한다. 베타가변세균은 질소 순환에 관여하는 토양 세균 *Nitrosomonas*를 포함한다. 감마가변세균에는 독립영양하는 황세균과 일부 심한 병원체 그리고 대장균을 비롯한 장내 세균이 속한다. 델타가변세균에는 군체를 형성하는 믹소세균이 속하고 엡실론가변세균에 속하는 세균은 위궤양을 일으키는 *Helicobacter pylori*를 비롯해서 대체로 병원성 세균들이다.

세균의 두 번째 주요 분류군은 동물세포의 절대 세포내 기생생물인 클라미디아를 포함한다. 이들 그람음성세균 중의 한 종은 가장 흔한 실명의 원인균으로 성적 접촉으로 전염되는 비임균성 요도염을 일으킨다.

세 번째 분류군인 스피로헤타는 그람음성 나선형 종속영양세균으로 코르크 병따개와 같은 방식으로 움직인다. 스피로헤타는 매독과 라임병을 일으킨다.

남세균은 식물과 같은 산소 발생 광합성을 한다. 이들은 식물성 플랑크톤(phytoplakton)으로 민물과 바다 생태계의 주요 생산자다. 일부 사상형 남세균은 질소고정을 할 수 있도록 특수하게 분화된 세포를 지닌다.

그람양성세균은 매우 다양한 다섯 번째 진정세균 분류군이다. 하위 분류군인 군체를 형성하는 방선균은 결핵과 나병을 일으킨다. 대부분의 방선균은 토양 세균으로 일부는 항생제 생산에 이용된다. 여기에는 또한 다양한 단독 생활하는 그람양성세균 종들이 포함되며 탄저병과 보툴리누스 식중독균, 포도상구균, 연쇄상구균 등도 여기 속한다. 가장 작은 세포인 마이코플라스마는 세포벽을 지니지 않는 세균이다.

고세균 고세균은 진정세균과 공통적인 특징을 지니기도 하지만 또 다른 특징은 진핵생물과 공유하며 고세균만의 고유한 특징도 지닌다. 많은 고세균이 **호극성 생물(extremophile)**로 극한 서식지에서 살아간다. **극호염균(extreme halophile)**은 염분의 농도가 매우 높은 곳에서 살아간다. **극호열균(extreme thermophile)**은 뜨거운 황 온천수나 심해 열수구 근처에서 발견된다.

메탄생성균(methanogen)은 CO_2를 사용해서 H_2를 산화하는 독특한 에너지 대사방식으로 노폐물로 최종산물인 메탄(CH_4)을 생성한다. 이 세균은 절대 혐기성 세균으로 주로 늪이나 습지에 서식하며 하수처리에서 중요한 분해자인 동시에 소를 비롯한 초식동물의 영양섭취에 중요한 역할을 하는 장내 세균이다.

메탄생성균과 대부분의 극호염균은 유리고세균 분기군에 속한다. 대부분의 호열균은 크렌고세균에 속한다. 모든 유리고세균과 크렌고세균이 호극성 고세균인 것은 아니다. 많은 고세균 종들이 이보다 온화한 서식지에서 발견되었다.

원핵생물 계통분류는 코르고세균이나 나노고세균을 비롯한 새로운 분류군이 발견되면서 계속 변하고 있다.

핵심 문제 24.5

a. 미토콘드리아가 호기성 알파가변세균이 내공생하면서 진화된 것이라는 증거가 있다. 어느 세균 종류가 엽록체로 진화하였을까?

b. 메타유전체학이란 무엇인가? 메타유전체학이 원핵생물 계통분류에 어떻게 기여할까?

24.5 원핵생물은 생물권에서 중요한 역할을 한다

화학적 순환 분해자(decomposer)로서 원핵생물은 탄소, 질소 및 기타 원소들을 환경으로 돌려보내어 새로운 생물들이 동화할 수 있도록 한다. 광합성과 질소고정을 통해 원핵생물은 무기화합물을 다른 생물들이 사용할 수 있는 형태로 전환시킨다.

생태계의 상호작용 **공생(symbiosis)**은 서로 다른 생물종들이 밀접하게 접촉하는 경우 생성되는 생태적 관계라 할 수 있다. 이때 더 큰 생물을 **숙주(host)**라 하고 더 작은 생물을 **공생체(symbiont)**라 부른다. **상리공생(mutualism)**에서는 두 종 모두 이득을 얻는다. **편리공생(commensalism)**에서는 한 종은 이익을 취하는 반면 다른 종은 해를 입지도 도움을 얻지도 않는다. **기생(parasitism)**에서 **기생생물(parasite)**은 숙주에서 먹이를 취한다. **병원체(병원성 세균, pathogen)**는 질병을 일으키는 기생생물이다.

핵심 문제 24.6

열수구 군집에서 화학독립영양 세균이 맡고 있는 중요한 생태적 역할을 설명하시오.

인간에 미치는 영향 인간 장내에 서식하는 500~1,000종의 세균 중에 많은 종류가 숙주의 음식 소화를 돕고 숙주가 필요로 하는 중요한 영양물질을 합성한다.

사람 질병 전체의 대략 절반 정도가 병원성 세균에 의해 발생한다. 병원균은 주로 독소를 생성함으로써 질병을 일으킨다. **외독소(exotoxin)**는 보툴리누스 식중독이나 콜레라 등의 질병을 일으키는 단백질로 세균의 세포 밖으로 분비된다. **내독소(endotoxin)**는 사멸한 그람음성세균의 외막에서 떨어져 나온 지질다당체로 장티푸스나 살모넬라 식중독과 같은 질병을 일으킨다.

위생상태가 개선되고 항생제가 개발되면서 선진국에서는 세균성 질병의 발생빈도가 낮아졌다. 그러나 병원성 세균의 항생제 내성 균주가 진화하면서 다시 세균성 질병은 심각한 건강 문제로 대두되고 있다. 수평적 유전자 전달은 고위험성 대장균 균주 O157:H7과 같은 독성 균주가 출현하는 등 독성을 나타내는 데 관여하는 유전자가 확산되는 데 기여하기도 한다.

생물복원(bioremediation)은 생물체를 이용해서 환경 오염물질을 제거하는 과정을 말한다. 원핵생물은 하수처리나 기름 유출제거 등에 사용되기도 한다. 이들을 이용해서 생분해성 플라스틱을 합성하기도 한다. 원핵생물을 조작하여 비타민, 항생제, 에탄올 따위의 다양한 물질을 생산하고 있다.

어원

an- = without, not; **aero-** = the air (*anaerobic respiration*: a catabolic pathway in which inorganic molecules other than oxygen accept electrons at the end of electron transport chains)

endo- = inner, within (*endotoxin:* a toxic component of the outer membrane of certain gram-negative bacteria that is released only when the bacteria die)

exo- = outside (*exotoxin:* a toxic protein secreted by a prokaryote or other pathogen that produces specific symptoms, even if the pathogen is no longer present)

-gen = produce (*methanogen:* organism that produces methane as a waste product of the way it obtains energy; all known methanogens are in domain Archaea)

halo- = salt; **-philos** = loving (*extreme halophile:* an organism that lives in a highly saline environment)

mutu- = reciprocal (*mutualism:* a symbiotic relationship in which both participants benefit)

-oid = like, form (*nucleoid:* a non-membrane-bounded region in a prokaryotic cell where its chromosome is located)

proto- = first (*protocell:* an abiotic precursor of a living cell that had a membrane-like structure and that maintained an internal chemistry different from that of its surroundings)

sym- = with, together; **-bios** = life (*symbiosis:* an ecological relationship between organisms of two different species that live together in direct contact)

taxis = to arrange (*taxis*: an oriented movement toward or away from a stimulus)

thermo- = temperature (*extreme thermophile:* an organism that thrives in hot environments (often 60–80°C or hotter)

지식의 체계화

1. 최초의 살아 있는 세포가 탄생하기까지의 과정을 4단계로 나누어 순서대로 나열하시오.

2. 원핵세포를 원시적이고 단순한 단세포라 생각할 수도 있다. 그러나 이 장에서는 원핵세포가 얼마나 다양하고, 고도로 적응된 형태이며, 대사적으로 다양하고, 협력적이고, 서로 의사소통을 하며 살고 있는지에 대해 많은 사례를 이야기하고 있다. 이와 같은 원핵세포의 특징을 예를 들어 보시오.

3. 원핵생물이 우리의 생활과 주변 세상에 미친 긍정적인 영향을 네 가지만 설명하시오.

지식의 검증

빈칸 채우기

_________ 1. 구형 원핵세포를 부르는 이름

_________ 2. 원핵세포의 염색체가 발견되는 구역

_________ 3. 세균의 서로 다른 두 분류군을 구별하는 일반적인 실험기법

_________ 4. 기질에 부착하는 데 사용되는 원핵세포 표면의 부속기구

_________ 5. 빛이나 화학적 자극에 반응하여 특정한 방향으로 움직이는 현상

_________ 6. 척박한 조건에서 생존할 수 있는 내성 세포

_________ 7. 표면을 뒤덮으며 서로 협력하여 살아가는 원핵생물의 집단

_________ 8. 병원성 세균이 분비하며 독성을 지니는 단백질

_________ 9. 생물을 사용하여 환경 오염물질을 제거하는 과정

_________ 10. 최종 전자수용체로 산소 이외의 분자를 사용하는 호흡 양식

선다형 문제: 가장 옳은 답을 고르시오.

1. 지구의 원시대기 상태가 무생물적인 과정을 통하여 유기 분자를 합성할 수 있는 조건이라 생각되는 이유는?
   a. 매우 산화된 상태여서
   b. 환원성이며(특히 화산 근처) 번개나 자외선과 같은 형태의 에너지원이 풍부해서
   c. 메탄과 유기 연료가 풍부해서
   d. 수증기, 탄소, 산소, 질소와 같이 유기물 합성에 필요한 원소가 풍부해서
   e. 거의 전적으로 수소 가스로 구성되어 매우 환원적인 조건을 제공해서

2. 다음 중 유전정보의 기원에 대한 가설로 제안된 것은?
   a. 초기 DNA 분자는 RNA를 암호화하였고 RNA가 단백질 합성의 촉매로 작용
   b. 초기 폴리펩타이드가 최초의 "유전자"였고 이어서 RNA 그리고 DNA 출현
   c. 짧은 RNA 가닥이 자가 복제 능력을 가지게 되었고 이것이 자연선택되어 진화
   d. 원시세포가 생장하고 분열하면서 자손에게 자신이 지닌 분자의 사본을 배분
   e. 초기 RNA 분자가 폴리펩타이드의 아미노산 서열을 부호화

3. 다음 증거 중 지구상의 생명체가 자연적으로 발생하였다는 가설을 지지하지 않는 것은?
   a. 자가 촉매할 수 있는 RNA 분자인 리보자임의 발견
   b. 소포의 형성과 재생산 과정을 보여주는 실험실 연구
   c. 화석 기록
   d. 뜨거운 바위에 떨어뜨린 단량체에서 무생물적으로 중합체를 합성
   e. 밀러의 실험 기구에서 유기화합물을 생성

4. 스트로마톨라이트란?
   a. 열수구 근처의 침전층에서 발견되는 초기 원핵생물 화석
   b. 유기 분자 주위에 지질 이중층이 둘러싸여 형성된 원시세포
   c. 한 종 이상이 표면을 뒤덮고 있는 원핵생물 집단
   d. 바다에 매우 흔한 질산화 고세균
   e. 가장 오래된 원핵생물이라 알려진 원핵생물 집단이 층층이 쌓여 만들어진 화석

5. 많은 원핵생물이 세포벽 밖으로 분비하는 끈끈한 협막은 ______________________.
   a. 고장액 환경에서 원형질이 분리되는 현상을 막아준다.
   b. 숙주의 면역체계로부터 세균을 보호하고 부착할 때 풀과 같은 작용을 한다.
   c. 그람염색약에 반응한다.
   d. 접합 과정에서 세포에 부착할 때 사용된다.
   e. 짧은 폴리펩타이드에 의해 연결된 변형된 당인 펩티도글리칸으로 이루어졌다.

6. 일부 원핵세포가 지니는 분화된 내막 구조는 ______________________.
   a. 리보솜에 부착되어 있으며 단백질 합성에 관여한다.
   b. 더 작은 원핵세포의 내부공생으로 만들어졌고 미토콘드리아나 엽록체로 진화한다.
   c. 원형질막이 함입되어 만들어졌고 세포호흡이나 광합성에 관여한다.
   d. 소포체에 의해서 생성되었지만 진핵세포의 막과 구성이 다르다.
   e. 핵양체를 둘러싸고 있으며 단일 원핵세포 염색체와 플라스미드를 분리한다.

7. 원핵생물에서 유전적 다양성이 나타나는 원인은?
   a. 수평적 유전자 전달
   b. 돌연변이
   c. 접합
   d. 형질전환과 형질도입
   e. 위의 답 모두

8. 화학독립영양생물은 ______________________________
   a. 광합성을 한다.
   b. 에너지원과 탄소원으로 유기 분자를 사용한다.
   c. 무기화합물을 산화시켜 에너지를 얻고 이산화탄소를 탄소원으로 사용한다.
   d. 빛을 이용하여 ATP를 합성하지만 탄소원으로 유기 분자를 필요로 한다.
   e. 빛에너지를 이용하여 H_2S에서 전자를 추출한다.

9. 조건부 혐기성 생물은 ______________________________
   a. 산소 존재의 유무에 관계없이 생존할 수 있다.
   b. 산소가 있으면 독성을 나타낸다.
   c. 무산소 호흡이나 발효를 할 수 있지만 유산소 세포호흡은 하지 않는다.
   d. 대기 중의 질소를 고정하여 NH_3를 만들 수 있다.
   e. 여기 속하는 메탄생성균은 H_2를 산화시키고 CO_2를 환원시켜 CH_4를 만든다.

10. 고세균에 속하는 구성원에 대한 설명으로 옳지 않은 것은?
   a. 세균보다 진핵생물에 더 밀접하게 연관된 것으로 보인다.
   b. 펩티도글리칸이 포함되지 않은 세포벽을 지닌다.
   c. 극한 서식처에서 자주 발견된다.
   d. 막으로 둘러싸인 소기관은 없지만 핵막을 지닌다.
   e. 메탄생성균, 극호염균, 극호열균 및 이보나 온화한 서식처에서 발견되는 종류들을 포함한다.

11. 원핵생물을 고세균 영역과 세균 영역의 주요 분기군으로 분류하게 된 주된 증거는?
   a. 최근 발견된 원핵세포의 화석 기록
   b. 분자 수준의 비교
   c. 고체 배지에서 자라는 집락의 특징과 그람염색 결과
   d. 세포 형태와 운동성
   e. 영양 방식과 생태

12. 다음 분류군 설명에서 옳지 않은 설명은?
   a. 가변세균—다양한 그람음성세균으로 *Salmonella*, *Helicobacter pylori*, *Rhizobium* 등을 비롯한 유익한 종들을 포함한다.
   b. 클라미디아—세포내 기생생물로 실명과 비임균성 요도염을 일으킨다.
   c. 스피로헤타—나선형 종속영양생물로 매독과 라임병을 일으키는 병원성 세균이 여기 속한다.
   d. 남세균—여러 세포가 실 모양의 사상체를 이루는 광합성 세균, 세균로돕신이라는 색소를 활용하여 염분의 농도가 매우 높은 수서 환경에서 살아가는 종이 많다.
   e. 그람양성세균—방선균, 마이코플라스마 및 탄저병, 보툴리누스 식중독, 결핵 등을 일으키는 병원성 세균이 포함된다.

13. 화학적 순환에서 원핵생물이 기여하는 바를 정확하게 기술한 것은?
   a. 화학종속영양 원핵생물은 생태계에 화학원소를 되돌리는 분해자의 역할을 할 수 있다.
   b. 광종속영양생물은 대기 중의 이산화탄소를 유기화합물로 전환한다.
   c. *Burkholderia glathei*와 같은 토양의 화학독립영양세균은 씨앗이 자라는 데 필요한 질소의 가용성을 높인다.
   d. 열수구에 사는 광독립영양세균은 진핵생물 종의 군집이 살아가는 것을 돕는다.
   e. 위의 답 모두

14. 일부 남세균은 질소고정을 할 수 있으며 그 과정에서 ______________________________
   a. 질소함유 화합물을 산화시켜 ATP를 생성한다.
   b. 이들 세균이 무산소 환경에서 살아갈 수 있게 한다.
   c. 토양의 질소를 제거하여 대기 중의 질소 가스로 되돌린다.
   d. 질소 가스를 암모니아로 전환시켜 단백질과 핵산의 형태로 질소가 삽입되는 것을 돕는다.
   e. 질소 순환 과정의 필수적인 부분으로 무기물로 침적되어 있는 질소를 추출하여 생물이 질소 대사를 할 수 있는 형태로 전환한다.

15. 병원성 대장균 O157:H7 균주는 무해한 K-12 균주에는 없는 1,000여 개의 유전자를 지닌다. 이들 유전자의 대부분은 세균 염색체상에 존재하는 파지 DNA와 연관되어 있다. 이와 같은 관찰 결과는 다음과 같은 사실을 시사한다.
   a. 이들 독성 균주는 무해한 균주보다 더 많은 R 플라스미드를 지니고 있어 대부분의 항생제에 내성을 나타낸다.
   b. 적어도 이들 유전자 가운데 일부는 파지에 의해 매개된 수평 유전자 전달을 통해 얻었다.
   c. 이들 유전자는 K-12와의 접합을 통해 얻은 것이 아니다.
   d. 이들 새로운 유전자는 대부분은 돌연변이의 결과로 짧은 세대 시간 안에 형성되었다.
   e. b와 c 둘 다 정답

25장

진핵생물의 기원과 다양화

핵심

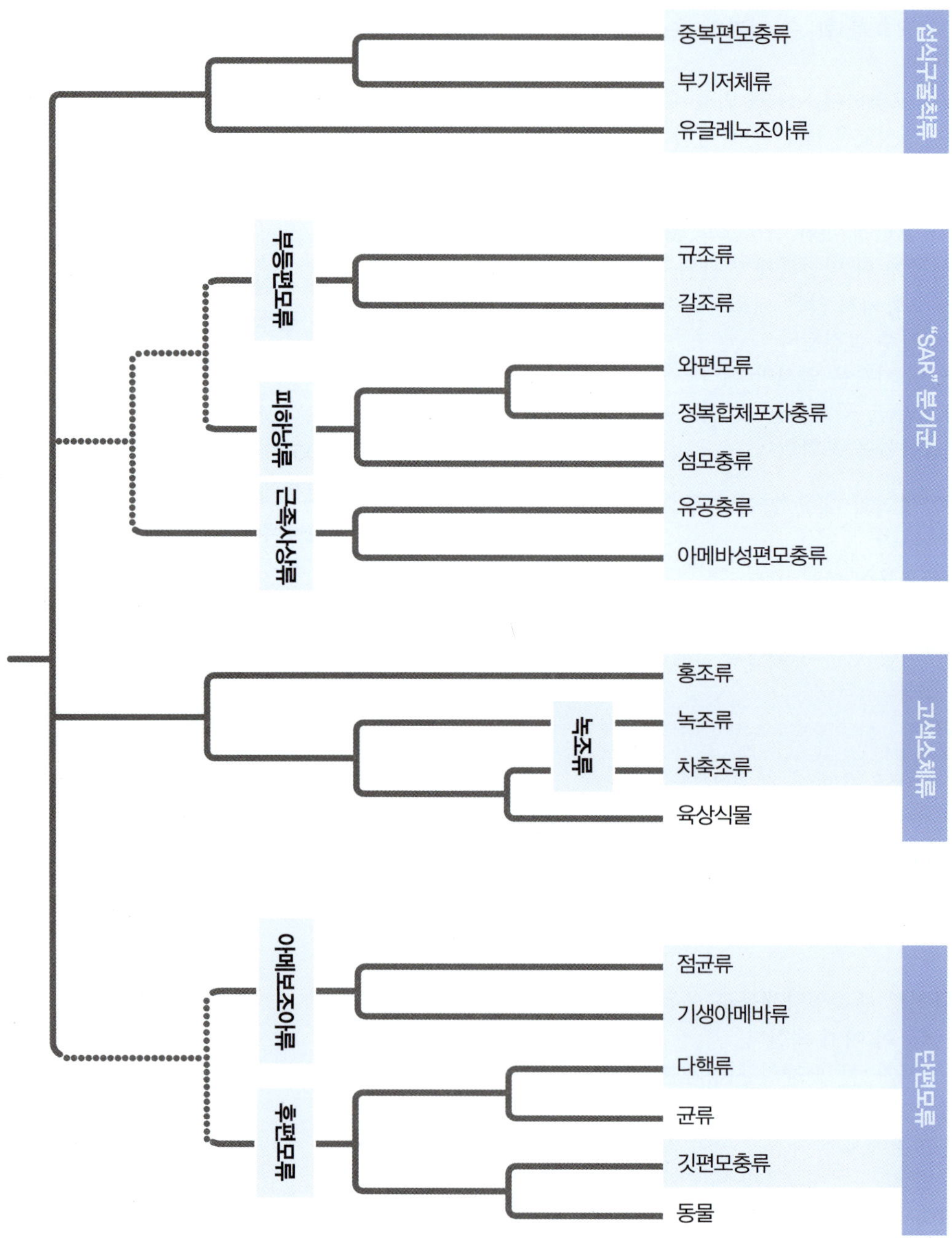

복습

진핵세포는, 세포가 움직이거나 모양을 변화시킬 수 있도록 해 주는 구조적 기반이 되는 세포골격을 가지고 있어서, 원핵세포보다 구조적으로 더 복잡하다. 대부분 단세포인 다양한 진핵생물 그룹은 비공식적으로 **원생생물(protists)**로 알려져 있다.

25.1 진핵생물은 18억 년보다 이전에 내부공생에 의해서 생겨났다

초기 진행생물의 화석기록 진핵생물의 화합물적 증거가 27억 년 전이 될지라도, 첫 번째 화석적인 증거는 18억 년 전이었고 그 이후 13억 년 전까지 초기의 다양화 기간을 거쳤다. 진핵생물 진화의 다음 단계는 13억 년에서 6억 3,500만 년 전까지로, 다세포성, 유성생활사, 진핵성 광합성과 같은 새로운 특징의 출현을 포함한다. 분류학적으로 인식 가능한 최초의 화석은 홍조류이다. **조류(algae)**는 광합성하는 모든 원생생물 그룹을 말한다. **에디아카라 생물상(Ediacaran biota)**이라고 불리는 대형 다세포 진핵생물들은 6억 3,500만 년에서 5억 3,500만 년 전까지 살았다. 이 생물의 분류학적 다양성뿐 아니라 형태적 다양성과 몸의 크기도 증가하였다.

진핵생물 진화에서의 내부공생 **내부공생(endosymbiosis)**이란 무엇인가? 그것은 공생관계로 한 생물이 다른 생물 안에서 산다는 것과 진핵생물이 고세균과 세균의 특징을 모두 나타낸다는 사실을 설명할 수 있을 것이다. 분자 자료는, 고세균 세포(혹은 고세균의 조상 세포)가 호기성 종속영양 세균을 삼켰을 때 진핵생물이 유래했다는 것을 나타낸다. **내부공생자 이론(endosymbiont theory)**에 의하면, 미토콘드리아는 최초의 진핵생물 내부의 내부공생세균으로부터 유래했고, 색소체는 종속영양진핵생물의 내부공생자가 된 광합성세균에서 진화했다.

얻어진 광합성하는 남세균 세포의 후손은 최종적으로 두 계보의 광합성 원생생물이 되었다: 홍조류와 녹조류. 수차례의 **2차 내부공생(secondary endosymbiosis)**으로, 홍조류 혹은 녹조류는 종속영양 진핵생물에 의해서 삼켜졌고 새로운 원생생물 계보로 이어졌다.

핵심 문제 25.1

a. 내부공생자 이론을 지지하는 증거를 나열하시오.

b. **연속내부공생(serial endosymbiosis)** 가설이 무엇인가?

c. 클로라라크니오조류의 색소체는 네 개의 막으로 둘러싸여 있고 *핵소체(nucleomorph)*라는 흔적 핵을 에워싸고 있다. 이러한 사실이 시사하는 것은 무엇인가?

25.2 진핵생물에서 다세포성은 수차례에 걸쳐 기원했다

다세포 군체 군체는 세포의 분화가 거의 없거나 전혀 없이 세포들이 무리로 모여 있는 것이다. 분열하는 세포가 공유하는 세포벽이나 인접한 세포를 함께 연결해주는 단백질로 여전히 붙어 있을 때 군체는 생길 수 있다.

복잡한 다세포성의 독립적 기원 (분화된 세포를 가진) 복잡한 다세포 생물의 계보는 동식물, 균류뿐만 아니라 홍조, 녹조, 갈조류에서 독립적으로 유래했다. 볼복스(*Volvox*) 계통의 군체를 뭉치게 만드는 단백질은 단세포인 클라미도모나스(*Chlamydomonas*)의 세포벽에 있는 단백질과 상동성을 갖는다.

다세포 동물의 기원에서의 단계 형태와 분자적 유사성에 의하면, 깃편모충류(choanoflagellates)는 동물의 가장 가까운 친척임이 나타난다. 그들의 많은 공유 단백질 영역은 세포의 부착이나 신호전달에 작용하기도 하고 복잡한 다세포성의 기원에서도 중요하다. 동물 세포들이 함께 부착되도록 하는 동물-카드헤린(cadherin) 단백질은 보전적인 새로운 영역—CCD 구역—과 함께 깃편모충류의 많은 단백질 영역을 포함한다.

25.3 진핵생물의 네 가지 "슈퍼그룹"은 형태와 분자 자료에 근거하여 제안되었다

진핵생물의 네 가지 슈퍼그룹 진핵생물 계통에 대한 현재의 가설은 네 가지 슈퍼그룹을 포함한다는 것이다. 이전 페이지의 계통수에서 보다시피, 모든 네 가지 슈퍼그룹은 이전에 원생생물계(kingdom Protista)에 분류되었던 구성원을 포함한다. 그들의 공통조상으로부터 갈라진 염기서열은 알려지지 않았다. 끊임 없이 새로운 자료로, 진핵생물 진화에 대한 우리의 이해가 계속 바뀌고 있다.

섭식구굴착류 슈퍼그룹 **섭식구굴착류(Excavata)**는 일부 구성원에서 발견되는 "굴착된" 섭식구와 세포골격에 대한 형태적 연구에 근거한다. 분자적 증거에 의하면 섭식구굴착류의 중복편모류, 부기저체류, 유글레노조아류 세 가지 그룹의 각각은 단계통군임을 나타내고, 최근의 유전체 연구로 이 슈퍼그룹의 단계통성이 지지된다.

대부분의 중복편모류와 부기저체류는 혐기성 환경에서

발견된다. 그들은 변형된 미토콘드리아를 가지며 색소체가 없다. **중복편모류(diplomonads)**의 미토솜(mitosome)은 기능을 갖는 전자전달계가 없다. **부기저체류(parabasalids)**의 축소된 미토콘드리아는 수소발생소포(hydrogenosome)로 불리고 혐기적으로 에너지를 생성하고 수소분자(H_2)를 방출한다. 내장흡반편모충(*Giardia intestinalis*)은 중복편모류의 장내 기생충이고, 질(세모)편모충(*Trichomonas vaginalis*)은 성관계에서 전달되는 부기저체류 기생충이다.

유글레노조아류(euglenozoans)의 다양한 분기군에는 포식성 종속영양생물, 독립영양생물과 기생생물이 포함되고, 이들 모두는 편모 내부에 나선형 혹은 결정상의 간상체를 가진다. 유글레나류(euglenids)는 세포의 앞쪽 말단부에 나오는 한 개 혹은 두 개의 편모로 특징지어진다.

운동핵편모충류(kinetoplastids)의 특징은 동원질체(kinetoplast)라 불리는 DNA 덩어리가 포함된 하나의 대형 미토콘드리아를 가진다는 것이다. 운동핵편모충류는 동식물과 다른 원생생물에 기생하는 많은 기생충이 포함된다.

"SAR" 분기군 **"SAR" 분기군("SAR" clade)**으로 알려진 방대하고 다양한 슈퍼그룹은 최근의 메타게놈(초유전체) 연구에 근거하여 제안되었고, 부등편모류, 피하낭류와 근족사상류를 포함한다.

부등편모류(stramenopiles)는 2차 내부공생에 의해서 생겨났고 중요한 광합성 원생생물을 포함한다. **규조류(diatoms)**는 담수와 해양 식물플랑크톤의 주요 구성원이다; 상자 같은 독특한 규질 세포벽은 이들 단세포 원생생물을 보호한다. 대부분 해양에 사는 **갈조류(brown algae)**는 가장 크고 복잡한 조류이다. 일부 갈조류 "해조류"는 조직과 기관을 가지는데 식물에서 발견되는 것들과 유사하다. 그들은 뿌리와 같은 **부착기(holdfast)**와, 잎과 같은 **엽신(blades)**을 지지하는 줄기 같은 **엽병(stipe)**을 가질 것이다. 일부 갈조류는 광합성하는 엽신이 수표면 가까이 떠 있도록 하는 부유기(floats)를 가진다. 크기가 거대하고 빨리 성장하는 켈프(kelps)는 더 깊은 바다에서 서식한다.

세포막 바로 아래에 있는 막으로 둘러싸인 피하낭(alveoli)은 "SAR" 분기군의 다양한 하위그룹인 **피하낭류(alveolates)**의 특징이다. 피하낭류는 세 개의 분기군인 와편모류, 섬모충류와 정복합체포자충류를 포함한다.

와편모류(dinoflagellates)의 많은 종은 현재 순전히 종속영양생물이지만 2차 내부공생으로 기원했다. 그 밖의 다른 것들은 광합성과 종속영양을 조합한 **혼합영양생물(mixotrophs)**이다. 세포 섬유소 판 사이의 홈에 위치한 두 편모를 타격함으로써 특징적인 소용돌이치는 회전운동이 생긴다. 흔히 해로운 "적조"는 와편모류 개체군의 폭발적 증가나 대번성(blooms)이 원인이다.

섬모충류(ciliates)는 섭식이나 이동하는 데 이용되는 섬모로 특징지어진다. 그들의 수많은 섬모는 표면에 널리 퍼져 있거나 뭉쳐 있다.

근족사상류(rhizarians)는 "SAR" 분기군에서 세 번째 주요 하위그룹이다. 세포가 뻗어 연장된 **위족(pseudopodia)**으로 이동하거나 섭식하는 **아메바(amoebas)**는 단일 계통군이 아니라 많은 진핵생물 분류군에 흩어져 있다. 근족사상류인 아메바는 실 같은 사상위족을 가진다.

핵심 문제 25.2

짚신벌레(*Paramecium*)를 나타내는 아래의 도표에서 표시한 구조의 명칭을 적으시오. 이 생물은 어느 분기군, 하위그룹과 슈퍼그룹에 속하는가?

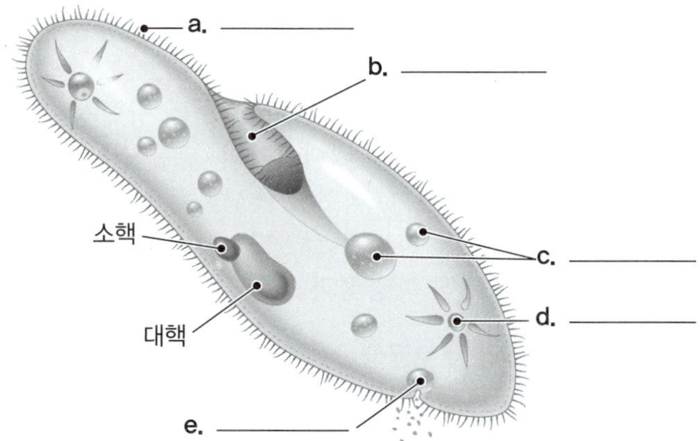

유공충류(foraminiferans 혹은 forms)는 유기물과 탄산칼슘으로 만들어진 구멍이 많은 껍질인 **외각(test)**으로 알려져 있다. 구멍으로 뻗어 나온 위족은 유영, 외각 형성, 섭식 기능을 한다. 많은 유공충류는 공생조류에서 영양분을 얻는다.

아메바성편모충류(cercozoans)는 실 같은 위족으로 섭식하는 아메바류와 편모류의 큰 원생생물 그룹이다. 적어도 한 아메바성편모충이 독립영양생물이고 일부 그룹이 혼합영양생물이지만, 대부분의 아메바성편모충류는 기생충 혹은 포식자이다.

핵심 문제 25.3

아메바성편모충류인 *Paulinella chromatophora*는 색소포(chromatophore)라는 독특한 광합성 구조를 가지고 있다. 색소포의 기원에 대해서 알려 주는 유전적, 형태적 증거는 무엇인가?

고색소체류 남세균의 내부공생자를 획득한 종속영양 원생생물의 후손들이 녹조류와 홍조류로 진화했다. 육상식물은 녹조류 계통에서 생겨났다. 슈퍼그룹 **고색소체류(Archaeplastida)**는 홍조류, 녹조류와 육상식물을 포함한다.

광합성색소 홍조소(phycoerythrin)는 **홍조류(red algae)**의 색깔을 만들고 심해로 투과하는 파장의 빛을 흡수하게 해 준다. 대부분의 홍조류는 해양성이고 다세포이며, 가장 큰 것은 해조류라 불린다. 홍조류는 유성생식하지만 편모가 없는 배우자를 가진다.

녹조류(green algae)의 엽록체는 육상식물의 그것과 유사하고, 분자 및 세포학적 증거에 의하면 녹조류와 육상식물은 유연관계가 가깝다고 나타난다. 일부 계통학자들은 녹조류를 확장된 개념의 식물계인 녹색식물계(Viridiplantae)에 포함시키자고 주장한다. 녹조류의 두 가지 주요 그룹은 녹조류와 차축조류이다. 후자는 육상식물에 매우 가깝다.

대부분의 녹조류는 담수에 서식한다. 그의 모두가 두 개의 편모로 된 배우자로 유성생식을 한다. 단세포형은 독립생활하거나 다른 진핵생물 안에 공생자로 존재한다. 다세포 녹조류는 군체와 다세포 생물을 포함한다.

단편모류 네 번째 슈퍼그룹인 **단편모류(Unikonta)**는 동물, 균류, 그리고 일부 원생생물을 포함한다. 분자계통학자들은 두 개의 주요 분기군을 지지한다: 아메보조아류와 후편모류(동물, 균류와 유연관계가 가까운 원생생물). 일부의 연구는 이들 두 분기군이 가까운 유연관계임을; 다른 연구는 그렇지 않음을 지지한다.

아직까지 진핵생물의 뿌리(기원)를 확립한 연구는 없다. 두 연구자가 단편모류가 최초로 분지한 진핵생물임을 제안하였다. 그들은 이 가설에서 DHFR과 TS 유전자에 기반하여 이 유전자가 세균과 단편모류에서는 분리되어(조상형질) 남아 있고, 섭식구굴착류, SAR 분기군, 고색소체류에서는 융합되어(파생형질) 있음을 제시했다.

아메보조아류(amoebozoans)는 귓불 또는 관 형태의 위족을 가진 많은 종을 포함한 분기군을 이룬다. 점균류(slime molds)와 균류의 유사성은 수렴진화의 결과이다. 분자적 증거로 점균류가 단세포 아메보조아류의 조상에서 유래했음을 보여준다. 세포성 점균류는 섭식 단계에서 홀로 있는 반수체 아메바 세포로 구성된다. 두 아메바 세포가 융합하여 접합자를 이루고, 이들은 감수분열과 체세포분열을 겪은 후 새로운 반수체 아메바를 방출한다.

핵심 문제 25.4

세포성 점균류의 무성생식 단계를 기술하고, 어느 것이 다세포생물인지 설명하라.

다양한 **후편모류(opisthokonts)** 분기군의 원생생물에서 다핵류(nucleariids)는 균류에 더 가깝고, 깃편모충류는 동물에 더 가까운 유연관계를 가진다.

25.4 단세포 진핵생물은 생태 군집에서 핵심적 역할을 하고 인간의 건강에 영향을 미친다

원생생물의 구조와 기능적 다양성 원생생물(동식물 혹은 균류가 아닌 진핵생물)은 대부분 단세포성이고 많은 경우 구조적으로 복잡한 수서생물이다. 세 가지 영양방식은—광독립영양, 종속영양과 혼합영양—다양한 원생생물 계통에서 널리 퍼져 있다.

광합성하는 원생생물 많은 원생생물은 **생산자(producer)**이다. 대부분의 수서 먹이망의 기반은 광합성하는 원생생물과 원핵생물이다. 원생생물이 전 지구 광합성의 30%를 수행하는 것으로 추정된다. 규조류의 대번성(대발생 bloom)은 해양퇴적물에 이산화탄소를 잡아두는 탄소펌프로 작용할 수 있다.

핵심 문제 25.5

인공위성 자료에 의하면, 증가하는 해수면 온도와 광합성하는 원생생물 및 원핵생물의 생물량 사이의 관계가, 대부분의 해역에서 음의 관계를 보여준다. 무엇으로 이러한 생산자 생장의 감소를 설명할 수 있겠는가? 이러한 변화가 해양생태계와 전지구 탄소순환에 미칠 수 있는 영향은 무엇이겠는가?

공생자로서 원생생물 와편모류는 산호에서 중요한 광합성 공생자이다. 많은 흰개미의 장은 목재를 소화하는 원생생물의 집이 된다. 다른 원생생물은 동식물의 파괴적인 기생자(기생충)이다.

인간 건강에 미치는 영향 수면병을 일으키는 섭식구굴착류인 파동편모충(*Trypanosoma*)과; 아메바성 이질을 일으키는 기생아메바(*Entamoeba*) 속의 한 아메보조아류; 말라리아 같은 질병을 일으키는 피하낭류의 **정복합체포자충류(apicomplexans)** 등은 질병을 일으키는 원생생물이다. 거의 모든 정복합체포자충류는 동물에 기생하고, 대부분은 여러 종의 숙주와 유성 및 무성 생식 단계를 거치는 복잡한 생활사를 가진다. 열원충(*Plasmodium*)으로 생기는 말라리아의 구제는, 질병을 전파하는 말라리아모기(*Anopheles*)가 살충제에 내성을 가지게 되고 열원충은 약제 내성을 가지게 되어 복잡하다.

핵심 문제 25.6

a. 인간의 면역체계로 파동편모충(*Trypanosoma*)의 공격을 방어하기 어려운 이유는 무엇인가?

b. 정복합체포자충류는 정단색소체(apicoplast)라는 비광합성 색소체를 가진다. 이 색소체가 말라리아를 치료하는 데 효과적인 목표를 제공한다고 생각하는 이유는?

어원

archae- = ancient (*archaeplastida*: one of four supergroups of eukaryotes. This monophyletic group, which includes red algae, green algae, and land plants, descended from an ancient protist ancestor that engulfed a cyanobacterium)

opisthios- = posterior; **-kont** = flagellum (*opisthokont*: member of the diverse clade of organisms that descended from an ancestor with a posterior flagellum, including fungi, animals, and certain protists)

pseudo- = false; **-podium** = foot (*pseudopodium*: a cellular extension of amoeboid cells used in moving and feeding)

stramen- = straw; **-pilos** = hair (*stramenopiles*: one of the three major subgroups for which the "SAR" eukaryotic supergroup is named; includes diatoms and brown algae. Named for their characteristic "hairy" flagellum covered with fine, hairlike projections)

uni- = one (*Unikonta*: one of four supergroups of eukaryotes, which includes cells with a single flagellum or amoebae with no flagella. This clade consists of amoebozoans and opisthokonts.)

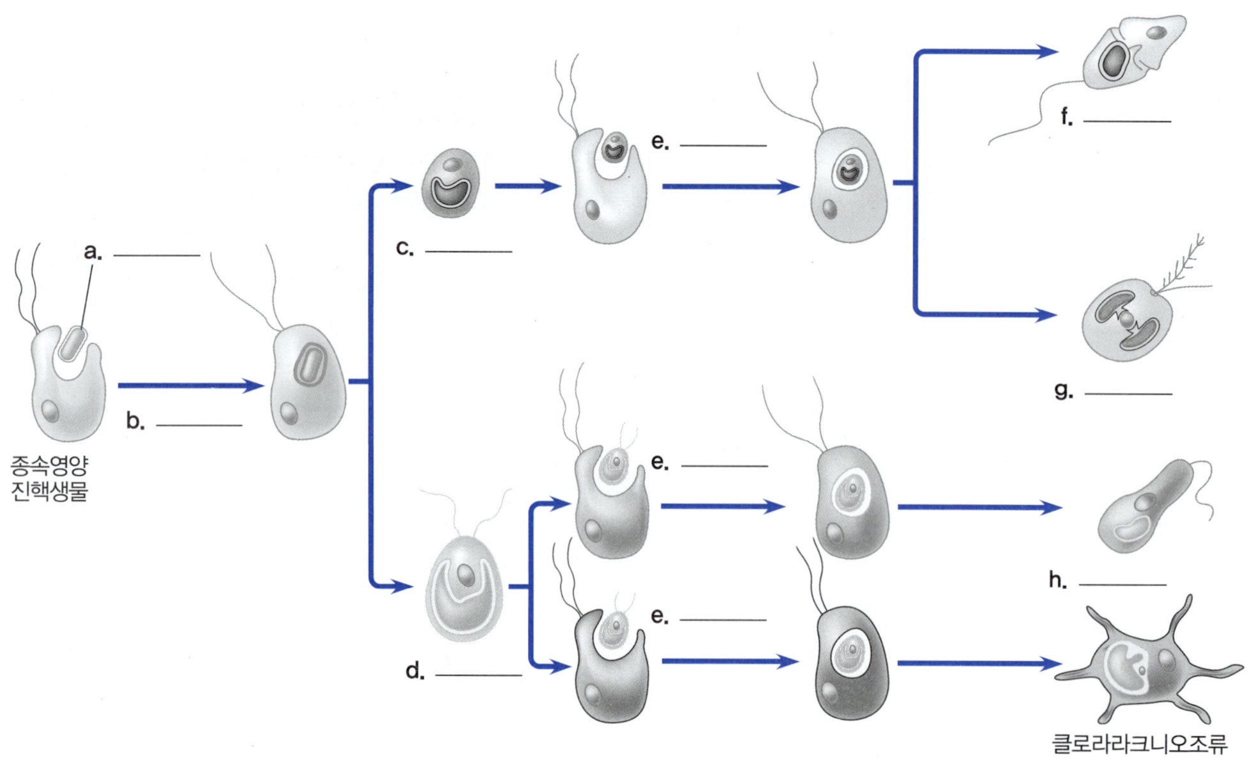

지식의 체계화

1. 증거에 의하면 모든 색소체(최근 하나의 예를 제외하고)는 종속영양 진핵생물의 조상(1차 내부공생)에 의해서 삼켜진 남세균으로부터 진화했다고 알려준다. 이 진핵생물 조상이 홍조류와 녹조류 그리고 다양한 원생생물 그룹으로 다양화된 것을 나타내는 옆의 그림 도표의 빈칸을 채우시오.

지식의 검증

연결하기: 특징과 예로 원생생물 분기군을 연결하시오(1~8).

_____ 1. 변형된 미토콘드리아; 흡반편모충(*Giardia*)과 (세모)편모충(*Trichomonas*)

_____ 2. 식물형 엽록체; 클라미도모나스(*Chlamydomonas*)와 파래(*Ulva*)

_____ 3. 귓불모양 위족; 자유생활 아메바, 기생충, 점균류

_____ 4. 홍조소, 편모없는 단계; 김(*Porphyra*)

_____ 5. 홍조류의 2차 내부공생; 규조류와 갈조류

_____ 6. 실같은 위족을 갖는 아메바; 유공충류와 아메바성편모충류

_____ 7. 막표면 아래의 주머니; 와편모류, 정복합체포자충류(apicomplexans)와 섬모충류

_____ 8. 나선상 혹은 결정상의 간상체; 파동편모충(*Trypanosoma*)과 유글레나

A. 피하낭류
B. 아메보조아류
C. 중복편모류와 부기저체류
D. 유글레노조아류
E. 근족사상류
F. 녹조류
G. 홍조류
H. 부등편모류

선다형 문제: 가장 옳은 답을 고르시오.

1. 혼합영양생물 ____________________
   a. 생활사에서 단세포와 다세포 부분을 모두 가진다.
   b. 내부공생의 결과로 세균과 고세균의 특징을 모두 가진다.
   c. 독립영양성과 광영양성 모두가 될 수 있다.
   d. 종속영양성과 독립영양성 모두가 될 수 있다.
   e. 기생성과 자유생활 모두가 될 수 있다.

2. 2차 내부공생 이론에 의하면, ____________________
   a. 다세포성은 원시세포가 원핵생물 세포에 결합되어 진화하여 특수한 기능을 얻게 되었다.
   b. 와편모류가 산호동물 내부에 결합된 결과로 산호에서 공생적 연합이 발견된다.
   c. 내부공생을 통하여 얻은 색소체를 갖는 세포가 삼켜져서, 종속영양 진핵생물의 세포에서 스스로 색소체가 되었다.
   d. 세포막의 함입과 특수화로 내부막시스템이 진화하게 되었다.
   e. 먼저 종속영양 원핵생물의 내부공생자에서 미토콘드리아가 기원했다; 색소체는 광합성 원핵생물의 2차 내부공생으로 만들어졌다.

3. 중복편모류와 부기저체류는 진핵생물 중에서 다음과 같은 점에서 독특하다.
   a. 그들의 핵 주변에 이중막이 있다.
   b. 그들은 리보솜이 없다.
   c. 그들은 색소체가 없고, 모든 다른 진핵생물 계통은 적어도 일부 구성원은 독립영양성이다.
   d. 그들은 변형된 미토콘드리아를 가지고 혐기적으로 에너지를 얻는다.
   e. 초기에 그들은 고세균보다는 세균에서 분지했다.

4. 다음 중 어느 것이, 많은 수의 유전자가 새롭게 생길 필요없이 다세포성으로 이행된 증거인가?
   a. 유전체 연구로 다세포인 볼복스(*Volvox*)는, 단세포 클라미도모나스(*Chlamydomonas*)와 비교하여, 새로운 유전자가 거의 없음을 나타낸다.
   b. 다세포 생물인 동물과 균류는 단편모류이다. DHFR과 TS 유전자가 분리되어 있는지 융합되어 있는지에 기반한 일부의 연구는 단편모류가 진핵생물에서 첫 번째로 분지한 생물군임을 나타낸다.
   c. 동물의 카드헤린 단백질은 동물세포가 서로 부착하는 데 관여하고 단세포 깃편모충류의 카드헤린 단백질에서는 발견되지 않는 하나의 새로운 영역이 포함되어 있다.
   d. 다세포성은 한번 진화했고 두 단계를 가진다; 먼저 군체는 분열하는 세포가 공유하는 세포벽으로 부착하여 남는다; 그 후 분화된 세포는 일부 세포가 생식을 위해 특수화되어 생긴다.

e. a와 c는 모두 증거를 제시한다.

5. 다음 중 어느 것이 해조류에 합당하지 않는가?
   a. 그들은 홍조류, 녹조류와 갈조류에서 발견된다.
   b. 그들은 파도의 난류에 견디도록 단단히 고정시키는 진정한 뿌리를 가진다.
   c. 그들은 식품이나 상품의 원료가 될 수 있다.
   d. 대부분은, 육상식물에 가장 가까운 친척으로, 탄수화물로 분류된다.
   e. 그들은 다세포성 광독립영양생물이다.

6. 녹조류(Chlorophyta 혹은 green algae)는 육상식물과 공동 조상을 공유한다고 믿는다. 왜냐하면 ________________
   a. 그들은 유일한 다세포 원생생물 조류이기 때문에.
   b. 그들은 편모가 있는 배우자를 갖지 않기 때문에.
   c. 그들은 남세균으로부터 진화한 색소체를 가진 유일한 원생생물이기 때문에.
   d. 그들의 엽록체는 구조와 색소의 조성에서 식물의 것과 유사하기 때문에.
   e. 몇 가지 녹조류는 육상에 있기 때문에.

7. 어느 원생생물이 동물과 동일한 진핵생물 슈퍼그룹에 포함되는가?
   a. 와편모류
   b. 유공충류
   c. 부기저체류
   d. 부등편모류
   e. 아메보조아류

8. 어느 슈퍼그룹이 육상식물을 포함하는가?
   a. 단편모류
   b. 고색소체류
   c. 섭식구굴착류
   d. SAR 분기군
   e. 녹색식물계

9. SAR 분기군은 아래 모든 것 중에 어느 것을 제외하는가?
   a. 홍조류
   b. 갈조류
   c. 섬모충류
   d. 와편모류
   e. 유공충류

10. 규조류가 어떻게 전지구 CO_2의 농도에 영향을 미치는가?
    a. 표층 해수가 더워지면 규조류의 광합성 산출량이 증가하고 많은 CO_2를 제거하여.
    b. 규조류의 대발생으로 어류와 다른 소비자가 죽게 되고, 분해가 증가하고 CO_2의 농도가 증가하여.
    c. 규조류에 의해 흡수된 CO_2가 해저로 펌프되고 규조류가 죽었을 때 CO_2의 농도를 낮추어서.
    d. 유리 같은 세포벽이 탄소가 아닌 실리카(이산화규소)로 만들어져 있기 때문에 규조류는 CO_2의 농도에 영향을 미치지 않아서.
    e. 모든 해양 먹이망의 기반으로 규조류가 전세계 광합성의 50%를 수행하여 CO_2의 농도를 낮추어서.

26장

식물류와 균류의 육지에 정착

핵심

이 장에서는 육지에 정착을 서로 이롭게 한 식물류와 균류의 진화역사를 설명한다. 식물류는 포자낭 내에서 형성되는 벽으로 쌓인 포자, 정단분열조직, 선태류를 제외한 모든 식물군에서 2배체 포자체세대가 보다 뚜렷한 세대교번 등으로 구별된다. 목질화된 관다발조직은 관다발식물이 크게 자랄 수 있도록 하였다. 배우체가 어버이 포자체 내에 머물고 보호되며, 종자 내에서 배가 보호되고 전파되며, 정자의 전달 수단으로 화분을 이용하는 것들은 종자식물이 육지에서 성공하게 하는 생식적 적응현상이다. 균류는 분해자와 식물뿌리와의 균근의 관계를 통하여 생태석으로 중요한 역할을 한다. 식물류와 균류는 지구상의 생물학적 상호작용과 화학적 순환에 변화를 가져왔다.

복습

대부분의 지구 역사 기간 중 생명체는 물이라는 환경에 국한되어 살았다. 남세균과 원생생물이 12억 년 전에 육지에 정착하였다. 작은 식물류와 균류가 5억 년 전에 육지로 이동하기 시작하였고 3억 8,500만 년 전에 숲이 형성되기 시작하였다.

26.1 화석은 4억 7,000만 년 전 이전에 육지에 식물이 정착하였음을 보여준다

조류 조상의 증거 식물은 다세포성, 광합성을 하는 진핵세포로써 특정 조류군과 비슷하다. 식물의 세포는 엽록소 *a*, *b*를 이용하는 엽록체와 셀룰로스로 된 세포벽을 갖고 있다. 그러나 이들 형질은 여러 조류군에서도 발견된다. 녹조차축조류와 육상식물만이 링모양의 셀룰로스 합성단백질 및 정세포의 (육상식물의 편모성 정충) 뚜렷한 특징을 공유한다.

핵과 엽록체 유전자들의 비교분석에서 차축조류 중 차축조(*Chara*)와 코레오키테(*Coleochaete*)가 육상식물에 가장 가까운 살아 있는 친척으로 확립되었다.

육지로 이동을 가능케 한 적응 **스포로폴레닌(sporopollenin)** 이라는 단단한 중합체가 수분의 수준이 변화하는 환경에서 차축조 접합체를 보호한다. 이들 중합체가 축적됨으로 차축조류는 연못과 호수의 가장자리를 따라 살아가면서 최초로 육지에 정착하는 형태로 발전하였을 것이다.

핵심 문제 26.1

최초의 육상식물로써 육지환경에서 살아가는 장점과 극복해야 하는 섬들을 나열하시오.

식물학자들은 식물체를 나누는 다른 기준에 대하여 논의하고 있다: 이 교과서는 유배식물(배를 갖는 식물)만을 식물로 인지하는 고전적인 식물계의 개념을 사용한다.

식물류의 유도형질 세 가지 유도형질들이 육상식물을 구별한다: 세대교번, 포자낭 내에서 생성되는 벽으로 쌓인 포자 및 정단분열조직. 단단한 중합체인 스포로폴레닌이 포자가 육지에 전파되는데 보호역할을 한다. 포자는 포자체식물에서 다세포성 **포자낭(sporangia)** 내에서 형성되고 보호된다. **정단분열조직(apical meristems)**이라 부르는 줄기와 뿌리의 끝에 있는 세포분열 지역은 선형 생장을 하게 하고 식물의 생활환 전 과정에서 환경자원을 보다 더 효율적으로 이용 가능토록 한다.

세대교번(alternation of generation)은 모든 육상식물에서 발견된다. 생활환에서 다세포성 반수체 **배우체(gametophyte)**와 다세포성 배수체 **포자체(sporophyte)**가 서로 교대한다. 포자체는 새로운 생물체로 직접 발달할 수 있는 생식 세포인 반수성 **포자(spores)**를 생성한다. 식물의 배는 자성 배우체 식물 내에서 보호되고, 어버이 조직으로부터 영양 물질을 전이 받는 것을 용이롭게 하는 배반전위세포를 통하여 영양을 공급받는다. 이 유도형질이 육상식물은 **유배식물(embryophytes)**이라고 하는 기반이다.

핵심 문제 26.2

배우체는 b.______________ 에 의해 a. ______________ 를 생성한다. 수정 후 c.______________ 는 d. ______________ 과정을 통해 e. ______________ 로 발달한다. 포자체는 f. ______________ 에 의해 g. ____________________를 생성한다. 포자는 발아하여 h. __________________ 로 발달한다.

많은 육상식물의 잎과 줄기는 왁스층의 **큐티클(cuticle)**로 덮여 있어서 수분소실이나 미생물 공격으로부터 식물체를 보호할 수 있다. 대부분의 식물 또한 기체교환과 수분증발을 할 수 있는 구멍인 **기공(stomata)**을 갖고 있다.

초기육상식물들 식물포자와 화학적 및 구조적으로 유사성을 갖는 포자의 화석이 4억 7,000만 년 전에 나타나며, 4억 5,000만 년 전으로 추정되는 식물조직에 함몰된 포자들이 발견되었다. 4억 년 전이 되면 스포로폴레닌으로 덮인 포자, 큐티클, 기공, 수분통도조직, 분지된 포자체와 같은 주요형질을 갖는 다양한 식물류가 화석으로 발견된다.

26.2 육지로의 정착에 주요역할을 한 균류

균근이라 부르는 균류와의 공생관계는 초기 식물이 뿌리 없이 육지에 정착하는 데 주요역할을 하였다.

균류의 영양 균류는 여러 소화효소를 주변 음식물로 분비하여 분해된 작은 분자들을 흡수하는 것과 같이, 흡수에 의해 영양물질을 획득하는 종속영양체이다. 키틴질로 강화된 세포벽은 삼투현상으로 과량의 물을 흡수하는 것으로부터 보호한다.

대부분의 균류는 다세포성 균사로 구성된다. 몇몇의 균류는 단세포성 효모이기도 하다. 어떤 종들은 동시에 균사와 **효모(yeast)**로 생장할 수 있다. 전형적인 다세포성 균류는 **균사체**라 부르는 **균사(hyphae)**의 망으로 구성된다. 균사체는 영양분 흡수를 위해 표면적을 넓힐 수 있도록 한다.

공생균류는 **흡기(haustoria)**라 부르는 특수화된 균사체로 식물 세포벽을 관통할 수 있으며, 숙주식물과 영양물질을 교환하거나 영양물질을 빼앗을 수 있다. 식물 뿌리와 상리공생적 관계를 **균근(mycorrhizae)**이라 부른다. **외생균근균류**는 뿌리 표면에 균사의 피막을 형성하여 뿌리 피층세포의 공간으로 자란다. **수지상균근균류(Arbuscular mycorrhizal fungi)**는 균사체를 식물세포벽으로 통과시켜 갈라지는 균사를 신장시켜 뿌리세포 내에 식물원형질막을 함입시키는 관을 형성한다.

핵심 문제 26.3

공생균근이 어떤 방법으로 식물류에 이점을 제공하였는가? 식물류는 어떤 방법으로 균류에 이점을 제공하였는가?

유성 및 무성생식 대부분의 균류는 무성생식 및 포자를 생성하여 유성생식을 동시에 한다. 유성생식에선 두 어버이 균사체가 융합하는 **세포질융합(plasmogamy)**이 일어나고 후에 두 어버이로부터 유래한 반수성 핵이 융합하는 **핵융합(karyogamy)**이 일어난다. 이수성 접합자 또는 다른 구조들이 감수분열에 의해 반수성 포자를 형성한다. 포자는 종종 발아하여 사상체균류로 자라며 이는 무성적으로 반수성포자를 만들어낸다. 눈에 띄는 균사체를 형성하는 균류는 비공식적으로 곰팡이(mold)라 부른다.

균류의 기원 균류와 동물류는 식물이나 다른 진핵세포들 보다는 서로가 보다 근연이다. DNA자료는 균류가 단세포성 원생생물의 한 군인 **다핵류(nucleariids)**에 보다 가깝다는 것을 보여주어 균류의 조상이 단세포성 이었음을 제시한다. 증거는 또한 균류와 동물류는 다른 단세포성 조상에서 기원하였음을 보여주어 이들의 다세포성은 독립적으로 진화하였음을 의미한다.

분자시계를 이용한 추론은 동물류와 균류의 조상은 약 10억~15억 년 전에 분지되었음을 보여준다. 균류는 물 속에서 기원하였을 가능성이 높고, 육상균류의 가장 오래된 화석은 4억 6,000만 년 전으로 추론된다.

육지로 이동 육지는 최초로 남세균, 조류 및 균류에 의하여 정복되었을 것이다. 육상식물의 초기 화석은 (약 4억 500만 년 전) 균근이 존재하였음을 증거로 보여준다. 균류와 이 식물들은 공생관계 수립에 필요한 특정 유전자를 서로 발현하여야 한다. 공생균근 형성에 필요한 식물 유전자들은 모든 주요식물군들에 존재하는데 이는 이 "sym" 유전자가 육상식물의 공통조상에 존재하였음을 의미한다.

균류의 분화 대부분의 균학자들은 5개의 주요 균류군을 인지한다: 병꼴균류, 접합균류, 내생균근류, 자낭균류 및 담자균류. 최초의 메타유전체연구는 약 150만 종 이상의 균류와 이전에 알려지지 않은 새로운 단세포성 균류군 등이 있음을 제시하고 있다.

병꼴균류는 편모성포자를 가지며 몇몇의 균류무리를 포함한다. 접합균류는 분해자 곰팡이, 기생체, 편기공생체 등을 포함하는 측계통군으로 추측된다. 내생균근류는 수지상균근균류로 약 80%의 식물이 내생균근류와 균근을 형성한다. 자낭균류 또는 낭균류는 여러 다양한 서식처에서 발견된다. 담자균류는 버섯 또는 외생균근균류와 같이 중요한 분해자를 포함한다.

핵심 문제 26.4

균류가 어떻게 유성생식과 무성생식 모두를 통해 포자를 생성할 수 있는지 기재하시오. 이들 포자들은 반수체인가 또는 이수체인가 설명하시오.

26.3 초기 육상식물은 다양한 계통으로 방사진화하였다

관다발식물(vascular plants)은 세포가 연결되어 관을 만드는 **통도조직**인 관다발조직을 갖는다. 보통 **선태류(bryophytes)**라 부르는 비관다발식물은 이와 같은 복잡한 통도시스템이 없다.

선태류: 초기에 분화한 식물 계통의 모음 선류, 태류, 각태류라 부르는 현존하는 작은 초본성 식물의 3개 분기군이 있다. 연구자들은 이들 3개 분기군이 육상식물의 공통조상으로부터 분화한 최초의 계통들이라 생각하며, 선류의 것과 유사한 화석포자는 4억 7,000만 년 전의 것으로 추정된다.

선태류는 식물체를 지지하지만 물이나 영양염 흡수에는 역할을 하지 않는 **가근(rhizoids)**을 갖는다. 배우체가 우점세대이며 정충은 알을 수정시키기 위해 물의 막을 통해 유영하여야 한다.

비종자성 관다발식물들: 크게 자란 최초의 식물들 관다발식물의 최초화석은 4억 2,500만~4억 2,000만 년 전으로 추정된다. 두 개의 **비종자성 관다발식물 계통군**은 **석송류**(석송과 친척들)와 **양치류**(고사리류와 친척들)이다. 현존하는 양치류는 이수성포자체가 크고 더 복잡하다. 비종자성 관다발식물에선 정충이 알에 도착하기 위해 아직 유영하여야 한다.

어떤 종류의 관다발조직이 관다발식물에서 발견되는가? 물과 영양염류들은 뿌리에서 **물관(xylem)**을 통하여 위로 수송된다. 대부분 관다발식물의 물관은 세포벽이 **리그닌(lignin)**으로 강화된 **가도관(tracheids)**이라 부르는 튜브모양의 세포들을 포함한다. **체관(phloem)**은 관으로 배열된 세포들을 통해 당류와 다른 유기물질들을 수송한다.

선태류의 가근과는 다르게, **뿌리(root)**는 관속식물을 지지하고 물과 영양염들을 흡수한다.

잎(reaf)은 식물의 광합성표면적을 증가시킨다. 석송류는 현존하는 관속식물의 가장 오래된 계통으로 **소엽(microphylls)**이라 알려진 하나의 맥을 갖는 잎을 갖는다. **대엽(megaphylls)**의 분지된 관다발계는 대부분의 다른 관다발식물에서 나타나며, 보다 큰 잎의 보다 많은 광합성 능력을 지지한다. 비종자성 관다발식물은 석탄기(3억 5,900~2억 9,900만 년 전) 동안에 번성하였다.

핵심 문제 26.5

관다발식물이 크게 자랄 수 있게 한 형질에 대하여 설명하시오. 키가 크게 자라면 어떤 적응적 장점들이 있는가?

26.4 종자와 화분은 육지생활에 대한 주요 적응이다.

종자는 3억 6,000만 년 전에 나타났다. **종자(seed)**는 배가 하나의 보호막 내에서 영양물질을 공급하는 조직으로 쌓인 것이다. 종자식물은 두 개의 주요 분기군을 포함한다. **겉씨식물(gymnosperms)**은 종자가 방으로 쌓이지 않으므로 나출된 종자라 부른다. **속씨식물(angiosperms)**은 자방 안에서 종자가 발달하는 식물이다.

종자식물의 육상생활에 적응 종자식물의 극도로 퇴화된 배우체는 포자낭 내의 포자수에서 발달하므로 건조와 UV조사로부터 보호된다. 이는 또한 포자체 식물에 의하여 영양을 공급받는다.

자성배우체는 하나의 배주로 쌓인 어버이 포자체 내에서

발생하는데, **배주(ovule)**는 포자체 조직에서 유도된 보호적인 **주피(integuments)**, 대포자낭 및 반수성 대포자로 구성되어 있다. 대포자는 알을 만드는 자성배우체로 발달한다.

소포자(microspore)는 스포로폴레닌으로 보호된 **꽃가루(pollen grain)** 내에서 웅성배우체로 발달한다. 꽃가루를 배주를 갖고 있는 식물의 부위로 운반하는 것을 **수분(pollination)**이라고 한다. 꽃가루가 발아할 때 화분관을 통하여 정세포를 자성배우체로 방출한다.

핵심 문제 26.6

왜 꽃가루의 진화가 육상에 적응하는 데 중요한가?

배주는 종자로 발달하며, 종자는 포자체 배가 영양물질을 공급하는 조직으로 쌓인 것과 배주의 주피층에서 유도된 보호막으로 구성되었다. 종자는 식물이 극심한 환경상태에 살아남게 하고, 포자체 배에 저장된 영양물질을 공급한다.

핵심 문제 26.7

다음 나자식물의 미수정 배주(왼쪽)와 종자(오른쪽)를 일반화하여 그린 그림에 각각 표시한 부분의 명칭을 적어 넣으시오. 또한, 각 부분이 2수성 조직인지 반수성 조직인지 각각 표시하시오.

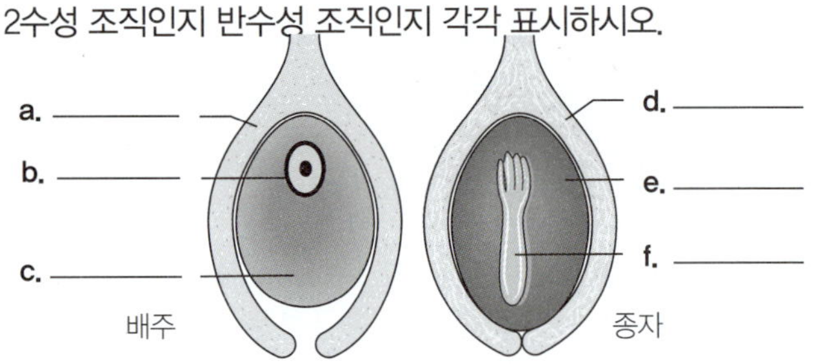

초기 종자식물과 겉씨식물의 출현 화석에 나타나는 최초의 종자식물 (약 3억 6,000만 년 전)은 멸종하였다. 최초의 겉씨식물 화석은 3억 500만 년 전으로 추정된다.

석탄기 동안 초기 겉씨식물이 비종자 관다발식물이 우점한 생태계에서 살았었다. 페름기 동안 건조한 상태는 겉씨식물에게 선택적 우위를 제공하게 되었다. 현재는 솔방울을 갖는 **구과류(conifers)**들이 북위도의 넓은 숲에서 나타난다.

속씨식물의 기원과 분화 식물의 90% 이상(25만 종 이상)이 속씨식물 또는 꽃피는 식물이다.

꽃이란 속씨식물의 생식구조로 꽃의 기관이라 부르는 4열의 변화된 잎으로 구성된다. 밖의 **꽃받침(sepals)**은 주로 녹색이고, 반면 **꽃잎(petals)**은 대부분의 꽃에서 밝은 색으로 곤충 및 조류에 의하여 수분된다. 웅성배우체를 갖고 있는 화분은 **수술(stameus)**의 약에서 생성된다. **심피(carpels)**는 자성배우체를 만든다. **심피**는 화분을 받아들이는 끈적끈적한 주두와 이를 **자방(ovary)**에 연결하는 화주를 갖는다. 자방은 종자로 발달하는 배주를 갖는다.

열매는 성숙한 자방으로 종자를 보호하고 전파시키는 기능을 한다.

핵심 문제 26.8

a. 꽃을 만드는 4가지 꽃의 기관들을 정의하시오.

b. 종자의 부분을 정의하시오.

c. 과실(열매)이란 무엇인가?

비록 진화적 기원은 확실하지는 않지만 속씨식물은 1억 4천년 전에 기원하며, 2,000만~3,000만 년 이상 분화된 것으로 생각되고 있다. 비록 1억 2,500만 년 전 화석 *Archaefructus*가 초본성, 수생임을 보여주지만, 모든 화석종자들은 속씨식물의 가까운 친족들은 목본성 이었을 것임을 제시한다.

현존하는 가장 오래된 속씨식물 계열은 목본종인 엠보렐라(*Amborella trichopoda*)이다. 다음 분지한 계열에는 수련류, 붓순나무류 및 이들보다 늦게 분지한 친족들이다. 목련류라 알려진 계열은 기저속씨식물보다는 외떡잎식물과 진정쌍떡잎식물에 보다 가깝게 위치한다.

26.5 육상식물류와 균류는 화학적 순환과 생물학적 상호관계를 근본적으로 바꾸었다.

물리환경과 화학적 순환 지의류란 균류와 녹조류 또는 남세균 간의 공생체이다. 지의류는 환경이 나쁜 암석이나 토양에 중요한 정착자 이며 식물의 육지에의 정착을 용이하게 도와주는 역할을 했을 것이다.

식물은 또한 토양형성에 영향을 미치고, 대기에 산소를 방출하여 물리적 환경을 변화시켰다. 균류는 유기물질의 분해자로 식물의 생장에 필요한 화학 물질들의 기본적인 순환을 용이하게 한다. 석탄기 산림에서 비종자성 관다발식물들의 광합성에 의한 대기권의 이산화탄소의 제거는 전 지구적 온도의 감소를 초래하였다.

생물학적 상호관계 광합성자로써 식물, 분해자로써의 균류는 다른 생물체에 에너지와 영양물질의 가용성을 증진시켰다. 균류는 관다발식물과 균근 관계의 상리공생자로써 기능을 한다. 지금까지 연구된 모든 식물의 잎 또는 다른 부분들도 공생적인 균류인 **내생식물(endophytes)**을 가지고 있으며, 내생식물은 초식자를 내쫓는 독성물질을 분비하거나, 열, 건조, 중금속 등에 식물의 저항성을 증진시키거나, 또는 병원체에 대항하여 방어하는 역할을 수행하는 방법과 같은 다양한 방법으로 식물에게 이점을 제공한다.

균류는 동식물로부터 영양물질을 흡수하거나 다른 경우 심각한 질병의 원인이 되는 기생체가 되기도 한다.

핵심 문제 26.9

균류와 다른 생물들 간의 이익 및 해가 되는 관계를 설명하시오. 분해하는 균류가 어떤 방법으로 우리에게 이익이 되고 해가 될 수 있는가?

동물은 식물의 진화에, 반대로 식물은 동물의 진화에 상호 영향을 미친다. 식물은 초식자에 대한 방어와, 초식자들은 식물의 방어를 무력화시키기 위한 상호작용은 자연선택에 의하여 선택된다.

수분매개자들은 좌우상칭화의 경우 한쪽 방향으로만 접근하여 보다 특수하된 방법으로 꽃의 꽃가루를 수집하여 같은 종의 다른 개체들로 운반한다. 좌우상칭화를 갖는 분기군과 이와 자매군인 방사상칭화를 갖는 분기군을 비교 연구해본 결과 좌우상칭화의 꽃이 종 분화를 증진시킨다는 가설을 지지하였으며, 이는 아마도 분화된 집단 사이에 유전자 흐름을 감소시키기 때문으로 보인다.

인구의 증가는 공간, 식품 및 자연자원의 요구를 증가시켜 매년 수백 종의 생물들을 멸종에 이르게 하고 있다. 생물다양성이 가장 높은 열대우림은 빠른 속도로 파괴되고 있다.

어원

angio- = vessel (*angiosperm:* a flowering plant, which forms seeds inside a protective chamber called an ovary)

bryo- = moss; **-phyte** = plant (*bryophyte:* an informal name for a moss, liverwort, or hornwort; a nonvascular plant that lives on land but lacks some of the terrestrial adaptations of vascular plants)

-gamy = marriage (*plasmogamy:* in fungi, the fusion of the cytoplasm of cells from two individuals; occurs as one stage of sexual reproduction, followed later by karyogamy, the fusion of nuclei)

gymno- = naked; **-sperm** = seed (*gymnosperm:* a vascular plant that bears naked seeds—seeds not enclosed in specialized chambers)

mega- = large; **-phyll** = leaf (*megaphyll:* a leaf with a highly branched vascular system)

micro- = small (*microphyll:* in lycophytes, a small leaf with a single unbranched vein)

myco- = fungus; **rhizo-** = root (*mycorrhiza:* a mutualistic association of plant roots and fungus)

plasmo- = plasm; **-gamy** = marriage (*plasmogamy:* in fungi, the fusion of the cytoplasm of cells from two individuals; occurs as one stage of sexual reproduction, followed later by karyogamy)

rhizo- = root; **-oid** = like, form (*rhizoid:* a long tubular single cell or filament of cells that anchors bryophytes to the ground)

지식의 체계화

1. 육상식물의 진화는 육상서식지에 적응이 관여된다. 선태류, 비종자관다발식물, 관속식물의 진화에서 나타난 이들 적응형질들을 나열하시오.

2. 균류가 식물의 육지로의 이주에 어떤 역할을 하였는가?

3. 다음 그림은 널리 받아들여지는 식물계의 계통도이다. 빈곳 a~d에 해당하는 주요 식물군의 비공식명을 적어 넣고, 빈 곳 f~k에 해당하는 현생식물군의 이름을 적어 넣으시오. 숫자 1~3은 진화의 어떤 사건들을 언급한 것인가?

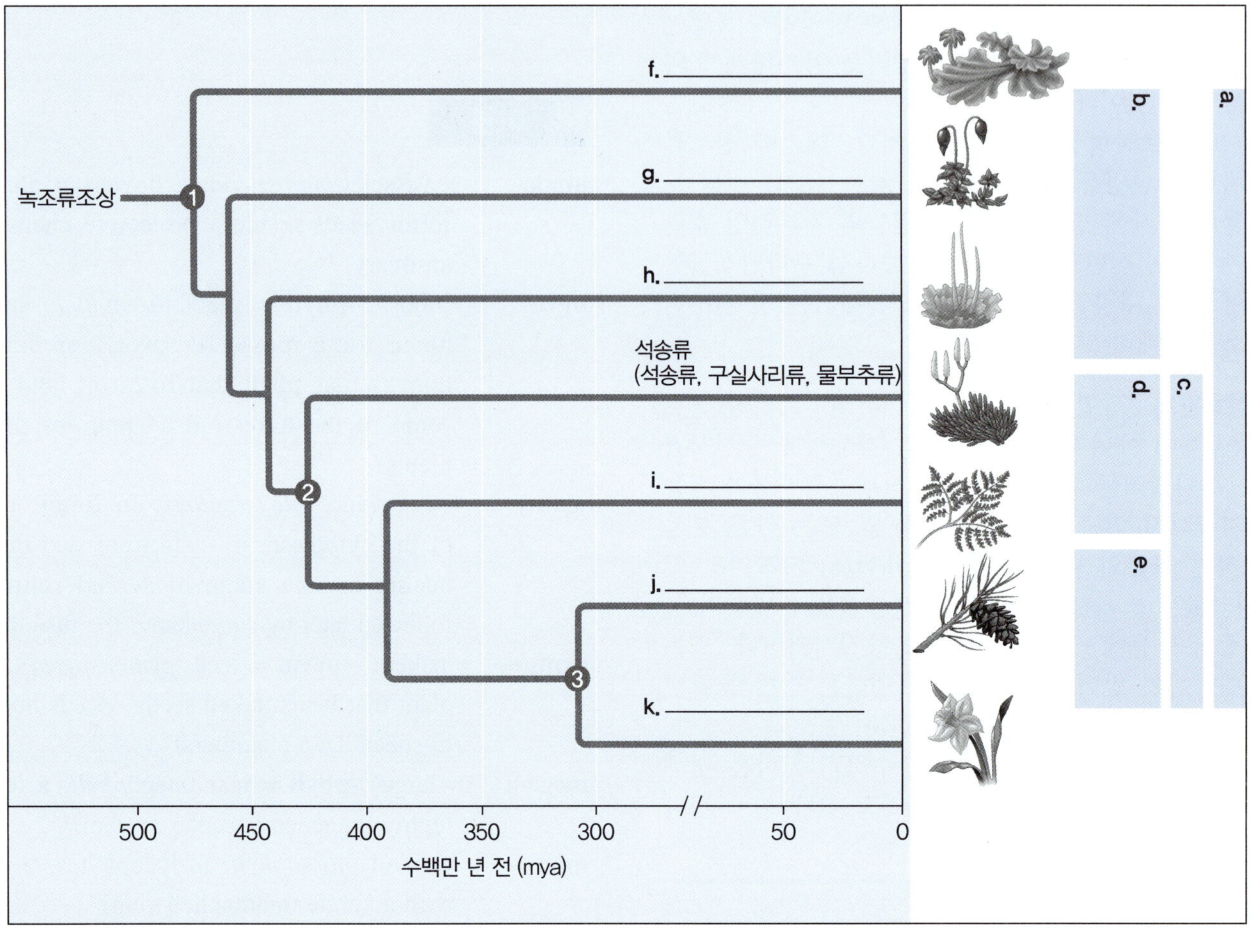

지식의 검증

선다형 문제: 가장 옳은 답을 고르시오.

1. 다음 중 모든 식물에서 볼 수 있는 육상생활의 적응현상은?
   a. 엽로소 *a*와 *b*
   b. 셀룰로오스 세포벽과 리그닌
   c. 스포로폴레닌과 어버이식물에 의하여 보호되고 영양이 공급되는 배
   d. 관다발조직
   e. 큐티클과 기공

2. 다음 중 식물학자들에 의하여 식물계로 정의되는 계통군으로 제시된 것은?
   a. 유배식물만 포함되는 식물계
   b. 차축조류를 포함하는 스트렙토식물계
   c. 모든 녹조류를 포함하는 녹색식물계
   d. 관다발 식물만 포함하는 관다발식물계
   e. **a~c** 모두 식물계의 한 단계통군으로 제시된 바 있다.

3. 다음 중 어떤 군이 종자식물과 가장 가까운 식물인가?
   a. 차축조류
   b. 양치류
   c. 각태류
   d. 석송류
   e. 태류

4. 스포로폴레닌의 진화는 식물이 육지로 이동하는 데 왜 중요하였는가?
   a. 이는 포자와 화분의 전파 메커니즘을 제공하므로
   b. 이는 중력에 대하여 필요한 구조적인 지지를 제공하므로
   c. 이는 발달하는 배우체 및 어버이조직 내의 배를 감싸서 건

조를 방지하므로
d. 이는 포자를 단단하게 덮어서 포자가 육지에 전파되도록 하므로
e. 이는 모든 식물의 특징인 세대교번을 시작하게 하므로

5. 선태류는 다른 식물군과는 어떤 측면에서 다른가?
a. 배우체 세대가 우점이다.
b. 배우체낭이 없다.
c. 편모성정충을 갖는다.
d. 유배식물이 아니다.
e. 모두 정답이다.

6. 선태류는 식물 진화 초기 1억 년 동안 우점식물 이었다. 석탄기에 이르면서 비종자성관다발식물이 거대산림을 형성하였다. 왜 이 식물들은 선태류를 이기고 번성하였을까?
a. 이들의 보호된 배는 건조에 보다 더 잘 살아남아 육지서식지에 선택적인 이점이 있었다.
b. 이들은 정충이 알에 수영할 필요가 없어서 건조한 서식지에 잘 정착할 수 있게 되었다.
c. 이들은 2배수체이기 때문에 반수체 선태류보다 빠르고 크게 자랄 수 있었다.
d. 이들은 대포자와 소포자를 갖는다. 이들 부가적인 유전적 변이가 보다 크게 자라는 데 유리하도록 자연선택을 받도록 하였다.
e. 이들의 관다발조직이 크게 자라 광에 대한 경쟁에 유리하고, 보다 효과적으로 포자를 전파하게 하였다.

7. 물관과 체관은 다음 어디에서 발견되는가?
a. 모든 식물
b. 선태류, 양치류, 구과류, 속씨식물류
c. 관다발식물의 배우체에서만
d. 석송류, 양치류, 겉씨식물, 속씨식물을 포함하는 모든 관다발식물
e. 종자를 갖는 관다발식물에서만

8. 만약 내가 타임머신을 타고 석탄기로 돌아간다면, 내가 만날 수 있는 것들은 다음 어느 것(들)인가?
a. 낮게 자라는 선태류의 기어가는 방석
b. 바람에 나부끼는 키 큰 화본과 식물로 덮인 초지
c. 나무석송류, 속새류 및 양치류에 의하여 우점하는 습지 산림
d. 꽃가루가 가득한 겉씨식물의 대규모 산림
e. 속씨식물이 우점하는 산림

9. 다음 분류군 중 정충이 자성배우체에 도달하기 위해 더 이상 유영할 필요가 없는 것은?
a. 선태류
b. 양치류
c. 겉씨식물
d. 속씨식물
e. **c**와 **d** 모두

10. 균류와 식물류의 주요 차이점은 균류가 다음 어떤 특징을 갖는 점인가?
a. 영양물질을 흡수한다.
b. 세포벽이 없다.
c. 진핵세포가 아니다.
d. 다핵성이지만 다세포성이 아니다.
e. a와 d 모두 옳다.

11. 균류와 동물은 식물보다는 서로가 보다 가깝게 연결되어 있다는 증거는 ______________________
a. 둘 다 모두 광합성을 하지 않으므로.
b. 세포의 구조상 유사성에 기초하여.
c. 분자분석에 근거하여.
d. 둘은 육상으로 동시에 이동하였으므로.
e. 둘의 편모의 미세구조상의 유사구조에 근거하여.

12. 지의류는 어떤 유형의 공생체인가?
a. 균류와 녹조류 또는 남세균이 관여하는
b. 식물의 조직에서 발견되고 병원체 또는 초식자로부터 보호하는
c. 습한 환경에 자랄 수 있게 하는
d. 식물 뿌리에서 흡수한 질소고정을 하는
e. 식물이 육지로 이동할 수 있게 하는

13. 다음 균류 주요 5개군 간의 상호관계를 나타내는 계통수를 보고 질문 13~17에 해당하는 각각의 칸에 각각의 알파벳을 적어 넣으시오.

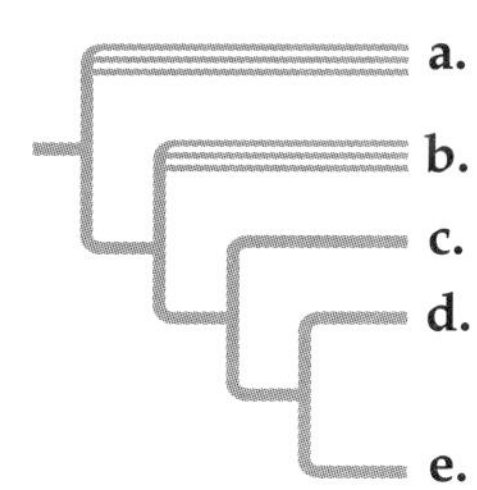

13. 자낭균류: ______________
14. 담자균류: ______________
15. 병꼴균류: ______________
16. 내생균근류: ______________
17. 접합균류: ______________

27장

동물 다양성의 증가

핵심

이 장은 7억 년 전 이전의 동물의 기원으로부터 수중 환경에서의 다양화가 이루어진 '캄브리아기 폭발'을 거쳐 육상으로의 진출에 이르기까지 동물의 진화를 살펴본다. 이 계통수는 선별된 동물군이 화석 기록상에서 최초로 나타난 시기를 보여준다. 이 장에서는 진정후생동물, 좌우대칭동물, 후구동물, 촉수담륜동물 및 탈피동물의 분기군들이 이 계통수와 어떻게 관련되어 있는지 배우게 된다.

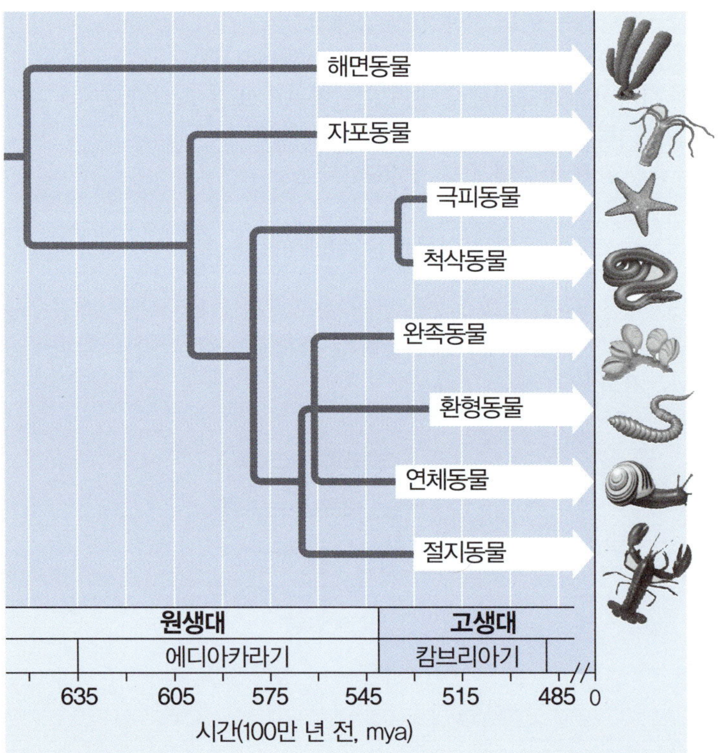

복습

대부분의 동물은 이동성이 있으며, 먹이를 잡아 효과적인 소화계를 이용하여 소화시킬 수 있도록 해주는 분화된 근육과 신경세포를 가지고 있다.

27.1 동물은 7억 년 전 이전에 기원하였다

증거는 동물이 오늘날의 입금편모충류와 비슷한 단세포 진핵생물에서 진화했다는 것을 알려준다.

화석 증거와 분자적 증거 오늘날 해면동물의 특정한 무리가 1차적으로 만들어내는 스테로이드의 화석화된 잔존물은 동물이 7억 1,000만 년 전에 이미 등장하였다는 것을 암시하고 있다. 분자시계 연구는 해면동물이 약 7억 년 전에 기원하였다는 추정을 한 바 있다. **에디아카라 생물상(Ediacaran biota)**으로 알려진, 일반적으로 최초의 것으로 받아들여지고 있는 동물의 화석들은 약 5억 6,000만 년 전으로 거슬러 올라간다. 어떤 것들은 아마도 해면동물이고, 다른 것들은 아마도 오늘날의 자포동물이나 연체동물과 관련이 있을 것이다.

초기에 분기한 동물군 해면동물은 고착성이며 대부분의 종들은 해양에서 발견된다. 해면동물은 위강의 안쪽에 층을 이루고 있으며 편모를 가지고 있는 **동정세포(choanocyte)**들의 활동으로 먹이입자들을 걸러내는 **여과섭식자(filter feeder)**들이다.

해면동물은 동물 계통수의 뿌리 근처에서 기원하고 있는 기초적인 동물(basal animals)이다. 동정세포와 입금편모충류의 세포들 사이의 닮은 점과 분자 증거는 동물이 입금편모충류를 닮은 조상으로부터 진화하였다는 것을 지지해 주고 있다.

해면동물은 진정한 조직을 가지고 있지 않다. 이들이 가지고 있는 세포의 종류에는 피층세포와 동정세포 외에 **변형세포(amoebocyte)**가 포함된다. 변형세포는 먹이를 취하여 소화시키고, 영양소를 다른 세포들로 운반한다.

진정한 조직을 가지고 있는 동물들인 **진정후생동물**(eumetazoans) 계통 가운데 가장 오래된 하나는 자포동물문이다. 자포동물에는 히드라충과 해파리, 말미잘이 포함된다. 이들의 단순한 체제는 중앙의 **위수강(gastrovascular cavity)**을 가지고 있는 주머니와 입과 항문의 역할을 모두 하는 하나의 구멍으로 이루어져 있다. 이들은 단순한 근육과 산만신경망을 가지고 있다.

핵심 문제 27.1

해면동물과 자포동물이 몸의 구조와 섭식기작에서 어떻게 차이를 보이는지 기술하라.

27.2 대형 동물의 다양성은 "캄브리아기 폭발" 동안 극적으로 증가하였다

캄브리아기 폭발에서의 진화적 변화 캄브리아기 폭발 **(Cambrian explosion)** 동안의 화석들은 현존하는 전체 동물문 가운데 약 절반에 해당하는 문들을 나타내고 있으며, 단단한 골격을 가지고 있었던 초기의 동물들을 포함하고 있다. 이 화석들은 대부분 완전한 소화관과 2개의 옆부분, 또는 좌우대칭의 형태를 가지는 **좌우대칭동물(bilaterians)**이다. 캄브리아기 폭발은 커다란 포식자들의 등장과 더불어 이에 수반된 새로운 먹이 포획의 적응 및 먹이에서의 방어적 적응을 나타냈다.

핵심 문제 27.2

캄브리아기 동안 이루어진 동물문들의 급격한 다양화에 대한 3가지 가설을 기술하라.

좌우대칭동물의 기원 시기 결정 가장 오래된 좌우대칭동물의 화석은 5억 6,000만 년 전에 살았던 연체동물 화석이지만, 분자적 추정치들은 좌우대칭동물이 6억 7,000만 년 전에 진화하였다는 것을 암시하고 있다. 방어에 필요한 구조물들을 가지고 있는 에디아카라기(Ediacaran period, 6억 3,500만 년 전~5억 4,200만 년 전)의 진핵생물 화석들은 포식성 좌우대칭동물들이 그 시기, 아마도 6억 7,000만 년 전부터 6억 3,500만 년 전 사이에 이미 등장하였다는 것을 암시하고 있다.

27.3 다양한 동물군이 수중 환경에서 방산하였다

동물의 체제 한 동물의 일련의 형태적 특징들과 발생상의 특징들의 집합을 흔히 **체제**(몸설계, body plan)라고 한다. 동물 체제의 3가지 국면은 대칭성과 조직, 체강이다.

해면동물은 대칭성을 나타내지 않는다. **방사대칭(radial symmetry)**을 나타내는 동물은 둥글거나 통 모양을 하고 있으며, 동물의 중심을 관통하는 모든 절단면들은 동물을 거울상으로 나눈다. **좌우대칭(bilateral symmetry)**을 나타내는 동물들은 **등쪽(dorsal**, 위) 면과 **배쪽(ventral**, 바닥) 면, 뚜렷한 **앞쪽(anterior**, 머리) 끝과 **뒤쪽(posterior**, 꼬리) 끝, 왼쪽 면과 오른쪽 면을 가지고 있다. 좌우대칭형의 체제는 머리 부위의 감각기관의 집중 및 중추신경계와 관련되어 있는데, 이것은 한 방향으로의 움직임을 촉진시킨 적응의 한 형태이다.

조직은 기능적 단위로 작동하는 분화된 세포들의 집합체이며 다른 조직과는 막으로 된 층에 의해 분리되어 있다. 해면동물은 진정한 조직을 가지고 있지 않다. 다른 모든 동물들에서는 조직과 기관이 배아시기에 형성되는 배엽(germ layer)으로부터 발달한다. **외배엽**(ectoderm)은 동물의 외피를 만들며, 몇몇의 동물문에서는 중추신경계를 만들어낸다; **내배엽**(endoderm)은 소화관 및 이와 관련된 기관들을 생성한다. 자포동물은 이러한 두 가지 배엽만을 가지고 있다. 좌우대칭동물은 제3의 배엽이며 중간 배엽인 **중배엽**(mesoderm)을 가지고 있는데, 중배엽에서 근육과 다른 대부분의 기관들이 형성된다.

소화관과 바깥의 체벽 사이에 액체나 공기가 들어 차 있는 공간을 **체강**(coelom)이라고 한다. 액체가 차 있는 체강은 내장기관들을 완충하며, 기관들이 자랄 수 있도록 하고 바깥의 체벽과 독립적으로 움식일 수 있도록 해주며, 또한 부드러운 몸을 가진 동물들에서는 일종의 골격으로서 기능을 한다.

핵심 문제 27.3

해면동물과 자포동물, 좌우대칭동물의 체제(대칭성, 조직, 체강)를 비교하라.

동물의 다양화 미토콘드리아 유전자와 형태적 특징뿐만 아니라 리보솜 RNA 유전자, 혹스(*Hox*) 유전자 및 단백질을 암호화하는 수많은 유전자들을 이용하여 동물들 사이의 진화적 유연관계를 추정하고 있다.

동물 계통에 대한 오늘날의 가설에 반영된 5가지 주요 관점들이 존재한다. (1) 모든 동물들은 하나의 공통조상을 공유하며, 따라서 후생동물이라는 하나의 분기군을 나타낸다. (2) 해면동물은 기초적인 동물이다. (3) 진정후생동물은 진정한 조직을 가지고 있는 동물 분기군이다. 해면동물과 소수의 다른 무리들을 제외한 모든 동물들은 **진정후생동물 (eumetazoans)** 분기군에 속한다. 유즐동물문(빗해파리류)과 자포동물문을 포함하는 이 분기군의 기초적인 구성원들은

2배엽성이며, 방사대칭을 나타낸다. (4) 대부분의 동물문들은 좌우대칭동물 분기군에 속한다. **좌우대칭동물(bilaterians)**은 좌우대칭과 3가지 배엽의 존재라는 공유파생형질에 의해 정의된다. (5) 대부분의 동물들은 등뼈를 가지고 있지 않은 동물인 **무척추동물(invertebrate)**들이다. 오직 척삭동물문만이 **척추동물(vertebrates)**들을 포함한다.

좌우대칭동물의 방산 I: 다양한 무척추동물들 좌우대칭동물은 촉수담륜동물과 탈피동물, 후구동물의 3개 주요 분기군으로 분화하였다. 촉수담륜동물과 탈피동물 분기군의 모든 종들은 무척추동물들이다. 실제로 알려진 동물종의 95%가 무척추동물들이다.

촉수담륜동물 분기군에 속하는 동물의 예에는 외항동물(보통 태형동물이라고 함), 연체동물(달팽이, 조개, 오징어, 문어) 및 환형동물(지렁이와 같은 체절성 동물)이 있다. 탈피동물 분기군에는 절지동물과 선형동물(선충류)이 포함된다. 후구동물 분기군에 속하는 무척추동물들은 반삭동물(별벌레아재비류)과 극피동물(불가사리, 성게, 연잎성게)이다.

핵심 문제 27.4

절지동물(arthropods)은 종 다양성, 분포, 개체수 면에서 가장 성공한 동물 무리이다. 이와 같은 성공과 가장 관계가 깊다고 여겨지는 절지동물 체제의 3가지 특징을 열거하라.

초기의 절지동물들은 캄브리아기 폭발의 화석 기록에서 발견된다. 동일한 체절들을 가지고 있었던 멸종된 **엽지류**(lobopods)는 이로부터 절지동물들이 진화했을 것으로 여겨져 온 무리이다. 삼엽충은 아주 똑같은 모양의 부속지들을 가지고 있었던 초기 절지동물이다. 연구들은 절지동물과 가까운 유연관계에 있는 무척추동물 무리인 유조동물이 모든 절지동물들과 *Ubx* 유전자와 *abd-A* 유전자를 포함하는 혹스(*Hox*) 유전자들을 공유하고 있다는 것을 보여주고 있다. 따라서(새로운 혹스 유전자의 기원이 아니라) 이러한 유전자들의 염기서열 변화 또는 유전자 조절의 변화가 절지동물 체절의 다양성 증가를 이끌었을 것이다.

좌우대칭동물의 방산 II: 수서 무척추동물들 좌우대칭동물 내의 후구동물 분기군은 **척삭동물**(chordates)을 포함한다. 척추동물들은 척삭동물문의 구성원들이다.

척삭동물은 다음과 같은 4가지의 상징적인 특징들을 가지고 있는데, 이들 가운데 일부는 배아 단계에서만 나타난다. (1) 골격의 지지를 해주는 **척삭(notochord)**이라고 하는 일종의 유연한 막대기, (2) 뇌와 척수로 발달하는 등쪽의 속이 빈 신경다발, (3) 부유물 섭식과 아가미의 기능을 하거나 머리의 부분으로서의 기능을 하는 **인두열(pharyngeal slits** 또는 **pharyngeal clefts)**, (4) 근육질의 항문 뒤 꼬리.

척삭동물의 조상은 척삭동물 계통수의 기부에서 분기한 계통인 **창고기류**(lancelets)를 닮았던 것으로 여겨진다. 유생단계에서만 척삭동물의 특징들을 나타내는 **피낭류**(tunicates) 또한 초기에 분기한 무리이다.

약 5억 년 전에 기원한 척추동물은 등뼈를 가지고 있을 뿐만 아니라, 뇌, 눈과 그 밖의 다른 감각기관을 가지고 있는 잘 구분된 머리 및 두개골의 특징을 가지고 있다. 초기의 척추동물에는 입속에 가시가 돋은 무기질의 갈고리들과 부드러운 몸을 가지고 있었던 척추동물들인 **코노돈트류**(conodonts)가 포함된다. 다른 초기 척추동물들 또한 턱이 없었지만, 근육질 인두를 가지고 있었고 무기질의 뼈로 이루어진 갑주를 갖추고 있었다. 현존하고 있는 턱이 없는 척추동물로는 **먹장어류**(hagfishes)와 **칠성장어류**(lampreys)가 있다.

화석 기록으로 약 4억 5,000만 년 전에 처음 나타난 **유악동물(gnathostomes)**, 또는 턱이 없는 척추동물은 점점 다양해졌다. 이들의 경첩구조를 가진 턱과 지느러미 쌍들 및 꼬리는 포식성 생활양식을 촉진하였다. 유악동물은 3가지 계통 즉, 연골어류와 조기류(방사형지느러미어류), 육기류(잎사귀형지느러미류; 사지류 포함)로 분화하였다.

주로 연골로 이루어진 골격을 가지고 있는 **연골어류(chondrichthyans)**에는 상어류와 가오리류 및 이들의 친척들이 포함된다.

거의 대부분의 척추동물들은 경골어강이라 불리는 유악동물의 한 분기군에 속한다. 거의 대부분의 현생 **경골어류(osteichthyans)**들은 전형적으로 골(뼈)화된 내골격과 허파나 허파의 변형체들을 가지고 있다. 수서 경골어류들은 대부분 **조기류**(방사형지느러미어류, **ray-finned fishes**)인데, 이 이름은 이들의 지느러미를 지지하는 가시뼈에서 유래되었다.

육기류(잎사귀형지느어미류, **lobe-finns**)는 일련의 막대모양의 뼈들로 지지되는 근육질의 가슴지느러미와 배지느러미를 가지고 있다. 단지 3가지 육기류 계통들만이 생존하고 있는데, 한때 멸종된 것으로 여겨졌던 실러캔스류(coelacanths), 아가미와 허파를 모두 가지고 있는 폐어류, 그리고 다리와 발가락을 가지고 있는 척추동물들인 **사지류(tetrapods)**가 그들이다.

핵심 문제 27.5

척추동물의 주요 분기군들을 나타내는 이 계통학적 가설을 완성하라.

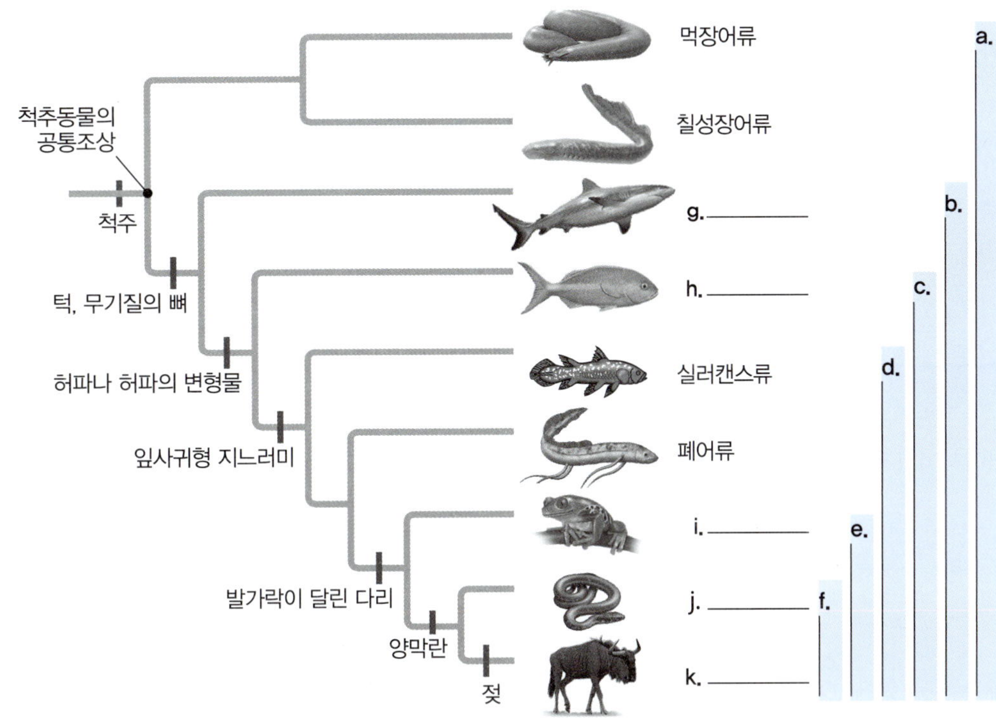

27.4 몇몇 동물군들은 그들이 육상으로 쉽게 이주를 할 수 있도록 한 특징들을 가지고 있다

초기의 육상동물 절지동물들은 4억 5,000만 년 전에 육상으로 진출하기 시작한 첫 번째 동물들이며, 척추동물들은 3억 6,500만 년 전에 육상으로 이주를 하였다. 곤충과 척추동물 모두 잘 발달된 골격계, 근육계, 소화계 및 신경계와 같은 육상 생활로의 이행을 촉진했던 조상형의 특징들을 지니고 있었다.

절지동물의 육상으로의 진출 절지동물의 부속지들은 걷기, 섭식, 감각 수용, 교미 및 방어에 알맞도록 분화되었다. 절지동물의 **큐티클(cuticle)**은 근육들이 부착할 수 있는 장소를 제공해주는 일종의 보호용 외골격이다. 일부 절지동물들이 육상으로 이주함에 따라 외골격은 건조를 막아주었고, 지지를 제공해주었다. 대부분의 수서 절지동물들이 아가미를 가지고 있는데 비해 육상의 종들은 곤충의 기관계와 같이 기체 교환을 위한 내부 표변을 갖고 있다.

가장 오래된 곤충류 화석은 4억 1,600만 년 전까지 거슬러 올라간다. 주요한 다양화는 약 3억 5,900만 년 전~2억 5,100만 년 전 큐티클의 연장물인 날개에 의한 비행능력의 진화 및 식물을 섭식할 수 있도록 특수화된 구기의 변형과 함께 나타났다. 곤충류 다양성의 증가는 약 9,000만 년 전 현화식물의 방산에 뒤따른 것으로 여겨진다.

육상 척추동물 다리들은 육상에서 사지류의 몸무게를 지탱해주며, 발가락들이 달린 발들은 걷기를 촉진시켰다. 데본기의 해안 습지에서는 다양한 육기류들이 아마도 튼튼한 지느러미들을 이용하여 얕은 물속을 기어 다니며 허파로 기체 교환을 보충하면서 살고 있었을 것이다. 화석 기록은 지느러미들이 어떻게 점점 다리모양으로 변해 가는지를 상세히 보여준다. 사지류의 다양성은 다음의 6,000만 년에 걸쳐 일어났는데, 이들 초기 사지류의 대부분은 여전히 물과 연결되어 있었던 것으로 보인다.

핵심 문제 27.6

3억 7,500만 년 전의 "어족류(fishapod)" 화석인 틱타알릭(*Tiktaalik*)을 기술하라. 이것은 어류로 여겨지는가 아니면 사지류로 여겨지는가?

양서류(amphibians)는 도롱뇽류와 개구리류 및 무족영원류(caecilians)를 포함한다. 수생을 하거나 육상에서 사는 도롱뇽류는 몸을 좌우로 구부리는 동작으로 움직인다. 개구리류는 강력한 뒷다리를 이용하여 땅 위를 뛰어다니면서 움직일 수 있도록 보다 특수화되었다. 열대의 무족영원류는 시력이 거의 없고 (다리가 없는) 굴을 파는 벌레모양의 동물들이다.

양막류(amniotes)는 파충류와 포유류를 포함한다. **양막란(amniotic egg)**은 배아를 보호하고 양육하는 4가지 배외막들을 가지고 있다. 파충류와 일부 포유류들은 껍질로 둘러싸인 양막란을 가지고 있다. 대부분의 포유류들은 배아를 어미의 몸속에 보유한다.

핵심 문제 27.7

양막란에 대한 다음 그림에서 4가지 배외막들을 구별하라. 각 막의 기능은 무엇인가?

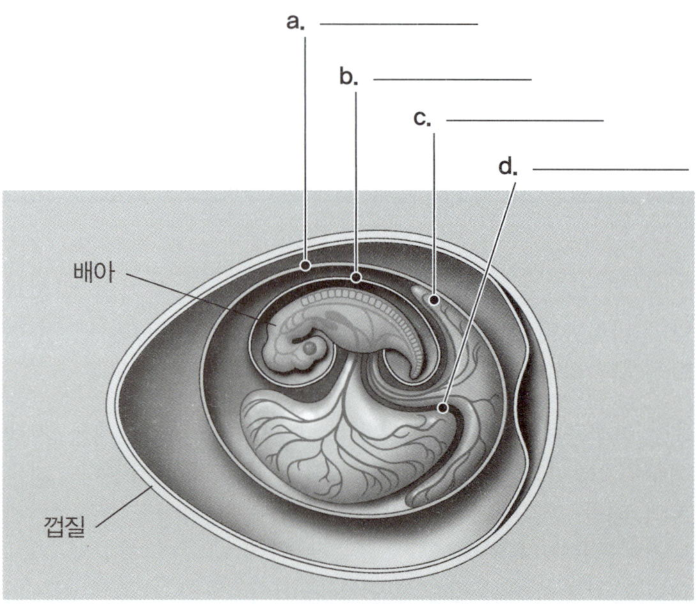

현생 양서류와 양막류의 공통조상은 약 3억 5,000만 년 전에 살았다. 시간이 지남에 따라 초기 양막류들은 보다 건조한 환경으로 퍼져나갔다. 파충류와 포유류는 오늘날 양막류의 2개 분기군들이다.

파충류(reptile) 분기군에는 다수의 멸종된 무리와 투아타라류(tuataras), 도마뱀류, 뱀류, 거북류, 악어류 및 조류가 포함된다. 최초의 파충류는 약 3억 1,000만 년 전으로 거슬러 올라간다. 이들의 파생형질에는 방수성 비늘이 포함되며, 대부분 껍질을 가진 양막란을 가지고 있다. 수정은 체내에서 이루어진다.

많은 파충류들은 열을 스스로 만들어 내기보다는 외부에서 열을 흡수하는 **외온성(ectothermic)**이지만, 행동적 적응을 통하여 체열을 조절하기도 한다. 조류는 대사활동을 통해 체온을 유지하는 **내온성(endothermic)**이다.

포유류(mammals)는 새끼를 양육하기 위해 젖을 생산하는 유선과 (피하 지방층과 함께) 이 내온성 동물들이 체열을 보호하는 데 도움을 주는 털을 가지고 있다. 포유류들은 다양한 음식을 먹을 수 있도록 특수화된 다양한 크기와 모양의 치아들을 지니고 있다.

포유류는 **단궁류(synapsids)**라 불리는 양막류의 한 무리에서 기원하였다. 최초의 진정한 포유류는 약 1억 8,000만 년 전에 등장하였다. 1억 4,000만 년 전에는 포유류의 3가지 주요 계통들, 즉 **단공류(monotremes**; 알을 낳는 포유류)와 **유대류(marsupials**; 육아낭을 가지는 포유류), **태반류(eutherians**; 태반 포유류)가 등장하였다. 태반류는 보다 복잡한 **태반(placenta)**을 가지고 있으며 유대류보다 임신기간이 길다.

사람류의 진화 비공식적으로 유인원류(apes)라 불리는 영장류에는 긴팔원숭이, 오랑우탄, 고릴라, 침팬지 및 사람(*Homo sapiens*)이 포함된다. 다른 유인원류와 구별되는 사람의 형질은 똑바로 서서 두 발로 걷기, 언어의 사용과 상징적인 생각, 예술적인 표현을 할 수 있는 보다 큰 뇌, 복잡한 도구의 사용이다.

초기의 사람류 조상들은 440만 년 전에 두발걷기를 하였고, 250만 년 전에 도구를 사용하였으나 그들의 뇌는 아직 작았다. 240만 년 전~160만 년 전의 보다 큰 뇌를 가졌던 화석들이 사람속(*Homo*)의 첫 번째 자리를 차지한다. 호모 사피엔스(*H. sapiens*)는 약 20만 년 전 아프리카에서 기원하였다.

27.5 동물은 생태계를 변형하여 왔으며 진화 경로를 변경하여 왔다

동물의 생태적 영향 6억 년 전 이전에는 대양의 물이 탁했고, 산소 농도가 낮았으며, 남세균이 우점했다는 것을 증거가 알려주고 있다. 화석의 생화학적 증거는 5억 3,000만 년 전이 되었을 때 아마도 여과섭식을 하는 동물들의 진화 때문에 남세균의 양이 감소했다는 것을 나타내고 있다. 조류(alga)들이 맑아진 물에서 우점적인 생산자들이 되었다. 조류를 먹는 작은 동물들과 이 작은 동물들을 먹는 큰 포식자들이 포함된 새로운 섭식 관계가 나타났다.

육상에서는 동물들이 생산자와 분해자로 이루어진 단순한 생태계 구조를 초식동물과 육식동물, 부식질식자가 포함된 구조로 변형시켰다.

동물의 진화적 영향 상호작용하는 두 종은 두 종 모두에서 진화적 변화를 일으키는 선택압을 서로 가할 수 있다.

사람은 많은 종들에게 주어지는 선택적 압력을 변경시켜 진화적 변화를 초래하는 막대한 환경의 변화를 일으켰다. 우리들의 행위의 다수가 서식지의 소실, 오염, 남획, 도입된 종들에 의한 경쟁이나 포식의 결과로 나타난 멸종을 이끌었다.

핵심 문제 27.8

a. 상호작용하는 종들에서 진화적 변화를 낳은 상호선택압의 예들을 들라.

b. 어떻게 새로운 동물종의 기원이 다른 무리들에서의 진화적 방산을 자극할 수 있는가?

어원

arthro- = jointed; **-pod** = foot (*arthropod:* a segmented ecdysozoan with a hard exoskeleton and jointed appendages)

bi- = two (*bilaterian:* member of a clade of animals with bilateral symmetry and three germ layers)

choano- = a funnel; **-cyte** = cell (*choanocyte:* a flagellated feeding cell found in sponges; also called a collar cell)

ecdys- = an escape (*ecdysozoan:* member of a group of animal phyla identified as a clade by molecular evidence; many are animals that molt)

ecto- = outside; **-derm** = skin (*ectoderm:* the outermost primary germ layer in animal embryos)

endo- = within (*endoderm:* the innermost primary germ layer in animal embryos)

endo- = inner; **-therm** = heat (*endothermic:* referring to organisms that are warmed by heat generated by their own metabolism)

eu- = good (*eutherian:* Placental mammal; mammal whose young complete their embryonic development within the uterus, joined to the mother by the placenta)

gastro- = stomach; **-vascula** = a little vessel (*gastrovascular cavity:* a central cavity with a single opening in the body of certain animals (such as cnidarians) that functions in both the digestion and distribution of nutrients)

gnatho- = the jaw; **-stoma** = the mouth (*gnathostome:* member of the vertebrate clade possessing jaws)

in- = without (*invertebrate:* an animal without a backbone)

lopho- = a crest, tuft; **-trocho** = a wheel (*lophotrochozoan:* member of a group of animal phyla identified as a clade by molecular evidence; includes organisms that have lophophores or trochophore larvae)

marsupi- = a bag, pouch (*marsupial:* a mammal, such as a koala, kangaroo, or opossum, whose young complete their embryonic development inside a maternal pouch)

meso- = middle (*mesoderm:* the middle primary germ layer in a triploblastic animal embryo)

mono- = one (*monotreme:* an egg-laying mammal, such as a platypus or echidna)

noto- = the back; **-chord** = a string (*notochord:* a flexible rod that runs along the dorsal anterior-posterior axis of a chordate)

osteo- = bone; **-ichthy** = fish (*osteichthyan:* member of a vertebrate clade with jaws and mostly bony skeletons)

radia- = a spoke, ray (*radial symmetry:* symmetry in which the body is shaped like a pie or barrel and can be divided into mirror-imaged halves by any plane through its central axis)

syn- = together (*synapsid:* member of an amniote clade distinguished by a single hole on each side of the skull; includes the mammals)

tetra- = four; **-podi** = foot (*tetrapod:* a vertebrate clade whose members have limbs with digits; includes mammals, amphibians, and birds and other reptiles)

tunic- = a covering (*tunicate:* member of the clade Urochordata; sessile marine chordates that lack a backbone)

지식의 체계화

1. 다음의 단순화시킨 계통수는 동물의 계통에 관한 오늘날의 가설을 나타낸다. 빈 곳을 채우고, **a~d**의 분기군에 대한 특징과 **e~g**의 분기군을 대표하는 동물의 이름을 열거하라.

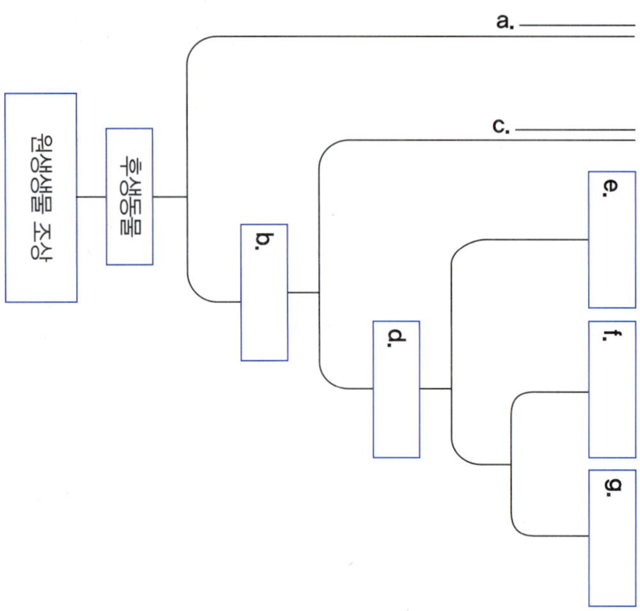

지식의 검증

선다형 문제: 가장 옳은 답을 고르시오.

1. 다음 중 해면동물이 다른 동물들과 차이를 보이는 점은?
   a. 완전히 고착성이다.
   b. 방사대칭을 나타내며 부유물 섭식자이다.
   c. 진정한 조직이 없는 단순한 몸 구조를 가지며 대칭성이 없다.
   d. 다세포동물이 아니다.

2. 다음 중 무척추동물에 포함되는 것은?
   a. 척추동물문의 동물을 제외한 모든 동물
   b. 등뼈가 없는 모든 동물
   c. 유체골격을 가지고 있는 동물
   d. 내골격을 가지고 있지 않은 모든 동물

3. 다음 중 자포동물에 대한 설명으로 가장 옳은 것은?
   a. 대칭성이 없고, 2배엽성이며, 먹이를 포획하는 촉수를 가지고 있다.
   b. 방사대칭을 나타내고, 2배엽성이며, 위수강을 가지고 있다.
   c. 대칭성이 없고, 진정한 조직이 없으며, 먹이 입자를 포획하는 동정세포를 가지고 있다.
   d. 좌우대칭이고, 3배엽성이며, 단순한 근육과 신경망을 가지고 있다.

4. 다음 중 진정후생동물 분기군의 기초적인 무리는?
   a. 외항동물
   b. 연체동물
   c. 해면동물
   d. 유즐동물

5. 다음 중 척추동물의 기초적 계통(들)을 나타내는 것은?
   a. 창고기류와 피낭류
   b. 상어류와 가오리류
   c. 먹장어류와 칠성장어류
   d. 실러캔스

6. 다음 생물체 중 경골어류 분기군이 아닌 것은?
   a. 새
   b. 상어
   c. 대구
   d. 실러캔스

7. 다음 무리 중 다른 것들과 같은 계통에 속하지 않는 것은?
   a. 도마뱀류
   b. 조류
   c. 공룡류
   d. 악어류

8. 다음 현상 중 곤충 무리의 놀라운 다양성을 일으킨 요인으로 여겨지지 않는 것은?
   a. 날개와 비행
   b. 식물을 섭식할 수 있도록 특수화된 구기
   c. 새로운 먹이 자원을 제공한 현화식물의 방산
   d. 새로운 혹스(*Hox*) 유전자의 진화

9. 다음 형질 중 동물 무리의 육상으로의 이주를 촉진한 조상형의 특징이 아닌 것은?
   a. 절지동물의 외골격
   b. 양막란
   c. 허파
   d. 척추동물의 골격

10. 초기 캄브리아기 동안 대양 환경의 주요 변화와 가장 관련이 깊은 것으로 여겨지는 진화가 이루어진 생물은?
   a. 남세균
   b. 조류(algae)
   c. 여과섭식 동물
   d. 거대한, 운동성이 있는 포식성 동물

UNIT 5

식물의 형태 및 기능

28장

식물구조와 생장

핵심

식물의 구조와 생장을 연구하는 데 있어서 특수화된 세포와 구조들에 대한 새로운 용어들이 많이 필요하다. 식물의 뿌리, 줄기, 잎 등이 흡수, 지지, 이동, 방어, 광합성 등의 기능을 수행하기 위해서 어떻게 특수화되었는지 관심을 기울이기 바란다. 식물체는 표피계, 관다발계, 기본조직계로 구성되어 있다. 뿌리와 줄기의 끝에 위치한 정단분열조직은 1기생장을 일으킨다. 측생분열조직인 관다발형성층과 코르크형성층은 2기생장을 일으켜 줄기와 뿌리의 두께를 증가시킨다.

복습

속씨식물(꽃식물)은 2개의 클레이드인 외떡잎식물(1개 떡잎)과 쌍떡잎식물(2개 떡잎)로 나뉜다.

28.1 식물은 기관, 조직, 세포로 이루어진 계층적인 체제를 갖는다

특별한 기능을 수행하는 식물의 **기관(organ)**은 일반적인 기능을 갖는 세포들과 함께 몇 가지 유형의 **조직(tissue)**들로 구성된다.

식물의 3개 기본기관 : 뿌리, 줄기, 잎 관다발식물은 육지환경이라는 흩어진 자원들에 대한 적응에 따라 토양으로부터 물과 무기질을 얻기 위해서 지하에 **뿌리계(root system)**를 갖지만, 광합성을 위해서는 빛과 이산화탄소를 흡수하는 잎과 줄기의 **지상계(shoot system)**를 갖는다. 지상계로부터 생산된 광합성물질(photosynthates)은 양분을 뿌리에 제공한다. 한편, 지상계는 뿌리에서 흡수한 물과 미네랄에 의존한다.

뿌리(roots)는 지지, 흡수 기능을 하지만 흔히 양분저장의 기능도 수행한다. 원뿌리계(taproot system)는 보통 키가 크고, 몸체가 큰 식물에서 나타난다. 한 개의 중심되는 **원뿌리(taproot)**가 땅속 깊이 들어가 **곁뿌리(lateral roots)**를 만든다. 작은 식물들은 보통 얕은 **수염뿌리계(fibrous root system)**를 갖는데 이들은 줄기로부터 나온 작은 뿌리들로 이루어진다. 또한 이런 뿌리들은 정상적이지 않은 위치에서 자라기 때문에 **막뿌리(adventitious)**라고 한다. 막뿌리는 이들 자신의 곁뿌리를 만들어 매트를 형성함으로써 토양의 유실을 막고 식물을 지탱하게 한다. 대부분의 외떡잎식물은 수염뿌리계를 갖는다.

물과 무기질은 대부분 작은 **뿌리털(root hair)**을 통해 흡수되는데 표피세포가 신장되어 생긴 뿌리털은 뿌리끝 가까운 곳에 모여 있다. 대부분의 식물들은 토양 곰팡이와 균근공생체(mycorrhizal association)를 만들어 무기질 흡수를 늘리기도 한다. 변형된 뿌리들은 지지, 저장, 산소흡수와 같은 다양한 기능을 수행하기도 한다.

줄기(stem)는 잎의 부착부위인 **마디(node)**와 이들의 사이부분인 **마디사이(internode)**로 구성된다. 슈트의 끝 또는 정단(axillary bud)에 위치한 끝눈은 발생 중인 잎과 압축된 마디사이를 지니고 있다. 잎과 줄기 사이의 겨드랑이 부위인 엽액에는 곁눈이 있다. 곁눈은 곁가지로 발달하기도 한다.

슈트의 변형으로 기는줄기(무성번식이 가능한 수평적인 슈트), 수평적으로 자라는 지하줄기와 덩이줄기와 같은 양분 저장 구조들이 있다.

잎(leaves)은 대부분의 식물에서 주요한 광합성 기관으로서 보통 넓어진 **잎몸(blade)**과 **잎자루(petiole)**로 구성된다. 외떡잎식물은 보통 평행한 **잎맥(veins**; 잎의 관다발조직)을 갖지만, 쌍떡잎식물은 그물모양의 잎맥을 갖는다. 변형된 잎은 지지, 보호, 저장, 생식의 기능을 수행하기도 한다.

핵심 문제 28.1

아래 꽃식물의 그림에서 각 부분의 명칭을 기입하시오. 이 식물은 외떡잎식물인가, 쌍떡잎식물인가? 어떻게 이것을 설명할 수 있을까?

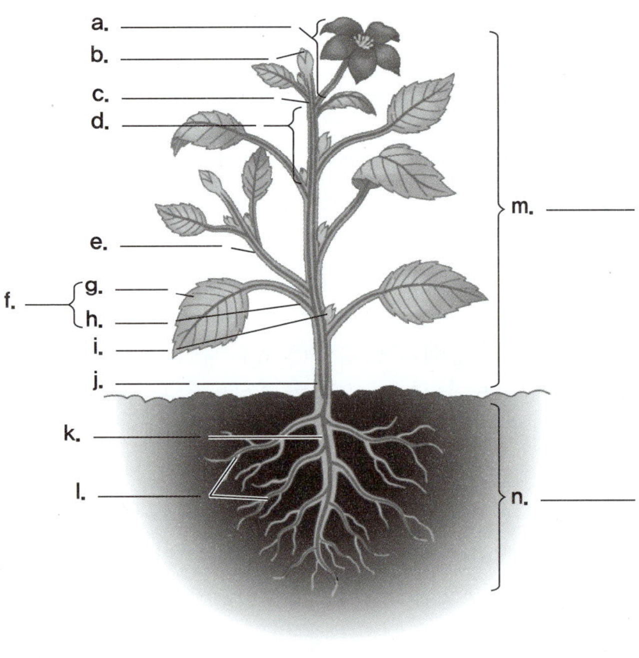

표피계, 관다발계, 기본조직계 필수적인 3개의 조직계는 식물체를 통해 계속 이어져 있지만 각각의 기관(뿌리, 줄기, 잎)에서는 독특한 특징들을 갖는다. **표피계(dermal tissue system)**는 보호작용을 하는 바깥층을 형성한다. **표피(epidermis)**는 초본식물을 빽빽하게 덮고 있는 한개 세포층이다. 잎과 대부분 줄기의 표피는 지나친 물의 유실을 막기 위해 왁스성분의 **큐티클(cuticle)**로 덮여 있다. 또한 오래된 줄기와 목본식물의 뿌리는 보호조직인 **주피(periderm)**로 덮여 있다. 털(trichomes)은 표피가 바깥쪽으로 자란 것으로서 기계적, 화학적 장벽을 형성함으로써 초식동물과 병원체로부터 식물체를 보호한다.

관다발조직계(vascular tissue system)는 식물체를 기계적으로 지지하고, **물관부(xylem)**와 **체관부(phloem)**로 구성되어 있어서 물과 무기질(물관부), 당(체관부)을 먼 곳으로 이동시킨다. 속씨식물의 뿌리에서는 **중심주(stele)**나 어떤 기관의 관다발조직이 대부분 중앙에 위치하는 단단한 관다발기둥(vascular cylinder)을 이루지만 줄기와 잎에서는 관다발(vascular bundles)이 분산되어 배열된다.

기본조직계(ground tissue system)는 광합성, 지지, 저장 등의 기능을 수행하는 세포들을 갖는다. 관다발 안쪽의 기본조직을 **수(pith)**라 하며 관다발 바깥쪽의 조직을 **피층(cortex)**이라 한다.

식물세포의 일반적인 유형 식물세포의 5가지 주요한 유형을 살펴보는 동안 많은 새로운 용어들이 등장한다. 이런 용어들이 얼마나 특정한 기능에 적응되었는지에 초점을 맞추고 있다면 이들 용어를 기억하기 쉬울 것이다.

유세포(parenchyma cell)는 광합성이나 양분저장과 같은 대부분의 식물 대사기능을 수행한다. 이들은 보통 2차벽이 없고 큰 액포를 갖는다. 대부분의 유세포는 분열하고 다른 유형의 세포로 분화할 수 있는 능력을 유지한다.

후각세포(collenchyma cell)는 2차벽이 없는 대신 두꺼운 1차벽을 갖는다. 후각세포의 다발은 식물의 어린 부분이나 신장되어진 부분을 유연하게 지지한다.

후벽세포(sclerenchyma cell)는 **리그닌(lignin)**으로 단단하게 된 두꺼운 2차벽을 갖는다. 이렇게 특수화된 지지세포들은 성숙하면서 죽게 된다. **섬유(fibers)**는 보통 다발로 뭉쳐 있는 길고 뾰족한 세포이다. **보강세포(sclereids)**는 매우 두껍고 목질화된 세포벽을 갖는데 세포의 길이가 짧고 형태가 불규칙하다.

물관부의 물 수송세포는 기능적으로 성숙함에 따라서 2차벽을 남기고 죽게 되는데 여기에 띄엄띄엄 떨어진 벽공이 있다. 물은 **벽공(tracheid)**을 통해 한 세포에서 다른 세포로 통과한다. 주로 속씨식물에서 발견되는 **물관요소(vessel element)**는 세포의 양끝 세포벽이 뚫려 있는 넓고 키가 작은 세포이다. 이들이 일렬로 배열해서 **물관(vessel)**이라는 긴 관을 형성한다. 보강세포와 물관요소는 리그닌이 포함된 강화된 세포벽을 갖는다.

속씨식물의 체관은 **체관요소(sieve-tube element)**라고 불리는 세포가 연결된 것으로서 이안에서 당이 흐른다. 이들 세포가 기능적으로 성숙해도 세포는 살아 있지만 핵, 리보솜, 액포 등을 갖지 않는다. 세포 사이의 양끝 세포벽에 위치한 **체판(sieve plate)**의 구멍을 통해서 용액이 흐른다. 체관요소의 옆에 위치한 **동반세포(companion cell)**의 핵과 리보솜은 미세한 원형질연락사를 통해 두 세포를 조절한다.

핵심 문제 28.2

a. 어떤 유형의 식물세포들이 기능적으로 성숙하면 죽을까?

b. 어떤 유형의 식물세포들이 기능적으로 성숙하면 핵을 잃어버릴까?

28.2 분열조직은 생장을 위한 새로운 세포를 만들고 식물의 발생 단계와 수명을 조절한다

식물은 미분화 상태에 있으면서 새로운 세포 형성을 위한 세포분열을 계속할 수 있는 분열조직을 갖는다.

다른 종류의 분열조직이 1기생장과 2기생장을 이루게 한다 뿌리와 줄기의 끝에 있거나 줄기의 겨드랑이에 위치하는 **정단분열조직(apical meristem)**은 **1기생장(primary growth)**을 일으켜서 뿌리와 줄기를 신장시킨다. 초본식물은 보통 1기생장만을 하지만, **측생분열조직(lateral meristem)**에서 생겨난 새로운 세포들은 두께를 증가시키는 **2기생장(secondary growth)**을 담당한다. **관다발형성층(vascular cambium)**은 2기물관부(목재)와 2기체관부를 생산한다. **코르크형성층(cork cambium)**은 보호조직인 주피를 생산한다. 분열조직 내에서 분열을 지속하는 세포를 시원세포(또는 줄기세포)라고 한다. 반면 분열조직으로부터 떨어져나온 세포들은 특수화되어서 발달하고 있는 세포들을 유도체세포(derivatives)라고 한다.

핵심 문제 28.3

a. 무한생장과 유한생장의 차이점은 무엇인가?

b. 1기생장과 2기생장의 차이점은 무엇인가?

유전자 발현과 세포분화의 조절 유전적으로 같은 세포일지라도 차별적인 유전자 발현이 일어나 분화되면 다양한 식물세포 유형으로 된다. 세포-세포간 소통으로 세포의 운명을 결정하는 위치정보를 얻는다. 모델식물인 애기장대에서는 뿌리의 표피세포가 한 개 피층세포와 접촉한 경우에는 *GLABRA*-2 유전자가 발현되어 뿌리털로 발달하지 않지만, 두 개의 피층세포와 접촉한 표피세포의 경우에는 유전자가 발현되지 않아 뿌리털로 분화된다.

개화와 식물수명으로의 전이에 있어서 분열조직의 조절 대부분의 속씨식물의 생애 가운데 어떤 시기에서 줄기의 정단분열조직이 잎과 줄기를 생산하는 영양생장(vegetative growth)으로부터 꽃, 열매, 종자를 생산하는 생식생장(reproductive growth) 단계로의 전환이 일어난다. 영양생장에서 생식생장으로의 전환이 일어나는 시기와 정도는 식물 생활환—발아해서 개화하고 종자를 생산한 뒤 죽을 때까지—의 길이와 관련된다. 꽃식물에는 1년 이내에 생활환을 마치는 일년생 식물(annuals), 이년에 걸쳐 생환환을 갖는 이년생 식물(biennials), 여러해살이를 하는 다년생 식물(perennials)이 있다.

28.3 1기생장은 뿌리와 줄기를 신장시킨다

초본식물과 목본식물의 어린 부분은 정단분열조직에서 만들어진 1기생장으로 구성된다. 뿌리와 줄기의 1기 생장이 어떻게 보일까?

뿌리의 1기생장 뿌리끝의 정단분열조직은 **뿌리골무(root cap)**에 위해 보호되는데, 이들은 윤활작용의 다당류 점액을 분비한다. 세포분열대(zone of cell division)는 정단분열조직과 그 유도체 세포들을 포함한다. 신장대(zone of elongation)에서는 세포들이 원래보다 그 크기를 몇 배로 늘림으로써 뿌리끝을 토양으로 밀어낸다. 신장대에 연이어 있는 분화대(zone of differentiation, 또는 성숙대)에서는 세포들의 구조와 기능이 특수화된다.

대부분 쌍떡잎식물 뿌리의 관다발 기둥에서는 물관부 세포들이 중심에서 방사방향으로 뻗어나가는데, 뻗어나간 돌기모양의 살 사이에 체관부가 있다. 외떡잎식물 뿌리의 관다발기둥에서는 물관부의 고리와 체관부의 고리로 둘러싸인 중심부에 미분화된 유조직을 갖기도 한다.

뿌리의 기본조직은 피층에 있는 유조직으로 이루어진다. 피층의 가장 안쪽에는 한 개 세포층으로 이루어진 **내피(endodermis)**가 있는데 관다발 기둥으로 이동하는 물질들을 조절한다.

곁뿌리는 관다발기둥의 가장 바깥쪽 세포층인 **내초(pericycle)**로부터 발달하여 피층과 표피를 뚫고 나간다.

핵심 문제 28.4

아래 쌍떡잎 식물의 뿌리의 횡단면 그림에서 각 조직의 명칭을 쓰고, 이들 조직의 기능을 밝히시오.

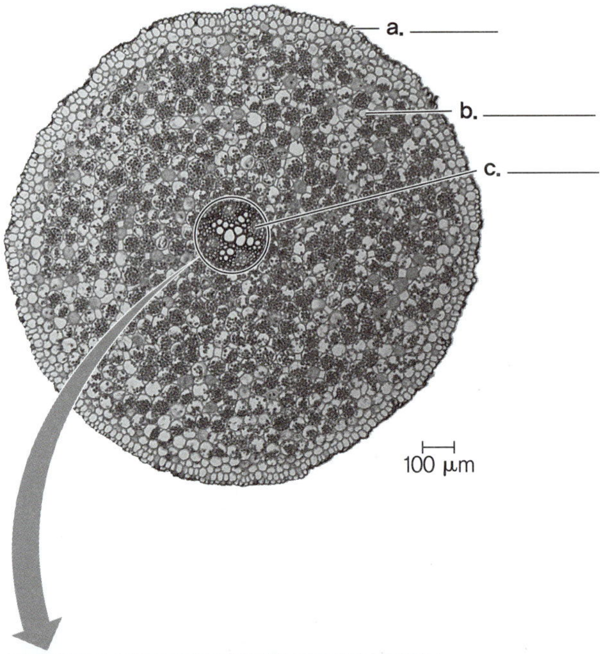

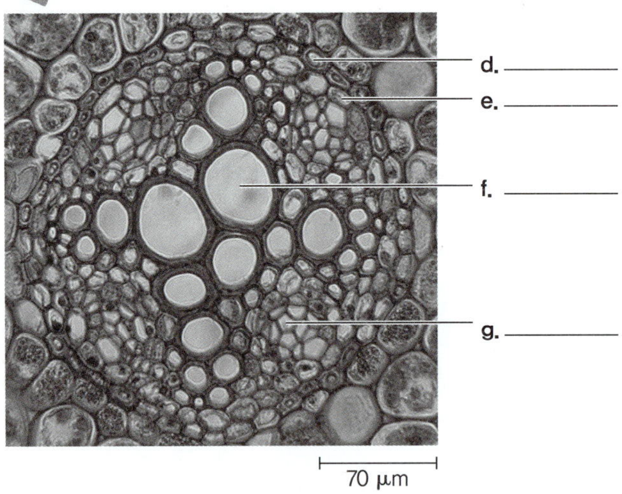

줄기의 1기 생장 끝눈의 정단에 위치한 반구형의 세포집단을 줄기정단조직이라 한다. **잎원기(leaf primordia)**는 정단분열조직의 가장자리에서 형성되지만, 곁눈분열조직은 잎원기의 아랫부분에서 발달한다. 끝눈은 곁눈의 생장을 억제하는 **정아우성(apical dominance)**을 나타낸다. 곁눈의 휴면이 깨지면 곁가지로 발달하는데, 곁가지에는 그 자신의 정아와 곁눈을 각각 갖는다.

줄기의 신장은 어린 마디사이에 있는 세포들의 신장에 의해 일어난다. 풀과 그외 식물들은 잎과 줄기의 아랫부분에 **절간분열조직(intercalary meristem)**을 갖는데 이들은 손상받은 잎들을 다시 자라게 할 수 있다.

잎의 조직들은 어떻게 구성되어 있을까? 큐티클로 덮여진 표피는 **기공(stomata)**이라고 하는 작은 구멍을 갖는다. 이들은 공변세포의 옆에 있으면서 가스교환과 잎의 증산작용을 수행한다.

잎의 기본조직인 **엽육(mesophyll)**은 엽록체를 지닌 유세포들로 이루어진다. 많은 쌍떡잎식물의 잎에는 원주형의 **책상조직**(palisade mesophyll)이 **해면조직**(spongy mesophyll)) 위에 위치해 있는데, 해면조직은 많은 기공간극을 둘러싸는 허술한 세포들로 구성된다.

줄기의 관다발조직은 잎 속으로 계속 갈라져 들어가면서 광합성 유조직을 지지하고 엽육에 관다발조직을 제공한다. 각각의 잎맥은 **관다발초**(bundle sheath)라고 하는 잎맥을 둘러싸면서 보호하는 세포층이 있는데 이들은 엽육과 관다발조직 사이의 물질교환을 조절한다.

줄기의 조직들은 어떻게 구성되어 있을까? 표피조직계의 표피가 줄기를 덮고 있다. 대부분 쌍떡잎식물에서의 관다발은 환상으로 배열하면서 안쪽에는 기본조직인 수, 바깥쪽에는 피층으로 이루어져 있다. 물관부는 관다발에서 체관부의 안쪽에 위치한다. 대부분 외떡잎식물의 줄기에서는 관다발이 기본조직들 전체에 흩어져 있다. 후각조직의 한 개층이 표피 아래에 있고 후벽조직의 섬유세포들이 줄기를 단단하게 한다.

핵심 문제 28.5

아래 잎의 그림에서 표시된 구조의 명칭을 쓰고 이들 구조의 기능을 밝히시오.

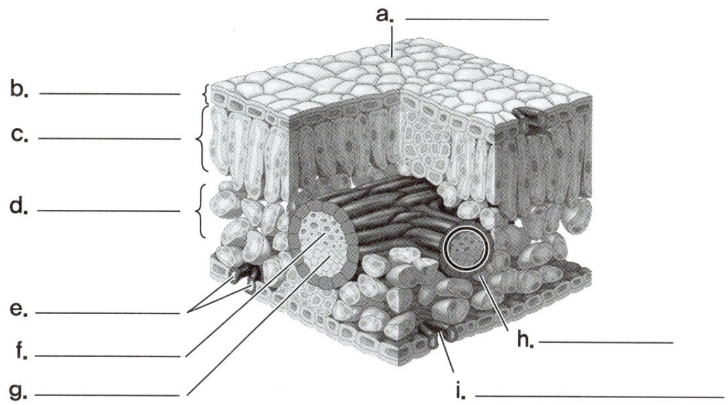

28.4 2기생장으로 목본식물의 줄기와 뿌리의 직경은 증가된다

관다발형성층과 코르크형성층은 2기생장을 일으킨다. 2기생장은 모든 겉씨식물과 많은 쌍떡잎식물에서 일어나지만 외떡잎식물에서는 드물게 일어난다.

관다발형성층과 2기 관다발조직 목본식물의 줄기에서는 관다발형성층이 분열조직성 세포들의 연결된 기둥을 형성하여 그 안쪽에는 2기물관부를 만들고, 바깥쪽에는 2기체관부를 만든다. 어떤 형성층시원세포(줄기세포)들은 관다발방사조직(vascular ray)이라고 하는 방사방향의 유세포 세포열을 만드는데, 이들은 물과 양분의 횡적이동, 탄수화물의 저장과 상처치유를 담당한다.

두껍고 목질화된 세포벽을 갖는 2기물관부 세포들이 축적된 것을 목재라 한다. 온대지역 식물의 나이테(growth ring)는 계절적으로 순환하는 형성층의 활동에 따라 생기는데, 춘재(얇고 큰 세포들로 봄에), 추재(나머지 생장기간)가 있다. 지난 5세기 전부터의 몽고의 침엽수 나이테를 분석(수목연대학, dendrochronology)한 과학자들은 20세기까지 이루어진 기후 온난화의 증거들을 발견했다.

오래된 나무에서는 심재(heartwood)의 중앙부분 세포들이 수지로 채워진 물관부로 구성되어 있지만, 변재(sapwood)는 여전히 수송기능을 갖는 2기물관부로 구성된다.

오래된 2기 체관부는 탈락하지만 관다발형성층에 가장 가까운 세포들은 당의 수송기능을 수행한다.

코르크형성층과 주피형성 표피는 2기생장 기간에 떨어져 버리고 코르크형성층에 의해 형성된 새로운 보호조직으로 대체된다. 코르크형성층은 분열조직성의 다발로서 줄기에서는 바깥쪽 피층에서, 뿌리에서는 바깥쪽 내초에서 처음 형성된다. 코르크형성층은 코르크세포(cork cell)를 만드는데, 이들은 수베린(suberin)이 축적된 세포벽을 발달시키고 치밀하게 쌓여진 보호층을 형성한다. 2기생장이 진행되면서 주피의 가장 바깥층은 계속 벗겨지는데, 결국 2기체관부의 유세포로부터 형성된 새로운 코르크형성층이 발달한다. 피목은 코르크세포 사이의 공간으로서 가스교환이 일어나는 장소이다. **수피(bark)**는 관다발형성층 바깥쪽의 모든 조직인 2기체관부와 주피를 가리킨다.

핵심 문제 28.6

나무 줄기에 위치하는 조직들을 바깥쪽으로부터 안쪽을 향한 배열 순서대로 골라서, 그 알파벳을 빈칸에 넣으시오.

A. 1기체관부	E. 수
B. 2기체관부	F. 코르크형성층
C. 1기물관부	G. 관다발형성층
D. 2기물관부	H. 코르크

___ ___ ___ ___ ___ ___ ___ ___

어원

apic- = the tip; **meristo-** = divided (*apical meristem:* embryonic plant tissue in the tips of roots and the buds of shoots, whose dividing cells enable the plant to grow in length)

coll- = glue; **-enchyma** = an infusion (*collenchyma cell:* a flexible plant cell type that occurs in strands or cylinders that support young parts of the plant without restraining growth)

endo- = inner; **derm-** = skin (*endodermis:* in plant roots, the innermost layer of the cortex, which surrounds the vascular cylinder)

epi- = over (*epidermis:* the dermal tissue system of nonwoody plants, usually consisting of a single layer of tightly packed cells)

inter- = between (*internode:* a segment of a plant stem between the points where leaves are attached)

meso- = middle; **-phyll** = a leaf (*mesophyll:* leaf cells specialized for photosynthesis)

peri- = around; **-cycle** = a circle (*pericycle:* the outermost layer in the vascular cylinder, from which lateral roots arise)

phloe- = the bark of a tree (*phloem:* vascular plant tissue consisting of living cells arranged into elongated tubes that transport sugar and other organic nutrients throughout the plant)

sclero- = hard (*sclerenchyma cell:* a rigid, supportive plant cell type usually lacking a protoplast and having thick secondary walls strengthened by lignin)

trachei- = the windpipe (*tracheid:* a long, tapered water-conducting cell found in the xylem of nearly all vascular plants; functioning tracheids are no longer living.)

vascula- = a little vessel (*vascular tissue system:* a transport system formed by xylem and phloem throughout a vascular plant; xylem transports water and minerals; phloem transports sugars)

xyl- = wood (*xylem:* vascular plant tissue consisting mainly of tubular dead cells that conduct water and minerals upward from the roots to the rest of the plant)

지식의 체계화

1. 식물의 무한생장 패턴이 지역환경의 도전에 어떻게 반응할 수 있게 하는가?

2. 다음의 어린 줄기의 횡단면 그림에서 표시된 구조의 명칭을 쓰시오. 이 줄기는 외떡잎식물 인가 아니면 쌍떡잎식물인가? 어떻게 이것을 말할 수 있는가? 이 줄기는 1기생장을 나타내는가, 아니면 2기생장을 나타내는가? 어떻게 이것을 말할 수 있는가?

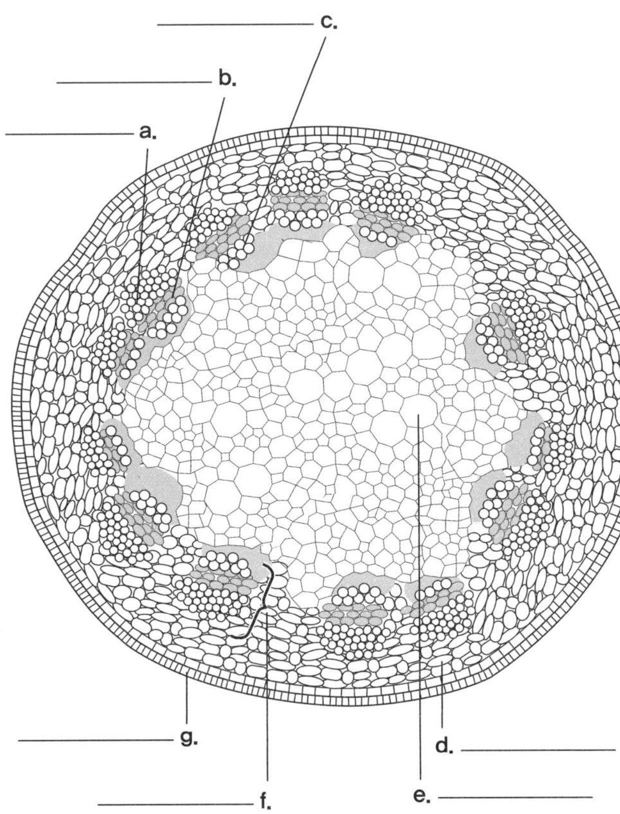

지식의 검증

1. 다음의 어떤 것이 이 문장을 올바르지 않게 만드는가?
외떡잎식물은 전형적으로 ______
a. 2기생장이 없다.
b. 그물맥보다는 평행맥의 잎을 갖는다.
c. 수염뿌리계보다는 원뿌리계를 갖는다.
d. 줄기에서 환상관다발 보다는 산재관다발을 갖는다.
e. 뿌리에서 관다발기둥의 중심에 수를 갖는다.

2. 체관요소는 ______________________________
   a. 목본성 줄기에서 측면으로의 수송을 담당한다.
   b. 핵과 리보솜이 없는 체관세포의 활동을 조정한다.
   c. 어린 줄기를 따라 세포가 신장할 수 있도록 나선형으로 두꺼워졌다.
   d. 양쪽 끝 세포벽에 체판을 갖는 체관부 세포이다.
   e. 잎으로부터의 광합성 물질을 동반세포를 통해 수송한다.

3. 곁눈은 ______________________________
   a. 끝눈을 넘어서 정아우성을 나타낸다.
   b. 잎이 달린 줄기 마디의 귀퉁이에 형성된다.
   c. 내초로부터 자라서 나온다.
   d. 절간분열조직으로부터 형성된다.
   e. 영양적인 슈트로만 발달한다.

4. 다음의 어떤 것이 잎에 구조적으로 지지를 하게 하는가?
   a. 잎자루
   b. 관다발
   c. 수베린이 침적된 세포벽
   d. 목질화된 세포벽이 있는 표피세포
   e. 책상엽육조직의 원주세포

5. 다음의 식물 구조 가운데 어떤 것이 유한생장을 나타내는가?
   a. 뿌리
   b. 영양지
   c. 막뿌리
   d. 쌍떡잎식물의 잎
   e. 식물의 어느 부분도 유한생장을 나타내지 않는다

6. 다음의 어느 것이 생활환의 길이와 올바르지 않게 연결되었는가?
   a. 소나무—다년생식물
   b. 장미—다년생식물
   c. 당근—이년생식물
   d. 마리골드—일년생식물
   e. 옥수수—이년생식물

7. 다음의 어느 것이 그 기능과 올바르지 않게 연결되었는가?
   a. 수직상 시원세포—방사형관다발 형성
   b. 피목—목본성 줄기에서 개스교환을 이루게 한다.
   c. 뿌리털—물과 용해된 무기질을 흡수한다.
   d. 뿌리골무—뿌리가 토양을 파고들 때 뿌리를 보호한다.
   e. 관다발형성층—코르크의 보호층을 형성한다.

8. 뿌리에서 2기 물관부와 체관부는 ______에 의해 형성된다.
   a. 내초
   b. 내피
   c. 관다발형성층
   d. 정단분열조직
   e. 코르크형성층

9. 10대의 어느 청소년처럼 나무 수피에 당신 이름을 새긴 다음, 대학 진학 후에 돌아온다면 그때 당신 이름은 나무의 어느 위치에 있을까?
   a. 나무 줄기의 높은 곳에
   b. 중심줄기로부터 5~6번째 떨어진 가지 위에
   c. 처음 새겼던 같은 높이의 위치에
   d. 2기물관부가 그 위로 자라면서 사라져버렸다.
   e. b와 d 모두 맞다.

연결하기: 식물의 조직(1~10)과 이에 대한 설명(A~J)을 연결하시오.

______	1. 형성층시원세포	A. 곁뿌리가 나오는 층
______	2. 후각조직	B. 목질화된 세포벽이 있는 뾰족한 물관부 세포
______	3. 내피	C. 잎에서 엽록체를 가진 유세포
______	4. 섬유	D. 코르크와 코르크형성층으로 이루어진 보호층
______	5. 엽육	E. 긴 후벽조직성의 세포다발
______	6. 내초	F. 두꺼운 1차벽을 갖는 지지세포들
______	7. 주피	G. 쌍떡잎식물 줄기에서 환상관다발 안쪽의 유세포
______	8. 수	H. 두꺼운 2차벽을 갖는 지지세포들
______	9. 후벽조직	I. 2기 물관부와 체관부를 생산하는 세포들
______	10. 헛물관	J. 뿌리에서 관다발기둥으로의 이동을 조절하는 세포층

29장

관다발식물의 자양분 공급, 영양, 그리고 수송

핵심

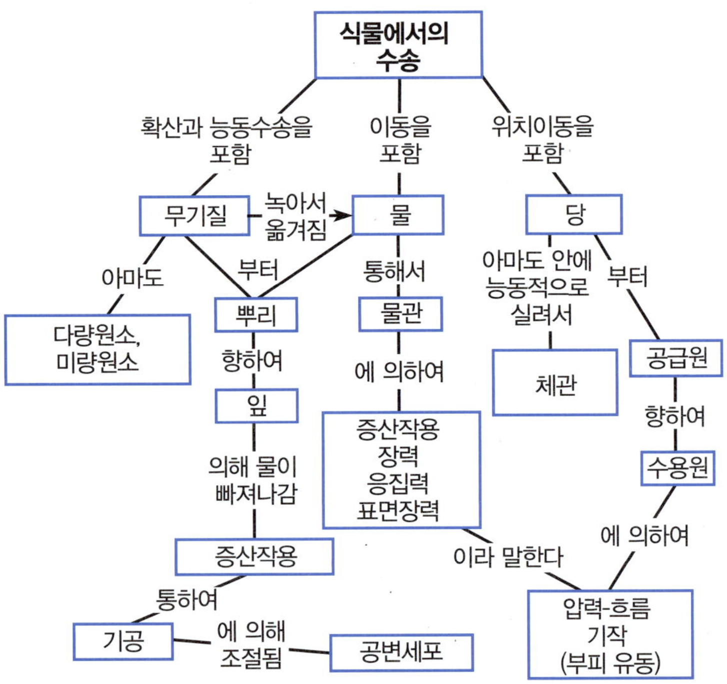

복습

29.1 자양분 공급을 위한 적응은 관다발식물 진화의 핵심과정이다

육지에 사는 식물에게 일어난 진화적 적응으로는 물과 무기질을 흡수하는 뿌리, 이산화탄소와 빛을 흡수하는 지상부, 그리고 뿌리와 지상부 사이에서 물질을 이동시키는 관다발 조직의 특성화를 말할 수 있다. **물관(xylem)**은 뿌리에서 지상부로 물과 무기질을 이동시키고 **체관(phloem)**은 식물 전체에서 당을 저장하거나 사용하는 곳으로 이동시킨다.

지상부의 구조와 빛의 포획 식물의 가지치기와 줄기의 신장 정도는 그늘에서 벗어나기 위해 길이 생장을 하는 데 필요한 에너지와 광합성을 더 많이 할 수 있게 표면적을 넓히거나 가지치기를 많이 하는데 필요한 에너지 사이에 타협점을 반영하고 있다. 일반적으로 줄기가 두꺼워지면 식물의 키도 같이 성장한다.

잎차례(phyllotaxy)로 알려진 줄기에서의 잎의 배열에는 한 결절에 한 잎(교번 또는 회전 잎차례)이거나, 두 잎(상반 잎차례), 또는 그 이상의 잎(윤번 잎차례)이 있다. 속씨식물에서는 빛을 가장 많이 받을 수 있는 137.5° 정도의 잎으로 된 교번 잎차례가 대부분이다.

수관층(canopy), 즉 식물 생태계에서 잎으로 이루어진 층, 부분의 두께는 각 식물의 생산량에 영향을 준다. 수관층이 너무 두꺼우면 그 식물의 아래쪽에 위치한 그늘진 잎에서는 스스로 자르기(self-pruning)라 부르는 과정을 겪으며 시들게 된다.

뿌리 구조와 물과 무기질 공급 식물은 동일하고 한정된 토양에 있는 영양분에 대해 다른 식물과 경쟁하지 않도록 하는 생리적 기작이 있다는 증거가 있다. 뿌리와 균류 사이의 공생관계인 균근은 물과 무기질을 흡수하기 위한 표면적을 크게 늘릴 수 있다.

핵심 문제 29.1

a. 어떤 방향으로 있는 잎이 빛을 가장 많이 받을 수 있을까? 태양빛이 많은 조건에서는 어떨까?

b. 질산염 같은 영양소가 있는 토양에 반응하여 뿌리는 어떤 가지치기 또는 생리적 변화를 보일까?

29.2 단거리와 장거리에서의 물질 수송은 서로 다른 기작으로 이루어진다

아포플라스트와 심플라스트: 수송 연속체 식물에서 살아 있는 부분과 죽은 부분은 무엇인가? **아포플라스트(apoplast)**는 세포벽, 세포외공간, 그리고 물관의 수송세포 같은 죽은 세포의 내부로 이루어졌다. 식물의 원형질체는 원형질연락사로 연결되며 **심플라스트(symplast)**라 부르는 세포질 연속체를 이룬다.

식물 조직 사이의 물과 용질은 세 가지 경로로 수송될 수 있다. 용질이 세포에서 세포로 옮겨질 때 원형질막과 세포벽을 통과하는 **세포막 통과 경로**(transmembrane route)와 원형질연락사를 통해 이동하는 **심플라스트 경로**(symplastic route), 그리고 세포벽과 세포외공간을 따라 이동하는 **아포플라스트 경로**(apoplastic route)가 있다.

원형질막을 통과하는 용질의 단거리 수송 물질은 단백질 운반체, 이온 통로, 공동수송체를 사용한 수동 또는 능동수송을 통해 선택적 투과성 막을 가로지른다. 전압, 압력, 화학물질 같은 자극에 반응하여 수송 이온 통로 단백질은 열리고 닫힌다.

식물의 양전하 펌프는 세포 밖으로 수소이온(H^+)을 퍼내며 에너지를 저장하는 양전하 기울기와 막포텐셜을 생성한다. 수소이온과의 공동수송을 통해 당 같은 용질이나 질산염(NO_3^-) 같은 이온들이 원형질막을 가로질러 이동할 수 있다.

원형질막을 통과하는 물의 단거리 수송 막을 통과하는 물의 확산을 **삼투(osmosis)**라고 한다. 프사이(ψ)라고 표시하는 **수분 포텐셜(water potential)**은 물의 이동 방향을 예측할 수 있는 유용한 측정값이다. 그 값은 용질의 농도와 물리적 압력으로 정해진다. 용질이나 표면에 붙어 있지 않은 자유로운 물은 수분 포텐셜이 높은 곳에서 낮은 곳으로 움직일 것이다. 수분 포텐셜은 **메가파스칼(megapascals**, MPa)로 나타낸다. 표준 조건에서 공기에 노출된 통 속에 들어 있는 순수 물의 수분 포텐셜을 0 MPa로 정하였다.

용질의 농도와 압력이 합해진 효과는 수분 포텐셜(water potential)로 나타낼 수 있다. $\psi = \psi_S + \psi_P$. 이 공식은 수분 포텐셜이 용질 포텐셜과 압력 포텐셜의 합이라는 것을 보여준다.

또 삼투 포텐셜이라고 부르기도 하는 **용질 포텐셜(solute potential**, ψ_S)은 용액에 녹아 있는 용질 분자수에 비례한다. 용질이 수분 포텐셜을 낮추므로 용액의 용질 포텐셜을 언제나 음의 값이다.

압력 포텐셜(pressure potential, ψ_P)은 용액의 물리적 압력을 말하며 음의 값과 양의 값이 모두 가능하다. 음의 압력은 장력이다. 삼투로 물을 끌어들임으로 인해 팽창하게 된 **원형질체(protoplast)**는 세포벽을 밀게 됨에 따라 단단한 세포벽이 원형질체 쪽으로 압력을 주게 된다. 이때의 양의 압력인 **팽압(turgor pressure)**이 생긴다.

세포보다 농도가 높은 용액 속에 있는 **시들은(flaccid)** 식물 세포(ψ_P = 0 MPa)는 용액이 세포보다 낮은(더 음의 값인) ψ을 갖기 때문에 삼투에 의해 물을 잃게 된다. 세포의 원형질체는 쭈그러들어서 세포벽으로부터 떨어지는 현상(**원형질 분리, plasmolysis**)가 일어난다. 시들은 세포가 순수한 물에 있게 되면 물보다 낮은 ψ값을 갖는다. 그때 물은 ψ_S와 ψ_P가 같아지거나 서로 반대의 값으로 세포 안과 밖이 모두 ψ = 0이 되게 충분한 팽압이 만들어질 때까지 세포 안으로 들어간다. 그러면 물의 순이동은 멈추게 된다.

식물 세포는 일반적으로 **부풀어(turgid)** 있다. 이런 세포는 주변 환경보다 더 높은 용질 농도를 가지며 팽압으로 더 단단한 세포를 유지한다. 팽압을 잃으면 식물의 잎과 줄기가 **시드는 현상(wilting)**을 겪게 된다.

아쿠아포린(aquaporine)이라는 물 수송 단백질은 막을 통하는 물의 확산율을 증가시킨다.

핵심 문제 29.2

다음 상황 속의 식물 세포에서 수분 포텐셜 공식을 사용하는 연습을 해보자.

a. 시들은 세포가 –0.6 MPa 수분 포텐셜을 갖는다. 이 세포의 수분 포텐셜 공식에 빈칸을 채우시오.

ψ_p =
+ ψ_s =
ψ = –0.6 MPa

b. 그때 세포를 증류수(ψ = 0 MPa)가 담긴 비커에 넣는다. 순수한 물에서 평형에 도달한 후의 세포에 대한 공식에서 빈칸을 채우시오. 이 세포의 수분 포텐셜에 어떤 일이 생기는지 설명하시오.

ψ_p =
+ ψ_s =
ψ = 0 MPa

c. 만약 같은 세포가 수분 포텐셜이 –0.8 MPa인 용액 속에 들어가게 되면 어떻게 될지 설명하시오. 용액 속에서 평형에 도달한 후 세포의 수분 포텐셜 공식에 빈칸을 채우시오.

ψ_p =
+ ψ_s =
ψ = –0.8 MPa

장거리 수송: 부피 유동의 역할 식물에서 장거리 수송은 압력 기울기에 의해서 가동되는 액체의 이동인 부피유동에 의해서 이루어진다. 체관과 물관의 무슨 물리적 요인이 효과적인 부피유동 흐름을 촉진할까? 체관요소는 대부분의 세포소기관이 결여되어 있고 물관요소와 헛물관은 성숙하면 죽어서 비어 있다.

29.3 식물 뿌리는 토양으로부터 필요한 요소들을 흡수한다

보통 식물 생중량의 80~90%는 수분이 차지한다. 셀룰로오스 같은 탄수화물을 이루는 탄소, 산소, 수소는 식물의 건중량을 이루는 가장 많은 원소들이다. 토양으로부터 흡수되는 무기물은 식물 건중량의 4%에 불과하다.

다량원소와 미량원소 식물이 종자에서부터 다음 종자를 생성하는 성체까지 한 생활사를 마치기 위해서는 **필수원소들(essential element)**이 필요하다. 모든 식물에 필요한 17개의 필수원소를 찾아내는데 **수경재배(hydroponic culture)**를 사용하였다.

식물이 상대적으로 많은 양을 필요로 하는 9개 **다량원소(macronutrient)**에는 유기화합물의 중요한 성분인 6개의 주요 원소와 칼슘, 포타슘, 마그네슘이 있다.

비교적 소량만 필요한 8개의 **미량원소(micronutrient)**는 주로 효소 반응의 보조인자로 사용된다.

핵심 문제 29.3

다음 각 원소들의 기능을 말하고 다량원소인지 미량원소인지 구분하시오.

a. 마그네슘

b. 인

c. 철

무기질 결핍증상 이동성 무기질은 어리거나 성장하고 있는 조직으로 이동하기 때문에 이들 원소의 결핍은 오래된 부위에서 먼저 나타난다. 어떤 무기질의 결핍 증상은 눈에 띄게 보인다. 포타슘이나 인, 그리고 질소의 결핍이 가장 많다.

핵심 문제 29.4

a. 황백화 현상이 무엇인가?

b. 식물 안에서 비교적 이동성이 없는 원소의 결핍이 처음 나타날 것이라고 생각되는 곳은?

토양 관리 고대의 농부들은 토양에 비료를 쓰는 것을 배우게 됨에 따라 인간들이 정착생활을 하게 되었다.

무기질은 자연 생태계에서 **부식질(humus)**이 분해됨으로써 재사용된다. 농업은 무기 영양소를 줄이게 되어 비료를 통해 보충해야 한다. 산업화된 나라에서는 상업용으로 생산된 비료(일반적으로 질소, 인, 포타슘을 포함)를 주로 사용된다. 이런 비료는 빠르게 토양에서 유실되어 하천과 호수를 오염시키게 된다. 소위 유기질 비료라고 부르는 거름, 어분, 퇴비는 천천히 무기질로 분해가 되는 유기물을 포함하고 있다.

토양의 산성화는 양이온 교환에 영향을 준다. 또 무기물의 화학적 형태를 바꿀 수 있어서 식물에 의해 흡수될 수 있게 한다. 토양의 pH를 관리하는 것은 비옥함과 생산성을 유지하는 측면에서 중요하다.

핵심 문제 29.5

a. N-P-K의 비율이란?

b. 토양 pH와 독성 알루미늄 이온(Al^{3+})과는 어떤 관련이 있는가?

토양의 살아 있는 복잡한 생태계 토성(토양의 특성)은 굵은 모래로부터 미사, 점토입자에 이르기까지 다양한 입자의 크기에 달려 있다. 바위 틈새의 물이 얼게 되면 암석을 기계적으로 깨뜨리며 토양 속의 약산이 암석을 화학적으로 깨뜨리는 암석의 풍화작용에 의해 토양입자가 형성된다. 만약 생물체가 암석으로 비집고 들어가면 화학적이고 기계적인 암석붕괴를 가속화한다. 그래서 식물의 뿌리는 이런 과정을 가속화할 수 있는 것이다. 표토에는 바위와 부식질 그리고 살아 있는 생물체로부터 생기는 무기질이 섞여 있다.

양토(loams)에는 거의 같은 양의 모래와 중간크기의 미사, 진흙이 들어 있어 흔히 가장 비옥한 토양이라 한다. 물과 무기질이 붙어 있기에 충분한 표면적을 제공할 수 있는 작은 입자로 되어 있는 반면, 모래입자들 사이는 큰 공극이 있어서 식물 뿌리로 산소의 확산을 가능하게 한다.

K^+, Ca^{2+}, Mg^{2+} 같은 양이온들은 토양 입자의 음이온으로 하전된 표면에 붙어서 쉽게 유실이 일어나지 않는다. **양이온 교환(cation exchange)**에서는 수소이온이 토양으로부터 양이온 무기질을 치환하게 되어 이온들이 흡수될 수 있게 한다. 질산염(NO_3^-)이나 인산염($H_2PO_4^-$), 그리고 황산염(SO_4^{2-})은 더 빨리 유실된다.

부식질은 물을 포함한 무른 토양을 만들어 뿌리에 적절한 공기를 제공하고 무기질 영양분을 공급한다.

수많은 토양에서 서식하는 박테리아, 곰팡이, 미세조류, 다른 원생동물, 곤충, 벌레, 지렁이, 그리고 식물 뿌리와 같은 생물체의 활동은 토양의 물리적, 화학적 성질에 영향을 준다.

핵심 문제 29.6

비옥한 토양의 특성을 설명하시오.

29.4 다른 식물체와의 관계도 식물의 영양과 관련 있다

식물은 많은 박테리아나 곰팡이 사이에서 상리공생(mutualistic) 관계를 형성한다.

토양 박테리아와 식물의 영양 **근권(rhizosphere)**이란 식물의 뿌리 주변의 토양층을 말한다. 근권에는 **근권세균(rhizobacteria)**이라 부르는 토양 박테리아가 밀집해 있으면 식물에서 분비된 물질로 살아간다.

식물-생장-촉진 근권세균(plant-growth-promoting rhizobacteria)으로 알려진 미생물은 식물의 생장을 자극하는 화학물질이나 항생제를 분비하거나, 독성물질을 흡수하고, 영양분이 잘 흡수되게 만들어 놓음으로써 식물이 잘 자라도록 한다.

질소 순환(nitrogen cycle)은 생태계에서의 질소 이동을 말하며 토양 미생물, 식물, 분해자, 그리고 대기로 연결된다. 암모니아화 박테리아(ammonifying bacteria)는 부식질에 있는 유기질 질소를 암모늄(NH_4^+)으로, 질소고정세균(nitrogen-fixing-bacteria)은 기체 상태의 질소(N_2)를 암모니아(NH_3)로 전환한다. 여러 가지 형태의 질산화박테리아(nitrifying bacteria)가 두 단계의 산화과정으로 암모늄으로부터 뿌리에서 가장 쉽게 흡수될 수 있는 질소화합물의 형태인 질산염(NO_3^-)을 만든다. 대부분의 식물은 뿌리에서 질소를 아미노산이나 다른 유기 화합물로 만들어 물관을 통해 지상부로 이런 화합물이나 질산염을 수송한다. 탈질산화박테리아에 의해 대기 중으로 질산염의 일부를 잃게 되기도 한다.

어떤 독립생활을 하는 토양 박테리아와 리조비움(*Rhizobium*)속의 박테리아는 콩과식물의 뿌리와 밀접한 관계를 맺고 질소를 **질소고정(nitrogen fixation)**이라는 과정에 의해 암모니아로 변환한다. 질소고정효소(nitrogenase)가 바로 수소이온과 전자를 더하여 N_2를 NH_3로 환원하는 효소 복합체이다. 이 과정에서 에너지 소모가 많아서 질소고정박테리아는 물질을 분해하거나 식물의 뿌리에서 탄수화물을 공급받는다.

콩과식물의 뿌리는 **뿌리혹(nodule)**이라 부르는 부풀어 오른 부위를 갖는데 이것은 **박테로이드(bacteroid)**라는 형태로 존재하는 박테리아를 포함한 소낭을 가진 식물 세포로 이루어져 있다. 질소 고정은 혐기성 환경이 필요하다. 목질화된 뿌리혹 세포의 바깥층은 가스 출입을 제한한다. 어떤 뿌리혹은 산소를 포함한 레그헤모글로빈 때문에 자유 산소의 농도를 낮게 유지하고 질소 고정에 필요한 ATP를 제공하기 위한 박테리아 호흡작용에 사용되는 산소의 공급을 조절하다. 박테리아는 탄수화물을 공급받고 뿌리혹 세포는 고정된 질소로 아미노산을 만들어 식물 전체로 운반한다.

핵심 문제 29.7

식물의 질소 영양에 참여하는 박테리아(a~d)의 종류를 빈칸에 채우시오. 질소가 물관을 통해 지상계로 수송되는 형태(e)도 표시하시오.

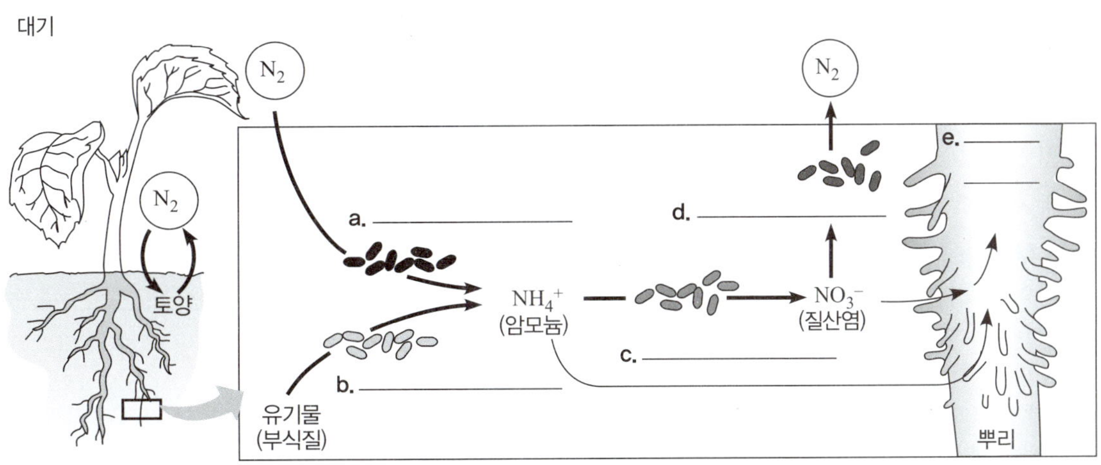

곰팡이와 식물영양 대부분의 식물은 **균근(mycorrhizae)**이라 부르는 식물 뿌리와 곰팡이의 공생관계를 갖고 있다. 곰팡이는 식물에서 당을 공급받는 대신 식물에게 물과 무기질(특히 인산)을 흡수할 수 있는 표면적을 늘려준다. 곰팡이는 뿌리의 생장과 분지를 촉진하는 생장인자와 토양의 병원균으로부터 식물을 보호하는 항생물질을 분비한다.

균근의 주요 두 가지 유형은 무엇인가? 특히 나무들에서 일반적으로 존재하는 **외생균근(ectomycorrhizae)**은 치밀한 껍질이나 덮개 형태의 균사체로 뿌리의 표면을 덮는다. 덮개 형태에서 뻗어 나온 균사로 인해 거대한 흡수 표면적이 제공된다. 또한 균사는 뿌리 표층 속의 세포외 공간까지 자라 들어가 식물과 곰팡이 사이에 물질 교환을 돕는다.

내생균근(arbuscular mycorrhizae)의 균사는 뿌리 세포벽을 뚫고 들어가 피층 세포의 막이 함입되어 형성된 관을 형성하여 분지상구조라 부르는 촘촘한 가지 구조를 만들어 영양분의 교환을 돕게 된다. 식물종의 85% 이상이 내생균근을 갖는다.

대부분 식물은 자연 환경에서 자랄 때 균근을 형성한다. 종자가 만약 공생할 수 있는 곰팡이 종이 별로 없는 토양에 떨어졌을 때 생겨난 식물은 영양 부족의 증상이 나타난다. 외래 침입종인 마늘 겨자는 그 지역 나무에서 자라는 내생균근의 생장을 방해하기도 하였다.

착생식물, 기생식물, 식충식물 특이한 영양 적응을 한 식물에는 어떤 것이 있는가? **착생식물(epiphytes)**은 다른 식물의 표면 위에서 성장하는 식물로 숙주식물에서 영양 공급은 받지 않는다. 많은 기생식물은 그들의 숙주 식물에서 영양분을 빨아들이는 흡기의 기능을 갖는 뿌리를 갖는다.

산성 습지나 다른 영양소가 부족한 토양에서 살기 위해 식충 식물은 잎에서 변형된 여러 가지 포획 구조로 잡은 곤충이나 작은 동물을 죽이고 분해하여 질소와 무기질을 얻는다.

29.5 물과 무기질이 증산작용으로 뿌리에서 물관을 거쳐 지상부까지 수송된다

뿌리세포에 의한 물과 무기질의 흡수 대부분의 물과 무기질의 흡수가 뿌리 끝 근처의 뿌리털이 있는 곳에서 일어난다. 토양수는 표피세포의 친수성 벽을 따라 흘러서 뿌리의 피층까지 흘러가게 되어 물과 무기질이 흡수될 수 있는 훨씬 넓어진 원형질막의 표면에 노출되게 된다. 세포는 필수 무기질을 능동 수송을 통해 축적하게 된다.

물관으로 물과 무기질의 수송 피층이나 표피세포를 통해 심플라스트에 도달한 물과 무기질은 **내피(endodermis)**의 원형질 연락사를 통과하여 관다발원통 또는 중심주에 들어간다. **카스파리 띠(Casparian strip)**이라 부르는 각 내피세포의 코르크질 띠는 아포플라스트에서 온 물과 무기질이 선택적 투과성 막을 통과하지 않고 중심주에 들어가는 것을 막아준다.

확산과 능동수송의 조합으로 인하여 무기질은 내피세포로부터 아포플라스트까지 이동하고 죽은 조직인 헛물관과 물관요소에 물과 같이 들어간다.

핵심 문제 29.8

뿌리의 단면을 보여주는 다음 그림에 빈칸을 채우시오. a와 b는 물과 무기질의 수송 통로를 말하는 것이고 c~i는 세포층이나 구조를 말하는 것이다.

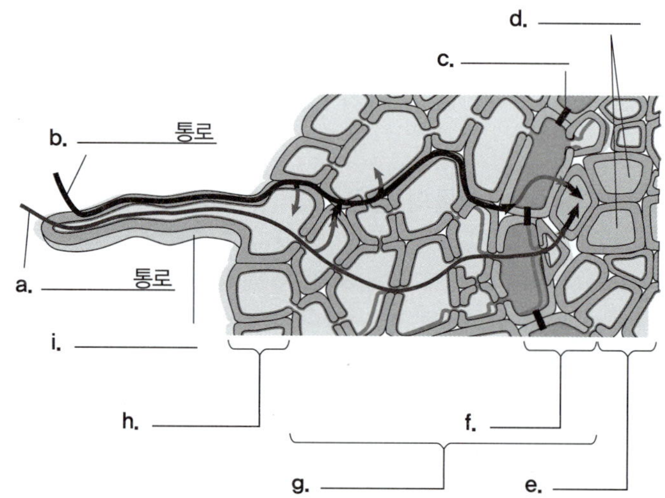

물관을 통한 부피 유동의 수송 **물관액(xylem sap)**의 물과 녹아 있는 무기질은 부피유동에 의해 뿌리에서 잎의 잎맥가지까지 이동한다. **증산작용(transpiration)**이라 부르는 잎에서의 증발에 의한 어마어마한 양의 물의 손실을 식물은 뿌리에서 올라온 물로 채운다.

응집-장력 가설(cohesion-tension hypothesis)에 따르면 증산작용은 물관액을 당기는 음압을 만들고 이 음압이 물관 내부의 물 분자 응집에 의해 지상부에서 뿌리로 전달되게 된다.

잎 내부의 공기층에 채워진 수증기가 기공을 통해 빠져나간다. 공기층 벽을 싸고 있는 엽육세포를 덮고 있는 얇은 수분층은 증발을 시작한다. 친수성 벽에 붙어서 남아 있던 물이 물과 공기 사이에 접촉면을 휘게 한다. 이렇게 휘어짐이 물 층의 높은 표면장력 때문에 물 층에 장력을 만들게 된다. 이런 음압은 세포에서 물을 당기게 되고 물관에 있는 물을 대치하게 한다. 물은 더 음압 수분 포텐셜 쪽으로 향하는 기울기에 따라 이동하게 되고 물관에서 이웃세포로, 공기층으로 마지막에는 잎 바깥의 대기로 나가게 된다.

물관액을 증산작용으로 당겨 올리는 힘은 물 분자 사이에 생기는 수소결합으로 생기는 응집력으로 잎에서부터 뿌리까지 전달된다. 또한 좁은 물관 세포의 친수성 벽에 물 분자가 부착되면 중력에 의해 아래쪽으로 작용하는 힘을 이길 수 있게 한다.

응집하고 있는 물관액의 증산작용에 의한 위로 향하는 힘이 물관 안의 장력을 만들게 되고 수분 포텐셜을 낮추어 수동적으로 물이 토양에서 피층 세포를 거쳐 관다발통으로 흘러가게 한다.

공동현상이라 부르는 물관에서 이어져 있던 물 분자 연쇄가 중간에 수증기 주머니가 형성되어 깨진다면 증산작용에 의한 당김도 깨지게 된다. 그 물관은 물 분자의 연쇄가 옆에 물관으로 돌아가게 되지 않는다면 수송에 더 이상 역할을 할 수 없다. 어떤 식물에서는 뿌리압(root presure)에 의해 차단된 물관을 다시 채우는 경우도 있다.

부피 유동에 의한 물관액의 상승: 요약 응집-장력 작용은 뿌리에서 잎까지 물과 용질의 부피 유동이 있게 한다. 증산작용에 의해 생기는 태양열에 의한 장력은 물과 용질의 장거리 수송을 책임지는 압력 기울기를 만든다.

핵심 문제 29.9

물의 장거리 수송을 위해서 다음의 각 현상들이 어떤 역할을 하는가?

a. 증산작용

b. 장력

c. 응집력

d. 접착력

29.6 증산율은 기공에 의해 조절된다

광합성 작용이 일어나기 위해서 잎은 기공을 통해 기체 교환을 해야 하고 CO_2를 얻기 위한 넓은 면적을 제공하게 됨에 따라 물의 증발이 증가하게 된다.

기공: 물 손실의 주요 통로 식물에서 대부분의 물은 기공을 통해 빠져나간다. 공변세포는 기공의 지름을 제어하여 증산율을 조절한다. 기공의 빈도는 유전적 그리고 환경적 영향을 받는다.

기공 개폐의 기작 대부분의 속씨식물에서 공변세포의 세포벽은 두껍고 부풀어 있기 때문에 방사상으로 배열된 미세섬유가 길이를 늘리고 바깥쪽으로 더 휘게 하여 세포 사이의 간격을 넓게 한다.

공변세포에서 팽압 변화는 무엇에 의해 생기는가? 이 세포들이 포타슘이온(K^+)을 능동적으로 축적함에 따라 수분 포텐셜을 줄이고 물의 삼투적 유입과 팽압의 증가를 유도한다. 특정 막 통로를 통해 세포 안으로 들어오는 K^+의 흐름은 세포 밖으로 나가는 양성자 펌프에 의해 생성되는 막 전하 형성과 짝을 이루게 된다. K^+가(물과 따라서) 나가게 될 때는 팽압의 저하가 생기고 기공이 닫히게 된다.

기공 개폐의 자극 새벽에 기공이 열리는 데는 최소한 세 개의 시작신호가 있다. 첫째, 빛이 양성자 펌프를 활성화하는 청색광 수용체에 비추어 공변세포를 자극하게 됨으로써 포타슘이온을 축적하게 한다. 둘째, 광합성으로 잎의 공기층에 CO_2의 고갈이 엽육조직에서 시작되면 기공이 열린다. 셋째 요인은 공변세포 내부의 개폐 일주기 리듬이다. 대략 24시간의 간격을 갖는 주기를 **일주기성 리듬(circadian rhythms)**이라고 한다.

환경 스트레스도 낮 동안에 기공이 닫혀 있게 할 수 있다. 공변세포가 물의 공급이 부족하면 팽압을 잃게 된다. 또한 더욱이 뿌리와 잎에서 물이 부족할 때 생성되는 **앱시스산(abscisic acid, ABA)**이라는 호르몬은 공변세포가 기공을 닫도록 하는 신호가 된다.

시들기와 잎의 온도에 대한 증산작용의 효과 증산 작용이 보유한 물 이상으로 많이 일어나면 잎은 팽압을 잃게 됨에 따라 시들게 된다. 증산작용은 증발로 인한 냉각 효과도 있어 잎 세포에 있는 중요한 효소를 보존하기 위하여 온도를 낮추기도 한다.

증발에 의한 물의 손실을 줄이는 적응 물이 부족한 기후에 적응한 많은 **건생식물(xerophytes)**들은 잎이 거의 없고 광합성은 주로 두껍고 물을 보관하는 줄기에서 한다. 잎의 큐티클층이 두껍고 기공은 오목하게 들어간 곳에 숨겨져 있게 된다. **CAM(crassulacean acid metabolism)**이라 부르는 광합성의 특별한 방식은 여러 식물 과에서 사용된다. 이런 식물들은 밤 동안에 CO_2를 얻기 때문에 낮 동안에는 기공을 닫아 물의 손실을 줄인다.

핵심 문제 29.10

식물에 광합성-증산작용이 타협하고 있다는 의미는 무엇인가? 건조한 바람이 부는 햇볕이 쨍쨍한 날에는 어떻게 식물이 타협하는데 영향을 주게 되는지 설명하시오.

29.7 당은 체관을 통해 공급원으로부터 수용원으로 수송된다

당 공급원에서 당 수용원으로 이동 운반(**translocation**)은 광합성 산물을 식물 전체에 수송하는 것으로 체관의 체관 요소에서 일어난다. **체관액(phloem sap)**은 당의 농도가 30% 정도나 되며 무기질과 아미노산, 그리고 호르몬도 들어 있다.

체관액은 광합성에 의해 또는 녹말이 분해되어 만들어지는 장소인 **당 공급원(sugar source)**에서 당이 소모되거나 저장되는 기관인 **당 수용원(sugar sink)**으로 흘러간다. 어떤 체관이든 수송의 방향은 그 관이 연결된 수용원과 공급원에 따라 정해진다.

어떤 종에서는 잎에서 당이 엽육세포의 심플라스트를 통해 체관 요소로 이동한다. 다른 어떤 종에서는 당이 처음에는 심플라스트를 통해 이동하다가 당의 축적이 활발하게 일어나는 체관 요소와 동반세포의 근처에서 아포플라스트로 들어간다.

양성자 펌프를 사용하거나 공동수송 단백질을 통하여 되돌아가는 양성자를 따라 당이 공동수송됨으로써 체관에 능동적으로 실리게 된다. 수용원에서는 당이 수용원 세포 안에서 사용되거나 전환되기 때문에 농도기울기에 의해 체관 밖으로 당의 확산되는 것을 돕게 된다.

핵심 문제 29.11

동반세포나 체관요소로 당이 능동수송되는 화학적 삼투의 기작에 관한 모식도에 각 빈칸을 채우시오. 이 모식도의 어느 쪽이 심플라스트(세포의 내부)를 나타내고 있는가?

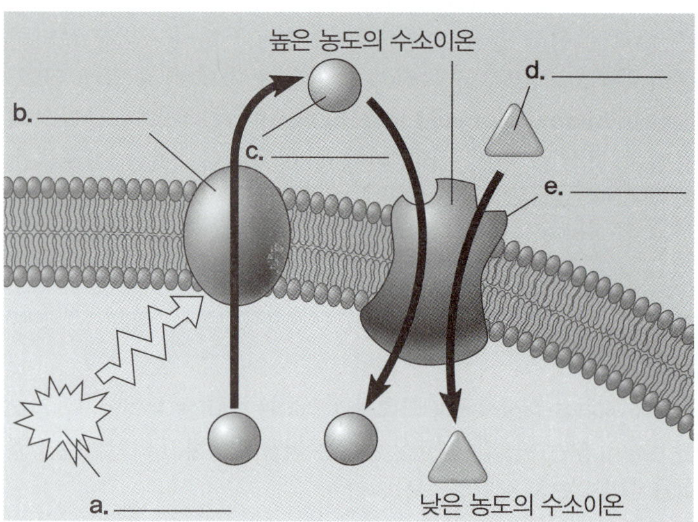

양압에 의한 부피유동: 속씨식물에서 수송 기작 공급원에서 수용원으로 체관액의 이동은 압력 흐름(pressure flow)으로 알려진 양압에 의해 이루어진다. 공급원에서의 높은 당의 농도는 수분 포텐셜을 낮추고 그 결과 물이 체관으로 이동하게 됨에 따라 양압이 생성된다. 수용원에서는 당이 주변 조직으로 빠져나감에 따라 물의 삼투에 의한 손실로 낮은 압력이 만들어진다.

자기솎음질(self-thinning) 현상은 식물이 공급원에 의해 지원될 수 있는 것보다 더 많은 수용원을 갖게 될 때 꽃, 씨, 또는 열매를 없애 버리는 현상이다.

어원

apo- = off, away; **-plast** = formed, molded (*apoplast:* everything external to the plasma membrane of a plant cell, including cell walls, intercellular spaces, and the space within dead structures such as xylem vessels and tracheids)

aqua- = water; **-pori** = a pore, small opening (*aquaporin:* a membrane channel protein that specifically facilitates osmosis, the diffusion of water across the membrane)

arbo- = tree; **-myco-** = a fungus; **-rhizo** = a root (*arbuscular mycorrhiza:* association of a fungus with a plant root system in which the fungus causes the invagination of the plant cells' plasma membranes)

circa- = a circle (*circadian rhythm:* a physiological cycle of about 24 hours that persists even in the absence of external cues)

ecto- = outside (*ectomycorrhiza:* association of a fungus with a plant root system in which the fungus surrounds the roots but does not cause invagination of the plant cells' plasma membranes)

endo- = within, inner; **-derm** = skin (*endodermis:* in plant roots, the innermost layer of the cortex that surrounds the vascular cylinder)

macro- = large (*macronutrient:* an essential element that an organism must obtain in relatively large amounts)

mega- = large, great (*megapascal:* a unit of pressure equivalent to about 10 atmospheres of pressure)

micro- = small (*micronutrient:* an essential element that an organism needs in very small amounts)

myco- = a fungus; **-rhizo** = a root (*mycorrhiza:* a mutualistic association of plant roots and fungus)

osmo- = pushing (*osmosis:* the diffusion of free water across a selectively permeable membrane)

sym- = with, together (*symplast:* in plants, the continuum of cytoplasm connected by plasmodesmata between cells)

turg- = swollen (*turgor pressure:* the force directed against a plant cell wall after the influx of water and swelling of the cell due to osmosis)

xero- = dry; **-phyto** = a plant (*xerophyte:* a plant adapted to an arid climate)

지식의 체계화

1. 용질이 식물에서 원형질막을 통과하여 이동하는 방법에 대하여 서술하라.
2. 뿌리혹과 균근 사이의 차이점은 무엇인가? 각각이 어떻게 식물에 도움을 주는가?
3. 뿌리혹과 균근 사이의 유사점은 무엇인가?
4. 물관액과 체관액 모두 속씨식물에서 부피 유동에 의해 이동된다. 각 이동 기작의 비교하고 차이점을 말하여 보시오.

지식의 검증

선다형 문제: 가장 옳은 답을 고르시오.

1. 어떤 식물이 위의 잎에서 30도 각을 가지고 다음 잎이 자리한 잎차례를 갖는다면 추측할 수 있는 것은?
   a. 잎들이 매우 넓게 배열되어 있을 것 같으며 물이 충분한 곳에서 자라는 식물이다.
   b. 잎들이 매우 넓게 배열되어 있을 것 같으며 빛이 적은 곳에서 자라는 식물이다.
   c. 잎들이 매우 얇을 것 같다. 그 이유는 서로 가까운 각도로 위치하기 때문에 서로 그늘을 피하기 위해 얇은 것이다.
   d. 잎들이 매우 얇을 것 같다. 그 이유는 식물이 햇볕이 잘 쪼이고 습한 지역에 살기 때문이다.
   e. 식물의 잎들이 매우 가깝게 위치하고 있어 수관층이 두터울 것이며 아래의 잎들은 스스로 자르기 현상으로 잃게 될 것이다.
2. 다음의 구조 중에서 심플라스트에 해당되는 것이 아닌 것은?
   a. 체관 요소
   b. 헛물관
   c. 내피세포
   d. 뿌리털
   e. a와 b
3. 식물세포의 원형질막에 있는 양성자 펌프는?
   a. 특이적 통로를 통해 세포 안으로 음이온이 들어가는 것을 돕는 막포텐셜을 생성한다.
   b. 공변세포에 K^+가 들어가는 것과 짝을 이룬다.
   c. 체관요소에 당이 축적되도록 한다.
   d. 공동수송 기작을 통해 이온을 이동하게 한다.
   e. 위의 모두.
4. 비커에 담겨져 부풀었던 세포가 시들게 되었다면 다음 중 옳은 것은?
   a. 세포의 수분 포텐셜이 초기에 용액보다 높았을 것이다.
   b. 세포의 수분 포텐셜이 초기에 용액과 같았을 것이다.
   c. 세포의 압력(ψ)이 초기에 용액보다 낮았을 것이다.
   d. 세포의 ψ_s가 초기에 용액보다 더 음의 값이었을 것이다.
   e. 세포가 더 이상 버틸 필요가 없어서 팽압이 사라졌다.
5. 다음의 기작 중에서 NO_3^-를 뿌리의 표피세포로 이동시키기 위한 것은?
   a. 뿌리로 물의 부피 유동
   b. 막 공동수송 단백질을 통한 H^+와 같이 수송
   c. 양성자 펌프로 생성되는 막 포텐셜의 도움으로 선택적 통로를 통한 통과
   d. 질산염 펌프를 통한 능동수송
   e. 농도기울기가 낮은 곳으로 단순 확산으로 막을 통과
6. 아쿠아포린이란?
   a. 피층 세포 사이의 세포질 연결
   b. 체관요소의 끝까지 체관액이 흘러가는 구멍
   c. 잎의 아래쪽 표피의 구멍으로 수증기가 빠져나가는 곳
   d. 뿌리털에서 물이 들어오는 구멍
   e. 삼투 효율을 높이는 막에 있는 물의 통로
7. 식물세포의 수분 포텐셜은?
   a. 세포가 순수한 물에 들어가 있고 부풀어 있으면 0 MPa이다.
   b. 공기와 같다.
   c. −0.23 MPa이다.
   d. K^+가 능동수송으로 세포 안으로 들어가면 더 값이 커진다.
   e. 농도가 높은 용액 속에 있으면 팽압을 잃게 되어 0 MPa가 된다.

8. 토양의 일반적으로 가장 비옥한 형태는?
   a. 모래, 왜냐하면 입자가 크기 때문에 공기가 들어 있는 공간이 있으므로
   b. 가는 입자와 거친 입자가 섞여 있는 양토
   c. 진흙, 왜냐하면 가는 입자가 물과 무기질이 접착할 수 있는 표면적으로 넓혀주기 때문
   d. 유기물이 분해되고 있는 부식질
   e. 습기가 있고 알칼리성

9. 유기 비료가 상업적으로 팔고 있는 비료보다 좋은 점은 무엇인가?
   a. 더 자연적이다.
   b. 더 오랫동안 영양소를 제공하고 덜 유실될 수 있다.
   c. 식물에 더 쉽게 흡수될 수 있는 형태의 영양소를 제공한다.
   d. 대량으로 생산하고 수송하기가 더 쉽다.
   e. 위의 모두

10. 음으로 하전된 무기질은?
   a. 음이온 교환으로 진흙 입자에서 떨어져 나올 수 있다.
   b. 흡수되기 전에 음이온 교환으로 감소된다.
   c. 식물 전체로 이동되기 전에 아미노산으로 변환된다.
   d. 뿌리가 토양으로 산을 방출할 때 결합된다.
   e. 양으로 하전된 무기질보다 더 쉽게 유실된다.

11. 이동성이 높은 영양소가 포함된 무기질 결핍 효과가 처음에 발견되는 곳은?
   a. 식물의 오래된 부분
   b. 새 잎과 지상부
   c. 뿌리계
   d. 잎의 색깔
   e. 꽃

12. 미량원소란?
   a. 효소의 보조인자가 될 수 있다.
   b. 매우 적은 양이 필요하다.
   c. 사이토크롬의 구성원이다.
   d. 수경재배를 사용하여 밝혀졌다.
   e. 위의 모두

13. 황백화 현상이란?
   a. 무기질 결핍으로 엽록소 생성이 줄어서 잎이 노랗게 변하는 것
   b. 식물이 공생하는 박테리아의 도움을 받아 미량원소인 염소를 흡수하는 것
   c. 식물의 틸라코이드막 안에서 엽록소의 생산
   d. 수경재배할 때 유리 기구의 오염
   e. 습기 많은 토양 조건에서 생기는 뿌리의 곰팡이

14. 질소고정효소는?
   a. 대기 중의 질소를 암모니아로 환원시키는 효소 복합체다.
   b. 리조비움이나 다른 질소고정 박테리아에서 발견된다.
   c. 에너지 소모가 많은 질소의 고정을 촉매한다.
   d. 혐기성 환경에서 기능을 한다.
   e. 위의 모두

15. 착생식물이란?
   a. 숙주 식물에 흡기를 박고 물과 무기질을 공급받는다.
   b. 특화된 잎과 특이적 곰팡이 사이의 공생 관계다.
   c. 척박한 토양에 살며 질소를 얻기 위해 곤충을 포획하여 소화시킨다.
   d. 다른 식물 위에서 자라지만 그 식물로부터 영양소를 얻는 것은 아니다.
   e. 뿌리 세포 속의 주머니 안에서 질소고정 박테리아를 갖고 있다.

16. 어떤 농업용 토양에 질소량을 증가시킬 수 있는 것은?
   a. 암모니아화 박테리아에 의한 레그헤모글로빈의 합성
   b. 콩과식물의 균근
   c. 질소고정 박테리아를 갖고 있는 콩과식물과 윤작
   d. 음이온 교환
   e. 탈질소화 박테리아의 활동

17. 아래의 구조 중에서 균사체가 뻗어 나가가서 흡수 표면적을 증가시키는 식물 뿌리를 덮은 수초의 형태를 갖는 것은?
   a. 뿌리혹
   b. 흡기
   c. 내생균근
   d. 외생균근
   e. 뿌리 착생식물

18. 정원사가 식물의 질병을 줄이기 위해 토양을 멸균하였다면 어떤 일을 예상할 수 있는가?
   a. 음이온 교환이 줄어들어 식물 생장이 줄어든다.
   b. 식물의 광합성 산물을 유출시키는 토양 미생물이 없어져 식물의 생장이 증가한다.
   c. 수분을 포함한 박테리아가 없어져 생장이 줄어든다.
   d. 질병을 일으키는 박테리아가 없어져 생장이 늘어난다.
   e. 근권에서 미생물과 상리공생 관계가 파괴되어 전체적인 식물 생장이 줄어든다.

19. 카스파리 띠는 다음의 어느 곳을 통과하여 관다발통으로 들어가려는 물과 무기질을 막게 되는가?
   a. 원형질연락사
   b. 내피 세포
   c. 심플라스트
   d. 아포플라스트
   e. 체관

20. 다음 중 물과 무기질을 흡수할 수 있는 뿌리의 표면적을 증가시킬 수 없는 것은?
   a. 균근
   b. 많은 가지가 난 뿌리
   c. 뿌리털
   d. 헛물관의 세포질 확장
   e. 피층 세포의 넓은 표면적

21. 잎의 공기 주머니를 둘러싼 세포의 벽을 따라 물과 공기의 접촉면이 휜 형태를 한 것은 어떻게 물의 수송을 돕게 되는가?
   a. 주변 엽육조직 세포보다 더 높은 수분 포텐셜을 생성
   b. 장력을 생성하여 잎의 압력과 수분 포텐셜을 낮춤
   c. 주변 포화된 공기의 수분 포텐셜을 높임
   d. 세포벽에 물분자의 접착력을 증가시킴
   e. 잎에서의 증산작용을 증가시킴

22. 어떻게 접착력이 만들어지는가?
   a. 물 분자 사이의 수소결합
   b. 물이 엽육조직 세포 표면에서 증발함에 따라 물을 통채로 잡아당김
   c. 음압에 의해 생기는 물관 안에서의 장력
   d. 좁은 물관의 친수성 벽에 물 분자가 끌림
   e. 물의 높은 표면 장력

23. 다음 중 기공이 열리게 하는 것이 아닌 것은?
   a. CAM 식물의 낮에 햇빛
   b. 잎의 공기 공간에 CO_2의 부족
   c. 공변 세포 안으로 K^+가 들어가게 하는 양성자 펌프의 자극
   d. 공변 세포의 일주기 리듬
   e. 공변 세포의 팽압 증가

24. 가장 좋아하는 식물이 시들었을 때 다음의 설명 중에서 그 원인과 회복시키는 방법으로 가장 타당한 것은?
   a. 수분 포텐셜이 너무 낮다; 설탕물을 준다.
   b. 식물의 기공이 열리지 않았다; 방법이 없다.
   c. 식물세포에 원형질분리가 일어났다; 물을 준다.
   d. 공기층이 생겼다; 물관이 우회할 수 있게 한다.
   e. 일주기 리듬이 기공이 열리게 하였다; 식물을 어두운 곳에 둔다.

25. 다음 중에서 당이 공급원에서 수용원으로 수송하는 기작은?
   a. 물의 증발과 수용원에서부터 당의 능동수송
   b. 물이 당이 실린 체관요소로 삼투적 이동으로 수용원보다 공급원에 압력이 더 높게 생성
   c. 수용원과 공급원 사이에 압력의 차이로 장력이 발생
   d. 양성자 펌프에 의해서 체관 세포를 통해 당이 능동수송
   e. 엽육조직의 세포에서 녹말이 당으로 분해되어 수분 포텐셜을 증가시키고 부피 유동으로 체관액을 수용원으로 보냄

30장

현화식물의 생식과 토착화

핵심

이 장에서는 현화식물의 유성생식과 무성생식을 다루게 된다. 꽃은 감수분열로 포자를 만들어 이 포자가 자라서 일생주기 중 반수체 생식세포 형성기에 들어간다. 꽃밥에 있는 소포자낭이 꽃가루 안의 수배우체로 발생하고 밑씨 안의 대포자낭은 배낭을 만든다. 수분으로 난자와 극핵의 중복수정이 일어나면 배, 배젖과 함께 종자가 발달하게 되어 종자 껍질로 보호되고 열매 안에 자리하게 된다. 적절한 환경 촉발과 물이 흡수됨에 따라 종자는 휴면에서 깨어나게 된다.

무성생식은 우수한 식물의 클론을 만들 수 있게 한다. 농업은 그동안 꺾꽂이, 접목, 시험관 클로닝 등의 영양번식을 많이 사용하여 왔다. 식물의 생명공학은 곤충이나 질병 저항성, 제초제 관용성이나 더 나은 영양분을 갖는 형질을 갖도록 유전자 조작(GM 또는 도입) 식물을 만든다.

복습

인간과 우리가 기르는 작물 사이는 속씨식물과 동물 사이에서 흔히 있는 상호 호혜적 관계의 한 예가 된다.

30.1 꽃, 중복수정, 열매는 속씨식물 생활사의 독특한 특징이다

식물은 반수체(n)와 2배체($2n$) 세대를 번갈아 만들어 가는 세대교번을 한다. 2배체인 포자체가 감수분열로 반수체 포자를 만든다. 이들 포자는 다세포 반수체 암수 배우체로 발생하여 체세포분열을 통해 배우자를 생산한다. **수정(fertilization)**으로 접합자가 만들어져서 새로운 포자체 식물로 자란다. 속씨식물에서 암수 배우체는 단지 몇 개의 세포로 숫자가 줄어들게 된다.

꽃의 구조와 역할 꽃은 줄기 부위에 붙어 있는 생식을 담당한 지상부이며 전형적으로 **암술(carpel)**, **수술(stamens)**, **꽃잎(petal)**, **꽃받침(sepal)**이 **화탁(receptacle)**이라 부르는 4가지 집중된 윤생체인 꽃기관(floral organ)을 갖는다. 암술은 **씨방(ovary)**으로 이어지는 가늘게 생긴 **암술대(style)**와 맨 위에 끈적한 **암술머리(stigma)**로 이루어진다. 씨방 속에는 한 개 이상의 **밑씨(ovule)**가 있다. 꽃은 하나 또는 여러 개가 합쳐진 암술을 갖고 있지만 어느 경우든 **암술무리(pistil)**란 용어를 쓴다. 수술은 수술대(filament)와 소포자낭(꽃가루 주머니)을 갖는 **꽃밥(anther)**으로 구성된다. 꽃잎은 일반적으로 꽃받침보다 더 색깔이 화려하여 꽃가루 전달자를 꽃으로 끌어들이는 역할을 한다. 꽃받침은 꽃눈이 벌어지기 전에 그것을 감싸 보호하고 있다.

완전 꽃(complete flowers)이란 꽃받침, 꽃잎, 수술, 암술을 가지고 있다. **불완전 꽃(incomplete flower)**은 이런 꽃기관이 하나 이상 부족하다. 어떤 불완전 꽃은 불임이기도 하고 어떤 것은 단성(unisexual)이기도 하다. 꽃은 다양하여 낱꽃이 아닌 **꽃집합(inflorescences)**이라고 부르는 꽃 모둠을 보이기도 하며 다양한 모양, 색깔, 그리고 향기가 여러 종류의 꽃가루 전달자를 유혹하기에 적합하게 되어 있다.

핵심 문제 30.1

다음의 모식도에 꽃을 구성하는 각 부분의 명칭을 쓰시오.

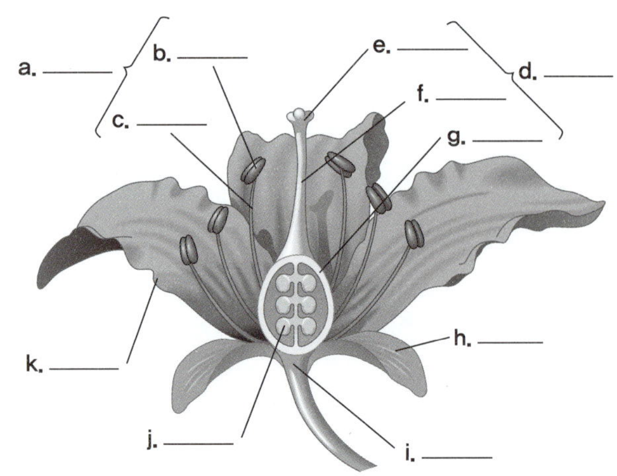

어떻게 꽃이 형성될까? 환경적 요인과 내부 요인의 조합이 지상부 정단분열조직을 **꽃분열조직**(floral meristem)으로 전환시킨다. 꽃기관 결정 유전자는 꽃기관의 4가지 윤생체 형성을 조절한다. 이들 유전자 중 하나에 돌연변이가 생기면 어떤 형태가 정상적으로 발생해야 할 곳에 다른 형태가 나타나게 한다. 꽃 형성의 **ABC 가설(ABC hypothesis)**로 세 종류의 꽃결정 유전자를 발견하였고 그 유전자 각각은 인접한 두 윤생체 모두에서 발현된다.

핵심 문제 30.2

다음의 ABC 가설 모식도는 각 윤생체에서 활성화된 유전자와 그 결과로 나타나는 야생형 꽃의 해부학적 모습을 보여주고 있다.

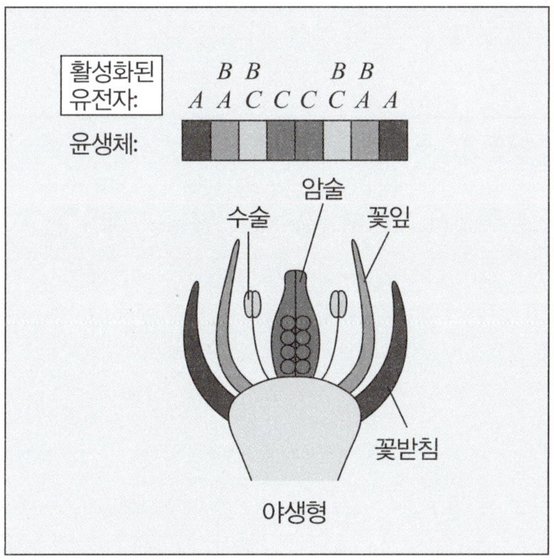

a. 정상적인 꽃에서는 어떤 기관이 해당 윤생체에서 만들어지는지 아래의 표에 빈칸을 채우시오. 기능적인 *A* 유전자가 없는 돌연변이에서 어떤 유전자 발현 형태와 그 결과 나오는 꽃기관 배열은? (*A* 유전자의 활성은 *C* 유전자 억제를 없애버리고 그 역도 마찬가지라는 것을 기억하시오.)

윤생체	활성화된 유전자들	정상 꽃에서의 기관들	돌연변이 *A*에서의 활성화된 유전자들	돌연변이 *A* 꽃에서의 기관들
1	*A*			
2	*AB*			
3	*BC*			
4	*C*			

b. *B* 또는 *C* 유전자 활성이 없는 이중 돌연변이일 경우 발생한 꽃의 형태는 어떤 것인가?

여기서 우리는 어떻게 4개의 꽃기관이 형성되었는지 알아볼 것이다. **배낭(embryo sac)**이라고 부른 암배우체가 암술의 씨방 안에서 어떻게 발생하는지도 볼 것이다. 두 층의 **외피**(integument)는 **주공**(micropyle)을 제외하고 각 밑씨를 싸고 있다. 밑씨의 대포자낭 속에 있는 **대포자모세포**(megasporocyte)는 감수분열을 겪고 4개의 반수체 **대포자(megaspore)**를 만들지만 단지 하나의 대포자가 생존한다. 생존한 대포자는 세 번의 체세포분열을 하여 7개의 세포 안에 포함된 8개의 핵으로 이루어진 암배우체를 형성한다. 배낭의 주공쪽 끝에는 난자 세포가 두 개의 조세포 사이에 있어서 꽃가루관을 유도하는 것을 돕는다. 세 개의 반족세포는 다른 쪽 끝에 있으며 극핵이라 부르는 두 개의 핵은 가운데 커다란 중앙 세포 안에 있다.

어떻게 수배우체는 발생을 하는가? 꽃밥 안의 각 소포자낭(꽃가루 주머니) 속에는 **소포자모세포**(microsporocyte)라고 하는 2배체 세포가 감수분열을 거쳐 4개의 반수체 **소포자(microspore)**를 형성한다. 각 소포자는 한 번의 체세포분열을 거쳐 **관세포**(tube cell)와 관세포 안으로 이동하는 **생식세포**(generative cell)를 만든다. 그 세포들을 둘러싼 포자벽은 두꺼워져서 **꽃가루(pollen grain)**의 조각된 껍질을 이룬다. 꽃가루가 암술머리에 앉게 되면 관세포가 꽃가루관 형성을 시작한다.

꽃밥에서 암술머리로 꽃가루가 옮겨지는 것을 **수분(pollination)**이라 부르며, 바람이나 물, 아니면 벌, 나방, 나비, 파리, 새, 박쥐를 포함한 동물에 의해 이루어진다.

중복수정 꽃가루가 암술머리에 앉게 된 후에는 습기를 흡수하고 발아를 한다. 꽃가루관은 암술대를 따라 자라가고 생식세포는 분열을 하여 2개의 정자를 만든다. 꽃가루관이 주공에 도달하면 두 개의 정자를 배낭 안에 배출한다. **중복수정(double fertilization)**에서는 한 개의 정자가 난자를 만나 접합체가 되고 다른 정자는 극핵과 만나 삼배체의 핵을 형성하여 **배젖(endosperm)**이라는 양분 저장조직으로 발달한다.

핵심 문제 30.3

a. 수배우체에 대하여 설명하시오.

b. 암배우체에 대하여 설명하시오.

c. 중복수정은 어떤 기능을 하는가?

종자의 발생, 형성, 역할 각 밑씨는 씨방 안에 종자로 발달하고 이것이 열매로 발생한다. 배젖은 나중에 자엽초에 의해 사용되기 위해 저장된 영양소가 풍부한 다세포체로 발달한다. 많은 진정쌍떡잎식물에서 배젖에 저장된 영양분은 씨가 성숙하기 전에 떡잎으로 옮겨진다.

접합체의 첫 체세포분열로 바닥세포와 끝세포가 만들어진다. 바닥세포는 분열을 계속하여 **배자루**(suspensor)라고 부르는 세포의 띠를 만드는데 그것은 배에 붙어 있으며 영양분을 제공한다. 끝세포는 분열하여 공 모양의 전배를 형성하고 떡잎이 그 위에서 형성되기 시작한다. 배는 길어지며 정단분열조직은 배의 지상부와 뿌리 끝에서 발생한다.

종자가 성숙하면 탈수작용이 일어나고 배는 **휴면(dormancy)**에 들어간다. 배, 영양 공급원인 배젖, 그리고 커진 떡잎은 밑씨의 외피로부터 형성된 **종자껍질(seed coat)**에 둘러싸이게 된다.

콩과 같은 진정쌍떡잎식물에서는 배가 다육질의 떡잎에 붙어 있는 길쭉해진 배축 상태가 된다. 떡잎이 붙어 있는 지점 아래의 배축을 **하배축(hypocotyl)**, 그것이 끝나는 곳을 **배뿌리(radicle)**, 또는 배근이라 한다. 떡잎 위의 축을 **상배축**(**epicotyl**)이라고 부르며 한 쌍의 잎이 있는 지상부 끝에까지 말한다. 상배축, 어린 잎, 그리고 지상부 정단분열점을 함께 **어린싹**(plumule)이라고 부른다.

초본에서 발견되는 외떡잎식물의 종자는 **배반**(scutellum)이라고 하는 단 하나의 얇은 떡잎만 가지며 발아 동안 배젖으로부터 영양분을 흡수한다. **근초(coleorhiza)**라는 덮개는 뿌리를 덮으며 **자엽초(coleoptile)**는 어린싹을 감싼다.

핵심 문제 30.4

콩과 옥수수의 종자에 대한 다음의 모식도에서 각 부분에 해당하는 명칭을 적으시오.

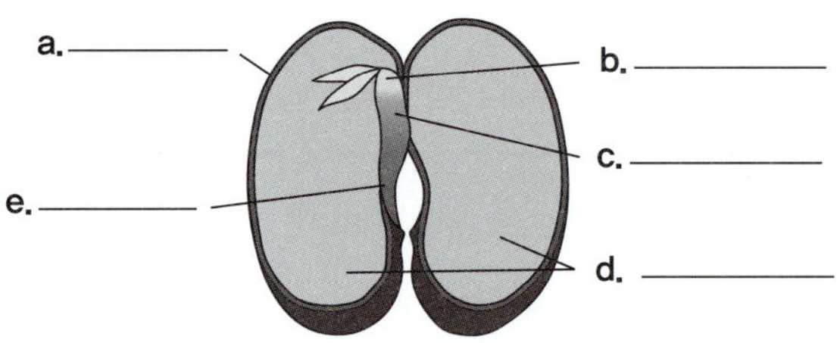

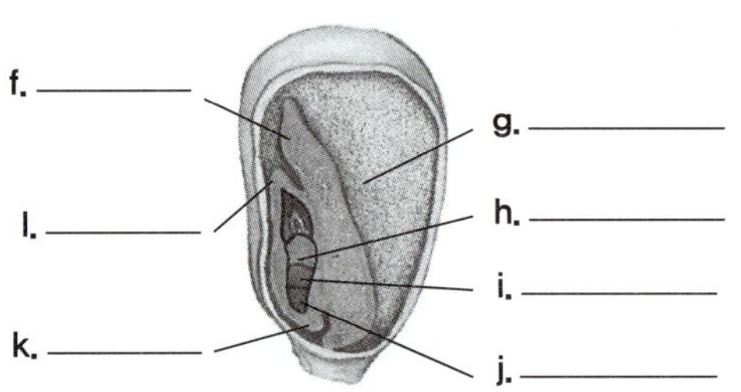

휴면은 유식물이 생존하기에 유리한 시간과 장소일 때 종자가 발아할 수 있는 기회를 높여준다. 휴면을 깨는 특정 개시 신호는 환경에 따라 다르며 많은 비, 불에 의한 열, 추위, 빛, 동물의 소화기관 안에서 종자 껍질이 화학적으로 깨어지는 조건들이 있다. 휴면 종자의 살아 있는 기간은 며칠에서부터 수십 년 이상 등 다양하다.

마른 종자 때문에 물이 흡수되는 **팽윤(imbibition)**이라는 현상은 종자가 팽창하게 하고 종자 껍질이 깨지며 일련의 대사 변화가 시작하게 한다. 효소가 저장물질을 분해하기 시작하고 영양소는 배의 성장 부위로 이동하게 된다.

배뿌리는 종자에서 처음 자라나는 기관이며 지상부 끝단이 따라 나온다. 많은 진정쌍떡잎식물에서는 하배축에서 형성되는 자엽갈고리가 땅을 통하여 밀어 올려지며 연약한 지상부와 떡잎을 밀어 준다. 빛이 자엽갈고리를 단단하게 되도록 자극하며 첫 잎은 광합성을 시작한다.

핵심 문제 30.5

옥수수나 초본류에서 지상부 끝단이 어떻게 토양을 뚫고 나오게 하는가?

열매의 형성과 그 역할 꽃의 씨방은 **열매(fruit)**로 발생하는데, 열매는 종자를 보호하고 퍼지는 것을 돕는다. 수정 이후에 호르몬의 변화는 씨방이 커지게 하며 벽이 **과피**(pericarp)가 되게 하고 열매의 벽을 두껍게 한다. 일반적으로 과일은 꽃이 수분이 되지 않으면 만들어지지 않는다.

단과(simple fruit)는 하나 또는 여러 개의 합쳐진 암술로부터 생긴다. **집합과(aggregate fruit)**는 하나 이상의 분리된 암술을 갖는 하나의 꽃에서 생기며 **복합과(multiple fruit)**는 여러 밑씨들이 합쳐져 하나의 과일이 되는 꽃집합으로부터 발생한다. 다른 꽃 부위(꽃받침 같은)가 열매로 발생하기도 한다. 예를 들면 사과 같은 과일이 있는데 **부과(accessory fruit)**라고 부른다.

과일은 일반적으로 종자가 발생을 완성하면 익는다.

핵심 문제 30.6

a. 과일이 종자가 퍼지는 것을 돕는 방법을 적어 보시오.

b. 과육의 과일이 익게 될 때 일반적으로 어떤 변화가 일어나게 되는가?

30.2 현화식물은 유성생식, 무성생식 또는 둘 다로 생식한다

무성생식의 기작 많은 식물종들이 **무성생식(asexual reproduction)**을 통해 자신의 유전적 동일 개체인 클론을 만든다. 무성생식은 분열조직이 무한정 증식되고 유조직 세포가 분열하고 특정 세포로 분화되는 식물의 끝없는 생장이 계속되는 것이다. 영양생식의 일반적인 형태는 **분절증식(fragmentation)**으로 부모 식물의 일부로부터 전체 식물을 형성하는 것이다. 어떤 종에서는 분리된 지상계를 갖는 클론으로 발생할 수 있는 많은 어린 지상부가 뿌리계로부터 형성될 수 있다. 민들레 같은 식물에서는 무성생식으로 종자를 생산하는 **무수정생식(apomixis)**을 한다.

유성생식에 대한 무성생식의 장점과 단점 무성 또는 영양생식의 장점은 특정 환경에 잘 적응하며 어린싹보다 강한 식물의 클론들을 생산한다는 것이다. 유성생식은 군집 속에서 변이를 일으켜 환경이 변할 때 장점을 갖는다. 거의 유성생식으로 만들어지는 종자는 새로운 환경에 퍼질 수 있는 수단을 제공하며 좋지 않는 조건에서는 휴면을 한다.

핵심 문제 30.7

a. 무수정생식의 장점은 무엇인가?

b. "자가수정"은 무엇이며 이것이 정원완두 같은 식물에서 바람직한 형질인 이유는 무엇인가?

자가수분을 막는 기작들 자가수분은 시간적으로 그리고 꽃에서의 구조적 적응으로 막을 수 있었던 것 같다. **암수딴몸(dioecious)** 종의 꽃에는 암술이 없거나 수술이 없고 각각 다른 식물체에 있어서 자가수분이 될 수 없다.

꽃이 자신 또는 근연종의 꽃가루를 거부할 수 있는 능력인 **자가불화합성(self-incompatibility)**은 *S*-유전자에 달려 있다. 한 식물 군집이 *S*-유전자의 수십 개 대립인자를 가질 것이다. 배우체의 자가불화합성은 꽃가루의 *S*-대립인자에 달려 있다. 암술대에서 생산되는 RNA-분해효소는 동일한 대립인자를 갖는 꽃가루관을 발달시키고 있는 꽃가루관 RNA를 파괴한다. 포자체 자가불화합성에서는 암술머리의 신호전달이 동일 포자체 *S*-대립인자를 갖는 꽃가루의 발아를 막는다.

자가불화합성 기작에 대한 연구가 좀 더 진전되면 식물 육종가들이 이종교배를 확실하게 하는 작물종들을 만들어 낼 수 있을 것이다.

전능성, 영양생식, 조직 배양 많은 식물 세포가 **전능성(totipotent)**을 가지고 있어 분열함으로써 같은 기원을 갖는 식물의 클론을 만들 수 있다. 인간에 의한 식물의 클론 생산을 **영양 번식(vegetative propagation)**이라고 부른다. 새로운 식물은 지상부의 끝에서 형성되는 **캘러스(callus)**라 부르는 분열하는 세포 덩어리로부터 막뿌리가 발생할 때나 줄기의 꺾꽂이로부터 발생시킬 수 있다. 또한 막뿌리는 지상부 분절 노드로부터 형성될 수도 있다.

한 식물의 가는 가지나 눈을 다른 변종이나 근연종 식물에 접목할 수 있다. 뿌리계를 제공하는 식물은 **대목(stock)**이라 하고 접목되는 가는 가지를 **접수(scion)**라고 한다. 접목은 다른 식물의 최상의 형질을 합치는 것이다.

시험관에서의 클로닝 기술로 전체 식물이 부모 식물의 작은 조직 조각에서 발생할 수 있게 한다. 한 식물이 조직 배양으로 성장함에 따라 미분화 캘러스를 잘게 잘라서 수천 개의 식물 클론으로 만들 수 있다. 적당한 호르몬 균형으로 자극하면 캘러스는 지상부와 뿌리를 만들게 되고 식물체로 발달하여 토양에 옮길 수 있게 된다.

시험관내 배양으로 외부 DNA를 각 식물 세포에 도입하여 유전자 변형(GM) 식물로 기를 수 있다.

핵심 문제 30.8

영양 번식과 자가수분에서 공통점과 차이점은?

30.3 우리는 교배와 유전공학으로 작물을 개량한다

거의 모든 우리의 작물종은 대략 만 년 전에 처음으로 작물화되었다. 식물의 다른 종간에 자연적인 교배는 일반적이었고 사람들은 작물을 개발하고 개량하기 위해 인위적 선택을 하면서 유전적 다양성을 만들어 갔다.

식물의 육종 식물 육종가들은 작물종이나 야생종에서 유용한 형질을 찾아보았으며 종자나 유식물에 돌연변이 물질을 처리함으로써 돌연변이를 촉진하였다. 유용한 형질을 가진 야생종을 농업에 적합해질 때까지 반복적으로 작물화된 종과 교배를 하였다.

식물 생명공학과 유전공학 식물 생명공학은 인간이 사용하려는 산물을 만들기 위해 식물을 오랫동안 활용한 것과 농업이나 산업에서 GM 생물체를 사용하는 것 둘 다를 의미한다. 유전공학은 식물 생명공학자가 종간에 유전자를 이동시키고 **유전자전환(transgenic)** 생물체를 만들게 하였다.

유전자전환 작물의 활용은 놀라울 정도로 증가되었다. 면화 옥수수 감자에 *Bacillus thuringiensis*로부터 Bt 독성물질을 암호화하는 유전자를 도입하여 화학적 살충제 사용의 필요성을 줄였다. 연구자들은 제초체에 저항성이 있는 유전자전환 작물을 만들어서 농부들이 힘든 경작 없이도 풀을 제거할 수 있게 하였다. 또 다른 유전자전환 식물은 질병에 더 강하기도 하고 영양의 질적 개선을 가져오기도 하였다.

스위치그라스나 포플라 같이 빨리 성장하는 식물의 **생체량(biomass)**은 세계 에너지 요구량을 충족시키는 데 도움이 될 것이다. 효소로 식물 세포벽을 분해하여 당을 만들고 그것을 발효하고 증류하여 바이오연료를 생산하는 것이다.

핵심 문제 30.9

바이오연료는 그것을 태울 때 다른 화석연료처럼 CO_2를 방출하지만 탄소 중립적인 것으로 생각한다. 그 이유를 설명하시오.

식물 생명공학에서의 논쟁 유전자변형 생물체(GMO)는 인간의 건강이나 환경에 알지 못하는 위험을 줄 수도 있다. 한 가지 염려는 알러지 유발원이 식품의 원료에 들어가게 되는 것이다. 어떤 GM 작물은 일반 작물보다 더 안전하다. 예를 들면 *Bt* 옥수수에서는 곤충에 피해를 받은 작물에 감염되는 곰팡이가 만드는 해로운 독성 물질의 양이 줄어들었다.

많은 환경론자들은 GM 작물이 비표적 생물체에 미치는 영향을 걱정한다. 심각한 염려는 잡초 또는 질병의 저항성 유전자가 교배로 인하여 작물에서 잡초에게 옮겨지면 '슈퍼 잡초'가 나올 수 있다는 것이다. 여러 가지 기술이 개발되어 유전자전환 작물이 다른 식물과 교배가 일어날 수 없게 하였다. 예를 들면 유전자전환 식물의 꽃가루는 만들어지지 않도록 불임성을 갖게 하는 것, 작물로의 유전공학적 무수정생식, 엽록체에 유전자를 도입하여 그 유전자가 꽃가루에 들어가지 못하게 하는 것, 자가수분만이 가능한 꽃을 만드는 것, 또는 꽃이 벌어지지 않아서 꽃가루가 나가지 못하게 하는 기술 등이다.

어원

a- = without; **-pomo** = fruit (*apomixis:* the ability of some plant species to reproduce asexually through seeds without fertilization by a male gamete)

anth- = a flower (*anther:* the terminal pollen sac of a stamen, where pollen grains containing sperm-producing male gametophytes form in an angiosperm)

carp- = a fruit (*carpel:* the ovule-producing reproductive organ of a flower, consisting of the stigma, style, and ovary)

coleo- = a sheath; **-rhiza** = a root (*coleorhiza:* the covering of the young root of the embryo of a grass seed)

di- =two (*dioecious:* having male and female reproductive parts on different plants of the same species)

dorm- = sleep (*dormancy:* a condition typified by extremely low metabolic rate and a suspension of growth and development)

endo- = within (*endosperm:* a nutrient-rich tissue, formed by the union of a sperm with two polar nuclei during double fertilization, that provides nourishment to the developing embryo in angiosperm seeds)

epi- = on, over (*epicotyl:* the embryonic axis above the point of attachment of the cotyledon(s) and below the first pair of miniature leaves)

hypo- = under (*hypocotyl:* the embryonic axis below the point of attachment of the cotyledon(s) and above the radicle)

mega- = large (*megaspore:* a spore that develops into a female gametophyte)

micro- = small (*microspore:* a spore that develops into a male gametophyte)

stam- = standing upright (*stamen:* the pollen-producing reproductive organ of a flower, consisting of an anther and filament)

지식의 체계화

1. 속씨식물의 일생 주기에서 일어나는 주요 과정들의 모식도를 그려 보시오.
2. 식물에서 무성생식과 유성생식의 장단점을 말해 보시오.
3. 식물 생명공학의 잠재적 이익과 위험을 말하여 보시오.

지식의 검증

빈칸 채우기

_________ 1. 전형적인 열매로 발생되는 구조
_________ 2. 감수분열로 포자를 만드는 세대
_________ 3. 유기물로 생산하는 연료
_________ 4. 속씨식물의 암배우체
_________ 5. 배뿌리
_________ 6. 떡잎 위의 배축 부위
_________ 7. 토양을 뚫고 나올 때 초본의 지상부를 보호
_________ 8. 접목하는 가지나 줄기 부위
_________ 9. 수배우체로 발생하는 포자
_________ 10. 지상부의 절단한 끝에 있는 분열하는 세포 덩어리

선다형 문제: 가장 옳은 답을 고르시오.

1. 암수딴몸의 식물에서 꽃은?
   a. 완전 꽃이다.
   b. 격년으로 핀다.
   c. 불완전 꽃이다.
   d. 암술이 없거나 수술이 없다.
   e. c와 d

2. 다음의 구조 중 반수체인 것은?
   a. 배낭
   b. 꽃밥
   c. 배젖
   d. 소포자
   e. a와 b

3. 초기 식물의 배에 있는 끝세포는 ______________
   a. 배의 지상부 축으로 발생한다.
   b. 배에 부착되어 영양분을 공급하는 배자루를 형성한다.
   c. 정자의 핵과 수정될 때 배젖으로 발생한다.
   d. 분열하여 전배를 형성한다.
   e. 떡잎으로 발생한다.

4. 속씨식물에서 정자는 어떻게 만들어지나?
   a. 꽃밥에서 감수분열로
   b. 꽃가루에서 감수분열로
   c. 꽃밥에서 체세포분열로
   d. 꽃가루관에서 체세포분열로
   e. 배낭에서 중복수정으로

5. 배젖은 ______________
   a. 진정쌍떡잎식물에서 떡잎에 의해 흡수되는 영양분을 갖고 있다.
   b. 일반적으로 3배체 조직이다.
   c. 외떡잎식물의 종자는 탈수 이후에 효소에 의해 분해된다.
   d. 중복수정의 결과로 배와 함께 발생한다.
   e. 위의 모두

6. 종자가 갖고 있는 것은?
   a. 배, 종자 껍질, 영양 공급처
   b. 배낭
   c. 배우체, 종자 껍질, 영양 공급처
   d. 커진 씨방
   e. 미성숙한 밑씨

7. 다음 중 토양을 뚫고 나올 때 콩의 지상부를 보호하는 것은?
   a. 하배축 갈고리
   b. 배뿌리
   c. 자엽초
   d. 근초
   e. 종자 껍질

8. 다음 중 무성 또는 영양 생식의 형태인 것은?
   a. 무수정생식
   b. 접목
   c. 시험관 클로닝
   d. 분절증식
   e. 위의 모두

9. 다음 중 옳지 않은 것은?
   a. 꽃가루 전달자가 파리인 꽃은 썩은 고기의 냄새를 갖고 있다.
   b. 꽃가루 전달자가 새인 꽃은 일반적으로 밝은 색이고 향기가 강하며 풍부한 과즙을 분비한다.
   c. 곤충은 모든 현화식물의 65% 정도이며 벌은 이런 꽃가루 전달자로 가장 중요한다.
   d. 온화한 바람에 의해 꽃가루를 전달하는 많은 나무는 꽃가루의 이동에 방해를 받지 않기 위해 잎이 나기 전에 꽃이 피게 된다.
   e. 주로 밤에 활동하는 나방이나 박쥐는 환한 색깔과 향기의 꽃에 이끌린다.

10. 자가불화합성은 식물에게 무엇인가?
   a. 다른 식물체에 꽃가루를 전달하는 방법
   b. 난자의 수정과 저장된 영양분의 발달을 조정하는 방법
   c. 외부의 꽃가루가 난자와 수정되기 전에 파괴시키는 방법
   d. 다른 개체와 교배되기 위하여 자가수분을 방해하는 생화학적 기작
   e. 수정이 필요 없는 종자를 만드는 방법

11. 과일에 관한 다음의 설명 중 옳지 않은 것은?
   a. 과일의 주요 기능은 휴면 종자를 보호하고 부모 식물에서부터 떨어진 곳에 종자를 퍼트리는 것이다.
   b. 부과는 종자의 배젖에서 발생하고 삼배체 세포로 이루어진다.
   c. 바람으로 꽃가루를 전달하는 과일은 날개와 낙하산 같은 것을 가지고 있다.
   d. 동물은 땅속 은닉처에 과일을 심어 놓음으로써 종자가 퍼지는 것을 돕는다.
   e. 대부분의 과일은 꽃의 씨방으로부터 발생한다.

12. 다음의 기술 중 어떤 식물에 도입된 잡초나 곤충의 저항성 유전자가 근연종인 잡초로 가는 가능성을 줄이기 위한 것은?
   a. 꽃이 자가수분을 하도록 벌어지지 않아 꽃가루가 나가지 못하게 하는 유전자 조작
   b. 유전자전환체 식물에 불임성을 갖게 하여 다른 잡초에 갈 수 있는 꽃가루를 만들지 못하게 함
   c. 엽록체에 유전자가 도입되게 하여 꽃가루에 의해 유전자가 옮겨지지 못하고 모 식물체에만 유전되게 함
   d. 근연종의 잡초가 없는 콩과 같은 작물만 유전자 조작
   e. 위의 모두

31장

내외 신호에 대한 식물의 반응

핵심

식물 호르몬—옥신과 사이토키닌, 지베렐린, 브라시노스테로이드, 앱시스산, 에틸렌—은 식물이 주변 환경에 반응하여, 생장과 발달, 열매의 발달, 노화를 조절한다. 환경 자극에 대한 반응으로 나타나는 식물의 움직임에는 굴광성과 굴중성, 굴촉성이 있다. 식물의 생체시계는 식물의 기공개폐와 수면운동 등의 일주기성리듬을 조절한다. 청색광 수용체는 굴광성과 기공개폐에 관여한다. 파이토크롬은 적색광과 근적외선을 흡수하며, 종자의 발아와 광주기성 개화 조절에 관여한다. 식물은 환경 스트레스와 병원균에 대해 다양한 생리적 반응을 나타낸다.

복습

식물은 주변 환경을 인지하여, 일반적으로 생장과 발달 양상을 변화시켜 적응하는 방식으로 반응한다.

31.1 식물호르몬은 식물의 생장과 발달, 그리고 자극에 대한 반응을 조절한다

호르몬(hormone)은 식물체 전체로 전달되는 화학신호로서, 표적세포나 조직에서 반응을 유발한다. 일부 신호분자는 단지 국부적으로만 작용하고, 또 일부는 일반적인 호르몬보다 훨씬 고농도로 존재한다. 따라서 많은 식물학자들은 식물에서 특이적 생리반응을 조절하는 물질을 표현할 때, **식물생장조절물질**(plant growth regulator)이라는 용어를 사용한다.

매우 낮은 농도의 호르몬은 신호전달과정을 통해 작용하여, 식물의 생장을 조절할 수 있다. 식물의 발달 단계와 호르몬의 작용위치, 다른 호르몬에 대한 상대적인 양에 따라 각 호르몬은 생장과 발달에 다양한 효과를 나타낼 수 있다.

식물호르몬의 발견 **굴성(tropism)**은 식물기관이 자극을 향하는, 혹은 자극을 피하는 생장 반응이다. 빛을 향하는 줄기의 생장을 양성 **굴광성(phototropism)**이라고 한다. 줄기는 한쪽 방향에서 빛이 비추면, 빛이 없는 어두운 쪽의 세포가 밝은 쪽의 세포보다 빠르게 신장하기 때문에 빛을 향해 굽어진다.

다윈 부자는, 자엽초로 싸여 있는 곡류 유식물의 정단부위가 제거되거나 혹은 불투명한 덮개로 덮여져 있는 경우, 빛을 향해 굽지 않는 것을 관찰하였다. 이들은 신호가 자엽초의 정단부위에서 신장부위로 이동해야만 한다고 생각하였다. 보이센-옌센(P. Boysen-Jensen)은 이 신호는 움직이는 물질이며, 정단부위와 아래쪽 자엽초 나머지 부분 사이에 끼워진 젤라틴 조각을 통해 이동할 수 있음을 증명하였다. 1926년 벤트(F. Went)는 정단부위에서 합성되는 화학물질을 옥신이라고 불렀으며, 이것이 생장을 촉진하고, 빛이 비추는 곳으로부터 먼 쪽에 높은 농도로 존재한다고 결론지었다.

과학자들은 진정쌍떡잎 식물에서 빛에 의해 유도되는 옥신의 불균등 분포를 발견하지는 못했지만, 생장억제물질로 작용할 수 있는 특정 물질이 줄기의 빛이 비추는 쪽에 더 높은 농도로 존재한다는 것을 알아냈다.

식물호르몬에 관한 연구 이 책에서는 지금까지 알려진 식물호르몬 중 6개의 주요 호르몬에 대해 다루고 있다.

옥신(auxin)은 자엽초의 신장을 촉진하는 물질을 일컫는다. 식물에서 추출된 주요 옥신은 인돌초산(indoleacetic acid, IAA)이다. 옥신은 줄기정단분열조직(합성되는 부위)에서 줄기 아래로 수송된다. 이러한 **극성수송**(polar transport)에는 세포의 아래쪽에만 위치하는 옥신 수송체가 관여한다.

핵심 문제 31.1

옥신에 대한 반응으로 세포가 신장하는 것을 설명하는 *산성생장설(acid growth theory)*이 이해될 수 있도록 다음의 빈칸을 채우라.

옥신은 원형질막의 **a.** ________를(을) 자극하여 막전위 증가와 세포벽에서 pH의 **b.** ________를(을) 유발한다. 이것은 셀룰로오스 미세섬유 사이의 결합을 끊는 **c.** ________(이)라고 불리는 효소를 활성화시킨다. 증가된 막전위로 인해 이온 흡수가 증가되고, 이후 **d.** ________가(이) 일어난다. 따라서 세포의 신장을 유발하는 두 가지 요인은 **e.** ________와(과) **f.** ________이다.

삼투현상에 의한 물의 흡수로 유발되는 초기의 상대적으로 빠른 신장 후, 지속적인 생장을 위해서 세포는 세포질과 세포벽 물질들을 더 만들어내야 하며, 이 과정은 유전자 발현의 변화를 필요로 하며, 옥신에 의해 촉진된다.

옥신은 식물발달 과정의 **패턴형성**(pattern formation)에 중요하다. 줄기 정단부에서 합성된 옥신의 극성수송은 가지가 나는 형태를 조절한다. 가지로부터 흘러내려오는 옥신이 감소되면 그 가지 아래의 곁눈이 휴면에서 깨어난다. 옥신의 극성수송은 잎의 배열 형태인 **엽서**(phyllotaxy) 결정에 관여한다. 국부적으로 높은 농도의 옥신은 잎원기 형성 위치를 결정한다.

옥신은 사이토키닌과 새롭게 발견된 스트리고락톤과의 상호작용을 통해 정단우성을 조절하여 곁눈의 활성을 억제한다.

옥신 IBA는 곁뿌리 형성을 조절하고, 줄기와 잎의 절단면에서 부정근의 형성을 촉진하기 위해 상업적으로 사용된다. 2,4-D와 같은 합성 옥신은 진정쌍떡잎(넓은 잎) 잡초를 호르몬 과다를 통해 죽이는 제초제로 사용된다. 종자발달 과정에서 합성된 옥신은 열매의 생장을 돕는다; 합성 옥신은 온실에서의 열매 발달을 유도할 수 있다.

사이토키닌(cytokinin)—세포분열을 유도하기 때문에 붙여진 이름—은 아데닌의 변형된 형태이다. 제아틴은 자연계에서 가장 흔하게 발견되는 사이토키닌이다. 사이토키닌은 활발하게 생장하는 뿌리와 배, 열매에서 합성된다. 옥신과 함께 작용하여 세포분열을 촉진하고 분화를 조절한다. 사이토키닌은 일부 식물기관에서 노화를 지연시킨다.

1930년대 일본의 과학자들이 곰팡이 지베렐라(*Gibberella*)가 벼 줄기의 과도한 신장, 혹은 "키다리병"을 유발하는 화학물질을 분비한다는 것을 발견했다. 자연 상태에서 존재하는 100가지 이상의 **지베렐린**(**giberellin**, GA)이 발견되었다.

지베렐린은 뿌리와 어린 잎에서 합성되며, 세포의 신장과 분열을 증가시킴으로써 생장을 촉진한다. 추대(bolting)는 꽃대의 생장으로, 지베렐린의 급격한 증가로 인해 초래된다.

여러 식물에서 옥신과 지베렐린은 함께 열매가 맺히는 것에 관여한다. 지베렐린은 톰슨 씨없는 포도 생산에 이용된다.

배에서 지베렐린의 분비는 많은 식물의 종자가 휴면상태를 깨는 신호가 된다. GA는 생장하는 유묘를 위해 저장된 양분을 이동시키는 효소의 합성을 촉진한다.

브라시노스테로이드(brassinosteroid)는 옥신과 매우 유사한 효과를 내는 스테로이드이다: 브라시노스테로이드는 세포의 신장과 분열을 촉진하고 잎의 탈리를 지연시키고, 물관 분화를 촉진한다. 브라시노스테로이드가 없는 애기장대 돌연변이체를 통해 이 화합물이 옥신이 아닌 다른 식물 호르몬이라는 것이 밝혀졌다.

호르몬 **앱시스산(abscisic acid, ABA)**은 일반적으로 생장을 저해한다. 성숙 중인 종자에서 고농도의 ABA는 발아를 억제하고 탈수과정 동안 종자를 보호할 단백질 합성을 촉진한다. 일부 종자의 휴면이 깨지기 위해서는 ABA가 제거되거나 불활성화되어야만 한다. 혹은 ABA에 대한 지베렐린의 비율이 증가되어야 한다.

ABA는 가뭄 스트레스를 줄여주기도 한다. 식물이 시들 때, ABA는 잎의 기공을 닫게 한다. ABA는 수분 부족에 대한 반응으로 뿌리에서 합성되어 잎으로 이동한다.

식물은 스트레스에 대한 반응으로 혹은 과일 성숙과 세포예정사 동안에 기체인 **에틸렌(ethylene)**을 합성한다. 에틸렌 합성은 고농도의 옥신에 의해 유도될 수 있다.

토양 속에서 위로 자라면서 장애물과 마주쳤을 때, 유묘는 이 기계적인 자극에 대해서 어떻게 반응하는가? 유묘는 에틸렌을 합성해서 **삼중반응(triple response)**이라고 하는 생장 방식을 시작한다. 세 가지 효과는 줄기의 신장이 더뎌지고, 줄기가 두꺼워지고, 옆으로 생장하는 것이다. 에틸렌의 효과가 줄어들면, 위쪽으로의 정상적인 생장이 다시 시작된다. 과학자들은 에틸렌에 대해 반응을 보이지 않는 애기장대 돌연변이체(*ein*)와 에틸렌을 과도하게 합성하는 애기장대 돌연변이체(*eto*), 에틸렌이 없는 상황에서 삼중반응을 보이는 애기장대 돌연변이체들을 확보하였다. 마지막에 언급한 항상적으로 삼중반응을 보이는 돌연변이체(*ctr*)에서는 에틸렌 신호전달경로가 에틸렌이 없는 상태에서도 상시적으로 켜져 있는 것이다.

노화(senescence)는 식물세포와 기관, 혹은 식물체 자체의 예정된 죽음이다. 세포 수준에서 **세포자살**(apoptosis)은 식물이 회수할 수 있는 여러 세포 구성성분을 분해하는 새로운 효소의 합성을 필요로 한다. 에틸렌은 거의 대부분 이 세포예정사와 연관되어 있다.

낙엽현상은 겨울의 수분부족에 대항해 식물을 보호한다. 가을에 잎이 떨어지기 전에 많은 잎의 구성성분들이 줄기에 저장된다. 옥신과 에틸렌 농도의 균형이 잎자루의 가장 아래 부위에 위치한 탈리층에서 변하기 시작하고 세포벽에서 다당류를 가수분해하는 효소가 합성된다.

에틸렌은 과일성숙 과정에서 세포벽 분해를 시작하고 녹말을 당으로 전환시킨다. 에틸렌은 과일의 성숙을 초래하고, 과일 성숙은 더 많은 에틸렌 합성을 유도하는 양의 되먹임 작용의 한 예를 보여준다. 시장에서 판매되는 여러 과일은 에틸렌 기체를 집어넣은 커다란 용기 안에서 성숙된다.

핵심 문제 31.2

다음의 각 기능과 관련된 호르몬의 이름을 채워 넣으라.

a. ________은(는) 세포분열과 생장, 발아를 촉진한다; 항노화 물질이다.

b. ________은(는) 과일 성숙을 촉진한다; 삼중반응을 초래한다; 세포자살에 관련되어 있다.

c. ________은(는) 생장을 억제한다; 휴면상태를 유지하게끔 한다; 수분부족 스트레스 동안 기공을 닫게 한다.

d. ________은(는) 줄기의 신장과 뿌리의 가지치기, 열매의 성숙을 촉진한다; 정단우성에 관여한다.

e. ________은(는) 세포 신장과 분열, 물관 분화를 촉진한다; 잎의 탈리를 지연시킨다.

f. ________은(는) 줄기 신장과 종자의 발아를 촉진한다; 열매 맺히는 과정에 관여한다.

31.2 빛에 대한 반응은 식물의 생존에 매우 중요하다

광형태형성 식물의 형태에 빛이 끼치는 효과를 **광형태형성(photomorphogenesis)**이라고 한다. 암소에서의 감자 싹 줄기 생장 행태를 **황화현상(etiolation)**이라고 하며, 줄기가 땅을 뚫고 나오기 쉽게 한다. 줄기가 빛을 받을 정도로 자라면, 줄기의 신장은 느려지고, 잎이 펴지고 뿌리가 자라고 엽록소 합성이 시작된다—**탈황화(de-etioloation)** 혹은 녹화라는 과정의 모든 부분들이다.

작용스펙트럼(action spectrum)은 다양한 파장의 빛에 대한 생리적 반응을 그래프로 나타낸 것이다. 흡수스펙트럼은 특정 색소가 흡수하는 빛의 파장을 보여준다. 식물의 반응을 보여주는 작용스펙트럼과 특정 색소의 흡수스펙트럼 사이에 밀접한 상관관계가 있다면, 이는 그 색소가 특정 반응에 관여하는 광수용체라는 것을 의미한다. **청색광수용체(blue-light photoreceptor)**와 적색광을 주로 흡수하는 **파이토크롬(phytochrome)**이 두 가지 주요 광수용체이다.

분자생물학자들은 식물이 청색광을 인지하는데 몇 가지 수용체를 사용한다는 것을 알아냈다: 크립토크롬(cryptochrome)은 유묘가 지표면을 뚫고 나왔을 때 줄기의 신장을 억제하는 데에 관여하고, 포토트로핀(phototropin)은 굴광성과 기공개폐에 관여한다.

1930년대에 상추 씨 발아에 관한 연구로 적색광(파장: 660 nm)이 발아를 가장 잘 유도하고, 근적외선(730 nm)은 발아를 억제한다는 것이 밝혀졌다. 적색광과 근적외선의 효과는 가역적이며, 종자의 반응은 마지막에 비쳐진 빛에 의해 결정된다.

파이토크롬은 두 가지 형태 사이에서 상호 전환된다; P_r은 적색광을 흡수하여 P_{fr} 형태로 전환되고, P_{fr}은 근적외선을 흡수하여 P_r 형태로 전환된다. P_r과 P_{fr} 사이의 상호전환은 식물에서 나타나는 다양한 효과를 조절하는 스위치로서 작용한다.

식물에게 태양빛이 있다고 알려주는 신호는 P_r(식물이 합성하는 파이토크롬의 형태)이 P_{fr}로 전환되는 것이다. 이어서 P_{fr}은 종자의 휴면을 중단시키는 등의 빛에 대한 식물의 다양한 반응을 유발한다.

핵심 문제 31.3

파이토크롬이 식물에 비쳐지는 빛의 질을 어떻게 알아내는지 설명하라. 이것이 그늘진 곳의 나무에 어떤 효과를 나타나는가?

생체시계와 하루주기 리듬 **하루주기 리듬(circadian rhythm)**은 약 24시간에 한 번 순환하는 생리적 주기이다. 이 리듬은 생명체가 주변 환경 신호로부터 격리되어 있을 때에도 지속된다. 연구에 의하면, 하루주기 시계는 매일매일의 환경 신호에 의해서 24시간 주기에 맞추어지긴 하지만, 내부시계이다.

핵심 문제 31.4

스스로 작동하는 주기란 무엇인가?

생체시계의 분자적 기작은, 시간차를 두고 자기 자신의 유전자 발현을 억제하는 전사조절인자 유전자들 전사의 주기적 변화가 관련된 음성되먹임 작용이다.

빛이 생체시계에 미치는 영향은 무엇인가? 암소에서 파이토크롬의 비율은 P_r 형태가 많아진다. 부분적으로는, 일부 식물에서는 P_{fr} 형태가 천천히 P_r 형태로 전환되기 때문이기도 하고, 또 부분적으로는 P_{fr} 형태가 분해되고 새로운 색소는 P_r 형태로 만들어지기 때문이다. 해가 뜨면, P_r 형태는 재빨리 P_{fr} 형태로 전환되어, 매일 동이 틀 때 생체시계를 주변 환경에 동조화한다.

광주기성과 계절에 대한 반응 식물의 생활사에서 계절별로 나타나는 반응은 주로, 낮과 밤의 상대적인 길이인 광주기에 의해서 조절된다. 광주기에 대한 생리적 반응을 **광주기성(photoperiodism)**이라고 한다.

과학자들은 낮의 길이가 14시간 이내일 때에만 꽃을 피우는 담배 품종을 발견하였다. 이것을 **단일식물(short-day plant)**이라고 한다. **장일식물(long-day plant)**은 낮이 특정시간보다 길 때, 꽃을 피운다. **중일식물(day-neutral plant)**은 광주기에 의해 영향을 받지 않는다.

과학자들은 개화와 그 외 광주기 반응을 조절하는 것은 실제로는 밤의 길이라는 것을 밝혔다. 암기 중에 단 몇 분 동안 빛을 비추어도 단일식물(장야식물)은 꽃을 피우지 않는다. 광주기 반응은 밤의 임계길이에 의해 좌우된다.

적색광은 식물의 밤길이 인지를 방해하는 데 가장 효과적이다. 적색섬광은 충분한 밤의 길이를 끊어주어 단일식물이 꽃을 피우지 못하게 하는 데 반해, 임계길이보다 긴 암기 동안의 적색섬광은 장일식물이 꽃을 피우게 한다.

일부 식물은 필요한 광주기에 단 한 번의 노출로도 꽃을 피운다. 어떤 식물들은 다른 환경자극에 노출되어야만 광주기에 반응하기도 한다. **춘화처리(vernalization)**는 개화를 유도하기 위해 필요한 저온 전처리이다.

잎이 광주기를 인지한다. 개화신호를 **화성소(florigen)**라고 한다. 최근의 연구에 의하면 *FLOWERING LOCUS T* (*FT*) 유전자가 잎에서 *FT* 단백질을 만들고, 이 단백질이 잎에서부터 줄기정단부로 이동하여 개화를 유도한다.

핵심 문제 31.5

다음과 같은 빛 조건에서 단일식물(왼쪽)과 장일식물(오른쪽)이 꽃을 피울 것인지 아닌지를 표시하라.

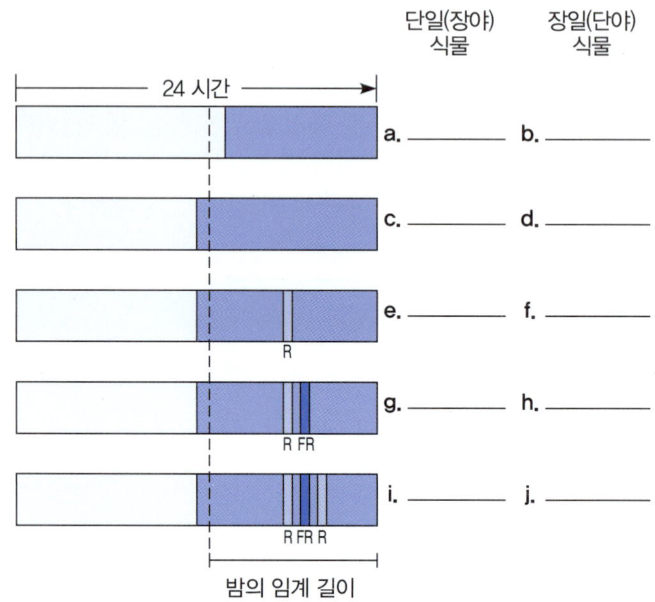

이러한 결과가 파이토크롬의 적색광/근적외선 광가역성을 어떻게 보여주고 있는가?

31.3 식물은 빛 외에도 다른 다양한 자극에 대해서 반응한다

중력 뿌리는 양성 **굴중성(gravitropism)**을 보이고, 반면에 줄기는 음성 굴중성을 보인다. 한 가설에 따르면, 뿌리골무의 세포에서 **평형석(statolith)**—비중이 큰 녹말과립을 함유하는 색소체—이 아래로 가라 앉아 칼슘의 이동을 유발하고, 이것이 측면으로의 옥신 이동을 일으킨다. 생장 중인 뿌리의 아래쪽에 축적되는 옥신이 세포 신장을 억제하여 뿌리가 아래쪽으로 굽어지게 된다. 원형질체와 커다란 세포소기관이 가라앉는 것 역시, 세포골격계를 틀어지게 함으로써, 중력방향의 신호가 될 수도 있다.

기계적 자극 바람이 부는 곳에서 자라는 식물의 키 생장이 느려지고 부피가 증가하는 것은, 기계적 자극에 대한 반응으로 식물의 **접촉형태형성(thigmomorphogenesis)** 변화인 굴촉반응의 한 예이다.

대부분의 기어오르는 식물은 지주 주변을 재빨리 감쌀 수 있는 넝쿨손을 가지고 있어, 접촉에 대한 반응으로 **굴촉성(thigmotropism)** 혹은 방향성을 갖는 생장을 나타낸다.

예민한 식물인 미모사 잎을 건드리면 엽침이라고 불리는 특수한 기관에 있는 세포에서 팽압이 빠르게 감소하여 잎이 접힌다. 이 기관은 잎의 연결부위에 위치한다. 이 신호는 자극이 주어진 위치로부터 식물 전체로 퍼지며, 이 과정은 **활동전위(action potential)**라고 하는 전기적 자극의 결과일 것으로 생각된다. 이러한 전기적 신호는 식물체 내에서 내부 정보교환의 형태로 사용될 수 있다.

핵심 문제 31.6

a. 줄기에서 보이는 굴성의 종류를 이야기하라.

b. 덩굴손의 꼬임을 형성하는 생장기작이 무엇인지 말하고 설명하라.

환경 스트레스 자극 식물은 **비생물적(abiotic)** 환경 스트레스와 병원균이나 초식동물 같은 **생물적(biotic)** 스트레스에 대해 반응한다.

증산을 억제하는 기작은 식물의 수분부족에 대한 반응을 도와준다. 공변세포는 팽압을 잃고 기공이 닫힌다. 수분부족에 대한 반응으로 잎과 뿌리에서 합성되는 앱시스산은 공변세포의 막에 작용하여 기공이 닫힌 상태를 유지하게 한다. 곡류의 시든 잎은 말려서 증산이 더욱 억제된다. 그러나 이러한 반응은 광합성을 감소시킨다.

수분이 많은 환경에 적응한 식물은 물에 잠긴 뿌리에 산소를 공급하는 기근을 가지기도 한다. 일부 식물의 뿌리가 물에 푹 잠긴 토양에 있게 되면, 산소결핍에 의해 에틸렌 합성이 유도되어 일부 뿌리세포들이 죽게 될 수 있으며, 이로 인해 뿌리에서 기관이 열리게 된다.

토양에서의 과도한 염분은 토양용액의 수분포텐셜을 감소시켜 뿌리에서의 수분흡수를 저해하기도 한다. 식물은 약간의 염분이 있는 토양에서는 뿌리세포에서 수분포텐셜을 낮추어, 독성이 있는 염분의 흡수를 억제하는 유기용질을 합성하는 반응을 보일 수 있다. 내염식물(halophyte)에서는 염도가 높은 토양에서 살기 위한 특별한 적응양식이 진화되어왔다.

증산작용은 식물에게 기화냉각현상을 제공하지만, 기공이 닫히는 뜨겁고 건조한 날에는 이 효과를 나타낼 수 없다. 특정 임계온도 이상이 되면, 식물은 열충격단백질(heat-shock protein)을 합성하여 단백질의 변성을 줄인다.

식물은 저온스트레스에 반응하여 막지질 성분에서 불포화지방산의 비율을 높여, 세포막의 유동성을 유지한다. 어는점 아래로 내려가면 세포벽에 얼음이 생성되어, 세포 밖의 수분포텐셜이 낮아지게 되어 세포가 물을 잃게 된다. 추운 겨울에 적응한 식물은 세포질내 용질의 구성을 변화시키는 등의 동결스트레스에 견딜 수 있는 적응양식을 가지고 있다. 식물은 얼음 결정 형성을 감소시켜주는 동결방지 단백질(antifreeze protein)을 합성하기도 한다.

핵심 문제 31.7

a. 계속되는 매우 덥고 건조한 기후에 노출된 식물은 이 스트레스에 어떻게 견딜 수 있는가?

b. 식물은 비정상적으로 춥고 습한 가을 날씨에 어떻게 반응할 것인가?

31.4 식물은 포식자와 병원균의 공격에 반응한다

초식동물에 대한 방어 가시와 같은 물리적 방어와 맛이 역겹거나 독성 화합물 같은 화학적 방어로 식물은 초식동물을 견뎌낼 수 있다.

일부 식물은 초식동물의 포식자를 유인한다. 쐐기벌레에 의한 상해와 쐐기벌레의 침에 있는 화합물의 조합에 의해 잎에서 기생말벌을 유인하는 휘발성물질 합성을 유도한다. 기생말벌은 쐐기벌레의 몸안에 알을 낳고, 말벌의 애벌레가 발생하면서 숙주인 쐐기벌레를 먹는다. 이러한 휘발성 화합물은 이웃식물이 초식동물의 피해를 덜 받게 해주는 신호로 작용하기도 한다.

병원균에 대한 방어 물리적 장벽인 식물 표피조직과 주피는 병원성 바이러스와 박테리아, 곰팡이에 대항하는 제1선의 방어선이다. 병원균이 식물의 상처 때문에, 혹은 기공 등의 열려져 있는 부위를 통해 침투하면 식물은 화학적 방어를 시작한다.

병원성(virulent) 균은 식물이 특이적 방어체계를 갖고 있지 않는 균이다. 식물은 일반적으로 대부분의 병원균에 대해 저항성을 가진다. 이러한 **비병원성(avirulent)** 균은 식물에게 심하게 해를 입히거나 죽이지 않는다.

특이적 저항성은 식물의 수백 개 방어유전자에서 합성되는 저항성(R) 단백질과 병원균의 비병원성(avirulence, Avr) 유전자에 의해 암호화되는 작동자(*effector*)라고 불리는 병원균 분자 사이의 **유전자-유전자 인식(gene-for-gene recognition)**에 기반을 두고 있다. 식물의 R 단백질에 의한 병원균의 작동자 인지로, 국부적 반응과 전신성 반응을 일으키는 신호전달 과정이 시작된다.

이렇게 병원균을 인지함으로써 활성화되는 식물의 방어 반응에는 무엇이 있는가? **과민반응(hypersensitive response)**에서 식물세포는 항미생물성 파이토알렉신과 PR 단백질(pathogenesis-related protein, PR protein)을 합성하고, 이들이 병원균의 세포벽을 공격할 수 있다. 과민반응은 식물 세포벽 강화를 유도하여 병원균의 확산을 늦춘 후, 이 식물 세포들이 자기 자신을 제거한다.

과민반응은 식물 전체에서 PR 단백질의 합성을 촉진하는 경고 신호의 분비에도 관여하여, **전신성획득반응(systemic acquired resistance)**을 유발한다. 이 신호분자는 메틸살리실산(methylsalicylic acid)으로 생각되며, 감염된 부위에서 멀리 떨어진 세포에서 **살리실산(salicylic acid)**으로 전환되어 여러 날 동안 다양한 종류의 병원균에 대한 비특이적 저항을 활성화시킨다.

핵심 문제 31.6

a. 곤충들이 어떤 면에 있어서 식물에 해를 끼치나?

b. 곤충들이 어떤 면에 있어서 식물에 이로운가?

어원

aux- = grow, enlarge (*auxin:* a term usually referring to indoleacetic acid, a natural plant hormone that has a variety of effects, including cell elongation, root formation, secondary growth, and fruit growth)

circ- = a circle (*circadian rhythm:* a physiological cycle of about 24 hours that persists even in the absence of external cues)

cyto- = cell; **-kine** = moving (*cytokinin:* any of a class of related plant hormones that retard aging and act in concert with auxin to stimulate cell division, influence cell differentiation, and control apical dominance)

gibb- = humped (*gibberellin:* any of a class of related plant hormones that stimulate growth in the stem and leaves, trigger the germination of seeds and breaking of bud dormancy, and (with auxin) stimulate fruit development)

hyper- = excessive (*hypersensitive response:* a plant's localized defense response to a pathogen, involving the death of cells around the site of infection)

photo- = light; **-trop** = turn, change (*phototropism:* growth of a plant shoot toward or away from light)

phyto- = a plant; **-chromo** = color (*phytochrome:* a type of light receptor that mostly absorbs red light and regulates many plant responses, such as seed germination and shade avoidance)

stato- = standing, placed; **-lith** = a stone (*statolith:* a specialized plastid that contains dense starch grains and may play a role in detecting gravity)

thigmo- = a touch; **morpho-** = form; **-genesis** = origin (*thigmomorphogenesis:* a response in plants to chronic mechanical stimulation, resulting from increased ethylene production; an example is thickening stems in response to strong winds)

지식의 체계화

1. 식물호르몬이 농업에 이용되는 몇 가지 예를 들어라.

2. 광주기성과 개화조절을 묘사하기 위한 개념도를 만들어라. 생체시계의 역할을 포함시키는 것을 명심하라.

3. 식물이 비병원성 세균에 맞닥뜨렸을 때 나타나는 과민반응과 전신성획득반응에서의 단계를 간략히 설명하라.

지식의 검증

참 혹은 거짓: T 혹은 F를 표기하고, 잘못된 문장은 고치시오.

_____ 1. 앱시스산은 종자가 휴면을 깨고 발아하는 데 필요하다.

_____ 2. 사이토키닌은 뿌리에서 합성되며, 정단우성을 억제하는 것으로 생각된다.

_____ 3. 접촉형태형성은 어린 식물이 토양을 거쳐 위쪽으로 밀고 올라오는 동안 만나는 장애물에 대한 생장반응이다.

_____ 4. 활동전위는 식물체 내에서 정보교환에 사용될 수 있는 전기자극이다.

_____ 5. 밤과 낮의 길이에 대한 생리적 반응을 하루주기

성리듬이라고 한다.

_______ 6. 춘화처리는 식물이 꽃을 피우기 전에 하는 저온 전처리이다.

_______ 7. 병원성균은 식물이 유전자-유전자 인식을 바탕으로 하는 특이적 저항성을 갖는 균이다.

선다형 문제: 가장 옳은 답을 고르시오.

1. 같은 종에 속하는 식물들의 형태는 같은 종의 동물들 사이의 형태보다 다양하다. 그 이유는 _______
   a. 동물의 성장은 무한하기 때문이다.
   b. 식물은 주변환경에 적응하는 방식으로 자신의 생장과 발달 양태를 변화시키기기 때문이다.
   c. 식물의 생장과 발달은 많은 호르몬에 의해서 조절되기 때문이다.
   d. 식물은 환경 스트레스에 반응할 수 있기 때문이다.
   e. 모두 맞다.

2. 옥신의 극성수송은 _______
   a. 빛이 비추는 곳에서 먼 쪽에 고농도의 옥신 축적에 관여한다.
   b. 뿌리에서 줄기로의 옥신 이동에 관여한다.
   c. 세포의 아래쪽에만 위치하는 수송단백질을 통한 옥신의 이동과 관련된다.
   d. 유세포의 안쪽과 바깥쪽으로의 일방향 능동수송과 관련된다.
   e. 평형석이 가라앉는 것에 관련된다.

3. 산성생장설에 따르면, _______
   a. 옥신은 막의 양성자펌프를 활성화시킨다.
   b. 세포 바깥쪽의 낮아진 pH는 익스팬신을 활성화시키고, 이것이 셀룰로오스 미세섬유 사이의 결합을 끊는다.
   c. 양성자펌프에 의해 형성된 막전위는 이온의 흡수를 촉진시켜, 세포 안으로 물의 삼투현상에 의한 이동을 증가시킨다.
   d. 세포는 삼투현상에 의해 물을 흡수할 때 신장한다.
   e. 위의 모두가 세포 신장에 관여한다.

4. 다음 중 어떤 상황이 곁눈의 발달을 촉진시키기에 가장 적절한가?
   a. 줄기에서 아래쪽으로 이동하는 다량의 옥신과 뿌리에서 합성되는 소량의 사이토키닌
   b. 줄기에서 이동해오는 옥신의 감소와, 이로 인한 스트리고락톤 합성의 감소
   c. 1:1 비율의 지베렐린과 옥신
   d. 끝눈의 제거에 의한 사이토키닌의 결핍
   e. 잎에서 만들어지는 브라시노스테로이드 농도의 증가

5. 종자에서 생장억제제는 보통 _______
   a. 앱시스산이다.
   b. 에틸렌이다.
   c. 지베렐린이다.
   d. 높은 농도의 지베렐린과 이에 섞인 소량의 ABA이다.
   e. 옥신에 대한 상대적 농도가 높은 사이토키닌이다.

6. 하루주기 리듬은 _______
   a. 외부진동자에 의해 조절된다.
   b. 24시간을 주기로 일어나는 기공개폐와 광합성효소들의 합성에서 보인다.
   c. 매일매일의 외부신호에 의해 조절되지 않는 내부 생체시계와 관련이 있다.
   d. 개화신호를 제공한다.
   e. 위의 모든 것 과 관련이 있다.

7. 임계 밤길이 동안의 근적외선 섬광은 _______
   a. 장일식물의 개화를 유도한다.
   b. 단일식물의 개화를 유도한다.
   c. 개화에 영향을 끼치지 않는다.
   d. P_{fr} 양의 갑작스러운 증가를 유도한다.
   e. 두 번째 근적외선 섬광에 의해 무효화된다.

8. P_r의 P_{fr}로의 전환은 _______
   a. 밤에 천천히 일어난다.
   b. 식물이 새벽을 감지하고 생체시계를 외부와 맞추게 해준다.
   c. 생체시계의 분자적 기작이다.
   d. P_r이 근적외선을 흡수할 때 일어난다.
   e. 꽃눈에서 일어나며 개화를 유도한다.

9. 식물은 다음과 같은 방식으로 염분스트레스를 견뎌낸다.
   a. 앱시스산을 분비하여 기공을 닫아 염분 축적을 방지한다.
   b. 유기 용질을 합성하여 뿌리세포 내의 수분포텐셜을 낮춘다.
   c. 시듦으로써, 증산작용을 줄여 물과 염분의 흡수를 줄인다.
   d. 소듐이온의 독성효과를 줄여주는 용질을 합성한다.
   e. 에틸렌을 분비하여, 상처 입은 세포의 세포자살을 유도한다.

10. 다음 중 어떤 호르몬을 뿌렸을 때, 맥주를 만드는 데 필요한 맥아의 생산에서 보리종자의 발아를 빠르게 해줄 수 있는가?
   a. 앱시스산
   b. 옥신
   c. 사이토키닌
   d. 브라시노스테로이드
   e. 지베렐린

11. 과학자들은 에틸렌을 매우 많이 합성하는 애기장대 *eto* 돌연변이체를 발견하였다. 다음 중 어떤 것이 이 돌연변이체의 생장을 정확하게 묘사했는가?
   a. 장애물에 마주쳤을 때에만 삼중반응을 보이긴 하지만 야생형에 비해 반응의 정도가 크다.
   b. 에틸렌 수용체가 억제되어 있어서 삼중반응을 보이지 않는다.
   c. *eto* 돌연변이체는 토양 밖으로 나와서도 삼중반응을 보인다.
   d. 에틸렌에 노출되었을 때 이 돌연변이체의 삼중반응은 억제된다.
   e. *eto* 돌연변이체에 에틸렌 합성 억제제를 처리하여, 이 돌연변이체가 장애물을 마주치지 않았을 때에도 나타나는 삼중반응을 억제할 수는 없다.

12. 많은 식물들은 다음 중 어떤 것에 대한 반응으로 꽃을 피울 것인가?
   a. 특정 광주기로서, 식물의 잎이 노출되는 밤의 길이에 의해 결정된다.
   b. 작동자로서, 잎에서 합성되어 꽃 분열조직으로 이동한다.
   c. 계절의 변화를 알려주는 것으로 생각되는 최저 기온
   d. 끝눈에서 만들어지는 개화호르몬
   e. 고농도의 옥신과 FT 단백질, 그리고 낮은 농도의 사이토키닌과 에틸렌

13. 다음 중 식물의 초식동물에 대한 방어로 맞지 않는 것은?
   a. 역겨운 맛을 내는 화합물의 합성
   b. 독성물질의 합성
   c. 가시와 같은 물리적 방어
   d. 파이토알렉신과 PR 단백질 생산과 함께 과민반응의 시작
   e. 기생말벌을 유인하는 휘발성 화합물의 분비

14. 다음 중 과민반응에 대한 설명으로 틀린 것은?
   a. 식물의 특정 저항성 단백질과 병원균의 작동자 분자 사이의 인식에 의해 좌우된다.
   b. 항미생물성 기능을 가질 것으로 생각되는 PR 단백질의 합성을 증가시킨다.
   c. 식물체 전체로 퍼져 전신성획득저항을 활성화시키는 신호분자로 작용하는 에틸렌 합성을 증가시킨다.
   d. 세포벽 분자들 사이의 결합과 리그닌 합성의 촉진을 통해 감염된 부위를 감싼다.
   e. 방어반응에 관여하는 식물세포는 죽어 감염된 곳을 포함하는 부위를 나타내는 병반을 형성한다.

UNIT 6 동물의 형태 및 기능

32장

항상성과 내분비 신호

핵심

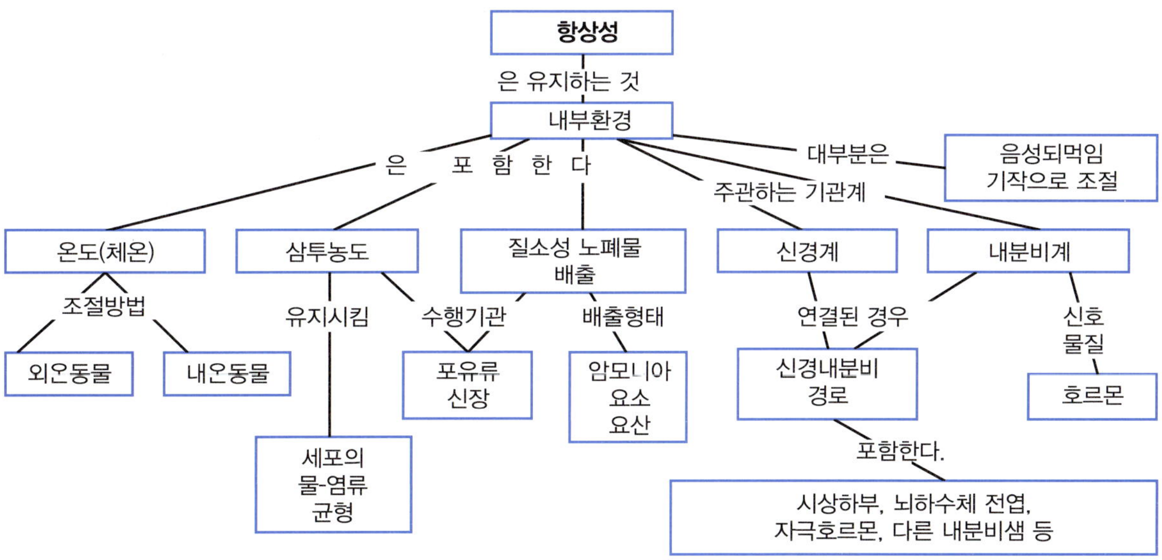

복습

해부학(anatomy)은 생물체의 생물학적 형태를 연구하는 분야이다; **생리학(physiology)**은 생물체의 생물학적 기능을 연구하는 분야이다. 다양한 동물의 형태와 기능은 환경에 생물이 잘 맞도록 만들어진 것이며, 자연선택에 의해 선택된 진화적 적응의 결과들을 반영한 것이다.

32.1 되먹임 조절이 대다수의 동물에서 내부환경을 유지한다

계층적 구성 체계를 갖는 동물의 몸 구조와 기능적 단계는 무엇인가?

조직(tissue)은 같은 기능의 비슷한 세포들의 모임이다. **기관(organ)**은 흔히 층을 이룬 여러 조직들로 구성되며 특수한 기능을 수행한다. 생명 유지에 꼭 필요한 주요 기능을 수행하는 기관들의 모임을 **기관계(organ system)**라고 부른다.

상피조직(epithelial tissue)은 몸의 안과 밖의 표면을 덮고 있는 조밀한 세포층이다. 상피세포들의 정단면은 기관내 강이나 바깥을 향하는 면이다. 세포의 기저면은 기저막에 붙은 면이다. 기저막(basal lamina)은 상피조직과 밑에 조직을 나누는 세포외기질로 구성된 조밀한 막이다.

결합조직(connective tissue)은 비교적 적은 수의 세포들이 고형의 젤리에 단백질이 박혀 있는 세포외기질에 분포해 있는 형태이다. 기질에는 단백질섬유를 합성하는 섬유아세포(fibroblast)와 박테리아나 바이러스를 잡아먹는 대식세포(macrophage) 등이 있다.

근육조직(muscle tissue)의 세포는 액틴과 마이오신으로 구성된 수축섬유를 갖고 있다. **골격근**(**skeletal muslce**, 횡문근이기도 함)은 몸을 의지대로 움직이는(수의근) 역할을 한다. **심장근(cardiac muscle)**은 심장의 수축벽을 형성한다. **평활근(민무늬근, smoth muscle)**은 많은 내부기관들의 벽에서 발견되며, 의지대로 움직일 수 없는 불수의 운동을 담당한다.

신경조직(nervous tissue)은 정보를 받고, 처리하고, 전달한다. **신경세포(neuron)**는 수상돌기나 세포체를 통해 신경충격을 받고, 축삭을 통해 다른 신경세포나 근육세포에 신호를 전달한다. **아교세포(glial cell)**는 신경세포를 절연시키고 보살피는 역할을 한다.

핵심 문제 32.1

결합조직의 예를 그 기능과 함께 적어보시오. 어떤 결합조직이 액체기질로 구성되며 고체기질로 구성된 결합조직은 무엇인가?

조절과 순응 주어진 환경에 대해 동물은 내부환경의 변동을 통제하는 **조절자(regulator)**가 될 수도 있고 외부환경의 변화에 따라 내부환경도 변화시키는 **순응자(conformer)**가 될 수도 있다. 대부분의 동물들은 체세포를 둘러싼 **간질액(interstitial fluid)**을 조절하여 내부환경을 어느 정도 통제한다.

항상성 안정된 상태 혹은 상대적인 내부 균형을 유지하는 것을 **항상성(homeostasis)**이라고 부른다. 항상성유지 기작에는 **자극**(**stimulus;** 설정값에 비해 높거나 낮은 상태로 변동되는 것)을 감지하는 수용기 또는 **감응기(sensor)**와, 다시 변화된 값을 **설정값(set point)**으로 되돌리도록 반응하게 하는 조절센터(control center)를 포함한다.

대부분의 항상성은 음성되먹임 기작으로 작동된다. **음성되먹임(negative feedback)**은 자극을 줄이는 방향으로 반응을 나타내는 것으로 따라서 반응도 없어지게 된다. 변수는 어떤 특정한 값으로 유지되기보다는 정상범위 안에서 변하도록 유지된다.

체온조절: 자세히 살펴보기 동물은 **체온조절(thermoregulation)**을 통해 몸의 내부 온도를 최상의 범위 안에 들어가도록 유지한다. 대사 열로 몸을 따뜻하게 하는 새와 포유류를 **내온동물(endothermic)**이라고 부른다. 열을 주로 외부에서 얻는 대부분의 무척추동물과 많은 종류의 파충류, 물고기들을 **외온동물(ectothermic)**이라 부른다. 내온동물이나 외온동물 모두 체온조절 행동을 한다. 외온동물은 내온동물에 비해 적은 양의 음식을 소모한다.

환경과 생물체 간의 열 흐름은 다음 과정을 통해 일어난다. 접촉된 물체 간에 열이 직접 전달되는 전도, 물체 표면을 지나는 공기나 물의 흐름을 통해 전달되는 대류, 모든 물질이 나오는 전자기파에 의한 전달을 복사, 표면에서 액체가 기체로 상태변화가 생기면서 열 손실이 일어나는 것을 증발이라고 부른다. 머리카락, 털, 지방조직과 같은 절연제는 환경과의 열교환률을 떨어뜨린다.

어떻게 순환계가 체온조절에 기여할까? **혈관확장(vasodilation)**은 피부로 혈액이 많이 흐르도록 만들어 외부로 많은 열이 나가도록 한다. 혈관수축(Vasoconstriction)의 경우는 혈액흐름과 열전달을 모두 줄인다. 해상포유류나 새에서 흔히 볼 수 있는 역류교환(countercurrent exchange)에서는 몸 중심에서 말단부위로 가는 동맥의 열이 몸으로 돌아오는 정맥에 전달되도록 가까이 놓여 있다.

환경 온도에 순응하는 것이 체온조절에 기여할 수 있다. 새나 포유류는 계절에 따라 절연조직의 두께를 달리하기도 한다. 외온동물은 세포생리적 변화를 통해(효소, 막에 변화를 주고 항동결물질을 생산) 환경 온도(결국은 내부온도)의 변화에 순응하기도 한다.

포유류의 경우 **시상하부(hypothalamus)**의 일부 신경세포들이 체온에 따라 열손실과 열획득 기작을 조정하는 온도조절기의 역할을 한다. 포유류와 새는 감염에 의해 발열 반응을 보이는데 이는 시상하부의 설정값이 재설정되어 생기는 현상임이 확실하다.

핵심 문제 32.2

a. 시상하부가 높아진 체온을 감지하면 어떤 냉각 기작을 활성화시킬까?

b. 체온이 설정값에 비해 떨어지면 어떤 기작들이 활성화될까?

32.2 내분비 신호는 표적기관의 항상성 기작을 작동시킨다

내분비와 신경계의 조화 및 조절 기능 내분비(endocrine)와 **신경계(nervous system)**는 신체의 활성을 조정한다. 내분비계는 혈액으로 **호르몬(hormone)**을 분비한다. 이에 맞는 수용체를 갖는 체세포는 호르몬에 반응한다. 신경은 축삭을 통해 다른 신경세포나 근육세포, 내분비, 외분비 세포를 포함하는 표적세포에 직접 신호를 전달한다.

핵심 문제 32.3

내분비계와 신경계의 신호를 전달속도, 반응의 지속성 면에서 비교하라. 이 두 가지 신호전달체계의 기능상 차이는 무엇인가?

단순한 내분비 경로 단순한 내분비 경로에선 내분비 세포가 자극에 반응하여 호르몬을 분비하고, 호르몬이 혈액을 통해 반응을 보이는 표적세포에 도달한다. 예를 들면, 십이지장의 내분비세포가 위의 내용물이 들어와 pH가 낮아진 것에 반응하여 세크리틴을 분비한다. **췌장(pancreas)**에 위치한 표적세포는 중탄산이온을 분비하여 pH를 높인다.

신경내분비 경로 시상하부는 신경계와 내분비계를 연결해주는 역할을 한다(신경내분비 경로). 시상하부는 온몸에서 오는 신경신호에 반응하여 밑에 있는 **뇌하수체(pituitary gland)**로 호르몬 신호를 보낸다. 시상하부의 호르몬은 문맥계를 통해 **뇌하수체 전엽(anterior pituitary)**으로 흘러가며 이곳에서 특정한 호르몬의 생산과 분비를 조절한다. 많은 경우가 촉진호르몬(tropic hormone)으로 다른 내분비샘을 조절한다.

호르몬 연쇄경로 시상하부는 뇌하수체의 전엽에서 특정한 호르몬의 생산을 촉진 또는 감소시키는 호르몬을 분비한다. 반응을 나타내는 다른 호르몬의 방출을 촉진하는 호르몬을 촉진 혹은 자극호르몬이라고 부른다. 예를 들어 갑상샘호르몬의 농도가 낮아지는 것을 알려주는 신경신호에 반응하여 시상하부에서 갑상샘자극호르몬 방출-호르몬(TRH)를 분비한다. 이는 뇌하수체에서 갑상샘자극 호르몬(TSH)의 분비를 촉진한다. TSH는 갑상샘을 자극하여 대사과정을 자극, 유지시키는 갑상샘호르몬을 분비하게 만든다. 전형적인 호르몬 연쇄반응 경로는 음성되먹임으로 조절된다. 이 경우 높은 농도의 갑상샘호르몬은 TRH와 TSH의 분비를 억제한다.

뇌하수체 후엽(posterior pituitary)은 시상하부에서 뻗어나온 부분으로 시상하부의 신경분비세포에서 만들어진 두 가지 호르몬을 저장, 분비한다. (신경분비세포는 신경호르몬이라 부르는 호르몬을 분비하도록 특수화된 신경이다.) 젖꼭지에서 온 신경신호에 반응하여 시상하부는 젖샘의 젖분비를 자극하는 **옥시토신(oxytocin)**의 분비를 초래한다. **항이뇨호르몬(antidiuretic hormone, ADH)**은 뇌하수체후엽의 다른 호르몬이다.

내분비 경로의 음성되먹임 조절 대부분의 내분비 경로가 음성되먹임으로 조절된다. **양성되먹임(positive feedback)**의 경우 자극에 대한 반응이 자극을 더 강하게 만들고 반응도 더 커진다.

핵심 문제 32.4

호르몬 경로에서 음성되먹임과 양성되먹임의 차이를 설명하고 각각의 예를 하나씩 드시오.

수용성과 지용성 호르몬의 작용 경로 수용성 호르몬은 세포막 표면의 수용체에 결합하여 일련의 세포내 신호전달(signal transduction) 과정을 유발하여 세포 반응을 일으킨다. 지용성 호르몬은 세포막을 통과하여 세포질에 있는 수용체에 결합한 후 핵으로 이동하여 유전자들의 발현에 영향을 준다.

호르몬의 다양한 효과 주어진 신호는 수용체의 종류(α 또는 β 에피네프린 수용체 등)나 신호전달 경로의 종류, 또는/그리고 세포내 존재하는 효과기 단백질의 종류에 따라 다양하게 나타난다. 예를 들면, 부신수질에서 스트레스에 반응하여 분비되는 **에피네프린(epinephrine)**은 간세포에서 포도당의 분비를 촉진한다. 또한 근육으로 가는 혈관을 확장시키고 소장으로 가는 혈관은 수축시키기도 한다.

호르몬 기능의 진화 프로락틴의 경우 포유류에서 젖 생산과 분비를 촉진하는 것에서부터 양서류에서는 변태시기의 지연, 어류에서는 삼투조절에 이르는 다양한 효과를 나타낸다. 다른 종류의 척추동물에서 다양한 효과를 나타내는 것으로 미루어, 프로락틴은 척추동물의 진화과정에서 다양한 기능을 갖게 된 고대의 호르몬으로 여겨진다.

32.3 삼투조절과 배설은 많은 동물에서 공유 기관계가 담당한다

동물은 간질액의 염류농도와 수분 균형을 조절해야 하며(**삼투조절, osmoregulation**) 또한 질소노폐물(nitrogenous wastes)을 내보내야 한다(**배설, excretion**).

삼투와 삼투농도 삼투는 삼투농도(osmolarity)가 서로 다른 용액 사이의 반투과성 막을 통해 물이 확산 이동하는 것을 말한다. 삼투농도는 용액 1 L 안에 있는 총 용질의 몰수를 milliOsmole (mOsm/L)의 단위로 나타낸 것이다. 등삼투용액(isoosmotic solution)은 같은 삼투농도를 갖는 용액을 말하며, 물은 (더 희석된) 저삼투용액(hypoosmotic solution)에서 (더 진한) 고삼투용액(hyperosmotic)으로 순이동된다(흐른다).

삼투조절의 과제와 기작 동물이 물 균형을 유지하는 2가지 형태는 무엇일까? **삼투순응자(osmoconformer)**는 그들의 주위환경과 같은 등삼투이며 오직 해양동물에서만 볼 수 있다. **삼투조절자(osmoregulator)**는 환경과 상관 없이 내부 삼투농도를 조정한다.

해양 어류들은 바닷물에 비해 저삼투용액이다. 이들은 삼투에 의해 잃어버리는 수분을 보충하기 위해 많은 양의 바닷물을 먹어야 한다. 아가미에 있는 염류 세포(chloride cell)는 과량의 Cl^-를 배출한다(이후 Na^+는 따라 나감). 다른 이온들은 소량의 오줌으로 배출된다. 해양 어류와는 달리 담수 어류는 "물고기처럼" 많은 물을 마시지 않는다. 사실 이들은 거의 마시지 않는다. 담수 어류는 삼투를 통해 지속적으로 물을 얻고 확산에 의해 염류를 잃는다. 이들은 다량의 희석된 오줌을 배출한다. 염류는 음식물이나 아가미를 통한 능동수송을 통해 채워진다.

육상동물의 경우 방수성 겉껍질이 탈수를 막아준다. 물은 오줌과 대변, 또는 증발을 통해서도 잃게 된다. 반면에 음식이나 식수를 통해, 또는 세포호흡 동안 나오는 대사산물로 얻을 수 있다.

질소성 노폐물 **암모니아(ammonia)**는 단백질과 핵산의 대사산물로 나오는 작고 독성이 강한 물질이다. 수생동물은 막을 통해 주위 환경으로 확산시킬 수 있기 때문에 암노니아의 형태로 질소성 노폐물을 배출할 수 있다.

대부분의 육상동물들과 수생동물 중 많은 경우에 암모니아보다 독성이 약한 **요소(urea)**의 형태로 배출한다. 요소는 적은 양의 물이 소요되는 높은 농도에서도 동물들이 견딜 수 있다. 포유류의 간에서 암모니아와 이산화탄소를 결합시켜 요소를 만든다.

곤충, 육상 뱀, 그리고 많은 수의 파충류 들은 **요산(uric acid)**을 만든다. 요산은 물에 대한 용해도가 매우 낮아 반고체 상태로 거의 물의 손실없이 배출할 수 있다. 하지만 이들을 합성하기 위해서는 에너지를 많이 소모해야 한다.

배설 과정 삼투조절과 노폐물 처리에는 모두 **수송상피(transport epithelia)**를 통한 용질의 이동과정이 포함된다. 수송상피는 보통 물질교환을 위해 넓은 면적을 제공할 수 있는 얽혀진 관의 형태를 구성한다. 어떤 과정을 통해 오줌이 만들어질까? 우선 **여과(filtration)** 과정으로 혈액이나 체액의 물과 작은 염류들이 수송상피를 지나 배설관으로 이동한다. 두 가지 기작이 **여과액(filtrate)**을 오줌으로 만들어준다. **재흡수(reabsorption)** 과정을 통해 유용한 용질들은 여과액에서 혈액으로 돌아온다. 그리고 여분의 이온이나 독성분들은 **분비(secertion)** 과정을 통해 여과액에 첨가된다. 염류의 이동에 따라 여과액 밖이나 안으로 물의 삼투 이동이 일어난다. 이렇게 처리된 여과액이 몸 밖으로 배출된다(오줌).

편형동물의 원신관(protonephridia)은 가지 많은 관들의 형태로 끝이 막혀 있다. 체액으로부터 관의 막힌 끝에 있는 불꽃세포계(flame bulbs)를 통해 섬모의 운동에 따라 물과 용질이 이동한다. 오줌은 바로 체외로 배출된다. 담수에 서식하는 편형동물의 원신관은 삼투조절이 주요기능인 반면, 기생성 편형동물의 경우는 질소노폐물의 배출이 주요 기능이다.

말피기관(Malpighian tubules)은 곤충과 육상 갑각류의 배설계이다. 수송상피조직은 물과 용질 그리고 질소성 노폐물을 소화관으로 배출한다. 대부분의 용질은 혈림프로 다시 흡수

핵심 문제 32.5

다음 동물들이 주위 환경에 비해 등삼투성, 저삼투성, 또는 고삼투성 상태인지 쓰시오. 그들의 삼투조절 기작을 간략하게 쓰시오. 또한 어떤 형태의 질소성 노폐물을 만드는가?

동물 종류	환경과의 삼투관계	삼투조절 기작	질소성 노폐물
해양 무척추	a.	b.	c.
해양 경골어류	d.	e.	f.
민물 어류	g.	h.	i.
새	j.	k.	l.

되고 물도 삼투에 의해 돌아온다. 이 수분-보존계를 통해 요산은 대변과 함께 물이 빠진 고형성분으로 배출된다.

포유류의 수많은 세뇨관들이 모세혈관과 인접되어 **신장(kidney)**에 모여 있다. 신장과 오줌을 몸 밖으로 배출하는 구조들이 모여 포유류의 배설계를 구성하며, 삼투조절과 배설을 담당한다.

포유류의 배설계 탐구 혈액은 신장 동맥을 통해 강낭콩 모양의 신장으로 들어가고 신장정맥을 통해 빠져나온다. 오줌은 신장에서 **수뇨관(ureter)**을 통해 나와 **방광(urinary bladder)**에 일시적으로 저장된다. 그 후 오줌은 **요도(urethra)**를 통해 몸밖으로 배출된다.

신장피질(renal cortex)과 **신장수질(renal medulla)**은 세뇨관들과 혈관들로 가득 채워져 있다. 오줌은 안쪽 **신우(renal pelvis)**로 모인다. 사람의 신장에 있는 **네프론(nephron**; 신장의 기능 단위)은 약 85%가 **피질네프론(cortical nephron)**으로 거의 대부분이 피질에 위치한다. **수질옆네프론(juxtamedullary nephron)**은 긴 헨레고리를 신장수질 안으로 뻗어 있어 고삼투농도의 오줌이 형성될 수 있게 한다.

네프론은 **사구체(glomerulus)**라는 모세혈관 뭉치를 둘러싼 컵모양의 **보우만 주머니(Bowman's capsule)**와 연결된 긴 관으로 구성되어 있다. 혈압에 의해 물, 포도당, 요소, 염류, 아미노산, 그 밖에 작은 분자들이 다공성 모세혈관벽과 특수화된 세포들을 통해 보우만 주머니로 들어가 여과액을 만든다. 이 여과액은 **근위세뇨관(proximal tubule)**; 하행지와 상행지로 구성된 **헨레고리(loop of Henle)**; **원위세뇨관(distal tubule)**을 거친다. **집합관(collecting duct)**은 여러 네프론으로부터 가공된 여과액(오줌)을 받아 방광으로 보낸다.

수입소동맥(afferent arteriole)은 각 네프론에 사구체 모세혈관으로 혈액을 공급하고 다시 수출소동맥(efferent arteriole)으로 모인다. 이 소동맥은 세뇨관들을 둘러싸고 있는 2번째 모세혈관—**관주위 모세혈관(peritubular capillary)**—으로 나누어진다. **직립관(vasa recta)**은 헨레고리와 평행한 하행지와 상행지를 포함한다.

핵심 문제 32.6

a. 어떤 물질들이 여과과정에서 혈액으로부터 빠져나가는가?

b. 모세혈관에 남아 있는 물질에는 어떤 것이 있는가?

32.4 호르몬 회로에 의해 신장의 기능 수분 균형, 혈압이 서로 연결된다

혈액 여과액에서 오줌이 되기까지: 자세히 보기 각 단계에 대한 설명은 핵심 문제 32.7의 그림에서 각 번호에 해당한다.

1. 근위세뇨관에서는 재흡수와 분비가 모두 일어난다. 염(NaCl)은 촉진확산이나 공동수송에 의해 여과액에서 세포로 이동하고, 세포에서는 Na^+에 대한 능동수송에 의해 간질액으로 내보내진다; Cl^-는 양이온과의 균형을 위해 수동수송되고; 물은 삼투에 의해 이동한다. 염류나 물은 간질액에서 관주위 모세혈관으로 확산된다. 포도당, 아미노산, K^+, 그 외 성분들이 능동이나 수동수송을 통해 재흡수된다. 수송상피에서는 간에서 처리된 약물이나 독물

을 여과액 방향으로 분비하기도 한다.

2. 헨레고리의 하행지에는 다량의 **아쿠아포린(auquaporin)**이 존재하기 때문에 물을 잘 통과시킨다. 이곳에서는 NaCl 이나 기타 염류를 투과시키지 않는다. 간질액이 신장수질로 들어갈수록 고삼투가 되고 따라서 물이 삼투에 의해 여과액에서 고삼투액 쪽으로 빠져나온다.

3. 헨레고리의 상행지는 물에 대해 불투과성인 반면 염류에 대해서는 투과성이 있다. 염류는 헨레고리 상행지의 아래쪽 얇은 지역에서 확산되어 나와 수질의 삼투농도를 높인다. 상행지의 두꺼운 벽을 갖는 위쪽에서는 능동수송에 의해 NaCl을 퍼낸다. 염류가 나오면서 여과액은 점점 묽어진다.

4. 원위세뇨관에서 K^+의 분비와 NaCl의 재흡수가 조절되며, 또한 H^+ 분비와 HCO_3^-의 재흡수를 통해 pH 조절을 돕는다.

5. 한 쌍의 신장은 하루 180 L의 여과액을 만들어내며 오줌 1.5 L를 만들어낸다. 오줌이 만들어지는 마지막 과정으로 여과액이 집합관을 지난다.

포유류 신장에서 오줌 농축하기 이제 사람의 신장이 어떻게 많게는 4배나 농축된 오줌을 만들 수 있는지 알아보자.

핵심 문제 32.7

아래의 네프론과 집합관의 그림에서 밑줄 쳐진 곳에 각 부위의 이름을 쓰시오. 앞에 설명 중 1에서 5까지 따라 가보자. 각 화살표로 나타낸 물질의 이동이 어떤 물질의 움직임인지, NaCl, 물, 영양소, K^+, HCO_3^-, H^+, NH_3, 그리고 요소에서 골라 쓰시오.

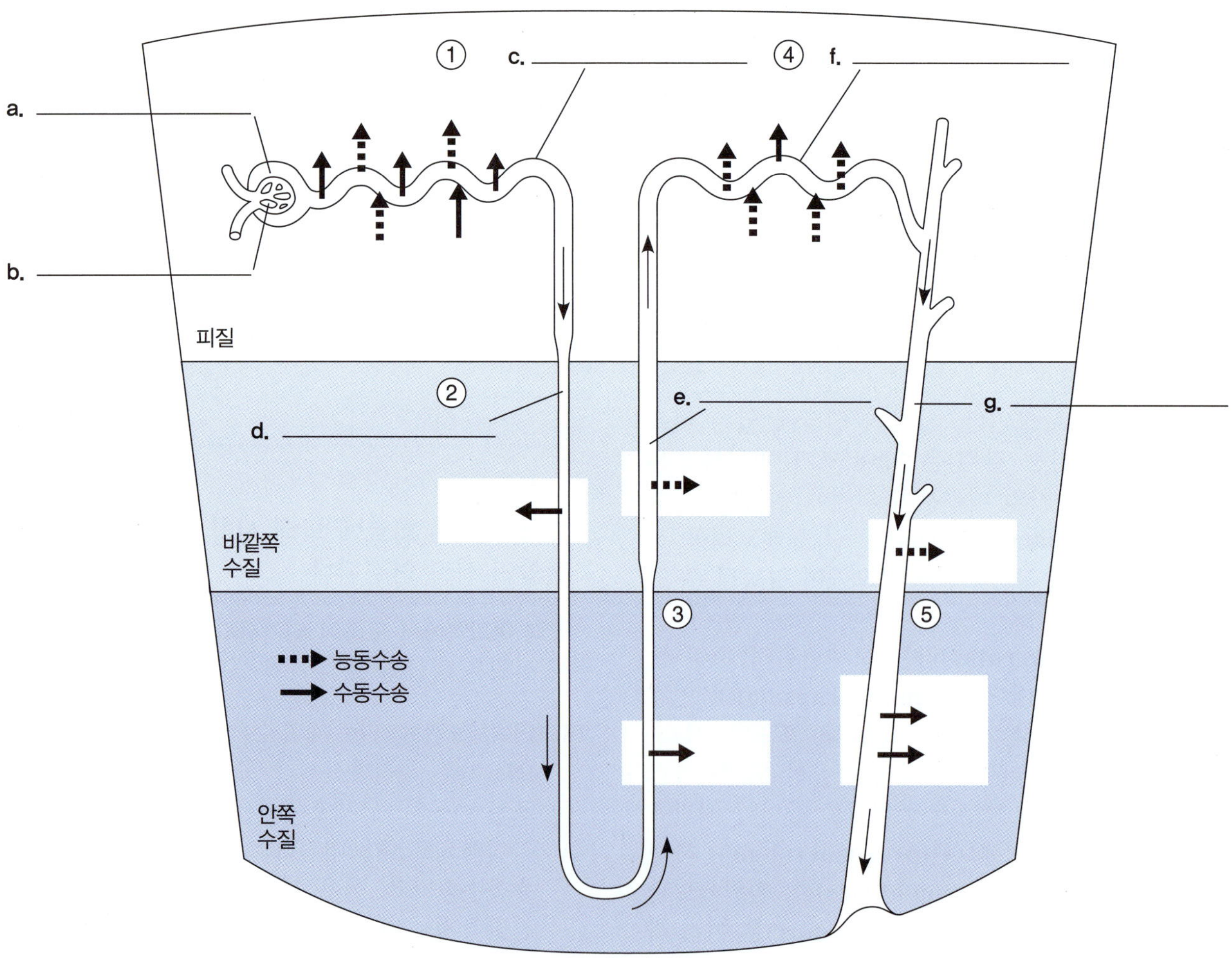

보우만 주머니를 떠나는 여과액은 혈액과 같은 300 mOsm/L의 삼투농도를 갖는다. 근위세뇨관에서는 물과 염류가 모두 재흡수된다; 따라서 부피는 줄어들지만 삼투농도는 같게 유지된다. 여과액이 헨레고리를 따라 밑으로 내려갈 때 물이 삼투현상에 의해 빠져나가고 여과액이 농축된다. 이제 여과액에서 농도가 높아진 염류가 위로 올라가면서 물에 대해서는 비투과적이면서 염류는 투과시키는 상행지를 통해 밖으로 나간다. 이런 현상은 삼투농도 기울기를 만드는 데 도움을 준다.

이 가파른 삼투농도 기울기는 헨레고리와 직립관의 역류교환계에 의해 만들어진다. 헨레고리의 상행지가 에너지를 소모하면서 NaCl을 능동수송하는 **역류교환증폭계(countercurrent multiplier system)**를 통해 속질의 삼투농도 기울기를 만든다.

상행지에서 염류를 밖으로 퍼낸 후 여과액은 저삼투액이 된다. 이 여과액은 마지막으로 신장수질을 통과하는데 이때 물에 대해서는 투과성이 있고 염류는 통과시키지 않는 집합관을 통해 이동한다. 물은 삼투에 의해 밖으로 나가고 오줌은 농축되며 요소는 간질액으로 환산되면서 수질 안쪽에 염의 농도를 높인다. 그 결과로 오줌은 신장수질의 간질액과 같은 삼투농도인 1200 mOsm/L까지 농축될 수 있다.

다양한 환경에 대한 척추동물 신장의 적응 네프론 구조와 기능의 변형은 각 서식지의 삼투조절 필요성과 관련된다. 건조한 지역의 포유류는 물을 보존하고 고삼투농도의 오줌을 만들 필요가 있고, 아주 예외적으로 긴 헨레고리를 갖는다.

새의 경우에도 수질옆네프론을 많이 갖는다. 하지만 비교적 짧은 헨레고리는 포유류의 고삼투 농도 오줌을 만들 수 없게 만든다. 이들은 주로 요산을 만들어 물을 보존한다.

뱀파이어 박쥐에 의해 식전후로 만들어지는 큰 농도차의 오줌을 예로 봤을 때, 포유류의 신장은 물균형과 요소생산량에 따라 오줌의 부피와 삼투농도를 크게 변화시킬 수 있는 것으로 여겨진다.

핵심 문제 32.8

a. 어떤 종류의 네프론이 고삼투농도의 오줌을 만들 수 있는가?

b. 어떤 동물들이 이런 종류의 네프론을 많이 가지고 있나?

신장의 항상성 조절 기능 포유류의 신장이 혈액 삼투농도, 혈압, 혈액량의 조절에 어떤 역할을 하는가? 항이뇨호르몬(ADH) 또는 바소프레신(vasopressin)은 시상하부에서 만들어져 뇌하수체에 저장된다. 혈액의 삼투농도가 설정값인 300 mOsm/L보다 높아지면 시상하부의 삼투수용기가 ADH의 분비를 촉발한다. 이 호르몬은 집합관의 수용체에 결합하여 원형질막에 있는 아쿠아포린 양을 증가시킨다. 이 물통로는 물에 대한 투과도를 높여 오줌으로부터 물의 재흡수를 돕는다. 그러면 혈액의 삼투농도가 떨어지고 음성되먹임으로 ADH의 분비도 줄어든다.

레닌-안지오텐신-알도스테론계(renin-angiotensin-aldosterone system, RAAS) 적정 혈압과 혈액량을 유지하는 항상성 되먹임 고리이다. **사구체옆장치(juxtaglomerular apparatus, JGA)**는 사구체로 들어가는 수입소동맥근처에 위치하여 혈압과 혈액량 감소에 반응하여 레닌을 분비한다. 이 효소는 혈장 단백질인 안지오텐시노겐을 **안지오텐신 II(angiotensin II)**로 전환시킨다. 안지오텐신 II는 (혈관을 수축시켜) 혈압을 높이고 부신피질에서 **알도스테론(aldosterone)**의 합성을 증가시킨다. 이 호르몬은 원위세뇨관과 집합관의 Na^+와 물의 재흡수를 촉진한다. 어떤 고혈압 치료제는 안지오텐신 II를 활성화시키는 효소 ACE를 표적으로 삼는다.

ADH와 RAAS 모두 물의 재흡수를 증가시키지만 서로 다른 문제에 반응한 결과이다. ADH는 혈액의 삼투농도에 반응하여 탈수현상을 막는 것이다. RAAS는 혈액량과 혈압의 감소를 감지하여 물과 염 모두의 감소에 반응하는 것이다.

어원

anti- = against; **-diure** = urinate (*antidiuretic hormone:* a hormone that promotes water retention by the kidneys. Produced in the hypothalamus and released from the posterior pituitary)

counter- = opposite (*countercurrent exchange:* the exchange of a substance or heat between two fluids flowing in opposite directions)

-dilat = expanded (*vasodilation:* an increase in the diameter of blood vessels triggered by relaxation of smooth muscles in the vessel walls)

ecto- = outside; **-therm** = heat (*ectothermic:* referring to organisms for which external sources provide most of the heat for temperature regulation)

핵심 문제 32.9

아래의 개념도는 다소 무리해서 그린 면이 있다. 하지만 이를 따라 가다보면 여러분이 신장의 항상성 조절 기능에 관한 이해를 잘 정리할 수 있을 것이다.

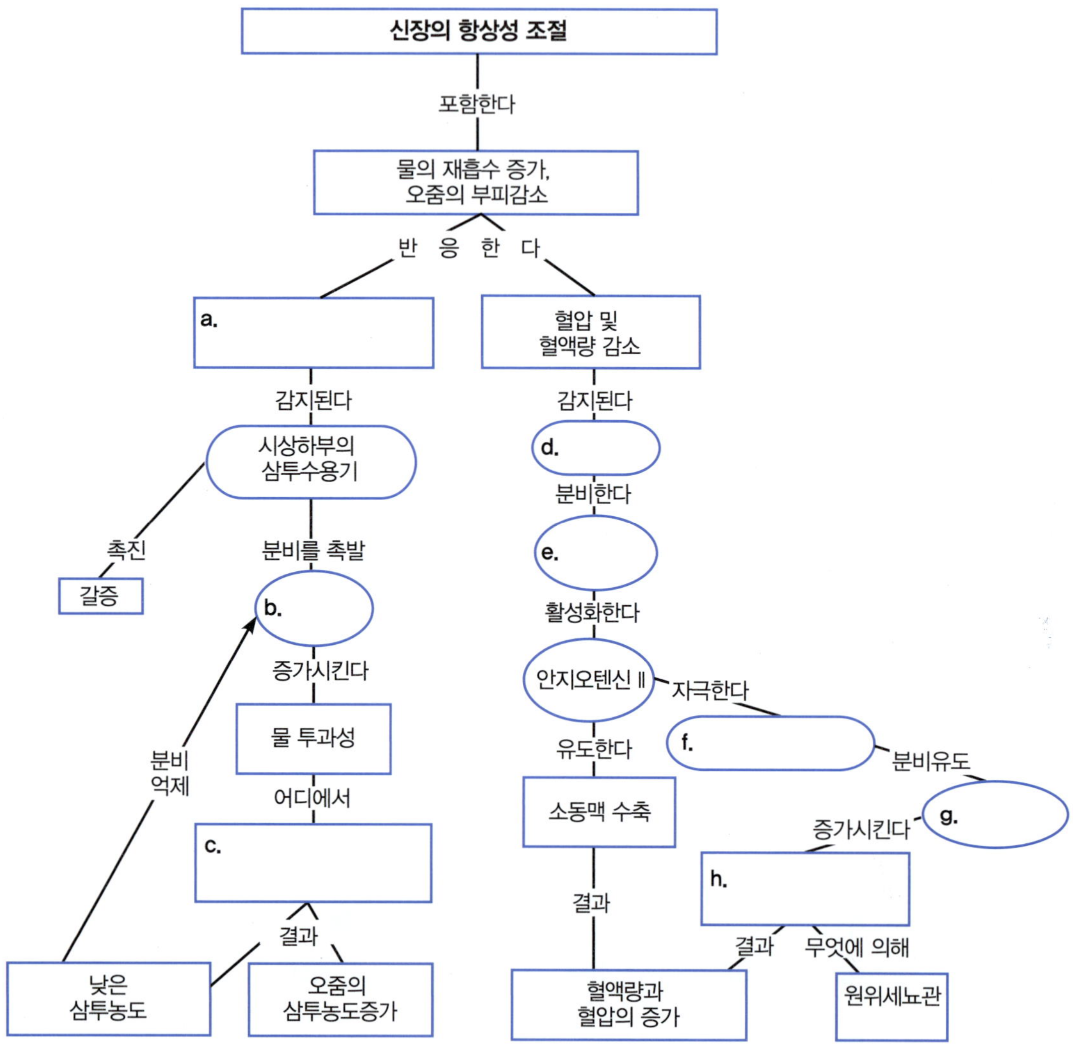

endo- = inner (*endothermic:* referring to organisms that are warmed by heat generated by their own metabolism. This heat usually maintains a relatively stable body temperature higher than that of the external environment)

epi- = above, over (*epinephrine:* a hormone secreted by the adrenal medulla that mediates "fight-or-flight" responses to short-term stresses; also called adrenaline)

glomer- = a ball (*glomerulus:* a ball of capillaries surrounded by Bowman's capsule in the nephron and serving as the site of filtration in the vertebrate kidney)

homeo- = same; **-stasis** = standing, posture (*homeostasis:* the steady-state physiological condition of the body)

inter- = between (*interstitial fluid:* the fluid filling the spaces between cells in most animals)

juxta- = near to (*juxtaglomerular apparatus:* a specialized tissue in nephrons that releases the enzyme renin in response to a drop in blood pressure or volume)

osmo- = pushing; **-regula** = regular (*osmoregulation:* regulation of solute concentrations and water balance by a cell or organism)

oxy- = sharp, acid (*oxytocin:* a hormone produced by the hypothalamus and released from the posterior pituitary that induces contractions of the uterine muscles during labor and causes the mammary glands to eject milk during nursing)

peri- = around (*peritubular capillaries:* the network of tiny blood vessels surrounding the proximal and distal tubules in the kidney)

reni- = a kidney; **-angio** = a vessel; **-tens** = stretched (*renin-angiotensin-aldosterone system:* a hormone cascade pathway that helps regulate blood pressure and volume)

vasa- = a vessel; **-recta** = straight (*vasa recta:* the capillary system in the kidney that serves the loop of Henle)

지식의 체계화

1. 기관은 몇 겹의 조직으로 이루어진다. 동물의 조직 중 모든 기관에서 발견되는 것은 무엇인가? 나머지 조직들이 발견되는 기관은 무엇인가?
2. 다음 내용을 설명하시오: 내온동물은 더 넓은 범위의 외부 온도 변화에 견딜 수 있다; 외온동물은 보다 넓은 내부 온도 변화에 견딜 수 있을 것이다.
3. 소장의 낮은 pH에 반응하여 분비되며 췌장의 중탄산이온 분비를 촉진하는 세크레틴이 어떻게 작용하는지 간단한 호르몬 경로를 그려보시오.
4. 호르몬의 단계적 반응경로란 무엇인가? 갑상샘 조절이 이를 어떻게 보여주는지 설명하시오.
5. 핵심 문제 32.7의 그림을 보고 고삼투농도의 오줌이 생성될 수 있게 하는 2가지-용질 모델을 설명하시오.

지식의 검증

선다형 문제: 가장 옳은 답을 고르시오.

1. 다음 중 결합조직에 대한 설명으로 옳지 않은 것은?
   a. 기질의 섬유에 의해 둘러싸인 적은 수의 세포들로 구성되어 있다.
   b. 여기에 경골, 연골, 지방, 성긴 결합조직들이 포함된다.
   c. 다른 조직들을 연결 또는 지지해준다.
   d. 많은 기관들의 안쪽 혹은 바깥쪽 표면을 형성한다.
   e. 액상이나 젤상태 또는 고형의 기질을 갖는다.

2. 척추동물의 간질액은 ______________________
   a. 세포 내의 환경이다.
   b. 세포주위를 둘러싼 액으로 영양소와 노폐물의 교환을 해준다.
   c. 혈액의 혈장을 구성한다.
   d. 넓적하고 얇은 척추동물에게는 필요없다.
   e. 내온동물에 비해 외온동물에서 드물다.

3. 조절자 동물에서 가장 사실과 먼 것은?
   a. 이들의 항상성 기작으로 인해 다양한 환경에서 살 수 있을 것이다.
   b. 순응자에 비해 지리학적으로 넓은 지역에 살 것이다.
   c. 겨울철에는 절연성 껍질을 두껍게 하여 적응할 것이다.
   d. 비슷한 몸 크기에서 순응자에 비해 적은 열량을 소모할 것이다.
   e. 변화하는 환경에 대해 생리적인 기작뿐 아니라 행동으로도 반응할 것이다.

4. 음성되먹임 기작은 ____________________
   a. 항상성을 유지하는 가장 일반적인 기작이다.
   b. 생리적인 변화가 설정값을 넘었을 때만 활성화된다.
   c. 방을 덥히는 스팀시설과 비슷하다.
   d. 출산시 수축을 유지하는 기작이다.
   e. 외온동물에서는 발견되지 않고 내온동물에만 있다.

5. 다음 중 어떤 기작에 의해 열을 내보낼 수 있을까?
   a. 끝부분으로 들어가는 혈관끼리 일어나는 역류교환
   b. 털이나 깃털을 세워 공기를 잡아두는 것
   c. 표면으로 가는 혈관 수축
   d. 표면으로 가는 혈관 확장
   e. a와 c 모두

6. 다음 진술 중 정확하지 않은 것은?
   a. 모든 호르몬이 내분비샘에서 분비되는 것은 아니다.
   b. 호르몬은 순환계를 통해 목표지점으로 수송된다.
   c. 표적세포는 그 호르몬 수용체를 갖고 있다.
   d. 호르몬은 항상성을 위해 꼭 필요하다.
   e. 스테로이드 호르몬은 유전자 발현에 영향을 주기 때문에 표적세포에 보다 빠른 반응을 유발한다.

7. MSH(멜라닌세포 자극호르몬)를 간질액에 주사하였을 때 개구리 표피세포가 검게 변하였고 세포에 주입했을 때는 효과가 없다는 사실은 다음의 어떤 결론을 지지하는가?
   a. MSH는 자극호르몬이다.
   b. MSH는 신경호르몬이다.
   c. MSH는 스테로이드 호르몬이다.
   d. MSH는 세포 표면의 수용체에 결합한다.
   e. c와 d 모두 적절한 결론이다.

8. 다음 호르몬 중 생산되는 부위와 잘못 연결된 것은?
   a. 방출호르몬 — 시상하부
   b. 성장호르몬 — 뇌하수체 전엽
   c. 에스트로젠과 프로제스테론 — 난소
   d. TSH — 갑상샘
   e. 에피네프린 — 부신샘

9. 촉진 호르몬은 ____________________
   a. 시상하부에서 생산되어 뇌하수체 전엽에서 분비된다.
   b. 다른 내분비샘을 자극하여 호르몬을 분비하도록 한다.
   c. 음성되먹임을 통해 스스로 항상성을 유지한다.
   d. 뇌하수체 전엽의 호르몬분비를 조절하는 시상하부에서 나온다.
   e. 신경자극에 반응하여 분비된다.

10. 뇌하수체 전엽은 ____________________
    a. 시상하부에서 생산된 옥시토신과 ADH를 저장하고 분비한다.
    b. 시상하부로부터 나온 방출 또는 억제 호르몬을 모세혈관계끼리 연결하는 문맥계를 통해 받는다.
    c. 방출 또는 억제 호르몬을 만든다.
    d. 부신샘의 신경 그리고 호르몬 자극에 관여한다.
    e. 촉진호르몬만을 만든다.

11. 수송상피의 역할은 ____________________
    a. 막을 경계로 물을 이동시킨다.
    b. 환경과의 사이에 불투과성 울타리를 형성한다.
    c. 삼투조절과 배설에서 용질의 움직임에 관여한다.
    d. 오줌을 수뇨관, 요도를 통해 이동시킨다.
    e. pH를 조절하기 위한 H^+와 HCO_3^-의 수동수송에 관여한다.

12. 담수 어류는 ____________________
    a. 아가미에 위치한 염류샘을 통해 염류를 내보낸다.
    b. 희석된 오줌을 다량 만든다.
    c. 아기미의 상피를 통해 요소를 분비한다.
    d. 물의 손실을 막는 비늘을 갖고 있다.
    e. 위의 내용이 모두 맞다

13. 새들이 요산을 만드는 것이 유리한 이유는 ____________
    a. 독성이 낮고 배출하는 데 물이 덜 들고, 발생 중인 알에서 안전하게 보관될 수 있다.
    b. 물에 매우 잘 녹고 생산하는 데 에너지가 덜 든다.
    c. 알의 껍데기를 만드는 데 기여할 수 있어 2가지 목적에 사용될 수 있다.
    d. 요소를 만드는 것보다 에너지 소모가 적다.
    e. a와 d 모두 맞다.

14. 척추동물에서 오줌의 흐름을 바르게 나타낸 것은?
    a. 집합관 ⟶ 수뇨관 ⟶ 방광 ⟶ 요도
    b. 신정맥 ⟶ 수뇨관 ⟶ 방광 ⟶ 요도
    c. 네프론 ⟶ 요도 ⟶ 방광 ⟶ 수뇨관
    d. 겉질 ⟶ 속질 ⟶ 방광 ⟶ 수뇨관
    e. 신우 ⟶ 속질 ⟶ 방광 ⟶ 요도

15. 다음 서술 중 틀린 것은?
    a. 긴 헨레고리는 급격한 삼투농도 기울기와 고삼투 오줌의 생성과 관계가 있다.
    b. 암모니아는 독성이 강한 질소 노폐물로 수생 무척추동물들의 몸에서 확산 배출된다.
    c. 요산은 질소 노폐물 중에서 배출시 가장 적은 물을 필요로 한다.
    d. 포유류의 신장에서 요소의 일부가 집합관을 통해 확산되어 나와 수질의 삼투농도 기울기에 기여한다.
    e. 태아에서 만들어진 암모니아는 태반에서 제거되어 모체의 간으로 운반되어 요소로 전환된다.

16. 네프론에서 혈액이 여과되는 과정은 ________________
    a. Na^+와 포도당의 능동수송에 이은 삼투현상이 포함된다.
    b. 이온과 독성분을 관 안으로 능동 또는 수동 수송하는 것을 모두 포함한다.
    c. 혈액의 높은 정수압이 물과 삭은 분자들을 모세혈관 밖으로 밀어내는 것을 포함한다.
    d. 세뇨관에서의 염류에 대한 능동 및 수동 수송과 집합관에서의 수동확산을 통해 만들어진 수질의 고삼투농도를 이용한다.
    e. 사구체에 비해 낮은 보우만주머니의 삼투농도를 이용한다.

17. 오줌이 만들어지는 과정에서 재흡수는 ________________
    a. 혈액의 과다한 H^+ 제거한다.
    b. 혈액에서 약물이나 독성물질 제거한다.
    c. 항상 오줌을 간질액보다 높은 농도로 만든다.
    d. 포도당, 염류, 물을 혈액으로 환원한다.
    e. H^+와 HCO_3^-의 균형을 잡아 pH를 유지한다.

18. 포유류 네프론의 각 부위와 기능이 잘못 짝지워진 것은?
    a. 보우만주머니 — 혈액 여과
    b. 근위세뇨관 — 독성물질과 H^+를 여과액으로 분비, 포도당과 아미노산을 세뇨관에서 밖으로 수송
    c. 헨레고리 하행지 — 요소의 확산 방출
    d. 헨레고리 상행지 — 여과액에서 Na^+를 확산 혹은 강제 방출
    e. 원위세뇨관 — pH와 K^+ 조절

19. 다음 동물 중 가장 가변적인 삼투조절과 배설계를 가진 것은?
    a. 해수 어류
    b. 바다에서 강으로 돌아오는 회귀성 연어
    c. 기생성 편형동물
    d. 흡혈박쥐
    e. b와 d

20. ADH와 RAAS 모두 물의 재흡수를 증가시키지만 다른 삼투조절 문제에 반응한다. 다음 중 옳은 서술을 2가지 고르시오.
    1. ADH는 혈압과 혈액량에 반응하여 분비된다.
    2. ADH는 시상하부의 삼투조절세포가 증가된 삼투농도를 감지했을 때 분비된다.
    3. RAAS는 레닌, 안지오텐신 II, 알도스테론의 영향으로 혈액의 삼투농도를 떨어뜨릴 것이다.
    4. RAAS는 혈압과 혈액량의 증가에 반응한다.
    5. RAAS는 사고나 심한 설사가 있을 때 반응할 가능성이 크다.
    a. 1과 4
    b. 1과 5
    c. 2와 3
    d. 2와 4
    e. 2와 5

21. 고혈압에 적당한 의약품의 작용 기전으로 옳은 것은?
    a. ADH의 합성을 증가시킨다.
    b. 레닌의 생산을 증가시킨다.
    c. 신장동맥의 혈관수축을 유도한다.
    d. 안지오텐신 II의 합성관련 효소를 억제한다.
    e. 집합관의 안쪽 내막에 아쿠라포린이 노출되는 것을 촉진한다.

22. 혈액이나 간질액보다 고삼투압인 오줌을 만들기 위해서 필요한 것은 ________________________________
    a. 수질옆네프론
    b. 수질내 삼투기울기
    c. ADH 분비의 억제
    d. a와 b
    e. a, b, c

33장
동물 영양

핵심

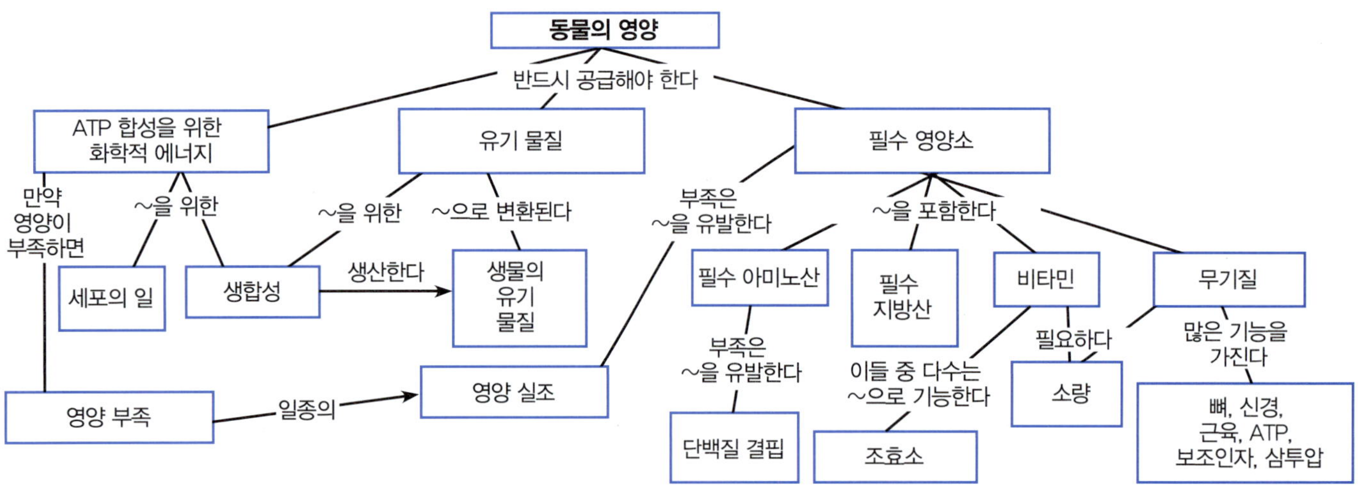

복습

영양(nutrition)은 생물체가 음식물을 먹고 사용하는 과정이다. **초식동물(herbivores)**은 식물과 조류를 먹고, **육식동물(carnivores)**은 동물을 먹으며, **잡식동물(omnivous)**은 식물과 동물 모두를 소비한다. 많은 동물은 가능하면 다양한 종류의 음식물을 섭취하려고 한다.

33.1 동물은 화학적 에너지, 유기물, 그리고 필수 영양소를 식사를 통해 반드시 공급받아야 한다

동물의 먹이는 반드시 ATP 생성을 위한 연료와 생합성을 위한 유기 탄소와 질소를 공급해야 한다.

필수영양소 동물의 먹이는 또한 동물에게 반드시 필요하나 스스로 합성할 수 없는 **필수영양소**를 공급해야 한다. 리놀레산과 같은 **필수 지방산**은 하나 또는 둘 이상의 이중결합을 포함한다. 이러한 지방산은 식물을 통해 쉽게 공급받을 수 있으며 결핍증은 드물게 나타난다.

단백질을 만들기 위해 필요한 20가지 아미노산 중 8개는 사람을 포함한 대부분의 동물에게 필요한 **필수 아미노산(essential amino acid)**이다. 고기, 달걀, 치즈는 적절한 비율로 모든 필수 아미노산을 포함한 "완전한" 단백질이다. 대부분의 식물 단백질은 "불완전"하며, 하나 또는 그 이상의 필수 아미노산이 들어있지 않다.

핵심 문제 33.1

채식주의자는 어떻게 모든 필수 아미노산을 얻을 수 있는가?

비타민(vitamin)은 영양에서 매우 적은 양만이 필요한 유기물질이다. 사람에게 필요한 13개의 비타민이 알려져 있다. 수용성 비타민은 조효소로 기능하는 B 복합체와 결합조직의 생성에 필요한 비타민 C 등을 포함한다. 지용성 비타민에는 시각 색소에 들어 있는 비타민 A와 칼슘 흡수와 뼈 형성에 필요한 비타민 D 등이 해당한다.

무기질(mineral)은 대부분 적은 양만이 필요한 무기 영양소를 말한다. 몇몇 무기질은 효소나 다른 단백질의 구조에 들어가 있다. 요오드는 척추동물이 대사를 조절하는 갑상샘 호르몬을 만들기 위해 필요하다. 소듐, 포타슘 및 염소 이온은 신경과 근육 기능 및 삼투압 균형을 유지하는 데 중요하다.

식이 결함 영양 결핍(malnutrition)은 하나 또는 그 이상의 필수 영양성분이나 충분한 화학 에너지를 섭취하지 못했을 때 생긴다. 영양 부족(undernutrition)은 영양소의 열량이 부족한 것을 가리킨다. 영양이 심각하게 부족할 때 몸은 단백질을 분해하여 에너지로 사용하며, 이는 결국 돌이킬 수 없는 손상이나 죽음을 야기한다.

영양소 요구의 평가 사람에게 필요한 영양소를 분석하는 것은 많은 어려움이 따른다. 기술적으로는 영양소를 섭취하거나 사용하는 유전적 결합에 대한 연구가 필요하며, 역학적(epidemiology)으로는 다양한 집단의 건강이나 질병 등에 관한 연구가 필요하다(이 경우에는 다양한 식습관을 의미함).

핵심 문제 33.2

a. 척추동물에게 상대적으로 많은 양이 필요한 두 무기질은 무엇인가? 이유는?

b. 영양 부족은 영양 결핍의 다른 종류들과 어떻게 다른가?

c. 사람에서 발견되는 가장 흔한 영양 결핍은 무엇인가?

33.2 음식 처리의 주요 단계는 섭취, 소화, 흡수, 배설이다

섭취(ingestion)는 음식을 먹는 과정을 의미한다. 많은 수생동물은 여과 섭식자(filter feeders)거나 부유물 섭식자(suspension feeders)로, 물속에 있는 작은 생물체나 음식물을 체로 걸러 먹거나 잡아먹는다. 기질 섭식자(Substrate feeders)는 먹이 속에서 파묻혀 먹이를 먹으며 살아간다. 액체 섭식자(fluid feeders)는 살아 있는 식물이나 동물 숙주의 액체를 빨아들인다. 대부분의 동물은 대량 섭식자(bulk feeders)로, 상대적으로 큰 조각의 음식물을 섭취한다.

소화(digestion)는 음식물을 작은 분자로 쪼개는 것이다. 물리적 소화는 대체로 화학적 소화보다 먼저 일어나며, 화학적 소화는 큰 분자 사이의 결합을 효소가수분해(enzymatic hydrolysis)하는 것이다.

음식물 처리의 마지막 두 단계인 **흡수(absorption)**와 **배설(elimination)**에선 작은 분자들이 동물세포 내로 들어오고, 음식물 중 소화되지 않은 나머지 부분이 소화관 밖으로 나가는 것을 말한다.

핵심 문제 33.3

왜 음식물 내 큰 분자가 단위체나 작은 부분으로 분해되어야 하는가?

소화 구획 특수화된 기관에서 음식물을 분해하는 것은 동물이 스스로 분해되는 것을 막아준다. 세포 내 소화의 경우 식세포 과정 또는 음세포 과정에서 형성된 음식물 소낭이 효소를 포함한 리소좀과 융합한다. 막으로 둘러싸인 이 공간에서 화학적 소화가 안전하게 일어난다. 많은 동물은 최소한 처음에는 외부 환경과 연결된 기관 내에서 세포 외 소화과정을 통해 음식을 분해한다.

위수강(gastrovascular cavity)은 소화와 영양소를 온몸으로 운송하는 기능을 한다. 작은 자포동물인 히드라는 장 공간 내로 분비된 소화효소를 통해 음식물 분해를 시작한다. 장 피부 세포는 음식물을 섭취하여 음식물 소낭 내에서 가수분해한다. 소화되지 않은 물질은 입을 통해 밖으로 내보낸다.

많은 동물은 입과 항문의 두 구멍을 가진 완전한 소화관(complete digestive tract)이나 **영양관(alimentary canal)**을 지니고 있다. 입과 인두를 통해 섭취된 음식은 식도를 거쳐 위 또는 음식을 저장하거나 갈기 위한 특수 기관인 모래주머니를 통과한다. 장 내에서 소화효소는 큰 분자를 가수분해하며, 영양소는 장 내벽을 통해 흡수된다. 소화되지 않은 물질은 항문을 통해 밖으로 내보낸다.

핵심 문제 33.4

위수강과 비교하여 소화관이 지닌 장점은 무엇인가?

33.3 포유류 각각의 소화기관은 음식 소화과정에 특화되어 있다

포유동물의 소화계는 소화관과 소화관에 연결되어 소화액을 분비하기 위한 부속샘으로 구성되어 있다. **연동운동(peristalsis)**이라 불리는 근육의 규칙적인 움직임은 음식물을 관을 따라 이동시킨다. **괄약근(sphincters)**이라 불리는 근육으로 구성된 둥그런 밸브는 몇몇 장소에서 물질의 이동을 조절한다.

구강, 인두, 식도 물리적 및 화학적 소화는 입 또는 **구강(oral cavity)**에서 시작되며, 여기서 이는 음식물을 갈아 효소 작용이 일어날 수 있는 많은 공간을 노출시켜 준다. **침샘(salivary gland)**에서 분비된 침은 여러 물질로 구성되어 있다: 입 내벽이 찢어지는 것을 방지하고 음식물을 부드럽게 삼킬 수 있게 해주는 미끄러운 당단백질을 포함한 **점액(mucus)**, 산성을 중화시켜주는 완충액, 항생제, 그리고 녹말과 글리코젠의 가수분해를 시작하는 효소인 **아밀레이스(amylase)** 등을 포함한다. 혀는 맛을 느끼며 음식물을 이동시키고, 음식물 **덩어리(bolus)**를 인두로 보내는 역할을 한다.

인두(pharynx) 또는 목 부분은 식도와 기관을 가로지르는 곳에 있다. 삼킬 때 기관의 위쪽 부분에 위치한 **후두**(larynx)가 올라가 연골 부분이 성대와 기관을 막아준다. 음식물을 **식도(esophagus)**를 따라 위로 내려가며, 연동운동에 의해 짜내진다.

위에서의 소화 크기가 늘어나는 **위(stomach)**에서 음식물은 **소화액(gastric juice)**과 섞여 **유미즙(chyme)**을 형성한다.

위의 소화샘 안에 있는 **벽세포**(parietal cell)는 음식을 분해하고 세균을 죽이고, 단백질을 변성시키는 염산을 분비한다. **펩신(pepsin)**이라 불리는 **단백질분해효소(protease)**는 주세포에서 펩시노겐이라 불리는 불활성화 형태로 분비된다. 펩시노겐은 염산과 펩신 자신에 의해 활성화된다.

점액은 빠르게 분열하는 상피세포가 분해되지 않도록 보호한다. 손상된 위 내벽 부위인 위궤양은 헬리코박터 파일로리균에 의한 감염과 관계가 있다.

민무늬근은 위의 구성 성분을 밀어낸다. 음식물 덩어리가 도착한 경우를 제외하고 식도 입구는 닫혀 있어서 산성의 유미즙이 역류하는 것을 막아준다. 괄약근은 유미즙이 장으로 이동하는 것을 조절한다.

핵심 문제 33.5

두 가지 고분자물질은 유미즙이 장으로 들어갈 때까지 부분적으로만 분해된다. 이 두 가지 분자가 무엇이며, 이들이 분해되는 장소와 분해에 관련된 효소는 무엇인가?

a.

b.

소장에서의 소화 소화액은 **소장(small intestine)**의 첫 부분인 **십이지장(duodenum)**에서 유미즙과 섞인다. **이자(pancreas)**는 소화효소와 유미즙의 산성을 없애는 중탄산염이 풍부한 염기성 용액을 생산한다. **간(liver)**은 **쓸개즙(bile)**을 만들고 이를 **쓸개(gallbladder)**에 필요할 때까지 저장한다. 쓸개즙은 지방을 유화시켜 소화를 용이하게 만든다. 쓸개즙은 간에서 분해된 적혈구의 분해산물인 색소를 포함한다. 십이지장의 내벽은 일부 효소를 분비한다. 다른 효소들은 장 세포 표면에 붙어 있다.

대부분의 소화는 십이지장에서 일어난다. **공장(jejunum)**과 **회장(ileum)**은 영양분과 물을 흡수한다.

핵심 문제 33.6

다음의 분자들에 대해 소장에서 어떤 소화효소에 의해서 어떻게 분해되는지 서술하여라.

a. 다당류

b. 폴리펩타이드

c. 핵산

d. 지방

소장에서의 흡수 몇 겹으로 접혀진 소장 내벽은 손가락 모양의 **융모(villi)**로 둘러싸여 있다. 융모의 각 상피세포는 아주 작은 **미세융모(microvilli)**로 더 확장되어 있다. 이렇게 흡수를 위한 거대한 표면적은 **털연변부(brush border)**라 부른다. 영양소는 능동적 또는 수동적으로 막을 통해 이동한다.

흡수된 영양소는 상피세포를 떠나 각 융모 중앙에 있는 모세혈관으로 향한다. 소장에서 시작된 영양소가 가득한 혈액은 **간문맥(hepatic portal vein)**을 통해 간으로 직접 운반된다. 간은 혈액 내의 영양소 구성을 조절하며 외부 물질을 해독한다.

모노글리세리드와 지방산은 상피세포에 의해 흡수되며 다시 지방의 형태로 합쳐진다. 이러한 지방은 단백질, 인지질 및 콜레스테롤 등에 의해 둘러싸여 **유미입자(chylomicron)**라 불리는 작은 구체를 형성하며, 이는 융모 중앙에 있는 **유미관(lacteal)**이라 불리는 림프관으로 이동한다. 유미입자는 림프계를 통해 대정맥으로 수송된다.

대장에서의 흡수 소장은 T-자 모양의 교차점에서 **대장(large intestine)**으로 이어진다. 이 교차점에서 한 팔은 손가락 모양으로 뻗어나온 **충수(appendix)**라 불리는 **맹장(cecum)**이란 주머니로 연결된다. 교차점의 다른 팔은 **결장(colon)**으로, 소화액에서 분비된 다량의 물을 소화관으로 재흡수한다.

대장균과 다른 많은 무해한 세균은 대장 내에 흡수되지 않는 유기물질 위에서 살고 있다. 이들 세균 중 일부는 비타민을 생성한다. **대변(feces)**은 셀룰로오스, 다른 소화되지 않은 물질들과 많은 장내 미생물을 포함한다. 대변은 대장의 끝 부분인 **직장(rectum)**에 저장된다.

33.4 척추동물 소화계의 진화적 적응은 식단과 밀접한 연관이 있다

치아 적응 이의 종류와 배열 등의 치아 상태는 먹이와 연관이 있다.

공생적 적응 많은 초식 포유동물은 공생하는 세균과 원생동물이 가득 찬 발효공간을 가지고 있다. 대부분 맹장 안에 서식하는 이러한 미생물은 셀룰로오스를 단당류로 소화시키며 다양한 종류의 필수 영양소를 생성한다. 토끼와 설치류는 공생하는 세균이 대장에서 분비한 영양소를 먹기 위해 자신의 대변을 섭취한다(분식증, coprophagy).

반추류(ruminants)는 다수의 위를 포함하고 먹은 것을 되새김질하고 다시 씹을 수 있는 정교한 시스템, 그리고 풀이 대부분인 먹이에서 영양분 섭취율을 최대화할 수 있는 공생 미생물을 지니고 있다.

위와 장의 적응 채소는 고기보다 소화시키기 어렵다. 초식동물의 더 긴 소화관은 식물의 소화를 촉진시킨다.

핵심 문제 33.7

육식동물과 초식동물에서 치아 상태와 소화관을 비교, 대조하여라.

33.5 되먹임 회로는 소화, 에너지 저장, 식욕을 조절한다

소화조절 장신경계(enteric division)에서 장과 연결된 부위는 연동운동과 소화액 분비를 조절한다. 소화에서 내분비계가 하는 역할은 무엇인가? 위에서 분비되는 가스트린, 십이지장에서 분비되는 세크레틴과 콜레시스토키닌(CCK)와 같은 호르몬은 위, 이자, 쓸개에서 나오는 소화액의 분비를 조절한다.

에너지 할당 동물의 **생체에너지(bioenergetics)**는 에너지의 전체적인 흐름과 변환, 즉 음식의 형태로 오는 에너지의 투입, 이 에너시의 사용, 그리고 열과 배설물의 형태로 다시 환경에 돌려보내는 등의 과정을 포함한다. 연료 물질은 생장, 에너지 저장, 그리고 재생산에 필요한 ATP의 생성과 생합성을 위해 사용된다.

시간당 동물이 사용한 총 에너지량을 **대사율(metabolic rate)**이라 한다. 대사율은 열 손실, 산소 소모, 이산화탄소 생성, 또는 먹이의 에너지량과 배설물로 인한 에너지 손실 등을 측정하여 결정될 수 있다.

휴식과 금식 및 스트레스를 받지 않은 상태에서 성장하지 않는 내온동물의 최소 대사율을 **기초대사율(basal metabolic rate, BMR)**이라 한다. **표준대사율(standard metabolic rate, SMR)**은 휴식과 금식 및 스트레스를 받지 않은 외온동물이 특정한 온도에서 측정한 대사율을 의미한다.

성인 남자의 기초대사율은 대략 1,600~1,800 kcal/일이며 여성은 1,300~1,500 kcal/일이다. 비슷한 크기의 외온동물의 표준대사율은 매우, 매우 낮을 것이다. 최대 대사율은 집중적인 활동을 했을 때 나타난다. 대부분의 육상 동물은 BMR 또는 SMR의 2배에서 4배 정도에 해당하는 에너지를 평균적으로 소비한다.

동물이 필요한 에너지보다 더 많은 칼로리를 섭취하면 남은 에너지는 글리코겐의 형태로 간과 근육에 저장되거나 또는 지방의 형태로 지방 조직에 저장될 수 있다(글리코겐 저장소가 꽉 차 있을 때).

포도당 항상성은 두 가지 호르몬에 의해 유지된다. 이 둘은 간에서 글리코겐의 합성을 촉진하고 혈당을 낮추는 인슐린, 그리고 간에서 글리코겐을 분해하고 혈당을 올리는 글루카곤이다. 이자에서 외분비샘 사이에 흩어져 있는 내분비샘 덩어리들을 이자섬이라 부른다. 각 섬 안에는 글루카곤을 분비하는 알파세포(alpha cell)와 인슐린을 분비하는 베타세포(beta cell)가 있다.

당뇨병(diabetes mellitus) 환자에서 혈액 내에 인슐린이 없거나 또는 표적 기관의 인슐린 반응성이 없어지면 세포의 당 섭취가 감소된다. 몸은 연료를 생성하기 위해 지방을 사용하며, 지방을 분해할 때 나오는 산이 혈액의 pH를 낮춘다. 혈액에 당은 쌓이게 되며 이는 소변으로 배출되고, 이때 많은 양의 수분이 손실된다.

인슐린 의존적 당뇨병으로도 알려진 제1형 당뇨병(type 1 diabetes)은 자가면역 질환으로 이자 베타세포가 파괴된다. 이 형태의 당뇨병은 주기적인 인슐린 주사로 치료된다. 보다 흔한 제2형 당뇨병(type 2 diabetes), 또는 인슐린 비의존성 당뇨병은 표적세포의 인슐린 반응성이 낮아진 것을 특징으로 한다. 운동 부족과 과도한 체중 증가는 제2형 당뇨병의 위험을 높인다.

식욕과 소비의 조절 몸이 필요로 하는 양보다 더 많은 칼로리의 섭취를 의미하는 과영양(overnourishment)은 비만을 초래한다. 지방의 과도한 축적은 많은 건강 문제와 연관이 있다.

식욕 조절 호르몬은 배고프거나 포만감을 느끼게 하는 신호를 만드는 뇌의 '포만 중추'에서 작용한다. 이러한 호르몬에는 위에서 분비되어 배고픔을 느끼게 하는 그렐린(ghrelin)과 식욕을 억제하는 세 가지 호르몬, 즉 이자에서 분비되는 인슐린, 소장에서 분비되는 PYY, 그리고 지방 조직에서 분비되는 렙틴(leptin)이 있다.

어원

chylo- = juice; **micro-** = small (*chylomicron:* a lipid transport globule composed of fats mixed with cholesterol and coated with proteins)

chymo- = juice (*chyme:* the mixture of partially digested food and digestive juices formed in the stomach)

gastro- = stomach; **-vascula** = a little vessel (*gastrovascular cavity:* a central cavity with a single opening that functions in both digestion and nutrient distribution)

herb- = grass; **-vora** = eat (*herbivore:* an animal that mainly eats plants or algae)

micro- = small; **-villi** = shaggy hair (*microvilli:* the many fine, fingerlike projections of the epithelial cells in the lumen of the small intestine that increase its surface area)

omni- = all (*omnivore:* an animal that regularly eats animals as well as plants or algae)

peri- = around; **-stalsis** = a constriction (*peristalsis:* alternating waves of contraction and relaxation in the smooth muscle lining the alimentary canal that push food along the canal)

핵심 문제 33.8

췌장의 호르몬에 의한 혈당 수준의 조절에 대한 다음 개념도를 완성하여라.

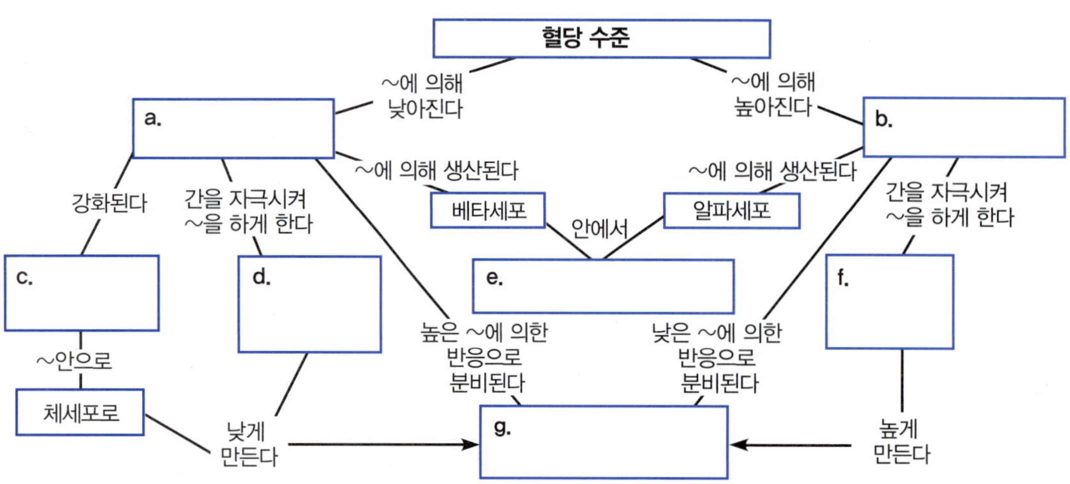

지식의 체계화

1. 다음의 사람 소화기관 그림에서 가리킨 곳의 구조를 쓰시오. 이 구조들의 기능에 대해 복습하시오.

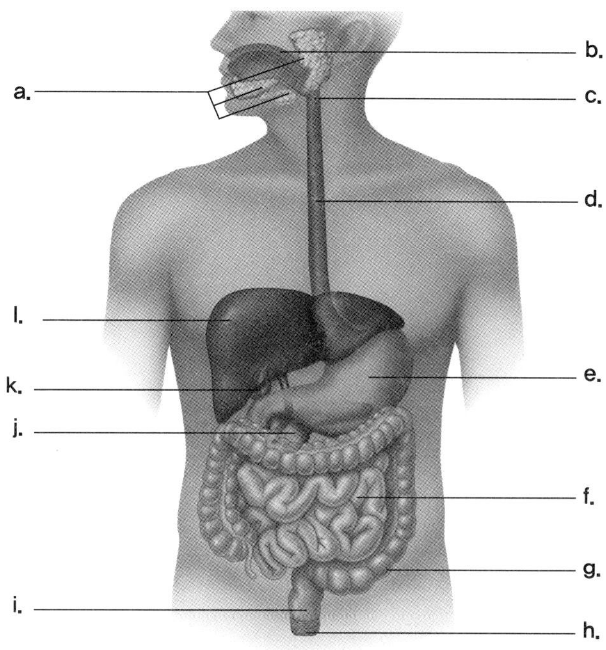

지식의 검증

선다형 문제: 가장 옳은 답을 고르시오.

1. 왜 많은 채식주의자들이 그들의 식단에서 다양한 단백질을 포함하거나 달걀이나 유제품과 같은 동물성 제품을 먹는가?
   a. 부족한 열량을 채우기 위해
   b. 충분한 비타민을 공급하기 위해
   c. 필수 지방산을 모두 섭취하기 위해
   d. 식단을 흥미롭게 하기 위해
   e. 필수 아미노산을 공급하기 위해

2. 비타민에 관한 다음의 진술 중 참인 것은?
   a. 장내 미생물에 의해 생산될 수 있다.
   b. 한 종과 다른 종에서 모두 같은 비타민이 요구된다.
   c. 간에서 많은 양이 저장된다.
   d. 비타민은 무기질이고 적은 양만이 필요하며, 조효소로서 기능한다.
   e. 지용성이기 때문에 지방이 없는 식단에서는 충분하지 못한 양이 공급될 수 있다.

3. 필수 아미노산이 아닌 아미노산은 ____________
   a. 동물이 가지고 있는 단백질로부터 얻을 수 있다.
   b. 동물이 합성을 위해 필요한 효소를 가지고 있다.
   c. 동물의 먹이로부터 충분하지 못한 양을 얻는다.
   d. 동물의 장내 공생 미생물로부터 얻을 수 있다.
   e. 동물의 단백질 합성에 필요가 없다.

4. 다음의 물질들과 그 기능이 잘못 짝지어진 것은?
   a. 대부분의 비타민 B — 조효소
   b. 비타민 A — 시각 색소에 존재
   c. 비타민 D — 칼슘 흡수를 도움
   d. 철 — 갑상샘 호르몬의 구성 요소
   e. 인 — 뼈 형성, 핵산 합성

5. 오로지 세포 외 소화를 이용하는 생물은 ____________
   a. 해면동물이다.
   b. 위수강을 가지고 있는 히드라이다.
   c. 순환계가 필요 없다.
   d. 여과 섭식자일 수 있다.
   e. 소화효소를 가진 특수한 체내 공간을 지니고 있다.

6. 지렁이와 같은 기질 섭취자들은 ____________
   a. 대부분 무기질을 먹는다.
   b. 물에 있는 작은 생물체를 걸러낸다.
   c. 독립영양생물이다.
   d. 먹이 안을 돌아다니며 먹이를 먹는다.
   e. 대량 섭식자이다.

7. 세포 외 소화가 세포 내 소화에 비해 두드러지게 가지는 장점은 ____________
   a. 소화효소에 의해 중합체가 단위체로 가수분해되는 것이다.
   b. 소화된 영양소를 흡수할 수 있는 넓은 면적을 가질 수 있는 점이다.
   c. 큰 조각의 먹이도 섭취할 수 있고 분해할 수 있는 점이다.
   d. 단순히 탄수화물을 섭취하는 것 대신 네 가지 종류의 고분자 물질을 섭취할 수 있는 점이다.
   e. 세포 외 소화의 산물이 수송 시스템을 거치지 않고 온몸에 흡수될 수 있는 점이다.

8. 기름진 감자튀김을 먹은 후에 어떤 효소가 가장 활성화될 것으로 예상하는가?
   a. 침샘과 이자에서 분비되는 아밀레이즈, 이당류분해효소, 라이페이즈,
   b. 라이페이즈, 락테이즈, 말테이즈
   c. 펩신, 트립신, 키모트립신, 디펩티데이즈
   d. 위액, 쓸개집, 중탄산염
   e. 수크레이즈, 라이페이즈, 쓸개즙

9. 왜 침샘 아밀레이즈는 십이지장에서 녹말을 분해하지 못하는가?
   a. 녹말은 구강 내에서 엿당으로 완전히 분해되기 때문이다.
   b. 위의 산성 pH가 침샘 아밀레이스를 변성시키고, 펩신이 이 효소를 분해하기 때문이다.
   c. 침샘 아밀레이스는 침샘에서 만들어지며 구강 밖을 떠날 수 없기 때문이다.
   d. 이자 아밀레이스가 십이지장의 pH에서 보다 효율적이기 때문이다.
   e. 침샘 아밀레이스는 글리코젠을 가수분해할 수 있지만 녹말은 분해하지 못하기 때문이다.

10. 융모는 ______________________
    a. 위 내에서 접혀서 위의 표면적을 넓혀준다.
    b. 림프계의 연장으로 소화된 지방을 포획하여 순환계로 수송한다.
    c. 소장 내벽에 있는 손가락 모양의 연장으로 흡수를 위한 표면적을 증가시킨다.
    d. 소장 내벽의 상피세포에 있는 아주 작은 연장으로 소화를 위한 표면적을 넓혀준다.
    e. 소화계 모세혈관의 연장으로 간문맥과 연결된다.

11. 간문맥은 ______________________
    a. 소장의 모세혈관을 지탱한다.
    b. 흡수된 영양분을 가공하기 위해 간으로 수송한다.
    c. 간에서 심장으로 혈액을 공급한다.
    d. 융모의 암죽관에서 액체를 빼낸다.
    e. 동맥혈을 간으로 공급한다.

12. 설사 치료약의 역할은 ______________________
    a. 소장 연동운동의 속도를 높인다.
    b. 대장 연동운동의 속도를 높인다.
    c. 장에 있는 대장균을 죽인다.
    d. 대장에서 수분 흡수를 증가시킨다.
    e. 대변으로 배설되는 염분을 증가시킨다.

13. 다음 중 대변의 공통된 구성 성분이 아닌 것은?
    a. 장내 미생물
    b. 셀룰로오스
    c. 포화 지방
    d. 쓸개즙 색소
    e. 소화되지 않은 물질

14. 반추류는 ______________________
    a. 인을 섭취하기 위해 토양에 있는 염분과 무기질을 먹는다.
    b. 셀룰로오스를 분해하기 위해 미생물을 가지고 있다.
    c. 미생물에 의해 분해된 셀룰로오스를 섭취하기 위해 자신의 대변을 먹는다.
    d. 큰 맹장에 공생하는 미생물과 원생생물을 가지고 있다.
    e. 소화된 식물에서 모든 영양소를 얻는다.

15. 다음의 동물들 중 성장에 사용할 수 있는 에너지 비율이 가장 높은 동물은?
    a. 온대 우림에 사는 흰발생쥐
    b. 열대 인도에 사는 비단뱀
    c. 온대 기후에 사는 성인
    d. 남극에 사는 펭귄
    e. 이들 모두는 대부분의 에너지를 기초 또는 표준대사율을 유지하기 위해 사용되므로, 모두 같은 에너지 비율을 성장에 사용한다.

16. 대부분 육상동물의 하루 평균 에너지 사용량은 기초대사율 또는 표준대사율의 2배에서 4배이다. 다음의 동물들 중 하루 평균 대사율이 두드러지게 낮은 동물은 무엇인가?
    a. 선진국에 사는 사람
    b. 야생 타조
    c. 가축 타조
    d. 숲에 사는 도롱뇽
    e. 사막 뱀

17. 다음의 진술 중 틀린 것은?
    a. 일반적인 사람은 몇 주 동안 열량을 공급할 수 있는 지방을 가지고 있다.
    b. 렙틴 농도의 증가는 식욕과 체중 증가를 야기한다.
    c. 포도당과 글리코젠의 변환은 간에서 일어난다.
    d. 글리코젠 저장고가 모두 차면 여분의 열량은 먹이의 종류와는 무관하게 모두 지방으로 저장된다.
    e. 탄수화물과 지방은 단백질이 열량으로 사용되기 전에 주로 먼저 사용된다.

18. 당신과 당신의 두 친구들은 체중을 빼기 위해 곡물 위주의 식단을 짜려 한다. 당신은 하루에 여섯 번 30 g씩의 곡물을 먹는다. 당신은 유기 곡물로 땅콩과 밀가루를 선택하고 설탕이 들어가지 않은 3 g의 지방과 20 g의 탄수화물(이 중 4 g은 소화되지 않는 섬유소), 그리고 7 g의 단백질을 섭취하려 한다. 친구 1은 고식이섬유에 1 g의 지방, 27 g의 탄수화물(9 g의 섬유소), 그리고 2 g의 단백질을 섭취하려 한다. 친구 2는 설탕이 든 곡물에 0 g의 지방, 28 g의 탄수화물(3 g의 섬유소), 그리고 2 g의 단백질을 섭취하려 한다. 세 명 중 체중을 빼는 속도를 가장 빠른 순서부터 느린 순서로 배열하여라.
    a. 당신(가장 적은 탄수화물을 먹기 때문에), 그리고 친구 1(소화되지 않는 9 g의 섬유소 때문에), 그리고 친구 2
    b. 친구 1(9 g의 소화되지 않는 섬유소를 먹는), 그리고 당신, 그리고 설탕이 든 곡물을 먹는 친구 2
    c. 친구 1, 그리고 친구 2, 그리고 당신(당신이 먹는 지방이 탄수화물과 단백질에 비해 거의 2배에 가까운 열량을 지니기 때문에)
    d. 친구 2(설탕이 가장 빨리 탄다), 친구 1, 그리고 당신
    e. 당신(단백질은 연료로 쓰이지 않으므로 7 g의 단백질은 계산되지 않기 때문에), 친구 2, 그리고 친구 1

연결하기: 다음 설명을 알맞은 효소, 호르몬, 또는 물질과 연결하시오.

_______ 1. 위에서 펩타이드 연결을 가수분해하는 효소
_______ 2. 위액 분비를 자극시키는 호르몬
_______ 3. 쓸개즙과 이자 효소의 분비를 자극 시키는 호르몬
_______ 4. 지방 수송 소구체
_______ 5. 식욕을 억제시키는 지방 세포에서 분비되는 호르몬
_______ 6. 지방을 유화시키는 물질
_______ 7. 지방을 가수분해하는 효소
_______ 8. 위에서 분비되어 배고픔을 유발시키는 호르몬

A. 카복시펩티데이즈
B. 쓸개즙
C. 콜레시스토키닌(CCK)
D. 유미입자
E. 가스트린
F. 그렐린
G. 인슐린
H. 렙틴
I. 라이페이즈
J. 펩신

34장

순환계와 기체교환

핵심

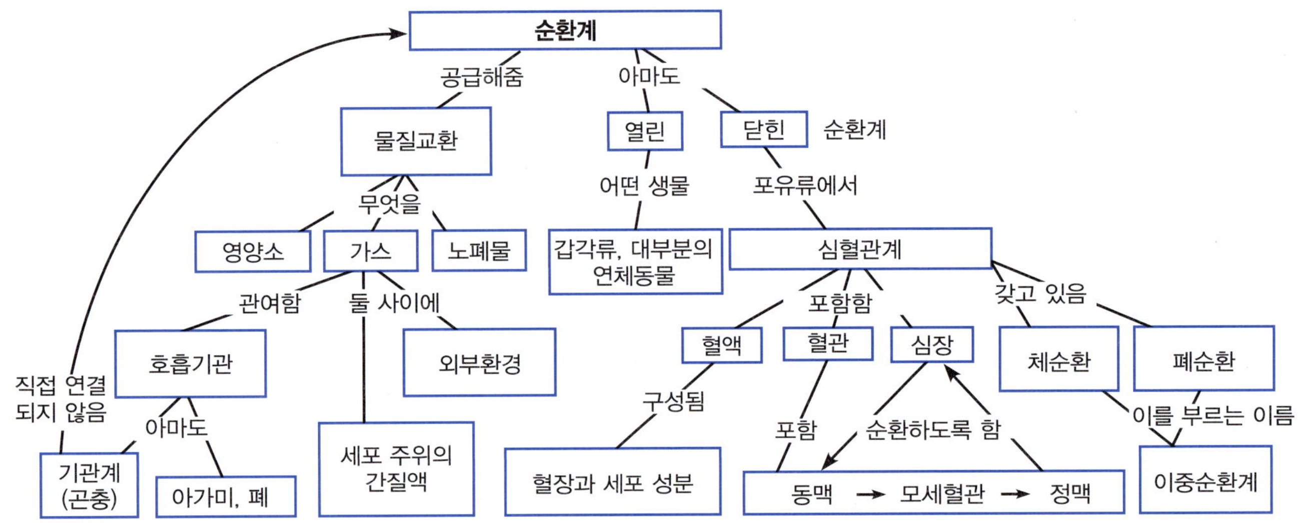

복습

34.1 순환계는 가스교환 표면과 몸 전체 세포들을 연결시켜준다

모든 세포들은 O_2와 영양소의 공급과 CO_2와 노폐물의 제거가 필요하다. 많은 경우 막을 경계로 한 농도에 따라 움직이는 **확산(diffusion)**에 의해 출입이 가능하다. 어떤 동물들은 체내 모든 세포들이 물질교환을 위해 환경과 직접 닿을 수 있는 몸 구조와 크기를 갖고 있다. 하지만 확산은 이동거리가 불과 몇 mm만 넘어도 너무 느려지기 때문에 대부분의 동물들은 세포들을 위해 환경과 물질교환을 하는 특수 조직과 순환계를 갖고 있다.

위수강 2겹의 세포층으로 둘러싸인 강장동물의 중심 위수강은 소화와 물질수송의 기능을 담당한다. 내부 용액은 하나의 구멍을 통해 외부 환경용액과 직접 교환된다. 편형동물도 몸 전체에 얇고 넓적한 몸 전체에 가지가 퍼져 있는 위수강을 갖고 있다.

열린 순환계와 닫힌 순환계 이보다 복잡한 동물의 경우 펌프역할을 하는 **심장(heart)**과 순환액, 그리고 수송관을 갖고 있다.

갑각류와 일부 연체동물의 경우 **열린순환계(open circulatory system)**를 갖고 있다. **혈림프(hemolymph)**라고 부르는 간질액(interstitial fluid)이 강(공간)으로 유입되어 그 안에 있는 내부조직과 화학교환을 한다.

두족류, 환형동물, 그리고 척추동물의 경우 **닫힌 순환계(closed circulatory system)**를 가지고 있다. 여기서는 **혈액(blood)**이 언제나 혈관 안에 있고 세포가 담겨 있는 세포사이액과 혈액 사이에 물질교환이 일어난다.

핵심 문제 34.1

a. 혈림프와 혈액은 무엇이 다른가?

b. 열린순환계와 닫힌순환계 각각의 장점들을 비교해보자.

척추동물 순환계의 구성 척추동물의 **심혈관계(cardiovascular)**에는 심장으로부터 혈액을 운반하는 **동맥(arteries)**은 기관들 내부에서 작은 소동맥(arterioles)으로 가지를 친다. 소동맥은 미세한 **모세혈관(capillaries)**으로 나누어져 **모세혈관망(capillary bed)**이라는 망상으로 조직을 침투한다. 모세혈관은 소정맥(venules)으로 수렴되며, 소정맥이 모여서 **정맥(veins)**을 형성하여 혈액을 심장으로 돌려보낸다.

척추동물 심장은 혈액을 받아들이는 한 개 또는 두 개의 **심방(atria)**을 가지며, 심장에서 혈액을 펌프하여 내보내는 한 개 또는 두 개의 **심실(ventricles)**을 가지고 있다.

두 개의 방으로 구성된 어류 심장의 심실은 혈액을 아가미로 펌프하며, 거기에서 산소가 풍부한 혈액이 혈관을 통해서 다른 기관에 있는 모세혈관망으로 흐른다. 정맥은 산소가 빈약한 혈액을 심방으로 되돌려 보낸다. 두 모세혈관망을 통한 혈류는 느리지만 신체 운동이 순화의 유지를 돕는다.

양서류, 파충류 및 포유류의 순환계에는 심장의 한 쪽은 **가스교환 회로(gas exchange circuit)**인 폐순환(pulmonary circuit; 폐) 또는 **폐피부순환고리(pulmocutaneous dircuit**; 폐 및 피부)로 혈액을 펌프한다. 다른 쪽 심실은 되돌아 온 산소가 풍부한 혈액을 신체 조직의 모세혈관망으로 펌프한다(**체순환회로, systemic circuit**). 이 이중 펌프가 산소가 풍부한 혈액이 뇌, 근육 및 신체 기관으로 강하게 흘러가는 것을 보장해 준다.

양서류의 3방 심장에서는 한 개의 심실이 폐와 피부로 나갔다가 다시 좌심방으로 들어오는 폐피부순환고리와 신체의 나머지 부분으로 혈액을 운반하고 우심방으로 되돌아오는 체순환회로 두 곳으로 혈액을 펌프한다. 심실에 있는 융기선이 좌심방에서 오는 혈액(폐와 피부에서 되돌아 오는) 대부분을 체순환회로로 돌린다. 물속으로 들어갔을 때에는 폐로의 혈액 흐름을 차단할 수 있다.

도마뱀, 뱀 및 거북의 3방 심장은 부분적으로 나누어진 심실을 갖고 있어서 폐순환과 체순환으로 혈류를 분리하는데 도움을 준다. 악어에서는 심실이 완전하게 나누어져 있지만, 악어가 물속으로 들어갔을 때는 폐동맥과 체순환 간의 연결이 폐를 우회하도록 해준다.

세포호흡에 필요한 산소의 운반은 내온동물로 에너지 요구가 많은 조류와 포유류에서 가장 효율적이다. 크고 강력한 4방 심장의 좌측은 산소가 풍부한 혈액만을 받아들여서 펌프하는 반면, 우측은 산소가 빈약한 혈액을 받아들여서 펌프한다.

핵심 문제 34.2

a. 단일순환계와 이중순환계의 차이를 설명하시오.

b. 양서류와 포유류의 순환계를 비교하여 차이를 서술하시오.

34.2 포유류의 이중순환계는 심장의 동조된 주기적 수축에 의해 운용된다

포유류의 순환계 핵심 문제 34.3을 통해 포유류의 심혈관계를 통과하는 순환계에 대해 복습해보자.

핵심 문제 34.3

아래의 포유류 순환계에서 표시된 부분에 이름을 쓰고, 고산소 혈액이 흐르는 부위를 붉은색으로 칠하시오. 우심실을 시작으로 혈액이 흐르는 순서대로 원안에 1~11까지의 숫자를 쓰시오.

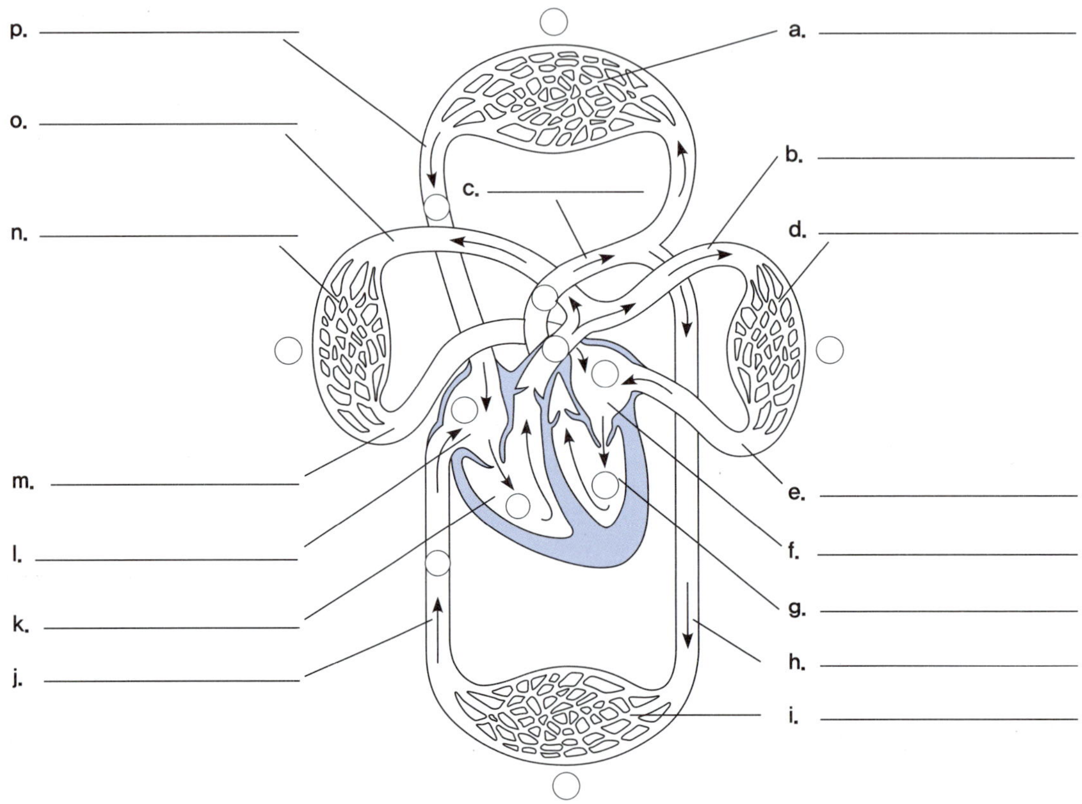

포유류의 심장: 자세히 보기 가슴뼈 밑에 위치한 사람의 심장은 대부분 심장근으로 구성되어 있다. 심방은 비교적 얇은 근육벽을 갖으며 심실은 두꺼운 근육벽을 갖는다. 심장의 수축-이완 주기는 **심장주기(cardiac cycle)**라고 부른다. 심장주기는 심장근이 수축하여 혈액을 뿜어내는 시기인 **수축기(systole)**와 심장이 이완되어 심장 안에 혈액이 채워지는 **이완기(diastole)**로 구성된다.

분당 심실에 의해 뿜어나오는 혈액량은 얼마나 될까? 심박출량은 박동률과 1회 **박출량**(stroke volume; 한번 수축했을 때 나오는 혈액량)에 비례한다.

방실판[atrioventricular(AV) valve]은 심방과 심실 사이에서 심실이 수축하면서 판막에 혈압이 가해지면 닫힌다. **반월판(semilunar valve)**은 대동맥과 폐동맥이 나가는 곳에 위치하며 심실이 수축하면 열렸다가 이완되면 닫힌다.

심음(심장 뛰는 소리)은 판막이 닫히면서 혈액이 반동되어 나는 소리이다. **심장잡음(heart murmur)**은 문제가 생긴 판막에 혈액이 역방향으로 새나가면서 "쉭"하는 소리를 들을 수 있는 것이다.

규칙적인 심장박동의 유지 심장의 박동 주기는 심방 벽에 위치한 특수화된 자가수축 근세포들로 구성된 **동방결절[sinoatrial(SA) node]**, 일명 박동원(pacemaker)에 의해 조정된다. 동방결절은 심장 전체로 전달되는 전기충격과 두 심방의 수축을 개시한다. 약 0.1초 뒤에 우심방과 좌심방 사이에 위치한 **방실결절(AV node)**이 심실로 연결된 특수 섬유로 충격을 전달한다. 심장주기 동안 생성되는 전류의 흐름은 피부에 부착된 전선에서도 감지할 수 있어 **심전도(electrocardiogram, ECG 또는 EKG)**로 기록이 가능하다.

동방결절은 교감과 부교감신경에 의해 조절되며(각각 속도를 높이거나 낮춘다.) 호르몬이나 체온에 의해서도 조절된다.

핵심 문제 34.4

a. 심방과 심실 사이의 판막을 ________(이)라 부른다.

b. 심실과 대동맥 사이의 판막을 ________(이)라 부른다.

c. 심방의 수축을 개시하는 결절은? ________

d. 심실의 수축을 개시하는 결절은? ________

34.3 혈압과 혈류량의 변화 양상은 혈관의 구조와 배열을 반영한다

혈관의 구조와 기능 동맥과 정맥의 혈관벽은 3개의 층으로 되어 있다: 맨 바깥쪽에 탄성이 있는 결합조직층이 있어 혈관이 팽창, 수축이 가능하다; 가운데 평활근과 탄성섬유; 안쪽에 한층의 평평한 상피세포와 기저막으로된 **내피층(endothelium)**이 있다. 바깥 2층은 정맥에서보다 동맥에서 더 두껍다. 굵은 정맥에서는 안쪽에 판막이 존재하여 혈액이 반대로 흐르지 않도록 한다. 모세혈관은 내피층만으로 구성된다.

혈류 속도 모세혈관은 수가 많은 때문에 총 단면적이 크고 따라서 혈류 속도가 느리다. 소정맥과 정맥에 이르면 총 단면적이 줄어들기 때문에 혈류 속도가 증가한다.

혈압 혈액을 동맥에서 모세혈관망으로 밀어내는 혈압은 수축기에 가장 세다(수축기압, systolic pressure). 혈액이 동맥에서 소동맥으로 빠져나가는 것을 방해하는 좁은 구멍 때문에 저항이 생성되고 동맥이 부풀어 올라 이를 **맥박(pulse)**으로 느낄 수 있다. 부풀어 오른 동맥이 줄어들면서 이완기압(diastolic pressure)이 생성되는데 이는 소동맥과 모세혈관으로 계속 혈액이 흐르도록 유지한다.

혈압은 혈압계로 측정할 수 있다. 첫 숫자는 수축기압(압박대에 의해 막혔던 동맥으로 처음 혈액이 흐를 때), 두 번째 숫자는 이완기압을 나타낸다.

혈관수축(vasoconstriction)은 소동맥의 평활근이 수축하여 혈관지름이 줄어드는 현상으로 그 앞쪽의 혈압을 증가시킨다. **혈관이완(vasodilation)**은 평활근이 이완되어 더 많은 혈액이 흐르며 따라서 혈압이 낮아진다. 신경과 호르몬 신호가 일산화질소(NO)와 펩타이드성 엔도텔린의 생성을 조절하여 각각 혈관이완과 혈관수축을 유도한다.

모세혈관을 빠져나갈 때는 혈압이 매우 낮은 상태이다. 정맥과 소정맥을 둘러싼 평활근의 수축과 정맥주위 골격근의 수축에 의해 정맥에서 혈액이 흐른다. 한 방향으로 향한 판막이 혈액이 심장으로 흐르게 만든다.

핵심 문제 34.5

혈압을 이해하는 데 도움이 되는 아래의 개념도를 완성하시오.

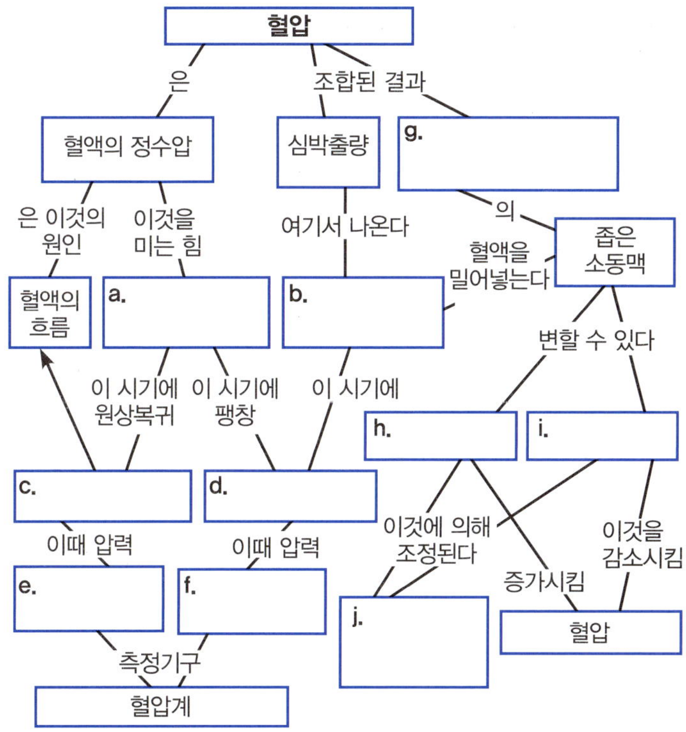

모세혈관의 기능 특정한 시간에 모세혈관에는 단지 5~10% 정도의 혈액이 흐르고 있다. 모세혈관에 흐르는 혈액량은 소동맥의 혈관확장, 혈관수축 여부와 모세혈관망으로 들어오는 입구에 위치한 평활근 고리의 열리고 닫힌 정도에 의해 결정된다.

혈액과 간질액 간에 물질교환은 내피세포의 내세포 작용 또는 외세포 작용이나 작은 분자들의 경우 단순확산, 모세혈관 벽의 미세구멍 등을 통해 일어날 수 있다. 물, 당류, 염류 그리고 요소가 이 구멍을 통해 움직이며 혈구세포나 단백질 등은 크기가 너무 커서 맞질 않는다. 혈압은 다량의 액체를 모세혈관에서 밀어 내보낸다. 혈관 내에 남아 있는 단백질 때문에 생기는 혈액의 **삼투압**(osmotic pressure)은 모세혈관 밖으로 나가는 흐름에 역행하는 경향이 있다.

림프계를 통한 액체성분의 복귀 모세혈관에서 빠져나간 액체성분이나 단백질 성분은 **림프계(lymphatic system)**를 통해 다시 혈액으로 돌아온다. 액체성분은 모세혈관과 엉켜 있는 가는 림프관으로 확산되어 들어간다. 이제 **림프(lymph)**라고 부르는 액체성분은 한 방향으로 난 판막과 근처 근육의 움직임에 의해 림프관을 따라 흐르며 목 근처의 대정맥을 통해 다시 순환계로 들어간다. **림프절(lymph node)**에서는 림프가 여과되며 백혈구세포들이 바이러스나 병원균을 공격한다.

핵심 문제 34.6

신체 조직에 액체성분이 모여 부어오르는 부종은 림프의 흐름을 방해하는 장애물에 의해 발생할 수 있다. 극심한 단백질 결핍 식단으로 인해 혈액 단백질의 농도가 감소될 경우 어떤 이유로 부종이 생길 수 있는지 설명하시오.

34.4 혈액성분은 교환, 수송, 그리고 방어의 역할을 담당한다

혈액의 구성과 기능 세포와 세포조각은 혈액 부피의 약 45%를 차지한다; 나머지는 **혈장(plasma)**이라 부르는 액체 기질이다.

혈장은 물과 이에 녹아 있는 아주 다양한 용질들로 구성된다. 녹아 있는 염류의 이온(전해질) 농도들의 합은 삼투균형, pH, 그리고 근육과 신경의 활동에 중요하다.

혈장 단백질은 혈액의 삼투균형을 맞추며 완충제, 항체, 지질 운반체 그리고 응고인자로 작용한다. 혈장에서 응고인자들이 빠진 것을 혈청이라고 부른다. 영양소, 대사 노폐물, 가스, 그리고 호르몬이 혈장에 의해 수송된다.

적혈구와 백혈구 그리고 혈소판은 적골수에 위치한 다능 **줄기세포(stem cell)**에 의해 만들어진다. **혈소판(platelet)**은 혈액응고 과정에 참여한다.

적혈구(erythrocytes)는 O_2를 수송한다. 포유류의 적혈구에는 핵이 없다. 작은 크기와 오목원판 구조는 O_2가 확산될 수 있는 원형질막의 표면적을 크게 만든다. 적혈구 안에는 철함유 단백질인 **헤모글로빈(hemoglobin)**이 가득 차 있다.

낫형적혈구병(sickle-cell disease)은 이상이 생긴 헤모글로빈 분자가 적혈구의 모양을 변형시켜 낫 모양으로 만들어 혈관이 막히고 심각한 증세가 유발되는 병이다. 낫형적혈구가 파괴되어 빈혈을 일으키기도 한다.

적혈구는 대체되기까지 약 4개월 동안 순환계를 돈다. 적혈구의 생성은 **적혈구생성소**(erythropoietin, EPO)를 포함한 음성되먹임 기작으로 조절된다. EPO는 조직에 O_2 공급이 적어진 것에 반응하여 신장에서 분비된다.

백혈구(leukocytes)에는 크게 5종류가 있고 이들은 모두 감염에 대항한다. 어떤 백혈구는 박테리아나 세포 찌꺼기들을 잡아먹는다; 림프구는 면역반응을 생성하는 세포들이 된다. 백혈구는 간질액이나 림프절에서도 발견된다.

혈소판은 골수에 있는 특수한 세포에서 작은 조각이 떨어져 나온 것이다. 응고과정은 대개 혈소판이 손상된 내피층에 모이면서 응고인자들을 방출하여 시작된다. 여러 단계를 거쳐 효소 트롬빈이 혈장 단백질인 피브리노겐을 활성화 상태인 피브린으로 전환시키고, 피브린 섬유가 딱지를 형성한다.

손상이 없을 때는 혈액내 항응고물질이 혈액의 응고를 막는다. **혈전(thrombus)**은 혈관 내에 생긴 혈액응고체로 혈액의 흐름을 방해한다.

핵심 문제 34.7

아래의 척추동물의 혈액 성분과 기능들을 정리한 모식도를 완성하시오.

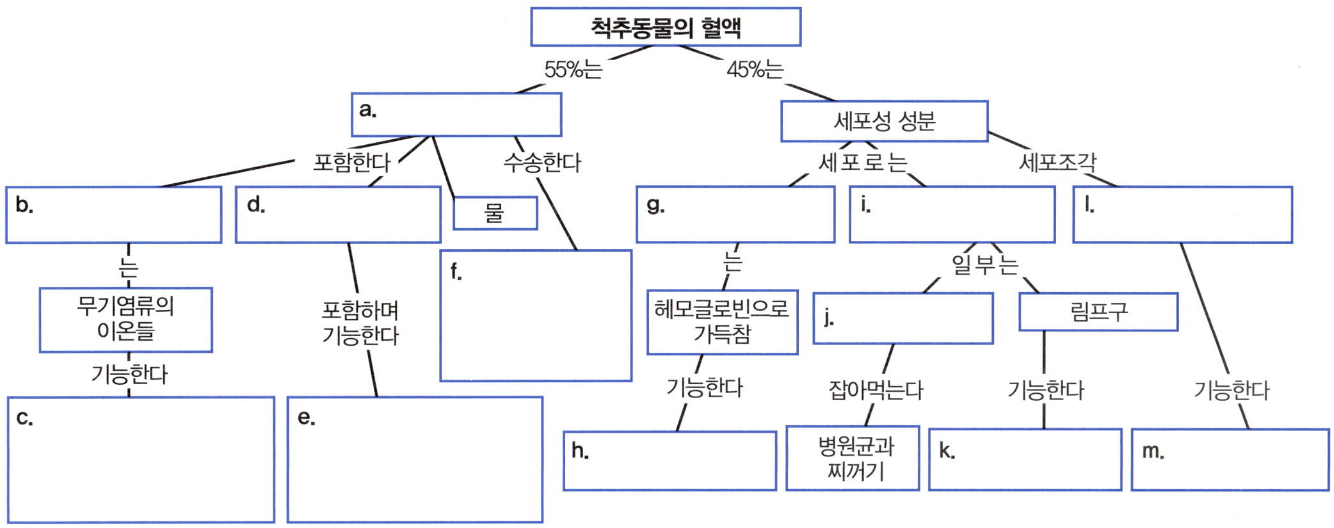

심혈관계질환 염증뿐 아니라 콜레스테롤 대사도 심장과 혈관에 생기는 심혈관계 질환의 발달에 요인이 된다. 콜레스테롤은 세포막의 성분으로 각 체세포에 **저밀도 지방단백질(low-density lipoprotein, LDL)**이라는 작은 알갱이 형태로 수송된다. **고밀도 지방단백질(high-density lipoprotein, HDL)**은 남는 콜레스테롤을 다시 간으로 돌려보낸다. 높은 LDL/HDL 비율은 심장질환의 위험요소이다.

동맥경화(atherosclerosis)라고 알려진 만성 심혈관질환은 플라크라고 부르는 지질침적물이 혈관을 좁게 만드는 것이다. 혈관 내피의 손상이나 감염은 염증을 유발하여 지질침적을 돕는 백혈구들을 모은다. 플라크가 커지고 평활근 세포로 된 섬유질 뚜껑으로 덮이면 동맥을 막아 터지게 할 수도 있다.

심장발작(심장마비, heart attack)은 관상동맥의 막힘으로 인해 심장근세포가 죽는 것이다; **뇌졸중(stroke)**은 뇌동맥 혈관이 막히거나 터져 뇌의 신경조직이 죽는 것이다.

스타틴(statin)은 심혈관질환의 위험이 있을 때 LDL 수치를 떨어뜨리는 약이다. C-반응 단백질(CRP) 수치가 높으면 급성 염증의 징조이며 다른 질환의 위험 또한 높아진다.

고혈압(hypertension)은 혈압이 높은 것으로 혈관내벽에 손상을 주어 플라크 형성을 유도하여 동맥경화를 유발하고 심장발작과 뇌졸중의 위험을 높이는 것으로 알려져 있다. 이는 쉽게 진단할 수 있고 음식물 조절과 운동, 약물을 통해 제어할 수 있다.

핵심 문제 34.8

어떤 생활습관이 심혈관계질환의 위험성을 높일 수 있나?

34.5 기체교환은 특수화된 호흡 표면에서 일어난다

기체교환(gas exchange) 또는 호흡은 환경에서 O_2를 받아들이고, CO_2를 배출하는 것이다.

분압의 기울기와 기체교환 공기 중이나 물속에 녹아 있는 가스의 농도를 가스의 **분압(partial pressure)**이라고 부른다. 대기 중 21%를 차지하는 산소의 분압은 해수면 고도에서 160 mmHg(0.21×760 mm, 해수면 고도에서의 대기압)이다. 가스는 분압이 높은 지역에서 낮은 지역으로 확산된다.

호흡 매질 공기와 물이 호흡 매질로서 다른 점은 무엇인가? 공기는 O_2를 많이 포함한다. 물은 O_2가 적지만 밀도가 높고 점성이 있다. 따라서 물속에서의 기체교환은 더 많은 에너지를 필요로 하고 대부분 효율을 높이기 위한 적응이 포함된다.

호흡 표면 호흡 표면은 호흡 매질과 가스교환이 일어나는 곳으로 축축해야 하고 얇아야 하며 동물의 대사에 필요한 O_2를 충분히 공급해줄 정도로 넓어야 한다.

단순한 몸 구조를 가진 동물은 체세포에서 쉽게 가스가 확산되어 나가고 들어올 수 있다. 지렁이나 일부 양서류의 경우 피부에 모세혈관망이 깔려 있어서 호흡 표면 역할을 한다. 더 큰 동물들은 대부분 분지되거나 주름진 호흡표면을 갖는다.

수생동물과 아가미 아가미는 몸 표면이 바깥으로 주름진 것으로 단순히 굴곡이 있는 극피동물에서부터 훨씬 복잡하게 위치한 구조도 있다. 대개 O_2와 CO_2의 농도기울기를 유지하기 위해 호흡표면에 맞닿은 호흡 매질을 바꾸어주는 **환기**(**ventilation** 또는 환류)가 필요하다.

어류의 아가미에서는 모세혈관의 혈액이 물의 흐름과는 반대 방향으로 흐르게 되어 있다. 이런 구조를 **역류교환(countercurrent exchange)**이라고 하며, 모세혈관의 전체 구간에서 O_2가 혈액으로 들어오도록 만든다.

곤충의 기관계 **기관계(tracheal system)**는 몸 전체에 거의 모든 체세포들과 연결된 작은 나뭇가지형 관 구조들을 말한다. 결과적으로 곤충의 개방 순환계는 O_2나 CO_2 운반에 관여하지 않는다. 몸집이 큰 곤충의 경우 주기적인 근육수축으로 기관계를 환기시킨다.

폐(허파) **폐(lung)**는 안쪽으로 들어가 특정 부위에 위치하고 있는 호흡 표면이다. 순화계가 폐와 신체 사이에서 가스들을 운반해준다.

포유류의 폐는 흉강에 위치한다. 코를 통해 들어온 공기가 여과되고 덥혀지고 가습되며 비강에서 냄새를 맡게 해준다. 공기는 인두를 지나 호흡기로 들어간다. **후두(larynx)**는 음식물을 먹을 때 **기관(trachea)** 입구에 있는 연골성 덮개가 닫히도록 위로 움직인다. 대부분의 포유류에서 날숨 시에 공기가 한 쌍의 성대를 떨게 만들어 후두에서 소리가 난다. 기관은 두 **기관지(bronchi)**로 나뉘고 각 폐로 들어가서 계속 작은 세기관지(bronchioles)로 나뉜다. 섬모가 난 점막 상피층이 주 호흡가지의 안벽을 덮고 있다.

실제로 기체교환이 일어나는 곳은 어디인가? 가장 가는 가지의 끝에 위치한 모세혈관으로 둘러싸인 공기주머니, **폐포(alveoli)**이다. 폐포의 얇고 축축한 상피는 표면장력을 줄여주는 **계면활성제(surfactant)**로 덮여 있어 작은 주머니가 닫히는 것을 방지할 수 있다.

핵심 문제 34.9

신생아들의 호흡곤란증후군을 유발하는 요인은 무엇인가?

34.6 숨쉬기는 폐를 환기시키는 것이다

척추동물의 폐는 들숨과 날숨이 번갈아 일어나는 **호흡(breathing)**에 의해 환기된다.

개구리는 **양압 호흡(positive pressure breathing)**을 한다. 공기가 구강으로 들어가면 기존의 공기는 입과 코를 통해 빠져나간다. 이 구멍들이 막히고 구강의 바닥이 올라가면서 공기를 폐로 밀어 넣는다.

새들은 아래 설명과 같이 폐를 통해 공기가 흘러가도록 만든 폐포를 갖고 있다. 폐포와 폐는 한 방향으로 공기가 흐르는 통로를 통해 환기되며, 여기에는 곁가지라고 부르는 실제로 가스교환이 일어나는 아주 작은 가지 통로를 포함한다. 새로운 공기와 기존의 공기가 섞이지 않는 이 호흡계를 들어온 공기가 완전히 통과하려면 2번의 날숨과 들숨 주기가 필요하다.

포유류의 숨쉬기 **음압호흡(negative pressure breathing)**을 이용하여 폐를 환기시킨다. 늑간근과 **횡격막(diaphragm)**의 수축은 흉강을 확장시키고 폐의 부피를 증가시킨다. 이렇게 부피가 증가하면서 낮아진 공기압에 의해 공기가 안으로 들어온다. 늑간근과 횡격막이 이완되면 폐가 줄어들고 압력이 높아져 공기를 밖으로 내보낸다.

일회호흡량(tidal volume)은 평상시 동물이 한 번 들이마시고 내뱉는 공기의 양이다. **폐활량(vital capacity)**은 강제로 숨을 가장 크게 쉬었을 때의 공기부피이다. **잔기량(residual volume)**은 숨을 내쉰 뒤 폐포에 남아 있는 공기의 부피이다.

인간의 숨쉬기(호흡) 조절 숨쉬기는 연수의 호흡중추에서 나온 신경회로에 의해 자율적으로 조절된다. 폐와 조절회로에 있는 감지장치가 포함된 음성되먹임 기작이 폐의 과대 팽창을 방지한다. 연수에서 나온 신경신호가 늑간근과 횡격막의 수축을 유도한다. 연수의 감각기가 CO_2의 농도가 높아져 뇌척수액의 pH가 떨어진 것을 감지하면 숨쉬기의 깊이와 빈도를 높이는 방향으로 조종한다. 호흡중추가 일차적으로 CO_2의 농도에 반응하지만 심각한 O_2의 부족에 반응하는 대동맥과 목동맥의 산소감지기에 의해 비상 가동되기도 한다.

핵심 문제 34.10

아래 동물들의 호흡 매질과 호흡표면 그리고 환기 방법을 쓰시오

동물종류	호흡 매질	호흡표면	환기 방법
어류	a.		
메뚜기	b.		
개구리	c.		
사람	d.		

34.7 가스교환을 위한 적응에는 운반 기체들과 결합하는 색소가 포함된다

순환과 기체교환의 조화 폐의 모세혈관으로 들어오는 혈액은 폐포내 공기보다 낮은 P_{O_2}와 높은 P_{CO_2}를 갖으며, 따라서 O_2는 확산되어 들어오고, CO_2는 확산되어 나간다. 조직의 모세혈관에서는 분압차가 O_2가 혈액에서 간질액으로 빠져나가고 CO_2가 반대로 들어오게 만든다.

호흡색소 대부분의 동물에서 O_2는 혈액이나 혈림프에서 금속이온이 단백질과 결합한 형태의 **호흡색소(respiratory pigment)**에 의해 운송된다. 갑각류와 다수의 연체동물에서 볼 수 있는 파란색의 헤모시아닌에서는 구리가 산소결합 성분이다.

거의 모든 척추동물에 사용되는 호흡색소는 무엇인가? 중앙에 철이 결합된 헴 성분을 보조인자로 갖는 단백질 4분자로 구성된 헤모글로빈으로, 적혈구 안에 위치한다. O_2가 각 단위체에 결합하면 다른 단위체의 구조도 바뀌어 산소에 대한 친화도가 높아진다. 이와 비슷하게 O_2가 처음 떨어지면 다른 단위체의 O_2에 대한 친화도도 떨어뜨린다.

헤모글로빈의 해리곡선은 O_2의 분압에 따라 헤모글로빈에 결합한 O_2의 상대적인 양을 나타낸다. 이 S자 곡선의 기울기가 큰 구간에서는 O_2 분압의 작은 변화에도 붙거나 떨어지는 O_2의 양이 상당하다. **보어 효과(Bohr shift)**에 따라 헤모글로빈은 활동량이 많은 조직의 낮은 pH에 반응하여 더 많은 O_2를 방출할 수 있다.

이산화탄소의 운반 대부분의 이산화탄소는 혈액 내에서 중탄산이온의 형태로 수송된다. CO_2가 적혈구 내로 들어오면 H_2O와 결합하여 탄산을 형성하고(탄산무수화 효소) 이는 H^+와 HCO_3^-로 해리된다. 중탄산이온은 혈장으로 이동하여 운송된다. H^+는 헤모글로빈 또는 다른 단백질들과 결합하여 pH 변화를 최소화한다. 폐에서는 혈액에서 CO_2가 확산되어 나가면 평형이 깨지면서 반응이 HCO_3^-가 다시 CO_2로 바뀌는 방향으로 일어나게 되고 CO_2는 혈액에서 계속 빠져나간다.

핵심 문제 34.11

아래의 그래프는 각각 다른 pH에서의 헤모글로빈 해리곡선을 나타낸 것이다. 이와 같이 두 가지 곡선이 나타나는 것이 어떤 의미인지 설명하시오.

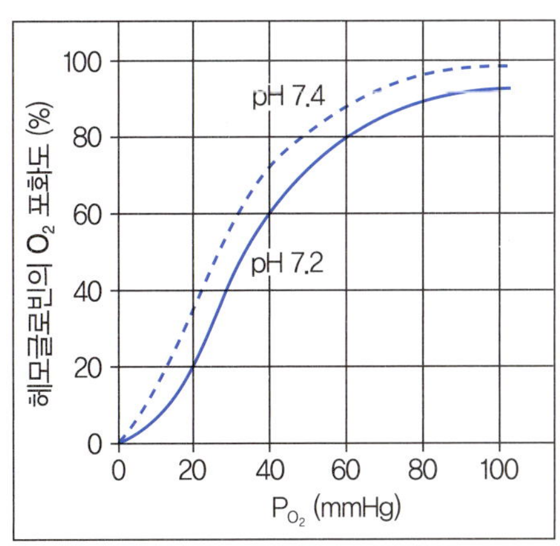

잠수 포유류 특수한 적응이 일부 공기 호흡 동물들의 장시간 잠수를 가능하게 만들었다. 웨델바다표범은 사람에 비해 체중 kg당 약 2배의 O_2를 저장할 수 있다. 이는 대부분 많은 양의 혈액과 근육내 산소-저장 단백질인 **마이오글로빈(myoglobin)**의 높은 농도에 기인한다. 잠수 중에 심장의 박동률을 낮추고, 혈액을 뇌와 필수 기관들로 돌리며, 발효를 통해 ATP를 공급받을 수 있는 근육으로 가는 혈액을 줄이는 등의 산소-절약 전략도 포함된다.

어원

alveol- = a cavity (*alveolus:* one of the dead-end air sacs where gas exchange occurs in a mammalian lung)

atrio- = a vestibule; **-ventriculo** = ventricle (*atrioventricular node:* a region of specialized heart muscle tissue between the left and right atria where electrical impulses are delayed before spreading to both ventricles and causing them to contract)

cardi- = heart; **-vascula** = a little vessel (*cardiovascular system:* the closed circulatory system characteristic of vertebrates)

counter- = opposite (*countercurrent exchange:* exchange of a substance or heat between two fluids flowing in opposite directions)

endo- = inner (*endothelium:* the flattened single layer of cells lining the lumen of blood vessels)

erythro- = red; **-cyte** = cell (*erythrocyte:* a blood cell that contains hemoglobin, which transports oxygen; also called a red blood cell)

hemo- = blood; **-lymph** = clear fluid (*hemolymph:* in invertebrates with an open circulatory system, the body fluid that bathes tissues)

leuko- = white; **-cyte** = cell (*leukocyte:* a blood cell that functions in fighting infections; also called a white blood cell)

myo- = muscle (*myoglobin:* an oxygen-storing, pigmented protein in muscle cells)

pulmo- = a lung; **-cutane** = skin (*pulmocutaneous circuit:* a branch of the circulatory system in many amphibians that supplies the lungs and skin)

semi- = half; **-luna** = moon (*semilunar valve:* a valve located at each exit of the heart, where the aorta leaves the left ventricle and the pulmonary artery leaves the right ventricle)

thrombo- = a clot (*thrombus:* a fibrin-containing clot that forms in a blood vessel and blocks the flow of blood)

지식의 체계화

1. 아래 사람 심장의 그림에 각 부위 이름을 쓰시오. 혈액이 흐르는 방향을 화살표로 표시하시오.

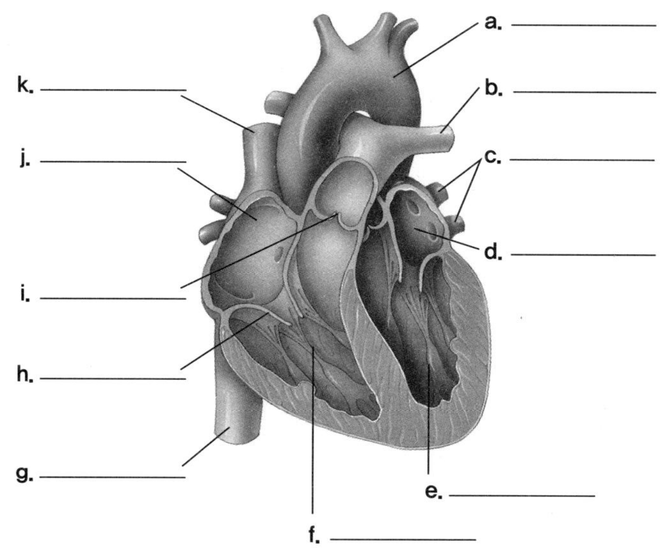

2. 비강으로 들어와 신장에 전달되기까지 O_2 분자의 이동 경로를 설명하시오.

지식의 검증

선다형 문제: 가장 옳은 답을 고르시오.

1. 위수강은 ____________________
   a. 강장동물과 환형동물에서 볼 수 있다.
   b. 짧은 관으로 액을 밀어내어 온몸으로 액을 퍼뜨린다.
   c. 소화와 영양소 공급의 기능을 갖는다.
   d. 물의 출입을 위한 구멍이 하나이고 기체교환을 위해서는 또 다른 구멍이 존재한다.
   e. 위 모두에 해당한다.

2. 다음 중 개방 순환계와 폐쇄 순환계의 유사점에 대한 설명이 아닌 것은?
   a. 펌프와 같은 기구가 온몸으로 혈액이 움직이도록 돕는다.
   b. 혈액 순환의 일부는 몸을 움직인 결과로 일어난다.
   c. 혈액과 간질액을 구별하기 어렵다.
   d. 영양소와 노폐물의 교환이 일어날 수 있게 모든 조직이 순환하는 체액과 가까이에 있다.
   e. 위 모든 것이 개방 순환계와 폐쇄 순환계 모두에 해당한다.

3. 이중 순환계에서는, ______________________________
   a. 대개는 혈액이 몸을 돌면서 두 개의 나누어진 부위에서 가압된다.
   b. 아가미에서는 역류교환이 일어난다.
   c. 혈림프는 가압기능을 갖는 혈관과 체강 모두를 통해 순환한다.
   d. 혈액은 기체교환 기관으로 가압되고 되돌아온 혈액은 다시 체순환고리로 가압방출된다.
   e. 언제나 2개의 심실과 1개 또는 2개의 심방이 있다.

4. 다음 중 새와 포유류에 4개의 방으로 구성된 심장이 존재하는 이유를 가장 잘 설명한 것은?
   a. 4방-심장을 갖는 공통조상을 갖기 때문이다.
   b. 이들만이 4방-심장이 필요한 이중 순환고리를 갖는 척추동물들이기 때문이다.
   c. 이들은 모두 내온동물이며 효율적인 순환계로의 진화가 이들의 높은 대사율을 지탱해줄 수 있기 때문이다.
   d. 공기에서 O_2를 얻어야 하는 동물들은 폐순환과 체순환 모두를 갖고 있어야 하기 때문에 생긴 수렴진화의 예이다.
   e. 양서류나 파충류의 덜 효율적인 단일 심방 심장은 내온동물들의 높은 산소요구량을 충족시키기 어렵기 때문이다.

5. 이완기에 ______________________________
   a. 심방이 혈액으로 채워진다.
   b. 혈액이 수동적으로 심실로 흘러들어간다.
   c. 동맥의 탄성 반동이 혈액의 정수압을 유지한다.
   d. 반월판이 닫혀 있지만 방실판은 열려 있다.
   e. 위 모든 일들이 발생한다.

6. 방실판막은 혈액이 어느 방향으로 역행하거나 새는 것을 방지하는가?
   a. 우심실에서 우심방으로
   b. 좌심방에서 좌심실로
   c. 대동맥에서 좌심실로
   d. 폐정맥에서 우심방으로
   e. 우심방에서 대정맥으로

7. 일반적으로 포유류에서 우심실을 떠난 혈액이 다시 우심실로 돌아오기까지 몇 번의 모세혈관망을 거치는가?
   a. 1번
   b. 2번
   c. 3번
   d. 어느 순환고리로 가느냐에 따라 1번 혹은 2번
   e. 적어도 2번, 하지만 대부분은 3번

8. 간호사가 당신의 혈압은 112/70(112에 70)이라고 알려주었다. 여기서 70은 무엇을 의미하는가?
   a. 당신의 심장박동률
   b. 이완기 동안의 혈류속도
   c. 심실수축에 따른 수축기압
   d. 동맥의 반동에 따른 이완기압
   e. 혈액 압박대의 압박에 따른 정맥압

9. 혈액은 동맥에서보다 소동맥에서 천천히 흐른다. 그 이유는 소동맥이 ______________________________
   a. 동맥으로부터 혈액이 좁은 구멍을 통해 나오기 때문.
   b. 종합 총면적이 동맥에 비해 넓기 때문.
   c. 간질액과 기체교환이 일어나야 함으로.
   d. 모세혈관으로 혈액이 흐르는 것을 제한하는 고리형 근육을 갖기 때문.
   e. 동맥보다 가늘기 때문.

아래 내용을 10~13번까지의 문제에 답하는 데 사용하시오.

1. 대정맥
2. 좌심실
3. 폐정맥
4. 우심방
5. 대동맥
6. 폐모세혈관

10. 다음 중 어떤 순서로 혈액이 우리 몸을 순환하는가?(기관들 중에는 답에 포함되지 않는 것도 있음)
   a. 1-5-3-6-2-4
   b. 1-2-6-3-4-5
   c. 1-4-3-6-2-5
   d. 1-2-3-6-4-5
   e. 1-4-6-3-2-5

11. 어느 혈관에서 혈압이 가장 높을까?
   a. 1
   b. 3
   c. 4
   d. 5
   e. 6

12. 어느 혈관에서 혈류의 흐름이 가장 느린가?
    a. 1
    b. 3
    c. 4
    d. 5
    e. 6

13. 이들 중 가장 두꺼운 근육층을 갖는 것은?
    a. 1
    b. 2
    c. 3
    d. 4
    e. 5

14. 다음 모세혈관에서 일어나는 물질교환의 요소가 아닌 과정은?
    a. 세포내섭취과 세포외배출
    b. 수동 확산
    c. 모세혈관의 동맥쪽 끝부분의 혈압
    d. 모세혈관의 구멍을 통한 대규모 유출
    e. 백혈구에 의한 능동수송

15. 다음 과정 중 혈액이 모세혈관으로 들어가는 것을 감소시키는 경향이 있는 것은?
    a. 적혈구생성소의 분비
    b. 모세혈관 입구의 평활근 고리의 이완
    c. 혈관이완
    d. 혈액 pH의 하강
    e. 엔도텔린의 분비

16. 혈액 단백질의 농도 증가 후 나타나는 현상으로 예상되는 것은?
    a. 신체 조직이 붓는다(부종).
    b. 림프샘의 부종
    c. 모세혈관 동맥 쪽에서의 액체 성분 방출 증가
    d. 림프계를 통한 림프 흐름의 감소
    e. 신체 조직에 영양소 전달 증가

17. 피브리노겐은 ____________________
    a. 지질이 순환계를 지나는 동안 호위해주는 혈장 단백질이다.
    b. 혈액응고에 관여하는 세포조각이다.
    c. 피브린으로 전환되어 피떡을 만든다.
    d. 박테리아를 잡는 림프구의 일종이다.
    e. 조직에서 삼투균형을 조절하는 림프 단백질이다.

18. 혈전은 ____________________
    a. 동맥의 플라크가 생기는 지점에서 생긴다.
    b. 혈우병의 합병증이다.
    c. 고혈압을 유도할 수 있다.
    d. 플라크에 쌓여 동맥의 지름이 좁아지게 한다.
    e. 흔히 HDL의 높은 농도와 관련되어 있다.

19. 다음 중 포유류 혈장 단백질의 기능과 관련되지 않은 것은?
    a. pH 완충작용
    b. 삼투균형
    c. 혈액응고 물질
    d. 산소 운반
    e. 항체

20. 역류교환계에서는 ____________________
    a. 액의 역방향 흐름은 교환 표면 길이 전반에서 확산방향을 원하는 방향으로 유지하는 데 기여한다.
    b. O_2는 CO_2와 교환된다.
    c. 이중순환은 산소가 첨가된 혈액과 산소를 빼앗긴 혈액이 섞이지 않도록 한다.
    d. O_2는 분압이 높은 곳에서 낮은 곳으로 이동하지만 CO_2의 경우는 그 반대이다.
    e. 폐의 모세혈관은 일반 다른 모세혈관의 혈액에 비해 많은 O_2를 받아들인다.

21. 곤충의 기관계는 ____________________
    a. 키틴질에 의해 단단해진 고리로 폐에 연결된다.
    b. 양압호흡에 의해 채워진다.
    c. 기체교환을 위해 순환계의 모세혈관 사이로 가지를 치고 있다.
    d. 극심하게 분지되어 있으며 기체교환을 위해 거의 모든 세포에 닿아 있다.
    e. 기체교환을 위해 광범위한 액체로 담긴 관을 갖고 있다.

22. 포유류의 폐포와 어류의 아가미 섬유, 곤충의 기관세지의 공통점은 무엇인가?
    a. 흡수된 O_2를 운반하기 위해 순환계를 이용한다.
    b. 호흡표면이 함입되어 있다.
    c. 역류교환계를 이용하여 작동한다.
    d. 기체교환을 위해 넓고 얇은 표면을 갖고 있다.
    e. 위 모두를 공통으로 갖는다.

23. 기관과 기관지의 섬모는, ________________
 a. 공기를 폐 안으로 혹은 밖으로 움직인다.
 b. 기체교환을 위한 면적을 넓혀준다.
 c. 그들을 스쳐 공기가 흐를 때 떨리면서 소리를 낸다.
 d. 그들을 통해 들어오는 공기를 여과한다.
 e. 알갱이들을 포함한 점액을 위로 쓸어올려 호흡기 밖으로 내보낸다.

24. 숨을 참으려고 할 때 무엇이 숨을 쉬도록 강제하는가?
 a. O_2의 감소
 b. CO_2의 감소
 c. CO_2의 증가
 d. 혈액 pH의 하락
 e. c와 d 모두

25. 왜 새는 히말라야산맥을 넘어 날 수 있지만 사람은 여기 오르는데 산소통이 필요할까? 가장 적절한 설명을 고르시오.
 a. 새는 작기 때문에 O_2 요구량이 적다.
 b. 새는 양압을 이용하여 호흡하고 사람은 음압을 이용하여 호흡하기 때문이다.
 c. 한 방향 흐름과 효율적인 환기를 통해 새의 폐는 마신 공기에서 더 많은 O_2를 뽑아낼 수 있기 때문이다.
 d. 새의 순환계가 O_2를 신체조직에 전달하는 게 훨씬 더 효율적이기 때문이다.
 e. 새의 폐활량이 신체크기에 비해 사람보다 훨씬 크기 때문이다.

26. 태반에서 태아의 혈액과 산모의 혈액 사이에 가스교환이 일어난다. 태아의 헤모글로빈과 산모의 헤모글로빈은 그 성분에 있어 약간 차이가 있고, 이들의 해리곡선은 산모에서 태아로 O_2가 흐르도록 차이가 난다. 만약 그래프에서 c가 성인 헤모글로빈의 해리곡선이라면 태아 헤모글로빈의 해리곡선은 어느 것일까? (힌트: 태아의 헤모글로빈은 산모의 헤모글로빈에 비해 친화도가 높아야 할까? 낮아야 할까?)

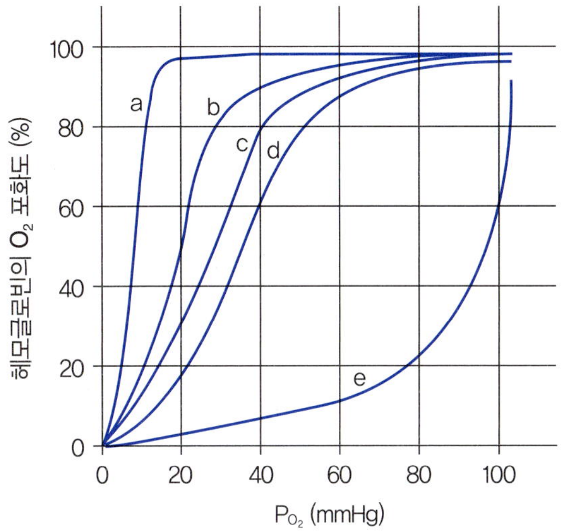

35장
면역계

핵심

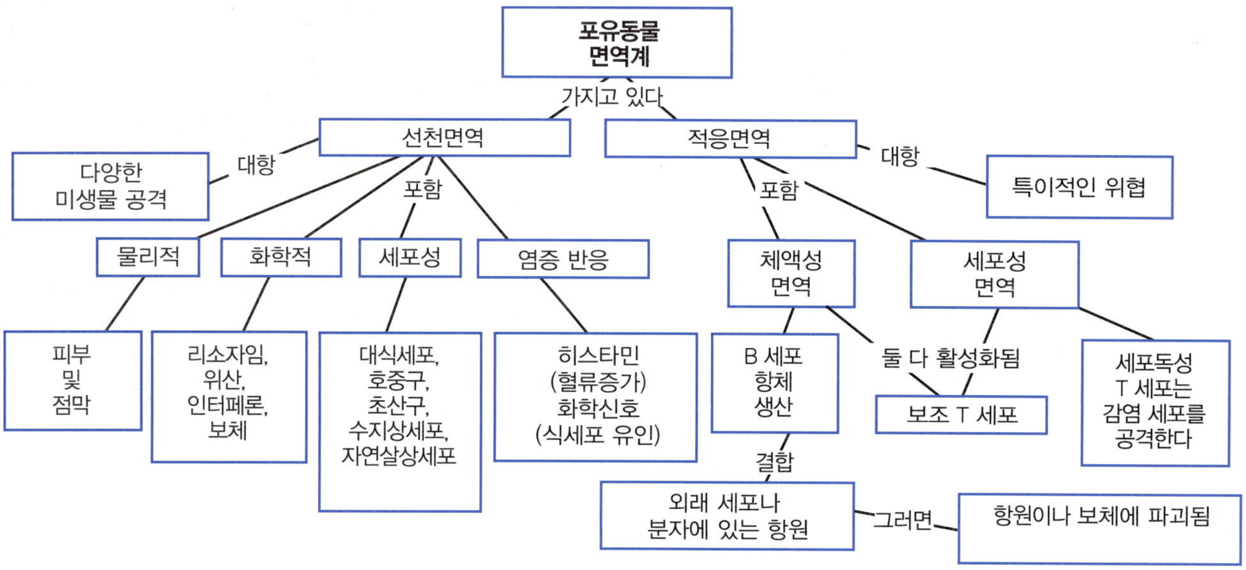

복습

면역계(immune system)는 세균, 바이러스 혹은 곰팡이 등과 같은 **병원균(pathogens)**을 막는다. **선천성 면역(innate immunity)**은 외부 물리적 장벽과 병원균 침입에 대응하여 곧바로 활성화는 내부 방어시스템으로 구성되어 있다. 선천성 면역은 병원균에 노출되었던 적이 있거나 없거나 상관없이 작동한다. 면역계는 안으로 들어오는 침입자를 나의 것이 아니라고 알아내는 **분자인식**(molecular recognition) 과정에 의존한다. 선천면역에 관여하는 면역세포는 다양한 병원균 그룹을 인식하는 수용체를 통해 방어반응을 일으킨다. **적응면역(adaptive immunity)**은 획득면역이라고도 하는데 척추동물에서 보이는 특이적 방어반응으로서 면역세포들은 엄청나게 다양한 적응적인 면역 수용체를 가지고 있어 이들이 특정 병원균을 특이하게 인식하고 그에 알맞은 반응을 일으킨다. 그리고 그러한 반응은 같은 병원균에 다시 노출되었을 때 훨씬 더 빨리 강하게 일어난다.

35.1 선천성 면역은 병원균들이 공통적으로 가지고 있는 성질을 인식하고 대응한다

무척추동물의 선천성 면역 곤충의 면역은 외골격에 의한 장벽에서 시작한다. 미생물의 세포벽을 공격하는 **리소자임(lysozyme)** 효소는 곤충의 소화관을 보호한다. **헤모구**(hemocytes)는 순환하면서 **식세포작용(phagocytosis)**으로 세균을 잡아먹거나 병원균을 죽이는 화학물질을 분비한다. 항미생물 펩타이드는 곰팡이나 세균의 원형질막을 파괴한다. 세균이나 곰팡이에 있는 여러 특징적인 거대분자들은 면역계 세포에서 분비되는 인식 단백질이 결합하여 선천성 면역반응을 일으킨다.

척추동물의 선천성 면역 포유동물에서 피부나 소화기, 호흡기, 요로생식기의 점막은 물리적 장벽으로 작용한다. 호흡기를 싸고 있는 섬모를 가진 상피세포는 점액(mucus)에 포획된 미생물을 바깥으로 쓸어낸다. 눈물, 침 등 점액에 있는 리소자임은 세균을 죽인다. 피부 분비물은 pH를 낮게 유지해 많은 세균들이 거기서 콜로니를 잘 형성하지 못한다. 산성 위액 역시 위장으로 들어온 많은 미생물을 죽인다.

세포성 선천방어에는 특이적인 **Toll-유사 수용체(Toll-like receptor, TLR)**가 중요한 역할을 담당한다. 이들은 바이러스로부터 유래된 이중나선의 RNA나 많은 세균의 표면에서 발견되는 지질다당체와 같이 병원균에 공통으로 존재하는 분자를 인식한다. 무척추동물에서와 같이 그러한 수용체의 결합은 식세포작용을 유도한다.

호중구(neutrophil)는 혈액을 순환하는 식세포이다. **대식세포(macrophage)**는 크기가 상대적으로 큰 식세포로서 혈액에서 빠져나와 신체 조직에 자리 잡는다. 특히 비장이나 림프절 등의 장기에 머물면서 혈액이나 림프액으로 유입되는 병원균을 걸러낸다.

수지상세포(dendritic cell)는 외부환경과 접하는 조직에 자리 잡고 있으면서 적응면역을 일어나게 하는 것이 그의 주된 업무이다. 호산구(eosinophil)는 여러 파괴효소를 가지고 다세포 기생충을 공격한다. **자연살생세포(natural killer cell)**는 바이러스에 감염되었거나 암화된 세포에 존재하는 비정상적인 표면 단백질을 인식하고 그 세포들을 죽음에 이르게 하는 화학물질을 쏟아낸다.

여러 종류의 항미생물펩타이드나 단백질이 병원균에 반응하여 분비된다. 바이러스에 감염된 세포는 **인터페론(interferon)**을 생산하는데, 이는 주변세포를 자극하여 바이러스의 증식을 막는 물질을 생산하게 한다. 어떤 백혈구는 대식세포를 활성화하는 인터페론을 분비한다.

보체계(complement system)는 30여 종의 혈액 단백질로 구성되어 있다. 보체는 미생물 접촉에 의해 활성화되며 세포를 용해시키거나 염증을 일으킴과 아울러 적응면역 방어반응을 돕는다.

어떻게 우리 몸은 물리적인 상처나 병원균 침입에 대응하나? 상처 부위에서 만들어지는 신호물질이 그 부위를 붉게 부풀고 열이 나게 하며 고통을 주는 **염증반응(inflammatory response)**을 일으킨다. 결합조직에서 손상된 **비만세포(mast cell)**는 모세혈관을 확장시키거나 투과성을 증진시키는 **히스타민(histamine)**을 분비하고, 활성화된 대식세포와 호중구는 상처부위로 혈액이 스며들게끔 신호물질인 **사이토카인(cytokine)**들을 생산한다. 이러한 혈관확장과 신호 단백질들은 식세포와 항미생물 물질을 염증부위에 집적시킨다. 고름은 백혈구, 죽은 미생물 및 세포 잔해가 모여 만들어진 염증반응의 축적물이다.

특정 감염은 혈액 내 백혈구의 수가 증가하고 고열이 나는 전신염증반응을 일으킨다. 열은 활성화된 대식세포에서 분비되는 물질에 의해 생기는데 식세포활동을 활발하게 해주고 조직이 상처에서 원활이 복구되도록 돕는다. 패혈증(septic shock)은 아주 위험한 상태로 전신성 염증반응이 너무 심해서 생긴다.

병원균의 선천성 면역 회피 어떤 세균은 외부에 캡슐을 만들어 면역세포에 인식되지 않고 식세포작용도 피할 수 있다. 또 어떤 미생물들은 먹힌 후라도 숙주의 파괴 활성에 저항하고 심지어 세포 내에서 성장할 수 있다.

핵심 문제 35.1

포유동물의 선천성 방어 기작에 관여하는 세포나 화학물질의 기능을 요약한 아래의 표를 완성하시오.

세포나 화합물	기능
호중구	a.
대식세포	b.
호산구	c.
수지상세포	d.
자연살생세포	e.
비만세포	f.
히스타민	g.
리소자임	h.
인터페론	i.
보체계	j.
사이토카인	k.

35.2 적응면역은 림프구 수용체를 통하여 병원균을 특이적으로 인식하고 대응한다

림프구(lymphocyte)는 적응면역을 관장하는 핵심 세포이다. **T세포**는 골수에서 만들어져 **흉선(thymus)**으로 이동하여 성숙하고 **B세포**는 골수에서 성숙한다.

B와 T세포는 **항원(antigen**, 대체로 세균이나 바이러스 단백질)에 결합함으로써 활성화된다. B와 T세포는 막에 부착된 특정 항원에 특이적인 **항원수용체(antigen receptor)**를 가지고 있는데, 한 개의 세포당 그 수는 수천 개에 이르며 모두 동일하다. 항원의 아주 작은 부분이 항원수용체에 결합하는데 이를 항원결정부(antigenic determinant) 또는 **에피톱(epitope)**이라 한다.

B세포와 항체에 의한 항원인식 특정 B세포 표면에 Y자 모양의 항원수용체는 두 개의 동일한 **경쇄(light chain)**와 두 개의 동일한 **중쇄(heavy chain)**가 이황화결합으로 연결된 네 개의 폴리펩타이드로 되어 있다. 경쇄 및 중쇄는 변이(variable, V) 영역을 가지고 있는데 이들은 Y자 모양의 두 팔 끝 부분에 있다. 따라서 항체는 두 개의 동일한 항원결합부위를 가진다. 불변(constant, C) 영역은 여러 B세포의 항원수용체들 사이에서 거의 변화가 없는 영역으로 항원수용체의 막관통 부분과 세포질 내 꼬리 부분에 해당한다.

활성화된 B세포는 **항체(antibody)** 또는 **면역글로불린(immunoglobulin Ig)**을 분비하는 세포로 분화된다. 이들은 수용성 항원수용체로서 병원균에 대항한다. 항체 또는 B세포수용체의 변이영역 고유의 아미노산 서열이 항원의 특정 에피톱과 아주 특이한 결합을 도모한다.

T세포에 의한 항원인식 T세포에도 α 사슬 및 β 사슬이 이황화결합으로 연결된 막관통 수용체가 있다. 수용체의 끝부분은 변이 영역으로 한 개의 항원결합부위를 형성한다. T세포는 세포 표면에 전시된 항원의 작은 조각을 인식한다. 항원조각을 전시하는 단백질을 **주조직적합성복합체(major histocompatibility complex, MHC)**라 한다.

감염된 세포나 병원균을 포획한 숙주세포는 항원을 작은 펩타이드로 조각낸 후 이들을 세포 안에서 MHC 분자에 얹혀 놓아 세포막 바깥 표면에 전시한다. 이러한 과정을 **항원제시(antigen presentation)**라 한다. T세포수용체는 MHC와 항원조각(antigen fragment) 복합체를 인식한다.

핵심 문제 35.2

B세포 수용체가 인식하는 항원과 T세포 수용체가 인식하는 항원의 차이점을 쓰시오.

B세포 및 T세포 발달 적응면역의 네 가지 큰 특징은 어마어마한 항원수용체의 다양성, 자기관용, 활성화 이후 특정 항원에 특이한 림프구의 폭발적 증가, 그리고 이미 접해본 항원에 대한 더욱 신속하게 반응하게 하는 면역기억이다.

한 개인은 1백만 종 이상의 B세포 항원수용체, 1천만 종류 이상의 T세포 항원수용체를 가지고 있다. 이러한 거대한 다양성은 항원수용체 유전자가 무작위로 계속 재배열될 수 있는 수십 개의 유전자 조각으로 구성되어 있기에 가능하다. 예를 들면 Ig(immunoglobulin) 경쇄 유전자에는 40개의 변이(*V*)유전자 조각과 5개의 연결(*J*)유전자 조각으로 구성되어 있다고 치자. *J* 조각 다음에는 불변부위를 암호화하는 *C* 조각이 하나 있다. B세포 발달 초기에 재조합효소(recombinase)에 의해 하나의 *V* 유전자 조각은 하나의 *J* 유전자 조각과 무작위로 연결된다. 200개 가능한 경쇄 조합에서 하나가 만들어진다. 이렇게 만들어진 경쇄는, 경쇄보다 훨씬 더 많은 유전자 조합을 가진 중쇄와 또 조합을 이룬다. B(T)세포 각각에서 유전자의 재조합이 다르게 일어나며 연이어 전사, RNA 이어맞추기, 번역과정을 통하여 B(T)세포들은 자기 고유의 항원수용체를 만들기에 우리 몸은 방대한 항원부착부위의 다양성을 가질 수 있다.

B세포는 골수에서, T세포는 흉선에서 자신이 만든 항원수용체가 자신의 분자와 결합하는지에 대해 점검을 받는다. 자기 분자에 반응성을 보이는 수용체를 가진 림프구는 불활성화되거나 예정된 세포사 과정에 의해 죽음을 맞이한다. 이러한 자기관용현상이 있기에 정상의 우리 몸에는 자기 분자에 반응하는 성숙된 림프구가 거의 없다.

항원의 특정 에피톱이 그 부분을 특이적으로 인식하는 B세포 또는 T세포 항원수용체에 결합하게 되면 림프구들은 활성화되고 세포분열을 거듭하여 다수의 동일 세포 클론 집단을 이룬다. 이때 어떤 세포들은 짧은 수명을 지닌 **작동세포(effector cell)**로 되며 어떤 세포는 긴 수명의 **기억세포(memory cell)**로 된다. 이와 같이 적은 수의 세포가 특정 항원에 의해 선택되고 이들이 수천 개의 동일한 세포로 증폭되어 면역반응이 효과적으로 일어나게 하는 과정을 **클론선택(clonal selection)**이라 한다.

한 항원에 처음 노출되었을 때 일어나는 반응을 **1차 면역반응(primary immune response)**이라 한다. 림프구가 선택되고 분열하여 작동T세포나 항체를 분비하는 작동B세포인 **형질세포(plasma cell)**로 분화하여 최고조의 면역반응을 보일 때까지는 10일 내지는 17일이 걸린다. 우리 몸이 같은 항원을 또 만나면 2**차 면역반응(secondary immune response)**이 일어나는데 먼저 반응보다 훨씬 빠르게, 강력하게 그리고 오랫동안 일어난다. 긴 수명을 가진 T 및 B 기억세포가 이러한 면역기억을 담당한다. 2차 면역반응은 그전에 접했던 병원균에 대해 장기간의 방어를 담당한다.

핵심 문제 35.3

적응면역의 4개의 주된 특징과 관련된 아래 질문에 답하시오.

a. 어떻게 B나 T세포의 엄청난 다양성이 만들어지는가?

b. 무엇이 B세포나 T세포가 우리 몸의 자기 분자에 반응하게 않게 하는가?

c. 클론선택에 대해 서술하라.

d. 면역기억이란?

35.3. 적응면역은 체세포와 체액의 감염을 막는다

체액성 면역반응(humoral immune response)은 혈액이나 림프에 있는 독소나 병원균을 파괴하는 항체를 생산한다. **세포성 면역반응(cell−mediated immune response)**은 감염된 체세포를 알아내고 파괴하는 데에 특화된 T세포를 만든다.

보조T세포: 거의 모든 항원에 대한 반응 매개 세포성 및 체액성 면역반응 모두 **보조T세포(helper T cell)**가 필요하다. 보조T세포는 **항원제시세포(antigen presenting cells)**에 전시된 항원을 인식한다. 항원제시세포에는 수지상세포, 대식세포 및 B세포가 있다.

대부분의 체세포는 제I형 MHC 분자를 가지고 있지만 수지상세포, 대식세포 그리고 B세포는 제I 및 제II형 MHC 분자 둘 다를 가지고 있다. 이러한 항원제시세포는 미생물을 삼키고 조각내 그들을 제II형 MHC 분자와 함께 전시한다. 하나의 보조T세포 항원수용체가 항원 조각에 결합하고, CD4라 불리는 표면 단백질이 제II형 MHC 분자와 결합하여 두 세포 사이의 접촉을 한층 더 증진시킨다. 사이토카인을 통한 두 세포 사이의 신호전달은 활성화된 보조T세포를 증식을 가져오게 한다. 이러한 보조T세포는 체액성 면역반응을 매개하는 B세포와 세포성 면역반응의 일정 부분을 담당하는 세포독성T세포를 활성화하는 사이토카인을 분비한다.

세포독성T세포: 감염된 세포에 대한 반응 매개 세포독성T세포의 활성화에는 가까이 있는 보조T세포로부터의 신호와 항원제시세포와의 상호작용을 필요로 한다. 어떻게 활성화된 세포독성T세포가 감염 세포를 인식하고 죽이느냐? 감염세포는 외래 단백질을 조각내어 제I형 MHC 분자에 전시한다. 세포독성T세포의 수용체는 보조 단백질 CD8과 함께 제I형 MHC-항원조각 복합체를 인식하고 결합한다. 그러면 그 T세포는 감염세포를 파괴하는 단백질을 분비한다.

핵심 문제 35.4

보조T세포가 항원제시세포와 상호작용에 의해 활성화된 후 체액성 및 세포성 면역을 활성화하는 데 중심적인 역할을 도시한 아래 그림에서 각각의 요소를 명명하시오.

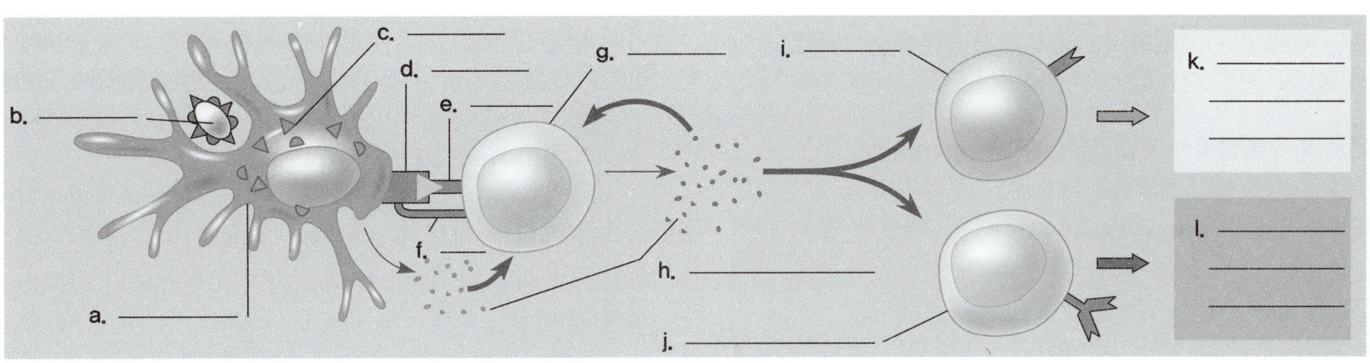

핵심 문제 35.5

a. 활성화된 보조T세포에서 분비되는 것은 무엇인가?

b. 감염된 세포에 결합한 세포독성T세포에서 분비되는 것은 무엇인가?

B세포 및 항체: 세포 바깥 병원균에 대한 반응 매개 B세포가 항원을 처음 접촉하면 그 항원은 세포 안으로 들어와 조각이 나서 제II형 MHC 분자에 얹혀진다. 이미 같은 항원을 전시하는 대식세포나 수지상세포와 상호작용함으로써 활성화된 보조T세포는 B세포에 전시된 항원조각-MHC 복합체를 인식하여 결합한다. 그 결합과 더불어 보조T세포에서 분비되는 사이토카인의 도움을 받아 활성화된 B세포는 활발히 증식하여 기억B세포로 또는 항체분비 형질세포로 분화한다.

항체는 독소와 결합하거나 바이러스 단백질과 결합하여 숙주세포로 들어가는 것을 막는 중화작용(neutralization)을 할 수 있다. 여러 개의 항체가 세균, 바이러스 또는 외래 분자와 결합하면 서로를 옭아매 응집시킴으로써 식세포작용을 쉽게 해준다. 미생물 표면 항원-항체 복합체는 보체계를 활성화시켜 외래세포를 파괴한다.

중쇄의 C 영역에 따라 항체는 다섯 종류로 구분된다. 그 중 하나는 막결합으로 B세포 수용체로 작용하고 나머지 넷은 수용성이다.

체액성 및 세포성 면역반응 정리 적응면역은 B세포에서 분비되는 항체로 혈액이나 림프에 있는 병원균을 방어(체액성 면역반응)하거나 세포독성T세포를 통하여 세포 내 병원균이나 암세포를 처리(세포성 면역반응)한다. 두 면역반응은 항원제시세포에 의해 활성화되는 보조T세포를 필요로 하는데 보조T세포는 B세포나 세포독성T세포를 활성화하는 사이토카인을 분비한다.

능동면역과 수동면역 **능동면역(active immunity)**은 우리 몸이 감염에 반응하여 병원균 특이적인 면역기억을 생성하는 과정이다. **수동면역(passive immunity)**은 태반을 통해 태아에게 공급된 항체나 엄마젖으로부터 아기에 공급된 항체에 의해서 형성되는 일시적인 면역이다.

능동면역은 예방접종이라 불리는 인위적인 **면역화 과정(immunization)**에 의해서도 이루어진다. 백신(vaccine)으로는 불활성화된 독소, 죽거나 약화된 미생물, 미생물의 특정 성분 또는 미생물 단백질을 암호화하는 유전자 자체를 쓸 수 있다. 인위적 수동면역에서는 면역동물에서 만든 항체를 비면역동물에게 주사함으로써 일시적인 방어를 가능하게 한다.

항체의 용도 한 동물에서 만들어지는 항체는 다클론(polyclonal)이다. 왜냐하면 여러 종류의 다른 B세포 클론들은 각각의 에피톱에 특이한 항체를 만들기 때문이다. **단일클론 항체(monoclonal antibody)**를 제조하는 기술을 통해 동일한 항체를 많은 양으로 공급할 수 있다. 그러한 항체는 의학적 진단이나 치료에 쓰인다.

면역거부(immune rejection) 수혈할 때 ABO 혈액형을 결정하는 화학 표지 분자에 대한 면역반응이 일어나기에 그러한 반응이 일어나지 않게 해야 한다. 이식된 조직이나 기관은 그의 MHC 분자가 항원으로 작용하여 면역반응을 일으키기 때문에 숙주에 의해 거부된다. 가까운 친족으로부터 장기를 공여받거나 면역반응을 억제하는 약물을 사용하여 거부반응을 줄일 수 있다.

면역계 기능 손상 앨러지는 **앨러젠(allergen)**이라 불리는 특정 항원에 대한 과도한 면역반응이다. 앨러젠이 비만세포에 부착된 항체에 결합하면 히스타민이 분비된다. 히스타민은 콧물, 재채기, 평활근 수축에 기인된 호흡장애를 일으킨다. 항히스타민제는 히스타민이 수용체에 결합하는 것을 막아 증세를 완화한다. 과민성 쇼크(anaphylactic shock)는 염증성 화학물질이 빠르게 분비되어 피하조직 혈관을 확장시키고 기관지 협착과 더불어 혈압이 급격히 떨어지는 아주 심각한 앨러지 반응이다.

종종 면역반응이 자신에게 향하여 루푸스, 관절염, 제1형 당뇨, 다발성 경화증 같은 **자가면역질환(autoimmune diseases)**을 일으킨다. 이러한 질환은 자기관용의 실패에서 생기며 성별이나 유전적 또는 환경적 요인에 영향을 받는다.

면역계를 회피하는 기작이 여러 병원균에서 진화하였다. 어떤 병원균은 표면의 에피톱을 자주 바꿔 그 병원균에 대해 면역기억을 생성하지 못하게 하는 항원변이(antigenic variation)를 통하여 숙주의 방어망을 피한다. 수면병을 일으키는 기생충과 독감바이러스가 그 예이다.

어떤 바이러스는 그의 DNA가 숙주세포 염색체에 끼어들어 불활성화 상태로 조용히 있는 잠복기(latency)에 들어간다. 조건이 바뀌면 바이러스는 복제하여 주변세포나 새로운 숙주로 퍼진다.

AIDS(후천성 면역결핍 증후군)를 일으키는 감염인자는 **HIV(인간면역결핍바이러스)**이다. HIV는 보조T세포를 감염한다. 그들은 복제 때 돌연변이가 자주 일어나서 생기는 항원변이나 숙주 DNA에 들어가는 잠복상태 두 가지 방법을 통하여 면역반응을 피한다. HIV 감염은 보조T세포를 죽이기 때문에 체액성 그리고 세포성 면역반응 모두가 손상된다. AIDS를 가진 환자는 그의 무력화된 면역방어의 틈을 노리는 기회감염이나 암에 취약하다.

어떤 새로운 약물 조합으로도 HIV 감염을 완치할 수는 없지만 AIDS로 진행되는 것을 늦출 수 있다. HIV는 바이러스 입자를 함유하는 혈액, 정액, 모유 등 체액을 통해 전파된다.

핵심 문제 35.6

a. 왜 AIDS는 무서운 질환이냐?

b. 왜 AIDS를 예방하거나 치료하기가 어려운가?

암과 면역 면역계에 손상이 있을 때 암의 발생빈도는 증가한다. 건강한 사람의 면역계는 전체 암 중에서 15~20%에 해당하는 바이러스 때문에 생기는 암을 막는다. 간암과 연루된 B형 간염바이러스 그리고 자궁경부암과 연루된 사람유두종바이러스(HPV)에 대한 예방 백신이 현재 쓰이고 있다.

어원

anti- = against; **-gen** = produce (*antigen*: a substance that elicits an immune response by binding to receptors of B cells or T cells, or to antibodies)

cyto- = cell (*cytokine*: any of a group of small proteins secreted by a number of cell types, including macrophages and helper T cells, that regulate the function of other cells)

epi- = over; **-topo** = place (*epitope*: a small, accessible region of an antigen to which an antigen receptor or antibody binds)

immuno- = safe, free; **-glob** = globe, sphere (*immunoglobulin*: a protein secreted by plasma cells that binds to a particular antigen; also called an antibody)

macro- = large; **-phage** = eat (*macrophage*: a phagocytic cell present in many tissues that functions in innate immunity by destroying microbes, and in adaptive immunity as an antigen-presenting cell)

neutro- = neutral; **-phil** = loving (*neutrophil*: the most abundant type of white blood cell; neutrophils are phagocytic and tend to self-destruct as they destroy foreign invaders)

지식의 체계화

이번 장에는 학생들에게 새로운 정보가 많이 있다. 시간을 가지고 면역계의 중요인자들을 집어내고 이들에 대한 기본 개념을 정리하여라. 그리고 기본 개념끼리의 상호 연결 맵을 구성하면 정보들은 쉽게 이해할 수 있으며 점점 알아가는 즐거움에 빠져들 것이다.

1. 적응면역을 정리하는 개념 지도를 만들어라. 여기에는 체액성 및 세포성 면역에 관계되는 세포가 있을 것이며 그들의 기능에 대한 정보 역시 포함되어야 한다.
2. 항체의 구조를 서술하고 기능과의 연관성을 정리하라.
3. 선천면역과 적응면역을 분리하여 설명하였으나 두 방어 기작은 여러 측면에서 상호작용을 한다. 이들 이 공유하는 화학 분자와 세포에는 어떤 것들이 있는지를 알아보라.

지식의 검증

선다형 문제: 가장 옳은 답을 고르시오.

1. 곤충의 면역계를 가장 잘 설명한 것은 어느 것인가?
   a. 곤충은 외골격을 통한 장벽이 중요하다.
   b. 리소자임은 세균의 세포벽을 공격하여 곤충의 소화기계를 보호한다.
   c. 헤모구는 식세포작용을 할 수 있어 세균과 외래물질을 섭취한다.
   d. 곤충은 일정 그룹의 병원균의 거대분자에 결합하는 인식단백질을 통하여 항미생물 펩타이드를 만든다.
   e. 상기한 모든 것이 곤충의 선천성 면역반응에 해당한다.

2. 다음 방어 기작과 기능 설명 중 잘못 짝지어진 것은?
   a. 위산 – 위장에서 세균을 죽인다.
   b. 열 – 식세포활동을 촉진할 수도 있다.
   c. 히스타민 – 혈관을 확장시킨다.
   d. 사이토카인 – 염증 반응에서 식세포를 유인한다.
   e. 라이소자임 – 바이러스의 세포벽을 공격한다.

3. 히스타민을 분비하는 세포는?
   a. 항원제시세포로 된 대식세포
   b. 상처받은 혈관내피세포
   c. 바이러스에 감염된 세포
   d. 항원과 결합하고 있는 비만세포
   e. 항원제시세포와 붙어 있는 보조T세포

4. Toll-유사 수용체(TLR)에 대한 설명 중 틀린 것은?
   a. 식세포 활성을 가진 백혈구에 있다
   b. 병원균 각각에 특이한 분자를 인식한다.
   c. 곤충의 선천성 면역을 활성화시키는 Toll 분자와 닮았다.
   d. TLR 단백질은 면역세포의 원형질막에 또는 내부 소낭에 위치한다.
   e. 이들은 선천성 면역반응을 일으킨다.

5. 선천면역반응과 적응면역반응의 차이점을 올바로 표현한 것은?
   a. 선천면역은 우리 몸에 자리를 잡고 있는 병원균에 반응하지만 적응면역은 체세포 내로 들어온 병원균에 반응한다.
   b. 선천면역은 백혈구만 관여하고 적응면역은 림프구만 관여한다.
   c. 선천면역은 병원균을 파괴하기 위해 식세포를 사용하지만 적응면역은 그렇지 아니하다.
   d. 선천면역은 일정 병원균 그룹에 공통인 분자를 인식하지만 적응면역은 특정 병원균에게 유일한 항원에 반응한다.
   e. 보체 단백질들은 선천면역이 아니라 적응면역에 참여한다.

6. 식세포작용으로 표적을 공격하는 것은?
   a. 호중구
   b. 세포독성T세포
   c. 자연살상세포
   d. 보체단백질
   e. 보조T세포

7. 항체는 ______________________
   a. 단백질이나 다당체로 침입하는 세균에서 발견된다.
   b. T세포의 막에 박혀 있는 단백질이다.
   c. 혈액을 순환하는 단백질로서 보체가 공격하는 세포를 표지할 수도 있다.
   d. 두 개의 경쇄와 두 개의 중쇄로 이루어진 단백질이다.
   e. c와 d 모두 맞다.

8. B세포는 상당히 다양한 항원에 어떻게 대응하는가?
   a. 항체 유전자는 수백만 개의 대립인자를 가지고 있다.
   b. 발달 과정에서 경쇄와 중쇄 유전자 사이의 조합으로 수백만 개의 항원수용체가 만들어질 수 있다.
   c. 항체 분자의 양팔 끝 부분에 있는 항원부착부위가 특정 항원을 접할 때 엄청나게 다양한 모양을 형성할 수 있다.
   d. B세포는 그의 세포막에 수천 종류의 항체를 가지고 있다.
   e. B세포는 항원을 받아들여 항원제시세포가 되고 항원 조각을 제II형 MHC 분자에 얹혀 놓는다.

9. 2차 면역반응은 1차 면역반응보다 빠르며 효과적이다. 왜 그럴까?
   a. 히스타민이 빠르게 혈관을 확장시키기 때문이다.
   b. 2차 반응은 능동면역이고 1차 반응은 수동면역이기 때문이다.
   c. 기억세포가 병원균에 반응하여 빠르게 증식하고 효과적인 작동세포로 분화하기 때문이다.
   d. 빠르게 식세포를 모이게 하는 화학 신호 때문이다.
   e. 보조T세포가 다른 백혈구를 활성화시킬 수 있기 때문이다.

10. 클론선택 과정은 다음 중 어느 것을 위한 것인가?
    a. 접촉된 항원에 특이한 작동세포나 기억세포의 증식
    b. 세포독성T세포에 의한 제I형 MHC 분자의 인식
    c. 경쇄 및 중쇄 유전자의 재조합
    d. 단일항체를 생산하기 위한 세포배양
    e. 보조T세포 클론을 특정 항원에 표적으로 하는 세포독성T세포로 전환

11. 주조직적합성 복합체(MHC)는 ______________
    a. 자기와 비자기를 구별하는 데 관여한다.
    b. 세포표면 단백질의 집합체이다.
    c. 이식 수술 후 T세포 반응을 유발한다.
    d. 감염된 세포에 항원 조각을 전시한다.
    e. 모두 맞다.

12. 중화작용에서 ______________________
    a. 항체가 미생물을 둘러싸고 식세포가 외래세포에 결합하고 섭취하는 데 도움을 준다.
    b. 보체 단백질 모음으로 외래세포의 막에 구멍을 내어 터트린다.
    c. 항체가 바이러스 표면에 있는 단백질을 둘러싸서 숙주로의 감염을 막는다.
    d. 과량의 히스타민이 나오고 과민성 쇼크를 일으킨다.
    e. 재조합 효소에 의해 V 유전자 조각과 J 유전자 조각이 연결된다.

13. 어떤 항체, T세포 수용체 및 MHC 분자가 가지고 있는 공통점은?
 a. 면역세포에서만 발견된다.
 b. 보체계의 한 부분이다.
 c. 항원을 제시하는 분자이다.
 d. 세포막 단백질이다.
 e. 세포성 면역 반응에 관여한다.

14. 항체와 보체와의 관계성을 가장 잘 설명한 것은?
 a. 수백 개의 대립인자를 가진 유전자로 암호화되어 있다.
 b. 선천성 방어에 관여한다.
 c. 형질세포에서 분비된다.
 d. 항체는 병원균 표면에 있는 항원에 결합하여 막에 구멍을 뚫는 보체를 활성화시킨다. 결과로 세포는 부풀고 터진다.
 e. 보체는 외래세포를 표지하고 항체는 죽인다.

15. 적응면역에서 수지상세포는?
 a. 보체 단백질을 활성화한다.
 b. 세포독성T세포의 보조 단백질에 결합하여 독성 단백질을 생산하게 한다.
 c. 사이토카인을 분비하여 B세포가 형질세포로 변하도록 한다.
 d. 바이러스를 삼킨 후 인터페론을 분비함으로써 체액성 면역과 세포성 면역이 일어나도록 한다.
 e. 삼킨 병원균의 항원조각을 제II형 MHC에 올려놓아 보조T세포에 전시하고 사이토카인을 분비한다.

16. 다음 세포성 및 체액성 면역에서 보조T세포가 활성화 과정을 서술한 것들을 올바른 순서로 맞춘 것은?
 1. 대식세포와 보조T세포가 사이토카인을 분비한다.
 2. 대식세포가 병원균을 잡아먹은 후 제II형 MHC에 올려놓는다.
 3. 형질세포는 항체를 분비하고, 세포독성T세포는 제I형 MHC 분자를 지닌 세포를 공격한다.
 4. T세포 수용체가 제II형 MHC 분자와 항원 결합체를 인식한다.
 5. 활성화된 B세포는 형질세포와 기억세포로 분화하고, 활성화된 T세포는 세포독성T세포 및 기억세포로 된다.

 a. 1, 3, 5, 2, 4
 b. 5, 1, 2, 4, 3
 c. 2, 4, 1, 5, 3
 d. 5, 2, 4, 1, 3
 e. 2, 1, 4, 5, 3

17. 다음 체액성 면역 설명 중 맞는 것은?
 a. 예방접종에 의해 생성된 수동면역의 한 형태이다.
 b. 중화작용, 식세포자극 및 보체활성화 등의 작동 기작으로 병원균을 퇴치한다.
 c. 체세포로 잠입한 병원균이나 암세포로부터 우리를 보호한다.
 d. 흉선에서 성숙된 림프구에 의해 갖추어진다.
 e. 작동 기작을 활성화하기 위해 제I형 MHC-항원 복합체의 인식이 필요하다.

18. 어떤 환경에서 B세포가 T세포에게 항원을 전시하는가?
 a. B세포가 항원을 받아들인 후 그들을 제II형 MHC 분자와 함께 활성화된 보조T세포에게 보여줄 때
 b. B세포가 세균을 삼킨 후 세균항원조각을 제II형 MHC 분자와 함께 보조T세포에 보여줄 때
 c. 바이러스에 감염된 후 B세포가 바이러스 펩타이드를 제I형 MHC와 함께 세포독성T세포에 보여줄 때
 d. B세포가 녹아 있는 항원에 결합하고 결합된 상태의 항원을 보조T세포에 보여줄 때
 e. a와 c 둘 다 가능하다.

19. 면역계 부작용이나 질환으로 간주되지 않는 것은?
 a. MHC에 의한 이식된 조직의 거부 반응
 b. 제I형 당뇨
 c. 루푸스, 다발성 경화증
 d. AIDS
 e. 앨러지성 과민쇼크

20. 다음 중 AIDS 환자에서 나타나는 질환이 아닐 것 같은 것은?
 a. 카포시 근육종을 포함한 여러 암
 b. 결핵
 c. 폐렴
 d. 관절염
 e. 점막에의 효모 감염

36장
생식과 발생

핵심

이 장은 동물의 생식의 형태 및 기작을 다룬다. 유성생식에서는 수정은 체외 혹은 체내수정으로 일어날 수 있다. 수정란의 발생은 외부에 물이 있는 환경, 수분의 방지를 막을 수 있는 알 속에서, 혹은 암컷의 내부에서 일어난다.

사람의 생식계 부분에서는 생식기관, 분비샘, 배우자형성 및 유성생식을 다룰 것이다. 이 장에서는 초기 배아 발생의 기본적인 양상과 사람의 임신, 출생, 피임 및 생식기술들을 다루게 될 것이다.

복습

36.1 동물계에서는 무성생식과 유성생식이 모두 일어난다

유성생식(sexual reproduction)에서는 감수분열 결과 형성된 반수체 배우자가 융합하여 이배체의 **접합자(zygote)**를 형성한다. 암컷 배우자인 **난자(egg)**는 상대적으로 크며, 이동하지 못한다. 반면에 수컷 배우자인 **정자(sperm)**는 작고 운동성을 갖는다. **무성생식(asexual reproduction)**에서는 정자와 난자의 융합 없이 자손을 만들어낸다.

무성생식 기작 많은 무척추동물은 개체에서 새로운 개체가 자라 나오는 무성생식 방법인 **출아(budding)**에 의해서, 부모가 두 개의 같은 크기로 나누어지는 **분열(fission)** 방식에 의해서, 혹은 몸의 일부가 나뉘어져 완전한 성체로 자라는 **절편분리(fragmentation)** 방식으로 자손을 만든다. **재생(regeneration)**은 몸의 일부가 다시 자라는 것으로 절편이 새로운 개체로 발생하는 데 필요하다. **단위생식(parthenogenesis)**에서는 난자가 수정 없이 발생한다.

유성생식: 진화적 수수께끼 무성생식은 훨씬 많은 자손을 만들어 낼 수 있음에도 불구하고 대부분의 진핵생물은 유성생식을 한다. 유성생식에서 유전자의 교환은 변화하는 환경에 더 빨리 적응할 수 있도록 해준다.

생식주기 생식주기는 환경과 호르몬 신호의 조합을 통해 조절된다. 생식주기는 좋은 환경 조건이나 더 많은 에너지를 얻을 수 있는 것과 관련되어 있다.

기후 변화는 일부 동물들의 이동에 불일치를 초래하는데, 햇볕에 의한 계절적인 변화와 온도변화로 어린 식물의 성장 시기가 맞지 않아 자손을 성공적으로 키우지 못하는 경우가 있다.

유성생식 유형의 다양성 **자웅동체(hermaphroditism)**는 일부 고착동물, 파고들어가는 동물과 기생동물에서 발견되는데 각 동물이 암수 생식계를 모두 가지고 있다. 둘 간의 교미가 일어나면 둘 다 수정이 일어난다. 일부 물고기에서는 생활사 중에 자신의 성이 역전되기도 한다.

핵심 문제 36.1

a. 무성생식이 적응면에서 갖는 장점은 무엇인가?

b. 유성생식이 적응면에서 갖는 장점은 무엇인가?

c. 자웅동체가 자가수정을 하면, 이것은 무성생식인가 아니면 유성생식인가? 설명하여라.

체외수정 및 체내수정 **수정(fertilization)**은 정자와 난자가 융합하는 것이다. **체외수정(external fertilization)**에서는 정자와 난자를 외부로 방출하여 수정이 일어난다. 체외수정은 습기가 있는 환경에서 일어나며, 이런 환경에서는 배우자와 발생 중인 접합자가 건조의 위험으로부터 피할 수 있다.

체내수정(internal fertilization)에서는 암컷 생식기관에 정자를 제공하여 정자와 난자 체내에서 결합한다. 체내 수정에는 교미기관과 수정낭은 물론 행동적 협력이 필요하다.

페로몬(pheromones)은 작은 크기의 휘발성 또는 수용성 분자들로 짝을 유인하는 물질로 작용한다.

핵심 문제 36.2

체외수정 시 배우자 방출을 일치시키기 위한 두 가지 기작을 설명하여라.

a.

b.

자손의 생존 보장 체내수정을 하는 종은 보통 더 적은 수의 배우자를 만들어내어 비율면에서는 더 많은 접합자가 생존한다.

조류나 파충류의 알 껍질은 배아를 수분 손실이나 상처가 나는 것으로부터 보호를 한다. 주머니쥐와 같은 포유류의 배아는 어미의 주머니 안에 있는 젖샘에 달라붙어 태아 발생을 완성한다. 진수류(태반) 포유동물은 자궁에서 발생을 하며, 태반을 통해 어미의 혈류로부터 영양분을 공급받는다. 자식을 돌보는 현상은 척추동물에서 광범위하게 존재하며, 심지어 일부 무척추동물에서도 관찰된다.

36.2 생식기관은 배우자를 만들고 운반한다

정자와 난자의 전구체 세포들은 종종 배 발생 초기에 만들어지고 후에 분열을 통해 그 수가 증가한다.

생식기관의 다양성 가장 간단한 생식기관은 **생식소(gonad)** 없이 배우자를 만드는 것이다. 다모류 환형동물에서 난자와 정자는 체강에 있는 세포로부터 만들어진다.

대부분의 곤충은 암수가 따로 존재하고 복잡한 생식기관을 갖는다. 암컷은 정자를 보관하는 주머니인 **저정낭**(spermatheca)을 가지고 있으며, 생식에 좋은 조건에서 정자가 방출된다.

포유류를 제외하고는 대부분의 척추동물은 소화계, 배설계 및 생식계가 밖으로 향하는 공통된 개구분인 **총배설강(cloaca)**을 갖는다. 대부분의 포유류는 소화기관과는 다른 개구부를 갖는다. 생식계와 배설계 개구부는 대부분의 암컷에서 분리되어 있다.

남성의 생식기관의 구조 외부 남성 생식기관은 음낭(scrotum)과 음경(penis)를 갖는다. 정자는 **정소(testes)** 내에서 수없이 꼬여 있는 **세정관(seminiferous tubules)**에서 만들어진다. 정자는 체온보다 낮은 온도에서 만들어지며, 이를 위해 **음낭(scrotum)**이 복강 아래에서 정소를 매달고 있다.

정소는 정소로부터 꼬여 있는 **부정소(epididymis)**로 이동하고 그곳에서 성숙하고 운동성을 얻는다. **사정(ejaculation)** 동안 정자는 **정관(vas deferens)**을 따라 이동하며, 짧은 **사정관(ejaculatory duct)**으로 들어간 후 음경을 통과하는 **요도(urethra)**를 통해 밖으로 빠져나간다.

정자에 **정액(semen)**을 분비하는 부속선의 세 가지 세트는 무엇인가? **정낭(seminal vesicle)**은 점액, 정자에 대한 에너지원인 과당, 응고 효소, 아스코르브산(ascorbic acid), 프로스타글란딘을 함유하는 알칼리성 성분을 포함한다. **전립선(prostate gland)**은 항응고 효소와 시트르산을 포함하는 물질을 분비한다. 전립선의 양성 비대현상과 전립선 암은 나이든 남성에게 흔한 질환이다. 요도구선(bulbourethral glands)는 요도에 남아 있는 오줌을 중화시키는 점액을 생산한다.

음경(penis)은 해면조직으로 되어 있으며 성적 흥분 동안 혈액으로 가득차 음경이 질로 들어가는 것을 쉽게 하도록 발기를 유도한다. 일부 포유류는 음경을 단단하게 세워주는 음경골을 가지고 있다. **음경꺼풀(prepuce)**은 **귀두(glans)**를 둘러싸고 있다.

여성 생식기관의 구조 여성에서 외부 생식기관으로는 음핵과 2세트의 음순이 있다. 난소는 많은 **여포(follicle)**가 있으며, 각 여포는 난자 발생 동안 영양분을 주고 보호하는 세포들에 둘러싸인 **난모세포(oocyte)**를 포함하고 있다.

난자는 복강으로 방출되며, 섬모의 활동으로 **수란관(oviduct)** 혹은 나팔관으로 들어오면 **자궁(uterus)**을 향해 이동한다. **자궁내막(endometrium)**에는 풍부한 혈관이 존재한다. 자궁의 목부분을 **자궁경부(cervix)**라고 하는데 **질(vagina)**을 통해 열려 있다. 질은 성교 시 정자 저장소이며, 출생 시 탄력적인 출생 통로이다.

외부생식기로는 **음부(vulva)**가 있다. 두 쌍의 피부주름으로 두꺼운 외부의 **대음순(labia majora)**과 얇은 내부의 **소음순(labia minora)**이 질과 요도의 분리된 개구부를 덮고 있다. 질구는 출생 시부터 **처녀막(hymen)**이라는 막으로 둘러싸여 있다. **음핵(clitoris)**는 포피로 둘러싸인 귀두를 지지하는 발기조직으로 이루어져 있다.

핵심 문제 36.3

사람의 남녀 생식기관을 보여주는 다음 모식도에서 표시된 구조의 이름은 무엇인가?

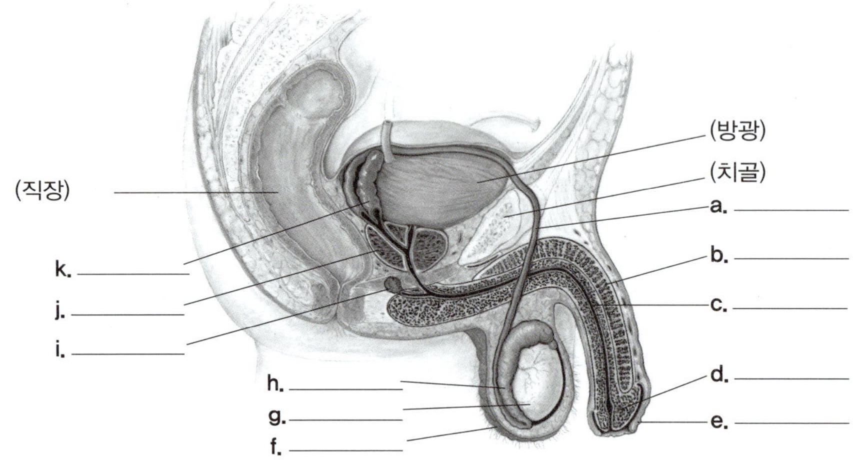

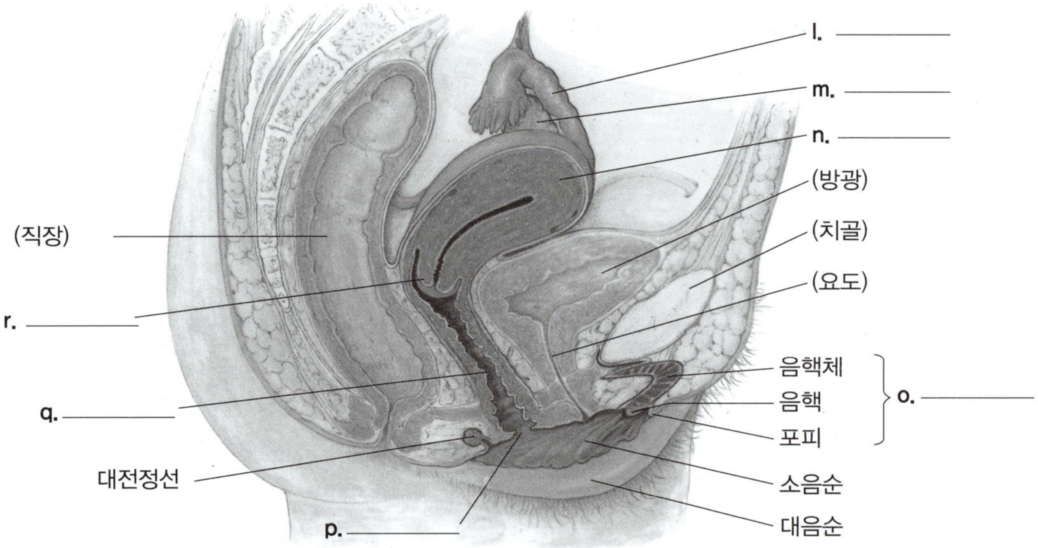

유선(mammary gland)은 가슴에 있는데 지방조직과 젖을 분비하는 작은 주머니로 되어 있으며, 이것은 유두로 통하는 일련의 관으로 이어져 있다. 남성에서도 유두는 있지만 낮은 에스트라디올 농도 때문에 유선이 커지지 않는다.

배우자형성 **배우자형성(gametogenesis)**은 남녀에서 차이가 난다.

정자형성(spermatogenesis)은 정소의 세정관에서 끊임없이 일어난다. 시원생식세포(primordial germ cells)는 줄기세포가 된다. 이러한 세포들은 유사분열을 하여 **정원세포(spermatogonia)**가 되며, 이들은 더 분열하여 정모세포가 된다. 정모세포는 감수분열 거쳐 정세포가 된다. 정자의 반수체 핵을 담고 있는 머리 끝에 정자가 난자를 뚫고 들어가는데 이용되는 효소를 담은 **첨체(acrosome)**가 있다. 미토콘드리아는 편모 혹은 꼬리가 움직이는 데 필요한 ATP를 제공해 준다.

난자형성(oogenesis)은 암컷 배아에서 시작된다. 시원생식세포로부터 형성된 **난원세포(oogonia)**는 **제1난모세**

포(primary oocytes)로 분열 및 분화를 하고, 출생 전에 제1감수분열 전기에 멈춰 있다. 사춘기 때부터 여포자극호르몬(FSH)은 주기적으로 여포가 성장을 재개하도록 자극하기 시작한다. 여포세포는 성호르몬인 에스트라디올을 분비한다. 여포 내의 제1난모세포는 제1감수분열을 끝내고 **제2난모세포(secondary oocyte)**가 되며, 제2감수분열 중기에 머물러 있다. 사람에서 정자가 난자를 통과할 때 감수분열이 완성된다. 감수분열 시 세포질분열은 세포 간에 동등하게 일어나지 않아 하나는 큰 난자를 형성하지만, 다른 세 개는 작은 반수체인 극체를 형성하여 후에 사라진다.

배란 뒤에 여포는 **황체(corpus luteum)**로 전환되어 프로제스테론과 에스트라디올을 분비한다. 수정이 일어나지 않으며, 황체는 퇴화한다.

핵심 문제 36.4

난자형성과정이 정자형성과정과 다른 3가지 중요한 점을 나열하여라.

a.

b.

c.

36.3 포유동물의 생식은 자극 및 성호르몬의 상호작용에 의해 조절된다

호르몬은 어떻게 생식을 조절하는가? 시상하부로부터 분비된 생식선자극호르몬방출호르몬(gonadotropin-releasing hormone, GnRH)은 뇌하수체가 **여포자극호르몬(follicle stimulating hormone, FSH)**와 **황체형성호르몬(lutenizing hormone, LH)**을 생산하도록 자극한다. 이 두 호르몬은 남녀의 생식소에서 성호르몬의 생산 및 배우자형성과정을 조절하는 **자극호르몬(tropic hormones)**이다. 생식소에서 분비되는 스테로이드 계통의 성호르몬은 남성에서는 안드로젠(주로 **테스토스테론**)이며, 여성에서는 에스트로젠(주로 **에스트라디올**)과 **프로제스테론(progesterone)**이다.

안드로젠은 배아 시기에 남성의 1차 성징의 발달에 관여한다. 사춘기에 안드로젠은 깊은 목소리, 음부와 얼굴의 털 및 근육의 발달과 같은 2차 성징의 발달을 유도한다. 여성에서 에스트로젠은 사춘기에 가슴의 발달 및 음부의 털의 발달을 촉진한다. 성호르몬은 남녀 모두에서 성 행동에 영향을 준다.

호르몬에 의한 남성 생식계의 조절 **세르톨리세포(Sertoli cells)**는 FSH에 반응하여 발생하는 정자에 영양을 제공한다. **레이디히세포(Leydig cells)**는 LH에 반응하여 테스토스테론 및 다른 안드로젠을 분비하여 정자형성과정을 촉진한다. 테스토스테론은 GnRH, FSH 및 LH의 분비를 억제하며, 세르톨리세포에서 나오는 인히빈(inhibin)은 FSH의 분비를 감소시킨다. 이러한 되먹임 기작은 안드로젠 분비를 적절한 농도로 유지시켜준다.

핵심 문제 36.5

남성생식호르몬에 대한 다음 설명을 보고 빈칸을 채워라.

a. ________은(는) 시상하부에서 생산되며, 뇌하수체로부터 생식선 자극호르몬의 분비를 조절한다.

b. ________은(는) 세정관의 세르톨리세포를 자극하여 정자에 영양을 제공한다.

c. ________은(는) 레이디히 세포에 의한

d. ________호르몬의 분비를 촉진한다.

e. GnRH, LH, FSH의 생산은 ________에 의해 조절된다.

호르몬에 의한 여성의 생식주기 조절 여성에서 자궁벽은 배아의 착상을 준비하기 위하여 두꺼워지며 수정이 일어나지 않으면 **월경(menstrulation)**의 과정에 의해서 제거된다. 여성 생식주기는 자궁에서의 주기 변화를 나타내는 **자궁주기(uterine cycle)** 혹은 **월경주기(menstrual cycle)**와 여포의 성장 및 배란과 관련된 **난소주기(ovarian cycle)**를 모두 포함한다.

난소주기는 시상하부에서 GnRH가 분비되는 것으로 시작하는데, 이것은 뇌하수체를 자극하여 소량의 FSH와 LH를 분비되도록 한다. 이 **여포기(follicular phase)**에는 FSH는 여포의 성장을 촉진하고, 여포세포는 에스트라디올을 분비한다. 에스트라디올의 낮은 농도는 FSH와 LH의 분비를 억제한다.

성장하는 여포에 의해 에스트라디올의 분비가 급격하게 증가하면 시상하부는 GnRH의 분비를 촉진하고, GnRH는 LH와 FSH 분비량을 증가시킨다. LH가 증가하면 여포가 성숙하여 난소 표면 근처에 돌출부를 형성한다. 배란은 LH가 급격하게 상승한 하루 뒤에 여포와 인접한 난소벽이 파열되면서 일어난다.

황체기(luteal phase)에는 LH는 파열된 여포를 황체로의 전환을 촉진하며, 황체는 에스트라디올과 프로제스테론을 분비한다. 이 호르몬이 증가하면 시상하부와 뇌하수체에 음성되먹임으로 작용하여 LH와 FSH의 분비를 억제하고, 다른 난자가 성숙하는 것을 막는다. LH가 없으면 황체는 퇴화하고 결국 에스트라디올과 프로제스테론의 분비를 감소시킨다. 이들 호르몬이 감소하면 시상하부와 뇌화수체에 작용하였던 음성되먹임이 풀리고, FSH와 LH가 다시 분비되기 시작하여 새로운 여포의 성장을 촉진하고 다음 난소주기가 시작된다.

자궁주기(혹은 월경주기)는 난소에서 분비된 호르몬에 의해서 조절된다. 성장하는 여포에 의해 분비되는 에스트라디올은 자궁내벽이 난소주기의 여포기와 일치하는 **증식기(proliferative phase)**에 두꺼워지도록 한다. 배란 후에 에스트라디올과 프로제스테론은 지속적으로 자궁내벽과 영양액을 분비하는 분비샘의 발달을 촉진한다. 이러한 자궁주기의 **분비기(secretory phase)**는 난소주기의 황체기에 해당한다.

황체가 퇴화하면서 난소호르몬이 급격하게 감소하면 자궁내벽으로의 혈액 공급이 줄어들고 자궁내벽이 떨어져 자궁주기의 **월경기(menstrual flow phase)**가 된다. 편의상, 월경의 첫째날을 자궁주기와 난소주기가 시작하는 날로 잡는다.

폐경기(menopuasue)는 배란과 월경이 멈추는 시기로 난소가 FSH와 LH에 대한 반응성이 떨어지는 나이든 여성에서 일어난다.

사람과 일부 다른 영장류는 월경주기를 갖는다. 다른 포유류들은 임신이 되지 않은 경우 자궁내막이 자궁에 흡수되어 많은 출현이 일어나지 않는 **발정주기(estrous cycle)**를 갖는다. 암컷은 배란 시기의 발정 혹은 "상기(heat)" 시기에만 교미를 한다.

인간의 성반응 인간의 성반응은 두 가지 형태의 생리적인 반응이 나타나는데 하나는 조직에 혈액이 증가하는 **충혈현상(vasocongestion)**이며, 다른 하나는 근육의 장력이 증가하는 **근육긴장(myotonia)**이다. 흥분기(excitement phase)에는 **성교(coitus)**를 위해 음경과 음핵에 충혈이 일어나고, 질에 윤활현상이 나타난다. 고원기(plateau)는 지속적으로 충혈이 일어나고, 호흡 속도 및 심장 박동이 증가한다. **오르가즘(orgasm)**은 양쪽 성 모두에서 생식기관의 주기적이고 불수의적인 수축으로 특징지어진다. 남성에서 방사(emission)를 통해 정액을 요도관으로 밀어내며, 사정은 요도관이 수축하고 정액이 발출되었을 때 일어난다. 해소기(resolution pahse)에는 충혈되었던 기관이 정상 크기로 되돌아가며 근육이 이완된다.

36.4 수정, 난할 및 낭배형성과정을 통해 배아 발생을 시작한다

많은 동물종에서 공통적인 배 발생 단계가 나타난다. 성게를 이용하여 발생 단계를 설명할 것이다.

수정 수정이 성공적으로 일어나기 위해서는 첫째, 정자가 난자 주변의 보호막을 통과해야 하며, 둘째, 정자에 있는 분자가 난자에 있는 수용체와 결합해야 하고, 알의 표면에서 변화가 일어나 **다수정(polyspermy)**을 막아주어야 한다.

정자가 성게 난자의 젤리층과 접촉을 하면 정자의 끝에 있는 첨체는 가수분해효소를 방출한다. 첨체반응을 통해 첨체돌기가 젤리층을 통해 길어지도록 한다. 같은 종 내에서 첨체돌기에 있는 단백질이 난자의 세포막 밖으로 나온 수용체 단백질과 결합하면 수정이 정상적으로 일어난다.

정자와 난자가 융합할 때 난자막이 탈분극되면 다른 정자가 난자와 융합하는 것이 억제되는 다수정에 대한 급속방지가 일어난다.

다음으로 피층과립이 내용물을 분비하여 정자와 결합하는 수용체를 자르면 수정막이 형성되며, 이것은 다수정에 대한 완만방지 기작으로 작용한다.

수정란에서 칼슘이온 농도가 올라가면 세포호흡과 단백질 합성이 증가하는 난자활성화가 일어난다.

핵심 문제 36.6

다음 여성의 생식주기 모식도에서 혈액 속에서의 자극호르몬 및 난소호르몬의 농도, 그리고 난소 및 자궁주기를 나타내는 것이 어떤 것인지 표시하여라.

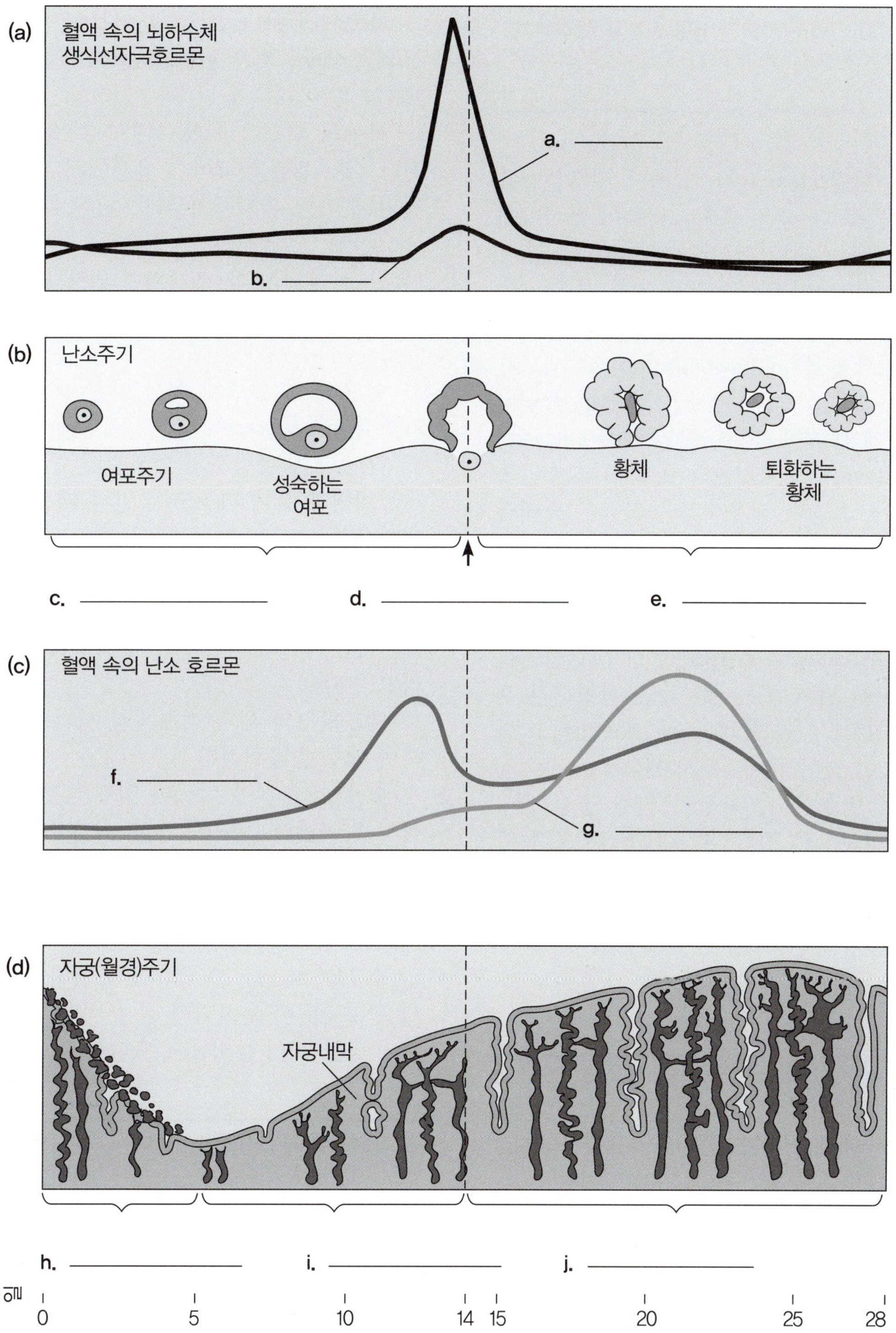

핵심 문제 36.7

a. 무엇이 같은 종의 하나의 정자가 하나의 성게 난자와 수정을 하도록 해주는가?

b. 무엇이 하나의 정자만이 하나의 난자와 수정을 하도록 해주는가?

난할 및 낭배형성과정 **난할(cleavage)** 시 빠른 세포분열을 통해 수정란의 세포질을 좀 더 작은 세포로 나누어 들어가게 한다. 이러한 난할을 통해 액체로 찬 **할강(blastocoel)**을 갖는 세포 집단인 **포배(blastula)**가 만들어진다.

다음 배아 단계는 **형태형성과정(morphogenesis)**으로 체형이 발달하게 된다. **낭배형성과정(gastrulation)** 때 세포가 이동함으로써 2층 혹은 3층으로 된 배아인 **낭배(gastrula)**가 된다. 낭배형성과정에 의해서 만들어진 **배엽**(germ layers)은 외부의 **외배엽(ectoderm)**, 소화기관의 내부가 되는 안쪽의 **내배엽(endoderm)**이 있으며, 좌우대칭 동물들은 **중배엽(mesoderm)**을 갖는다. 성체의 조직과 기관은 이러한 세포층의 하나 혹은 더 많은 것으로 만들어진다.

성게에서 낭배형성과정은 세포들이 식물극으로부터 떨어져 이동성 **간충직세포**(mesenchyme cells)로 할강으로 들어갈 때 일어난다. 식물극 끝에 남아 있는 세포들은 편평해진 후 안쪽으로 휘어져 들어가는데 이를 **함입**(invagination)이라고 한다. 이 함입으로 세포들이 깊이 들어가면서 **원장**(archenteron)이라는 좁은 주머니를 형성한다. 원장이 열린 곳을 **원구**(blastopore)라고 하며, 항문으로 발달한다. 간충직세포가 확장해가면서 할강을 가로질러 원장의 끝을 당기며, 후에 이것이 외배엽과 만나 입을 형성한다. 입이 원구로부터 발달하는 선구동물과는 달리 성게와 척삭동물문은 후구동물이며 입은 두 번째 개구부로부터 발달한다.

핵심 문제 36.8

성게의 낭배형성과정 모식도에서 보여주는 다음 각 부분들을 표시하여라.

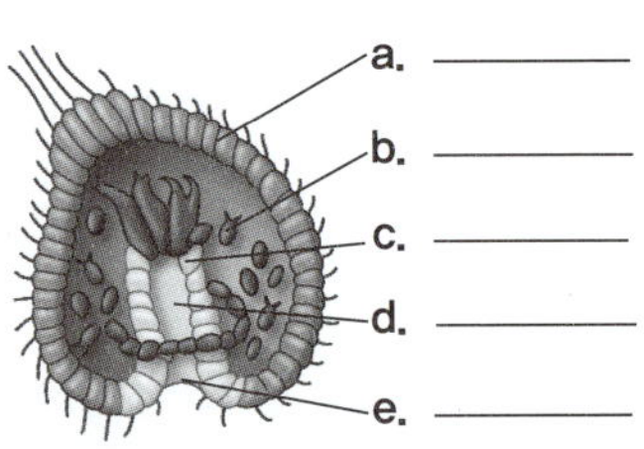

수태, 배 발생, 그리고 탄생 수정 혹은 **수태(conception)**는 난관에서 일어난다. 피층과립반응으로 완만방지가 일어나 다수정을 억제한다. 배아가 자궁에 도달할 쯤에는 난할을 통해 공 모양의 세포집단을 만들며, 가운데가 비어 있는 배반포는 수정 7일 후에 자궁내벽에 착상한다.

자궁에서 하나 혹은 그 이상의 배아가 착상하는 것을 **임신**(pregnancy 혹은 **gestation**)이라고 한다. 사람에서 임신은 266일 혹은 38주가 된다.

사람의 임신은 보통 3개의 3개월 **단위**(trimester)로 나누어진다. 첫 3개월은 배아가 황체에서 프로게스테론과 에스트로젠의 분비를 유지시켜주는 **인간융모성생식선자극호르몬**(human chorionic gonadotropin, hCG)을 분비하는 시기이다. 발생한 달 안에 배아가 쪼개지면 **일란성쌍생아**(monozygotic twins)가 된다. 반대로, 2개의 난자가 수정을 하면 **이란성 쌍생아**(dizygotic twins)가 된다.

임신 중에 염색체 이상 혹은 비정상적인 발생으로 인해 **자연유산**(miscarriage)이 많이 일어난다.

착상 후에 배반포의 외부층인 **영양세포층(trophoblast)**은 자궁내벽과 함께 자라고 섞이며 **태반(placenta)**을 형성하며, 태반에서는 모계 혈액과 배아의 모세혈관 사이에서 노폐물 제거 및 가스와 영양분의 교환이 일어난다. 다음으로 **기관형성과정(organogenesis)**가 일어나며 8주쯤에 배아는 성체의 모든 원기 구조를 갖는데 8주가 지난 시기부터를 **태아(fetus)**라고 한다.

제2 및 3의 세 번째 3개월 시기에 태아는 빠르게 성장을 하며 매우 활발해진다.

출산(labor) 시에 자궁이 일련의 강한 수축 과정을 거쳐 출산이 일어난다. 옥시토신 및 에스트라디올 호르몬과 국소조절자인 프로스타글라딘이 자궁의 수축을 유도한다. 양성되먹임을 통해 자궁수축은 옥시토신의 분비를 더욱 촉진시키면 이것은 역으로 자궁수축을 더욱 수축시킨다.

수유(lactation)는 포유류에 유일하다. 뇌하수체 전엽으로부터 프로락틴이 분비되면 젖 분비가 촉진되며, 옥시토신은 젖 빨기 동안 젖의 분비를 유도한다.

핵심 문제 36.9

다음 호르몬의 기능과 이들을 분비하는 구조에 대해서 써라.

a. 인간융모성 생식선자극호르몬

b. 옥시토신

피임 **피임(contraception)**은 임신을 막는 것으로 난자나 정자의 방출을 억제하는 것, 수정을 막는 것 혹은 착상을 막는 것 등 여러 방법이 있다. 가장 확실한 피임은 금욕이 될 것이다. **월경주기법**(rythm method) 또는 **자연피임법**(natural family planning)은 임신이 가장 가능할 시기, 즉 배란을 전후한 며칠간 성교를 하지 않는 것이다. **질외사정**(coitus interruptus)은 신뢰하기 어려운 방법이다.

정자와 난자를 못 만나게 하는 차단피임법(barrier methods)으로는 **콘돔**(condom)과 **격막**(diaphragm)이 있으며, 격막의 경우 살정제 혹은 젤리와 함께 사용하면 수정을 물리적으로 화학적으로 막을 수 있다. 콘돔은 성병으로부터 보호를 해 줄 수 있는 유일한 피임법이다.

자궁내삽입기구(IUD)는 수정과 착상을 방해한다. **경구용피임약**(birth control pill)을 복용하거나 정관 혹은 난관수술을 통해 정자와 난자가 나오는 것을 막을 수 있다. 대부분의 경구용 피임약은 합성 에스트로젠과 프로제스테론을 조합한 것으로 음성되먹임을 통해 시상하부에서 GnRH의 분비를, 뇌하수체에서 FSH와 LH의 분비를 억제하여 배란과 여포의 발달을 막는다. 이들 복합피임약의 높은 농도는 사후피임약(morning-after pills)으로 이용될 수 있다. 프로제스테론만의 주사나 알약(minipill)은 자궁경부를 변화시켜 정자가 자궁으로 들어가는 것을 막는다. 경구용 피임약을 복용하면 심혈관계에 문제가 일어날 수 있다.

핵심 문제 36.10

경구용 피임약의 세 가지 일반적인 형태를 나열하고, 각각에 대한 예를 들어라. 어떤 것이 가장 임신을 막을 수 있고, 어떤 것이 가장 막을 수 없는지 설명하여라.

a.

b.

c.

불임 및 시험관아기 불임의 어떤 경우는 성병에 의해서 일어날 수 있다. 호르몬 요법은 배우자의 생산을 증가시키며, 수술을 통해 막힌 관을 뚫을 수 있다. **시험관아기(test-tube baby)**는 여성으로부터 난자를 채취하여 시험관에서 수정을 시키고 자궁에 발생 중인 배아를 착상시키는 것이다. 정자의 수의 이상이나 결함이 생기면 정자의 핵을 직접 난자 속으로 주입할 수도 있다.

어원

a- = not, without (*asexual reproduction:* the generation of offspring from a single parent, without the fusion of gametes; offspring are usually genetically identical to the parent)

acro- = tip; **-soma** = body (*acrosome:* a vesicle in the tip of a sperm containing hydrolytic enzymes that help the sperm reach the egg)

coit- = a coming together (*coitus:* the insertion of a penis into a vagina; also called sexual intercourse)

contra- = against (*contraception:* the deliberate prevention of pregnancy)

ecto- = outside; **-derm** = skin (*ectoderm:* the outermost of the three primary germ layers in animal embryos; gives rise to outer covering and, in some phyla, the nervous system, inner ear, and lens of the eye)

endo- = within (*endoderm:* the innermost of the three primary germ layers in animal embryos; lines the archenteron and gives rise to the liver, pancreas, lungs, and lining of the digestive tract)

epi- = above, over (*epididymis:* a coiled tubule adjacent to the testes where sperm are stored)

fertil- = fruitful (*fertilization:* the union of haploid gametes to produce a diploid zygote)

gastro- = stomach, belly (*gastrulation:* a series of cell and tissue movements in which the blastula-stage embryo folds inward, producing a three-layered embryo, the gastrula)

labi- = lip; **major-** = larger (*labia majora:* a pair of thick, fatty ridges that encloses and protects the rest of the vulva)

menstru- = month (*menstruation:* the shedding of portions of the endometrium during a uterine (menstrual) cycle)

meso- = middle (*mesoderm:* the middle primary germ layer in an animal embryo)

minor- = smaller (*labia minora:* a pair of slender skin folds that surrounds the openings of the urethra and vagina)

oo- = egg; **-genesis** = producing (*oogenesis:* the process in the ovary that results in the production of female gametes)

partheno- = a virgin (*parthenogenesis:* asexual reproduction in which females produce offspring from unfertilized eggs)

poly- = many (*polyspermy:* fusion of an egg by more than one sperm)

tropho- = nourish (*trophoblast:* the outer epithelium of a mammalian blastocyst; forms the fetal part of the placenta)

vasa- = a vessel (*vas deferens:* the tube in the male reproductive system in which sperm travel from the epididymis to the urethra)

지식의 체계화

1. 간단한 흐름 모식도를 이용하여 정자가 만들어지는 시점으로부터 수정할 때까지 사람 정자의 이동로를 추적하여라. 그리고 짧게 정자가 통과하는 구조 및 부속샘의 기능을 설명하여라.

2. 여성의 생식주기에 대한 다음 질문에 답하여라.
   a. GnRH는 무엇을 하는가?
   b. FSH는 무엇을 자극하는가?
   c. LH 양의 증가는 무엇 때문에 발생하는가?
   d. LH 폭발적인 증가는 무엇을 유도하는가?
   e. 황체기에 LH는 무엇을 유지하는가?
   f. LH와 FSH의 분비를 억제하는 것은 무엇인가?
   g. LH와 FSH의 분비는 다시 무엇을 시작하게 하는가?

3. 경구용 피임약이 어떻게 작용하는지 설명하여라.

지식의 검증

빈칸 채우기

1. 새로운 개체들이 부모의 몸에 붙어서 자라는 무성생식의 방법: _________

2. 교미 상대자를 유인하는 물질로 작용한 작고, 휘발성의 화학 물질: _________

3. 수정이 없는 난자의 발생: _________

4. 기능적인 암수 생식계를 가지고 있는 개체: _________

5. 포유류가 아닌 척추동물에서 소화계, 배설계 및 생식계에 대한 공통 개구부: _________

6. 두꺼워진 자궁내벽이 재흡수되는 생식주기: _________

7. 난자를 시험관에서 수정시킨 후 자궁에 착상시키는 생식기술: _________

8. 포유류에서 오줌과 정액이 흐르는 공통의 관: _________

9. 증가된 혈액의 흐름으로 조직이 혈액으로 찬 것:_________

10. 배란과 월경이 여성에서 끝나는 시기: _________

선다형 문제: 가장 옳은 답을 고르시오.

1. 유성생식의 장점은 무엇인가?
   a. 무성생식보다 쉽다.
   b. 자손이 출아에 의해 부모로부터 단순히 떨어져 나오는 것보다 정자와 난자의 융합으로부터 만들어질 때보다 나은 삶을 시작한다.
   c. 유성생식은 이배체 자손을 만들어내지만, 무성생식은 반수체 자손을 만들어낸다.
   d. 유성생식은 자손에서 변이를 만들어내며, 새로운 유전적 조합은 변화하는 환경에 더 잘 적응한다.
   e. 집단 내에 암수가 모두 나타나야 하며, 성적인 상호작용을 가져야 한다.

2. 다음 동물 중 자웅동체와 가장 거리가 먼 것은?
   a. 지렁이
   b. 따개비
   c. 촌충
   d. 메뚜기
   e. 간디스토마

3. 체외수정과 가장 거리가 먼 것은?
   a. 페로몬
   b. 수정낭
   c. 많은 수의 배우자와 접합자
   d. 행동에 의한 상호작용
   e. 습한 환경

4. 다음 구조 중 어떤 것이 기능과 잘못 연결되어 있는가?
   a. 세정관 — 점액, 과당 및 프로스타글라딘을 포함한 분비액이 정액과 합쳐지도록 한다.
   b. 음낭 — 정소를 싸고 있으며, 복강 아래에 매달고 있다.
   c. 부정소 — 정자가 성숙하는 관
   d. 전립선 — 분비액이 정액과 합쳐지도록 한다.
   e. 정관 — 정자를 부정소로부터 사정관으로 전달한다.

5. 일반적으로 다음 여성의 어떤 곳에서 수정이 일어나는가?
   a. 난소
   b. 난관
   c. 자궁
   d. 자궁경부
   e. 질

6. 다음 진술 중 어떤 것이 사람의 정자와 난자의 생산이 다르다는 것을 가장 잘 설명해 주고 있는가?
   a. 배우자의 감수분열 생산은 여성이 태어나기 전에 일어나지만, 남성에서 사춘기 때까지 시작되지 않는다.
   b. 각 감수분열은 4개의 정자를 생산하지만, 단지 2개의 난자만 만들어진다.
   c. 감수분열은 남성의 정소에서 일어나지만, 여성에서는 난관에서 일어난다.
   d. 1차 난모세포는 출생 전에 유사분열에 의한 분열을 멈추지만, 1차 정모세포는 일생 동안 지속적으로 분열한다.
   e. 감수분열은 남성에서는 중단되지 않지만, 여성에서는 여포가 성숙을 할 때 재개되며, 정자가 난자를 뚫고 들어갈 때 완성된다.

7. 황체의 기능은 무엇인가?
   a. 알 세포에 영양을 주고 보호한다.
   b. 프로락틴을 만들고, 이것이 유선의 젖샘을 자극한다.
   c. 황체기에 프로제스테론과 에스타디올을 생산한다.
   d. 난자를 밀어내고 배란 뒤에 퇴화한다.
   e. 인간융모성생식선자극호르몬을 생산하여 임신을 유지한다.

8. 자궁주기의 분비기에 해당하는 것은?
   a. 에스트라디올과 프로제스테론의 농도가 떨어지면서 시작된다.
   b. 난소주기의 황체기와 일치한다.
   c. 자궁내벽의 초기 증식을 포함한다.
   d. 난소주기의 여포기와 일치한다.
   e. 자궁내벽이 떨어져 나가고 월경이 일어날 때 나타난다.

9~13번 문제에 해당하는 호르몬을 아래에서 고르시오.
   a. 에스트라디올
   b. 프로제스테론
   c. LH(황체형성호르몬)
   d. FSH(여포자극호르몬)
   e. hCG(인간융모성생식선자극호르몬)

9. 어떤 호르몬이 배란과 황체의 형성을 촉진하는가?

10. 어떤 호르몬이 발달 중인 여포에 의해서 만들어져 초기 자궁내벽이 두꺼워지도록 하는가?

11. 어떤 호르몬이 발생 첫 3개월 동안 배아에 의해서 만들어지며, 임신을 유지하는 데 필요한가?

12. 어떤 호르몬이 레이디히 세포가 테스토스테론의 분비를 자극하여 정자 형성을 촉진하는가?

13. 어떤 호르몬이 황체에 의해 만들어지다 후에 태반에 의해 만들어져 임신을 유지하는 데 관여하는가?

14. 다음 호르몬 중 기능을 잘못 설명한 것은?
   a. 안드로젠은 1차 및 2차 남성 성징의 형성에 관여한다.
   b. 옥시토신은 출산 시 자궁수축을 촉진한다.
   c. 에스트라디올은 2차 여성 성징의 형성에 관여한다.
   d. FSH는 정자에 영양을 주는 세르톨리 세포에 작용하여 정자형성과정을 촉진한다.
   e. 프로락틴은 사춘기 때 가슴의 발달을 촉진한다.

15. 배우자의 생산이나 방출을 억제하는 피임 방법은 무엇인가?
   a. 호르몬 피임법과 불임시술
   b. 경구용 피임약 및 IUDs
   c. 콘돔 및 격막
   d. 금욕 및 호르몬 피임법
   e. 프로제스틴 알약 및 살정제 거품

16. 엄마의 질병이나 약 및 알코올의 복용, 방사능의 노출이 배아 발생 어느 시기에 가장 위험한가?
   a. 첫 2주로 배아가 아직 착상을 하지 않아 자연유산이 일어날 것이다.
   b. 첫 3개월로 기관형성이 일어나는 시기이다.
   c. 첫 3개월과 두 번째 3개월 시기로 황체 더 이상 프로제스테론을 분비하지 않는 시기이다.
   d. 2번째 3개월로 황체가 더 이상 프로제스테론을 만들지 않는다.
   e. 3번째 3개월로 가장 빠른 성장이 일어나고 있는 시기이다.

17. 성게에서 다수정에 대한 완만방지에 대한 설명으로 옳은 것은?
   a. 다른 종의 정자와 난자가 수정하는 것을 막는 데 필수적이다.
   b. 난자 세포막의 탈분극에 의해 만들어진다.
   c. 수정막을 형성 결과로 나타난다.
   d. 첨체로부터 가수분해 효소의 방출에 의해 일어난다.
   e. 위의 모든 것이 맞다.

18. 할강에 대한 설명으로 옳은 것은?
   a. 원장 혹은 배아 장으로 발달한다.
   b. 포배에서 액체로 찬 공간이다.
   c. 원구를 통해 외부로 열려져 있다.
   d. 할강의 안쪽은 중배엽으로 되어 있다.
   e. b와 c가 맞다.

37장

신경세포, 시냅스, 그리고 신호전달

핵심

본 장에서는 신경세포의 활동전위가 신경세포를 따라 그리고 신경세포 간에 어떻게 전달되는지를 학습하게 된다. 이온통로는 신경세포의 막전위를 생성시키며 전압개폐 이온통로를 통한 이온의 빠른 흐름은 활동전위의 빠른 탈분극과 재분극을 유도한다. 시냅스에서 신경전달물질의 방출에 의해서 전기적 신호가 화학적 신호로 전환되어 정보가 다른 세포로 전달된다.

복습

신경세포(neuron)는 원거리를 이동하는 전기적인 신호를 신경세포를 따라 전달하며, 세포들 간의 의사소통은 근거리를 이동하는 화학적 신호를 통해서 이루어진다. 보다 높은 수준의 신경계의 신호 처리는 **신경절(ganglia)**이라 불리는 신경세포의 집합체 혹은 보다 발전된 구조인 **뇌(brain)**를 통해서 이루어진다.

37.1 신경의 구조와 구성은 정보전달의 기능을 수행하기에 적합하다

신경세포의 구조와 기능 신경세포는 핵과 세포소기관들이 존재하는 **세포체(cell body)**와 많은 돌기로 구성된다. 고도로 분지된 짧은 길이의 **수상돌기(dendrite)**는 (세포체와 더불어) 다른 신경세포로부터 신호를 받는(receive) 부위이다. 하나의 긴 **축삭(axon)**은 다른 신경세포로 신호를 전달하는 부위이다. 축삭을 따라서 전달(transmit)되는 신호는 세포체의 축삭둔덕(axon hillock)이라고 부리는 부위에서 시작된다.

정보는 **시냅스(synapse)**라는 접합구조에서 다른 세포로 전달된다. 축삭의 가지 끝인 시냅스 말단(synaptic terminal)에서 방출되는 **신경전달물질(neurotransmitter)**은 다른 신경세포, 근육 혹은 분비세포에 신호를 전달하는 역할을 한다. 신호를 주는 신경세포를 시냅스전 세포(presynaptic cell), 신호를 받는 세포를 시냅스후 세포(postsynaptic cell)라고 한다.

훨씬 많은 수를 차지하는 지지세포인 **아교세포(glial cell** 혹은 **glia)**는 구조적인 완전성을 이루고 신경세포의 생리기능을 조절한다.

정보처리에 대한 서론 정보처리 과정은 감각정보의 입력, 정보의 통합, 운동명령의 세 단계로 일어난다. 감각기는 외부 자극 혹은 체내 상태를 감지한다. **감각신경세포(sensory neuron)**는 이 정보를 뇌 혹은 신경절에 전달하며, 그곳에서 **연합신경세포(interneuron)**가 정보를 통합하여 출력신호를 내보냄으로써 근육 혹은 내분비 기관의 활성을 조절한다. **운동신경세포(motor neuron)**는 신호를 근육에 전달한다.

중추신경계(central nervous system, CNS)는 여러 동물들에서 발견되는 정보의 통합기관이며 뇌와 척수로 이루어져 있다. **말초신경계(peripheral nervous system, PNS)**는 다발을 형성하여 중추신경계의 입출력 신호를 전달하는 **신경(nerve)**을 이루는 신경세포들로 이루어진다.

핵심 문제 37.1

다음 신경세포에서 표지된 구조의 이름을 적으시오. 신경전달의 방향을 표시하시오. e에서는 어떠한 일이 일어나는가?

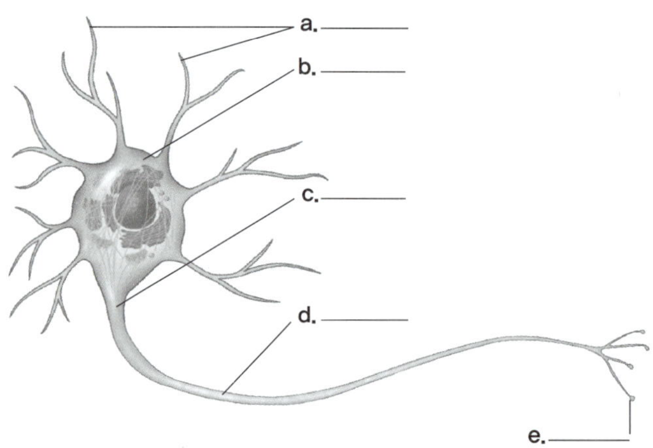

37.2 이온펌프와 이온통로는 신경세포의 휴지막전위를 유지시킨다

전하의 분리로 인해서 막을 경계로 전압 혹은 **막전위(membrane potential)**가 존재한다. 전형적인 휴지기의 신경세포의 막전위—**휴지막전위(resting potential)**—는 −60에서 −80 mV 사이이다.

휴지막전위의 생성 대부분의 신경세포에서 K^+의 농도는 세포 밖보다 안쪽이 높다. **소듐-포타슘 펌프**(sodium-potassium pump)는 이 농도기울기를 유지하기 위하여 세 개의 Na^+를 세포 밖으로 그리고 두 개의 K^+를 세포 안으로 이동시킨다.

이온통로(ion channel)는 선택적 **투과성**(selectively permeable)을 가지고 있어서 특정 이온만을 막을 통해 통과시킨다. K^+은 막상에 열려 있는 많은 포타슘 통로를 통해서 세포 밖으로 확산되며 따라서 세포 안쪽이 음전하를 띠게 되어 막전위가 형성된다.

휴지막전위 모델 이온들은 농도기울기에 따라서 이온통로를 통해 확산되는데 막의 화학적 농도기울기가 전기적인 기울기와 균형을 이룰 때까지 이동한다. 이 균형점에서의 막전위 혹은 **평형전위(equilibrium potential, E_{ion})**는 37°C에서 +1의 전하를 가신 이온에 내한 네른스트 공식인 E_{ion} = 62 mV (log ($[ion]_{outside}/[ion]_{inside}$)에 의해서 결정된다. 세포막의 K^+에 대한 평형전위는 −90 mV이다. Na^+에 대한 농도기울기를 이용하여 계산된 E_{Na}는 +62 mV(막 안쪽이 바깥쪽보다 양전하를 띰)이다.

신경세포의 경우 휴지막 상태에서 Na^+ 통로보다 K^+ 통로가 더 많이 열려 있으므로 휴지막전위는 E_{Na}보다 E_K에 가깝다.

핵심 문제 37.2

a. 세포 안의 주요한 양전하는 무엇인가? 세포 밖은?

b. 막의 어느 쪽이 음전하를 띠는가?

c. K^+과 Na^+에 대한 막의 투과성이 각각 어떻게 변화할 때 막전위가 −70 mV에서 −80 mV로 변화하겠는가?

37.3 활동전위는 축삭을 통해서 전달되는 신호이다

여러분은 비개폐성 소듐과 포타슘 통로가 신경세포의 휴지막전위를 생성함을 배웠다. 그러나 신경세포에는 **개폐성 이온통로(gated ion channel)**가 존재하여 막전위의 변화나 자극에 반응하여 열리고 닫힌다. 전기생리학자들은 전압기록기와 연결된 미세전극을 세포 안팎에 위치시킴으로써 막전위를 측정한다.

과분극과 탈분극 개폐성 포타슘통로를 열리게 하는 자극은 K^+이 세포 밖으로 흐르게 함으로써 막전위는 E_K(−90 mV)에 가까워져 **과분극(hyperpolarization)**된다. 개폐성 소듐통로가 열리면 Na^+이 세포 내로 흐르고 막전위가 E_{Na}(+62 mV) 가까워져 세포 안쪽이 음전하를 덜 띠게 되는 **탈분극(depolarization)**이 유도된다.

단계적 전위와 활동전위 막전위의 변화는 **차등 전위(graded potential)**를 일으킬 수 있어서 자극의 크기에 비례해서 그 전위의 크기가 변화한다. 한편 **활동전위(action potential)**는 무엇인가? 활동전위에 의한 막전위의 급격한 변화는 크기가 일정하며 이웃한 막상에서 재생되면서 축삭을 따라 이동한다. **전압개폐성 이온통로(voltage-gated ion channel)**는 막전위의 변화에 반응하여 열리고 닫힌다. 탈분극에 의해서 전압개폐성 소듐통로가 열리면 Na^+가 유입되어 탈분극을 증가시키고 더 많은 소듐통로가 열린다. 이러한 양성되먹임에 의한 탈분극에 의해서 막전위가 **역치(threshold)**에 이르게 되면 활동전위가 촉발된다. 활동전위는 **실무율**(all-or-none)을 따르게 되어서 일단 역치에 이르면 항상 동일한 전압으로 발화한다.

활동전위 생성의 기작: 자세히 보기 전압개폐성 Na^+과 K^+ 통로는 모두 활동전위에 기여한다. 소듐통로는 탈분극에 빠르게 반응하여 열리지만 소듐통로의 고리형태의 단백질이 통로를 막아서 불활성화된다. 포타슘통로는 탈분극에 반응하여 서서히 열리지만 활동전위가 끝날 때까지 열린 상태로 있다.

자극이 막전위를 탈분극시키면 Na^+ 통로가 열리고 Na^+이 유입되어 더 탈분극되며, 더 많은 통로가 열린다. 탈분극이 역치에 이르면 활동전위가 발화된다. **상승기**(rising phase) 동안 이 양성되먹임의 순환은 빠르게 막전위를 E_{Na} 근방에 이르게 한다. 전압개폐성 소듐통로의 불활성화와 전압개폐성 포타슘 통로의 열림은 **하강기**(falling phase) 동안 막전위를 빠르게 E_K로 되돌린다.

과분극기(undershoot) 동안, 막의 K^+에 대한 투과성은 휴지기 때보다 더 높아져서 K^+이 지속적으로 유출되어 막전위가 과분극된다. **불응기(refractory period)** 동안에는 소듐통로가 불활성화된 상태로 존재하기 때문에 신경세포는 다른 자극에 반응할 수 없다.

활동전위는 1~2밀리초로 매우 짧다. 활동전위의 빈도는 자극의 세기에 따라 증가한다.

핵심 문제 37.3

다음 도표는 활동전위 동안 전압개폐성 통로의 변화를 보여준다. 통로들, 불활성화 고리, 이온들, 그리고 그래프의 구성들에 명칭을 각각 표기하라. 활동전위의 다섯 단계를 표기하고, 이 단계들이 각각 어디에서 일어나는지 그래프에 숫자로 표기해 보라.

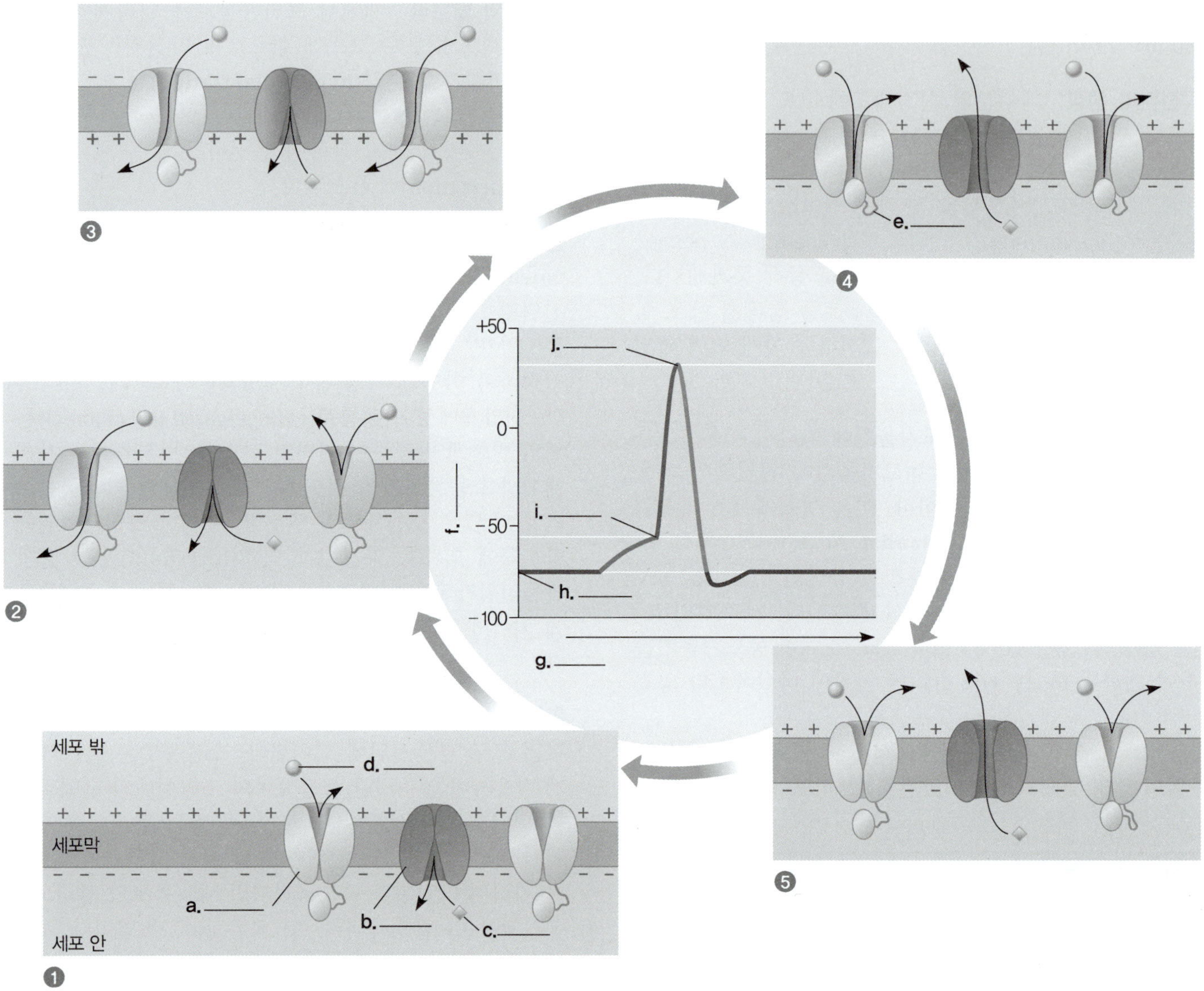

활동전위의 전도 상승기 동안에 Na^+의 유입은 주변의 막을 탈분극시켜 역치에 이르게 한다. 국부적인 탈분극과 활동전위에 의해서 일련의 활동전위가 신경세포의 길이 방향으로 퍼져나가게 된다. 불응기 때문에 활동전위는 한 방향으로만 이동한다.

활동전위는 얼마나 빠르게 이동하는가? 저항은 도선의 단면적에 반비례한다. 축삭의 직경이 클수록 활동전위는 빠르게 이동한다. 오징어와 같은 몇몇 무척추동물은 거대축삭을 가지고 있어서 신경충격을 매우 빠르게 전달한다.

척추동물은 **희소돌기아교세포(oligodendrocyte**, 중추신경계)와 **슈반세포(Schwann cell**, 말초신경계)를 가지고 있어서 축삭을 여러 층의 막으로 둘러싼 **수초(myelin sheath)**를 형성한다. 전압개폐성 이온통로는 랑비에결절(node of Ranvier)이라는 슈반세포의 사이에 집중적으로 분포한다.

활동전위는 결절에서만 생성되며 신경충격은 결절에서 결절로 도약하며 매우 빠르게 이동하여 **도약전도(saltatory conduction)**라고 불린다.

핵심 문제 37.4

핵심 문제 37.1의 신경세포의 도표로 되돌아가서 수초를 그려보라. 슈반세포와 랑비에결절을 도표에 그려보라.

37.4 신경세포는 시냅스를 통해서 다른 신경세포에 신호를 전달한다

전기적 시냅스(electrical synapse)에서 전류는 간극연접을 통해서 세포에서 세포로 직접 흐른다. 전기적 시냅스는 척추동물의 뇌의 많은 신경세포와 바다가재나 오징어의 거대축삭에서 발견된다.

대부분의 시냅스는 신경전달물질의 방출에 관여하는 화학적 시냅스(chemical synapses)이다. 시냅스말단에는 신경전달물질을 저장하는 시냅스소포(synaptic vesicle)가 있다. 시냅스전 막의 탈분극에 의해서 전압개폐성 칼슘통로가 열린다. 칼슘통로를 통해 Ca^{2+}이 유입되면 시냅스소포가 시냅스전 막과 융합을 일으키고 시냅스틈으로 신경전달물질이 방출된다.

핵심 문제 37.5

시냅스말단의 탈분극에 따른 아래에 제시된 화학적 시냅스의 구성요소들을 동정해 보라.

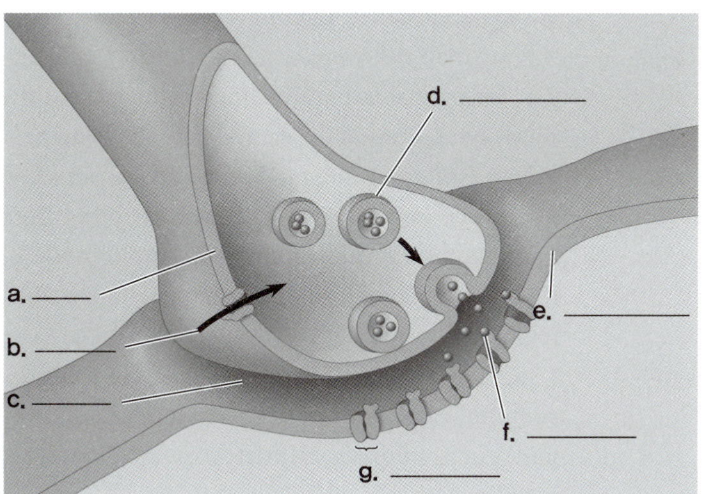

시냅스후 전위의 생성 시냅스후 신경세포의 막에 존재하는 리간드개폐성 이온통로[이온성 수용체(ionotropic receptor)라고도 함]에 신경전달물질이 결합하면 이온이 막을 통과하여 단계적 전위 형태의 시냅스후 전위(postsynaptic potential)가 생성된다. Na^+와 K^+가 통로를 통해 확산되면 양전하의 세포내 유입에 의해서 막전위는 탈분극되어 역치값에 가까워지는 **흥분성 시냅스후 전위(excitatory postsynaptic potential, EPSP)**를 일으킨다. 신경전달물질의 결합이 K^+ 혹은 Cl^- 통로를 열게 되면 막전위는 과분극되어 억제성 **시냅스후 전위(inhibitory postsynaptic potential, IPSP)**를 일으킨다.

신경전달물질은 확산되어 사라지거나 재흡수되어 시냅스소포에 재수용되거나 혹은 효소에 의해서 분해되므로 그 영향이 매우 일시적이다.

시냅스후 전위의 합 시냅스후 전위는 차등 전위이다. 그 크기는 수용체에 결합하는 신경전달물질의 개수와 시냅스에서 축삭둔덕까지의 거리에 달려 있다. 주어진 특정 시간에서 축삭둔덕의 막전위는 EPSP와 IPSP의 합에 의해서 결정된다.

핵심 문제 37.6

a. ________**합**은 시냅스후 전위가 휴지막전위로 돌아가기 전에 한 시냅스 말단으로부터 반복적으로 신경전달물질이 방출되어 일어난다.

b. ________**합**은 일반적으로 서로 다른 신경세포의 여러 다른 시냅스전 말단에서 신경전달물질이 동시에 방출되어 일어난다.

간접적인 시냅스 전달 몇몇 신경전달물질은 대사성 수용체(metabotropic receptor)에 결합하여 시냅스후 신경세포의 신호전달경로를 활성화시킨다. 이 조절성 시냅스 전달은 훨씬 천천히 일어나지만 오래 지속된다. 신경전달물질이 대사성 수용체에 결합하면 종종 2차 신호전달자로서 고리형 AMP의 생성이 유도되고 이온통로 단백질이 인산화되어 이온통로가 열리거나 닫히게 된다.

신경전달물질 한 종류의 신경전달물질은 여러 종류의 다른 이온성 혹은 대사성 수용체와 결합하여 시냅스후 신경세포에서 매우 다른 효과를 일으킬 수 있다. 100여 종 이상의 신경전달물질이 동정되었으며 이들은 아세틸콜린, 아미노산, 생체아민, 신경펩타이드 및 기체의 다섯 그룹으로 분류될 수 있다.

아세틸콜린은 무척추동물과 척추동물에서 흔히 발견되는 신경전달물질이다. **신경근접합부**(neuromuscular junction)에서 아세틸콜린은 운동 축삭으로부터 분비되어 근육에서 EPSP를 일으킨다. 아세틸콜린에스터라아제(acetylcholine esterase)는 이 신경전달물질을 가수분해한다. 니코틴과도 결합하는 이 이온성 수용체는 생리적, 심리적인 각성효과를 나타낸다.

아미노산인 **글루탐산(glutamate)**과 **감마아미노부틸산(gamma-aminobutyric acid, GABA)**은 중추신경계에서 신경전달물질로 작용한다. 글루탐산은 중추신경계에서 가장 흔한 신경전달물질로서 흥분성이며 장기기억의 형성에 중요한 역할을 한다. GABA는 뇌의 가장 흔한 억제성 전달물질이다. 글리신(glycine)은 뇌 이외의 중추신경계에서 작용하는 억제성 전달물질이다.

생체아민(biogenic amine)은 아미노산에서 유래된 신경전달물질이다. **노르에피네프린(norepinephrine)**은 타이로신으로부터 유래된 자율신경계의 흥분성 신경전달물질이다. 노르에피네프린은 그와 유사한 생체아민인 에피네프린(epinephrine)처럼 호르몬으로도 작용한다. **도파민(dopamine)** 역시 타이로신으로부터 유래된다. **세로토닌(serotonin**; 트립토판으로부터 합성됨)과 도파민은 수면, 기분, 주의집중, 학습에 영향을 미친다. 이 신경전달물질의 불균형은 다양한 신경계 이상 질환과 연관되어 있다.

신경펩타이드(neuropeptide)는 아미노산의 짧은 사슬로서 대사성 수용체를 통해 작용한다. 물질 P(substance P)는 흥분성 신경전달물질로서 통증 인지에 중요하다. **엔돌핀(endorphin)**은 육체적 감정적 스트레스 동안 뇌에서 만들어지며 통증 완화, 쾌감 등 다양한 생리적 효과를 보인다. 아편은 뇌의 엔돌핀 수용체에 결합한다.

몇몇 신경세포들은 일산화질소(NO)와 일산화탄소(CO)를 신경전달물질이나 국부적 조절인자로서 사용한다. NO의 분비는 평활근과 혈관을 이완시킨다. 뇌의 신경세포에 의해서 만들어지는 CO는 시상하부 호르몬의 방출에 영향을 준다.

핵심 문제 37.7

아세틸콜린은 골격근의 수축을 촉진시키지만 심장근의 수축은 억제하거나 늦춘다. 이 신경전달물질이 어떻게 반대 작용을 나타낼 수 있는가?

어원

bio- = life; **-genic** = producing (*biogenic amine:* a neurotransmitter derived from an amino acid)

de- = down, out (*depolarization:* a change in a cell's membrane potential such that the inside of the membrane is made less negative relative to the outside)

dendro- = tree (*dendrite:* one of the usually numerous, short, highly branched extensions of a neuron that receive signals from other neurons)

endo- = within (*endorphin:* any of several neurotransmitters produced in the brain that inhibit pain perception)

glia = glue (*glia:* cells of the nervous system that support, regulate, and augment the functions of neurons)

hyper- = over, above, excessive (*hyperpolarization:* a change in a cell's membrane potential such that the inside of the membrane becomes more negative relative to the outside)

inter- = between (*interneurons:* an association neuron; a nerve cell within the central nervous system that forms synapses with sensory and/or motor neurons and integrates sensory input and motor output)

neuro- = nerve; **trans-** = across (*neurotransmitter:* a molecule that is released from the synaptic terminal of a neuron at a chemical synapse, diffuses across the synaptic cleft, and binds to the postsynaptic cell, triggering a response)

oligo- = few, small (*oligodendrocyte:* a type of glial cell that forms insulating myelin sheaths around the axons of neurons in the central nervous system)

salta- = leap (*saltatory conduction:* rapid transmission of a nerve impulse along an axon resulting from the action potential jumping from one node of Ranvier to another, skipping the myelin-sheathed regions of membrane)

syn- = together (*synapse:* the junction where a neuron communicates with another cell across a narrow gap via a neurotransmitter or an electrical coupling)

지식의 체계화

1. (1) 활동전위의 생성 및 전달 과정과 (2) 화학적 시냅스를 통한 활동전위의 전달 과정에서 일어나는 일련의 사건을 묘사하는 도표나 흐름도를 그려보라.

지식의 검증

선다형 문제: 가장 옳은 답을 고르시오.

1. 다음 중 그 기능과 잘못 짝지어진 신경계의 구성요소는?
   a. 축삭—신경세포의 활동전위가 개시되는 부위
   b. 슈반세포—PNS에서 축삭을 둘러싸는 수초를 만듦
   c. 시냅스—시냅스전 신경세포와 시냅스후 신경세포 사이의 공간으로서 신경전달물질이 방출되는 곳
   d. 시냅스틈—특정 신경전달물질의 핵심이 되는 이온통로의 일부인 수용체
   e. 수지상돌기—다른 신경세포로부터 신호를 받는다

2. 연합신경세포는 ______________________
   a. 감각신경세포와 운동신경세포를 연결한다.
   b. CNS보다 PNS에서 더 일반적이다.
   c. 감각정보를 통합하는 데 관여한다.
   d. 전형적으로 수지상돌기보다 많은 축삭을 갖는다.
   e. a와 c 모두 정답이다.

3. 다음 중 소듐-포타슘 펌프가 세포막 전위를 형성하는데 있어서 가장 옳은 설명은?
   a. 2개의 K^+을 세포 내로 이동시킬 때마다 3개의 Na^+을 바깥으로 퍼냄으로써 막전위를 −70 mV 정도로 만든다.
   b. 세포 내의 높은 K^+ 농도기울기와 세포 밖의 높은 Na^+ 농도기울기를 유지시키는 역할을 한다.
   c. 소듐-포타슘 펌프의 인산화는 막의 높은 에너지를 생성한다.
   d. 휴지막전위로부터 막전위가 벗어나면 전압의존성 포타슘 통로가 열려서 이온 농도기울기를 적절한 농도기울기로 되돌린다.
   e. 포타슘과 소듐에 대한 평형전위가 막전위를 생성시키며 소듐-포타슘 펌프는 활동전위의 불응기 후에 휴지막전위를 재정립하는 데 관여할 뿐이다.

4. 일반 신경세포의 휴지막전위와 관련된 설명 중에서 옳지 않은 것은?
   a. 세포의 안쪽이 바깥쪽보다 음전하를 띤다.
   b. 소듐의 농도는 세포 밖이 높고 포타슘의 농도는 세포 안쪽이 높다.
   c. 휴지막전위는 약 −70 mV이며 세포 안팎에 위치한 미세전극을 통해 측정할 수 있다.
   d. 휴지막전위는 전압개폐성 소듐, 포타슘 통로의 일련의 열림에 의해서 형성된다.
   e. 열려져 있는 많은 포타슘 통로(그리고 매우 적은 수의 열린 소듐통로)를 통한 K^+의 확산이 막을 경계로 한 전하의 분리 현상의 주요 원인이다.

5. 막의 역치는 ______________________
   a. E_K와 E_{Na}의 정확히 중간 값이다.
   b. 일단 역치에 이르면 전압의존성통로가 열려 소듐이온의 빠른 유출이 일어난다.
   c. 활동전위를 일으키는 데 필요한 탈분극이다.
   d. 자극의 세기에 비례하는 단계적 전압이다.
   e. 실무율에 따른다.

6. 자극세기의 증가는 신경세포에 의해서 어떻게 번역되는가?
   a. 활동전위의 높이가 더 높은 전압에 이른다.
   b. 활동전위의 빈도가 증가한다.
   c. 활동전위의 길이(상승기의 지속시간)가 증가한다.
   d. 활동전위가 신경세포를 따라서 더 빠르게 전달된다.
   e. a와 c 모두 정답이다.

7. 활동전위의 빠른 탈분극 후에 따라오는 막전위의 하강의 원인은 다음과 같다.
   a. 전압개폐성 소듐통로의 닫힘
   b. 포타슘통로와 소듐통로의 닫힘
   c. 막전위의 과분극에 의한 불응기
   d. 소듐-포타슘 펌프 작용의 지연
   e. 전압개폐성 포타슘통로의 열림과 소듐 불활성화 고리의 닫힘

8. 랑비에결절은 ______________________
   a. 슈반세포가 인접한 활동전위가 발생하는 틈.
   b. 시냅스 말단에서 신경전달물질을 간직하고 있는 소포.
   c. 신경세포의 활동전위가 시작되는 부위.
   d. 시냅스후 막에 수용체 단백질이 밀집된 부위.
   e. 척수와 인접한 신경절.

9. 활동전위의 이동이 신경세포를 따라서 한 방향으로만 일어나는 이유는 ________________________
   a. 도약전도 때문.
   b. 수상돌기에서 축삭으로 향한 경로 때문.
   c. 소듐통로가 불활성화 되어 나타나는 불응기 때문.
   d. 막 주변의 국부적인 탈분극 때문.
   e. 실무율에 의한 활동전위를 생성하는 역치에 도달하기 때문.

10. 수초로 둘러싸인 축삭의 신호전달 속도가 빠른 이유는 ___
    a. 축삭이 가늘어서 저항이 적기 때문.
    b. 화학적시냅스가 아닌 전기적시냅스를 사용하기 때문.
    c. 절연된 수초를 따라 결절에서 결절로 활동전위가 도약하기 때문.
    d. 축삭이 두꺼워서 저항이 적기 때문.
    e. 수초화 되지 않은 축삭보다 높은 탈분극 값을 가지기 때문.

11. 다음 중 화학적시냅스에 대한 설명으로 옳지 않은 것은?
    a. 축삭의 분지된 끝에 존재하는 시냅스 말단에는 신경전달물질을 싸고 있는 시냅스소포가 있다.
    b. 활동전위가 시냅스전 막에 도달함에 따라서 유입된 소듐에 의해 시냅스소포에서 신경전달물질이 시냅스틈으로 방출된다.
    c. 시냅스후 막에 있는 수용체에 신경전달물질이 결합하면 보통 리간드개폐성 이온통로를 연다(때로는 닫는다).
    d. 소듐통로가 열려서 흥분성 시냅스후 전압이 형성되고 막전위가 역치에 가까워진다.
    e. 신경전달물질은 시냅스틈에서 빠르게 분해되기도 한다.

12. 억제성 시냅스후 전압은 언제 발생하는가?
    a. 시냅스후 신경세포로 소듐이 유입될 때
    b. 시냅스틈의 신경전달물질이 효소에 의해서 분해되지 못할 때
    c. 신경전달물질이 결합하여 포타슘통로가 열려서 막전위가 과분극될 때
    d. 신경전달물질이 대사성 수용체에 결합할 때
    e. 노르에피네프린이 신경전달물질일 때

13. 다음 중 신경세포로부터 분비되어 신경전달물질이나 국부적인 조절자로서의 기능을 수행하지 않는 것은?
    a. 글루탐산과 같은 아미노산
    b. 엔돌핀 같은 신경펩타이드
    c. 도파민 같은 생체아민
    d. 스테로이드
    e. 일산화질소

14. 중추신경계에서 GABA 신경전달물질의 주요 효과는 무엇인가?
    a. 통증의 증가
    b. 억제성 시냅스후 전압의 생성
    c. 흥분성 시냅스후 전압의 생성
    d. 수면 촉진
    e. 통증 완화와 쾌감 촉진

15. 만일 신경전달물질이 수용체에 결합하여 Cl^- 통로를 열리게 한다면 시냅스후 신경세포에서 나타나는 효과는 무엇인가? (Cl^-의 농도는 세포 밖이 더 높다.)
    a. 과분극시켜 IPSP를 형성한다.
    b. 역치에 이르러서 활동전위가 생성된다.
    c. 탈분극시켜 EPSP를 형성하지만 활동전위는 생성시키지 못할 것이다.
    d. 간접적인 시냅스 전달의 신호전달 과정을 개시한다.
    e. 소듐통로나 포타슘통로가 열리지 않으므로 막전위의 변화는 없다.

38장

신경계와 감각계

핵심

이 장에서는 척추동물 신경계의 구성에 대해서 학습한다. 말초신경계는 구심성 감각신경, 원심성 운동신경 그리고 자율신경계로 이루어진다. 중추신경계는 반사작용과 정보를 전달하는 척수와 항상성 조절, 감각정보의 통합 그리고 수의적 운동과 인지작용을 조절하는 등 부위별로 특화되어 있는 뇌로 구성된다. 감각수용기는 통각수용기, 온도수용기, 기계적수용기(접촉, 청각과 균형), 전자기수용기(시각), 화학적수용기(후각과 미각)로 이루어진다.

복습

38.1 신경계는 신경세포의 회로망과 지지세포로 구성된다

환경의 변화를 감지하고 이에 반응하는 기작은 원핵생물로부터 시작되었다. 이러한 능력은 다세포로 이루어진 개체들에서 세포 간의 신호전달 수단으로 발전하였다.

자포동물은 개개의 신경세포를 연결하는 간단한 형태의 산재된 **신경망(nerve net)**을 가지고 있다. 보다 복잡한 형태의 동물의 신경계에서는 여러 신경들의 축삭이 다발을 이루어 **신경(nerve)**을 형성한다.

감각신경세포들과 연합신경세포들이 개체의 앞쪽에 집중되는 **두화**(cephalization) 현상은 좌우대칭인 동물에서부터 유래되었다. 편형동물은 가장 간단한 형태의 **중추신경계(central nervous system, CNS)**인 작은 뇌와 세로 방향의 신경삭을 가지고 있다. 절지동물은 보다 복잡한 뇌와 체절을 따라 배치된 세포군인 **신경절**(ganglia)로 구성된 복측신경삭을 가지고 있다. 척추동물의 중추신경계는 뇌와 등쪽의 척수로 구성되며 신경과 신경절은 **말초신경계(peripheral nervous system, PNS)**를 이룬다.

아교세포 중추신경계의 아교세포는 뇌실의 안쪽을 싸고 있는 뇌실막세포, 감염물질로부터 보호작용을 하는 미세아교세포, 시냅스에서 정보의 전달을 원활하게 하며 활성화된 신경세포로 공급되는 혈류량을 증가시키는 **성상세포(astrocyte)**로 이루어진다. 발생 시기 동안 성상세포는 뇌로 들어가는 혈액에 대부분의 물질들이 공급되는 것을 차단하는 **뇌혈관 장벽**(blood-brain barrier)의 형성을 유도한다. 방사성 글리아는 배아시기 동안 신경세포의 증식에 필요한 이동 경로를 형성한다.

1998년에 성인의 뇌에서도 신경줄기세포가 발견되었다. 생쥐의 신경줄기세포는 성상세포로서 이 세포로부터 만들어지는 새로운 신경세포는 학습과 기억에 관여한다.

핵심 문제 38.1

희소돌기아교 세포와 슈반세포의 차이는 무엇인가?

척추동물 신경계의 구성 척수는 뇌로부터 유래된 그리고 뇌로 향하는 정보를 전달하거나 자극에 대한 무의식적인 반응인 **반사작용(reflexe)**을 조절한다. 신경세포의 세포체와 아교세포는 척수와 뇌의 **회백질(gray matter)**을 형성한다. **백질(white matter)**은 수초로 둘러싸인 축삭다발로 이루어져서 하얗게 보인다.

뇌의 빈 공간인 **뇌실**(ventricle)은 척수에 있는 좁은 **중심관**(central canal)까지 연결되어 있고 **뇌척수액**(cerebrospinal fluid)으로 채워져 있다. 이 액체는 여과된 혈액으로서 순환기능을 수행한다.

말초신경계 감각정보는 말초신경계의 **구심성**(afferent) 신경세포를 따라서 중추신경계로 전달된다. 말초신경계의 원심성(efferent) 신경세포는 근육, 분비샘, 내분비세포로 명령을 전달한다. 대부분의 신경은 구심성 신경세포와 원심성 신경세포를 모두 포함하고 있다.

기능적으로 말초신경계는 두 가지 형태의 원심성 구성요소로 이루어진다. **운동신경계(motor system)**는 골격근에 신호를 전달하여 주로 의식적인 움직임을 야기한다. **자율신경**

계(autonomic nervous system)는 심근과 내장근의 불수의적 운동을 조절한다.

자율신경계는 세 종류로 나누어진다. **교감신경계(sympathetic division)**는 심장박동과 대사작용을 증가시켜 개체의 활동을 위한 각성상태를 유지하고 에너지를 생산한다. **부교감신경계(parasympathetic division)**는 심장박동을 늦추고 소화작용을 촉진하는 등 에너지를 저장하며 원래의 기능을 유지하게 하는 신호를 전달한다. **장신경계(enteric division)**는 소화관, 이자, 쓸개를 조절하는 신경세포들의 복잡한 네트워크로 구성된다.

핵심 문제 38.2

다음의 말초신경계의 구성에 대한 개념도를 완성하라.

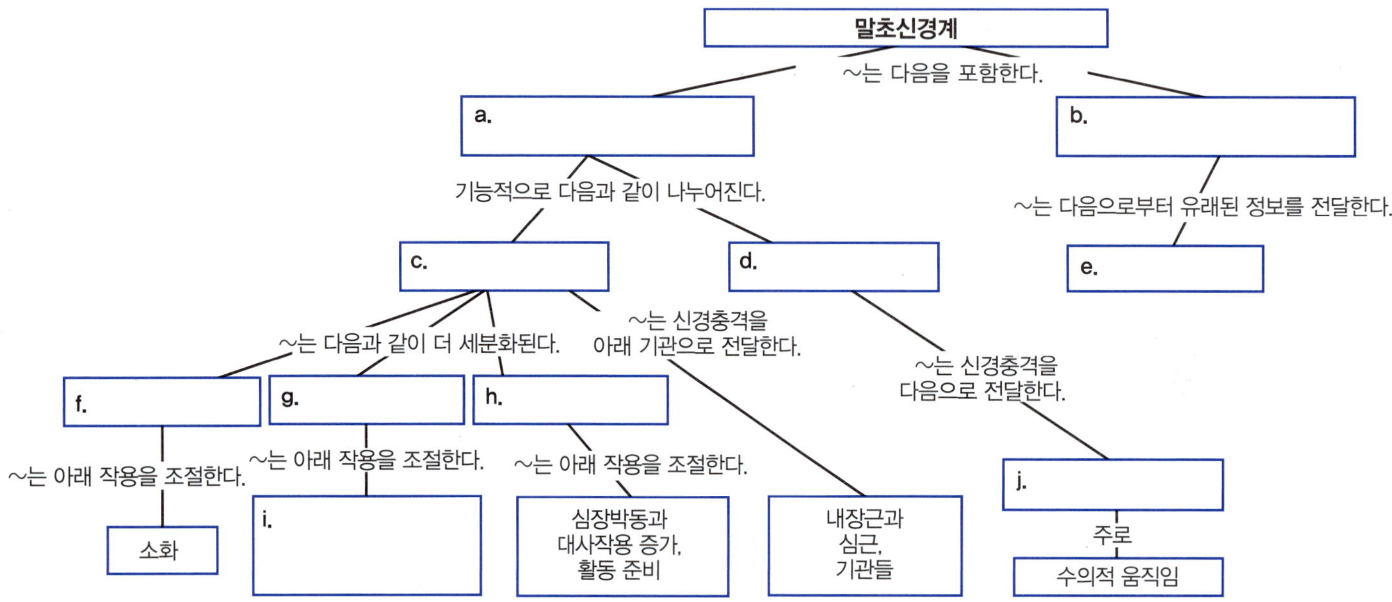

38.2 척추동물의 뇌는 부위별로 특화되어 있다

사람 뇌의 구성 사람의 배아 발생이 진행되면서 몸의 앞부분의 신경관이 **전뇌(forebrain)**, **중뇌(midbrain)**, **후뇌(hindbrain)**의 세 돌출부로 확연히 구분된다. 중뇌와 후뇌의 일부는 **뇌간(brainstem)**을 형성하여 뇌의 기저부에서 척수와 결합된다. 후뇌의 나머지 부위는 **소뇌(cerebellum)**를 형성한다. 전뇌는 간뇌(diencephalon)와 후에 **대뇌(cerebrum)**가 될 부위인 단뇌(telencephalon)를 형성한다. 배 발생 초기 2~3달 동안 대뇌피질이라 불리는 대뇌의 겉부위는 빠르게 팽창하여 뇌의 대부분을 감싼다.

대뇌는 오른쪽과 왼쪽 **대뇌반구(cerebral hemisphere)**로 나누어진다. **대뇌피질(cerebral cortex)**은 수의적 운동, 인지와 학습을 담당한다. 오른쪽 부위의 대뇌피질은 몸의 왼쪽으로부터 오는 정보를 수용하고 신체 왼쪽의 움직임을 관장하며, 마찬가지로 대뇌피질의 왼쪽 부위는 몸의 오른쪽 부위를 관장한다. 왼쪽과 오른쪽 대뇌피질의 의사소통은 축삭의 두꺼운 집합체인 **뇌량(corpus callosum)**을 통해 이루어진다. 백질 내부에 위치하고 있는 기저핵(basal nuclei)은 일련의 운동을 계획하고 학습하는 중추로서의 역할을 한다.

간뇌는 시상, 시상하부, 그리고 시상상부로 발달된다. **시상(thalamus)**은 대뇌로 가는 감각 정보의 분류센터이다. **시상하부(hypothalamus)**는 항상성 조절의 주요 중추이다. 시상하부는 뇌하수체후엽 호르몬을 생산하며 뇌하수체전엽을 조절하는 분비호르몬을 생산한다. 시상상부(epithalamus)는 멜라토닌을 합성하는 송과샘과 뇌척수액이 만들어지는 모세혈관의 클러스터 구조를 포함한다.

소뇌는 운동과 균형을 조절하며 운동기술의 습득과 기억을 돕는다. 소뇌는 시각 및 청각정보뿐만 아니라 관절의 위치와 근육의 길이 등에 관한 감각 정보를 수용하며 또한 대뇌에서 형성된 움직임과 균형유지 관련 운동명령을 수용한다.

뇌간은 중뇌, **뇌교(pons)**, **연수(medulla oblongata**, 흔히 medulla)로 이루어져 있다. 중뇌는 청각, 시각반사 등의 감각정보를 수용하고 통합하여 전뇌의 특정 지역에 전달하기도 한다. 뇌교와 연수는 말초신경계와 뇌 사이에서 이루어지는 정보전달을 담당한다. 연수와 뇌교는 전신운동을 매끄럽게 수행하도록 도와주며 운동 정보를 전달하는 축삭은 연수에서 교차하므로 오른쪽 뇌는 왼쪽 신체의 운동, 왼쪽 뇌는 오른쪽 신체의 운동을 담당한다.

연수는 호흡, 심장과 혈관의 활성조절, 삼키기, 소화 등의 항상적인 기능을 조절하는 중추이다. 뇌교는 바로 전에 언급된 활성 중 몇 가지 활성에 연수와 함께 관여한다.

각성과 수면 각성이란 외부세계에 대해 깨어 있는 상태를 말한다. 수면 동안 뇌파(EEG)는 활성화된 파형을 보이지만 외부로부터의 자극을 의식하지 못하는 상태이다. 수면과 각성은 부분적으로 중뇌와 뇌교에 몰려 있는 신경세포들에 의해서 부분적으로 조절된다.

생체시계의 조절 대부분의 생명체는 하루주기 리듬의 생체활성을 가지고 있다. 연구에 의하면 이러한 하루주기 리듬은 **생체시계(biological clock)**에 의존한다. 포유동물의 경우 시상하부에 있는 **상교차상핵(suprachiasmatic nuclei, SCN)**이 생체시계의 역할을 한다. 시각정보는 시상교차상핵으로 전달되어서 온몸의 생체시계를 하루 길이의 자연주기와 일치시킨다.

감정 편도체, 해마, 시상의 일부는 뇌간의 주변에 위치하며 변연계(limbic system)라고 불린다. 뇌간에 의해서 조절되는 공격성, 섭생, 성욕 등의 기본적 생존관련 기능과 연관된 감정뿐만 아니라 웃거나 눈물을 흘리는 등의 행동으로 나타나는 감정은 변연계가 대뇌의 감각영역 등과 상호작용함으로써 이루어진다. 편도체는 감정기억의 중요한 역할을 한다.

뇌의 보상회로와 약물중독 보상회로는 섭식, 성행위 등의 행동에 동기를 부여한다. 보상회로는 뇌의 기저부에 존재하는 배쪽피개부(ventral tegmental area, VTA)의 신경세포를 포함하며 이 세포들은 중격핵을 포함하는 대뇌의 지역에 도파민을 방출한다.

약물중독은 뇌의 보상회로의 활성을 증가시키는 약물을 충동적으로 소비하는 신경질환이다. 중독 약물인 알코올, 코카인, 니코틴, 헤로인, 암페타민은 배쪽피개부에서 도파민의 분비를 촉진시키거나, 시냅스에서 도파민의 제거를 억제하거나 혹은 보상경로의 억제성 신경세포의 활성을 감소시키는 등의 서로 다른 다양한 경로를 통해서 보상회로에 영향을 미치게 된다. 보상회로의 변화가 장기간 지속되면 약물에 대한 갈망현상이 야기된다.

기능적 뇌영상 기법 기능적 자기공명영상기법(fMRI)은 감정, 뇌손상, 인지와 관련된 연구에서 뇌의 활성부위를 알아내는 방법으로 이용된다.

핵심 문제 38.3

사람의 뇌 그림에서 각 구조물(a~g)의 이름을 표기하시오. 그리고 각 구조물의 기능(1~7)과 옳게 짝지어 보시오.

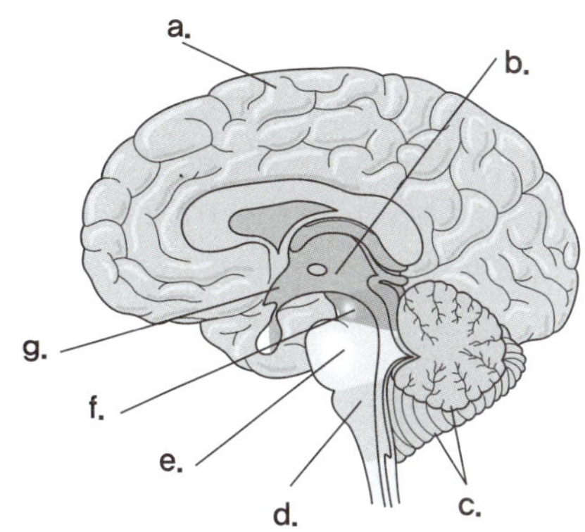

구조	기능
a. ______	______
b. ______	______
c. ______	______
d. ______	______
e. ______	______
f. ______	______
g. ______	______

기능

1. 균형과 움직임의 조화를 담당한다.
2. 몇몇 기능에서 연수를 도와 뇌와 척수 간의 정보 전달을 담당한다.
3. 대뇌로 향하는 정보를 분류하고 중계한다.
4. 호흡, 심장박동, 소화를 조절한다.
5. 감각정보와 운동정보를 통합하고 학습, 감정, 기억, 인지작용을 담당한다.
6. 호르몬을 생산하고 항상성 조절의 기능을 담당한다.
7. 전뇌로 감각정보를 전달하며 청각과 시각반사를 담당한다.

38.3 대뇌피질은 수의적 운동과 인지 기능을 조절한다

대뇌피질은 네 개의 엽으로 구분되어 전두엽, 측두엽, 두정엽, 후두엽으로 나누어지며 각각 특별한 기능을 수행한다.

언어와 말하기 뇌손상에 대한 연구와 뇌활성을 보여주는 PET 연구 결과는 서로 다른 엽의 몇몇 부위가 언어를 이해하고 구사하는 데 관련되어 있음을 보여주었다. 좌반구 전두엽에 위치한 브로카영역(Broca's area)은 말을 하는 데 관여한다. 측두엽의 베르니케영역(Wernicke's area)은 말을 이해하는 데 관여한다. 그 외의 부분은 단어를 보거나 말을 생성할 때 활성화된다.

피질 기능의 좌우 분화 **좌우기능분화(lateralization)**는 좌우 반구가 서로 다른 기능을 수행하게 하였다. 좌반구는 수리능력, 논리적인 추론에 뛰어나다. 우반구는 형태의 인식, 공간 관계 인식, 비언어적 사고에 특화되어 있다.

정보처리 감각기관으로부터 전달되는 감각정보, 그리고 촉각, 통증, 압력, 온도, 근육과 사지의 위치에 대한 정보를 제공하는 체성감각 수용체(somatosensory receptor)로부터 유래된 감각정보는 대뇌피질의 각 엽에 분포하는 1차감각영역으로 전달된다. 1차감각영역과 이웃한 연합영역에서 감각정보의 서로 다른 속성들이 통합된다. 대뇌피질은 골격근에 전달될 운동명령을 생성한다.

전두엽의 기능 전두엽의 손상은 감정반응의 감소와 잘못된 의사결정을 야기한다.

척추동물의 인지 기능의 진화 대뇌의 바깥 부위를 따라서 여섯 층의 신경세포층으로 이루어진 신피질은 매우 주름진 형태로 인해 영장류와 고래류에서 넓은 표면적을 가지게 되었다. 이 주름이 지각하고 추론하는 능력과 연관되어 있을 것으로 추정된 적도 있다. 조류의 정교한 인지 능력은 뇌의 바깥 부위에 위치하며 신경세포군(핵)을 가지고 있는 외피(pallium)에 기인하는 것으로 보인다. 조류에서처럼 신경세포들이 모여 만든 핵으로 이루어진 외피가 포유류의 진화 초기에 층 구조로 변화되었을 것이다.

신경세포의 가소성 신경계는 신경계핵 활성에 반응하여 재조정될 수 있는데 이러한 능력을 **신경세포의 가소성(neural plasticity)**이라 한다. 자폐증은 활성 의존적 시냅스 재조정이 제대로 일어나지 않는 발생 질환이다.

기억과 학습 사람의 기억은 단기간 동안 정보를 기억하는 단기기억과 후에 상기하기 위한 정보로 저장되는 장기기억으로 이루어진다. 단기기억은 해마에 저장되며, 단기기억의 정보가 장기기억으로 전환되는 과정은 대뇌피질 내에서 보다 영속적인 연결을 필요로 한다. 장기기억은 기존의 경험적인 지식들과 통합된다.

핵심 문제 38.4

시냅스의 활성 정도에 의존적으로 시냅스 연결강도가 변화되는데 기여하는 두 가지 다른 기작을 신경세포의 가소성의 예로서 설명해 보라.

38.4 감각수용기는 자극에너지를 신호로 변환시켜 중추신경계로 전달한다

감각수용과 변환 **감각수용(sensory reception)**은 감각수용기 세포가 특정 자극의 에너지를 감지하는 것이며, 감각수용기 세포는 변형된 형태의 신경세포이거나 혹은 신경세포를 조절하는 세포이다. **감각수용기(sensory receptor)**는 신체 내외 환경으로부터의 특정 자극을 감지하는 기관, 세포 혹은 세포의 구조물을 모두 일컫는다.

감각변환(sensory transduction)은 물리적 혹은 화학적 자극이 **수용기전위(receptor potential)**로의 변환을 뜻하며, 수용기전위는 점진적으로 변화되는 전압으로서 자극의 크기에 비례한다. 수용기전위는 자극에 반응하여 이온통로가 열리고 닫힘에 따라 발생한다.

전달 감각정보가 중추신경계로 전달되는 형태는 활동전위이다. 수용기전위의 크기는 (감각수용기가 신경세포일 경우) 활동전위의 빈도나 (감각수용기가 신경세포와 시냅스를 맺은 신경세포가 아닌 세포일 경우) 방출되는 신경전달물질의 양과 관계가 있다. 많은 감각신경세포는 낮은 빈도의 자발적인 활동전위를 생성하고 있으며 자극이 수용되면 이 활동전위의 빈도가 변화된다.

인지 활동전위가 감각신경세포로부터 뇌의 여러 부위로 전달되면 자극을 해석하여 다양한 자극이 **인지(perception)**된다.

증폭과 적응 감각기관의 보조적인 구조물이나 신호전달 경로의 일부에 의해 이루어지는 자극에너지의 강화 현상을 **증폭(amplification)**이라고 한다. 지속되는 자극은 수용기세포의 민감성을 감소시키는 **감각적응(sensory adaptation)**을 초래한다.

핵심 문제 38.5

모든 감각경로의 네 가지 공통점을 열거하고 설명하시오.

a.

b.

c.

d.

감각수용기의 유형 감각수용기는 다섯 유형으로 나눌 수 있다.

기계적수용기(mechanoreceptor)는 압력, 접촉, 신장, 움직임, 소리와 같은 기계적 에너지에 반응한다. 세포의 내외 구조가 구부러지거나 신장되면 연결된 이온통로의 이온 투과성이 증가되어 막전위를 탈분극 혹은 과분극시킨다.

전자기수용기(electromagnetic receptor)는 가시광선, 전기, 자기력 등 전자기에너지에 반응한다.

사람의 경우 피부와 시상하부의 **온도수용기(thermo-recptor)**는 열과 차가움에 반응하여 몸의 온도계에 정보를 전달한다. 매운 고추의 구성성분인 캡사이신에 대한 수용체도 뜨거운 온도에 반응한다.

사람의 **통각수용기(pain receptor, nociceptor)**는 노출된 수상돌기이다. 이 수용기는 과도한 열, 압력 혹은 화학물질에 반응한다. 상처부위에서 방출되는 프로스타글란딘은 수용기의 역치를 낮추어서 자극에 민감하게 만든다.

화학수용기(chemoreceptor)에는 녹아 있는 모든 용질의 농도를 전반적으로 감지하는 일반 수용기와 특정 분자에만 선택적으로 반응하는 특수 수용기가 있다. 육상동물의 경우 **후각(olfaction)**은 공기 중의 **냄새물질(odorants)**을 감지하며, **미각(gustation)**은 용액상의 **미각자극물질(testants)**을 감지하는데 모두 화화수용기에 의해 이루어진다. 사람 유전자의 약 3%는 냄새수용체를 암호화하는 유전자로서 수천 종의 냄새를 맡을 수 있다.

맛봉오리(taste bud)에는 다섯 종류의 맛인 단맛, 신맛, 짠맛, 쓴맛, 우마미맛에 각각 선택적으로 반응하는 수용기세포들이 있다.

38.5 청각과 평형감각에 관여하는 기계적수용기는 체액의 유동이나 입자의 침전을 감지한다

무척추동물에서 중력과 소리의 감지 대부분의 무척추동물은 밀도가 높은 알갱이 혹은 모래알 형태의 **평형석**(statolith)이 들어 있는 빈 공간을 섬모를 가진 세포층이 둘러싸고 있는 **평형포(statocyst)**를 가지고 있다. 평형석의 밑에서 기계적 수용기가 자극되면 동물은 몸의 위치 정보를 알 수 있게 된다.

대부분의 곤충은 특정 주파수의 음파에 반응하는 몸에 난 털을 통해서 소리를 감지한다. 어떤 곤충은 공기가 차 있는 내부 공간을 고막(tympanic membrane)이 막고 있는 형태의 기관을 통해서 진동을 감지한다.

포유동물의 청각과 평형감각 포유류와 대부분의 육상 척추동물은 평형과 소리를 감지하는 기관이 모두 귀에 존재한다. 귀는 공기의 압력파를 전달하고 압력파는 **털세포(hair cell)**에 의해서 감지되어 뇌가 소리로서 인지할 수 있는 형태인 활동전위로 전환된다.

귀는 세 부위로 나누어진다: 귀바퀴와 청관은 **외이(outer ear)**를 이룬다. **고막(tympanic membrane)**에 의해서 외이와 **중이(middle ear)**가 나누어지며 고막은 세 개의 청소골인 망치뼈, 모루뼈, 등자뼈에 음파를 전달하며, 세 개의 청소골에 의해서 진동은 **난원창(oval window)**에 전달된다. **유스타키오관(Eustachian tube)**은 중이와 인두를 연결하여 **내이(inner ear)**의 기압을 외부와 일치시킨다. 내이는 체액으로 차 있는 채널이며, **반고리관(semicircular canal)**은 평형감각, **달팽이관(cochlea)**은 청각을 담당한다.

나선으로 감긴 달팽이관은 액체로 차 있으며 길이 방향으로 나누어진 서로 연결된 두 관인 위쪽의 전정계와 아래쪽의 고실계를 가지고 있다. 이 두 관 사이에는 와우관이 있다. **코르티기관(organ of corti)**은 와우관의 바닥을 이루는 기저막에 위치하며 기계적수용기인 털세포를 가지고 있다. 털세포는 와우관을 향해 뻗어 있고 어떤 털세포는 코르티기관 위에 매달려 있는 덮개막에 닿아 있다.

고막을 통해서 전달된 공기의 압력파는 중이의 세 뼈에 의해서 난원창에 전달되어 외림프액에 파동을 만든다. 이 파동은 전정계를 통해서 고실계로 전달되어 **정원창(round window)**을 때림으로써 소멸된다. 이 압력파는 기저막을 진동시켜 덮개막에 닿아 있는 수용기세포의 털을 구부리면서 수용기전압이 생성된다.

소리의 크기(volume)는 음파의 진폭에 의해서 결정되므로 강한 파동은 털을 더 구부려서 더 많은 활동전위를 일으킨다. 소리의 고저(pitch)는 음파의 주파수에 달려 있다. 기저막의 각 부위는 서로 다른 주파수에 반응하며, 진동에 의해서 특정 지역의 신경세포에서 발생한 활동전위는 그 특정 주파수를 인지하는 대뇌피질 지역으로 전달된다.

내이의 **난형낭(utricle)**과 **구형낭(saccule)** 그리고 세반고리관은 신체의 위치와 움직임을 감지하는 역할을 한다. 난형낭과 구형낭의 털세포는 이석이라는 작은 탄산칼슘 알갱이가 들어 있는 젤라틴 형태의 물질에 돌출되어 있다. 이 알갱이는 중력 방향으로 털을 끌어당긴다. 머리가 다른 각도로 기울어지면 서로 다른 털세포를 자극하여 머리의 기울어짐이나 머리의 선형가속도에 대한 정보를 변화시킨다. 세 반고리관의 팽배한 기저부에는 털세포들이 팽대정이라고 불리는 젤라틴성 물질 속으로 돌출되어 있고, 이 털세포들이 팽대정을 거슬러 움직이는 외림프액의 압력을 감지하여 여러 방향으로의 일어나는 각운동을 감지한다.

핵심 문제 38.6

다음 도표에 표시된 사람 귀의 각 부위를 명명하시오.

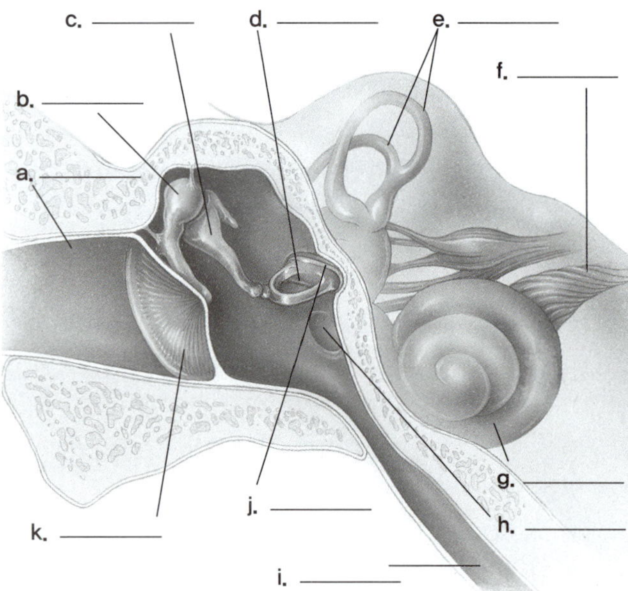

1. 공기로 채워진 공간이 있는 구조물은 무엇인가?

2. 액체로 채워진 공간이 있는 구조물은 무엇인가?

3. 코르티기관이 있는 구조물은 무엇인가?

4. 각운동을 감지하는 균형기관은 무엇인가?

38.6 동물의 다양한 시각수용기는 빛을 흡수하는 시각색소에 의존한다

시각의 진화 동물의 모든 빛 감지 기관에는 빛을 흡수하는 색소 분자를 가진 **광수용기(photoreceptor)**가 연루되어 있다. 모든 광수용기는 공통적인 발생유전자를 공유하며, 이는 광수용기가 좌우대칭형 동물의 초기 조상에서부터 이미 존재했었음을 의미한다.

대부분의 무척추동물은 빛을 감지하는 기관을 가지고 있다. 플라나리아의 안점은 빛의 방향과 강도를 인지하여 개체가 빛의 방향으로부터 멀어지게 한다.

곤충, 갑각류, 몇몇 다모류의 **겹눈(compound eye)**은 빛을 감지하는 수천 개의 **낱눈(ommatidia)**을 가지고 있으며, 각 낱눈은 렌즈를 가지고 있다. 겹눈은 움직임을 감지하는데 뛰어나다.

어떤 해파리류, 다모류, 거미류와 여러 연체동물들은 움직일 수 있는 수정체가 있어서 광수용기의 한 층에 빛의 초점을 맞출 수 있는 **홑눈(single-lense eye)**을 가지고 있다. **홍채(iris)**는 **동공(pupil)**의 직경을 변화시켜 눈으로 들어오는 빛의 양을 조절한다.

척추동물의 시각체계 사람의 눈은 바깥쪽의 질긴 결합조직인 공막, 얇은 색소층인 맥락막으로 구성된다. 눈의 앞쪽에서 공막은 투명한 각막(cornea)이 되고, 맥락막은 색깔을 띤 홍채가 되어서 동공을 통해 들어오는 빛의 양을 조절한다. **망막(retina)**은 안구의 가장 안쪽 층으로서 이곳에 신경세포와 광수용기가 있다. 시신경은 시신경 원판에서 눈에 부착되어 망막의 맹점을 형성한다.

투명한 **렌즈(lens)**는 상의 초점을 망막에 맞춘다. **전방액**(aqueous humor)은 눈의 앞쪽 공간을 채우고, 젤리성의 **유리체액**(vitreous humor)은 뒤쪽 공간을 채운다.

간상세포(rod)와 **원추세포(cone)**는 망막에 존재하는 광수용기세포이다. 여러 개의 간상세포와 원추세포는 각 **쌍극세포**(bipolar cell) 정보를 전달하고, 여러 개의 쌍극세포는 **신경절세포**(ganglion cell)들과 시냅스를 맺고 신경절세포의 축삭은 시신경을 이룬다. 망막의 **수평세포**(horizontal cell)와 **무축삭세포**(amacrine cell)는 시각정보의 통합을 돕는다.

간상세포는 빛에 더 민감하기 때문에 어두운 곳에서 볼 수 있게 해주며, 원추세포는 색깔을 분별한다.

핵심 문제 38.7

다음 그림에서 표시된 척추동물의 눈의 각 부위를 명시하라.

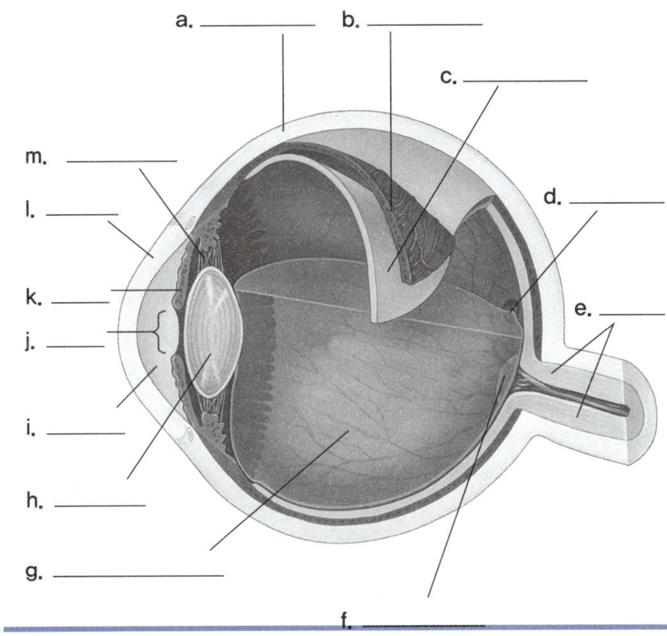

간상세포와 원추세포는 세포의 외부부위에 겹겹이 포개져 있는 원판에 박혀 있는 시각색소(visual pigment)를 가지고 있다. 빛을 흡수하는 분자인 **레티날(retinal)**은 막단백질인 **옵신(opsin)**과 결합하여 간상세포의 시각색소인 **로돕신(rhodopsin)**을 형성한다. 레티날이 빛을 흡수하면 시스 이성질체에서 트랜스 형태로 변환되어 로돕신이 활성화된다.

빛에 의해 활성화된 로돕신은 트랜스듀신이라 불리는 G 단백질을 활성화시켜 막상의 소듐통로로부터 cGMP를 해리시키는 효소를 활성화시킨다. 그 결과 소듐통로가 닫히면 세포는 과분극된다. 로돕신이 활성상태인 빛이 밝은 경우 외에는 효소가 레티날을 원래의 형태로 변환시키기 때문에 이 신호전달경로는 멈추게 된다.

시각정보의 처리는 간상세포와 원추세포가 쌍극세포와 시냅스를 맺고 있는 망막에서 개시된다. 어둠 속에서 간상세포와 원추세포는 탈분극된 상태여서 글루탐산을 쌍극세포의 시냅스에 지속적으로 방출한다. 간상세포와 원추세포가 빛을 흡수하여 과분극되면 글루탐산의 방출은 멈춘다. 이에 반응하여 쌍극세포 막의 극성은 역전되는데, 가지고 있는 수용체의 유형에 따라서 탈분극되거나 과분극된다.

간상세포와 원추세포로부터 오는 신호는 직접 광수용기에서 쌍극세포로 그 다음 신경절세포의 순서로 전달되기도 한다. 어떤 경우는 수평세포를 통해 다른 광수용기세포로 그리고 여러 쌍극세포로 신호를 전달하기도 한다. 무축삭세포는 하나의 쌍극세포를 여러 신경절세포들과 연결하기도 한다.

좌우의 시신경은 대뇌피질의 기저에 있는 시신경교차(optic chiasma)에서 만난다. 양쪽 눈의 왼쪽 시야는 뇌의 오른쪽으로, 오른쪽 시야는 뇌의 왼쪽으로 향한다.

10여 개의 연합영역을 포함하는 대뇌피질의 적어도 30% 정도는 우리가 보는 것을 3차원의 상으로 만드는 데 사용된다. 대부분의 어류, 양서류 파충류는 색 감지를 잘한다. 간상세포와 원추세포의 상대적인 비율은 포유류의 활동패턴과 관련이 있다. 사람의 경우 빨간색, 초록색, 파란색 원추세포가 있으며 각각은 서로 다른 형태의 옵신이 레티날과 결합되어 포톱신(photopsin)을 형성하는데, 포톱신은 최적의 흡광도를 보이는 빛의 색깔에 따라 명명된다. 빨간색과 초록색 시각색소에 대한 유전자는 X 염색체 상에 있기 때문에 색맹은 남성에서 보다 높은 빈도로 관찰된다.

가까운 물체에 초점을 맞출 때, 렌즈는 더 둥글어진다. 사람의 눈에서 간상세포는 막망의 바깥쪽 부위에 밀집되어 있고, 시야의 중심부인 **중심오목(fovea)**에는 원추세포가 조밀하게 있다.

핵심 문제 38.8

신경절세포가 반응하는 수용영역(receptive field)은 신경절세포에 정보를 제공하는 여러 간상세포들과 원추세포들에 의해 이루어진다.

a. 큰 수용영역과 작은 수용영역 중에서 보다 깨끗한 상을 맺는 것은 무엇인가?

b. 망막의 어느 부위가 수용영역이 가장 작은가?

어원

astro- = a star; **-cyte** = cell (*astrocyte:* a glial cell with diverse functions, including providing structural support for neurons, regulating the interstitial environment, facilitating synaptic transmission, and assisting in regulating the blood supply to the brain)

auto- = self (*autonomic nervous system:* an efferent branch of the vertebrate peripheral nervous system that regulates the internal environment; consists of the sympathetic, parasympathetic, and enteric divisions)

chemo- = chemical (*chemoreceptor:* a sensory receptor that responds to a chemical stimulus)

coch- = a snail (*cochlea:* the complex, coiled organ of hearing that contains the organ of Corti)

electro- = electricity (*electromagnetic receptor:* a receptor of electromagnetic energy, such as visible light, electricity, or magnetism)

fovea- = a pit (*fovea:* the place on the retina at the eye's center of focus, where cones are highly concentrated)

gusta- = taste (*gustation:* the sense of taste)

hypo- = below (*hypothalamus:* the ventral part of the vertebrate forebrain; functions in maintaining homeostasis, especially in coordinating the endocrine and nervous systems)

mechano- = an instrument (*mechanoreceptor:* a sensory receptor that detects physical deformation in the body's environment associated with pressure, touch, stretch, motion, and sound)

noci- = harm (*nociceptor:* a sensory receptor that responds to noxious or painful stimuli; also called a pain receptor)

olfact- = smell (*olfaction:* the sense of smell)

omma- = the eye (*ommatidium:* one of the facets of the compound eye of arthropods and some polychaete worms)

para- = near (*parasympathetic division:* one of three divisions of the autonomic nervous system; generally enhances body activities that gain and conserve energy)

photo- = light (*photoreceptor:* an electromagnetic receptor that detects the radiation known as visible light)

rhodo- = red (*rhodopsin:* a visual pigment consisting of retinal and opsin)

sacc- = a sack (*saccule:* in the vertebrate ear, a chamber in the vestibule behind the oval window that participates in the sense of balance)

semi- = half (*semicircular canals:* a three-part chamber of the inner ear that functions in maintaining equilibrium)

stato- = standing; **-cyst** = sac (*statocyst:* a type of mechanoreceptor that functions in equilibrium in invertebrates by use of statoliths, which stimulate hair cells in relation to gravity)

supra- = above, over (*suprachiasmatic nucleus (SCN):* a group of neurons in the hypothalamus of mammals that functions as a biological clock)

thermo- = heat (*thermoreceptor:* a receptor stimulated by either heat or cold)

tympan- = a drum (*tympanic membrane:* another name for the eardrum, the membrane between the outer and the middle ear)

utric- = a leather bag (*utricle:* in the vertebrate ear, a chamber in the vestibule behind the oval window that opens into the three semicircular canals)

지식의 체계화

1. 다음 열거한 기능적인 뇌 영역 혹은 신경핵의 위치와 기능을 열거하라.
   a. 시상교차핵
   b. 기저핵
   c. 변연계
   d. 편도체와 해마

2. 빛이 척추동물의 눈으로 들어와서 시신경의 활동전위 형태로 변환되기까지 빛 자극의 경로를 열거하라.

3. 외부 환경의 음파가 뇌에서 소리가 인지되기까지의 경로를 설명하기 위해서 다음에 제시된 구조를 순서대로 배열하시오.

정원창	기저막
난원창	대뇌피질
귓바퀴	전정계와 고실계
청신경	덮개막
달팽이관	고막
청관	망치뼈, 모루뼈, 등자뼈
와우관	코르티기관

지식의 검증

선다형 문제: 가장 옳은 답을 고르시오.

1. 자율신경계에 대한 설명 중 옳지 않은 것은 무엇인가?
   a. 중추신경계와 말초신경계 모두의 한 분과이다.
   b. 교감신경계, 부교감신경계, 장신경계가 있다.
   c. 이들 중 두 분과는 서로 길항작용을 한다.
   d. 민무늬근과 심장근을 조절한다.
   e. 일반적으로 불수의적인 조절을 한다.

2. 실험을 위해 세포체로부터 핵을 얻기 위해 다음 중 무엇을 이용하면 좋겠는가?
   a. 뇌량
   b. 운동신경
   c. 대뇌피질
   d. 축삭 주변의 신경절
   e. c 또는 d

3. 편도체와 해마는 ________________
   a. 생체리듬을 조절하며 시상에 존재한다.
   b. 중뇌에서 발견되는 각성중추의 일부다.
   c. 두정엽과 전두엽에서 각각 발견되며 언어와 말하기의 중추이다.
   d. 청각과 시각에 관여하는 중뇌의 신경핵이다.
   e. 피질의 안쪽에 존재하며 기억의 저장에 관여한다.

4. 다음 구조 중에서 기능과 올바로 짝지어지지 않은 것은 무엇인가?
   a. 뇌교—척수와 뇌 사이의 정보를 전달한다
   b. 소뇌—운동신경이 좌우로 교차하는 경로를 포함한다.
   c. 시상—입력정보를 선별하여 대뇌로 전달한다.
   d. 뇌량—좌우 반구를 연결하는 축삭의 다발이다.
   e. 시상하부—항상성조절과 기쁨 중추이다.

5. 척수의 백질을 구성하는 구조는 다음 중 무엇인가?
   a. 뇌실
   b. 수초화된 축삭
   c. 뇌척수액
   d. 운동신경세포와 연합신경세포의 세포체
   e. 교감신경절

6. 대뇌의 좌우기능분화 현상이란?
   a. 내장기능은 후뇌에 의해서 조절되며, 사고와 언어는 대뇌피질의 연합영역을 통해서 이루어진다.
   b. 오른쪽 뇌가 신체의 왼쪽을, 왼쪽 뇌는 신체의 오른쪽을 조절한다.
   c. 체성감각신경 정보는 대뇌피질의 한 지역에 수용되며 다른 지역은 신체 각 부위로 가는 운동출력 신호를 조절한다.
   d. 좌반구는 보통 언어와 분석 관련 기능을 수행하며, 우반구는 비언어적 사고와 형태인식에 관여한다.
   e. 기억의 형성은 해마와 연합영역, 변연계를 포함하는 신경회로에 의해서 이루어진다.

7. 다음 신경계 중에서 원심성 신경세포를 가지고 있지 않은 것은 무엇인가?
   a. 척수신경
   b. 운동신경계
   c. 장신경계
   d. 감각신경세포
   e. 위의 예는 모두 원심성 신경세포를 포함한다.

8. 새의 외피는 __________에 관여하며 포유동물의 __________와(과) 상동 구조물이다.
   a. 하루주기리듬, 시상교차핵
   b. 회피, 소뇌
   c. 인지, 대뇌피질
   d. 새끼 돌보기, 보상회로
   e. 시각, 시각엽

9. 감각인지는 ________________
   a. 감각세포에 의한 자극의 수용이다.
   b. 감각세포 혹은 감각신경세포에 의해 자극에너지가 수용기 전위로 전환되는 과정이다.
   c. 활동전위를 수용하는 뇌의 지역에 따라서 자극이 해석되는 것이다.
   d. 중추신경계로 가는 감각 데이터가 증폭되고 전달되는 것이다.
   e. 자극에 대한 감정 반응이다.

10. 사람의 피부에 존재하지 않는 감각수용기가 아닌 것은 무엇인가?
    a. 온도수용기
    b. 기계적수용기
    c. 통각수용기
    d. 전자기수용기
    e. b나 d도 아님

11. 중이의 세 뼈의 기능은 ______________________
   a. 음파의 다른 파장에 반응하는 것이다.
   b. 압력파를 난원창에 전달하는 것이다.
   c. 유스타키오관을 통해서 내이의 압력을 균등하게 하는 것이다.
   d. x, y, z 축으로의 회전을 감지하는 것이다.
   e. 고막을 지지하는 것이다.

12. 소리의 크기는 다음 중 무엇에 의해서 결정되는가?
   a. 신호를 전달받는 뇌 지역
   b. 기저막의 진동하는 부위
   c. 자극받은 털세포의 개수
   d. 음파의 주파수
   e. 털세포의 구부러지는 정도와 그에 따라서 발생하는 감각신경세포의 활동전위의 증가

13. 포유동물에서 머리의 회전은 다음 중 무엇에 의해서 감지되는가?
   a. 전정계와 고실계에 위치한 코르티기관
   b. 덮개막에 의한 털세포의 구부러짐에 따른 활동전위의 변화
   c. 반고리관 내액의 움직임에 따른 팽대정에 박혀 있는 털세포의 구부러짐
   d. 달팽이관 내에 있는 체액의 움직임에 반응하는 털세포
   e. 망막의 수평세포 무축삭세포

14. 무척추동물의 평형포와 당신의 귀에 있는 달팽이관의 공통점은 무엇인가?
   a. 소리나 압력파를 감지한다.
   b. 평형기관이다.
   c. 기계적수용기로서 털세포를 이용한다.
   d. 2차신호전달경로를 이용한다.
   e. 수용기세포를 자극하는데 입자를 이용한다.

15. 곤충과 갑각류의 겹눈은 ______________________
   a. 몇 개의 광수용기세포에 빛의 초점을 맞출 수 있는 수천 개의 프리즘으로 구성된다.
   b. 색깔을 감지하지 못한다.
   c. 낱눈으로 구성되는데, 이 낱눈은 각각 렌즈를 가지고 있어서 매우 작은 시야의 빛에 초점을 맺는다.
   d. 적외선과 자외선을 감지한다.
   e. 모두 정답이다.

16. 다음 중 옳지 않은 것은?
   a. 홍채는 동공을 통해서 들어오는 빛의 양을 조절한다.
   b. 맥락막은 광수용기를 포함하고 있는 눈의 안쪽에 위치한 얇은 색소층이다.
   c. 렌즈를 둥굴게 만들면 가까운 사물에 초점을 맞춘다.
   d. 얇은 액체성의 전방액은 눈의 앞쪽에 공간이다.
   e. 공막은 눈 바깥층의 질긴 결합조직이다.

17. 다음 구조 중에서 기능과 옳지 않게 짝지어진 것은 무엇인가?
   a. 원추세포—서로 다른 빛의 파장에 반응하여 색깔을 인식한다.
   b. 수평세포—수용기세포와 쌍극세포 사이의 정보를 통합한다.
   c. 쌍극세포—간상세포, 원추세포와 신경절세포 사이의 활동전위를 전달한다.
   d. 신경절세포—맹점 혹은 시신경 원판에서 시신경과 시냅스를 맺는다.
   e. 중심오목—시야의 중심이며 사람의 경우 원추세포만 있다.

18. 간상세포의 로돕신에 의해서 흡수된 빛은 어떤 변화를 초래하는가?
   a. 신경전달물질의 방출이 증가한다.
   b. cGMP의 결합이 소듐통로를 연다.
   c. 막전위가 과분극되고 신경전달물질의 방출이 감소한다.
   d. 로돕신이 표백되어 간상세포이 빛에 대한 민감성을 증가시킨다.
   e. 소듐통로가 닫히고 신경전달물질이 방출된다.

19. 하나의 세포에 의해서 망막의 수용영역을 결정하는 다음 중 무엇인가?
   a. 쌍극세포
   b. 광수용기세포(간상세포와 원추세포)
   c. 무축삭세포
   d. 수평세포
   e. 신경절세포

20. 다음 중 후각과 미각에 대한 설명 중 옳지 않은 것은 무엇인가?
   a. 수서동물의 경우에 이 두 감각의 차이가 없다.
   b. 미각수용체 단백질보다 후각수용체 단백질에 대한 유전자가 1000배 이상 많다.
   c. 후각수용기는 신경세포이고 미각수용기는 변형된 상피세포로서 신경세포와 시냅스를 맺는다.
   d. 각각의 미각수용기는 한 유형의 수용체만을 가지고 있으며, 각각의 후각수용기는 여러 냄새물질에 반응하는 수용체를 가지고 있다.
   e. 곤충의 후각수용체는 다리와 입부위의 표면에 있는 감각털에 위치하고 있으며, 후각털은 안테나에 위치한다.

39장
운동 기작과 행동

핵심

이 장은 동물 이동에 관여하는 근육 수축과 골격계에 대해 시작한다. 그 다음에 복잡하고도 매우 흥미로운 동물행동에 대해 소개한다. 행동은 특정 자극에 대한 고정행동양식에서부터 새로운 상황에서의 문제해결양식에 이르기까지 다룬다. 행동은 환경적 자극, 경험, 개개인의 유전자 사이의 상호작용으로 나타난다. 대부분의 행동은 생존과 생식 성공에 대한 선택으로 설명할 수 있다.

복습

생존과 번식에 필수적인 동물 행동은 생리적 과정에 기반을 두고 있고, 자연선택에 의해 이루어진다. 개체의 **행동(behavior)**은 신경계의 통제를 받는 근육에 의해 실행된다. 이 장은 어떻게 근육이 작용하는지를 살펴보는 것에서 시작하여, 동물 행동의 조절, 발달, 그리고 진화에 대해 생각해 볼 것이다.

39.1 근육은 섬유 단백질 간의 물리적인 상호작용을 통해 기능을 수행한다

근육세포의 수축은 두 가닥의 액틴 단백질이 서로 꼬여 있는 **가는 필라멘트(thin filament)**와 마이오신 분자들이 배열된 **굵은 필라멘트(thick filament)** 사이의 상호작용에 의해 일어난다.

척추동물의 골격근 척추동물의 **골격근(skeletal muscle)**은 근육과 평행하게 배열된, 근섬유라 불리는 다핵체 근육세포 다발로 구성되어 있다. 각각의 근섬유는 가는 필라멘트와 굵은 필라멘트로 구성된 **근원섬유(myofibril)**로 구성되어 있다.

필라멘트의 규칙적인 배열에 의해 밝고 어두운 띠가 반복되어 나타나므로, 골격근을 **가로무늬근**(striated muscle)이라고도 부른다. 반복되는 단위를 **근절(sarcomere)**이라고 부르는데, 이는 골격근의 수축 단위이다. 가는 필라멘트는 근절의 끝에 있는 Z선에 부착되어 중심부를 향하고 있다. 굵은 필라멘트는 근절의 중심부에 놓여 있고, M선에 고정되어 있다.

활주필라멘트 모형(sliding-filament model)에 따르면, 근육 수축 동안에 가는 필라멘트와 굵은 필라멘트의 길이는 변하지 않고, 단지 서로 미끄러지면서 지나치기에 중첩되는 부위가 증가하게 된다.

필라멘트의 활주 기작은 마이오신 머리에 결합된 ATP가 분해되면서 마이오신의 구형 머리가 고에너지 형태로 전환되어 액틴과 결합하는 가교(cross-bridge)를 형성하면서 시작된다. 그 다음 마이오신 머리는 가는 필라멘트를 근절의 중앙으로 끌어당기며 저에너지 형태로 돌아온다. 새로운 ATP 분자가 마이오신의 머리에 결합하면, 액틴과의 결합은 해체된다. 이렇게 마이오신 머리가 액틴 분자와 결합하는 사이클이 반복되면서 가는 필라멘트를 따라 이동하게 된다.

근육 수축을 위한 에너지는 크레아틴인산과 글리코젠의 형태로 저장되어 있는데, 크레아틴인산은 ATP를 재생하는데 사용되고, 글리코젠은 분해되어 포도당을 만든다. 포도당은 해당과정이나 유기호흡에 의해 ATP를 만든다.

핵심 문제 39.1

골격근섬유의 단면도에서 각 부분의 명칭을 써라. 또한 근육섬유가 완전히 수축했을 때 이 그림이 어떻게, 왜 달라지는지 설명하라.

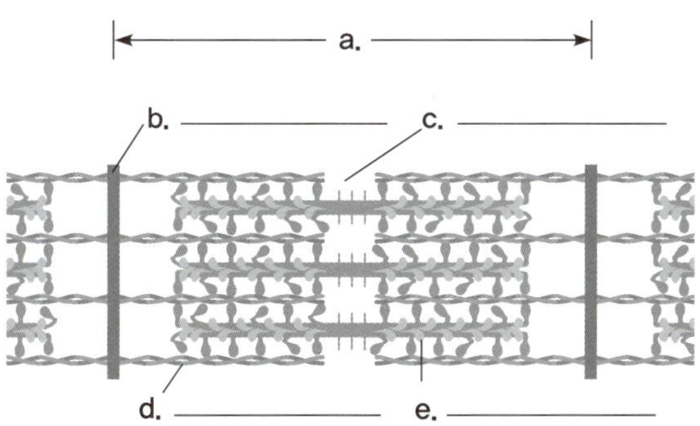

근육이 휴식 상태에 있을 때, 가는 필라멘트를 따라 있는 마이오신 결합부위는 조절 단백질인 **트로포마이오신(tropomyosin)**에 의해 막혀 있다. 트로포마이오신은 또 다른 조절 단백질인 **트로포닌 복합체(troponin complex)**와 결합하고 있다. 트로포닌이 Ca^{2+}과 결합하면, 조절 단백질의 형태가 변하여 가는 필라멘트에 있는 마이오신 결합부위가 노출됨으로써 근육 수축이 일어난다.

칼슘이온은 근육세포의 **근소포체(sarcoplasmic reticulum, SR)** 안으로 능동수송된다. 운동신경세포의 활동전위에 의해 아세틸콜린이 근섬유의 시냅스로 방출되면, 근섬유는 탈분극되고, 새로 생긴 활동전위는 세포막이 말려 들어가 있는 구조인 **가로세관(transverse tubule, T세관)** 안으로 퍼지게 된다. 활동전위에 의해 근소포체에 있는 Ca^{2+} 통로가 열려, Ca^{2+}은 세포질로 방출된다. Ca^{2+}이 트로포닌 복합체와 결합하면 근섬유의 수축이 시작된다. 운동신경세포로부터 오는 입력 정보가 사라지면 근섬유는 이완되고, 근소포체의 Ca^{2+} 펌프가 세포질의 칼슘이온을 다시 근소포체 안으로 퍼들이고, 트로포마이오신-트로포닌 복합체에 의해 마이오신 결합부위는 다시 가려진다.

운동신경세포의 활동전위에 대한 단일 근섬유의 반응은 연축(twitch)을 일으킨다. 전체 근육의 차등 수축은 또 다른 근섬유를 필요로 한다. 단일 운동신경세포와 그에 의해 조절되는 근섬유들은 **운동단위(motor unit)**를 구성한다. 근육 수축의 세기는 운동단위의 수와 크기에 달려 있다. 근육의 힘(장력)은 운동단위들이 더 많이 활성화됨으로써 점진적으로 증가하는데, 이러한 과정을 운동신경세포의 점증(recruitment)이라 한다.

빠른 활동전위가 반복되어 합쳐지면 연속적이고 지속적인 수축, 즉 **강축(tetanus)**이 유도된다.

골격근섬유에는 어떤 유형이 있을까? 유기호흡에 주로 의존하는 유기호흡 섬유(oxidative fiber)에는 미토콘드리아가 많이 존재하고, 혈액의 공급이 왕성하며, **마이오글로빈(myoglobin)**과 같은 산소를 저장하는 단백질이 풍부하다. 해당성 섬유(glycolytic fiber)는 ATP의 생성을 위해서 주로 해당과정을 이용한다. **빠른 연축섬유(fast-twitch fiber)**는 빠르고 강력한 수축을 한다. 오랫동안 수축하는 근육에서 흔하게 발견되는 **느린 연축섬유(slow-twitch fiber)**는 근소포체가 적고 Ca^{2+} 펌프의 속도도 느리다. 따라서 Ca^{2+}이 세포질에서 오래 머무를 수 있어서 연축이 길게 유지된다.

핵심 문제 39.2

a. 골격근섬유의 3가지 유형을 설명하라.

b. 어떤 유형의 근섬유가 적은 수의 미토콘드리아를 가지고 있으며, 마이오글로빈이 거의 없으며, 짧고 빠른 수축을 하는가?

c. 어떤 유형의 근섬유가 자세를 유지하는 근육에 높은 비율로 존재하는가?

다른 유형의 근육 척추동물의 **심장근(cardiac muscle)**은 심장에서 발견된다. 심장근의 세포막에 있는 이온통로는 주기적인 탈분극을 일으켜, 골격근섬유의 활동전위보다 오랫동안 지속되는 활동전위를 생성한다. 심장근의 세포는 **개재판(intercalated disk)**에 의해 연결되어 있는데, 이를 통해 활동전위는 심장의 모든 세포로 퍼져나간다.

평활근(smooth muscle)에서는 액틴과 마이오신 필라멘트가 규칙적으로 배열되어 있지 않기 때문에 가로무늬가 발견되지 않는다. 평활근섬유는 T관과 트로포닌복합체가 없고, 근소포체가 발달되어 있지 않다. 활동전위에 반응하여 세포 안으로 유입된 Ca^{2+}은 칼모듈린(calmodulin)과 결합하여 마이오신의 머리를 인산화시키는 효소를 활성화시킨다. 수축은 천천히 일어나는데, 자율신경 또는 근육세포 자체에 의해 유발된다.

무척추동물도 척추동물의 골격근세포나 평활근세포와 유사한 근육세포를 가지고 있다. 곤충의 비행근육은 독립적이고 빠른 수축을 할 수 있다.

39.2 골격계는 근육의 수축을 이동으로 전환한다

골격계는 운동은 물론 지지와 보호의 기능도 수행한다. 근육은 오직 수축만 하기 때문에, 몸의 일부를 움직이기 위해서는 서로 반대로 작용하는 길항적인 근육쌍이 필요하다.

골격계의 종류 닫혀 있는 몸의 빈 공간에 채워진 액체는 **유체골격(hydrostatic skeleton)**을 형성한다. 근육에 의해 유체가 들어찬 부분의 형태가 바뀜에 따라, 동물은 움직이거나 길게 늘어지게 된다. 지렁이나 다른 종류의 환형동물의 경우에는 종주근과 환상근을 교대로 수축하는 **연동운동(peristalsis)**에 의해 이동한다.

전형적인 연체동물과 절지동물들은 침착된 물질이 동물의 표면을 싸고 있는 단단한 **외골격**(exoskeleton)을 가지고 있다. 절지동물의 껍질은 단백질 그물망과 결합된 **키틴(chitin)**이라는 다당류 섬유를 포함하고 있다.

지지성분인 **내골격(endoskeleton)**은 동물의 부드러운 조직 속에 묻혀 있다. 척삭동물의 내골격은 연골과 뼈로 구성되어 있다. 인간의 골격은 두개골, 척추, 갈비뼈, 견갑대와 요대 및 팔다리뼈로 구성되어 있다. 뼈가 인대에 의해 연결된 관절은 몸의 이동이 유연하도록 해준다. 근육은 힘줄에 의해 뼈에 부착되어 있다.

핵심 문제 39.3

다음의 골격계에 대해 장점과 단점을 서술하고, 각각의 유형을 가지고 있는 동물들을 써라.

a. 유체골격

b. 외골격

c. 내골격

몸이 큰 동물은 작은 동물에 비해 몸의 비율이 매우 다른데, 부분적으로는 무게의 증가로 인한 압력(무게는 길이의 세제곱에 비례)과 지지대의 지름(강도는 직경의 제곱에 비례) 사이의 물리적 상호작용에 기인한다. 몸의 자세는 몸무게를 지탱하는 데 중요한 구조적 요인이 된다.

이동의 유형 한 장소에서 다른 장소로 옮겨가는 능동적 움직임인 **이동(locomotion)**은 마찰과 중력을 극복하기 위해 에너지를 소모한다.

나는 동물은 중력을 이기고 몸을 들어올리기 위해 날개를 사용한다. 날개는 에어포일 형태(익형)로, 가벼운 방추형(유선형)의 몸에 붙어 있다.

동물이 땅에서 걷고 달리고 뛰기 위해서는 자신을 지탱해야 하고, 중력을 이겨내야 하지만, 이동하는 데 공기 저항은 거의 없다. 강력한 다리 근육과 강한 골격 지지대는 동물을 지탱하고 앞으로 나아가는 데 중요하다. 달리거나 점프하는 동물들은 다음 번 도약을 쉽게 하기 위해 힘줄에 에너지를 저장한다. 균형을 유지하는 것은 서서 이동하는 데 있어 또 다른 필수 요소이다. 기는 동물은 땅과 접촉해서 생기는 마찰을 극복해야 한다.

수영하는 동물들은 물의 부력 때문에, 중력을 극복하는 것이 큰 문제가 되지 않는다. 대부분의 빠르게 유영하는 동물들은 물의 밀도에 의해 생기는 마찰력을 극복하기 위해 방추형 몸을 가지고 있다. 동물들은 다리를 노처럼 사용하거나, 물을 순간적으로 분출하거나, 몸과 꼬리를 옆 또는 위아래로 흔들면서 유영을 한다.

39.3 따로따로 입력된 감각들은 단순하거나 복잡한 행동을 유발한다

행동학 연구를 이해하기 위한 틴버겐(Niko Tinbergen)의 질문은 **근접원인**(proximate causation)과 **궁극원인**(ultimate causation)의 중요성을 강조하기 위한 것이다. 근접원인은 즉각적인 행동을 유발하는 자극, 그것이 일어나는 기작, 그리고 경험이 어떻게 반응에 영향을 주는지에 대한 것이며, 궁극원인은 행동에 근거한 생존과 생식, 그리고 진화에 관한 것이다. **행동생태학**(behavioral ecology)은 동물 행동에 근거하여 생태학적, 진화학적 연구를 하는 것이다.

고정행동양식 **고정행동양식**(fixed action pattern)은 한번 시작되면 끝까지 실행되는, 학습되지 않은 행동이다. 고정행동양식은 **신호자극**(sign stimulus)으로 알려진 단순 외부 자극에 의해 유발된다.

이주 많은 동물들은 환경 신호를 이용하여, 정기적으로 먼 거리를 이동하는 **이주(migration)**를 한다. 이주하는 몇몇 동물들은 **하루주기생체시계**(circadian clock)에 의해 낮 동안에 그들의 위치를 태양과 관련해서 변경한다. 일부 동물들은 지구의 자기장을 이용하여 길을 찾는다.

행동주기 많은 행동은 하루주기생체시계에 의한 생체주기를 따른다. **1년주기리듬**(circannual rhythm)은 계절의 1년 주기와 연관되어 있고, 낮과 밤의 길이에 의해 영향을 받는다.

동물의 신호와 의사소통 동물 사이의 **의사소통(communication)**은 **신호(signal)**라 불리는 특별한 자극의 전달과 수신이다. 구애 행동은 각각의 자극에 대한 반응 자체가 다음 행동을 자극하는 **자극-반응 사슬**(stimulus-response chain)을 포함하고 있다. 의사소통 유형은 각 종에 따라 특정한 생활방식과 감각에 의해 시각, 청각, 화학, 촉각으로 나눌 수 있다.

페로몬(pheromone)은 포유류와 곤충들의 번식행동에서 흔하게 사용되는 화학 신호인데, 짝을 유인하거나 특정한 교미 행동을 유발한다. 페로몬은 또한 경고 신호로서 작용한다.

핵심 문제 39.4

왜 포유류는 대부분 후각과 청각을 사용하여 의사소통을 하는 데 반해, 조류는 시각과 청각을 주로 사용하여 의사소통을 하는가?

39.4 학습에 의해 경험과 행동 사이의 특별한 결합이 확립된다

개체군 내의 거의 모든 개체들에게서 공통으로 나타나는 행동은 발달측면에서 고정되어 있는데, 이를 **선천적 행동**(innate behavior)이라 부른다.

경험과 행동 **교차양육연구(cross-fostering study)**는 어떤 종의 어린 새끼를 다른 종의 성체가 기르게 하는 것이다. 이런 연구에서 동물의 사회적, 물리적 배경이 어떻게 행동에 영향을 주는지 조사한다. 수컷 캘리포니아 쥐는 다른 쥐에 대해 매우 공격적이며, 새끼를 돌보는 행동도 강하다. 그러나 흰발 쥐의 둥지에서 교차양육되었을 때 캘리포니아 쥐는 덜 공격적이고 양육 행동도 줄어든다. 초기 발달과정에서 경험한 양육행동을 변화시킨 환경적 영향은 다음 세대까지 이어진다.

일란성 쌍둥이를 한 집, 또는 각각 다른 집에서 키웠을 경우를 비교한 인간의 **쌍둥이 연구(twin study)**는 다양한 인간의 행동이상을 연구하는 데 이용되어 왔다.

학습 **학습(learning)**은 특정한 경험을 바탕으로 행동의 변화를 유발한다.

각인(imprinting)은 학습이 일어날 수 있는 **임계기(sensitive period)**라는 생애 특정 시기에 형성되어, 대개 오랫동안 지속되는 행동 반응을 나타낸다. 환경이 제공한 각인 **자극**(imprinting stimulus)에 대한 반응 능력은 선천적이다. 부모에 대한 각인은 같은 종의 짝을 만나는 장래의 **배우자-결속**(pair-bonding)에 필요하다.

환경의 공간구조에 대한 기억의 확립을 **공간학습(spatial learning)**이라고 한다. 동물은 그들의 구역 안에서 길을 찾기 위해 특정 지형표식 세트, 또는 위치 지시물들에 대해 학습하고 사용할 수 있다.

학습된 지형표식 세트보다 더 복잡한 **인지지도(cognitive map)**는 주변 환경에 있는 물체들의 공간적 관계에 대해 신경계에서 나타내는 것이다. 인지지도에 대한 증거는 숨겨진 저장고로부터 먹이를 회수하는 잣까마귀에 대한 연구에서 볼 수 있다.

동물들은 **연합학습(associative learning)**을 통해 한 자극과 다른 자극을 연결할 수 있다. 동물의 신경계는 자연 서식지에서 가장 잘 일어날 수 있는 이러한 자극과 행동을 연결할 수 있다.

인지(cognition)는 의식, 추론능력, 기억력, 판단력을 사용하는 동물의 학습능력이다. 꿀벌의 연구에서 그들은 환경에 놓인 물체들을 "같음"과"다름"으로 분류할 수 있었다.

장벽에 직면했을 때 이를 극복하는 **문제해결능력(problem solving)**은 포유류, 특히 영장류와 돌고래에서 가장 많이 관찰된다. 이런 행동은 일부 조류에서도 보고된 적 있다.

많은 동물들은 문제를 해결하기 위한 정보를 다른 개체들의 행동으로부터 얻는다. 다른 개체의 관찰을 통해 학습하는 **사회적 학습(social learning)**은 **문화(culture)**의 기반을 형성하는데, 문화는 사회적 학습이나 가르침을 통해 정보를 전달하는 체계이며, 개체군 내에서 개체들의 행동에 영향을 준다.

핵심 문제 39.5

다음 사례에서 나타낸 학습 유형을 정의하라.

a. 암양은 자신의 새끼를 낳은 직후에 어린 양을 입양해서 양육했지만, 1~2일 후에 입양된 어린 양에 대해서는 뿔로 들이받고 거절했다.

b. 어릴 적에 "실례"한 것을 종이타월로 치우면서 엄한 훈련을 받은 개는 가정에서 사용하는 종이타월을 보는 족족 숨겨버린다.

c. 실험을 통해 꿀벌은 동일한 패턴과 다른 패턴을 구별하는 능력을 가졌음이 입증됐다.

d. 틴버겐은 암컷 나나니벌이 벌집을 찾는데 지형표식을 이용하는 것을 보여줬다.

e. 어린 침팬지는 다른 개체들을 관찰함으로써 2개의 돌을 사용하여 기름야자나무 열매를 깨뜨렸다.

39.5 개체의 생존과 번식성공을 위한 선택은 대부분의 행동을 설명할 수 있다

먹이찾기(foraging)는 동물이 먹이를 찾고, 인식하고, 잡고, 먹는 행동을 포함한다.

먹이찾기 행동의 진화 자연선택에 의해 보다 먹이를 잘 찾도록 행동이 개선될 것으로 예상된다. 초파리를 사용한 실험실 연구를 통해서 높은 밀도와 낮은 밀도의 초파리 집단에서 먹이를 찾는 거리가 진화적으로 변화했다는 것을 보여줬다. 높은 밀도의 집단에서 for^R(rover) 대립유전자 빈도가 증가한 반면, 낮은 밀도의 집단에서 for^S(sitter) 대립유전자 빈도가 증가했다.

짝짓기 행동과 배우자 선택 일부 종에서는 짝들 간의 배우자-결속이 강하지 않다. 오래 지속되는 관계는 **일부일처제(monogamous)**이거나 **다혼성체제(polygamous)**이다. 다혼성체제는 한 수컷이 여러 암컷과 짝을 이루는 일부다처제(polygyny)이거나, 한 암컷이 여러 수컷과 짝짓는 일처다부제(polyandry)이다. 일부일처제 종들은 성적 이형(sexual dimorphism)이 덜 나타난다.

새끼에게 필요한 자원의 양은 짝짓기 체제의 진화에 있어 중요한 요소이다. 만약 새끼가 한쪽 부모가 공급할 수 없는 많은 양의 먹이를 요구한다면, 수컷은 또 다른 배우자를 찾는 대신 자신의 배우자를 도와 새끼들을 잘 키우는 것이 생식 적응도를 높이는 방법이다. 포유류의 경우, 흔히 암컷이 모든 먹이를 공급하므로, 수컷은 종종 일부다처성을 나타낸다.

부성 확실성(certainty of paternity)은 또한 짝짓기 행동과 부모의 양육에 영향을 미친다. 체내 수정의 경우, 짝짓기와 알 낳기 또는 출산이 분리되어 있기 때문에, 체외 수정의 경우보다 부성 확실성이 낮게 나타난다.

핵심 문제 39.6

체외 수정을 하는 종에게서 수컷이 양육을 도맡아 하는 것이 종종 관찰되는데, 어떻게 이런 행동이 진화했는지 설명하라.

성선택은 배우자를 얻기 위해 같은 성끼리 경쟁하는 성내선택(intrasexual selection)과 한쪽 성의 특별한 형질에 근거하여 배우자를 선택하는 성간선택(intersexual selection)으로 구분할 수 있다.

유병안(有柄眼)파리에 있어 암컷의 선택은 긴 눈자루를 진화시킨 선택 요인인데, 이는 수컷의 건강과 연관되어 있다.

세력투쟁행동(agonistic behavior)은 어떤 경쟁자가 배우자와 같은 자원을 얻을 수 있는지를 결정하는 의식화된 시합을 나타낸다.

39.6 포괄적응도 개념은 이타주의를 비롯한 행동의 진화를 설명할 수 있다

행동의 유전적 기반 수컷 초원들쥐(prairie vole)는 짝-결속을 이루어 새끼들을 돌보지만, 침입자에게는 공격적으로 행동한다. 수컷 목초지들쥐(meadow vole)는 이런 행동을 보이지 않는다. 신경전달물질인 바소프레신은 교미를 하는 동안에 분비된다. 바소프레신 수용체 유전자는 초원들쥐의 뇌에서 강하게 발현되지만, 목초지들쥐에서는 발현되지 않는다. 초원들쥐의 수용체 유전자를 주입한 수컷 목초지들쥐들은 뇌에서 바소프레신 수용체를 더 많이 발현시킬 뿐만 아니라 수컷 초원들쥐와 비슷한 짝짓기 행동을 나타냈다.

유전적 변이와 행동의 진화 같은 종내 집단 사이에서의 행동 변이는 환경의 변이와 연관될 수 있다.

실험실에서 태어난 대부분의 해안지대(먹이자원인 바나나민달팽이가 풍부함) 누룩뱀은 민달팽이를 주었을 때 먹는 반면, 실험실에서 태어난 내륙 누룩뱀은 민달팽이를 거의 먹지 않는다. 민달팽이를 인지하는 화학수용기를 가진 해안지대 누룩뱀은 높은 적응도를 보였고, 먹이선택 행동에 있어 이런 차이점은 진화를 이끌어냈다고 연구자는 제안하였다.

핵심 문제 39.7

왜 자연 집단 간의 행동 변이를 관찰하기 위한 실험은 종종 실험실에서 동물들을 키우고 조사하는가?

이타주의 대부분의 행동은 이기적인데, 자신의 생식 성공도를 위해 다른 개체를 희생시키면서 이익을 취한다. 자신을 돌보지 않는 **이타주의(altruism)**는 자신의 적응도를 감소시키지만 다른 개체의 적응도를 증가시키는 행동이다.

포괄적응도 자연선택은 생식 성공도를 높이는 것을 선호하기에, 그런 형질을 가진 유전자를 퍼뜨린다. 해밀턴(W. Hamilton)은 이타적 행동을 **포괄적응도(inclusive fitness)**라는 용어로 설명했는데, 포괄적응도란 가까운 친척들이 자손을 낳도록 돕거나, 혹은 스스로 자손을 낳아 자신의 유전자를 전달하는 개체의 능력을 말한다.

해밀턴의 법칙(Hamilton's rule)이라 부르는 수식에 의하면 자연선택은 $rB>C$일 때 이타행동을 선호한다. 여기에서 B와 C는 각각 수혜자의 이익과 이타주의자의 비용을 나타내는데, 이타행동의 결과로 인해 생산된 자손의 평균수로 측정하고, r은 두 개체 간의 공유된 유전자 비율을 나타낸 **혈연계**

수(**coefficient of relatedness**)이다. **혈연선택(kin selection)**은 혈연관계가 있는 개체의 번식 성공률을 높이는 이타행동을 선호하는 자연선택을 부르는 용어이다.

핵심 문제 39.8

a. 혈연선택에 의하면, 부모, 형제자매, 사촌 중에서 누구를 향해 이타행동이 더 잘 나타나리라고 생각하는가?

b. 혈연계수와 해밀턴 법칙에 대해 설명하라.

어원

endo- = within (*endoskeleton:* a hard skeleton buried within the soft tissues of an animal)

exo- = outside (*exoskeleton:* a hard encasement on the surface of an animal, such as the shell of a mollusc or the cuticle of an arthropod, that provides protection and points of attachment for muscles)

hydro- = water (*hydrostatic skeleton:* a skeletal system composed of fluid held under pressure in a closed body compartment; the main skeleton of most cnidarians, flatworms, nematodes, and annelids)

inter- = between; **-cala** = insert (*intercalated disk:* a specialized junction between cardiac muscle cells that provides direct electrical coupling between the cells)

mono- = one; **-gamy** = reproduction (*monogamous:* a type of relationship in which one male mates with just one female)

myo- = muscle; **-fibro** = fiber (*myofibril:* a longitudinal bundle in a muscle cell (fiber) that contains thin filaments of actin and regulatory proteins and thick filaments of myosin)

peri- = around; **-stalsis** = a constriction (*peristalsis:* a type of movement on land produced by rhythmic waves of muscle contraction passing from front to back, as in many annelids)

poly- = many (*polygamous:* a type of relationship in which an individual of one sex mates with several individuals of the other sex)

sarco- = flesh; **-mere** = a part (*sarcomere:* the fundamental, repeating unit of striated muscle, delimited by the Z lines)

tetan- = rigid, tense (*tetanus:* the maximal, sustained contraction of a skeletal muscle, caused by a very high frequency of action potentials elicited by continual stimulation)

tropo- = turn, change (*tropomyosin:* the regulatory protein that blocks the myosin-binding sites on actin molecules)

지식의 체계화

1. 근육 수축에 있어 운동신경세포의 활동전위에서 근육 이완에 이르기까지 연속적으로 일어나는 일을 서술하라.

2. 본성-대-양육(nature-versus-nurture) 논쟁이 어떻게 행동학 연구에 적용되는가?

3. 진화적 적응은 어떻게 모든 측면의 행동에 적용되는가?

지식의 검증

선다형 문제: 가장 옳은 답을 고르시오.

1. 무늬 근섬유가 수축하면, ____________________
   a. Z선이 당겨져서 가까워진다.
   b. 근절이 확장된다.
   c. 가는 필라멘트가 짧아진다.
   d. 굵은 필라멘트가 늘어난다.
   e. a와 c가 일어난다.

2. 강축이란, ____________________
   a. ATP 결핍과 이온 농도구배가 사라져 근육 피로 현상이 나타나는 것이다.
   b. 단일 근섬유 수축에서 실무율을 의미한다.
   c. 더 많은 운동 신경의 자극으로 생긴다.
   d. 빠르게 전달되는 활동전위의 총합에 의해 수축이 증가하고 지속되는 현상이다.
   e. 사후에 근육이 단단하게 되는 것이다.

3. 근육 수축에 있어 ATP의 역할은 ______________
   a. 굵은 필라멘트와 가는 필라멘트 사이에 가교를 형성하는 것이다.
   b. 액틴으로부터 마이오신 머리를 떼어내고, 가수분해되었을 때 고에너지 형태의 마이오신을 형성하는 것이다.
   c. 액틴의 마이오신 결합부위를 막고 있는 트로포마이오신-트로포닌 복합체를 제거하는 것이다.
   d. 가교를 휘게 하여 굵은 필라멘트를 근절의 중심부로 당기는 것이다.
   e. 액틴을 지나치는 마이오신의 이동에 필요한 크레아틴 인산을 제공하는 것이다.

4. 어떻게 칼슘은 근육 수축에 영향을 주는가?
   a. 활동전위에 대한 반응으로 T세관으로부터 방출되어 근육 수축을 유발한다.
   b. 아세틸콜린과 결합하여 세포막에 있는 칼슘통로를 열어, T세관 속으로 퍼지는 활동전위를 만든다.
   c. 트로포마이오신과 결합하여 가교 형성의 안정화를 돕는다.
   d. 트로포닌과 결합하여 액틴 필라멘트에 존재하는 마이오신 결합부위를 막고 있는 트로포마이오신을 이동시킨다.
   e. 근소포체로부터 방출되어 근육세포의 막전위를 변화시켜 수축이 일어나게 한다.

5. 운동단위는 ______________
   a. 하나의 Z선에서 다음 Z선까지 확장된 근절이다.
   b. 하나의 운동 신경과 그로부터 자극받는 근섬유이다.
   c. 근원섬유와 그들을 연결하는 가로세관이다.
   d. 근육을 형성하는 근섬유이다.
   e. 몸의 부분을 굽히고 펼치는데 작용하는 근육의 길항적인 쌍이다.

6. 다음 중 심근의 특성에 해당되지 않는 것은?
   a. 액틴과 마이오신 필라멘트가 불규칙적으로 흩어져 있다.
   b. 세포 사이로 활동전위를 퍼뜨리는 개재판이 있다.
   c. 활동전위는 오랫동안 지속된다.
   d. 신경 자극 없이도 활동전위를 생성할 수 있다.
   e. 가로무늬근이다.

7. 평활근이 상대적으로 천천히 수축하고 이완하는 이유는?
   a. 단지 ATP만이 발효에 의해 공급되기 때문이다.
   b. 수축은 운동신경에 의해서가 아니고 호르몬에 의해 일어나기 때문이다.
   c. 발달된 근소포체가 없고, 활동전위에 의해 칼슘이온이 세포막을 통해 들어오기 때문이다.
   d. 가로무늬근이 아니기 때문이다.
   e. 전적으로 느린 연축 근섬유로 구성되었기 때문이다.

8. 유체골격에 의해 움직이는 동물이 아닌 것은?
   a. 자포동물
   b. 절지동물
   c. 선형동물
   d. 환형동물
   e. 편형동물

9. 아래 팔뚝을 당기는 근육 운동으로 이두근을 만들고자 할 때, 어떤 일이 일어나는가?
   a. 굴근 수축
   b. 굴근 이완
   c. 신근 수축
   d. 신근 이완
   e. 단순 근육 연축 생성

10. 행동생태학이란?
   a. 동물의 행동을 연구하는 것으로, 자극과 반응에 초점을 맞춘다.
   b. 인간의 감정과 생각을 다른 동물에게 적용하는 것이다.
   c. 동물 인지에 대해 연구하는 것이다.
   d. 생태학과 진화적 관점에서 동물 행동을 연구하는 것이다.
   e. 생태학의 행동학적 연구이다.

11. 근접원인에 대한 옳은 설명은?
   a. 행동의 진화적 의미를 설명하는 것이다.
   b. 환경의 자극과 같은 것에 대한 즉각적인 반응을 유발하는 원인이다.
   c. 궁극원인은 유전적인 데 반해, 근접원인은 환경적이다.
   d. 비록 근접원인이 외부자극에 의한 것일지라도, 내재적이다.
   e. 본성이 양육보다 더 중요하다는 것을 보여준다.

12. 다음 중 고정행동양식에 대한 설명은?
   a. 동물원 번식 프로그램에 의해 태어난 두루미는 사육사를 각인한다.
   b. 수컷 큰가시고기는 자기 영역에 들어온 붉은 배를 가진 물체를 쫓아다닌다.
   c. 명금(songbird)은 겨울철 먹이활동을 위해 태양의 위치를 이용하여 이주한다.
   d. 수컷 농게는 집게발을 흔든다.
   e. 나나니벌은 지형표식을 인식하여 집으로 돌아온다.

13. 임계기란?
   a. 태어난 직후이다.
   b. 일반적으로 신호자극을 받은 후이다.
   c. 각인이 일어나는 특정 시기이다.
   d. 새가 비행을 배우는 시기이다.
   e. 성선택이 일어나는 시기이다.

14. 연합학습이란?
    a. 어떤 동물에서 고정행동양식을 수행하는 능력이 증가하는 것이다.
    b. 어떤 동물이 행동에 따른 이익과 손해를 연결시켜 학습하는 것이다.
    c. 어떤 동물이 다른 개체를 지켜봄으로써 행동을 학습하는 것이다.
    d. 어떤 동물이 주변 환경에 대한 인지지도를 만드는 것이다.
    e. 어떤 동물이 부모의 역할을 하는 특정 개체를 각인하는 것이다.

15. 다음 중 짝짓기 동안에 나타나는 초파리의 자극 반응 사슬에서 가장 잘 연구된 종 내에서 의사소통 신호 방식은 무엇인가?
    a. 청각 신호
    b. 시각 신호
    c. 화학 신호
    d. 촉각 신호
    e. 위의 모두 다

16. 다음의 사례 중에서 동물의 인지능력을 나타내는 것은 무엇인가?
    a. 침팬지는 상자를 쌓아 머리 위의 바나나를 잡는다.
    b. 갈까마귀는 먹이에 달려 있는 줄을 잡아당겨 먹이를 얻는다.
    c. 훈련된 꿀벌은 색깔이나 패턴에 의해 "같은 것"과 "다른 것"의 개념을 구별한다.
    d. 생물학을 공부하는 학생은 여러 가지 자료를 이용해서 시험 공부를 한다.
    e. 위의 사례 모두 정보 처리와 동물 인지에 대한 증거이다.

17. 암컷이 새끼에 대한 보호와 먹이를 모두 제공하는 종에서는 ____________________
    a. 수컷은 난교성을 나타내는 경향이 있다.
    b. 짝짓기 체계는 일부일처제일 가능성이 높다.
    c. 짝짓기 체계는 일처다부제일 가능성이 높다.
    d. 암컷은 사회적 그룹으로 결속되어 있다.
    e. 암컷은 수컷보다 높은 적응도를 나타낸다.

18. 부모를 도와 형제자매를 양육하는 까마귀는 ____________
    a. 생존성공률이 증가한다.
    b. 이타적 행동이 증가한다.
    c. 포괄적응도가 증가한다.
    d. 혈연계수가 증가한다.
    e. 부성 확실성이 증가한다.

19. 혈연선택에 따르면, ______________________________
    a. 서로 "친절"을 주고받는다면 동물은 낯선 방문자를 도울 것이다.
    b. 동물은 형제자매를 돕기 전에 부모를 먼저 도울 것이다
    c. 동물은 배우자로서 가까운 친척을 선택하는 경향이 나타날 것이다.
    d. 이타주의에 대한 사례들은 일반적으로 가까운 친척을 포함하고 있으며, 동물의 포괄적응도를 높인다.
    e. 진화는 동물 행동의 궁극원인이다.

20. 캘리포니아 쥐를 흰발 쥐에게서 교차양육 시킨 연구를 통해 얻어 낸 증거는?
    a. 새끼돌보기(부모양육) 행동과 공격성에 대한 유전적 통제
    b. 바소프레신 수용체의 분포와 새끼돌보기 행동 사이의 관계
    c. 공격성과 새끼돌보기가 관련된 행동이 형성되는 각인 시기
    d. 공격성과 새끼돌보기 행동에 미치는 초기의 사회적 환경의 중요성(영향)
    e. 다른 환경에서 행동 변화를 나타내는 쥐의 인지능력

UNIT 7

생태학

40장

개체군생태학과 개체의 분포

핵심

이 장은 생태학의 연구범위, 전 지구적 기후 양상, 주요한 육상 생물군계와 수 생물군계, 종의 분포를 결정하는 데 영향을 미치는 요인들 그리고 개체군의 생장과 조절에 대해 탐구한다.

복습

생태학(ecology)은 개체군들 간의 상호작용과 개체군들이 서식하는 환경에 대해 연구한다. 복합적인 생태학 질문들에 답하기 위해 정교한 실험 디자인을 한다. 그러한 질문들은 아래 본문에 요약된 생물학적 체계의 여러 수준에 초점을 맞출 수 있다.

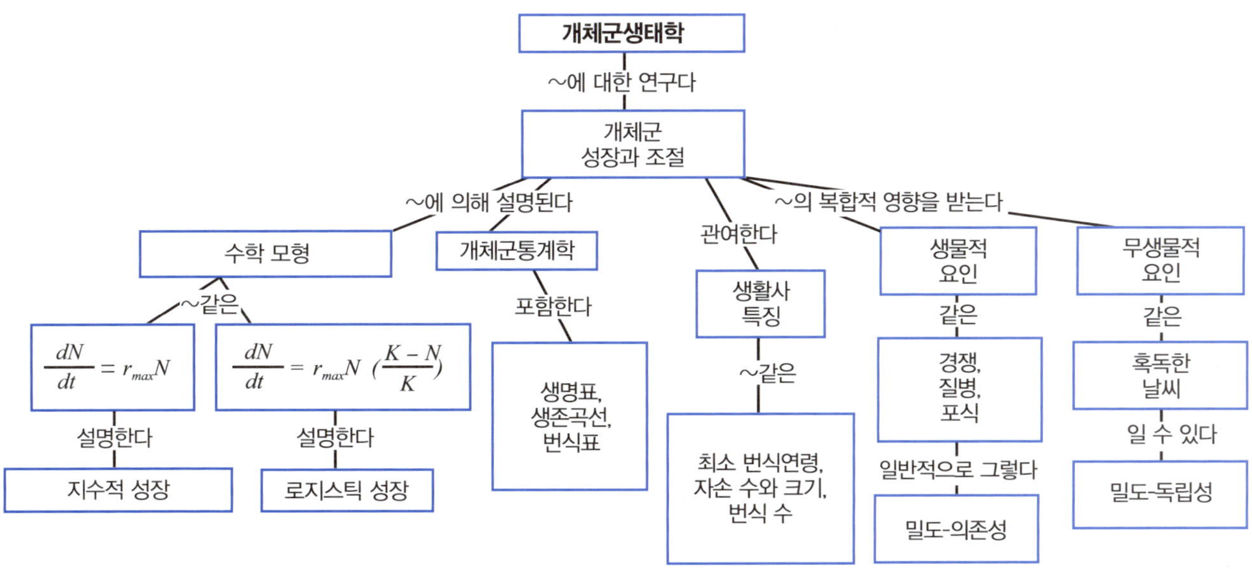

생물권(biosphere)은 지구의 생태계와 경관 모두를 포함한다. **지구생태학(global ecology)**은 에너지와 물질의 지역적인 교환이 생물권에 서식하는 개체의 분포와 기능에 어떻게 영향을 주는지 연구한다.

경관(landscape) 혹은 바다경관은 여러 개가 연결된 생태계로 구성되어 있다. **경관생태학(landscape ecology)**은 에너지, 물질, 생물들의 흐름을 연구한다.

생태계(ecosystem)는 한 지역 내 모든 개체의 군집이고, 그 개체들이 상호작용하는 무생물적 요인들을 포함한다. **생태계생태학(ecosystem ecology)**은 에너지 흐름과 화학적 순환 같은 주제를 설명한다.

군집(community)은 한 지역 내에서 여러 종의 개체군을 포함한다. **군집생태학(community ecology)**은 포식과 경쟁 같은 종간 상호작용이 군집 구조와 종에 어떤 영향을 미치는지 살펴본다.

개체군생태학(population ecology)은 개체 크기에 영향을 미치는 요인에 관심을 갖고, 특정 지역에서 서식하는 같은 종의 **개체군(population)** 집단을 분석한다.

개체생태학(organismal ecology)은 생리생태학, 진화생태학, 행동생태학을 포함하며, 환경에 개체들이 어떻게 반응하고 적응하는지에 대해 연구한다.

40.1 지구의 기후는 육상 생물군계의 구조와 분포에 영향을 미친다

특정 지역에서 장기간에 걸쳐 나타나는 일반적인 날씨 상태인 **기후(climate)**는 온도, 강수, 햇빛, 바람에 의해 영향을 받는다. **생물적(biotic)** 요인—한 지역에서 살고 있는 개체군들—과 함께 **무생물적(abiotic)** 요인은 생물의 풍부도와 분포에 영향을 미친다. **대기후(macroclimate)**는 전 지역에 걸쳐 나타나는 기후 양상이다.

전 지구적 기후 패턴 태양에너지의 흡수는 대기와 육지, 물을 따뜻하게 데우고, 기후에서 위도에 따라 달라지는 대기의 변화, 공기의 순환, 그리고 물의 증발 패턴을 결정한다. 지구의 형태와 기울어진 자전축은 계절적 변이, 위도에 따른 온도와 낮의 길이를 변이를 야기한다. 북위 23.5도와 남위 23.5도 사이에 위치한 **열대(tropics)**지방은 가장 많은 태양 복사열을 받는다.

적도 근처에서 강하게 내리쬐는 태양 복사열이 따뜻하게 그곳을 데우면서 전 지구적인 대기 순환이 시작된다. 습한 공기가 상승하여 수분이 방출되면 열대지방에 비가 내린다. 북위와 남위 30도 주변의 사막지대에서는 건조한 공기가 형성된다. 하강하는 공기 중 일부는 차갑고 건조한 극지방을 향해 흐른다. 북위와 남위 60도 주변에서 공기는 다시 상승하여 풍부한 양의 비를 뿌린다. 열대지방에서 동쪽에서 서쪽으로 부는 차가운 무역풍과 온대지역의 편서풍처럼 지구 표면 가까이에서의 공기 흐름은 전 지구적인 바람 양상을 만든다.

기후에 미치는 지역적 영향 태양의 입사각 변화에 따라 북위 20도와 남위 20도 주변에서 건기와 우기가 생성된다. 바람 양상에 있어 계절적 변화는 해류에 영향을 미치고, 때때로 깊은 해양으로부터 찬물을 용승시키고, 물은 영양분이 풍부하다.

해안지역은 일반적으로 내륙지방보다 습윤하고, 큰 수괴는 온화한 기후를 형성한다. 예를 들어, 적도지방에서 북대서양으로 흐르는 멕시코 만류와 북유럽의 서부 해안에는 따뜻한 물이 흐른다.

핵심 문제 40.1

어떻게 산이 지역의 기후에 영향을 미치는지 아래 3가지 요인을 가지고 설명하라.

a. 햇빛

b. 기온

c. 강수량

기후와 육상 생물군계 **생물군계(biomes)**는 우점하는 식물 또는 물질적 환경(수 생물군계)을 결정하는 데 있어 생태계의 주요한 유형이다.

기후도(climograph)는 특정 지역에서 나타나는 연평균 기온과 강수량으로, 이는 다양한 생물군계의 분포와 관련 있다. 생물군계에서 일치하는 기후도는 강수량과 기온의 계절적 양상에 있어 중요한 변이를 나타낸다.

교란(disturbance)은 화재, 폭풍 또는 군집을 변화시키고, 군집을 변화시킬 수 있는 인간 활동과 자원 가용성을 달라지게 하는 사건 등을 말한다. 대부분 생물군계의 지역들은 교란의 결과이다. 초원과 대초원은 주기적인 화재의 교란에 의해 유지된다. 도시와 농업 지역이 지구의 많은 부분을 차지하고 있다.

육상 생물군계의 일반적 특징 생물군계는 우점하는 식생과 주요한 기후적 특징을 반영하여 이름을 붙인다. 각 생물군계는 미생물, 균류, 동물에 의해서도 특징지어진다. 생물군계 간 천이 지역을 **추이대(ecotone)**라고 한다.

육상 생물군계는 수직적 층을 이루는데, 숲에서 층은 산꼭대기에서 바닥까지 나무 위쪽의 **수관층(canopy),** 그 아래 낮은 나무의 층, 하부 관목층, 지상 초본식물층, 숲 바닥층(낙엽층), 뿌리층으로 구성되어 있다. 식생의 수직적 층은 동물들의 다양한 서식지를 제공한다.

육상 생물군계 탐구 8개 육상 생물군계의 주요한 특징은 무엇인가?

열대우림(tropical rain forests)은 적도대와 아적도대 지역에 위치한다. **열대건조림(tropical dry forests)**은 계절에 따라 강수량의 차이가 나지만 열대우림은 강수량이 일정하게 나타나고 풍부하다. 온도는 연중 높다. 열대우림은 수직적 식생을 보인다. 동물의 다양성은 다른 육상 생물군계에 비해 더 높다. 농사와 개발은 많은 열대우림을 파괴시켜왔다.

사바나(savannas)는 적도와 아적도 지역에 위치하고, 드문드문 나무들이 흩어져 자라고, 건조 기간이 길다. 화재가 자주 나지만 이 지역의 우점 식물은 화재에 잘 적응되어 있다. 곤충이 우점하는 동물이지만 커다란 초식 포유류와 포식자들도 함께 산다. 가축 방목과 과도한 사냥으로 대형 포유류의 개체수가 줄었다.

강수량이 적고, 변이가 매우 심한 **사막(deserts)**은 남북으로 위도 30도 부근과 대륙 안쪽에 위치한다. 사막의 온도는 뜨겁거나 추우며, 계절에 따라 그리고 하루 중 시간에 따라 차이가 심하다. 사막식물들은 C_4와 CAM 광합성을 하며, 잎 표면적이 적고, 물을 저장하는 데 잘 적응되어 있고, 가시와 독성을 가진 방어 기작을 지니고 있다. 사막에 사는 동물은 생리적이고 행동적으로 건조한 조건에 잘 적응되어 있다. 관개농업과 도시화로 자연적 생물다양성이 감소했다.

지중해성 관목지대(chaparral)는 중위도 해안 지역에 위치한다. 추운 겨울에는 비가 많이 내리지만 더운 여름에는 건조하다. 우점하는 식물은 빈번한 화재에도 잘 적응할 수 있는 상록수 관목과 작은 나무들이다. 초식동물과 작은 포유류 그리고 새들이 서식한다. 농업과 도시화로 지중해성 관목지대가 감소되었다.

온대초원(temperate grasslands)은 화재, 계절성 가뭄 그리고 풀을 뜯어먹는 대형 포유류에 의해 유지된다. 겨울은 대개 춥고 건조하지만 여름은 뜨겁고 비가 많이 내린다. 토양은 깊고 비옥하다. 많은 초원이 방목지로 이용되고 있다.

넓은 잎을 가진 낙엽성 목본들이 특징인 **온대 활엽수림(temperate broadleaf forests)**은 북반구 중위도에 넓게 분포하고, 다른 대륙에도 일부 작게 분포한다. 겨울은 춥고 여름은 뜨겁고 습윤하다. 추운 겨울에는 많은 포유류가 동면을 하고, 새는 이주한다. 농업과 도시개발을 위해 벌목과 개간이 진행되었다.

타이가(taiga)라고도 불리는 **북부 침엽수림(northern coniferous forest)**은 육상 생물군계에서 가장 광범위하게 분포하고 있다. 많은 눈이 내리는 겨울은 혹독할 정도로 춥지만 여름은 덥다. 새와 대형 포유류가 주로 서식한다. 오래된 침엽수림이 벌채로 빠르게 사라지고 있다.

넓은 북극지방을 덮고 있는 **툰드라(tundra)**는 추운 겨울과 시원한 여름 그리고 작은 관목 또는 초본식물로 이루어져 있다. 영구동토층으로 불리는 얼어 있는 토양층은 뿌리식물의 생장을 제한한다. 이주하는 대형 포유류와 새들을 볼 수 있다. 모든 위도의 높은 산꼭대기에서 볼 수 있는 고산 툰드라에도 유사한 식물들이 서식한다. 광물과 석유 채굴이 활발하게 이루어지고 있다.

핵심 문제 40.2

기온과 강수량은 생물군계의 식생에 영향을 미치는 주요한 두 가지 요인들이다. 다음의 기후도에는 기온과 강수량의 범위를 구분하여 북미에서 나타나는 생물군계(북극과 고산지대의 툰드라, 북부 침엽수림, 온대 활엽수림, 열대우림, 온대초원, 사막)를 써 넣으라.

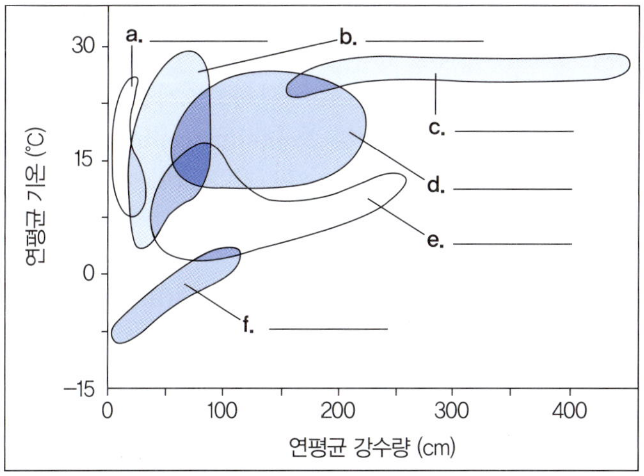

40.2 수 생물군계는 지구의 대부분을 덮고 있는 다양하고 동적인 시스템이다

수 생물군계의 물리적 차이 중의 하나는 염도이다. 담수 생물군계의 염도는 0.1% 이하이고, 해양 생물군계의 염도는 평균 3% 정도이다. 지구의 4분의 3이 바다로 덮여 있는데, 이것은 지구의 강수량, 세계의 기후 그리고 바람이 부는 양상에 영향을 미친다. 해양의 조류와 광합성 박테리아는 세계 산소의 대부분을 만들어내며, 대기 중의 많은 이산화탄소를 흡수한다. 담수 생물군계는 주변의 육상 생물군계에 의해 영향을 받는다.

수 생물군계의 대상 분포 많은 수 생물군계는 수직적이고 수평적 지대로 분류된다. **투광대(photic zone)**는 광합성을 하는 생물들이 이용할 수 있는 충분한 빛이 도달하는 반면에 **무광대(aphotic zone)**는 더 아래층에 위치해 빛이 거의 도달하지 않는다. **원양대(pelagic zone)**는 투광대와 무광대를 포함한다. **저생대(benthic zone)**라 불리는 바닥에는 **저생생물(benthos)**이라 불리는 생물군집이 살고 있다.

해양과 대부분의 호수에는 **수온약층(thermocline)**이라 하는 급격한 온도 변화가 일어나는 얇은 층이 있는데, 아래에는 차가운 물이 형성되고, 위에는 따뜻한 물이 형성된다.

수 생물군계 탐구 7개 수 생물군계의 특징은 무엇인가? **습지(wetlands)**는 물에 덮여 있는 곳으로, 종종 수중식물이 충분이 살 수 있을 만큼 물에 잠겨 있다. 강과 바다가 만나는 곳에는 **강 하구(estuary)**가 형성된다. 상류로부터 얻은 영양물질은 지구상에서 가장 비옥한 서식지를 만들어 다양한 동물종이 서식한다. 미생물에 의한 분해율이 높기 때문에 습지의 물과 토양에서는 용존 산소량이 줄기도 한다. 용해된 유기물질과 화학물질을 걸러낸다. 습지의 90% 이상이 관개와 매립을 통해 파괴되었고, 매립과 쓰레기, 상류 오염원으로 강 하구가 위험에 처해 있다.

호수는 투광대와 무광대로 구분하고, 계절적 또는 연중 수온약층을 형성한다. **빈영양 호수(oligotrophic lakes)**는 영양물질이 적고 산소의 함량은 높다. 영양물질이 풍부한 **부영양 호수(eutrophic lakes)**는 계절적으로 수심이 깊은 곳에서는 분해로 인해 산소가 고갈되기도 한다. 뿌리를 내리고 떠다니는 식물은 해안가에서 가까운 **연안대(littoral zone)**에서 산다. **준조광대(limnetic zone)**에는 시아노박테리아를 포함하여 식물성 플랑크톤이 산다. 떠다니는 동물성 플랑크톤, 저생 무척추동물 그리고 물고기 등의 생물이 산다. 비료를 준 땅과 쓰레기로부터 영양물질이 호수로 유입되면서 조류가 지나치게 번성하여 용존 산소량이 줄어들어 물고기들이 떼죽음을 당하기도 한다.

하천과 강은 수 생물군계의 3번째 유형이다. 이곳의 물리적, 화학적 특징으로 인해 하천 상류에서 하천 하류까지 다양한 서식지가 형성된다. 물살이 거친 상류는 용존 산소량 수준이 높고, 하류는 물이 따뜻하고 혼탁하다. 숲을 따라 흐르는 하천에는 육상 식생이 많은 유기물질이 만들지만 식물성 플랑크톤 및 뿌리가 있는 식물도 풍부하다. 오염되지 않은 강과 하천은 다양한 물고기와 무척추동물의 서식지이다. 댐을 만들고, 물을 오염시키는 인간의 활동이 하천과 강에 영향을 미친다.

조간대(intertidal zone)는 하루 주기로 조수에 의해 물이 잠겼다가 빠지기를 반복하면서 해안을 노출시킨다. 온도와 영양물질에 변이가 크다. 암석으로 이루어진 조간대에는 암석에 부착해서 살도록 적응된 다양한 해양 조류와 동물이 산다. 모래로 이루어진 조간대에는 굴을 파고 사는 지렁이와 대합조개, 갑각류가 산다. 기름으로 인한 오염과 방벽의 건설은 많은 조간대를 파괴했다.

물의 투명도가 높은 열대 해양에서 볼 수 있는 **산호초(coral reefs)**는 매우 다양하고, 생산적인 생물군계이다. 산호초는 산호의 탄산칼슘 골격으로 형성된다. 홍조류와 녹조류도 산호초에서 상당한 광합성을 수행한다. 산호의 조직 내에 사는 단세포 조류는 산호에게 유기물질을 공급하면서 산호와 상호공생한다. 남획과 산호 수집, 오염, 지구온난화로 산호초가 파괴되고 있다.

원양대(oceanic pelagic biome)의 바다는 영양물질은 적지만 용존 산소량은 풍부하다. 온대와 고위도의 해양지역은 계절적 혼합이 이루어져 해수의 표면에 영양물질을 공급한다. 투광대의 식물성 플랑크톤은 전 세계 생산량의 절반을 차지하는데, 수많은 동물성 플랑크톤이 먹는다. 오징어, 물고기, 해양 포유류 등 자유롭게 헤엄치는 동물도 산다. 남획과 쓰레기 투기로 지구의 해양이 오염되고 있다.

해양저생대(marine benthic zone)는 해저로 구성되어 있다. 해양 가까운 지역을 제외하고, 해양저생대는 어둡고, 물 위의 폐기물처럼 영양물질이 떨어진다. 심해지대에 사는 생물은 추위와 높은 수압에 잘 적응되어 있다. **심해열수구(deep-sea hydrothermalvent)** 군집 근처의 뜨겁고, 용존 산소량이 적은 환경에 사는 생물들은 영양을 화합 합성하는 원핵생물들이다. 남획으로 저생대 지역의 물고기가 크게 줄었고, 유기 폐기물을 투기함으로써 산소가 고갈된 지역이 발생했다.

핵심 문제 40.3

수 생물군계는 빛의 투과, 연안으로부터의 거리, 물의 깊이에 따라 구분한다. 아래 그림에 있는 숫자와 일치하는 지대를 빈칸에 써넣어라.

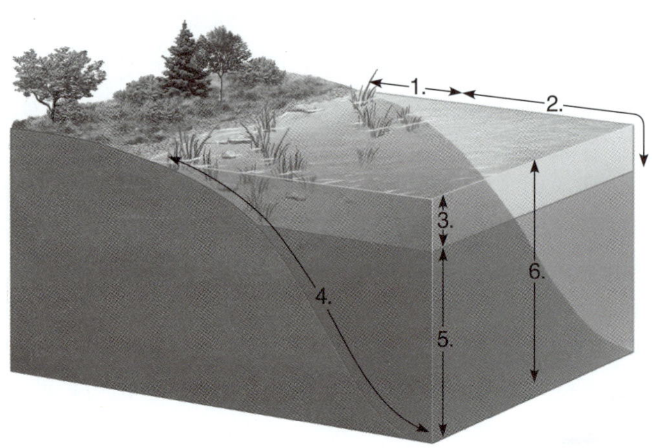

_______ 저생대 _______ 원양대 _______ 연안대

_______ 무광대 _______ 투광대 _______ 준조광대

40.3 개체와 환경 간의 상호작용은 종의 분포를 제한한다

개체와 환경 간의 상호작용은 생태학적 시간(eological time) 내에서 이루어진다. 이러한 상호작용의 누적 효과는 진화적 시간(evoutionary time) 속에서 환경에 적응해왔다. 종의 분포는 생물적 요인과 무생물적 요인과 함께 생태학적 시간과 진화적 시간 간의 상호작용을 반영한다. 생태학자들은 종의 지리적 분포를 제한하는 요인이 무엇인지에 관한 논리적 질문에 대해 연구한다.

분산과 분포 분산은 종 분포를 제한하는가? **분산(dispersal)**은 기원지로부터 퍼져나간 개체들의 이동을 말한다. 예전에 서식하지 않았던 지역에서 이식된 종은 분산이 그 종의 분포를 제한하는지 여부를 나타낸다. 이식이 성공적이라면 종의 잠재적 서식범위가 실제 서식범위보다 넓다고 볼 수 있다. 새로운 지역에서 도입된 종들은 의도적이든 우연이든 새로운 생태계를 교란시킨다.

생물적 요인 종들의 분포는 포식, 질병, 기생충 혹은 경쟁 등의 생물적 요인에 의해 제한되는가? 제거 실험은 외래종이 그 지역에 서식하는 종들의 분포를 제한하는지 여부를 조사할 수 있다. 오스트레일리아 연구는 성게가 해초의 분포와 풍부도를 어떻게 제한하는지 보여준다.

무생물적 요인 종들의 지리적 분포는 무생물적 요인에 의해 영향을 받는가? 온도는 대사에 영향을 미치기 때문에 중요한 환경 요인이다. 대부분의 생물들은 환경 온도의 특정 범위 내에서 최고의 기능을 한다.

다른 서식환경에서 물의 가용성은 매우 크다. 생물의 분포는 육상 서식지에서 건조를 피하기 위해 충분한 물을 제공받는 능력을 보여준다. 산소 농도는 깊은 해양과 깊은 호수의 물 그리고 유기물질이 풍부한 퇴적물에서 낮다.

삼투압을 하는 수생생물은 담수, 염수 혹은 높은 염분 서식지에서 생물의 분포를 결정한다.

빛에너지는 거의 모든 생태계를 가동시킨다. 햇빛의 양은 수중 환경과 숲의 바닥의 제한 요인이다.

토양의 물리적 구조, pH, 광물의 구성은 식물의 분포와 동물의 분포에 영향을 준다. 수중 환경에서 기질의 구조는 수질 화학과 그곳에 서식하는 생물들에게 영향을 미친다.

핵심 문제 40.4

종들의 지리적 분포를 이해하기 위해 생태학자들이 조사하는 세 가지 요인을 사례를 들어 설명하라.

a.

b.

c.

40.4 역동적인 생물 변천은 개체군 밀도, 분산 및 개체군 통계에 영향을 미친다

개체군생태학은 생물적 요인과 무생물적 요인이 개체군의 밀도와 분포 그리고 크기에 어떤 영향을 미치는지 연구한다. 개체군은 동일한 지역에 서식하는 단일 종의 개체들의 집합체를 말한다. 동일한 자원에 의존하는 개체군의 구성원들은 서로 상호작용하고 번식할 가능성이 있다. 개체군은 영역과 크기로 설명된다. 생태학자들은 영역을 개체에 대한 그리고 제기된 질문에 적합한 것으로 정의한다.

밀도와 분산 **밀도(density)**는 단위 면적 또는 단위 부피당 개체수이고, **분산(dispersion)**은 개체군의 범주 내에 개체들이 공간을 점유하는 패턴이다.

과학자들은 개체군의 밀도를 예측하기 위해 표본 추출 기법을 이용한다. 개체군 밀도의 간접적 지표는 굴, 둥지 수, 배설물이다.

개체군 밀도의 변이는 출생(번식의 모든 형태)과 **이입(immigration)**으로 추가된 개체수를 반영하고 사망과 **이출(emigration)**로 제거된 개체수를 반영한다.

개체군의 지리적 범위 내에서 어떤 분산 패턴이 발견되는가? 군생(clumping)은 개체의 상호작용 또는 서로 다른 환경을 가리킨다.

균일(uniform) 분산은 자원경쟁과 연관될 수 있고, 개체들 간의 상호작용의 결과일 수 있다. 경계가 있는 물리적 공간인 **세력권(territoriality)**은 균일한 분산을 보여준다. 개체들 간의 강한 상호작용이 없거나 균일한 서식지가 없는 무작위(random) 분산은 드물다.

개체군통계 출생률과 사망률 등 개체군의 중요한 통계를 연구하는 것으로, **개체군통계학(demography)**이라고 부른다.

생명표(life table)는 개체군의 생존 양상을 특정 연령으로 나타낸다. 동일한 연령의 개체들의 집단을 태어나서 죽을 때까지를 추적하고, 각 연령 집단에서 다음 세대까지 생존하는 개체군을 계산하여 **동령군(cohort)**을 구성할 수 있다.

생존곡선(survivorship curve)은 한 동령군의 각 연령대에서 아직 살아 있는 개체의 비율 또는 수로 그린 도표를 말한다. 생존곡선은 대개 한 동령군의 편리한 크기, 즉 1,000개체로 시작한다. 이것은 대개 y축은 대수 등급이고, x축은 상대량이기 때문에 수명폭이 광범위하게 변화하는 종은 같은 도표에서 비교할 수 있다. 생존곡선은 3가지 유형으로 분류할 수 있다. I형의 곡선은 초년부터 중년까지는 사망률이 낮다가 노년 집단에서는 사망률이 증가한다(a). II형의 곡선은 사망률이 상대적으로 일정하게 나타난다(b). III형의 곡선은 초년에 사망률이 높고, 성체로 생존할 수 있는 자손 수가 매우 적다(c). 많은 종들이 중간 혹은 복잡한 유형의 생존 유형을 보인다.

핵심 문제 40.5

아래 그래프에서 생존곡선의 유형을 설명하라. 각각의 곡선유형이 대표하는 종들의 특징을 설명하고, 사례를 제시하라.

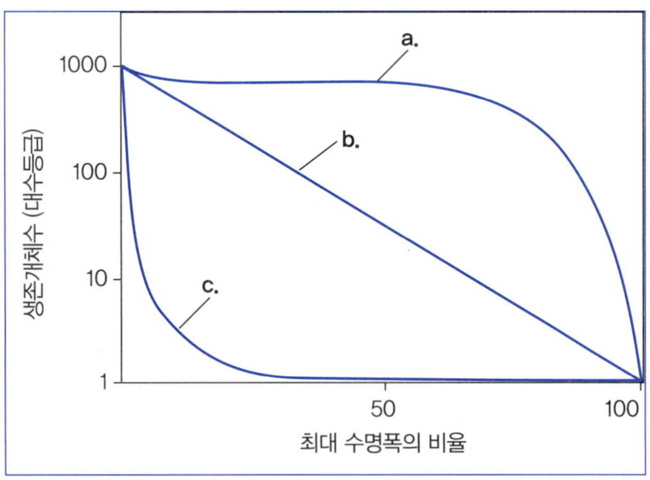

유성생식을 하는 종에서, 개체군통계학자들은 일반적으로 자손을 낳을 수 있는 암컷에만 집중한다. **번식표(reproductive table)** 혹은 출산 스케줄은 개체군에서 생식률을 특정 연령별로 요약한 것이다.

40.5 지수적 · 로지스트형 모형은 개체군의 생장을 나타낸다

개체당 증가율 매우 이상적 환경에서 작은 개체군은 생장률 제한을 받지 않을 수 있다. 이입과 이출을 무시하고 특정 시간 동안 개체군 크기의 변화는 출생한 수에서 사망한 수를 뺀 것과 일치한다.

출생과 사망은 특정 시간 간격 동안 각 개체당 평균 출생수와 평균 사망 수, 즉 개체당 출생률(b)과 개체당 사망률(m)로 나타낼 수 있다. 이것은 개체군 크기(N)의 측정뿐 아니라 생명표와 번식표를 통해 계산할 수 있다. 개체당 출생률과 사망률을 이용한 개체군 생장 공식은 $\Delta N/\Delta t = bN - mN$이다. 개체당 증가율($r$)은 개체당 출생률과 사망률 간의 차이로, $r = b - m$이다. **제로개체군생장(zero population growth, ZPG)**은 r값이 0일 때, 즉 개체당 출생률과 사망률이 동일할 때 나타난다. 순간생장이 나타나는 개체군에서의 변화를 설명하는 공식은 $dN/dt = r_{inst}N$ 이다.

지수적 생장 이상적인 조건에서 개체군은 **지수적 개체군 생장(exponential population growth)**을 보일 수 있다. 이것은 $dN/dt = rmaxN$으로 표현한다. 지수적 개체군 생장을 시간 경과에 따라 점으로 표시하면 J형의 생장곡선이 나타난다. 보다 큰 개체군(N)일수록 개체군 생장이 더 빨라진다. 지수적 생장은 새로운 환경으로 이입된 개체군이거나 극적으로 줄어들고 다시 반작용으로 개체가 급격히 증가할 때 나타날 수 있다.

핵심 문제 40.6

r_{max}를 정의하여라.

환경수용력 개체군이 지수적 생장을 하는 경우는 서식지의 증가된 밀도로 인해 개체들에게 자원 가용성이 제한되기 전까지의 단기간 동안에만 가능하다. **환경수용력(carrying capacity, K)**은 특정 환경이 수용할 수 있는 개체군의 최대 크기를 말한다. 개체수가 많고 자원이 제한되면 개체당 출생률의 감소와 개체당 사망률의 증가를 가져온다.

로지스트형 생장 모형 개체당 증가율은 환경수용력에 근접함에 따라 0에 접근한다. **로지스트형 생장(logistic population growth)**의 수학적 모형은 $dN/dt = r_{max}N(K - N)/K$ 이다. 공식은 N이 증가함에 따라 개체당 증가율이 감소하는 영향을 반영하여 $(K - N)/K$로 표현할 수 있다.

N이 작을 때 $(K - N)/K$는 1에 가까워지고, 생장은 지수적 증가율($r_{max}N$)을 보인다. 개체군 크기가 환경수용력에 근접하면 $(K - N)/K$는 작은 변화를 보이고, 개체당 증가율은 작아진다. N이 K에 도달하면 $(K - N)/K$는 0이 되고, 개체군 생장은 멈춘다. 로지스트형 모형은 S형 생장곡선이 나타난다. 그리고 N이 중간 정도일 때 개체군 크기는 최대 증가율을 보인다.

핵심 문제 40.7

아래 그림에 지수적 생장곡선과 로지스트형 생장곡선을 표시하고, 각각의 생장곡선에 해당하는 공식을 작성하라. 생장곡선 *b*에서 보이는 개체군 *K*는 무엇인가?

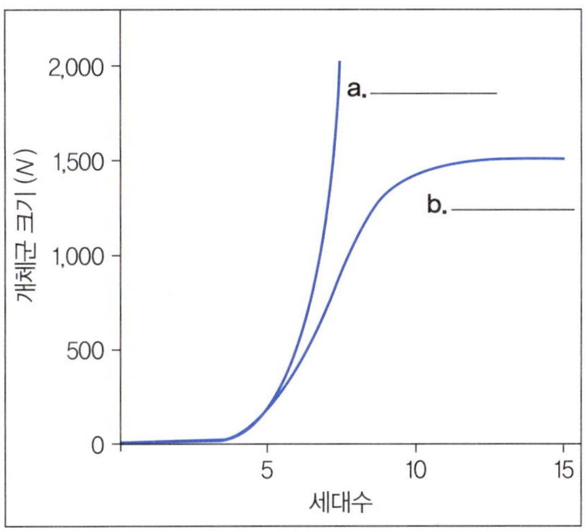

로지스트형 모형과 실제 개체군 일부 소형동물과 미생물이 실험실에서 보여주는 개체군은 로지스트형 생장을 보여준다. 그러나 자연개체군은 종종 남획되어 환경수용력 근처에서 변동이 일어난다.

40.6 개체군동태론은 생활사의 특징과 개체군 밀도에 강한 영향을 받는다

생물의 **생활사(life history)**는 생존과 번식 간의 절충(trade-off)을 반영하는 특징을 갖는다. 생활사 변인은 언제 생식을 하고, 얼마나 자주 번식을 하는지, 1회 번식 시 얼마나 많은 자손을 생산하는지 등이 포함된다.

"절충(trade-off)"과 생활사 생물은 모든 생활사 특징을 동시에 극대화할 수 있을까? 번식의 비용은 종종 생존의 감소를 포함한다. 불확실한 환경 혹은 포식률로 고생하는 환경에서 많은 수의 자손을 낳는 것은 자손의 높은 사망률의 선택압과 관련 있다. 자손(혹은 씨앗)의 크기에 대한 부모의 투자와 확장된 보호는 자손의 생존 기회를 증가시킬 수 있다.

자연선택은 다른 개체군 밀도에서 다양한 생활사를 선호한다. 환경수용력에 가까운 높은 밀도에서 개체군은 ***K*-선택(*K*-selection)** 또는 경쟁과 효용적 자원 이용과 같은 특성의 밀도-의존적 선택을 경험한다. 개체군 밀도가 낮은 환경에서는 다수의 생식과 작은(크기의) 자손과 같은 개체군 생장을 극대화하는 특징의 ***r*-선택**(또는 밀도-독립성 선택)이 나타난다.

핵심 문제 40.8

a. 왜 어떤 생물은 생활사 초기에 번식할 수 없는지, 그리고 어떤 종은 종종 한번에 많은 수의 자손을 낳는지, 그리고 오랫동안 살 수 없는지에 대해 설명하라.

b. 다음의 생활사 특징이 *r*-선택인지 아니면 *K*-선택인지 설명하라.

초기 번식에서 젊은 때는 많은 수의 자손을 생산한다.

매년 상대적으로 많은 자손을 생산하는 것은 드물다.

개체군 변화와 개체군 밀도 개체군 밀도에 따라 변하지 않는 출생률 또는 사망률은 **밀도-독립성(density independent)**이라고 한다. 개체군 밀도가 증가할 때 사망률은 **밀도-의존성(density dependent)**이 된다. 개체군 밀도가 증가할 때 출생률이 낮아지면 출생률은 밀도-의존성을 갖는다고 한다. 균형 밀도에서의 개체군은 출생률, 사망률 또는 출생률과 사망률 모두에서 밀도 의존적이다.

밀도-의존성 개체군 조절의 메커니즘 개체군 밀도가 증가할 때 밀도-의존성 메커니즘은 출생률을 감소시키거나 사망률을 증가시킴으로써 개체군 생장을 느리게 하거나 정지시킨다.

영양물질 또는 먹이 등과 같은 자원경쟁은 생산물 출력을 제한할 수 있다. 세력권 공간의 가용성은 일부 동물들에서 제한된 자원에 의해 제한될 수 있다. 증가된 개체군 밀도는 질병의 전파에 영향을 미칠 수 있다. 포식자가 우선적으로 밀도가 높은 먹이를 먹을 때 포식은 밀도-의존성에 영향을 미치는 요인이다. 독성 폐기물의 축적도 일부 생물들에게 제한된 요인이 될 수 있다.

내재적 요인들도 밀도-의존성 조절에 영향을 미치는 요인이다. 쥐를 대상으로 한 연구에서, 쥐들은 먹이 혹은 서식처가 제한되지 않았을 때조차 공격적인 상호작용을 보였다. 그리고 개체군의 밀도가 높을 때 번식력이 억제되는 호르몬의 변화가 일어났다.

개체군동태론 모든 개체군들은 개체군 크기에서 변동을 보인다. **개체군동태론(population dynamics)**과 같은 연구는 생물적 요인과 무생물적 요인에 주목한다. 로열섬(Isle Royale)의 무스 같은 일부 대형 포유류의 개체군 변동은 겨울의 혹독한 날씨와 그로 인한 먹이 가용성 그리고 늑대와 같은 포식 같은 몇몇 요인들과 연관될 수 있다. 개체군 밀도가 증가할 때 기생동물로부터의 증가하는 압력도 발생할 수 있다.

이입은 개체군 밀도와 함께 증가할 수 있다. 적당한 서식지를 점유하고 있는 지역 개체군은 이입과 이출을 통해 **메타(또는 전이)개체군(metapopulation)**과 연계될 수 있다. 이출은 서식지 감소에 영향을 미칠 수 있는데, 지역 개체군들이 멸종되기 때문이다.

핵심 문제 40.9

a. 개체군 생장을 제한하는 밀도-의존성 요인을 열거하시오.

b. 개체군 변동에 영향을 미치는 무생물적 요인을 열거하시오.

어원

a- = without; **bio-** 5 life (*abiotic*: nonliving; referring to physical and chemical properties of an environment)

bentho- = the depths of the sea (*benthic zone*: the bottom surface of an aquatic environment)

co- = together (*cohort*: a group of individuals of the same age in a population)

demo- = people; **-graphy** = writing (*demography*: the study of changes over time in the vital statistics of populations, especially birth and death rates)

estuar- = the sea (*estuary*: the area where a freshwater stream or river merges with the ocean)

eu- = good, well; **troph-** = food, nourishment (*eutrophic lake*: a lake that has a high rate of productivity supported by a high rate of nutrient cycling)

hydro- = water; **therm-** = heat (*deep-sea hydrothermal vent*: a dark, hot, oxygen-deficient environment associated with volcanic activity on or near the seafloor; the producers in a vent community are chemoautotrophic prokaryotes)

inter- = between (*intertidal zone*: the shallow zone of ocean adjacent to land and between the high- and low-tide lines)

limn- = a lake (*limnetic zone*: in a lake, the well-lit, open surface waters far from shore)

littor- = the seashore (*littoral zone*: in a lake, the shallow, well-lit waters close to shore)

oligo- = small, scant (*oligotrophic lake*: a nutrient-poor, clear lake with few phytoplankton)

pelag- = the sea (*pelagic zone*: the open-water component of aquatic biomes)

-photo = light (*aphotic zone*: the part of an ocean or lake beneath the photic zone, where light does not penetrate sufficiently for photosynthesis to occur)

thermo- = heat; **-clin** = slope (*thermocline*: a narrow stratum of abrupt temperature change in the ocean and in many temperate-zone lakes)

지식의 체계화

1. a. 생태학을 정의하시오.
   b. 생태학이 진화적 생태학과 어떻게 연관이 되는지 설명하시오.

2. a. 생물군계란 무엇인가?
   b. 지리적으로 분산된 지역에서 생물군계의 같은 유형이 발견되는 유사한 생활형에 대해 설명하시오.

3. 개체군 생장의 수학적 모형인 지수적 생장 방정식과 로지스트형 생장 방정식을 개념화하는 지도를 만들어 보시오.

4. 번식 성공을 극대화할 수 있는 생활사 특징의 가장 좋은 집합은 무엇인가?

지식의 검증

연결하기: 각 생물군계에 해당하는 생물적 서술을 적어보시오.

생물군계	생물적 서술
_____ 1. 지중해성 관목지대	A. 낙엽활엽수
_____ 2. 사막	B. 생장이 빠르고, 수직으로 층을 이룸
_____ 3. 사바나	C. 상록의 관목, 화재에 잘 적응된 식생
_____ 4. 북부 침엽수림	D. 흩어져 자라는 나무, 풀, 초본식물
_____ 5. 온대활엽수림	E. 원뿔형 모양의 큰키나무
_____ 6. 온대초원	F. 낮은 관목식생, 지의류
_____ 7. 열대림	G. 화재와 가뭄에 적응된 풀
_____ 8. 툰드라	H. 드문드문 흩어져 자라는 관목, 선인장, 다육식물

선다형 문제: 가장 옳은 답을 고르시오.

1. 생태학의 어떤 수준이 종들의 분포에 대한 포식, 기생 그리고 경쟁의 효과를 고려하는가?
   a. 경관생태학
   b. 군집생태학
   c. 생태계생태학
   d. 개체생태학
   e. 개체군생태학

2. 생태학자들은 종종 수학 모형을 이용하고, 컴퓨터로 시뮬레이션을 한다. 왜냐하면 ______________________
   a. 생태학적 조사는 언제나 연구범위가 너무 넓어서 실행할 수 없기 때문이다.
   b. 대부분의 생태학자들이 수학자이기 때문이다.
   c. 생태학이 좀 더 기술적 과학이 되어가기 때문이다.
   d. 이러한 접근은 생태학자들이 다차원적 변인의 상호작용을 연구하고, 대규모의 실험을 가능하게 하기 때문이다.
   e. 조사할 변인들이 현장 조사로는 조작할 수 없으나 컴퓨터로 조작 가능하기 때문이다.

3. 열대지방의 풍부한 강수량과 남북위 30도 주변의 건조한 지역이 형성되는 이유는 ______________________
   a. 북반구에서 시계방향으로 흐르는 해류와 남반구에서 흐르는 시계 반대방향으로 흐르는 해류 때문이다.
   b. 습하고 따뜻한 공기를 만드는 적도 근처의 태양 복사열의 강도에 의해 만들어진 전 지구적 대기 순환 때문이다.
   c. 지구의 축이 기울어져 있어 기후에 따른 계절적 변이가 일어나기 때문이다.
   d. 바람이 산으로 향하는 쪽일수록 더 많은 비가 내리고 산의 뒤쪽에서는 건조해지기 때문이다.
   e. 열대우림과 사막의 위치 때문이다.

4. 지구 자전축이 태양 주위를 도는 궤도면에 대해 기울어져 있지 않았을 때 가장 많이 영향을 받는 것은 무엇인가?
   a. 하루 중 낮의 길이
   b. 연중 낮의 길이
   c. 온대지방과 극지방에서의 뚜렷한 계절
   d. 태양 복사열의 양
   e. 전 지구적 대기 순환과 강수량 양상

5. 열대지방과 산을 향해 바람이 부는 곳은 위도 30도 주변 지역과 산을 거슬러 향해 바람이 부는 곳에 비해 왜 더 많은 비가 내리는가?
   a. 상승한 공기가 이동하여 시원해져 비를 내린다.
   b. 하강한 공기가 냉각되어 비를 내린다.
   c. 열대지방과 산을 향해 바람이 부는 곳은 해양과 가깝다.
   d. 열대지방과 산을 향해 바람이 부는 곳에서는 태양 복사열이 더 많다.
   e. 지구의 회전은 전 지구적 바람 양상을 결정한다.

6. 북극 툰드라의 영구동토층은 ______________________
   a. 식물이 싹을 틔우고 생장하는 것을 막는다.
   b. 긴 겨울 동안에 작은 동물을 보호한다.
   c. 얼어붙은 토양에 식물 뿌리를 부착하여 식물이 이곳에서 부는 강풍을 견디게 한다.
   d. 식물 뿌리가 땅속 깊숙이 침투하는 것을 막는다.
   e. b와 c 모두 맞다.

7. 육상생물군계 중 주기적으로 발생하는 화재에 잘 적응한 식물이 주로 서식하는 곳은 어디인가?
   a. 사바나
   b. 지중해성 관목지대
   c. 온대초원
   d. 온대활엽수림
   e. a, b, c

8. 연평균 기온과 강수량은 동일하지만 매우 다른 생물상과 특징을 보이는 두 군락에 대해 가장 잘 설명하고 있는 것은 다음 중 어떤 것인가?
   a. 다른 위도에서 발견될 수 있다
   b. 매우 낮은 분산율을 나타내는 종들로 구성되어 있다.
   c. 다양한 대륙에 서식한다.
   d. 침투하는 햇빛의 양이 다르다.
   e. 계절적으로 온도 변화가 크고 연중 내내 강수량의 양상이 다르다.

9. 먹이사슬에서 식물 플랑크톤이 1차 생산자인 곳은 어디인가?
   a. 강의 상류
   b. 습지
   c. 해양 투광대
   d. 암석 조간대
   e. 심해 열수구

10. 해양 지대와 설명이 잘못 연결된 것은 무엇인가?
   a. 무광대—광합성을 위해 빛이 도달하는 양이 충분하지 않은 해양 혹은 호수의 지역
   b. 저생대—바닥 표면
   c. 준조광대—호수가에 가까운 얕은 물가
   d. 조간대—육지와 접한 바다의 얕은 지역
   e. 원양대—개방 수역

11. 염분 변화에 잘 적응된 생물이 서식하는 생물군계는 어디인가?
   a. 사막
   b. 습지
   c. 심해 열수구
   d. 강 하구
   e. 산호초

12. 종의 분포에 영향을 미치는 요인은 무엇인가?
   a. 분산력
   b. 다른 생물 간 상호작용
   c. 기후
   d. 물, 산소의 가용성과 다른 물리적 요인
   e. 위의 요인들 모두 영향을 미친다.

13. 생태학자들이 특정 지역에서 한 종을 제거하는 실험은 무엇을 알기 위해 수행하는가?
   a. 새로운 곳, 바뀐 서식지로 이동한 종이 성공적으로 이식되는지
   b. 경쟁이든 포식이든 그것이 종들이 지역적 분포 혹은 다른 종들의 풍부함을 제한하는지
   c. 분산력이 종들의 서식범위를 제한하는지
   d. 무생물적 요인이 종들의 분산을 제한하는지
   e. 종들이 그 지역에 재조정되는지

14. 안정된 서식지의 이형적 분포 지역에서 개체군의 분산은 어떤 패턴을 보일까?
   a. 군생
   b. 균일
   c. 무작위
   d. 예측할 수 없는
   e. 고밀도

15. 생명표에 대해 잘못 기술된 것은 무엇인가?
   a. 생존 양상을 예측하기 위해 생명보험회사에서 처음 이용되었다.
   b. 개체군의 특정 연령 사망률을 보여준다.
   c. 로지스트형 생장을 예측하기 위해 사용되었다.
   d. 생존곡선을 만들기 위해 사용되었다.
   e. 출생에서 사망까지 동령군에 의해 구성될 수 있다.

16. I형 생존곡선은 노년에 사망률이 빠르게 증가한다. 이 생존곡선 유형에 해당하는 특징으로 맞는 것은?
   a. 많은 수의 자손을 생산하는 일반적인 무척추동물이 속한다.
   b. 인간과 대형 포유류가 속한다.
   c. r-선택 개체군이 속한다.
   d. 자연에서는 찾아보기 어렵다
   e. 대부분의 조류에서 볼 수 있다.

17. 로지스트형 생장 모형에서 S자형 생장곡선의 중간은 ____
   a. 중간 밀도에서 개체군 각각은 서로에게 영향을 미치지 않는다는 것을 보여준다.
   b. rN의 용어로 가장 잘 설명할 수 있다.
   c. 개체군 생장이 증가하기 시작하는 지점이다.
   d. 자원 경쟁이 가장 높은 기간이다.
   e. 개체군 생장률이 가장 높은 기간이다.

18. $(K - N)/K$는 ______________________
    a. 개체군의 환경수용력이다.
    b. K가 가장 클 때 가장 커진다.
    c. 개체군 크기와 환경수용력이 일치할 때 0이다.
    d. N이 K에 가까워질 때 값이 증가한다.
    e. 환경수용력이 과도할 때를 설명한다.

19. 개체군의 환경수용력이 500이고, 개체군 크기가 400이며, r_{max}가 0.1이다. dN/dt는 얼마인가?
    a. 0.01
    b. 0.8
    c. 8
    d. 40
    e. 50

20. 대규모의 안정적인 물고기 수확을 위해서 요구되는 어획 방법은 무엇인가?
    a. 번식이 끝난 물고기만을 잡는다.
    b. 물고기의 환경수용력에 근접한 개체군을 유지시킨다.
    c. 지수적 생장의 이익을 얻기 위해 가장 적은 수로 개체군을 감소시킨다.
    d. 개체군 밀도를 K의 1/2에 가깝게 유지시킨다.
    e. 어획을 금지한다.

21. 이입과 이출은 개체군동태론에 있어 다음과 같은 중요한 역할을 한다. 다음에 해당하는 것은 무엇인가?
    a. 메타개체군
    b. 지수적 생장
    c. r-선택을 경험하는 개체군
    d. 로지스트형 생장
    e. 세력권

22. 다음의 요인 중 어떤 것이 개체군 생장을 제한하는 밀도-의존성 요인이 아닌가?
    a. 포식자에 의한 증가된 종분화
    b. 둥지로 이용할 수 있는 지역의 제한된 수
    c. 호르몬 수준을 바꾸는 스트레스증후군
    d. 이른 가을의 결빙
    e. 동일 종간 경쟁

23~25번 문제에 대한 질문에서, 아래 4가지 요인을 선택하여 그 요인들이 각 문제에서 기술한 변화에 어떤 영향을 미칠 것인지 서술하시오.
    a. 증가
    b. 감소
    c. 변화가 없다
    d. 영향을 예측할 수 없다

23. 지수적 생장을 보여주는 개체군에서 어떤 변화가 dN/dt에서 N의 증가와 함께 나타나는가?

24. 특정 개체군의 개체군 생장이 0일 때, 개체당 증가율(r)의 변화는 어떻게 나타나는가?

25. 밀도-독립성 요인에 의해 조절된 r-선택된 개체군의 경우, 환경수용력이 증가할 때 개체군 증가율은 어떤 변화를 보이는가?

41장
종들 간의 상호관계

핵심

군집은 다양한 종의 집합으로 이루어져 있으며, 이들은 경쟁, 포식, 초식, 공생 및 촉진을 통하여 상호작용한다. 군집의 구조—종의 구성 및 상대적 밀도—는 종간의 상호작용에 의해 결정이 된다. 교란은 군집을 불안정한 평형상태로 만들며, 종다양성은 군집의 크기 및 지리적 위치와 관련이 있다. 질병의 숙주 및 매개체를 밝히는 것은 병을 퇴치하는데 도움을 준다.

복습

다양한 생물이 서로 관계를 가지는 다른 종들로 구성된 군집의 집합은 생물학적 **군집(community)**이라 불린다. 생태학자들은 종들과 군집의 구조를 결정짓는 요인들의 관계를 연구하며, 이는 종의 상대적 풍부도와 구성을 의미한다.

41.1 군집 내의 관계는 돕거나, 해를 끼치거나, 상호 종들간의 아무런 영향을 끼치지 않을 수도 있다

종간 관계(interspecific interactions)는 군집에 서식하는 다른 종들 사이에 발생한다. 이런 관계의 긍정적, 부정적 영향은 군집의 생존이나 번식으로 이어지며 + 혹은 − 로 표기된다.

경쟁 만일 두 종이 같은 자원을 공유하게 된다면? 이런 **종간의 경쟁(interspecific competition)**은 두 개체군에 부정적 영향으로 이어진다.

가우스(G.F. Gause)의 실험은 *Paramecium* 두 종이 같은 제한적 자원을 공유하고 있으며 같은 군집에 공존할 수 없다. **경쟁적 배타원칙(competitive exclusion)**은 효율이 적은 종이 그 지역에서 배제될 것으로 예측된다.

개체군의 **생태적 지위(ecological niche)**는 생태계의 역할을 의미하는데, 이는 생물학적 혹은 비생물학적 자원을 사용한다. 경쟁배타원칙은 같은 생태적 지위를 갖는 종은 한 군집에서 공존할 수 없다.

자원의 분할(resource partitioning)은 생태적 지위와는 약간 다른 개념인데 생태적으로 동일한 종이 공존할 수 있으나 경쟁이 종의 지위를 결정짓는 진화론의 선택적 요인이 된다는 것을 간접적으로 증명한다. 경쟁으로 인하여 종의 실제 **생태적 지위**는 **근본적 지위**(undamental niche)보다는 적게 나타난다. 종의 외부형태에 나타나는 **형질 치환(character displacement)**은 연관된 동소성개체군이 경쟁을 피하도록 한다. 이런 종들이 이소성(지리적으로 분리된)일 경우 차이는 보다 적다.

핵심 문제 41.1

유사한 두 종인 가시쥐(spiny mouse)가 공존하는 곳에 행동변화는 자원의 일시적 분할을 가져왔다. *A. cahurinus*는 야행성이며, *A. russatus*는 주행성이다. 야행성인 *A. russatus*가 제거된 곳에 주행성인 *A. russatus*는 야행성으로 바뀔 수 있다. 두 종이 공존하는 곳에 자원의 분할이 어떻게 이루어지며 야행성의 생태적 지위에 어떤 결과를 초래하는가?

포식 **포식(predation)**은 포식자가 피식자를 먹는 것을 포함한다. 포식자의 적응은 날카로운 감각, 속도 및 민첩성, 변신하는 색과 발톱, 이빨, 침 등이 있다.

동물은 포식자의 공격에 대비하여 숨거나, 도망치거나 무리를 지어 방어한다. 잠재적 피식자는 **보호색(cryptic coloration)**을 통해 위장한다. 물리적 및 화학적 방어는 포식을 줄인다. 다른 동물은 독성물질을 합성하거나 먹이로부터 축적한다. 밝은 눈에 띄는 **경고색(aposematic coloration)**은 자신이 화학물질을 가지고 있음을 포식자에게 암시한다. 피식자는 다른 종의 경고색을 모방하기도 한다.

핵심 문제 41.2

아래에서 언급하는 모방의 종류에 대해 기술하시오.

a. 무해한 종이 독성 혹은 역겨운 맛을 모방한다.

b. 둘 또는 더 많은 맛이 없는 종의 상호 모방

초식 **초식동물(herbivory)**은 식물이나 조류의 부분을 먹는다. 대부분의 초식동물은 곤충과 같은 작은 무척추동물이며 비독성 및 영양 식물을 구별하는 화학적 감각을 가진다. 초식동물은 식물을 분해할 수 있는 이빨이나 분해기작을 가진다.

식물은 가시 같은 물리적 기작이나 화학물질을 통해 자신을 보호한다. 역겨운 맛이나 독성화학물질은 스트리치닌, 니코틴, 다른 자극적인 화합물을 포함한다.

공생 두 종은 직접적인 접촉을 가지는 관계이며 이를 **공생**이라 부른다. 3가지 공생은 무엇인가?

기생(parasitism)에 있어 **기생생물(parasite)**은 **숙주(host)**로부터 영양물질을 얻는다. 기생생물 중 숙주 내에 서식하는 생물은 **내부기생생물(endoparasites)**, 숙주의 외부에 서식하면 **외부기생생물(ectoparasites)**이라 부른다. 기생곤충은 숙주에 알을 낳으며 알의 애벌레는 숙주에 붙어먹고 산다.

기생생물은 다양한 숙주를 거치며 복잡한 생활형을 가진다. 기생생물은 숙주 개체군에 심각한 영향을 준다.

상리공생(mutualism)에 있어 두 종의 관계는 서로에게 이익이다. 상호관계는 두 종의 공진화를 유도한다.

편리공생(commensalism)에 있어 참여한 한 종은 관계로부터 이익을 얻는다. 히치하이킹 종이 그 예이며, 다른 종으로부터 먹을 것을 얻는다.

촉진 **촉진(facilitation)**에 있어, 종은 공생의 관계가 아닌 상태에서 다른 종의 성장 및 번식에 영향을 준다. 이런 관계는 식물생태에서 흔하게 나타나는데, 식물 한 종이 토양조건을 좋게 하여 다른 종에 긍정적 영향을 준다.

핵심 문제 41.3

아래의 표에 기호로 나타낸 종간 상호작용의 이름을 말하고 예를 제시하시오.

	종간 상호작용	예
−/−	a.	
+/+	b.	
+/0	c.	
+/−	d.	
+/−	e.	
+/−	f.	
+/+ 또는 0/+	g.	

41.2 다양성과 먹이 구조는 생물학적 군집의 특징이다.

종 다양성 군집의 **종다양성(species diversity)**은 **종 풍부도(species richness)**, 출현 종의 수 및 참여 종의 비율인 **상대적 풍부도(relative abundance)**에 의해 결정된다.

가장 흔하게 사용되는 정량적 척도는 **샤논 다양도 지수(Shannon diversity index, *H*)**이며, 종 풍부도와 상대적 밀도에 의해 아래의 식으로 결정된다.

$$H = -(p_A \ln p_A + p_B \ln p_B + p_C \ln p_C + \ldots)$$

여기서 p는 군집에 출현하는 각 종(A, B, C 등)의 비율이며, ln은 자연 로그이다. 따라서 샤논 다양도 지수(H)는 출현하는 모든 종 $\ln p$의 음수적 값이다.

핵심 문제 41.4

성게 3종이 아래와 같이 바닷가 웅덩이 서식지에 출현하였다: A = 8, B = 6, C = 6; 다른 웅덩이 서식지는 4종이 다음과 같이 출현하였다; A = 14, B = 2, C = 2, D = 2.

a. 2개의 웅덩이에 서식하는 성게의 샤논 다양도 지수를 계산하시오.

b. 어떤 웅덩이가 높은 종풍부도를 가지는가? 어떤 군집이 다양도 지수에 의해 높은 다양성을 가지는가?

출현종 및 상대적 밀도는 다양한 조사방법을 요구하며 군집에 서식하는 종의 희소성으로 인해 조사에 어려움을 겪을 수도 있다. 박테리아 군집의 다양도 및 풍부도는 RFLP 분자생물학적 방법으로 결정될 수 있다.

다양도 및 군집 안정성 식물의 장기적 연구에 의하면 다양성의 증가는 생산성의 증가(높은 **생물량**) 및 군집의 안전성과 밀접하다. 롱 아일랜드 사운드의 피낭동물 실험은 다양한 군집은 가용한 자원을 더 많이 사용하며, **침입종(invasive species)**이 들어오는 것을 더 어렵게 한다는 것을 보여주었다.

영양 구조 군집의 먹이 관계는 **영양 구조(trophic structure)**에 의해 결정된다. **먹이사슬(food chain)**은 한 먹이 단계에서 다음으로 에너지의 전환을 보여준다; 생산자에서 초식동물(일차 소비자)~포식자(2차, 3차, 4차 소비자). 군집의 분해자는 모든 먹이단계에 관여한다.

먹이망(food web)은 군집의 복잡한 먹이 관계를 그림으로 보여준다. 먹이망의 복잡한 관계는 많은 소비자가 다양한 먹이 단계에 관여하므로 나타난다. 먹이망은 기능적 그룹(일차 소비자) 혹은 부분적 먹이망을 표현하므로써 간단하게 표현할 수 있다.

큰 영향력을 가진 종 **우점하는 종(dominant species)**은 군집에서 가장 큰 풍부도 및 생물량을 가지며, 다른 종의 출현 및 분포에 중대한 영향을 끼친다. 종은 자원의 경쟁적 사용으로 인해 우점할 수 있으며 포식자나 질병을 피할 수 있다. 침입종은 그 지역에 존재하는 포식자나 질병이 부재하므로 생물량의 증대를 가져 올 수 있다.

핵심종(keystone species)은 생태적 지위로 인하여 군집 구조에 영향이 크다. 페인의 바닷가 불가사리에 의한 실험은 해안가의 종 풍부도에 미치는 영향을 보여주었는 데 패류의 밀도를 감소시키는 데 역할을 한다.

생태계 기능공(Ecosystem engineers) 혹은 '창시종'은 물리적 환경을 변화시켜 군집구조에 영향을 준다.

아래-위 및 위-아래 조절 화살표가 한 먹이단계에서 다음 먹이단계로 이동하는 생물량의 영향을 나타낸다. $V \rightarrow H$는 식물의 증가(V)는 초식동물의 수의 증가를 나타내며, $V \leftarrow H$는 초식동물의 증가는 식물량의 감소를 나타낸다. $V \leftrightarrow H$는 각 먹이 단계가 상호 영향을 주는 것을 의미한다.

군집 구조의 두 개의 모델은 무엇인가? **아래-위 모델(bottom-up model)**인 $N \rightarrow V \rightarrow H \rightarrow P$는 영양염류의 증가($N$)는 다음 먹이 단계의 생물량의 증가를 의미한다. **위-아래 모델(top-down model)** $N \leftarrow V \leftarrow H \leftarrow P$는 포식자가 군집구조를 조절하는 것을 의미하며 +/− 영향으로 인해 먹이단계의 아래에 영향을 끼친다. 먹이 연쇄 모델(trophic cascade model)에 의하면 포식자의 증가는 초식동물의 감소로 이어지며 식물의 증가 및 영양 단계를 감소시킨다.

핵심 문제 41.5

많은 민물 군집은 위-아래 모델에 따라 조성된 것으로 보인다. 4가지 영양단계(조류, 동물플랑크톤, 일차 어류 및 포식자 어류)로 구성된 호수에서 과다한 조류번성을 조절하는 **먹이사슬조작(biomanipulation)**을 원한다면 생태학자는 어떤 행동을 취할 수 있는가?

41.3 교란은 종 다양성과 구성에 영향을 준다

전통적으로 생물군집은 종간 관계에 의해 평형상태를 유지하는 것으로 받아 들여졌다. 이런 **극상 군집(climax community)**을 유지하는 능력은 **안정성(stability)**이라 부르는데 비교적 지속적인 종의 구조에 의해 가능하다. 반대로 **비평형모델(nonequilibrium model)**은 군집은 외부의 **교란(disturbance)** — 불, 가뭄, 폭풍, 과다한 방목 및 인간활동 — 으로 인해 끊임 없이 변화고 있다.

특징적인 방해 **중간교란 가설(intermediate disturbance hypothesis)**에 의하면 중간적인 강도나 빈도는 낮거나 높은 방해 수준보다는 종의 다양성의 결과로 나타난다. 낮은 수준의 교란은 환경 패치로 이어지며 종의 다양성을 유지하는 데 도움을 준다.

생태적 천이 심각한 방해 후에 군집에는 어떤 일이 일어나는가? 종의 구성의 연쇄적 변화를 **생태적 천이(ecological succession)**라 부른다. 만일 화산이 폭발한 섬이나 빙하가 퇴적한 이후의 초기 토양 이후는 **일차 천이(primary succession)**라 부른다. **이차 천이(Secondary succession)**는 군집이 화재, 벌목 혹은 경작으로 인해 방해되나 토양이 존재하는 상태이다.

일차 천이는 수백 년 혹은 수천 년이 걸린다. 정착종은 자생영양 혹은 외부영양인 원생생물 혹은 원핵생물로부터 시작되며 이끼류, 지의류, 풀, 관목 및 나무의 형태로 나타나 최기의 식생의 형태로 도달된다.

초기 정착종은 환경을 좋게 하여 다른 종의 생존을 촉진시키거나, 후에 오는 종의 정착을 방해한다. 종은 정착에 있어 독립적이며 초기 종의 조건을 참아낸다.

생태학자는 알라스카의 글래시어 베이의 빙하가 퇴적한 이후 빙퇴석의 천이를 연구하였다. 첫 번째 초기식물은 이끼류 및 화석지 잡초이며, 토양표면에 생기는 드리아스가 30년 후 우점하였다. 오리나무인 알더가 수십년 후 우점하였으며, 이 후에는 서양솔송나무가 나타났다. 군집은 빙하 퇴적 이후 300년 만에 편평하고 배수가 잘 되지 않는 물이끼가 침입하는 산솔송나무 숲이 되었다. 이 이끼류는 토양에 수분을 머물게 하고 산성화되었으며 다른 침입식물을 죽이고 물이끼 습지를 만들었다.

핵심 문제 41.6

빙하퇴적 이후 천이 과정에서 토양을 비옥하게 한 오리나무의 영향에 대해 기술하시오.

인간의 교란 인간활동의 예로는 농업의 전환, 벌목, 도시개발 및 해양저인망 등이 있는 데 전 세계적으로 군집 구조를 변화시킨다. 공통적인 결과는 종 다양성의 감소이다.

41.4 군집다양성에 영향을 주는 생물지리학적 요인들

위도변화 열대 서식지의 식물과 동물종이 온대 및 극 지방의 종수보다 훨씬 많이 나타난다. 열대 군집은 성장 기간이 긴 관계로 오랜 연령을 가지고 있으며, 빙하 등으로 인한 처음시작이 없기 때문이다. 극 지방 및 온대지역은 빙하 등의 침식을 여러 번 겪었다.

태양광 및 강수량은 위도의 생물다양성을 결정짓는 기후 요인이다. **증발산량(evapotranspiration)**은 토양에서 증발되는 수분의 양과 식물에 의해 호흡되는 양인데 태양광, 온도 및 수분의 존재량과 관련이 있다. 잠재적 증발산량은 태양광 및 온도에 의해 결정된다. 증발산량의 비율은 식물과 동물의 종 풍부도와 상관관계가 높게 나타난다.

핵심 문제 41.7

열대 군집이 온대 및 극지방에 비해 오래되었는데 높은 종다양성을 보이는 사실은 어떤 이유인가?

지역 효과 **종수-면적 곡선(species-area curve)**은 군집의 지리적 크기와 거주하는 종 수의 상관관계를 의미한다. 일반적으로 지역이 클수록 지역의 다양성이 증가하며 이로 인해 종 풍부도도 높아진다. 보전생물학에서 이런 관계식은 학자들이 서식지의 감소가 종 다양성에 어떤 영향을 미치는 지 예측할 수 있게 해 준다.

다른 종류의 서식지로 둘러싸인 고립된 지역은 '섬'이라 부를 수 있으며, 생태학자들은 종 다양성에 영향을 주는 요인들을 찾아낸다. 1960년대 맥아더와 윌슨은 섬평형모델(island equilibrium model)을 만들었는데 섬과 육지(혹은 공급원) 간의 거리가 출현하는 종에 높은 상관관계를 가지는 요인임을 밝혀내었다. 이주율과 멸종률이 동일한 점에서 종 다양도는 평형을 유지하는데, 이런 경우에도 출현종의 변화는 가능하다.

핵심 문제 41.8

a. 섬에 출현하는 종의 수가 증가함에 따라 이주율과 멸종율의 변화는 어떻게 나타나는가?

b. 섬에 출현하는 높은 종의 수는 낮은 종 수의 섬과 어떤 물리적 요인이 중요하게 작용하는가?

41.5 병원체는 군집의 구조를 지역적으로 지구적으로 변화시킨다

군집 구조의 영향 병원체는 질병을 일으키는 생물체 및 바이러스이다. 새로운 지역에 정착할 때 특히 문제를 일으키는데 이 지역은 숙주가 질병에 저항력이 떨어지며, 자연적 조절능력이 약하기 때문이다. 병원균은 지역생태계를 바꾸어 놓으며, 우점하는 식물종이 사라지게 되고 산호 군집의 구조가 변하게 된다.

군집생태계와 인수공통 질병 많은 인간질병이 **인수공통(zoonotic pathogens)**이며 질병을 일으키는 전달자가 주로 진드기나 모기인 **매개(vector)**의 형태로 한 동물에서 인간으로 전염시킨다. 종들의 관계를 이해하는 것과 숙주와 매개의 파악은 이런 질병의 확산과 통제에 도움을 준다. 연구자들은 눈에 잘 띄지 않는 땃쥐가 라임질병의 일차 숙주인 것을 밝혀내었다. 감염된 진드기는 라임질병을 사람에게 전파한다. 지구차원의 이동과 교역은 질병의 확산을 가속시킨다.

지식의 체계화

1. 아래의 지도 개념을 이해하면 군집의 구조의 중요한 요인을 파악할 수 있다.

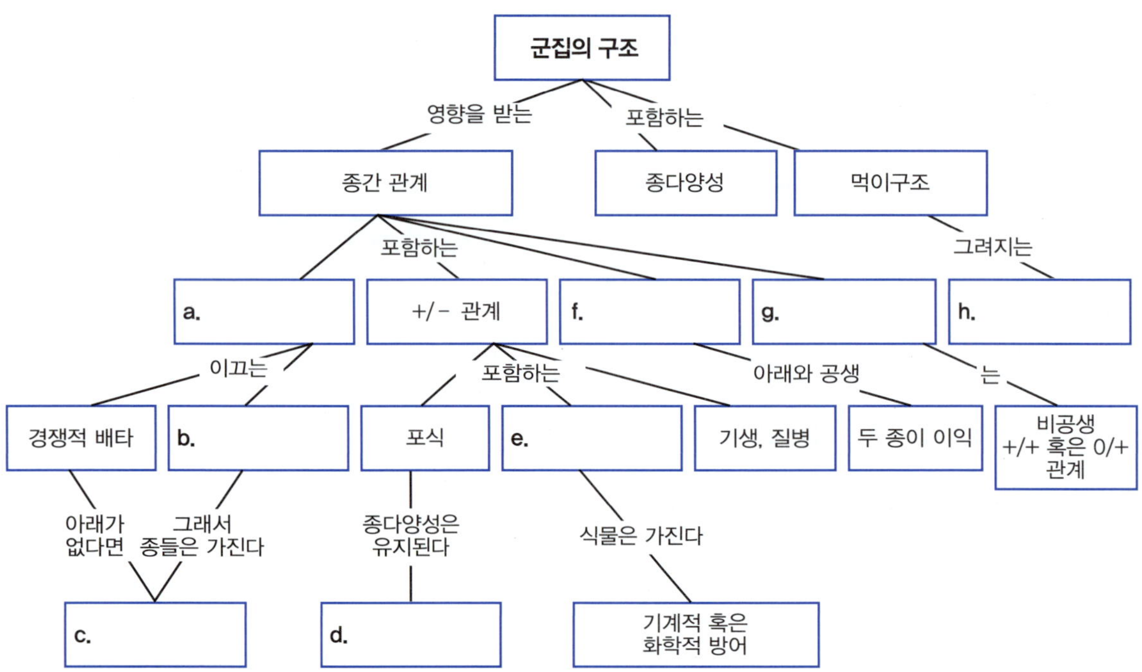

핵심 문제 41.9

생태학자들은 왜 알래스카에서 철새들을 덫으로 잡아서 검사를 하는가?

어원

crypto- = hidden, concealed (*cryptic coloration*: camouflage that makes a potential prey difficult to spot against its background)

ecto- = outer (*ectoparasite*: a parasite that feeds on the external surface of a host)

endo- = inner (*endoparasite*: a parasite that lives within a host)

herb- = grass; **-vora** = eat (*herbivory*: an interaction in which an organism eats parts of a plant or alga)

inter- = between (*interspecific competition*: competition for resources between individuals of two or more species when resources are in short supply)

mutu- = reciprocal (*mutualism*: a symbiotic relationship in which both participants benefit)

2. 군집생태학자는 군집의 구조를 설명하는 가설이나 모델을 개발하며, 그런 구조에 기여하는 요소들을 찾아낸다. 본 장에서 설명한 아래의 모델을 설명하라.
   a. 경쟁적 배타
   b. 아래-위 모델
   c. 위-아래 모델(먹이 붕괴)
   d. 비평형 모델
   e. 중간방해 가설
   f. 도서(섬) 평형 모델

지식의 검증

선다형 문제: 가장 옳은 답을 고르시오.

1. 두 종의 갈라파고스 핀치는 유사한 크기의 부리를 가졌다. 부리의 크기의 차이는 두 종이 같은 섬에 출현하는 경우인데 이는 아래의 보기이다.
   a. 경쟁적 배타
   b. 종 다양성
   c. 편리공생
   d. 형질치환
   e. 먹이 붕괴

2. 경고색이 가장 흔하게 발견되는 것은?
   a. 피식자 형태가 은둔형
   b. 독성 식물 화합물을 저감할 수 있는 포식자
   c. 화학적 방어기작을 가지고 있는 피식자
   d. 서로 닮은 맛이 좋은 피식자
   e. 이차 화합물을 가진 식물

3. 두 종, A와 B는 몇 가지 비생물적 요소가 다른 인접 패치에 서식하는데 종 A가 그 지역에서 제거되었을 때 종 B는 남아 있는 지역을 점령하여 개체수가 증가하였다. 종 B가 그 지역의 일부에서 제거되었을 때 종 A는 그 지역에 성공적으로 정착하지 못하였다. 이런 결과를 보고 결론할 수 있는 것은?
   a. 종 A와 B는 비생물적 요인에 의해 분포 범위가 제한된다.
   b. 종 A는 경쟁에 의해 범위가 제한되며, 종 B는 비생물적 요인에 의해 제한된다.
   c. 두 종은 경쟁에 의해 제한된다.
   d. 종 A는 비생물적 요인에 의해 제한되며, 종 B는 종 A와 경쟁에 있어 성공하지 못해 제한된다.
   e. 종 A는 종 B의 포식자이다.

4. 자원 분할을 통하여 ________________
   a. 두 종은 같은 먹이로 경쟁한다.
   b. 생태적 지위의 약간의 변화는 연관된 두 종이 같은 서식지에 공존하게 한다.
   c. 두 종은 서식지의 동일한 지위를 공유한다.
   d. 경쟁적 배타는 우월한 종의 성공으로 나타난다.
   e. 같은 지위의 두 종은 동일한 서식지를 공유하지 못하여 경쟁을 회피한다.

5. 맛있는 피식자가 가질 수 있는 포식자 방어 기작은?
   a. 뮬러 의태
   b. 베이츠 의태
   c. 이차 화합물의 생성
   d. 보호색
   e. b 혹은 d

6. 군집의 종 풍부도가 의미하는 것은?
   a. 각 종의 상대적 밀도
   b. 서로 다른 종이 군집에 출현
   c. 군집 내 먹이관계 혹은 먹이 구조
   d. 군집의 종 다양도
   e. 방해를 통한 군집의 안정성 혹은 영속성

7. 먹이 단계에서 서로 맞지 않게 연결된 생물종은?
   a. 조류 – 생산자
   b. 식물플랑크톤 – 일차 소비자
   c. 어류 유체 포식자 – 이차 소비자
   d. 독수리 – 3차 혹은 4차 소비자
   e. b와 c가 불일치

8. 생태학자는 두 개의 산림에 식물종을 조사하였다. 1 방형구는 6종이 출현하였으며 95%는 한 종이 우점하였다. 2 방형구는 5종이 출현하였으며 각각 20% 점유율을 보였다. 방형구 1에 비해 방형구 2는?
   a. 높은 종 풍부도
   b. 높은 종 다양성
   c. 낮은 상대적 풍부도
   d. 낮은 종 풍부도
   e. b와 d가 맞음

9. 한 종이 바닷가 웅덩이에서 제거되었을 때 웅덩이의 종 다양도는 급격히 감소하였다. 아마도 제거된 종은?
   a. 강력한 경쟁자
   b. 잠재적 기생생물
   c. 우점종
   d. 핵심종
   e. 생태계 엔지니어

10. 침입종은 많은 개체수를 보이는데 그 이유는?
 a. 토착종보다 강력한 경쟁자이므로
 b. 침입종은 상위 포식자가 아니며 생산자이므로
 c. 자연계에 포식자나 질병이 없으므로
 d. 새로운 서식지를 찾아가는 능력이 뛰어나며 이동성이 강하므로
 e. 외래종을 들여온 인간에 의한 보호가 잘 이루어지므로

11. 하향식 모델에 의하면 (영양단계) 군집의 식생수준이 증가하려면 어느 영양단계의 수준이 감소하여야 하는가?
 a. 영양물질
 b. 식생
 c. 2차 소비자(육식동물)
 d. 3차 소비자
 e. 잡식성 생물

12. 천이 과정에서 초기종의 방해요인은?
 a. 안정적인 군집을 저해한다.
 b. 지역의 크기나 종의 원천지역의 거리에 따라 이주율이나 멸종률을 감소시킨다.
 c. 초기 정착자를 제거시키는 방해의 결과에 기인한다.
 d. 다른 종의 성공적인 정착을 늦춘다.
 e. 질소수준의 변화나 부식물질의 빠른 축적을 포함한다.

13. 아래의 관계에서 종과 군집의 역할이 맞지 않는 것은?
 a. 비버 – 생태계 기능종
 b. 해안 습지의 *Jungus* 종인 검은골풀 – 촉진자
 c. 해안 조간대의 불가사리 – 핵심종 포식자
 d. 서양 솔송나무 산림 – 우점종
 e. 오리나무 및 드리아스(바닥에서 자라는 식물) – 방해종

14. 적도-극 지방의 위도에 따라 자라는 종 풍부도의 감소에 대한 주요 설명은 태양광 및 물의 존재이다. 아래 중 열대지방의 종 풍부도에 기여하는 다른 요인은 무엇인가?
 a. 다양성과 증발산량의 역 상관관계
 b. 종 분화가 일어나는 데 필요한 지역의 오랜 역사(성장시기의 증가 및 온도변화 적응)
 c. 열대지역의 크기 및 종-지역간 곡선에 의한 종 풍부도 반영결과
 d. 열대지역의 방해요인의 부족
 e. 큰 열대지역의 섬에서 나타나는 높은 이주율과 낮은 멸종률

15. 인수공통병원체를 가장 잘 설명한 것은?
 a. 곤충에 영향을 주는 질병
 b. 동물과 동물을 감염시키는 매개 질병
 c. 인간과 다른 동물을 감염시키는 질병을 일으키는 매개체
 d. 동물원에 서식하는 동물들에게 나타나는 질병
 e. 동물로부터 사람에게 전이되는 외부 기생충

42장

생태계와 에너지

핵심

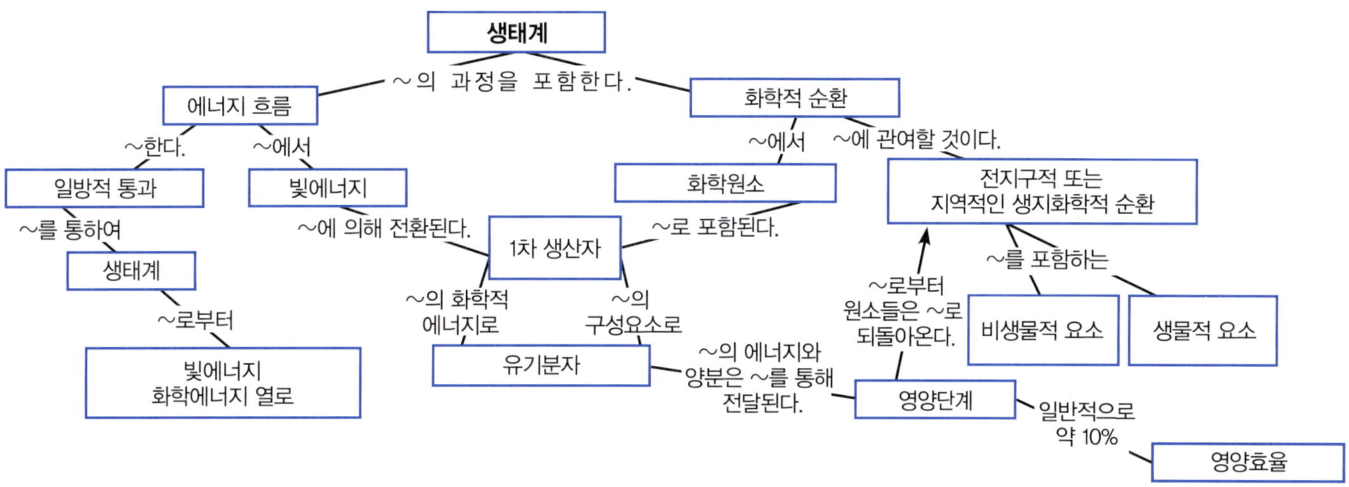

복습

생태계(ecosystem)는 일정한 지역의 모든 생물과 이들이 상호작용하는 비생물적 요소로 구성된다. 대부분의 생태계는 독립영양생물에 의해 화학에너지로 변환된 후 유기 화합물인 먹이로 종속영양생물로 전달된 후 열의 형태로 연속적으로 사라지는 태양 빛에 의해 구동된다. 화학원소는 생태계의 비생물적 요소와 생물적 요소를 통해 순환된다. 독립영양생물은 화학원소를 유기물로 동화하고, 대사작용과 분해 과정을 통해 토양, 대기, 물로 그들을 되돌려 보낸다.

42.1 물리 법칙은 생태계에서 에너지 흐름과 화학적 순환에 영향을 준다

에너지 보존 열역학의 첫 번째 법칙에 따르면, 에너지는 만들어질 수도 없으며 사라질 수도 없고 단지 전달되거나 변환될 뿐이다. 에너지는 태양광선으로 생태계에 들어오고 열로써 사라진다. 열역학 제2법칙은 '모든 에너지 교환은 엔트로피를 증가시킨다'는 것을 말한다. 그러므로 각각의 에너지 전환에서 일부 에너지는 열로 잃게 된다.

질량의 보존 **질량보존의 법칙(law of conservation of mass)**은 물질은 창출되지도 파괴될 수도 없음을 말한다. 생태계 생태학자들은 원소의 유입과 유출뿐만 아니라 생태계 내에서 순환을 측정한다.

핵심 문제 42.1

한 생태계로 유입되는 무기 양분의 양이 그곳에서 유출되는 양보다 적다면 어떤 일이 일어나겠는가?

에너지, 질량, 그리고 영양단계 대부분의 **1차 생산자(primary producer)** 또는 독립영양생물은 빛에너지를 이용하여 유기물을 합성하고, 이것을 연료와 몸을 구성하는 물질로 사용한다. 종속영양생물은 독립영양생물을 섭식하여 자신의 유기화합물로 만든다. **1차 소비자(primary consumer)**는 초식동물이고 **2차 소비자(secondary consumer)**는 초식동물을 먹는 육식동물이다. **3차 소비자(tertiary consumer)**는 다른 육식동물을 먹는다.

잔재물섭식자(detritivores), 또는 **분해자(decomposers)**는 유기물 쓰레기, 낙엽, 생물의 시체를 포함하는 **잔재물(detritus)**을 소비한다. 잔재물섭식자는 소비자에게 먹힌다. 곰팡이와 원핵생물은 대부분의 생태계에서 중요한 잔재물섭식자이며, 모든 영양단계의 유기물을 독립영양생물이 재사용할 수 있는 무기화합물로 만든다.

핵심 문제 42.2

생태계 내에서 에너지와 화학원소의 이동을 비교하시오.

42.2 에너지와 다른 제한 요소들이 생태계의 1차 생산을 조절한다

1차 생산량(primary production)은 일정 시간 동안 화학에너지로 전환된 빛에너지의 양이다. 즉, 생태계 독립영양생물의 광합성 산물이다.

생태계 에너지 수지 유입되는 태양광의 단지 일부만 광합성 생물에 도달한다. 그 중 약 1%만이 화학에너지로 전환된다. 그럼에도 불구하고 전 세계의 광합성 생산량은 매년 유기물 1,500억 톤에 달한다.

생태계에서 소비자가 이용 가능한 화학에너지로 대표되는 **순 1차 생산(net primary production, NPP)**은 생태계의 **총 1차 생산(gross primary production, GPP)**에서 독립영양생물의 세포호흡으로 사용된 에너지(R_a)를 뺀 값과 같다. NPP = GPP − R_a. NPP는 보통 GPP의 약 절반에 해당한다.

순 1차 생산은 시간당 면적당 에너지($J/m^2 \cdot$년) 또는 시간당 면적당 더해진 식물의 생체량(건중량)($g/m^2 \cdot$년)으로 나타낼 수 있다. 현존 생체량(standing crop)은 한 생태계에서 광합성 생물의 총 생체량이다.

광합성 식물은 가시광선보다 더 넓은 파장의 빛을 흡수하기 때문에 과학자들은 지구 표면으로부터 반사되는 가시광선과 근적외광의 파장을 비교하는 위성 데이터를 사용하여 1차 생산을 추정할 수 있다. 1차 생산과 지구의 총 생산에 대한 기여는 생태계에 따라 다르다.

순 생태계 생산량(net ecosystem production, NEP)은 생태계 내에서 총 생체 축적량(total biomass accumulation)을 반영하며, 총 1차 생산량에서 모든 독립영양생물과 종속영양생물의 호흡으로 사용된 에너지(R_T)를 뺀 값이다. NEP = GPP − R_T. 과학자들은 육상생태계로부터 CO_2의 순 흐름 또는 대양에서 CO_2 또는 O_2의 순 흐름을 측정하여 NEP를 추정한다.

해양생태계에서의 1차 생산 빛이 통과하는 깊이와 양분의 이용 가능성이 대양과 호수에서의 1차 생산에 영향을 준다. 질소 또는 인은 종종 대양의 광대에서 **제한양분(limiting nutrient)**이 된다. 양분 첨가 실험을 통해 질소 또는 인 오염이 조류 대번식(algal bloom)을 일으키는지 또는 양분이 대양의 비생산적인 지역에서 식물성플랑크톤의 생장을 제한하는지 확인할 수 있다.

담수호에서 양분제한 또한 생산에 영향을 준다. 양분의 증가에 반응하여 남조류와 조류의 빠른 성장을 일으키는 **부영양화(eutropication)**는 하수와 비료가 떠내려올 때 발생하는 인 오염과 연관된다.

육상생태계에서의 1차 생산 일반적으로 1차 생산과 강수 사이에 양의 상관관계가 존재한다. 1차 생산을 예측할 수 있는 다른 인자인 실증발산량(actual evapotranspiration)은 1년 동안 경관에서 증발하는 물의 양과 식물에 의해 증산되는 물의 양을 말하는데 이는 강수와 온도 둘 다를 반영한다.

양분은 1차 생산에 영향을 주고, 질소 그리고/또는 인은 많은 육상생태계에서 제한양분이다. 양분의 흡수를 증가시키기 위한 식물의 적응으로는 뿌리와 질소고정 세균 사이의 상리공생 관계뿐만 아니라 인과 다른 원소를 식물에게 제공하는 균과의 균근 연합이 있다. 식물의 뿌리털은 흡수를 위한 표면적을 증가시키고, 뿌리는 양분의 가용성을 증가시키는 물질을 분비한다.

핵심 문제 42.3

a. 높은 1차 생산력을 가지는 몇몇 생태계의 목록을 작성하시오.

b. 낮은 1차 생산력을 가지는 몇몇 생태계의 목록을 작성하시오.

c. 대양은 낮은 1차 생산력을 가지지만 육상생태계만큼의 전지구적 순 1차 생산에 기여한다. 어떻게 이것이 가능한지 설명하시오.

d. 남극해 주변은 비록 더 춥고 광도가 더 낮을지라도 열대 바다보다 종종 더 생산력이 높다. 왜 그런지 설명하시오.

42.3 영양단계 사이의 에너지 전달 효율은 보통 10%이다

1차 생산과 2차 생산의 차이는 무엇인가? 1차 생산은 1차 생산자가 빛 에너지를 화학에너지로 전환하는 것이다. **2차 생산(secondary production)**은 일정 시간 동안 소비자의 먹이 중 새로운 생체량으로 전환되는 에너지의 양이다.

생산 효율 초식동물은 단지 식물이 생산한 물질의 일부만 소비한다. 이들은 먹은 것을 모두 소화시키지 못한다. 그리고 그들이 흡수한 많은 에너지는 세포호흡에 사용된다. 성장 또는 생식에 저장되는 화학에너지만이 2차 소비자에게 먹이로 이용 가능하다. 2차 생산(성장과 생식)에 사용된 (변으로 잃는 것을 포함하지 않고) 동화된 먹이 에너지의 비율이 바로 에너지 전달 효율이다. **생산 효율(production efficiency)** = (순 2차 생산 x 100%)/1차 생산의 동화. 생산 효율은 내온성 조류와 포유류의 1~3%로부터 곤충과 미생물의 약 40%에 이르기까지 다양하다.

영양 효율과 생태 피라미드 **영양 효율(trophic efficiency)**은 한 영양단계에서 다음 영양단계로 전달되는 에너지의 비율이다. 이것은 전형적으로 약 10%가 된다. 순생산량 피라미드(pyramid of net production)는 이러한 에너지의 증가하는 손실을 보여준다.

생물량 피라미드(biomass pyramid)는 각 영양단계에서의 현존 생물량을 보여준다. 이 피라미드는 보통 생산자로부터 최상의 영양단계로 가면서 급격히 좁아진다. 일부 수생태계는 생물량 피라미드가 역삼각형으로 나타나는데, 이는 동물성 플랑크톤(소비자)이 보다 더 오래 살아 매우 생산적이지만 소비되는 대부분의 식물성 플랑크톤보다 무게가 더 나가기 때문이다. 식물성 플랑크톤은 개체군의 현존량을 대체하는 데 걸리는 시간인 **체류시간(turnover time)**이 짧다. 체류시간은 현존 생체량을 생산량으로 나눈 값이다. 그러나 이런 수생태계에서의 생산량 피라미드는 정상의 모습을 보인다.

핵심 문제 42.4

a. 생산 효율이 조류와 포유류보다 곤충이 더 높은 이유는 무엇인가?

b. (다음 단계로 에너지의 전달인) 영양 효율을 10%로 가정하면, 광합성으로 생산된 화학에너지의 몇 %가 3차 소비자에게 전달되는가?

42.4 생물지구화학적 반응을 통해 생태계 내에서 양분과 물이 순환한다

화학원소는 **생물지구화학적 순환(biogeochemical cycle)**을 통해 생태계의 비생물적 요소와 생물적 요소 사이로 전달된다.

분해와 양분 순환율 온도와 이용 가능한 수분이 분해율에 영향을 준다. 그러므로 양분 순환 시간은 생태계마다 다르다. 예를 들어 양분 순환은 열대우림에서 빠르고, 이곳에서 토양은 생태계 양분의 단지 10%만 보유한다. 온대림에서 분해는 느리고, 생태계의 유기물 중 50%가 잔재물과 토양에 존재한다. 분해는 이탄습지와 물속의 퇴적토와 같이 산소가 제한되는 곳에서 느리다.

생물지구화학적 순환 생물지구화학적 순환(biogeochemical cycle)의 일반적인 두 범주는 무엇인가? 탄소, 산소, 황, 질소의 기체형태는 전 지구적으로 순환한다. 인, 칼륨, 칼슘과 같은 더 무거운 원소는 특히 육상생태계에서 지역적으로 순환한다.

생태학자들은 방사성 동위원소를 더한 후 이들을 추적하거나 자연적으로 발생하는 비방사성 동위원소의 생태계를 통한 이동을 따라가면서 원소의 이동을 연구한다.

물과 양분 순환의 탐구 물 순환에는 대양으로부터 태양에너지에 의한 증발과 육지로부터의 증발산, 구름이 만들어지는 수증기의 응축, 그리고 강수가 포함된다. 지표수와 지하수의 흐름은 물을 대양으로 되돌려 보낸다.

탄소 순환에서 생산자는 광합성을 하면서 대기의 CO_2를 사용하여 생산자와 소비자가 사용하는 유기물을 만든다. 생물은 세포호흡을 통하여 CO_2를 방출한다. 화석연료의 연소는 대기 CO_2를 증가시킨다. 탄소 저장고에는 화석연료, 대양의 용해된 탄소화합물, 식물과 동물의 생체, 대기의 CO_2, 석회암과 같은 퇴적암이 있다.

식물은 암모니아(NH_4^+) 또는 질산(NO_3^-) 형태의 질소를 필요로 한다. 동물은 식물이나 다른 동물로부터 유기물 형태의 질소를 얻는다. 주 저장고로는 대기가 있고, 질소는 토양 세균이 N_2를 식물에 의해 동화될 수 있는 형태로 전환할 때 일어나는 것과 같은 (또는 번개나 화산활동을 통한) 질소 고정(nitrogen fixation)을 통해 생태계로 들어온다. 비료를 주고 콩과식물을 심음으로 인하여 현재 자연적인 과정에서 일어나는 것보다 많은 질소가 생태계에 더해진다. 많은 양의 활성 질소 가스가 인간의 활동으로 인해 대기 중으로 방출된다.

바위의 풍화는 PO_4^{3-}의 형태로 토양에 인을 더하며, 이 형태의 인은 식물에 의해 흡수된다. 유기인산은 식물로부터 소비자에게 전달되고 분해자의 활동을 통하거나 동물의 분비를 통하여 토양으로 되돌아온다. 토양 입자는 인산을 흡착하여 재순환 동안 지역적으로 이용 가능하도록 붙잡는다. 해양 기원의 퇴적암이 가장 큰 저장고이다.

핵심 문제 42.5

물, 탄소, 질소, 그리고 인의 생물학적 중요성을 설명하시오.

사례연구: 허바드 부룩 실험림의 양분 순환 한 팀의 과학자들이 1963년부터 허바드 부룩 실험림에서 양분 순환을 관찰하였다. 6개의 계곡 각각에서 무기물 수지는 각각의 집수역에서 흘러나오는 계곡을 통한 유출수와 빗물에서 중요한 양분의 유입과 유출을 측정하여 결정하였다. 대부분의 무기물은 숲 생태계에서 재순환되었다.

완전히 벌목된 한 계곡에서 양분 순환에 대한 벌목의 영향을 3년 동안 측정하였다. 대조 지역에 비해 벌목된 계곡에서 나오는 물의 양은 30~40% 증가하였다. 유출수에서의 질산 농도는 60배 증가하였으며, 이는 매우 중요한 토양 양분을 제거하고 물을 오염시킴을 의미한다.

핵심 문제 42.6

a. 양분 순환은 어떤 자연생태계에서 빠른가? 그 이유는?

b. 양분 순환은 어떤 자연생태계에서 느린가? 그 이유는?

c. 식물이 없어지면 양분 순환에 어떤 영향이 나타나는가?

42.5 복원생태학자는 파괴된 생태계를 더 자연스러운 상태로 되돌리려 노력한다

농업, 광업, 또는 환경오염으로 파괴된 지역은 종종 버려진다. 군집의 회복과 관련된 천이과정을 촉진시키기 위하여 복원생태학자들은 회복 시간을 가장 제한하는 요소들을 확인하고 조절하고자 한다. 어떤 경우에는 한 장소의 물리적 구조가 우선 재건되어야만 한다.

생물정화 생물정화(**bioremediation**)는 원핵생물, 균, 또는 식물을 이용하여 오염된 생태계를 해독한다. 어떤 식물은 오염된 토양에서 금속을 추출하기도 한다. 이 식물을 수확하면 생태계로부터 금속을 제거하게 되는 것이다. 어떤 원핵생물은 위험한 원소를 물에 잘 녹지 않는 형태로 바꿀 수 있다.

생물학적 촉진 생물학적 촉진(**biological augmentation**)은 파괴된 생태계에 필수적인 물질을 첨가하는 생물을 사용한다. 또한 복원생태학자들은 복원된 장소에 동물을 재도입할 수도 있다.

세계의 복원 사업들 복원생태학자들은 종종 적응관리를 적용한다. 여기에서 그들은 성공가능성이 큰 관리방법을 가지고 실험을 하며, 각각의 유일하고 복잡한 교란된 생태계 내에서 성공할 때 그들은 배우게 된다.

핵심 문제 42.7

생물정화와 생물학적 촉진의 예를 드시오.

어원

bio- = life; **geo-** = Earth (*biogeochemical cycles:* the various chemical cycles involving both biotic and abiotic components of ecosystems)

detrit- = wear off; **-vora** = eat (*detritivore:* a consumer that derives its energy and nutrients from nonliving organic material)

지식의 체계화

1. 1차 생산이란? 수생태계에서 1차 생산을 제한하는 요소는 무엇인가? 육상생태계에서는?

2. 2차 생산이란? 이것이 영양효율과 어떤 관계가 있는가?

3. 유기물과 무기물에 포함된 양분의 상호전환을 어떤 과정이 매개하는가?

지식의 검증

선다형 문제: 가장 옳은 답을 고르시오.

1. 다음 요소 중 모든 생태계의 기능에 필수적인 것은 무엇인가?
   a. 생산자와 1차 소비자
   b. 생산자와 2차 소비자
   c. 1차, 2차, 3차 소비자
   d. 1차 소비자와 잔재물섭식자
   e. 생산자와 잔재물섭식자

2. 생태계에 대한 진술로 옳은 것은?
   a. 에너지는 영양구조를 통해 순환된다.
   b. 에너지는 보통 1차 생산자에 의해 햇빛으로부터 전환되어 유기물의 형태로 2차 생산자에게 전달되고 열의 형태로 잔재물섭식자에서 사라진다.
   c. 화학원소는 생물학적 부분과 비생물학적 부분 사이에서 순환하는 반면, 에너지는 먹이그물을 통해 일방적으로 전달되고 결국에는 열로 사라진다.
   d. 에너지가 열로 사라지고, 화학원소가 유출수를 통해 생태계를 떠나는 것은 연속적인 과정이다.
   e. 먹이그물은 모든 영양단계가 서로를 먹을 수 있음을 보여준다.

3. 1차 생산은 ________________
   a. 생태계의 현존생체량과 동일하다.
   b. 모든 생태계에서 빛, 양분, 그리고 수분에 의해 제한된다.
   c. 한 생태계에서 단위 시간당 화학에너지로 전환된 빛에너지의 양이다.
   d. 일부 수생태계에서 역으로 나타난다.
   e. 위 모두 옳다.

4. 대양과 열대우림은 지구의 순 1차 생산에 가장 큰 기여를 하는 생태계이다. 그 이유는?
   a. 순 1차 생산율이 둘 다 높다.
   b. 지표를 차지하는 면적이 둘 다 방대하다.
   c. 이 두 생태계 모두에서 양분이 빠르게 순환한다.
   d. 대양의 표면적은 방대하며, 열대우림은 생산율이 높다.
   e. a와 b가 옳다.

5. 육상생태계의 생산력에 영향을 주는 요인은?
   a. 온도
   b. 광도
   c. 양분의 가용성
   d. 물의 가용성
   e. 위 모두

6. 순생태계 생산(NEP)과 순 1차 생산(NPP)에 관한 진술로 옳지 않은 것은?
   a. NEP는 종속영양생물과 분해자의 호흡도 고려하기 때문에 NPP보다 항상 적을 것이다.
   b. NEP는 일정 시간 동안 생태계에 축적된 총 생물량을 측정하는 수단이다.
   c. 생태계를 떠나는 것보다 더 많은 양의 CO_2가 유입된다면 NEP는 양의 값을 가진다.
   d. 생태계로 들어오는 것보다 더 많은 양의 O_2가 떠난다면 NEP는 음의 값을 가진다.
   e. 생태계에서 분해율이 증가하면 NEP는 낮아질 것이다. 그러나 NPP는 아마도 똑같거나 증가할 것이다.

7. 2차 생산은 ________________
   a. 현존생체량으로 측정된다.
   b. 소비자에서의 생물량 생산율이다.
   c. 1차 생산보다 더 크다.
   d. 1차 생산보다 10% 적다.
   e. 총 1차 생산에서 호흡에 사용된 에너지를 뺀 것이다.

8. 순 생산량 피라미드에 관한 설명 중 옳지 않은 것은?
   a. 한 영양단계에서 단지 약 10%의 에너지만이 다음 단계로 전달된다.
   b. 각 영양단계에서 에너지의 소실 때문에 대부분의 먹이사슬 길이는 3~5로 제한된다.
   c. 일부 수생태계의 생산력 피라미드는 1차 소비자 단계의 큰 동물성 플랑크톤 때문에 역삼각형으로 나타난다.
   d. 곡물을 먹인 소고기를 먹는 것은 광합성에 의해 저장된 에너지를 획득하는 데 있어 비효율적인 방법이다.
   e. 생물량 피라미드는 보통 생산력 피라미드와 동일한 모양이다.

9. 생산 효율이 가장 클 것으로 예상되는 생물 무리는?
   a. 양서류
   b. 포유류
   c. 곤충과 미생물
   d. 유인원
   e. 조류

10. 생물지구화학적 순환은 다음 중 어떤 원소에 대해 전지구적인가?
   a. 대기에서 발견되는 원소
   b. 주로 토양에서 발견되는 원소
   c. 탄소, 질소, 인
   d. 물에 녹는 원소
   e. a와 c가 옳다.

11. 과정과 이에 대한 설명이 잘못 연결된 것은?
   a. 질화 과정—토양에서 암모니아가 질산과 아질산으로 산화되는 것
   b. 질소 고정—대기 중의 질소가 암모니아로 환원되는 것
   c. 탈질 과정—대기로 N_2를 되돌림; 탈질균이 질산을 대사할 때 일어난다.
   d. 암모니아화과정—유기화합물의 암모니아로 분해
   e. 삼림벌채—토양에 질산 공급을 증가시킴

12. 열대림에서 개벌을 하면 생산력이 제한적인 농지가 된다. 그 이유는?
   a. 대부분의 농작물에게 열대지방은 너무 덥다.
   b. 열대림이 빨리 자라 농작물을 자라지 못하게 한다.
   c. 매우 적은 양의 생태계 양분이 토양에 저장되어 있기 때문이다. 대부분의 양분은 숲의 나무에 저장되어 있다.
   d. 질소가 아닌 인이 이 토양에서 제한양분이기 때문이다.
   e. 열대에서 분해율은 높지만 1차 생산은 낮기 때문이다.

13. 허바드 부룩 실험림의 연구에서 밝히지 못한 것은?
   a. 대부분의 무기물은 숲 생태계 내부에서 순환한다.
   b. 벌목은 물의 유출을 상당히 증가시킨다.
   c. 계곡으로부터 무기물의 유실은 벌목 직후 가장 크다.
   d. 질산은 유실이 가장 크게 나타난 무기물이다.
   e. 생태계는 벌목의 영향으로부터 회복할 수 없었다.

14. 생물 촉진의 예로 적당한 것은?
   a. 파괴된 토양에 비료를 주는 것
   b. 강물의 흐름을 자연스럽게 복원하는 것
   c. 광산으로 교란된 토양에 질소고정 식물을 심는 것
   d. 복원된 장소와 교란되지 않은 장소를 서식지 통로로 연결하는 것
   e. 오염된 지하수에 우라늄 환원 세균의 성장을 촉진시키기 위해 에탄올을 더해주는 것

43장

지구생태학과 보전생물학

핵심

유전자, 종, 그리고 생태계 수준에서 생물다양성은 인간의 복지에 결정적 역할을 한다. 이 장에서는 생물다양성에 대한 위협과 지구상의 종 다양성을 보전하기 위한 몇몇 접근법을 다룬다. 보전생물학자들은 멸종위기종의 개체군 크기, 유전적 다양성, 그리고 서식지 요구, 종종 인간이 주로 점유하는 경관에서 자연 보호구를 만들고 관리는 데 관심을 가진다. 인간의 활동으로 인한 부영양화, 독성물질의 방출, 대기 중의 CO_2 농도의 증가를 통해 전지구적 변화를 야기하고 있다. 인구 성장률이 마침내 감소되었지만 지구 전체의 인구는 계속하여 급격히 증가하고 있다. 생태학적 연구와 우리의 생명애는 지속가능한 발전의 목적을 성취하는 데 도움을 줄 것이다. 여기에서 지속가능한 발전이란 인간 사회와 이를 지탱하는 생태계의 장기간 지속을 말한다.

복습

보전생물학(conservation biology)은 생태계 과정과 생물다양성을 유지하기 위한 노력에 있어서 모든 분야의 생물학을 포함한다.

43.1 인간의 활동은 지구의 생물다양성을 위협한다

생물다양성의 세 단계 현재의 높은 멸종률은 지구의 생물다양성을 위협한다. 다양성의 첫 번째 단계에서 개체군 내 그리고 개체군 사이에서의 유전적 다양성의 소실은 한 종의 적응 능력을 줄인다.

생물다양성의 두 번째 수준은 종 다양성이다. 미국의 멸종위기종법에 따른 **멸종위기종(endangered species)**은 "이들이 분포하는 모든 또는 상당한 범위에서 절멸의 위험에 있는" 종을 말한다. **멸종위협종(threatened species)**은 가까운 미래에 절멸위기를 맞을 수 있는 종으로 정의한다. 대부분의 분류군에서 최근 절멸과 멸종위기종의 잘 보고된 예가 많이 있다.

세 번째 수준의 생물다양성은 생태계 다양성이다. 종의 소실은 생태계에서 다른 종에게 부정적인 영향을 줄 수 있다. 인간의 활동은 많은 생태계를 변화시켜 왔다.

생물다양성과 인간 복지 생물다양성을 보존하는 데에는 도덕적인 이유와 실질적인 이유가 있다. 생물다양성의 소실은 작물의 개량에 필요한 형질에 대한 유전자와 같이 종의 유전체에 간직된 유전적 가능성의 소실을 의미한다. 생물다양성은 의약, 섬유, 음식을 제공할 수 있는 자연자원이다.

인간은 지구의 생태계에 의존한다. **생태계 서비스(ecosystem service)**에는 대기와 물의 정화, 폐기물의 해독과 분해, 양분 순환, 범람 조절, 작물의 꽃가루받이, 토양의 생성과 보전 등이 포함된다. 생태계 서비스의 경제적 가치는 엄청나다.

생물다양성에 대한 위협 생물다양성에 대한 가장 큰 위협은 농업, 도시개발, 벌목, 광업, 오염, 지구기후변화에 의해 발생하는 서식지 파괴이다. 세계자연보전연맹(IUCN)에 따르면 서식지 파괴는 멸종, 멸종위기, 멸종 민감, 또는 희귀종으로 지정된 종의 73%에 영향을 주었다. 자연서식지의 단편화는 흔하게 일어났으며 거의 항상 종의 소실을 가져왔다. 육상생태계와 수 서식처 모두 파괴되고 있다.

때로는 외래종으로 부르는 **도입종(introduced species)**은 고유종과 직접 경쟁하거나 먹이를 두고 경쟁한다. 인간은 손상을 방지하거나 조절할 목적으로 수천 종을 의도하거나 의도하지 않고 엄청난 경제적 비용을 치르며 옮겨왔다.

남획(overharvesting)은 개체군이 번식하는 능력 이상으로 야생동식물을 수확하는 것을 말한다. 낮은 번식률을 가지는 대형 동물종과 작은 섬에 사는 종들은 특히 민감하다. 특히 새로운 어구를 가진 물고기의 남획은 상업적으로 중요한 많은 어종의 개체군을 급격히 줄어들게 하였다. 분자유전학적 방법을 통해 보전생물학자들은 생물조직이 멸종위협종이나 멸종위기종의 것인지 아닌지를 판별할 수 있게 되었다.

생물다양성에 대한 네 번째 중요한 위협인 지구 변화에

는 기후, 대기 화학, 생태적 시스템에서의 변화가 있다. 예를 들어 화석연료와 목재의 연소는 산화황과 산화질소를 방출하고, 이들은 대기에서 황산과 질산으로 변한다. 이 산은 pH 5.2보다 낮은 비, 눈, 진눈깨비, 안개로 정의되는 산성 강수(acid precipitation)를 내리게 한다. 공장으로부터 대기로의 방출은 산성 강수가 나타나게 하였으며, 이는 북미와 유럽에 걸쳐 호수의 물고기 개체군과 숲이 파괴되게 하였다. 새로운 규제와 기술은 황산화물의 방출을 줄였고, 강수의 산도는 점점 줄어들었다.

핵심 문제 43.1

생물다양성에 대한 다음 각각의 위협이 어떻게 개체군 수를 줄이거나 절멸을 일으키게 되었는지 예를 드시오.

a. 서식지 파괴

b. 도입종

c. 남획

d. 지구의 변화

43.2 개체군 보전은 개체군의 크기, 유전적 다양성, 그리고 임계 서식지를 주 관심대상으로 한다

소개체군 접근법 유전적 다양성은 개체군 보전을 위한 소개체군 접근법에서 가장 중요한 고려사항이다. 소개체군의 특징인 근친교배와 유전적 부동은 소개체군을 **절멸의 소용돌이(extinction vortex)**로 이끌 수 있다. 절멸의 소용돌이에서 양의 되먹임 고리에 의해 유전적 변이의 소실은 개체군의 수를 점점 더 작게 하여 결국에는 개체군이 절멸된다. 그러나 낮은 유전적 다양성이 항상 한 개체군을 사라지게 하지는 않는다.

대초원닭의 이야기는 나쁜 절멸의 소용돌이의 예를 보여준다. 농업으로 인해 서식처가 파편화될 때 일리노이의 대초원닭의 수는 19세기 수백만 마리에서 1993년 50마리로 줄어들었다. 박물관의 표본으로부터 채취한 DNA를 비교한 결과 위협 개체군에서 유전적 다양성이 감소하였음을 알 수 있었다. 다른 주에 있는 더 큰 개체군에서 닭을 옮겨온 후에 알의 생존율이 증가하고 일리노이 닭의 개체군은 다시 증가하였다.

많은 요소를 함께 고려하는 컴퓨터 모델이 한 개체군이 지속되는 데 필요한 최소 개체군 크기인 **최소 생존 개체군(minimum viable population, MVP)**을 추정하는 데 사용된다.

유효 개체군 크기(effective population size, N_e)는 개체군의 번식 능력에 근거하며 번식하는 개체수와 개체군의 성비를 포함하는 식에 의해 결정된다. $N_e = (4N_f N_m) / (N_f + N_m)$. 생활사나 유전적인 요소를 고려하는 다른 식이 사용되기도 한다. 보존을 위한 노력은 절멸을 막는 데 필요한 생식적으로 활동적인 최소의 개체수를 유지하는 데 근거해야 한다.

핵심 문제 43.2

유효 개체군 크기는 개체군의 실제 개체수보다 보통 더 큰가? 아니면 더 작은가? 설명하시오.

샤퍼(M. Shaffer)는 옐로스톤 국립공원의 회색곰에 대한 장기 연구의 일환으로 개체군 생존력 분석을 실시하였다. 그 결과 멸종위협종인 회색곰의 최소 생존 개체군의 크기는 100마리로 추정되었다. 현재 옐로스톤 회색곰 개체군은 약 500마리로 추정된다. 그러나 유효 개체군 크기는 전체 개체군 크기의 25%만인 125마리이다. 유전자 분석은 개체군 내의 유전적 다양성이 낮다는 것을 보여주었다.

핵심 문제 43.3

소개체군 접근법의 기본 전제를 설명하시오. 소개체군을 보전하는 데 어떤 보전 전략이 제안되는가?

감소 개체군 접근법 감소 개체군 접근법은 감소하는 개체군을 확인하고, 감소의 원인이 되는 환경요소를 결정하고, 올바른 수단을 제안하는 것을 강조한다.

몇몇 요소들이 빨간 꽃모양 기장이 달린 딱따구리를 감소하게 하였다. 예를 들어, 벌목과 농업은 성숙한 송백류 숲 서식지를 파편화시켰고 엄격한 불의 관리는 소나무류 나무 주변에서 관목이 매우 빽빽하게 자라게 하였다. 지금 사용하는 관리전략에는 일부 긴잎소나무 숲을 보호하고, 불을 관리하며, 새로운 번식 무리의 정착을 돕기 위해 점유되지 않은 서식처에 번식 구멍을 뚫어 주는 것 등이 포함되었다.

핵심 문제 43.4

멸종위기종의 보전을 위한 감소 개체군 접근법을 설명하시오.

대립되는 요구의 중요성 비교 멸종위기종을 위한 서식지 보전은 종종 인간의 경제적이고 오락적인 욕망과 대립을 일으킨다. 그러나 핵심종은 군집 구조와 생태계 과정에 더 중요한 영향을 주기 때문에 그들의 생태적 역할을 근거하여 구할 종의 우선순위를 정하는 것이 전체 군집의 생존에 결정적일 수 있다.

43.3 경관과 지역 보전은 생물다양성의 유지를 돕는다

보전 노력은 전체 군집과 생태계의 다양성을 유지하는 방향으로 진행되고 있다. 경관생태학의 목적은 생물다양성의 보전을 생태계 관리와 토지사용 계획의 일부로 만드는 것이다.

경관구조와 생물다양성 종들은 종종 한 생태계 이상을 사용하거나 생태계 사이의 경계에서 산다. 경관은 경계 또는 가장자리(edge)로 구분된 생태계를 포함한다. 가장자리는 그들만의 물리적 조건과 생물군집을 가진다. 인간에 의한 서식지의 파편화로 인한 가장자리 군집의 증가는 가장자리에 적응된 종들이 지배적이게 될 때 생물다양성을 줄일 수 있다. 장기연구인 숲 단편화의 생물학적 역동성 사업(Biological Dynamics of Forest Fragments Project)은 서식지 단편이 작을 때 숲 내부에 적응한 종들이 대부분 감소한다는 것을 보여 주었다.

이동통로(movement corridor)는 격리된 조각을 연결하는 좁은 띠 또는 서식지의 무리이다. 서식지 조각들이 중대한 인간의 파괴에 의해 분리되었을 때 인위적인 통로가 종종 만들어졌다.

핵심 문제 43.5

이동통로의 잠재적 이익에는 어떤 것이 있는가? 이동통로는 어떻게 해로울 수 있는가?

보호지역의 지정 현재 약 7%의 육지가 보호지역으로 지정되었다. 보전생물학자들은 이 보호지역을 디자인하고 관리하는 데 경관 역동성을 고려한다. **생물다양성 중요지점(biodiversity hot spot)**—매우 높은 밀도의 고유종, 멸종위협종, 멸종위기종이 사는 작은 지역—은 자연보호지역을 위한 좋은 선택이 된다. 그러나 지구의 변화는 이 지역에서의 기후요소들이 변할 것으로 예측될 때 보전을 위한 중요지점 접근법의 사용을 복잡하게 할 것이다.

자연보호지역이 보호되는 서식지 섬을 제공할지라도 자연 교란의 비평형모델이 그들에게 적용된다. 조각 역동성, 가장자리 그리고 이동통로 효과는 보호지구의 디자인과 관리에 고려되어야만 한다.

최소 생존 개체군 크기를 위한 요구조건에 대한 새로운 정보는 대부분의 국립공원과 보호지역은 너무 작다는 것을 제시하였다. 즉, 한 개체군이 유지되기 위해 필요한 면적은 보통 보호지역의 법적인 경계보다 훨씬 더 넓다.

핵심 문제 43.6

더 넓고 확장적인 보호지역을 만들면 어떤 요소가 좋아지는가? 더 좁고 연결되지 않은 보호지역을 만들면 어떤 요소가 좋아지는가?

개발제한지구(zoned reserve)는 인간의 사회적이고 경제적인 분위기가 안정하고 활동이 보호지구의 장기적인 존속을 증진하도록 조절되는 완충지역으로 둘러싸인 보호되는 핵심지역을 가진다. 코스타리카에는 여덟 개의 개발제한구역이 있다. 그러나 일부 완충지역에서는 벌목이 지속되고 있다. 1990년에 설립된 플로리다 중요 국립 해양 보호구역(The Florida Keys National Marine Sanctuary)에서 해양생물이 증가하고 있고 취미활동으로 하는 다이버로부터 수익을 얻고 있다.

43.4 지구는 인간의 행동으로 인해 급속히 변화하고 있다

부영양화 농작물의 수확은 농사를 짓지 않을 때 토양에서 순환될 수 있는 양분을 제거한다. 일단 토양의 유기, 무기 저장고가 고갈되면 작물 재배는 비료 공급에 의존한다. 질소 비료를 주거나 콩과식물을 더 많이 심거나 화석연료의 연소를 통해 지구에 공급되는 고정된 질소의 양을 2배 이상 더 많게 한다.

생태계에 해를 입히지 않고 식물에 흡수될 수 있는 추가된 양분의 양인 **한계량(critical load)**을 초과하는 질소는 지하수를 오염시키고, 호수와 강을 악화시키면서 바다로 흘러간다. 질소 농도의 증가는 식물성 플랑크톤의 급작스런 증가를 이끌게 된다. 이 식물성 플랑크톤의 분해는 산소 농도를 낮추어 해안에서 "죽은 지역"을 만들게 된다. 양분의 유입으로 인한 호수의 부영양화는 물고기를 죽이고, 다른 생물에게 해를 입힐 수 있다.

환경 속의 독성물질 인간은 매우 다양한 독성 화학물질을 환경에 방출한다. 생물은 먹이와 물로부터 이 독성물질을 흡수하고 독성물질은 조직 속으로 들어간다. **생물 증폭(biological magnification)**으로 알려진 과정에서 그런 화합물의 농도는 먹이사슬을 연속적으로 올라가며 증가한다. DDT와 같은 살충제와 산업에서 발생한 PCBs는 많은 동물 종에서 내분비계에 문제를 일으켜 왔다.

가축에게 투여하는 약뿐만 아니라 일반의약품이나 전문의약품 모두 강과 호수에서 점점 더 많이 발견되는 일종의 독성물질이다. 출산율의 조절을 위해 사용되는 에스트로젠과 같은 스테로이드성 성호르몬은 물고기의 성 분화를 변경시켜 번식을 방해할 수 있다.

생태계로 버려지는 많은 독성 화학물질은 생분해되지 않는다. 수은과 같은 다른 물질은 다른 환경 요소와 반응하여 더 해롭게 되기도 한다.

온실가스와 지구온난화 대기 중의 이산화탄소 농도는 화석연료의 연소와 벌목으로 인해 산업혁명 이후 급격히 증가해 왔다. **온실효과(greenhouse effect)**라고 알려진 현상을 통하여 대기 중의 이산화탄소, 메탄, 수증기, 그리고 다른 가스는 지구로부터 반사되는 적외선을 흡수하고 다시 방출하여 지구를 데운다.

과학자들은 21세기 말에 이산화탄소의 농도는 2배가 되고 온도는 3°C 더 올라갈 것이라 예측한다. 선사시대의 이산화탄소 농도와 온도 사이의 상관관계는 이 모델을 지지한다.

온도 증가의 영향을 예측하기 위하여 생태학자들은 마지막 빙하기가 끝난 후 빙하의 후퇴를 따라 나무의 지리적 분포가 어떻게 변했는지를 연구한다. 많은 식물은 천천히 산포되기 때문에 그들의 분포 범위는 지구 기후 변화에 맞추어 생존할 정도로 빠르게 변하지 않을 것이다.

점점 더 산업화된 사회에서 이산화탄소의 방출 수준을 조절하는 것은 국제적으로 커다란 도전이 되었다.

핵심 문제 43.7

우리가 지구온난화를 늦출 수 있는 방법을 나열하시오.

43.5 인간 개체군은 더 이상 지수적으로 생장하지는 않으나 아직도 급격히 증가하고 있다

세계의 인간 개체군 1650년 이후 지구의 인구가 10억 명으로 두 배 증가하는 데 200년이 걸렸다. 그 이후 80년 만에 그 두 배인 20억 명으로 증가하였고, 다음에는 45년 만에 두 배인 40억 명으로, 35년이 지난 지금은 70억 명 이상으로 증가하였다. 부분적으로는 AIDS와 같은 질병과 자발적인 인구 조절 덕으로 생장률이 느려지기 시작했지만 생태학자들은 2050년까지 81억 명에서 106억 명으로 증가할 것이라 추정하고 있다.

세계의 연간 인구 증가율은 지역적으로 다르다. 선진국에서는 거의 평형상태(0.1%)에 있다. 어떤 나라에서는 여성당 2.1명의 아이로 나타나는 대체 수준 이하의 번식률을 보인다. 지구 인구의 80%가 사는 덜 산업화된 국가들이 지구 전체의 인구증가율 1.1%의 대부분을 담당하고 있다.

인구증가는 자발적인 피임과 가족계획에 의해 명백히 조절될 수 있다는 점에서 독특하다. 많은 문화에서 여성은 더 많은 교육을 받고 있고 결혼과 출산을 늦추고 있어 인구 증가가 느려지고 있다.

범세계적인 수용능력 지구의 수용능력에 대한 추정치는 상당히 다양하며, 평균적으로 약 100~150억 명이 된다. 이러한 추정치는 지수적 생장, 서식 가능한 토지의 양이나 한계요인으로서 식량과 같은 여러 가정에 기인한다.

생태 발자국(ecological footprint)은 다양한 인간의 수요, 이 수요를 충족시키고 폐기물을 수용하기 위한 대지와 수면의 면적을 고려한다. 지구에서 (보전을 위한 일부 대지는 제외하고) 한 사람당 생태적으로 비옥한 대지 면적은 약 1.7 ha로 추정된다. 미국에서 생태 발자국으로 약 10 ha를 가지는 전형적인 한 사람은 지구 자원을 지속가능하게 할 수 없는 양의 자원을 사용하고 있다.

생태 발자국은 사용하는 에너지의 양에 기초할 수도 있다. 미국에서 전형적인 한 사람은 중앙아프리카에서 사는 한 사람보다 약 30배의 에너지를 사용한다. 대부분의 선진국에서 사용하는 에너지의 80%는 재생하지 못하는 화석연료로부터 온다.

핵심 문제 43.8

어떤 요소가 지구의 궁극적인 수용능력을 결정할 수 있는가? 계속되는 인구 증가가 어떻게 실제로 지구의 수용능력을 낮출 수 있는가?

43.6 지속가능한 발전은 생물다양성을 보전하며 인간의 삶을 향상시킬 수 있다.

지속가능한 발전 미래 세대의 수요를 충족시킬 수 있는 능력에 대한 제한 없이 오늘날 사람들의 수요를 충족하는 경제 발전을 **지속가능한 발전(sustainable development)**이라 한다.

정부, 비정부기구(NGOs), 시민 사이의 동반자관계는 코스타리카에서 보전의 성공을 이끌었다. 이 나라의 생활수준은 증진되었다. 즉, 유아 사망률은 감소하였고, 기대 수명은 늘어났으며, 문맹률은 줄어들었다.

생물권의 미래 윌슨(E. O. Wilson)은 지구에서 생명의 다양성에 대한 우리의 끌림과 자연 환경에 대한 우리의 친밀감을 생명애(biophilia)라고 부른다. 생물학 연구를 통해 자연을 알고 이해하게 됨으로써 우리는 생물권의 다양성과 과정을 더 잘 보존하고 이에 더 잘 감사하게 될 수 있다.

어원

bio- = life (*biodiversity hot spot:* a relatively small area with numerous endemic species and a large number of endangered and threatened species)

지식의 체계화

1. 생물다양성에 대한 중요한 위협 4가지를 설명하시오.
2. 생물다양성의 손실이 어떻게 인간의 복지를 위협하는가?
3. 가장자리와 이동통로는 서식지 파편화와 어떤 관계가 있는가?
4. 생태 발자국은 무엇인가?

지식의 검증

선다형 문제: 가장 옳은 답을 고르시오.

1. 멸종위기종법에 따른 멸종위협종은?
   a. 성공적으로 재래생물과 경쟁할 수 없는 외래종
   b. 세계의 다른 어느 곳에서나 발견되는 고유종
   c. 교란된 서식지에서 발견되는 종
   d. 서식범위의 대부분 또는 모든 곳에서 절멸의 위험이 있는 종
   e. 멸종위기종이 될 것 같은 종

2. 생태계 서비스에 속하지 않는 것은?
   a. 농작물의 꽃가루받이
   b. 항생제와 의약품의 생산
   c. 공기와 물의 정화
   d. 폐기물의 분해
   e. 극한 날씨의 영향 완화

3. 생물다양성에 대한 가장 심각한 위협은?
   a. 도입종과의 경쟁
   b. 환경 독성물질
   c. 서식지 파괴
   d. 남획
   e. 군집 역동성의 파괴

4. 일부 초지와 송백림에는 효율적인 산불 방지 프로그램이 사용된다. 프로그램의 결과로 가장 그럴듯한 것은?
   a. 산불 방지로 인한 종다양성의 증가
   b. 산불은 군집구조를 유지하는 자연스런 교란이기 때문에 군집구성에서의 변화
   c. 그 지역의 멸종위기종의 보존
   d. 군집의 종 구성에 변화가 없음
   e. 낙엽수림으로의 천이

5. 소개체군 접근법에 따라 멸종위기종을 보전하기 위한 가장 중요한 처방은?
   a. 서식지 주변에 큰 자연보호지역을 지정한다.
   b. 자연 포식자 개체군의 조절
   c. 쇠퇴 원인을 파악
   d. 확산이 잘되어 유전적 다양성이 증가되도록 함
   e. 인공 번식 프로그램을 실시

6. 생물다양성 중요지점의 특징은?
   a. 많은 수의 고유종
   b. 높은 서식지 파괴율
   c. 낮은 종다양성
   d. 넓은 육지 또는 물
   e. 많은 개체군의 철새

7. 한 개체군이 최소 생존 개체군 크기보다 작아졌을 때 일어나는 현상은?
   a. 유전적 부동
   b. 개체군 크기가 더 줄어듦
   c. 근친교배
   d. 유전적 다양성의 소실
   e. 위의 모든 것이 개체군이 맞이하게 될 절멸의 소용돌이의 특징이다.

8. 이동통로란?
   a. 격리된 서식지를 연결하는 좁거나 여러 뭉치의 서식지이다.
   b. 이동 동물이 선택하는 이동로
   c. 몇몇 다른 생태계를 포함하는 경관 내에서의 연결
   d. 두 생태계 사이의 경계 또는 가장자리를 형성하는 지역
   e. 보호지역의 장기간 유지를 증진시키는 인간 활동을 위한 완충지역

9. 개체군의 효율적인 개체군 크기(N_e)가 실제 개체군 크기와 같다는 것은 무엇을 의미하는가?
   a. 개체군은 절멸의 위험에 있지 않다.
   b. 개체군은 높은 유전적 다양성을 가진다.
   c. 개체군의 모든 구성원이 번식한다.
   d. 개체군의 최소 생존 개체군이 그 개체군을 유지하지 못할 것이다.
   e. 그 개체군은 절멸의 소용돌이로 들어가고 있다.

10. 보존을 위해 감소 개체군 접근법을 사용할 때 어떤 점을 강조하는가?
   a. 종의 최소 생존 개체군 크기를 예측하는 것
   b. 유전적 다양성을 증가시키기 위해 다른 개체군으로부터 개체를 가져오는 것
   c. 특정 서식처에서 한 개체군의 장기 생존력을 예측하기 위해 개체군 생존력 분석을 실시하는 것
   d. 한 종이 감소되는 원인을 파악하고 이를 개선하기 위한 조치를 취하는 것
   e. 보호지역을 둘러싸고 있는 인간의 경관이 보호 서식지를 잘 보호할 수 있도록 개발제한 구역을 지정하는 것

11. 그들의 제한된 자원으로 생물다양성을 보전하고자 노력하는 보전생물학자들은 다음 중 어떤 것에 가장 우선권을 두어야 하는가?
   a. 점박이올빼미
   b. 한 군집에서 감소하는 핵심종
   c. 상업적으로 중요한 종
   d. 절멸위기와 절멸위협 척추동물종
   e. 감소하는 모든 종

12. 한 호수에서 성가신 각다귀 개체군을 없애기 위한 노력이 있은 다음 해 물고기를 먹고 사는 논병아리에서 DDT가 위험수준으로 있음을 발견하였다. 이것은 어떤 예에 해당하는가?
   a. 부영양화
   b. 생물증폭
   c. 양분 풍부화
   d. 경관 생태계의 가장자리 효과
   e. 살충제에 대한 내성의 증가

13. 생태 발자국은 무엇을 추정하는 것인가?
   a. 한 국가의 수용능력
   b. 한 명의 어른이 낳은 자손의 수와 그 결과 자원에 대한 수요
   c. 현재 자원에 대한 수요를 충족하기 위해 한 사람 또는 한 국가가 필요로 하는 육지와 물이 점유한 면적
   d. 개체군이 사용하는 자원과의 관계 속에서의 개체군 크기
   e. 채식주의자와 육식주의자를 위한 음식을 만드는 데 사용되는 에너지의 비교

14. 지속가능한 발전에 대한 설명으로 옳은 것은?
   a. 멸종위기종을 구하기 위해 자연 보호지역을 사용하고, 지구의 나머지 생태계는 인간의 발전을 위해 사용할 수 있다.
   b. 개발제한 구역의 지정을 필요로 한다.
   c. 미래 세대의 수요를 충족할 수 있는 능력을 제한하지 않고 현재 사람들의 수요를 충족시키기 위한 경제적 발전을 말한다.
   d. 지구 전체의 인구가 줄어들 때에만 달성 가능하다.
   e. 화학비료와 유기비료를 사용하고 관개시설을 사용하여 농업생태계의 생산성을 유지한다.

15. 나무종에 대한 지구 기후 변화의 영향에 관한 관심을 반영하는 진술은?
   a. 오존이 증가하면 잎의 세포를 파괴하여 광합성률을 줄일 수 있다.
   b. 온도 증가는 나무의 생장을 촉진하여 나무가 너무 키만 크게 될 것이다.
   c. 산성비와 심각한 가뭄의 조합은 많은 나무종을 위협하게 될 수도 있다.
   d. 나무는 그들이 살 수 있는 기후 조건을 만족하는 새로운 서식지에 도달할 만큼 빠르게 확산하지 못할 것이다.
   e. 위 모든 것이 나무와 기후 변화에 관계된 진술이다.

해답

1장 서론: 진화와 생물학의 기초

핵심 문제

1.1. **a.** 생물권은 지구상의 모든 생물과 생명이 거주하는 환경, 즉 땅과 물로 이루어진 대부분의 지역과 지표면 아래에 있는 침전물, 바위, 수 킬로미터 위에 있는 대기를 포괄한다.
b. 생태계는 일정 지역에 생존하는 모든 생물과 이들이 상호작용하는 환경 중 비생물적인 부분을 포괄한다.
c. 군집은 특정 지역에 거주하는 생물종 모두로 구성된다. 각각의 다양한 생명 형태는 종이라 부른다.
d. 개체군은 일정 지역에 있는 단일 종의 개체 모두를 포함한다.
e. 생물은 개별적으로 살아 있는 존재이다.
f. 기관은 좀 더 복잡한 생물종에서 발견되는데, 특정한 기능을 수행하는 신체 부위이다. 기관계는 더 큰 기능을 수행하는 기관의 그룹이다.
g. 조직은 집합적으로 특정 기능을 수행하는 세포 그룹이다. 몇몇 조직은 기관을 형성한다.
h. 세포는 생명의 근본 단위이다.
i. 세포소기관은 세포의 기능 요소이다.
j. 분자는 둘 이상의 원자로 구성된다. 분자는 살아 있는 생물을 구성하는 화학적 단위이다.

1.2. 유전자를 구성하는 DNA 분자에서 뉴클레오타이드의 순서는 명령을 "나열"한다. 이는 RNA로 전사되고, 특별한 기능을 가진 단백질로 해독된다.

1.3. 화학 영양분은 광합성을 하는 식물이 물과 미네랄, CO_2를 흡수하여 당을 생산하고 O_2를 방출하면서 순환한다; 소비자는 식물이나 다른 생물을 먹고; 분해자는 영양분을 생태계로 되돌린다. 에너지는 생태계를 흐르는데, 태양에너지로 유입되어 세포의 일을 수행하는 화학에너지로 전환된 다음 열로 방출된다.

1.4. 이러한 생물체는 영양 방식에 따라 구분된다. 식물은 광합성을 하며, 균류는 그들의 영양분을 분해한 유기물에서 얻고, 동물은 다른 생물체를 섭취한다.

1.5. 대부분의 생물종은 생존할 수 있는 수보다 더 많은 후손을 낳는 경향이 있다. 환경에 가장 잘 맞는 유전형질을 가진 생물종은 생존하여 더 많은 후손을 낳는 경향이 있다. 시간이 지남에 따라 우호적인 적응이 개체군 내에 축적될 것이다. 작은 개체군 집단이 서로 다른 환경에 노출되고 자연선택이 다른 형질을 선호함에 따라 새로운 종이 출현하게 될 것이다.

1.6. **a.** 대조군은 자연 서식지에 배치한 위장 생쥐 모형이었다. 각 서식지에 있는 실험군은 비위장 생쥐 모형이었다.
b. 이 실험에서 각 지역의 포식자 수는 통제될 수 없었다. 따라서 비위장 생쥐에 대한 공격의 횟수도 통제될 수 없었다. 데이터를 포식률이나 전체 공격 횟수의 비율로 제시함으로써 이러한 변이의 효과가 제거될 수 있었다.

1.7. **a**. 가설은 이론보다 그 범위가 덜 넓다; 이것은 더 적은 관찰 세트에 대한 임시의 설명이다. 이론은 많은 검정 가능한 가설을 만들어낼 수 있으며, 많은 수의 증거에 의해 지지된다. 가설과 이론 모두 새로운 데이터가 이 예측과 맞지 않으면 수정된다.
b. 과학은 자연현상을 이해하고자 추구하는 것이다; 기술은 과학적 지식을 실제적으로 이용하는 것이다.

지식의 체계화

1. **a.** 구성 수준이 한 단계씩 올라갈 때마다 구성과 구성요소 간의 상호작용은 동적인 체계의 새롭고 창발적인 특성을 끌어낸다. 세포는 구조와 기능을 위한 생물의 기본 단위이다. 이들은 원핵과 진핵세포 두 가지 형태로 나타난다.
b. DNA는 유전물질이다; 이는 세포의 기능과 단백질에 대한 정보를 암호화하고 있으며, 한 세대에서 다음 세대로 전달된다.
c. 모든 생물은 에너지를 필요로 한다. 에너지는 생태계에서

태양으로부터 생산자와 소비자의 화학에너지로 흘러가고, 이후에는 열로 방출된다. 화학영양분은 생태계 내에서 순환된다.
d. 생물은 다른 생물과 상호작용한다. 이러한 상호작용은 상호 이득이 되거나 한 종 혹은 양 종이 해를 입을 수도 있다. 생물은 또한 물리적 환경과 상호작용하며, 환경은 거기에 사는 생물에 의해서 영향을 받는다.
e. 진화는 생명의 통일성과 다양성을 설명한다. 모든 생물은 공통 조상의 변형된 후손이다. 다윈의 자연선택 이론은 생식적 성공의 불균형에 의해 지구의 다양한 환경에 적응한 개체군을 설명한다.

지식의 검증

선다형:

1. d **2.** d **3.** b **4.** d **5.** e **6.** c **7.** e

2장 생명체의 화학적 구성

핵심 문제

2.1. 칼슘, 인, 포타슘, 황

2.2. 중성자; 15; 15; 16; 31달톤

2.3. 흡수; 방출

2.4.

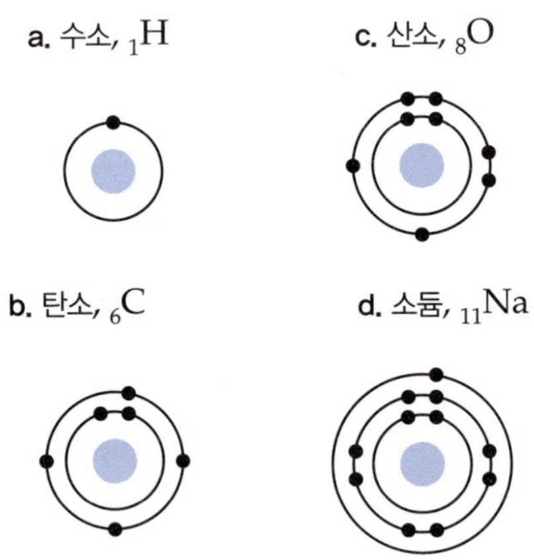

2.5. 자기 자신의 개념도가 훨씬 더 도움이 된다는 것을 명심하라.
a. 양성자
b. 원자번호
c. 원소
d. 중성자
e. 질량수 혹은 원자량
f. 동위원소
g. 전자
h. 전자껍질
I. 원자가껍질

2.6 H = 1, O = 2, N = 3, C = 4

2.7. **a.** 비극성; N이 높은 전기음성도를 가진다 하더라도, 각각의 원자는 전자에 대해 동일한 강한 인력을 가지고 있어서 두 N 원자 사이에서 세 쌍의 전자는 균등하게 공유된다.
b. 극성; N는 H보다 전기음성도가 커서, 각 공유결합에서 공유된 전자들을 자신에게 더 가깝게 끌어당긴다.
c. 비극성; C와 H는 유사한 전기음성도를 가지고 전자를 상당히 균등하게 공유한다.
d. O가 C보다 큰 전기음성도를 가지고 있어, C=O 결합은 극성이다; C—H 결합은 상대적으로 비극성이다.

2.8. **a.** $CaCl_2$
b. Ca^{2+}는 양이온이다.

2.9.

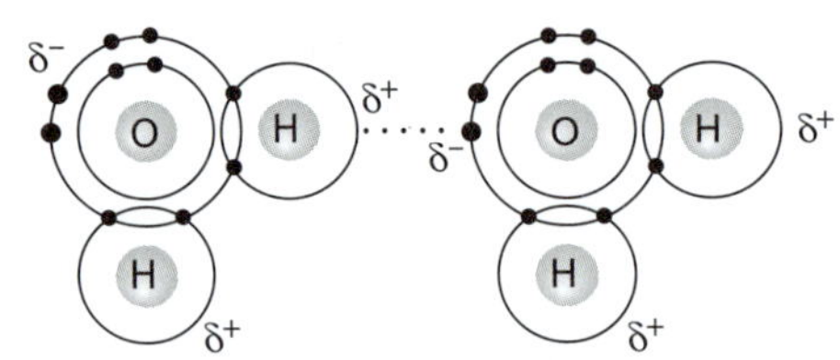

2.10. 6, 6, 6

2.11. **a.** 극성 물 분자
b. 흡수
c. 방출
d. 비열
e. 기화열
f. 기화냉각
g. 태양열

h. 비
I. 얼음이 언다.

2.12. **a.** $C_3H_6O_3$의 분자량은 90 d으로, 구성하는 원자들의 원자량을 합친 것이다. 1몰의 젖산은 90 g이다. 0.5 M 용액을 위해서는 $^1/_2$몰 혹은 45 g이 필요하다.
b. $^1/_2$몰은 $^1/_2$ 아보가드로 수만큼의 분자 개수이다: 3.01×10^{23}

2.13.

$[H^+]$	[OH]	pH	산성 혹은 염기성, 중성?
10^{-8}	10^{-6}	8	염기성
10^{-7}	10^{-7}	7	중성
10^{-1}	10^{-13}	1	산성

2.14.

탄산		중탄산염		수소이온
H_2CO_3	$\rightleftharpoons$	HCO_3^-	+	H^+
H^+ 공여체		H^+ 수용체		

a. 중탄산염은 염기로 작용하여 pH가 떨어지기 시작할 때 과량의 H^+이온을 받아들인다; 반응은 왼쪽 방향으로 일어난다.
b. pH가 올라갈 때, 탄산이 H^+이온을 제공하고 반응은 오른쪽 방향으로 일어난다.

2.15. **a.** $CO_2 + H_2O \rightleftharpoons H_2CO_3 \rightleftharpoons HCO_3^- + H^+$
$[CO_2]$의 증가는 오른쪽 방향으로의 반응을 유발하여 $[H^+]$를 높인다.
b. pH의 감소는 $[H^+]$의 증가를 의미하며, 이 반응($HCO_3^- \rightleftharpoons CO_3^{2-} + H^+$)을 왼쪽 방향으로 일어나게 하여 $[CO_3^{2-}]$가 감소하게 된다.
c. $CO_3^{2-} + Ca^{2+} \rightleftharpoons CaCO_3$. Ca^{2+}와 반응할 수 있는 CO_3^{2-}가 줄어들어, 석회화율이 감소될 것으로 예상된다.

지식의 체계화

1.

입자	전하	질량	위치
양성자	+1	1 달톤	핵
중성자	0	1 달톤	핵
전자	−1	무시할 수 있을 정도로 작음	전자껍질의 오비탈

2. **a.** 각 원소의 원자는 핵 안에 특정 개수의 양성자를 가지고 있으며, 이것이 **원자 번호**이다. 전기적으로 중성인 원자의 경우, 원자번호는 전자의 개수를 나타내기도 한다. **질량수**는 원자의 대략적인 질량을 나타내며, 핵 안의 양성자와 중성자 개수와 동일하다.
원자량은 질량수와 동일하며 달톤으로 표시한다. 양성자와 중성자는 모두 약 1달톤의 질량을 갖는다.

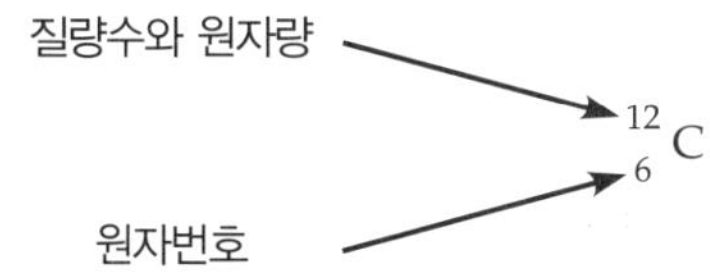

b. 결합능력을 나타내는 **원자가**는 그 원자의 원자가껍질을 완전히 채우는 데 필요한 전자의 개수이다.
c. 원자의 원자가는 원자가 형성하는 결합의 수, 혹은 원자가 원자가껍질을 채우기 위해 공유해야만 하는 전자의 개수를 나타내기 때문에 원자의 화학적 특성과 가장 밀접히 연관되어 있다.

3. **a.** 응집, 흡착
b. 물기둥은 식물의 도관을 통해 끌어올려진다.
c. 수소결합이 깨지거나 형성될 때, 열이 흡수되거나 방출된다. 물은 1도의 온도가 변화되기 위해서는 많은 양의 열을 흡수하거나 방출한다.
d. 커다란 기화열
e. 태양열은 열대지방의 바다로부터 퍼져 나간다.
f. 기화냉각
g. 물의 기화는 식물과 동물의 표면을 냉각시켜준다.
h. 얼음의 수소결합은 물분자들을 멀리 떨어져 있게 해주어, 얼음의 밀도를 작게 한다.
i. 물에 뜨는 얼음은 물 전체에 대한 보온작용을 해서, 전체 물이 고체로 얼지 않게 해 준다.
j. 다방면의 용매
k. 극성 물분자는 이온과 극성 용질을 둘러싸 녹인다.

지식의 검증

선다형:

1. b	**12. e**	**23. c**	**34. e**
2. d	**13. c**	**24. b**	**35. b**
3. b	**14. e**	**25. c**	**36. e**
4. d	**15. e**	**26. d**	**37. a**
5. e	**16. d**	**27. d**	**38. b**
6. d	**17. b**	**28. a**	**39. c**
7. a	**18. d**	**29. e**	**40. e**
8. b	**19. b**	**30. e**	**41. d**
9. c	**20. a**	**31. a**	**42. e**
10. c	**21. e**	**32. e**	**43. c**
11. b	**22. c**	**33. a**	**44. d**

3장 생명의 탄소와 분자 다양성

핵심 문제

3.1.

a.

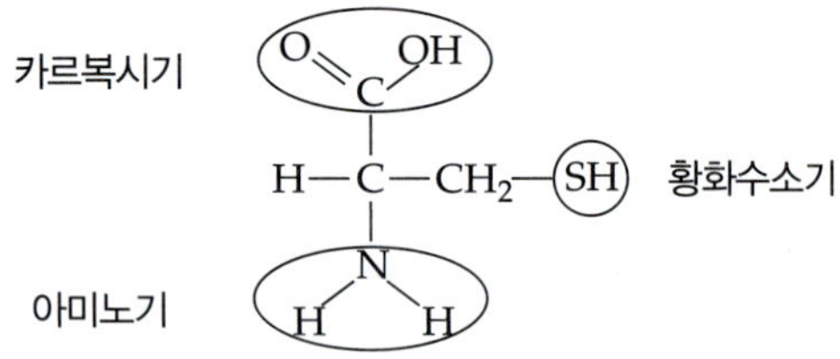

b.

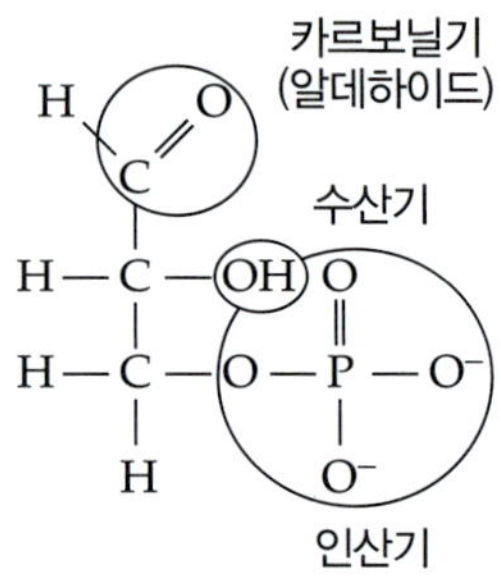

3.2. 탈수반응/제거; 가수분해 반응/첨가

3.3. **a.** 수산기
b. 카르보닐기
c. 알데하이드(탄소 골격 말단의 카르보닐기)
d. 케톤
e. 고리
f. *−ose*

3.4.

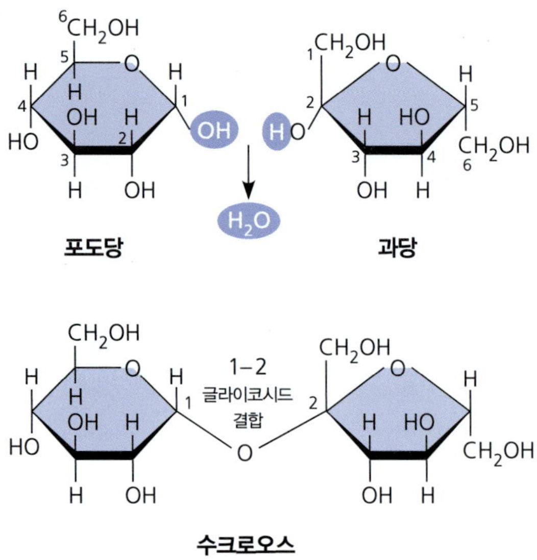

3.5. **a.** 단당류
b. 에너지 화합물
c. 탄소골격, 단위체
d. 이당류
e. 글라이코시드 결합
f. 다당류
g. 글라이코젠
h. 동물
i. 녹말
j. 셀룰로오스
k. 키틴

3.6. **a.** 지방, 트리아실 글라이세리드
b. 인지질
c. 글리세롤
d. 지방산
e. 불포화; 몇몇의 C=C 결합을 가짐.
f. 포화. C=C 결합이 없음.
g. 인산기
h. 세포막
I. 스테로이드
j. 동물세포막 성분(콜레스테롤), 호르몬

3.7. **a.**

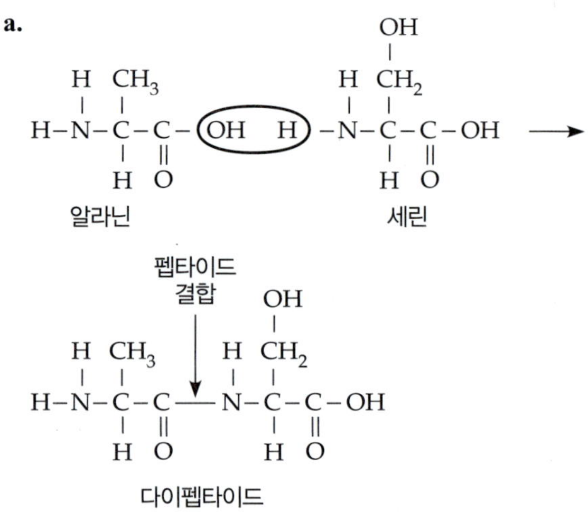

b. 세린의 R기는 극성이다. 알라닌의 R기는 비극성이다.
c. 폴리펩타이드 골격

3.8. **a.** 수소결합
b. 소수성 상호작용과 반데르발스 상호작용
c. 이황화결합
d. 이온결합

이 상호작용 사이에서 R기는 3차 구조를 생산한다.

3.9.

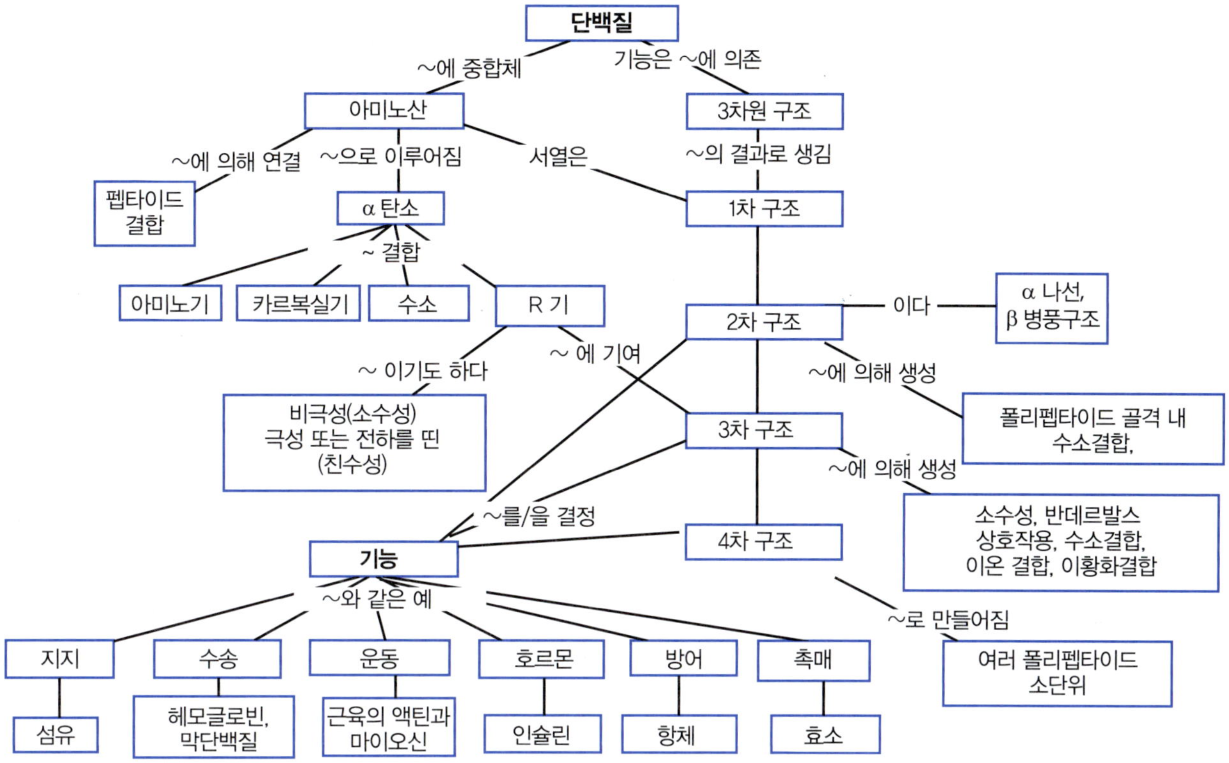

3.10. a.

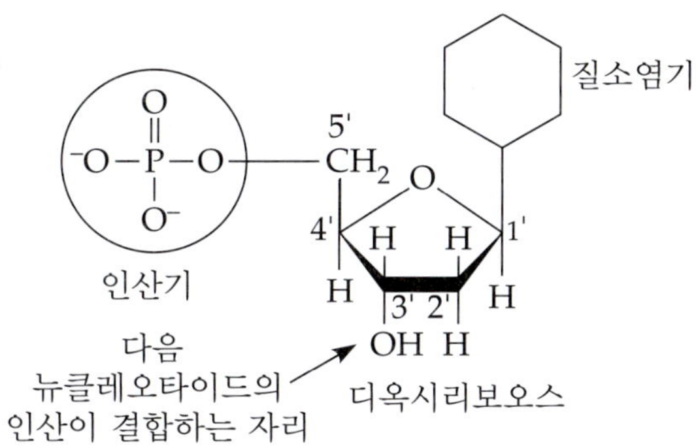

b. 피리미딘; 이 염기는 단일 고리를 가진다.

c. DNA; 2'; 당에 있는 탄소에 O가 없다.

3.11.

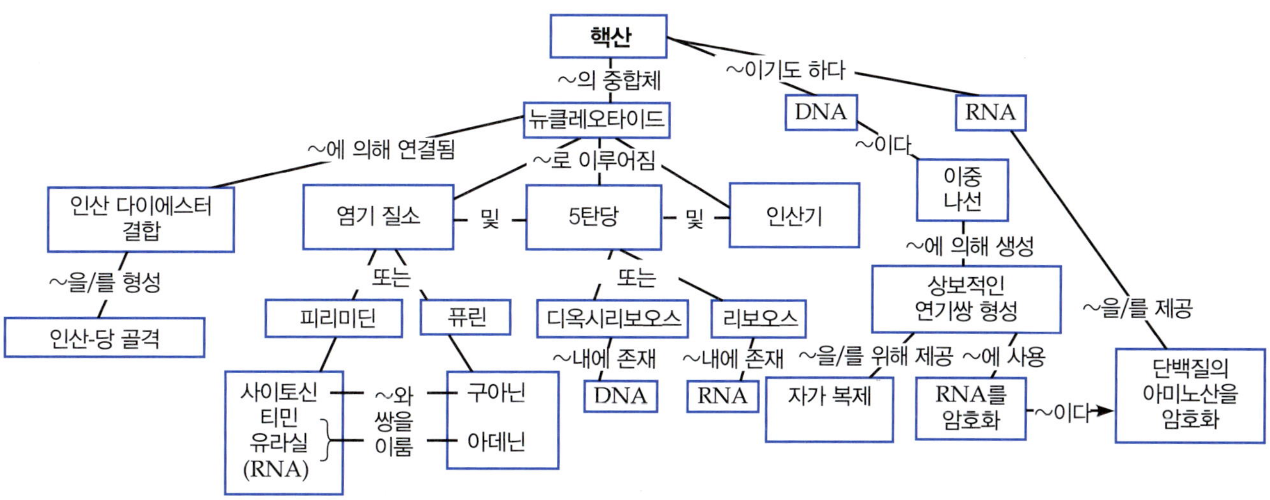

지식의 체계화

1. 탄소는 다른 탄소와 4개의 공유결합을 형성하여 다양한 길이와 모양의 사슬이나 고리를 생성하거나 또는 다른 원자 또는 분자에 특정한 특성을 부여하는 화학기와 4개의 공유결합을 결합한다. 생물은 작은 수의 단위체를 연결함으로써 다른 선형의 서열을 형성하여 특정한 모양과 기능을 가지는 믿을 수 없으리만큼 다양한 중합체를 형성할 수 있다.

2.

화학기	분자식	이 화학기를 포함하는 화합물의 명칭과 특성
수산기	–OH	알코올; 극성기
카르보닐기	>C=O	알데하이드 또는 케톤; 극성기
카르복실기	–COOH	카르복실산; H^+을 방출
아미노기	$–NH_2$	아민; 염기, H^+을 받아들임
황화수소기	–SH	티올; 단백질을 안정화 시키는 가교 역할
인산기	$–OPO_3^{2-}$	유기인산; 에너지 전달에 관여; 음전하를 첨가시킴
메틸기	$–CH_3$	메틸화된 화합물; 첨가로 인해 유전자의 발현을 조절하기도 함

3. a. 아미노산(글라이신)
b. 지방산
c. 질소 염기(퓨린)
d. 글리세롤
e. 인산기
f. 당(5탄당, 리보오스)
g. 당(3탄당)

1. b, d **3.** c, e, f **5.** a
2. a **4.** f, g **6.** b

4. 단백질의 1차 구조는 폴리펩타이드 사슬에 있는 유전적으로 암호화된 아미노산서열이다. 2차 구조는 폴리펩타이드 골격을 따라 존재하는 수소결합에 의해 안정화되는 단백질의 꼬임(α 나선) 또는 접힘(β 병풍구조)을 포함한다. 3차 구조는 아미노산 곁사슬(R기) 사이의 상호작용을 포함하며, 특징적인 단백질의 3차원 구조를 생성한다. 4차 구조는 둘 이상의 폴리펩타이드로 이루어진 단백질에서 생긴다.

지식의 검증

연결하기

1. A **3.** D **5.** C **7.** B **9.** A
2. B **4.** C **6.** D **8.** C **10.** A

선다형:

1. c **7.** e **13.** d **19.** c **25.** c
2. b **8.** c **14.** a **20.** c **26.** b
3. d **9.** c **15.** d **21.** b
4. a **10.** c **16.** e **22.** b
5. d **11.** d **17.** b **23.** d
6. a **12.** a **18.** c **24.** d

4장 세포로의 여행

핵심 문제

4.1. **a.** 세포학은 세포의 구조에 대한 연구이다.
b. 세포생물학자는 세포 내부의 미세구조를 연구하기 위하여 TEM을 이용한다.
c. SEM은 시료의 3차원적 표면을 보여준다.
d. 광학현미경은 살아 있는 세포의 연구를 가능하게 하며, TEM과 SEM보다 덜 인위적인 결과를 보여준다.

4.2 **a.** 원형질막의 분자구조는 막의 내부에 소수성꼬리를, 세포의 내외부에 친수성 인산 머리를 갖는 인지질 이중층으로 되어 있다. 단백질은 막 안에 끼여 있거나 막에 붙어 있다.
b. 면적은 길이의 제곱에 비례한다. 100배 표면적
c. 부피는 길이의 세제곱에 비례한다. 1,000배 부피

4.3. 특이 단백질에 대한 유전정보는 DNA로부터 RNA로 전사되고, 이 전사체는 세포질로 이동하여 리보솜에 의해 단백질의 1차구조로 합성된다. 리보솜 단위체는 rRNA와 세포질로부터 온 단백질로부터 인에서 합성된다.

4.4. **a.** 활면소포체 — 세포에 따라 지방을 합성하는 효소를 가지고 있거나, 탄수화물 대사에 관여하거나, 약물 및 알코올의

해독 작용에 관여하거나 근육세포로부터 칼슘이온을 방출한다.

b. 핵막 — 핵을 둘러싸고 있는 이중막이며, 핵공은 물질의 이동을 조절한다.

c. 조면소포체 — 부착 리보솜은 시스터나로 들어가는 단백질을 합성하며 분비 및 막단백질을 합성한다.

d. 수송소포 — ER과 골지체의 산물들을 여러 위치로 운반한다.

e. 골지체 — ER 산물에 변화를 주며, 다당류를 만들고, 특정한 위치로 이동할 운명을 갖는 소포에 산물을 담는다.

f. 원형질막 — 세포의 내외부로 물질의 통과를 조절하는 선택적인 장벽

g. 리소좀 — 고분자를 소화할 가수분해효소를 가지고 있다.

4.5. 미토콘드리아

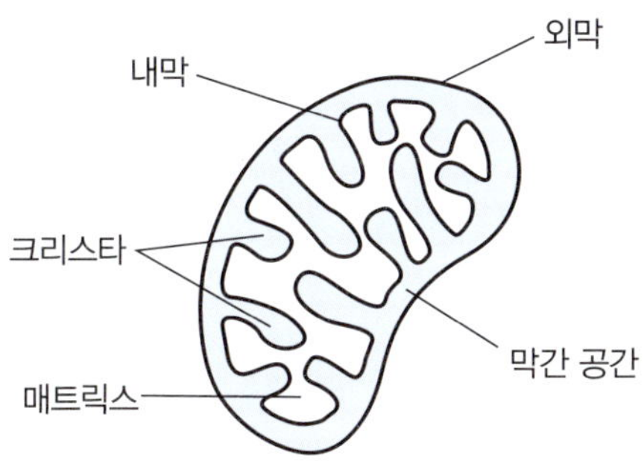

엽록체

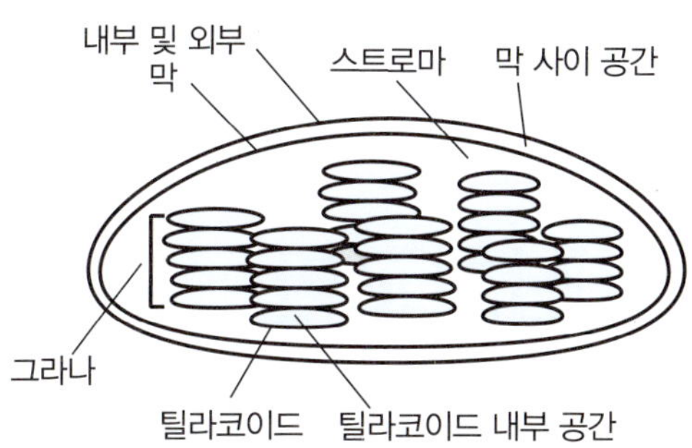

4.6. **a.** 비어 있는 공간으로 튜불린 이합체의 기둥으로부터 형성되며, 직경은 25 nm.

b. 세포 모양 및 지지, 이동하는 세포소기관에 대한 길, 세포분열 시 염색체의 이동, 섬모 및 편모의 움직임.

c. 액틴 단위체의 2개의 꼬인 사슬로 직경은 7 nm

d. 근수축, 세포 모양의 유지와 변화, 아메바운동, 세포질유동

e. 케라틴 군 섬유성 단백질의 초나선 꼬임; 직경 8−12 nm

f. 세포 모양 보강(장력에 견디는); 핵 고정; 핵막하층 형성

4.7. 2개의 인접한 식물세포

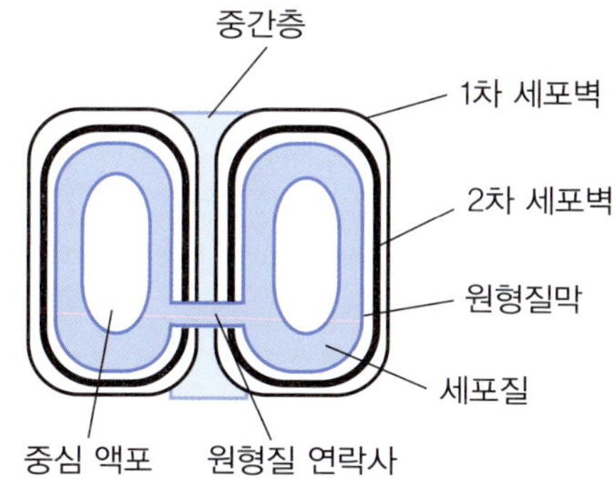

4.8. **a.** 프로테오글리칸 복합체

b. 콜라겐

c. 피브로넥틴

d. 인테그린

e. 미세섬유

지식의 체계화

1. **a.** 인, 염색체, 중심립, 미세소관 (염색체 이동), 미세필라멘트(동물세포의 분리)

b. 핵, 염색체, DNA → mRNA(리보솜으로) → 효소 및 다른 단백질

c. 미토콘드리아

d. 리보솜, 조면소포체 및 활면소포체, 골지체, 수송소포

e. 활면소포체(퍼오시좀 또한 물질을 해독한다)

f. 리소좀, 식포, 손상받은 세포소기관을 둘러싸고 있는 소낭

g. 퍼옥시좀

h. 세포골격, 미세소관, 미세필라멘트, 중간필라멘트, 세포외기질

I. 섬모 및 편모(미세포관), 근육 및 아메바운동의 미세필라멘트(액틴)

j. 원형질막, 수송소포

k. 데스모좀, 밀착 및 간극연접, ECM

2. **a.** 구조의 지지, 중간 라멜라가 세포를 함께 묶는다.

b. 축적, 노폐물 보관, 해로운 물질을 가두어 둠으로써 보호, 성장

c. 광합성

d. 녹말 축적

e. 세포간 세포질 연결

3. **a.** 조면소포체

b. 활면소포체

c. 염색질

d. 인

e. 핵막

f. 핵
g. 리보솜
h. 골지체
I. 원형질막
j. 미토콘드리아
k. 리소좀
l. 세포골격
m. 미세소관
n. 중간필라멘트
o. 미세필라멘트
p. 미세융모
q. 퍼옥시좀
r. 중심체
s. 편모

4.

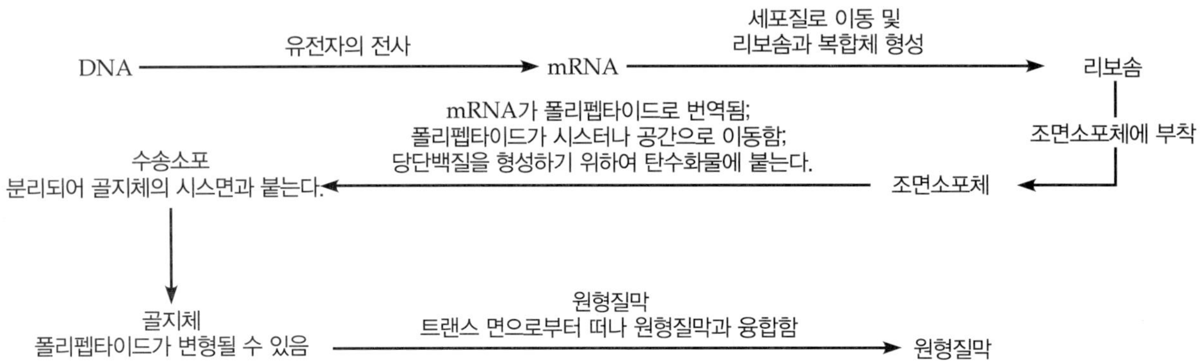

지식의 검증

선다형:

1. b
2. a
3. a
4. c
5. e
6. b
7. e
8. b
9. c
10. d
11. c
12. e
13. a
14. b
15. c
16. e
17. d
18. d
19. c
20. e
21. b
22. a

5장 막을 통한 수송과 세포의 신호교환

핵심 문제

5.1. **a.** 인산 머리(친수성)
b. 탄화수소 꼬리(소수성)
c. 인지질 이중층
d. 내재성 단백질의 소수성 부위
e. 내재성 단백질의 친수성 부위
f. 주변부 단백질(친수성)

5.2. **a.** 융합된 인간/생쥐 세포에서, 막 단백질은 빠르게 섞인다(Fyre and Edidin, 1970)
b. 추운 호수에 사는 종은 따뜻한 온도에서 살아가는 종에 비해 세포막의 인지질에서 불포화지방산의 비율이 더 높다.

5.3. 수송, 효소 활성, 신호전달, 세포-세포 인식, 세포간 연결, 세포골격과 ECM 결합(지지와 신호교환)

5.4. 이온과 포도당과 같은 큰 극성 분자는 세포막의 인지질 이중층에서 소수성 중심부를 통과할 수 없다. 인지질의 중심부 통과는 심지어 작고 극성인 물 분자조차도 느리게 일어난다.

5.5. 처음에는 A쪽에 자유로운 물 분자가 적고, B쪽에 많다. 합해서 0.9 *M*인 과당과 설탕 용에 비해 1 *M*의 포도당 주변에 물 분자가 더 많이 모여 있다. 물은 삼투에 의해 B로부터 A쪽으로 이동할 것이다.

5.6. **a.** 원생생물은 저장성 환경으로부터 물을 얻게 될 것이다. 이들은 물을 내보내는 수축포를 가지고 있다. 세포막 또한 물에 대한 투과성이 낮다.
b. 동물 세포는 물을 얻거나 잃지 않는 등장성 환경에서 가장 잘 살아나간다. 식물 세포는 저장성 환경에서 가장 건강

하며, 이 상태에서 물이 세포 내부로 이동하여 팽압을 나타내고, 이것이 세포를 기계적으로 지탱하는 역할을 한다.

5.7. 촉진확산이 비록 확산 속도를 빠르게는 하지만 용질이 농도기울기를 따라 이동하므로 여전히 수동수송이다. 이 과정은 세포가 에너지를 사용하는 것이 아니라 농도기울기에 의해서 일어난다.

5.8. 두 개의 K^+이 세포 안으로 운반될 때마다 세 개의 Na^+ 이 세포 밖으로 운반된다. 따라서 세포질로부터 세포외 용액으로 양이온의 순 이동이 일어난다.

5.9. **a.** 인간세포는 콜레스테롤을 수용체 매개 세포내섭취를 통해 받아들여, 다른 스테로이드나 막의 합성에 사용한다.
b. 이 질환을 가진 사람은 세포막의 LDL 수용체에 결함이 있어, 저밀도 지방단백질 입자가 혈액으로부터 세포로 운반되지 못한다.

5.10. 크고 소수성의 신호분자는 세포막을 통과할 수 없다. 이들은 G 단백질 결합 수용체나 리간드 개폐성 이온 통로와 같은 세포 표면의 수용체에 결합한다. 스테로이드 호르몬이나 NO 가스와 같은 작고 소수성의 신호분자는 세포막을 통과해 확산될 수 있어서, 표적세포의 세포질이나 핵 내에 위치하는 수용체에 결합한다.

5.11. **a.** 단백질 인산화효소는 ATP의 인산기를 단백질에 전이시킨다. 첨가된 전하를 띤 인산기는 형태의 변화를 일으켜 주로 단백질을 활성화시킨다.
b. 단백질 탈인산화효소는 단백질에서 인산기를 제거하는 효소로써, 주로 단백질을 불활성화시킨다. 단백질 탈인산화효소는 초기 신호가 더 이상 존재하지 않는 경우 효과적으로 신호경로를 차단한다.
c. 인산화 연쇄반응은 일련의 단백질 인산화효소들이 그 경로의 다음 인산화효소를 순차적으로 인산화하는 것이다.

5.12. **a.** 신호분자(1차 전달자)
b. G 단백질 결합 수용체
c. 활성화된 G 단백질(GTP 결합)
d. 아데닐산 고리화효소
e. ATP
f. cAMP(2차 전달자)
g. 단백질 인산화효소 A
h. 인산화연쇄반응에서 세포반응까지

지식의 체계화

1.

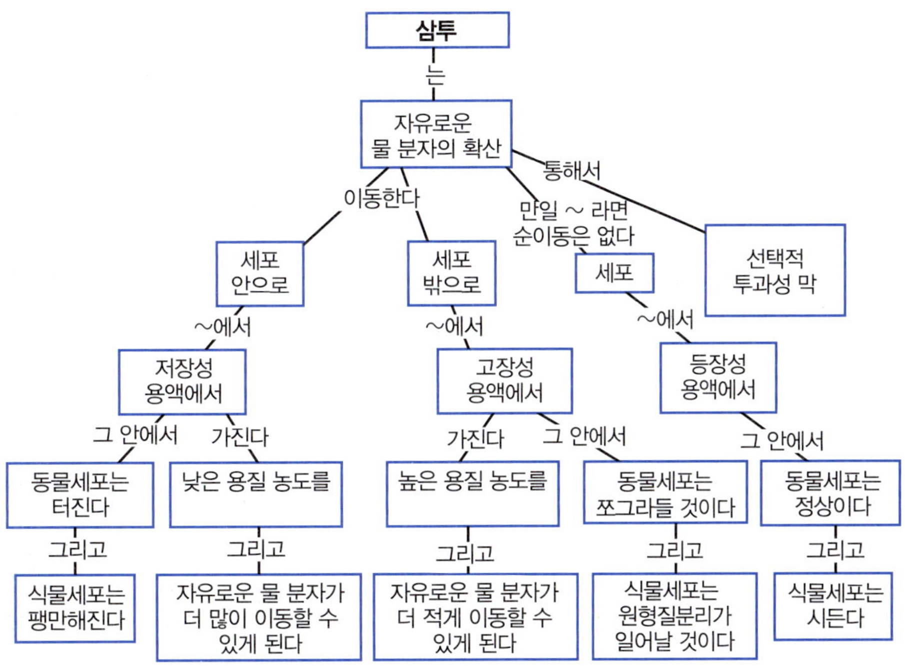

2. **a.** II는 촉진확산을 나타낸 것이다. 용질이 수송체 단백질을 통해 농도기울기를 따라 이동한다. 세포는 에너지를 소비하지 않는다. 극성 분자와 이온은 촉진확산에 의해 이동할 수 있다.
b. III은 능동수송을 나타낸 것이다. 왜냐하면 용질은 명백히 농도기울기를 거슬러 이동하고, 세포는 농도기울기를 거스르는 수송을 위해 ATP를 소비한다.
c. 지질 이중층을 통해서 확산되기 위해서 용질 분자는 소수

성(비극성)이거나 매우 작은 극성 분자여야 한다.

d. I과 II. 지질 이중층을 통한 확산과 촉진확산은 모두 수동수송으로 간주된다. 왜냐하면 용질이 농도기울기를 따라 이동하고, 세포는 에너지를 소비하지 않기 때문이다.

3. 세포신호전달은 수용, 전환, 반응을 포함하는 신호전달경로를 따라 일어난다. 첫째, 신호분자는 특수한 수용체에 결합한다. 신호는 수용체가 활성화 과정을 통해 신호를 중계하는 단백질을 활성화시킴으로써 전환되고, 마지막으로 특성한 세포 반응을 일으킨다.

4. 신호전달경로는 대개 세포내 단백질의 활성화를 일으킨다. 그러나 신호가 전사인자를 활성화시키는 경우에는 세포 반응이 유전자 발현의 변화와 새로운 단백질의 합성으로 나타난다.

지식의 검증

선다형:

1. b	**4.** b	**7.** e	**10.** d**	**13.** d	**16.** b	**19.** b	**22.** d
2. c	**5.** d	**8.** a*	**11.** a	**14.** a	**17.** d	**20.** a	**23.** c
3. e	**6.** c	**9.** c	**12.** b	**15.** e	**18.** a	**21.** b	**24.** c

* 문제 8에 대한 해설: 이 문제는 삼투와 확산을 모두 포함하고 있다. 용액은 최초에는 몰농도가 같지만 포도당은 농도기울기를 따라 이동하여 양쪽이 1.5 *M* 농도에서 평형을 이루게 될 것이다. A쪽의 용질 농도 증가는 물을 A쪽으로 이동시켜 수위가 증가하게 될 것이다.

** 문제 10에 대한 해설: 용액의 용질이 세포막을 통과함에 따라 세포내의 용질 농도가 증가하고, 용액의 고장성은 감소한다. 용질이 세포 내외에서 같은 농도가 되면 더 이상 세포에서 삼투 변화는 일어나지 않는다.

6장 물질대사 서론

핵심 문제

6.1. **a.** 변화를 일으키는 능력
b. 운동
c. 움직임
d. 위치
e. 자리
f. 보존적 혹은 불변의
g. 생성되거나 멸하지 않는
h. 제1
i. 변환되거나 이전되는
j. 엔트로피
k. 제2

6.2.

	안정성	작업 능력	자발적 변화?	평형
높은 자유에너지를 갖는 계	낮음	높음	예	전진방향으로 이동함
낮은 자유에너지를 갖는 계	높음	낮음	아니오	그곳이나 근처에 있음

6.3. 세포는 반응물들의 공급을 지속적으로 제공받고 있으며, 각 반응의 생성물들은 (다음 반응의 반응물로서 혹은 방출되는 노폐물로서) 빼돌려진다.

6.4. **a.** 아데닌
b. 리보오스
c. 3개의 인산기
d. 가수분해 반응은 말단 인산결합을 끊고 무기인산 한 분자를 방출한다: ATP + H_2O → ADP + Ⓟ$_i$ + 에너지
e. 음전하를 띠는 인산기들은 서로 모여 있으며, 그들의 상호 반발로 이 부분은 불안정하게 된다. 좀 더 안정적인 낮은 자유에너지 상태로의 화학적인 변화는 상대적으로 많은 에너지의 방출을 설명해준다.

6.5. 흡열 과정을 가동하기 위한 발열 과정의 사용이 에너지 연계다. ATP 회로 자체는 이화작용의 에너지 방출 과정과 세포 작업을 위한 에너지 소비 과정이 연계되어 있다는 점에서 이러한 연계의 예시가 된다. 그렇지만 각 측면도 예가 된다. 즉, ADP + Ⓟ$_i$에서 ATP가 흡열로 합성되는 것은 이화작용의 발열 과정들과 연계되어 있으며(좌측), ATP가 ADP + Ⓟ$_i$로 발열되면서 가수분해되는 것은 세포 작업을 위한 즉각적인 에너지원을 제공한다(오른쪽).

6.6. **a.** 자유에너지
b. 전이 상태
c. 효소 없는 상태에서의 E_A (활성화 에너지)
d. 효소 있는 상태에서의 E_A
e. 반응의 ΔG

6.7.

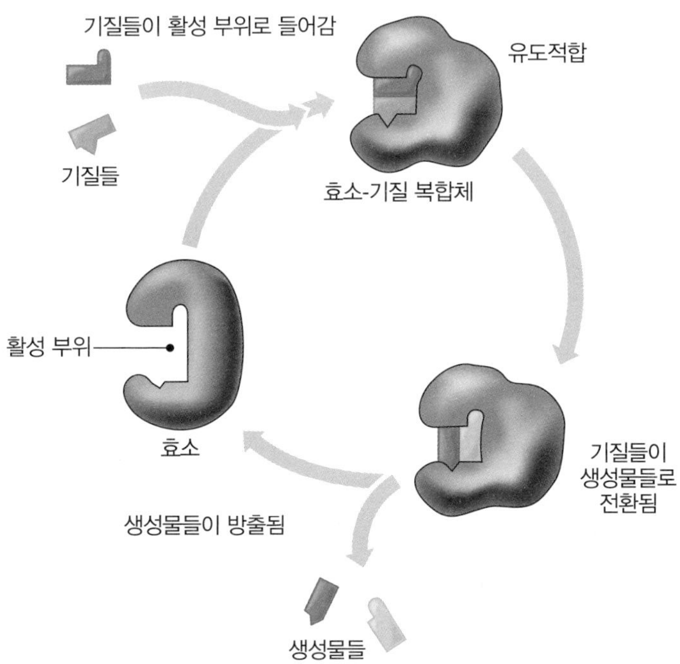

6.8. 경쟁적 억제자는 기질들의 모양을 모방하여 기질들과 활성 부위에서 경쟁한다. 비경쟁적 억제자는 효소 분자체의 다른 장소에 결합할 수 있는 모양이며 효소의 모양을 바꿔서 활성 부위가 덜 효과적으로 기능하도록 한다.

6.9. ATP 공급이 요구량보다 초과되면 연료 분자들의 분해를 더디게 함으로써 ATP는 이화 경로에 억제자로 작용하기도 한다. 만약 ATP 공급이 떨어지면, ADP(혹은 그 분해 산물인 AMP)는 이러한 이화작용 효소들의 활성자로서 작용을 하여 더 많은 ATP가 생성되게 한다.

지식의 체계화

1. 물질대사는 생명체에서 일어나는 화학적 반응들 전체이다. 생명체에서 요구되는 구조적 질서를 만들고 유지하기 위해서는 광합성 생물들은 햇빛으로부터 다른 생물들의 경우에는 에너지가 풍부한 음식분자들로부터 자유에너지의 투입이 필요하다. 세포는 이화과정인 발열반응($-\Delta G$)과 동화과정인 흡열반응($+\Delta G$) 간을 오가는 주요 에너지로서 ATP를 사용하여 이들 둘을 연계시킨다.

2. 효소들은 촉매하는 특정한 반응들의 활성화 에너지를 낮추고 이들 반응이 생명체에 유리한 온도에서 지극히 빠르게 일어나도록 하기 때문에 물질대사에 꼭 필요하다. 생성되는 효소들을 조절함으로써 세포는 어떤 주어진 시간에 일어날 수 있는 무수히 많은 화학적 반응들을 조절할 수 있다. 또한 물질대사 조절은 다른 자리 입체성 조절과 되먹임 저해를 통해서 일어나기도 한다. 세포의 구획화된 조직구조는 세포의 물질대사를 용이하게 한다.

지식의 검증

빈칸 채우기:

1. 물질대사
2. 동화작용
3. 잠재력(위치의)
4. 열에너지
5. 엔트로피
6. 활성화 에너지
7. 경쟁적 억제자들
8. 조효소들
9. 되먹임 저해
10. 인산화된 중간대사산물

선다형:

1. c	**5.** a	**9.** e	**13.** b	**17.** c
2. c	**6.** b	**10.** e	**14.** d	**18.** a
3. b	**7.** c	**11.** e	**15.** c	
4. e	**8.** c	**12.** d	**16.** b	

7장 세포호흡과 발효

핵심 문제

7.1. $C_6H_{12}O_6$; 6 CO_2; energy(ATP + 열).

7.2. **a.** 산화되었다.
b. 환원되었다.
c. 준다(잃는다)
d. 산화제
e. 받는다(얻는다).

7.3. **a.** O_2
b. 포도당
c. 어떤 것은 ATP에 저장되고 어떤 것은 열로서 잃는다.

7.4. **a.** 전자 수용체(또는 운반체 또는 왕복체). 탈수소효소로 불리는 효소와 함께 작용하는 조효소이다.
b. NADH

7.5. **a.** 2 ATP
b. 2 삼탄당(글리세르알데하이드-3-인산)
c. 2 NAD^+
d. 2 NADH + $2H^+$
e. 4 ATP
f. 2 피루브산

7.6. **a.** 피루브산
b. NADH + H^+
d. 조효소 A
e. 아세틸 CoA
f. 옥살로아세트산
g. 시트르산
h. NADH + H^+
i. CO_2
j. CO_2
k. NADH + H^+
l. GTP(ATP를 만들 것이다)
m. $FADH_2$
n. NADH + H^+

7.7. **a.** 막간 공간
b. 미토콘드리아 내막
c. 미토콘드리아 기질
d. 전자전달사슬
e. NADH
f. NAD^+
g. $FADH_2$
h. 2 H^+ + ½ O_2
i. H_2O
j. 화학삼투
k. ATP 합성효소
l. ADP + Ⓟi
m. ATP

7.8. **a.** −2
b. 4
c. 시트르산 회로
d. 26 혹은 28
e. 32
f. 2
g. 6
h. 2
i. 2

7.9. 발효에 비해서 호흡은 16배의 ATP를 생산한다. 피루브산을 CO_2로 산화시키고 전자전달사슬을 통해서 전자들을 통과시켜서 호흡은 최대 32 ATP를 생산할 수 있다. 반면 발효는 총 2 ATP 만을 생산한다.

지식의 체계화

1. 이러한 경로를 복습하기 위해서 핵심 문제 7.5, 7.6과 7.7을 사용하라.
2.

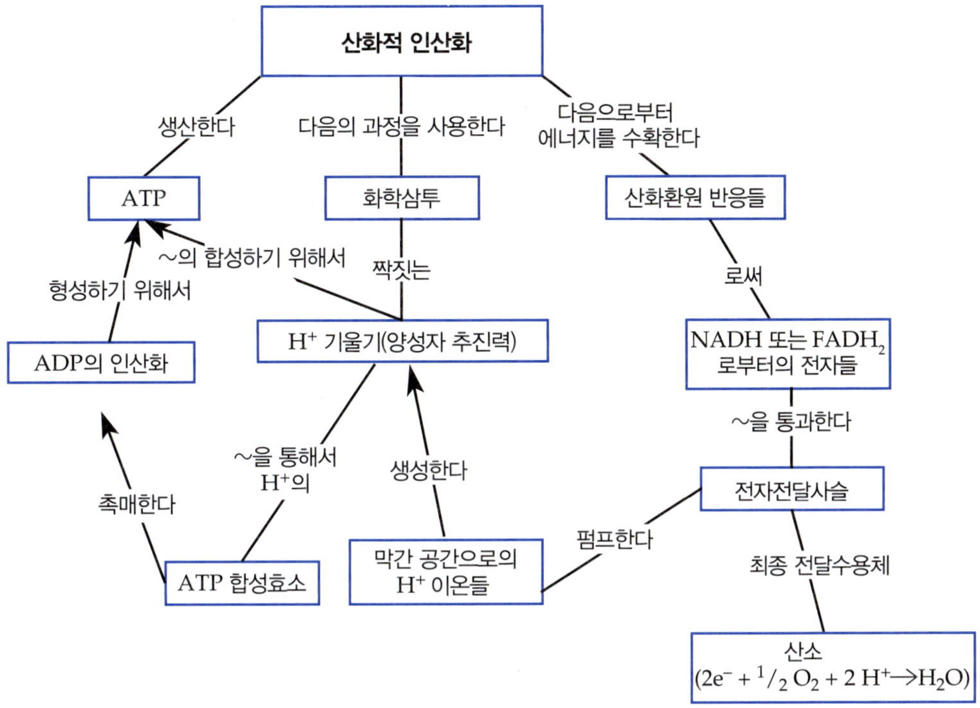

3.

과정	간략한 설명	입력	출력
해당과정	포도당을 2 피루브산으로 산화, 2 ATP 생산	포도당 2 ATP	2 피루브산 4 ATP(총 2개) 2 NADH
피루브산의 아세틸 CoA으로의 전환과 시트르산 회로	피루브산의 아세틸 CoA으로의 전환. 아세틸 CoA는 옥살로아세트산 → 스트르산의 반응에 관여함. 시트르산은 회로를 돌 때 산화환원반응들이 NADH와 $FADH_2$를 생산하고 CO_2가 방출된다. 기질수준 인산화로 ATP가 형성된다.	2 피루브산 2 옥살로아세트산	6 CO_2 8 NADH 2 $FADH_2$ 2 ATP
산화적 인산화 (전자전달과 화학삼투)	NADH와 $FADH_2$는 전자들을 전자전달사슬로 전달한다. 일련의 산화환원 반응들은 H^+를 막간 공간으로 펌핑하고 전자들은 O_2로 전달된다. 양성자 추진력은 H^+가 ATP 합성효소를 통과하도록 하여 ATP를 만든다.	10 NADH 2 $FADH_2$ H^+ + O_2	H_2O 28 ATP(최대)
발효	무산소 이화작용: 해당과정 이후 NADH가 NAD^+로의 산화가 일어나서 해당과정은 계속될 수 있다. 피루브산은 에틸 알코올과 CO_2 또는 젖산으로 환원된다.	2 피루브산 2 NADH	2 ATP 2 NAD^+ 2 에탄올과 CO_2 또는 2 젖산

지식의 검증

선다형:

1. a
2. d
3. c
4. e
5. c
6. d
7. b
8. b
9. d
10. a
11. a
12. d
13. e
14. d
15. e
16. d
17. b
18. c
19. e
20. c
21. b
22. c

8장 광합성

핵심 문제

8.1. **a.** 외막
b. 그라나
c. 내막
d. 틸라코이드 공간
f. 스트로마

8.2. **a.** 빛
b. H_2O
c. 틸라코이드 막에서 명반응
d. O_2
e. ATP
f. NADPH
g. CO_2
h. 스트로마에서 캘빈회로
i. $[CH_2O]$(당)

8.3. *y*축은 "엽록소 *a*에 의한 빛의 흡수"와 "광합성률"로 표시되어야 한다. 실선은 흡수 스펙트럼이다; 점선은 활동 스펙트럼이다. 특히 파랑과 노랑-오렌지 범위에 있는 빛의 일부 파장은 엽록소 *a*에 의한 파장의 흡수로 나타낸 것보다 광합성률을 더 높게 한다. 이러한 차이는 다른 파장으로부터의 빛 에너지를 흡수하여 광합성을 하는 데 이용할 수 있는 에너지를 만드는 엽록소 *b*와 카로티노이드와 같은 보조 색소에 의해 일부 나타날 수 있다.

8.4. 하나의 광계는 특정 단백질에 결합된 색소분자의 집광복합체(엽록소 *a*, 엽록소 *b*, 카로티노이드), 한 쌍의 엽록소 *a* 분자(P680 또는 P700)를 포함하는 반응중심복합체, 1차 전자수용체를 포함하고 있다

8.5. **a.** 광계 II
b. 광계 I
c. 물(H_2O)
d. 산소(O_2)
e. P680, 반응중심 엽록소 *a*
f. 1차 전자수용체
g. 전자전달사슬
h. 화학삼투에 의한 광인산화
i. ATP
j. P700, 반응중심 엽록소 *a*
k. 1차 전자수용체
l. $NADP^+$ 환원효소
m. NADPH
ATP와 NADPH는 캘빈회로를 위한 화학에너지와 환원력을 제공한다.

8.6. **a.** pH는 틸라코이드 공간에서 가장 낮다(약 pH = 5)
b. (1) Pq가 전자를 사이토크롬 복합체로 옮겨줄 때 틸라코이드 공간으로 양성자의 이동; (2) 물분자의 분해로 생기는 양자는 틸라코이드 공간에 남아 있다; (3) $NADP^+$가 환원되는 동안 스트로마에 있는 H^+ 제거.

8.7. **a.** 탄소 고정
b. 환원
c. CO_2 수용체(RuBP)의 재생
d. 3 CO_2
e. RuBP
f. 루비스코
g. 3-인산글리세린산
h. 6 ATP → 6 ADP
i. 1,3-2인산글리세린산
j. 6 NADPH → 6 $NADP^+$
k. 6 Ⓟ$_i$
l. 글리세르알데하이드−3−인산(G3P)
m. G3P
n. 포도당과 다른 유기화합물
o. 3 ATP → 3 ADP
9 ATP와 6 NADPH가 한 개의 G3P를 합성하는 데 필요하다.

8.8. 광호흡은 대기에 산소가 거의 없고 O_2와 CO_2를 구분하는 루비스코의 능력이 중요하지 않던 시대부터 진화해 온 방식일 수도 있다. 광호흡은 CO_2 부족으로 캘빈회로가 느려질 때 증가하는 명반응의 해로운 생성물로부터 식물을 보호하는 것 같다.

8.9. **a.** 켈빈회로는 유관속초세포에서 일어난다.
b. 탄소는 처음 엽육세포에서 4탄당으로 고정된다. 이 4탄당이 유관속초세포에서 분해될 때 CO_2는 루비스코가 O_2를 받아들이지 않고 광호흡을 일으키지 않도록 충분히 높은 농도로 유지된다.
c. CAM 식물의 기공이 열려 있는 밤에 CO_2는 처음 고정된다. 그 결과 생기는 4탄소 유기산은 낮 동안 분해되어 C_3 식물처럼 엽육세포에서 일어나는 캘빈회로에 CO_2를 공급한다.

지식의 체계화

1.

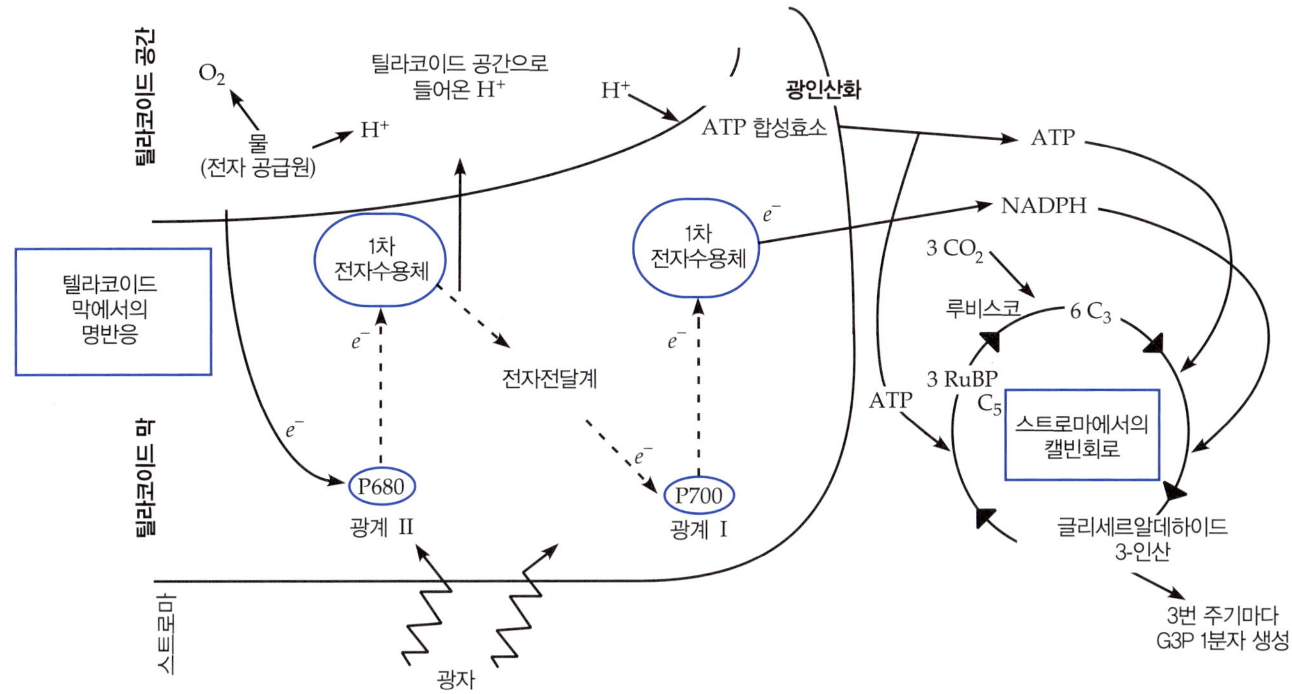

2.

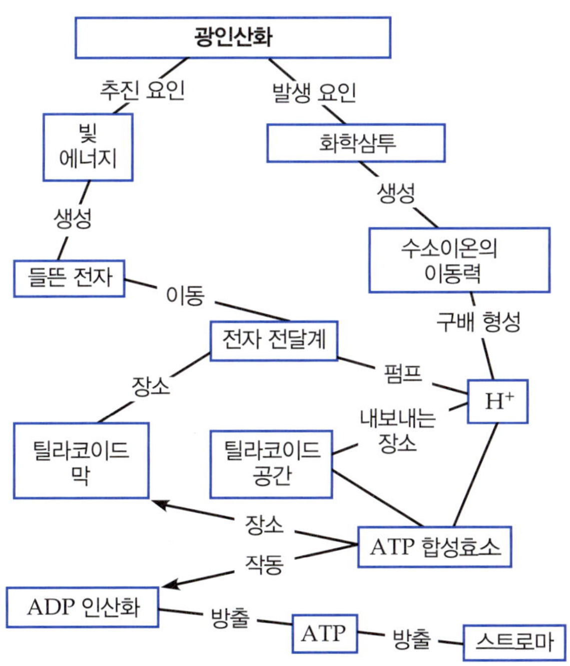

지식의 검증

선다형:

1. d	**6.** b	**11.** a	**16.** e	**21.** a
2. a	**7.** d	**12.** e	**17.** d	**22.** d
3. d	**8.** e	**13.** d	**18.** c	
4. a	**9.** e	**14.** d	**19.** a	
5. b	**10.** c	**15.** a	**20.** b	

9장 세포주기

핵심 문제

9.1. **a.** 46
b. 23
c. 92

9.2. **a.** 생장 — 대부분의 소기관과 세포의 구성 요소가 이들 시기에 계속 만들어진다.
b. DNA 합성(염색체 복제)가 S기 동안에 일어난다.

9.3. 부록 그림 4에 있는 염색체 복제의 모식도를 참고하시오.
a. 간기의 G_2기
b. 전기
c. 전중기
d. 중기
e. 후기
f. 말기와 세포질분열
g. 복제된 중심체(중심립을 가진)
h. 염색질(복제되었지만 응축되지 않은)
I. 핵막
j. 인
k. 초기의 체세포분열 방추체
l. 성상체
m. 비방추사부착점 미세소관
n. 중기판
o. 방추사
p. 분할구
q. 핵막 형성

9.4. G_1 확인점 또는 제한점이 매우 중요해 보인다. 만일 세포가 분열하지 않는다면 염색체를 복제하는 데 자원을 낭비하지 않는다는 점에서 유익할 것이다.

지식의 체계화

1. **a.** 간기
b. 말기
c. 후기
d. 중기

2. 간기: 세포주기의 90%; 생장과 DNA 복제

- G_1기: 염색체는 DNA와 여기에 결합한 단백질로 이루어진 가늘고 긴 염색사로 되어 있다. 생장과 물질대사 활동이 일어날 것이다.
- S기 — DNA 복제기: 염색체가 복제되어, 자매염색분체라 불리는 두 개의 동일한 사본이 만들어지고 서로 동원체와 코헤신에 의해 길이로 결합되어 있다. 생장과 물질대사 활동은 계속된다.
- G_2기: 생장과 물질대사가 계속된다.

분열기: 세포분열이 일어난다.

- 전기: 자매염색분체결합에 의해 결합된 자매염색분체가 촘촘히 감기고 응축된다.
- 전중기: 양쪽의 체세포분열 방추체에서 뻗어 나온 방추사가 자매염색분체의 방추사부착점에 결합하고, 염색체가 중앙으로 끌려간다.
- 중기: 염색체의 동원체는 다른 염색체의 동원체와 함께 중기판에 배열된다.
- 후기: 코헤신이 끊어지고 자매염색분체는 분리되어(이제는 각각이 염색체로 간주됨) 세포의 양극으로 이동한다.
- 말기: 염색체의 염색사가 풀어지고 주변에 핵막이 재형성된다.

지식의 검증

빈칸 채우기:

1. G_0
2. 후기
3. 전기
4. 세포질분열
5. S기
6. 중기
7. 말기
8. 전기
9. 전중기
10. G_1기

선다형:

1. d
2. c
3. d
4. e
5. b
6. c
7. c
8. a
9. b
10. a
11. c
12. e
13. d

10장 감수분열과 생식주기

핵심 문제

10.1. **a.** 14; 7
b. 28; 1
c. 56. 자매염색분체는 세포분열 전에 염색체가 복제될 때에 생성된다. 이들은 동원체에 연결되어 있고 염색분체를 따라 쭉 붙어 있다. 비자매염색분제는 상동염색체쌍의 다른 염색체에서 보인다.

10.2. **a.** 감수분열
b. 수정
c. 접합자
d. 체세포분열
e. 배우자
f. 수정
g. 접합자
h. 감수분열
i. 포자
j. 배우자
k. 수정
l. $2n$
m. 접합자
n. 감수분열

10.3. 동물세포의 2배체 수($2n$)는 6이다.
a. 중기 II
b. 전기 I
c. 후기 I
d. 중기 I
e. 후기 II
f. 말기 I, 세포질분열의 시작
적당한 순서: b. d. c. f. a. e.

10.4. **a.** 2^{23}, 대략 8.4백만
b. 약 70조($2^{23} \times 2^{23}$)
c. 조합의 수는 교차에 의해 생성된 재조합염색체의 또 다른 변이는 고려하지 않은 것이다.

지식의 체계화

1. **a.** 자매염색분체
b. 동원체
c. 상동염색체의 쌍
d. 비자매염색분체

2. **a.** 염색체복제; 자매염색분체는 동원체와 이들 분체의 길이를 따라 염색분체 코히신에 의해 부착됨.
b. 염색체의 응축. 상동염색체쌍의 접합(교차복합체에 의해); 교차(해당 DNA 조각의 교환)가 교차점에 분명하다.
c. 상동염색체쌍은 중기판에 독립적으로 배열한다(모계와 부계의 상동쌍의 방향은 무작위이다).
d. 상동염색체쌍이 분리되고 반대극 쪽으로 이동한다; 자매염색분체는 동원체에서 부착되어 남아 있다.
e. 두 개의 자매염색분체로 이루어진 반수체의 염색체 세트는 중기판에 배열한다; 자매염색분체는 교차로 인하여 똑같지 않다.
f. 자매염색분체가 분리되고 독립적인 염색체로 반대극 쪽으로 이동한다.

3.

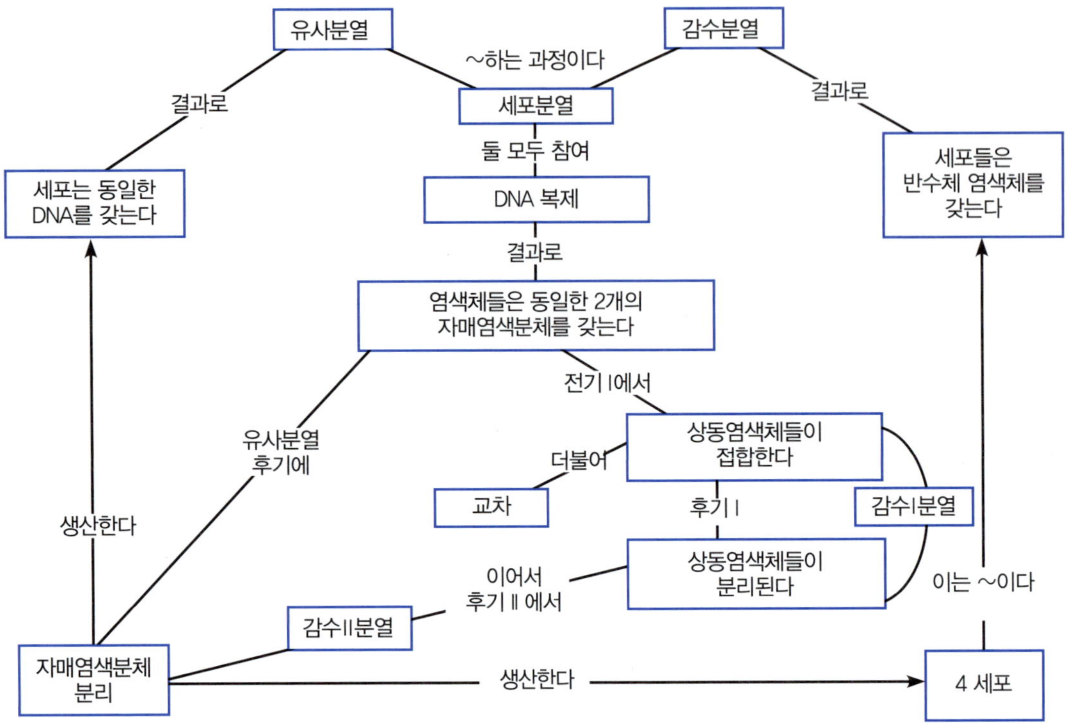

지식의 검증

선다형:

1. c	**4.** e	**7.** c	**10.** e	**13.** b	**16.** b	**19.** b
2. e	**5.** b	**8.** b	**11.** b	**14.** d	**17.** d	**20.** e
3. b	**6.** a	**9.** d	**12.** a	**15.** b	**18.** e	**21.** c

11장 멘델과 유전자 개념

핵심 문제

11.1. **a.** *R*

b. *r*

c. F_1 세대

d. *Rr*

e. F_2 세대

f. *R*

g. *r*

h. *Rr*

i. *Rr*

j. *rr*

k. 둥근 콩 : 주름진 콩 = 3 : 1

l. *RR*: *Rr*: *rr* = 1: 2: 1

11.2. **a.** 모두 키가 큰 식물(*Tt*). 그 이유는 키가 큰 식물은 대립유전자 *T*만 제공하고, 키가 작은 식물은 대립유전자 *t*만 제공하기 때문이다.

b. 키가 큰 식물(*Tt*): 키가 작은 식물(*tt*) = 1:1

그 이유는 키가 큰 식물은 대립유전자 *T* 또는 *t*를 기여하기 때문이다. 여러분은 퍼넷 사각형을 사용하여 검정교배의 기대 결과를 알 수 있다. 그러나 열성 개체들은 단 한 종류의 배우자를 만들기 때문에 열성 개체의 배우자에 대하여 한 줄이나 한 열을 사용하는 것이 간단하다. 예를 들어, 부록 그림 9에서 모든 정자는 열성 대립유전자 *p*를 포함하기 때문에 정자에 대하여 한 개의 열을 사용하면 된다.

11.3. **a.** 모두 키가 큰 보라색 식물

b. *TtPp*

c. *TP*, *Tp*, *tP*, *tp*

d.

난자 \ 정자	1/4 (TP)	1/4 (Tp)	1/4 (tP)	1/4 (tp)
1/4 (TP)	*TTPP*	*TTPp*	*TtPP*	*TtPp*
1/4 (Tp)	*TTPp*	*TTpp*	*TtPp*	*Ttpp*
1/4 (tP)	*TtPP*	*TtPp*	*ttPP*	*ttPp*
1/4 (tp)	*TtPp*	*Ttpp*	*ttPp*	*ttpp*

e. 키가 큰 보라색 : 키가 작고 흰색 : 키가 작고 보라색 : 키가 작고 흰색 = 9:3:3:1

f. 키가 큰 식물: 키가 작은 식물 = 12:4, 즉 3:1; 보라색: 흰색 = 12:4, 즉 3:1

11.4. **a.** 단성잡종 교배로써 각 유전자에 대한 결과를 생각하라.
Aa × *Aa*의 교배에서 *A_* 자손이 나올 확률은 $3/4$이다.
Bb × *bb*의 교배에서 *B_* 자손이 나올 확률은 $1/2$이다.
cc × *CC*의 교배에서 *C_* 자손이 나올 확률은 1이다.
이 모든 사건이 동시에 일어나려면 각각의 확률을 곱하라; $3/4 \times 1/2 \times 1 = 3/8$

b. 첫째, 적어도 두 개의 우성형질이 나올 유전자형이 무엇인지 결정하라. 자손은
*A_bbC_*, *aaB_C_*, 또는 *A_B_C_*이다. 유전자형 *A_B_cc*는 불가능하다. 그 이유를 아는가?

*A_bbC_*의 확률 = $3/4 \times 1/2 \times 1 = 3/8$
*aaB_C_*의 확률 = $1/4 \times 1/2 \times 1 = 1/8$
*A_B_C_*의 확률 = $3/4 \times 1/2 \times 1 = 3/8$

적어도 두 개의 우성형질을 보여주는 자손의 확률은 이들 독립적인 확률의 합, 즉 $7/8$이다.

c. 단 하나의 우성형질을 보여줄 수 있는 자손은 단 한 종류(*aabbCc*)이다. 그 이유를 알겠는가? 그것의 확률은 $1/4 \times 1/2 \times 1 = 1/8$이다. 이미 알겠지만 이것이 문제 11.4b에 대한 답을 결정하는 쉬운 방법이다. 이와 같은 문제를 풀 때는 무엇을 묻고 있는 질문인지 항상 다른 각도에서 생각하라.

11.5. **a.** A: I^AI^A and I^Ai

b. B: I^BI^B and I^Bi

c. AB: I^AI^B

d. O: *ii*

11.6. *MmBb* × *MmBb* 교배로부터 나오는 자손의 비율은 하나의 유전자가 다른 유전자에 대하여 상위인 경우 흔히 나타나는 비율, 9:3:4이다. 모든 상위의 비율은 9:3:3:1의 변형된 경우이다.

표현형	유전자형	비율
검은색	*M_B_*	$3/4 \times 3/4 = 9/16$
회색	*M_bb*	$3/4 \times 1/4 = 3/16$
흰색	*mm*	$1/4 \times 1 = 1/4$ 또는 $4/16$

11.7. **a.** 부모형 교배로부터 25 cm 키의 F_1 식물이 나온다; 10 cm 기본 키에 5 cm씩 3 단위가 더해진 *AaBbCc* 식물.

b. 일반적으로 양적 특징의 다인성 유전에서 이형접합자의 교배 결과 생기는 표현형의 수는 관여하는 대립유전자 수에 1을 더한 수와 같다. 이 경우 6개의 대립유전자(*AaBbCc*) + 1 = 7이다. 따라서 8종류의 F_1 배우자가 64개 조합 중에서 F_2에서는 7 종류의 표현형이 있을 것이다. (퍼넷 사각형을 통해 이것을 알고 싶지 않은 이유를 알라!) 이러한 표현형들은 6개의 우성(40 cm), 5개의 우성(35 cm), 4개의 우성(30 cm) 등등부터 6개 모두 열성 대립유전자(10 cm)까지의 범위를 나타내고 모두 7개의 표현형이 생길 것이다.

11.8. **a.** 열성 형질. 만일 그것이 우성이라면 백색증은 매 세대마다 나타날 것이다. 두 명의 정상 부모(따라서, 열성 동형접합자)가 백색증 아이를 갖는 것은 불가능하다.

b. 둘 다 백색증이 아닌 부모가 백색증 자손(*aa*)을 갖기 때문에 아버지는 *Aa*; 어머니는 *Aa*.

c. 친구 #1 *AA*(아마도), 친구 # 2 *Aa*; 손자 #4 *Aa*

d. 아들 #3의 유전자형은 *AA* 또는 *Aa*일 것이다. 만일 그의 부인이 *AA*이라면 그는 *Aa*일 것이다(그의 부모가 모두 보인자이기 때문에). 열성 대립유전자는 그의 자손에서 결코 발현되지 않는다. 그와 그의 부인이 모두 보인자(이형접합)라고 해도 5명의 자손이 모두 정상일 확률은 $243/1024$($3/4 \times 3/4 \times 3/4 \times 3/4 \times 3/4$), 즉 24%일 것이다.

11.9. **a.** $1/4$

b. $2/3$. 정상 표현형을 갖는 자손 중에서 $2/3$는 이형접합, 따라서 열성 대립유전자의 보인자로 예상된다.

11.10. 두 예비 부부의 부모(아이의 친조부모와 외조부모)는 모두 보인자일 것이다. 부모는 유전병이 없으므로 열성 동형접합자가 아니다. 따라서 부모가 각각 이형접합 보인자일 확률은 $2/3$이다. 부모 모두 보인자가 될 확률은 $2/3 \times 2/3 = 4/9$; 두 이형접합자가 열성 동형접합인 아이를 낳을 확률은 $1/4$이다. 아이가 그 유전병을 물려받을 확률은 $4/9 \times 1/4 = 1/9$이다.
처음 두 아이가 정상이라는 사실을 가지고 부모의 유전자형은 알 수 없다. 따라서 셋째 아이가 유전병을 물려받을 확률

은 $\frac{1}{9}$이다. 그러나 셋째 아이가 유전병을 갖는다면 부모는 모두 보인자임을 알 수 있고, 그 다음에 태어나는 아이가 유전병을 가질 확률은 $\frac{1}{4}$이 될 것이다.

지식의 체계화

1. 멘델의 분리의 법칙은 대립유전자가 상동염색체로써 분리되어 세포의 양극으로 이동하는 감수1분열 후기에 일어난다. 이 분열로부터 생성되는 두 개의 세포는 염색체 수의 $\frac{1}{2}$과 각 유전자의 복사본 1개를 갖는다. (자매염색분체는 감수2분열 후기에 분리됨)
   멘델의 독립 법칙은 감수1분열 중기에 상동염색체 쌍이 무작위로 적도판에 배열되는 것과 관련이 있다. 다른 염색체상의 유전자들은 독립적으로 배우자로 분리된다.
2. *Aa* = 2종류의 배우자, *AaBb* = 4종류의 배우자, *AaBbCc* = 8종류의 배우자, *AABbCc* = 4종류의 배우자. 일반 공식은 2^n이고 *n*은 이형접합인 유전자의 수를 나타낸다. 마지막 보기인 *AABbCc*에서 모든 배우자는 우성 대립유전자 *A*를 포함하고 있다.
3. 순종인 부모의 교배 결과 생기는 F_1 이형접합자를 항상 보라. 만일 대립유전자들이 완전 우성/열성을 보인다면 이형접합자는 부모 한쪽과 똑같은 표현형을 가질 것이다. 불완전 우성에서 F_1 표현형은 부모 표현형의 중간일 것이다. 만일 공동 우성이라면 대립유전자의 표현형이 모두 이형접합자에서 나타날 것이다.

유전학 문제

1. 흰색 대립유전자는 황색 대립유전자에 대하여 우성이다. 만일 황색이 우성이라면 두 개의 황색 이형접합자 사이에서 흰색 호박이 나와야 할 것이다.
2. a. $\frac{1}{4}$ [$\frac{1}{2}$ (*AA*) × $\frac{1}{2}$ (*bb*)]
   b. $\frac{1}{8}$ [$\frac{1}{4}$ (*aa*) × $\frac{1}{2}$ (*BB*)]
   c. $\frac{1}{2}$ [1 (*Aa*) × $\frac{1}{2}$ (*Bb*) × 1 (*Cc*)]
   d. $\frac{1}{32}$ [$\frac{1}{4}$ (*aa*) × $\frac{1}{4}$ (*bb*) × $\frac{1}{2}$ (*cc*)]
3. 꽃색은 불완전 우성을 보여주기 때문에 각 대립유전자에 대하여 C^R과 C^W 같은 기호를 사용하라. F_2에서 9:3:3:1에서 발견되는 4종류 대신에 6종류의 표현형이 있을 것이다. 퍼넷 사각형을 그려 답을 구할 수도 있지만 단성잡종 교배의 확률을 곱하는 것이 더 효과적이다.

키가 크고 빨간색	$T\_C^RC^R$	$\frac{3}{4} \times \frac{1}{4} = \frac{3}{16}$
키가 크고 분홍색	$T\_C^RC^W$	$\frac{3}{4} \times \frac{1}{2} = \frac{3}{8}$ 또는 $\frac{6}{16}$
키가 크고 흰색	$T\_C^WC^W$	$\frac{3}{4} \times \frac{1}{4} = \frac{3}{16}$
키가 작고 빨간색	$tt\ C^RC^R$	$\frac{1}{4} \times \frac{1}{4} = \frac{1}{16}$
키가 작고 분홍색	$tt\ C^RC^W$	$\frac{1}{4} \times \frac{1}{2} = \frac{1}{8}$ or $\frac{2}{16}$
키가 작고 흰색	$tt\ C^WC^W$	$\frac{1}{4} \times \frac{1}{4} = \frac{1}{16}$

4. 어머니와 아이가 가질 수 있는 모든 유전자형을 결정하라. 그 다음 아래의 혈액형을 갖는 아이를 가질 수 없는 아버지의 혈액형을 구하라.
   a. 이에 해당되는 혈액형은 없음
   b. A 또는 O
   c. A 또는 O
   d. AB
   e. B 또는 O
5. 부모는 *CcBb*와 *Ccbb*이므로 모든 *cc* 자손은 죽고 부모 한 명이 *bb*이므로 검은색 자손 *BB*는 나올 수 없다. 4종류의 표현형이 가능하다. 곱셈법칙을 적용하여 각 유형의 비율을 결정하라.

치사(*cc*_ _)	모든 자손의 $\frac{1}{4}$은 죽는다.
정상 갈색(*CCBb*)	$\frac{1}{4} \times \frac{1}{2} = \frac{1}{8}$
정상 흰색(*CCbb*)	$\frac{1}{4} \times \frac{1}{2} = \frac{1}{8}$
기형 갈색(*CcBb*)	$\frac{1}{2} \times \frac{1}{2} = \frac{1}{4}$
기형 흰색(*Ccbb*)	$\frac{1}{2} \times \frac{1}{2} = \frac{1}{4}$

   생존하는 자손의 비율: 1:1:2:2
6. 다지증은 우성이고 자식 한 명이 정상이기 때문에 아버지의 유전자형은 *Pp*이다. 어머니의 유전자형은 *pp*이다. 어머니는 대립유전자 *p*만 줄 수 있고 아버지가 *p*를 줄 수 있는 확률은 50%이므로 정상의 아이가 태어날 확률은 $\frac{1}{2}$, 즉 50%이다.
7. 강아지의 유전자형은 $\frac{3}{8}$ *B_S_*, $\frac{3}{8}$ *B_ss*, $\frac{1}{8}$ *bbS_*, 그리고 $\frac{3}{8}$ *bbss*이다. 열성 형질이 자손에 나타나기 때문에 부모는 모두 두 유전자에 대해 적어도 한 개의 열성 대립유전자를 가져야 한다. 검은색: 밤색이 6:2, 즉 3:1로 생기기 때문에 이형접합 교배를 나타낸다. 전체색: 점박이가 4:4, 즉 1:1 비율로 나오기 때문에 이형접합자와 열성 동형접합자 사이의 교배임을 보여준다. 부모의 유전자형은 *BbSs* × *Bbss*이다.
8. **a.** 첫째, 가능한 유전자형을 파악하라: _ _*E*_ = 황금색(적어도 하나의 *E*와 어떠한 *B*의 조합), *B_ee* = 검은색, *bbee* = 갈색. 처음 알아야 할 것은 부모 모두 _ _*E*_이다. 비황금색 자손이 있기 때문에 부모는 모두 *Ee*에 대하여 이형접합이고, 부모 중 적어도 하나는 *Bb*에 대하여 이형접합이다(검은색과 갈색 자손이 있기 때문). 검은색과 갈색의 비율이 검정교배의 비율처럼 1:1이기 때문에 햄스터 하나는 *Bb*이고 다른 햄스터는 *bb*이다. 어느 햄스터가 *Bb*인가를 알기 위하여 두 번째 교배 결과를 고려해야 한다.
   b. 두 번째 교배에 이용되는 검은색 햄스터 3은 *B?ee*이고 황금색 햄스터 2는 *?bEe*임을 알고 있다. 검은색과 갈색의 비가 대략 3:1은 단성 잡종 교배의 결과처럼 보인다. 따라서 부모 모두 *Bb*이어야 한다. 그래서 햄스터 3은 *Bbee*, 햄스터 2는 *BbEe*이어야 한다. 이것은 햄스터 1이 *bbEe*임을 의미한다.

9. 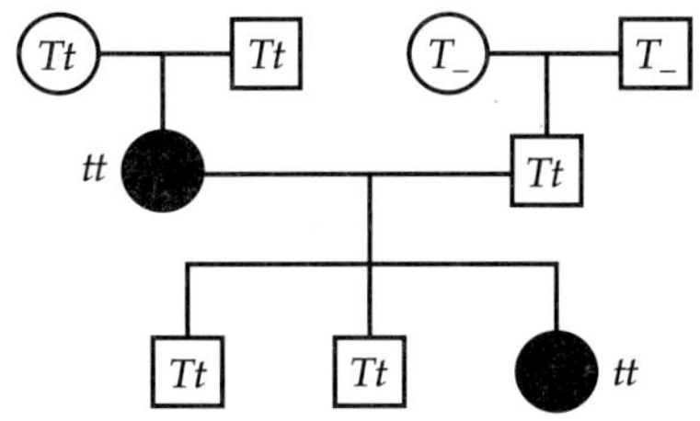

(이들 조부모 중 적어도 한 명은 *Tt*이어야 한다.)

10. 부모가 두 가지 특징에 대하여 순종이기 때문에 F_1은 양성 잡종일 것이다. 모든 F_1이 빨갛고, 정생(terminal) 꽃이기 때문에 그 두 가지 형질은 우성이고 그들의 유전자형은 *RrTt*로 나타낼 수 있다. F_2 표현형 비는 빨간색 정생 9: 빨간색 액생 3: 흰색 정생 3: 흰색 액생 1의 비율로 예상된다. 만일 100개의 자손이 나왔다면 빨간색 액생 꽃을 갖는 식물은 대략 19개(100 × $^3/_{16}$)가 될 것이다.

지식의 검증

선다형:

1. c	**5.** a	**9.** c	**13.** b
2. b	**6.** c	**10.** d***	**14.** b
3. c	**7.** d*	**11.** d	**15.** a
4. c	**8.** d**	**12.** e	**16.** c

* 이 결과를 얻는 3가지 방법이 있다: HHT, HTH, THH. 각 결과는 $^1/_8$의 확률을 갖는다.

** 동형접합자만이 순종임을 기억하라. 네 종류의 동형접합 유전자형, AABB, aabb, AAbb, aaBB이 가능하고 각각에 대한 확률은 $^1/_{16}$이다.

*** 34 cm 식물은 4개의 우성 동형접합자일 것이고, F_1은 4개의 이형접합자일 것이다. F_2에서 표현형 종류는 대립유전자 수 +1이다.

12장 염색체와 유전현상

핵심 문제

12.1.

F_2 세대

난자 \ 정자	X^{w+}	Y
X^{w+}	$X^{w+}X^{w+}$	$X^{w+}Y$
X^{w}	$X^{w+}X^{w}$	$X^{w}Y$

유전자형			
$X^{w+}X^{w+}$	$X^{w+}X^{w}$	$X^{w+}Y$	$X^{w}Y$
표현형			
빨간눈 암컷	빨간눈 암컷	빨간눈 수컷	흰눈 수컷

12.2. 유전자는 X-연관이고 따라서 Y는 그 유전자를 가지고 있지 않으므로 좋은 표기법은 X^N, X^n, Y이다. 대문자 *N*은 정상 시력을 나타낸다. 유전자형은:

1. X^NY
2. X^NX^n
3. X^NX^N 또는 X^NX^n (4명의 아들이 X^NY이므로 아마도 X^NX^N)
4. X^NX^n
5. X^NY
6. X^nY
7. X^NX^n

12.3. **a.** 부모형 표현형을 갖는 자손은 키가 크고 보라색 꽃과 키가 작고 흰꽃이다.
b. 재조합형 자손의 표현형은 키가 크고 흰꽃과 키가 작고 보라색 꽃이다.

12.4. 만일 연관된 유전자들이 같은 염색체에 함께 가까이 위치한다면 그것들은 감수분열 동안 함께 이동하고 부모형 자손이 더 많이 나온다. 재조합은 상동염색체의 비자매 염색분체 사이에서 일어나는 교차의 결과이다.

12.5. 연관 문제를 푸는 것은 종종 시행착오의 문제이다. 때로는 가장 멀리 떨어져 있는 유전자자리들을 표기하고 지도 단위 거리를 더하거나 빼으로서 그 사이에 다른 유전자들을 맞추는 것이 도움이 된다.

```
__________ 15 __________
m_____9_____j_____6______l______6______k
                         __________ 12 __________
```

12.6. **a.** 3염색체성($2n+1$) 생물체는 감수분열 동안 비분리에 의해 생기며 한 염색체에 대한 여분의 복사본을 가지고 있다. 3배체($3n$) 생물체는 배우자 형성 시 전체가 비분리되어 여분의 염색체 세트를 갖는다.
b. 3염색체성은 여분의 염색체 세트를 갖는 3배체보다 유전적 불균형이 더 심하다.

12.7. 전좌(O-P-Q), 결실(D-E-F), 역위(J-I-H).

12.8. 성염색체의 이수성은 유전적 불균형을 더 적다. 그 이유는 아마도 Y 염색체에는 상대적으로 유전자 수가 거의 없고, 여분의 X 염색체는 바소체로 불활성화되기 때문이다.

지식의 체계화

1. 연관되지 않은 유전자는 독립적으로 분리되고 양성잡종 이형접합자의 검정교배 결과 생긴 자손의 비는 1:1:1:1이다. (*AaBb* ×*aabb*는 *AaBb*, *Aabb*, *aaBb*, *aabb* 자손을 낳고 50%의 재조합 비율 – 자손의 50%는 재조합형이다.) 연관된 유전자들과 교차가 일어나지 않는 유전자들은 검정교배에서 1:1의 비율을 낳는다(*AABB* × *aabb*의 부모형 교배로부터 만들어지는 이형접합자는 *AB*와 *ab* 배우자만을 만들기 때문에 *AaBb*와 *aabb*). 만일 멀리 떨어져 있는 유전자 사이에 교차가 거의 항상 일어나면 이형접합자는 동일한 양의 *AB*, *Ab*, *aB*, *ab* 배우자를 만들고 자손의 유전자형 비율은 연관되지 않은 유전자에서처럼 1:1:1:1일 것이다. 1% 재조합 비는 1 지도단위와 같기 때문에 이 값은 50 지도 단위 이상의 상대거리에서는 의미가 없다. 그러나 염색체에서 적당히 떨어져 있는 유전자와 교차가 일어나면 그 유전자들은 같은 염색체에 위치하고 특정 지도 단위만큼 떨어져 있음을 알 수 있다.

2. 돌연변이 암컷 초파리와 정상 수컷 초파리 사이의 교배 결과 아버지로부터 야생형 대립유전자를 받은 암컷은 모두 정상이고, (어머니로부터 X 염색체에 있는 돌연변이 대립유전자를 받은) 수컷은 모두 돌연변이였다.
$X^mX^m \times X^{m+}Y$는 $X^{m+}X^m$과 X^mY 자손(정상 암컷과 돌연변이 수컷)을 낳는다.

3. 염색체 이상과 관련된 심각한 표현형 효과는 정상적인 발생과 기능이 유전적 균형에 달려 있음을 나타낸다. 대부분의 유전자는 생물체의 존재에 필수적이며 여분의 복사본을 갖는 유전자는 유전자 균형을 파괴한다. 유전적 균형을 유지하는 역위와 전좌는 유전자 기능이 이웃하는 유전자의 영향을 받기 때문에 표현형을 바꿀 수 있다.

유전학 문제

1. **a.** 그 형질은 열성이고 아마도 X-연관이다. 2세대에 있는 두 쌍의 정상 부부가 이 형질을 갖는 자손이 있으므로 그것은 열성이다. 여자보다 남자에게 그 형질이 더 자주 나타난다. 아버지가 그 형질을 갖고 있고 아들에게 그것을 물려주기 때문에 여자 #3과 #5는 보인자이다.
b. 우성 대립유전자는 X^T , 열성 대립유전자는 X^t 기호를 사용하여

1. X^tY
2. $X^T X^t$
3. $X^T X^t$
4. $X^T Y$
5. $X^T X^t$
6. $X^T X^t$ 또는 $X^T X^T$
7. $X^T X^t$

c. 여자 #6의 형제와 외할아버지는 그 형질을 갖고 있다. 그래서 그녀의 어머니는 그 형질의 보인자이고 #6가 보인자일 확률은 ½이다. 만일 #6가 표현형이 정상인 남성과 결혼한다면 그녀의 딸들은 그 형질을 나타내지 않을 것이다(확률 0). 그녀가 보인자라면 그녀의 아들이 그 형질을 가질 확률은 ½이다. 그녀의 아들이 그 형질을 가질 확률은 ½ × ½ = ¼이다. 아이가 남자일 확률은 ½이므로 그 형질을 갖는 아이가 남자일 확률은 ½ × ¼, 즉 ⅛이다.

2. c, a, b, d

3. 자손 중에서 부모형이 가장 높은 빈도로 나타나기 때문에 그 유전자들은 연관되어 있는 것으로 보인다. 재조합 자손은 전체 40개의 자손 중 10개로 재조합 비율은 25%를 나타낸다. 즉, 그 유전자들은 25 지도단위 떨어져 있다.

4. 어머니의 X 염색체 중 하나는 열성 치사 대립유전자를 가지고 있다. 남자 태아의 ½은 그 염색체를 물려받아 자연 유산될 것으로 예상된다. 임신 시 성비가 같다고 가정할 때 여아와 남아의 비율은 2:1, 즉 6명이 여자이고 3명이 남자일 것이다.

5. **a.** 암컷 병아리가 검은색이 되려면 수컷 부모로부터 열성 대립유전자를 받아야 한다. 만일 모든 암컷 병아리가 검은색이면 수컷 부모는 Z^bZ^b이어야 한다. 만일 수컷 부모가 열성 동형접합이라면 모든 수컷 자손은 열성 대립유전자를 물려받고 암컷 부모는 Z^BW가 되어 모두 줄무늬 수컷 자손을 낳을 것이다.
b. 줄무늬와 검은색 암컷 병아리가 모두 나오려면 수컷 부모는 Z^BZ^b이어야 한다. 만일 암컷 부모가 Z^BW라면 수컷 병아리는 줄무늬만 나올 것이다. 같은 수의 검은색과 줄무늬 수컷 병아리가 나오려면 암컷 부모는 Z^bW이어야 한다.

지식의 검증

선다형:

1. e	**5.** d	**9.** b	**13.** d
2. a	**6.** d	**10.** c	**14.** e
3. b	**7.** e	**11.** a	**15.** d
4. d	**8.** b	**12.** c	

13장 유전의 분자적 기초

핵심 문제

13.1. **a.** 그들은 파지 단백질 표지에 필요한 방사성 황과 파지를 같이 배양하였다.

b. 그들은 파지 DNA를 표지에 필요한 방사성 인과 파지를 같이 배양하였다.

c. 방사성 동위원소는 액체에 발견되었는데 이것은 파지 단백질이 세균세포로 들어가지 않았다는 것을 나타낸다.

d. 표지된 DNA를 가진 시료에서 방사성 물질의 대부분이 세균세포 침전물에서 발견되었다.

e. 그들은 바이러스 DNA가 세균세포 안으로 주입되어 바이러스 유전물질로서 역할을 한다고 결론지었다.

13.2.

a. 당-인 골격	**b.** 가닥의 3′ 말단
c. 수소결합	**d.** 시토신(피리미딘)
e. 구아닌(퓨린)	**f.** 아데닌(퓨린)
g. 티민(피리미딘)	**h.** 가닥의 5′ 말단
I. 뉴클레오타이드	**j.** 디옥시리보오스
k. 인산기	**l.** 3.4 nm
m. 0.34 nm	**n.** 2 nm

13.3.

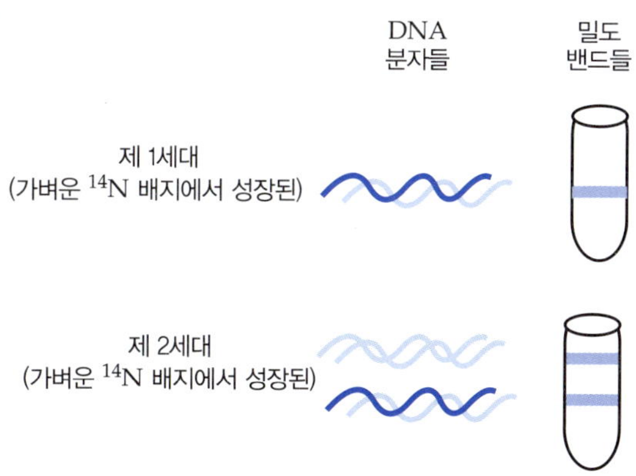

13.4. 각 가닥의 인산 말단은 5′ 말단이고 당의 3′ 탄소에 연결된 수산화기는 3′ 말단을 표지한다. 부록 그림 5를 참고하시오.

13.5. **a.** 단일가닥결합단백질
b. DNA 중합효소 III
c. 선도가닥
d. 양친가닥의 5′ 말단
e. 3′ 말단
f. 헬리케이스
g. RNA 시발체
h. 프리마아제
I. DNA 중합효소 III
j. 오카자키절편
k. DNA 중합효소 I(시발체를 대체한다)
l. 지체가닥
m. DNA 연결효소

13.6. 뉴클레오솜(뉴클레오솜의 10 nm 섬유와 링커 DNA); 30 nm 섬유; 고리 모양 도메인(300 nm 섬유); 고리 모양 도메인이 코일화되고 접히게되어서 매우 응축된 중기 염색체가 됨.

13.7. 세 번째 염기서열, 세 번째 염기는 반대 방향으로 진행되는 가닥에 같은 염기서열을 가지고 있기 때문에.
효소는 G와 A 사이를 절단하여 AATT와 TTAA 점착말단을 생성한다.

13.8. **a.** 세균 염색체
b. 플라스미드
c. 유용 유전자
d. "외부" DNA의 염색체
e. 재조합 플라스미드
f. 재조합 세균
g. 재조합 세균의 클론
1. 유용 유전자가 플라스미드 안으로 들어간다.
2. 재조합 플라스미드가 세균 세포로 들어간다.
3. 배양액에서 자란 재조합 세균은 클론유전자를 포함하는 세포클론을 생성한다. 클론유전자의 복제는 기초연구 혹은 유전공학에 사용될 수 있다; 그 유전자 단백질 생성물은 세균에서 수확되어 여러 응용 분야에 사용된다.

13.9. **a.** 시발체가 클로닝벡터에 있는 제한효소자리와 상응하는 제한효소자리를 포함하도록 합성된다. 이것은 재조합 플라스미드 제조를 용이하게 한다, 유전자를 클로닝하기에 앞서 미리 증폭함으로써 나중에 원하는 유전자를 가지고 있는 클론을 발견하는 작업이 단순화할 수 있다.

b. PCR로 카피 수를 증폭할 때 비교적 빈도율은 매우 낮지만 오류가 축적되기 때문에 정확한 사본들을 만드는 데 한계가 있다. 많은 양의 유전자는 세포에서 DNA 클로닝에 의해서 준비되는 것이 낫다.

지식의 체계화

1. 왓슨과 크릭은 프랭클린 X선 회절사진을 사용하여 다음과 같은 결론을 유도하였다. DNA는 폭이 2 nm이고 0.34 nm 간격으로 층을 이루고 있는 질소 염기들이 한 바퀴 회전하여 회전 길이가 3.4 nm인 나선으로 되어 있다. 프랭클린은 당-인 골격이 나선의 바깥쪽에 염기들은 안쪽에 되어 있다고 결론지었다. 철사분자모형을 사용해서 왓슨과 크릭은 여러 가지 방법으로 정렬을 시도하여 결국 피리미딘 염기는 퓨린 염기와 쌍을 이루게 되면 알맞은 직경이 된다는 것을

발견하였다. 염기의 특이성(A와 T그리고 C와 G)은 수소결합에 의해서 확인되었다.

2. 단백질이 특정 염기서열을 인지하여 두 가닥을 열어 복제기포가 형성된다. **헬리케이스**는 복제분기점에 작용하는 효소이고 이중나선을 풀어서 두 가닥을 분리한다. **단일가닥결합단백질**은 복제가 진행되는 동안 분리된 가닥들을 유지하게 한다. DNA **회전효소**는 복제분기점 앞에서 DNA 가닥을 절단하고 풀고 난 후 다시 재결합하는 방법으로 꼬임을 완화시킨다. **프리마아제**는 새 가닥을 시작하기 위하여 5-10 RNA 염기서열의 시발체를 합성한다. 적절한 염기들이 노출된 주형과 염기쌍을 만든 후에 **DNA 중합효소 III**가 뉴클레오타이드를 새 가닥의 3′ 말단에 결합시킨다. 지체가닥에서 오카자키절편이 프리마아제와 DNA 중합효소 III (5′→ 3′ 방향)에 의해서 형성된다. **DNA 중합효소 I**은 시발체를 DNA로 대체한다. **연결효소**는 한 절편의 3′ 말단을 그 옆에 있는 5′ 말단에 연결한다. DNA 교정효소들이 오류 염기쌍을 점검하는 반면에 뉴클리에이스, DNA 중합효소, 연결효소 그리고 다른 효소들은 손상과 불일치를 복구한다.

3. 같은 내부가수분해효소에 의해서 절단된 플라스미드와 외부 DNA들에서 생성된 단일가닥들은 서로 상보적이어서 염기쌍을 만들고 연결효소에 의해서 쉽게 결합될 수 있다. 마찬가지로 PCR에서 사용되는 시발체들은 DNA 부위의 말단과 상보적으로 결합하여 증폭된다. 상보적 염기쌍 또한 DNA를 염기서열화하는 데 이용된다. 모니터들은 새 가닥 DNA의 복제에서 연속적으로 상보적으로 결합하는 뉴클레오타이드들을 인지하여 염기서열을 결정한다.

지식의 검증

선다형:

1. c	7. a	13. a	19. a	25. a
2. a	8. c	14. d	20. d	26. c
3. b	9. a	15. b	21. c	27. d
4. d	10. e	16. c	22. e	28. d
5. b	11. d	17. e	23. d	
6. b	12. e	18. c	24. b	

14장 유전자 발현: 유전자에서 단백질로

핵심 문제

14.1. **a.** RNA는 DNA와 다음 세 가지가 다르다: RAN 뉴클레오타이드의 당 부분이 디옥시리보스가 아닌 리보스이다; 유라실(U)이 질소염기의 하나인 타이민을 대신한다; RNA는 보통 단일가닥을 한다.

b. DNA $\xrightarrow{\text{전사}}$ RNA $\xrightarrow{\text{번역}}$ 단백질

14.2. Met Pro Asp Phe Lys stop

14.3. **a.** 개시: 전사인자가 프로모터에 부착하고 RNA 중합효소 II의 부착을 용이하게 하며 전사개시복합체를 형성; RNA 중합효소 II는 DNA 가닥을 분리하여 중합효소가 개시점에서 전사를 개시한다.

b. 신장: RNA 중합효소 II는 DNA 가닥을 따라서 이동하여 RNA 뉴클레오타이드가 DNA 주형에 쌍이 되도록 길어지는 RNA 가닥의 3'에 연결한다.

c. 종결: 중합효소가 다중 아데닐 신호서열을 지나 전사하면 mRNA 전구체는 끊어져 떨어지게 된다.

14.4. 변형된 구아닌 뉴클레오타이드로 구성된 5' 캡이 5' UTR에 더해진다. 폴리-A 꼬리는 250여 아데닌 뉴클레오타이드로 구성되어 3' UTR에 부착된다. 어어맞추기복합체는 인트론을 끊어내고 엑손을 서로 연결한다.

14.5.

DNA 3염기 3′→ 5′	mRNA 코돈 5′→ 3′	역코돈 3′→ 5′	아미노산
TAC	AUG	UAC	메티오닌
GGA	CCU	GGA	프롤린
TTC	AAG	UUC	라이신
ATC	UAG	AUC	종결

14.6 **1.** 코돈 인식: 신장인자(보이지 않음) 아미노아실 tRNA가 역코돈이 mRNA의 코돈과 염기쌍을 하는 A 자리에 들어가게 도와준다; GTP 가수분해가 정확성과 효율을 높인다.

2. 펩타이드 결합 형성: 리보솜은 새로운 아미노산과 P 자리에 있는 폴리펩타이드 간에 펩타이드 결합을 촉매한다.
3. 이동: P 자리에 있는 아미노산이 떨어져 나간 tRNA는 E 자리로 이동하게 되고 방출된다; 폴리펩타이드를 붙들고 있는 tRNA는 이제 A 자리에서 P자리로 이동하여 mRNA를 잡는다; GTP가 필요로 한다.
4. 종결: 방출인자가 A 자리에 있는 종결코돈에 부착한고 P 자리에 있는 tRNA와 폴리펩타이드 간의 결합을 가수분해시킨다. 떨어진 폴리펩타이드는 방출되고 출구 터널을 통해서 빠져나간다. 리보솜 단위체와 다른 구성물질들이 분리된다. GTP를 필요로 한다.

a. 길어지는 폴리펩타이드의 아미노 말단
b. 아미노아실 tRNA
c. 대단위체
d. A 자리
e. 소단위체
f. mRNA의 5′ 말단
g. 펩타이드 결합 형성
h. E 자리
i. 방출인자
j. 종결코돈
k. P 자리
l. 떨어진 폴리펩타이드

14.7. 분비 단백질이나 막단백질을 암호화하는 mRNA를 번역하고 있는 리보솜은 번역하고 있는 폴리펩타이드의 처음 신호 펩타이드가 신호인식입자(SRP)에 의해 결합한 후, 이들은 소포체에 있는 소포체 수용체 단백질에 부착한다.

14.8. **a.** 침묵: 뉴클레오타이드 치환임에도 같은 아미노산을 암호화하는 코돈이 생성됨.
b. 과오: 뉴클레오타이드 치환이나 틀이동 돌연변이로 다른 아미노산에 대한 코돈이 생김.
c. 정지: 뉴클레오타이드 치환이나 틀이동 돌연변이로 종결코돈을 만들어내어 번역이 미완성상태로 종결됨.
d. 틀이동: 하나, 둘, 또는 세 개 이상의 뉴클레오타이드가 삽입되거나 결실되어 정상적인 번역틀을 부수어버리고 대량의 과오와 정지 돌연변이를 만듦.

지식의 체계화

1. 전령 RNA (mRNA)는 DNA에서 리보솜으로 아미노산 서열을 규정하는 암호를 운반하며, 이 RNA 뉴클레오타이드의 서열이 폴리펩타이드로 번역된다.
운반 RNA (tRNA)는 mRNA의 코돈에 맞는 역코돈을 기반으로 특정 아미노산을 폴리펩타이드의 자기 자리에 운반한다.
리보솜 RNA (rRNA)는 리보솜 구성의 약 $^{2}/_{3}$를 차지하고 특이적 부착과 촉매적 기능을 가진다.
소형 RNA는 이이맞추기복합체의 일부분이며 mRNA 전구체의 이어맞추기에 촉매작용을 한다.
RNA 분자의 다재다능함은 다른 RNA나 DNA와 염기결합 능력을 가진것으로부터 유래하여, 자신과의 염기결합하여 특정한 3차 구조를 형성하고 촉매로서 작용한다.

2.

	전사	번역
주형	DNA	RNA
위치	핵(원핵세포는 세포질)	세포질: 리보솜은 자유롭게 떨어져 있거나 소포체에 부착됨
관여하는 분자	RNA 뉴클레오타이드, DNA 주형가닥, RNA 중합효소, 전사인자	아미노산; tRNA; mRNA; ATP; GTP; 효소; 개시, 신장, 방출인자
관여하는 효소	RNA 중합효소, 이어맞추기복합체	아미노아실 tRNA 합성효소, 리보솜 효소(리보자임)
조절—개시와 종결	전사인자가 TATA 상자와 개시점을 가진 프로모터에 위치함, 다중 아데닐화 신호서열	개시인자, 개시서열(AUG), 종결코돈, 방출인자
산물	일차 전사체(mRNA 전구체)	폴리펩타이드
산물의 가공	RNA 가공: 5' 캡과 폴리-A 꼬리, mRNA 전구체의 이이맞추기–이어맞추기복합체에 의해 인트론 제거	자발적 접힘, 이황화 다리, 신호 펩타이드 제거, 끊어짐, 4차 구조, 당과 같은 첨가 등

3. 유전암호는 아미노산을 암호화하는 RNA 3염기로 구성된다. 이 코돈에 있는 뉴클레오타이드의 순서는 DNA에 있는 뉴클레오타이드의 순서로 결정되는데 mRNA 상의 코돈으로 전사되어 아미노산의 상응하는 서열로 번역된다. 3염기 암호로 사용되는 4개의 뉴클레오타이드로부터 생성되는 mRNA 코돈은 64개가 있다(4^3).

암호의 반복성은 여러 개의 3염기가 같은 아미노산을 암호화한다는 사실을 의미한다. 종종 이 3염기는 세 번째 뉴클레오타이드만 다르다. 워블현상은 단지 약 45개의 tRNA 분자가 존재해 61개의 모든 코돈과 결합한다는 사실을 설명해주고 있다. 많은 tRNA의 세 번째 뉴클레오타이드가 하나 이상의 뉴클레오타이드와 결합할 수 있다. 유전암호의 이러한 반복성 때문에 워블 tRNA는 제자리에 여전히 알맞은 아미노산을 갖다 놓는다.

유전암호는 거의 보편적이다; 각 코돈은 거의 모든 생물에서 정확하게 하나의 아미노산만 암호화한다. (몇 가지 예외가 있기는 하다.) 이러한 보편성은 생명의 역사에서 코돈이 매우 일찍 진화했음과 지구상의 모든 생명의 진화적 상호관계를 지적하고 있다.

4.

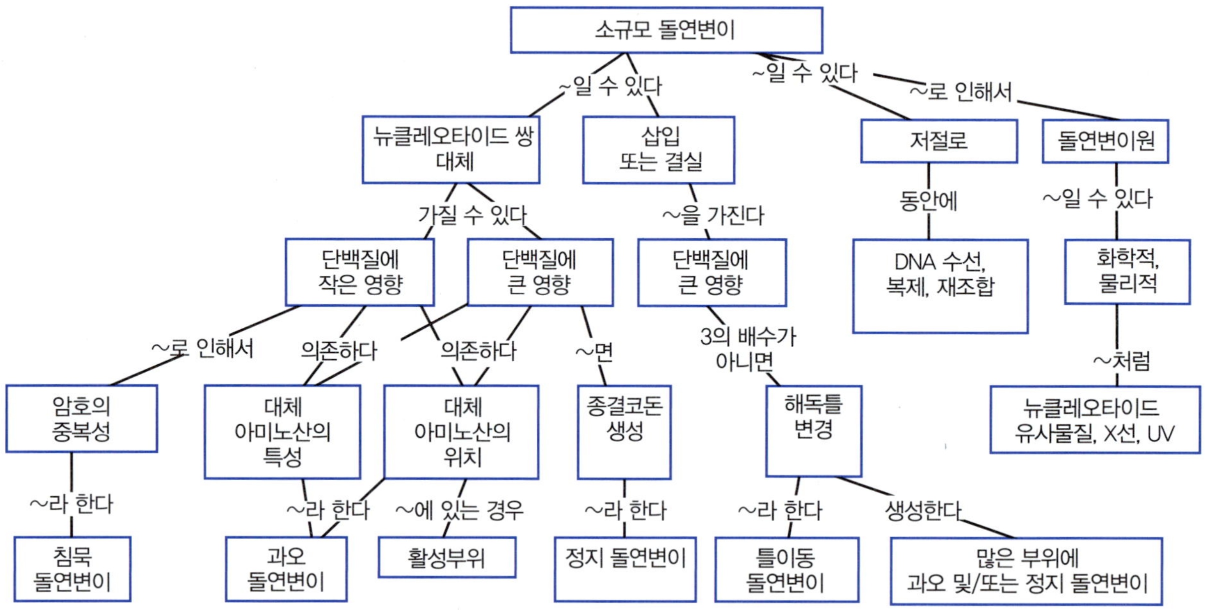

지식의 검증

선다형:

1. c	**5.** e	**9.** c	**13.** c	**17.** b	**21.** d	**25.** e
2. a	**6.** c	**10.** e	**14.** b	**18.** b	**22.** e	**26.** a
3. b	**7.** b	**11.** d	**15.** e	**19.** a	**23.** e	**27.** d
4. b	**8.** c	**12.** c	**16.** e	**20.** a	**24.** c	**28.** c

15장 유전자 발현 조절

핵심 문제

15.1. **a.** 조절 유전자
b. 프로모터
c. 작동자
d. 효소 암호화 유전자
e. 오페론
f. RNA 중합효소
g. 활성 억제자
h. 유도자(알로락토스)
i. 젖당 이용에 관련된 효소들의 mRNA

15.2. **a.** 동화; 공동억제자; 촉진; 불활성
b. 이화; 유도자; 억제; 활성

15.3. **a**. 바소체 – 암컷 세포에서 하나의 X 염색체는 응축되어 있다.
b. 히스톤 고리 탈아세틸화는 뉴클레오솜에 존재하는 유전자에 대한 접근을 어렵게 만들기 때문에, 전사가 감소될 것이다.

15.4. **a.** 증폭자의 원거리 조절요소
b. 활성자
c. DNA-접힘유도 단백질
d. 프로모터
e. 매개자 단백질
f. 보편전사인자
g. TATA 상자
h. RNA 중합효소 II

15.5. **a.** 많은 유전자들에 있어서 어떤 엑손끼리 연결하느냐에 따라 여러 다른 단백질을 암호화 한다. 따라서 특정 유전자의 발현은 세포 내에 존재하는 RNA 선택적 이어맞추기 관련 조절 단백질에 의존한다.
b. 조절 단백질은 5' 혹은 3' UTR에 존재하는 염기서열에 결합하여 리보솜의 결합을 억제함으로써 유전자 발현을 감소시킬 수 있다. 3' UTR에 존재하는 염기서열은 mRNA이 온전하게 유지되는 시간을 조절함으로써 유전자 발현을 촉진하거나 혹은 감소시킬 수 있다.

15.6. **a.** 단일가닥 miRNA는 단백질과 복합체를 형성한다. 복합체는 상보적인 염기서열을 이용하여 mRNA와 결합한 후 (만약 miRNA와 mRNA 염기 전체가 완전하게 상보적일 경우) mRNA를 분해시키거나 혹은 (만약 염기가 일부 차이가 나는 경우) 번역을 억제한다.
b. 모두 가능하다는 연구결과가 있다. miRNA와 siRNA 모두 mRNA를 분해하거나 혹은 번역을 억제함으로써 번역에 영향을 미친다. siRNA는 염색질 구조를 변형시킴으로써 전사를 억제할 수 있다는 연구 결과도 있다.

15.7. **a.** RT-PCR: 여러 조직 샘플로부터 mRNA를 분리할 수 있다. 역전사를 통해 모든 mRNA에 대한 cDNA를 합성하고 특정 프라이머를 이용한 PCR을 진행함으로써 관심 유전자만을 증폭할 수 있다. 젤에 샘플을 전기영동함으로써 유전자를 발현하는 조직에서만 밴드를 확인할 수 있다. 연구하는 조직이 온전한 생명체 혹은 생명체로부터 얻은 조직 박편에서 쉽게 구분될 경우 *in situ* 혼성화도 가능할 것이다. 유전자로부터 전사된 mRNA에 상보적인 표지된 탐침을 이용하면 유전자가 발현되고 있는 조직을 구분할 수 있다.
b. DNA 미세배열 기법: RT-PCR과 마찬가지로 mRNA는 여러 다른 조직으로부터 분리하고 cDNA를 만든 후 형광 염색약으로 표지한다. cDNA를 (특정 생명체의 유전자들에 대한 단일가닥 DNA 절편들을 격자에 잘 배열한) 미세배열에 적용한다. 각기 다른 cDNA는 특정 조직에서 발현하는 유전자들과 혼성화를 이룰 것이다. 혼성화 지점의 형광 강도는 특정 조직에 존재하는 mRNA의 상대적인 양을 의미한다.

지식의 체계화

1. **a** 오페론
b. 프로모터
c. 작동자
d. 음성 조절
e. 억제자
f. 불활성
g. 활성
h. 공동억제자
i. 유도자
j. 동화
k. 활성화
l. 불활성화
m. 이화
n. cAMP
o. 젖당 결핍

2. **a.** 뉴클레오솜으로의 DNA 포장; 히스톤 꼬리의 탈아세틸화와 메틸화는 전사를 감소시키는 대신 아세틸화는 전사를 촉진한다; DNA 메틸화는 오랫동안 유전자의 불활성화를 가져올 수 있다; ncRNA는 이질염색질 형성을 촉진할 수 있다.
b. 특정 전사인자(활성자)는 증폭자 내 조절요소에 결합한 후 매개자 단백질과 프로모터 부위와 상호작용 하여 전사개시복합체를 형성한다; 억제자는 전사를 억제할 수 있다.

c. 일차 RNA 전사체의 선택적 이어맞추기, 5' 캡과 폴리-A가 삽입된다.
d. 3' UTR에 존재하는 뉴클레오티드는 mRNA의 수명과 관계되며, miRNA와 siRNA는 mRNA의 분해를 유도한다.
e. 억제자 단백질과 miRNA 혹은 siRNA는 번역을 억제할 수 있다(또는 짧은 길이의 폴리-A 꼬리는 수정란에 mRNA를 저장하는 데 관여하기도 한다); 개시인자의 활성화에 의해 번역이 개시된다.
f. 절단 혹은 수식에 의한 단백질 가공; 표적 위치로의 이송; 유비퀴틴으로 표지된 단백질의 선택적 분해.

지식의 검증

선다형:

1. b **2.** c **3.** e **4.** a **5.** b **6.** b **7.** e **8.** c **9.** b **10.** b **11.** b **12.** e **13.** b **14.** d

16장 발생, 줄기세포, 암

핵심 문제

16.1. 세포의 발생학적 운명이 설정되면 결정이 이루어진 것이다. 일련의 유전자 활성화와 불활성화를 통해 조직-특이적 단백질을 암호화하는 유전자의 발현이 개시된다. 조직-특이적 단백질의 생성으로 세포가 특징적인 구조를 갖추게 되면 분화가 이루어진 것이다.

16.2. Bicoid mRNA는 미수정란의 한 쪽 말단에 집중적으로 분포하며, 배아 발생 동안 Bicoid 단백질로 번역되고 확산되어 배아의 앞쪽 부분에 고농도로 존재하는 농도기울기를 형성한다. 초기 배아의 여러 부위에 bicoid mRNA를 주입하면 해당 부위에서 배아의 머리 부분이 형성된다.

16.3. DNA 메틸화와 히스톤 아세틸화는 유전자 발현을 조절한다. 발생 동안 정상적 유전자 발현을 돕기 위해 성체세포의 염색질에는 후생유전학적 변화가 나타나 재프로그램화된다. 여러 클론 배아의 DNA를 분석해 보면 부적절한 메틸화 패턴이 관찰된다.

16.4. **a.** 돌연변이를 통해 다음 세 가지 경우가 나타날 수 있다. (1) 정상보다 더 많은 수의 유전자 사본이 형성되는 **유전자 증폭**, (2) **전좌 혹은 전위**에 의해 더 활성을 지닌 조절 서열 부위로 유전자가 옮겨지는 경우, (3) **점돌연변이**에 의한 조절 서열 변화로 유전자 발현이 증가하거나 유전자 내의 점돌연변이로 과도한 활성을 지닌 혹은 잘 분해되지 않는 단백질이 생성되는 경우.
b. 종양억제 단백질은 손상 DNA를 복구하거나 세포 부착을 조절하거나 세포주기를 억제하는 기능을 가진다.

지식의 체계화

1. 대부분의 세포질 결정인자는 전사인자를 암호화하는 mRNA이며, 최초 몇 번의 세포분열 이후 각 세포로 분리된다. 세포에 존재하던 mRNA는 단백질로 번역된 후, 핵으로 들어가 전사를 조절한다. 유도자는 세포 간에 소통을 담당한다. 유도자는 일반적으로 세포 표면 수용체에 결합한 후 일련의 신호전달 경로를 통해 효소를 활성화시켜, 최종적으로 표적세포의 전사인자를 활성화시킨다.

2. 줄기세포는 미분화 세포로 지속적으로 분열 가능하며, 다양한 종류의 분화된 세포를 생성할 수 있다. 배아줄기세포는 포배시기의 배아에서 유래한 세포로 지속적으로 분열하며 거의 모든 종류의 세포로 분화할 수 있다. 성체줄기세포는 여러 조직에 극소수로 존재하며, 제한된 종류의 세포로 분화할 수 있다. 유도 전능성줄기세포는 분화된 세포에 "줄기세포" 지배자 조절 유전자를 발현시켜 형질 전환시킨 세포로 배아줄기세포와 유사한 특성을 나타낸다. 식물에도 줄기세포는 존재하며, 뿌리와 줄기의 정단 분열조직에 위치한 세포는 미분화된 세포로 지속적으로 분열 가능하며 여러 종류의 식물 조직으로 분화할 수 있다.

지식의 검증

선다형:

1. e **2.** a **3.** c **4.** d **5.** e **6.** b **7.** c **8.** e **9.** e **10.** b

17장 바이러스

핵심 문제

17.1 **1.** 파지는 숙주세포에 부착하여 DNA를 주입한다.
2. 파지 DNA가 원형을 이룬다. 특정한 인자가 발현되어 어느 생활사로 진행할 지를 결정한다.
3. 새로운 파지 DNA와 단백질이 합성되어 파지 입자로 자가 조립된다.
4. 세균이 용균되면서 파지 입자들을 방출한다.
5. 파지 DNA가 세균 염색체에 삽입되어 프로파지가 된다.
6. 세균이 증식하면서 프로파지를 딸세포로 전한다.
7. 때로 프로파지가 세균 염색체에서 절제되어 나와 용균성 생활사를 시작한다.
a. 파지 DNA
b. 세균 염색체
c. 새로운 파지입자
d. 프로파지
e. 프로파지를 지니는 세균 염색체의 복제

17.2. RNA → DNA → RNA; 바이러스 역전사효소, 숙주 RNA 중합효소

17.3. 바이러스 입자들이 식물 세포들 사이에 세포질을 연결하는 세포질연락사를 통해서 쉽게 퍼진다. 식물의 바이러스 질환에 대해서는 치료가 불가능하기 때문에 감염이 퍼지는 것을 줄이고 내성 품종을 재배하는 것이 가장 좋은 방법이다.

지식의 체계화

1.

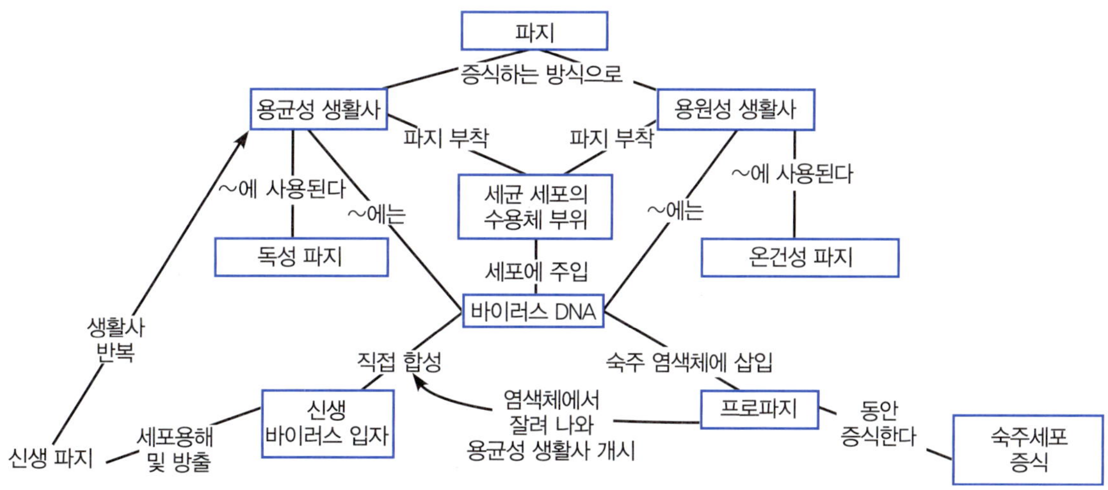

2. **a.** DNA
b. RNA
c. 단백질 껍질
d. 숙주세포
e. 세균
f. 용균성 생활사 또는 용원성 생활사
g. 동물
h. 막으로 이루어진 외피
I. 역전사효소
j. 식물
k. 플라스미드 또는 트랜스포존

지식의 검증

선다형:

1. b **2.** c **3.** e
4. a **5.** d **6.** b
7. b **8.** c **9.** b

18장 유전체와 그 진화

핵심 문제

18.1. 생물종 — 메타지노믹스는 환경 샘플에서 얻은 DNA 혼합물의 염기서열로부터 실험실에서 각 종을 배양할 필요없이 개별 종의 염기서열을 결정하게 해준다.

18.2. 염기서열과 아미노산 서열을 비교하면 기능이 알려진 다른 유전자와 짝을 지을 수도 있고, 공통의 아미노산 도메인을 밝혀낼 수도 있고, 종의 진화적 역사를 추적하는 데 도움이 되는 밀접하게 연관되었거나 동 떨어진 종 간의 유사성을 찾아낼 수도 있다.

18.3. **a.** 고세균 *Archaeoglobus fulgidus* (1,130/Mb); 인간 (7/Mb)
b. 벼, *Oryza sativa* (40,600); 박테리아 *Haemophilus influenza* (1,700)
c. 식물, *Fritillaria assyriaca* (124,000 Mb); *H. influenzae* (1.8 Mb)
d. 21,000 이하; 엑손의 선택적 이어맞추기는 각 유전자가 하나 이상의 폴리펩타이드를 암호화하게 해준다; 해독후 과정 또한 폴리펩타이드를 변형시킬 수 있다.

18.4. 이들은 먼저 RNA로 전사된다; 따라서 원래의 레트로트랜스포존은 제자리에 남아 있다. 역전사효소는 RNA를 DNA로 전환하여 유전체의 다른 자리에 삽입한다.

18.5.
1. D; 1.5
2. I; 20
3. H; 5
4. B; 44
5. E; 10
6. G; 17
7. C; 15
8. F; 5~6
9. A; 3

18.6. 라이소자임 효소는 박테리아의 감염에 대항하는 효소를 암호화하는 유전자로서 새와 포유동물의 마지막 공통조상에 존재했다. 이들의 계통이 갈라진 후, 유전자는 포유동물 계통에서 한 번 복제되었고, 라이소자임 유전자의 복사본이 우유 생산에 관여하는 단백질 암호 유전자로 진화하였다.

18.7. **a.** 엑손 뒤섞기는 감수분열 재조합 과정의 에러를 통해 일어날 수 있다. 이것은 두 상동의 전이인자 간에 일어날 수 있다. 혹은 전이인자와 함께 엑손이 따라 들어와서 새로운 위치에 엑손 복사본이 들어올 수도 있다.
b. 엑손은 종종 단백질의 도메인을 암호화한다. 단백질에 새로운 도메인이 제공되면 그 기능이 증진되거나 변하게 된다.

18.8. 호메오박스는 DNA 결합 호모 도메인을 암호화하며 각 조절 유전자에 특이적인 다른 도메인은 전사조절인자와 상호작용하여 특정한 증폭자나 프로모터를 인식한다. 따라서 다른 일련의 발달 유전자를 조절한다.

지식의 체계화

1. 많은 비단백질 암호 서열은 종 간에 크게 보존되어 있는데, 이는 이들이 아직 확인되지 않은 어떤 중요한 기능을 수행함을 시사한다. 이러한 DNA의 대부분은 RNA 분자로 전사되는데 이들의 기능 일부는 발견되고 있다.
a. 전이인자는 DNA 조각으로 이루어진 트랜스포존과 RNA가 DNA로 역전사되어 생산된 레트로트랜스포존을 포함한다. 이러한 전이인자는 매우 흔하며 DNA를 유전체의 새로운 위치에 이동시킨다.
b. *Alu* 인자는 약 300 염기쌍 정도의 길이를 가지며, 인간 유전체의 거의 10% 정도를 구성한다. 일부는 RNA로 전사되나 그들의 기능은 모른다. 이들은 아마도 RNA 프로세싱 중 선택적 이어맞추기 자리를 제공할 가능성이 있다.
c. L1 서열은 좀처럼 이동하지 않는 긴 레트로트랜스포존이다. 이들은 많은 인트론 속에서 발견되며, 유전자 발현 조절을 도울지 모른다.
d. 단순 서열 DNA는 크게 반복되는 직렬 서열로서 염색체의 중심립이나 텔로미어에서 발견된다. 이들은 염색질을 구성하는 구조적 기능을 가지는 것으로 보인다. 적은 수의 반복을 가진 서열은 STRs(short tandem repeats; 짧은 직렬 반복 서열)이라 불리는데 유전자 프로파일링에 사용된다.
e. 유사유전자는 돌연변이가 이들의 조절 서열을 변화시켜 더 이상 기능을 하지 못하는 유전자 유물이다.

2. 염색체 복제는 여벌의 유전자를 제공하여 돌연변이를 견디고 새로운 단백질을 생산할 수 있게 한다. 복제와 역위, 위치이동과 같은 염색체 부위의 재배열은 개체군내 생식적 격리를 만들어 새로운 종의 형성을 가져올 수 있다. 감수분열 동안의 에러는 유전자나 엑손의 복제와 엑손의 교환 등을 일으켜 새로운 기능이나 연관된 기능을 가지는 유전물질을 제공하게 된다. 전이인자는 서로 다른 염색체 간의 재조합을 가능하게 하며, 유전자나 조절 요소를 파손시키고, 새로운 위치에 유전자나 엑손을 가져다 놓을 수 있다.

지식의 검증

선다형:

1. c	**4.** d	**7.** e	**10.** d
2. d	**5.** b	**8.** e	**11.** b
3. a	**6.** a	**9.** c	**12.** d

19장 변형된 혈통

핵심 문제

19.1. **a.** 1. E f
2. A b
3. B e
4. C d, g
5. F a
6. D c
7. G g

b. a, f, d, b, e, g, c

19.2. 관찰 1: 개체군의 개체는 유전형질에서 차이가 난다.
관찰 2: 모든 종은 환경이 지탱할 수 있는 것보다 더 많은 자손을 낳으며, 많은 자손은 생존하지 못한다.

19.3. **a.** 새로운 항생제가 개발되면 이것은 대부분의 병원균을 죽이는 데 효과적이다. 그러나 일부 병원균은 페니실린을 파괴하는 페니실린 분해효소와 같이 내재적인 저항성을 가지기도 한다. 새로운 항생제의 지속적인 사용으로 말미암아 항생제 저항성 유전자가 없는 박테리아는 죽임에 따라 저항성 박테리아는 빠르게 증식할 수 있으며 이러한 '유익한' 유전자는 더 많아진다.

b. 한 항생제에 이미 저항성을 가진 박테리아가 다른 항생제에 노출되면 복합 항생제에 대한 저항성은 진화할 수 있다. 또 다시 새로운 항생제는 대부분의 박테리아를 죽이지만 이것에 저항성을 가지는 변이성을 보유하는 박테리아를 '선택'할 수 있다. 다른 균주 사이의, 그리고 심지어 다른 종 사이의 유전자 교환 또한 다중 약물 저항성 균주의 진화에 기여할 수 있다.

19.4. **a.** 생물지리학
b. 화석 기록
c. 상동성
d. 섬 종과 본토 종 또는 이웃하는 섬 종
e. 조상 및 변화 중인 형태
f. 상동 구조
g. 기능과 형태
h. 분자 비교
I. DNA 서열과 단백질
j. 공통조상의 혈통

지식의 체계화

1. 다윈 진화설의 두 가지 중요한 요소는 모든 생명체가 하나의 공통조상으로부터 비롯되었다는 것과 진화는 자연선택의 결과라는 것이다. 자연선택설은 몇 가지 주요한 관찰과 추론에 근거한다. 한 개체군에 속하는 개체는 종종 유전형질에서 변이가 생긴다. 제한된 자원과 함께 자손의 과다 생산은 그 지역의 환경에 가장 잘 적응한 개체만 살아남는 불균등 생식성공으로 이른다. 개체군에서 가장 잘 적응한 개체의 향상된 생존과 생식력은 개체군 내에 유리한 형질의 점진적인 축적으로 이른다.

지식의 검증

선다형:

1. c	**5.** d	**9.** e	**13.** c
2. e	**6.** d	**10.** d	**14.** b
3. a	**7.** b	**11.** c	
4. e	**8.** a	**12.** d	

20장 계통발생

핵심 문제

20.1. **a.** #1
b. A
c. #4
d. B와 C

20.2. 상이한 환경에 대한 적응들은 가까운 집단들 내에서 형태학적인 차이를 크게 유도할 수도 있다. 그리고 수렴진화는 비슷한 선택압에 반응하여 거리가 먼 생물들이 서로 비슷한 구조를 가지게 할 수 있다. 해당 예로는 다양해진 하와이의 은검초 식물들과 호주와 북미에서 발견되는 서로 비슷한 동물인 굴에서 서식하는 두더지들이다.

20.3.

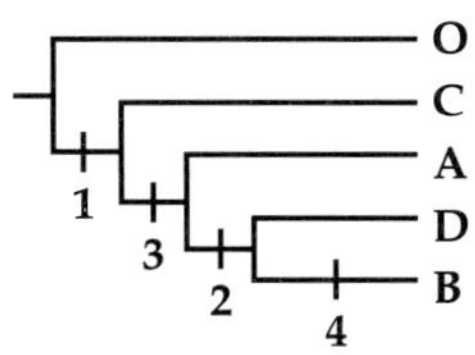

20.4. 조류와 포유류가 지닌 4개의 방으로 이루어진 심장은 상동이 아닌 상사에 해당한다. 이러한 심장 구조는 이 두 집단에서 독립적으로 진화했다. 조류와 포유류가 상이한 파충류 조상에서 유래했다는 가설은 수많은 증거에 의해 지지된다.

20.5. 특정 단백질이 (생존에) 결정적인 기능을 하고 이 단백질의 아미노산 서열이 이 기능에 핵심인 경우를 보자. 이 단백질의 돌연변이가 매우 일정한 속도로 일어난다고 가정하면 해로운 돌연변이는 개체군 내에서 빠르게 제거될 것이다. 그러므로 돌연변이의 숫자는 감소하고 중립적인 것으로 유전체 내에 남아 있을 것이다. 만약 단백질의 정확한 아미노산 서열이 생존에 덜 결정적인 것이라면 더 많은 돌연변이가 중립적이고 (제거되지 않은 채) 남을 것이다. 그래서 동일한 시간 내에 두 번째 유전자의 서열은 더 결정적인 기능을 하는 유전자의 서열보다 더 많이 변화할 것이다.

20.6. **a.** 진핵생물
b. 고세균
c. 세균
d. 미토콘드리아의 proteobacteria 조상의 내부 공생
e. 엽록체의 광합성 세균 조상의 내부 공생

지식의 체계화

1.

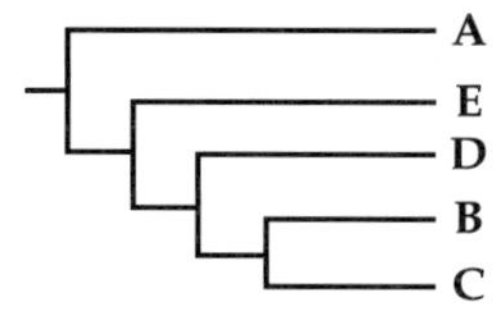

2. 특정 생물 집단의 진화 역사를 재구성하려면 계통분류학자들은 화석 기록에서 얻은 증거와 함께 형태학적 상동과 분자 수준의 상동을 고려한다. 분자 수준의 상동은 DNA의 상동 부위에 있는 공통 서열을 찾아 배열하는 컴퓨터 프로그램을 이용하여 판별할 수 있을 것이다. 통계분석을 이용하면 우연한 동류형성과 분자 차원의 먼 상동을 구분하는 데에 도움을 얻을 것이다. 분기학 기술을 이용하면 분류할 내부군들을 외부군과 비교하거나 내부군끼리 비교할 수 있다. 공유조상형질과 공유파생형질은 진화적 분기가 일어난 순서를 결정하는 데에 사용할 수 있다. 컴퓨터 프로그램을 사용하면 최소한의 진화적 변화를 필요로 하는 가장 단순한 계통수를 결정할 수 있다.

3. 분자시계의 근거는 DNA의 특정 부위가 일정한 속도로 진화(염기 변화의 축적)한다는 관찰 결과이다. 특정 시기에 서로 분기한 것으로 알려진 (비교되는) 집단 사이에서 차이를 보이는 DNA 염기 수를 담은 그래프를 이용하여 과학자들은 이 분자진화의 속도를 적용하면 여타의 진화적 분기의 타이밍을 추론할 수 있다.

지식의 검증

선다형:

1. c	**5.** d	**9.** e	**13.** c
2. d	**6.** a	**10.** b	**14.** b
3. e	**7.** d	**11.** b	**15.** b
4. c	**8.** e	**12.** c	**16.** e

21장 집단들의 진화

핵심 문제

21.1. **a.** 돌연변이

b. 유성생식

c. 원핵생물과 바이러스는 매우 짧은 생활사를 가지며, 새로운 유익한 돌연변이는 무성생식을 하는 집단에서 그 빈도가 빠르게 증가할 수 있다. 비록 돌연변이는 새로운 대립유전자의 원천이지만 이것은 매우 드물어 이배체의 큰 개체군에서 유전적 변이에 기여하기에는 제한적이다. 그러나 배우자의 생산과 결합은 매 세대마다 새로운 조합의 대립유전자를 가지는 접합자를 생성한다.

21.2. **a.** 유전자형의 빈도는 0.49 *BB*, 0.42 *Bb*, 0.09 *bb*(98/200, 84/200, 18/200)

b. 0.7 *B*, 0.3 *p*; 98 *BB* 생쥐는 196개의 *B* 대립유전자를, 84 *Bb* 생쥐는 84개의 *B* 대립유전자를 유전자 풀에 제공한다. 이 84 *Bb* 생쥐는 또한 84개의 *b* 대립유전자를 제공하고, 18 *bb* 생쥐는 36개의 *b* 대립유전자를 제공한다. 모두 400개의 대립유전자 중 *B*는 280개이고 *b*는 120개이다. 대립유전자 빈도는 0.7 *B*, 0.3 *b*이다. 대립유전자를 결정하는 또 다른 방법은 유전자형 빈도로부터 얻는 것이다. 우성동형접합체 유전자형의 빈도와 이형접합체 빈도의 ½을 더하면 p의 빈도를 결정할 수 있다. q는 열성동형접합체 유전자형의 빈도와 이형접합체 빈도의 ½을 더하면 된다. 또는 $1 - p$로부터 q를 얻을 수 있다.

21.3. 0.7; 0.3; 0.49; 0.42; 0.09

21.4. **a.** 0.36; 0.48; 0.16.: 이차방정식 $p^2 + 2pq + q^2 = 1$에 p는 0.6, q는 0.4를 대입하라.

b. 0.6; 0.4. $AA + \frac{1}{2}Aa$ 빈도를 더하여 p를 구한다. $aa + \frac{1}{2}Aa$를 더하여 q를 구한다. q를 얻기 위한 다른 방법은 이 개체군이 하디-바인베르그 평형상태에 놓여 있다면 열성 동형접합체 빈도의 제곱근을 구한다. p는 $1 - q$이다.

c. 이 결과들은 이 개체군이 하디-바인베르그 평형상태에 놓여 있지 않으며 따라서 진화를 한다는 것을 제시한다.

21.5. **a.** 자연선택

b. 유전적 부동

c. 유전자 흐름

d. 보다 높은 생식 성공력

e. 작은 개체군

f. 창시자 효과

g. 병목효과

h. 개체군 사이의 유전변이

21.6. **a.** 2배체성 — 낫형 적혈구빈혈증 대립유전자의 빈도가 감소함에 따라 열성 동형접합은 더 적게 발생하며 제거되는 경향이 있다. 반면 이 대립유전자는 이형접합체 속에 가려져서 남을 수 있다.

b. 잡종 강세 — 이형접합체는 말라리아의 영향으로부터 보호되고 말라리아가 주된 사망원인인 지역에서 선택적 이점을 가진다.

지식의 체계화

1. **a.** 하디-바인베르그 원리는 한 개체군 내에서 대립유전자가 멘델의 법칙에 따라 분리되고 재조합이 일어날 경우 이 대립유전자와 유전자형의 빈도는 세대에 따라 일정하다는 것을 말한다. 이 평형은 다섯 가지 조건을 필요로 한다. 개체군이 크며, 돌연변이가 없고, 이주가 없으며, 교배가 무작위로 일어나며, 자연선택이 일어나지 말아야 한다. 하디-바인베르그 평형은 연구자가 진화를 조사할 수 있도록 하는 귀무가설을 제공한다.

b. $p^2 + 2pq + q^2 = 1$. 하디-바인베르그 평형식에서 p와 q는 유전자 풀에서 두 대립유전자의 빈도를 나타낸다. 동형접합 자손의 빈도는 $(p \times p)$ 또는 p^2 및 $(q \times q)$ 또는 q^2이다. 이형접합 개체는 난자 또는 정자가 p나 q 대립유전자를 가지냐에 따라 두 가지 방식으로 형성될 수 있고, 그 빈도는 $2pq$이다.

2. 유전변이는 개체군 내에서 2배체성과 균형선택에 의해 유지된다. 2배체성은 열성대립유전자가 이형접합체에 존재할 경우 제거되지 않게 된다. 따라서 덜 적응적이며 심지어 해로운 대립유전자도 유전자 풀에서 유지되어 환경변화에 따라 유용할 수 있게 된다. 균형선택은 개체군에서 둘 이상의 표현형을 유지한다. 잡종강세에서 두 대립유전자는 유전자 풀 내에서 안정된 빈도로 유지될 것이다. 포식자 또는 다른 요인에 의해 보다 흔한 표현형이 제거되는 빈도 의존성 선택은 균형선택의 또 다른 유형이다.

지식의 검증

선다형:

1. e **2.** b **3.** d **4.** b **5.** b **6.** a **7.** c **8.** c **9.** d **10.** e **11.** c **12.** d **13.** d **14.** b **15.** d **16.** a **17.** b **18.** c **19.** e **20.** d **21.** d

22장 종의 기원

핵심 문제

22.1. **a.** 접합 후, 생식력 약화
b. 접합 전, 생식세포 격리
c. 접합 전, 기계적 격리
d. 접합 전, 시간적 격리
e. 접합 후, 잡종 와해
f. 접합 전, 행동적 격리
g. 접합 후, 잡종 생존력 약화
h. 접합 전, 서식지 격리

22.2. **a.** 생식적 격리
b. 형태적
c. 생태적
d. 한 공통조상을 공유하는 가장 작은 무리, 계통수의 한 단일 분지(가지)

22.3. **a.** 20개의 염색체 ($4n = 20$)
b. 24개의 염색체 ($2n = 24$)

22.4. **a.** 이소 종분화에서는, 부모 집단과 지리적으로 격리되어 있는 동안 새로운 종이 형성된다. 동소 종분화에서는, 생식적 장벽이 부모 집단의 유전자 총원과 같은 지리적 분포 범위에서 한 집단의 아군의 유전자 총원을 격리한다. **b.** 생식적 장벽은 새로운 환경에 대한 격리 집단의 적응과 연관된 유전적 변화, 유전자 부동, 또는 성적 선택의 부산물로 생겨날 수 있다. 다배수성에 의한 동소 종분화는 식물에 흔하다. 자원 이용이나 성적 선택의 변화는 한 동물 집단의 부분을 생식적으로 격리할 수 있다.

22.5. **a.** 강화: 잡종 자손이 덜 생존 가능하거나 덜 성공적으로 번식할 때, 두 종 사이의 생식적 장벽이 강해질 수 있다. 다른 종과 교배하는 것을 가능하게 하는 형질이 있는 개체들이 더 적은 생존 가능한 자손을 낳음에 따라 그 형질은 빈도가 감소할 것이며, 반면에 교차교배를 방해하거나 저해하는 형질은 빈도가 증가할 것이다.
b. 융합: 잡종이 서로, 그리고 부모 종과 성공적으로 교배한다면, 생식적 격리는 약해질 것이다. 두 종 사이의 유전자 흐름이 증가되면 궁극적으로 그들이 융합되어 단일 종으로 될 것이다.
c. 안정: 두 부모 종들의 서식이 중첩된 지역에서 두 종 사이의 잡종이 계속 생산되지만, 두 부모종의 유전자 총원들은 별개로 유지된다. 잡종이 형성되는 종들 중에서 이런 안정의 여러 예가 기록되었다.

22.6. 종분화 사건 사이의 총 길이는 4,000에서 4천만 년의 범위로 추정되었다(평균 약 650만 년). 따라서 일단 분기가 시작되고 종분화 과정이 비교적 빠르다고 할지라도, 새로운 종에서 다른 새로운 종이 나오기 전에 수백만 년이 지난다.

지식의 체계화

1. 종분화는, 생물학적 다양성을 높이는데, 한 종이 둘 이상의 종으로 갈라지는 과정이다. 소진화는 우연의 사건이나 자연선택의 결과로 나타나는 집단의 유전자 총원 내 대립유전자 빈도의 변화와 관련된다. 격리된 유전자 총원의 구성이 충분히 변하면, 소진화가 종분화로 진행될 수 있다.

2. 생식적 격리는 새로운 종을 만들기 위해 발생되지 않고, 종이 새로운 환경에 적응하거나 유전자 부동이 진행되면서 일어나는 유전적 변화의 부차적인 결과로 발생된다. 두 종 사이의 유전자 흐름은 그들 사이의 생식적 장벽을 무너뜨리는 경향이 있다. 유전자 흐름이 이소 종 사이에 좀처럼 일어날 가능성이 없기 때문에 생식적 장벽이 더욱 쉽게 생겨날 것으로 예상될 것이다. 그런데 다배수성에 의한 동소 종분화의 경우에는 생식적 장벽이 1세대에 생긴다.

3. 단속 평형은 종이 상당히 갑작스럽게 나타난 후 그들이 존속하는 남은 기간 동안 거의 변하지 않는 듯한 화석 기록의 흔한 양상을 묘사한다. 따라서 진화는 종종 긴 기간의 정지 상태가 중간 중간에 끼어 있는 비교적 빠른 변화의 분출 식으로 일어나는 듯하다.

지식의 검증

선다형:

1. c	**4.** c	**7.** e	**10.** d
2. d	**5.** c	**8.** c	**11.** a
3. e	**6.** b	**9.** b	**12.** e

23장 진화의 주요 양상

핵심 문제

23.1. 17,190년. 탄소-14는 반감기가 5,730년이다. 5,730년이 지나면 탄소-12에 대한 탄소-14의 비율은 반으로 감소할 것이고, 17,190년이 지나면 ⅛로 감소될 것이다(3번의 반감기, 3 × 5,730).

23.2. 히말라야 산맥. 인도 대륙은 한때 남쪽 곤드와나 대륙의 일부였다. 곤드와나 대륙은 약 1억 3,500만 년 전 판게아 대륙이 갈라져 생겼다. 곤드와나와 로라시아는 중생대 말 약 6,550만 년 전 오늘날의 대륙으로 갈라졌다.

23.3. **a.** 더 크고 다양한 공룡에 의해 잡아먹히거나 경쟁에 밀렸기 때문에 초기 포유류는 크기와 다양성이 제한되었다. (조류를 제외한) 공룡이 멸종된 후, 포유류는 다양해졌고 빈 생태적 지위들을 차지했다.
b. 캄브리아 폭발(폭증) 때 큰 포식자의 증가, 육상 식물과 사지동물의 다양화와 식물을 먹거나 꽃가루받이를 해주는 곤충의 적응방산이 모두 예이다.
c. 하와이 군도는 수천의 고유종들이 수차례의 정착과 종분화 사건들을 뒤따라 발생하는 적응방산의 예가 되는 일련의 비교적 젊고 격리되고 물리적으로 다양한 섬들이다.

23.4. **a.** 이 연구는 한 발생 유전자의 서열 중 한 특정 변화가 다리가 많은 갑각류와 같은 조상에서 다리가 여섯인 곤충의 기원과 관련된 다리 발생의 억제라는 주된 진화적 변화를 만들었을 수 있다는 실험 증거를 제시했다.
b. 발생 유전자에서 단백질 정보가 있는 서열이 두 집단에서 동일했고, 이 유전자는 발생 중인 호수 큰가시고기의 복부 가시 부위에서 발현되지 않았다. 따라서 복부 가시의 소멸은 유전자 자체의 변화가 아니라 유전자 발현 조절의 변화의 결과로 생긴다.

23.5. **a.** 가장 많은 자손을 낳는 개체들이 집단의 적응 방향을 결정하는 것과 마찬가지로 멸종하기 전에 가장 오래 지속되고 가장 많은 새로운 종을 만드는 성공적인 종들이 진화 경향의 방향을 결정할 것이다.
b. 소진화와 대진화는 모두 주로 생물과 그들의 환경 사이의 상호작용에서 생기는 자연선택에 의해 추진된다. 진화의 경향은 궁극적으로 환경의 상황에 의해 결정된다. 상황이 변하면, 진화의 한 경향이 중단되고 방향을 바꿀 것이다.

지식의 체계화

1. 판구조론: 대륙들이 하나의 초대륙을 이룰 때, 많은 서식지가 파괴되거나 변한다. 대륙들이 위도가 바뀜에 따라 그것들의 기후가 더워지거나 차가워진다. 대륙들의 분리는 주요한 지리적 격리 사건을 만들어 이소 종분화가 가능하게 만든다. 사실, 대륙 이동이 생물지리분포의 많은 것을 설명하는 데 도움을 준다.
대멸종은 많은 진화 계통의 소멸을 일으켰다. 하지만 결과로 생긴 빈 생태적 지위는 멸종에서 살아남은 종들에 의해 이용되었다.
적응방산은 새로 형성되거나 새로 빈 생태적 지위를 채우는 수차례의 종분화 사건이다. 따라서 적응방산은 대멸종, 새로운 지역에 정착, 또는 새로운 적응의 발생을 뒤따라 나타날 것이다. 한 무리의 적응방산은 다른 무리들의 방산의 바탕이 되는 (먹이와 서식지 등) 새로운 자원을 제공할 것이다.

2. 새로운 형태 유형들이 발생 유전자의 돌연변이나 그런 유전자의 조절 변화의 결과로 생겨날 것이다. 그런 변화는 (*Hox* 유전자에서처럼) 발생의 시기나 속도 또는 신체 부위의 공간 배열에 영향을 끼칠 것이다. (예: *Hox* 유전자).

지식의 검증

선다형:

1. e	**4.** d	**7.** b	**10.** b
2. c	**5.** e	**8.** b	**11.** b
3. e	**6.** a	**9.** e	**12.** d

24장 초기 생명과 원핵생물의 다양성

핵심 문제

24.1. 생식이란 유전정보를 믿을 만하게 다음 세대로 전달하는 과정으로 생명의 특징 중에 하나다. 그러나 세포는 에너지와 유전정보를 복제하고 재생산하는 과정에 필요한 기본 구조를 필요로 한다. 따라서 대사에 필요한 유전정보를 부호화하는 스스로 복제 가능한 분자와 그 결과로 나타나는 대사과정이 생명체가 진화하는 데 필수적이다.

24.2. 광독립영양생물은 빛에너지와 이산화탄소를 사용하여 유기화합물을 합성한다. 그 세포는 이질세포로 질소고정을 수행하는 세포로 분화되었다.

24.3. **a.** 구균, 간균(막대균), 나선균
b. 지름 0.5~5 μm
c. 펩티도글리칸으로 만들어진 세포벽; 그람음성세균은 또한 지질다당체로 구성된 외막을 지닌다, 고세균의 세포벽에는 펩티도글리칸이 포함되어 있지 않다; 점성이 있는 협막을 이용하여 다른 곳에 부착한다; 핌브리아와 부착이나 유전자 교환에 필요한 성선모
d. 편모; 자극에 대해 주성을 나타낸다.
e. 원형질막이 세포질 쪽으로 함입되어 있는 형태는 세포 호흡을 증대시킨다; 남세균의 틸라코이드막
f. 단백질이 비교적 많이 부착되지 않은 원형 DNA 분자가 핵양체에 발견된다; 다른 유전자들을 포함하는 플라스미드를 지니기도 한다.
g. 이분법; 빠른 집단 생장; 빠른 적응적 진화

24.4. **a.** 원형 염색체
b. F 플라스미드, R 플라스미드
c. 돌연변이
d. 형질전환
e. 단백질이 결합되어 있지 않은 DNA
f. 형질도입
g. 박테리오파지(파지)
h. 접합
i. F^+ 공여세포와 F^- 수용세포
j. 환경에 적응/진화

24.5. **a.** 엽록체는 남세균에서 진화되었을 것이다.
b. 메타유전체학은 환경에서 채취한 시료에서 직접 유전물질을 분석하는 기법이다. 메타유전체학이 개발되기 이전에는 실험실에서 배양할 수 있는 종만을 연구할 수 있었다. 이 기법으로 새로운 종들이 발견되었으며 여기에는 원핵생물 계통분류에서 완전히 새로운 분류군도 속한다.

24.6. 화학독립영양세균은 열수구 근처 군집에서 먹이 연쇄의 기반이 되어 군집 내에 수백 종에 달하는 진핵생물종이 살아갈 수 있게 한다.

지식의 체계화

1. 작은 유기분자의 무생물적 합성; 작은 분자가 거대분자로 연결; 이들 분자가 막으로 둘러싸인 원시세포 안으로 포장; RNA일 것으로 추정되는 자가복제 분자의 탄생, 이로써 유전과 자연선택이 가능해졌다
2. 원핵생물은 지구의 표면과 내부의 다양한 서식처에서 살아갈 수 있도록 적응했다. 이들은 다양한 대사활동을 수행할 수 있어 화학독립영양에서 광종속영양에 이르기까지 다양한 영양방식을 나타낸다. 이들의 유전적 다양성은 짧은 세대시간, 거대한 집단의 크기, 그리고 유전물질의 교환 방식과 맞물려 변화하는 환경에 빠르게 적응할 수 있게 했다. 여러 생물종으로 구성된 생물막의 형성과 이들 사이에서 나타나는 다양한 형태의 공생관계는 원핵생물의 놀라운 적응력을 보여주는 또 다른 사례다.
3. 분해자 — 영양물질을 순환시킨다; 생물복원: 하수처리, 기름 유출 제거.
질소고정세균 — 콩과식물의 뿌리혹에 서식하는 세균이나 남세균에 의해 토양에 질소를 제공한다.
상리공생 — 장내세균 중의 일부는 음식물을 분해하여 비타민을 생성한다.
생명공학 — 항생제나 호르몬 등의 여러 유용 산물을 생성한다.

지식의 검증

빈칸 채우기:

1. 구균
2. 핵양체
3. 그람염색
4. 핌브리아
5. 주성
6. 내생포자
7. 생물막
8. 외독소
9. 생물복원
10. 무산소 호흡

선다형:

1. b	**4.** e	**7.** e	**10.** d	**13.** a
2. c	**5.** b	**8.** c	**11.** b	**14.** d
3. c	**6.** c	**9.** a	**12.** d	**15.** e

25장 진핵생물의 기원과 다양화

핵심 문제

25.1. **a.** 미토콘드리아와 엽록체 모두의 내막에는 원핵생물 세포막에 있는 것과 상동적인 단백질이 있다. 그들은 유사한 분리 과정으로 복제된다; 세균 염색체와 유사한 원형 DNA 분자 하나를 가진다; 그들의 리보솜은 진핵생물의 리보솜보다 원핵생물의 리보솜과 더 유사하다.
b. 모든 진핵생물은, 색소체는 모두 갖는 것이 아니지만, 미토콘드리아(혹은 그들의 잔존물 혹은 흔적)를 가지기 때문에 고대 종속(또는 타가)영양생물 하나의 계보에서 미토콘드리가 먼저 색소체는 나중에 진화한 것 같다.
c. 녹조류에서 네 개의 막은 2차 내부공생을 나타낸다(녹조류의 엽록체는 1차 내부공생자인 남세균에서 유래했다). 두 개의 내막은 녹조류의 엽록체의 것이다. 세 번째 막은 삼켜진 조류의 세포막에서, 외막은 종속영양 진핵생물의 식포에서 유래한다. 흔적 핵(혹은 핵소체)은 이 과정이 상대적으로 최근에 일어났다는 것을 나타내고, 그 유전자 서열은 그 기원이 녹조류임을 시사한다.

25.2. 짚신벌레(*Paramecium*)는 슈퍼그룹 "SAR" 분기군에 있는 피하낭류 하위그룹의 섬모충류 분기군에 속한다.
a. 섬모
b. 구위(입주위), 세포구로 유도함.
c. 식포, 리소좀과 결합
d. 수축포
e. 항문구멍과 같은 기능을 하는 부위로 노폐물을 방출

25.3. 증거에 의하면 색소포(chromatophores)는 다른 모든 색소체가 유래한 것보다 차이가 나는 다른 남세균으로부터 유래된 — 주목할 만한 1차 내부공생의 또 하나의 사례를 나타낸다.

25.4. 먹이가 고갈되면 아베바 세포의 개체는 민달팽이 같은 운동성 군체(운동성 덩어리)로 모인다. 일부 세포는 무성적 자실체를 지지하는 줄기를 형성하고 내성을 가진 포자를 만든다.

25.5. 해수면 온도가 더 높아지면 온수층과 냉수층의 차이를 증가시키고 해양 생산자의 생장에 기여하는 영양염이 풍부한 냉수가 올라오는 용승이 줄어든다. 이러한 해양 먹이망의 기반이 감소하면 중요한 어류종을 포함하여 해양생태계의 모든 소비자에게 영향을 미칠 것이다. 만약에 규조류 개체군이 감소하면 대기에서 심해저로 적은 양의 이산화탄소가 퍼내지게 될 것이다.

25.6. **a.** 빈번하게 기생충의 표면 단백질을 전체적으로 바꿈으로써 이들 기생충이 숙주의 면역체계에서 피할 수 있게 한다.
b. 정단색소체는, 원래 남세균에서 색소체를 얻은, 홍조류 세포의 2차 내부공생에 의해서 유래된 것 같다. 그래서 원핵생물 기원인 정단색소체의 대사경로를 목표로 만들어진 약은, 그러한 경로를 갖지 않을 인간의 대사경로에는 효과가 없을 수도 있다.

지식의 체계화

1. **a.** 남세균
b. 1차 내부공생
c. 홍조류
d. 녹조류
e. 2차 내부공생
f. 와편모류
g. 부등편모류
h. 유글레나류

지식의 검증

연결하기:

1. C **3.** B **5.** H **7.** A
2. F **4.** G **6.** E **8.** D

선다형:

1. d **4.** e **7.** e **9.** a
2. c **5.** b **8.** b **10.** c
3. d **6.** d

26장 식물류와 균류의 육지에 정착

26.1. 장점: 강하고 여과되지 않은 태양광, 풍부한 이산화탄소와 토양무기물. 극복해야 할 점: 지지조직의 결여와 상대적인 물의 부족

26.2. **a.** 배우체
b. 체세포분열(유사분열)
c. 접합자
d. 체세포분열
e. 포자체
f. 감수분열
g. 포자
h. 배우체

26.3. 균류는 식물류에 인산이온과 기타 무기염류를 제공하였고, 식물류는 균류에 유기영양소들을 제공하였다.

26.4. 여러 균류의 반수체 균사는 무성적으로 포자를 생성한다. 유성생식에서는 두 균사가 융합하고(세포질융합)나서 핵이 융합하여(핵융합) 2배체 세포를 생성한다. 이들 접합자들은 감수분열 과정을 통하여 반수체 포자를 생성한다. 포자는 반수체 균사체로부터 생성되거나 2배체 세포로부터 감수분열을 거쳐 생성되므로 무성적, 유성적 포자 모두 반수체이다.

26.5. 목질화된 물관부는 공기 중 성장을 하는 식물체를 기계적으로 지지하도록 하였다. 관다발조직은 광합성을 하는 잎으로 물과 무기염류를, 식물 전체로 당류를 운반하는 이동통로가 되었다. 뿌리는 물과 무기염류를 흡수하고 식물을 지지하는 역할을 한다. 큰 식물은 작은 식물보다 태양광에 접근이 용이하고 그들의 포자를 보다 멀리 비산시킬 수 있었다.

26.6. 저항적이고, 공기중 전파, 또는 동물에 의해 운반되는 꽃가루는 웅성배우체를 보다 원거리에 있는 자성배우체에 운반할 수 있게 하였다. 발아하는 화분관은 정자가 수영하여 알세포에 다다르는 데 필요한 습한 환경의 필요성을 제거하여 주어 배주에 직접 정자를 운반해 준다.

26.7. **a.** 주피($2n$)
b. 대포자(n)
c. 대포자낭($2n$)
d. 종피(주피에서 발달)($2n$)
e. 영양저장(자성배우체조직에서 발달)(n)
f. 배(새로운 포자체)($2n$)

26.8. **a.** 꽃을 만드는 4가지 기관은 꽃받침, 꽃잎, 수술, 암술이다. **b.** 종자 부위는 종피에 싸인 영양조직으로 둘러싸인 배이다. **c.** 열매란 성숙한 자방으로 종자의 전파를 돕기 위하여 때로 바람이나 동물의 도움을 받기 위해 변형되기도 한다.

지식의 체계화

1. 육지 서식지에 식물의 적응형질은 보호되고 영양소를 갖는 배를 갖는 세대교번, 포자낭에서 스포로폴레닌 벽으로 강화된 포자, 지속적으로 성장하며 육상의 자원을 활용될 수 있도록 식물이 자라게 하는 정단분열조직, 수분방지 큐티클 층 및 기체교환을 위한 기공장치 등이 포함된다. 선태류는 식물체를 땅에 고정하는 데 도움을 주는 가근을 갖는다. 관다발식물은 리그닌으로 강화된 관다발조직을 가져서 이들이 크게 생장하게 하고 잎과 뿌리 사이에 물과 영양소를 운송할 수 있게 한다. 종자식물에서는 축소된 배우체가 건조나 UV조사로부터 보호되었다. 꽃가루는 물 없이 수정이 가능하게 하였다. 또한 보호된 배주가 영양소를 갖는 배를 갖는 종자로 발달하였다.

2. 균류는 식물의 뿌리와 상호공생관계를 형성하여 식물이 영양소를 효과적으로 흡수하도록 한다. 화석증거와 공생균근 형성에 필요한 유전자의 분자분석의 결과 이들 공생관계는 식물의 육지로의 이동에 크게 도움이 되었을 것으로 보인다. 균류는 또한 지의류의 동반자로써 지의류가 척박한 암석에 정착할 수 있게 할 수 있고, 토양형성에도 기여한다. 분해자로써 균류는 다음의 식물생장을 위해 영양소를 환경으로 순환시킨다.

3. **a.** 육상식물
b. 비관다발식물(선태류)
c. 관다발식물
d. 비종자성 관다발식물
e. 종자식물
f. 태류
g. 선류
h. 각태류
i. 양치류
j. 겉씨식물류
k. 속씨식물류
l. 육상식물의 기원(약 4억 7,000만 년 전)
m. 관다발식물의 기원 (약 4억 2,500만 년 전)
n. 현생종자식물이 기원(약 3억 500만 년 전)

지식의 검증

선다형:

1. c
2. e
3. b
4. d
5. a
6. e
7. d
8. c
9. e
10. a
11. c
12. a
13. d
14. e
15. a
16. c
17. b

27장 동물 다양성의 증가

핵심 문제

27.1. 해면동물은 몇 가지 서로 다른 종류의 세포를 가지고 있음에도 불구하고 조직이 없다. 이들은 자루모양의 몸을 가지고 있는 여과섭식자들이다. 편모를 가진 동정세포가 소공을 통해 물을 끌면 이 세포의 깃 모양의 돌출부에 있는 점액질이 먹이 입자들을 붙잡는다. 자포동물은 조직을 가지고 있으므로 진정후생동물이다. 이들의 촉수는 먹이를 포획하여 하나의 구멍을 가지고 있는 소화 구획인 위수강으로 보낸다. 이들은 단순한 근육과 신경, 감각 구조물들을 가지고 있다.

27.2. (1) 새로운 포식자-먹이 관계(이동성의 증가 및 방어용 껍질)의 등장이 아마도 다양한 진화적 적응들을 자극하였을 것이다. (2) 대기 중 산소의 축적은 운동성이 있는 몸이 큰 동물들이 능동적 대사를 할 수 있도록 해주었을 것이다. (3) 조절유전자인 혹스(*Hox*) 복합체의 기원이 캄브리아기 폭발 동안 나타난 다양한 구조를 가진 식물들의 진화를 촉진하였을 것이다. 이 3가지 모두가 캄브리아기 폭발에서 역할을 하였을 것이다.

27.3. 해면동물은 몸의 대칭성이 없고, 진정한 조직이 없으며, 소화관이 없다. 따라서 소화관과 체벽 사이의 체강이 없다. 자포동물은 방사대칭이며 외배엽과 내배엽의 2가지 배엽을 가지고 있다. 이들 또한 체강이 없다. 좌우대칭동물은 좌우대칭을 나타내고, 진정한 조직을 형성하는 3가지 배엽(중배엽이 제3의 배엽임)을 가지고 있으며, 대부분 자신의 완전한 소화관과 체벽 사이에 존재하는 체강을 가지고 있다.

27.4. 절지동물의 3가지 특징은 부분적으로 특수화가 이루어질 수 있도록 한 체절성의 몸; 단단한 외골격; 관절이 달린 부속지이다.

27.5. **a.** 척추동물
b. 유악동물
c. 경골어류
d. 육기류
e. 사지류
f. 양막류
g. 연골어류(상어류, 가오리류)
h. 방사형지느러미어류(조기류)
i. 양서류(개구리류, 도롱뇽류)
j. 파충류(거북류, 뱀류, 악어류, 조류)
k. 포유류

27.6. 틱타알릭(*Tiktaalik*)은 비늘, 지느러미, 아가미 및 허파와 같은 어류의 형질을 가지고 있으나 목, 다리, 납작한 두개골, 두개골의 꼭대기에 있는 눈, 사지류의 기본적인 형태인 위팔뼈, 노뼈와 자뼈, 손목뼈들로 이루어진 앞 지느러미의 골격과 같은 사지류의 형질을 가지고 있다. 틱타알릭은 발가락이 있는 다리를 가지고 있지 않으므로 사지류가 아니라 육기류로 여겨지고 있다.

27.7. **a.** 융모막 — 기체교환의 기능을 함
b. 양막 — 액체 속의 배아를 둘러싸서 건조를 막고 충격을 완화시킴
c. 요막(요낭) — 대사노폐물을 저장하며, 융모막과 함께 기체교환의 기능을 함
d. 난황낭 — 난황을 포함하고 있으며, 혈관은 저장된 영양소를 배아로 수송함

27.8. **a.** 아주 긴 화관을 갖고 있는 난초류와 이 꽃을 수분하는 같은 길이의 긴 주둥이를 가지고 있는 나방, 현화식물과 이들

의 특정한 수분자들, 침입하는 꽃게류에게 노출되는 총알고둥류의 두꺼워진 패각('과학적 분석 기술의 연습'에서 자세히 설명)과 이러한 패각을 부술 수 있는 꽃게류의 증대된 능력을 예로 들 수 있다.
b. 새로운 종의 기원은 포식자나 기생생물에게 새로운 먹이자원으로 제공될 수 있다.

지식의 체계화

1. **a.** 해면동물(해면): 비대칭; 진정한 조직이 없음
b. 진정후생동물: "진정한" 동물; 진정한 조직을 가지고 있음
c. 자포동물: 방사대칭; 2가지 배엽
d. 좌우대칭동물: 좌우대칭; 3가지 배엽
e. 후구동물: 별벌레아재비류와 극피동물은 무척추동물임, 척삭동물은 척추동물을 포함함
f. 촉수담륜동물: 태형동물, 연체동물, 환형동물
g. 탈피동물: 선형동물과 절지동물

지식의 검증

선다형:

1. c **2.** b **3.** b **4.** d **5.** c **6.** b **7.** a **8.** d **9.** b **10.** c

28장 식물구조와 생장

핵심 문제

28.1. 이 식물은 쌍떡잎식물이다. 이러한 결론에 대한 증거는 잎의 그물맥, 원뿌리, 5수성의 꽃에 있다. 보이지 않는 특징들로서 줄기에서 환상배열의 관다발조직, 3개의 발아구를 갖는 꽃가루, 씨에 있는 2개의 떡잎 등이 있다.
a. 생식적인 슈트(꽃)
b. 끝눈
c. 마디
d. 마디사이
e. 영양적인 줄기
f. 잎
g. 잎몸
h. 잎자루
i. 곁눈
j. 줄기
k. 원뿌리
l. 곁뿌리
m. 지상계
n. 뿌리계

28.2. **a.** 후벽조직(섬유와 보강세포), 헛물관과 물관요소
b. 체관요소(**a**에 표시된 죽은 세포뿐 아니라)

28.3. **a.** 식물은 살 수 있을 때까지 계속적으로 자라는 **무한생장**을 한다. 동물은 잎이나 꽃과 같은 식물의 일부 기관처럼 어떤 크기에 도달하면 생장을 멈추는 **유한생장**을 한다.
b. 1기 생장은 줄기, 가지와 뿌리의 신장으로서 정단분열조직의 세포분열로부터 생긴다. 2기 생장은 측생분열조직(관다발형성층과 코르크형성층)에 의해 생기며 목본식물의 뿌리와 줄기를 두껍게 만든다.

28.4. **a.** 표피 (표피계) — 흡수를 위한 뿌리털
b. 피층(기본조직계) — 물과 무기질을 뿌리털로부터 중심주로 수송한다; 세포간극은 물, 무기질, 산소의 **세포외** 확산을 가능하게 한다; 양분을 저장한다.
c. 관다발기둥(관다발계) — 수송
d. 내피 — 물과 무기질의 중심주로의 이동을 조절한다
e. 내초 — 곁뿌리의 기원
f. 물관부 — 물과 무기질의 이동
g. 체관부 — 양분의 이동

28.5. **a.** 큐티클 — 물의 증발을 줄이기 위한 왁스 성분의 피복
b. 상표피 — 치밀하게 쌓인 바깥쪽 보호 역할의 세포
c. 책상조직 — 광합성
d. 해면조직 — 광합성; 공극 주변의 엉성하게 쌓인 세포
e. 공변세포 — 기공의 열고 닫음을 조절
f. 물관부 — 뿌리로부터 물과 무기질을 수송한다
g. 체관부 — 잎으로부터 뿌리와 식물의 생장부위에 탄수화물을 수송한다
h. 잎맥 — 잎맥의 안쪽과 바깥쪽으로의 물질이동을 조절하는 고리모양의 관다발초 세포들에 의해 둘러싸인 관다발조직
i. 기공–바깥과 잎의 공극사이에서 CO_2와 O_2의 교환이 이루어지게 하는 구멍

28.6. H, F, A, B, G, D, C, E

지식의 체계화

1. 성숙하면 생장을 멈추는 (유한생장) 잎과 꽃을 제외하고, 식물의 뿌리와 줄기는 일생을 통해 계속해서 생장한다. 어떤 특징적인 형태가 특별한 환경에 적응된 종에서는 자연선택에 의해 선호되어져 왔지만, 식물이 자라는 특정한 환경은 각 몸체의 형태에 큰 영향을 미친다. 예를 들면, 어떤 식물이 빛의 노출에 따라서 키가 크게 자라거나 잎의 수와 모양이 달라질 수 있는데, 이러한 발생상의 유연성이 식물의 비운동성을 보상한다.

2. 이 그림은 쌍떡잎식물의 줄기로서 관다발 고리와 중앙의 수가 표시되어져 있다. 또한 이 줄기는 물관부와 체관부의 층 사이에 관다발형성층이 없기 때문에 1기생장을 나타낸다.
a. 후벽조직
b. 체관부
c. 물관부
d. 피층
e. 수
f. 관다발
g. 표피

지식의 검증

선다형:

1. c **2.** d **3.** b **4.** b **5.** d **6.** e **7.** e **8.** c **9.** c

연결하기:

1. I **2.** F **3.** J **4.** E **5.** C **6.** A **7.** D **8.** G **9.** H **10.** B

29장 관다발식물의 자양분 공급, 영양, 그리고 수송

핵심 문제

29.1. **a.** 약한 빛에서는 수평 상태로 있는 잎은 태양광에 최대한으로 노출된 것이다. 그러나 태양광이 강할 때는 잎이 수직으로 있어서 지나치게 강한 빛을 피할 수 있고 그 아래 위치한 잎들에게 빛이 도달하도록 해 준다.
b. 뿌리의 가지치기 형태는 뿌리 세포에서 양분 수송단백질을 많이 만들어 주변에 있는 질산염의 흡수를 증가시킬 수 있다.

29.2. **a.** $\Psi_P = 0$, $\Psi_S = -0.6$, $\Psi = -0.6$ MPa
b. $\Psi_P = 0.6$, $\Psi_s = -0.6$, $\Psi = 0$ MPa. 물을 세포 안으로 이동시키기 위해 생기는 팽압은 궁극적으로 세포의 용질 포텐셜을 상쇄한다. 결론적으로 삼투현상은 일어나지 않고 세포와 용액의 물 포텐셜은 같은 값이 되어 0 MP가 된다.
c. $\Psi_P = 0$, $\Psi_s = -0.8$, $\Psi = -0.8$ MPa. 세포는 원형질 분리가 일어나 담겨진 용액과 세포의 용질 포텐셜이 같아질 때까지 (둘 다 −0.8 MPa) 물을 계속 잃게 된다. 팽압이 더 이상 존재하지 않는다.

29.3. **a.** 다량원소; 엽록소의 구성요소, 효소의 보조 인자나 활성 인자
b. 다량원소; 핵산의 구성요소, 인지질, ATP, 몇 가지 조효소
c. 미량원소; 사이토크롬의 구성요소, 엽록소 합성의 보조 인자

29.4. **a.** 황백화현상은 엽록소가 부족하여 잎이 노랗게 변하는 현상으로 흔히 마그네슘 결핍의 증상으로 나타난다.
b. 식물에서 아직 어리고 생장 중인 부위에서 결핍 현상이 발견될 수 있다.

29.5. **a**. N-P-K 비율이란 비료에 들어 있는 질소, 인, 포타슘의 비율을 말한다.
b. 뿌리의 생장을 저해하는 독성 이온인 $Al3^{+}$는 pH 5 이하의 토양에서 더 잘 녹기 때문에 흡수가 증가한다.

29.6. 모래와 미사, 진흙이 섞여 있는 양토는 큰 입자들 때문에 공극이 충분할 뿐 아니라 작은 입자들 때문에 많은 양의 물과 무기염류를 포함한다. 양이온은 토양입자와 결합하여 양이온교환을 통해 뿌리에 제공된다. 토양의 부식질은 물을 머금고 있어 무기염류 양분을 꾸준하게 공급할 수 있다.

29.7. **a.** 질소고정 박테리아

b. 암모니아화 박테리아
c. 질소화 박테리아
d. 탈질소화 박테리아
e. 질산염과 질소 유기 혼합물

29.8. **a.** 심플라스트
b. 아포플라스트
c. 카스파리 띠
d. 물관
e. 관다발 원통(중심주)
f. 내피
g. 피층
h. 외피
i. 뿌리털

29.9. **a.** 기공을 통하여 공기의 공간으로부터 물이 기화되는 것은 엽육조직을 덮고 있는 수분막에서 증발을 일으킴으로써 뿌리에서 물을 끌어 올리는 음압을 생성한다.
b. 수분막으로부터 물의 증발은 휘어진 공기-물의 표면의 장력을 증가시킨다. 이런 장력 또는 음압은 잎에서부터 뿌리까지 이어진 물 포텐셜 기울기를 만든다.
c. 물 분자들은 수소결합에 의해 서로 붙잡고 있어 한 물 분자의 당김이 물 원통 전체에 전달된다.
d. 물 분자들은 좁은 물관 세포의 친수성 벽에 부착되어 있어서 중력에 대항하여 물 원통을 유지하는 데 도움이 된다.

29.10. 광합성을 하기 위하여 충분한 CO_2를 공급하려면 기공이 열려야 하므로 많은 양의 물을 증산작용으로 잃게 된다. 햇볕이 있고 바람이 불며 건조한 날에는 증산작용이 늘어나서 토양은 물이 충분치 못한 상태에 도달되게 한다. 그래서 물이 부족하면 공변세포는 팽압을 잃게 되고 (또한 엡시스산에 의해 신호를 받으며) 기공이 닫히게 되어 증산작용이 줄어든다. 그러나 이렇게 하면 과다한 물의 손실은 줄일 수 있지만 엽육세포는 충분한 CO_2를 받지 못하게 되어 광합성률도 떨어지게 된다.

29.11. **a.** ATP
b. 양성자 펌프
c. H^+
d. 당
e. 공동수송체
윗부분은 아포플라스트(세포벽)이고 아랫부분은 심플라스트(세포의 내부)를 나타낸다.

지식의 체계화

1. 농도나 전기화학적인 기울기가 낮은쪽으로 용질이 이동할 때는 수동적 수송에 의해 막을 통과하게 된다. 이런 수동적 수송의 속도를 높히는 수송단백질은 특이적 전달단백질 또는 통로단백질일 것이다. 일반적으로 능동수송은 양성자 이온이 세포 밖으로 이동함에 따라 막 포텐셜을 형성하게 하는 양성자 펌프가 있어야 한다. 포타슘이온과 같은 양이온은 전기화학적 기울기가 낮은 쪽으로 특이적 통로단백질을 통해 이동시킨다. 공동수송에서는 양성자의 기울기가 낮은 쪽으로 공동수송 단백질을 통해 양성자가 확산됨으로써 농도기울기에 역행하여 용질을 이동시킨다.

2. 뿌리혹이란 콩과식물과 *Rhizobium* 속에 속하는 질소고정박테리아 사이의 상리공생관계이다. 이런 박테리아는 식물에서 영양분을 공급받고 식물에게 고정된 질소를 제공해 준다. 균근은 대부분의 식물의 뿌리와 여러 종의 곰팡이 사이의 상리공생관계이다. 곰팡이는 뿌리의 생장을 자극하고 흡수를 위한 표면적을 늘리며 식물을 방어해 주는 항생제를 분비한다. 그에 대한 보상으로 곰팡이는 식물에게서 영양분을 받게 된다.

3. 이런 두 가지 형태의 공생관계는 특정 식물과 특정 종의 박테리아 또는 곰팡이 사이에서 화학적인 인식 작용이 있어야 한다. 모두 상리공생관계이다.

4. 응집-장력 가설로 물관액을 위로 올리는 기작을 설명할 수 있다. 물의 증발에 의해 생기는 장력과 그로 인해 공기와 물의 접촉하는 면이 휘어지는 것은 잎에서의 물 포텐셜을 낮추고 물의 부피유동을 형성하게 된다. 물 분자의 응집은 증산작용으로 생기는 당김 현상을 물원통 전체에 전달하게 되며 물관의 친수성 벽에 물이 접착하는 것은 물의 흐름을 돕는다.
또한 압력의 흐름 기작은 식물 체관액의 이동을 설명하지만 이동을 위한 수분 포텐셜 차이를 만들기 위해서는 에너지를 써야만 한다. 체관 요소에서 당의 능동적인 축적은 당 공급원에서 수분 포텐셜을 낮춤으로써 물의 유입이 생긴다. 체관에서의 당의 수용원에서 당을 제거하고 나면 삼투압에 의한 물의 손실이 일어나게 된다. 체관에서 이렇게 생겨난 당 공급원과 수용원 사아의 압력의 차이는 체관액의 부피유동을 일으키게 된다.

지식의 검증

선다형:

1. c	**8.** b	**15.** d	**22.** d
2. b	**9.** b	**16.** c	**23.** a
3. e	**10.** e	**17.** d	**24.** c
4. a	**11.** a	**18.** e	**25.** b
5. b	**12.** e	**19.** d	
6. e	**13.** a	**20.** d	
7. a	**14.** e	**21.** b	

30장 현화식물의 생식과 토착화

핵심 문제

30.1. **a.** 수술
b. 꽃밥
c. 수술대
d. 암술
e. 암술머리
f. 암술대
g. 씨방
h. 꽃받침
i. 화탁
j. 밑씨
k. 꽃잎

30.2. **a.**

윤생	활성화 유전자	정상 꽃에서의 꽃기관	*A* 유전자 돌연변이 종에서의 활성화 유전자	*A* 유전자 돌연변이 종에서의 꽃기관
1	*A*	꽃받침	*C*	암술
2	*AB*	꽃잎	*BC*	수술
3	*BC*	수술	*BC*	수술
4	*C*	암술	*C*	암술

b. *A* 유전자는 각 윤생에서 단독으로 발현되어 꽃받침의 네 가지 윤생을 가진 꽃을 형성한다.

30.3. **a.** 수배우체는 관 세포와 생식세포(관 세포 안으로 이동하여 2개의 정자를 형성하기 위해 나뉘는)로 이루어져 있다. 이 세포들과 이들을 둘러싸고 있는 포자 벽으로 꽃가루가 구성되어 있다.
b. 암배우체는 배낭으로 흔히 7개의 세포(그 중의 하나가 난자)와 8개의 핵을 포함하고 있다.
c. 중복수정은 수정이 이루어졌을 때만 영양발생이 허용되게 함으로써 영양소를 보존한다.

30.4. **a.** 종자껍질
b. 상배축
c. 하배축
d. 배젖을 가진 떡잎
e. 배뿌리
f. 떡잎
g. 배젖
h. 상배축
i. 하배축
j. 배뿌리
k. 근초
l. 자엽초

30.5. **a.** 자엽초가 토양을 뚫고 올라오면 지상부 끝이 관 통을 통과하여 자라날 때 보호를 받게 된다.

30.6. **a.** 물에 뜨는 종자는 물에 의해 퍼질 수 있다; 날개 달린 종자는 날아서 새로운 곳으로 갈 수 있다; 먹을 수 있는 열매 속의 종자는 동물의 배설물로 퍼질 수 있다; 가시가 많은 종자는 동물의 몸에 붙어서 퍼질 수 있으며 심지어 어떤 동물들은 땅속의 은닉처에 종자를 심기도 한다.
b. 호르몬 작용은 과육을 부드럽게 하고 색깔을 바꾸며 당분을 증가시킨다.

30.7. **a.** 무수정생식은 부모 식물의 클론으로 종자를 퍼트리게 된다.
b. 자가수정은 한 식물의 정자가 자신의 난자와 수정하는 것이다. 자손은 유전적으로 그리 다양화하지는 못하지만 자가수분은 각 씨방이 확실하게 종자로 발생할 수 있기 때문에 농작물의 경우에는 장점이 있다.

30.8. 영양생식과 자가수분의 경우 자손은 하나의 부모만 갖는다. 그러나 영양생식에서는 모든 자손이 유전적으로 동일한 클론이다. 자가수분은 감수분열을 하여 만들어진 배우체가 무작위적으로 수정을 한다. 그래서 이배체의 부모 식물에 존재하는 유전적 다양성이 어쨌든 자손에서 재조합되므로 좀 더 유전적인 다양성을 만들게 된다.

30.9. 화석 연료가 타는 것은 수백만 년 전에 대기 중에서 제거하였던 CO_2를 방출하는 것이다. 그러나 생물연료를 태워서 생기는 CO_2는 새로운 생물연료 식물이 자라면서 광합성 작용으로 흡수된 것이다.

지식의 체계화

1. 다음 그림은 속씨식물 생활주기의 한 패턴을 보여주고 있다. 부록 그림 7을 참고하시오.

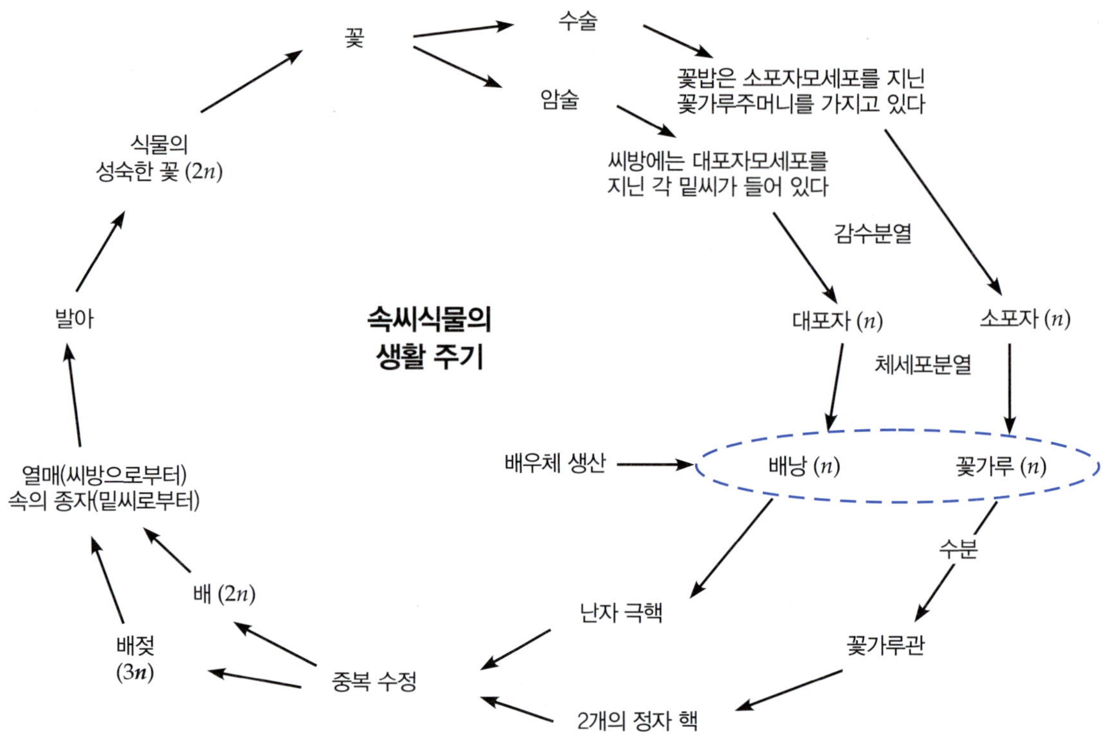

2. 유성생식: 장점으로는 변화하는 환경조건에 적응하는 잠재력을 주는 유전적 다양성과 종자에 의해 제공되는 분산과 종자 휴면 능력을 증가시킨다. 단점으로는 종자의 상태에서 상하기 쉽고 에너지 소모가 많으며(왜냐하면 꽃, 꽃가루, 열매를 만드는 것이 에너지가 필요할 뿐 아니라 대부분의 종자나 어린 싹은 살아남지 못하기 때문), 유전적 재조합은 적응 형질을 분리시킬 수 있다는 것이다.
무성생식: 장점으로는 영양생식의 생존력를 갖는다는 것과 특정 환경에 대해 유전적으로 잘 적응된 식물이 그대로 유지될 수 있다는 것이다. 단점으로는 유성생식의 장점과 같다. 환경조건의 변화가 택할 수 있는 유전적 다양성이 없다는 것과 휴면 능력과 분산성을 갖는 종자가 없다는 것이다.

3. 혜택: 화학 살충제의 사용을 줄일 수 있다. 경작지에 침식 없이 제초제로 잡초를 제거할 수 있다. 작물의 영양가를 높일 수 있다. 질병저항성 작물을 만들 수 있다.
위험성: 우리가 먹는 음식물에 알러지 유발물질이 들어갈 수 있다. 표적이 아닌 다른 종에 해를 줄 수 있다. 작물에서 잡초로 도입 유전자가 옮겨가서 잡종 슈퍼 잡초가 증가할 수 있다. 일단 GMO가 생태계에 들어가면 다른 예상치 못한 폐해가 있어도 막을 수가 없다.

지식의 검증

빈칸 채우기:

1.	씨방	**6.**	상배축
2.	포자체	**7.**	자엽초
3.	바이오연료	**8.**	접수
4.	배낭	**9.**	소포자
5.	배뿌리	**10.**	캘러스

선다형:

1.	e	**4.**	d	**7.**	a	**10.**	d
2.	a	**5.**	e	**8.**	e	**11.**	b
3.	d	**6.**	a	**9.**	b	**12.**	e

31장 내외 신호에 대한 식물의 반응

핵심 문제

31.1. **a.** 양성자(H^+) 펌프
b. 감소
c. 익스팬신
d. 삼투현상에 의한 물의 흡수
e. 팽압의 증가
f. 약해진 세포벽(증가된 세포벽의 확장능)

31.2. **a.** 사이토키닌
b. 에틸렌
c. 앱시스산
d. 옥신
e. 브라시노스테로이드
f. 지베렐린

31.3. 적색광과 근적외선의 상대적 양은 두 가지 형태의 파이토크롬의 비율로 식물에게 전달된다. 꼭대기에 있는 나무는 적색광을 흡수하고, 아래쪽에 그늘진 곳의 나무는 P_{fr}에 대한 P_r의 비율이 높고, 이것으로 인해 식물이 높게 자라게 된다. 태양빛이 직접적으로 비추게 되면, P_{fr} 형태가 증가하는 쪽으로 바뀌게 되고, 이것이 가지를 많이 만들게 하고 위로 자라는 생장은 억제한다.

31.4. 스스로 작동하는 주기는 생명체가 외부 신호 없이, 변화 없는 일정한 환경에 놓여 있을 때 정확한 24시간에서 벗어난 하루주기 리듬이다.

31.5. **a.** 꽃이 피지 않는다.
b. 꽃이 핀다.
c. 꽃이 핀다.
d. 꽃이 피지 않는다.
e. 꽃이 피지 않는다.
f. 꽃이 핀다.
g. 꽃이 핀다.
h. 꽃이 피지 않는다.
I. 꽃이 피지 않는다.
j. 꽃이 핀다.

마지막 빛에 의한 지배로, 근적외선 섬광은 적색광 효과를 없앨 수 있으며, 마지막에 적색광을 쏘이면 근적외선 효과를 없앨 수 있다.

31.6. **a.** 줄기가 나타내는 굴성의 종류는 양성 굴광성과 음성 굴중성이다.
b. 덩굴손의 꼬임을 만들어내는 생장기작은 굴촉성으로, 덩굴손의 양쪽 면의 세포들의 불균등 생장율을 유도하는 기계적 자극으로 설명된다.

31.7. **a.** 식물은 기공을 닫고 시들어서 증산작용에 의한 수분의 손실을 줄이거나, 식물의 여러 단백질을 보호할 수 있는 열충격 단백질을 만든다.
b. 식물은 비정상적으로 춥고 습한 가을 날씨에 대한 반응으로 불포화지방산을 증가시킴으로써 막의 지질 성분을 변화시키고 더 나아가 뿌리의 피층에 기관을 발달시킨다.

31.8. **a.** 곤충은 병원균이 식물에 침투할 수 있는 상처를 낼 뿐 아니라, 식물의 조직을 먹고 광합성능력을 떨어뜨려, 해를 입힌다.
b. 곤충은 식물의 조직을 먹는, 다른 곤충을 먹을(기생말벌 등) 뿐 아니라, 수분을 도와주어 식물에 도움이 된다.

지식의 체계화

1. 농업에 식물 호르몬이 이용되는 예로는, 꽃을 신선하게 유지하기 위한 사이토키닌의 분무처리; 저장 과일의 완숙을 위해 사용되는 에틸렌; 씨없는 과일을 위해 사용되는 합성 옥신; 톰슨 씨없는 포도에 뿌려지는 지베렐린; 제초제로 이용되는 2,4-D(옥신) 등이 있다.

2.

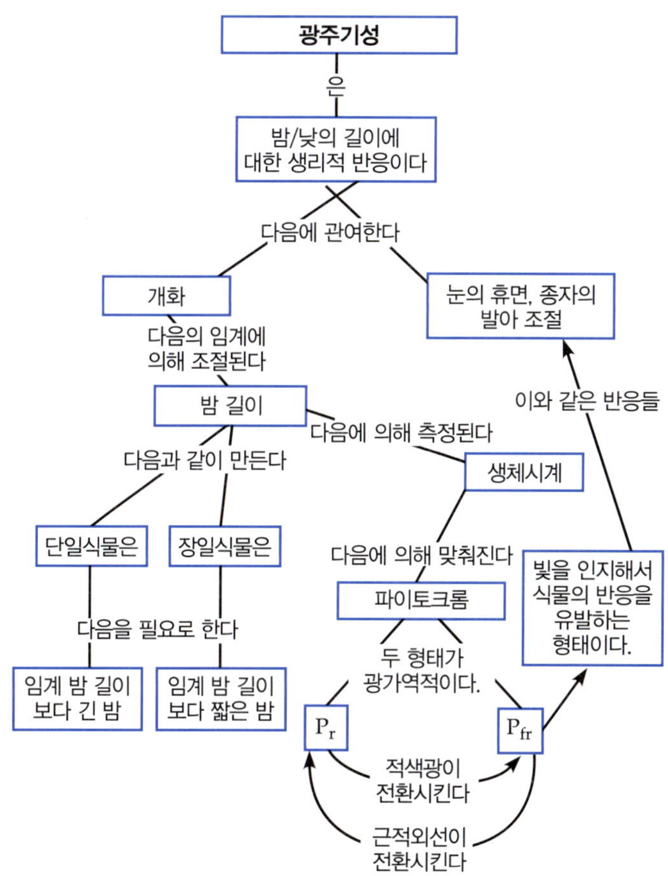

3. 특이적 저항은 식물의 특정 저항(R) 단백질이 병원균의 분자(작동자)를 인지함으로써 시작되며, 이는 과민반응을 시작하는 신호전달과정과 경고 신호물질의 합성을 유도한다. 과민반응에서는 항미생물분자(파이토알렉신과 PR 단백질)를 합성하고 감염된 부위를 격리하고 감염된 세포를 파괴한다. 경고 신호의 전달로 멀리 떨어져 있는 세포에서 살리실산이 합성되어 전신성획득저항이 활성화된다. 세포를 다양한 병원균에 대해 여러 날 동안 보호할 수 있는 분자가 합성된다.

지식의 검증

참 혹은 거짓:

1. 거짓 — 앱시스산을 지베렐린으로 고치거나, 앱시스산의 제거로 고치면 된다.
2. 참
3. 거짓 — 접촉형태형성을 삼중반응으로 고치거나, 접촉형태형성은 기계적 자극에 대한 반응으로 나타나는 생장 형태의 변화이다라고 고치면 된다.
4. 참
5. 거짓 — 하루주기성 리듬을 광주기성으로 고치거나, 24시간 주기에서 밤 혹은 낮의 길이 로 고치면 된다.
6. 참
7. 거짓 — 병원성을 비병원성으로 고치면 된다.

선다형:

1. b	**5.** a	**9.** b	**12.** a
2. c	**6.** b	**10.** e	**13.** d
3. e	**7.** c	**11.** c	**14.** c
4. b	**8.** b		

32장 항상성과 내분비 신호

핵심 문제

32.1. 척추동물의 결합조직은 기관들이 제 위치에 있도록 해주는 느슨한 결합조직; 힘줄(뼈와 근육을 연결)이나 인대(관절에서 뼈를 연결)를 구성하는 섬유성 결합조직; 지질을 저장하는 지방조직; 적혈구(산소운송)와 백혈구(면역방어)가 있는 혈액; 탄성 지지조직인 연골조직; 딱딱한 골격을 만드는 경골조직 등을 포함한다. 혈액은 액체인 반면 경골은 단단한 고체기질이다.

32.2. **a.** 활성화되는 냉각기작은 피부로 가는 혈관의 이완과 땀샘의 활성화이다.
b. 설정값 이하로 체온이 떨어지면 활성화되는 기작에는 피부로 가는 혈관의 수축과 골격근의 수축에 의한 떨림 현상(오한)을 들 수 있다.

32.3. 호르몬은 혈액으로 방출되어 그 흐름을 따라 몸 전체에 천천히 흐르고, 신경신호는 신경을 통해 표적세포에 직접적으로 연결된다. 호르몬 신호는 짧은 신경신호에 비해 오래 지속되는 반응을 매개한다. 내분비계는 성장이나 생식, 신진대사 같은 점진적 기능을 조정한다. 신경계는 이동이나 운동처럼 빠른 반응을 조절한다.

32.4. 음성되먹임 회로에서 반응은 최초 자극을 감소시키고, 따라서 반응을 끄게 된다. 음성되먹임의 예를 들자면 소장에서 중탄산이온의 분비가 늘어나 pH가 증가하고 자극이 없어져 소장에서의 세크레틴 분비가 줄어드는 경우와 혈액 내 갑상샘호르몬의 농도가 높아지면 TRH와 TSH의 분비가 억제되는 경우를 들 수 있다. 양성되먹임에서는 자극이 강화되어 반응이 더욱 커진다. 그 예로는 아기가 젖을 빨면 옥시토신의 분비가 늘어 젖 분비가 증가되는 것을 들 수 있다.

32.5. **a.** 등삼투
b. 순응자 하지만 특정 용질에 대해서는 조절할 수도 있다.
c. 암모니아
d. 저삼투
e. 고삼투인 해수에 뺏긴 것을 보충하기 위해 물을 마신다; 아가미에서 염류를 퍼내고; 소량의 오줌을 배출한다.
f. 암모니아 형태로 아가미에서 확산되어 나가고 요소를 만

들기도 함.
g. 고삼투
h. 희석된 오줌을 만들어 삼투로 얻은 물을 배출; 아가미에서 염류를 받아들이기도 함.
i. 암모니아
j. 고삼투
k. 몸을 덮어 증발을 막음; 물을 마시고 물기가 있는 음식물을 먹음
l. 요산

32.6 **a.** 여과 과정에서 혈액에서 빠져나가는 것은 물, 염류, 질소노폐물, 포도당, 비타민, 그 외에 작은 분자들
b. 모세혈관에 남아 있는 것은 혈구세포들, 혈장단백질과 같은 큰 분자들

32.7 **a.** 보우만 주머니
b. 사구체
c. 근위세뇨관
d. 헨레고리의 하행지
e. 헨레고리의 상행지
f. 원위세뇨관
g. 집합관
1. HCO_3^-, NaCl*, H_2O, 영양소, K^+는 근위세뇨관에서 재흡수된다. H^+*와 NH_3는 근위세뇨관에서 관내로 분비된다.
2. 물은 헨레고리의 하행지에서 재흡수된다.
3. NaCl의 얇은 하행지에서 확산되어 나오고 두꺼운 상행지에서는 능동수송으로 밖으로 이동한다.
4. NaCl*,H_2O, 그리고 HCO_3^-*는 원위세뇨관에서 재흡수된다. K^+*와 H^+*는 관 안으로 분비된다.
5. 집합관에서 NaCl*은 재흡수되고 요소와 H_2O는 확산되어 나온다.

* 표시는 능동수송을 나타냄.

32.8 **a.** 수질옆네프론; 헨레의 고리가 길수록 고삼투의 오줌생산이 가능
b. 포유류와 새; 건조한 서식지에 사는 종은 특별히 긴 헨레고리를 갖는다.

32.9 **a.** 높은 혈액 삼투농도
b. ADH, 항이뇨호르몬
c. 원위세뇨관과 집합관
d. JGA, 사구체옆장치
e. 레닌
f. 부신샘
g. 알도스테론
h. Na^+와 물의 재흡수

지식의 체계화

1. 모든 기관은 상피조직으로 둘러싸여 있고, 안쪽 공간(강), 관, 혈관 등의 내부표면도 상피조직으로 되어 있다. 또한 대부분의 기관들이 특정한 결합조직을 포함한다. 어느 기관이 수축할 수 있다면 근육조직을 포함하고 있다는 것을 알 수 있다. 신경조직은 대부분의 기관에 연결되어 있다.

2. 대사과정에서 나오는 열로 몸의 데히는 내온동물은 넓은 범위의 외부 온도변화에도 내부온도를 일정하게 유지하는 온도조절 기작을 갖고 있다. 외온동물은 체온변화를 줄이기 위한 행동을 하기도 하지만 환경의 온도변화에 따른 내부온도의 변화가 더 큰 것은 사실이다.

3. 단순 호르몬 경로에서 자극은 호르몬 분비를 촉진한다. 그 효과는 음성되먹임에 의해 자극을 감소시키고 결국 호르몬 분비를 멈추게 된다. 세크레틴은 낮은 pH에 자극받아 혈액으로 분비되며 췌장에서 십이지장 내의 pH를 높이는 중탄산이온의 분비를 개시한다. 그 결과 pH가 높아지고 세크레틴 분비 자극은 해소된다.

4. 호르몬의 연속 경로는 시상하부에서 나온 방출 호르몬이 뇌하수체 전엽을 자극하여 자극호르몬을 분비하도록 만들고 이는 다시 표적 내분비기관을 자극하여 생리적, 발생학적 활성을 갖는 호르몬을 분비하게 만드는 과정이 포함된다. 예를 들어 갑상샘호르몬의 농도가 떨어져 생긴 신경자극에 반응하여 시상하부에서는 TRH가 분비되고 이는 뇌하수체 전엽을 자극하여 TSH의 분비를 유도하고 이는 다시 갑상샘을 자극하여 갑상샘호르몬의 분비를 촉지한다. 갑상샘호르몬은 다시 음성되먹임으로 TSH와 TRH의 분비를 억제하게 된다.

5. NaCl과 요소가 수질의 높은 삼투농도에 기여한다. 여과액이 헨레고리 상행지를 따라 올라가면서 처음에는 확산, 이후 능동수송으로 NaCl을 배출하여 속질의 NaCl 농도기울기를 만든다. 여과액이 집합관을 지나면서 높은 삼투농도의 속질을 통과하고 이때 삼투에 의해 물이 밖으로 나오게 되어 보다 농축된 오줌이 생성된다.

지식의 검증

선다형:

1. d	**6.** e	**11.** c	**16.** c	**21.** d
2. b	**7.** d	**12.** b	**17.** d	**22.** d
3. d	**8.** d	**13.** a	**18.** c	
4. a	**9.** b	**14.** a	**19.** e	
5. d	**10.** b	**15.** e	**20.** e	

33장 동물 영양

핵심 문제

33.1. 채식주의자들은 아미노산을 보충해 줄 수 있는 옥수수나 콩과 같은 식물을 섭취해주어야 한다.

33.2. **a.** 칼슘과 인은 척추동물의 뼈와 치아 형성에 필요하다.
b. 영양 부족은 열량이 충분하지 않아서 생기는 화학 에너지의 결핍으로 생긴다. 다른 형태의 영양 결핍은 필수 아미노산, 필수 지방산, 비타민, 또는 무기질과 같은 필수 영양소의 부족으로 인해 생긴다.
c. 사람에게서 볼 수 있는 가장 흔한 영양결핍 형태는 단백질 결핍으로, 쌀이나 옥수수 등 불완전 단백질을 가지고 있는 곡물 하나에 의존하기 때문에 생긴다.

33.3. 음식을 구성하는 탄수화물, 단백질, 핵산과 지방은 세포막을 통과하기에 너무 크며, 음식 안에 있는 분자들은 동물의 조직에서 기능하는 것들과 동일하지 않다.

33.4. 소화관은 영양소의 단계적인 가공을 위한 특별한 공간을 가지고 있다. 음식이 한 방향으로 움직이기 때문에 동물은 전에 먹었던 음식을 소화하면서 다른 음식을 섭취할 수 있다.

33.5. **a.** 다당류(녹말과 글리코젠)은 입 안에서 침샘 아밀레이즈에 의해 더 작은 다당류나 엿당으로 분해된다. 침샘 아밀레이즈가 위의 낮은 pH에 의해 불활성화되기 전까지 가수분해는 계속된다.
b. 단백질은 위에서 펩신에 의해 작은 폴리펩타이드로 분해된다.

33.6. **a.** 녹말과 글리코젠이 2당류로 소화되는 것은 이자 아밀레이즈에 의해 계속 진행된다. 상피에서 만들어지는 2당류 분해효소는 2당류를 단당류로 분해한다.
b. 단백질 소화는 특정 아미노산과 붙어 있는 펩타이드 결합을 끊는 이자 트립신과 이자 키모트립신, 그리고 이자 카복시펩티데이즈 뿐만이 아니라 미소 융모, 폴리펩타이드 끝에서 서로 반대방향으로 아미노산을 끊어내는 카복시펩티데이즈 및 아미노펩티데이즈, 그리고 디펩티데이즈에 의해 완료된다.
c. 이자 핵산분해효소는 DNA와 RNA를 핵산 단위체로 가수분해하는 효소들의 모임이다. 뉴클레오타이데이즈, 뉴클레오시데이즈, 그리고 포스파테이즈는 핵산을 해체한다.
d. 지방의 소화는 쓸개즙의 도움을 받아 지방이 큰 덩어리가 되지 못하고 작은 덩어리가 되게 하여 지방을 글리세롤, 지방산, 그리고 모노글리세리드로 분해하는 이자 라이페이즈에 의해 완료된다.

33.7. 육식동물의 치아 상태는 날카로운 이빨, 송곳 같은 송곳니, 그리고 톱과 같은 작은어금니와 큰어금니의 특징을 지닌다. 초식동물은 넓고 작은 어금니와 큰 어금니를 가져 식물을 갈며, 송곳니는 초식 식성에 맞춰 변형되었다. 육식 척추동물은 보통 크고, 확장이 가능한 위를 지니고 있다. 초식동물의 보다 긴 장은 식물의 소화를 촉진시키며, 초식동물의 맹장은 셀룰로오스를 분해하는 미생물을 지니고 있다.

33.8. **a.** 인슐린
b. 글루카곤
c. 포도당 섭취
d. 포도당을 글리코젠으로 저장
e. 이자섬
f. 글리코젠을 분해하고 포도당을 분비
g. 혈당을 올림

지식의 체계화

1. **a.** 침샘 — 침을 형성
b. 구강 — 치아와 혀가 침과 음식을 섞음
c. 인두 — 목구멍, 식도와 기도 사이 구멍
d. 식도 — 음식물 덩이를 연동운동을 통해 위로 내려보냄
e. 위 — 위액을 음식과 섞음
f. 소장 — 소화와 흡수
g. 대장 (결장) — 물을 흡수, 대변을 압축
h. 항문 — 소화관의 끝
I. 직장 — 대변을 배출시까지 저장
j. 이자 — 효소, 중탄산염과 호르몬을 생성
k. 쓸개 — 간에서 생성된 쓸개즙을 저장
I. 간 — 쓸개즙을 형성, 영양분 가공, 해독

지식의 검증

선다형:

1. e **5.** e **9.** b **13.** c **16.** a
2. a **6.** d **10.** c **14.** b **17.** b
3. b **7.** c **11.** b **15.** b **18.** c
4. d **8.** a **12.** d

연결하기:

1. J **3.** C **5.** H **7.** I
2. E **4.** D **6.** B **8.** F

34장 순환계와 기체교환

핵심 문제

34.1. **a.** 혈림프는 기본적으로 체조직에 담겨 있는 간질액이며 끝이 열린 혈관을 통해 순환된다. 혈액은 폐쇄 혈관계의 순환액으로 혈관 안에 있으며 간질액을 통해 체세포와 물질교환을 한다.
b. 개방 순환계는 작동하는데 에너지 소모가 적다. 폐쇄 순환계의 높은 혈압은 보다 효과적인 영양소와 O_2 전달이 가능하게 하며 또한 혈액의 분포를 잘 조절할 수 있게 한다.

34.2. **a.** 어류에서 볼 수 있는 **단일 순환계**는 한 차례 가압된다. 우선 아가미의 모세혈관으로 다시 체조직 모세혈관으로 흘러 다시 심장으로 돌아온다. **이중 순환계**에서는 두 차례 가압되는데: 가스교환기관으로 갈 때 한 번 가압되어 다시 심장으로 돌아오고 체순환계로 다시 가압되어 나간다.
b. 양서류의 심장은 3개의 방을 갖는다: 2개의 심방과 하나의 심실. 심실내 돌출된 주름이 좌심방으로 들어온 고산소 혈액을 체순화계로, 그리고 우심방에서 온 저산소 혈액을 폐-피부 순환계로 유도한다. 4개 방으로 구성된 포유류의 심장은 우측은 저산소혈액을 폐로 좌측은 고산소 혈액을 체순환계로 가압 방출한다.

34.3. **a.** 머리와 팔부분의 모세혈관
b. 좌측 폐 동맥
c. 대동맥
d. 좌측 폐 모세혈관
e. 좌측 폐 정맥
f. 좌심방
g. 좌심실
h. 대동맥
i. 내장기관 모세혈관과 다리부분 모세혈관
j. 하대정맥
k. 우심실
l. 우심방
m. 우측 폐정맥
n. 우측 폐 모세혈관
o. 우측 폐 동맥
p. 상대정맥

폐정맥, 좌측심장, 체모세혈관에 이르는 대동맥과 동맥들은 고산소 혈액을 운반한다. 번호를 매기는 것은 부록 그림 6을 참고한다. 머리와 몸 아래로 가는 혈액은 대동맥에서 나누어져 다시 각각 상대정맥과 하대정맥을 통해 심장으로 돌아옴. 따라서 7~10번은 혈액의 순차적인 흐름을 나타내지는 않는다.

34.4. **a.** 방실판
b. 반월판
c. 동방결절(SA node)
d. 방실결절(AV node)

34.5. **a.** 탄력 있는 동맥벽
b. 심실의 수축(수축기)
c. 이완기
d. 수축기
e. 이완기압(낮은 숫자)
f. 수축기압(높은 숫자)
g. 저항
h. 혈관수축
i. 혈관이완
j. 신경, 호르몬 (NO, 엔도텔린)

34.6. 혈장 단백질의 감소는 혈액의 삼투압을 감소시킬 것이다. 혈액의 삼투압은 모세혈관에서 혈액이 밀려나가는 힘과 반대의 역할을 하기 때문에 결과적으로 혈액이 모세혈관에서 빠져나가는 것이 증가되고 체조직에 액이 축적될 것이다.

34.7. **a.** 혈장
b. 혈액 전해질
c. 삼투균형, 완충역할, 근육과 신경의 활동유지, 막투과도 조절
d. 혈장단백질
e. 완충액, 삼투요소, 지질운반, 항체, 응고요소
f. 영양소, 노폐물, 호흡가스, 호르몬
g. 적혈구
h. 산소운반, CO_2 운반도 도움
i. 백혈구
j. 식세포작용
k. 면역성
l. 혈소판
m. 혈액응고

34.8. 생활습관, 흡연이나 운동부족, 동물성 지방이나 **트렌스지방**이 많은 음식물의 섭취와 같은 생활습관은 높은 심혈관계질환의 발병률과 관계 있다.

34.9. 신생아의 RDS는 계면활성물질의 결핍과 관계있다. 이 성분은 태아의 폐에서 33주 이전에는 만들어지지 않는다.

34.10. **a.** 물; 아가미; 아가미 덮게 그리고 입으로 들어와 아가미를 통해 몸 밖으로 물을 내보냄.
b. 공기; 기관계의 기관지; 몸의 움직임이 공기 관을 누르거나 팽창시킴.

c. 공기(그리고 물); 폐 그리고 젖은 피부; 구강을 채우고 코를 막은 후 구강의 바닥을 들어올려 폐를 팽창시킴.
d. 공기; 폐의 폐포; 음압식 호흡; 횡격막을 낮추고 갈비뼈를 높여 부피를 늘리고 폐내 기압은 낮게 만든다.

34.11. 이 그래프는 보어변위를 나타낸 것이다. 정상 pH인 pH 7.4이다. 이보다 pH가 낮으면 그래프가 오른쪽으로 이동한다. 즉, 어떤 O_2 분압에서건 헤모글로빈이 O_2에 덜 포화된다. 대사과정이 빠르게 일어나는 조직에서는 CO_2 생산이 많아 pH가 떨어지고 보다 많은 헤모글로빈이 O_2를 방출하게 된다.

지식의 체계화

1. **a.** 대동맥
b. 좌측 폐동맥
c. 좌측 폐정맥
d. 좌심방
e. 좌심실
f. 우심실
g. 하대정맥
h. 상대정맥
i. 반월판
j. 우심방
k. 상대정맥
대정맥을 시작으로 한 혈액의 흐름 --〉 우심방 --〉 우심실 --〉 폐동맥 --〉 폐 --〉 폐정맥 --〉 좌심방 --〉 좌심실 --〉 대동맥. 부록 그림 11을 참고하시오.

2. 비강 --〉 인두 --〉 후두의 열린 문 --〉 기관 --〉 기관지 --〉 세기관지 --〉 폐포 --〉 간질액 --〉 모세혈관 --〉 헤모글로빈 분자 --〉 소정맥 --〉 폐정맥 --〉 좌심방 --〉 좌심실 --〉 대동맥 --〉 신장동맥 --〉 소동맥 --〉 신장의 모세혈관

지식의 검증

선다형:

1. c	**7.** b	**13.** b	**19.** d	**25.** c
2. c	**8.** d	**14.** e	**20.** a	**26.** b
3. d	**9.** b	**15.** e	**21.** d	
4. c	**10.** e	**16.** d	**22.** d	
5. e	**11.** d	**17.** c	**23.** e	
6. a	**12.** e	**18.** a	**24.** e	

35장 면역계

핵심 문제

35.1. **a.** 식세포활성 백혈구
b. 미생물 삼키는 큰 식세포
c. 효소로 기생충을 공격하는 백혈구
d. 피부에 있는 백혈구로 림프절로 이동해 적응면역을 촉진
e. 감염된 체세포나 암세포를 공격하는 백혈구
f. 히스타민을 분비하여 염증반응을 유발함
g. 혈관을 확장시키고 투과성을 증진
h. 눈물, 침, 점액에 있으면서 세균의 세포벽을 파괴
i. 바이러스에 감염된 세포에서 나오는 물질로 주변세포에 작용하여 바이러스 복제를 막는 물질을 생산하게 함
j. 미생물을 용해하거나 선천 및 적응면역 방어에 관여하는 혈액 단백질 세트
k. 면역반응을 증진시키는 신호 물질로 상처부위로 혈액이 유입되도록 함

35.2. B세포 수용체는 감염균의 표면에 또는 체내에 녹아 있는 항원의 에피톱을 인식한다. T세포 수용체는 세포 내부에서 조각난 항원이 MHC와 복합체를 이루어 세포표면에 전시된 것을 인식한다.

35.3. **a.** B세포(또는 T세포)가 발달하는 동안 경쇄(또는 α 사슬)나 중쇄(또는 β 사슬)의 대립유전자 각각에 있는 여러 개의 *V* 유전자 조각과 *J* 유전자 조각들 사이에서 조합이 무작위로 이루어진다. 이어서 재조합된 다양한 경쇄(또는 α 사슬)

와 중쇄(또는 β 사슬)들 사이의 연결 조합이 방대한 항원 결합 특이성을 가진 B세포(또는 T세포)를 만들어 낸다.

b. 림프구가 흉선이나 골수에서 성숙되는 과정에서 자기반응성을 점검받는다. 즉, 자기분자와 반응하는 세포는 불활성화되거나 죽는다.

c. 특정 항원수용체를 가진 세포에 항원이 결합하면 그 세포는 선택이 되고 분열을 거듭하여 작동세포나 기억세포로 분화한다.

d. 면역기억은 이미 접해보았던 외래 분자에 신속하게 반응하게 하는데 이미 존재하는 기억T세포나 기억B세포가 그 항원에 대응하여 빠르게 활성화되어 작동세포로 되기 때문이다.

35.4. **a.** 항원제시세포
b. 병원균
c. 항원조각
d. 제II형 MHC 분자
e. T세포 항원수용체
f. 보조단백질(CD4)
g. 보조T세포
h. 사이토카인이 도움 T세포, 세포독성 T세포 및 B세포를 자극한다.
I. 세포독성 T세포
j. B세포
k. 세포성 면역(감염세포를 공격)
l. 체액성 면역(형질세포에 의한 항체 분비)

35.5. **a.** 활성화된 T세포는 자기 자신을 포함 세포독성T세포 및 B세포를 자극하는 사이토카인을 분비한다.

b. 세포독성 T세포는 표적에 달라붙어 그들의 세포막에 구멍을 뚫고 세포사멸을 유도하는 단백질을 분비하여 파괴한다.

35.6. **a.** HIV는 보조T세포를 파괴하여 체액성 및 세포성 면역계를 불구로 만들기에 감염자는 카포시 육종이나 곰팡이성 폐렴 등의 기회감염성 질환에 취약하다.

b. HIV는 콘돔없이 행하는 성행위나 마약 이용자들 사이의 주사기를 공유 등으로 쉽게 전파될 수 있다. 복제시 빈번히 발생하는 돌연변이 때문에 약물 저항성 바이러스가 만들어지며, 특히 HIV의 표면단백질에의 돌연변이는 효과적인 백신이나 치료제를 개발하는데 큰 제약이 된다.

지식의 체계화

1.

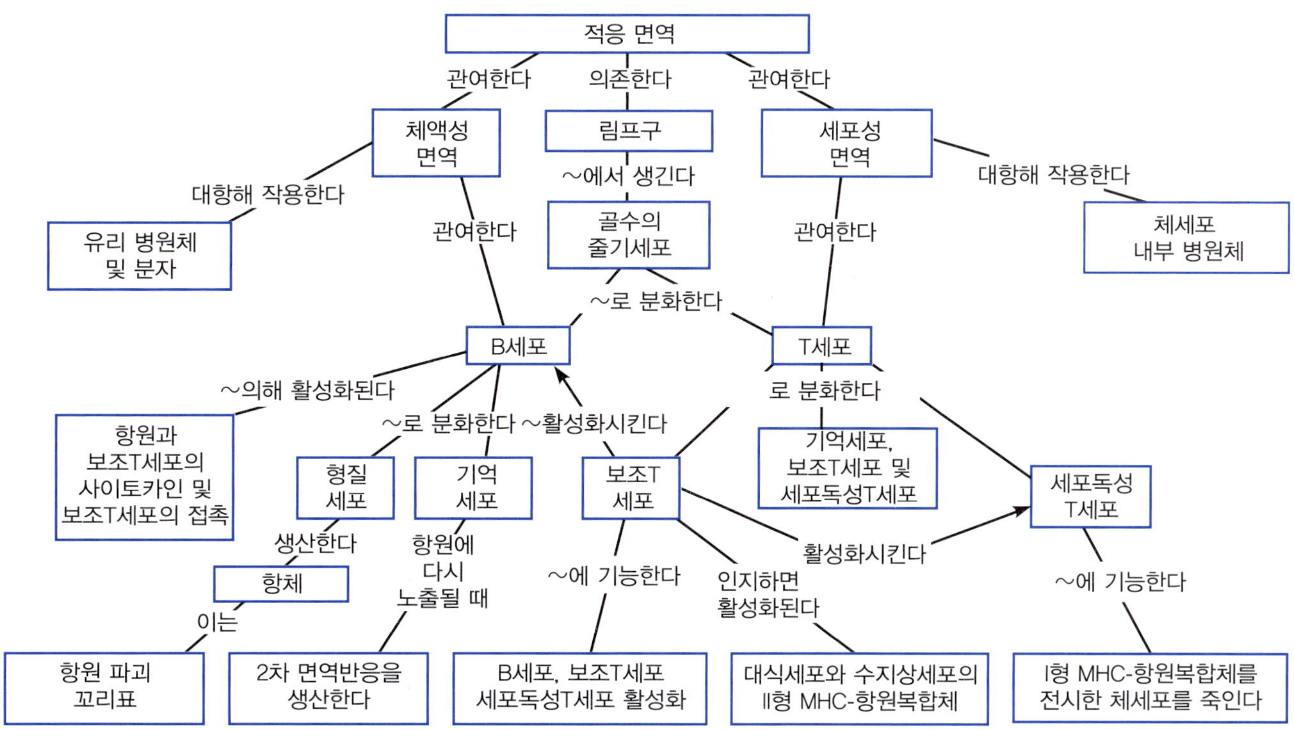

2. 항체는 Y자 모양의 단백질로 두 개의 동일 경쇄와 두 개의 동일 중쇄가 이황화결합으로 연결되어 있다. Y자 두 팔의 경쇄 및 중쇄의 변이영역에서의 아미노산 서열이 항체와 항원 에피톱 사이의 결합 특이성을 좌우한다. 항체는 두 팔로 항원을 서로 연결시켜 응집체를 만들어 식세포에 의해 쉽게 먹히게 한다. Y자 꼬리의 불변영역에 따라 작동자 기능이 달라지며 다섯 종류의 항체가 있다.

3. 대식세포와 수지상세포는 식세포로 미생물이 가지고 있는 여러 카테고리의 분자에 반응하여 그들을 잡아먹는다(선천성 면역). 그리고 이들은 삼킨 미생물의 단백질 항원조각을 제II형 MHC 분자에 올려놓아 보조T세포에게 보여준다. 이러한 상호작용은 보조T세포가 활성화되는 데 아주 중요하다. 이때 물론 이들 식세포에서 분비되는 사이토카인도 보조T세포의 활성화에 중요하다. 보체계는 선천성 및 적응성 면역 둘 다에 기여한다. 어떤 활성화된 보체 단백질은 염증 반응을 촉진하거나 식세포 활성을 증진시킨다. 보체계는 항원-항체 복합체를 가지고 있는 미생물을 용해하기도 한다.

지식의 검증

선다형:

1. e	**5.** d	**9.** c	**13.** d	**17.** b
2. e	**6.** a	**10.** a	**14.** d	**18.** e
3. c	**7.** e	**11.** e	**15.** e	**19.** a
4. b	**8.** b	**12.** c	**16.** c	**20.** d

36장 생식과 발생

핵심 문제

36.1. **a.** 무성생식이 주는 적응 장점은 안정한 서식지에서 성공적인 유전자형을 영구보존할 수 있으며, 짝을 찾을 필요가 없고, 모든 자손들이 생식을 하기 때문에 시간이 흐르면 수많은 자손을 만들어냄

b. 유성생식이 주는 적응 장점은 자손의 유전자 및 표현형 변이를 주어 변화하는 환경에서 집단의 생식 및 적응을 높여준다.

c. 정자와 난자의 융합을 포함하기 때문에 유성생식이다. 자손은 감수분열과 수정 시 일어난 유전자 재조합으로 유전적으로 다양하다.

36.2. **a.** 하나의 기작은 배우자의 방출을 유도하는 교미 행동으로 하나의 암컷과 하나의 수컷에 의한 알의 수정이 일어난다.

b. 또 다른 기작으로는 온도나 낮의 길이와 같은 환경적인 신호 혹은 같은 지역에 집단으로 존재하는 개체들로부터 대량으로 알을 낳는 것을 유도하는 화학적인 신호가 된다.

36.3.
a. 정관 **b.** 음경의 발기 조직
c. 요도 **d.** 귀두
e. 포피 **f.** 음낭
g. 정소 **h.** 부정소
I. 요도구선 **j.** 전립선
k. 정낭 **l.** 수란관
m. 난소 **n.** 자궁
o. 음핵 **p.** 질의 개구
q. 질 **r.** 자궁경부

36.4. **a.** 정자형성과정은 정원세포가 사춘기부터 분열을 계속할 때 연속적으로 일어난다. 1차 난모세포는 출생 전에 만들어진다.

b. 각 감수분열은 4개의 정자를 생산하지만 단지 하나의 알만 최종 생산하며, 나머지는 극체가 되어 사라진다.

c. 정자형성과정은 중단됨이 없이 일어나는 과정이다. 난자형성과정은 단계별로 일어나는데, 출생전에 전기I, 사춘기 후에는 배란 바로 전에 성숙한 여포에서 제2감수분열까지 진행되며, 사람에서 정자가 난자를 뚫고 들어가면 제2감수분열을 완성한다.

36.5. **a.** GnRH(생식선자극-방출호르몬)
b. FSH(여포자극호르몬)
c. LH(황체형성 호르몬)
d. 안드로젠(주로 테스토스테론)
e. 테스토스테론과 인히빈을 포함하는 음성되먹임회로

36.6.
a. LH **b.** FSH
c. 여포기 **d.** 배란
e. 황체기 **f.** 에스트라디올
g. 프로제스테론 **h.** 월경기
I. 증식기 **j.** 분비기

36.7. **a.** 원형질막의 수용체와 첨체의 단백질 간의 특이적인 결합이 같은 종의 정자가 난자와 수정을 하도록 한다.

b. 첨체 반응 때 난자막의 탈분극에 의한 다수정의 급속방지와 피층과립 반응으로 생긴 수정막에 의해 야기되는 다수정의 완만방지는 하나의 정자가 하나의 난자와 수정하도록 해준다.

36.8. **a.** 미래 외배엽
b. 간충직세포(미래 중배엽)
c. 미래 외배엽
d. 원장(미래 소화관)
e. 항문(원구로부터 형성)

36.9. **a.** HCG는 배아에서 분비된다. HCG는 첫 3개월 동안 황체를 유지시켜 줌으로써 프로제스테론의 합성이 계속되도록 한다.
b. 옥시토신은 뇌하수체 후엽에서 분비된다. 옥시토신은 출산 시 자궁수축을 촉진시키며, 수유 동안 젖 분비를 유도한다.

36.10.a. 배우자 방출 억제 — 불임, 복합피임약(혹은 프로제스틴 혹은 알약)
b. 수정 억제 — 금욕, 월경주기법, 콘돔, 격막, 프로제스틴 주사 혹은 알약, 질외사정, 살정제, IUD
c. 배아의 착상 억제 — 사후피임약, IUD
가장 효과적인 방법은 금욕, 불임시술과 화학요법이다. 가장 효과가 적은 것은 월경주기법과 질외사정법이다.

지식의 체계화

1. 정자의 형성부터 수정까지의 경로 정소의 세정관

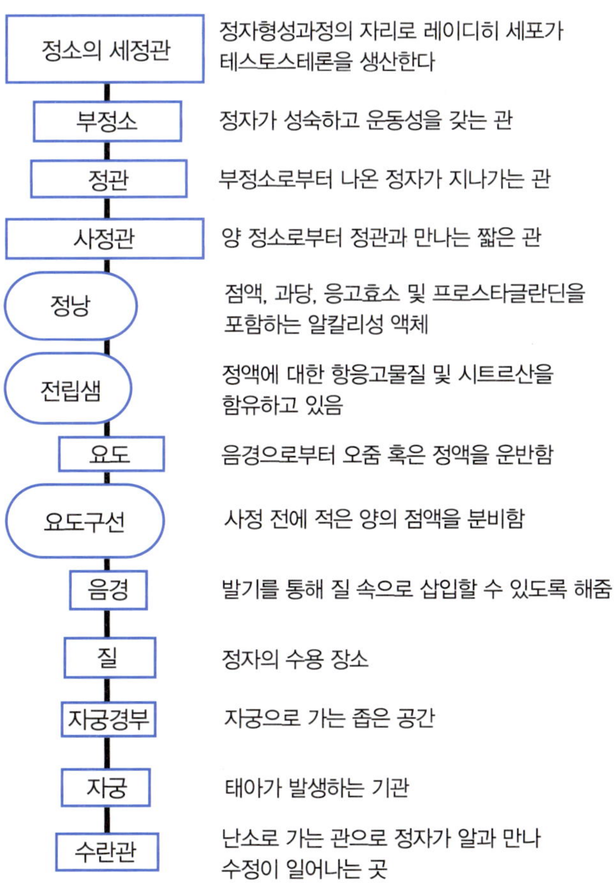

2. **a.** GnRH는 뇌하수체 전엽이 FSH와 LH를 분비하도록 촉진하는 시상하부의 방출 호르몬이다.
b. FHS는 여포의 성장을 촉진한다.
c. LH의 급격한 분비는 발생하는 여포로부터 나오는 에스트라디올의 증가함으로써 GnRH의 분비가 증가함으로서 일어난다.
d. LH의 급격한 분비는 여포의 성숙 및 배란을 유도하며, 파열된 여포를 황체로 전환시킨다.
e. LH는 황체를 유지하며, 황체는 에스트라디올과 프로제스테론을 분비한다.
f. 높은 양의 에스트라디올과 프로제스테론이 시상하부와 뇌하수체에 작용하여 LH 및 FSH의 분비를 억제한다.
g. LH가 없다면 황체가 퇴화할 것이다. 그러면 에스트라디올과 프로제스테론이 감소하고, 이것은 LH와 FSH가 다시 분비하도록 허용해 준다. 에스트라디올과 프로제스테론에서의 감소는 자궁내막의 동맥이 수축하도록 하며, 자궁벽이 떨어지도록 하여 월경이 일어난다.

3. 피임약은 합성 에스트라디올과 프로제스틴으로 조합으로 만들어졌으며 음성되먹임으로 작용하여 시상하부에서 GnRH의 분비를 억제하고, 뇌하수체에서의 FSH와 LH의 분비를 억제하여 여포의 발달 및 배란을 억제한다.

지식의 검증

빈칸 채우기:

1. 출아
2. 페로몬
3. 처녀생식
4. 자웅동체
5. 총배설강
6. 발정주기
7. 체외수정
8. 요도
9. 혈관충혈
10. 폐경기

선다형:

1. d	**5.** b	**9.** c	**13.** b	**16.** b
2. d	**6.** e	**10.** a	**14.** e	**17.** c
3. b	**7.** c	**11.** e	**15.** a	**18.** b
4. a	**8.** b	**12.** c		

37장 신경세포, 시냅스, 그리고 신호전달

핵심 문제

37.1. **a.** 수지상돌기
b. 세포체
c. 축삭 둔덕
d. 축삭
e. 시냅스 말단. 활동전위는 축삭둔덕에서 시작되어 축삭을 따라서 시냅스말단으로 전달된다. 신경전달물질은 시냅스 말단에서 다른 신경세포와 맺고 있는 시냅스로 방출된다.

37.2. **a.** K^+는 세포 안쪽에, Na^+는 세포 밖에
b. 세포 안쪽이 바깥쪽보다 음전하를 띤다.
c. 막전위는 더 음전하를 띠어서 E_K에 근접한다; 세포막은 소듐 양이온의 유입에 대한 투과성이 낮아지는데, 이는 소듐통로가 닫히거나(혹은 닫히고) 포타슘통로가 열리기 때문이다.

37.3. **a.** 소듐통로
b. 포타슘통로
c. K^+
d. Na^+
e. 소듐통로의 불활성화 고리
f. 막전위(mV)
g. 시간
h. 휴지막전위
i. 역치
j. 활동전위
1. 휴지막전위: 전압개폐성 소듐 그리고 포타슘 통로가 닫힌다.
2. 탈분극: 몇몇 소듐통로가 열린다; 탈분극은 더 많은 소듐통로를 연다. 역치값에 이르면 활동전위가 생성된다.

지식의 체계화

1.

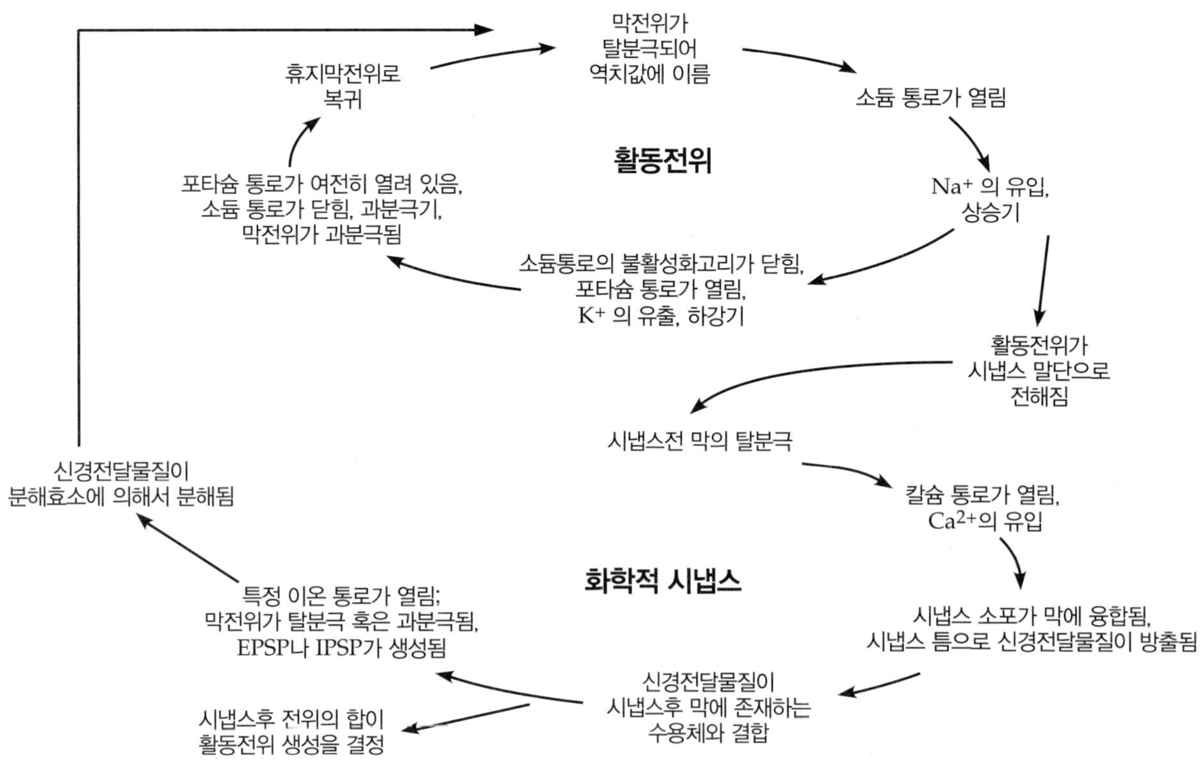

3. 상승기: 대부분의 소듐통로가 열려서 Na^+의 유입되면 세포 안쪽이 양이온을 띠게 된다.
4. 하강기: 소듐통로는 불활성화 되고, 포타슘통로가 열리면 포타슘이 세포 밖으로 유출되고 세포안은 음이온을 띠게 된다.
5. 과분극기: 소듐통로가 닫히고(대부분 여전히 불활성화된 상태임) 포타슘통로는 여전히 열려 있어서 막은 과분극된다. 이 통로들이 닫히면 막전위는 휴지막전위로 돌아간다. 그래프에 숫자로 표시된 각 시기의 위치는 부록 그림 8을 참조하라.

37.4. 부록의 그림 10을 참조해서 당신의 그림을 점검하라.

37.5. **a.** 시냅스전 막
b. Ca^{2+}은 전압개폐성 칼슘통로를 통해서 흐른다.
c. 시냅스 틈
d. 신경전달물질을 포함하고 있는 시냅스 소포체
e. 시냅스후 막
f. 신경전달물질이 결합된 리간드개폐성 이온통로
g. 닫힌 리간드개폐성 이온통로

37.6. **a. 시간**
b. 공간

37.7. 시냅스후 수용체의 유형과 이 수용체의 작용 방식이 신경전달물질의 기능을 결정한다. 심장근육에서 대사성 수용체에 아세틸콜린이 결합하면 활동전위의 생성을 어렵게 하는 신호전달경로를 활성화시켜 심장박동을 감소시킨다. 아세틸콜린이 골격근의 이온성수용체와 결합하면 이온통로가 열려 막전위를 탈분극시킨다.

지식의 검증

선다형:

1. d	**3.** b	**5.** c	**7.** e	**9.** c	**11.** b	**13.** d	**15.** a
2. e	**4.** d	**6.** b	**8.** a	**10.** c	**12.** c	**14.** b	

38장 신경계와 감각계

핵심 문제

38.1. 희소돌기아교세포는 중추신경계의 축삭을 수초화하는 아교세포이다. 슈반세포는 말초신경계의 축삭을 수초화하는 아교세포이다. 수초는 활동전위의 이동 속도를 증가시킨다.

38.2. **a.** 원심성 신경세포
b. 구심성(감각) 신경세포
c. 자율신경계
d. 운동신경계
e. 감각수용기
f. 장신경
g. 부교감신경
h. 교감신경
i. 심장박동이 느려짐, 에너지의 저장
j. 골격근

38.3. **a.** 대뇌 5
b. 시상 3
c. 소뇌 1
d. 연수 4
e. 교뇌 2
f. 중뇌 7
g. 시상하부 6

38.4. 시냅스에서의 높은 활성은 시냅스전 신경세포의 더 많은 시냅스말단을 흥분시키는 결과를 초래할 수 있다. 활성의 결여는 신경세포와의 연결이 억제될 수 있다. 시냅스에서의 신호는 한 시냅스후 신경세포에 대한 여러 시냅스들이 동시에 활성화될 때 강화될 수 있다.

38.5. **a.** 감각수용: 감각수용기에 의해서 자극에너지가 감지되는 것
b. 감각변환: 자극에너지가 감각수용기의 막전위의 변화로 변환되는 것
c. 전달: 활동전위가 감각신경세포를 따라서 뇌에 전달되는 경로
d. 인지: 감각입력이 뇌에서 해석되는 것

38.6. **a.** 청관
b. 망치뼈
c. 모루뼈
d. 등자뼈
e. 반고리관
f. 청신경
g. 달팽이관
h. 정원창
i. 유스타키오관
j. 난원창
k. 고막
1. 청관과 중이(망치뼈, 모루뼈, 등자뼈를 가지고 있음)는 공기로 차 있다.
2. 달팽이관, 반고리관 그리고 난형낭과 구형낭은 액체로 차 있다.
3. 달팽이관은 코르티기관을 가지고 있다.
4. 반고리관은 세 평면으로 튀어나와 있으며 각운동을 감지한다.

38.7. **a.** 공막
b. 맥락막
c. 망막
d. 중심오목(시야의 중심)
e. 시신경
f. 시각원판(맹점)
g. 유리체액
h. 렌즈
i. 전방액
j. 동공
k. 홍채
l. 각막
m. 지지인대

38.8. **a.** 작음
b. 중심오목

지식의 체계화

1. **a.** 시상하부에 있는 신경세포 그룹; 하루주기 리듬을 위한 생체시계로 작용
b. 대뇌의 백질 심부에 존재하는 신경세포의 집단들; 계획, 학습, 운동의 중추
c. 시상, 해마, 그리고 편도체의 기능적 중추; 사람의 경우 감정과 기억의 중추
d. 대뇌피질 안쪽의 두 구조; 변연계와 기억에 관련이 있음; 편도체는 감정기억의 형성에 관여함; 해마는 단기기억과 장기기억의 전달에 관여함

2. 빛이 동공을 지나 눈으로 들어가면 렌즈에 의해서 망막에 초점이 맺힌다. 로돕신(간상세포의 시각색소)이 빛에너지를 흡수하면 수용기세포의 소듐에 대한 막투과성을 감소시켜 막전위가 과분극된다. 간상세포의 신경전달물질인 글루탐산의 방출량이 줄어들면 시냅스를 맺고 있는 쌍극세포가 과분극되고 그에 따라서 신경절세포가 활동전위를 생성한다. 신경절세포는 시신경을 형성하는 감각세포이다. 수평세포와 무축삭세포는 망막내의 시각정보를 통합하는 데 관여한다.

3. 음파는 **귓바퀴**에 의해서 모아지고 **청관**을 거쳐 **고막**에 이르면 **망치뼈, 모루뼈, 등자뼈**에 의해서 전달된다. 등자뼈가 **난원창**을 진동시키면 **달팽이관**의 **전정계**의 외림프액에 압력을 가해서 압력이 **고실계**로 전달되며 압력은 **정원창**을 때림으로써 소멸된다. 압력파는 **기저막**을 흔들어 와우관 내의 코르티기관을 진동시킨다. **코르티기관**의 털세포 끝은 **덮개막**에 박혀 있다. 기저막이 진동하면 털세포가 구부러지고 탈분극되어 신경전달물질이 방출되어 **청신경**의 감각신경세포에서 활동전위를 생성시킨다. 청신경의 축삭은 **대뇌피질**의 청각영역으로 활동전위를 전달하여 그곳에서 음의 높낮이와 크기에 대한 정보와 소리의 인지가 일어난다.

지식의 검증

선다형:

1. a	**5.** b	**9.** c	**13.** c	**17.** d
2. e	**6.** d	**10.** d	**14.** c	**18.** c
3. e	**7.** d	**11.** b	**15.** c	**19.** e
4. b	**8.** c	**12.** e	**16.** b	**20.** d

39장 운동 기작과 행동

핵심 문제

39.1 **a.** 근절
b. Z선
c. 가는 필라멘트(액틴)
d. 굵은 필라멘트(마이오신)
굵은 필라멘트와 가는 필라멘트 사이의 중첩 부분이 증가할수록 Z선은 서로 가까워진다. 다음 과정이 반복됨으로써 필라멘트의 활주가 일어난다: ATP의 결합에 의해 액틴 필라멘트로부터 마이오신의 머리가 분리된다; ATP의 가수분해에 의해 마이오신의 머리가 고에너지 형태로 바뀌면서 액틴과 결합하여 가교를 형성한다; 마이오신의 머리가 저에너지 형태로 돌아오면서 근절 중심부로 가는 필라멘트를 잡아당긴다.

39.2. **a.** 골격근섬유의 3가지 유형은 산화성 느린-연축, 유기호흡성 빠른-연축, 그리고 해당성 빠른-연축 섬유이다.
b. 해당성 빠른-연축 섬유는 미토콘드리아와 마이오글로빈이 거의 없고, 짧고 강한 수축을 일으킨다.
c. 유기호흡 느린-연축 섬유는 자세 유지에 필요한 근육에 존재할 것이다.

39.3. **a.** 유체골격: 별도의 기구 필요 없음; 좋은 충격 흡수력; 지상에서 동물을 들어 올리는 데 보호나 지지가 안 됨; 자포동물, 편형동물, 선형동물, 그리고 환형동물.
b. 외골격: 방어력 좋음; 절지동물의 경우, 성장을 위해 탈피해야 하기에 크기가 제한적임; 대부분의 연체동물과 절지동물.
c. 내골격: 여러 유형의 관절로 인해 유연한 움직임, 좋은 구조적 지지물; 방어력이 매우 좋지는 않음; 해면동물, 극피동물, 척삭동물.

39.4. 포유류는 대부분 야행성; 조류는 주행성.

39.5. **a.** 각인
b. 연합학습
c. 인지
d. 공간학습
e. 사회적 학습

39.6. 만약 수컷의 새끼돌보기가 번식 성공도를 크게 증가시켰다면, 이런 행동에 대한 유전자의 빈도가 집단 내에서 증가할 것이다. 만약 수컷이 자신의 새끼뿐만 아니라 다른 수컷의 새끼까지 돌본다면, 이 수컷은 "새끼돌보기" 유전자를 높은 빈도로 다음 세대에 전달하지 않을 것이다. 왜냐하면 다른 수컷의 "새끼 안 돌보기" 유전자를 영속화시키는 데 도움을 줄 것이기 때문이다.

39.7. 동물을 실험실에서 양육하는 것은 연구자로 하여금 환경의 영향을 통제함으로써 행동을 유발하는 유전적 증거를 찾을 수 있기 때문이다.

39.8. **a.** 부모 또는 형제자매
b. 개인은 부모 또는 형제자매와 공통되는 유전자를 더 많이 공유하고 있다. 이들과의 혈연계수는 0.5인데 반해, 사촌과는 0.125이다. 따라서 해밀턴의 법칙인 $rB > C$에 따르면, 수혜자의 이익은 r값에 의해 크게 감소한다.

지식의 체계화

1. 운동신경세포는 아세틸콜린을 근육섬유의 시냅스로 방출하여, 가로세관을 따라 근육세포의 가운데로 퍼져나가는 활동전위를 유발한다. 활동전위는 근소포체 막의 투과도를 변화시켜, 칼슘이온을 세포질로 방출한다. 칼슘이 트로포닌과 결합하면, 트로포마이오신을 이동시켜 액틴 분자의 마이오신-결합자리가 노출된다. 고에너지 형태의 마이오신 머리 분자는 이 자리에 붙어 가교를 형성한다. 마이오신 머리가 굽어지면서, 가는 필라멘트를 근절의 중심부로 잡아당긴다. ATP가 마이오신과 결합하면, 가교가 깨진다. ATP의 가수분해는 마이오신을 고에너지 형태로 되돌리며, 더 멀리 떨어진 액틴 분자와 결합한다. 이 과정은 ATP가 있는 한, 그리고 칼슘이 근소포체로 되돌아가서 트로포마이오신-트로포닌 복합체가 액틴 부위를 다시 막을 때까지 연속적으로 일어난다.

2. 동물 행동의 과학적 연구는 선천적이고 유전학적으로 프로그램되어 있는 행동뿐만 아니라 경험과 학습에 의한 행동을 확인하는 것이다. 고정행동양식은 명백하게 발달학적인 면에서 고정되어 있다. 또 다른 경우에서 유전학은 생물의 행동에 대한 지표를 설정한다. 그러나 경험에 의해 행동은 바뀔 수 있고, 학습에 의해 행동은 분명히 바뀌게 된다.

3. 적응도의 개념에 따르면, 어떤 동물의 행동은 생존의 기회를 증가시키고, 살아 있는 자손의 생산을 돕는다. 유전적으로 프로그램되어 있는 생존 행동은 다음 세대로 전달될 가능성이 크고, 자연선택은 먹이찾기, 이주하기, 짝짓기, 그리고 새끼돌보기에 대한 선천적 행동을 개선시킬 것이다. 인지 능력의 진화는 새로운 환경에서 개체를 도울 것이다. 사회적 행동과 의사소통은 개체의 적응도를 높일 수 있다. 부모의 투자와 부성 확실성은 개체의 번식 성공도에 영향을 주는 짝짓기 체계와 새끼돌보기에 대한 차이를 나타나게 한다. 이타적 행동은 혈연선택으로 설명할 수 있는데, 이타적 행동이 많은 유전자를 공유하고 있는 친족에게 이익이 된다면, 어떤 동물의 포괄적응도는 증가할 것이다.

지식의 검증

선다형:

1. a	**3.** b	**5.** b	**7.** c	**9.** a	**11.** b	**13.** c	**15.** e	**17.** a	**19.** d
2. d	**4.** d	**6.** a	**8.** b	**10.** d	**12.** b	**14** b	**16.** e	**18.** c	**20.** d

40장 개체군생태학과 개체의 분포

핵심 문제

40.1. **a.** 북반구에서 남쪽을 향하는 경사면은 북쪽을 향하는 경사면에 비해 더 많은 빛을 받아 더 따뜻하고 건조하다.
b. 대기온도는 고도가 높아짐에 따라 낮아진다. 높은 고도의 군집은 위도가 더 높은 위도에서의 군집과 유사할 수 있다.
c. 산을 향해 바람이 부는 곳은 반대 방향에 비해 강수량이 더 많다. 따뜻하고 습윤한 공기가 산 위로 상승하면 수분을 방출한다. 더 건조하고 더 시원한 바람이 반대 면으로 하강할 때 수분을 빨아들인다.

40.2. **a.** 사막
b. 온대초원
c. 열대우림
d. 온대 활엽수림
e. 북부 침엽수림
f. 북극과 고산지대 툰드라

40.3. 4 저생대 6 원양대 1 연안대
5 무광대 3 투광대 2 준조광대

40.4. **a.** 분산: 분산지역은 한 종의 분산 능력을 넘어설 수도 있다.
b. 생물적 요인: 포식동물, 초식동물, 기생동물 또는 경쟁생물의 존재는 종의 범위를 제한할 수 있다.
c. 무생물적 요인: 햇빛, 물, 산소, 온도, 염분과 토양의 특성은 종의 분포를 제한할 수 있다.

40.5. **a.** I형은 인간과 대형 포유류 등에서 볼 수 있는 유형으로 부모의 보살핌을 받고, 상대적으로 적은 자손을 생산하는 개체군에서 볼 수 있다.
b. II형은 일정한 사망률을 보이는 개체의 수명을 나타낸다. 이러한 생존 유형에는 일부 설치류, 일년생 식물, 무척추동물과 도마뱀이 있다.
c. III형은 보통 자손을 많이 생산하는 개체군의 유형으로, 대부분 빨리 사망한다. 많은 물고기, 대부분의 해양 무척추동물 그리고 다년생 식물이 포함된다.

40.6. 개체군이 제한되지 않은 환경 하에 있을 때 그리고 개체들이 생리적으로 생식할 수 있는 능력이 있을 때 개체당 증가율은 그 종의 최대율이라 하고, 이를 r_{max}로 표기한다.

40.7. **a.** 지수적 성장으로, 공식은 $dN/dt = r_{max}N$ 이다.
b. 로지스트형 성장으로 공식은 $dN/dt = r_{max}N(K - N)/K$ 이다; 그리고 K는 1,500이다.

40.8. **a.** 생물은 성장, 생존 그리고 번식을 구분하는 제한된 자원을 갖는다.
b. r-선택, K-선택

40.9. **a.** 자원을 위한 경쟁, 세력권의 가용성, 질병, 누적된 독성 폐기물, 포식 그리고 내재된 제한 요인등 개체군 성장을 제한할 수 있는 밀도-의존성 요인들
b. 개체군 변동을 초래할 수 있는 몇몇 무생물적 요인들은 극단적인 기후, 자연재해, 그리고 화재이다.

지식의 체계화

1. **a.** 생태학은 생물적 환경과 무생물적 환경에서 생물들이 어떻게 상호작용 하는지에 대해 연구한다.
b. 환경에서 생물들의 상호작용은 개체군 또는 진화의 유전자 풀에서의 변화를 낳는다. 생태학적 시간 내에서 이루어지는 상호작용은 진화적 시간 속에서 일어나는 사건이 어떻게 환경에 적응해왔는지 해석할 수 있다.

2. **a.** 생물군계는 특징적 생태계생태학 유형을 갖는다. 즉 넓은 지역에 분포하는 육상생물군계는 우점하는 식생에 의해 구분하고, 수생물군계는 물리적 환경에 의해 구분된다.
b. 수렴진화, 유사한 환경에서 다른 진화적 계통의 생물의 일반 적응, 지리적으로 분리된 생물군계 내에서 생활형 안의 유사성에 대한 설명

3.

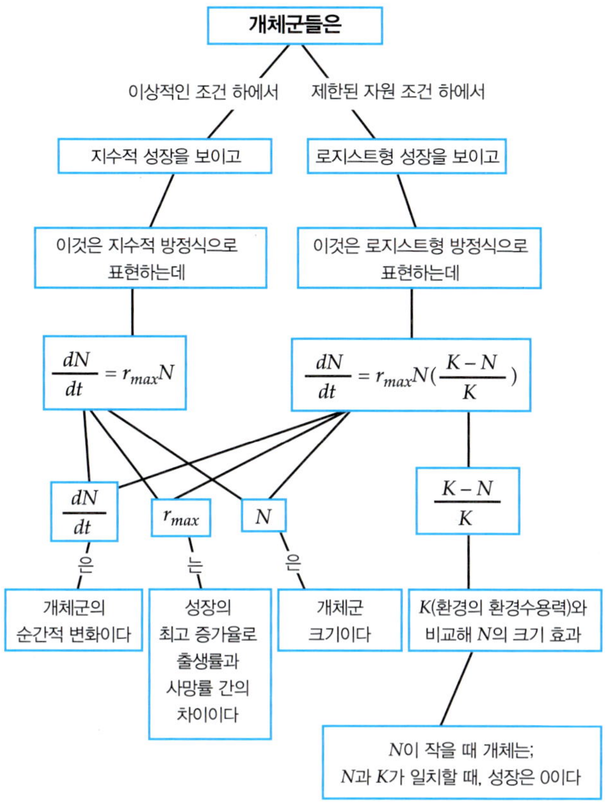

4. 번식 성공은 번식을 위해 생존하고 사는 자손의 수로 측정된다. 생활사 특징에서 많은 "선택"이 가능하다. 즉 최초 번식 연령, 번식 수, 1회 번식 시 얼마나 많은 자손을 생산하는지, 자손 수가 얼마나 되는지 또는 얼마나 돌보는지에 대한 부모의 투자 등이 이에 속한다.

지식의 검증

연결하기

1. C	**3.** D	**5.** A	**7.** B
2. H	**4.** E	**6.** G	**8.** F

선다형:

1. b	**6.** d	**11.** d	**16.** b	**21.** a
2. d	**7.** e	**12.** e	**17.** e	**22.** d
3. b	**8.** e	**13.** b	**18.** c	**23.** a
4. c	**9.** c	**14.** a	**19.** c	**24.** b
5. a	**10.** c	**15.** c	**20.** d	**25.** c

41장 종들 간의 상호관계

핵심 문제

41.1. 유사한 두 종인 가시쥐(spiny mouse)가 공존하는 곳에 행동변화는 자원의 일시적 분할을 가져왔다. 야행성인 *A. russatus*(실험실 연구 및 제거 연구에서 보여준)는 경쟁종인 *A. cahurinus*가 없는 곳에 주행성으로 바뀌었다.

41.2. **a.** 베이츠 의태
b. 뮬러 의태

41.3. **a.** 경쟁: 잡초와 정원 식물은 영양물질과 물을 얻기 위해 경쟁한다
b. 상리 공생: 균근, 꽃피는 식물 및 수분매개자, 아카시 나무의 개미, 셀룰로오스를 분해하는 개미 및 초식동물
c. 편리 공생: 황로, 곤충을 몰아내는 물소(물소가 외부기생충을 없애거나 새들이 포식자의 위협을 알리는 것 등으로 해서 약간의 이익을 얻을 수도 있지만)
d. 기생 : 내부 및 외부 기생충으로 인한 공생의 형태; 촌충, 진드기
e. 포식: 동물포식은 피식자를 죽임
f. 초식: 초식동물은 식물의 일부분을 먹음
g. 촉진: 검은골풀은 토양에 그늘을 제공하고 식물에 의해 산소를 공급하므로 염분이 습지에 축적되고 산소결핍이 발생하는 것을 막아준다

41.4. **a.** 군집 1: $H = -(0.4 \ln 0.4 + 0.3 \ln 0.3 + 0.3 \ln 0.3) = -(-0.37 + -0.36 + -0.36) = 1.09$
군집 2 : $H = -(-0.25 + -0.23 + -0.23 + -0.23) = 0.94$
b. 군집 2는 더 많은 종으로 인해 종풍부도가 높다. 군집 1은 종 다양도 지수가 높다

41.5. +/− 연쇄로 인해 동물플랑크톤의 증가로 인해 해조류의 감소가 나타나며 최상위 포식자의 증가의 결과로 일차포식자의 감소가 나타난다. 보다 많은 최상위 포식자를 추가하거나, 일차포식자를 감소하면 된다.

41.6. 토양 질소는 처음에는 낮았으나 오리나무들이 증가하는 기간에 증가하였는 데 이는 오리나무와 관련된 질소고정 공생 때문이다.

41.7. 보다 많은 종간 작용이 필요하며 이런 오랜 기간의 진화적 시간은 보다 많은 종분화 현상을 일으키는 데 필요하다

41.8. **a.** 종의 수가 증가함에 따라 새로운 종의 유입률은 감소가 예상되며 (경쟁의 증가로) 멸종률은 증가할 것으로 예상된다.
b. 많은 종이 출현하는 섬은 크기가 크며 육지에서도 가까울 것이다.

41.9. 학자들이 이동하는 물새의 조류독감 바이러스인 H5N1의 존재를 검사하고 있으며 이 물새들로 인해 북미지역에 조류독감의 전파가 의심된다.

지식의 체계화

1. **a.** 경쟁 (−/−)
b. 자원분할과 형질전환
c. 약간 다른 생태적 지위
d. 핵심종 포식자
e. 초식
f. 상리공생
g. 촉진공생
h. 먹이사슬 혹은 먹이망

2. **a.** 동일한 생태적 지위의 두 종은 같은 지역에서 영원히 공존할 수 없다; 경쟁력이 높은 종은 다른 종을 지역에서 몰아낸다. 종간경쟁의 이전에 존재하는 증거는 자원 분할 및 형질전환 등에서 관찰된다.
b. 각각의 영양단계는 다음 단계에 영향을 준다; 영양물질의 추가는 모든 수준의 영양단계의 생물량을 증가시킨다.
c. 군집조직은 상위포식(혹은 초식)에 의해 조절되는 데 +/−의 연쇄작용이 포식자의 수의 변화로 인해 영양단계 아래로 나타난다.
d. 대부분 군집은 안정적 최상위 군집에 도달하기 어렵다. 하지만 외부방해로 인해 군집 내 구성이 지속적으로 변화한다.
e. 가장 높은 종다양성은 적당한 정도의 외부방해가 있을 때 나타난다. 낮은 수준의 방해는 우점종의 독점으로 나타나며 높은 수준의 방해는 성장이 더디거나 정착이 느린 종을 배제하게 된다.
f. 섬에서 이주율과 멸종률은 섬의 크기, 육지와의 거리, 섬에 거주하는 종에 의해 결정된다. 이주와 멸종이 평형에 도달하게 되면 출현하는 종도 평형에 도달한다.

지식의 검증

선다형:

1. d	**4.** b	**7.** b	**10.** c	**13.** e
2. c	**5.** e	**8.** e	**11.** d	**14.** b
3. d	**6.** b	**9.** d	**12.** d	**15.** c

42장 생태계와 에너지

핵심 문제

42.1. 무기 양분은 그 생태계의 생산을 제한할 것이다.

42.2. 에너지는 생태계를 통해 일방적으로 이동하는 반면, 화학원소는 영양단계와 잔재물섭식자를 통해 이동하고 생산자에게 다시 돌아온다.

42.3. **a.** 높은 1차 생산성을 가지는 생태계로는 열대우림, 산호초지대, 습지, 그리고 하구가 있다.
b. 낮은 1차 생산성을 가지는 생태계에는 사막, 툰드라, 대양이 있다.
c. 대양은 지구 표면의 65%를 차지한다.
d. 이 찬 바다에서의 용승은 질소와 인을 표면으로 가져온다. 이 양분의 결핍은 많은 열대지방의 물에서 생산을 제한한다.

42.4. **a.** 새 또는 포유류의 동화 에너지 중 많은 양이 체온을 따뜻하게 유지하기 위한 호흡에 사용되어 순 2차 생산(성장과 번식)에 이용할 수 없다.
b. $^{1}/_{1000}$(10%의 10%의 10%) 또는 0.1%

42.5. 물은 모든 생물에 필수적으로 필요하다. 그래서 육상생태계에서 물의 이용 가능성은 1차 생산과 분해에 영향을 준다. 탄소는 모든 유기분자의 골격을 형성한다. 유기분자는 모든 생물에 필수적인 요소이다. 질소는 아미노산과 핵산의 구성인자이고 종종 식물의 제한 영양소가 된다. 인은 핵산, 인지질, ATP에서 발견되며, 뼈와 이빨을 구성하는 무기물이다.

42.6. **a.** 양분은 열대우림에서 가장 빠르게 순환한다. 이는 분해가 덥고, 습한 기후에서 빠르게 진행되고 양분은 새로운 성장에 빠르게 동화되기 때문이다.
b. 양분은 호수와 바다에서 느리게 순환한다. 산소 결핍은 분해를 느리게 하고, 용승이 일어나지 않으면 퇴적토의 양분은 생산자가 사용할 수 없다. 분해는 차고 습한 이탄습지에서 매우 느리게 일어난다.
c. 양분은 순환되지 않고 지표수를 통해 생태계를 떠날 것이다.

42.7. 우라늄을 대사할 수 있는 원핵생물은 지하수 오염을 처리하기 위해 사용되어 왔다. 질소를 고정할 수 있는 식물은 종종 양분이 빈약한 토양의 양분을 풍부하게 하고 재래종의 재유입을 촉진하기 위한 생물학적 촉진에 사용된다.

지식의 체계화

1. 1차 생산은 일정 시간 동안 생태계에서 생산자에 의해 동화된 에너지이다. 1차 생산은 수생태계에서 통과되는 빛, 이용 가능한 양분, 특히 질소와 인에 의해 제한된다. 육상생태계에서 1차 생산은 질소와 인과 같은 양분뿐만 아니라 온도와 강수(실증발산량으로 반영됨)에 영향을 받는다.

2. 2차 생산은 소비자의 먹이에 포함된 에너지로부터 새로운 생물량을 만드는 것이다. 생산효율은 세포호흡을 위해 사용되는 에너지에 의해 줄어들 수 있으며, 내온동물에서 가장 낮다. 영양효율은 한 영양단계에 저당된 에너지 중에서 다음 영양단계로 전이되는 에너지의 비율이다. 영양 효율은 보통 10% 정도 된다.

3. 광합성생물과 화학합성생물은 무기원소와 화합물을 동화하여 유기 화합물을 만든다. 동물은 생산자나 다른 소비자를 먹음으로써 그들의 유기물을 얻는다. 원소는 호흡, 분비, 분해 과정을 통해 무기 형태로 되돌아온다.

지식의 검증

선다형:

1. e	**4.** d	**7.** b	**10.** a	**13.** e
2. c	**5.** e	**8.** c	**11.** e	**14.** c
3. c	**6.** d	**9.** c	**12.** c	

43장 지구생태학과 보전생물학

핵심 문제

43.1. 교재에 많은 예가 제시되었다.

a. 산호초의 약 70%가 인간의 활동에 의해 파괴되었다. 산호초의 40~50%는 다음 수십 년 내에 사라질 수 있다. 모든 해양 어류 종의 약 1/3이 이 산호초를 이용한다.

b. 갈색나무뱀을 괌에 도입한 결과 많은 종의 조류와 도마뱀이 절멸되었다.

c. 상업적 어획 그리고/또는 불법 사냥으로 인해 고래, 아프리카 코끼리, 그리고 많은 물고기 개체군이 줄어들었다.

d. 수생태계가 산성비로 인한 손상으로부터 회복되기 위해서는 수십 년이 걸릴 것이다. 그리고 그 손상은 유럽의 중앙과 동부에 있는 숲에서 지속되고 있다.

43.2. 보통 한 개체군의 모든 개체가 성공적으로 번식하지 않기 때문에 더 작다. 보전 프로그램은 한 개체군의 유전적 다양성을 유지하기 위하여 MVP보다 큰 유효 개체군 크기를 유지하고자 시도한다.

43.3. 근친교배와 유전적 부동으로 인한 소개체군 내에서 유전적 다양성의 소실은 개체군이 점점 더 작아지는 절멸의 소용돌이로 개체군이 들어가게 할 수 있다. 소개체군 사이의 이동을 증진시키거나 유전적 다양성을 증가시키기 위해 다른 개체군으로부터 개체를 도입하는 것은 보존에 급히 필요한 것으로 제안된다.

43.4. 이 사전에 대책을 강구하는 접근은 개체군이 감소하는 것을 빨리 알아채고, 종의 서식지 요구사항을 밝히고, 어떤 요소가 감소에 영향을 주는지 확인하고, 올바른 수단을 제시하고, 결과를 모니터링하는 것에 의지한다.

43.5. 이동통로는 개체군 사이의 산포를 촉진시켜 다른 서식지 사이를 이동하는 종에게는 필수적일 수 있다. 그러나 이들은 또한 질병의 확산에도 기여할 수 있다.

43.6. 큰 보호지역은 넓은 서식지를 필요로 하는 크고, 넓게 분포하는 동물에게 요구된다. 그들은 또한 비율적으로 경계면이 적어 가장자리 효과가 덜 생긴다. 하나하나는 작지만 전체 면적은 큰 것과 동일한 보호지역의 장점은 개체군 내에서 질병이 퍼지는 것을 늦출 수 있다는 것이다.

43.7. 지구온난화는 에너지 효율의 증가, 재생 가능한 태양력과 풍력의 사용, 핵의 사용, 그리고 벌목의 감소를 통하여 이산화탄소의 방출을 줄이고자 하는 국제적인 전략에 대한 동의에 의해 늦추어질 수 있을 것이다.

43.8. 지구의 궁극적인 수용능력은 식량과 물의 공습, 다른 자원, 환경 파괴, 또는 심각한 상호작용하는 요소들에 의해 결정될 것이다. 우리가 안정한 개체군 크기에 도달할 때와 방법은 커다란 사회적이고 생태학적인 결과의 문제이다. 과도한 자원의 사용과 폐기물의 축적을 통한 지구 생태계의 파괴는 결국에는 수용능력을 낮추게 될 것이다.

지식의 체계화

1. 서식지 파괴가 아마도 생물다양성에 대한 가장 큰 위협일 것이다. 인간이 자연 생태계를 변경하고 파괴할 때 많은 종들이 생존에 필요한 물리적 또는 군집 자원을 더 이상 가질 수 없다. 도입종은 지역의 생물을 먹거나 경쟁에서 이겨 그들이 새로운 군집을 파괴할 수 있다. 이 생물들은 포식자, 질병, 또는 기생자의 정상적인 생물학적인 조절자를 가지지 않기 때문에 그들의 개체군은 급격히 증가할 수 있다. 번식능력을 너머서는 야생종의 수확은 개체군을 절멸에 이르게 할 수 있다. 산성비, 해양의 산성화, 기후변화와 같은 형태로 지구의 생태계가 지구 전체적으로 변하게 되면 점점 더 생물다양성을 위협하게 된다.

2. 생물다양성은 우리가 의약품, 작물, 섬유, 그리고 다른 산물을 얻을 수 있는 자연자원이다. 많은 잠재적으로 가치 있는 종들이 과학자들에게 알려지기도 전에 절멸될 것이다. 생물다양성의 소실은 생태계 과정을 해로운 방식으로 파괴할 수 있다. 인간은 생물 군집 속에서 진화해 왔고 우리의 생태계에서 변화에 의해 우리가 알지 못하는 방식으로 영향을 받을 수 있다.

3. 서식지 단편화는 다른 생태계 사이(숲과 벌목 지역 사이, 사막과 도시 개발 사이)에 접하는 면적 또는 **가장자리**를 더 많이 만든다. 가장자리에서 사는 종들은 두 유형의 생태계를 모두 이용할 수 있다. 가장자리가 증가함에 따라 가장자리에 적응한 종들은 연결된 서식지의 종들보다 더 풍부해질 수 있다. 단편화된 서식지 조각을 연결하는 연속적인 서식지는 격리된 개체군 사이의 산포를 촉진하여 유전적 다양성을 유지하는 것을 돕는 **이동통로**로서 기능할 것이다.

4. 사람이나 국가 등이 소비하는 모든 자원을 생산하고 그들이 발생시킨 모든 폐기물을 흡수할 수 있는 데 필요한 토지와 물이 잠긴 총 면적으로 계산한 측정치이다.

지식의 검증

선다형:

1. e	**4.** b	**7.** e	**10.** d	**13.** c
2. b	**5.** d	**8.** a	**11.** b	**14.** c
3. c	**6.** a	**9.** c	**12.** b	**15.** d

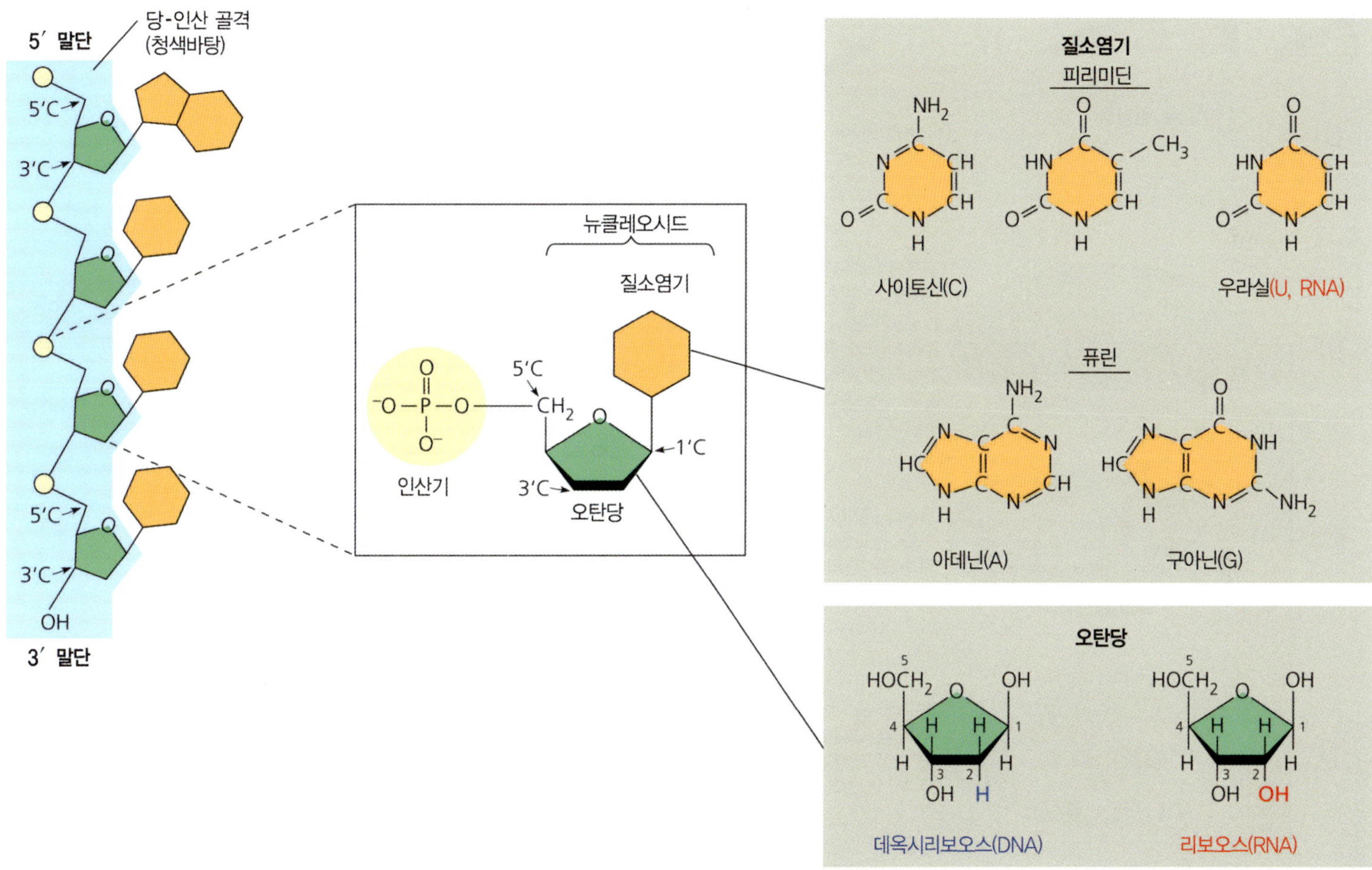

▲ **그림 1 핵산의 구성성분.** **(a)** 폴리뉴클레오타이드는 여러 부속물로 질소염기를 당-인산 골격에 갖고 있다. **(b)** 뉴클레오타이드 단위체는 질소염기, 당, 인산기로 구성되어 있다. 인산기가 없는 구조를 뉴클레오시드라고 부른다. **(c)** 뉴클레오시드 구성성분은 퓨린 또는 피리미딘의 질소염기와 데옥시리보오스 또는 리보오스의 오탄당이다.

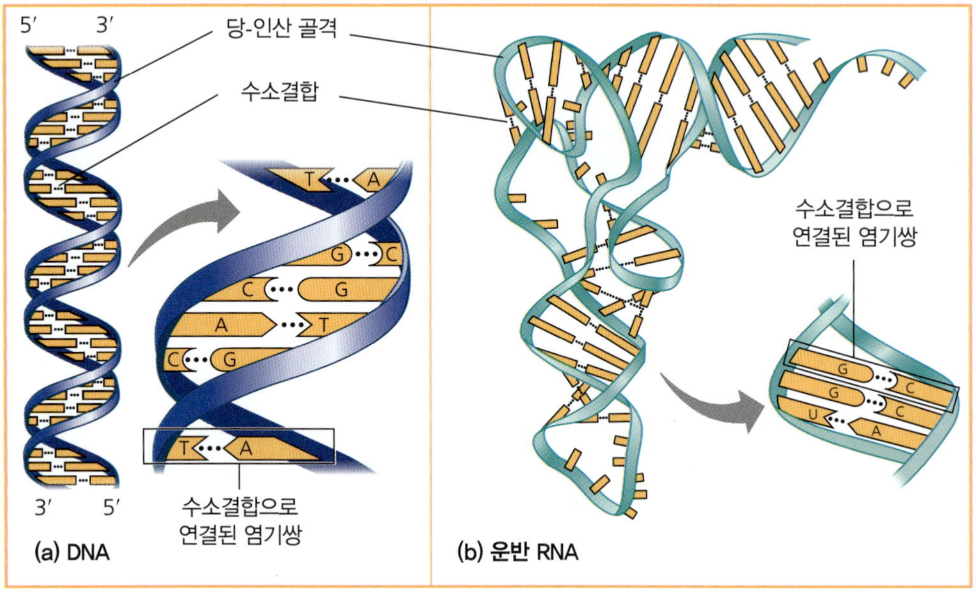

◀ **그림 2 DNA와 tRNA 분자의 구조. (a)** DNA 분자는 일반적으로 이중나선 구조인데 나선의 바깥쪽에 파란색 리본으로 형상화한 역평행 폴리뉴클레오타이드 가닥의 당-인산 골격을 갖고 있다. 두 가닥은 질소염기쌍의 수소결합에 의해 서로를 붙잡고 있다. 염기를 상징적 형태로 나타낸 바와 같이, 아데닌(A)은 티민(T)과만, 구아닌(G)은 사이토신(C) 과만 짝을 이룰 수 있다. 그림의 각 DNA 가닥은 그림 3.26a의 폴리뉴클레오타이드와 구조적으로 동일하다. **(b)** 운반 RNA는 대략 L형의 구조로 RNA의 역평행 부위는 상보적 염기쌍을 이룬다. RNA에서 아데닌(A)은 우라실(U)과 쌍을 이룬다.

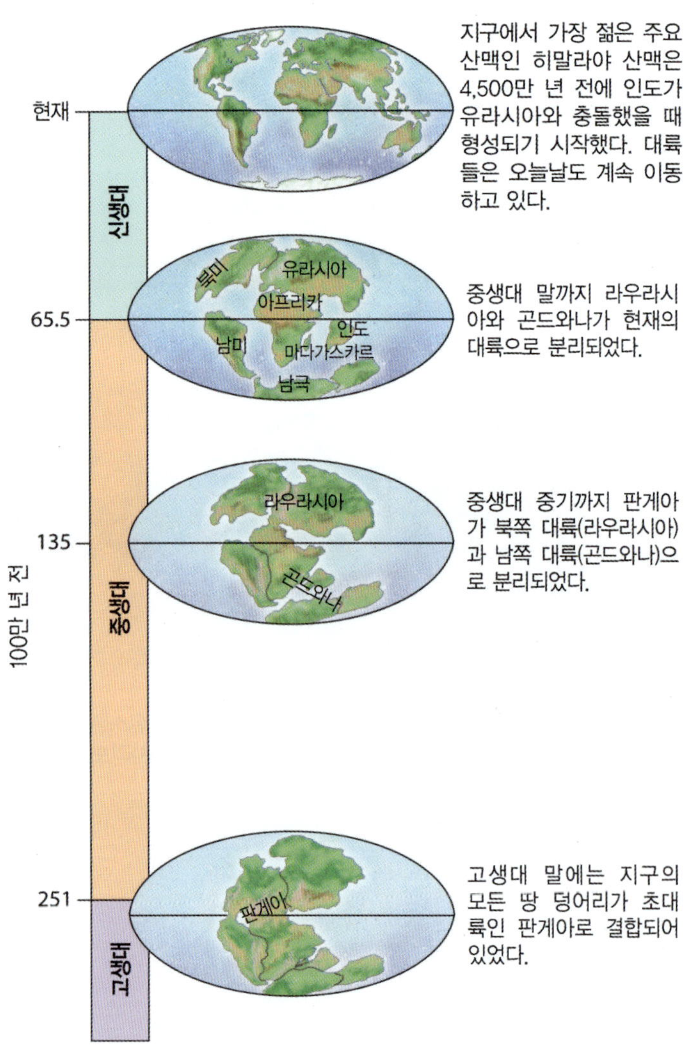

▲ **그림 3 현생이언 동안 대륙이동의 역사**

표 1 유전체의 크기와 예상 유전자 수*

종	유전체 크기(Mb)	유전자 수	Mb당 유전자 수
세균			
Haemophilus influenzae	1.8	1,700	940
Escherichia coli	4.6	4,400	950
고세균			
Archaeoglobus fulgidus	2.2	2,500	1,130
Methanosarcina barkeri	4.8	3,600	750
진핵생물			
Saccharomyces cerevisiae (yeast, a fungus)	12	6,300	525
Caenorhabditis elegans (nematode)	100	22,000	200
Arabidopsis thaliana (mustard family plant)	120	27,400	228
Drosophila melanogaster (fruit fly)	165	17,000	84
Oryza sativa (rice)	430	40,600	95
Zea mays (corn)	2,300	32,000	14
Mus musculus (house mouse)	2,600	22,000	11
Ailuropoda melanoleuca (giant panda)	2,400	21,000	9
Homo sapiens (human)	3,000	< 21,000	7
Fritillaria assyriaca (lily family plant)	124,000	ND	ND

* 이 수는 유전체 프로젝트가 진행되어 가면서 수정될 수 있음. Mb = 100만 염기. ND = 결정되지 않음.

▼ 그림 4 **탐구 동물세포의 체세포분열**

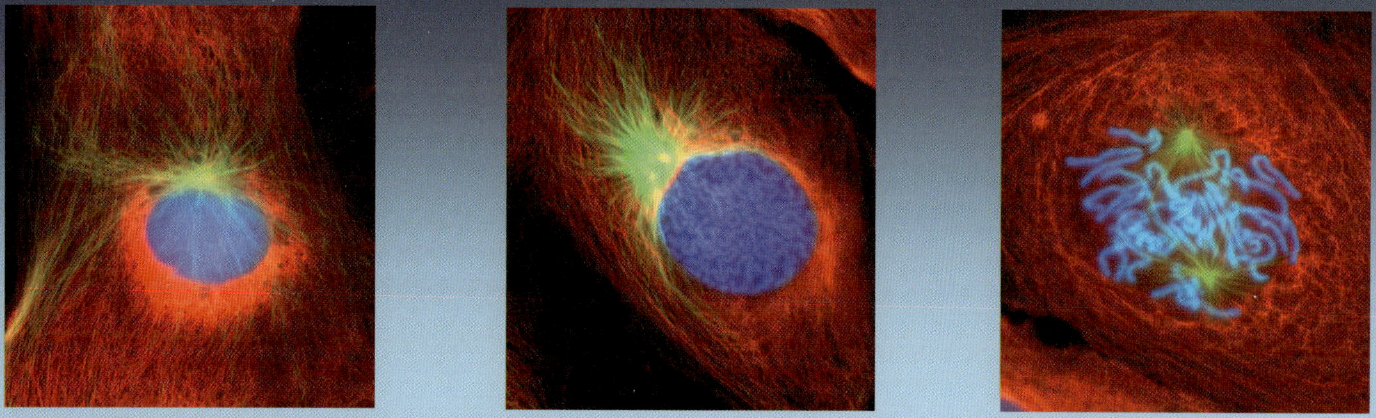

간기의 G_2기 | 전기 | 전중기

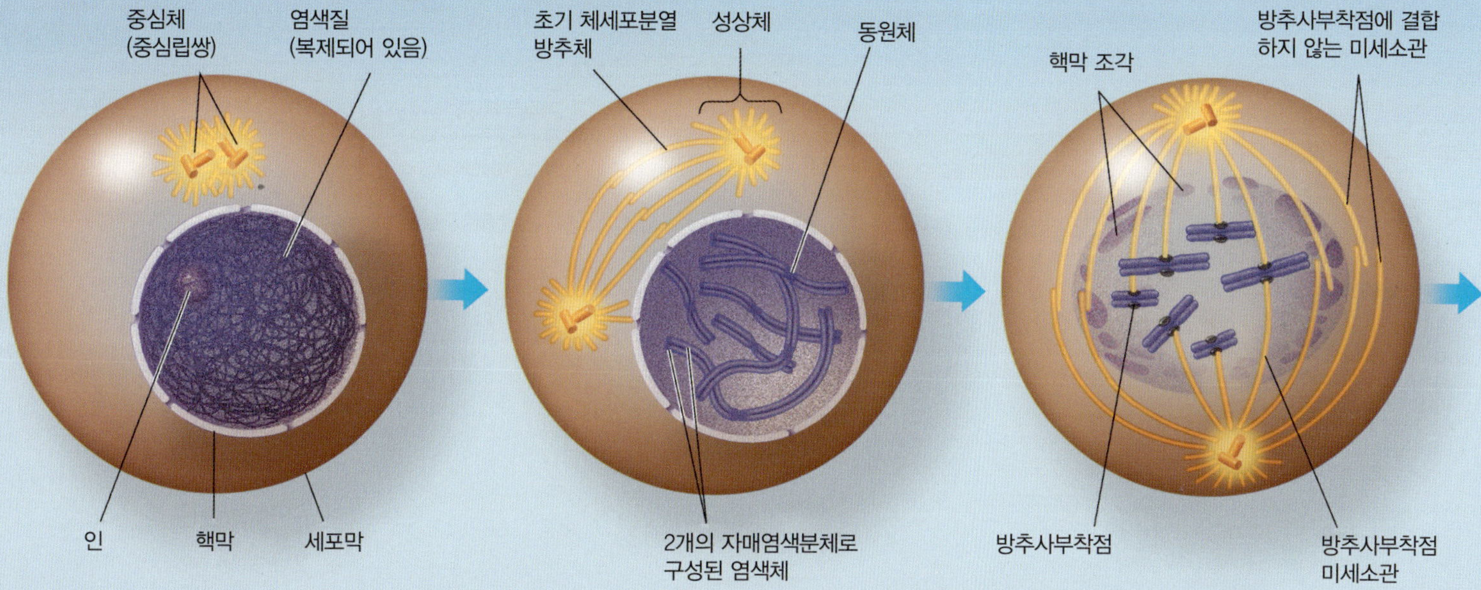

간기의 G_2기

- 핵막이 핵을 둘러싸고 있다.
- 핵은 하나 혹은 둘 이상의 인을 가지고 있다.
- 하나의 중심체가 복제되어 2개의 중심체가 만들어진다. 중심체는 동물세포에서 방추사의 미세소관을 형성하는 부분이다. 각 중심체는 2개의 중심립을 가진다.
- S기 동안에 복제된 염색체는 아직 응축되지 않아서 각 염색체로 관찰되지 않는다.

위의 형광현미경 사진은 도룡뇽 허파세포의 분열 과정을 보여주고 있는데, 이 종은 22개의 염색체를 가지고 있다. 파란색은 염색체를, 초록색은 미세소관을, 붉은색은 중간섬유를 나타낸다. 그림에서는 단순화를 위해 6개의 염색체만을 나타내었다.

전기

- 염색사는 더 강하게 감기고 응축되어 광학현미경으로 관찰될 수 있는 뚜렷한 형태를 가지게 된다.
- 인이 소실된다.
- 각각의 복제된 염색체는 2개의 동일한 자매염색분체가 코헤신(cohesin)에 의해 길이로 연결되어 합해져 있는 것처럼 보인다.
- 체세포분열방추체가 형성되기 시작한다. 이것은 중심체와 여기에서 뻗어 나오는 미세소관으로 구성된다. 중심체에서 짧은 미세소관이 방사형으로 뻗어 나와 있는 것을 성상체라 한다.
- 두 중심체가 이동하여 서로 멀어지는데, 이것은 부분적으로는 이들 사이의 미세소관이 길어지는 것에 기인한다.

전중기

- 핵막의 붕괴가 일어난다.
- 미세소관은 중심체에서 뻗어나가 핵 쪽으로 들어간다.
- 염색체가 더 응축된다.
- 각 염색체의 두 염색분체 각각에는 동원체에 특수화된 단백질이 결합되어 방추사부착점이 형성된다.
- 일부 미세소관은 방추사부착점에 결합하여 방추사부착점 미세소관이 되며, 이것들이 염색체를 앞뒤로 잡아당긴다.
- 방추사부착점에 결합하지 않는 미세소관은 방추사의 반대편 극 쪽에서 뻗어 나와 있는 미세소관과 상호작용한다.

(계속)

▼ 그림 4 탐구 동물세포의 체세포분열 (계속)

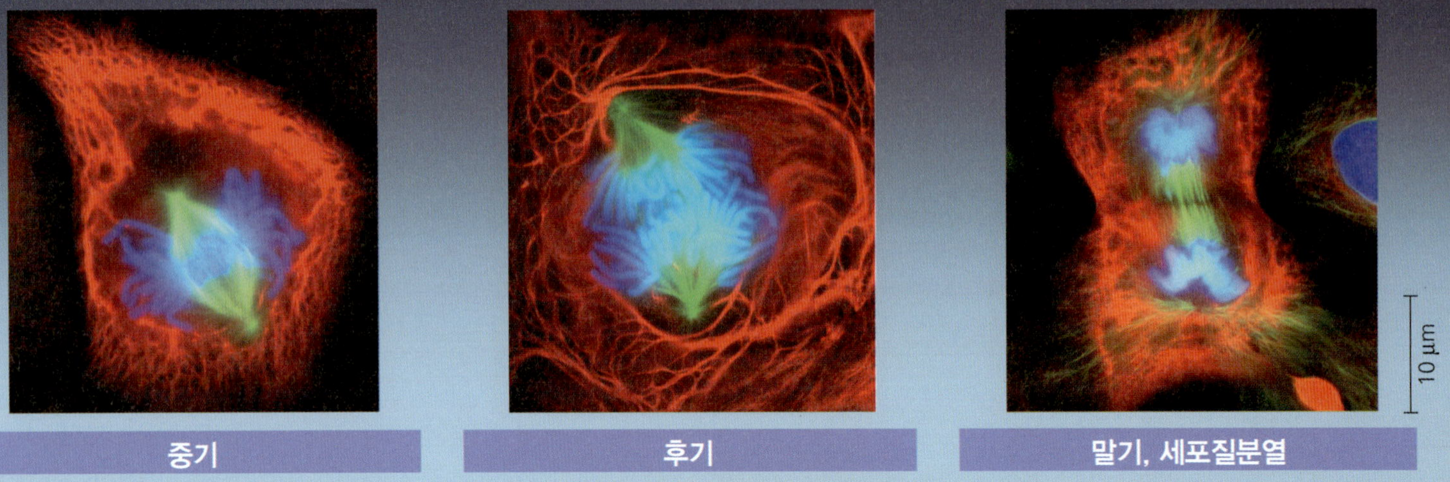

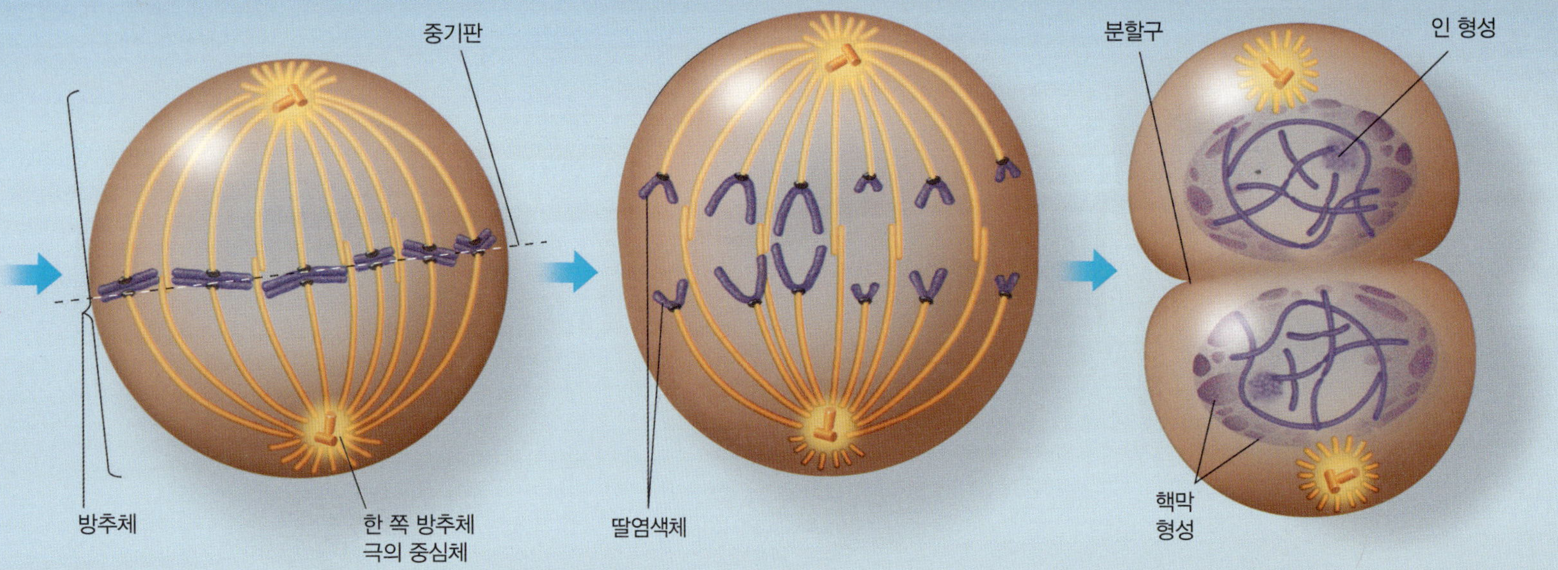

중기

- 중심체는 이제 세포의 반대편 끝에 위치한다.
- 염색체는 방추체의 양극 사이 중앙에 위치한 가상의 면인 중기판에 모인다. 염색체의 동원체는 중기판 위에 놓인다.
- 각 염색체에서 자매염색분체의 방추사부착점에는 반대편 극에서 오는 방추사부착점 미세소관이 결합된다.

후기

- 후기는 핵분열 중 가장 짧은 단계로 몇 분 안에 끝난다.
- 후기는 2개의 자매염색분체가 갑자기 떨어질 때 시작된다. 각각의 염색분체는 완전한 염색체가 된다.
- 떨어져 나온 2개의 염색체는 방추사부착점 미세소관이 짧아짐에 따라 세포의 반대편 끝으로 이동하기 시작한다. 이들 미세소관이 동원체 부위에 결합되어 있기 때문에 염색체는 동원체 부위가 먼저 움직인다(약 1μm/분의 속도로).
- 세포는 동원체에 결합하지 않은 미세소관이 길어짐에 따라 신장된다.
- 후기의 마지막 단계에는 세포의 양 끝에 완전하고 동일한 염색체 세트가 위치하게 된다.

말기

- 2개의 딸핵이 세포 안에서 형성되기 시작한다. 핵막이 모세포의 핵막 조각과 내막계의 부분들로부터 생겨난다.
- 인이 다시 나타난다.
- 염색체는 응축이 풀려간다.
- 남아 있던 방추사 미세소관이 모두 탈중합된다.
- 하나의 핵이 2개의 유전적으로 동일한 핵으로 나눠지는 핵분열이 이제 완성되었다.

세포질분열

- 세포질의 분열은 말기의 뒷부분에서 시작되어, 핵분열 직후에 2개의 딸세포가 나타난다.
- 동물세포에서는 분열구가 형성되어 세포가 2개로 갈라진다.

▼ **그림 5** **이중나선**

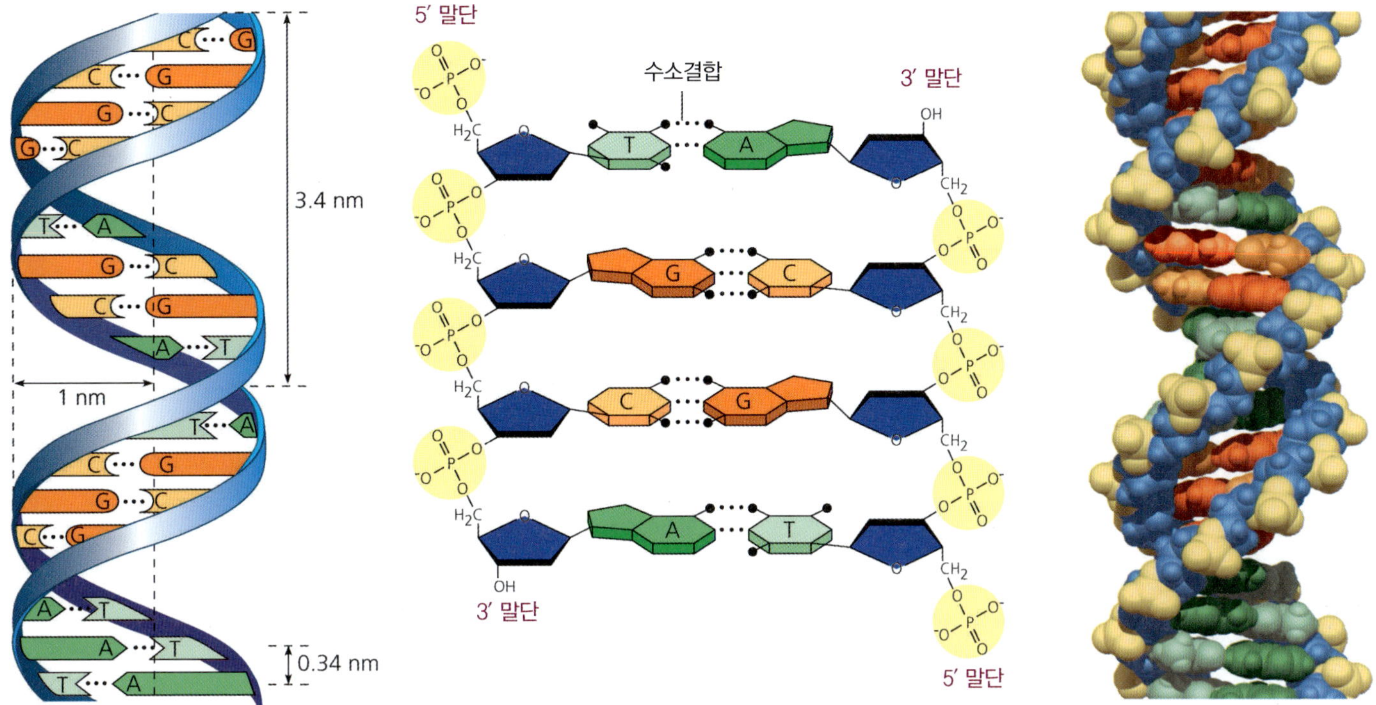

(a) **DNA 구조.** 이 모식도에서“리본”은 두 DNA 가닥의 당-인산 골격을 나타낸다. 나선구조는 “오른쪽 방향”으로 감겨 올라간다. 질소 함유 염기들은 수소결합에 의해 이중나선 안쪽에 쌍을 이루고 있고(점선) 이 수소결합으로 두 DNA 가닥이 서로 결합하고 있다.

(b) **부분적인 화학구조.** 이 부분의 화학구조를 명확히 보여주기 위해 두 DNA 가닥을 꼬여 있지 않은 상태로 나타냈다. 두 가닥 사이는 약한 수소결합으로 서로 잡고 있지만 각 가닥의 단위들 사이는 강한 공유결합으로 연결된다. 두 가닥은 역평행 즉 그들은 서로 반대 방향으로 위치하고 있음을 명심하라.

(c) **공간채움 모형.** 컴퓨터 공간채움 모형으로 형상화했을 때, 염기쌍은 촘촘한 층을 이룬다. 층을 이룬 염기쌍 간의 반데르발스 인력이 분자들의 결합을 유지하는 데 중요한 역할을 한다.

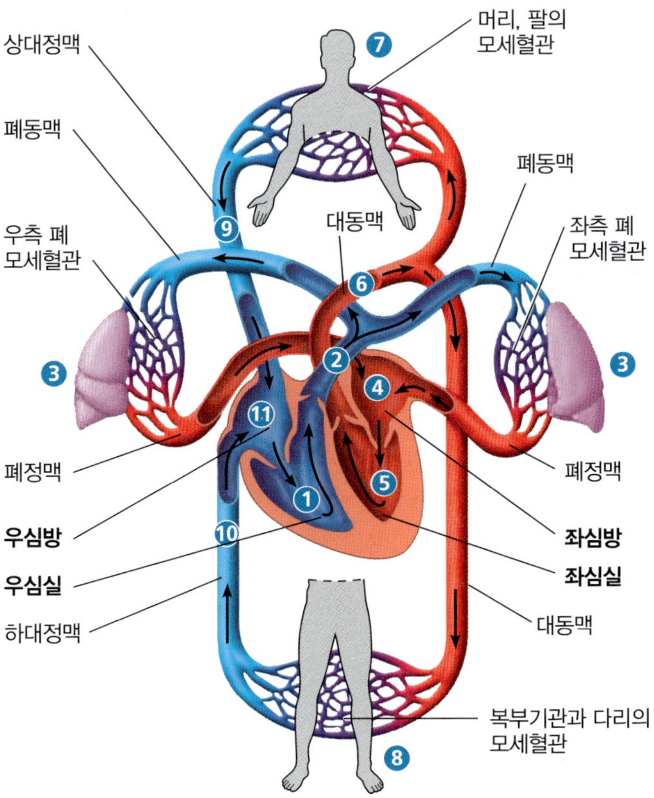

◀ **그림 6** **포유류 심혈관계: 조감도.** 이중순환계는 번호로 표시된 것처럼 순차적으로 작동하는 것이 아니고, 동시에 작동하고 있음을 주지하기 바란다. 즉, 두 심실이 거의 동시에 수축하여 혈액의 일부는 폐순환계로 나머지는 체순환계로 흐른다.

표 2 지질학적 기록

이언의 상대적 기간	대	기	세	연대 (백만 년 전)	생명의 역사에서 중요한 사건
현생이언	신생대	제4기	현세		역사시대
			홍적세	0.01	빙하기, *Homo* 속의 기원
		신제3기	선신세	2.6	이족보행의 인간 조상의 출현
			중신세	5.3	포유류와 속씨식물의 지속적인 방산; 인간의 최초 직접 조상
		고제3기	점신세	23	많은 영장류 무리들의 기원
			시신세	33.9	속씨식물의 우점도 증가; 대다수 현존 포유류 목의 지속적인 방산
			효신세	55.8	포유류, 조류와 수분 매개 곤충의 주된 방산
	중생대	백악기		65.5	현화식물(속씨식물)의 출현과 다양화; 시기 말에 대다수 공룡을 포함한 유기체들의 많은 무리들의 멸종
		쥐라기		145.5	우점 식물로서 겉씨식물의 지속; 풍부하고 다양한 공룡
		삼첩기		199.6	구과식물(겉씨식물)의 경관 우점; 공룡의 기원과 방산; 포유류의 기원
	고생대	페름기		251	파충류의 방산; 대다수 현존 곤충의 무리들의 기원; 시기 말에 많은 해양과 육상 유기체들의 멸종
		석탄기		299	관다발식물 종류의 광범위한 숲; 첫 종자식물 출현; 파충류의 기원; 양서류의 우점
		데본기		359	경골어류의 다양화; 첫 사지동물과 곤충 출현
		실루리아기		416	초기 관다발식물의 다양화
		오르도비스기		444	풍부한 해양 조류; 다양한 균류, 식물과 동물의 육상 진출
		캄브리아기		488	많은 동물문 다양성의 갑작스런 증가 (캄브리아 폭발)
원생이언		에디아카라기		542	다양한 조류와 연한 신체의 무척추동물 출현
				635	
				1,800	진핵세포의 가장 오래된 화석 출현
				2,500	
시생이언				2,700	대기 산소의 농도 증가 시작
				3,500	세포(원핵생물)의 가장 오래된 화석 출현
				3,850	지표에서 알려진 가장 오래된 암석
명왕이언				약(Approx.) 4,600	지구의 기원

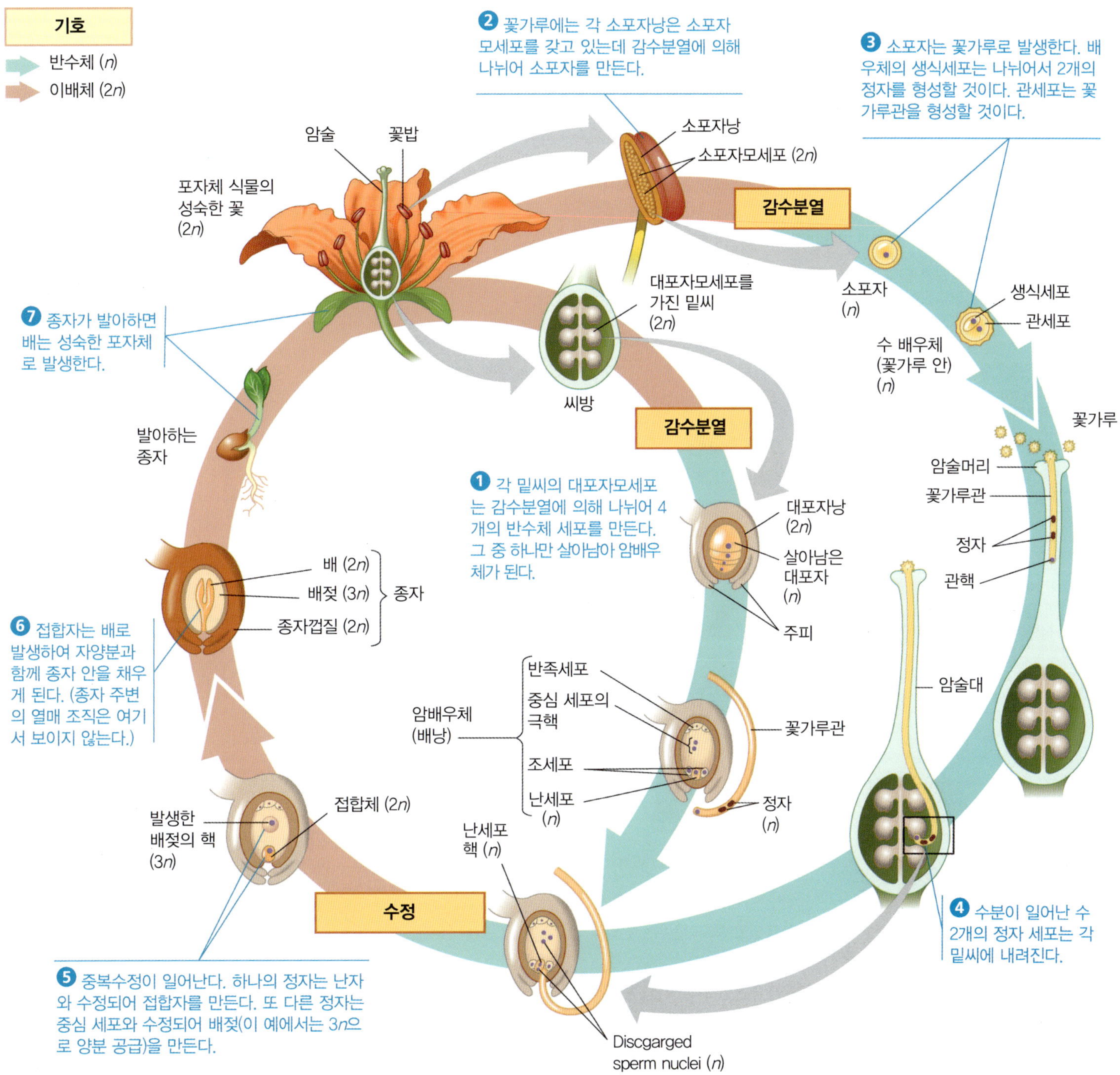

▲ 그림 7 **속씨식물의 생활주기**

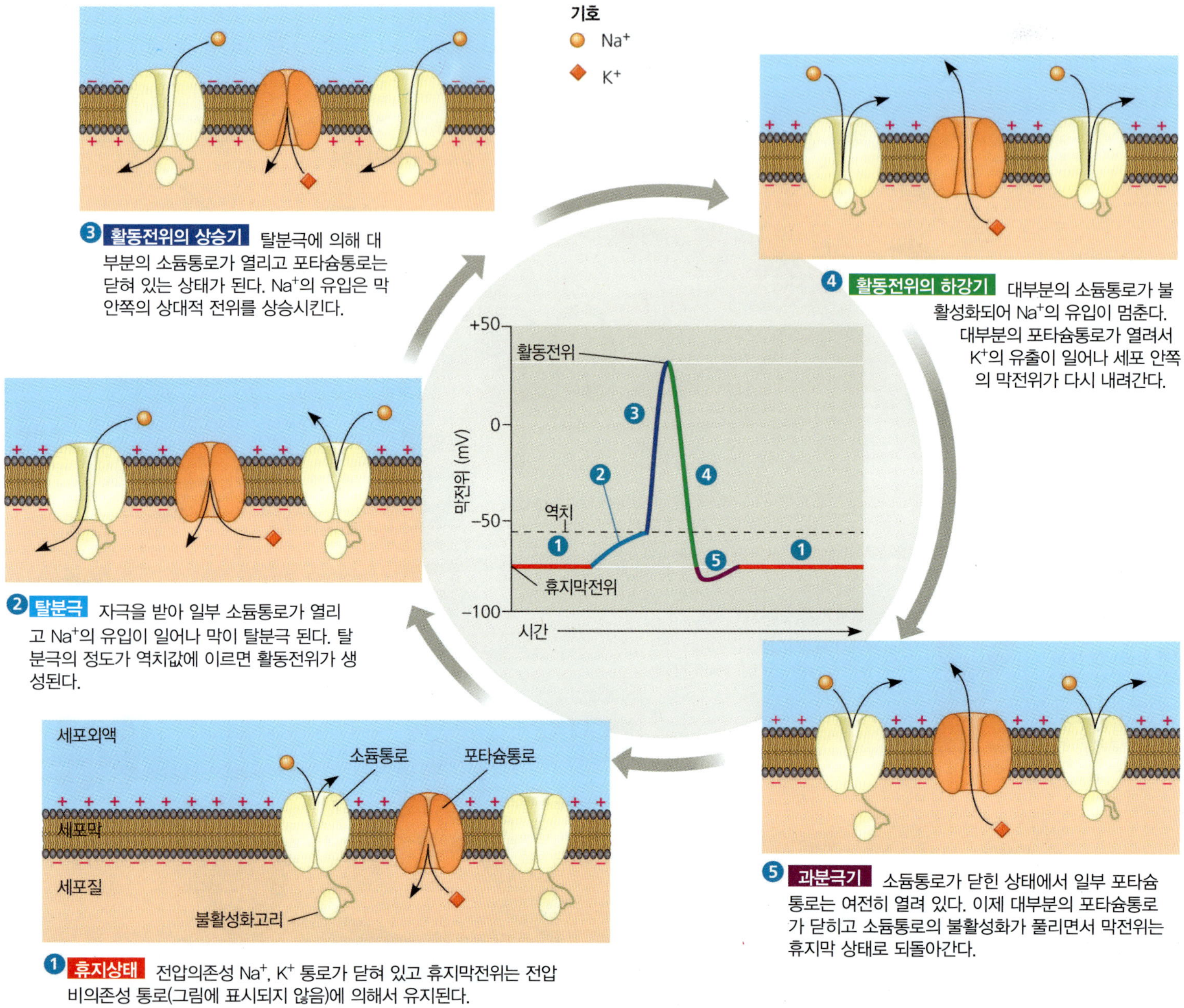

▲ 그림 8 **활동전위의 생성에 있어서 전압의존성 이온통로의 역할.** 중앙의 그래프상에 표시된 동그라미상의 숫자와 여러 색깔로 표시된 활동전위의 각 단계별로 전압개폐성 소듐과 포타슘 이온통로의 역할이 다섯 도표에서 설명되어 있다(전압비의존성 이온통로는 묘사되어 있지 않음).

▼ 그림 9 연구 방법

검정교배

적용 완두 식물의 보라색 꽃처럼 우성 형질을 나타내는 생물체는 우성 대립유전자에 대해 동형접합이거나 이형접합일 수 있다. 생물체의 유전자형을 결정하기 위하여 유전학자는 검정교배를 시행한다.

방법 검정교배에서 유전자형을 알지 못하는 개체를 열성 형질을 나타내는 동형접합자(이 경우 흰색 꽃)와 교배한다. 이 교배로부터 나온 자손의 표현형을 관찰하면 보라색 꽃을 가진 부모의 유전자형을 알 수 있다.

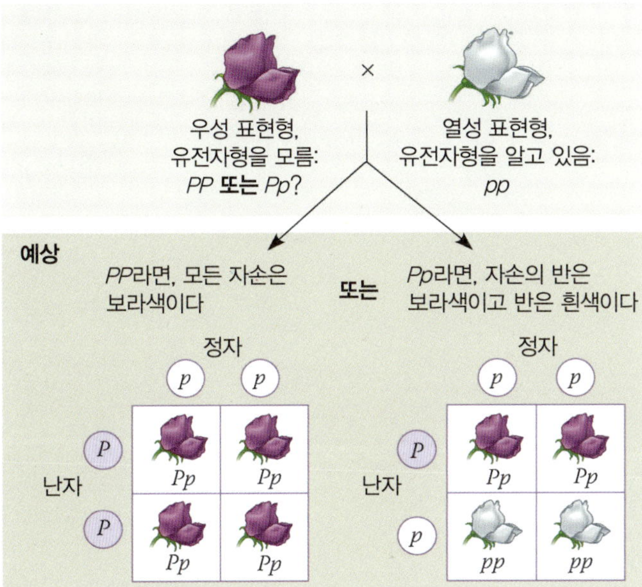

결과 두 가지 예상 중 어느 하나와 일치한다면 부모의 유전자형을 결정할 수 있다(*PP* 또는 *Pp*). 이 검정교배에서 흰색 꽃이 피는 식물의 화분을 보라색 꽃이 피는 식물의 심피에 옮겨 놓았다. 반대의 교배를 해도 동일한 결과가 나올 것이다.

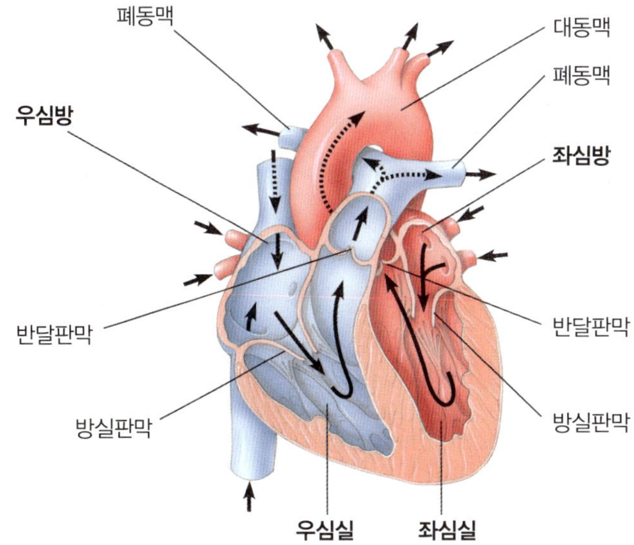

▲ **그림 11 포유류의 심장: 세부구조.** 심장내 혈액이 역류하는 것을 방지하는 판막의 위치와 심방과 좌우심실의 근육벽 두께가 어떻게 다른지 주목하기 바란다.

▼ **그림 10 슈반세포와 수초.** 슈반세포라 불리는 아교세포는 말초신경계에서 신경세포의 축삭을 둘둘 말아서 수초층을 형성한다. 이웃한 슈반세포와의 간격을 랑비에르결절이라고 부른다. 주사전자현미경을 통해서 수초로 둘러싸인 축삭의 단면을 볼 수 있다.

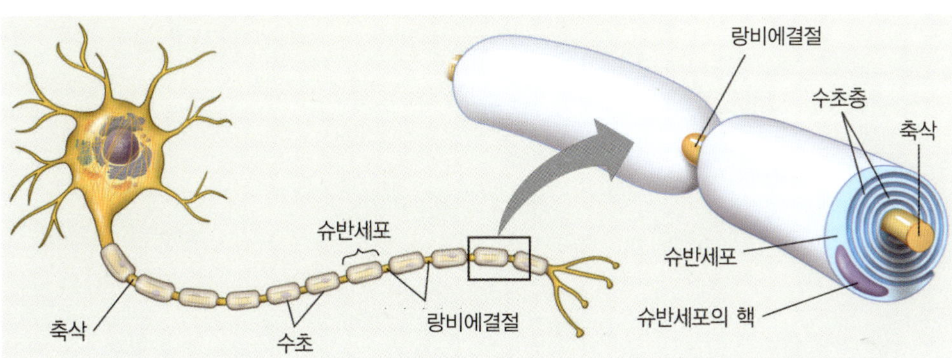

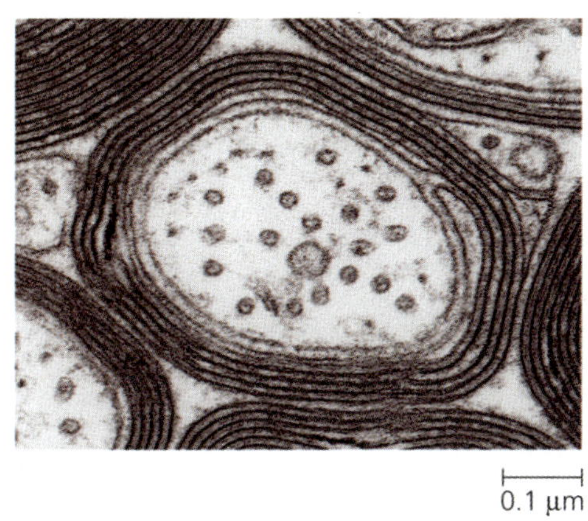